핵심이 보이는

전자회로

with PSPICE

3판

신경욱 지음

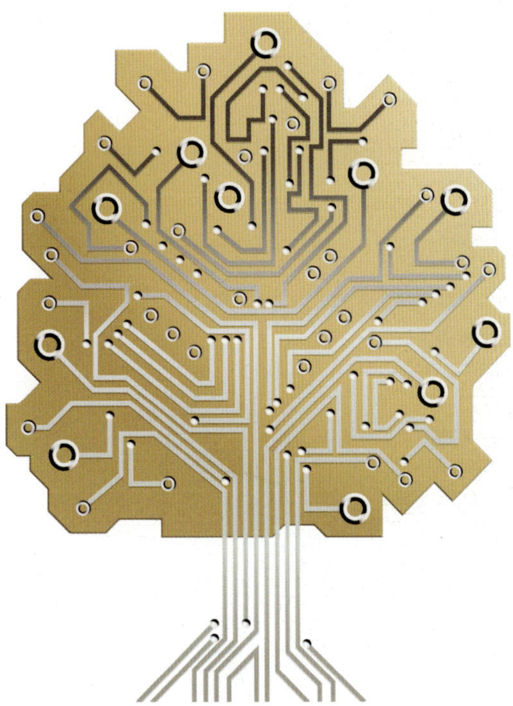

한빛아카데미
Hanbit Academy, Inc.

지은이 신경욱 kwshin@kumoh.ac.kr

한국항공대학교 전자공학과에서 공학사(1984년)를 취득하고, 연세대학교에서 공학석사(1986년)와 공학박사(1990년) 학위를 취득하였다. 이후 한국전자통신연구원(ETRI) 반도체연구단에서 근무했으며, 1991년 7월부터 현재까지 금오공과대학교 전자공학부 교수로 재직 중이다. 일리노이 주립대학교 전기 및 컴퓨터공학과(1995년), 캘리포니아 주립대학교 전기 및 컴퓨터공학과(2003년), 조지아텍 전기 및 컴퓨터공학과(2013년)에서 방문연구를 수행했으며, 연구 분야는 반도체 회로설계, 정보보호 SoC 설계, 반도체 IP 설계 등이다.

저서 및 역서

- 『Verilog HDL 설계 : Vivado와 FPGA를 이용한 설계 실습』(2023, 한빛아카데미)
- 『핵심이 보이는 전자회로 실험 with PSPICE』(2017, 한빛아카데미)
- 『기초 회로실험 : 회로 이론 및 실험 중심』(번역서, 2016, 한울출판사)
- 『FPGA를 이용한 디지털 시스템 설계 및 실습』(2015, 카오스북)
- 『CMOS 디지털 집적회로 설계』(2014, 한빛아카데미)
- 『전자회로 : 핵심 개념부터 응용까지』(2013, 한빛아카데미)

핵심이 보이는 전자회로 with PSPICE 3판

초판발행 2024년 8월 20일
2쇄발행 2025년 7월 10일

지은이 신경욱 / **펴낸이** 전태호
펴낸곳 한빛아카데미(주) / **주소** 서울시 서대문구 연희로2길 62 한빛아카데미(주) 2층
전화 02-336-7112 / **팩스** 02-336-7199
등록 2013년 1월 14일 제2017-000063호 / **ISBN** 979-11-5664-036-3 93560

총괄 박현진 / **책임편집** 김평화 / **기획 · 편집** 김평화 / **교정** 송지은 / **진행** 김평화
디자인 표지 박정우 내지 윤혜원 / **전산편집** 임희남 / **제작** 박성우, 김정우
영업 김호철, 김태진, 김성삼, 이정훈, 임현기, 이성훈, 김주성, 심지연

이 책에 대한 의견이나 오탈자 및 잘못된 내용은 출판사 홈페이지나 아래 이메일로 알려주십시오.
파본은 구매처에서 교환하실 수 있습니다. 책값은 뒤표지에 표시되어 있습니다.

홈페이지 www.hanbit.co.kr / 이메일 question@hanbit.co.kr

Published by HANBIT Academy, Inc. Printed in Korea

전자회로 해석과 설계의 근간이 되는 기본 개념과 회로 해석의 통찰력 제시

전자회로는 전기 · 전자 · 반도체 공학 관련 학부과정 학생들이 공통적으로 이수하는 필수 교과목으로, 반도체 집적회로, 전력전자회로, RF 회로, 제어시스템 등 다양한 분야의 기초가 된다. 필자는 20여 년 동안 전자회로를 강의해 오면서, 학생들이 학습에 어려움을 느끼는 대표적인 교과목이 전자회로라는 이야기를 많이 들어 왔다. 그래서 이 책을 집필하면서 "학생들이 왜 전자회로가 어렵다고 생각하는가?"에 대한 분석과 함께 "학생들이 전자회로를 쉽게 학습할 수 있는 방법은 무엇인가?"에 대한 해답을 찾아 반영하고자 노력하였다.

학생들이 전자회로를 어려워하는 이유는 무엇일까?

- **방대한 내용** : 많은 대학에서 교재로 채택하고 있는 외국 원서 또는 번역서들은 1,000페이지가 훨씬 넘으며, 일부 국내 저서들도 비슷한 분량이다. 이렇게 방대한 내용을 한 학기 또는 두 학기에 다루다 보니 강의하는 교수와 수강하는 학생 모두에게 큰 부담이 되며, 학생들의 이해도가 떨어져 어려운 과목으로 느낄 수밖에 없다.
- **등가회로와 수식 전개 위주** : 대부분의 전자회로 교재는 등가회로와 수식 전개에 초점이 맞춰져 있어서, 수식이 내포하는 핵심 개념과 회로의 동작 특성을 이해하기 어렵다.
- **응용을 고려하지 않은 문제들** : 학생들은 교재에 수록된 예제와 연습문제를 풀기 위해 많은 시간과 노력을 쏟지만, 정작 회로의 동작을 이해하고 응용력을 기를 수 있는 문제는 부족하다.
- **관련 기초 지식 부족** : 전자회로는 회로이론, 반도체 소자 등에 대한 명확한 이해가 필요하나, 관련 기초 지식에 대한 제대로 된 이해가 부족하다.

그렇다면, 학생들이 전자회로를 쉽게 공부할 수 있는 방법은 무엇일까?

이 책을 집필하면서, 앞서 언급한 문제들을 조금이나마 해결하여 학생들이 전자회로를 쉽게 학습할 수 있도록 다음과 같은 사항들에 초점을 맞추었다.

- 학부과정 학생들이 필수적으로 알아야 하는 핵심 내용만을 간추려 한 학기 또는 두 학기 강의에 적합하도록 구성하였다.
- 등가회로와 수식 전개를 최소화하고, 회로의 동작 원리를 명확하게 이해할 수 있도록 핵심 개념을 설명하는 데 초점을 맞추었다.
- 단순한 문제풀이 중심의 예제에서 탈피하여 PSPICE 시뮬레이션 결과를 함께 제공함으로써 이해도를 높일 수 있도록 하였다. 또한, 각 장에 PSPICE 시뮬레이션 실습 예제를 포함시켜 응용력을 기를 수 있도록 하였다.

- 각 단원마다 단답형의 [점검하기] 문제를 통해 학습 내용을 점검하고, 이해도가 낮은 내용들을 보완할 수 있도록 하였다.
- 본문 내용과 관련된 다양한 주제를 참고 항목으로 설명하여 학습에 도움이 되도록 하였다.
- 각 장의 주요 개념과 내용에 대한 이해도를 학생들 스스로 확인할 수 있도록 객관식 연습문제를 제공하였으며, 응용력을 기를 수 있도록 심화문제도 제공하였다.

이 책을 올바로 학습하는 방법은 무엇일까?

- 각 장의 1절인 '기초 다지기'는 해당 장을 학습하는 데 기초가 되는 개념과 내용을 담고 있으므로, 이에 대해 명확하게 이해하자.
- 이 책은 회로의 동작 원리와 특성을 이해하는 데 필요한 최소한의 수식만 제시한다. 그러므로 수식을 유도하고 증명하는 데 집착하지 말고, 수식의 의미를 이해하고 적용하는 데 초점을 맞추어 학습하자.
- 각 절의 [핵심포인트]를 통해 중요한 개념들을 제대로 이해하고 정리하자.
- [예제]는 수식을 이용한 단순 계산에 치우치지 말고, 관련 내용을 이해하고 응용력을 기르는 데 초점을 맞추어 학습하자. 또한, 예제에 제시된 PSPICE 시뮬레이션을 직접 실습해 봄으로써 회로의 동작을 명확하게 이해하자.
- 객관식 연습문제를 모두 풀어보고, 틀린 문제는 해당 절의 내용을 다시 학습하여 충실히 이해하자.
- 각 장의 마지막 절에 있는 [PSPICE 시뮬레이션 실습 예제]를 실습해 봄으로써, 전자회로에 대한 이해와 응용력을 높이고 실무 능력을 향상시키자.

당부와 감사의 글

지난 20여 년 동안의 강의 경험을 토대로 전자회로의 핵심 내용들을 간추리고, 학생들의 이해도를 반영하여 가능한 한 쉽고 명확하게 설명하고자 노력하였다. 그러나 강의하시는 교수님들의 시각에 따라서는 꼭 필요한 내용이 빠져 있거나 개념에 대한 설명이 부족한 부분이 있을 것으로 생각된다. 혹시라도 내용 중에 보완해야 할 부분이 있거나, 오류가 발견되면 필자나 출판사 측에 알려주기를 바라며, 이는 향후 개정판에 반영하도록 하겠다.

이 책이 출간되기까지 도움을 주신 분들과 부족한 원고를 가다듬어 완성도를 한층 높여주신 한빛아카데미(주) 관계자 여러분께 감사의 마음을 전한다. 아무쪼록 이 책이 전자회로를 공부하는 학생들에게 많은 도움이 되길 바란다.

3판을 펴내며

이 책은 『핵심이 보이는 전자회로 with PSPICE』의 초판(2013년)과 개정판(2018년)의 일부 내용을 보완해서 펴낸 3판이다. 3판에서도 이전 개정판과 동일한 집필 철학을 유지하였다. 방대한 내용과 복잡한 수식 전개, 그리고 응용을 고려하지 않은 문제를 최소화하는 대신, 전자회로에 대한 기본 개념과 회로 해석 및 이해의 통찰력을 제시하는 데 중점을 두었다.

이번 3판에서는 이전 개정판의 특징을 유지하면서 기존에 다루지 않았던 내용을 추가하고, [예제], [확인문제], [연습문제]를 새롭게 개정해서 학생들의 학습에 도움이 되도록 하였다.

- BJT와 MOSFET의 T-등가모델을 새롭게 추가하여 증폭기 회로 해석에 적용하도록 하였다.
- BJT 증폭기와 MOSFET 증폭기의 바이어스 설계에 관한 예제를 추가하여 설계 역량에 도움이 되도록 하였다.
- 증폭기 전달함수 위상의 점근 보드 선도에 관한 내용을 추가하여 귀환증폭기의 안정도 판별에 적용하도록 하였으며, MOSFET 캐스코드 증폭기의 주파수 응답특성을 새롭게 추가하였다.
- MOSFET 회로가 널리 사용되는 산업현장의 특성을 반영하여 BJT 차동증폭기 회로를 MOSFET 회로로 개정하였다. 또한, 증폭기의 전력효율 관련 내용을 보완하여 상세히 설명하였다.
- 귀환증폭기의 안정도 판별에 관한 내용을 새롭게 추가하였으며, MOSFET 귀환증폭기 해석에 관한 예제를 추가하였다.
- 연산증폭기의 오프셋 전압과 입력 바이어스 전류의 영향에 관한 내용을 추가하여 실무 적용에 도움이 되도록 하였다.
- 객관식 연습문제를 오지선다형으로 전면 개정하고, 심화문제는 일부 개정해서 학생들의 학습에 도움이 되도록 하였다.

아무쪼록 이 책이 전자회로를 버거운 장벽으로 느끼는 학생들에게 작게나마 도움이 되기를 바라는 마음이다.

지은이 **신경욱**

미리보기

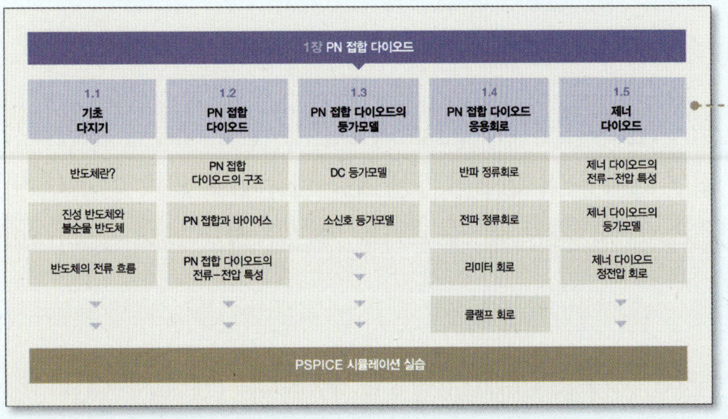

PREVIEW

해당 장에서 학습해야 할 내용의 흐름을 소개한다.

스마트폰, 컴퓨터, 디지털 TV, 통신장비, 로봇 등 오늘날의 모든 전자기기와 장치에는 반도체 소자가 사용된다. 우리가 생명을 유지하기 위해 공기와 식량이 필수적이듯 반도체는 현대 IT 사회를 가능하게 하는 산업의 쌀과 같다고 할 수 있다. 반도체는 전기적인 조건에 따라 도체의 성질을 갖기도 하고 부도체의 성질을 갖기도 하는 물질이며, 다이오드, 트랜지스터, 집적회로IC : Integrated Circuit 등을 만드는 기본 물질이다. 이 책에서 다루는 전자회로는 다이오드, 트랜지스터, 연산증폭기 등의 반도체 소자와 저항, 커패시터, 인덕터 등의 수동소자로 구성된다.

이 책을 시작하는 첫 번째 장에서는 반도체에 대한 개략적인 소개와 함께 다이오드의 구조와 전류-전압 특성에서부터 응용회로에 이르기까지 전반적인 내용을 다룬다.

❶ N형 반도체와 P형 반도체의 특성
❷ PN 접합 다이오드의 구조와 전류-전압 특성, 그리고 등가모델
❸ 정류기, 리미터, 클램프 회로의 동작과 해석
❹ 제너 다이오드의 전류-전압 특성과 응용회로 해석
❺ 다이오드 응용회로의 PSPICE 시뮬레이션

1장 핵심요약

핵심요약

QR 코드를 통해 해당 장에서 다루는 주요 내용을 정리하여 보여준다.

핵심 주제

소절마다 질문 형태로 핵심 주제를 제시한다.

1.1.1 반도체란?

반도체 소자를 제작할 때 사용하는 실리콘은 어떤 물질인가?

반도체semiconductor는 전압, 전류 등 전기적인 조건에 따라 전기가 잘 통하는 도체의 성질을 갖거나 전기가 통하지 않는 부도체의 성질을 갖는 물질을 말한다. 실리콘(Si), 게르마늄(Ge) 등은 단일 원소로 구성된 반도체이며, 갈륨-비소(GaAs), 인듐-인(InP) 등은 두 가지 물질이 혼합된 화합물 반도체compound semiconductor이다.

핵심포인트

반드시 알아야 하는 개념을 다시 한번 강조한다.

핵심포인트 반도체란?

- 진성 실리콘에 도너(억셉터) 불순물을 첨가하면, 전자(정공)의 농도가 증가한 N형(P형) 반도체가 된다.
- N형(P형) 반도체의 다수 캐리어는 전자(정공)이고, 소수 캐리어는 정공(전자)이다.
- 반도체에 흐르는 전류는 캐리어의 농도 차에 의해 발생되는 확산전류와 전계에 의한 캐리어 이동으로 발생되는 표류전류로 구성된다.
- 반도체에 도너 또는 억셉터 농도를 높이면, 전도율과 전류밀도가 커진다.

점검하기

본문에서 살펴본 내용을 퀴즈를 통해 점검한다.

점검하기 다음 각 문제에서 맞는 것을 고르시오.

(1) 실리콘은 (**3개, 4개, 5개**)의 가전자를 갖는 물질이다.
(2) 진성 반도체는 전자와 정공의 농도가 같다. (**O, X**)
(3) 실리콘에 5가 불순물이 도핑되면 (**P형, N형**) 반도체이다.
(4) N형 반도체의 소수 캐리어는 (**전자, 정공**)이다.
(5) P형 반도체의 다수 캐리어는 (**전자, 정공**)이다.
(6) N형 반도체의 페르미 준위는 (**가전자대역, 전도대역**)에 가깝게 위치한다.
(7) 반도체에 도너 불순물의 농도가 높을수록 (**전자전류, 정공전류**)가 커진다.
(8) 반도체에 불순물 도핑 농도를 높일수록 저항률이 (**감소한다, 증가한다**).
(9) 반도체에서 (**확산전류, 표류전류**)는 캐리어의 농도 차이에 의해 발생된다.
(10) 반도체의 표류전류는 캐리어의 이동도에 (**비례, 반비례**)한다.

Q & A

핵심 내용을 [질문]과 [대답] 형식으로 정리한다.

Q PN 접합 다이오드의 전류 흐름 특성은 어떠한가?

A 단방향 전류 흐름 특성을 가져 정류기 회로에 사용된다(1.4절 참조).
- 순방향 바이어스 : 애노드 → 캐소드로 전류가 흐름
- 역방향 바이어스 : 전류가 흐르지 않음(매우 작은 누설전류만 흐름)

여기서 잠깐

본문을 이해하는 데 도움이 되는 참고 내용과 심화 내용을 설명한다.

여기서 잠깐 애벌런치 항복 현상

PN 접합에 큰 역방향 전압이 인가되면, 열적으로 생성된 전자(역방향 포화전류의 일부)가 공간전하 영역의 강한 전계에 의해 가속된다. 가속된 전자가 높은 운동 에너지를 가지고 실리콘 격자와 충돌하면, 공유결합으로 구속되어 있던 전자가 탈출하여 전자-정공 쌍이 생성된다. 생성된 전자가 이동하면서 다시 격자와 충돌하여 또 다른 전자-정공 쌍을 생성하는 과정이 반복되면서 캐리어 수가 급속히 증가하게 되고, 따라서 PN 접합에 흐르는 전류가 급격하게 증가한다. 이와 같이 캐리어 수의 급속한 증식과정에 의한 항복을 **애벌런치 항복** avalanche breakdown 이라고 한다.

예제

본문에서 다룬 개념을 적용한 문제와 그에 대한 상세한 풀이를 제공한다.

예제 1-2

[그림 1-24]의 회로에서 $V_I = 3\,\text{V}$에 의해 PN 접합 다이오드가 순방향 바이어스되고 있다. PN 접합 다이오드에 (a) 이상적 등가모델, (b) 정전압 등가모델, (c) 부분 선형 등가모델을 적용하여 각 경우의 다이오드 전류 I_D를 구하라. 단, 다이오드의 커트-인 전압은 $V_\gamma = 0.63\,\text{V}$, 순방향 등가저항은 $r_D = 8\,\Omega$이고, $R = 1.0\,\text{k}\Omega$이다.

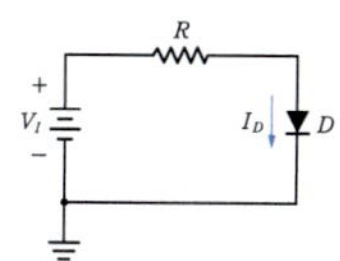

그림 1-24

확인문제

예제 및 본문과 연계하여 추가로 풀어볼 수 있는 문제를 제공한다.

확인문제 1-1

[그림 1-15]의 회로에서 다이오드에 $I_D = 0.9\,\text{mA}$의 전류가 흐를 때, 다이오드 양단에 걸리는 전압 V_D를 구하라. 단, 역방향 포화전류는 $I_S = 3.74 \times 10^{-14}\text{A}$이다.

답 $V_D = 0.622\text{V}$

PSPICE 시뮬레이션 실습 예제

PSPICE 시뮬레이션을 통해 회로의 동작을 살펴볼 수 있는 예제를 제시한다.

실습 1-1

[그림 1-76]의 회로에 진폭 10V, 주파수 1kHz의 정현파를 인가하고 PSPICE 시뮬레이션하여 PN 접합 다이오드와 부하저항의 전압과 전류 파형을 확인하고, 회로의 동작을 해석하라.

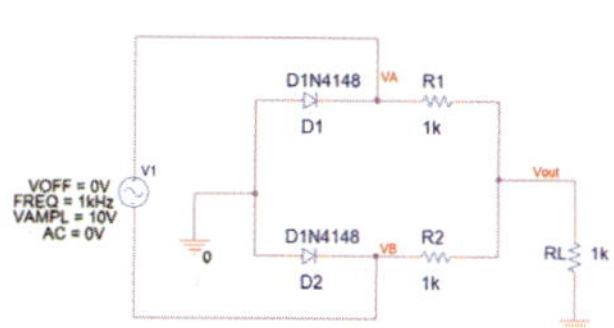

그림 1-76 [실습 1-1]의 시뮬레이션 실습 회로

연습문제

해당 장에서 학습한 내용을 객관식/주관식 연습문제를 통해 확인한다.

CHAPTER 01_연습문제

1.1 다음 중 반도체에 대한 설명으로 틀린 것은? HINT 1.1.1~1.1.2절

㉮ 진성 반도체에 붕소(B), 인듐(In)의 억셉터를 주입하면 다수 캐리어가 정공인 P형 반도체가 된다.
㉯ 진성 반도체에 인(P), 비소(As)의 도너를 주입하면 다수 캐리어가 전자인 N형 반도체가 된다.
㉰ 페르미 준위가 전도대에 가깝게 위치한 반도체의 다수 캐리어는 전자이다.
㉱ 진성 반도체는 페르미 준위가 금지대역 중앙에 위치하므로, 상온에서 캐리어가 존재하지 않는다.
㉲ 실리콘 단결정에서 공유결합이 파괴되면 전자-정공 쌍이 생성되며, 이들은 전류를 운반하는 캐리어 역할을 한다.

* 응용력을 기를 수 있는 심화문제는 별도 표기

1.40 심화 [그림 1-107]의 회로에 진폭이 $V_m = 8\text{V}$인 정현파 V_{in}이 인가되는 경우에, 출력 V_{out}의 파형과 입출력 전달특성 곡선을 그려라. 단, $V_B = 4\text{V}$이고, 다이오드는 $V_\gamma = 0.6\text{V}$인 정전압 등가모델을 적용한다.

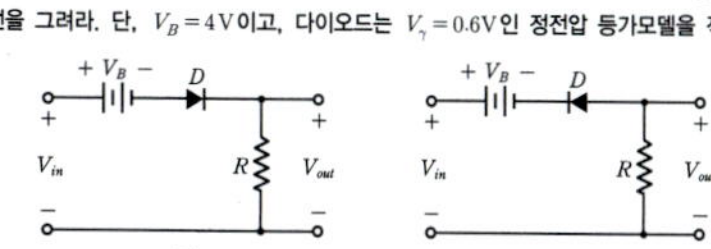

그림 1-107

목차

CHAPTER 02

BJT 증폭기

CHAPTER 03

MOSFET 증폭기

CHAPTER 04

증폭기의 주파수 응답특성

CHAPTER 06 귀환증폭기

CHAPTER 07

연산증폭기

CHAPTER 08 정현파 발진기 및 파형 생성기 회로

CHAPTER

01

PN 접합 다이오드

PN Junction Diode

학습목표

- PN 접합 다이오드의 구조와 전류-전압 특성을 이해한다.
- PN 접합 다이오드의 등가모델을 이해하고, 다이오드 응용회로의 해석과 설계에 활용한다.
- 정류기, 리미터 등 PN 접합 다이오드 응용회로의 동작과 특성을 이해하고 해석한다.
- 제너 다이오드의 특성과 응용회로를 이해한다.

1장 PN 접합 다이오드

1.1 기초 다지기	1.2 PN 접합 다이오드	1.3 PN 접합 다이오드의 등가모델	1.4 PN 접합 다이오드 응용회로	1.5 제너 다이오드
반도체란?	PN 접합 다이오드의 구조	DC 등가모델	반파 정류회로	제너 다이오드의 전류-전압 특성
진성 반도체와 불순물 반도체	PN 접합과 바이어스	소신호 등가모델	전파 정류회로	제너 다이오드의 등가모델
반도체의 전류 흐름	PN 접합 다이오드의 전류-전압 특성		리미터 회로	제너 다이오드 정전압 회로
			클램프 회로	

PSPICE 시뮬레이션 실습

스마트폰, 컴퓨터, 디지털 TV, 통신장비, 로봇 등 오늘날의 모든 전자기기와 장치에는 반도체 소자가 사용된다. 우리가 생명을 유지하기 위해 공기와 식량이 필수적이듯 반도체는 현대 IT 사회를 가능하게 하는 산업의 쌀과 같다고 할 수 있다. 반도체는 전기적인 조건에 따라 도체의 성질을 갖기도 하고 부도체의 성질을 갖기도 하는 물질이며, 다이오드, 트랜지스터, 집적회로 IC : Integrated Circuit 등을 만드는 기본 물질이다. 이 책에서 다루는 전자회로는 다이오드, 트랜지스터, 연산증폭기 등의 반도체 소자와 저항, 커패시터, 인덕터 등의 수동소자로 구성된다.

이 책을 시작하는 첫 번째 장에서는 반도체에 대한 개략적인 소개와 함께 다이오드의 구조와 전류-전압 특성에서부터 응용회로에 이르기까지 전반적인 내용을 다룬다.

❶ N형 반도체와 P형 반도체의 특성
❷ PN 접합 다이오드의 구조와 전류-전압 특성, 그리고 등가모델
❸ 정류기, 리미터, 클램프 회로의 동작과 해석
❹ 제너 다이오드의 전류-전압 특성과 응용회로 해석
❺ 다이오드 응용회로의 PSPICE 시뮬레이션

1장 핵심요약

SECTION 1.1

기초 다지기

전자회로는 다이오드, 바이폴라 접합 트랜지스터BJT, MOSFET, 집적회로IC : Integrated Circuit 등의 반도체 소자와 저항, 커패시터, 인덕터 등의 수동소자로 구성된다. 다이오드, 트랜지스터 등 전자회로를 구성하는 핵심 소자들의 동작과 특성을 학습하기 위해서는 반도체에 대한 이해가 필요하다. 이 절에서는 실리콘 반도체의 결정구조, 에너지 대역의 개념, 진성 반도체와 불순물 반도체, 반도체에서의 전류 흐름 등 기본적인 개념들을 간략히 소개한다. 특히 에너지 대역 개념은 PN 접합 다이오드와 BJT의 동작(2.1.2절)을 이해하는 데 필요하므로 잘 이해해두기 바란다.

1.1.1 반도체란?

반도체 소자를 제작할 때 사용하는 실리콘은 어떤 물질인가?

반도체 semiconductor는 전압, 전류 등 전기적인 조건에 따라 전기가 잘 통하는 도체의 성질을 갖거나 전기가 통하지 않는 부도체의 성질을 갖는 물질을 말한다. 실리콘(Si), 게르마늄(Ge) 등은 단일 원소로 구성된 반도체이며, 갈륨-비소(GaAs), 인듐-인(InP) 등은 두 가지 물질이 혼합된 화합물 반도체compound semiconductor이다.

반도체의 특성을 이해하기 위해 물질의 원자구조에 대해 먼저 살펴보자. 고체는 원자atom를 기본 단위로 하여 구성되는데, 원자는 양(+)전하를 띤 원자핵과 핵 주위를 돌고 있는 음(−)전하를 띤 전자 electron들로 구성된다. 고체 원자는 양전하량과 음전하량이 같아 중성이다. 원자핵은 중성자neutron와 양성자proton로 구성되며, 전자에 비해 질량이 매우 무거워 거의 움직이지 않는다. 전자들은 원자핵 주위에 띠(궤도) 형태로 확률적으로 분포하고 있다. 가장 바깥쪽 궤도(최외곽 궤도라고 한다)에 위치하고 있는 전자를 가전자valence electron라고 하며, 가전자 수에 의해 물질의 특성이 결정된다. 가전자가 1개인 물질은 도전성이 우수한 도체의 특성을 갖고, 가전자가 8개인 물질은 부도체의 특성을 갖는다.

대표적인 반도체 물질인 실리콘(Si)은 4개의 가전자를 갖는 4가 원소이며, 인접한 원자의 가전자들이 서로 공유되어 격자모양으로 공유결합을 형성하고 있다. [그림 1-1(a)]는 실리콘 원자의 구조를 2차원적으로 나타낸 것이며, 최외곽 궤도에 4개의 가전자를 갖는다. [그림 1-1(b)]는 실리콘 원자가 인접한 4개의 원자들과 각각 1개씩의 가전자를 공유하여 결합하고 있는 상태를 2차원적으로 표현한 것이다. 실리콘 원자들이 3차원적으로 규칙적으로 배열되고 원자들 간의 공유결합에 의해 실리콘 결정이 형성된다.

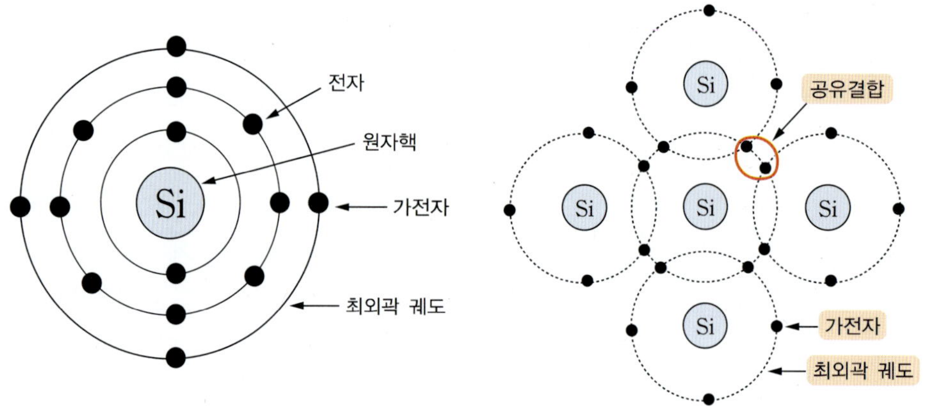

(a) 실리콘 원자의 구조

(b) 공유결합을 하고 있는 실리콘 결정

그림 1-1 실리콘 원자와 결정 구조의 2차원 모식도

절대온도 0K(−273°C)일 때 실리콘의 가전자들은 모두 공유결합에 의해 구속되어 있으며, 전계 electric field가 가해져도 전자의 이동이 발생하지 않는다. 따라서 0K에서 실리콘은 부도체의 특성을 갖는다. 가전자가 에너지(열, 빛 에너지 등)를 얻으면, 공유결합이 파괴되어 가전자가 원래의 공유결합 위치로부터 이탈한다. 이를 **자유전자** free electron 또는 **전도전자** conduction electron라고 한다. 자유전자는 원자핵의 영향으로부터 벗어나 전계에 의해 이동할 수 있으므로, 전류를 운반하는 운반자 carrier 역할을 한다. 공유결합이 파괴되어 전자가 이탈하면 원래 전자가 있던 공유결합 위치에 전자의 빈자리가 남게 되는데, 이것을 **양공** 또는 **정공** hole이라 한다. [그림 1-2]는 공유결합 파괴에 의해 전자-정공 쌍이 생성된 모습을 보여준다. 정공은 가상의 개념이며, 실제 입자가 존재하는 것은 아니다.

고체의 도전현상은 양자역학적인 에너지 대역 energy band 개념을 이용하면 보다 쉽게 이해할 수 있다. 에너지 대역에 대한 상세한 설명은 이 책의 범주를 벗어나므로, 여기에서는 기본적인 개념만 설명할 것이다. [그림 1-3]은 고체의 에너지 대역을 보여준다. 가전자들이 존재하는 가장 높은 에너지 상태를 **가전자대역** valence band이라고 하며, 전자가 존재할 수 있는 더 높은 에너지 상태를 **전도대역** conduction band이라고 한다. 가전자대역과 전도대역 사이에는 전자가 존재할 수 없으며, 이를 **금지대역** forbidden band이라고 한다. 금지대역의 폭을 **밴드 갭** band gap 에너지라고 하며, 가전자가 공유결합을 끊고 전도대역으로 이동하는데 필요한 최소의 에너지라고 생각할 수 있다.

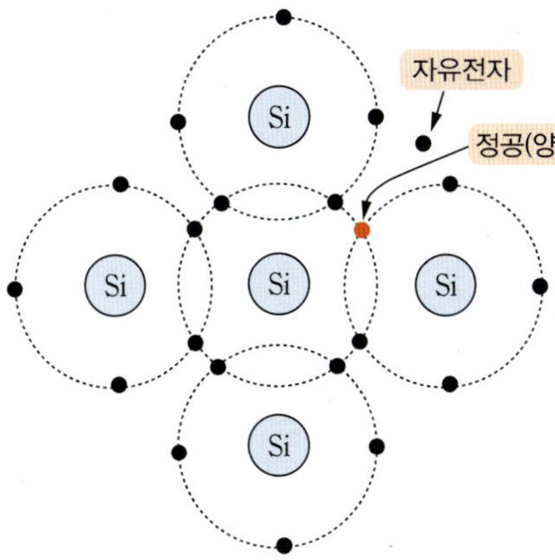

그림 1-2 공유결합 파괴로 인한 전자-정공 쌍의 생성

[그림 1-3(a)]에서 밴드 갭 에너지는 $E_g = E_C - E_V$가 된다. 어느 물질의 밴드 갭 에너지가 3 ~ 6 **전자볼트** eV : electron volt이면, 이 물질은 부도체의 특성을 띤다. 그 이유는 어떤 물질도 상온에서 이 정도의 큰 에너지를 얻지 못하기 때문이다. 일반적으로 반도체의 밴드 갭 에너지는 대략 1eV 정도이며, 실리콘의 밴드 갭 에너지는 약 1.2eV이다.

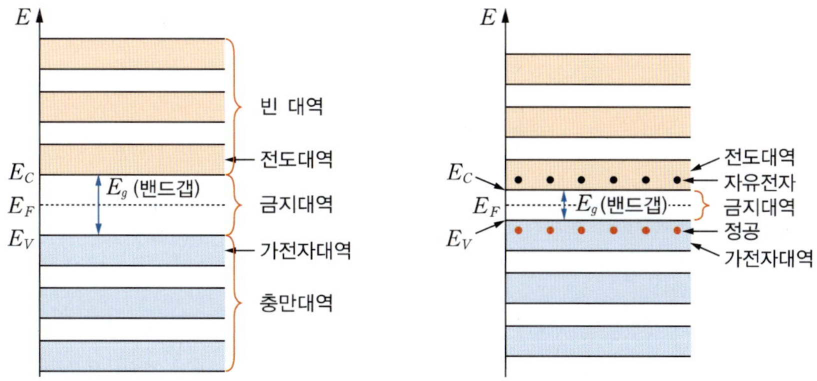

(a) 부도체 (b) 반도체

그림 1-3 부도체와 반도체의 에너지 대역(상온)

고체의 도전성은 가전자대역과 전도대역의 상태와 관계가 있다. [그림 1-3(a)]와 같이 가전자대역은 가전자들로 완전히 채워져 있고 전도대역이 모두 비어 있으면, 움직일 수 있는 캐리어(전자 또는 정공)가 없으므로 전류가 흐를 수 없다. 이 상태는 모든 가전자가 공유결합에 의해 원자핵에 속박되어 있는 상태로 볼 수 있으며, 부도체와 절대온도 0K에서의 실리콘 상태와 같다. 밴드 갭보다 큰 에너지가 인가되어 가전자들의 일부가 전도대역으로 이동하면 가전자대역에는 이동된 전자의 수만큼 정공이 생긴다. [그림 1-3(b)]는 상온에서 반도체 에너지 대역을 보여주는데, 전도대역에 소수의 전자가 존재하고, 가전자대역에 같은 수의 정공이 존재한다.

전도대역에 있는 자유전자는 전계가 가해지면 양극(+) 쪽으로 끌려가며, 이에 의해 전자 전류가 발생한다. 가전자대역에서 이동하는 정공은 **정공전류** hole current를 발생시킨다. 가전자대역에 존재하는 전자들은 자유전자처럼 결정구조 내부를 자유롭게 이동하지 못하지만, 에너지 준위의 변화 없이 인접한 정공 속으로 이동할 수 있으며, 전자가 빠져나온 그 자리가 또 다른 정공이 된다. 결과적으로 정공은 결정구조 내의 한 장소에서 다른 장소로 이동하는 것과 같고, 이로 인해 정공전류가 발생한다. 이처럼 반도체에서 전자와 정공의 이동은 전류의 형성과 직접적으로 관련된다. 전자와 정공은 한 장소에서 다른 장소로 전하를 운반하기 때문에 **캐리어** carrier라고 불린다.

1.1.2 진성 반도체와 불순물 반도체

N형 반도체와 P형 반도체는 어떻게 만들어지며, 어떤 차이가 있는가?

반도체는 불순물 dopant의 첨가 여부에 따라 진성 반도체와 불순물 반도체로 구분된다. 순수한 실리콘 단결정으로 구성되는 진성 반도체는 전류를 운반하는 캐리어 수가 적어 전기 저항이 매우 크다. 따라서 다이오드, 트랜지스터 등의 소자를 만들기 위해서는 3가 또는 5가의 불순물을 첨가하여 캐리어 수를 증가시킴으로써 전기 저항을 작게 만든다.

■ 진성 반도체

불순물이 첨가되지 않은 순수한 반도체를 **진성** intrinsic **반도체**라고 한다. 진성 반도체에서 전류를 운반하는 캐리어는 열적으로 생성된 전자와 정공이며, 자유전자와 정공의 농도가 같다. 상온에서 진성 반도체의 캐리어 농도는 $n_i = 1.5 \times 10^{10}\,\mathrm{cm}^{-3}$이며, 실리콘 원자의 농도인 $5 \times 10^{22}\,\mathrm{cm}^{-3}$보다 매우 작다. 따라서 진성 반도체는 전류가 매우 작아 부도체 성질에 가까우므로, 단독으로는 거의 쓰이지 않는다. 다이오드, 트랜지스터 등의 반도체 소자를 만들기 위해서는 진성 반도체에 적당량의 3가 또는 5가 불순물을 첨가하여 사용한다.

■ 불순물(외인성) 반도체

진성 반도체에 3가 또는 5가 불순물을 첨가하여 전류운반 캐리어(자유전자 또는 정공)의 농도를 크게 만드는 과정을 **도핑** doping이라고 하며, 불순물이 도핑된 반도체를 **외인성** extrinsic 또는 **불순물 반도체**라고 한다. 불순물 반도체는 도핑 물질에 따라 P형 반도체와 N형 반도체로 구분된다. 진성 반도체에 인(P), 비소(As), 안티몬(Sb)과 같은 5가 불순물을 첨가하면 [그림 1-4(a)]와 같이 결정격자에서 실리콘이 차지했던 자리에 불순물 원자가 들어간다. 불순물이 갖고 있던 5개의 가전자 중 4개는 주변의 실리콘 원자들과 공유결합을 이루고,

나머지 가전자 1개는 불순물 원자에서 이탈하여 자유전자가 된다. 이와 같이 5가 불순물은 자유전자를 제공하므로 **도너 불순물** donor impurity이라고 한다. 진성 반도체에 도너 불순물을 첨가하여 음(−)전하를 띠는 전자의 농도를 증가시킨 반도체를 **N형 반도체**라고 한다.

진성 실리콘에 붕소(B), 인듐(In), 갈륨(Ga)과 같은 3가 불순물을 첨가하면 [그림 1-4(b)]와 같이 결정격자에서 실리콘이 차지했던 자리에 불순물 원자가 들어간다. 3가 불순물 원자는 3개의 가전자를 가지므로, 주변의 실리콘 원자들과 공유결합을 이루기 위해 1개의 가전자가 부족하게 되어 1개의 정공을 생성한다. 이와 같이 3가 불순물은 정공을 제공하므로 **억셉터 불순물** acceptor impurity이라고 한다. 진성 반도체에 억셉터 불순물을 첨가하여 양(+)전하를 띠는 정공의 농도를 증가시킨 반도체를 **P형 반도체**라고 한다.

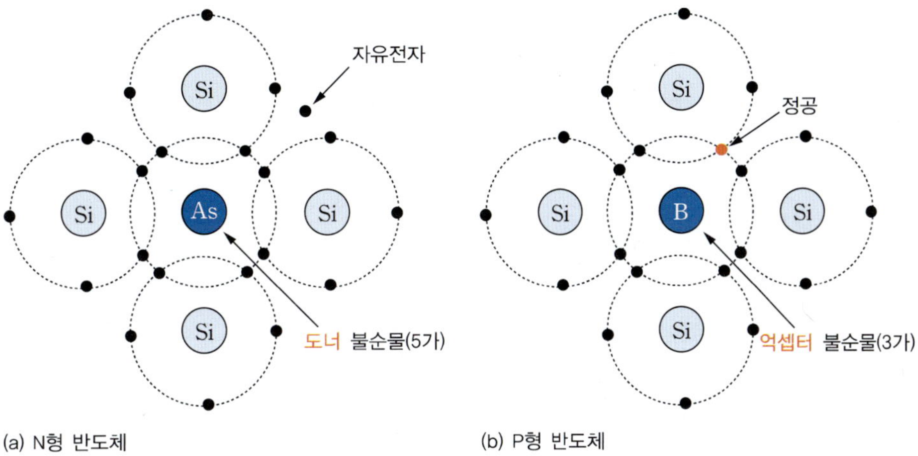

그림 1-4 N형, P형 반도체 결정의 2차원 모식도

다이오드, BJT, FET 등 대부분의 반도체 소자는 N형 반도체와 P형 반도체의 접합을 기본으로 하며, 이들 반도체 소자의 동작을 이해하기 위해 에너지 대역 개념이 사용된다. [그림 1-5]는 진성 반도체와 불순물 반도체의 에너지 대역을 보여준다. 에너지 대역에서 **페르미 준위** Fermi level[1]는 중요한 의미를 갖는다.

열적 평형상태에서는 진성 반도체의 전자와 정공의 농도가 같으므로, [그림 1-5(a)]와 같이 진성 반도체의 페르미 준위 E_{Fi}가 금지대역의 중앙에 위치한다. 도너 불순물이 주입된 N형 반도체에는 전자의 농도가 정공의 농도보다 크므로, [그림 1-5(b)]와 같이 N형 반도체의 페르미 준위 E_{Fn}이 전도대역의 최저 에너지 준위 E_C에 가깝게 위치한다. 도너 불순물의 농도가 높을수록 페르미 준위 E_{Fn}은 E_C에 가까우며, 이는 전자의 농도가 정공의 농도보다 크다는 것을 의미한다. N형 반도체에서는 전자를 **다수 캐리어** majority carrier라고 하며, 정공을 **소수 캐리어** minority carrier라고 한다.

1 페르미 준위 : 열적 평형상태에서 전자에 의해 점유될 확률이 $\frac{1}{2}$이 되는 에너지 준위로 정의된다. 페르미 준위에 대한 상세한 내용은 『반도체 공학(3판)』(한빛아카데미, 2024)을 참고하기 바란다.

억셉터 불순물이 주입된 P형 반도체에서는 정공의 농도가 전자의 농도보다 크므로, [그림 1-5(c)]와 같이 P형 반도체의 페르미 준위 E_{Fp}는 가전자대역의 최고 에너지 준위 E_V에 가깝게 위치한다. 억셉터 불순물의 농도가 높을수록 페르미 준위 E_{Fp}는 E_V에 가까우며, 이는 정공의 농도가 전자의 농도보다 크다는 것을 의미한다. P형 반도체에서는 정공을 다수 캐리어라고 하며, 전자를 소수 캐리어라고 한다.

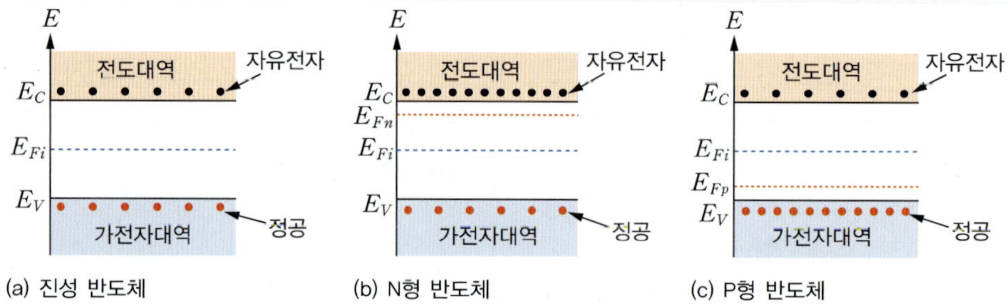

그림 1-5 반도체의 에너지 대역과 캐리어

1.1.3 반도체의 전류 흐름

반도체에 흐르는 전류는 어떤 성분으로 구성되는가?

다이오드, BJT, FET 등 반도체 소자는 N형 반도체와 P형 반도체의 접합을 기본으로 만들어진다. 반도체 소자에 흐르는 전류의 대부분은 N형 반도체의 다수 캐리어인 전자와 P형 반도체의 다수 캐리어인 정공에 의해 운반되며, 캐리어의 농도, 인가되는 전압 등과 밀접한 관계를 갖는다. 반도체에 흐르는 전류는 캐리어의 농도 차에 의해 발생되는 확산전류와 전계에 의한 캐리어 이동으로 발생되는 표류전류로 구성된다.

■ 확산전류

반도체 내부에 캐리어(전자 또는 정공)의 농도가 균일하지 않으면 농도가 높은 영역에서 낮은 영역으로 캐리어가 이동하는 확산 현상이 발생하며, 이와 같이 캐리어의 확산에 의해 발생하는 전류를 **확산전류** diffusion current라고 한다. 전자의 확산전류 밀도는 식 (1.1)과 같이 표현된다.

$$J_n = qD_n \frac{dn}{dx} \tag{1.1}$$

여기서 D_n은 전자의 확산계수이고, $\frac{dn}{dx}$은 전자 농도의 기울기이며, $q = 1.6 \times 10^{-19}$C은 전자의 전하량을 나타낸다. 정공의 확산전류 밀도는 식 (1.2)와 같이 표현된다.

$$J_p = qD_p \frac{dp}{dx} \tag{1.2}$$

여기서 D_p는 정공의 확산계수이고, $\frac{dp}{dx}$는 정공 농도의 기울기이다.

▪ 표류전류

금속 또는 반도체에 전계를 인가하면 캐리어가 전계에 의해 끌려가면서 이동한다. 캐리어의 표류에 의해 발생하는 전류를 **표류전류** drift current라고 하며, 표류전류는 캐리어의 농도와 이동도 mobility 그리고 인가된 전계의 세기와 관련이 있다. 반도체에서 전자의 이동도 μ_n은 약 $1{,}350\,\mathrm{cm}^2/\mathrm{V-s}$이고, 정공의 이동도 μ_p는 약 $480\,\mathrm{cm}^2/\mathrm{V-s}$ 정도의 값을 갖는다. 전계 E가 인가된 반도체에서 전자와 정공에 의해 흐르는 표류전류 밀도는 식 (1.3)과 같이 표현되며, n과 p는 각각 전자와 정공의 농도를 나타내고, σ는 전도율, ρ는 저항률을 나타낸다.

$$J = q(n\mu_n + p\mu_p)E = \sigma E = \frac{1}{\rho}E \tag{1.3}$$

핵심포인트 **반도체란?**

- 진성 실리콘에 도너(억셉터) 불순물을 첨가하면, 전자(정공)의 농도가 증가한 N형(P형) 반도체가 된다.
- N형(P형) 반도체의 다수 캐리어는 전자(정공)이고, 소수 캐리어는 정공(전자)이다.
- 반도체에 흐르는 전류는 캐리어의 농도 차에 의해 발생되는 확산전류와 전계에 의한 캐리어 이동으로 발생되는 표류전류로 구성된다.
- 반도체에 도너 또는 억셉터 농도를 높이면, 전도율과 전류밀도가 커진다.

점검하기 **다음 각 문제에서 맞는 것을 고르시오.**

(1) 실리콘은 (**3개, 4개, 5개**)의 가전자를 갖는 물질이다.
(2) 진성 반도체는 전자와 정공의 농도가 같다. (**O, X**)
(3) 실리콘에 5가 불순물이 도핑되면 (**P형, N형**) 반도체이다.
(4) N형 반도체의 소수 캐리어는 (**전자, 정공**)이다.
(5) P형 반도체의 다수 캐리어는 (**전자, 정공**)이다.
(6) N형 반도체의 페르미 준위는 (**가전자대역, 전도대역**)에 가깝게 위치한다.
(7) 반도체에 도너 불순물의 농도가 높을수록 (**전자전류, 정공전류**)가 커진다.
(8) 반도체에 불순물 도핑 농도를 높일수록 저항률이 (**감소한다, 증가한다**).
(9) 반도체에서 (**확산전류, 표류전류**)는 캐리어의 농도 차이에 의해 발생된다.
(10) 반도체의 표류전류는 캐리어의 이동도에 (**비례, 반비례**)한다.

SECTION 1.2

PN 접합 다이오드

핵심이 보이는 **전자회로**

P형 반도체와 N형 반도체를 접합시켜 만든 소자를 PN 접합 다이오드diode라고 한다. PN 접합 다이오드는 한쪽 방향으로만 전류가 흐르고, 반대 방향으로는 전류가 흐르지 못하는 특성을 가져 정류기, 클램퍼 등 전자회로에 폭넓게 사용된다. 이 절에서는 PN 접합 다이오드의 구조와 기본적인 동작 특성에 대해 살펴본다.

1.2.1 PN 접합 다이오드의 구조

PN 접합 다이오드는 어떤 구조를 갖는가?
열적 평형상태에서 PN 접합에는 어떤 현상이 일어나는가?

PN 접합 다이오드는 [그림 1-6(a)]와 같이 억셉터(3가 불순물)가 도핑된 P형 반도체와 도너(5가 불순물)가 도핑된 N형 반도체의 접합으로 만들어진다. P형 반도체 영역에는 정공의 농도가 자유전자(줄여서 전자electron라고 부르기도 한다)보다 매우 높으며, 반대로 N형 반도체 영역에는 전자의 농도가 정공보다 매우 높다. 다이오드의 P형 영역에 연결된 전극을 **애노드**anode, N형 영역에 연결된 전극을 **캐소드**cathode라고 하며, 회로도에는 [그림 1-6(b)]와 같은 기호로 나타낸다. 다이오드의 전류는 애노드에서 캐소드 방향으로 흐르는데, 기호에서 삼각형 방향으로 전류가 흐른다고 생각하면 된다.

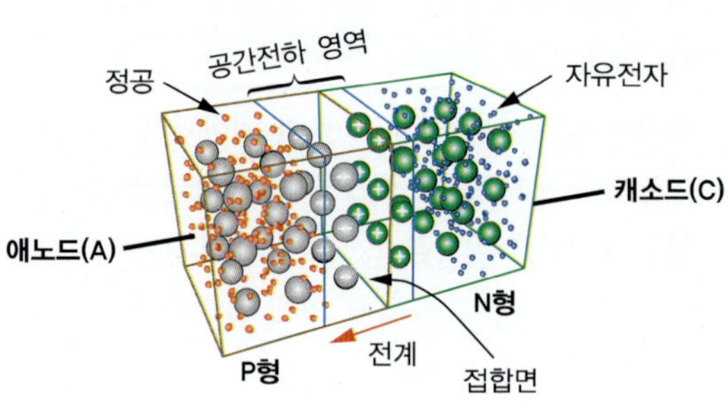

(a) PN 접합 다이오드의 구조

(b) 회로 기호

그림 1-6 PN 접합 다이오드의 구조와 회로 기호

PN 접합의 두 단자가 개방되어 외부에서 전압이 인가되지 않은 상태를 **열적 평형** thermal equilibrium **상태**라고 한다. 열적 평형상태에서 PN 접합의 상태를 살펴보자.

PN 접합 좌·우 영역의 캐리어(전자 또는 정공) 농도 차이에 의해, 접합면 근처의 P형 영역의 다수 캐리어인 정공은 N형 영역으로 확산되고 그곳의 전자와 재결합하여 소멸된다. 반대로 N형 영역의 다수 캐리어인 전자는 P형 영역으로 확산되고 그곳의 정공과 재결합하여 소멸된다. 따라서 접합면 근처의 P형 영역의 억셉터 원자는 정공을 잃어버려 음(−) 이온화되고, N형 영역의 도너 원자는 전자를 잃어버려 양(+) 이온화된다. 이와 같은 작용에 의해 접합면 근처의 P형 영역에는 음의 억셉터 이온이 존재하고, N형 영역에는 양의 도너 이온이 존재하는 얇은 영역이 형성된다. 이 영역에는 움직일 수 있는 캐리어가 없으므로, **공간전하 영역** space charge region 또는 **공핍영역** depletion region이라고 한다.

공핍영역에는 양 이온에서 음 이온 쪽으로 향하는 전계가 형성되며, 이 전계는 더 이상의 캐리어 확산을 저지하는 역할을 한다. 즉 공핍영역에 형성되는 전계는 캐리어가 상대 영역으로 확산되는 것을 막는 전위장벽으로 작용한다. 일정한 크기의 전위장벽이 형성된 이후에는 PN 접합 양쪽의 캐리어가 더 이상 상대 영역으로 확산되지 못하는 열적 평형상태가 된다. 공핍영역의 폭은 P형 영역과 N형 영역의 도핑 농도에 관계된다.

공핍영역의 이온화된 원자들에 의해 발생되는 전위차를 PN 접합의 **고유전위** built-in potential 라고 하며, 평형상태의 PN 접합에 발생되는 고유전위는 [그림 1-7]과 같다. 고유전위는 N형 영역과 P형 영역의 도핑 농도에 관계되며, 식 (1.4)와 같이 표현한다.

$$V_0 = V_T \ln\left(\frac{N_A N_D}{n_i^2}\right) \tag{1.4}$$

식 (1.4)에서 N_A는 P형 영역에 도핑된 억셉터 불순물의 농도이고, N_D는 N형 영역에 도핑된 도너 불순물의 농도이다. $n_i = 1.5 \times 10^{10} \mathrm{cm}^{-3}$는 진성 반도체의 캐리어 농도이고, $V_T = k\mathrm{T}/\mathrm{q}$는 **열전압** thermal voltage 또는 온도등가 전압을 나타내며, 상온($T \simeq 300\,\mathrm{K}$)에서 $V_T = 26\mathrm{mV}$이다. 예를 들어, $N_A = 1 \times 10^{16} \mathrm{cm}^{-3}$이고 $N_D = 2 \times 10^{17} \mathrm{cm}^{-3}$인 경우, $T = 300\,\mathrm{K}$에서 고유전위는 $V_0 = 0.775\,\mathrm{V}$가 된다.

PN 접합 다이오드의 동작은 에너지 대역 개념을 이용하면 비교적 쉽게 이해할 수 있다. [그림 1-8]은 열적 평형상태에 있는 PN 접합의 에너지 밴드 다이어그램을 보여준다. P형 영역과 N형 영역 사이에 고유전위에 의한 전위장벽이 형성되어 있다. P형 영역의 다수 캐리어인 정공은 PN 접합의 전위장벽에 갇혀서 N형 영역으로 이동하지 못하며, N형 영역의 다수 캐리어인 전자도 전위장벽에 갇혀서 P형 영역으로 이동하지 못한다. 따라서 열적 평형상태의 PN 접합에는 전류가 흐르지 않는다.

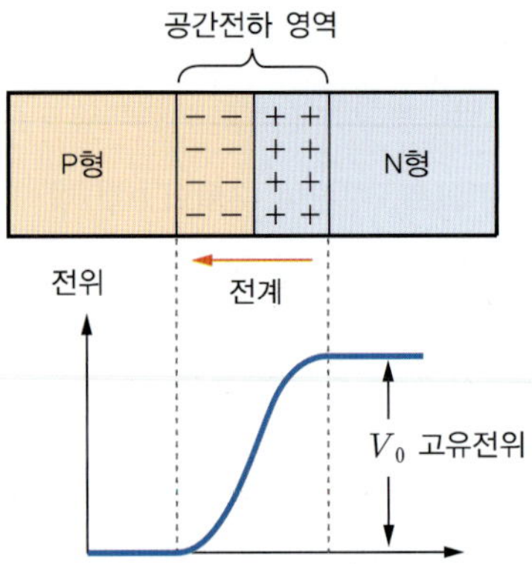

그림 1-7 PN 접합의 고유전위

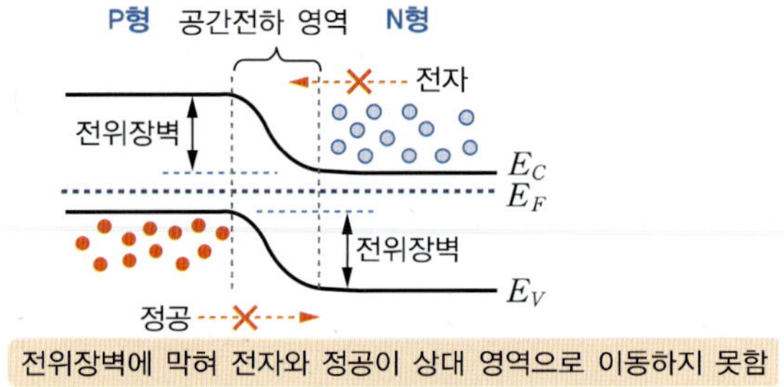

그림 1-8 열적 평형상태에서 PN 접합 다이오드의 에너지 대역 상태

1.2.2 PN 접합과 바이어스

PN 접합에 바이어스를 어떻게 인가하는가?
PN 접합에 바이어스를 인가하면 어떤 현상이 일어나는가?

앞 절에서 설명한 바와 같이, PN 접합의 두 단자가 개방되어 외부에서 전압이 인가되지 않은 상태에서는 PN 접합에 형성된 내부 전위장벽에 의해 캐리어가 이동할 수 없으며, 따라서 PN 접합에 전류가 흐르지 않는다. PN 접합에 전류가 흐르게 하려면 전압을 인가하여 내부 전위장벽을 낮춰야 하며, 이를 **바이어스** bias라고 한다. 바이어스의 개념은 PN 접합의 동작 특성을 이해하는 데 매우 중요한 의미를 갖는다.

■ 순방향 바이어스

[그림 1-9]와 같이 P형 영역에 양(+)의 전압, N형 영역에 음(−)의 전압이 인가된 상태를 **순방향 바이어스** forward bias가 인가되었다고 한다. 순방향 바이어스 상태의 PN 접합에는 다음과 같은 현상이 일어난다. 애노드에 인가된 양의 전압은 P형 영역의 다수 캐리어 정공을 N형 영역 쪽으로 밀어내고, N형 영역의 다수 캐리어 전자를 끌어당긴다. 또한 캐소드에 인가된 음의 전압은 N형 영역의 전자를 P형 영역 쪽으로 밀어내고, P형 영역의 정공을 끌어당긴다. 따라서 전자와 정공이 접합면을 통과해 이동하므로 순방향 바이어스가 인가된 PN 접합에 전류가 흐르게 된다.

순방향 바이어스가 인가된 PN 접합의 전류 흐름을 에너지 대역 개념을 이용하여 다음과 같이 이해할 수 있다. PN 접합에 순방향 바이어스가 인가되면 [그림 1-10]과 같이 PN 접합의 전위장벽이 낮아진다. 따라서 P형 영역의 다수 캐리어 정공은 전위장벽을 넘어 N형 영역으로 이동하고, N형 영역의 다수 캐리어 전자는 P형 영역으로 이동하여 PN 접합에 전류가 흐르게 된다.

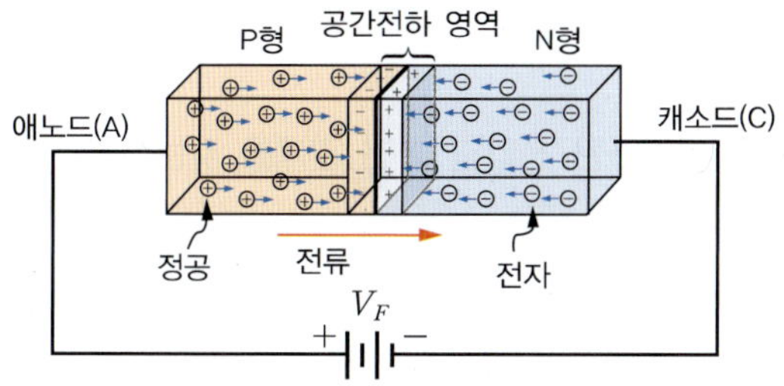

그림 1-9 PN 접합에 순방향 바이어스가 인가된 경우

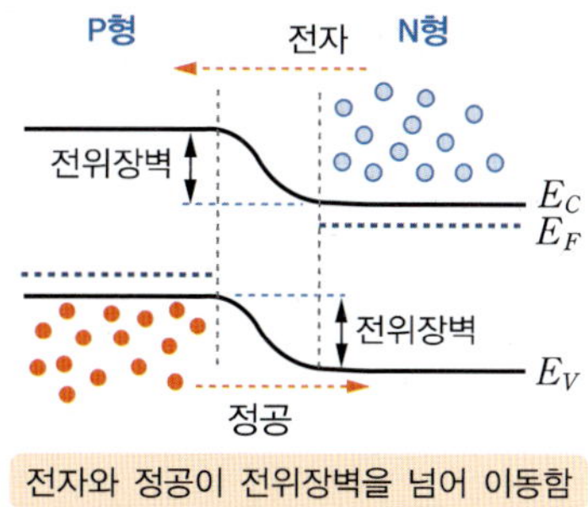

그림 1-10 순방향 바이어스가 인가된 PN 접합의 에너지 대역 상태

■ 역방향 바이어스

[그림 1-11]과 같이 P형 영역에 음(−)의 전압, N형 영역에 양(+)의 전압이 인가된 상태를 **역방향 바이어스** reverse bias가 인가되었다고 한다. 역방향 바이어스 상태의 PN 접합에는 다음과 같은 현상이 일어난다. 애노드에 인가된 음의 전압이 P형 영역의 다수 캐리어 정공을 애노드 단자 쪽으로 끌어당기고, 캐소드에 인가된 양의 전압은 N형 영역의 다수 캐리어 전자를 캐소드 단자 쪽으로 끌어당긴다. 따라서 전자와 정공이 접합면을 통과하지 못하여 PN 접합에는 전류가 흐르지 않는다.

그러나 각 영역에 존재하는 소수 캐리어는 PN 접합을 통해 이동한다. P형 영역의 소수 캐리어인 전자는 캐소드에 인가된 양의 전압에 의해 N형 영역으로 이동하고, 반대로 N형 영역의 소수 캐리어인 정공은 애노드에 인가된 음의 전압에 의해 P형 영역으로 이동하여 전류를 형성한다. 이와 같이 역방향 바이어스가 인가된 상태에서 소수 캐리어 이동에 의한 전류를 **역방향 포화전류** reverse saturation current라고 한다. 소수 캐리어의 농도는 매우 낮으므로 역방향 포화전류는 $10^{-15} \sim 10^{-13}$A 범위의 매우 작은 양이다. 역방향 포화전류를 무시한다면, 역방향 바이어스가 인가된 PN 접합에 흐르는 전류는 0이라고 생각할 수 있다.

역방향 바이어스가 인가된 PN 접합의 전류 흐름을 에너지 대역 개념을 이용하여 이해해보자. PN 접합에 역방향 바이어스가 인가되면 [그림 1-12]와 같이 PN 접합의 전위장벽이 높아진다. 따라서 각 영역의 다수 캐리어는 전위장벽에 막혀 상대 영역으로 이동하지 못하게 되어 PN 접합에 전류가 흐르지 않는다.

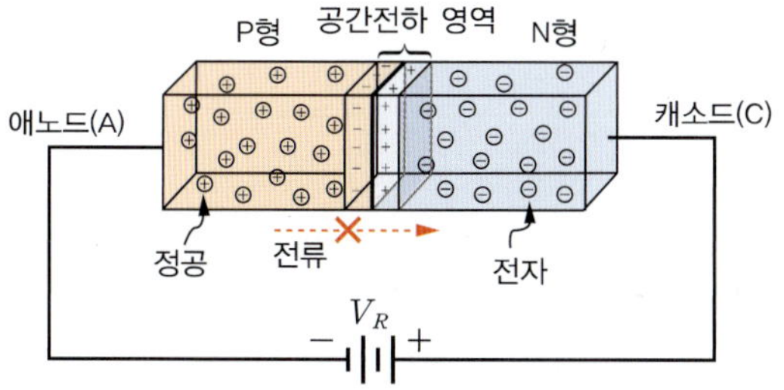

그림 1-11 PN 접합에 역방향 바이어스가 인가된 경우

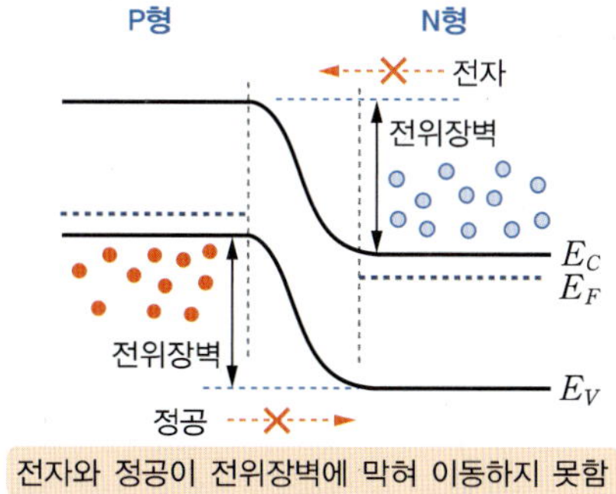

그림 1-12 역방향 바이어스가 인가된 PN 접합의 에너지 대역 상태

1.2.3 PN 접합 다이오드의 전류-전압 특성

PN 접합 다이오드에 흐르는 전류는 인가된 전압과 어떤 관계를 갖는가?

PN 접합 다이오드의 애노드와 캐소드 사이에 전압 V_D가 인가되는 경우, 다이오드에 흐르는 전류 I_D는 식 (1.5)와 같이 표현된다.

$$I_D = I_S\left(e^{V_D/V_T} - 1\right) \tag{1.5}$$

여기서 V_T는 열전압을 나타내며, 상온(300K)에서 약 26mV이다. I_S는 역방향 포화전류이다. 식 (1.5)에서 $V_D \gg V_T$이면 다이오드 전류 I_D는 식 (1.6)과 같이 근사화된다.

$$I_D \simeq I_S e^{V_D/V_T} \tag{1.6}$$

PN 접합 다이오드에 역방향 바이어스가 인가되면 식 (1.7)의 역방향 포화전류가 흐른다. 역방향 포화전류는 P형 영역과 N형 영역에 존재하는 소수 캐리어의 이동에 의한 전류이며, PN 접합 다이오드의 **누설전류** leakage current를 나타낸다.

$$I_D \approx -I_S \tag{1.7}$$

이상을 종합하면, PN 접합 다이오드에 순방향 바이어스가 인가되면 식 (1.6)에 의해 애노드에서 캐소드로 전류가 흐르며, 역방향 바이어스가 인가되면 식 (1.7)에 의해 캐소드에서 애노드로 매우 작은 누설전류만 흐른다.

PN 접합 다이오드의 전류-전압 특성은 [그림 1-13]과 같이 비선형적이며, $V_D > V_\gamma$인 순방향 전압이 인가되면 다이오드 전류는 식 (1.6)에 의해 지수함수적으로 급격히 증가한다. 여기서 V_γ는 다이오드 전류가 급격히 증가하기 시작하는 순방향 임계전압이며, **커트-인** cut-in **전압** 또는 **턴-온** turn-on **전압**이라고 한다. 커트-인 전압은 PN 접합의 고유전위에 관계되며, 실리콘 PN 접합 다이오드의 경우 $V_\gamma \simeq 0.6 \sim 0.7\text{V}$ 범위의 값을 갖는다.

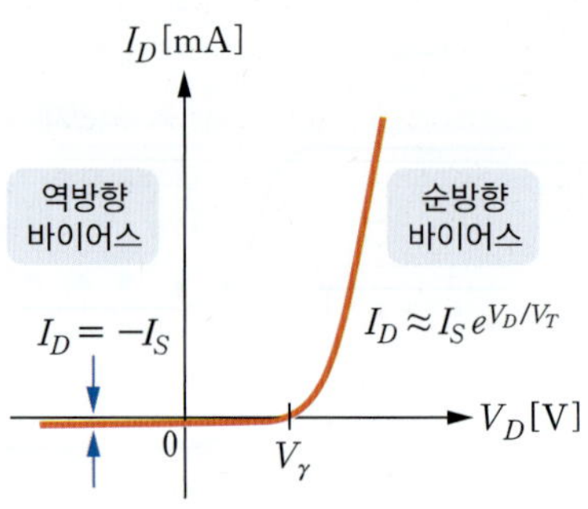

그림 1-13 PN 접합 다이오드의 전류-전압 특성

■ 역방향 항복 특성

PN 접합 다이오드에 큰 역방향 전압이 인가되면 갑자기 큰 전류가 흐르는 **역방향 항복**reverse breakdown **현상**이 발생한다([여기서 잠깐] '애벌런치 항복 현상' 참조). 역방향 항복이 발생하면 다이오드 양 단자의 전압은 거의 일정한 값 $-V_Z$로 유지되면서 전류만 급격하게 증가한다. 큰 역방향 전류가 일정시간 이상 지속되면 다이오드가 파괴될 수 있으므로, 이 영역에서 동작하지 않도록 해야 한다. [그림 1-14]는 역방향 항복영역이 포함된 PN 접합 다이오드 전류-전압 특성을 보여준다.

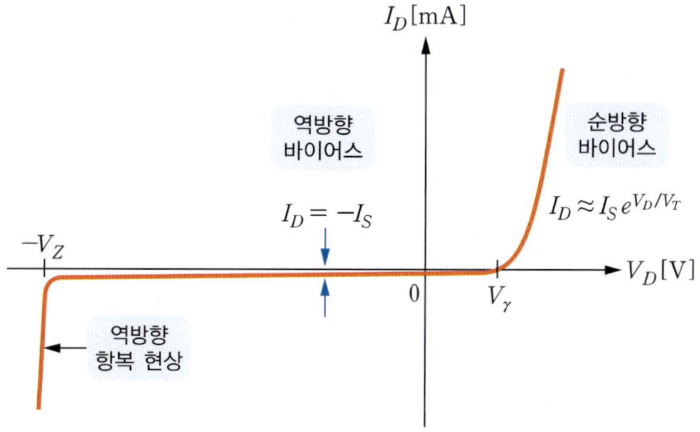

그림 1-14 역방향 항복 특성이 포함된 PN 접합 다이오드의 전류-전압 특성

Q **PN 접합 다이오드의 전류 흐름 특성은 어떠한가?**

A 단방향 전류 흐름 특성을 가져 정류기 회로에 사용된다(1.4절 참조).

- 순방향 바이어스 : 애노드 → 캐소드로 전류가 흐름
- 역방향 바이어스 : 전류가 흐르지 않음(매우 작은 누설전류만 흐름)

여기서 잠깐 ▸ **애벌런치 항복 현상**

PN 접합에 큰 역방향 전압이 인가되면, 열적으로 생성된 전자(역방향 포화전류의 일부)가 공간전하 영역의 강한 전계에 의해 가속된다. 가속된 전자가 높은 운동 에너지를 가지고 실리콘 격자와 충돌하면, 공유결합으로 구속되어 있던 전자가 탈출하여 전자-정공 쌍이 생성된다. 생성된 전자가 이동하면서 다시 격자와 충돌하여 또 다른 전자-정공 쌍을 생성하는 과정이 반복되면서 캐리어 수가 급속히 증가하게 되고, 따라서 PN 접합에 흐르는 전류가 급격하게 증가한다. 이와 같이 캐리어 수의 급속한 증식과정에 의한 항복을 **애벌런치 항복**avalanche breakdown 이라고 한다.

예제 1-1

[그림 1-15]의 회로에서 $V_S = 3\,\text{V}$인 경우에 PN 접합 다이오드의 전류 I_D와 전압 V_D의 근삿값을 구하라. 단, $R = 1.0\text{k}\Omega$이고, 역방향 포화전류는 $I_S = 3.74 \times 10^{-14}\,\text{A}$이다.

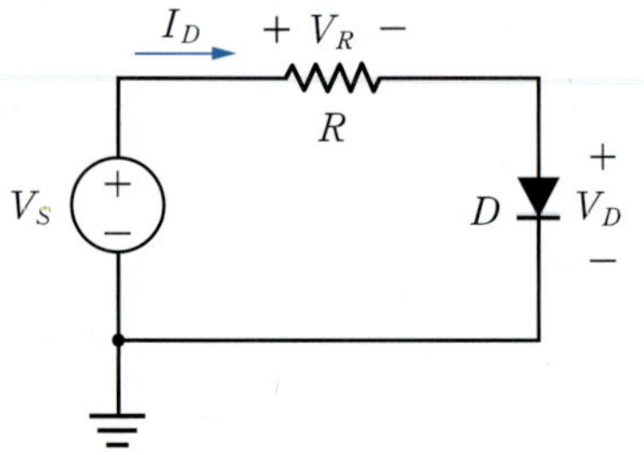

그림 1-15

풀이

[그림 1-15]의 회로에 KVL을 적용하면 다음과 같다.

$$V_S = I_D R + V_D = I_s \left(e^{V_D / V_T} - 1\right) R + V_D \qquad \cdots ①$$

식 ①에 주어진 값을 대입하여 다시 쓰면 다음과 같다.

$$3 = 3.74 \times 10^{-14} \times 1.0 \times 10^3 \times \left(e^{V_D / 0.026} - 1\right) + V_D \qquad \cdots ②$$

반복 해석법을 적용하여 V_D를 구한다. $V_D = 0.6\,\text{V}$라고 가정하여 식 ②의 우변을 계산하면 0.9936이며, 이는 좌변의 값 3보다 작은 값이다. $V_D = 0.65\,\text{V}$라고 가정하여 다시 계산하면 식 ②의 우변은 3.343이며 이는 좌변의 값 3보다 큰 값이므로, 다이오드 양단에 걸리는 전압 V_D는 $0.65\,\text{V}$보다 약간 작은 값임을 알 수 있다. $V_D = 0.646\,\text{V}$를 대입하면 우변은 $2.955\,\text{V}$이며, 이는 좌변의 값 3에 매우 근접한 값이다. 따라서 다이오드 양단에 걸리는 전압은 근사적으로 $V_D \simeq 0.646\text{V}$이다. $V_D = 0.646\,\text{V}$를 식 (1.5)에 대입하여 다이오드에 흐르는 전류를 구하면 다음과 같다.

$$I_D = I_s \left(e^{V_D / V_T} - 1\right) = 3.74 \times 10^{-14} \times \left(e^{(0.646/0.026)} - 1\right) \simeq 2.31\text{mA}$$

[그림 1-15]의 회로에 대한 PSPICE 시뮬레이션 결과는 [그림 1-16(a)]와 같으며, 계산 값과 유사한 결과가 얻어졌음을 확인할 수 있다.

[그림 1-15]의 회로에서 저항 R을 1Ω으로 설정하고 전압 V_S를 $0\,\text{V} \sim 3.5\,\text{V}$ 범위에서 변화시키며 다이오드의 순방향 전류-전압 특성을 시뮬레이션한 결과는 [그림 1-16(b)]와 같으며, 다이오드의 커트-인 전압이 약 $V_\gamma \simeq 0.6\text{V}$임을 확인할 수 있다. 또한, 전압 V_S를 $-105\,\text{V} \sim 0\,\text{V}$ 범위에서 변화시키며 다이오드의 역방향 전류-전압 특성을 시뮬레이션한 결과는 [그림 1-16(c)]와 같으며, 다이오드의 역방향 항복전압이 약 $V_Z \simeq 100\text{V}$임을 확인할 수 있다.

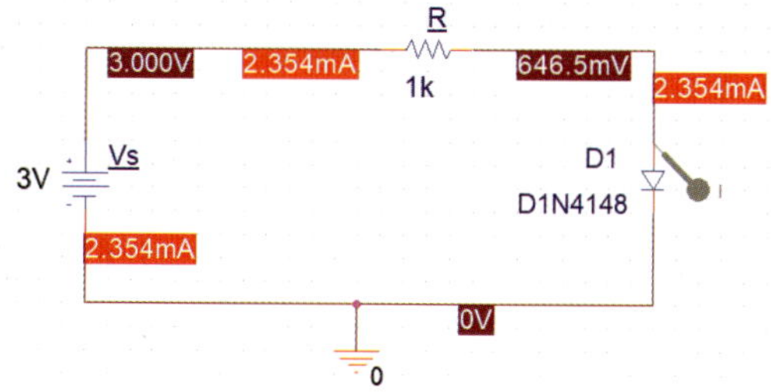

(a) [예제 1-1]의 PSPICE 시뮬레이션 결과

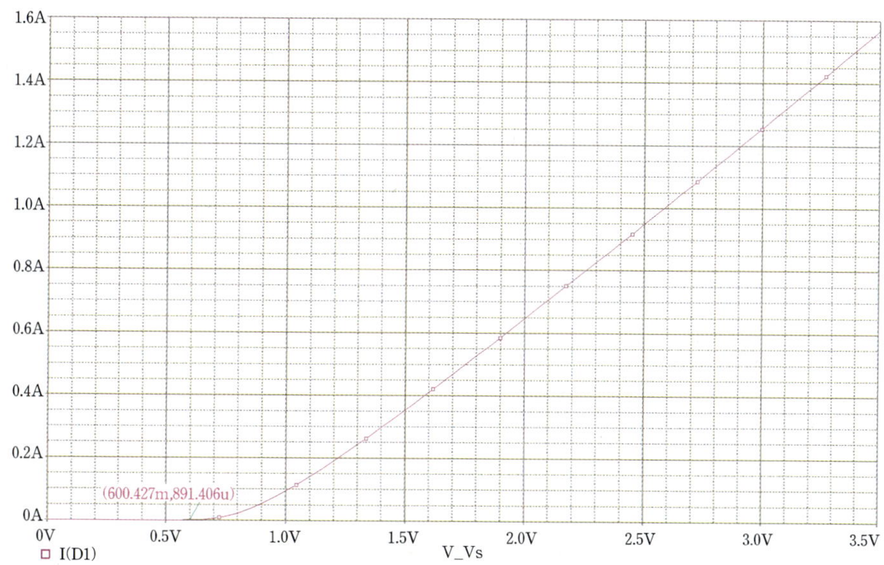

(b) D1N4148 다이오드의 순방향 전류-전압 특성($R=1\Omega$)

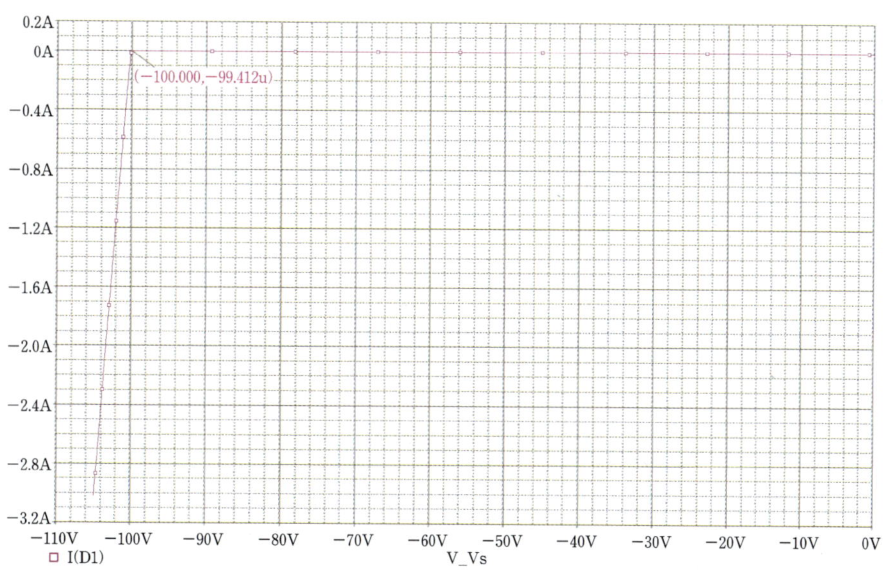

(c) D1N4148 다이오드의 역방향 전류-전압 특성($R=1\Omega$)

그림 1-16 [예제 1-1] 회로의 시뮬레이션 결과

확인문제 1-1

[그림 1-15]의 회로에서 다이오드에 $I_D = 0.9\text{mA}$의 전류가 흐를 때, 다이오드 양단에 걸리는 전압 V_D를 구하라. 단, 역방향 포화전류는 $I_S = 3.74\times10^{-14}\text{A}$이다.

답 $V_D = 0.622\text{V}$

핵심포인트 **PN 접합 다이오드의 특성**

- PN 접합에 순방향 바이어스가 인가되면, PN 접합의 전위장벽이 낮아지고, 다수 캐리어의 이동으로 발생하는 전류가 애노드에서 캐소드로 흐른다.
- PN 접합에 역방향 바이어스가 인가되면, PN 접합의 전위장벽이 높아져 다수 캐리어가 이동하지 못하고, 소수 캐리어의 이동에 의해 매우 작은 역방향 포화전류만 캐소드에서 애노드로 흐른다.
- PN 접합에 큰 역방향 전압이 인가되면, 갑자기 큰 전류가 흐르는 역방향 항복 현상이 발생한다.
- PN 접합 다이오드에 흐르는 전류 : $I_D = I_S\left(e^{V_D/V_T} - 1\right)$

여기서 잠깐 **PN 접합 다이오드의 동작과 유압 밸브 장치의 동작 비유**

PN 접합 다이오드의 동작은 [그림 1-17]과 같이 한쪽 방향으로만 열리는 유압 밸브 장치의 동작에 비유할 수 있다. 전압↔유압, 전류 흐름↔ 유체 흐름을 서로 비유하여 생각해보자.

- [그림 1-17(a)] : 밸브 왼쪽의 압력이 높으면 밸브가 열려 유체가 왼쪽에서 오른쪽으로 흐른다. 이는 PN 접합 다이오드에 순방향 바이어스가 인가되면(애노드의 전압이 캐소드의 전압보다 높으면), 애노드에서 캐소드로 전류가 흐르는 동작에 비유할 수 있다.
- [그림 1-17(b)] : 밸브 오른쪽의 압력이 높으면 밸브가 닫혀 유체가 흐르지 못한다. 이는 PN 접합 다이오드에 역방향 바이어스가 인가되면(캐소드의 전압이 애노드의 전압보다 높으면), 애노드에서 캐소드로 전류가 흐르지 못하는 동작에 비유할 수 있다.

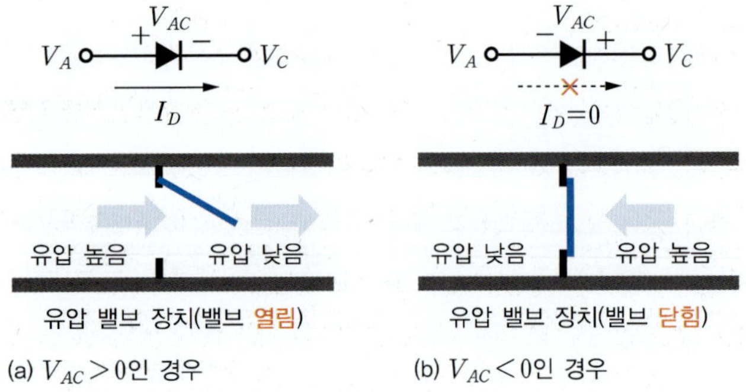

그림 1-17 PN 접합 다이오드의 동작과 유압 밸브 장치의 동작 비유

- PN 접합 다이오드는 순방향 바이어스가 인가될 때 한쪽 방향(애노드→캐소드)으로 전류가 흐르는 소자로서 유압에 따라 한쪽 방향으로만 유체가 흐르도록 제작된 유압 밸브 장치와 유사하게 동작한다고 생각할 수 있다.

점검하기 **다음 각 문제에서 맞는 것을 고르시오.**

(1) N형 영역과 P형 영역의 불순물 도핑 농도가 높을수록 PN 접합의 고유전위는 큰 값을 갖는다. (O, X)

(2) PN 접합 다이오드의 순방향 바이어스는 애노드에 (**음**, **양**)의 전압을, 캐소드에 (**음**, **양**)의 전압을 인가한 상태이다.

(3) PN 접합 다이오드의 역방향 바이어스는 애노드에 (**음**, **양**)의 전압을, 캐소드에 (**음**, **양**)의 전압을 인가한 상태이다.

(4) PN 접합에 순방향 바이어스를 인가하면 접합의 전위장벽이 (**낮아진다**, **높아진다**).

(5) PN 접합 다이오드에 순방향 바이어스를 인가하면 전류는 애노드에서 캐소드로 흐른다. (O, X)

(6) 순방향 바이어스가 인가된 PN 접합 다이오드의 전류는 (**소수**, **다수**) 캐리어의 이동에 의한 것이다.

(7) PN 접합에 역방향 바이어스를 인가하면 접합의 전위장벽이 (**낮아진다**, **높아진다**).

(8) PN 접합 다이오드의 역방향 포화전류는 애노드에서 캐소드로 흐른다. (O, X)

(9) PN 접합 다이오드의 역방향 포화전류는 (**소수**, **다수**) 캐리어의 이동에 의한 것이다.

(10) PN 접합 다이오드의 역방향 항복전류는 애노드에서 캐소드로 흐른다. (O, X)

SECTION 1.3 PN 접합 다이오드의 등가모델

PN 접합 다이오드는 식 (1.5)와 같이 지수exponential 함수가 포함된 비선형적인 전류-전압 특성을 가지므로, 다이오드가 포함된 회로의 해석과 설계가 매우 복잡해진다. 회로 해석과 설계를 단순화시키기 위해 PN 접합 다이오드의 전기적 특성을 나타내는 등가모델이 사용된다. 등가모델은 DC 등가모델과 소신호small-signal 등가모델로 구분된다. 다이오드에 인가되는 전압이 직류이거나 전압의 변화가 큰 경우에는 DC 등가모델이 사용되며, 전압의 변화가 작은 경우에는 소신호 등가모델이 사용된다.

1.3.1 DC 등가모델

PN 접합 다이오드의 DC 등가모델은 왜 필요하며, 어떤 의미를 갖는가?

PN 접합 다이오드의 비선형적 전류-전압 특성을 근사화하기 위해 이상적ideal 등가모델, 정전압constant-voltage 등가모델, 부분 선형piecewise linear 등가모델 등이 사용된다.

▪ 이상적 등가모델

PN 접합 다이오드에 순방향 바이어스가 인가되면 전류가 잘 흐르므로, [그림 1-18(a)]와 같이 이상적인 닫힌(ON) 스위치 동작으로 볼 수 있다. 반대로, 역방향 바이어스가 인가되면 다이오드에 흐르는 전류(역방향 포화전류)는 0에 가까운 매우 작은 값이므로, [그림

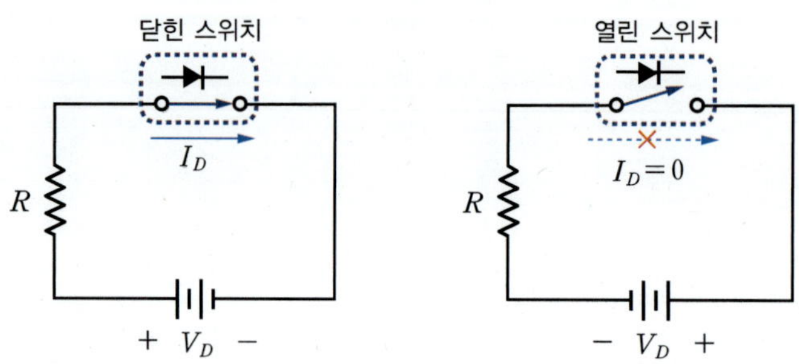

(a) 순방향 바이어스 상태(닫힌 스위치) (b) 역방향 바이어스 상태(열린 스위치)

그림 1-18 PN 접합 다이오드의 이상적 등가모델

1-18(b)]와 같이 이상적인 열린(OFF) 스위치 동작으로 볼 수 있다. 이와 같이 PN 접합 다이오드의 동작 특성을 이상적인 스위치의 동작으로 단순화시킨 것이 **이상적 등가모델**이다. 이상적 등가모델의 전류-전압 특성을 [그림 1-19]와 같이 표현할 수 있다. $V_D \geq 0$인 순방향 바이어스 상태는 이상적인 닫힌 스위치ideal closed switch와 같이 무한대(∞)의 전류가 흐르며, $V_D < 0$인 역방향 바이어스 상태는 이상적인 열린 스위치ideal open switch와 같이 전류가 0인 것으로 모델링한다. 이상적 등가모델에서는 다이오드의 커트-인 전압이 $V_\gamma = 0$이고, 도통상태의 저항성분은 0으로 가정한다.

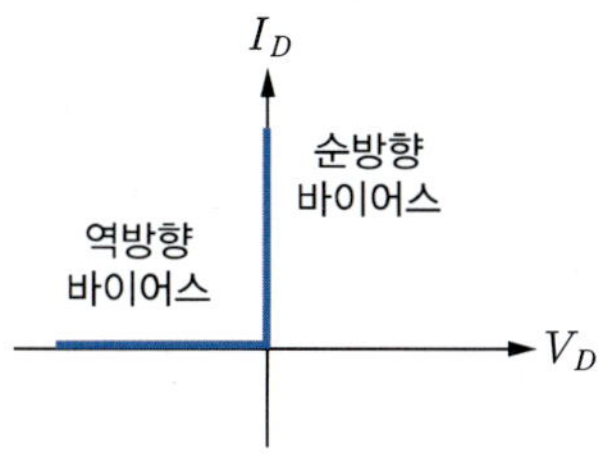

그림 1-19 이상적 등가모델에 의한 PN 접합 다이오드의 전류-전압 특성

■ 정전압 등가모델

[그림 1-13]의 PN 접합 다이오드 전류-전압 특성에 의하면, 다이오드에 순방향 바이어스 $V_D \geq V_\gamma$가 인가되면 전류가 급격히 증가하므로, [그림 1-20(a)]와 같이 정전압 V_γ와 이상적인 닫힌 스위치 동작으로 볼 수 있다. $V_D < V_\gamma$이면 다이오드에 흐르는 전류가 0에 가까우므로, [그림 1-20(b)]와 같이 이상적인 열린 스위치 동작으로 볼 수 있다. 이와 같이 $V_D \geq V_\gamma$이면 정전압 V_γ와 이상적 닫힌 스위치의 직렬연결로 등가시키고, $V_D < V_\gamma$이면 열린 스위치로 등가시키는 것을 **정전압**constant-voltage **등가모델**이라고 한다.

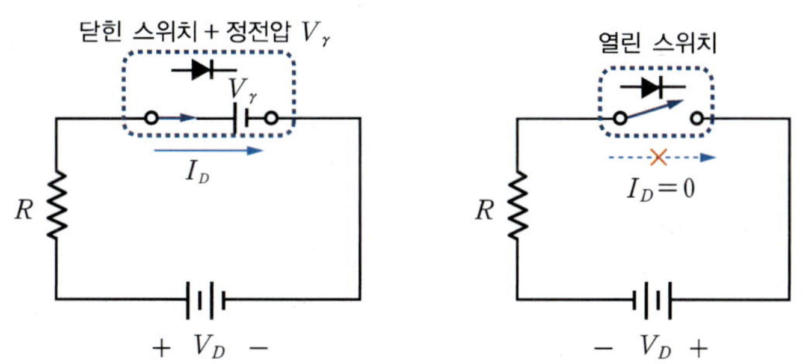

(a) 순방향 바이어스 상태의 동작　　(b) 역방향 바이어스 상태의 동작

그림 1-20 PN 접합 다이오드의 정전압 등가모델

[그림 1-21]은 정전압 등가모델에 의한 PN 접합 다이오드의 전류-전압 특성을 보여준다. $V_D \geq V_\gamma$인 순방향 바이어스 상태는 이상적인 닫힌 스위치로 모델링하며, $V_D < V_\gamma$인 상태는 전류가 0인 열린 스위치로 모델링한다. 정전압 등가모델은 [그림 1-19]의 이상적 다이오드 모델에 정전압 V_γ가 추가된 것으로 볼 수 있다.

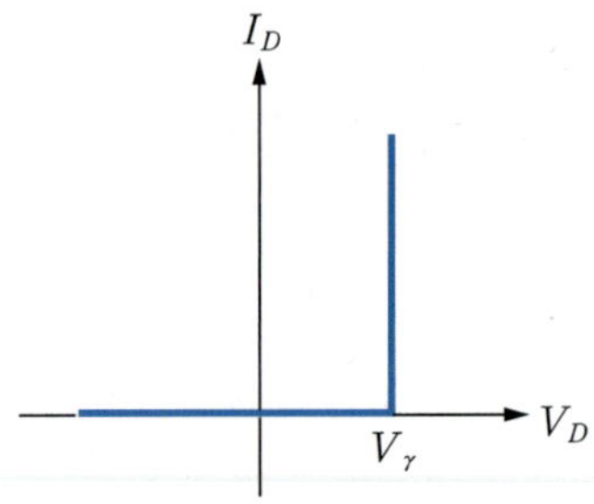

그림 1-21 정전압 등가모델에 의한 PN 접합 다이오드의 전류–전압 특성

■ 부분 선형 등가모델

$V_D \geq V_\gamma$인 순방향 바이어스 영역에서 다이오드의 전류–전압 특성을 [그림 1–22]와 같이 직선으로 근사화할 수 있으며, 이때 직선의 기울기 역수는 다이오드의 순방향 등가저항 r_D를 나타낸다. 이와 같이 순방향 바이어스 $V_D \geq V_\gamma$에 대해 전압 V_D의 증가에 따른 전류의 증가를 직선으로 근사화한 것이 **부분 선형** piecewise linear **등가모델**이다.

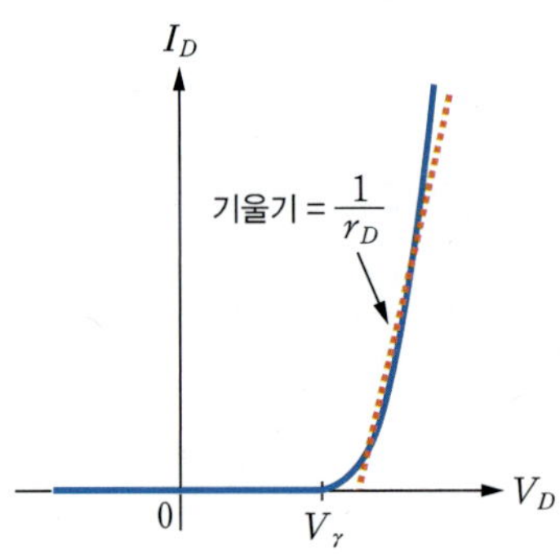

그림 1-22 PN 접합 다이오드의 순방향 바이어스 영역의 선형 근사화

[그림 1–23]은 PN 접합 다이오드의 부분 선형 등가모델을 보여준다. $V_D \geq V_\gamma$인 순방향 바이어스 상태에서는 [그림 1–20(a)]의 정전압 등가모델에 순방향 등가저항 r_D가 추가된 것이며, $V_D < V_\gamma$인 역방향 바이어스 상태에서는 이상적인 열린 스위치로 모델링한다.

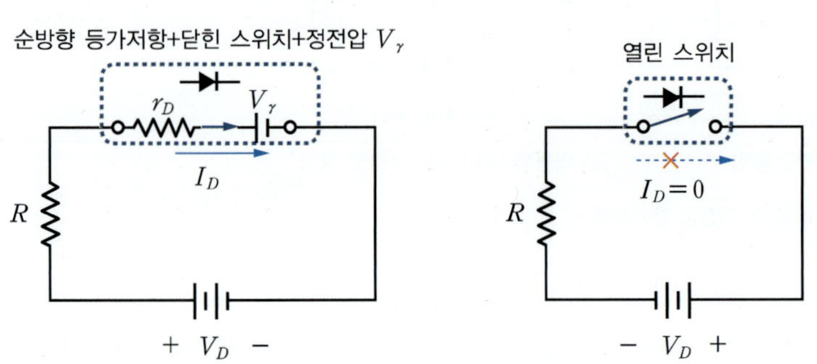

(a) 순방향 바이어스 상태의 동작

(b) 역방향 바이어스 상태의 동작

그림 1-23 PN 접합 다이오드의 부분 선형 등가모델

Q PN 접합 다이오드의 등가모델을 회로 해석에 적용했을 때, 결과가 가장 정확한 모델은?

A 부분 선형 등가모델은 $V_D \geq V_\gamma$일 때의 도통된 다이오드를 닫힌 스위치와 등가저항 r_D, 그리고 정전압 V_γ의 직렬연결로 모델링하므로 정전압 등가모델($r_D = 0$으로 가정), 이상적 등가모델($V_\gamma = 0$으로 가정)에 비해 회로 해석 결과가 가장 정확하다.

예제 1-2

[그림 1-24]의 회로에서 $V_I = 3\,\text{V}$에 의해 PN 접합 다이오드가 순방향 바이어스되고 있다. PN 접합 다이오드에 (a) 이상적 등가모델, (b) 정전압 등가모델, (c) 부분 선형 등가모델을 적용하여 각 경우의 다이오드 전류 I_D를 구하라. 단, 다이오드의 커트-인 전압은 $V_\gamma = 0.63\,\text{V}$, 순방향 등가저항은 $r_D = 8\,\Omega$이고, $R = 1.0\text{k}\Omega$이다.

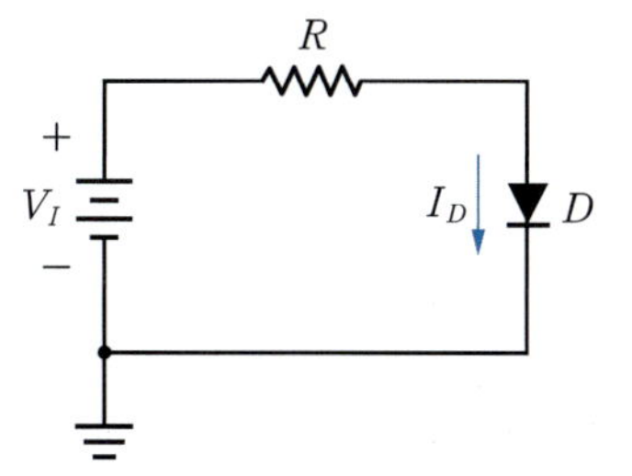

그림 1-24

풀이

(a) 다이오드에 [그림 1-18]의 이상적 등가모델을 적용하면 [그림 1-25(a)]와 같다. 회로에서 전류 I_D를 구하면 다음과 같다.

$$I_D = \frac{V_I}{R} = \frac{3}{1.0 \times 10^3} = 3.0\text{mA}$$

(b) 다이오드에 [그림 1-20]의 정전압 등가모델을 적용하면 [그림 1-25(b)]와 같다. 회로에서 전류 I_D를 구하면 다음과 같다.

$$I_D = \frac{V_I - V_\gamma}{R} = \frac{3 - 0.63}{1.0 \times 10^3} = 2.37\text{mA}$$

(c) 다이오드에 [그림 1-23]의 부분 선형 등가모델을 적용하면 [그림 1-25(c)]와 같다. 회로에서 전류 I_D를 구하면 다음과 같다.

$$I_D = \frac{V_I - V_\gamma}{R + r_D} = \frac{3 - 0.63}{1.0 \times 10^3 + 8} = 2.35\text{mA}$$

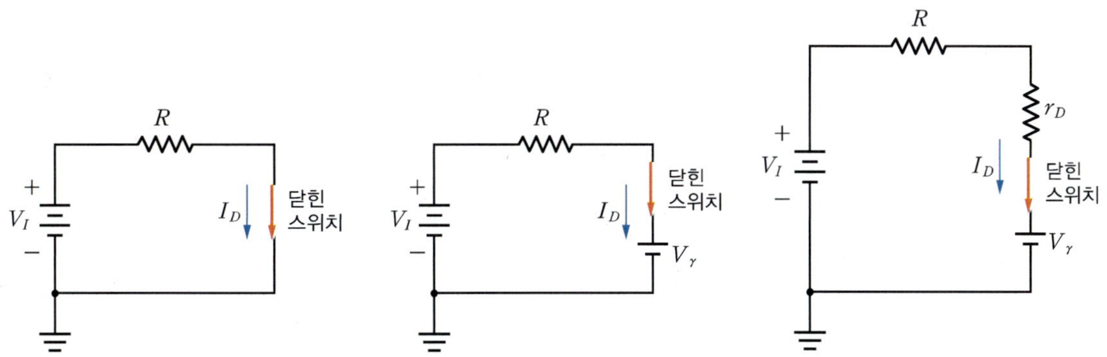

(a) 이상적 등가모델을 적용한 경우 (b) 정전압 등가모델을 적용한 경우 (c) 부분 선형 등가모델을 적용한 경우

그림 1-25 PN 접합 다이오드에 등가모델을 적용한 경우

[그림 1-26]은 [그림 1-24]의 회로에 대한 DC 바이어스 시뮬레이션 결과이며, 다이오드 전류는 정전압 등가모델과 부분 선형 등가모델을 적용하여 계산된 값과 거의 일치함을 확인할 수 있다.

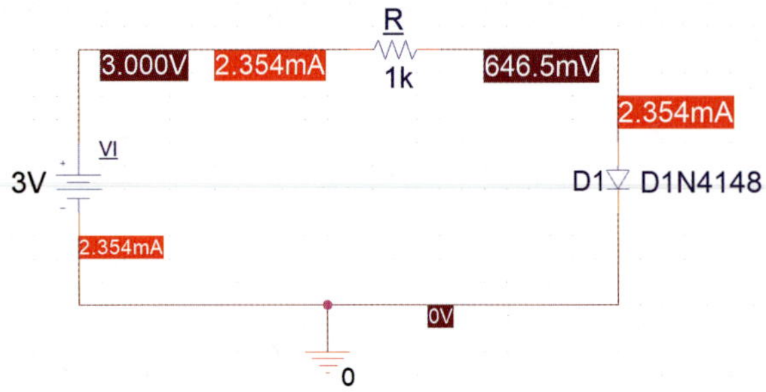

그림 1-26 [예제 1-2]의 DC 바이어스 시뮬레이션 결과

예제 1-3

[그림 1-27(a)]의 회로에서 $R_1 = 1.8\text{k}\Omega$, $V_1 = 3\text{V}$ 이다. V_I에 [그림 1-27(b)]와 같은 구형파가 인가되는 경우의 전압 V_O를 구하고, 시뮬레이션으로 파형을 확인하라. 단, 다이오드의 커트-인 전압은 $V_\gamma = 0.65\,\text{V}$ 이다.

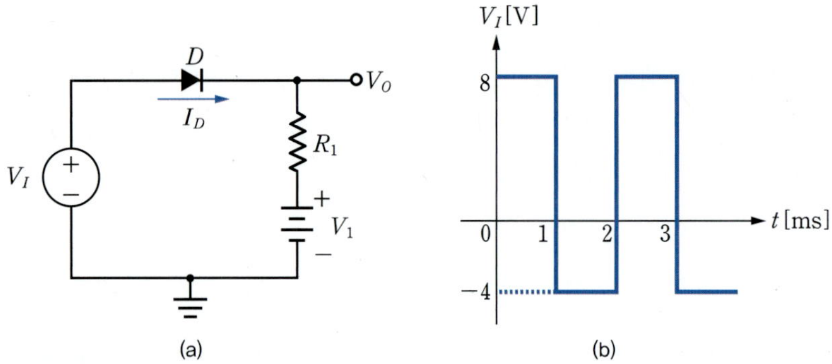

그림 1-27

풀이

i) $V_I \geq V_\gamma + V_1 = 0.65 + 3 = 3.65\text{V}$ 이면 다이오드 D가 도통되며, 다이오드에 정전압 등가모델을 적용하면 등가회로는 [그림 1-28]과 같다. 따라서 $V_I = 8\text{V}$ 인 기간에 출력전압 V_O는 다음과 같다.

$$V_O = V_I - V_\gamma = 8 - 0.65 = 7.35\text{V}$$

ii) $V_I < V_\gamma + V_1 = 0.65 + 3 = 3.65\text{V}$ 이면 다이오드 D가 개방되므로, $V_I = -4\text{V}$ 인 기간에 출력전압은 다음과 같다.

$$V_O = V_1 = 3\text{V}$$

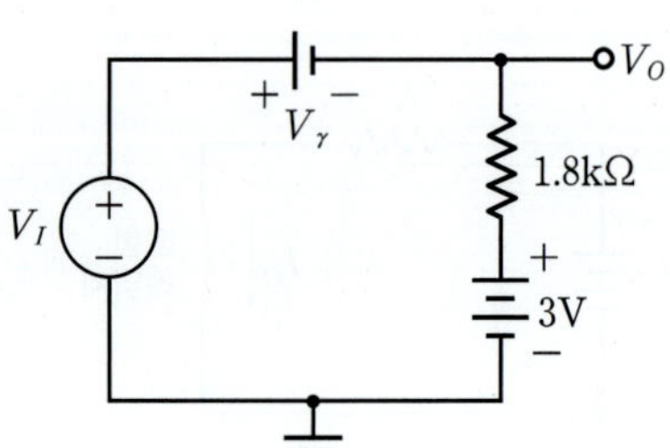

그림 1-28 다이오드 D에 정전압 등가모델을 적용한 등가회로

[그림 1-27] 회로의 시뮬레이션 결과는 [그림 1-29]와 같으며, 계산으로 얻어진 값과 시뮬레이션 결과가 거의 일치함을 확인할 수 있다.

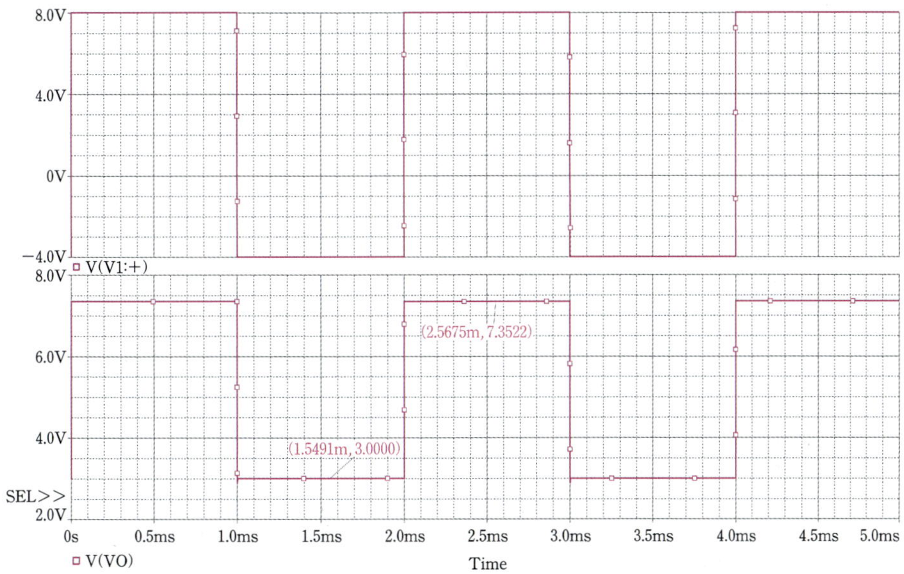

그림 1-29 [예제 1-3]의 시뮬레이션 결과

확인문제 1-2

[그림 1-30]의 회로에서 $R_1 = 1.8\text{k}\Omega$, $R_2 = 2.2\text{k}\Omega$, $V_1 = 3\text{V}$, $V_2 = 8\text{V}$이다. 다이오드에 흐르는 전류 I_D와 전압 V_A, V_B를 각각 구하라. 단, 다이오드는 커트-인 전압이 $V_\gamma = 0.6\,\text{V}$인 정전압 등가모델을 적용한다.

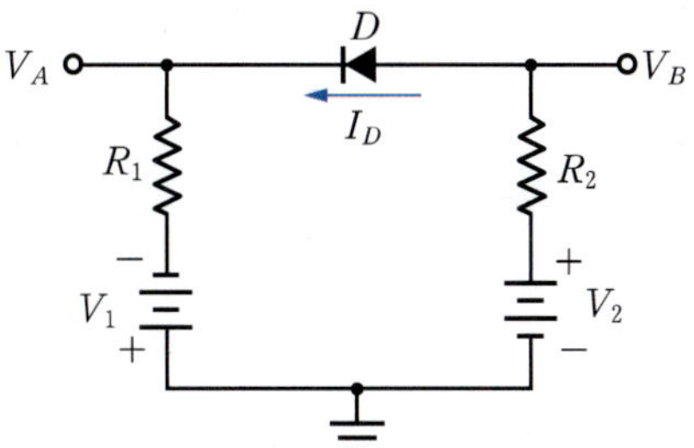

그림 1-30

답 $I_D = 2.6\text{mA}$, $V_A = 1.68\text{V}$, $V_B = 2.28\text{V}$

확인문제 1-3

[그림 1-31]의 회로에서 $V_I = 3.3\text{V}$이고, $R = 1.2\text{k}\Omega$이다. PN 접합 다이오드 D_1, D_2에 부분 선형 등가모델을 적용하여 다이오드에 흐르는 전류 I_D와 저항 R에 걸리는 전압 V_O를 구하라. 단, 다이오드의 커트-인 전압은 $V_\gamma = 0.6\,\text{V}$, 순방향 등가저항은 $r_D = 25\,\Omega$이다.

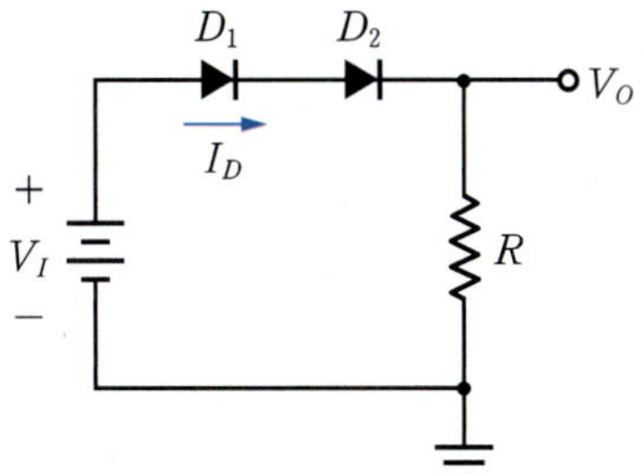

그림 1-31

답 $I_D = 1.68\text{mA}$, $V_O = 2.0\text{V}$

핵심포인트 PN 접합 다이오드의 DC 등가모델과 전류-전압 특성

❶ 비선형 모델 : 식 (1.5)의 전류-전압 특성을 나타낸다.

❷ 이상적 등가모델 : $V_D < 0$이면 열린 스위치, $V_D > 0$이면 닫힌 스위치로 모델링

❸ 정전압 등가모델 : 이상적 다이오드와 정전압 V_γ의 직렬연결로 모델링

❹ 부분 선형 등가모델 : 이상적 다이오드, 등가저항 r_D, 그리고 정전압 V_γ의 직렬연결로 모델링

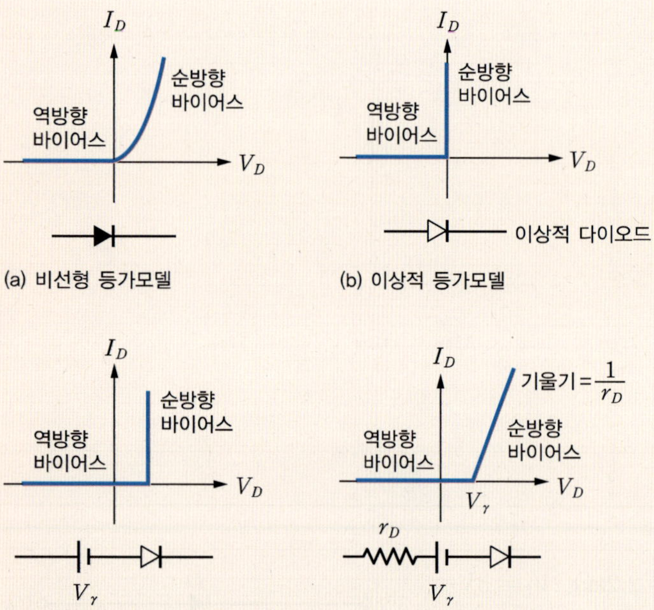

(a) 비선형 등가모델 (b) 이상적 등가모델 (c) 정전압 등가모델 (d) 부분 선형 등가모델

그림 1-32 PN 접합 다이오드의 DC 등가모델

여기서 잠깐 전압과 전류의 표기

전압, 전류의 직류(DC), 교류(AC) 성분을 구분하기 위해 다음과 같은 표기법을 사용한다.

- V_D : 직류전압
- I_D : 직류전류
- v_d : 교류전압
- i_d : 교류전류
- v_D : 직류와 교류가 함께 포함된 전압
- i_D : 직류와 교류가 함께 포함된 전류

1.3.2 소신호 등가모델

PN 접합 다이오드가 작은 신호범위(소신호)로 동작하는 경우에, 등가적으로 어떻게 나타낼 수 있는가?

신호의 작은 변화 범위에 대해 소자의 비선형적인 특성을 선형적인 특성으로 근사화하기 위해 소신호small signal 등가모델을 사용한다. DC 바이어스에 교류신호가 중첩되어 있고, 교류신호의 진폭이 작은 경우에 소신호 등가모델을 사용하면 다이오드의 비선형적인 전류-전압 특성을 선형적인 특성으로 근사화시킬 수 있다.

■ 소신호 동작

[그림 1-33]과 같이 PN 접합 다이오드 회로에 직류전압 V_D와 소신호 교류전압 v_d가 함께 인가되는 경우를 생각해보자.

직류성분과 교류성분이 중첩되어 있으므로, 다이오드 양단에 인가되는 전압은 $v_D = V_D + v_d$로 표시하고, 다이오드에 흐르는 전류는 $i_D = I_D + i_d$로 표시한다. 교류전압이 소신호인 경우에 대해 v_d에 의한 다이오드 전류 i_d를 구해보자.

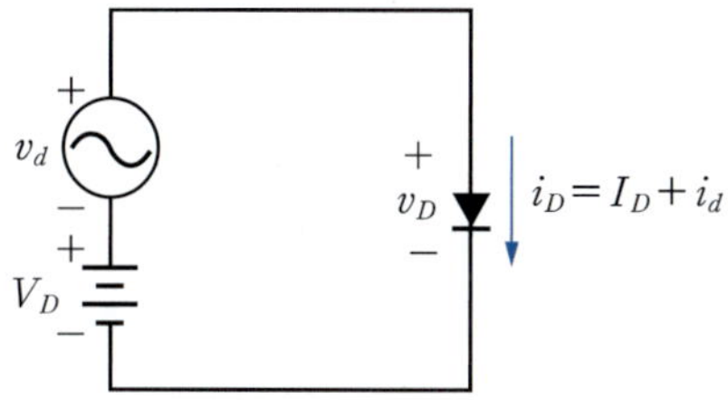

그림 1-33 직류와 소신호 교류전압이 함께 인가되는 PN 접합 다이오드 회로

전압 $v_D = V_D + v_d$에 의한 다이오드 전류는 근사적으로 식 (1.8)과 같다.

$$i_D \cong I_S e^{(V_D + v_d)/V_T} = I_S\left(e^{V_D/V_T}\right)\left(e^{v_d/V_T}\right) = I_D\left(e^{v_d/V_T}\right) \tag{1.8}$$

여기서 $I_D \cong I_S e^{V_D/V_T}$는 직류전압 V_D에 의한 다이오드의 직류전류 성분을 나타낸다. 식 (1.8)에서 $v_d \ll V_T$인 소신호에 대해 테일러Taylor 급수 전개를 이용하여 근사화하면, 근사적으로 식 (1.9)와 같다.

$$e^{v_d/V_T} \simeq 1 + \frac{v_d}{V_T} \tag{1.9}$$

식 (1.9)를 식 (1.8)에 대입하면 다이오드 전류는 다음과 같이 다시 표현할 수 있다.

$$i_D = I_D + i_d \simeq I_D\left(1 + \frac{v_d}{V_T}\right) = I_D + \left(\frac{I_D}{V_T}\right)v_d \qquad (1.10)$$

식 (1.10)에 의하면, 소신호 전압 v_d에 의한 다이오드의 교류전류 성분은 다음과 같이 선형으로 근사화할 수 있으며, 이를 **다이오드의 소신호 동작**이라고 한다.

$$i_d \simeq \left(\frac{I_D}{V_T}\right)v_d \qquad (1.11)$$

식 (1.11)로부터, PN 접합 다이오드의 **소신호 증분저항**(또는 소신호 등가저항이라고 한다)은 식 (1.12)와 같이 정의되며, PN 접합 다이오드의 소신호 동작 특성을 나타낸다. V_T는 온도 등가전압으로 상온에서 약 26 mV이다.

$$r_d \equiv \left.\frac{v_d}{i_d}\right|_{I_D} = \frac{V_T}{I_D} \qquad (1.12)$$

Q PN 접합 다이오드의 등가저항 r_D와 r_d의 차이점은?

A
- r_D : 도통된 PN 접합 다이오드의 순방향 영역 전체의 등가저항이며, DC 특성을 나타낸다.
- r_d : 도통된 PN 접합 다이오드의 순방향 작은 영역(소신호)의 등가저항이며, 소신호 동작 특성을 나타낸다.

식 (1.10)과 식 (1.12)가 나타내는 의미를 그래프로 표현하면 [그림 1-34]와 같다. 직류전압 V_D에 중첩된 소신호 교류전압 v_d에 의해 직류전류 I_D에 소신호 전류 i_d가 중첩되어 있다. 직류전압 V_D와 직류전류 I_D에 의해 형성되는 조건을 **동작점**(Q점)이라고 한다. 식 (1.12)가 나타내는 소신호 등가저항 r_d는 동작점에서 전류-전압 특성 곡선의 기울기 역수가 된다. [그림 1-34]에서 보는 바와 같이, v_d가 작은 소신호 범위에서는 다이오드 전류-전압 특성 곡선은 직선으로 근사화할 수 있으며, 따라서 다이오드의 동작을 선형으로 모델링할 수 있다.

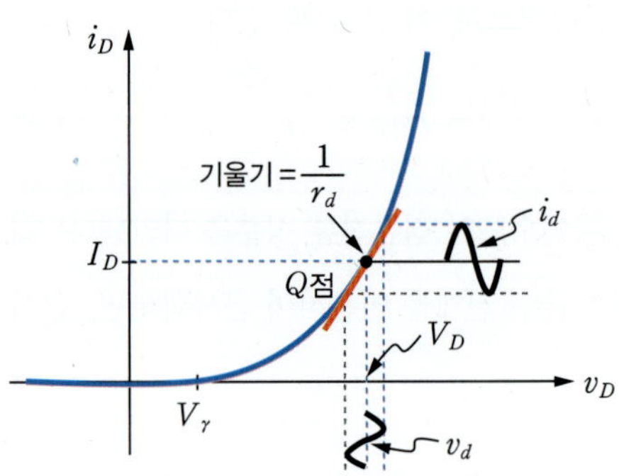

그림 1-34 PN 접합 다이오드의 소신호 동작 특성

핵심포인트 **PN 접합 다이오드의 소신호 특성**

- 소신호 전압 v_d 범위에서 PN 접합 다이오드의 전류-전압 관계는 $v_d = r_d i_d$의 선형으로 근사화할 수 있다.
- 다이오드의 소신호 등가저항 r_d는 동작점에서 전류-전압 특성 곡선의 기울기 역수이며, $r_d = \dfrac{V_T}{I_D}$로 주어진다.

■ 소신호 등가모델

소신호 범위에서 해석하는 경우에 다이오드를 식 (1.12)의 소신호 등가저항 r_d로 모델링할 수 있으므로, PN 접합 다이오드의 소신호 등가모델은 [그림 1-35]와 같다. 소신호 해석에서는 다이오드의 전류-전압 관계를 선형적인 관계로 취급하므로, 회로 해석과 설계가 매우 단순해진다.

그림 1-35 PN 접합 다이오드의 소신호 등가모델

확인문제 1-4

PN 접합 다이오드에 $V_D = 0.65\text{V}$가 인가되는 경우의 소신호 등가저항 r_d 값을 구하라. 단, 다이오드의 역방향 포화전류는 $I_S = 3.2 \times 10^{-14}\text{A}$이고, 온도 등가전압은 $V_T = 26\text{mV}$이다.

답 $r_d = 11\Omega$

핵심포인트 **PN 접합 다이오드의 등가모델**

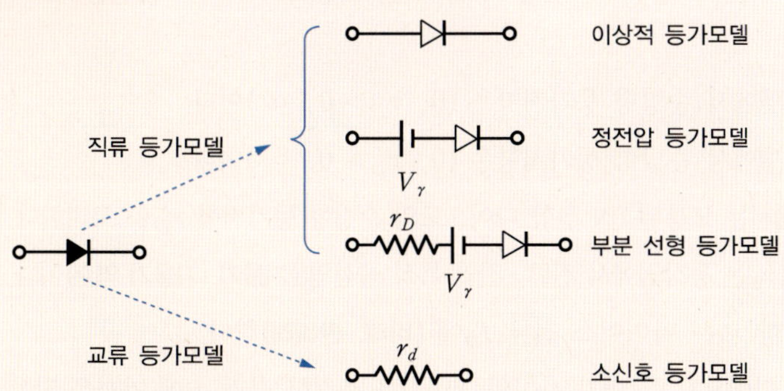

여기서 잠깐 **디지털 멀티미터(DMM)를 이용하여 다이오드의 단자를 구별하는 방법**

상용화된 PN 접합 다이오드는 애노드와 캐소드 단자를 구별할 수 있도록 캐소드 단자 쪽에 가는 띠 모양의 표시를 한다. 또는 제조회사에서 제공하는 데이터시트를 참조하거나, DMM을 이용하여 다음과 같이 다이오드의 두 단자를 쉽게 구별할 수 있다.

❶ DMM을 '저항측정' 모드로 설정하고, 다이오드 두 단자 사이의 저항값을 측정한다.

- [그림 1-36(a)] : 저항값이 0에 가까운 작은 값을 나타내면, 빨간색 프로브(+)가 연결된 단자가 애노드 단자이고, 흑색 프로브(−)가 연결된 단자가 캐소드 단자이다.
- [그림 1-36(b)] : 저항값이 무한대(개방회로)를 나타내면, 빨간색 프로브(+)가 연결된 단자가 캐소드 단자이고, 검은색 프로브(−)가 연결된 단자가 애노드 단자이다.

❷ DMM을 'diode check' 모드로 설정하고, 다이오드 두 단자 사이의 전압값을 측정한다.

- [그림 1-36(c)] : 다이오드 두 단자 사이의 전압이 $0.5 \sim 0.7\,\mathrm{V}$ 사이의 값을 나타내면, 빨간색 프로브(+)가 연결된 단자가 애노드 단자이고, 검은색 프로브(−)가 연결된 단자가 캐소드 단자이다. 이때 DMM에 표시되는 전압값은 다이오드의 실제 커트-인 전압보다 작으며, 이는 DMM에서 다이오드로 흐르는 전류가 작기 때문이다.

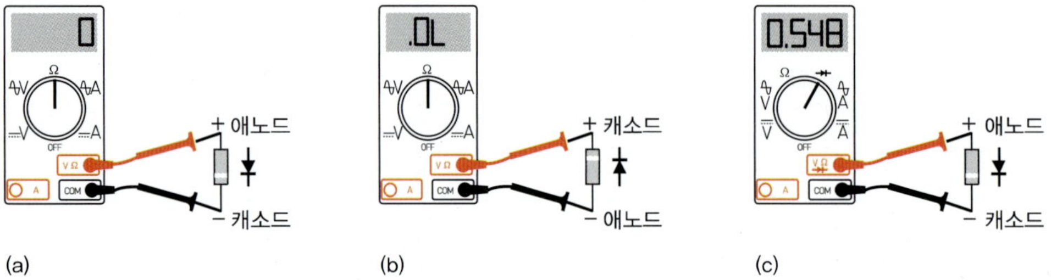

그림 1-36 DMM을 이용한 PN 접합 다이오드의 단자 구별 방법

점검하기 **다음 각 문제에서 맞는 것을 고르시오.**

(1) (**이상적, 정전압, 부분 선형**) 등가모델에서는 PN 접합 다이오드의 커트-인 전압을 $V_\gamma = 0$으로 취급한다.

(2) (**이상적, 정전압, 부분 선형**) 등가모델에서는 도통된 PN 접합 다이오드를 이상적 스위치와 정전압 V_γ의 직렬연결로 취급한다.

(3) PN 접합 다이오드의 이상적 등가모델에서 순방향 등가저항은 $(0,\ r_D > 0,\ \infty)$이다.

(4) PN 접합 다이오드의 정전압 등가모델에서 순방향 등가저항은 $(0,\ r_D > 0,\ \infty)$이다.

(5) (**이상적, 정전압, 부분 선형**) 등가모델에서는 도통된 PN 접합 다이오드의 순방향 등가저항 r_D를 고려한다.

(6) PN 접합 다이오드의 소신호 등가저항 r_d는 동작점에서 전류-전압 특성 곡선의 (**기울기, 기울기 역수**)이다.

(7) PN 접합 다이오드의 소신호 등가저항 r_d는 바이어스 전류 I_D에 (**비례, 반비례**)한다.

(8) DMM을 '저항측정' 모드로 설정하고 다이오드 두 단자 사이의 저항값을 측정한 결과, 0에 가까운 작은 값을 나타내면, 빨간색 프로브(+)가 연결된 단자가 (**애노드, 캐소드**)이다.

SECTION 1.4

PN 접합 다이오드 응용회로

PN 접합 다이오드는 전압조건에 따라 단방향 전류 흐름(애노드→캐소드) 특성을 갖는 반도체 소자이다. PN 접합 다이오드의 단방향 전류 흐름 특성을 이용하여 정류기, 리미터, 클램퍼 등 다양한 응용회로를 구현할 수 있다. 정류기는 전력회사에서 공급하는 교류전압을 직류로 변환하는 회로에 쓰이며, 리미터와 클램퍼 등은 교류전압의 진폭을 제한하거나 미리 정한 레벨로 이동시키는 용도로 쓰인다. 이 절에서는 PN 접합 다이오드의 기본적인 응용회로에 대해 살펴본다.

1.4.1 반파 정류회로

반파 정류회로는 PN 접합 다이오드의 어떤 특성을 이용하는가?
반파 정류회로의 입력 정현파와 출력파형은 어떤 관계를 갖는가?

PN 접합 다이오드의 단방향 전류 흐름 특성을 이용하여 교류신호의 양(+) 또는 음(−)의 반주기만 통과시키고, 나머지 반주기는 차단하는 회로를 **반파 정류회로** half-wave rectifier라고 한다. 다이오드에 정전압 등가모델을 적용하여 반파 정류회로의 동작을 해석해보자.

■ 양의 반주기를 출력하는 반파 정류회로

[그림 1-37(a)]는 입력전압의 양의 반주기를 출력하는 반파 정류회로이다. $V_{in} > V_\gamma$이면 [그림 1-37(b)]와 같이 다이오드가 도통되어 전류가 흐른다. 이때의 출력전압 V_{out}은 V_{in}에서 커트-인 전압 V_γ만큼 감소된 값이다. $V_{in} \leq V_\gamma$이면 [그림 1-37(c)]와 같이 다이오드가 차단되어 전류가 흐르지 못하므로 출력전압은 0이 된다.

정현파 입력에 대한 [그림 1-37(a)]의 반파 정류회로의 출력은 [그림 1-38(a)]와 같다. $V_{in} > V_\gamma$인 경우에는 다이오드가 도통되어 식 (1.13)과 같이 V_γ만큼 감소되어 출력되고, 그 외의 경우에는 다이오드가 차단되어 출력이 0이 된다.

$$V_{out} = V_{in} - V_\gamma \quad (\text{단, } V_{in} > V_\gamma) \tag{1.13}$$

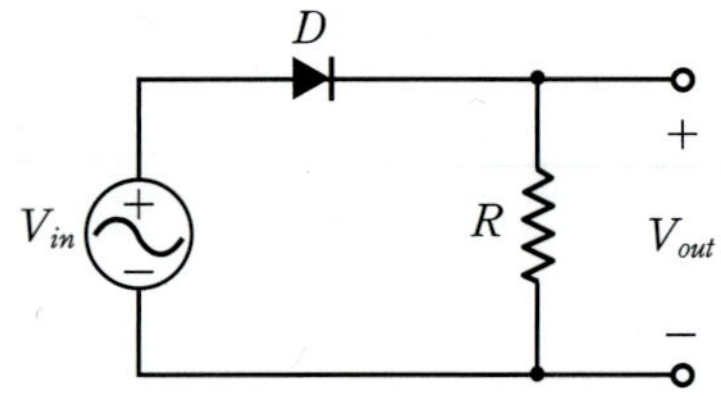

(a) 양의 반주기를 출력하는 반파 정류회로

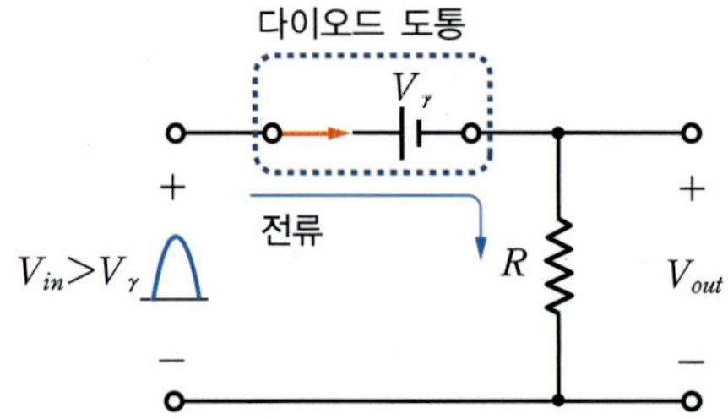

(b) $V_{in}>V_\gamma$인 양의 반주기

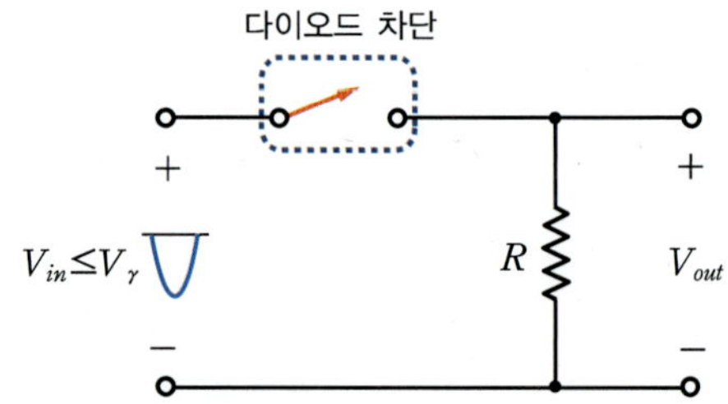

(c) $V_{in}\le V_\gamma$인 음의 반주기

그림 1-37 양의 반주기를 출력하는 반파 정류회로와 동작

반파 정류된 출력전압 V_{out}의 평균값 $V_{o,avg}$는 식 (1.14)와 같으며,[2] V_m은 입력 정현파의 진폭을 나타낸다.

$$V_{o,avg}=\frac{V_m-V_\gamma}{\pi}\simeq 0.318(V_m-V_\gamma) \tag{1.14}$$

[그림 1-37(a)] 회로의 입출력 전달특성은 [그림 1-38(b)]와 같다. $V_{in}>V_\gamma$인 입력전압 범위에서는 기울기가 1인 직선이며, 그 외의 입력전압 범위에서는 기울기가 0인 직선이다. 입력신호의 진폭이 다이오드의 커트-인 전압보다 커야 정류작용이 일어난다.

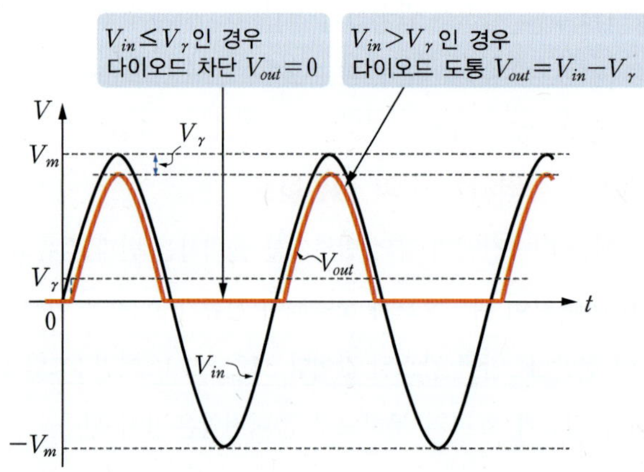

(a) 입력 및 출력파형

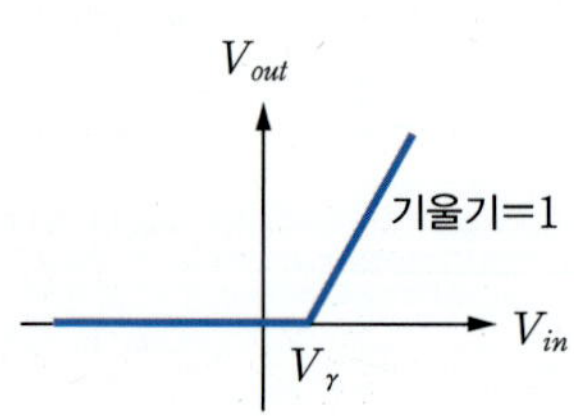

(b) 입출력 전달특성

그림 1-38 양의 반주기를 출력하는 반파 정류회로의 입출력 특성

---

2 반파 정류된 정현파의 한 주기 평균값은 다음과 같다.

$$V_{avg}=\frac{1}{T}\int_0^T V_{out}dt=\frac{1}{T}\int_0^{T/2}[(V_m-V_\gamma)\sin\omega t]\,dt=\frac{V_m-V_\gamma}{2\pi}\times[-\cos\omega t]_0^\pi=\frac{V_m-V_\gamma}{\pi}\simeq 0.318(V_m-V_\gamma)$$

■ 음의 반주기를 출력하는 반파 정류회로

[그림 1-37(a)] 회로에서 다이오드의 방향을 반대로 연결하여 [그림 1-39(a)]와 같이 만들면 음의 반주기를 출력하는 반파 정류회로가 된다. 다이오드가 도통되려면 애노드의 전압이 캐소드보다 V_γ만큼 커야 하므로, 상대적으로 캐소드 전압을 $-V_\gamma$라고 하면 입력전압이 이보다 작아야 다이오드가 도통된다. $V_{in} <-V_\gamma$이면 [그림 1-39(b)]와 같이 다이오드가 도통되어 전류가 흐른다. 이때 출력전압의 진폭 V_{out}은 V_{in}에서 커트-인 전압 V_γ 만큼 감소된 값이다. $V_{in} \geq -V_\gamma$이면 [그림 1-39(c)]와 같이 다이오드가 차단되어 전류가 흐르지 못하므로, 출력전압은 0이 된다.

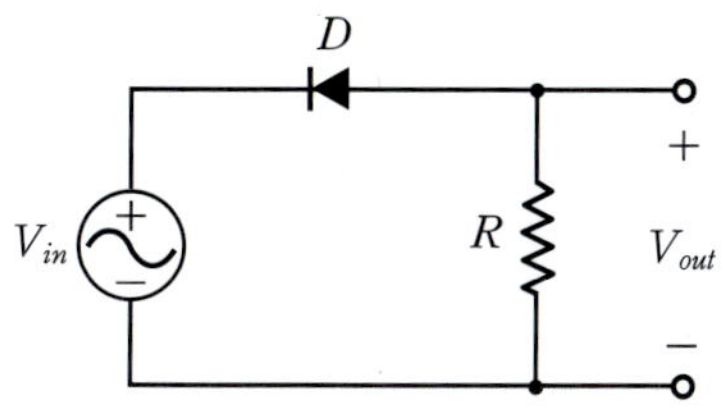

(a) 음의 반주기를 출력하는 반파 정류회로

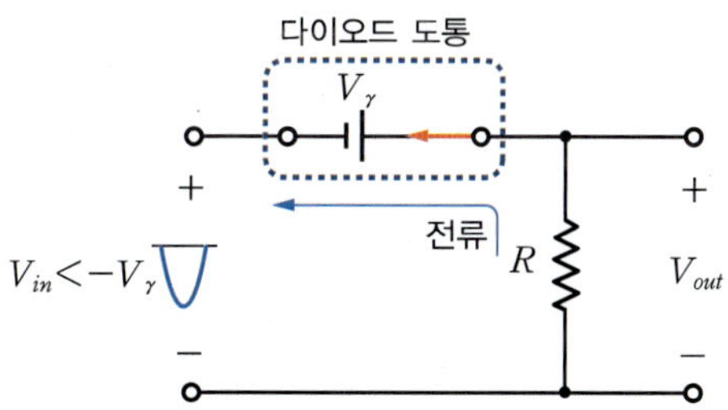

(b) $V_{in}<-V_\gamma$인 음의 반주기

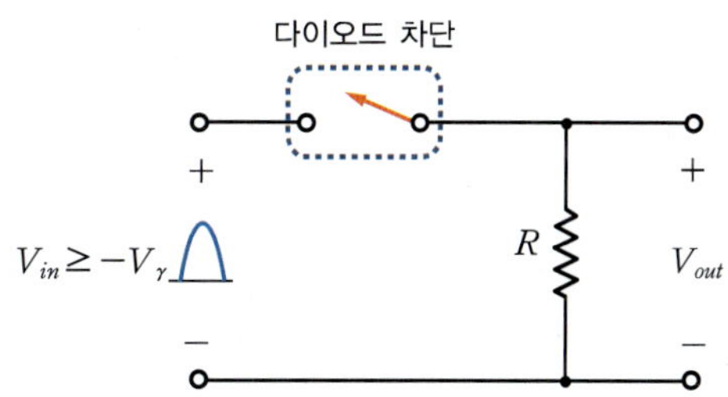

(c) $V_{in}\geq-V_\gamma$인 양의 반주기

그림 1-39 음의 반주기를 출력하는 반파 정류회로와 동작

정현파 입력에 대한 [그림 1-39(a)]의 반파 정류회로의 출력은 [그림 1-40(a)]와 같다. $V_{in} <-V_\gamma$인 경우에는 다이오드가 도통되어 출력전압의 진폭은 식 (1.15)와 같이 V_γ만큼 감소되어 출력되고, 그 외의 경우에는 출력이 0이 된다.

$$V_{out} = V_{in} + V_\gamma \quad (\text{단}, \ V_{in} <-V_\gamma) \tag{1.15}$$

반파 정류된 출력전압 V_{out}의 평균값 $V_{o,avg}$는 식 (1.16)과 같으며, V_m은 입력 정현파의 진폭을 나타낸다.

$$V_{o,avg} = \frac{-(V_m - V_\gamma)}{\pi} \simeq -0.318(V_m - V_\gamma) \tag{1.16}$$

[그림 1-39(a)] 회로의 입출력 전달특성은 [그림 1-40(b)]와 같다. $V_{in} <-V_\gamma$인 입력전압 범위에서는 기울기가 1인 직선이며, 그 외의 입력전압 범위에서는 기울기가 0인 직선이다.

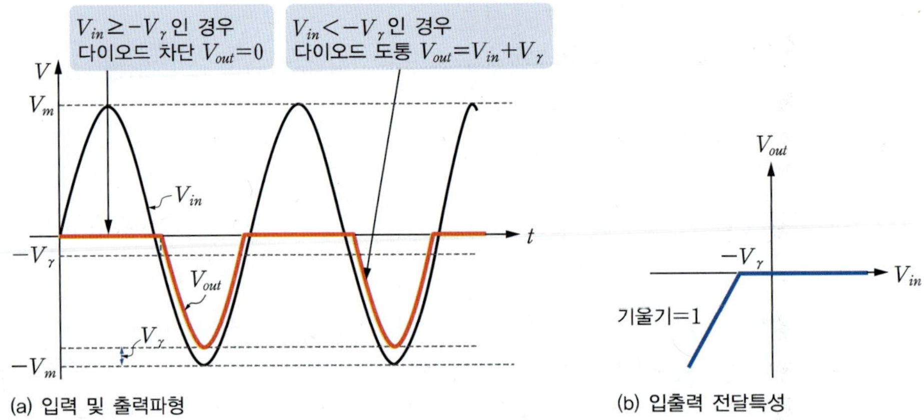

(a) 입력 및 출력파형 (b) 입출력 전달특성

그림 1-40 음의 반주기를 출력하는 반파 정류회로의 입출력 전달특성

Q 진폭이 $V_m < V_\gamma$ 인 정현파를 반파 정류할 수 있는가?

A 정형파의 진폭이 $V_m < V_\gamma$ 이면, 다이오드가 차단되어 반파 정류회로의 출력은 0이 된다. 따라서 정현파의 진폭이 다이오드의 커트-인 전압보다 커야 반파 정류가 가능하다.

1.2.3절에서 설명한 바와 같이, PN 접합 다이오드에 큰 역방향 전압이 인가되면 역방향 항복 현상으로 인해 큰 역방향 전류가 흐르게 되고 소자가 파괴될 수 있다. PN 접합 다이오드에 역방향으로 인가될 수 있는 한계 전압을 **피크 역전압** PIV : Peak Inverse Voltage 으로 규정한다. 다이오드가 안전하게 동작하기 위해서는 역방향으로 인가되는 전압이 PIV보다 작아야 한다. 반파 정류회로에서 입력신호의 반주기 동안 다이오드에 역방향 전압이 인가되므로, PIV를 고려해서 다이오드를 선택해야 한다. [그림 1-37(a)]와 [그림 1-39(a)]의 반파 정류회로에서 다이오드에 걸리는 피크 역전압은 식 (1.17)과 같이 입력신호의 진폭 V_m이다.

$$PIV = V_m \tag{1.17}$$

예제 1-4

[그림 1-37(a)]의 반파 정류회로를 PSPICE로 시뮬레이션하여 진폭 5V의 정현파 입력에 대한 출력전압의 최댓값을 구하라. 단, $R = 1\,\text{k}\Omega$이다.

풀이

PSPICE 시뮬레이션 결과는 [그림 1-41]과 같으며, 입력 정현파의 양의 반주기를 통과시키는 반파 정류회로로 동작함을 확인할 수 있다. 진폭 5V의 정현파 입력에 대해 양의 반주기 동안 다이오드 커트-인 전압 $V_\gamma \simeq 0.68\,\text{V}$만큼 감소되어 출력전압의 진폭은 4.323V가 된다. 나머지 반주기 동안의 출력은 0V이다.

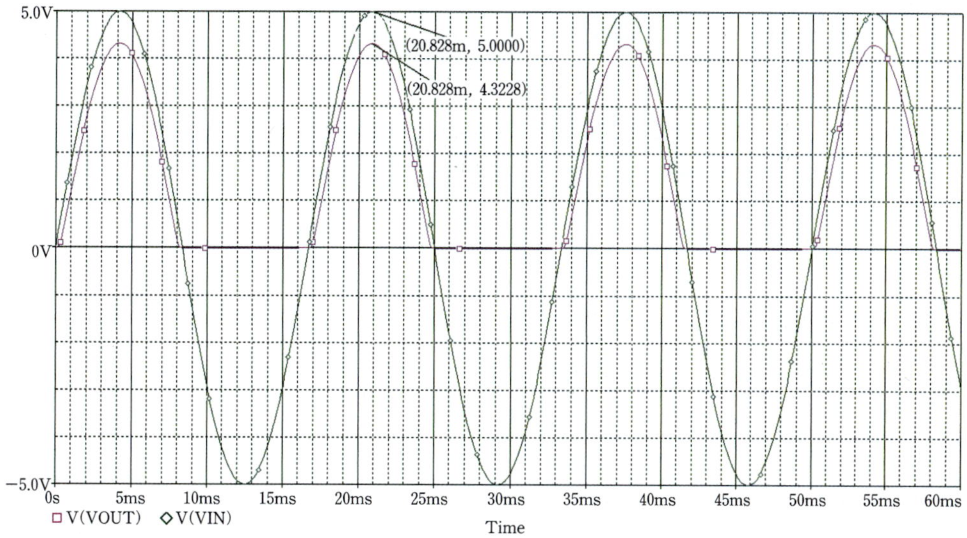

그림 1-41 [예제 1-4]의 Transient 시뮬레이션 결과

확인문제 1-5

[그림 1-37(a)]의 반파 정류회로에 진폭 $V_m = 15\text{V}$인 정현파가 인가되는 경우, 출력 V_{out}의 피크값 $V_{o,peak}$와 평균값 $V_{o,avg}$, 피크 역전압 PIV를 구하라. 단, 다이오드의 커트-인 전압은 $V_\gamma = 0.65\text{V}$이다.

답 $V_{o,peak} = 14.35\text{V}$, $V_{o,avg} \simeq 4.56\text{V}$, $PIV = 15\text{V}$

핵심포인트 반파 정류회로

❶ 양의 반주기를 출력하는 반파 정류회로

- $V_{in} > V_\gamma$인 경우 : 다이오드가 도통되어 $V_{out} = V_{in} - V_\gamma$가 출력된다.
- $V_{in} \leq V_\gamma$인 경우 : 다이오드가 차단되어 $V_{out} = 0$이 출력된다.
- 입력신호의 진폭이 V_γ보다 커야 반파 정류가 이루어진다.
- 반파 정류된 출력의 평균값 : $V_{o,avg} \simeq 0.318(V_m - V_\gamma)$

❷ 음의 반주기를 출력하는 반파 정류회로

- $V_{in} < -V_\gamma$인 경우 : 다이오드가 도통되어 $V_{out} = V_{in} + V_\gamma$가 출력된다.
- $V_{in} \geq -V_\gamma$인 경우 : 다이오드가 차단되어 $V_{out} = 0$이 출력된다.
- 입력신호의 진폭이 V_γ보다 커야 반파 정류가 이루어진다.
- 반파 정류된 출력의 평균값 : $V_{o,avg} \simeq -0.318(V_m - V_\gamma)$

❸ 피크 역전압 : $PIV = V_m$ (V_m은 입력신호의 진폭)

1.4.2 전파 정류회로

> **전파 정류회로의 입력 정현파와 출력파형은 어떤 관계를 갖는가?**
> **전파 정류회로의 대표적인 응용회로는 무엇인가?**

1.4.1절에서 설명한 반파 정류회로는 입력의 반주기 동안에만 출력이 얻어지며, 나머지 반주기 동안의 출력은 0이 된다. 입력전압의 양과 음의 반주기를 모두 통과시켜 전체 주기 동안 출력이 얻어지는 회로를 **전파 정류회로** full-wave rectifier라고 하며, 교류전압을 직류로 변환하는 장치에 사용된다.

▪ 브릿지 전파 정류회로

전파 정류회로는 [그림 1-42(a)]와 같이 4개의 PN 접합 다이오드를 사용하여 브릿지 bridge 회로 형태로 구현할 수 있다. 브릿지 회로를 구성하는 다이오드의 연결 방향에 주의하기 바란다. 다이오드에 정전압 등가모델을 적용하여 회로의 동작을 해석해보자.

- **입력 정현파의 양의 반주기 동작**([그림 1-42(b)]) : $V_{in} > 2V_\gamma$인 양의 반주기 동안에 다이오드 D_1과 D_3가 도통되어 $D_1 \rightarrow R_L \rightarrow D_3$의 방향으로 전류가 흐르며, D_2와 D_4는 차단상태를 유지한다. V_{in}으로부터 D_1과 D_3의 커트-인 전압 $2V_\gamma$만큼 감소되어 출력된다.
- **입력 정현파의 음의 반주기 동작**([그림 1-42(c)]) : $V_{in} < -2V_\gamma$인 음의 반주기 동안에 다이오드 D_2와 D_4가 도통되어 $D_2 \rightarrow R_L \rightarrow D_4$의 방향으로 전류가 흐르며, D_1과 D_3는 차단상태를 유지한다. V_{in}의 반전으로부터 D_2와 D_4의 커트-인 전압 $2V_\gamma$만큼

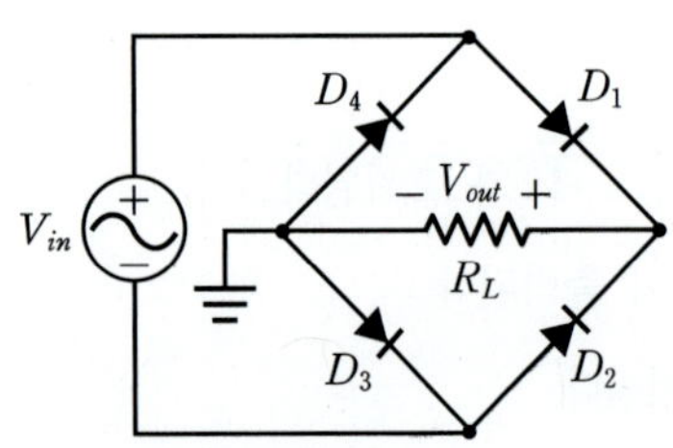

(a) 브릿지 전파 정류회로

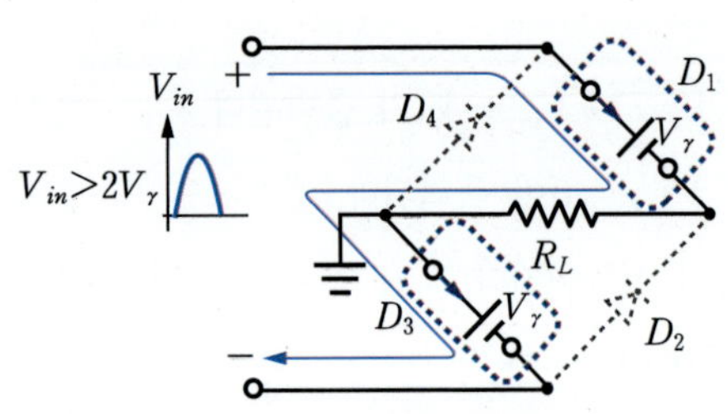

(b) 양의 반주기 입력에 대한 동작과 전류 경로

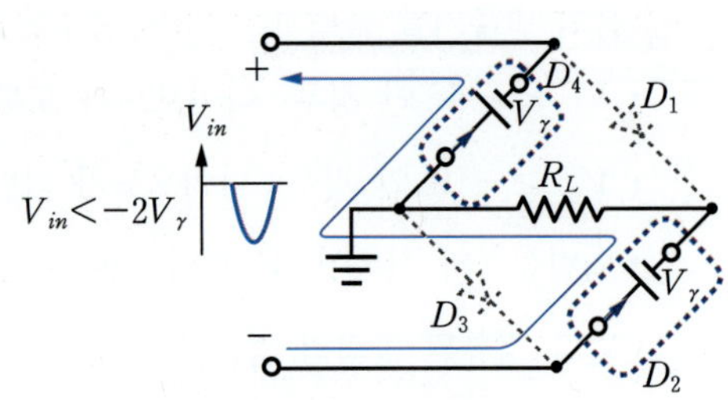

(c) 음의 반주기 입력에 대한 동작과 전류 경로

그림 1-42 브릿지 전파 정류회로와 동작

감소되어 출력된다. [그림 1-42(b)]와 [그림 1-42(c)]에서 저항 R_L에 흐르는 전류 방향이 동일함에 유의하기 바란다.

- **입력 정현파의** $-2V_\gamma \le V_{in} \le 2V_\gamma$**인 범위** : 모든 다이오드가 차단되어 저항 R_L에 흐르는 전류는 0이며, 따라서 출력전압은 0V이다.

정현파 입력에 대한 출력파형은 [그림 1-43(a)]와 같으며, 입력 정현파의 전체 주기에 대한 양의 출력이 얻어진다. $V_{in} > 2V_\gamma$인 양의 반주기 동안에는 V_{in}으로부터 $2V_\gamma$만큼 감소된 전압이 출력된다.

$$V_{out} = V_{in} - 2V_\gamma \quad (\text{단, } V_{in} > 2V_\gamma) \tag{1.18}$$

$V_{in} < -2V_\gamma$인 음의 반주기 동안에는 식 (1.19)와 같이 V_{in}의 반전에서 $2V_\gamma$만큼 감소된 전압이 출력된다. $-2V_\gamma \le V_{in} \le 2V_\gamma$인 범위에서는 모든 다이오드가 차단되어 출력은 0V이다.

$$V_{out} = -V_{in} - 2V_\gamma \quad (\text{단, } V_{in} < -2V_\gamma) \tag{1.19}$$

이상을 종합하면, 전파 정류회로의 입출력 전달특성은 [그림 1-43(b)]와 같다. $V_{in} > 2V_\gamma$인 영역에서는 기울기가 $+1$인 직선이고, $V_{in} < -2V_\gamma$인 영역에서는 기울기가 -1인 직선이다. 입력전압이 $-2V_\gamma \le V_{in} \le 2V_\gamma$인 영역에서는 기울기가 0인 직선이다.

전파 정류된 출력전압 V_{out}의 평균값 $V_{o,avg}$는 식 (1.20)과 같으며, 반파 정류회로의 약 2배가 된다. 각 다이오드가 견뎌야 하는 피크 역전압은 $PIV = V_m$이다.

$$V_{o,avg} = \frac{2(V_m - 2V_\gamma)}{\pi} \simeq 0.636(V_m - 2V_\gamma) \tag{1.20}$$

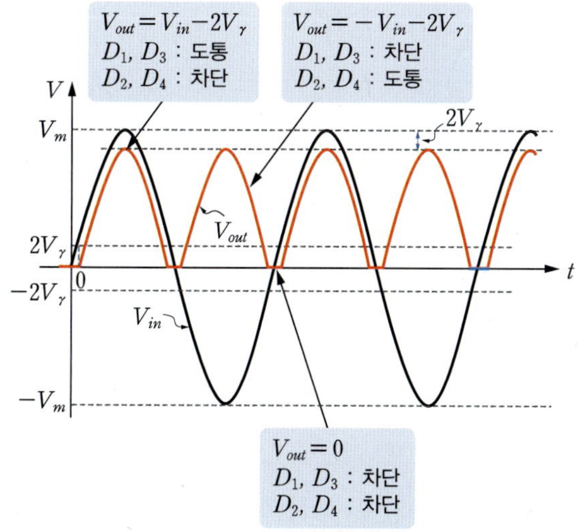

(a) 입력 및 출력파형

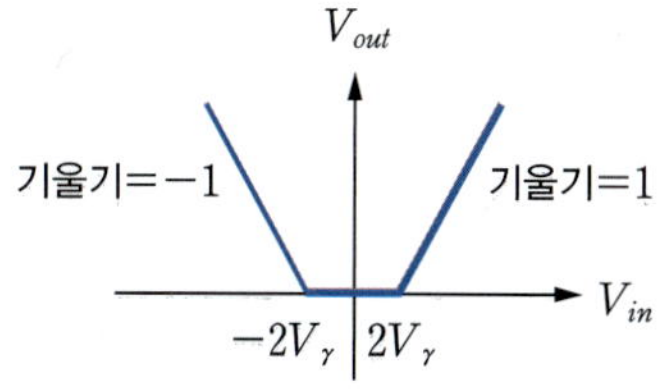

(b) 입출력 전달특성

그림 1-43 브릿지 전파 정류회로의 입출력 전달특성

핵심포인트 **브릿지 전파 정류회로**

- $V_{in} > 2V_\gamma$인 양의 반주기 : 입력전압으로부터 $2V_\gamma$만큼 감소되어 $V_{out} = V_{in} - 2V_\gamma$가 출력된다.
- $V_{in} < -2V_\gamma$인 음의 반주기 : 입력전압이 반전되고 $2V_\gamma$만큼 감소되어 $V_{out} = -V_{in} - 2V_\gamma$가 출력된다.
- $-2V_\gamma \le V_{in} \le 2V_\gamma$이면 모든 다이오드가 차단되어 $V_{out} = 0$이 출력된다.
- 전파 정류된 출력전압의 평균값은 $V_{o,avg} \simeq 0.636(V_m - 2V_\gamma)$이며, 반파 정류회로의 약 2배가 된다.
- 피크 역전압 : $PIV = V_m$ (V_m은 입력신호의 진폭이다.)
- 입력신호의 진폭이 $V_m > 2V_\gamma$가 되어야 전파 정류가 이루어진다.

예제 1-5

[그림 1-42(a)]의 브릿지 전파 정류회로를 PSPICE 시뮬레이션하여 진폭 5V의 정현파 입력에 대한 출력전압의 최댓값을 구하라. 단, $R_L = 1\text{k}\Omega$이다.

풀이

PSPICE 시뮬레이션 결과는 [그림 1-44]와 같으며, 입력 정현파의 전체 주기에 대해 양의 출력이 얻어져 전파 정류회로로 동작함을 확인할 수 있다. 진폭 5V의 정현파 입력에 대해 전파 정류된 출력의 진폭은 3.66V이며, 다이오드 커트-인 전압에 의한 $2V_\gamma \simeq 1.34\text{V}$만큼 감소되었음을 확인할 수 있다.

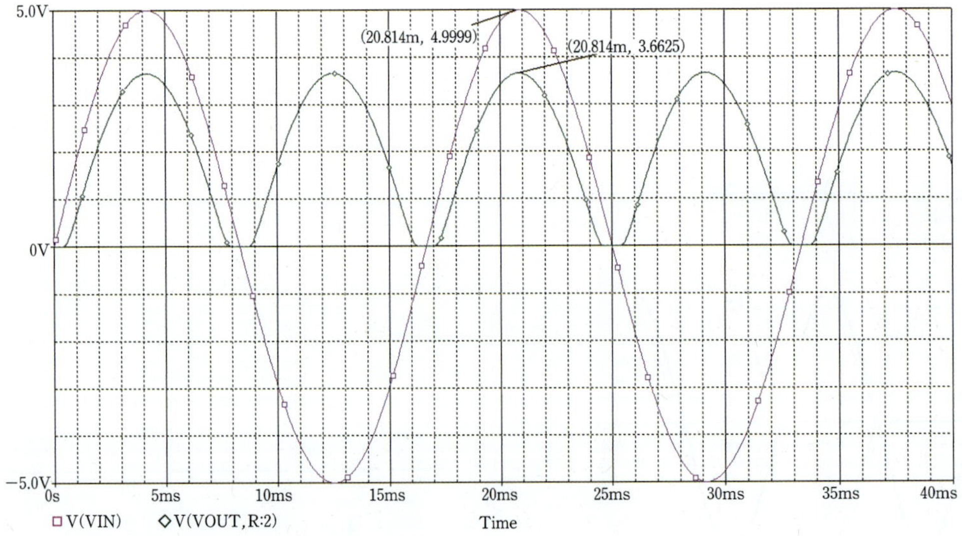

그림 1-44 [예제 1-5]의 Transient 시뮬레이션 결과

확인문제 1-6

[그림 1-42(a)]의 브릿지 전파 정류회로에 진폭 $V_m = 15\text{V}$인 정현파가 인가되는 경우, 출력 V_{out}의 피크값 $V_{o,peak}$와 평균값 $V_{o,avg}$, 피크 역전압 PIV를 구하라. 단, 다이오드의 커트-인 전압은 $V_\gamma = 0.65\text{V}$이다.

답 $V_{o,peak} = 13.7\text{V}$, $V_{o,avg} \simeq 8.71\text{V}$, $PIV = 15\text{V}$

■ 중앙 탭 변압기를 이용한 전파 정류회로

변압기 2차측의 중앙 탭을 접지로 연결하고, PN 접합 다이오드 2개를 [그림 1-45(a)]와 같이 연결하면 전파 정류회로를 구현할 수 있다. 변압기 2차측의 중앙 탭이 접지로 연결되어 있으므로, 다이오드 D_1에는 변압기 1차측과 동일위상의 정현파가 인가되고, 다이오드 D_2에는 변압기 1차측과 반대위상의 정현파가 인가된다. 변압기의 1차측과 2차측의 권선비 turn ratio를 1 : 1로 가정하면, 2차측 전압 V_{in2}는 1차측 전압 V_{in}의 $\frac{1}{2}$이 된다. 다이오드에 정전압 등가모델을 적용하여 회로의 동작을 해석해보자.

- **입력 정현파의 양의 반주기 동작**([그림 1-45(b)]) : $V_{in2} > V_\gamma$인 양의 반주기 동안에 다이오드 D_1은 도통되고, D_2는 차단상태가 되어 $D_1 \rightarrow R_L$의 방향으로 전류가 흐른다. 2차측 전압 V_{in2}로부터 D_1의 커트-인 전압 V_γ만큼 감소되어 출력된다.
- **입력 정현파의 음의 반주기 동작**([그림 1-45(c)]) : $V_{in2} < -V_\gamma$인 음의 반주기 동안에 다이오드 D_2는 도통되고, D_1은 차단상태가 되어 $D_2 \rightarrow R_L$의 방향으로 전류가 흐른다. 2차측 전압 V_{in}의 반전으로부터 D_2의 커트-인 전압 V_γ만큼 감소되어 출력된다.
- **입력 정현파의** $-V_\gamma \le V_{in2} \le V_\gamma$**인 범위** : 다이오드 D_1과 D_2가 모두 차단되어 저항 R_L에 흐르는 전류는 0이며, 따라서 출력전압은 0V가 된다.

변압기 2차측 전압 $V_{in2} = \frac{1}{2} V_{in}$에 대한 전파 정류회로의 출력파형은 [그림 1-46(a)]와 같다. $V_{in2} > V_\gamma$인 양의 반주기 동안에는 V_{in2}로부터 V_γ만큼 감소된 전압이 출력된다.

$$V_{out} = V_{in2} - V_\gamma \quad (\text{단, } V_{in2} > V_\gamma) \tag{1.21}$$

$V_{in2} < -V_\gamma$인 음의 반주기 동안에는 V_{in2}의 반전으로부터 V_γ만큼 감소된 전압이 출력되며, 출력전압은 식 (1.22)와 같다. $-V_\gamma \le V_{in2} \le V_\gamma$인 범위에서는 모든 다이오드가 차단되어 출력은 0V이다.

$$V_{out} = -V_{in2} - V_\gamma \quad (\text{단, } V_{in2} < -V_\gamma) \tag{1.22}$$

이상을 종합하면, 전파 정류회로의 입출력 전달특성은 [그림 1-46(b)]와 같다. $V_{in2} > V_\gamma$에서는 기울기가 $+1$인 직선이 되고, $V_{in2} < -V_\gamma$에서는 기울기가 -1인 직선이다. 변압

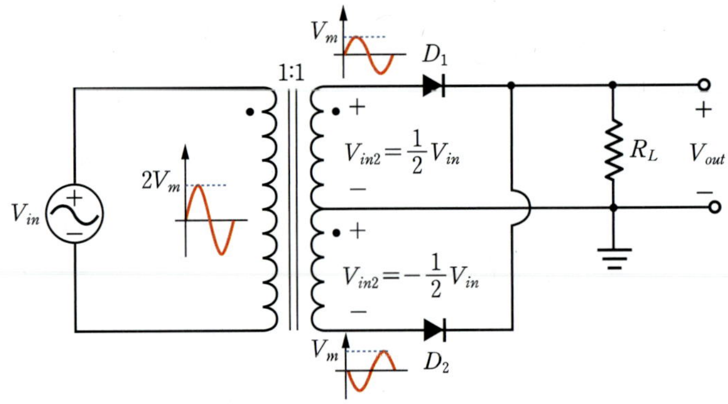

(a) 중앙 탭 변압기를 이용한 전파 정류회로

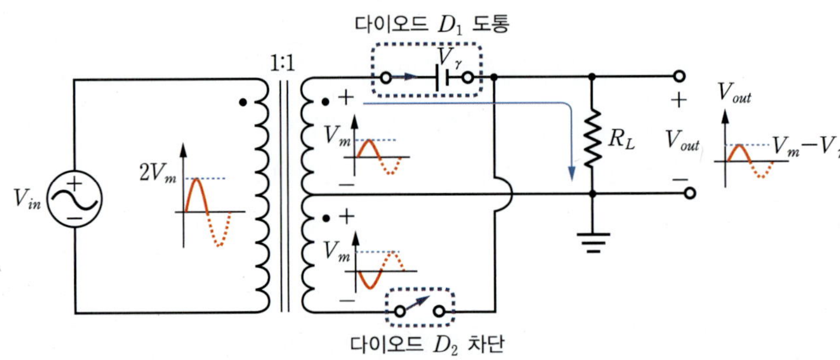

(b) 양의 반주기 입력에 대한 동작과 전류 경로

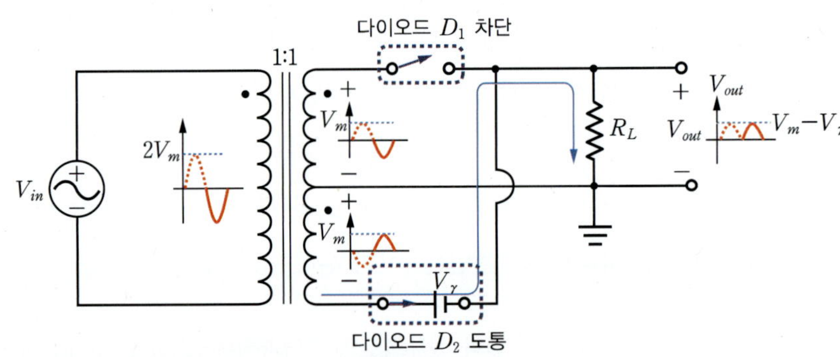

(c) 음의 반주기 입력에 대한 동작과 전류 경로

그림 1-45 중앙 탭 변압기를 이용한 전파 정류회로와 동작

기 2차측 전압이 $-V_\gamma \le V_{in2} \le V_\gamma$인 영역에서는 기울기가 0인 직선이 된다. [그림 1-46(b)]의 입출력 전달특성에서 x축이 변압기 2차측 전압 $V_{in2} = \frac{1}{2}V_{in}$임에 유의한다.

변압기 2차측 전압의 진폭이 V_m인 경우에 전파 정류된 출력의 평균값은 식 (1.23)과 같으며, 반파 정류회로의 약 2배이다. 다이오드가 견뎌야 하는 피크 역전압은 $PIV = 2V_m$이며, 브릿지 전파 정류회로에 사용되는 다이오드 PIV의 2배이다.

$$V_{o,avg} = \frac{2(V_m - V_\gamma)}{\pi} \simeq 0.636(V_m - V_\gamma) \tag{1.23}$$

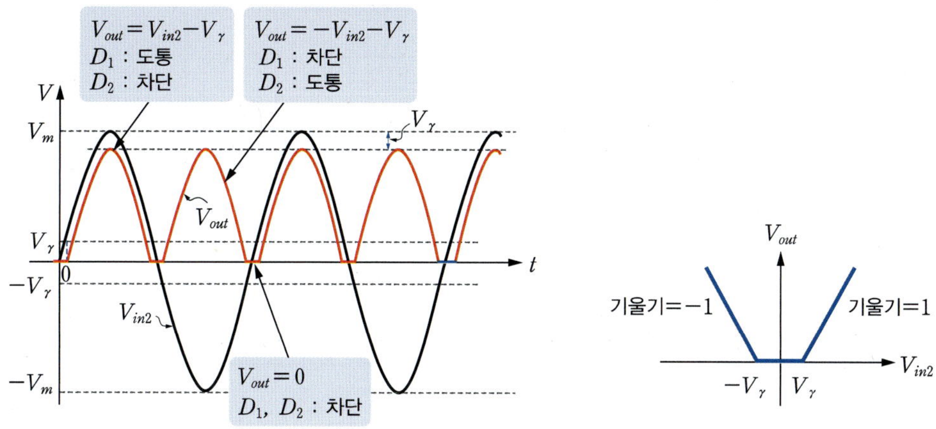

(a) 입력과 출력파형 (b) 입출력 전달특성

그림 1-46 중앙 탭 변압기를 이용한 전파 정류회로의 입출력 전달특성

핵심포인트 **중앙 탭 변압기를 이용한 전파 정류회로**

- $V_{in2} > V_\gamma$인 양의 반주기 : 변압기 2차측 전압 V_{in2}로부터 V_γ만큼 감소되어 $V_{out} = V_{in2} - V_\gamma$가 출력된다.
- $V_{in2} < -V_\gamma$인 음의 반주기 : 변압기 2차측 전압 V_{in2}의 반전으로부터 V_γ만큼 감소되어 $V_{out} = -V_{in2} - V_\gamma$가 출력된다.
- $-V_\gamma \leq V_{in2} \leq V_\gamma$이면 모든 다이오드가 차단되어 $V_{out} = 0$이 출력된다.
- 전파 정류된 출력전압의 평균값은 반파 정류회로의 2배이다.
- 변압기 2차측 전압의 진폭이 $V_m > V_\gamma$가 되어야 전파 정류가 이루어진다.
- 피크 역전압 : $PIV = 2V_m$ (V_m은 변압기 2차측 전압의 진폭)

예제 1-6

[그림 1-45(a)]의 중앙 탭 변압기 전파 정류회로를 PSPICE 시뮬레이션하여 진폭 10V, 주파수 60Hz의 정현파 입력에 대한 출력전압의 피크값을 구하라. 단, $R_L = 1\,\mathrm{k\Omega}$이고, 변압기의 1차측과 2차측 권선비는 1 : 1이다.

풀이

PSPICE 시뮬레이션 결과는 [그림 1-47]과 같다. 진폭 10V의 정현파가 변압기 1차측에 인가되면, 중앙탭 변압기 2차측의 각 단자에는 입력 정현파 진폭의 $\frac{1}{2}$인 두 신호 VA와 VB가 출력된다. 2차측 전압 VA는 1차측 입력전압과 동일위상을 가지며, VB는 반전위상을 갖는다. 입력 정현파의 양의 반주기 동안에 2차측 전압 VA에 의해 다이오드 D_1이 도통되고, D_1의 커트-인 전압 $V_\gamma \simeq 0.68\,\mathrm{V}$만큼 감소되어 진폭 4.27V가 출력된다. 입력 정현파의 음의 반주기 동안에는 2차측 전압 VB에 의해 다이오드 D_2가 도통되고, D_2의 커트-인 전압 $V_\gamma \simeq 0.68\,\mathrm{V}$만큼 감소되어 진폭 4.33V가 출력된다. 따라서 전파 정류회로로 동작함을 확인할 수 있다.

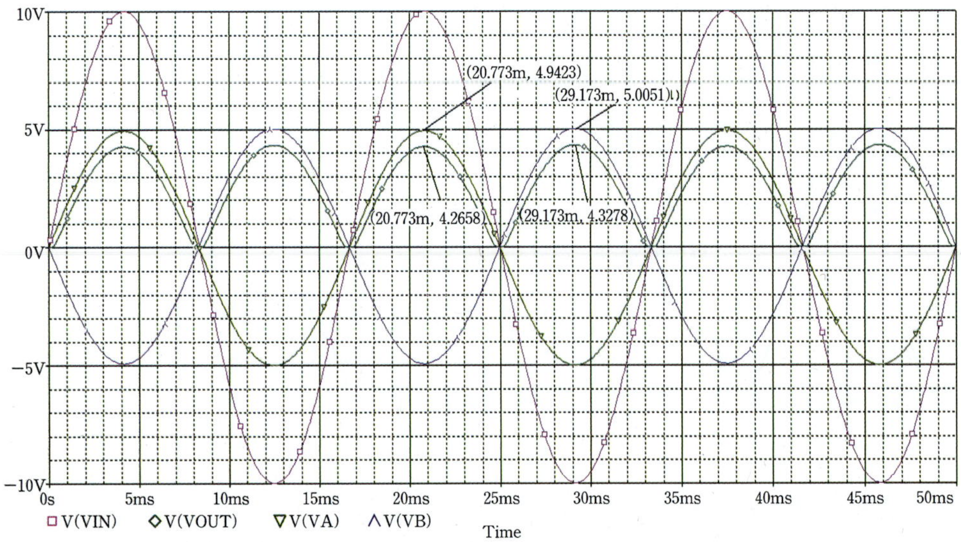

그림 1-47 [예제 1-6]의 Transient 시뮬레이션 결과

확인문제 1-7

[그림 1-45(a)]의 중앙 탭 변압기 1차측에 진폭 $2V_m = 30\mathrm{V}$인 정현파가 인가되는 경우, 전파 정류된 출력 V_{out}의 피크값 $V_{o,peak}$와 평균값 $V_{o,avg}$, 피크 역전압 PIV를 구하라. 단, 다이오드의 커트-인 전압은 $V_\gamma = 0.65\mathrm{V}$이고, 변압기의 1차측과 2차측 권선비는 1 : 1이다.

답 $V_{o,peak} = 14.35\mathrm{V}$, $V_{o,avg} \simeq 9.13\mathrm{V}$, $PIV = 30\mathrm{V}$

■ 커패시터 평활회로를 갖는 전파 정류회로

직류전원을 필요로 하는 전자기기에는 배터리를 사용하거나, 교류전압을 직류로 변환하는 직류전원 공급장치가 사용된다. 개인용 컴퓨터, 스마트폰 충전기 등에는 220V, 60Hz의 선 전압 line voltage을 직류전압으로 변환하는 전원공급장치가 사용된다. [그림 1-48]은 일반적인 직류전원 공급장치로서, 교류전압을 원하는 크기로 강압시키기 위한 변압기, 전파 정류회로, 커패시터 평활회로, 전압 레귤레이터 voltage regulator 등으로 구성된다. [그림 1-42(a)]와 [그림 1-45(a)]의 전파 정류회로 출력은 큰 맥류 ripple를 가지므로, 커패시터 평활회로를 이용해 맥류를 감소시키고, 전압 레귤레이터를 통해 안정된 직류전압을 얻는다.

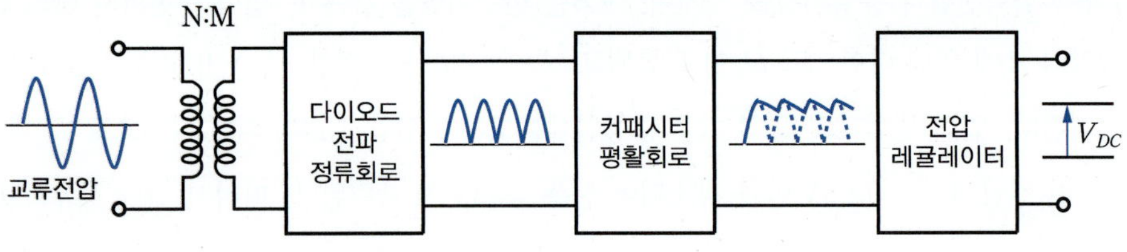

그림 1-48 직류전원 공급장치의 구성

[그림 1-49]는 전파 정류회로에 커패시터 평활회로가 추가된 회로이다. 다이오드의 커트-인 전압이 $V_\gamma = 0$인 이상적 등가모델을 적용하여 회로의 동작을 살펴본다.

- **초기 $0 \sim \frac{\pi}{2}$ 기간** : 커패시터 C_1은 전파 정류된 전압의 피크값 V_m까지 충전된다.
- **기간-❶** : $\frac{\pi}{2}$ 이후에 전파 정류된 전압이 피크값 V_m에서 감소하면 다이오드 D_1이 차단된다. 이때 다이오드 D_2도 차단상태를 유지하므로, 커패시터는 저항 R을 통해 방전하며, 방전 시상수는 $\tau = RC_1$이다. π 이후에 전파 정류회로 출력이 커패시터 전압보다 작은 동안에 커패시터는 방전을 지속한다.

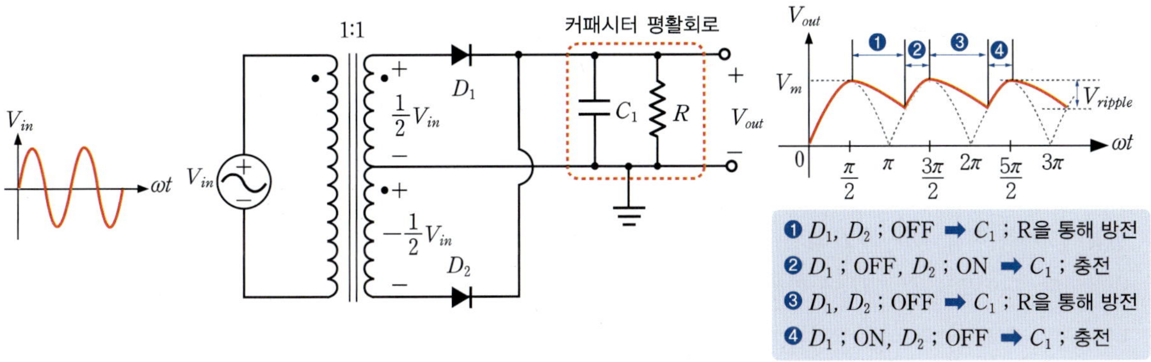

그림 1-49 커패시터 평활회로를 갖는 전파 정류회로

- **기간-❷** : 전파 정류회로의 출력이 커패시터 전압보다 커지면 다이오드 D_2가 도통되어 커패시터는 다시 충전된다. 커패시터 충전은 전파 정류된 전압이 피크값 V_m에 도달하는 $\frac{3}{2}\pi$까지 계속된다.
- **기간-❸** : $\frac{3}{2}\pi$를 지나면서 다이오드 D_2가 개방되고, 커패시터는 저항 R을 통해 방전한다.
- **기간-❹** : 전파 정류회로의 출력이 커패시터 전압보다 커지면 다이오드 D_1이 도통되어 커패시터는 다시 충전된다. 커패시터 충전은 전파 정류된 전압이 피크값 V_m에 도달하는 $\frac{5}{2}\pi$까지 계속된다.

이처럼 커패시터 충·방전 과정이 반복되어 전파 정류된 출력전압의 리플 크기가 감소된다.

Q **커패시터 평활회로의 시상수는 출력전압의 리플 크기에 어떤 영향을 미치나?**

A 시상수 $\tau = RC_1$이 클수록 커패시터 방전속도가 느리므로, 출력전압의 리플 크기 V_{ripple}이 작아진다.

예제 1-7

[그림 1-50]의 커패시터 평활회로를 갖는 전파 정류회로를 PSPICE로 시뮬레이션하여 커패시터 C_1의 값 ($5\mu F$, $10\mu F$, $15\mu F$, $20\mu F$)에 따른 출력전압의 리플 크기를 확인하라. 단, 변압기 1차측 입력전압은 진폭 10V, 주파수 60Hz의 정현파이고, $R = 2k\Omega$이다.

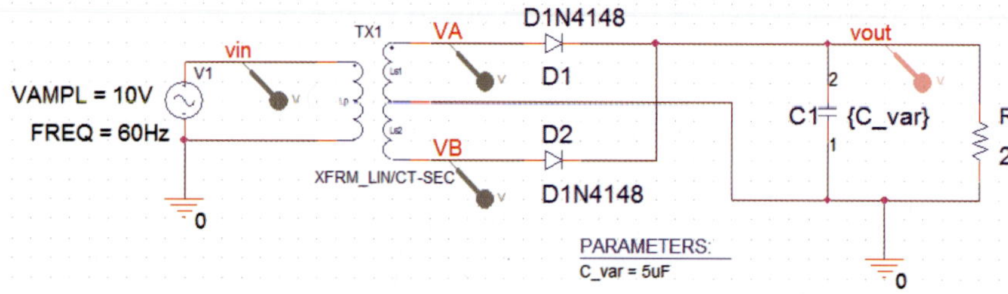

그림 1-50 [예제 1-7]의 시뮬레이션 회로

풀이

PSPICE 시뮬레이션 결과는 [그림 1-51]과 같다. 진폭 10V의 정현파가 변압기 1차측에 인가되면, 중앙탭 변압기 2차측 전압 VA, VB의 진폭은 5V이고, 전압 VA는 1차측 입력전압과 동일위상이며, VB는 반전 위상이다. 다이오드 D_1, D_2에 의해 전파 정류된 신호는 RC 필터를 통해 평활화된다. 시뮬레이션 결과로부터 측정된 출력전압의 리플 크기는 다음과 같다. 커패시터 C_1의 값이 클수록 출력전압 리플의 크기가 작음을 확인할 수 있다.

$C_1[\mu F]$	5	10	15	20
$V_{ripple}[V]$	1.85	1.17	0.87	0.69

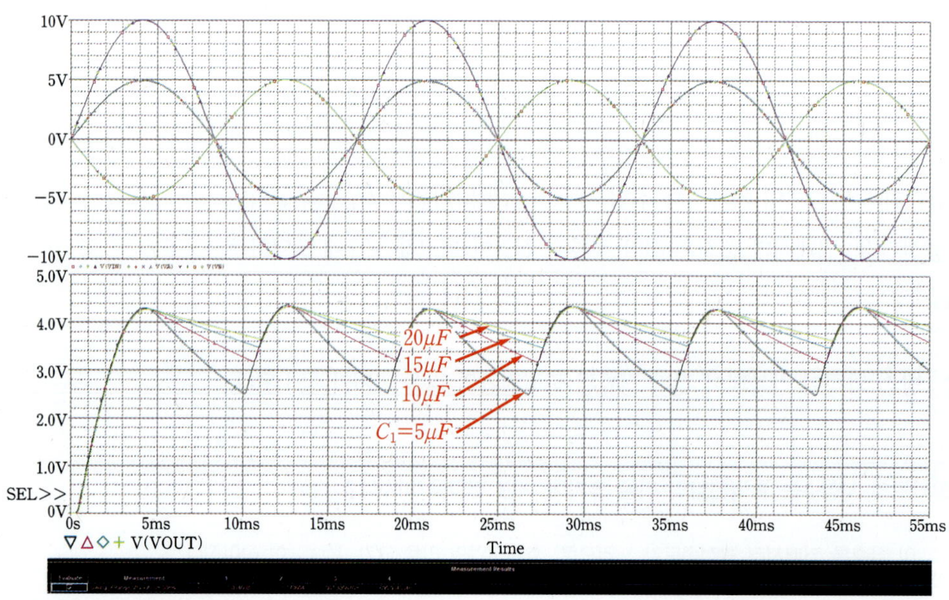

그림 1-51 [예제 1-7]의 Transient 시뮬레이션 결과

> **핵심포인트** **커패시터 평활회로를 갖는 전파 정류회로**
>
> - 커패시터 평활회로를 이용하면 전파 정류된 출력의 리플 크기를 감소시킬 수 있다.
> - 커패시터 평활회로의 시상수 $\tau = RC_1$이 클수록 출력전압의 리플 크기가 작다.

1.4.3 리미터 회로

> **리미터 회로의 동작 원리는 무엇인가?**
> **다이오드의 연결형태와 DC 전원의 극성에 따라 리미터 회로의 동작이 어떻게 달라지는가?**

신호의 진폭을 미리 정한 기준 레벨로 제한하는 회로를 **리미터** limiter라고 한다. 리미터는 기준 레벨로 신호를 잘라 내는 동작을 하므로 **클리퍼** clipper라고도 한다. 다이오드와 DC 전원의 연결 극성에 따라 양positive 또는 음 negative 리미터로 구현되며, 다이오드와 DC 전원을 두 개씩 사용하면 양방향 리미터를 구현할 수 있다. 다이오드와 출력의 연결형태에 따라 병렬형 또는 직렬형 리미터로 구분되며, 기준전압 레벨을 설정하는 DC 전원의 극성에 따라 다양한 형태로 구현될 수 있다.

병렬형 리미터

[그림 1-52]와 같이 다이오드가 출력과 병렬로 연결된 형태를 병렬형 리미터 회로라고 하며, 다이오드와 DC 전원의 연결 극성에 따라 양 또는 음 리미터로 구현된다.

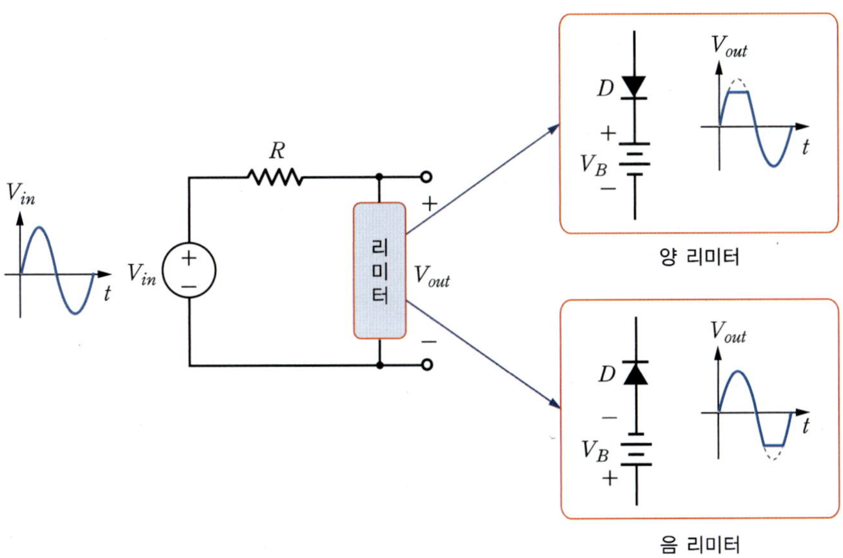

그림 1-52 병렬형 리미터 회로

■ 병렬형 양 리미터 회로

[그림 1-53(a)]의 회로는 출력을 양의 기준 레벨로 제한하는 병렬형 **양 리미터** positive limiter이다. 다이오드의 커트-인 전압이 V_γ인 정전압 등가모델을 적용하면, 다음과 같이 동작한다.

- $V_{in} \geq V_B + V_\gamma$**인 경우** : 다이오드가 도통되어 출력전압이 $V_{out} = V_B + V_\gamma$로 제한되며, V_{in}이 증가하더라도 출력은 일정하게 유지된다.
- $V_{in} < V_B + V_\gamma$**인 경우** : 다이오드가 차단되어 $V_{out} = V_{in}$이 되며, 출력은 V_B에 영향을 받지 않는다.

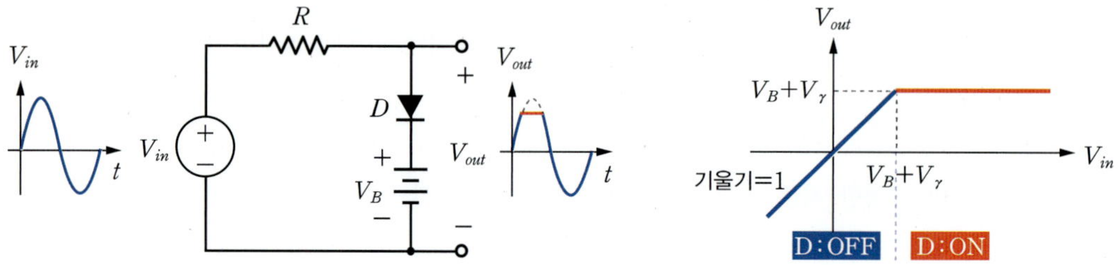

(a) 양 리미터 회로 (b) 입출력 전달특성

그림 1-53 병렬형 양 리미터 회로와 입출력 전달특성

따라서 [그림 1-53(a)]의 회로는 출력을 $V_B + V_\gamma$로 제한하는 양 리미터로 동작한다. [그림 1-53(b)]는 양 리미터 회로의 입출력 전달특성이다. $V_{in} < V_B + V_\gamma$인 입력 범위에 대해서는 기울기가 1인 직선이고, $V_{in} \geq V_B + V_\gamma$인 입력 범위에 대해서는 기울기가 0인 직선이다.

■ 병렬형 음 리미터 회로

[그림 1-53(a)]의 회로에서 다이오드와 전압 V_B의 방향을 반대로 바꿔 [그림 1-54(a)]와 같이 만들면, 병렬형 **음 리미터** negative limiter로 동작한다. 다이오드의 커트-인 전압이 V_γ인 정전압 등가모델을 적용하면, 다음과 같이 동작한다.

- $V_{in} \leq -(V_B + V_\gamma)$**인 경우** : 다이오드가 도통되어 출력이 $V_{out} = -(V_B + V_\gamma)$로 제한되며, V_{in}이 감소하더라도 출력은 일정하게 유지된다.
- $V_{in} > -(V_B + V_\gamma)$**인 경우** : 다이오드가 개방되어 $V_{out} = V_{in}$이 되며, 출력은 V_B에 영향을 받지 않는다.

따라서 [그림 1-54(a)] 회로는 출력을 $-(V_\gamma + V_B)$로 제한하는 음 리미터로 동작한다. [그림 1-54(b)]는 음 리미터 회로의 입출력 전달특성이다. $V_{in} > -(V_B + V_\gamma)$인 입력 범위에 대해서는 기울기가 1인 직선이고, $V_{in} \leq -(V_B + V_\gamma)$인 입력 범위에 대해서는 기울기가 0인 직선이다.

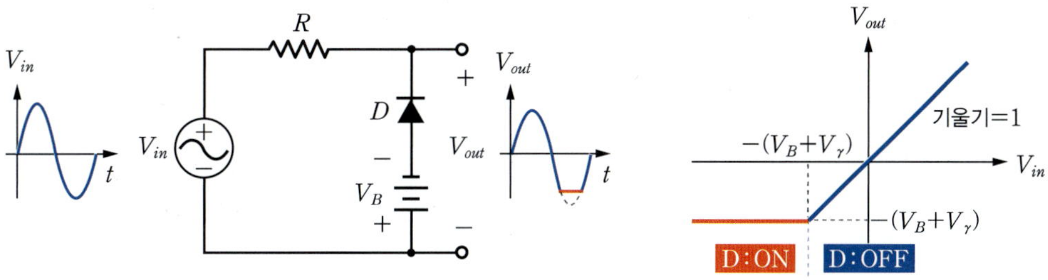

(a) 음 리미터 회로

(b) 입출력 전달특성

그림 1-54 병렬형 음 리미터 회로와 입출력 전달특성

■ 병렬형 양방향 리미터 회로

[그림 1-53(a)]와 [그림 1-54(a)]를 결합하여 [그림 1-55(a)]와 같이 구성하면, 양의 값과 음의 값을 모두 제한하는 병렬형 양방향 리미터가 된다. 다이오드의 커트-인 전압이 V_γ인 정전압 등가모델을 적용하면, 다음과 같이 동작한다.

- $V_{in} \geq V_{B1} + V_\gamma$**인 경우** : D_1은 도통되고, D_2는 개방되어 $V_{out} = V_{B1} + V_\gamma$가 된다.
- $V_{in} \leq -(V_{B2} + V_\gamma)$**인 경우** : D_1은 개방되고, D_2는 도통되어 $V_{out} = -(V_{B2} + V_\gamma)$가 된다.
- $-(V_{B2} + V_\gamma) < V_{in} < V_{B1} + V_\gamma$: D_1과 D_2 모두 개방되어 $V_{out} = V_{in}$이다.

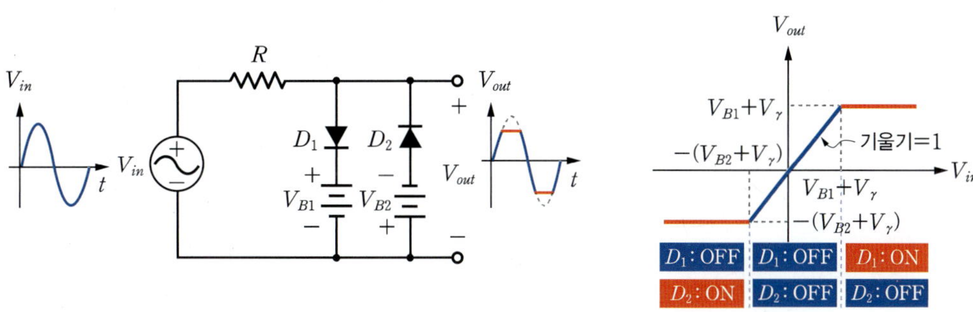

(a) 양방향 리미터 회로

(b) 입출력 전달특성

그림 1-55 병렬형 양방향 리미터 회로와 입출력 전달특성

Q **병렬형 리미터의 리미팅 레벨은 어떻게 결정되는가?**

A 다이오드와 DC 전원이 직렬로 연결되는 방향(극성)에 따라 $\pm(V_B + V_\gamma)$ 또는 $\pm(V_B - V_\gamma)$로 결정된다.

예제 1-8

[그림 1-55(a)] 양방향 리미터 회로의 양과 음의 리미팅 전압을 구하고, 입출력 진달특성을 그래프로 그려라. 단, $V_{B1} = 2.0\text{V}$, $V_{B2} = 2.5\text{V}$, $R = 1\text{k}\Omega$, 다이오드는 커트-인 전압이 $V_\gamma = 0.6\text{V}$ 인 정전압 등가모델을 적용한다.

풀이

- **양의 리미팅 전압** : 다이오드 D_1의 애노드에 $V_{B1} + V_\gamma = 2.0 + 0.6 = +2.6\text{V}$ 이상의 전압이 인가되면 D_1은 도통되고 D_2는 개방상태를 유지하며, 따라서 양의 리미팅 전압은 $V_{out,p} = V_{B1} + V_\gamma = 2.6\text{V}$ 이다.
- **음의 리미팅 전압** : 다이오드 D_2의 캐소드에 $-V_{B2} - V_\gamma = -(2.5 + 0.6) = -3.1\text{V}$ 이하의 전압이 인가되면 D_2는 도통되고 D_1은 개방상태를 유지하며, 따라서 음의 리미팅 전압은 $V_{out,n} = -V_{B2} - V_\gamma = -3.1\text{V}$ 이다.
- $-3.1\text{V} < V_{in} < 2.6\text{V}$ 의 범위에서는 다이오드 D_1과 D_2가 모두 개방되어 $V_{out} = V_{in}$이 된다. 따라서 입출력 전달특성 그래프는 [그림 1-56]과 같다.

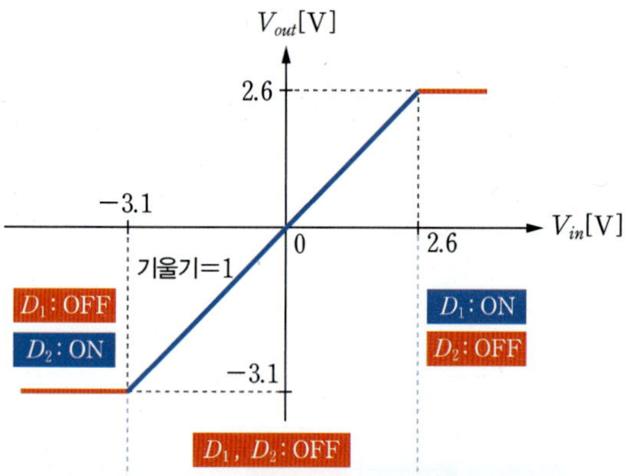

그림 1-56 [예제 1-8]의 입출력 전달특성 곡선

[예제 1-8]의 PSPICE 시뮬레이션 결과는 [그림 1-57]과 같다. [그림 1-57(a)]에서 진폭 5V의 정현파 입력에 대한 출력이 $-3.1\text{V} < V_{out} < 2.6\text{V}$로 제한되는 것을 확인할 수 있다. [그림 1-57(b)]는 x축을 V_{in}으로 하여 얻어진 입출력 전달특성이다. $-3.1\text{V} < V_{in} < 2.6\text{V}$의 범위에서는 기울기가 1인 직선이 되어 $V_{out} = V_{in}$이 되며, $V_{in} < -3.1\text{V}$ 또는 $V_{in} > 2.6\text{V}$인 범위에서는 기울기가 거의 0에 가까운 직선이 되어 $-3.1\text{V} < V_{out} < 2.6\text{V}$로 제한됨을 확인할 수 있다.

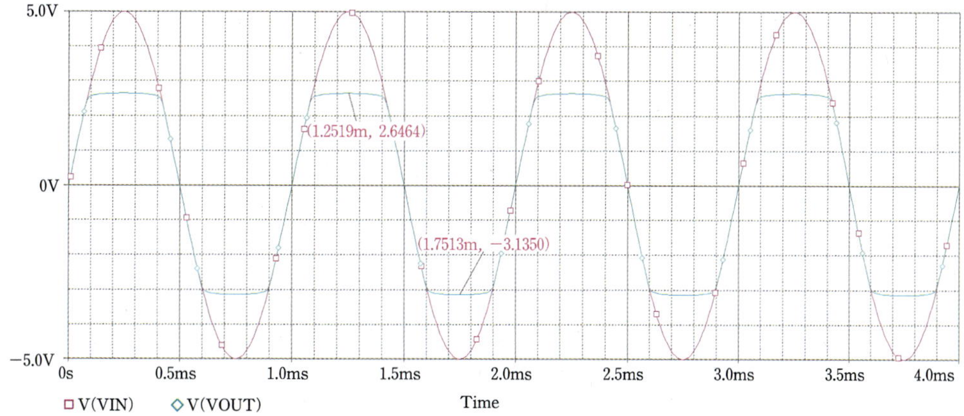

(a) Transient 시뮬레이션 결과(진폭 5V의 정현파 입력에 대한 출력전압)

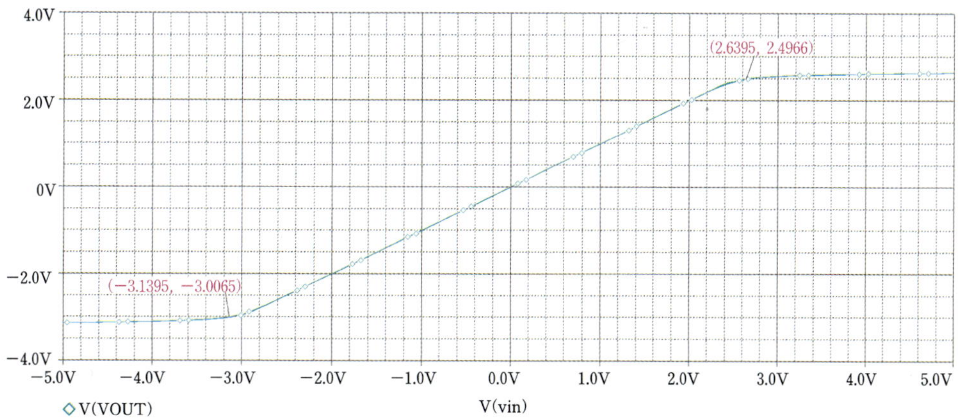

(b) 입출력 전달특성

그림 1-57 [예제 1-8]의 PSPICE 시뮬레이션 결과

확인문제 1-8

[그림 1-58]의 리미터 회로에 정현파 입력 $V_{in} = V_m \sin wt$ (단, $V_m > V_B + V_\gamma$)이 인가되는 경우에 출력 V_{out}의 파형과 입출력 전달특성 곡선을 그려라.

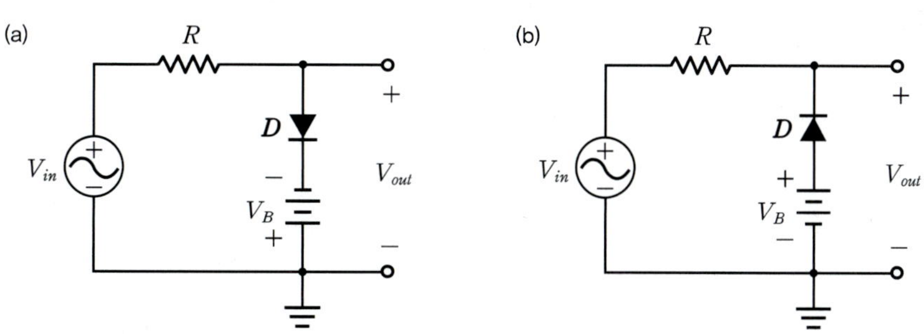

그림 1-58

답 생략

확인문제 1-9

[그림 1-59]의 리미터 회로에 정현파 입력 $V_{in} = V_m \sin wt$ (단, $V_m > V_B + V_\gamma$)이 인가되는 경우에 출력 V_{out}의 파형과 입출력 전달특성 곡선을 그려라.

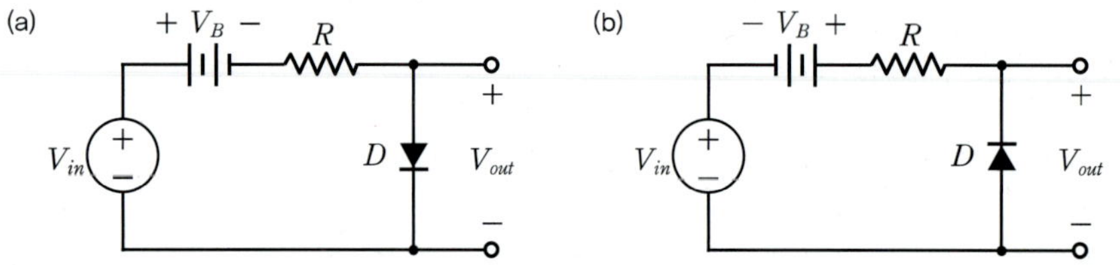

그림 1-59

답 생략

직렬형 리미터

[그림 1-60]과 같이 다이오드가 출력과 직렬로 연결된 형태를 직렬형 리미터 회로라고 하며, 다이오드의 연결 방향에 따라 양 또는 음 리미터로 구현된다.

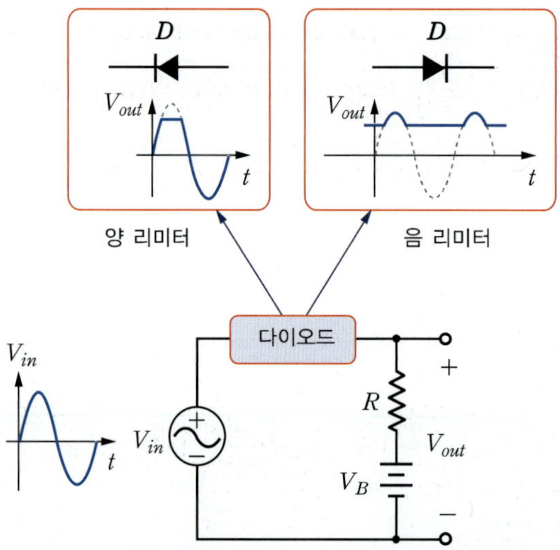

그림 1-60 직렬형 리미터 회로

▪ 직렬형 양 리미터 회로

[그림 1-61(a)]의 회로는 출력을 양의 기준 레벨로 제한하는 직렬형 **양 리미터**이다. 다이오드의 커트-인 전압이 V_γ인 정전압 등가모델을 적용하면, 다음과 같이 동작한다.

- $V_{in} \geq V_B - V_\gamma$**인 경우** : 다이오드가 차단되어 출력의 최대치를 $V_{out} = V_B$로 제한하므로 V_{in}이 증가하더라도 출력은 일정하게 유지된다.
- $V_{in} < V_B - V_\gamma$**인 경우** : 다이오드가 도통되어 $V_{out} = V_{in} + V_\gamma$이다.

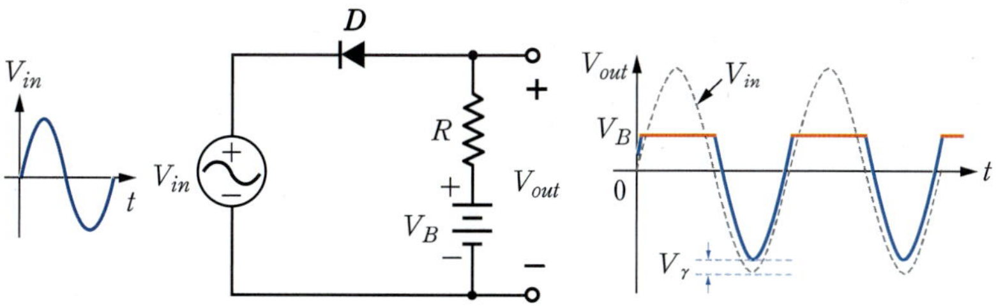

(a) 양 리미터 회로

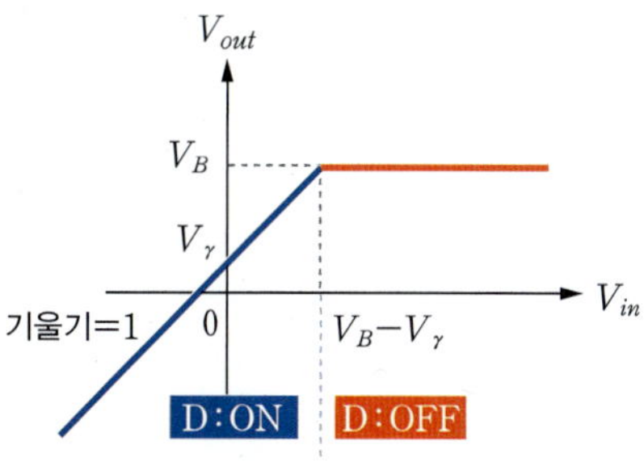

(b) 입출력 전달특성

그림 1-61 직렬형 양 리미터 회로와 입출력 전달특성

따라서 [그림 1-61(a)]의 회로는 출력을 V_B로 제한하는 양 리미터로 동작한다. [그림 1-61(b)]는 양 리미터 회로의 입출력 전달특성이다. $V_{in} \geq V_B - V_\gamma$인 입력 범위에 대해서는 기울기가 0인 직선이 되고, $V_{in} < V_B - V_\gamma$인 입력 범위에 대해서는 기울기가 1인 직선이 된다.

▪ 직렬형 음 리미터 회로

[그림 1-62(a)]의 회로는 출력을 음의 기준 레벨로 제한하는 직렬형 **음 리미터**이다. 다이오드의 커트-인 전압이 V_γ인 정전압 등가모델을 적용하면, 다음과 같이 동작한다.

- **$V_{in} \geq V_B + V_\gamma$인 경우** : 다이오드가 도통되어 $V_{out} = V_{in} - V_\gamma$이다.
- **$V_{in} < V_B + V_\gamma$인 경우** : 다이오드가 차단되어 출력의 최소치를 $V_{out} = V_B$로 제한하므로 V_{in}이 감소하더라도 출력은 일정하게 유지된다.

따라서 [그림 1-62(a)]의 회로는 출력의 최소치를 V_B로 제한하는 음 리미터로 동작한다. [그림 1-62(b)]는 음 리미터 회로의 입출력 전달특성이다. $V_{in} \geq V_B + V_\gamma$인 입력 범위에 대해서는 기울기가 1인 직선이고, $V_{in} < V_B + V_\gamma$인 입력 범위에 대해서는 기울기가 0인 직선이다.

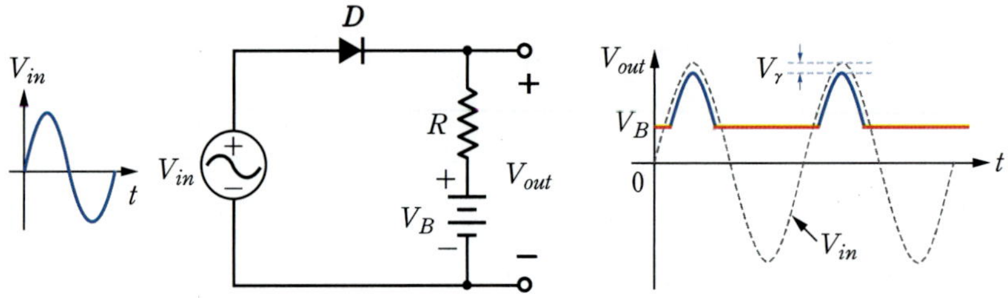

(a) 음 리미터 회로

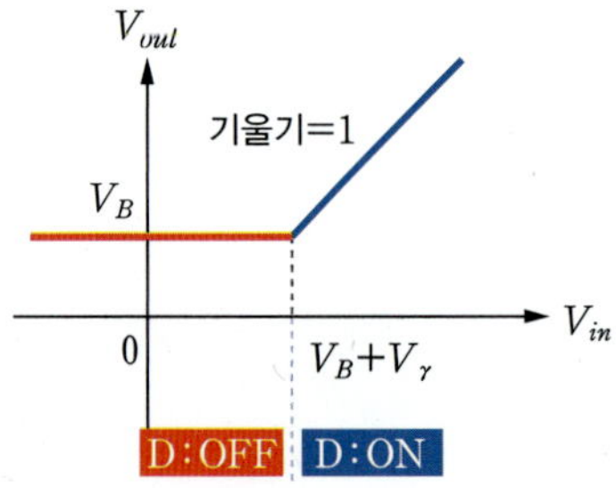

(b) 입출력 전달특성

그림 1-62 직렬형 음 리미터 회로와 입출력 전달특성

Q 직렬형 리미터의 리미팅 레벨은 어떻게 결정되는가?

A 다이오드와 DC 전원의 연결 방향(극성)에 따라 $\pm V_B$로 결정된다.

예제 1-9

[그림 1-63]의 직렬형 리미터 회로에 정현파 입력 $V_{in} = V_m \sin wt$이 인가되는 경우에 출력 V_{out}의 파형과 입출력 전달특성 곡선을 그리고, PSPICE 시뮬레이션으로 결과를 확인하라. 단, $V_B = 2.0\text{V}$, $R = 1\text{k}\Omega$이다.

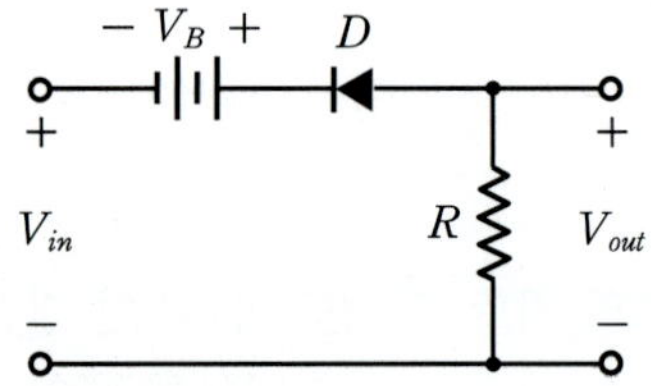

그림 1-63

풀이

- $V_{in} \le -(V_B + V_\gamma)$**인 경우** : 다이오드가 도통되어 $V_{out} = V_{in} + V_B + V_\gamma$이 된다.
- $V_{in} > -(V_B + V_\gamma)$**인 경우** : 다이오드가 차단되어 $V_{out} = 0$이 된다.

따라서 입출력 전달특성 곡선은 [그림 1-64]와 같다. $V_{in} \le -(V_B + V_\gamma)$인 경우에는 기울기가 1인 직선이 되며, $V_{in} > -(V_B + V_\gamma)$인 경우에는 기울기가 0인 직선이 된다.

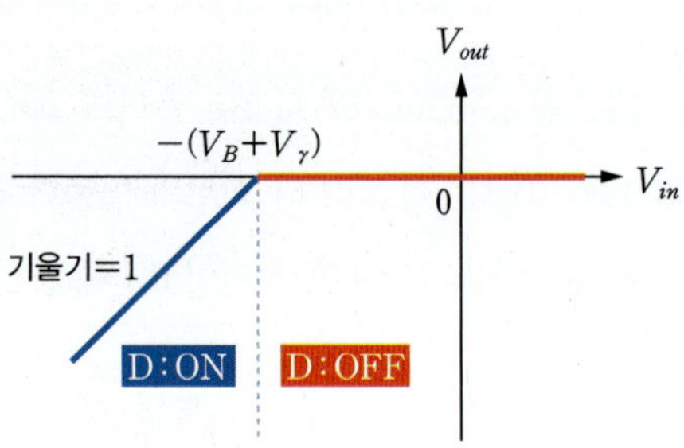

그림 1-64

[그림 1-63] 직렬형 리미터 회로의 PSPICE 시뮬레이션 결과는 [그림 1-65]와 같다. [그림 1-65(a)]에서 진폭 5V의 정현파 입력에 대해, $V_{in} \le -2.6\text{V}$ 범위에서 $V_{out} = V_{in} + V_B + V_\gamma$가 되며, $V_{in} > -2.6\text{V}$ 범위에서는 $V_{out} = 0\text{V}$로 제한됨을 확인할 수 있다. [그림 1-65(b)]는 x축을 V_{in}으로 하여 얻어진 입출력 전달특성이다. $V_{in} \le -2.6\text{V}$ 범위에서 기울기가 1인 직선이 되며, $V_{in} > -2.6\text{V}$ 범위에서는 기울기가 0인 직선이 되어 $V_{out} = 0\text{V}$로 제한됨을 확인할 수 있다.

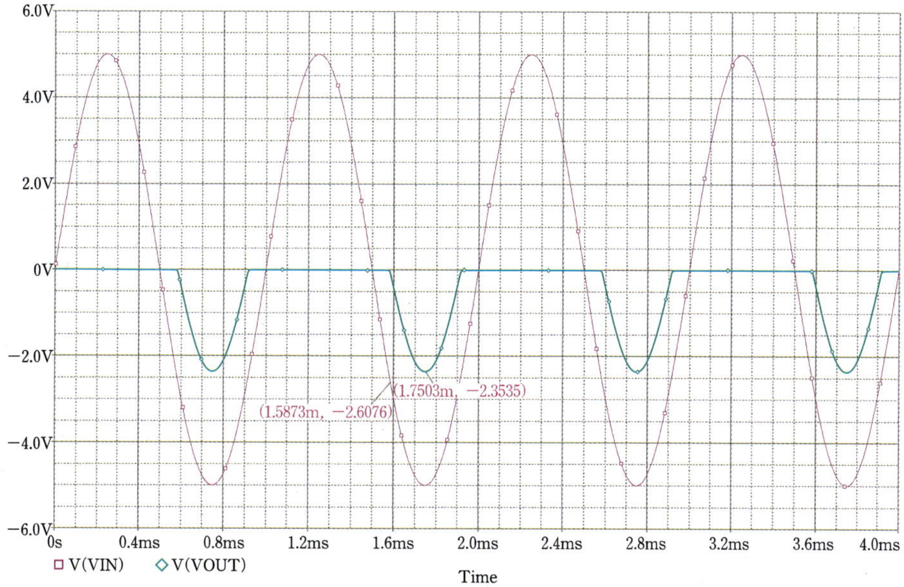

(a) Transient 시뮬레이션 결과(진폭 5V의 정현파 입력에 대한 출력전압)

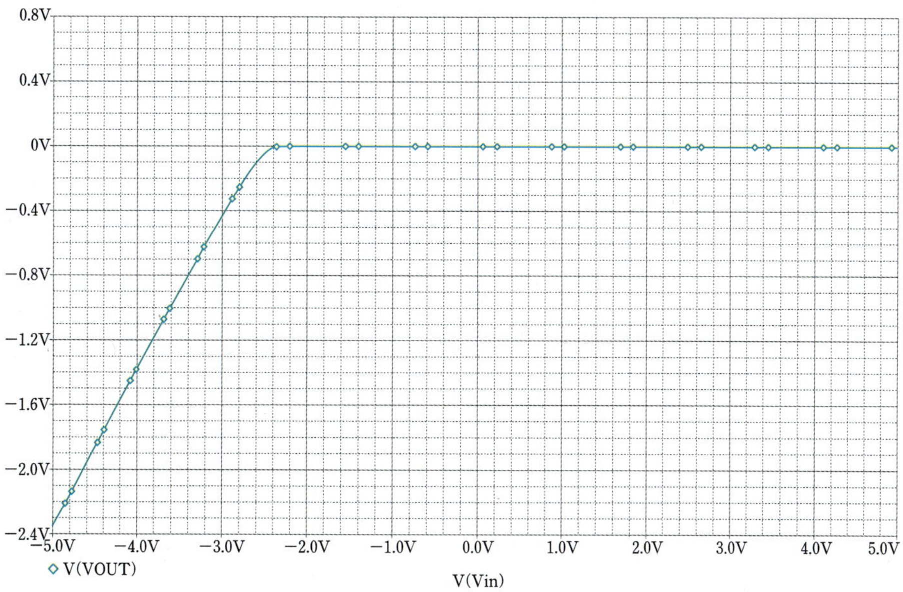

(b) 입출력 전달특성

그림 1-65 [예제 1-9]의 PSPICE 시뮬레이션 결과

확인문제 1-10

[그림 1-66]의 리미터 회로에 정현파 입력 V_{in}이 인가되는 경우의 출력파형과 입출력 전달특성 곡선을 그려라.

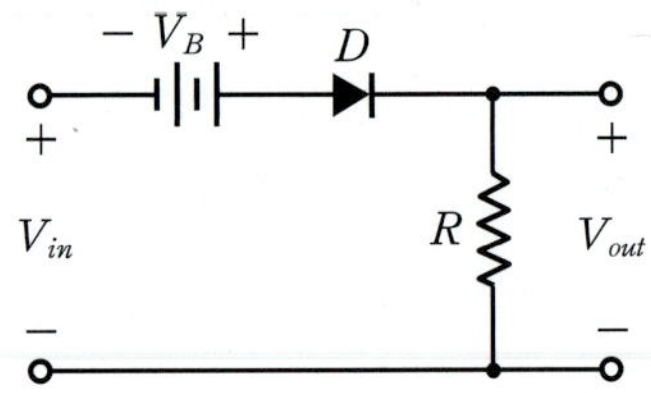

그림 1-66

답 생략

1.4.4 클램프 회로

클램프 회로는 어떤 기능을 가지며, 어떤 용도로 사용되는가?

신호를 특정 DC 레벨만큼 이동시키는 회로를 **클램프** clamp **회로**라고 한다. [그림 1-67(a)]의 클램프 회로에 $V_{in} = V_m \sin\omega t$인 정현파 전압이 인가되는 경우의 동작을 생각해보자. 회로에 KVL을 적용하면 출력전압은 식 (1.24)와 같이 표현되며, 초기에 커패시터가 모두 방전되어 $v_C(t=0)=0$으로 가정한다.

$$V_{out} = V_{in} - v_C(t) \tag{1.24}$$

- **$0 \sim \frac{\pi}{2}$ 기간** : $0 < V_{in} < V_\gamma$인 구간에서 다이오드는 차단상태이므로 전류가 흐르지 않아 $v_C = 0$이며, $V_{out} = V_{in}$이다. $V_\gamma \leq V_{in} \leq V_m$인 구간에서 다이오드는 도통되어 커패시터는 입력 V_{in}을 따라 충전되며, 다이오드가 도통상태이므로 $V_{out} = V_\gamma$이다. 이때, 커패시터 양단의 전압은 $v_{C,\max} = V_{in} - V_\gamma$가 된다. 입력 V_{in}이 피크값 V_m에 도달하는 $wt = \frac{\pi}{2}$에서 커패시터에는 $v_C\left(t = \frac{\pi}{2}\right) = V_m - V_\gamma$의 전압이 충전된다.
- **$\frac{\pi}{2}$ 이후 기간** : 입력 V_{in}이 피크값 V_m을 지나 감소하면 다이오드에 인가되는 전압은 $V_{out} = V_{in} - v_{C,\max} = V_{in} - (V_m - V_\gamma)$이 되어 다이오드는 차단상태가 되고, 커패시터는 더 이상 충전되지 않는다. 식 (1.24)로부터 식 (1.25)와 같이 입력 정현파의 DC 레벨이 $-(V_m - V_\gamma)$만큼 이동되어 출력되며, 커패시터 양단의 전압은 $v_{C,\max} = V_m - V_\gamma$로 일정하게 유지된다.

$$V_{out} = V_{in} - v_{C,\max} = V_m \sin wt - (V_m - V_\gamma) \tag{1.25}$$

[그림 1-67(b)]는 $V_{in} = V_m \sin\omega t$인 정현파 전압이 인가되는 경우에 클램프 회로의 출력파형을 보이고 있다. $0 \sim \frac{\pi}{2}$의 과도기간이 지나면 정상상태에서 입력신호와 출력신호의 파형 모양은 동일하고 단지 DC 레벨만 $-(V_m - V_\gamma)$만큼 이동되어 출력되어 출력전압이 V_γ로 클램프 됨을 확인할 수 있다. 이 회로에서 다이오드는 초기 $0 \sim \frac{\pi}{2}$ 기간에

도통되어 커패시터가 충전되도록 경로를 형성하고, 그 이후에는 개방되어 커패시터가 충전되지 않도록 하는 역할을 한다.

[그림 1-67(a)] 회로에서 다이오드의 방향을 반대로 바꾸면, 입력신호의 DC 레벨을 $(V_m - V_\gamma)$만큼 이동시켜 출력전압이 $-V_\gamma$로 클램프되는 회로로 동작한다.

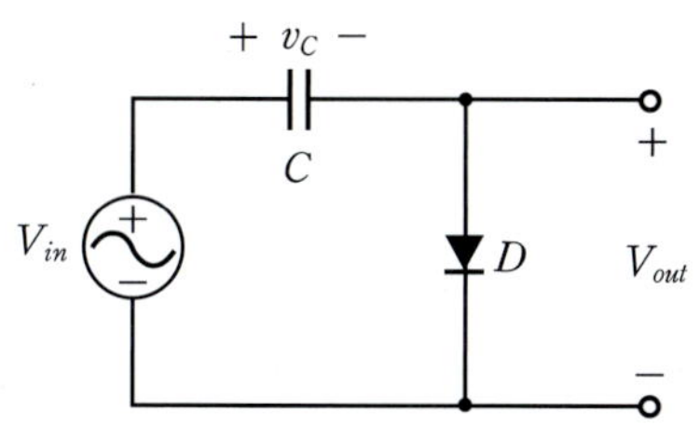

(a) 클램프 회로

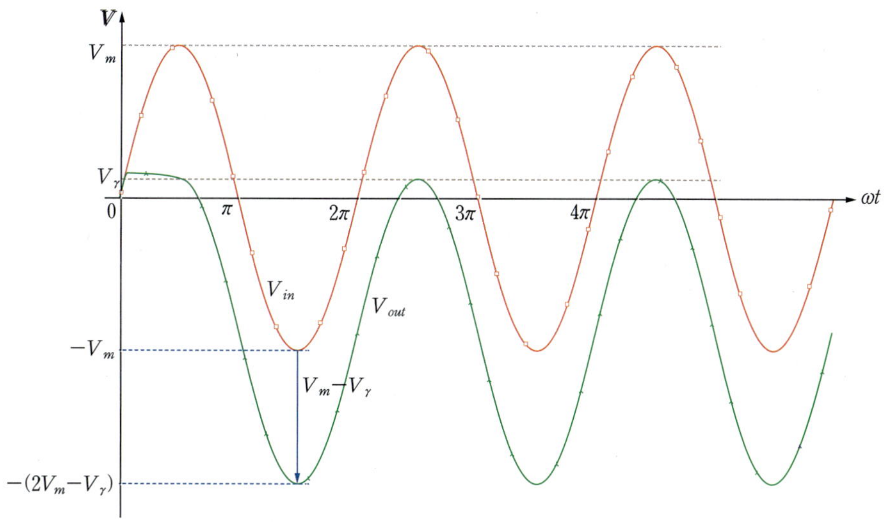

(b) 정현파 입력에 대한 출력파형

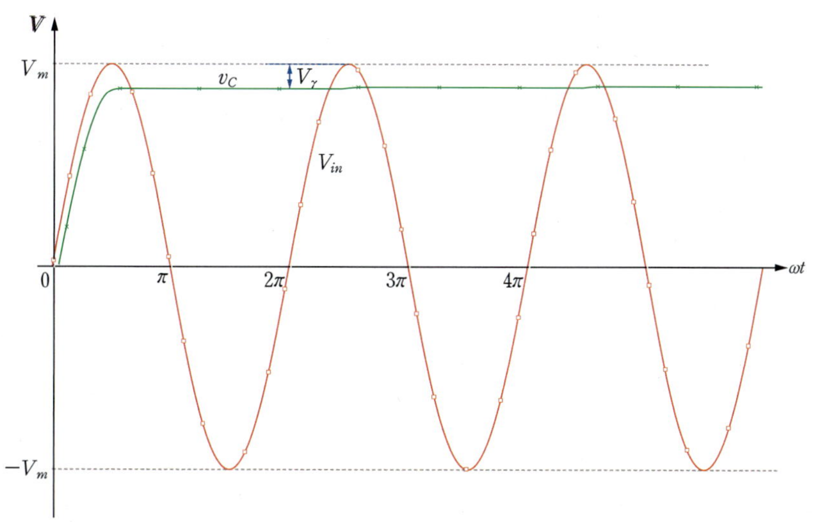

(c) 커패시터 양단의 전압

그림 1-67 클램프 회로의 동작 파형

예제 1-10

[그림 1-68]의 클램프 회로에 진폭 5V인 정현파가 인가되는 경우에 (a) 커패시터에 충전되는 최대 전압 $v_{C,\max}$, (b) 출력 V_{out}이 클램핑되는 DC 레벨을 구하고, (c) PSPICE 시뮬레이션으로 출력 V_{out}과 커패시터 전압 v_C의 파형을 확인하라. 단, 다이오드의 커트-인 전압은 $V_\gamma = 0.62\,\mathrm{V}$이고, $V_B = 2.0\mathrm{V}$, $C = 1.0\,\mu\mathrm{F}$이다.

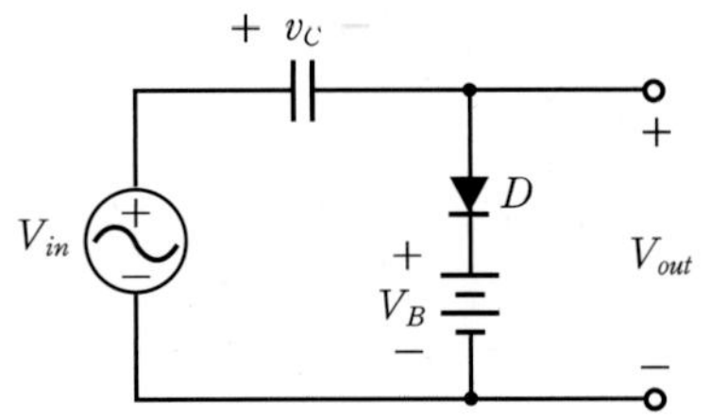

그림 1-68

풀이

[그림 1-68] 회로에서 다이오드 양단에 인가되는 전압이 $V_{in} - v_C - (V_\gamma + V_B) > 0$인 경우에 다이오드가 도통되어 커패시터는 충전된다. 다이오드가 도통되면, 커패시터 양단의 전압은 $v_C = V_{in} - V_{out} = V_{in} - (V_\gamma + V_B)$가 되고 출력전압은 $V_{out} = V_\gamma + V_B$로 일정하게 유지된다.

(a) V_{in}의 양의 반주기에서 피크값 V_m에 도달하기까지 커패시터에 충전이 일어나며, V_{in}이 피크값 V_m에 도달했을 때, 커패시터에 충전되는 최대 전압은 다음과 같다.

$$v_{C,\max} = V_m - (V_\gamma + V_B) = 5 - (0.62 + 2) = 2.38\mathrm{V}$$

(b) V_{in}이 피크값 V_m을 지나 감소하면 다이오드는 차단되고, 커패시터는 충전을 멈춘다. 따라서 출력전압은 다음과 같다.

$$V_{out} = V_{in} - v_{C,\max} = V_m \sin wt - [V_m - (V_\gamma + V_B)] = V_m \sin wt - 2.38\mathrm{V}$$

따라서 입력 V_{in}의 DC 레벨이 $-(V_m - V_\gamma) + V_B = -2.38\mathrm{V}$만큼 이동되어 출력된다. $V_B = 0$인 [그림 1-67(a)]의 회로와 비교하여 전압 V_B는 출력의 DC 레벨을 V_B만큼 이동시키는 역할을 한다.

[그림 1-68] 회로의 PSPICE 시뮬레이션 결과는 [그림 1-69]와 같다. 진폭 5V의 정현파가 $-2.38\,\mathrm{V}$만큼 음의 방향으로 이동되어 출력 V_{out}의 양의 피크값은 2.6V, 음의 피크값은 $-7.38\,\mathrm{V}$가 됨을 확인할 수 있다. $0 \sim \frac{\pi}{2}$의 과도기간이 지난 후, 커패시터 양단에는 $v_{C,\max} = V_m - (V_\gamma + V_B) \simeq 2.42\,\mathrm{V}$의 일정한 전압이 걸리고 있음을 확인할 수 있다.

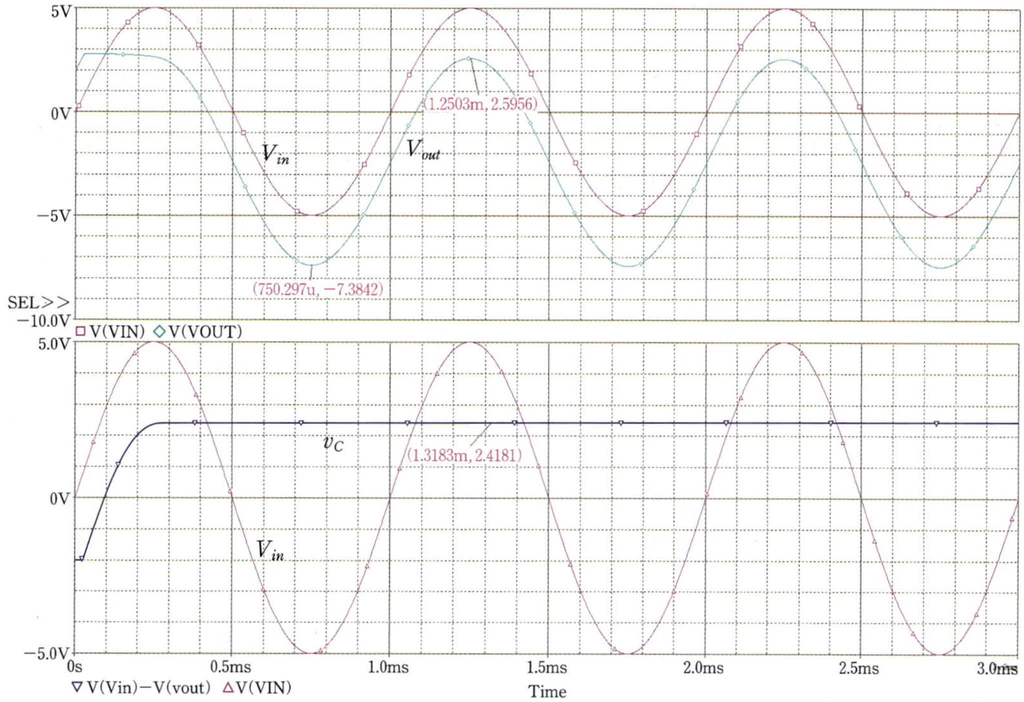

그림 1-69 [예제 1-10]의 PSPICE 시뮬레이션 결과

확인문제 1-11

[그림 1-70]의 클램프 회로에 $V_{in} = V_m \sin wt$의 정현파가 인가되는 경우의 출력파형과 입출력 전달특성 곡선을 그려라. 단, 정현파의 진폭 $V_m = 5\text{V}$이고, 다이오드의 커트-인 전압은 $V_\gamma = 0.62\text{V}$이고, $V_B = 2.0\text{V}$, $C = 1.0\mu\text{F}$이다.

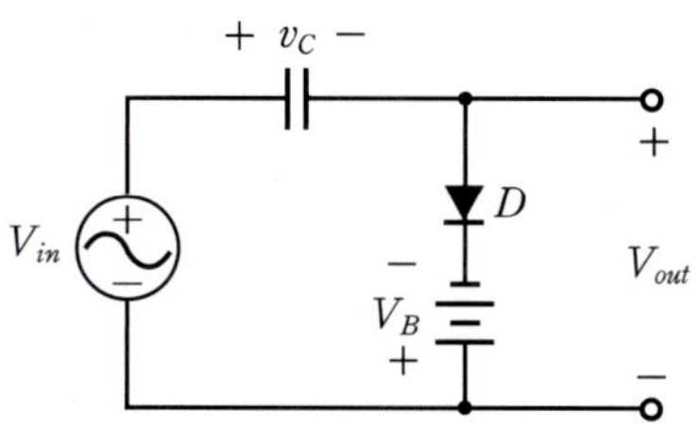

그림 1-70

답 생략

Q **클램프 회로는 어떤 용도로 사용되는가?**

A 입력신호의 파형 모양을 유지하면서 특정 레벨로 이동시켜 DC 레벨을 조정하는 용도로 사용된다.

점검하기 **다음 각 문제에서 맞는 것을 고르시오.**

(1) 입력 정현파의 양의 반주기를 출력하는 반파 정류회로는 $V_{in} > V_\gamma$인 경우에 다이오드가 (**도통, 차단**) 되어 ($V_{out} = 0$, $V_{out} = V_{in} - V_\gamma$)이/가 된다.

(2) 입력 정현파의 음의 반주기를 출력하는 반파 정류회로는 입력신호의 진폭이 $V_{in} < -V_\gamma$가 되어야 반파 정류가 이루어진다. (O, X)

(3) 브릿지 전파 정류회로에서 $V_{in} > 2V_\gamma$인 양의 반주기 출력은 ($V_{out} = V_{in} - V_\gamma$, $V_{out} = V_{in} - 2V_\gamma$)이다.

(4) 브릿지 전파 정류회로에서 $V_{in} < -2V_\gamma$인 음의 반주기 출력은 ($V_{out} = -V_{in} - 2V_\gamma$, $V_{out} = V_{in} - 2V_\gamma$)이다.

(5) 브릿지 전파 정류회로에서 입력 정현파의 진폭이 V_m인 경우에, 다이오드의 PIV는 (V_m, $2V_m$)이다.

(6) 중앙 탭 변압기를 이용한 전파 정류회로에서 변압기 2차측 전압이 $V_{in2} > V_\gamma$인 양의 반주기 출력은 ($V_{out} = V_{in2} - V_\gamma$, $V_{out} = V_{in2} - 2V_\gamma$)이다.

(7) 중앙 탭 변압기를 이용한 전파 정류회로에서 변압기 2차측 전압의 진폭이 V_m인 경우에, 다이오드의 PIV는 (V_m, $2V_m$)이다.

(8) 커패시터 평활회로를 갖는 전파 정류회로에서 출력전압의 리플 크기는 커패시터 시상수에 (**비례, 반비례**) 한다.

(9) 출력을 $V_B + V_\gamma$로 제한하는 양 리미터 회로에서 $V_{in} \geq V_B + V_\gamma$인 경우에 다이오드는 (**차단, 도통**) 된다.

(10) 출력을 $\pm(V_B + V_\gamma)$로 제한하는 양방향 리미터 회로에서 $-(V_B + V_\gamma) < V_{in} < V_B + V_\gamma$인 경우에 다이오드는 (**차단, 도통**)된다.

SECTION 1.5

제너 다이오드

핵심이 보이는 **전자회로**

PN 접합 다이오드는 단방향 도통 특성을 가지므로, 순방향 전압이 인가되면 전류가 흐르고 역방향 전압이 인가되면 전류가 거의 흐르지 않는다. PN 접합 다이오드에 큰 역방향 전압이 인가되면 역방향 항복 현상이 발생하여 큰 역방향 전류가 흐르고, 이 상태가 오랫동안 지속되면 다이오드가 파괴될 수 있다. 일반 PN 접합 다이오드는 순방향 도통 특성과 항복 영역 이전까지의 역방향 특성을 이용한다. 반면, **제너 다이오드** Zener diode는 역방향 항복영역을 이용하도록 만들어진 소자이며, 부하에 일정한 전압을 공급하기 위한 정전압 장치와 출력전압을 일정한 레벨로 제한하는 용도로 쓰인다. 이 절에서는 제너 다이오드의 특성, 등가모델, 그리고 제너 다이오드를 이용한 정전압 회로 등에 대해 살펴본다.

1.5.1 제너 다이오드의 전류-전압 특성

제너 다이오드와 PN 접합 다이오드는 동작이 어떻게 다른가?
제너 다이오드는 어떤 용도로 사용되는가?

제너 다이오드는 항복현상이 일어나는 역방향 임계전압 근처에서 큰 역방향 항복 전류가 흐르는 **제너 항복** Zener breakdown 현상을 이용하는 소자이다. 제너 항복이 발생하면 다이오드 양 단자의 전압은 거의 일정한 값으로 유지되면서 전류만 급격하게 증가한다. 제너 다이오드는 일반 정류용 다이오드보다 불순물 도핑 농도가 높게 만들어진다. 도핑 농도를 조정하여 원하는 제너전압을 갖는 다이오드를 만들 수 있으며, 제너전압이 수 V인 소자에서부터 수백 V인 소자까지 다양한 형태가 상용화되어 있다.

제너 다이오드의 기호와 전류-전압 특성은 [그림 1-71]과 같다. 순방향 전압을 인가하면 일반 정류용 다이오드와 동일한 전류-전압 특성을 갖는다. 역방향 전압을 인가하면, 전류가 거의 흐르지 않다가 특정 임계전압 근처에서 제너 항복 현상에 의해 전류가 갑자기 증가한다. 제너 항복 영역에서는 다이오드 전류가 크게 변해도 캐소드와 애노드 사이의 전압은 제너전압 V_Z로 거의 일정하게 유지된다.

[그림 1-71(b)]에서 볼 수 있듯이 항복 영역에서 전류-전압 특성 곡선의 기울기가 매우 크므로, 비교적 넓은 역방향 전류 범위에서 매우 작은 제너전압 변동을 갖는다.

제너 다이오드는 임계전류 I_{ZK}(첨자 K는 knee(무릎, 꺾이는 점)를 나타냄) 이상의 전류에서 제너 항복이 유지되므로, I_{ZK} 이상의 역방향 전류로 동작해야 한다. 제너 다이오드에 너무 큰 전류가 지속적으로 흐르면 전력소모가 증가하여 발열에 의해 소자가 손상될 수 있다. 제너 다이오드의 전류는 정격 전력 $P_{Z,\max} = V_Z \times I_{ZM}$에 의해 결정되는 정격 제너전류 I_{ZM} 이하로 제한되어야 한다. 따라서 제너 다이오드는 $I_{ZK} \leq I_Z \leq I_{ZM}$의 전류 범위에서 동작해야 하며, 최대 전력소모는 정격 전력 $P_{Z,\max}$ 이하로 유지되어야 한다.

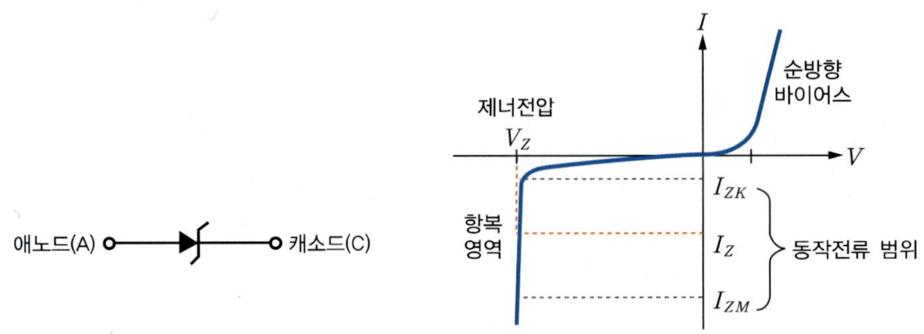

(a) 제너 다이오드의 기호 (b) 전류-전압 특성

그림 1-71 제너 다이오드의 기호와 전류-전압 특성

여기서 잠깐 **제너 항복과 애벌런치 항복**

PN 접합의 항복 현상은 발생 원인에 따라 제너 항복과 애벌런치 항복으로 구분된다.

❶ **애벌런치**avalanche **항복** : PN 접합에 큰 역방향 바이어스 전압이 인가되면, 열적으로 생성된 전자(역방향 포화 전류의 일부)가 공간전하 영역의 강한 전계에 의해 가속된다. 가속된 전자가 높은 운동 에너지를 가지고 실리콘 격자와 충돌하면 공유결합으로 구속되어 있던 전자가 탈출하여 전자-정공 쌍이 생성된다. 생성된 전자가 다시 격자와 충동하여 전자-정공 쌍을 생성하는 과정이 반복되면서 급격하게 큰 전류가 흐르는 현상을 말한다. 애벌런치 항복 현상은 PN 접합의 도핑 농도가 낮은 경우에 일어난다.

❷ **제너 항복** : PN 접합의 도핑 농도가 높으면, 접합면 근처의 공핍영역 폭이 좁아져서 강한 전계가 공핍영역에 형성된다. 공핍영역에 형성된 강한 전계는 공유결합을 끊어 전자가 탈출하도록 하여 전자-정공 쌍을 생성하고, 이로 의해 큰 역방향 항복전류가 흐르는 현상을 말한다. 도핑 농도가 높을수록 항복전압이 작으며, 도핑 농도를 조정하여 원하는 항복전압을 갖는 제너 다이오드를 만들 수 있다.

Q **제너 다이오드는 어떤 용도로 사용되는가?**

A 넓은 역방향 전류 범위에서 매우 작은 제너전압 변동을 가지므로, 정전압을 얻기 위한 회로나 장치에 사용된다.

핵심포인트 **제너 다이오드**

- 제너 항복 특성에 의해 넓은 역방향 전류 범위에서 매우 작은 제너전압 변동을 갖는다.
- $I_{ZK} \le I_Z \le I_{ZM}$의 전류 범위와 정격 전력 $P_{Z,\max}$ 이하에서 동작해야 한다.

예제 1-11

[그림 1-72]의 회로에서 제너전압 $V_Z = 5.1\text{V}$가 유지되기 위한 입력전압 V_S의 범위를 구하라. 또한, 제너 다이오드의 정격 전력은 얼마 이상이어야 하는가? 단, $R = 1\text{k}\Omega$이고, 제너 다이오드의 동작 전류 범위는 $1\text{mA} \le I_Z \le 50\text{mA}$이다.

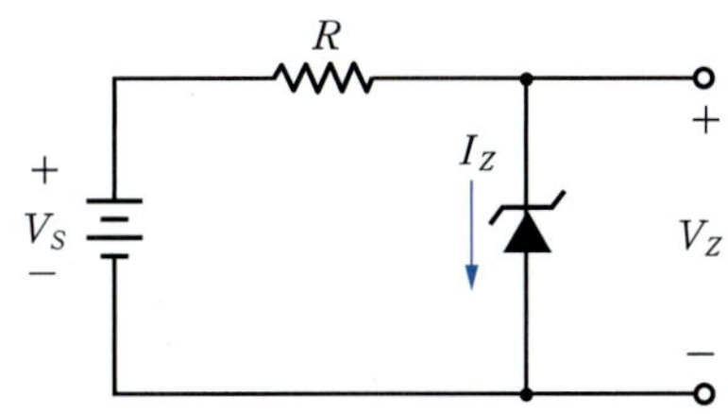

그림 1-72

풀이

제너전압을 유지하기 위한 입력전압의 최솟값은 다음과 같다.

$$V_{S,\min} = RI_{ZK} + V_Z = 1 \times 1 + 5.1 = 6.1\text{V}$$

제너 다이오드가 안전하게 동작하기 위한 입력전압의 최댓값은 다음과 같다.

$$V_{S,\max} = RI_{ZM} + V_Z = 1 \times 50 + 5.1 = 55.1\text{V}$$

따라서 입력전압의 범위는 $6.1\text{V} \le V_S \le 55.1\text{V}$이다.

제너 다이오드에 최대 전류 $I_{ZM} = 50\text{mA}$가 흐를 때 소비되는 전력은 다음과 같이 계산된다.

$$P_Z = V_Z I_{ZM} = 5.1 \times 50 \times 10^{-3} = 255\text{mW}$$

따라서 제너 다이오드의 정격 전력은 $P_{Z,\max} > 255\text{mW}$가 되어야 한다.

확인문제 1-12

[그림 1-72]의 회로에서 입력전압이 $9\text{V} \le V_S \le 11\text{V}$로 변하는 경우에, 제너전압 $V_Z = 5.6\text{V}$에서 제너 다이오드에 흐르는 전류가 $I_Z \le 50\text{mA}$가 되도록 하기 위해 저항 R은 얼마가 되어야 하는가?

답 $R = 110\Omega$

확인문제 1-13

[그림 1-72]의 회로에서 입력전압이 $9\text{V} \leq V_S \leq 11\text{V}$로 변하는 경우에, $V_Z = 4.3\text{V}$인 제너 다이오드의 전력소비를 $P_D = 12\text{mW}$ 이하로 제한하기 위해 필요한 저항 R은 얼마인가?

답 $R = 2.4\text{k}\Omega$

1.5.2 제너 다이오드의 등가모델

제너 다이오드와 PN 접합 다이오드의 등가모델은 어떤 차이를 갖는가?

제너 다이오드는 제너 항복 영역의 전류-전압 특성을 근사화하는 방법에 따라 이상적 등가모델과 부분 선형 등가모델로 나타낼 수 있다. [그림 1-73(a)]와 같이 제너전압 V_Z에서 무한대의 전류가 흘러 제너 다이오드의 등가저항 성분을 0으로 근사화시킨 것이 이상적 등가모델이며, [그림 1-73(b)]와 같이 캐소드와 애노드 사이에 정전압 V_Z로 모델링한다. PN 접합 다이오드의 정전압 등가모델의 V_γ와 비교해서 정전압 V_Z의 극성이 반대임에 유의한다.

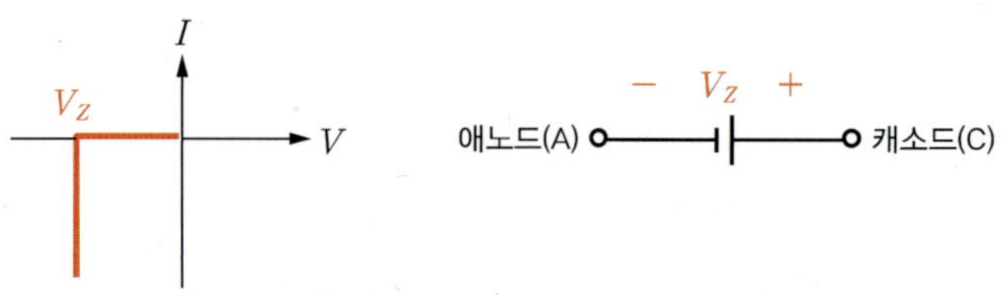

(a) 이상적 전류-전압 특성 (b) 이상적 등가모델

그림 1-73 제너 다이오드의 이상적 전류-전압 특성과 이상적 등가모델

[그림 1-74(a)]와 같이 제너 항복 영역에서 역방향 전압 증가에 따른 전류 증가를 직선으로 근사화시킨 것을 **부분 선형** piecewise linear **등가모델**이라고 한다. 이때 직선의 기울기 역수가 제너 항복 영역에서 다이오드의 등가저항 r_Z이다. r_Z를 **제너저항**이라고도 하며, 수~수십 Ω 범위의 작은 값을 갖는다.

[그림 1-74(b)]는 제너 다이오드의 부분 선형 등가모델을 나타내며, 정전압 V_{Z0}와 제너저항 r_Z의 직렬연결로 나타낸다.

제너 다이오드에 흐르는 전류가 I_Z인 경우, 제너전압 V_Z는 식 (1.26)과 같으며, 여기서 V_{Z0}는 제너 항복이 시작되는 임계전류에서의 제너전압이다.

$$V_Z = V_{Z0} + r_Z I_Z \tag{1.26}$$

(a) 부분 선형 근사 전류-전압 특성 (b) 부분 선형 등가모델

그림 1-74 제너 다이오드의 부분 선형 근사 전류-전압 특성과 부분 선형 등가모델

Q **제너전압 V_Z와 커트-인 전압 V_γ는 어떤 차이점을 갖는가?**

A PN 접합 다이오드의 커트-인 전압 V_γ는 순방향 임계전압이고, 제너전압 V_Z는 역방향 임계전압을 나타내므로, 제너전압 V_Z와 커트-인 전압 V_γ는 서로 반대 극성을 갖는다.

확인문제 1-14

제너 다이오드의 부분 선형 등가모델 정전압은 $V_{Z0} = 4.3\text{V}$이고, 제너저항은 $r_Z = 8\Omega$이다. 제너 다이오드에 전류 $I_Z = 25\text{mA}$가 흐를 때 제너전압 V_Z를 구하라.

답 $V_Z = 4.5\text{V}$

1.5.3 제너 다이오드 정전압 회로

제너 다이오드 정전압 회로가 올바로 동작하기 위해 어떤 조건을 만족해야 하는가?

[그림 1-75]는 제너 다이오드를 이용한 정전압 회로이며, 부하저항 R_L이나 입력전압이 일정한 범위 내에서 변하더라도 출력전압은 일정하게 유지된다. 제너 다이오드에 이상적 등가모델을 적용하는 경우, 부하 R_L에 일정한 전압 $V_L = V_Z$를 공급하기 위해 필요한 저항 R은 식 (1.27)과 같이 결정된다.

$$R = \frac{V_S - V_Z}{I_Z + I_L} \tag{1.27}$$

[그림 1-75]의 회로에서 부하전류 I_L과 제너 다이오드의 전류 I_Z는 입력전압 V_S와 부하저항 R_L의 변화에 영향을 받는다. 이 회로가 올바로 동작하기 위해서는 제너 항복영역에서 동작하고 전력소모가 정격 전력보다 작아야 하므로, 제너 다이오드의 전류는 다음 두 가지 조건을 만족해야 한다.

- **입력전압이 최솟값 $V_{S,\min}$이고, 부하전류가 최댓값 $I_{L,\max}$인 경우** : 제너 다이오드의 전류는 최소 항복전류 I_{ZK}보다 커야 하고, 저항 R은 다음과 같이 결정된다.

$$R = \frac{V_{S,\min} - V_Z}{I_{ZK} + I_{L,\max}} \tag{1.28}$$

- **입력전압이 최댓값 $V_{S,\max}$이고, 부하전류가 최솟값 $I_{L,\min}$인 경우** : 제너 다이오드 전류의 최댓값 $I_{Z,\max}$는 정격전류 I_{ZM}보다 작아야 하며, 저항 R은 다음과 같이 결정된다. 부하전류의 최솟값은 무부하no load 상태 즉, $R_L \to \infty$인 상태의 $I_{L,\min} = 0$이다.

$$R = \frac{V_{S,\max} - V_Z}{I_{Z,\max} + I_{L,\min}} \tag{1.29}$$

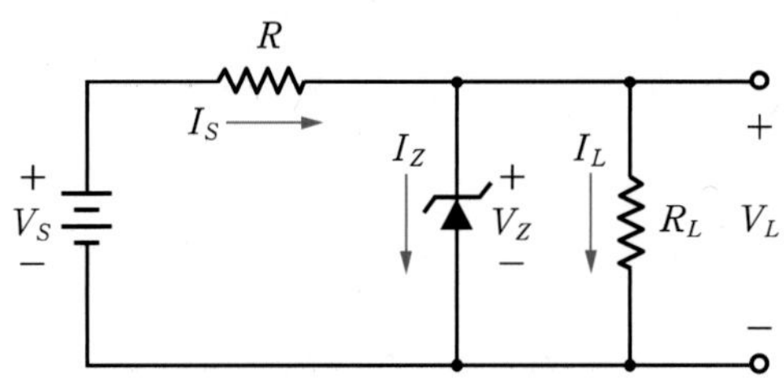

그림 1-75 제너 다이오드를 이용한 정전압 회로

Q **제너 다이오드 정전압 회로가 올바로 동작하기 위한 조건은 무엇인가?**

A
- 입력전압의 최솟값 $V_{S,\min}$이 제너전압 V_Z보다 커야 한다($V_{S,\min} > V_Z$).
- 입력전압의 최솟값 $V_{S,\min}$, 부하전류의 최댓값 $I_{L,\max}$에 대해, 제너 다이오드 전류 I_Z는 최소 항복전류 I_{ZK}보다 커야 한다.
- 입력전압의 최댓값 $V_{S,\max}$, 부하전류의 최솟값 $I_{L,\min}$에 대해, 제너 다이오드 전류의 최댓값 $I_{Z,\max}$는 정격전류 I_{ZM}보다 작아야 한다.

예제 1-12

[그림 1-75]의 회로에 $10\text{V} \le V_S \le 15\text{V}$ 범위에서 변하는 입력전압이 인가되어 부하에 $V_L = 4.7\text{V}$의 정전압을 공급해야 한다. 다음을 구하라.

(a) 부하전류 범위 $0 \le I_L \le 50\text{mA}$에 대해 $I_{ZK} = 0.1 I_{Z,\max}$가 되도록 저항 R을 결정하라.

(b) 제너 다이오드의 정격 전력을 구하라.

풀이

(a) 식 (1.28), 식 (1.29)로부터, $I_{ZK} = 0.1 I_{Z,\max}$를 대입하여 정리하면 다음과 같으며,

$$I_{Z,\max} = \frac{I_{L,\max}(V_{S,\max} - V_Z) - I_{L,\min}(V_{S,\min} - V_Z)}{V_{S,\min} - 0.1\, V_{S,\max} - 0.9\, V_Z}$$

$V_{S,\min} = 10\text{V}$, $V_{S,\max} = 15\text{V}$, $I_{L,\min} = 0\text{mA}$, $I_{L,\max} = 50\text{mA}$를 적용하여 다이오드 전류의 최댓값을 구하면 다음과 같다.

$$I_{Z,\max} = \frac{50 \times 10^{-3} \times (15 - 4.7) - 0}{10 - 0.1 \times 15 - 0.9 \times 4.7} = 120.61\text{mA}$$

식 (1.29)로부터 저항 R은 다음과 같이 계산된다.

$$R = \frac{V_{S,\max} - V_Z}{I_{Z,\max} + I_{L,\min}} = \frac{15 - 4.7}{(120.61 + 0) \times 10^{-3}} \simeq 85\Omega$$

(b) $I_{Z,\max}$를 이용하여 제너 다이오드의 최대 소비전력을 구하면 다음과 같다.

$$P_{Z,\max} = I_{Z,\max} \times V_Z = 120.61 \times 10^{-3} \times 4.7 = 566.87\text{mW}$$

제너 다이오드의 정격 전력은 567mW 이상 되어야 한다.

예제 1-13

[그림 1-75]의 회로에서 제너전압 $V_Z = 3.3\text{V}$가 유지되기 위한 부하저항 R_L의 범위를 구하라. 단, $V_S = 12\text{V}$, $R = 0.5\text{k}\Omega$이다. 제너 다이오드의 최소 항복전류는 $I_{ZK} = 1\text{mA}$이고, 이상적 등가모델을 적용한다.

풀이

저항 R에 흐르는 전류는 다음과 같다.

$$I_S = \frac{V_S - V_Z}{R} = \frac{12 - 3.3}{0.5 \times 10^3} = 17.4\text{mA}$$

부하저항이 최솟값을 가질 때 최대 부하전류가 흐르고, 제너 다이오드에는 최소 전류 $I_{ZK} = 1\text{mA}$가 흐른다. 최대 부하전류는 다음과 같다.

$$I_{L,\max} = I_S - I_{ZK} = (17.4 - 1) \times 10^{-3} = 16.4\text{mA}$$

따라서 부하저항의 최솟값은 다음과 같다.

$$R_{L,\min} = \frac{V_Z}{I_{L,\max}} = \frac{3.3}{16.4 \times 10^{-3}} \simeq 200\Omega$$

한편 부하저항이 최대(∞)일 때, 제너 다이오드에는 $I_{Z,\max} = I_S = 17.4\text{mA}$의 전류가 흐른다. 따라서 부하저항의 범위는 $200\Omega \le R_L \le \infty$이다.

점검하기 **다음 각 문제에서 맞는 것을 고르시오.**

(1) 제너 다이오드는 (**순방향, 역방향**) 항복 특성을 이용하는 소자이다.

(2) 제너 다이오드는 (**애벌런치 항복, 제너 항복**) 현상을 이용하는 소자이다.

(3) 제너 다이오드는 (**정전압, 정전류**)을/를 얻기 위한 회로나 장치에 사용된다.

(4) 제너 다이오드는 비교적 넓은 역방향 전류 범위에서 매우 작은 전압 변동을 갖는다. (O, X)

(5) 제너 다이오드는 역방향 항복영역에서 등가저항이 매우 (**작다, 크다**).

(6) 제너 다이오드 정전압 회로에서 입력전압의 최솟값 $V_{S,\min}$은 제너전압 V_Z보다 (**작아야, 커야**) 한다.

(7) 제너 다이오드 정전압 회로에서 입력전압이 최솟값이고 부하전류가 최댓값일 때, 다이오드 전류는 최소 항복전류 I_{ZK}보다 (**작아야, 커야**) 한다.

(8) 제너 다이오드 정전압 회로에서 입력전압이 최댓값이고 부하전류가 최솟값일 때, 다이오드 전류는 (**최솟값, 최댓값**)이 되며 정격전류보다 (**작아야, 커야**) 한다.

SECTION 1.6 PSPICE 시뮬레이션 실습

실습 1-1

[그림 1-76]의 회로에 진폭 10V, 주파수 1kHz의 정현파를 인가하고 PSPICE 시뮬레이션하여 PN 접합 다이오드와 부하저항의 전압과 전류 파형을 확인하고, 회로의 동작을 해석하라.

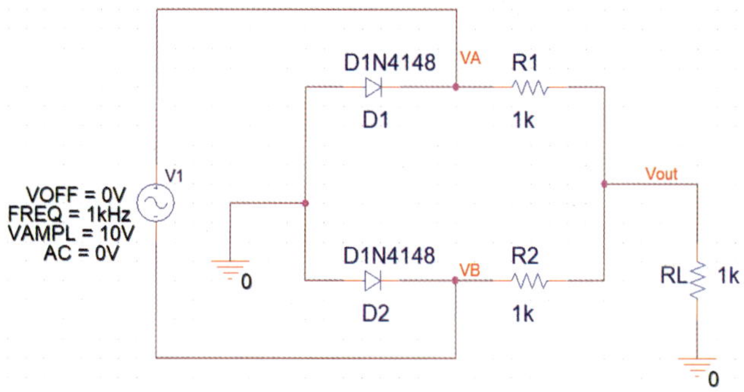

그림 1-76 [실습 1-1]의 시뮬레이션 실습 회로

시뮬레이션 결과

PSPICE 시뮬레이션 결과로 얻어진 다이오드 D1, D2의 캐소드 전압과 부하저항 RL의 전압 파형은 [그림 1-77(a)]와 같다. 진폭 $V_m = 10\text{V}$ 인 정현파 입력 V1의 양positive의 반주기 동안에, 다이오드 D1은 차단상태이고 다이오드 D2는 도통상태이다. 따라서 다이오드 D2의 캐소드 전압은 $V_B = -V_\gamma = -0.657\text{V}$ 이고, 다이오드 D1의 캐소드 전압 V_A는 진폭 $V_{Am} = V_m - V_\gamma = 10 - 0.657 = 9.343\text{V}$ 인 정현파 반주기가 나타난다.

이때 부하저항 R_L에는 진폭 $V_{om} = 2.9\text{V}$ 인 양의 반주기가 나타난다. V1의 음negative의 반주기 동안에, 다이오드 D1은 도통상태이고 다이오드 D2는 차단상태가 된다. $V_A = -V_\gamma = -0.657\text{V}$, V_B는 진폭 $V_{Bm} = V_m - V_\gamma = 10 - 0.657 = 9.343\text{V}$ 인 정현파 반주기가 나타나며, 부하저항 R_L에는 진폭 $V_{om} = 2.9\text{V}$ 인 양의 반주기가 나타난다. 따라서 [그림 1-76] 회로는 입력 정현파를 전파 정류하여 V_{out}으로 출력하며, 출력 V_{out}의 진폭은 저항 R1, R2와 부하저항 RL에 영향을 받는다. 참고로, [그림 1-42(a)]의 전파 정류회로는 출력전압의 진폭이 다이오드의 커트-인 전압 V_γ만큼 감소되어 출력된다.

[그림 1-77(b)]는 다이오드 D1, D2와 부하저항 R_L에 흐르는 전류 파형을 보이고 있다. 입력 V1의 양의 반주기 동안에, 다이오드 D1은 차단상태이므로 $I(D1) = 0$이고, 도통상태인 다이오드 D2에 흐르는 전류가 부하저항 R_L로 흘러 $I_L = I(D2)$이 된다. 입력 V1의 음의 반주기 동안에, 다이오드 D2는 차단상태이므로 $I(D2) = 0$이고, 도통상태인 다이오드 D1에 흐르는 전류가 부하저항 R_L로 흘러 $I_L = I(D1)$이 된다.

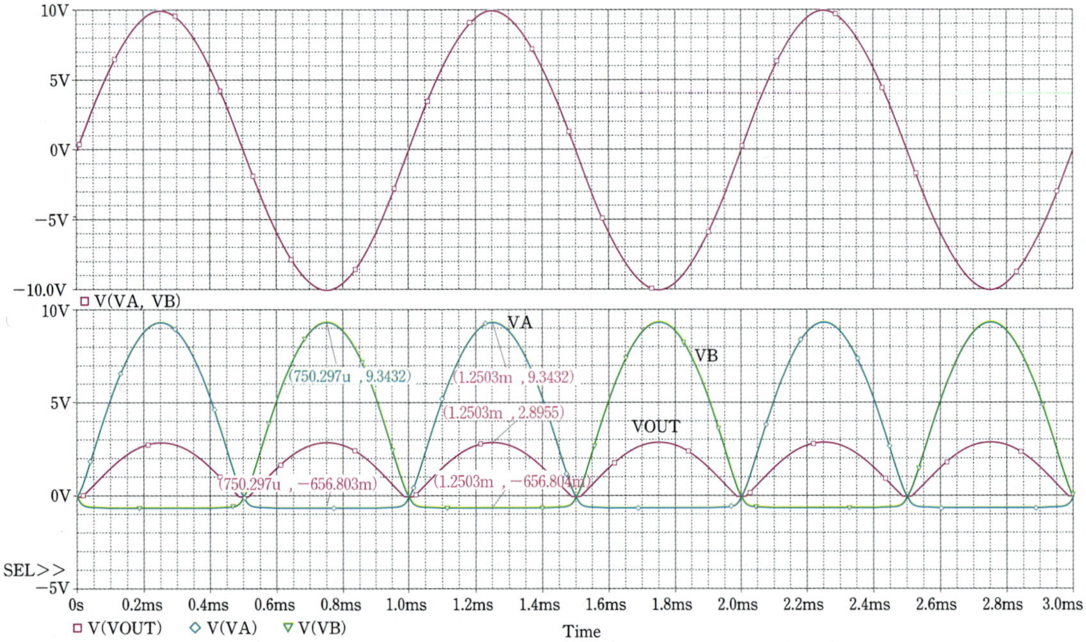

(a) 다이오드 D1, D2 양단의 전압과 출력전압

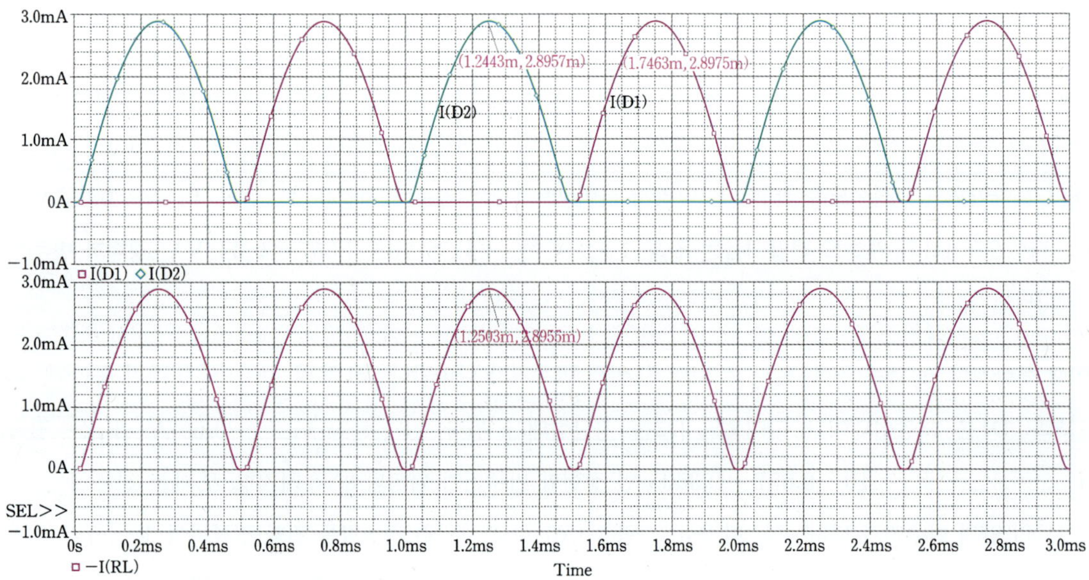

(b) 다이오드 D1, D2의 전류와 출력전류

그림 1-77 [실습 1-1]의 PSPICE 시뮬레이션 결과

실습 1-2

[그림 1-78] 회로를 PSPICE 시뮬레이션하여 출력 V_{out}의 파형을 확인하고, 회로의 기능을 설명하라.

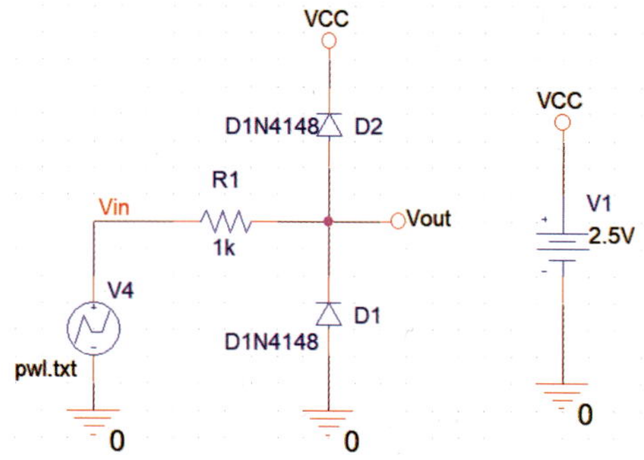

그림 1-78 [실습 1-2]의 시뮬레이션 실습 회로

시뮬레이션 결과

[그림 1-78]의 시뮬레이션 회로에서 잡음이 포함된 입력 Vin을 인가하기 위해 PWL 전압원 VPWL_FILE과 입력전압 파형을 pwl.txt 파일에 저장해서 사용한다. PSPICE 시뮬레이션 결과는 [그림 1-79]와 같으며, 입력 Vin에 포함된 잡음이 다이오드의 커트-인 전압인 $-V_\gamma$보다 작으면 다이오드 D1은 도통상태가 되어 출력은 $V_{out} \simeq -V_\gamma$로 제한되며, 다이오드 D2는 차단상태가 된다. 입력 Vin에 포함된 잡음이 $V_{CC}+V_\gamma$보다 크면 다이오드 D2는 도통상태가 되어 출력은 $V_{out} \simeq V_{CC}+V_\gamma$로 제한되며, 다이오드 D1은 차단상태가 된다. 따라서 [그림 1-78]의 회로는 입력 Vin에 0V ~ V_{CC}의 범위를 벗어나는 잡음이 포함되더라도 $-V_\gamma \leq V_{out} \leq V_{CC}+V_\gamma$의 범위로 출력전압을 제한시키는 역할을 한다. 대표적인 응용 예로는 반도체 집적회로 내부의 입력 보호회로에 사용된다.

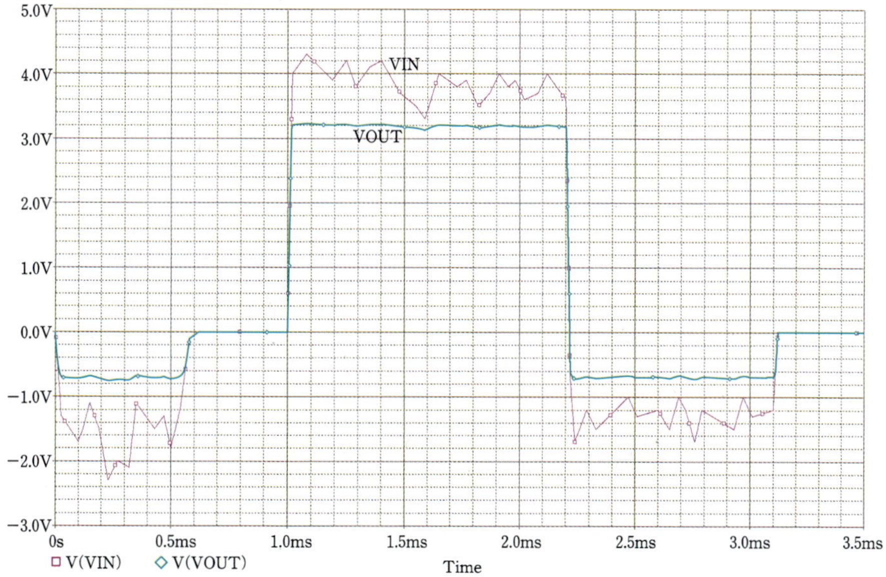

그림 1-79 [실습 1-2]의 PSPICE 시뮬레이션 결과

실습 1-3

[그림 1-80]은 제너 다이오드를 이용한 정전압 회로이다. 입력진압 V_{in}은 DC 12V에 진폭 1.0V, 120Hz의 리플을 포함하고 있다. 부하저항 R_L을 0.1kΩ ~ 1.1kΩ 범위에서 0.2kΩ씩 증가시키며 PSPICE 시뮬레이션하여 출력파형을 확인하고, 출력전압의 리플 크기를 구하라.

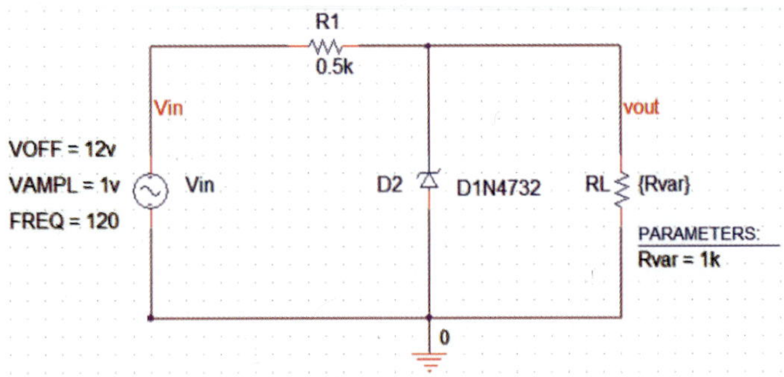

그림 1-80 [실습 1-3]의 시뮬레이션 실습 회로

시뮬레이션 결과

[그림 1-81(a)]는 부하저항 $R_L = 1\text{k}\Omega$인 경우의 DC 바이어스 해석 결과이다. 제너 다이오드에 흐르는 전류는 $I_Z = 10.18\text{mA}$이고, 제너전압은 $V_Z = 4.607\text{V}$이다. [그림 1-81(b)]는 부하저항 R_L을 0.1kΩ ~ 1.1kΩ 범위에서 0.2kΩ씩 증가시키면서 PSPICE 시뮬레이션을 실행한 결과이다.

- $R_L = 0.1\text{k}\Omega$인 경우 : 다이오드로 흐르는 전류가 너무 작아서 제너 다이오드가 완전하게 항복영역에서 동작하지 않으며, 따라서 출력전압은 2V 근처에서 약 170mV의 리플을 갖는다.
- $R_L = 0.3\text{k}\Omega$인 경우 : 출력전압의 리플 크기가 약 220mV이고, $R_L \geq 0.5\text{k}\Omega$인 경우에는 출력전압의 리플 크기가 약 9.45mV로 나타났다.
- $R_L \geq 0.5\text{k}\Omega$인 경우 : V_{in}의 DC 12V에 포함된 1V의 리플이 약 $\frac{1}{100}$로 크게 감소한 것을 확인할 수 있다.

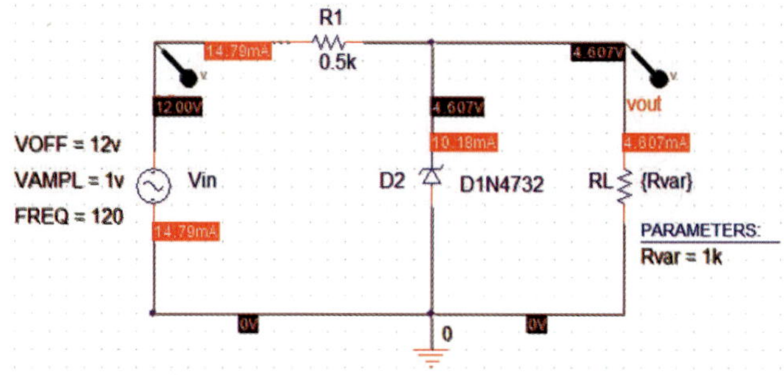

(a) DC 바이어스 시뮬레이션 결과

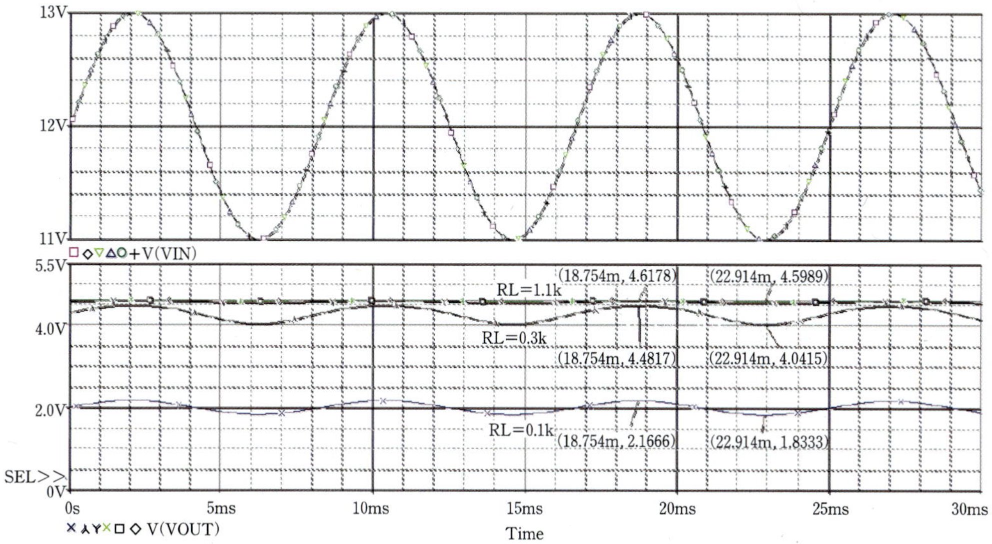

(b) Transient 시뮬레이션 결과($R_L = 0.1\text{k}\Omega \sim 1.1\text{k}\Omega$, $0.2\text{k}\Omega$ step)

그림 1-81 [실습 1-3]의 PSPICE 시뮬레이션 결과

실습 1-4

[그림 1-82]는 제너 다이오드를 이용한 양방향 리미터 회로이다. 진폭 20V, 주파수 2kHz인 정현파 입력에 대한 출력전압 V_{out}의 파형과 진폭을 확인하라.

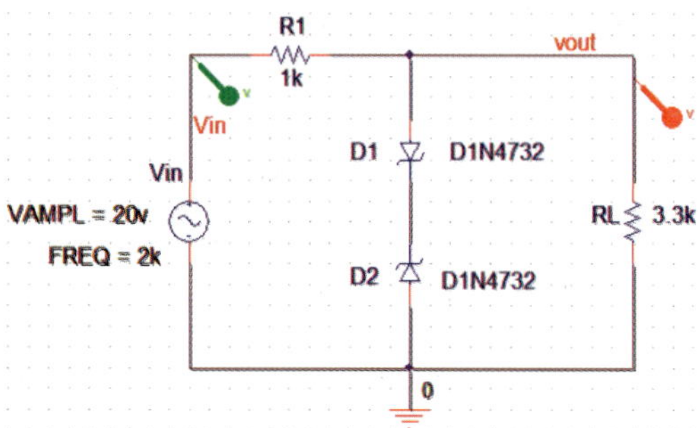

그림 1-82 [실습 1-4]의 시뮬레이션 실습 회로

시뮬레이션 결과

PSPICE 시뮬레이션 결과는 [그림 1-83]과 같으며, 진폭 20V의 정현파 입력에 대해 출력전압은 $V_{out,m} = \pm(V_\gamma + V_Z) = \pm 5.4\text{V}$로 제한되었음을 확인할 수 있다.

입력전압의 양의 반주기 :

- $V_{in} < V_\gamma + V_Z (= 5.4\text{V})$**인 경우** : 제너 다이오드 D2가 차단되므로, 출력전압은 $V_{out} = V_{in}$이다.
- $V_{in} \geq V_\gamma + V_Z (= 5.4\text{V})$**인 경우** : 제너 다이오드 D1은 순방향 바이어스로 동작하여 $V_\gamma = 0.7\text{V}$를 가지며, 제너 다이오드 D2는 제너전압 $V_Z = 4.7\text{V}$를 가지므로, $V_{out,m} = V_\gamma + V_Z = 5.4\text{V}$로 제한된다.

입력전압의 음의 반주기 :

- $V_{in} > -(V_\gamma + V_Z)(= -5.4\text{V})$**인 경우** : 제너 다이오드 D1이 차단되므로, 출력전압은 $V_{out} = V_{in}$이다.
- $V_{in} \leq -(V_\gamma + V_Z)(= -5.4\text{V})$**인 경우** : 제너 다이오드 D2는 순방향 바이어스로 동작하여 $V_\gamma = 0.7\text{V}$를 가지며, 제너 다이오드 D1은 제너전압 $V_Z = 4.7\text{V}$를 가지므로, $V_{out,m} = -(V_\gamma + V_Z) = -5.4\text{V}$로 제한된다.

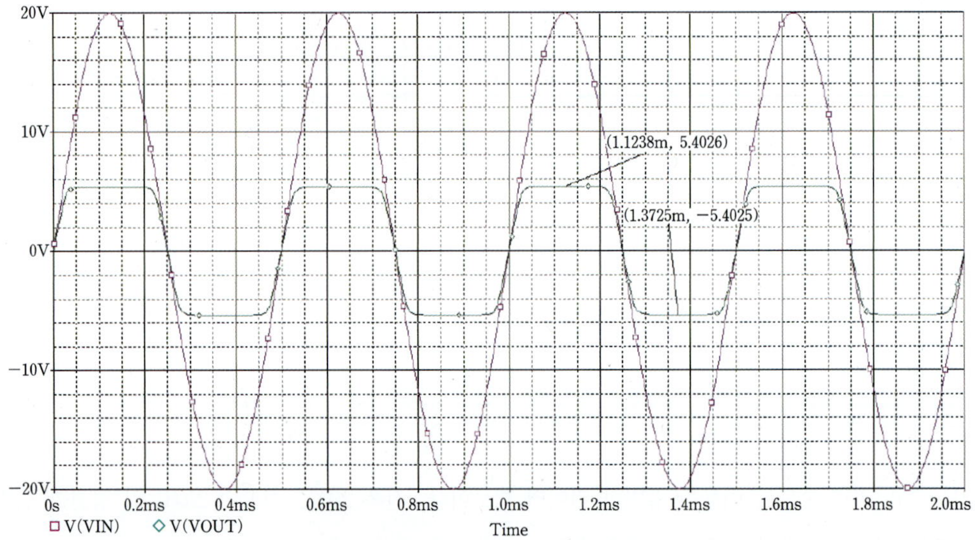

그림 1-83 [실습 1-4]의 Transient 시뮬레이션 결과

CHAPTER 01_연습문제

1.1 **다음 중 반도체에 대한 설명으로 <u>틀린</u> 것은?** HINT 1.1.1~1.1.2절

㉮ 진성 반도체에 붕소(B), 인듐(In)의 억셉터를 주입하면 다수 캐리어가 정공인 P형 반도체가 된다.

㉯ 진성 반도체에 인(P), 비소(As)의 도너를 주입하면 다수 캐리어가 전자인 N형 반도체가 된다.

㉰ 페르미 준위가 전도대에 가깝게 위치한 반도체의 다수 캐리어는 전자이다.

㉱ 진성 반도체는 페르미 준위가 금지대역 중앙에 위치하므로, 상온에서 캐리어가 존재하지 않는다.

㉲ 실리콘 단결정에서 공유결합이 파괴되면 전자-정공 쌍이 생성되며, 이들은 전류를 운반하는 캐리어 역할을 한다.

1.2 **다음 중 반도체의 에너지 대역에 대한 설명으로 <u>틀린</u> 것은?** HINT 1.1.2절

㉮ 진성 반도체는 페르미 준위 E_{Fi}가 금지대역 중앙에 위치하므로 상온에서 전자와 정공의 농도가 같다.

㉯ 진성 반도체의 페르미 준위 E_{Fi}와 N형 반도체의 페르미 준위 E_{Fn} 사이의 간격이 클수록 전자의 농도가 높다.

㉰ 진성 반도체의 페르미 준위 E_{Fi}와 P형 반도체의 페르미 준위 E_{Fp} 사이의 간격이 작을수록 소수 캐리어의 농도가 높다.

㉱ P형 반도체의 페르미 준위 E_{Fp}가 가전자대역의 최고 에너지 준위 E_V에 가까울수록 정공의 농도가 높다.

㉲ N형 반도체의 페르미 준위 E_{Fn}이 전도대역의 최저 에너지 준위 E_C에 가까울수록 전자의 농도가 높다.

1.3 **다음 설명 중 <u>틀린</u> 것은?** HINT 1.1.2~1.1.3절

㉮ 반도체에 주입된 도너 또는 억셉터의 도핑 농도가 높을수록 전도율이 높다.

㉯ 반도체에 주입된 도너 또는 억셉터의 도핑 농도가 높을수록 전류밀도가 크다.

㉰ 반도체에 흐르는 전류는 인가된 전계의 세기에 비례하며, 캐리어의 농도 차와 무관하다.

㉱ 반도체에 흐르는 표류전류drift current는 캐리어의 이동도에 비례한다.

㉲ 반도체에 흐르는 확산전류diffusion current는 캐리어의 농도 기울기에 비례한다.

1.4 **다음 중 PN 접합 다이오드에 대한 설명으로 <u>틀린</u> 것은?** HINT 1.2절

㉮ PN 접합에 순방향 바이어스가 인가되면 다수 캐리어의 이동에 의해 애노드에서 캐소드로 전류가 흐른다.

㉯ PN 접합에 역방향 바이어스가 인가되면, 소수 캐리어의 이동에 의해 캐소드에서 애노드로 매우 작은 전류가 흐른다.

㉰ PN 접합에 특정 임계전압 이상의 큰 역방향 전압이 인가되어 항복breakdown 현상이 발생하면 캐소드에서 애노드로 큰 전류가 흐른다.

㉱ PN 접합이 열적 평형상태에 있으면 애노드와 캐소드 사이에 전류가 흐르지 않는다.

㉲ PN 접합에 역방향 바이어스를 인가하면, 전위장벽이 높아져 다수 캐리어와 소수 캐리어가 모두 이동하지 못한다.

1.5 PN 접합 다이오드에 $V_D = 0.63\text{V}$의 순방향 바이어스가 인가되었을 때, 다이오드에 흐르는 전류 I_D는 얼마인가? 단, 열전압은 $V_T = 26\text{mV}$, 역방향 포화전류는 $I_S = 2.5 \times 10^{-14}\text{A}$이다. HINT 1.2.3절

㉮ $83.6\mu\text{A}$ ㉯ $16.7\mu\text{A}$ ㉰ 0.83mV ㉱ 1.67mV ㉲ 3.34mV

1.6 PN 접합 다이오드에 $I_D = 2.45\text{mA}$의 전류가 흐를 때, 다이오드에 걸리는 전압 V_D는 얼마인가? 단, 열전압은 $V_T = 26\text{mV}$, 역방향 포화전류는 $I_S = 5 \times 10^{-14}\text{A}$이다. HINT 1.2.3절

㉮ 0.64V ㉯ 1.28V ㉰ 24.6mV ㉱ 32mV ㉲ 64mV

1.7 [그림 1-84]가 나타내는 PN 접합 다이오드의 등가모델은? 단, V_γ는 다이오드의 커트-인 전압이다. HINT 1.3.1절

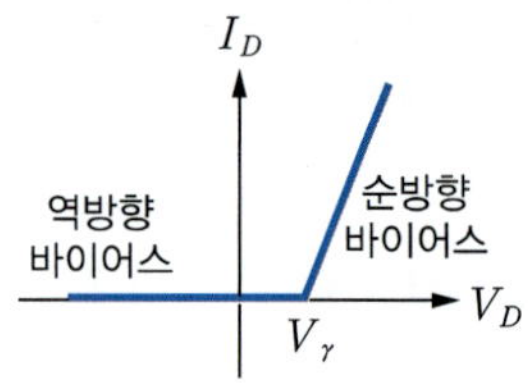

그림 1-84

㉮ 소신호 등가모델 ㉯ 이상적 등가모델 ㉰ 정전압 등가모델
㉱ 부분 선형 등가모델 ㉲ 비선형 등가모델

1.8 PN 접합 다이오드의 등가모델에 대한 설명으로 <u>틀린</u> 것은? 단, V_γ 는 다이오드의 커트-인 전압이다. HINT 1.3절

㉮ 이상적 등가모델은 $V_\gamma = 0$으로 가정한다.

㉯ 정전압 등가모델은 $V_D > V_\gamma$인 영역에서 V_γ와 순방향 등가저항 r_D의 직렬연결로 나타낸다.

㉰ 이상적 등가모델의 전류-전압 특성을 V_γ만큼 양(+)의 x축 방향으로 이동시킨 것이 정전압 등가모델이다.

㉱ 소신호 등가저항 r_d는 동작점에서 전류-전압 특성 곡선 기울기의 역수로 정의된다.

㉲ 소신호 전압 v_d 범위에서 PN 접합 다이오드의 전류-전압 관계는 $v_d = r_d i_d$의 선형으로 근사화시킬 수 있다.

1.9 [그림 1-85]의 PN 접합 다이오드 등가모델에 대한 설명으로 <u>틀린</u> 것은? 단, V_γ는 다이오드의 커트-인 전압을 나타낸다. HINT 1.3.1절

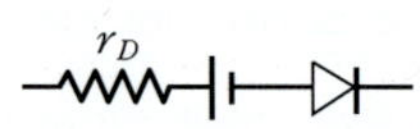

그림 1-85

㉮ 부분 선형 등가모델이다.

㉯ 순방향 바이어스 상태에서 정전압 등가모델의 등가저항 r_D와 소신호 등가저항 r_d는 같다.

㉰ $r_D = 0$이고 $V_\gamma = 0$이면, 이상적 등가모델이다.

㉱ $r_D = 0$이면, 정전압 등가모델이다.

㉲ 이상적 등가모델과 정전압 등가모델에 비해 PN 접합 다이오드의 특성에 가장 가깝다.

1.10 PN 접합 다이오드가 전류 $I_D = 0.1\,\text{mA}$로 바이어스된 경우에 소신호 등가저항 r_d는 얼마인가? 단, $V_T = 26\,\text{mV}$이다. HINT 1.3.2절

㉮ 0.1Ω ㉯ 0.2Ω ㉰ 26Ω ㉱ 130Ω ㉲ 260Ω

1.11 PN 접합 다이오드의 소신호 등가저항 $r_d = 200\Omega$이 되기 위한 바이어스 전류는 얼마인가? 단, $V_T = 26\text{mV}$이다. HINT 1.3.2절

㉮ 1.0mA ㉯ 0.13mA ㉰ 1.3mA ㉱ 2.6mA ㉲ 26mA

1.12 [그림 1-86]의 회로에서 PN 접합 다이오드에 흐르는 전류 I_D는 얼마인가? 단, $R = 1\text{k}\Omega$이고, 다이오드는 커트-인 전압이 $V_\gamma = 0.65\text{V}$인 정전압 등가모델을 적용한다. HINT 1.3.1절

㉮ 0mA ㉯ 0.87mA

㉰ 1mA ㉱ 1.87mA

㉲ 3.74mA

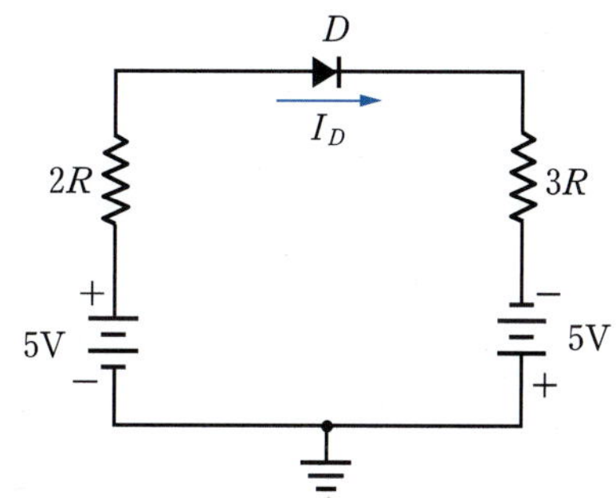

그림 1-86

1.13 [그림 1-87]의 회로에서 PN 접합 다이오드에 흐르는 전류 I_D는 얼마인가? 단, $R = 1\text{k}\Omega$이고, 다이오드는 커트-인 전압이 $V_\gamma = 0.65\text{V}$인 정전압 등가모델을 적용한다. HINT 1.3.1절

㉮ 0mA ㉯ 0.87mA

㉰ −1.69mA ㉱ −2.34mA

㉲ 2.34mA

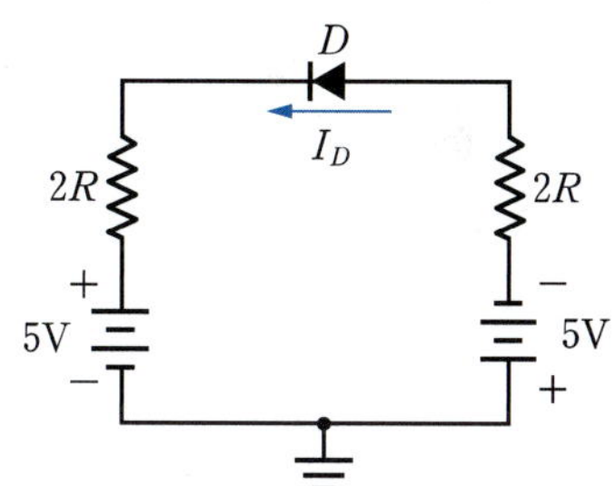

그림 1-87

1.14 [그림 1-88]의 회로에서 PN 접합 다이오드에 흐르는 전류 I_D는 얼마인가? 단, $R = 2\text{k}\Omega$이고, 다이오드는 커트-인 전압이 $V_\gamma = 0.65\text{V}$인 정전압 등가모델을 적용한다. HINT 1.3.1절

㉮ 0mA ㉯ 2.175mA

㉰ 4.35mA ㉱ 4.675mA

㉲ 5mA

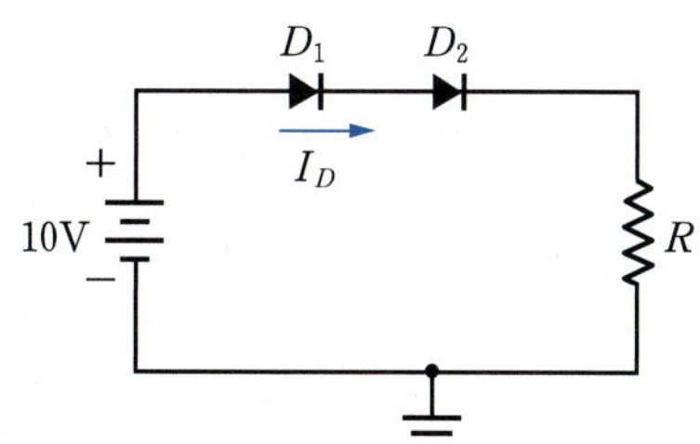

그림 1-88

1.15 [그림 1-89]의 회로에서 PN 접합 다이오드에 걸리는 전압 V_D와 전류 I_D로 맞는 것은? 단, $R=1\text{k}\Omega$이고, 다이오드는 커트-인 전압이 $V_\gamma=0.65\text{V}$인 정전압 등가모델을 적용한다. HINT 1.3.1절

㉮ $V_D=0\text{V}, I_D=0\text{mA}$

㉯ $V_D=0.65\text{V}, I_D=4.35\text{mA}$

㉰ $V_D=4.35\text{V}, I_D=0\text{mA}$

㉱ $V_D=5\text{V}, I_D=5\text{mA}$

㉲ $V_D=-5\text{V}, I_D=0\text{mA}$

㉳ $V_D=5.65\text{V}, I_D=5.65\text{mA}$

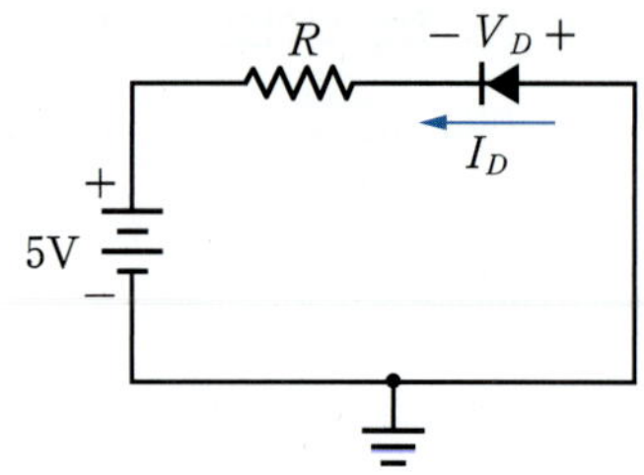

그림 1-89

1.16 [그림 1-90]의 회로에서 PN 접합 다이오드 D_1에 흐르는 전류 I_{D1}은 얼마인가? 단, 다이오드는 커트-인 전압이 $V_\gamma=0.65\text{V}$인 정전압 등가모델을 적용하며, $R_1=1.8\text{k}\Omega$, $R_2=10\text{k}\Omega$, $V_1=10\text{V}$이다. HINT 1.3.1절

㉮ 0.18mA　　㉯ 0.36mA

㉰ 1.38mA　　㉱ 0.87mA

㉲ 0.51mA

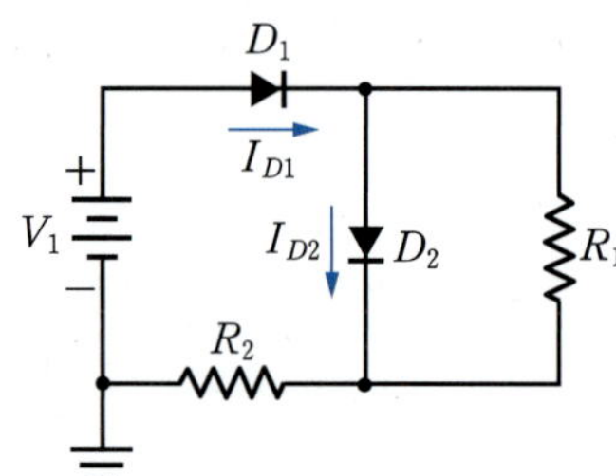

그림 1-90

1.17 [그림 1-90]의 회로에서 PN 접합 다이오드 D_2에 흐르는 전류 I_{D2}는 얼마인가? 단, 다이오드는 커트-인 전압이 $V_\gamma=0.65\text{V}$인 정전압 등가모델을 적용하며, $R_1=1.8\text{k}\Omega$, $R_2=10\text{k}\Omega$, $V_1=10\text{V}$이다. HINT 1.3.1절

㉮ 0.36mA　㉯ 0.44mA　㉰ 0.51mA　㉱ 0.88mA　㉲ 1.74mA

1.18 [그림 1-90]의 회로에서 저항 R_2에 걸리는 전압은 얼마인가? 단, 다이오드는 커트-인 전압이 $V_\gamma=0.65\text{V}$인 정전압 등가모델을 적용하며, $R_1=1.8\text{k}\Omega$, $R_2=10\text{k}\Omega$, $V_1=10\text{V}$이다. HINT 1.3.1절

㉮ 0.65V　㉯ 1.3V　㉰ 4.35V　㉱ 8.7V　㉲ 9.35V

1.19 [그림 1-91]의 회로에 대한 설명으로 맞는 것은? 단, 입력 V_{in}은 진폭이 V_m인 정현파이고, 다이오드는 이상적 등가모델을 적용한다. HINT 1.4.1절

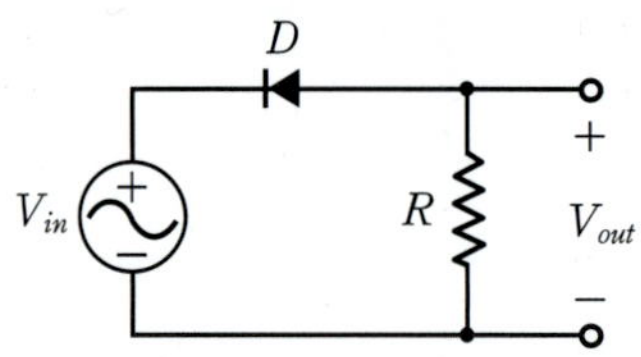

그림 1-91

㉮ 입력 정현파 V_{in}의 음negative의 반주기를 통과시키는 반파 정류회로이다.

㉯ $V_{in} < 0$이면, 다이오드는 도통되고, $V_{out} = 0$이 된다.

㉰ $V_{in} < 0$이면, 다이오드는 개방되고, $V_{out} = V_{in}$이 된다.

㉱ $V_{in} > 0$이면, 다이오드는 도통되고, $V_{out} = V_{in}$이 된다.

㉲ 다이오드에 걸리는 피크 역전압(PIV)은 $2V_m$이다.

1.20 **[그림 1-92]의 반파 정류회로에 $V_{in} = 120\sin\omega t[\mathrm{V}]$가 인가되는 경우에, 다이오드에 걸리는 피크 역전압(PIV)은 얼마인가? 단, PN 접합 다이오드는 $V_\gamma = 0$인 이상적 등가모델을 적용한다.** HINT 1.4.1절

㉮ 0 V ㉯ 60 V ㉰ 120 V

㉱ 180 V ㉲ 240 V

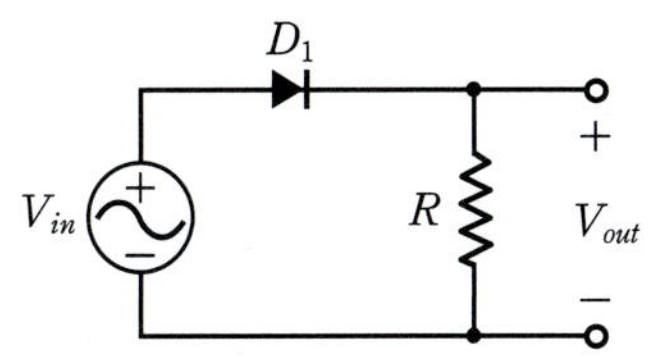

그림 1-92

1.21 **[그림 1-93]의 회로에 대한 설명으로 틀린 것은? 단, 변압기 1차측 전압 V_{in}은 진폭이 220 V인 정현파이고, PN 접합 다이오드는 커트-인 전압이 0 V인 이상적 등가모델을 적용한다. 변압기는 1차측과 2차측의 권선비가 1:1이다.** HINT 1.4.2절

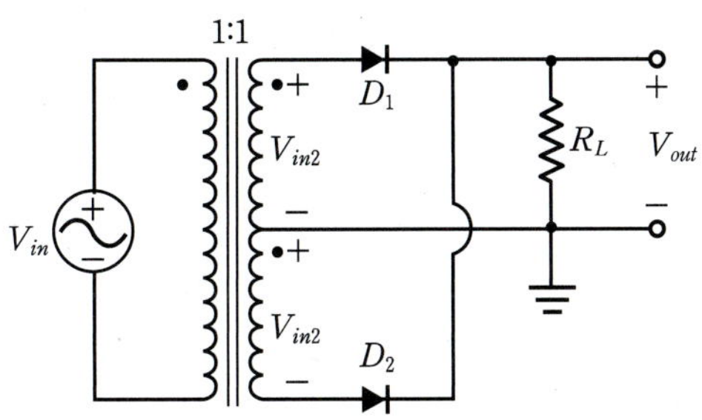

그림 1-93

㉮ 전파 정류회로이다.

㉯ 교류를 직류로 변환하는 회로(장치)에 사용된다.

㉰ 입력 정현파 V_{in}의 전체 주기 동안 다이오드 D_1, D_2가 항상 도통된다.

㉱ 입력 정현파 V_{in}의 전체 주기 동안 출력은 $V_{out} > 0$이 된다.

㉲ 입력 정현파 V_{in}의 양(+)의 반주기와 음(−)의 반주기에 부하저항 R_L에 흐르는 전류의 방향은 동일하다.

1.22 **[그림 1-93]의 회로에서 다이오드 D_2에 걸리는 피크 역전압(PIV)은 얼마인가? 단, 변압기 1차측 전압 V_{in}은 진폭이 240 V인 정현파이고, PN 접합 다이오드는 커트-인 전압이 0 V인 이상적 등가모델을 적용한다.** HINT 1.4.2절

㉮ 0 V ㉯ 60 V ㉰ 120 V ㉱ 180 V ㉲ 240 V

1.23 [그림 1-94]의 회로에 대한 설명으로 틀린 것은? 단, $V_{in} = 120\sin\omega t[V]$가 인가되며, PN 접합 다이오드는 $V_\gamma = 0$인 이상적 등가모델을 적용한다. HINT 1.4.2절

㉮ 각 다이오드에 걸리는 피크 역전압(PIV)는 240 V 이다.

㉯ 입력 정현파 V_{in}의 음(-)의 반주기 동안 다이오드 D_2, D_4가 도통된다.

㉰ 다이오드 D_1, D_3가 도통되면, 다이오드 D_2, D_4는 개방된다.

㉱ 입력 정현파 V_{in}의 전체 주기 동안 출력은 $V_{out} > 0$이 된다.

㉲ 입력 정현파 V_{in}의 양(+)의 반주와 음(-)의 반주기에 부하저항 R_L에 흐르는 전류의 방향은 동일하다.

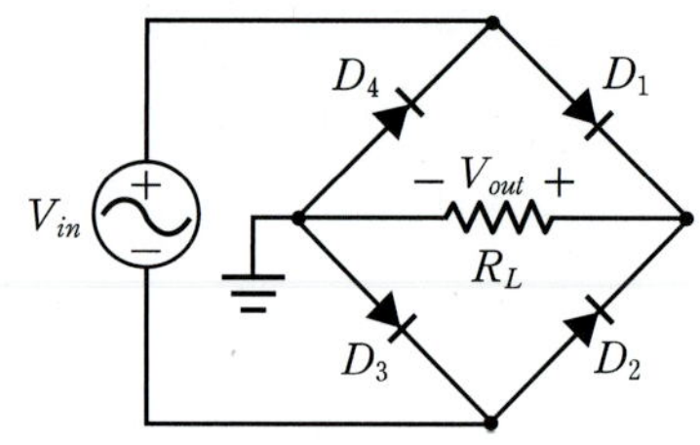

그림 1-94

1.24 [그림 1-95]의 회로에서 커패시터 평활회로에 대한 설명으로 틀린 것은? HINT 1.4.2절

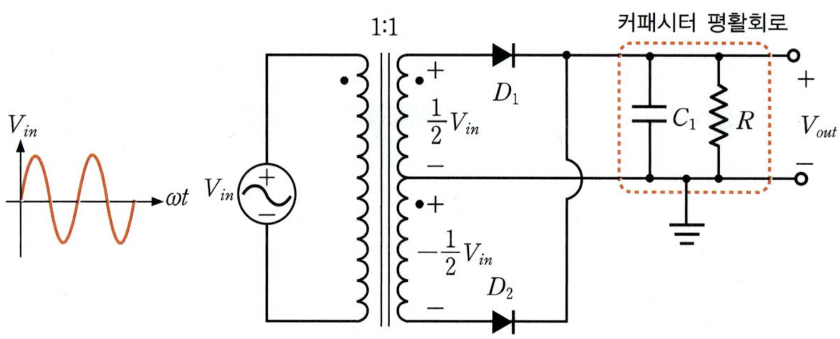

그림 1-95

㉮ 전파 정류된 파형의 리플 크기가 작아지도록 만드는 역할을 한다.

㉯ 커패시터 C_1의 값이 클수록 출력전압의 리플 크기가 작다. 단, 저항 R의 값은 일정하게 유지된다.

㉰ 커패시터 C_1의 방전속도가 느릴수록 출력전압의 리플 크기가 작다.

㉱ 커패시터 평활회로의 시상수 $\tau = RC_1$가 클수록 출력전압의 리플 크기가 크다.

㉲ 다이오드 D_1, D_2가 모두 개방된 동안에 커패시터 C_1이 저항 R을 통해 방전된다.

1.25 [그림 1-96]의 회로에 대한 설명으로 맞는 것은? 단, PN 접합 다이오드는 커트인 전압이 V_γ인 정전압 등가모델을 적용한다. HINT 1.4.3절

㉮ $V_{in} + V_B < V_\gamma$이면, 다이오드가 개방되어 $V_{out} = 0$이 된다.

㉯ $V_{in} - V_B < -V_\gamma$이면, 다이오드가 도통되어 $V_{out} = -V_\gamma$이 된다.

㉰ $V_{in} + V_B > V_\gamma$이면, 다이오드가 개방되어 $V_{out} = V_{in} - V_B$이 된다.

㉱ $V_{in} - V_B < -V_\gamma$이면, 다이오드가 도통되어 $V_{out} = V_\gamma$이 된다.

㉲ $V_{in} - V_B > -V_\gamma$이면, 다이오드가 개방되어 $V_{out} = V_B$이 된다.

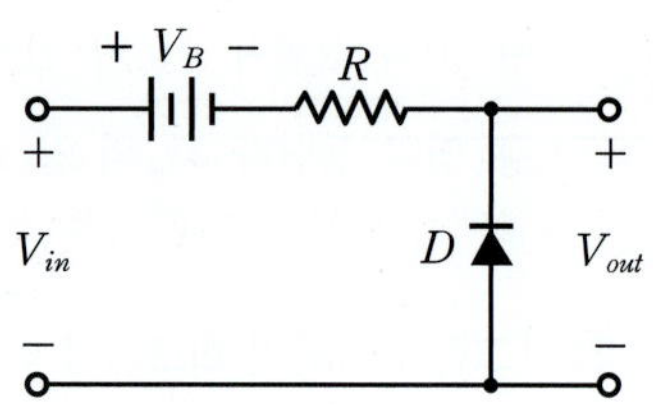

그림 1-96

1.26 [그림 1-97]의 회로에 대한 설명으로 맞는 것은? 단, PN 접합 다이오드는 커트인 전압이 V_γ인 정전압 등가모델을 적용한다. HINT 1.4.3절

㉮ $V_{in} + V_B < V_\gamma$이면, 다이오드가 개방되어 $V_{out} = V_{in}$이 된다.

㉯ $V_{in} + V_B > V_\gamma$이면, 다이오드가 도통되어 $V_{out} = V_\gamma$이 된다.

㉰ $V_{in} - V_B < V_\gamma$이면, 다이오드가 개방되어 $V_{out} = V_B$이 된다.

㉱ $V_{in} - V_B > V_\gamma$이면, 다이오드가 도통되어 $V_{out} = 0$이 된다.

㉲ $V_{in} + V_B > V_\gamma$이면, 다이오드가 도통되어 $V_{out} = V_{in} + V_B + V_\gamma$이 된다.

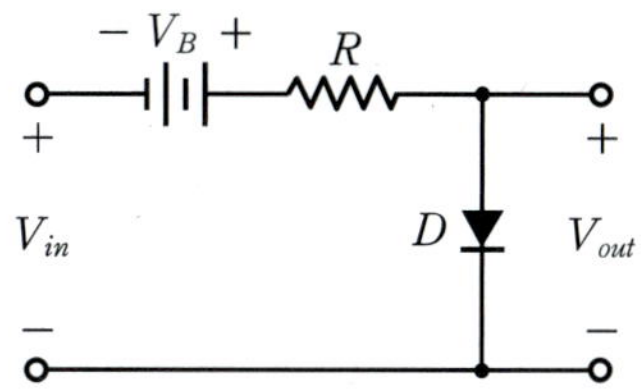

그림 1-97

1.27 [그림 1-98] 회로의 출력으로 맞는 것은? 단, PN 접합 다이오드는 커트-인 전압 V_γ인 정전압 등가모델을 적용한다. HINT 1.4.3절

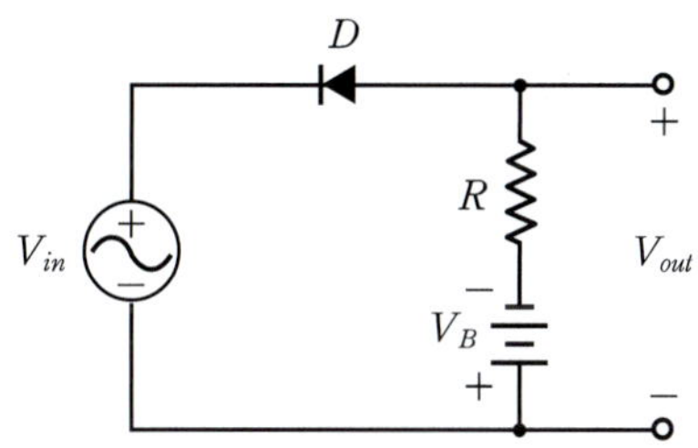

그림 1-98

㉮
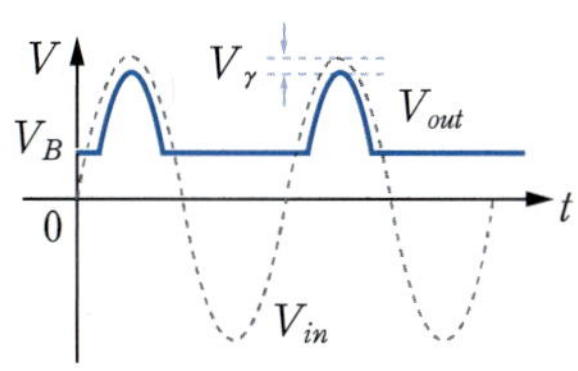

㉯
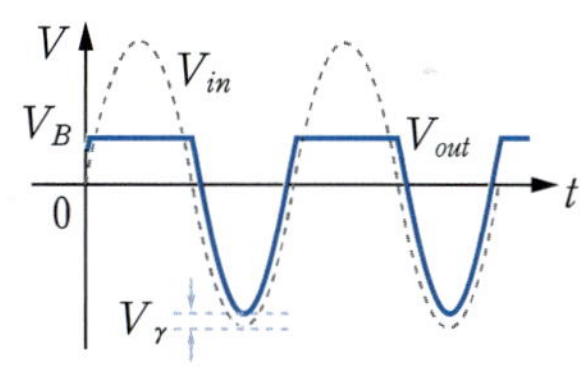

㉰
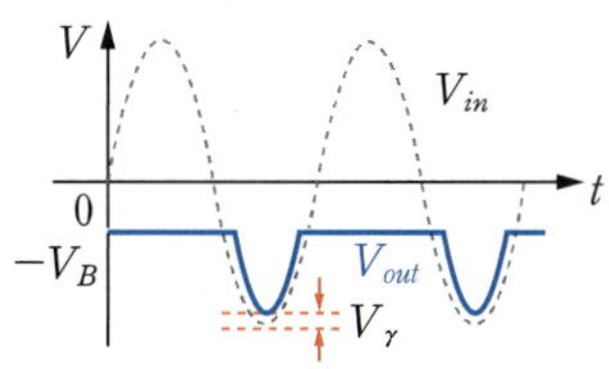

㉱
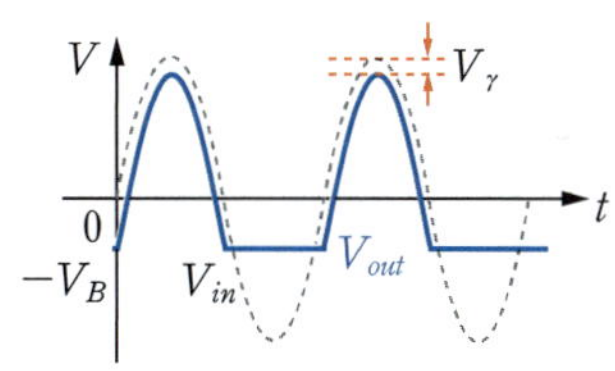

1.28 [그림 1-99]의 회로에 대한 설명으로 맞는 것은? 단, PN 접합 다이오드는 커트인 전압이 V_γ인 정전압 등가모델을 적용한다.

HINT 1.4.3절

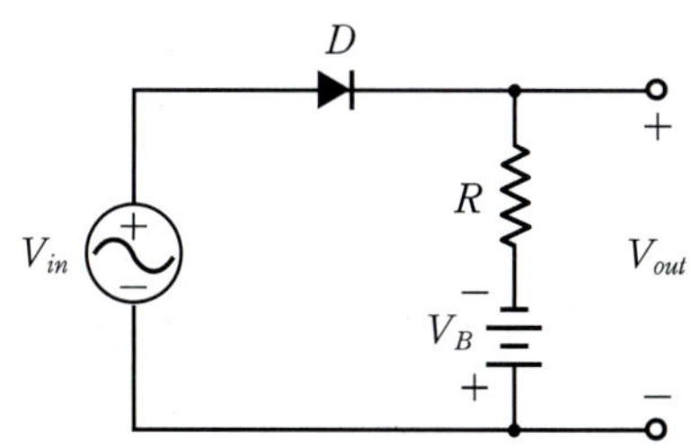

그림 1-99

㉮ $V_{in} > V_{\gamma} - V_B$이면, 다이오드가 도통되어 $V_{out} = V_{in} - V_{\gamma}$이 된다.

㉯ $V_{in} < V_{\gamma} - V_B$이면, 다이오드가 개방되어 $V_{out} = 0$이 된다.

㉰ $V_{in} > V_{\gamma} + V_B$이면, 다이오드가 도통되어 $V_{out} = V_{in} + V_B + V_{\gamma}$이 된다.

㉱ $V_{in} < V_{\gamma} + V_B$이면, 다이오드가 개방되어 $V_{out} = V_B$이 된다.

㉲ $V_{in} < V_{\gamma} + V_B$이면, 다이오드가 도통되어 $V_{out} = V_{in} + V_B + V_{\gamma}$이 된다.

1.29 **[그림 1-100]의 회로에 대한 설명으로 맞는 것은? 단, PN 접합 다이오드는 커트인 전압이 V_{γ}인 정전압 등가모델을 적용한다.**

HINT 1.4.3절

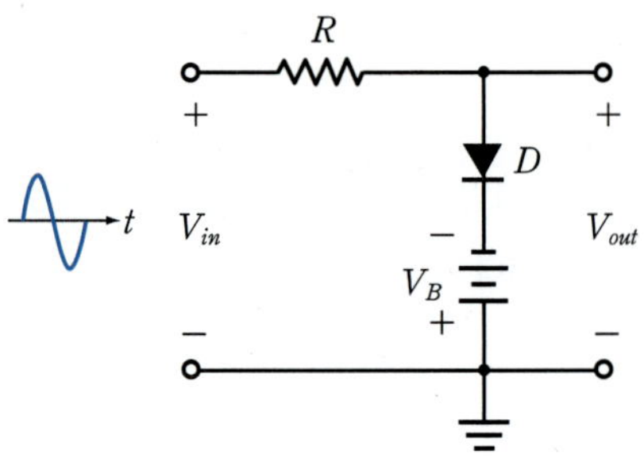

그림 1-100

㉮ $V_{in} < V_{\gamma} - V_B$이면, 다이오드가 도통되어 $V_{out} = 0$이 된다.

㉯ $V_{in} < V_{\gamma} + V_B$이면, 다이오드가 개방되어 $V_{out} = V_{in}$이 된다.

㉰ $V_{in} > V_{\gamma} - V_B$이면, 다이오드가 도통되어 $V_{out} = V_{\gamma} - V_B$가 된다.

㉱ $V_{in} > V_{\gamma} - V_B$이면, 다이오드가 도통되어 $V_{out} = V_{in}$이 된다.

㉲ $V_{in} > V_{\gamma} + V_B$이면, 다이오드가 개방되어 $V_{out} = V_{in}$이 된다.

1.30 **다음 중 제너 다이오드에 대한 설명으로 <u>틀린</u> 것은?** HINT 1.5.1절

㉮ 역방향 항복 특성을 이용한다.

㉯ 넓은 역방향 전압 범위에서 매우 작은 전류 변동 특성을 이용한다.

㉰ 역방향 항복 영역에서 등가저항이 매우 작다.

㉱ 정전압을 얻기 위한 회로나 장치에 사용된다.

㉲ 제너 항복이 일어나면 캐소드에서 애노드로 큰 전류가 흐른다.

1.31 **[그림 1-101]의 회로가 올바로 동작하기 위한 조건으로 맞는 것은?** HINT 1.5.3절

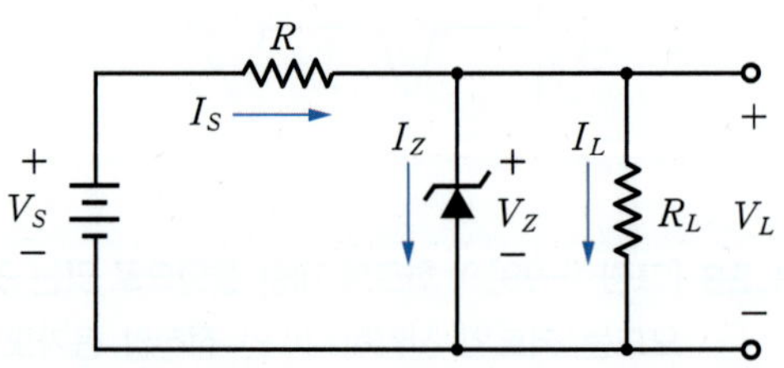

그림 1-101

㉮ 입력전압 V_S의 최솟값이 제너전압 V_Z보다 작아야 한다.

㉯ 무부하(R_L이 무한대) 상태에서 다이오드 전류 I_Z는 정격전류 I_{Zmax}보다 작아야 한다.

㉰ 입력전압 V_S가 최소이고 부하전류 I_L이 최대일 때, 다이오드 전류 I_Z는 최소 항복전류 I_{ZK}보다 작아야 한다.

㉱ 입력전압 V_S가 최대이고 부하전류 I_L이 최소일 때, 다이오드 전류 I_Z는 정격전류 I_{Zmax}보다 커야 한다.

㉲ 저항 R의 값이 클수록 제너전압 V_Z가 안정적으로 유지된다.

1.32 [그림 1-101]의 회로에서 무부하 상태의 제너 다이오드 전류를 $I_Z = 10\text{mA}$로 만들기 위한 저항 R 값은 얼마인가? 단, $V_S = 10\text{V}$, 제너전압은 $V_Z = 3.3\text{V}$이다. HINT 1.5.3절

㉮ 140Ω ㉯ 330Ω ㉰ 460Ω ㉱ 670Ω ㉲ 1.0kΩ

1.33 [그림 1-101]의 회로에서 $R_L = 100\Omega$일 때 제너 다이오드에 흐르는 전류 I_Z는 얼마인가? 단, $V_S = 5.0\text{V}$, 제너전압은 $V_Z = 5.7\text{V}$이고, $R = 200\Omega$이다. HINT 1.5.3절

㉮ 0mA ㉯ 3.5mA ㉰ 2.5mA ㉱ 2.5mA ㉲ 57.0mA

1.34 [그림 1-101]의 회로에 대한 설명으로 <u>틀린</u> 것은? 단, $R = 200\Omega$, $R_L = 180\Omega$이고, $V_S = 10\text{V}$, 제너전압은 $V_Z = 3.6\text{V}$이다. HINT 1.5.3절

㉮ 저항 R에 흐르는 전류는 32.0mA이다.

㉯ 저항 R에 걸리는 전압은 6.4V이다.

㉰ 부하저항 R_L에 흐르는 전류는 20.0mA이다.

㉱ 부하저항 R_L에 걸리는 전압은 $V_L = 3.6\text{V}$이다.

㉲ 제너 다이오드에는 역방향 전압이 인가되므로, 흐르는 전류는 0mA이다.

1.35 [그림 1-102] 회로의 시뮬레이션 결과로 <u>틀린</u> 것은? 단, V_{in}은 진폭이 20V인 정현파이고, 제너 다이오드 D_1, D_2는 제너전압 $V_Z = 4.7\text{V}$이고, 순방향 커트인 전압 $V_\gamma = 0.7\text{V}$이다. HINT 1.5.3절

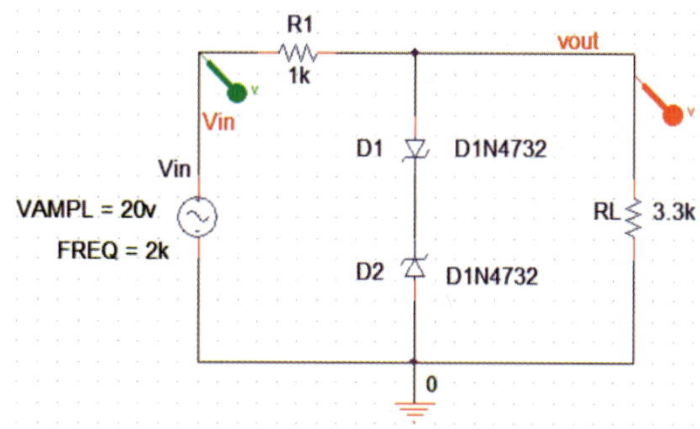

그림 1-102

㉮ 입력전압의 양(+)의 반주기 중, $V_{in} < V_\gamma + V_Z$인 동안에 다이오드 D_2가 차단되므로, 출력전압은 $V_{out} = V_{in}$이다.

㉯ 입력전압의 양(+)의 반주기 중, $V_{in} \geq V_\gamma + V_Z$인 동안에 다이오드 D_1은 순방향 도통되고 다이오드 D_2가 제너 다이오드로 동작하므로, 출력전압은 $V_{out} = 5.4\text{V}$로 제한된다.

㉰ 입력전압의 $-(V_\gamma + V_Z) < V_{in} < (V_\gamma + V_Z)$인 동안에 다이오드 D_1, D_2는 모두 차단상태이다.

㉱ 입력전압의 음(−)의 반주기 중, $V_{in} > -(V_\gamma + V_Z)$인 동안에 다이오드 D_1이 차단되므로, 출력전압은 $V_{out} = V_{in}$이다.

㉲ 입력전압의 음(−)의 반주기 중, $V_{in} \leq -(V_\gamma + V_Z)$인 동안에 다이오드 D_2은 순방향 도통되고 다이오드 D_1이 제너 다이오드로 동작하므로, 출력전압은 $V_{out} = -5.4\text{V}$로 제한된다.

1.36 심화 [그림 1-103]의 회로에서 $V_O = 0.59\text{V}$가 되도록 전압 V_I를 결정하라. 단, 다이오드의 역방향 포화전류는 $I_S = 1.1 \times 10^{-13}\text{A}$이고, $R_1 = 2.2\text{k}\Omega$이다.

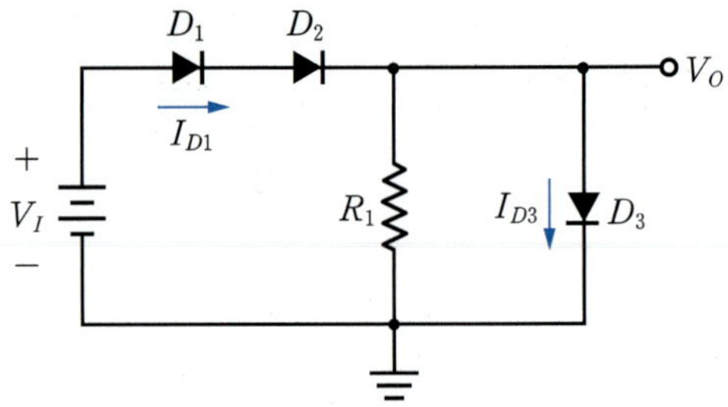

그림 1-103

1.37 심화 [그림 1-104]의 회로에서 직렬 연결된 PN 접합 다이오드 D_1, D_2에 걸리는 전압이 $V_A = 1.4\text{V}$가 되도록 저항 R의 값을 구하라. 단, PN 접합 다이오드의 역방향 포화 전류는 $I_S = 2.5 \times 10^{-14}\text{A}$이다.

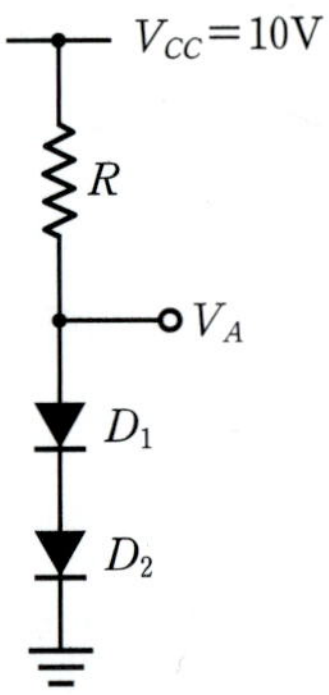

그림 1-104

1.38 심화 [그림 1-105]의 회로에서 PN 접합 다이오드 D_1, D_2에 흐르는 전류 I_{D1}, I_{D2}와 부하저항 R_L에 흐르는 전류 I_{RL}의 관계를 구하라. 또한, 정현파 입력 V_S와 두 다이오드의 애노드 전압 V_1, V_2와 출력전압 V_O의 파형을 그려라. 단, $R_1 = R_2 = 1\text{k}\Omega$이고, PN 접합 다이오드는 커트-인 전압이 V_γ인 정전압 등가모델을 적용한다.

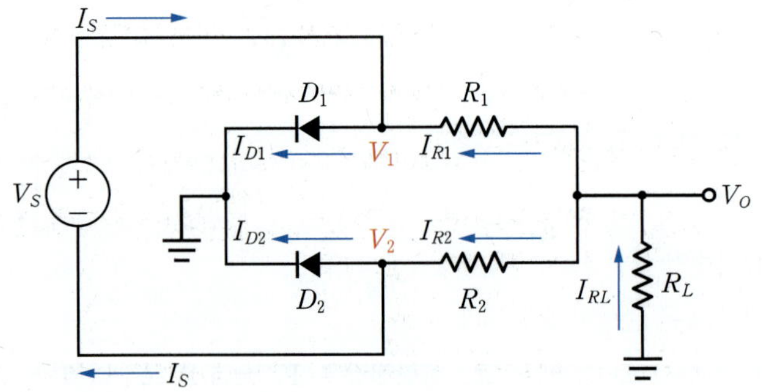

그림 1-105

1.39 심화 [그림 1-106]의 회로에 $V_{in} = V_m \sin\omega t$가 인가되는 경우에 출력전압 V_{out}의 파형을 그리고, 동작을 설명하라. 단, 다이오드의 커트-인 전압은 V_γ이다.

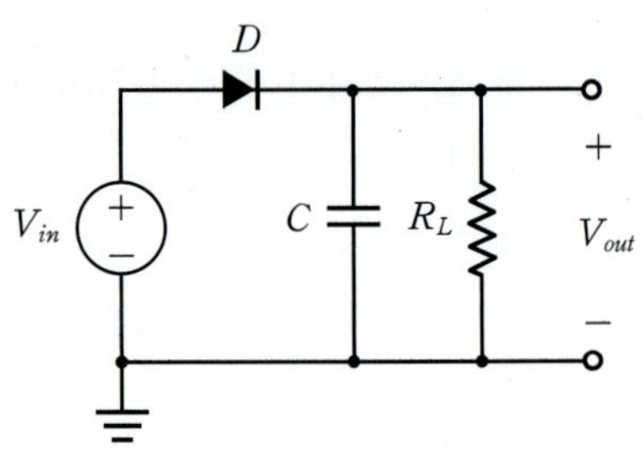

그림 1-106

1.40 심화 [그림 1-107]의 회로에 진폭이 $V_m = 8\,\mathrm{V}$인 정현파 V_{in}이 인가되는 경우에, 출력 V_{out}의 파형과 입출력 전달특성 곡선을 그려라. 단, $V_B = 4\,\mathrm{V}$이고, 다이오드는 $V_\gamma = 0.6\,\mathrm{V}$인 정전압 등가모델을 적용한다.

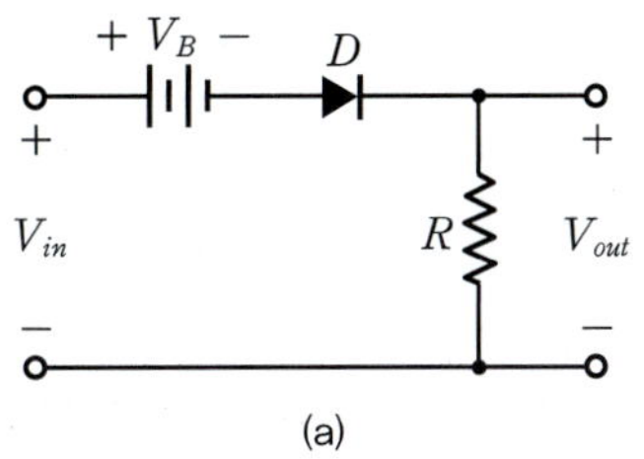

그림 1-107

1.41 심화 [그림 1-108]의 회로에서, 저항 R에 흐르는 전류를 구하라. 단, 다이오드의 커트-인 전압은 $V_\gamma = 0.7\,\mathrm{V}$이고, $R = 2.5\,\mathrm{k\Omega}$, $V_1 = 16\,\mathrm{V}$, $V_2 = 4\,\mathrm{V}$이다.

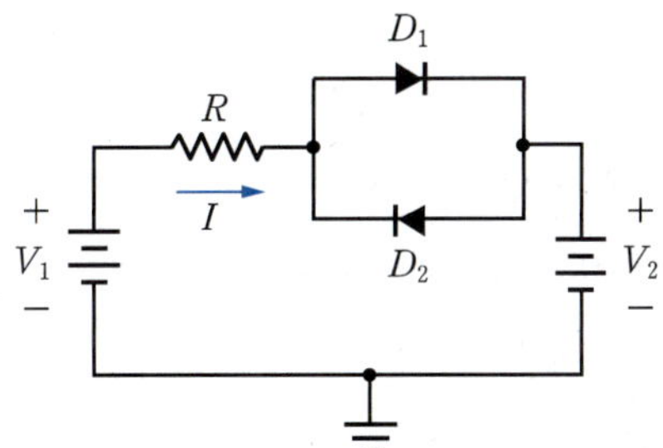

그림 1-108

1.42 심화 [그림 1-109(a)] 회로의 동작을 설명하고, 출력 V_{out}의 파형을 그려라. V_{in}은 [그림 1-109(b)]와 같이 진폭 $V_m = 4\,\mathrm{V}$인 정현파이고, $V_A = 1.0\,\mathrm{V}$, $V_B = 1.4\,\mathrm{V}$이다. 다이오드는 커트-인 전압이 $V_\gamma = 0.6\,\mathrm{V}$인 정전압 등가모델을 적용한다.

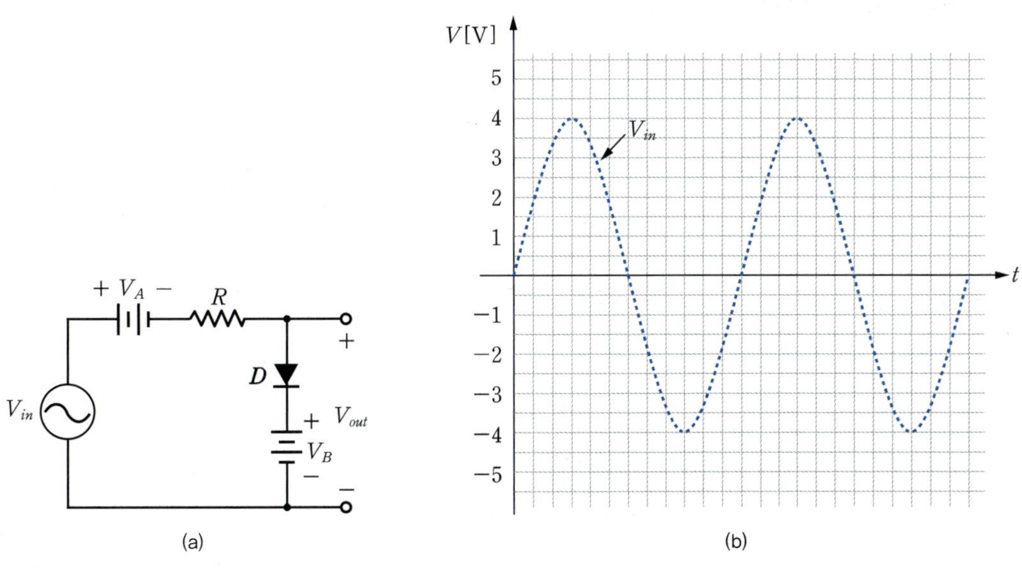

그림 1-109

1.43 심화 [그림 1-110]의 클램프 회로에 $V_{in}=V_m \sin wt$의 정현파가 인가되는 경우에 출력파형과 입출력 전달특성 곡선을 그려라. 단, 정현파의 진폭 $V_m=5\text{V}$이고, $V_B=3\text{V}$, 다이오드의 커트-인 전압은 $V_\gamma=0.62\text{V}$이다.

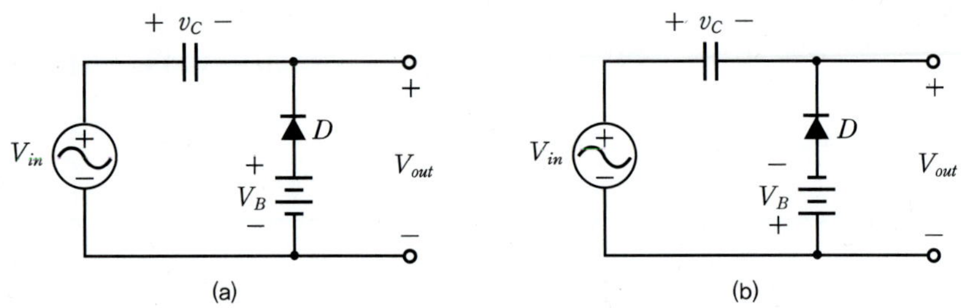

그림 1-110

1.44 심화 [그림 1-111]의 회로에서, 제너 다이오드에 흐르는 전류 I_Z와 부하저항에 흐르는 전류 I_L을 구하라. 또한 제너 다이오드에서 소비되는 전력을 구하라. 단, $V_S=10\text{V}$, $R=80\Omega$, $R_L=0.25\text{k}\Omega$이고, 제너전압은 $V_Z=5\text{V}$이다.

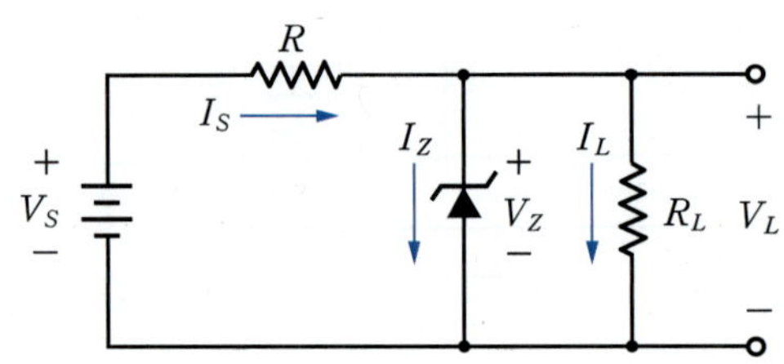

그림 1-111

1.45 심화 [그림 1-111]의 회로에서 $V_S=10\text{V}$이고, 제너 다이오드의 제너전압 $V_Z=3.2\text{V}$가 유지되기 위한 최소 전류는 $I_{Z,\min}=1.2\text{mA}$이다. 부하저항은 $0.2\text{k}\Omega \le R_L \le \infty$ 범위의 값을 갖는다.

(a) 부하전류의 최댓값 $I_{L,\max}$을 구하라.

(b) $0.2\text{k}\Omega \le R_L \le \infty$ 범위에서 제너전압 $V_Z=3.2\text{V}$이 유지되기 위해서는 저항 R이 얼마 이하가 되어야 하는가?

(c) 제너 다이오드의 정격 전력 $P_{Z,\max}$는 얼마 이상이 되어야 하는가?

CHAPTER

02

BJT 증폭기

Bipolar Junction Transistor Amplifier

학습목표

- 바이폴라 접합 트랜지스터(BJT)의 기본 구조와 전류-전압 특성을 이해한다.
- BJT의 동작점 설정을 위한 바이어스 방법과 회로를 이해한다.
- BJT의 소신호 등가모델과 파라미터를 이해하여 증폭기 회로 해석과 설계에 적용한다.
- 공통이미터(CE), 공통컬렉터(CC), 공통베이스(CB) 증폭기의 특성을 이해한다.
- BJT 다단 증폭기의 특성을 이해한다.
- PSPICE를 이용하여 BJT 증폭기의 DC 바이어스와 시간응답 해석을 익힌다.

2장 BJT 증폭기

2.1 기초 다지기	2.2 BJT 증폭기의 바이어스	2.3 BJT의 저주파 소신호 등가모델	2.4 BJT 증폭기 회로 해석	2.5 다단 증폭기
바이폴라 접합 트랜지스터	부하선과 동작점	하이브리드-π 소신호 등가모델	공통이미터 증폭기	CE-CE 종속연결 증폭기
BJT의 동작모드	고정 바이어스 회로	소신호 T-등가모델	이미터 저항을 갖는 공통이미터 증폭기	CE-CB 종속연결 증폭기 (캐스코드 증폭기)
순방향 활성모드의 전류 성분	전압분배 바이어스 회로		공통컬렉터 증폭기	CC-CE 종속연결 증폭기
	자기 바이어스 회로		공통베이스 증폭기	CE-CC 종속연결 증폭기
			BJT 증폭기의 특성 비교	CC-CC 종속연결 증폭기 (달링턴 쌍)

PSPICE 시뮬레이션 실습

1947년 BJT가 발명되고, 1954년 최초의 상업용 트랜지스터가 시판된 이래로 반도체를 이용한 소형 증폭장치는 통신, 방송, 제어장치 등의 실용화에 절대적인 역할을 해왔다. 최근에는 CMOS IC Integrated Circuit의 사용이 보편화되고 있으나, BJT는 고주파 특성이 우수하고 대전력용으로 적합하여 다양한 분야에 널리 사용되고 있는 중요한 소자이다.

이 장에서는 BJT 소자에서부터 증폭기 회로에 이르기까지 전반적인 내용을 다룬다.

❶ BJT의 구조와 동작모드, 전류-전압 특성
❷ BJT의 바이어스 방법과 소신호 저주파 등가모델
❸ BJT 증폭기(공통이미터, 공통컬렉터, 공통베이스)의 특성과 해석
❹ BJT 다단 증폭기 회로
❺ BJT 증폭기 회로의 PSPICE 시뮬레이션

2장 핵심요약

SECTION 2.1

기초 다지기

1장에서 설명된 PN 접합 다이오드는 전류나 전압을 정류하거나 진폭을 제한하는 용도로 사용되며, 신호의 크기를 크게 만드는 증폭 amplification 기능은 갖지 않는다. 이 장에서 설명되는 바이폴라 접합 트랜지스터 BJT : Bipolar Junction Transistor는 전류나 전압의 크기를 크게 만드는 증폭기 소자로 사용된다. 이 절에서는 BJT 증폭기 회로를 이해하는 데 기초가 되는 BJT의 구조, 바이어스에 따른 동작모드, 그리고 전류-전압 특성 등에 관해 살펴본다.

2.1.1 바이폴라 접합 트랜지스터

BJT는 어떤 구조로 만들어지는가?

BJT는 [그림 2-1]과 같이 N형과 P형으로 도핑된 3개의 반도체 영역과 이들에 의해 형성되는 2개의 PN 접합으로 이루어진 트랜지스터이다.

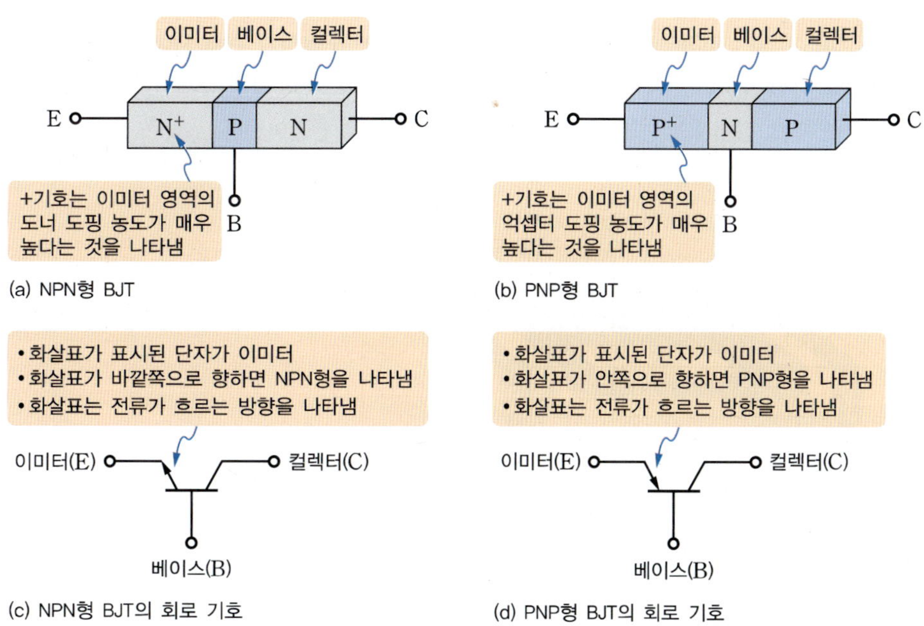

그림 2-1 BJT 소자의 기본 구조 및 회로 기호

BJT를 구성하는 각 도핑 영역은 외부로 단자가 연결되며, 각각 이미터 Emitter, 베이스 Base, 컬렉터 Collector라고 부른다.

BJT는 이미터, 베이스, 컬렉터의 도핑 형태에 따라 NPN형과 PNP형으로 구분된다. NPN형 BJT는 [그림 2-1(a)]와 같이 이미터가 N형, 베이스가 P형, 컬렉터가 N형으로 구성된다. 반면, PNP형 BJT는 [그림 2-1(b)]와 같이 이미터가 P형, 베이스가 N형, 컬렉터가 P형으로 구성된다.

[그림 2-1(c), (d)]는 BJT의 회로 기호를 보여준다. 이미터의 화살표 방향으로 NPN형 BJT와 PNP형 BJT를 구별하며, 화살표는 BJT에 흐르는 전류의 방향을 나타낸다. NPN형 BJT에서는 전류가 이미터 단자 밖으로 흘러나오며, PNP형 BJT에서는 전류가 이미터 단자로 흘러들어간다.

여기서 잠깐 **BJT 소자의 실제 구조**

- 반도체 웨이퍼 wafer에 만들어지는 NPN형 BJT는 [그림 2-2]와 같은 구조를 갖는다. P형 기판 위에 형성된 N형 반도체층(이를 에피층 epi-layer이라고 함)이 컬렉터 영역으로 사용되고, N형 에피층에 3가 불순물 dopant을 주입하여 만들어진 P형 반도체를 베이스 영역으로 사용한다. P형 베이스의 일부 영역에 5가 불순물을 고농도로 주입하여 만들어진 N형 반도체를 이미터 영역으로 사용한다. 이미터, 베이스, 컬렉터 세 영역의 도핑 농도가 각기 다르게 만들어진다.
- 이미터 영역 : 전류운반 캐리어(전자 또는 정공(양공))를 제공하며, 베이스나 컬렉터 영역에 비해 불순물 농도가 가장 높게 도핑되므로, N+ 또는 P+로 표시된다.
- 컬렉터 영역 : 베이스 영역을 지나온 캐리어가 모이는 곳이며, 이미터나 베이스 영역에 비해 불순물 농도가 가장 낮게 도핑된다.
- 베이스 영역 : 이미터에서 주입된 캐리어가 컬렉터에 도달하기 위해 지나가는 영역으로 중간 정도의 도핑 농도를 가지며, BJT의 전류 증폭률을 크게 만들기 위해 매우 얇게 만들어진다.
- PNP형 BJT는 NPN형과 반대 타입의 도핑 영역으로 만들어진다.

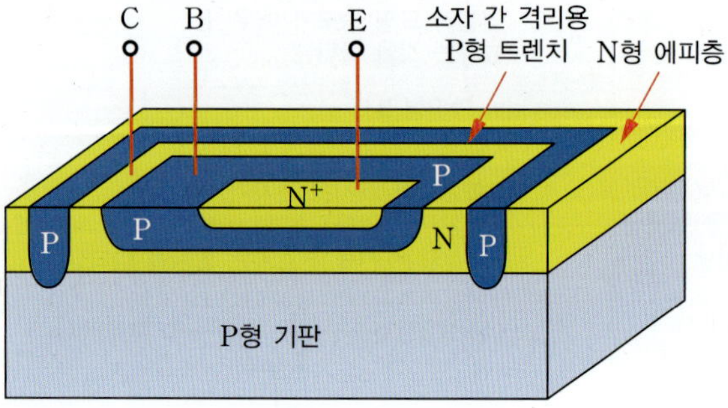

그림 2-2 NPN형 BJT 소자의 실제 구조

여기서 잠깐 **디지털 멀티미터(DMM)를 이용한 BJT 구별 방법**

BJT 소자의 형태(NPN형 또는 PNP형)와 세 단자를 구별하려면 제조회사에서 제공하는 데이터시트data sheet를 참조하면 된다. 그러나 DMM을 이용하면 BJT의 형태와 세 단자를 쉽게 구별할 수 있다. DMM을 'diode check' 모드로 설정하고 BJT 두 단자 사이의 전압을 [표 2-1]과 같이 측정한다. 총 6가지의 측정 결과 중 [그림 2-3]의 두 가지 경우에서 0.6V 근처의 전압이 측정되면, 다음과 같이 판단한다.

- BJT 단자 ❸에 DMM의 흑색 프로브를 연결하고, BJT 단자 ❶ 또는 단자 ❷에 적색 프로브를 연결한 상태(측정 5와 측정 6)에서 PN 접합의 전위장벽에 해당하는 0.6V 근처의 전압이 측정되었으므로, 단자 ❸은 N형 베이스이고, 단자 ❶과 단자 ❷는 P형의 이미터 또는 컬렉터이다.

  ∴ **PNP형 BJT**

- 측정 5가 측정 6보다 더 높은 전압이 관측되므로, 단자 ❶의 P형 영역이 단자 ❷의 P형 영역보다 도핑 농도가 더 높다. 따라서 단자 ❶은 이미터, 단자 ❷는 컬렉터이다.

  ∴ **단자 ❶ : 이미터, 단자 ❷ : 컬렉터, 단자 ❸ : 베이스**

표 2-1 DMM을 이용한 BJT 단자 측정

측정	멀티미터 프로브 연결		측정 결과
	빨간색 프로브	검은색 프로브	
1	BJT 단자 ❷	BJT 단자 ❶	개방
2	BJT 단자 ❸	BJT 단자 ❶	개방
3	BJT 단자 ❶	BJT 단자 ❷	개방
4	BJT 단자 ❸	BJT 단자 ❷	개방
5	BJT 단자 ❶	BJT 단자 ❸	0.617V
6	BJT 단자 ❷	BJT 단자 ❸	0.605V

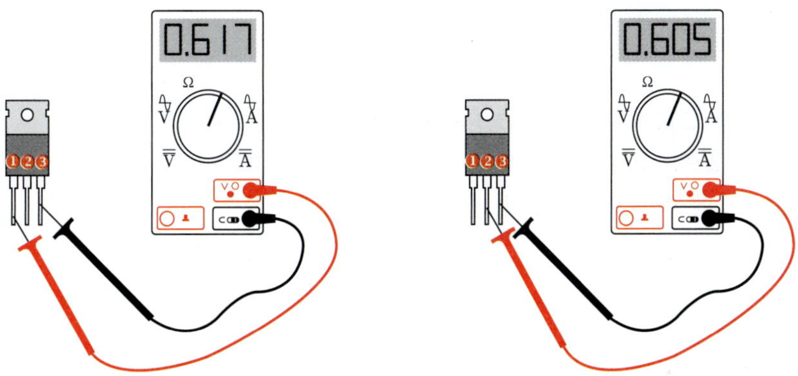

그림 2-3 DMM을 이용한 BJT 구별

[그림 2-4]는 BJT의 각 단자에 흐르는 전류와 단자 간 전압의 극성을 보여준다. NPN형 BJT의 각 단자에 흐르는 전류는 [그림 2-4(a)]와 같이 베이스와 컬렉터 단자로 들어간 전류가 이미터 단자로 나가는 동작을 한다. PNP형 BJT의 전류는 [그림 2-4(b)]와 같이 이미터로 들어간 전류가 베이스와 컬렉터로 나가는 동작을 한다.

BJT 각 단자 사이의 전압은 NPN형과 PNP형을 서로 반대 극성으로 표시한다. 예를 들어 NPN형 BJT의 베이스 단자와 이미터 단자 사이의 전압은 $v_{BE} = v_B - v_E$로 표시하며, 이미터 단자의 전압 v_E를 기준으로 한 베이스 단자의 전압 v_B를 나타낸다. PNP형 BJT의 이미터 단자와 베이스 단자 사이의 전압은 $v_{EB} = v_E - v_B$로 표시하며, 베이스 단자의 전압 v_B를 기준으로 한 이미터 단자의 전압 v_E를 나타낸다.

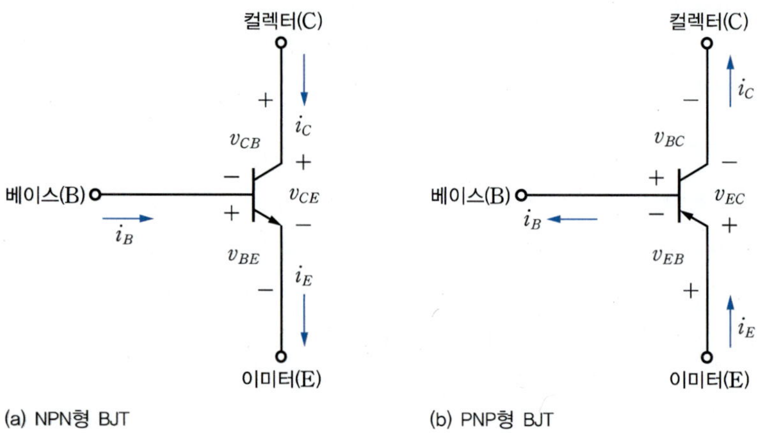

그림 2-4 BJT의 단자 전류와 전압 표시

2.1.2 BJT의 동작모드

- **바이어스 전압에 따라 BJT는 어떤 동작을 하는가? (동작모드)**
- **순방향 활성모드의 BJT 전류는 어떤 성분으로 구성되는가?**
- **동작모드에 따라 BJT는 어떤 용도로 사용되는가?**

1.2.2절에서 설명한 바와 같이, PN 접합은 바이어스에 따라 순방향 또는 역방향의 두 가지 동작모드를 갖는다. 따라서 두 개의 PN 접합으로 구성되는 BJT는 PN 접합의 바이어스 조건에 따라 [표 2-2]와 같이 네 가지 동작모드를 갖는다.

베이스-이미터(B-E) 접합과 베이스-컬렉터(B-C) 접합이 모두 역방향 바이어스되어 있는 상태를 **차단** cutoff **모드**라고 하며, BJT는 개방 open된 스위치로 동작한다. B-E 접합이 순방향 바이어스되고, B-C 접합이 역방향 바이어스되면 **순방향 활성** forward active **모드**가 되며, 증폭기로 사용되는 경우다. 순방향 활성모드를 **선형** linear **모드**라고도 한다.

포화 saturation **모드**는 B-E 접합과 B-C 접합 모두 순방향 바이어스된 상태이며, BJT는 닫힌 closed 스위치로 동작한다. **역방향 활성** reverse active **모드**는 B-E 접합이 역방향 바이어스되고, B-C 접합이 순방향 바이어스되는 경우이며, 이 동작모드는 일반적으로 사용되지 않는다.

표 2-2 바이어스에 따른 BJT의 동작모드

동작모드	B-E 접합의 바이어스	B-C 접합의 바이어스	동작
차단	역방향	역방향	개방 스위치
순방향 활성(선형)	순방향	역방향	증폭기
포화	순방향	순방향	닫힌 스위치
역방향 활성	역방향	순방향	사용되지 않음

BJT의 동작모드에 대해 살펴보기 전에 먼저 바이어스가 인가되지 않은 BJT에 대해 살펴보자. [그림 2-5(a)]와 같이 BJT의 단자가 모두 개방된 상태를 **열적 평형상태** thermal equilibrium라고 한다. BJT의 동작을 이해하기 위해 에너지 밴드 energy band 개념이 널리 사용된다. 바이어스가 인가되지 않은 평형상태의 에너지 밴드 다이어그램은 [그림 2-5(b)]와 같다. 이미터 영역의 다수 캐리어 전자는 B-E 접합의 전위장벽 potential barrier에 갇혀서 베이스 영역으로 이동하지 못하며, 컬렉터 영역의 다수 캐리어 전자도 B-C 접합의 전위장벽에 갇혀서 베이스 영역으로 이동하지 못한다. 마찬가지로, 베이스 영역의 다수 캐리어 정공도 B-E 접합과 B-C 접합의 전위장벽에 갇혀서 이동하지 못한다. 따라서 BJT의 세 단자에는 전류가 흐르지 않는다.

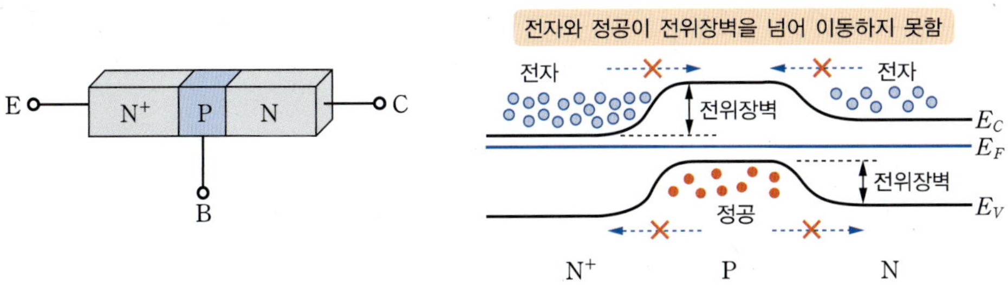

(a) 바이어스가 인가되지 않은 평형상태 (b) 평형상태의 에너지 밴드 다이어그램

그림 2-5 평형상태의 NPN형 BJT

순방향 활성모드

- NPN형 BJT : 순방향 활성모드에서 동작하기 위해서는 B-E 접합은 순방향 바이어스되고, B-C 접합은 역방향 바이어스되어야 한다. B-E 접합이 순방향 바이어스라는 것은 $V_B > V_E$가 되어 $V_{BE} > 0$이 됨을 의미하며, B-C 접합이 역방향 바이어스라는 것은 $V_C > V_B$가 되어 $V_{BC} < 0$임을 의미한다. 따라서 [그림 2-6(a)]와 같이 $V_{BE} > 0$, $V_{BC} < 0$이 되도록 바이어스를 인가하면 NPN형 BJT는 순방향 활성모드로 동작한다.

- PNP형 BJT : [그림 2-6(b)]와 같이 $V_{EB} > 0$, $V_{CB} < 0$이 되도록 바이어스를 인가하면 B-E 접합이 순방향 바이어스, B-C 접합이 역방향 바이어스되어 PNP형 BJT가 순방향 활성모드로 동작한다.

순방향 활성모드로 바이어스된 NPN형 BJT의 에너지 밴드 다이어그램은 [그림 2-6(c)]와 같으며, 순방향 바이어스된 B-E 접합과 역방향 바이어스된 B-C 접합에서 다음과 같은 동작이 일어난다.

- **B-E 접합** : 순방향 바이어스에 의해 전위장벽이 낮아지므로, 이미터 영역의 다수 캐리어 전자는 전위장벽을 넘어 베이스 영역으로 확산[diffusion]되어 이동한다. 또한 베이스 영역의 다수 캐리어 정공은 이미터 영역으로 이동(확산)한다. 따라서 B-E 접합에 전류가 흐른다.

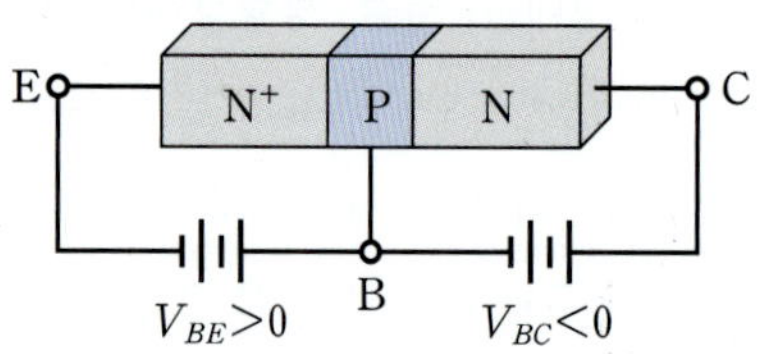

(a) NPN형 BJT의 순방향 활성모드 바이어스

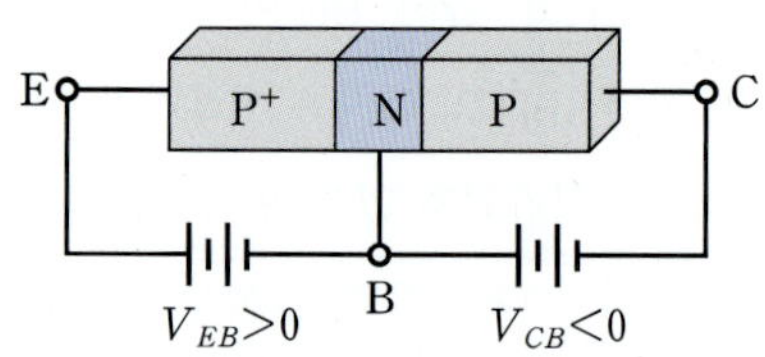

(b) PNP형 BJT의 순방향 활성모드 바이어스

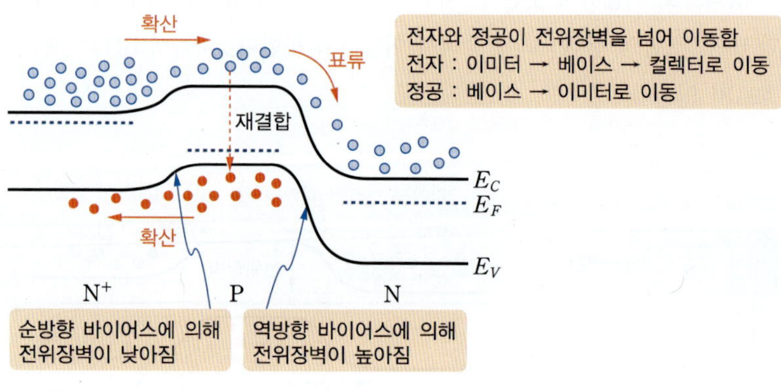

(c) 순방향 활성모드로 바이어스된 NPN형 BJT의 에너지 밴드 다이어그램

그림 2-6 BJT의 순방향 활성모드 동작

- **B-C 접합** : 역방향 바이어스에 의해 전위장벽이 높아지므로, 컬렉터 영역의 다수 캐리어 전자와 베이스 영역의 다수 캐리어 정공은 B-C 접합의 전위장벽을 넘어 이동하지 못한다. 반면, 이미터에서 베이스로 넘어온 전자는 일부가 베이스 영역에서 정공과 재결합 recombination 되어 소멸되고, 나머지는 B-C 접합의 전위장벽 아래로 끌려 내려가서 컬렉터 영역으로 표류 drift 되어 이동한다. 따라서 B-C 접합에 전류가 흐른다.

순방향 활성모드에서 NPN형 BJT에 흐르는 전류 성분들은 [그림 2-7]과 같다.

- ❶로 표시된 성분 : 베이스-이미터 접합이 순방향 바이어스이므로, 베이스-이미터 접합의 전위장벽이 낮아져 이미터(N형) 영역의 다수 캐리어인 전자가 베이스 영역으로 주입된다.
- ❷로 표시된 성분 : 베이스(P형) 영역의 다수 캐리어인 정공이 이미터 영역으로 주입된다.
- 이미터 영역은 N^+로 높게 도핑되므로, 이미터에서 베이스로 주입되는 전자(❶로 표시된 성분)가 베이스에서 이미터로 주입되는 정공(❷로 표시된 성분)보다 훨씬 많다.
- ❸, ❹로 표시된 성분 : 이미터에서 베이스로 주입된 전자 중 일부(❸으로 표시된 성분)는 베이스 영역의 다수 캐리어인 정공(❹로 표시된 성분)과 재결합하여 소멸된다.
- ❺로 표시된 성분 : 이미터에서 베이스로 주입된 전자 중 베이스에서 재결합된 일부(❸으로 표시된 성분)를 제외한 나머지는 컬렉터로 넘어가 컬렉터 전류 I_C를 구성한다.
- [그림 2-7]에서 베이스 전류 I_B는 ❷와 ❹로 표시된 정공에 의한 전류이다.

순방향 활성모드에서 베이스 전류는 컬렉터 및 이미터 전류에 비해 매우 작다. 따라서 작은 베이스 전류 I_B에 의해 큰 컬렉터 전류 I_C가 제어되는 트랜지스터 transistor 작용이 일어나며, 컬렉터 전류가 베이스 전류에 비례하므로 증폭기로 사용되는 동작모드이다.

이미터(N형)의 다수 캐리어인 전자가 베이스 영역을 거쳐 컬렉터로 이동하므로, 이미터는 캐리어(전자)를 공급하는 역할을 한다. 컬렉터는 베이스 영역을 지나서 도달한 전자를 수집하여 방출하며, 베이스는 캐리어의 수를 제어하는 역할을 한다. BJT 소자의 단자 이름은 이와 같은 각 단자의 동작을 나타내도록 붙여진 것이다.

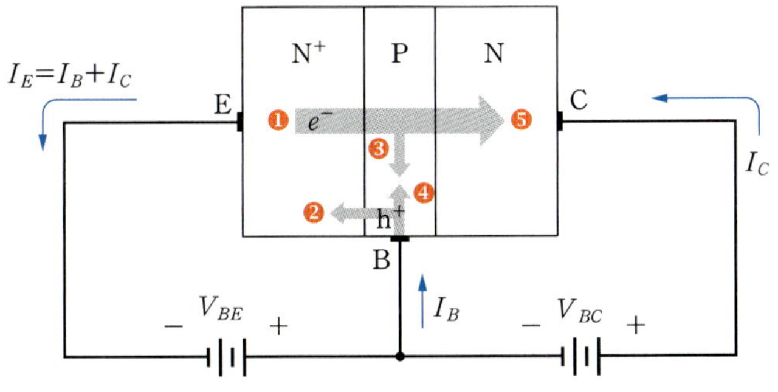

그림 2-7 NPN형 BJT의 순방향 활성모드 전류 성분

- **B-E 접합** : 역방향 바이어스에 의해 전위장벽이 높아지게 되므로, 이미터 영역의 다수 캐리어 전자와 베이스 영역의 다수 캐리어 정공은 B-E 접합의 전위장벽을 넘어 이동하지 못한다. 따라서 B-E 접합에 전류가 흐르지 않는다.
- **B-C 접합** : 역방향 바이어스에 의해 전위장벽이 높아지게 되므로, 베이스 영역의 다수 캐리어 정공과 컬렉터 영역의 다수 캐리어 전자는 B-C 접합의 전위장벽을 넘어 이동하지 못한다. 따라서 B-C 접합에 전류가 흐르지 않는다.

BJT가 차단모드에 있으면 BJT의 세 단자에 흐르는 전류는 모두 0이므로, BJT는 개방open된 스위치로 동작한다.

핵심포인트 **BJT의 동작모드**

동작모드	BJT 종류	바이어스		동작	응용
		B-E 접합	B-C 접합		
순방향 활성	NPN형	순방향 $V_{BE}>0$	역방향 $V_{BC}<0$	작은 베이스 전류에 의해 큰 컬렉터 및 이미터 전류가 제어되는 트랜지스터 작용이 일어난다.	증폭기
	PNP형	$V_{EB}>0$	$V_{CB}<0$		
포화	NPN형	순방향 $V_{BE}>0$	순방향 $V_{BC}>0$	BJT의 세 단자에 전류가 흐르지만, 컬렉터 및 이미터 전류가 베이스 전류에 비례하지 않으며, 컬렉터-이미터 사이에는 작은 포화전압 $V_{CE,sat}$가 걸린다.	닫힌 스위치
	PNP형	$V_{EB}>0$	$V_{CB}>0$		
차단	NPN형	역방향 $V_{BE}<0$	역방향 $V_{BC}<0$	BJT의 세 단자에 모두 전류가 흐르지 않는다.	개방 스위치
	PNP형	$V_{EB}<0$	$V_{CB}<0$		

여기서 잠깐 **동작모드에 따른 BJT의 응용 예**

❶ **순방향 활성모드** : BJT를 순방향 활성모드로 바이어스시켜 [그림 2-10]과 같이 회로를 구성하면, 베이스에 입력되는 작은 신호가 증폭되어 컬렉터에서 큰 신호가 얻어지는 증폭기로 동작한다. 이미터를 접지시켜 입력과 출력의 공통단자로 사용하므로 공통이미터 증폭기라고 한다(BJT의 바이어스 방법은 2.2절, 공통이미터 증폭기는 2.4절에서 설명한다).

❷ **포화모드 및 차단모드** : [그림 2-11(a)]의 회로와 같이 BJT의 컬렉터에 LED light emitting diode와 저항 R_C를 연결하고, 베이스에 충분히 큰 진폭의 펄스를 인가는 경우를 생각해보자. [그림 2-11(b)]와 같이 베이스에 인가되는 펄스가 0V일 때에는 BJT가 차단모드로 되어 열린 스위치로 동작하며, 따라서 컬렉터 전류는 0이 되어 LED는 발광하지 않는다. [그림 2-11(c)]와 같이 베이스에 인가되는 펄스가 V_P[V]일 때에는 BJT가 포화모드로 되어 닫힌 스위치로 동작하며, 따라서 컬렉터 전류에 의해 LED가 발광한다. 따라서 [그림 2-11(a)] 회로에서 BJT는 베이스에 인가되는 펄스에 의해 열린 스위치(차단모드) 또는 닫힌 스위치(포화모드)로 동작하여 LED의 발광을 제어하는 스위치로 사용되는 예이다.

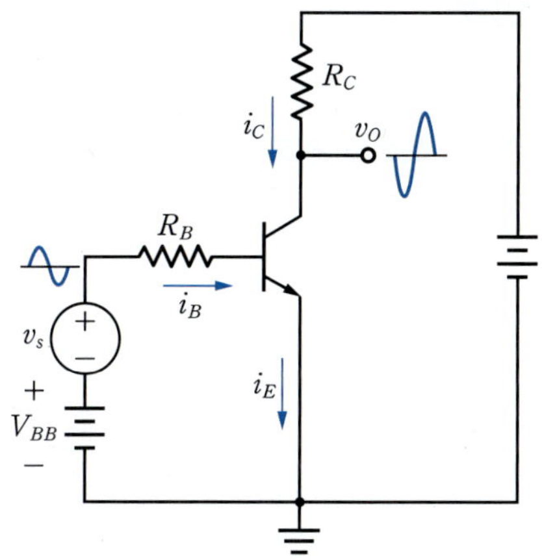

그림 2-10 증폭기로 동작하는 BJT의 예

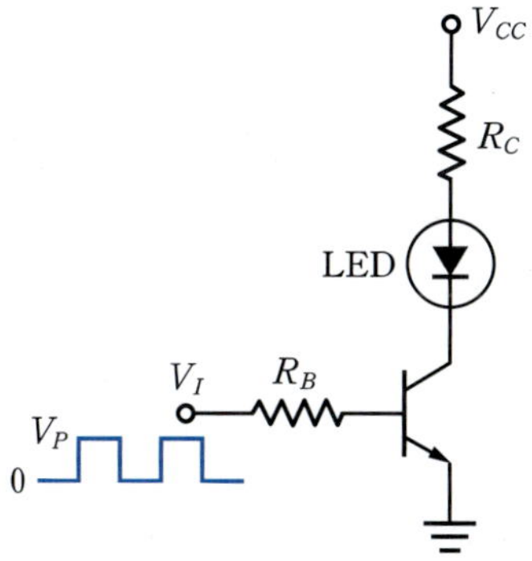

(a) 스위치로 사용된 BJT 회로

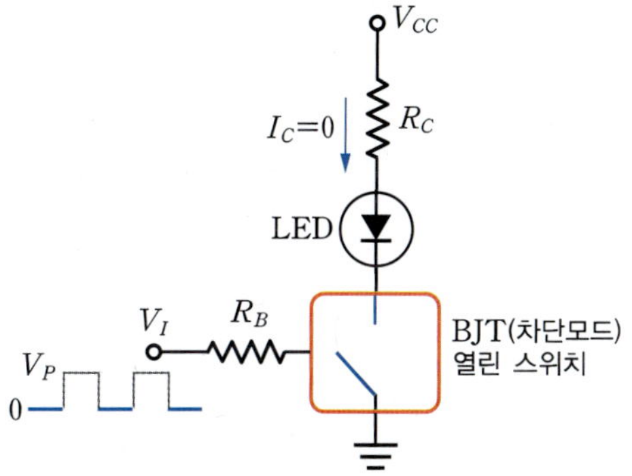

(b) BJT의 열린 스위치 동작(차단모드)

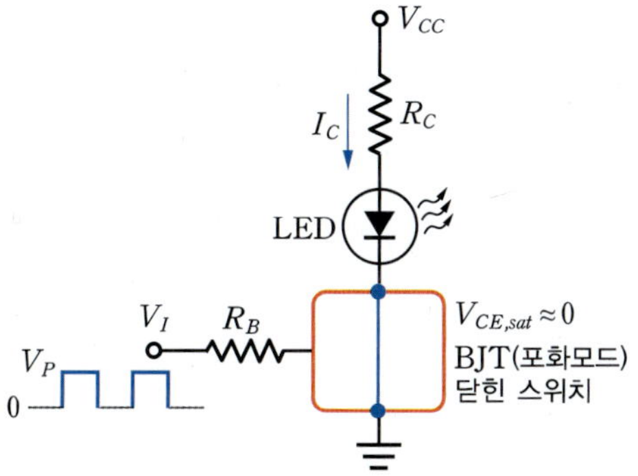

(c) BJT의 닫힌 스위치 동작(포화모드)

그림 2-11 스위치로 동작하는 BJT 회로의 예

2.1.3 순방향 활성모드의 전류 성분

순방향 활성모드에서 BJT의 베이스, 컬렉터, 이미터 전류는 서로 어떤 관계를 갖는가?

BJT가 증폭기로 사용되기 위해서는 순방향 활성모드로 바이어스되어야 함을 설명하였다. 그렇다면 순방향 활성모드에서 BJT의 이미터, 베이스, 컬렉터 단자에 흐르는 전류들은 서로 어떤 관계를 갖는지 알아보자. NPN형 BJT를 예로 들어 살펴본다.

순방향 활성모드의 컬렉터 전류는 이미터에서 베이스로 주입된 전자가 컬렉터에 도달하여 발생하며, B-E 전압 V_{BE}의 함수로 식 (2.1)과 같이 표현된다. 이는 순방향 바이어스가 인가된 PN 접합 다이오드의 전류 식과 유사한 지수함수 형태이다.

$$I_C = I_S e^{V_{BE}/V_T} \tag{2.1}$$

여기서 V_T는 상온(300K)에서 일정한 값(26mV)을 갖는 열전압thermal voltage을 나타내며, I_S는 역방향 포화전류로서 온도에 따라 값이 변하지만 상온에서 일정한 값을 유지한다. 순방향 활성모드에서 컬렉터 전류 I_C는 식 (2.1)과 같이 베이스-이미터 전압 V_{BE}에 의해 결정되는 값을 가지며, 컬렉터 전압 V_C와 무관하다. 따라서 컬렉터-이미터 전압 V_{CE}가 증가해도 컬렉터 전류는 일정한 값을 유지한다. 이는 순방향 활성모드에서 나타나는 2차 효과secondary effect의 영향을 무시하는 경우이며, 2차 효과에 의한 현상은 2.3.1절에서 설명한다. 순방향 활성모드에서 베이스 전류와 컬렉터 전류는 식 (2.2)와 같은 선형적인 관계를 갖는다. 여기서 β_{DC}는 공통이미터(또는 이미터 접지) DC 전류이득이라고 하며, 소자에 따라 수십~백 수십 정도의 값을 갖는다. β_{DC}는 2.3.1절에서 설명되는 소신호 전류이득 β_o와 구별되어 사용된다.

$$I_C = \beta_{DC} I_B \tag{2.2}$$

Q 식 (2.2)에서 β_{DC} 는?

A $\beta_{DC} \equiv I_C / I_B$로 정의되며, 베이스 전류 I_B가 컬렉터 전류 I_C로 증폭되는 증폭률을 나타낸다.

순방향 활성모드에서 이미터 전류 I_E는 순방향 바이어스된 B-E 접합을 통해 이동하는 전자([그림 2-7]의 ❶)와 정공([그림 2-7]의 ❷)에 의해 흐른다. 이미터에서 베이스 영역으로 주입된 전자 중 일부([그림 2-7]의 ❸)는 베이스 영역의 정공([그림 2-7]의 ❹)과 재결합되고, 나머지([그림 2-7]의 ❺)는 컬렉터 영역으로 넘어간다. 따라서 이미터 전류는 식

(2.3)과 같이 베이스 전류와 컬렉터 전류의 합이 되며, 이는 [그림 2-7]에 표시된 각 단자의 전류방향으로부터도 쉽게 이해할 수 있다.

$$I_E = I_C + I_B \tag{2.3}$$

식 (2.2)와 식 (2.3)으로부터, 이미터, 베이스, 컬렉터 전류 사이의 관계는 다음과 같다.

$$I_E = (1+\beta_{DC})I_B = \left(1+\frac{1}{\beta_{DC}}\right)I_C \tag{2.4}$$

순방향 활성모드에서 이미터로부터 베이스 영역으로 주입된 전자 중 일부는 베이스 영역의 정공과 재결합하여 소멸되고, 나머지 컬렉터에 도달하여 컬렉터 전류를 구성하는 비율을 공통베이스(또는 베이스 접지) 전류이득 $\alpha_{DC} \equiv I_C / I_E$로 정의한다. 식 (2.4)로부터 다음의 관계가 성립하며, $0 < \alpha_{DC} < 1$의 값을 갖는다.

$$\alpha_{DC} \equiv \frac{I_C}{I_E} = \frac{\beta_{DC}}{1+\beta_{DC}} \tag{2.5}$$

식 (2.5)로부터 β_{DC}는 식 (2.6)과 같이 표현할 수 있다.

$$\beta_{DC} \equiv \frac{I_C}{I_B} = \frac{\alpha_{DC}}{1-\alpha_{DC}} \tag{2.6}$$

Q 식 (2.6)의 의미는?

A α_{DC}가 1에 가까울수록(즉, 이미터에서 베이스 영역으로 주입된 전자들 중 컬렉터에 도달하는 비율이 1에 가까울수록) 전류이득 β_{DC}가 커진다.

확인문제 2-1

BJT가 순방향 활성모드에서 공통베이스 전류이득 $\alpha_{DC} = 0.991$을 갖는다. 베이스 전류 $I_B = 25\mu A$인 경우에 컬렉터 전류 I_C와 이미터 전류 I_E를 구하라.

답 $I_C = 2.75\text{mA}$, $I_E = 2.78\text{mA}$

확인문제 2-2

BJT가 순방향 활성모드에서 공통이미터 전류이득 $\beta_{DC} = 99$이다. 공통베이스 전류이득 α_{DC}를 구하라.

답 $\alpha_{DC} = 0.99$

확인문제 2-3

BJT가 순방향 활성모드에서 공통베이스 전류이득 $\alpha_{DC} = 0.984$을 갖는다. α_{DC}가 $\pm 1\%$ 변하는 경우에, 공통이미터 전류이득 β_{DC} 값의 퍼센트 변화율 $\left(\frac{\Delta \beta_{DC}}{\beta_{DC}} \times 100\%\right)$을 구하라.

답 $\left(\frac{\Delta \beta_{DC}}{\beta_{DC}}\right)_{0.99\alpha_{DC}} = -39.1\%$, $\left(\frac{\Delta \beta_{DC}}{\beta_{DC}}\right)_{1.01\alpha_{DC}} = +169.4\%$

■ BJT의 컬렉터 전류-전압 특성 곡선

BJT의 컬렉터 전류-전압 특성은 [그림 2-12]와 같다. 1사분면은 NPN형 BJT의 전류-전압 특성이고, 3사분면은 PNP형 BJT의 전류-전압 특성이다. NPN형 BJT와 PNP형 BJT는 전류의 방향과 전압의 극성이 서로 반대가 된다. 그림에서 점선으로 표시된 포물선은 포화모드와 순방향 활성모드의 경계, 즉 $V_{CE} = V_{BE}$가 되는 점들을 나타낸다. NPN형 BJT에서 $V_{BE} < V_{CE}$(즉, $V_{BC} < 0$)이면 순방향 활성모드가 되어 컬렉터 전류는 V_{CE}에 무관하게 일정한 값을 유지한다. 컬렉터 전압이 점점 감소하여 $V_{BE} > V_{CE}$(즉, $V_{BC} > 0$)가 되면 BJT는 포화모드가 되며, 컬렉터 전류는 급격히 감소한다. 포화모드의 컬렉터 전류는 베이스 전류 I_B와 V_{CE}에 영향을 받는다.

포화모드에서는 베이스 전류의 증가에 따른 컬렉터 전류의 증가가 선형적이지 않으므로, 증폭기에서 사용되지 않는다. 순방향 활성모드에서는 베이스 전류가 증가하면 컬렉터 전류도 선형적으로 증가하므로 선형 동작영역이라고 하며, BJT가 증폭기로 사용되는 동작모드이다.

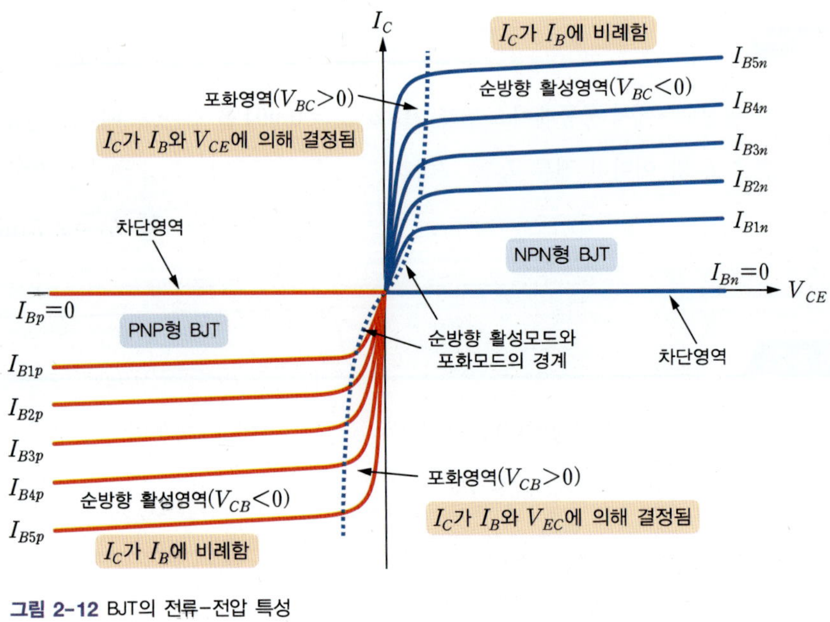

그림 2-12 BJT의 전류-전압 특성

핵심포인트 **순방향 활성모드에서 BJT의 전류 특성**

- 베이스 전류와 컬렉터 전류의 관계 : $I_C = \beta_{DC} I_B$
- 공통이미터 DC 전류이득 : $\beta_{DC} \equiv I_C / I_B$, 수십~백수십의 정도의 값
- 베이스 전류와 이미터 전류의 관계 : $I_E = (\beta_{DC} + 1) I_B$
- 이미터 전류와 컬렉터 전류의 관계 : $I_C = \alpha_{DC} I_E$
- 공통베이스 DC 전류이득 : $\alpha_{DC} \equiv I_C / I_E$, $0 < \alpha_{DC} < 1$
- 베이스, 컬렉터, 이미터 전류의 관계 : $I_E = I_B + I_C$
- α_{DC}와 β_{DC}의 관계 : $\alpha_{DC} = \beta_{DC} / (\beta_{DC} + 1)$, $\beta_{DC} = \alpha_{DC} / (1 - \alpha_{DC})$
- α_{DC}가 1에 가까울수록 β_{DC}가 큰 값을 가짐

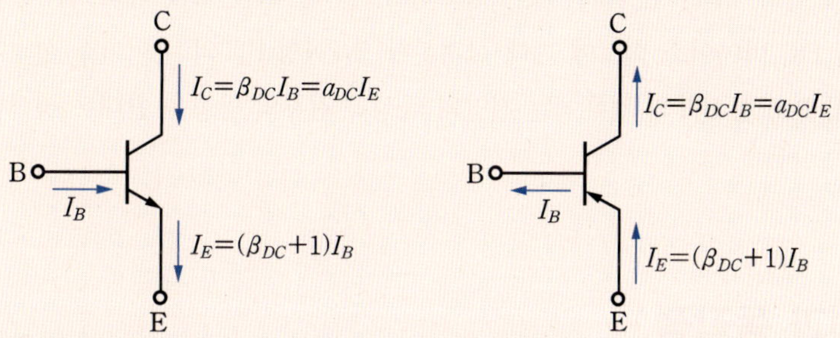

(a) NPN형 (b) PNP형

그림 2-13 순방향 활성모드에서 BJT의 전류 성분

점검하기 **다음 각 문제에서 맞는 것을 고르시오.**

(1) PNP형 BJT의 베이스는 (**N형, P형**)이다.

(2) NPN형 BJT가 순방향 활성모드로 동작하기 위해서는 B–E 접합은 (**순방향, 역방향**) 바이어스, B–C 접합은 (**순방향, 역방향**) 바이어스되어야 한다.

(3) PNP형 BJT를 순방향 활성모드로 바이어스하기 위해서는 B–E 접합은 ($V_{EB} < 0$, $V_{BE} < 0$), B–C 접합은 ($V_{CB} < 0$, $V_{CB} > 0$)이 되어야 한다.

(4) BJT가 증폭기로 동작하기 위해서는 (**순방향 활성, 포화, 차단**)모드로 바이어스되어야 한다.

(5) BJT는 (**순방향 활성, 포화, 차단**)모드에서 닫힌 스위치로 동작한다.

(6) BJT는 (**순방향 활성, 포화, 차단**)모드에서 열린 스위치로 동작한다.

(7) 순방향 활성모드에서 베이스 전류와 컬렉터 전류의 관계는 ($I_C = \beta_{DC} I_B$, $I_B = \beta_{DC} I_C$)이다.

(8) 순방향 활성모드에서 베이스 전류와 이미터 전류의 관계는 ($I_E = (\beta_{DC} + 1) I_B$, $I_E = (\alpha_{DC} + 1) I_B$)이다.

(9) 순방향 활성모드에서 컬렉터 전류와 이미터 전류의 관계는 ($I_C = \alpha_{DC} I_E$, $I_E = \alpha_{DC} I_C$)이다.

(10) 순방향 활성모드에서 베이스, 컬렉터, 이미터 전류의 관계는 ($I_B = I_C + I_E$, $I_C = I_B + I_E$, $I_E = I_B + I_C$)이다.

SECTION

2.2 BJT 증폭기의 바이어스

2.1절에서 설명한 바와 같이, BJT는 인가되는 바이어스에 의해 동작모드가 결정되며, 증폭기 회로에 사용되기 위해서는 순방향 활성모드로 바이어스되어야 한다. 증폭기에서는 입력신호와 출력신호 사이의 선형성이 중요한 요소이므로, BJT는 선형 동작영역의 중앙 근처에 동작점이 설정되도록 바이어스를 인가하는 것이 중요하다. 이 절에서는 BJT 증폭기의 동작점을 설정하기 위한 DC 바이어스 회로에 대해 살펴본다. NPN형 BJT의 바이어스 설정에 대해 살펴볼 것인데, PNP형 BJT의 경우에는 전압의 극성과 전류의 방향을 반대로 생각하면 동일하다.

2.2.1 부하선과 동작점

BJT의 동작점은 어떻게 설정되는가?
동작점의 위치는 BJT 증폭기의 동작에 어떤 영향을 미치는가?

트랜지스터 회로의 DC 바이어스 해석과 동작점을 이해하기 위해 부하선load line 개념이 널리 사용된다. 부하선은 부하전류의 변화에 따라 부하 양단에 나타나는 전압변화의 궤적을 그린 직선이며, 직류 부하선상에 트랜지스터의 동작점(Q점)이 설정된다.

[그림 2-14(a)]는 이미터가 접지된 공통이미터 회로이며, DC 베이스 전압 V_{BB}와 전원전압 V_{CC}가 인가되고 있다. 이 회로의 직류 부하선 방정식을 구해보자. 컬렉터-이미터 루프에 KVL을 적용하면 식 (2.7)이 된다.

$$V_{CC} = R_C I_C + V_{CE} \tag{2.7}$$

이를 컬렉터 전류 I_C에 대해 정리하면 직류 부하선 방정식은 다음과 같다.

$$I_C = -\frac{V_{CE}}{R_C} + \frac{V_{CC}}{R_C} \tag{2.8}$$

식 (2.8)로부터 직류 부하선을 그리면 [그림 2-14(b)]와 같으며, 기울기가 $\frac{-1}{R_C}$이고, 부하선과 x축의 교점은 V_{CC}, 부하선과 y축의 교점은 $I_C = \dfrac{V_{CC}}{R_C}$ 이다. 직류 부하선은 컬렉터 전류 I_C와 컬렉터-이미터 전압 V_{CE} 사이의 선형 관계를 나타낸다. [그림 2-14(b)]의 부하선상에 표시된 동작점 Q점Quiescent point은 BJT의 바이어스 전압과 전류를 나타내며, Q점에서의 베이스 전류를 I_{BQ}로, 컬렉터 전류를 I_{CQ}로, 컬렉터-이미터 전압을 V_{CEQ}로 표시한다. [그림 2-14(b)]에서 BJT가 차단상태로 되어 $I_B = 0$일 때 직류 부하선과 만나는 교점을 차단점이라고 하며, 포화영역과의 경계점을 포화점이라고 한다. 차단점과 포화점 사이가 선형 동작영역이며, BJT를 증폭기로 사용하기 위해서는 선형영역의 중앙 근처에 동작점을 설정하는 것이 바람직하다.

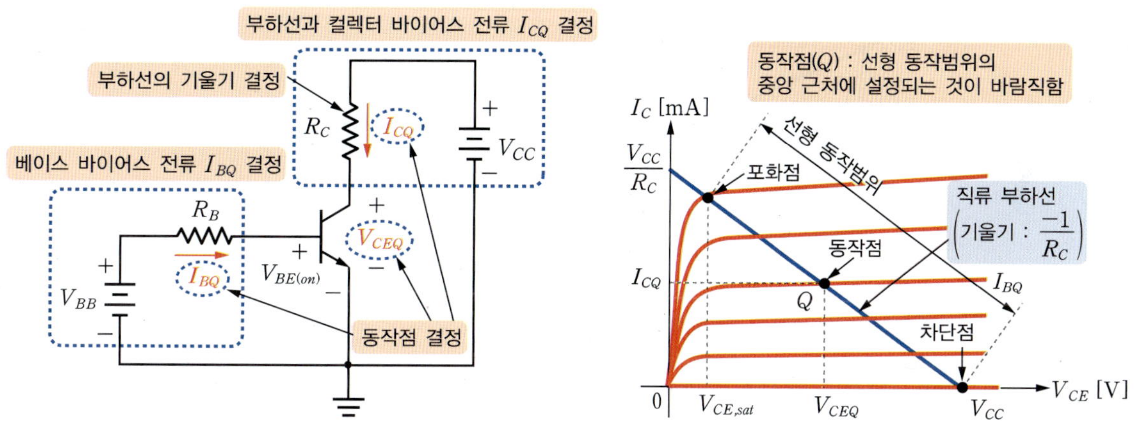

(a) 공통이미터 증폭기

(b) 직류 부하선과 동작점

그림 2-14 공통이미터 증폭기의 부하선과 동작점

예제 2-1

[그림 2-14(a)]의 회로에서 베이스 바이어스 전류 $I_{BQ} = 15\mu\text{A}$가 되도록 DC 베이스 바이어스 전압 V_{BB}를 결정하라. 또한, 동작점 전류와 전압을 구하고, 직류 부하선을 그려 표시하라. 단, $V_{BE(on)} = 0.66\text{V}$, $\beta_{DC} = 120$이고, $R_B = 56\text{k}\Omega$, $R_C = 3\text{k}\Omega$, $V_{CC} = 10\text{V}$이다.

풀이

BJT가 순방향 활성영역에 있다고 가정하고 베이스-이미터 루프에 KVL을 적용하면 $V_{BB} = R_B I_{BQ} + V_{BE(on)}$가 되며, 이로부터 베이스 바이어스 전압 V_{BB}를 구하면 다음과 같다.

$$V_{BB} = R_B I_{BQ} + V_{BE(on)} = 56 \times 15 \times 10^{-3} + 0.66 = 1.5\text{V}$$

베이스 바이어스 전류 $I_{BQ} = 15\mu\text{A}$로부터 컬렉터 바이어스 전류 I_{CQ}는 다음과 같이 계산된다.

$$I_{CQ} = \beta_{DC} I_{BQ} = 120 \times 15 \times 10^{-6} = 1.8\text{mA}$$

식 (2.7)을 이용하면 컬렉터-이미터 바이어스 전압 V_{CEQ}는 다음과 같이 구해진다.

$$V_{CEQ} = V_{CC} - R_C I_{CQ} = 10 - (3 \times 1.8) = 4.6\text{V}$$

베이스와 컬렉터의 바이어스 전압은 각각 $V_{BQ} = 0.66\text{V}$, $V_{CQ} = 4.6\text{V}$ 이므로, 베이스-컬렉터 접합에 인가된 바이어스 전압은 $V_{BCQ} = V_{BQ} - V_{CQ} = 0.66 - 4.6 = -3.94\text{V}$ 이다. 따라서 BJT가 순방향 활성모드로 동작함이 확인된다. 직류 부하선과 동작점(Q점)을 표시하면 [그림 2-15]와 같다.

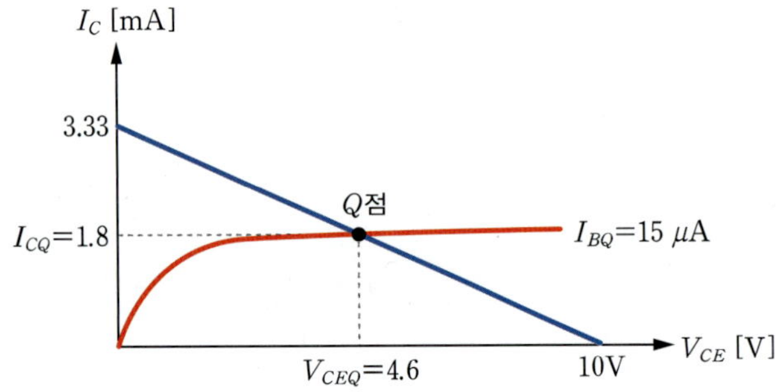

그림 2-15 [예제 2-1]의 직류 부하선과 동작점

여기서 잠깐 **증폭기 회로에 DC 바이어스가 필요한 이유는 무엇일까?**

- 이미터가 접지된 BJT의 B-E 접합에 순방향 바이어스가 인가되지 않으면 컬렉터에 전류가 흐르지 못하므로, BJT는 차단모드가 된다.
- 이 상태에서 베이스에 정현파 신호가 인가되면, BJT는 양(+)의 반주기 동안에 포화모드가 되어 닫힌 스위치로 동작하고, 음(−)의 반주기 동안에는 차단모드가 되어 열린 스위치로 동작한다. 입력 정현파는 컬렉터에서 구형파 형태로 출력되므로 증폭기로 사용될 수 없다.
- 따라서 BJT를 증폭기로 사용하기 위해서는 DC 바이어스를 통해 순방향 활성영역에 동작점을 설정해야 한다.

BJT를 증폭기로 사용하기 위해서는 동작점이 선형영역의 중앙 근처에 설정되어야 한다고 했는데, 만약 동작점이 차단점 또는 포화점 근처로 치우쳐 있으면 어떻게 될까?

- **[그림 2-16(a)]와 같이 동작점이 차단점 근처에 설정된 경우** : 베이스 전류의 음(−)의 반주기 중 일부에서 BJT가 차단모드로 동작하여 컬렉터 전류가 0이 되는 부분이 발생하고, 따라서 출력파형에 왜곡이 발생한다.
- **[그림 2-16(b)]와 같이 동작점이 포화점 근처에 설정된 경우** : 베이스 전류의 양(+)의 반주기 중 일부에서 BJT가 포화모드로 동작하여 컬렉터 전류가 포화되는(베이스 전류가 증가해도 컬렉터 전류가 더 이상 증가하지 않는) 부분이 발생하고, 따라서 출력파형에 왜곡이 발생한다.

결론적으로, BJT 증폭기가 선형으로 동작하는 신호범위를 최대로 만들기 위해서는 [그림 2-16(c)]와 같이 선형영역의 중앙 근처에 동작점을 설정하는 것이 바람직하다.

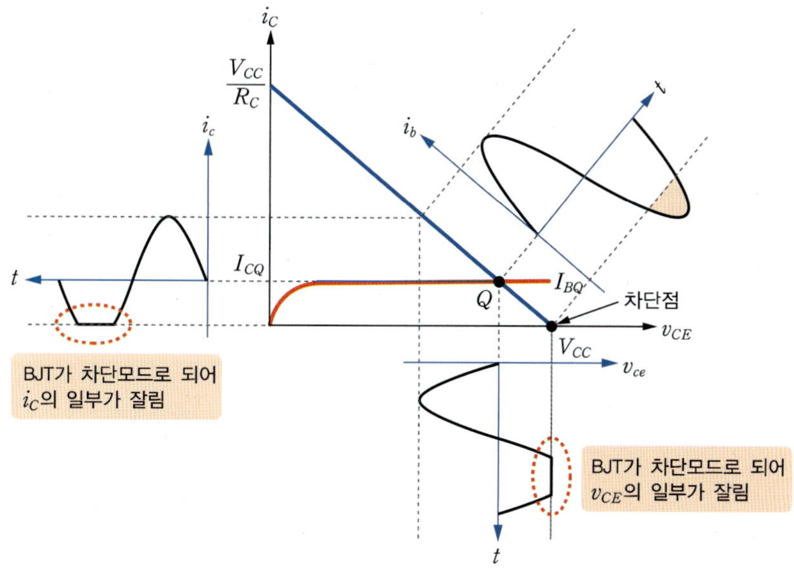

(a) 동작점이 차단점 근처로 치우친 경우

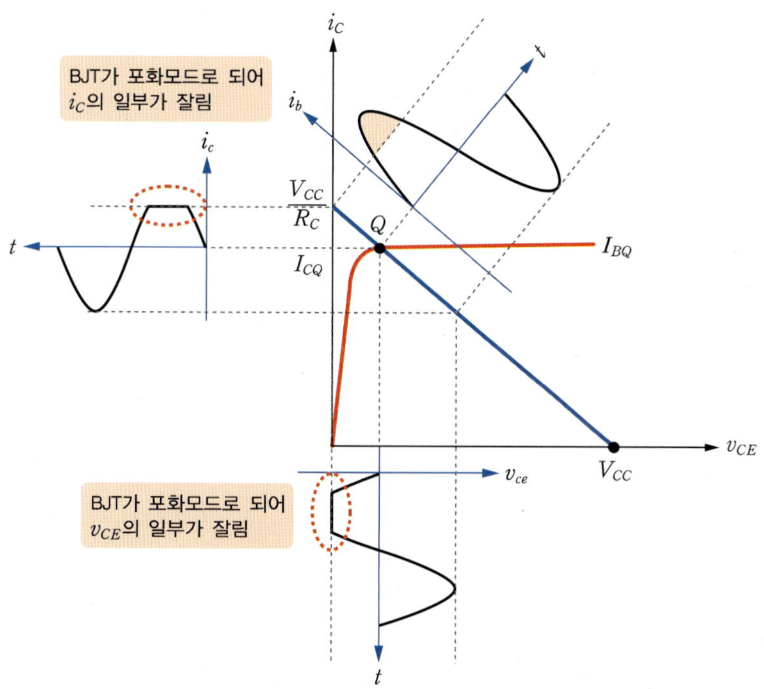

(b) 동작점이 포화점 근처로 치우친 경우

그림 2-16 동작점 위치에 따른 출력파형의 왜곡 (계속)

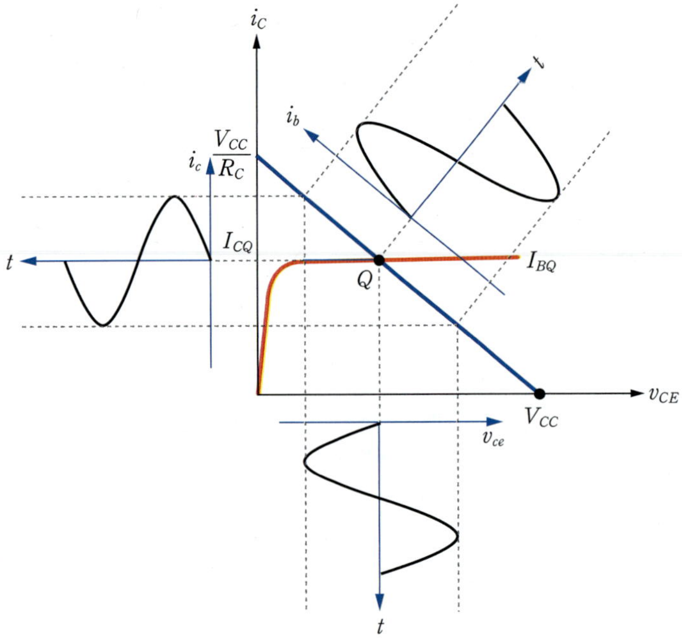

(c) 동작점이 선형영역의 중앙 근처에 설정된 경우

그림 2-16 동작점 위치에 따른 출력파형의 왜곡

2.2.2 고정 바이어스 회로

> **NPN형과 PNP형 BJT의 고정 바이어스 회로는 어떻게 구성되는가?**
> **고정 바이어스 회로에 의해 BJT의 동작점은 어떻게 설정되는가?**

▪ NPN형 BJT의 고정 바이어스 회로

[그림 2-17(a)]는 NPN형 BJT의 동작점 설정을 위해 베이스와 전원 V_{CC} 사이에 저항 R_B를 연결한 바이어스 회로이며, **고정 바이어스**fixed bias라고 한다. 전원 V_{CC}, 저항 R_B, R_C에 의해 결정되는 동작점 전류 I_{BQ}, I_{CQ}와 동작점 전압 V_{CEQ}를 구해보자.

그림에서 베이스-이미터 루프에 KVL을 적용하면 다음과 같다.

$$V_{CC} = R_B I_{BQ} + V_{BE(on)} \tag{2.9}$$

식 (2.9)로부터 베이스 바이어스 전류 I_{BQ}는 식 (2.10)과 같다. BJT가 순방향 활성모드에 있다고 가정하면, 컬렉터 바이어스 전류 I_{CQ}는 식 (2.11)과 같다.

$$I_{BQ} = \frac{V_{CC} - V_{BE(on)}}{R_B} \tag{2.10}$$

$$I_{CQ} = \beta_{DC} I_{BQ} \tag{2.11}$$

컬렉터-이미터 루프에 KVL을 적용하면, 식 (2.12)와 같으며

$$V_{CC} = V_{CE} + R_C I_C \tag{2.12}$$

이로부터 직류 부하선 방정식을 구하면 다음과 같다.

$$I_C = -\frac{V_{CE}}{R_C} + \frac{V_{CC}}{R_C} \tag{2.13}$$

식 (2.12)로부터 컬렉터-이미터 바이어스 전압 V_{CEQ}는 다음과 같다.

$$V_{CEQ} = V_{CC} - R_C I_{CQ} \tag{2.14}$$

[그림 2-17(b)]에서 보는 바와 같이 직류 부하선과 베이스 바이어스 전류 I_{BQ}의 교점에서 컬렉터 바이어스 전류 I_{CQ}와 바이어스 전압 V_{CEQ}(즉, 동작점 Q)가 설정된다.

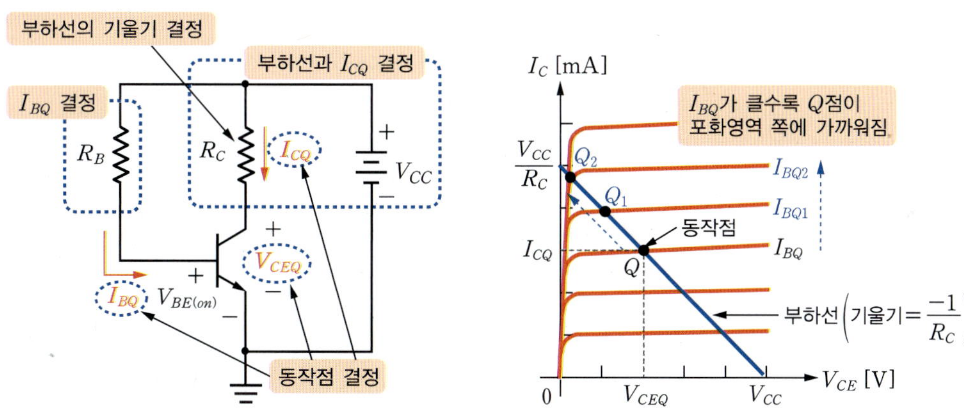

(a) 고정 바이어스를 갖는 공통이미터 증폭기

(b) 직류 부하선과 동작점

그림 2-17 NPN형 BJT의 고정 바이어스 회로

Q **저항 R_B 값에 따른 동작점의 위치는?**

A 전원전압 V_{CC}가 고정된 상태에서, 바이어스 저항 R_B 값이 작을수록 베이스 바이어스 전류 I_{BQ}가 커지며 동작점은 포화영역 쪽에 가까워진다.

예제 2-2

[그림 2-17(a)]의 회로에서 $I_{CQ}=2.44\text{mA}$ 와 $V_{CEQ}=5.6\text{V}$ 가 되도록 바이어스 저항 R_B와 R_C의 값을 결정하라. 단, $V_{CC}=10\text{V}$ 이고, $V_{BE(on)}=0.64\text{V}$, $\beta_{DC}=146$ 이다.

풀이

- 식 (2.11)로부터 베이스 바이어스 전류 I_{BQ}를 구하면 다음과 같다.

$$I_{BQ}=\frac{I_{CQ}}{\beta_{DC}}=\frac{2.44\,\text{mA}}{146}=16.71\mu\text{A}$$

- 식 (2.10)으로부터 저항 R_B를 구하면 다음과 같으며, 표준 저항값 $R_B=560\text{k}\Omega$을 사용한다.

$$R_B=\frac{V_{CC}-V_{BE(on)}}{I_{BQ}}=\frac{10-0.64}{16.71\times10^{-6}}=560.14\text{k}\Omega$$

$V_{CEQ}=5.6\text{V}$ 가 되도록 바이어스를 설정하므로, BJT는 순방향 활성모드에서 동작한다.

- 식 (2.12)로부터 컬렉터 저항 R_C를 구하면 다음과 같다.

$$R_C=\frac{V_{CC}-V_{CEQ}}{I_{CQ}}=\frac{10-5.6}{2.44\times10^{-3}}=1.8\text{k}\Omega$$

확인문제 2-4

[그림 2-17(a)]의 회로에서 동작점 전류 I_{BQ}와 I_{CQ}를 구하고, $V_{CEQ}=2.6\text{V}$ 가 되도록 저항 R_C의 값을 결정하라. 단, $R_B=280\text{k}\Omega$, $V_{CC}=5\text{V}$ 이고, $V_{BE(on)}=0.68\text{V}$, $\beta_{DC}=130$ 이다.

답 $I_{BQ}=15.43\mu\text{A}$, $I_{CQ}=2.0\text{mA}$, $R_C=1.2\text{k}\Omega$

확인문제 2-5

[확인문제 2-4]의 바이어스에 대해 베이스 전압 V_{BQ}, 컬렉터 전압 V_{CQ}, 그리고 베이스-컬렉터 전압 V_{BCQ}를 구하고, BJT의 동작모드를 판단하라.

답 $V_{BQ}=0.68\text{V}$, $V_{CQ}=2.6\text{V}$, $V_{BCQ}=-1.92\text{V}$, 순방향 활성모드

확인문제 2-6

[그림 2-17(a)]의 회로에서 컬렉터 바이어스 전류가 $I_{CQ} = 2.9\text{mA}$ 인 경우에, 전압 V_{BCQ}를 구하고, BJT의 동작모드를 판단하라. 단, $V_{BE(on)} = 0.65\text{V}$, $R_C = 3.3\text{k}\Omega$이고, $V_{CC} = 10\text{V}$ 이다.

답 $V_{BCQ} = 0.22\text{V}$, 포화모드

▪ PNP형 BJT의 고정 바이어스 회로

[그림 2-18(a)]는 PNP형 BJT의 동작점 설정을 위한 고정 바이어스 회로이다. [그림 2-17(a)]의 NPN형 BJT의 바이어스 회로와 비교하여 음의 전원전압 V_{EE}가 사용된 점이 다르다. 동작점 전류 I_{BQ}, I_{CQ}와 동작점 전압 V_{ECQ}를 구해보자. 베이스-이미터 루프에 KVL을 적용하면 다음과 같다.

$$V_{EE} = R_B I_{BQ} + V_{EB(on)} \tag{2.15}$$

식 (2.15)로부터 베이스 바이어스 전류 I_{BQ}는 식 (2.16)과 같다. BJT가 순방향 활성모드에 있다고 가정하면, 컬렉터 바이어스 전류 I_{CQ}는 식 (2.11)과 동일하게 $I_{CQ} = \beta_{DC} I_{BQ}$가 된다.

$$I_{BQ} = \frac{V_{EE} - V_{EB(on)}}{R_B} \tag{2.16}$$

컬렉터-이미터 루프에 KVL을 적용하면, 식 (2.17)과 같다.

$$V_{EE} = V_{EC} + R_C I_C \tag{2.17}$$

이로부터 직류 부하선 방정식을 구하면 다음과 같다.

$$I_C = -\frac{V_{EC}}{R_C} + \frac{V_{EE}}{R_C} \tag{2.18}$$

식 (2.17)로부터 이미터-컬렉터 바이어스 전압 V_{ECQ}는 다음과 같다.

$$V_{ECQ} = V_{EE} - R_C I_{CQ} \tag{2.19}$$

[그림 2-18(b)]에서 보는 바와 같이 직류 부하선과 베이스 바이어스 전류 I_{BQ}의 교점에서 바이어스 전류 I_{CQ}와 바이어스 전압 V_{ECQ}(즉, 동작점 Q)가 설정된다.

Q 저항 R_B 값에 따른 동작점의 위치는?

A 전원전압 V_{CC}가 고정된 상태에서, 바이어스 저항 R_B 값이 작을수록 베이스 바이어스 전류 I_{BQ}가 커지며 동작점은 포화영역 쪽에 가까워진다.

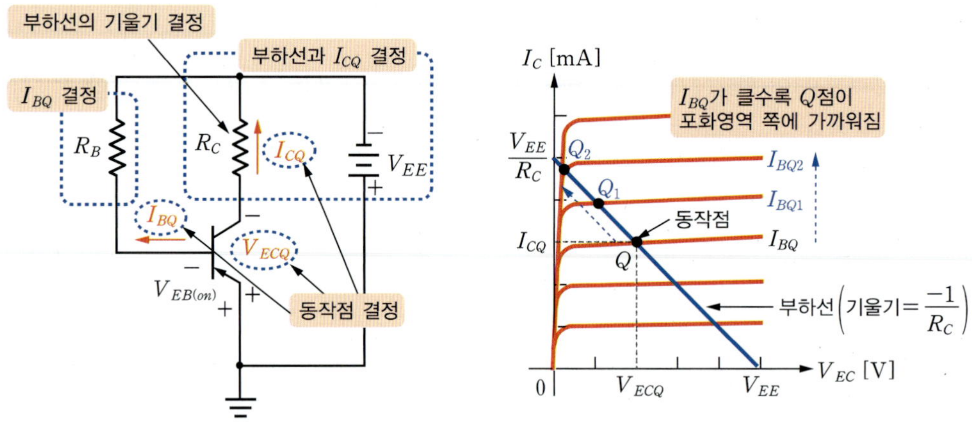

(a) 고정 바이어스를 갖는 공통이미터 증폭기　　(b) 직류 부하선과 동작점

그림 2-18 PNP형 BJT의 고정 바이어스 회로

확인문제 2-7

[그림 2-18(a)]의 회로에서 동작점 전류 I_{BQ}와 I_{CQ}를 구하고, $V_{ECQ} = 2.8\text{V}$가 되도록 저항 R_C의 값을 결정하라. 단, $R_B = 220\text{k}\Omega$, $V_{EE} = 5\text{V}$이고, $V_{EB(on)} = 0.6\text{V}$, $\beta_{DC} = 110$이다.

답 $I_{BQ} = 20.0\mu\text{A}$, $I_{CQ} = 2.2\text{mA}$, $R_C = 1.0\text{k}\Omega$

확인문제 2-8

[확인문제 2-7]의 바이어스에 대해 컬렉터-베이스 바이어스 전압 V_{CBQ}를 구하고, BJT의 동작모드를 판단하라.

답 $V_{CBQ} = -2.2\text{V}$, 순방향 활성모드

2.2.3 전압분배 바이어스 회로

NPN형과 PNP형 BJT의 전압분배 바이어스 회로는 어떻게 구성되는가?
전압분배 바이어스 회로에 의해 BJT의 동작점은 어떻게 설정되는가?

■ NPN형 BJT의 전압분배 바이어스 회로

[그림 2-19(a)]와 같이 두 개의 저항 R_1, R_2로 전원전압 V_{CC}를 분배하여 베이스에 고정된 바이어스 전압을 생성하는 방법을 전압분배 바이어스voltage divider bias라고 한다. [그림

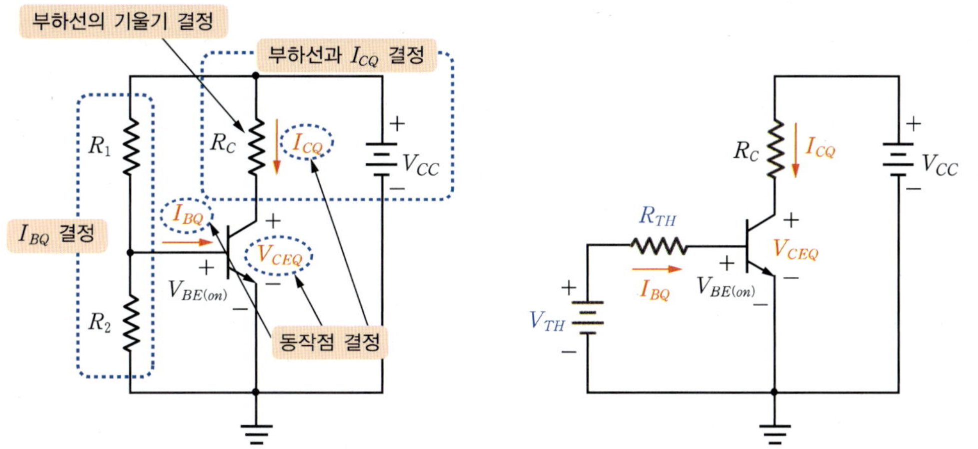

(a) 전압분배 바이어스를 갖는 공통이미터 증폭기 (b) 등가회로

그림 2-19 NPN형 BJT의 전압분배 바이어스 회로

2-19(a)]의 회로에 테브냉 정리를 적용하면 바이어스 전류와 전압을 쉽게 구할 수 있다. 베이스 단자에서 테브냉 등가전압 V_{TH}와 등가저항 R_{TH}를 구하면 각각 다음과 같다.

$$V_{TH} = \frac{R_2}{R_1 + R_2} V_{CC} \tag{2.20}$$

$$R_{TH} = R_1 \parallel R_2 \tag{2.21}$$

따라서 [그림 2-19(b)]와 같은 등가회로로 변환할 수 있다. [그림 2-19(b)]에서 베이스-이미터 루프에 KVL을 적용하여 베이스 바이어스 전류 I_{BQ}를 구하면 다음과 같다.

$$I_{BQ} = \frac{V_{TH} - V_{BE(on)}}{R_{TH}} \tag{2.22}$$

BJT가 순방향 활성모드에 있다고 가정하면, 컬렉터 바이어스 전류는 $I_{CQ} = \beta_{DC} I_{BQ}$가 된다. 또한 컬렉터-이미터 루프에 KVL을 적용하면 바이어스 전압 V_{CEQ}는 식 (2.23)과 같다. 직류 부하선과 동작점은 [그림 2-17(b)]와 동일하다.

$$V_{CEQ} = V_{CC} - I_{CQ} R_C \tag{2.23}$$

Q 저항비 R_2/R_1에 따른 동작점의 위치는?

A V_{CC}와 R_C가 고정된 상태에서 저항비 R_2/R_1가 클수록 테브냉 등가전압 V_{TH}가 커져 베이스 바이어스 전류 I_{BQ}가 커지고, 동작점은 포화영역에 가깝게 설정된다.

예제 2-3

[그림 2-19(a)]의 회로에서 $I_{BQ}=20.0\mu A$가 되도록 바이어스 저항 R_1, R_2의 값을 결정하고, $V_{CEQ}=5.3V$가 되도록 저항 R_C의 값을 결정하라. 단, 저항비 $R_1/R_2=4$를 적용하며, $V_{BE(on)}=0.68V$, $\beta_{DC}=156$이고, $V_{CC}=10V$이다.

풀이

식 (2.22)로부터 베이스 바이어스 전류 I_{BQ}는 다음과 같다.

$$I_{BQ}=\frac{V_{TH}-V_{BE(on)}}{R_{TH}}=\frac{\frac{R_2}{R_1+R_2}V_{CC}-V_{BE(on)}}{\frac{R_1R_2}{R_1+R_2}}=\frac{V_{CC}-\left(1+\frac{R_1}{R_2}\right)V_{BE(on)}}{R_1} \quad \cdots ①$$

식 ①을 R_1에 대해 정리하고 $R_1/R_2=4$와 주어진 값을 대입하면 다음과 같다.

$$R_1=\frac{V_{CC}-\left(1+\frac{R_1}{R_2}\right)V_{BE(on)}}{I_{BQ}}=\frac{10-5\times0.68}{20\,\mu A}=330k\Omega$$

주어진 저항비 $R_1/R_2=4$로부터, R_2 값을 구하면 다음과 같으며, 표준 저항값 $R_2=82k\Omega$을 사용한다.

$$R_2=\frac{R_1}{4}=\frac{330k\Omega}{4}=82.5k\Omega$$

다음으로 컬렉터 바이어스 저항 R_C를 구한다. $V_{CEQ}=5.3V$가 되도록 동작점을 설정하므로, BJT는 순방향 활성모드에서 동작하며, 식 (2.11)로부터 컬렉터 바이어스 전류 I_{CQ}를 구하면 다음과 같다.

$$I_{CQ}=\beta_{DC}I_{BQ}=156\times20\mu A=3.12mA$$

식 (2.23)으로부터 컬렉터 저항 R_C를 구하면 다음과 같다.

$$R_C=\frac{V_{CC}-V_{CEQ}}{I_{CQ}}=\frac{10-5.3}{3.12\times10^{-3}}=1.5k\Omega$$

확인문제 2-9

[그림 2-19(a)]의 회로에서 동작점 전류와 전압을 구하라. 단, $R_1=120k\Omega$, $R_2=22k\Omega$, $R_C=1.8k\Omega$이고, $V_{CC}=6V$, $V_{BE(on)}=0.65V$, $\beta_{DC}=140$이다.

답 $I_{BQ}=15.06\mu A$, $I_{CQ}=2.11mA$, $V_{CEQ}=2.2V$

확인문제 2-10

[확인문제 2-9]의 바이어스에 대해 베이스 전압 V_{BQ}, 컬렉터 전압 V_{CQ}, 그리고 베이스-컬렉터 전압 V_{BCQ}를 구하고, BJT의 동작모드를 판단하라.

답 $V_{BQ} = 0.65\text{V}$, $V_{CQ} = 2.2\text{V}$, $V_{BCQ} = -1.55\text{V}$, 순방향 활성모드

■ PNP형 BJT의 전압분배 바이어스 회로

[그림 2-20(a)]는 PNP형 BJT의 전압분배 바이어스 회로이다. [그림 2-19(a)]의 NPN형 BJT의 바이어스 회로와 비교하여 음(−)의 DC 전원전압 V_{EE}가 사용된 점이 다르며, 전류의 방향과 전압의 극성이 반대이다. [그림 2-20(a)]의 회로에 테브냉 정리를 적용하면 바이어스 전류와 전압을 쉽게 구할 수 있다. 베이스 단자에서 구한 테브냉 등가전압 V_{TH}와 등가저항 R_{TH}를 구하면 각각 식 (2.24), 식 (2.25)와 같으며, 따라서 [그림 2-20(b)]와 같은 등가회로로 변환할 수 있다. [그림 2-20(b)]의 회로에서 테브냉 등가전압 V_{TH}의 극성에 유의한다.

$$V_{TH} = \frac{R_2}{R_1 + R_2} \times V_{EE} \tag{2.24}$$

$$R_{TH} = R_1 \parallel R_2 \tag{2.25}$$

[그림 2-20(b)]에서 베이스-이미터 루프에 KVL을 적용하여 베이스 바이어스 전류 I_{BQ}를 구하면 식 (2.26)과 같다.

$$I_{BQ} = \frac{V_{TH} - V_{EB(on)}}{R_{TH}} \tag{2.26}$$

BJT가 순방향 활성모드에 있다고 가정하면, 컬렉터 바이어스 전류는 $I_{CQ} = \beta_{DC} I_{BQ}$가 된다. 또한 이미터-컬렉터 루프에 KVL을 적용하면 바이어스 전압 V_{ECQ}는 식 (2.27)과 같다. 직류 부하선과 동작점은 [그림 2-18(b)]와 동일하다.

$$V_{ECQ} = V_{EE} - I_{CQ} R_C \tag{2.27}$$

Q 저항비 R_2 / R_1에 따른 동작점의 위치는?

A V_{EE}와 R_C가 고정된 상태에서 저항비 R_2 / R_1가 클수록 테브냉 등가전압 V_{TH}가 커져 베이스 바이어스 전류 I_{BQ}가 커지고, 동작점은 포화영역에 가깝게 설정된다.

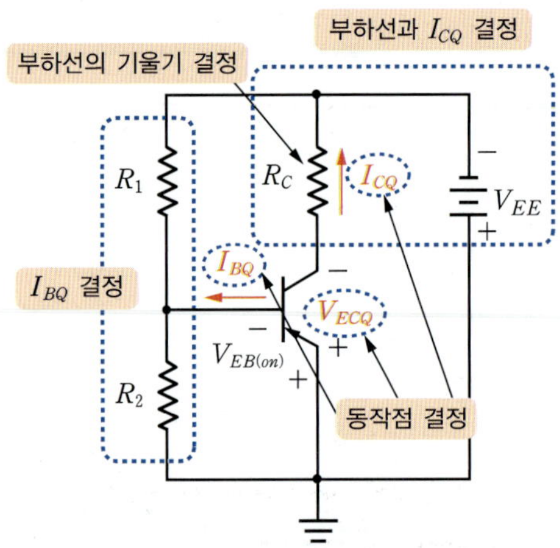

(a) 전압분배 바이어스를 갖는 공통이미터 증폭기

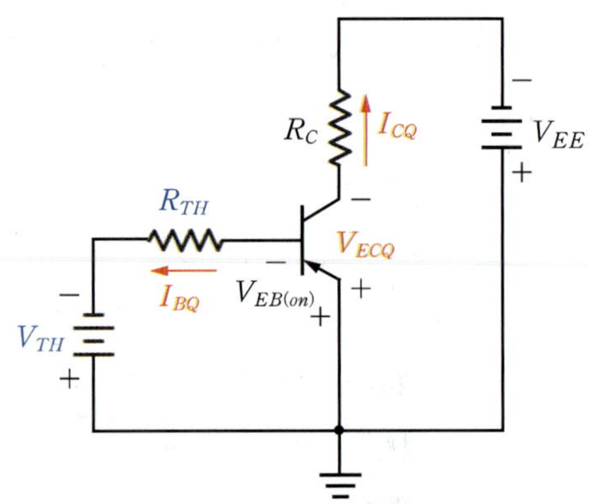

(b) 등가회로

그림 2-20 PNP형 BJT의 전압분배 바이어스 회로

확인문제 2-11

[그림 2-20(a)]의 회로에서 동작점 전류 I_{BQ}와 I_{CQ}를 구하고, $V_{ECQ} = 3.8\text{V}$가 되도록 저항 R_C의 값을 결정하라. 단, $R_1 = 120\text{k}\Omega$, $R_2 = 22\text{k}\Omega$, $V_{EE} = 6\text{V}$이고, $V_{EB(on)} = 0.62\text{V}$, $\beta_{DC} = 132$이다.

답 $I_{BQ} = 16.68\mu\text{A}$, $I_{CQ} = 2.2\text{mA}$, $R_C = 1.0\text{k}\Omega$

확인문제 2-12

[확인문제 2-11]의 바이어스에 대해 베이스 전압 V_{BQ}, 컬렉터 전압 V_{CQ}, 그리고 컬렉터-베이스 전압 V_{CBQ}를 구하고, BJT의 동작모드를 판단하라.

답 $V_{BQ} = -0.62\text{V}$, $V_{CQ} = -3.8\text{V}$, $V_{CBQ} = -3.18\text{V}$, 순방향 활성모드

여기서 잠깐 **바이어스 안정도**

- BJT의 β_{DC}와 $V_{BE(on)}$은 온도에 비교적 민감하게 영향을 받으며, 트랜지스터에 따라 약간씩 차이가 있다. [그림 2-17(a)] ~ [그림 2-20(a)]의 바이어스 회로는 동작점 전류 I_{CQ}와 전압 V_{CEQ}가 온도, 트랜지스터 특성 변화 등에 영향을 받아 바이어스 안정도가 나쁘다는 단점이 있다.
- 예를 들어 [그림 2-21]과 같이 BJT의 온도가 25℃에서 75℃로 상승하면, 동작점 Q가 BJT의 포화영역 근처 $Q1$으로 이동하여 증폭기가 선형동작을 하지 않는다.
- 따라서 온도나 트랜지스터 특성변화 등의 영향을 받지 않도록 안정된 바이어스를 인가하는 것이 중요하다.

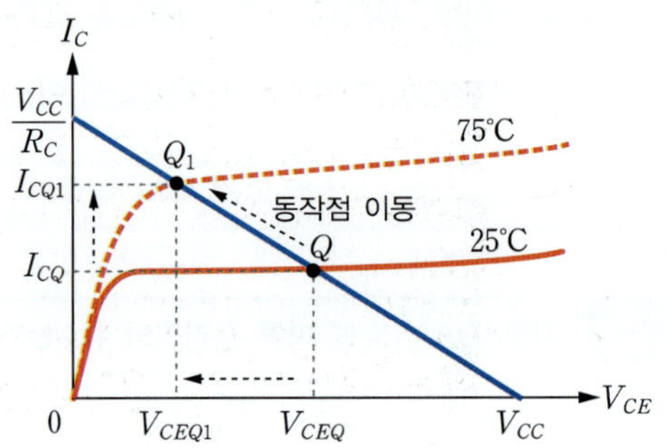

그림 2-21 온도변화에 의한 동작점 변화

2.2.4 자기 바이어스 회로

NPN형과 PNP형 BJT의 자기 바이어스 회로는 어떻게 구성되는가?
자기 바이어스 회로에 의해 BJT의 동작점은 어떻게 설정되는가?

■ NPN형 BJT의 자기 바이어스 회로

2.2.3절에서 설명한 전압분배 바이어스 회로는 바이어스 안정도가 나쁘다는 단점을 가지며, 이를 개선하기 위해 [그림 2-22(a)]와 같이 이미터에 저항 R_E를 추가한 바이어스 방법을 자기 바이어스self-bias라고 한다. [그림 2-22(a)] 회로의 베이스 단자에서 구한 테브냉 등가전압 V_{TH}와 등가저항 R_{TH}를 이용하여 등가회로로 변환하면 [그림 2-22(b)]와 같으며, 베이스-이미터 루프에 KVL을 적용하면 다음과 같다.

$$V_{TH} = R_{TH}I_{BQ} + V_{BE(on)} + R_E I_{EQ} \tag{2.28}$$

BJT가 순방향 활성모드에 있다고 가정하고, 식 (2.28)에 $I_{EQ} = (\beta_{DC}+1)I_{BQ}$를 대입하여 베이스 바이어스 전류를 구하면 다음과 같다.

$$I_{BQ} = \frac{V_{TH} - V_{BE(on)}}{R_{TH} + (\beta_{DC}+1)R_E} \tag{2.29}$$

식 (2.29)에 $I_{CQ} = \beta_{DC}I_{BQ}$를 적용하고 $(\beta_{DC}+1)R_E \gg R_{TH}$와 $\beta_{DC} \gg 1$을 가정하면, 컬렉터 바이어스 전류는 근사적으로 식 (2.30)과 같다. 따라서 컬렉터 바이어스 전류 I_{CQ}는 근사적으로 β_{DC}에 무관하게(실제적으로는 영향이 매우 적게) 된다.

$$I_{CQ} \simeq \frac{V_{TH} - V_{BE(on)}}{R_E} \tag{2.30}$$

동작점의 컬렉터-이미터 전압은 식 (2.31)과 같고, $\beta_{DC} \gg 1$에 의해 $I_E \simeq I_C$로 가정하면 직류 부하선의 기울기는 근사적으로 $\frac{-1}{(R_C + R_E)}$이 되며, 직류 부하선과 동작점은 [그림 2-22(c)]와 같다.

$$V_{CEQ} = V_{CC} - R_C I_{CQ} - R_E I_{EQ} \tag{2.31}$$

Q 이미터 저항 R_E에 따른 동작점의 위치는?

A V_{CC}와 R_C가 고정된 상태에서 이미터 저항 R_E가 클수록

- 직류 부하선의 기울기는 작으며,
- 베이스 바이어스 전류 I_{BQ}와 컬렉터 바이어스 전류 I_{CQ}가 작고,
- 컬렉터-이미터 바이어스 전압 V_{CEQ}가 크다([그림 2-24] 참조).

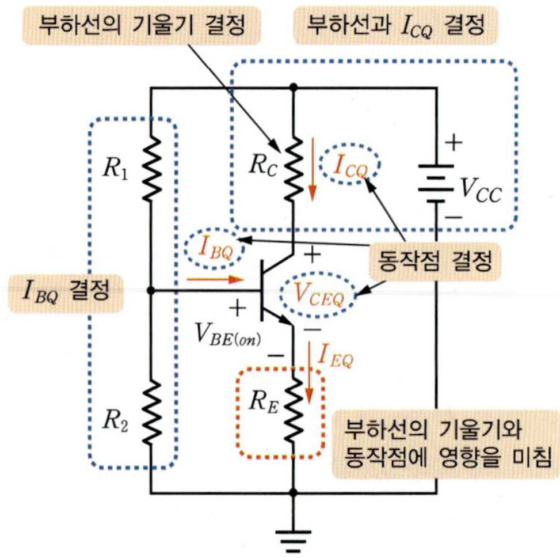

(a) 자기 바이어스를 갖는 공통이미터 증폭기

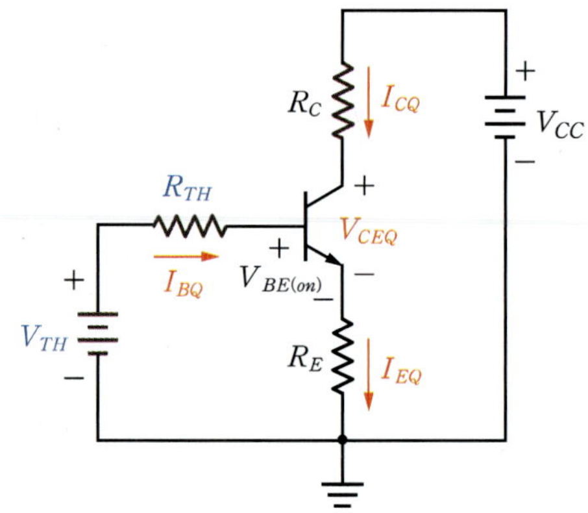

(b) 등가회로

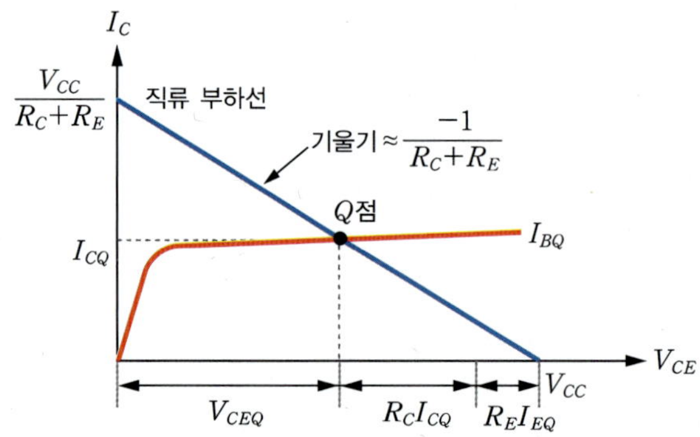

(c) 직류 부하선과 동작점

그림 2-22 NPN형 BJT의 자기 바이어스 회로

▪ PNP형 BJT의 자기 바이어스 회로

PNP형 BJT의 자기 바이어스 회로는 [그림 2-23(a)]와 같다. [그림 2-22(a)]의 NPN형 BJT의 자기 바이어스 회로와 비교하여 음(−)의 DC 전원전압 V_{EE}가 사용된 점이 다르며, 전류의 방향과 전압의 극성이 반대이다.

[그림 2-23(a)] 회로의 베이스 단자에서 테브냉 등가전압 V_{TH}와 등가저항 R_{TH}를 구하면 각각 식 (2.24), 식 (2.25)와 같다. 테브냉 등가전압 V_{TH}와 등가저항 R_{TH}를 이용하여 등가회로로 변환하면 [그림 2-23(b)]와 같으며, [그림 2-23(b)]에서 테브냉 등가전압 V_{TH}의 극성에 유의한다.

[그림 2-23(b)]에서 베이스-이미터 루프에 KVL을 적용하면 다음과 같다.

$$V_{TH} = R_{TH}I_{BQ} + V_{EB(on)} + R_EI_{EQ} \tag{2.32}$$

BJT가 순방향 활성모드에서 동작한다고 가정하고, 식 (2.32)에 $I_{EQ} = (\beta_{DC}+1)I_{BQ}$를

대입하여 베이스 바이어스 전류를 구하면 다음과 같다.

$$I_{BQ}=\frac{V_{TH}-V_{EB(on)}}{R_{TH}+(\beta_{DC}+1)R_E} \tag{2.33}$$

식 (2.33)에 $I_{CQ}=\beta_{DC}I_{BQ}$를 적용하고 $(\beta_{DC}+1)R_E \gg R_{TH}$와 $\beta_{DC}\gg 1$을 가정하면, 컬렉터 바이어스 전류는 근사적으로 식 (2.34)와 같다. 따라서 컬렉터 바이어스 전류 I_{CQ}는 근사적으로 β_{DC}에 무관하게(실제적으로는 영향이 매우 적게) 된다.

$$I_{CQ}\simeq\frac{V_{TH}-V_{EB(on)}}{R_E} \tag{2.34}$$

동작점의 이미터-컬렉터 전압은 식 (2.35)와 같고, $\beta_{DC}\gg 1$에 의해 $I_E\simeq I_C$로 가정하면 부하선의 기울기는 근사적으로 $\dfrac{-1}{(R_C+R_E)}$이 되며, 직류 부하선과 동작점은 [그림 2-23(c)]와 같다.

$$V_{ECQ}=V_{EE}-R_CI_{CQ}-R_EI_{EQ} \tag{2.35}$$

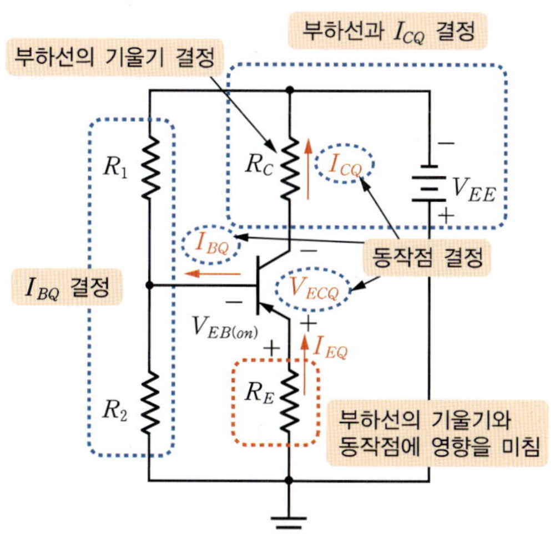

(a) 자기 바이어스를 갖는 공통이미터 증폭기

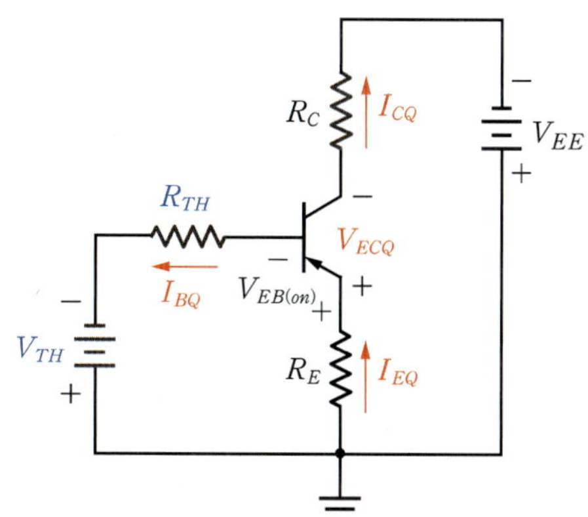

(b) 등가회로

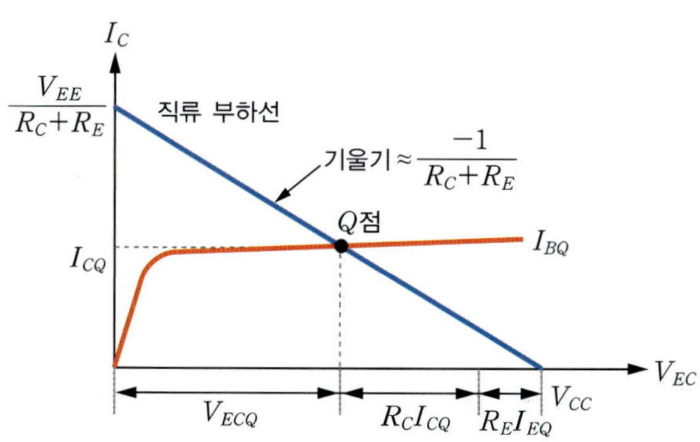

(c) 직류 부하선과 동작점

그림 2-23 PNP형 BJT의 자기 바이어스 회로

Q **이미터 저항 R_E에 따른 동작점의 위치는?**

A V_{EE}와 R_C가 고정된 상태에서 이미터 저항 R_E가 클수록

- 직류 부하선의 기울기는 작으며,
- 베이스 바이어스 전류 I_{BQ}와 컬렉터 바이어스 전류 I_{CQ}가 작고,
- 이미터-컬렉터 바이어스 전압 V_{ECQ}가 크다.

핵심포인트 **자기 바이어스 회로의 특성**

- 다른 조건들이 동일한 상태에서, 이미터 저항 R_E가 클수록
  → 직류 부하선의 기울기는 작다.
  → 바이어스 전류 I_{BQ}, I_{CQ}는 작아지며, 바이어스 전압 V_{CEQ}는 크다.

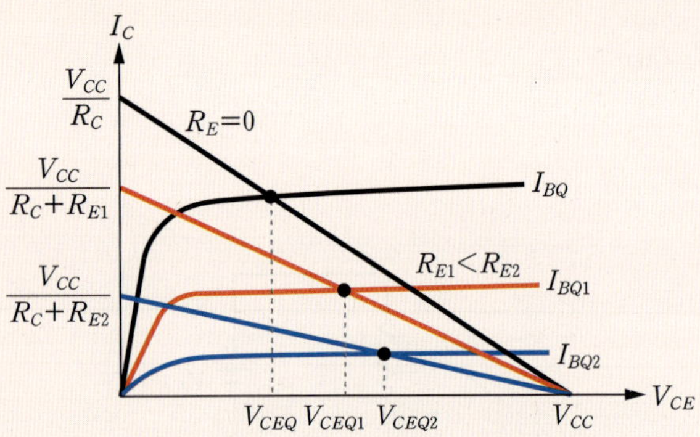

그림 2-24 이미터 저항 R_E에 따른 부하선과 동작점의 변화

- 다른 조건들이 동일한 상태에서, 이미터 저항 R_E가 클수록 동작점의 안정도는 크나(장점), 증폭기의 전압 이득은 작아진다(단점).
  → 이미터 저항 R_E에 의해 바이어스 안정도와 전압이득 사이에 상충관계[trade-off]가 존재한다(2.4.2절 참조).
- BJT의 선형 동작영역 내에서 교류신호의 스윙 범위를 최대로 만들려면 선형영역 중앙 근처에 동작점이 설정되도록 바이어스한다.

예제 2-4

[그림 2-22(a)]의 자기 바이어스 회로에 대해 다음을 구하라. 단, $R_1=43\text{k}\Omega$, $R_2=12\text{k}\Omega$, $V_{CC}=6\text{V}$ 이고, BJT 파라미터는 $V_{BE(on)}=0.67\text{V}$, $\beta_{DC}=166$ 이다.

(a) $V_{CEQ}=3.2\text{V}$ 가 되도록 저항 R_C와 R_E의 값을 결정하라.

(b) BJT의 동작모드를 확인하라.

(c) β_{DC} 값이 10% 증가할 때 동작점의 변동을 구하라.

풀이

(a) 테브냉 등가회로의 등가저항과 등가전압은 다음과 같이 계산된다.

$$R_{TH} = R_1 \parallel R_2 = (43 \parallel 12)\text{k}\Omega = 9.38\text{k}\Omega$$

$$V_{TH} = \frac{R_2}{R_1 + R_2} \times V_{CC} = \frac{12 \times 6}{43 + 12} = 1.31\text{V}$$

식 (2.29)로부터 베이스 바이어스 전류 I_{BQ}를 구하기 위해서는 이미터 저항 R_E 값을 결정해야 한다. R_E 값이 너무 크면, I_{BQ}와 I_{CQ} 값이 너무 작아져 V_{CEQ} 값이 커지게 된다. 반면에 R_E 값이 너무 작으면, R_E가 바이어스 안정도에 미치는 영향이 작아진다. 여기서는 $(\beta_{DC}+1)R_E = 10R_{TH}$로 정하여 R_E 값을 결정한다.

$$R_E = \frac{10R_{TH}}{\beta_{DC}+1} = \frac{10 \times 9.38\text{k}\Omega}{166+1} = 0.56\,\text{k}\Omega$$

따라서 베이스 바이어스 전류 I_{BQ}는 다음과 같이 계산된다.

$$I_{BQ} = \frac{V_{TH} - V_{BE(on)}}{R_{TH} + (\beta_{DC}+1)R_E} = \frac{1.31 - 0.67}{[9.38 + (167 \times 0.56)] \times 10^3} = 6.22\mu\text{A}$$

BJT가 순방향 활성모드에서 동작한다고 가정하면, 컬렉터 전류와 이미터 전류는 다음과 같이 계산된다.

$$I_{CQ} = \beta_{DC} I_{BQ} \simeq I_{EQ} = 166 \times 6.22\mu\text{A} = 1.03\text{mA}$$

식 (2.31)로부터 컬렉터-이미터 전압 $V_{CEQ} = 3.2\text{V}$를 만족하는 컬렉터 저항 R_C 값은 다음과 같이 계산되며, 표준 저항값 $R_C = 2.2\text{k}\Omega$를 사용한다.

$$R_C = \frac{V_{CC} - V_{CEQ}}{I_{CQ}} - R_E = \left(\frac{6 - 3.2}{1.03} - 0.56\right) \times 10^3 = 2.16\,\text{k}\Omega$$

(b) 바이어스 전류로부터 BJT의 각 단자 전압을 계산하면 다음과 같다.

$$V_{BQ} = V_{TH} - R_{TH} I_{BQ} = 1.31 - 9.38 \times 6.22 \times 10^{-3} = 1.25\text{V}$$

$$V_{CQ} = V_{CC} - R_C I_{CQ} = 6 - 2.2 \times 1.03 = 3.73\text{V}$$

$$V_{EQ} = R_E I_{EQ} \simeq R_E I_{CQ} = 0.56 \times 1.03 = 0.58\text{V}$$

BJT의 각 단자 전압으로부터 베이스-컬렉터, 베이스-이미터 바이어스 전압을 계산하면 다음과 같으며, 따라서 BJT는 순방향 활성모드로 동작함이 확인된다.

$$V_{BCQ} = V_{BQ} - V_{CQ} = 1.25 - 3.73 = -2.48\text{V}$$

$$V_{BEQ} = V_{BQ} - V_{EQ} = 1.25 - 0.58 = 0.67\text{V}$$

(c) β_{DC} 값이 10% 증가한 경우의 동작점을 해석한다. $\beta^*_{DC} = 1.1 \times \beta_{DC} = 182.6$이면

$$I_{BQ} = \frac{V_{TH} - V_{BE(on)}}{R_{TH} + (\beta^*_{DC} + 1)R_E} = \frac{1.31 - 0.67}{[9.38 + (183.6 \times 0.56)] \times 10^3} = 5.7\mu\text{A}$$

컬렉터 전류는 $I^*_{CQ} = \beta^*_{DC} I^*_{BQ} = 182.6 \times 5.7\mu\text{A} = 1.04\text{mA}$가 되고, 이미터 전류는 $I^*_{EQ} = (\beta^*_{DC} + 1)I^*_{BQ} = 183.6 \times 5.7\mu\text{A} = 1.05\text{mA}$가 된다. 이 값들로부터 컬렉터-이미터 바이어스 전압을 구하면 다음과 같다.

$$V^*_{CEQ} = V_{CC} - R_C I^*_{CQ} - R_E I^*_{EQ} = 6 - (2.2 \times 1.04) - (0.56 \times 1.05) = 3.12\text{V}$$

- 결과값을 비교해보면, β_{DC} 값의 10%(166 → 182.6) 변동에 대해 컬렉터 바이어스 전류는 0.97%(1.03mA → 1.04mA) 증가했으며, V_{CEQ}는 2.5%(3.2V → 3.12V) 감소하여 동작점이 거의 변하지 않았음을 알 수 있다. 이는 이미터 저항 R_E에 의해 I_{CQ}가 근사적으로 β_{DC}에 무관하게 되어 동작점이 안정화되었음을 의미한다.
- [그림 2-25]는 [예제 2-4] 회로의 PSPICE 시뮬레이션 결과이다. [그림 2-25(a)]는 바이어스 전압값들을 보여주며, [그림 2-25(b)]는 바이어스 전류값들을 보여준다. 수식에 의해 계산된 결과와 유사한 것을 알 수 있다.

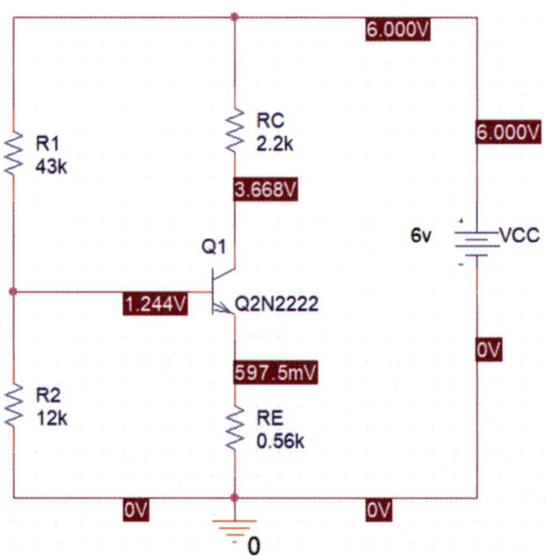

(a) 바이어스 전압

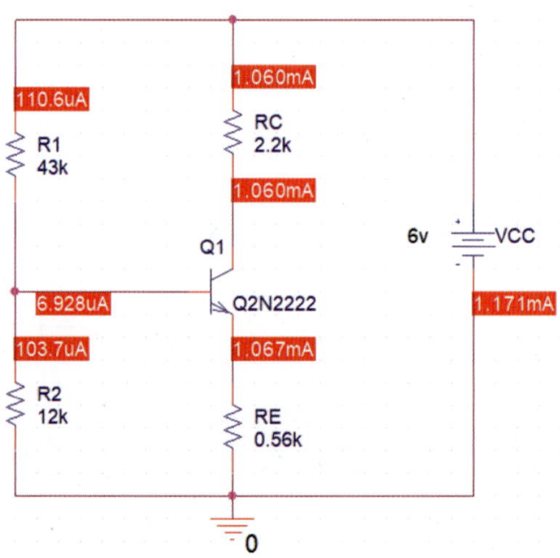

(b) 바이어스 전류

그림 2-25 [예제 2-4]의 DC 바이어스 시뮬레이션 결과

확인문제 2-13

[그림 2-23(a)]의 회로에서 동작점 전류와 전압을 구하라. 단, $R_1 = 56\text{k}\Omega$, $R_2 = 13\text{k}\Omega$, $R_C = 2.0\text{k}\Omega$, $R_E = 0.3\text{k}\Omega$이고, $V_{EE} = 10\text{V}$, $V_{EB(on)} = 0.73\text{V}$, $\beta_{DC} = 108$이다.

답 $I_{BQ} = 26.59\mu\text{A}$, $I_{CQ} = 2.87\text{mA}$, $V_{ECQ} = 3.39\text{V}$

확인문제 2-14

[확인문제 2-13]의 바이어스에 대해 베이스 전압 V_{BQ}, 컬렉터 전압 V_{CQ}, 그리고 컬렉터-베이스 전압 V_{CBQ}를 구하고, BJT의 동작모드를 판단하라.

답 $V_{BQ} = -1.6\text{V}$, $V_{CQ} = -4.26\text{V}$, $V_{CBQ} = -2.66\text{V}$, 순방향 활성모드

점검하기 다음 각 문제에서 맞는 것을 고르시오.

(1) 전압분배 바이어스를 갖는 BJT의 직류 부하선 기울기는 컬렉터 저항 R_C에 (**비례, 반비례**)한다.
(2) BJT의 동작점을 (**차단, 선형, 포화**)영역의 중앙 근처에 설정하는 것이 바람직하다.
(3) 고정 바이어스 회로의 직류 부하선이 고정되어 있는 상태에서 베이스 바이어스 전류 I_{BQ}가 클수록 동작점이 포화영역 근처에 설정된다. (O, X)
(4) BJT에 (**전압분배, 자기**) 바이어스 방법을 사용하면 동작점이 온도변화의 영향을 적게 받는다.
(5) 자기 바이어스 회로에서 이미터 저항 R_E가 클수록 동작점의 안정도가 (**좋다, 나쁘다**).
(6) 자기 바이어스 회로의 이미터 저항 R_E가 클수록 동작점이 (**차단, 포화**)영역에 가깝게 설정된다.
(7) 자기 바이어스 회로에서 이미터 저항 R_E가 클수록 부하선의 기울기가 크다. (O, X)
(8) 자기 바이어스 회로에서 이미터 저항 R_E가 클수록 베이스 바이어스 전류 I_{BQ}가 (**작다, 크다**).
(9) 자기 바이어스 회로에서 이미터 저항 R_E가 클수록 컬렉터 바이어스 전류 I_{CQ}가 (**작다, 크다**).
(10) PNP형 BJT가 순방향 활성모드로 바이어스되면, 이미터-컬렉터 바이어스 전압은 $V_{EC} > 0$이다. (O, X)

SECTION

2.3 BJT의 저주파 소신호 등가모델

핵심이 보이는 **전자회로**

증폭기는 동작점을 중심으로 신호를 증폭하며, 이때 BJT는 입력과 출력 사이에 선형적인 특성을 가져야 증폭된 신호에 왜곡이 발생하지 않는다. [그림 2-12]에서 보듯이, BJT는 근본적으로 비선형적인 전류-전압 특성을 갖는다. 그렇다면 비선형 특성을 갖는 BJT를 이용하여 어떻게 선형적인 증폭 특성을 얻을 수 있을까? BJT가 순방향 활성영역에서 동작하는 경우에, 동작점을 중심으로 신호변화의 크기가 작으면 선형적인 특성을 가지며, 이를 **소신호** small-signal **특성**이라고 한다. 소신호 등가모델을 이용하면 증폭기 회로를 비교적 쉽게 해석하고 설계할 수 있다.

BJT의 소신호 등가모델은 주파수 특성이 포함되지 않은 **저주파** low frequency **등가모델**과 주파수 특성(BJT의 기생 커패시턴스)이 포함된 **고주파** high frequency **등가모델**로 구분된다. 이 절에서는 저주파 소신호 등가모델에 대해서만 설명하며, 고주파 소신호 등가모델에 대해서는 4.1.3절에서 설명한다. 소신호 등가모델은 2.4절에서 설명하는 BJT 증폭기 회로 해석에 기본이 되는 중요한 내용이므로 잘 이해할 필요가 있다.

2.3.1 하이브리드-π 소신호 등가모델

BJT의 소신호 등가모델 파라미터는 어떤 의미를 갖는가?
BJT의 소신호 등가모델 파라미터를 어떻게 구할 수 있는가?

[그림 2-26]은 BJT 증폭기 해석에 가장 널리 사용되는 저주파 소신호 등가모델이며, **하이브리드** hybrid **-π 등가모델**이라고 한다. '저주파'라는 단어가 사용된 것은 BJT 내부의 **기생 정전용량** parasitic capacitance, 즉 BJT가 갖는 주파수 특성을 고려하지 않는다는 의미이다. [그림 2-26(a)]의 NPN형 BJT 등가모델과 [그림 2-26(b)]의 PNP형 BJT 등가모델은 서로 전류의 방향과 전압의 극성이 반대임에 유의한다.

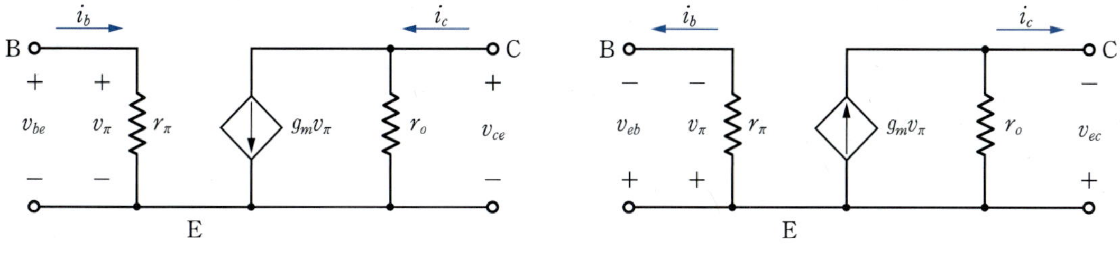

그림 2-26 BJT의 하이브리드-π 소신호 등가모델

▪ 전달컨덕턴스 g_m

순방향 활성영역에서 동작하는 BJT는 베이스-이미터 전압 v_{BE}에 의해 제어되는 전압제어 전류원voltage-controlled current source으로 동작하며, 이를 전달컨덕턴스transconductance로 모델링할 수 있다. 순방향 활성영역으로 바이어스된 BJT의 전달컨덕턴스 g_m은 [그림 2-27]과 같이 동작점 Q에서 $v_{BE}-i_C$ 전달특성 곡선의 기울기 값으로, 식 (2.36)과 같이 정의된다.

$$g_m \equiv \left.\frac{di_C}{dv_{BE}}\right|_{Q점} = \frac{I_{CQ}}{V_T} \tag{2.36}$$

전달컨덕턴스 g_m은 BJT의 동작점 Q에서 정의되므로 컬렉터 바이어스 전류 I_{CQ}에 영향을 받는다. 식 (2.36)으로부터, 베이스-이미터 전압의 변화 Δv_{BE}에 대한 컬렉터 전류의 변화 Δi_C는 식 (2.37)과 같이 선형적인 관계를 갖는다. 이때 비례상수 g_m이 BJT의 전달컨덕턴스이다. 전달컨덕턴스는 증폭기의 전압이득에 직접적으로 관련되는 중요한 파라미터이다.

$$\Delta i_C = g_m \Delta v_{BE} \tag{2.37}$$

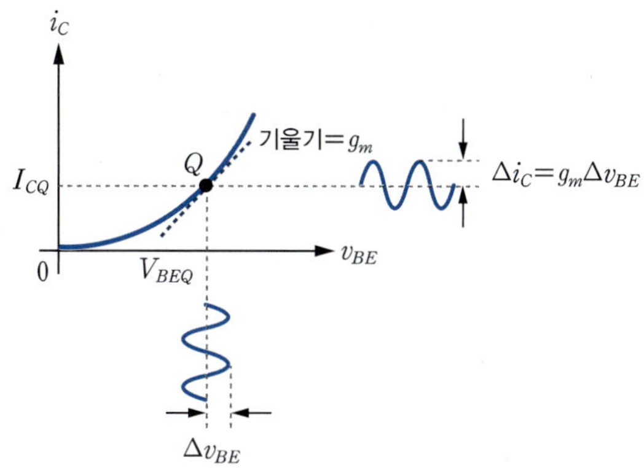

그림 2-27 BJT의 전달컨덕턴스 정의

▪ 공통이미터 소신호 전류이득 β_o

2.1.3절의 식 (2.2)에 정의된 β_{DC}는 BJT의 공통이미터 DC 전류이득을 나타내며, BJT가 증폭기로 사용되는 경우의 소신호 전류이득을 β_o 또는 β_{ac}로 표기하여 β_{DC}와 구별한다. 공통이미터 소신호 전류이득 β_o는 식 (2.38)과 같이 정의되므로 컬렉터 전류는 $i_c = \beta_o i_b$로 표현할 수 있다.

$$\beta_o \equiv \left.\frac{di_C}{di_B}\right|_{Q점} = \frac{i_c}{i_b} \tag{2.38}$$

한편, β_o와 공통베이스 전류이득 α는 식 (2.39), 식 (2.40)의 관계를 가지며, α가 1에

가까울수록 β_o는 큰 값을 갖는다.

$$\alpha \equiv \frac{i_c}{i_e} = \frac{\beta_o}{\beta_o + 1} \simeq 1 \tag{2.39}$$

$$\beta_o \equiv \frac{i_c}{i_b} = \frac{\alpha}{1-\alpha} \tag{2.40}$$

▪ 베이스-이미터 소신호 저항 r_π

BJT가 증폭기로 사용되기 위해서는 순방향 활성모드로 바이어스되어야 하므로, 베이스-이미터(B-E) 접합은 순방향 바이어스된 PN 접합으로 동작한다. 1.3.2절에서 설명한 바와 같이, 순방향 바이어스된 PN 접합에는 소신호 저항성분 r_d가 존재하므로, BJT의 B-E 접합에도 이와 유사한 소신호 저항성분 r_π가 존재한다. 베이스-이미터 전압 변화 Δv_{BE}에 의한 컬렉터 전류의 변화가 Δi_C이고 BJT의 소신호 전류이득이 β_o이면, 식 (2.37)과 식 (2.38)의 관계로부터 베이스-이미터 접합의 소신호 저항 성분 r_π는 다음과 같이 정의된다.

$$r_\pi \equiv \left. \frac{dv_{BE}}{di_B} \right|_{Q점} = \frac{\beta_o}{g_m} \tag{2.41}$$

식 (2.41)로부터, BJT의 전류이득 β_o는 식 (2.42)와 같이 표현된다. β_o와 전달컨덕턴스 g_m을 알면 r_π 값을 구할 수 있다.

$$\beta_o = g_m r_\pi \tag{2.42}$$

r_π는 바이어스 전류 I_{BQ} 또는 I_{CQ}로부터 계산될 수도 있다. 식 (2.36)의 $g_m = \dfrac{I_{CQ}}{V_T}$를 식 (2.41)에 대입하면 다음과 같으며, r_π는 동작점 전류에 영향을 받음을 알 수 있다.

$$r_\pi = \frac{V_T}{I_{BQ}} \tag{2.43}$$

Q **BJT의 소신호 파라미터와 동작점 전류의 관계는?**

A 전달컨덕턴스 g_m은 I_{CQ}와 비례 관계(식 (2.36))이고, 베이스-이미터 소신호 저항 r_π는 I_{BQ}와 반비례 관계(식 (2.43))이다.

▪ 컬렉터 저항 r_o

BJT의 컬렉터 단자에 존재하는 저항 성분 r_o에 대해 살펴보자. BJT가 이상적인 특성을 갖는다고 가정하면, 컬렉터 전류는 식 (2.37)로부터 전달컨덕턴스 g_m과 v_{be}에 의해 결정되며, 컬렉터 전압과는 무관하다. 2.1.3절의 [그림 2-12]에서 순방향 활성영역의 컬렉터 전류는 컬렉터-이미터 전압 V_{CE}가 증가해도 일정한 값을 유지하여 x축과 수평이 된다고 설명하였다. 그러나 실제의 BJT는 이와 같은 이상적인 경우와 약간 다른 특성을 갖는다.

BJT의 컬렉터 저항 r_o는 순방향 활성영역에서 컬렉터 전압을 증가시켰을 때 일어나는 현상과 관련이 있다. 순방향 활성영역에서 베이스-컬렉터 접합은 역방향 바이어스되며, 컬렉터 전압 V_C가 증가(즉, V_{CE}가 증가)할수록 역방향 바이어스된 베이스-컬렉터 접합의 공핍영역이 확대된다. 그런데 실제의 BJT는 큰 β_o 값을 갖도록 베이스 폭을 매우 얇게 만들기 때문에 전압 V_{CE}가 증가할수록 베이스-컬렉터 접합의 공핍영역이 확대되어 유효 베이스 폭이 감소하는 '**베이스 폭 변조효과**'가 발생한다. 따라서 이미터에서 주입된 캐리어가 베이스 영역에서 재결합되지 않고 컬렉터로 도달하는 비율이 증가하여 컬렉터 전류가 증가한다. 즉 BJT의 컬렉터 전압이 증가할수록 컬렉터 전류가 증가하는 현상이 나타나며, 이를 소신호 컬렉터 저항 r_o로 모델링한다. 이와 같은 현상을 **얼리**early **효과**라고 하며, [그림 2-28]은 얼리 효과가 고려된 BJT의 전류-전압 특성을 보여준다.

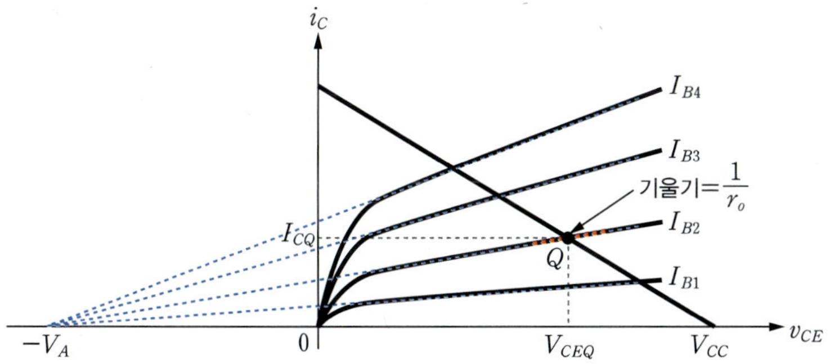

그림 2-28 얼리 효과가 고려된 BJT의 전류-전압 특성

[그림 2-28]에서 전압 v_{CE}가 증가할수록 컬렉터 전류 i_C가 증가함을 볼 수 있다. 동작점 Q에서 특성 곡선의 기울기를 식 (2.44)와 같이 정의할 수 있으며, 이 기울기의 역수가 BJT의 소신호 컬렉터 저항 r_o이다.

$$\frac{1}{r_o} \equiv \left.\frac{di_C}{dv_{CE}}\right|_{Q\text{점}} \simeq \frac{I_{CQ}}{V_A} \tag{2.44}$$

[그림 2-28]에서 순방향 활성영역의 컬렉터 전류 성분들에 접선을 그으면 음의 x축 위의 한 점에서 만나게 되며, 이 전압을 얼리 전압early voltage V_A로 정의한다. 참고로, Q2N3904 NPN형 BJT 소자는 순방향 얼리 전압 VAF = 74V를 갖는다.

Q BJT의 소신호 컬렉터 저항 r_o는 클수록 좋을까?

A BJT는 컬렉터 전류가 $i_c = g_m v_{be}$로 주어지는 전압제어 전류원으로 동작하므로, r_o가 무한대에 가까운 큰 값을 가질수록 BJT는 이상적인 전압제어 전류원 특성에 가까워진다. 실제의 경우, BJT의 컬렉터 저항 r_o는 수십 ~ 수백 kΩ의 큰 값을 갖는다.

확인문제 2-15

BJT가 컬렉터 바이어스 전류 $I_{CQ} = 1.82\text{mA}$로 순방향 활성영역에서 동작하는 경우에 소신호 파라미터 g_m, r_π, β_o, r_o를 구하라. 단, $\alpha_{DC} = 0.991$, 얼리 전압은 $V_A = 180\text{V}$, $V_T = 26\text{mV}$이다.

답 $g_m = 70.0\text{mA/V}$, $r_\pi = 1.57\text{k}\Omega$, $\beta_o = 110$, $r_o = 98.9\text{k}\Omega$

2.3.2 소신호 T-등가모델

BJT 증폭기 회로의 해석을 위해 하이브리드-π 등가회로 외에 [그림 2-29]와 같은 T-등가모델도 사용된다. [그림 2-29]에서 α는 공통베이스 소신호 전류 증폭률을 나타내며, $\alpha \equiv \dfrac{i_c}{i_e}$로 정의된다. 이미터-베이스 사이의 소신호 증분저항 r_e는 동작점 Q에서 베이스-이미터 전압의 변화 Δv_{BE}에 의한 이미터 전류의 변화 Δi_E의 비로 식 (2.45)와 같이 정의된다.

$$r_e \equiv \left.\frac{\Delta v_{BE}}{\Delta i_E}\right|_{Q\text{점}} = \frac{V_T}{I_{EQ}} \tag{2.45}$$

$i_c = \alpha i_e$의 관계를 가지므로 소신호 이미터 저항 r_e는 식 (2.46)과 같이 표현될 수 있으며, $\alpha \simeq 1$의 근사화가 적용되었다.

$$r_e = \frac{V_T}{I_{EQ}} = \frac{\alpha V_T}{I_{CQ}} = \frac{\alpha}{g_m} \simeq \frac{1}{g_m} \tag{2.46}$$

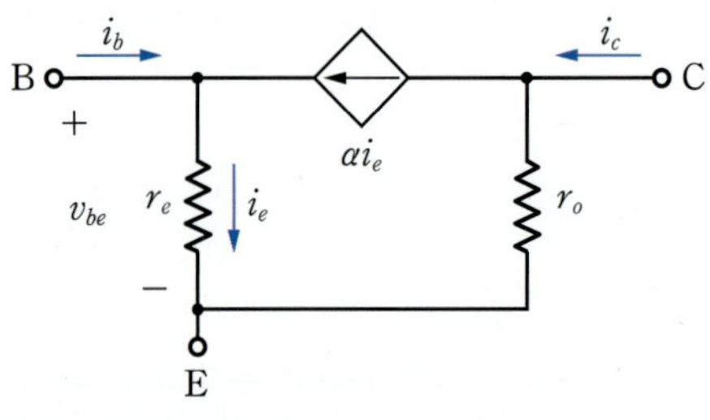

그림 2-29 BJT의 소신호 T-등가모델

Q **BJT의 소신호 파라미터 r_e와 동작점 전류의 관계는?**

A 이미터-베이스 소신호 증분저항 r_e는 이미터 바이어스 전류 I_{EQ}와 반비례 관계를 갖는다(식 (2.45)).

확인문제 2-16

[확인문제 2-15]의 조건이 적용된 BJT의 소신호 이미터 저항 r_e를 구하라.

답 $r_e = 14.13\Omega$

핵심포인트 **BJT의 각 단자에서 본 소신호 등가저항**

- BJT의 소신호 파라미터 g_m, r_π, r_o, r_e는 바이어스 전류에 영향을 받는다.
- BJT의 바이어스 전류가 증가하면, β_o는 큰 영향을 받지 않으나, g_m은 커지고, r_π와 r_e는 작아진다.
- BJT의 각 단자에서 본 소신호 등가저항은 [그림 2-30]과 같다.

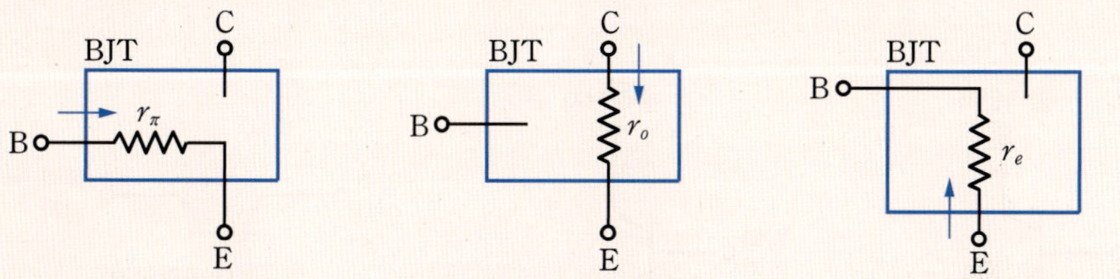

(a) r_π : 베이스 단자에서 본 B-E 소신호 등가저항

(b) r_o : 컬렉터 단자에서 본 C-E 소신호 등가저항

(c) r_e : 이미터 단자에서 본 E-B 소신호 등가저항

그림 2-30 BJT의 각 단자 사이의 소신호 저항

- BJT의 각 단자에서 본 소신호 등가저항은 $r_e < r_\pi < r_o$의 상대적인 크기를 갖는다.
- BJT의 소신호 파라미터 r_π와 r_e의 관계 : $r_e = \dfrac{r_\pi}{\beta_o + 1} \simeq \dfrac{1}{g_m}$, $r_\pi = (\beta_o + 1)r_e$
- BJT의 소신호 파라미터 β_o와 α의 관계 : $\alpha = \dfrac{\beta_o}{\beta_o + 1}$, $\beta_o = \dfrac{\alpha}{1-\alpha} = g_m r_\pi$

점검하기 **다음 각 문제에서 맞는 것을 고르시오.**

(1) BJT의 전달컨덕턴스 g_m은 ($\dfrac{V_T}{I_{CQ}}$, $\dfrac{I_{CQ}}{V_T}$)이다.

(2) BJT의 소신호 전류이득 β_o는 ($g_m r_\pi$, $g_m r_e$, $g_m r_o$)이다.

(3) BJT의 베이스-이미터 소신호 저항 r_π는 ($\dfrac{V_T}{I_{CQ}}$, $\dfrac{V_T}{I_{BQ}}$)이다.

(4) BJT의 얼리 전압 V_A가 클수록 소신호 컬렉터 저항 r_o는 (**작다, 크다**).

(5) BJT의 동작점 Q에서 v_{BE}-i_C 전달특성 곡선의 기울기가 클수록 전달컨덕턴스 g_m은 (**작다, 크다**).

(6) BJT의 공통베이스 전류이득 α가 1에 가까울수록 공통이미터 전류이득 β_o는 (**작다, 크다**).

(7) BJT의 베이스-이미터 소신호 증분 저항 r_π는 I_{BQ}와 (**비례, 반비례**) 관계를 갖는다.

(8) BJT의 소신호 이미터 저항 r_e는 전달컨덕턴스 g_m과 (**비례, 반비례**) 관계를 갖는다.

(9) BJT의 바이어스 전류가 증가하면, 전달컨덕턴스 g_m은 (**작고, 크고**), r_π와 r_e는 (**작다, 크다**).

(10) BJT에서 가장 작은 소신호 저항을 갖는 단자는 (**이미터, 베이스, 컬렉터**)이다.

SECTION 2.4 BJT 증폭기 회로 해석

BJT는 이미터, 베이스, 컬렉터 3개 단자를 가지므로, 이를 각각 입력단자, 출력단자, 공통단자로 사용하여 [그림 2-31]과 같이 3가지 기본적인 형태의 증폭기를 구현할 수 있다.

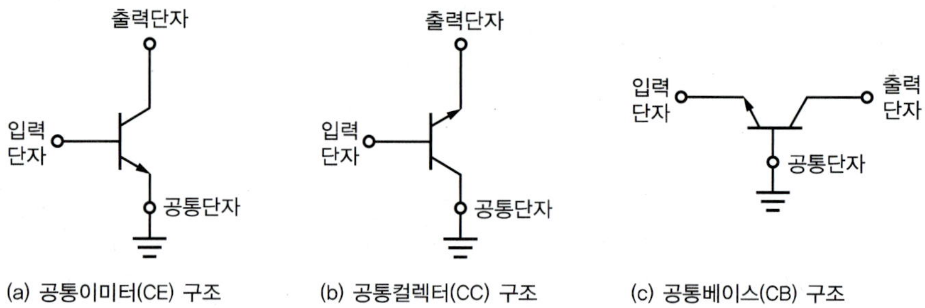

그림 2-31 BJT 증폭기의 기본 구조

- **공통이미터** CE : common emitter **구조** ([그림 2-31(a)]) : 베이스를 입력단자로, 컬렉터를 출력단자로, 이미터를 공통단자로 사용하는 구조이며, 이미터 접지형 증폭기라고 한다.
- **공통컬렉터** CC : common collector **구조** ([그림 2-31(b)]) : 베이스를 입력단자로, 이미터를 출력단자로, 컬렉터를 공통단자로 사용하는 구조이며, 컬렉터 접지형 증폭기라고 한다.
- **공통베이스** CB : common base **구조** ([그림 2-31(c)]) : 이미터를 입력단자로, 컬렉터를 출력단자로, 베이스를 공통단자로 사용하는 구조이며, 베이스 접지형 증폭기라고 한다.

2.1절에서 설명했듯이 BJT가 증폭기로 동작하려면 반드시 순방향 활성영역으로 바이어스되어야 함을 기억하면서 세 가지 BJT 증폭기의 특성에 대해 알아보자.

2.4.1 공통이미터 증폭기

공통이미터 증폭기에서 신호가 증폭되는 원리는 무엇인가?
공통이미터 증폭기의 전압이득은 어떻게 구하며, 무엇에 영향을 받는가?

[그림 2-32(a), (b)]는 각각 NPN형 BJT, PNP형 BJT로 구성되는 기본적인 공통이미터

증폭기 회로이며, 이미터가 접지로 연결되어 입력단과 출력단의 공통단자로 사용되므로, 공통이미터 증폭기라고 한다. [그림 2-32(b)]의 PNP형 BJT 증폭기에는 전원전압 V_{EE}의 플러스(+) 단자가 접지로 연결되었음에 유의한다. 입력전압 v_s는 결합 커패시터coupling capacitor C_C를 통해 BJT의 베이스로 입력되고, 출력전압 v_o는 컬렉터에서 얻어진다. 저항 R_1, R_2와 R_C에 의해 BJT가 순방향 활성영역에서 동작하도록 바이어스되며, 이에 대해서는 2.2.3절에서 이미 설명했다.

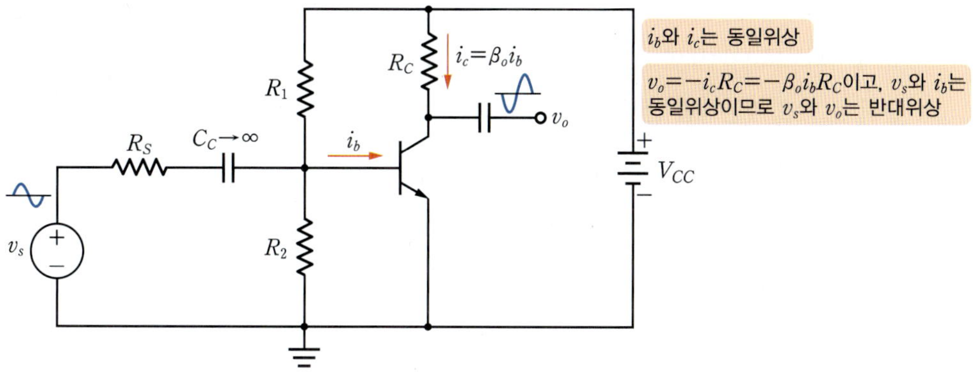

(a) NPN형 BJT 공통이미터 증폭기

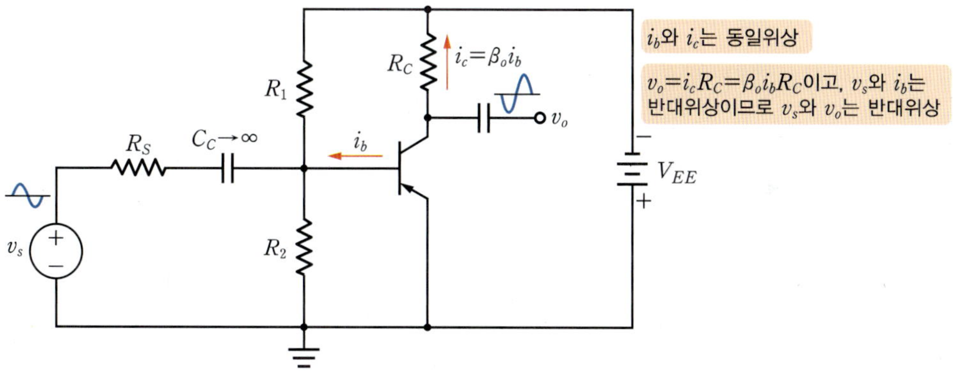

(b) PNP형 BJT 공통이미터 증폭기

그림 2-32 공통이미터 증폭기 회로

먼저 정성적으로 회로의 동작을 이해해보자. 입력전압 v_s에 의해 생성되는 베이스 전류가 BJT의 전류증폭률 β_o배만큼 증폭되어 컬렉터 전류로 나타나며, 이 컬렉터 전류와 저항 R_C의 곱에 의해 컬렉터에서 출력전압이 얻어진다. 통상 BJT의 전류증폭률 β_o는 수십에서 백수십 정도의 큰 값을 가지므로, 베이스에 인가되는 작은 입력전압이 컬렉터에서 큰 전압으로 나타나는 증폭작용이 일어난다. 입력전압과 베이스 전류 그리고 컬렉터 전류의 위상은 모두 동일하며, 컬렉터 단자에서 얻어지는 교류 출력전압은 $v_o = -R_Ci_c$가 되므로, 출력전압은 입력전압과 반대위상을 갖는다. 따라서 공통이미터 증폭기의 전압이득은 마이너스 부호를 갖는다. [그림 2-32]에 표시된 정현파 신호의 위상관계를 잘 살펴보기 바란다.

여기서 잠깐 **결합 커패시터의 역할**

결합 커패시터coupling capacitor C_C는 입력신호에 포함된 DC 성분을 차단하고 교류신호 성분만 증폭기에 입력되도록 한다. 동작주파수 범위에서 임피던스, 즉 $X_C = \frac{1}{2\pi f C_C}$이 매우 작아지도록 큰 값의 커패시터를 사용한다. 참고로, 결합 커패시터는 증폭기의 저주파low frequency 응답특성에 영향을 미친다. 이에 대해서는 4.2.1절을 참고하기 바란다.

[그림 2-32(a), (b)]의 공통이미터 증폭기 회로에서 DC 전원 V_{CC}, V_{EE}를 제거하여 교류 등가회로로 나타내면 각각 [그림 2-33(a), (b)]와 같다. 이때 결합 커패시터 C_C가 충분히 큰 값을 갖는다면 단락된 것으로 취급된다. 바이어스 저항 R_1, R_2는 병렬로 베이스와 접지 사이에 연결되며, 저항 R_C는 컬렉터와 접지 사이에 연결된다. [그림 2-33(a), (b)] 회로에 BJT의 소신호 등가모델을 적용하면 각각 [그림 2-33(c), (d)]와 같다. 이를 소신호 등가회로라 한다. NPN형 BJT와 PNP형 BJT의 전류 방향과 전압 극성이 반대임에 유의한다.

NPN형 BJT 공통이미터 증폭기의 소신호 전압이득을 구해본다. 직관적인 해석을 위해 바이어스 저항의 영향을 무시하고($R_1 \parallel R_2 \gg r_\pi$), BJT의 얼리 전압 V_A를 무한대로 가정하여 BJT의 출력저항 r_o를 무시할 수 있다고 가정한다. [그림 2-33(c)]의 등가회로에서 얻은 소신호 출력전압은 식 (2.47)과 같이 표현된다.

$$v_o = -g_m v_\pi R_C \tag{2.47}$$

전압분배에 의해 v_π는 식 (2.48)과 같이 나타낼 수 있다.

$$v_\pi = \left(\frac{r_\pi}{R_S + r_\pi}\right) v_s \tag{2.48}$$

식 (2.48)을 식 (2.47)에 대입하면 소신호 전압이득은 식 (2.49)와 같으며, $\beta_o = g_m r_\pi$를 적용했다.

$$A_v \equiv \frac{v_o}{v_s} = -\frac{\beta_o R_C}{R_S + r_\pi} \tag{2.49}$$

신호원의 저항이 매우 작아 $R_S \ll r_\pi$인 경우에 식 (2.49)는 식 (2.50)과 같이 간략히 표현된다. 한편, $R_1 \parallel R_2 \gg r_\pi$와 $r_o \gg R_C$의 조건을 만족하지 않는 경우에는 식 (2.49)와 식 (2.50)에 r_π 대신 $R_1 \parallel R_2 \parallel r_\pi$를 대입하고, R_C 대신 $r_o \parallel R_C$를 대입하면 된다.

$$A_v \simeq -\frac{\beta_o R_C}{r_\pi} = -g_m R_C \tag{2.50}$$

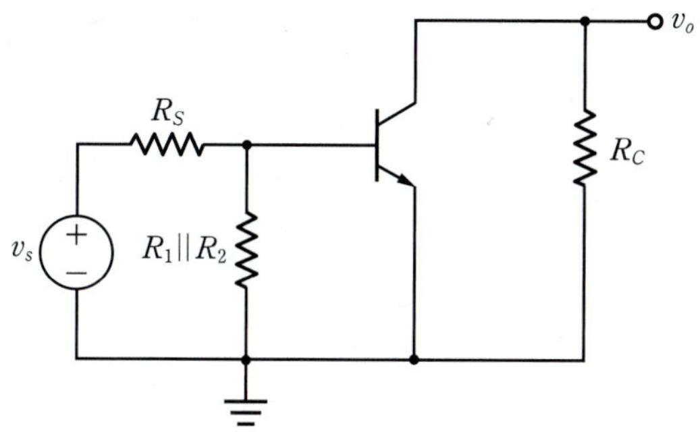

(a) NPN형 BJT 증폭기의 교류 등가회로

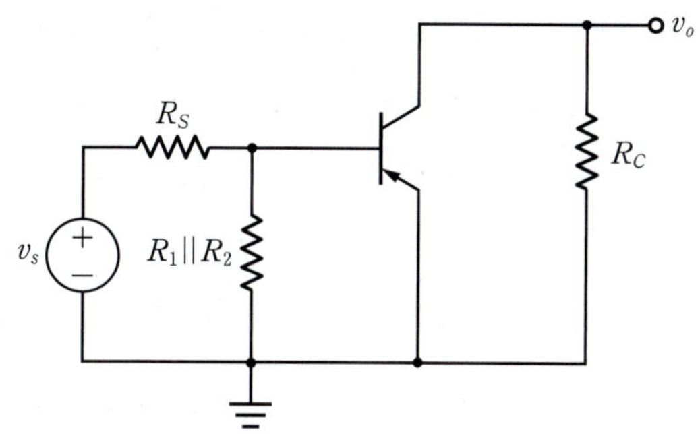

(b) PNP형 BJT 증폭기의 교류 등가회로

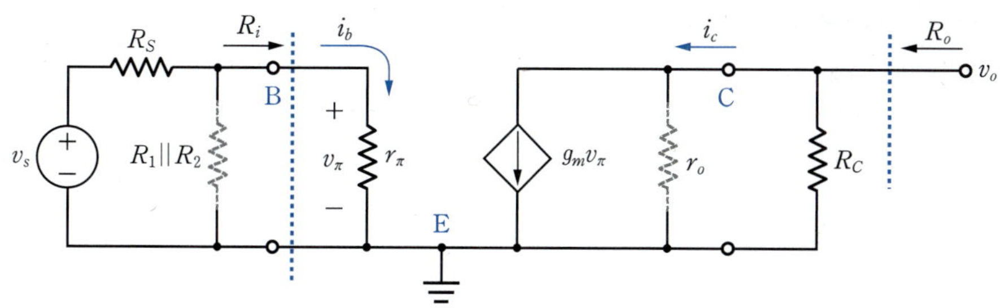

(c) NPN형 BJT 증폭기의 소신호 등가회로

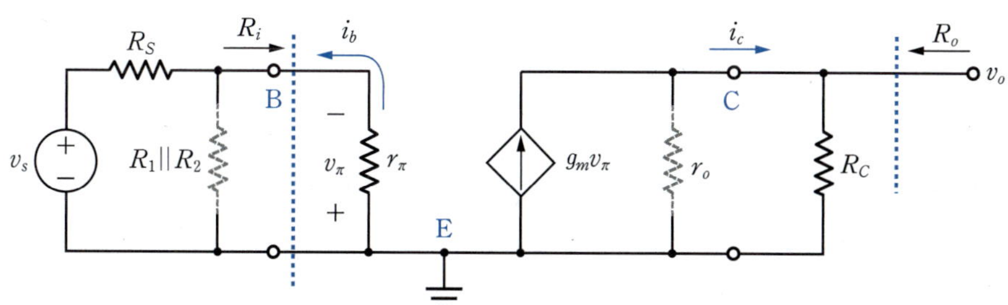

(d) PNP형 BJT 증폭기의 소신호 등가회로

그림 2-33 공통이미터 증폭기의 교류 및 소신호 등가회로

Q 공통이미터 증폭기의 전압이득을 크게 만들기 위해서는?

A
- 공통이미터 증폭기의 전압이득은 전달컨덕턴스 g_m에 비례하므로, g_m이 큰 BJT를 사용하면 큰 전압이득을 얻을 수 있다.
- 공통이미터 증폭기의 전압이득은 컬렉터 저항 R_C 값에 비례하나, R_C 값이 너무 크면 BJT가 포화모드로 넘어가 전압이득이 더 이상 증가하지 않고 출력파형에 왜곡이 발생할 수 있다.

다음으로, 공통이미터 증폭기의 전류이득에 대해 살펴보자. [그림 2-33(c)]의 소신호 등가회로로부터, 베이스로 들어가는 입력전류 i_b에 의한 베이스-이미터 접합의 전압은 $v_\pi = r_\pi i_b$이고, 컬렉터 전류는 $i_c = g_m v_\pi = g_m r_\pi i_b$가 되므로, 소신호 전류이득은 다음과 같다.

$$A_i \equiv \frac{i_c}{i_b} = \frac{g_m r_\pi i_b}{i_b} = \beta_o \tag{2.51}$$

공통이미터 증폭기의 입력저항 R_i는 베이스 단자에서 본 저항이므로, [그림 2-33(c)]의 등가회로로부터 식 (2.52)와 같다.

$$R_i = r_\pi \tag{2.52}$$

공통이미터 증폭기의 출력저항 R_o는 컬렉터 단자에서 본 저항이며, 신호원 v_s를 0으로 만든 상태에서 출력저항을 구하므로, 종속 전류원 $g_m v_\pi$는 0이 되어 식 (2.53)과 같다.

$$R_o = r_o \parallel R_C \simeq R_C \tag{2.53}$$

PNP형 BJT 공통이미터 증폭기의 전압이득, 전류이득, 입력저항, 출력저항을 구하기 위해 [그림 2-33(d)]의 소신호 등가회로에 위의 과정을 동일하게 적용하면, 각각 식 (2.50) ~ (2.53)과 동일한 결과가 얻어진다.

핵심포인트 **공통이미터 증폭기의 특성**

- 사용되는 BJT의 타입(NPN형 또는 PNP형)에 무관하게 소신호 등가회로는 동일하다.
- 전압이득(식 (2.50)) : BJT의 전달컨덕턴스 g_m과 부하저항 R_C의 곱으로 주어지며, 마이너스 부호는 입력전압과 출력전압의 위상이 서로 반전관계임을 의미한다.
- 전류이득(식 (2.51)) : BJT의 전류증폭률 β_o이다.
- 입력저항(식 (2.52)) : BJT의 베이스 증분저항 r_π이다.
- 출력저항(식 (2.53)) : 컬렉터 저항 R_C이다.
- 신호원 저항 R_S의 영향(식 (2.49)) : 신호원 저항 R_S는 공통이미터 증폭기의 전압이득에 영향을 미치며, 증폭기의 입력저항 r_π와의 상대적인 크기에 따라 미치는 영향이 달라진다.

예제 2-5

[그림 2-32(a)]의 NPN형 BJT 공통이미터 증폭기에 대해 동작점을 해석하고, 소신호 전압이득을 구하라. 단, $R_1 = 100\text{k}\Omega$, $R_2 = 22\text{k}\Omega$, $R_C = 1\text{k}\Omega$, $R_S = 0.5\text{k}\Omega$, $V_{CC} = 5\text{V}$이고, BJT 파라미터는 $\beta_{DC} = 160$, $V_{BE(on)} = 0.66\text{V}$, 얼리 전압은 $V_A = 74\text{V}$이다.

풀이

(i) DC 해석

베이스 단자에서 바이어스 회로의 테브냉 등가회로를 구하면 [그림 2-34]와 같으며, 테브냉 등가전압 V_{TH}와 등가저항 R_{TH}는 각각 다음과 같다.

$$V_{TH} = \frac{R_2}{R_1 + R_2} V_{CC} = \frac{22}{100 + 22} \times 5\text{V} = 0.90\text{V}$$

$$R_{TH} = R_1 \parallel R_2 = (100 \| 22)\text{k}\Omega = 18.03\text{k}\Omega$$

BJT가 순방향 활성모드로 바이어스되어 있다고 가정하면, 베이스 바이어스 전류는 다음과 같다.

$$I_{BQ} = \frac{V_{TH} - V_{BE(on)}}{R_{TH}} = \frac{0.90 - 0.66}{18.03 \times 10^3} = 13.31\mu\text{A}$$

컬렉터 바이어스 전류를 구하면 다음과 같다.

$$I_{CQ} = \beta_{DC} I_{BQ} = 160 \times 13.31\mu\text{A} = 2.13\text{mA}$$

계산된 값들을 이용하여 베이스와 컬렉터 바이어스 전압을 계산하면 각각 다음과 같다.

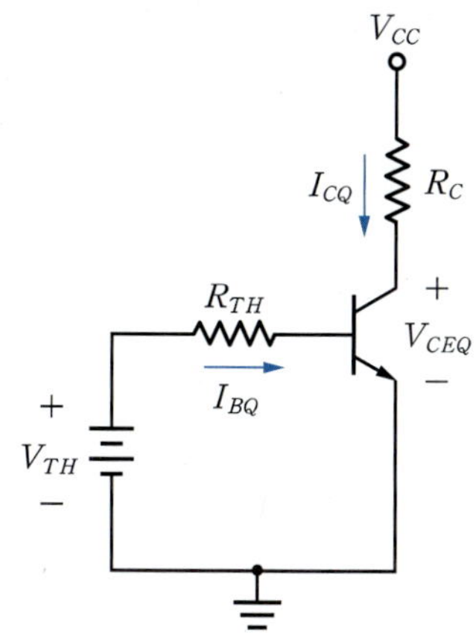

그림 2-34 DC 등가회로

$$V_{BQ} = V_{BEQ} = V_{TH} - I_{BQ}R_{TH} = 0.90 - 13.31 \times 18.03 \times 10^{-3} = 0.66\text{V}$$

$$V_{CQ} = V_{CEQ} = V_{CC} - I_{CQ}R_C = 5.0 - 2.13 \times 1.0 = 2.87\text{V}$$

베이스-컬렉터 접합의 바이어스 전압을 계산하면 다음과 같다.

$$V_{BCQ} = V_{BQ} - V_{CQ} = 0.66 - 2.87 = -2.21\text{V}$$

- 베이스-이미터 접합에 순방향 바이어스, 베이스-컬렉터 접합에 역방향 바이어스가 인가되므로, BJT가 순방향 활성모드로 바이어스되어 있음을 확인할 수 있다.
- [그림 2-35]는 DC 바이어스 시뮬레이션 결과이며, 허용 가능한 오차 범위 내에서 계산된 값과 일치하는 것을 확인할 수 있다.

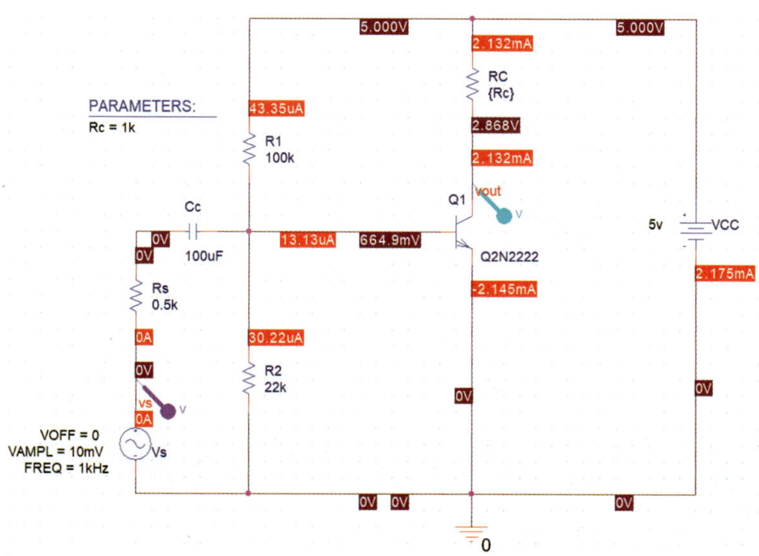

그림 2-35 [예제 2-5]의 DC 바이어스 시뮬레이션 결과

(ii) AC 해석

소신호 등가회로는 [그림 2-33(c)]와 동일하며, 앞에서 계산된 동작점 전류와 주어진 파라미터 값들을 이용하면 소신호 파라미터들은 다음과 같이 계산된다.

$$g_m = \frac{I_{CQ}}{V_T} = \frac{2.13}{26} = 81.92\,\text{mA/V}$$

$$r_\pi = \frac{V_T}{I_{BQ}} = \frac{26}{13.31 \times 10^{-3}} = 1.95\text{k}\Omega$$

$$\beta_o = g_m r_\pi = 81.92 \times 1.95 = 159.74$$

$$r_o = \frac{V_A}{I_{CQ}} = \frac{74}{2.13 \times 10^{-3}} = 34.74\text{k}\Omega$$

$R_1 \parallel R_2 \gg r_\pi$이고, $r_o \gg R_C$이므로, 식 (2.49)로부터 소신호 전압이득은 다음과 같다.

$$A_v \equiv \frac{v_o}{v_s} = -\frac{\beta_o R_C}{R_S + r_\pi} = -\frac{159.74 \times 1.0}{0.5 + 1.95} = -65.2\text{V/V}$$

$R_1 \parallel R_2$와 r_o의 영향을 무시하지 않는 경우의 전압이득의 계산값은 $A_v = -68.56\,\text{V/V}$ 이다.

PSPICE 시뮬레이션 결과는 [그림 2-36]과 같으며, 시뮬레이션 결과에 의한 전압이득은 -63.2V/V로 나타나 계산된 값과 비슷함을 확인할 수 있다.

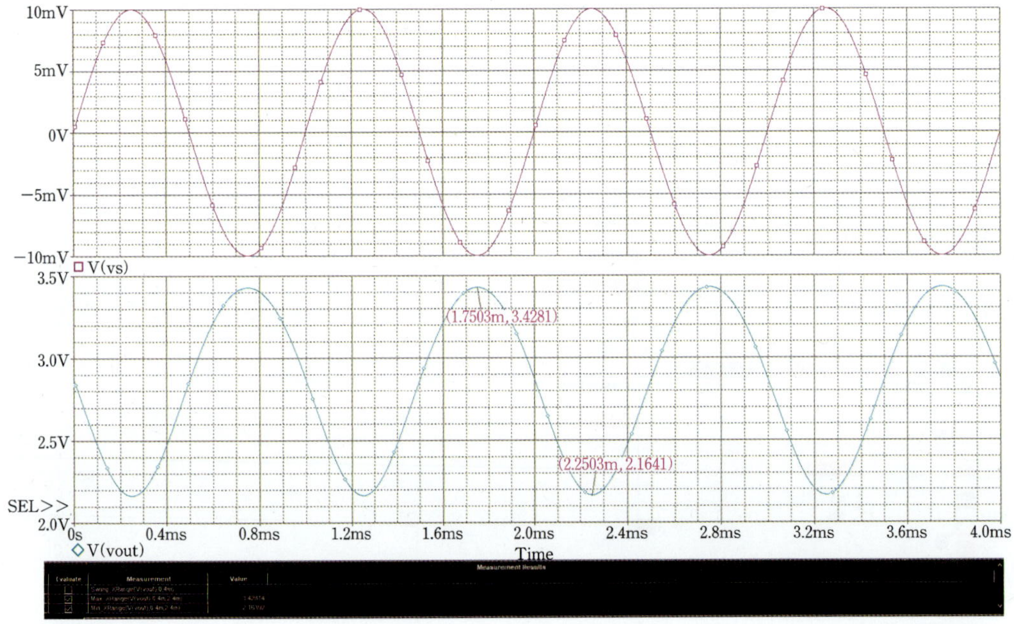

그림 2-36 [예제 2-5]의 Transient 시뮬레이션 결과

예제 2-6

[예제 2-5]의 NPN형 BJT 공통이미터 증폭기에서 컬렉터 저항 R_C 값의 변화에 따라 출력 v_o가 어떤 영향을 받는지 시뮬레이션을 통해 확인하고, 그 이유를 설명하라. 단, 저항 R_1, R_2에 의한 베이스 바이어스 전류 I_{BQ}는 고정된 상태를 유지한다.

풀이

$1.0\text{k}\Omega \le R_C \le 2.0\text{k}\Omega$ 범위에서 $0.2\text{k}\Omega$씩 변화시키면서 시뮬레이션을 실행한 결과는 [그림 2-37]과 같다. $R_C > 1.6\text{k}\Omega$인 경우 BJT가 포화모드로 동작하여 출력 v_o에 왜곡이 발생함을 확인할 수 있다.

- 베이스 바이어스 전류 I_{BQ}가 고정된 상태에서 컬렉터 저항 R_C 값이 클수록 부하선의 기울기가 작아져 동작점이 포화영역 근처에 설정되어 v_o에 왜곡이 발생할 수 있다.
- 증폭기 회로에서는 입력과 출력 사이에 선형성을 유지하는 것이 중요하므로, 출력신호의 최대 스윙 범위에서 BJT가 순방향 활성모드로 동작하도록 설계해야 한다.

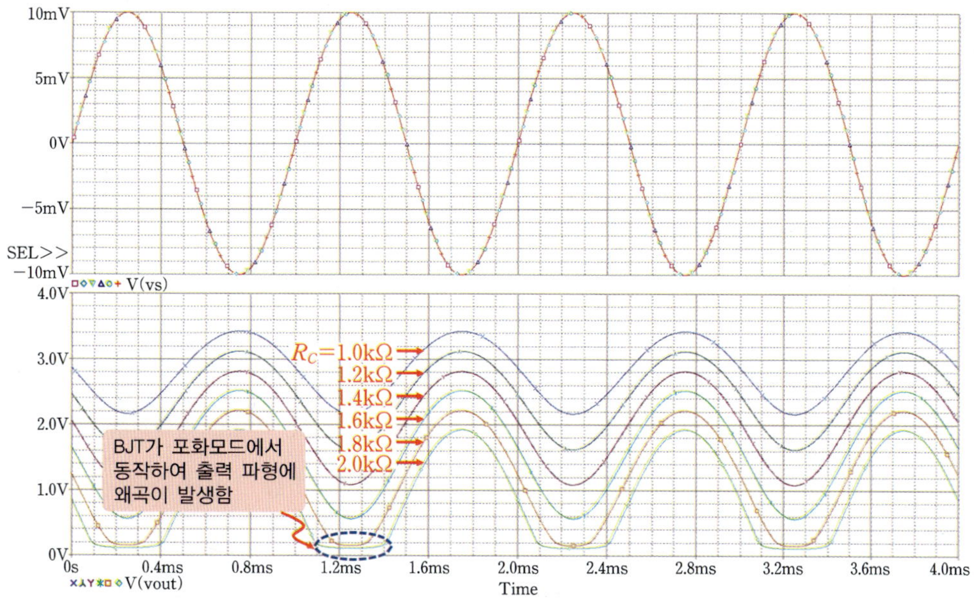

그림 2-37 [예제 2-6]의 Transient 시뮬레이션 결과

여기서 잠깐 ▸ 부하저항 R_L이 포함된 경우는 어떻게 될까?

- [그림 2-38]은 [그림 2-32(a)]의 공통이미터 증폭기 회로에 부하저항 R_L이 포함된 회로이다. 결합 커패시터 C_{C2}는 DC 성분을 제거하여 교류신호 성분만 부하에 전달되도록 한다.

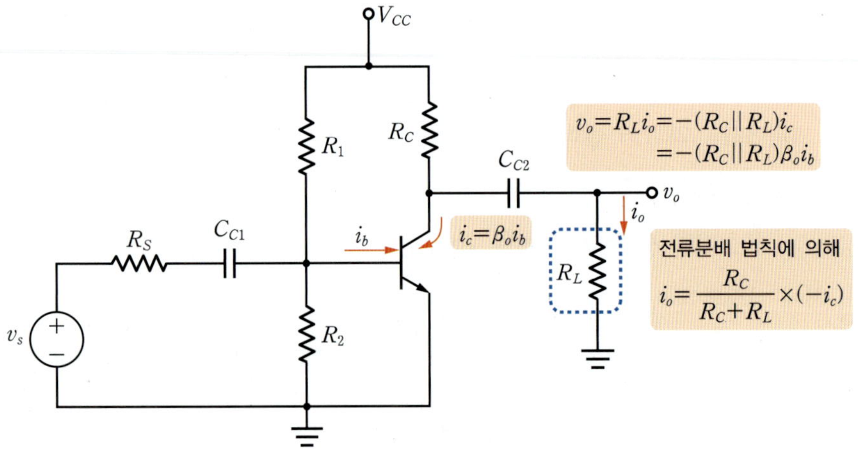

그림 2-38 부하저항 R_L이 포함된 공통이미터 증폭기 회로

- 부하저항 R_L에 흐르는 출력전류 i_o와 컬렉터 전류 i_c는 $i_o=\frac{R_C}{R_C+R_L}\times(-i_c)$의 관계를 가지며, 출력전압 v_o는 $v_o=R_Li_o=-(R_C \parallel R_L)i_c=-(R_C \parallel R_L)\beta_oi_b$가 된다.
- 소신호 등가회로는 [그림 2-33(b)]에서 R_C를 $(R_C \parallel R_L)$로 바꾼 것이 된다. 또한, 전압이득도 식 (2.49), 식 (2.50)에서 R_C가 $(R_C \parallel R_L)$로 대체된다.

확인문제 2-17

[그림 2-32(b)]의 PNP형 BJT 공통이미터 증폭기의 전압이득 A_v, 입력저항 R_i 그리고 출력저항 R_o를 구하라. 단, $R_1=100\text{k}\Omega$, $R_2=15\text{k}\Omega$, $R_C=1.0\text{k}\Omega$, $R_S=0.5\text{k}\Omega$이고, $V_{EE}=10\text{V}$, $\beta_{DC}=110$, $V_{EB(on)}=0.75\text{V}$, $V_A\rightarrow\infty$이다.

답 $A_v=-98.8\text{V/V}$, $R_i=0.62\text{k}\Omega$, $R_o=1.0\text{k}\Omega$

확인문제 2-18

[확인문제 2-17]의 공통이미터 증폭기 회로에서 얼리 전압 $V_A=60\text{V}$인 경우의 전압이득 A_v와 출력저항 R_o를 구하라. 다른 조건들은 [확인문제 2-17]과 동일하다.

답 $A_v=-91.7\text{V/V}$, $R_o=0.93\text{k}\Omega$

2.4.2 이미터 저항을 갖는 공통이미터 증폭기

이미터 저항 R_E는 공통이미터 증폭기의 전압이득과 입력저항에 어떤 영향을 미치는가?

2.2.4절에서 설명된 바와 같이, 공통이미터 증폭기의 이미터와 접지 사이에 저항 R_E를 삽입하면, 전류증폭률 β_o 값의 변동 등 여러 가지 외부 요인들에 의한 컬렉터 바이어스 전류 I_{CQ}의 변동이 작아져 동작점(Q점)과 전압이득이 안정화된다. 이 절에서는 이미터 저항 R_E가 증폭기의 전압이득과 입력저항 및 출력저항에 미치는 영향을 알아본다.

[그림 2-39(a)]는 이미터 저항 R_E를 갖는 공통이미터 증폭기 회로이다. 이미터 단자가 접지에 직접 연결되지는 않지만, 저항 R_E를 통해 접지로 연결되므로 공통이미터 증폭기이다.

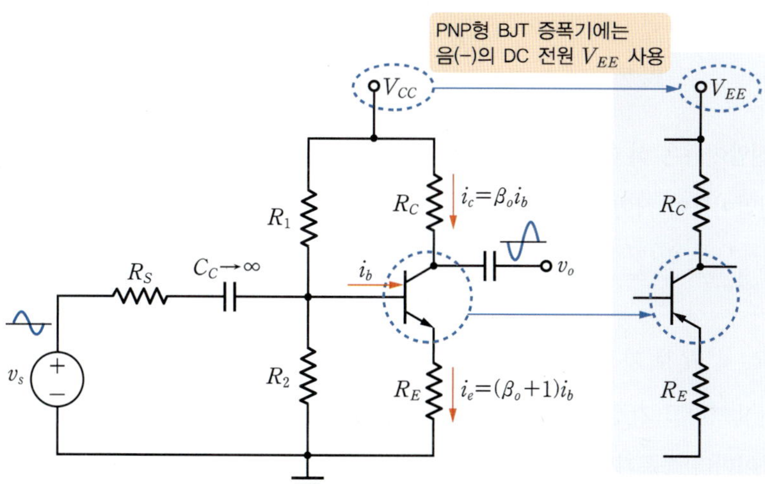

(a) 회로

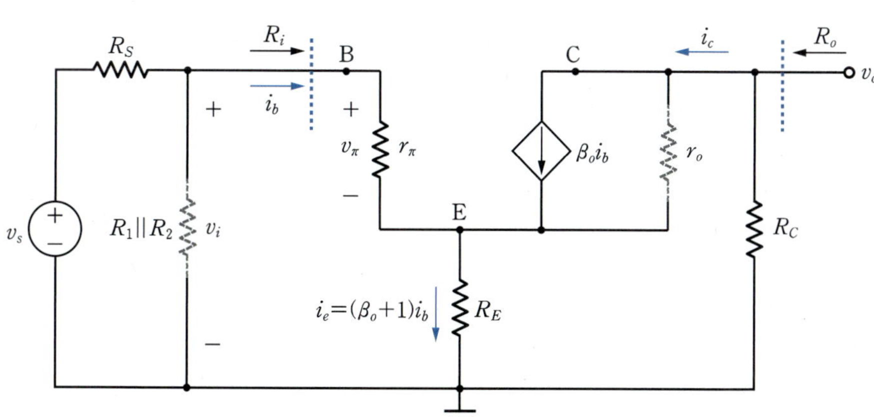

(b) 소신호 등가회로

그림 2-39 이미터 저항을 갖는 공통이미터 증폭기와 소신호 등가회로

PNP형 BJT가 사용되는 경우에도 회로 구조는 동일하며, 단지 전원전압의 극성과 전류의 방향이 반대가 된다. 결합 커패시터 C_C가 충분히 큰 값을 갖는 경우에, C_C를 단락회로로 취급하여 하이브리드-π 소신호 등가회로를 그리면 [그림 2-39(b)]와 같다. 직관적인 해석을 위해 $R_1 \parallel R_2 \gg R_i$이고($R_i$는 베이스 단자에서 본 입력저항을 나타냄), BJT의 얼리 전압 V_A를 무한대로 가정하여 BJT의 출력저항 r_o를 무시할 수 있다고 가정한다.

[그림 2-39(b)]의 소신호 등가회로에서 출력전압은 식 (2.54)와 같이 표현된다.

$$v_o = -(\beta_o i_b) R_C \tag{2.54}$$

$R_1 \parallel R_2$의 영향을 무시할 수 있다고 가정하고, 베이스-이미터 루프에 KVL을 적용하면 다음과 같다.

$$v_s = [R_S + r_\pi + (\beta_o + 1) R_E] i_b \tag{2.55}$$

식 (2.55)에서 i_b를 구하여 식 (2.54)에 대입하면 다음과 같다.

$$v_o = \frac{-\beta_o R_C}{R_S + r_\pi + (\beta_o + 1) R_E} v_s \tag{2.56}$$

따라서 소신호 전압이득은 식 (2.57)과 같이 표현되며, [그림 2-32(a)]의 회로($R_E = 0$인 경우)에 비해 전압이득이 작아진다.

$$A_v \equiv \frac{v_o}{v_s} = \frac{-\beta_o R_C}{R_S + r_\pi + (\beta_o + 1) R_E} = \frac{-\beta_o R_C}{R_S + R_i} \tag{2.57}$$

식 (2.57)에서 $R_S \ll R_i$로 가정하여 R_S를 무시하고 $r_\pi \ll (\beta_o + 1) R_E$로 가정하여 r_π를 무시하며, $\beta_o \gg 1$이라고 가정하면, 식 (2.58)과 같이 간략화된다. 따라서 이미터 저항 R_E를 갖는 공통이미터 증폭기의 소신호 전압이득은 트랜지스터 특성 파라미터인 β_o에 근사적으로 영향을 받지 않고, 저항비에 의해 결정됨을 알 수 있다.

$$A_v \simeq -\frac{R_C}{R_E} \tag{2.58}$$

Q 이미터 저항 R_E는 전압이득에 어떤 영향을 미치는가?

A
- $R_E = 0$인 경우에 비해 전압이득이 감소된다.
- $\beta_o \gg 1$인 경우에 전압이득은 저항비(R_C / R_E)에 의해 결정되며, BJT의 특성 파라미터인 β_o의 영향을 매우 적게 받는다.
- $R_S \ll R_i$이고 $(\beta_o + 1) R_E \gg r_\pi$라는 조건을 만족하지 못하더라도, 식 (2.57)에 의한 전압이득은 β_o의 변화에 영향을 적게 받는다는 것을 알 수 있다.

다음으로 입력저항에 대해 살펴보자. [그림 2-39(b)]의 소신호 등가회로에서 베이스 단자의 전압은 $v_i = r_\pi i_b + R_E(\beta_o + 1)i_b$이므로, 베이스 단자에서 본 입력저항 R_i는 식 (2.59)와 같이 주어진다. [그림 2-32(a)]의 회로($R_E = 0$인 경우)에 비해 입력저항이 크다.

$$R_i \equiv \frac{v_i}{i_b} = r_\pi + (\beta_o + 1)R_E \tag{2.59}$$

Q 이미터 저항 R_E는 증폭기의 입력저항에 어떤 영향을 미치는가?

A $R_E = 0$인 경우에 비해 입력저항이 커지게 만들며, 이는 전압증폭기가 가져야 하는 바람직한 입력저항 특성이다.

한편, 바이어스 회로가 포함된 입력저항을 R_i'이라고 하면 $R_i' = R_1 \parallel R_2 \parallel R_i$가 된다. 출력저항 R_o는 컬렉터 단자에서 본 저항이며, 신호원 v_s를 0으로 만든 상태에서 구하면 식 (2.60)과 같다. r_o'는 R_C를 제외한 컬렉터 단자의 저항을 나타내며, r_o보다 큰 값을 갖는다.

$$R_o = r_o' \parallel R_C \simeq R_C \tag{2.60}$$

핵심포인트 **이미터 저항 R_E가 전압이득에 미치는 영향**

- 소신호 전압이득의 근삿값은 저항 비ratio R_C/R_E로 구할 수 있다.
- R_E는 온도나 트랜지스터 특성 편차 등의 요인들이 전압이득에 미치는 영향을 감소시킨다.
- R_E 값이 클수록 공통이미터 증폭기의 전압이득은 작고, 입력저항은 크다.

여기서 잠깐 ▶ **바이패스 커패시터의 역할**

- 이미터 저항 R_E에 의해 전압이득이 감소되는 단점을 피하기 위해 [그림 2-40(a)]와 같이 이미터 저항 R_E에 병렬로 커패시터 C_E를 연결하는 방법이 사용된다. 커패시터는 DC에 대해 개방회로로 동작하므로, R_E가 동작점(DC 전류, 전압)의 안정화 역할을 수행한다.
- 동작주파수 범위에서 임피던스가 매우 작아지도록 충분히 큰 값의 커패시터를 사용하면 C_E를 단락회로로 취급할 수 있다. 따라서 교류신호에 대해서는 [그림 2-40(b)]와 같이 R_E가 단락된 것으로 취급되어 R_E에 의한 전압이득 감소가 발생하지 않는다.
- 이와 같이 이미터 저항 R_E에 병렬로 연결되는 커패시터 C_E를 **바이패스 커패시터**bypass capacitor라고 한다.

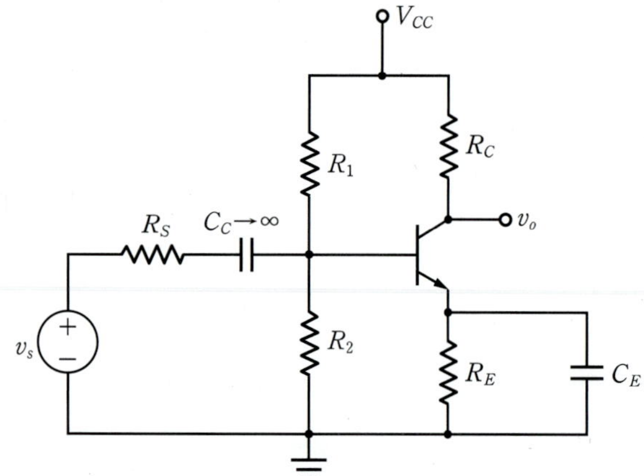

(a) 바이패스 커패시터 C_E를 갖는 경우

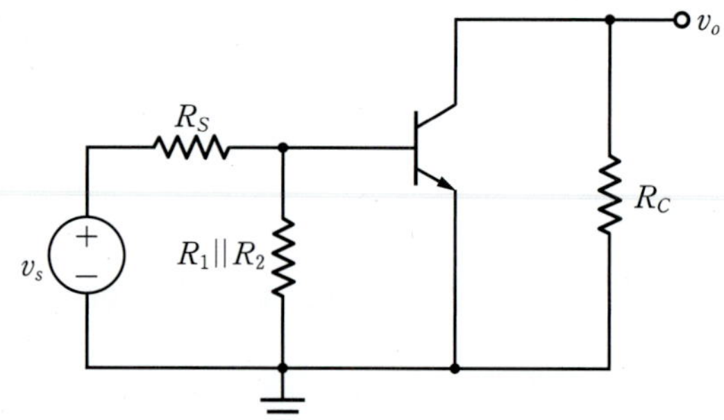

(b) 교류 등가회로(C_E가 단락회로로 취급되어 이미터가 접지됨)

그림 2-40 바이패스 커패시터를 갖는 공통이미터 증폭기

예제 2-7

[그림 2-39(a)]의 이미터 저항을 갖는 공통이미터 증폭기 회로에 [그림 2-29]의 T-등가모델을 적용해서 소신호 전압이득과 입력저항을 구하라. 단, $R_1 = 100\text{k}\Omega$, $R_2 = 30\text{k}\Omega$, $R_C = 1\text{k}\Omega$, $R_E = 0.1\text{k}\Omega$, $R_S = 0.5\text{k}\Omega$, $V_{CC} = 5\text{V}$이고, BJT 파라미터는 $\beta_{DC} = 160$, $V_{BE(on)} = 0.66\text{V}$, 얼리 전압은 $V_A \to \infty$로 가정한다.

풀이

(i) DC 해석

베이스 단자에서 바이어스 회로의 테브냉 등가회로를 구하면 [그림 2-41]과 같다. 테브냉 등가전압 V_{TH}와 등가저항 R_{TH}를 구하면 각각 다음과 같다.

$$V_{TH} = \frac{R_2}{R_1 + R_2} V_{CC} = \frac{30}{100+30} \times 5\text{V} = 1.15\text{V}$$

$$R_{TH} = R_1 \parallel R_2 = (100 \| 30)\text{k}\Omega = 23.07\text{k}\Omega$$

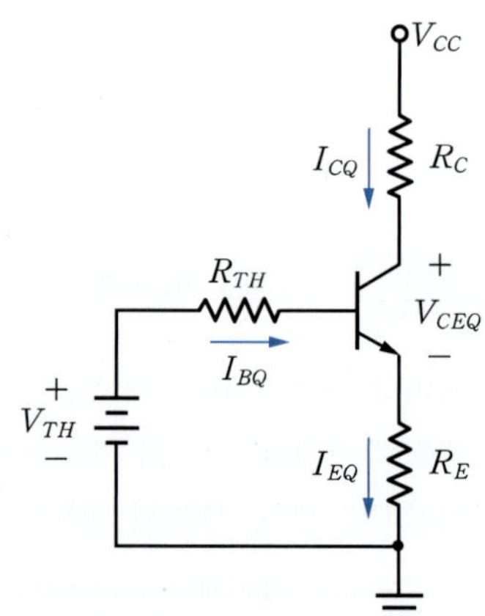

그림 2-41 DC 등가회로

BJT가 순방향 활성모드로 바이어스되어 있다고 가정하고, 베이스-이미터 루프에 KVL을 적용하면 다음과 같다.

$$V_{TH} = R_{TH} I_{BQ} + V_{BE(on)} + (\beta_{DC} + 1) I_{BQ} R_E$$

이 식을 베이스 바이어스 전류 I_{BQ}에 대해 풀면 다음과 같다.

$$I_{BQ} = \frac{V_{TH} - V_{BE(on)}}{R_{TH} + (\beta_{DC}+1) R_E}$$

$$= \frac{1.15 - 0.66}{[23.07 + (160+1) \times 0.1] \times 10^3} = 12.51\mu\text{A}$$

컬렉터 바이어스 전류와 이미터 바이어스 전류는 각각 다음과 같이 계산된다.

$$I_{CQ} = \beta_{DC} I_{BQ} = 160 \times 12.51\mu\text{A} = 2.0\text{mA}$$

$$I_{EQ} = (\beta_{DC} + 1) I_{BQ} = 161 \times 12.51\mu\text{A} = 2.01\text{mA}$$

계산된 값들을 이용하여 베이스와 컬렉터, 이미터 바이어스 전압을 계산하면 각각 다음과 같다.

$$V_{BQ} = V_{TH} - I_{BQ} R_{TH} = 1.15 - 12.51 \times 23.07 \times 10^{-3} = 0.86\text{V}$$

$$V_{CQ} = V_{CC} - I_{CQ} R_C = 5 - 2.0 \times 1.0 = 3.0\text{V}$$

$$V_{EQ} = I_{EQ} R_E = 2.01 \times 0.1 = 0.2\text{V}$$

베이스-이미터, 베이스-컬렉터 접합, 컬렉터-이미터 접합의 바이어스 전압을 계산하면 각각 다음과 같으며, BJT가 순방향 활성모드로 바이어스되어 있음을 확인할 수 있다.

$$V_{BEQ} = V_{BQ} - V_{EQ} = 0.86 - 0.2 = 0.66\text{V}$$

$$V_{BCQ} = V_{BQ} - V_{CQ} = 0.86 - 3.0 = -2.14\text{V}$$

$$V_{CEQ} = V_{CQ} - V_{EQ} = 3.0 - 0.2 = 2.8\text{V}$$

[그림 2-42]는 DC 바이어스 시뮬레이션 결과이며, 계산된 값과 근사적으로 일치하는 것을 확인할 수 있다.

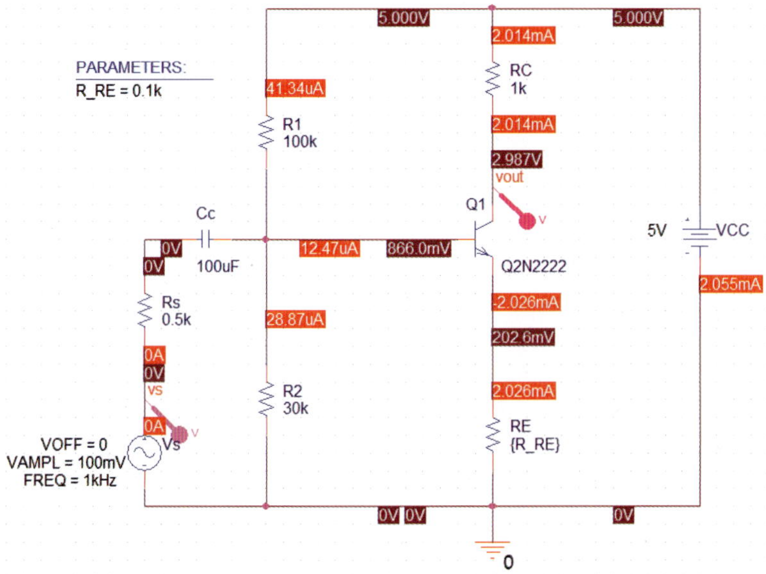

그림 2-42 [예제 2-7]의 DC 바이어스 시뮬레이션 결과

(ii) AC 해석

먼저, DC 해석을 통해 얻어진 바이어스 전류값을 이용하여 소신호 등가회로에 사용되는 파라미터들의 값을 구하면 다음과 같다.

$$r_e = \frac{V_T}{I_{EQ}} = \frac{26\text{mV}}{2.01\text{mA}} = 12.94\Omega$$

$$g_m = \frac{I_{CQ}}{V_T} = \frac{2.0\text{mA}}{26\text{mV}} = 76.92\text{mA/V}$$

$$r_\pi = \frac{V_T}{I_{BQ}} = \frac{26}{12.51 \times 10^{-3}} = 2.08\text{k}\Omega$$

$$\beta_o = g_m r_\pi = 76.92 \times 2.08 = 160$$

[그림 2-29]의 T-등가모델을 적용한 소신호 등가회로는 [그림 2-43]과 같다. 컬렉터 전류 i_c를 베이스 전류 i_b로 표현하면, $i_c = \alpha i_e = \beta_o i_b$이므로, 출력전압 v_o는 다음과 같다.

$$v_o = -\alpha i_e R_C = -\beta_o i_b R_C \qquad \cdots ①$$

베이스 단자의 전압 v_b와 입력전압 v_s의 관계를 구하면,

$$v_b = \frac{R_i}{R_S + R_i} v_s \qquad \cdots ②$$

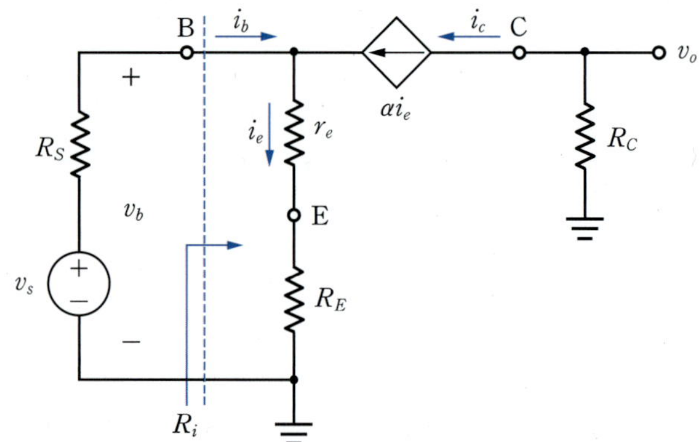

그림 2-43 T-등가모델을 적용한 소신호 등가회로

식 ②를 이용해서 베이스 전류 i_b를 구하면 다음과 같다.

$$i_b = \frac{v_b}{R_i} = \frac{v_s}{R_S + R_i} \qquad \cdots ③$$

식 ③을 식 ①에 대입하여 소신호 전압이득을 구하면 다음과 같다.

$$A_v = -\frac{\beta_o R_C}{R_S + R_i} \qquad \cdots ④$$

다음으로 입력저항을 구한다. 베이스 단자의 전압은 $v_b = (r_e + R_E)i_e$이고, $i_e = (\beta_o + 1)i_b$이므로, 입력저항 R_i는 다음과 같다.

$$R_i = \frac{v_b}{i_b} = \frac{(r_e + R_E)i_e}{i_b} = (\beta_o + 1)(r_e + R_E) \qquad \cdots ⑤$$

식 ⑤에 $r_\pi = (\beta_o + 1)r_e$를 적용하면 입력저항 R_i는 식 ⑥과 같으며, 하이브리드-π 등가모델을 적용한 해석의 식 (2.59)와 동일한 결과가 얻어진다.

$$R_i = (\beta_o + 1)(r_e + R_E) = r_\pi + (\beta_o + 1)R_E \qquad \cdots ⑥$$

식 ⑥을 식 ④에 대입하면 전압이득은 식 ⑦과 같으며, 하이브리드-π 등가모델을 적용한 해석의 식 (2.57)과 동일한 결과가 얻어진다.

$$A_v = -\frac{\beta_o R_C}{R_S + R_i} = -\frac{\beta_o R_C}{R_S + r_\pi + (\beta_o + 1)R_E} \quad \cdots ⑦$$

식 ⑤와 식 ⑦에 소신호 파라미터 값을 대입하여 입력저항과 전압이득을 계산하면 다음과 같다.

$$R_i = (\beta_o + 1)(r_e + R_E) = (160 + 1)(12.94 + 100) = 18.18\text{k}\Omega$$

$$A_v = -\frac{\beta_o R_C}{R_S + R_i} = \frac{-160 \times 1}{0.5 + 18.18} = -8.57\,\text{V/V}$$

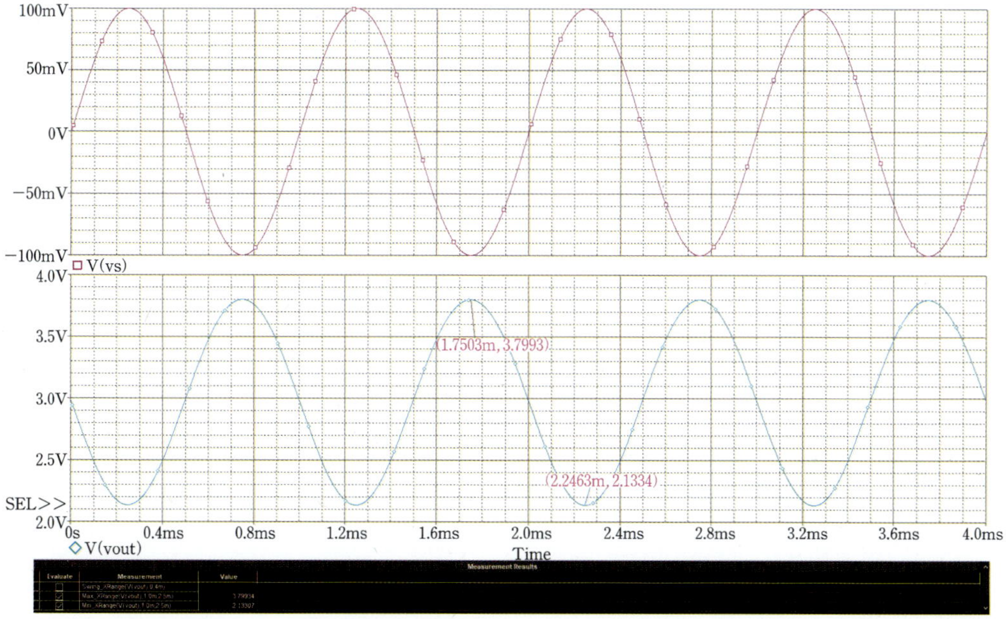

그림 2-44 [예제 2-7]의 Transient 시뮬레이션 결과

- [예제 2-5]의 전압이득 -65.2V/V와 비교할 때, 소신호 전압이득이 크게 감소되었다. 이는 이미터 저항 R_E에 의해 나타나는 현상이다. 이 예제는 이미터 저항 유무에 따른 전압이득을 비교하기 위해 [예제 2-5]와 동일한 조건을 적용했다.
- PSPICE 시뮬레이션 결과는 [그림 2-44]와 같다. 시뮬레이션 결과에 의한 소신호 전압이득은 -8.33V/V로 계산된 값과 비슷함을 확인할 수 있다.
- β_o 값의 변화에 따른 소신호 전압이득 변화를 계산하면 [표 2-3]과 같다. BJT의 β_o 값이 50% 감소해도 소신호 전압이득은 약 3%만 변한다. 즉, β_o 값의 변화가 증폭기의 전압이득에 거의 영향을 미치지 않아 안정된 전압이득이 얻어짐을 확인할 수 있다.

표 2-3 β_o 값의 변화에 따른 전압이득의 변화

β_o	Normalized β_o	전압이득 A_v	Normalized A_v
160	1.00	−8.57	1.000
136	0.85	−8.52	0.994
112	0.7	−8.45	0.986
80	0.5	−8.29	0.967

예제 2-8

[예제 2-7]의 NPN형 BJT 공통이미터 증폭기에서 이미터 저항 R_E 값의 변화에 따라 출력 v_o가 어떤 영향을 받는지 시뮬레이션을 통해 확인하고, 그 이유를 설명하라. 단, 저항 R_1, R_2에 의한 베이스 바이어스 전류 I_{BQ}는 고정된 상태를 유지한다.

풀이

$0.1\text{k}\Omega \le R_E \le 0.9\text{k}\Omega$ 범위에서 $0.2\text{k}\Omega$씩 변화시키며 시뮬레이션을 실행한 결과는 [그림 2-45]와 같다.

- 이미터 저항 R_E 값이 클수록 컬렉터-이미터 동작점 전압 V_{CEQ}가 전원전압 V_{CC} 쪽으로 가까워지며, 출력 v_o의 진폭이 작아져 전압이득이 작아진다. 따라서 이미터 저항 R_E 값을 너무 크지 않도록 설계하는 것이 바람직하다.

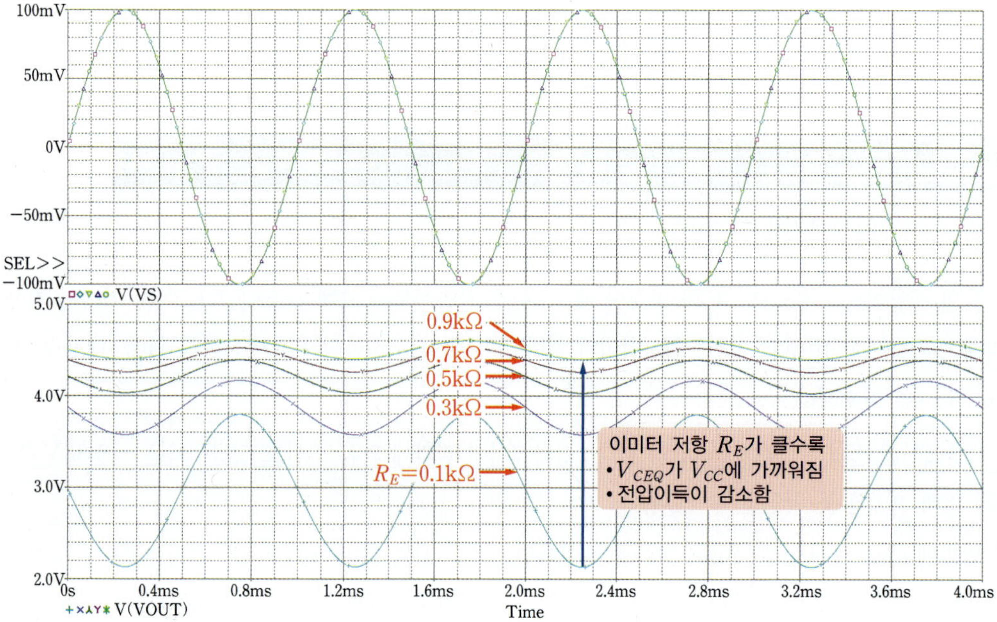

그림 2-45 [예제 2-8]의 Transient 시뮬레이션 결과

확인문제 2-19

[그림 2-39(a)]의 공통이미터 증폭기 회로가 PNP형 BJT로 구성되는 경우에 근사적인 전압이득 A_v를 구하라. 단, $R_C = 1.8\text{k}\Omega$, $R_E = 0.15\text{k}\Omega$이다.

답 $A_v \simeq -12.0\text{V/V}$

2.4.3 공통컬렉터 증폭기

공통컬렉터 증폭기의 전압이득과 입출력 임피던스는 어떤 특성을 갖는가?
공통컬렉터 증폭기는 어떤 용도로 사용되는가?

[그림 2-46]은 전압분배 바이어스를 갖는 공통컬렉터 증폭기 회로이다. 입력은 결합 커패시터를 통해서 베이스에 연결되고, 출력은 이미터에서 얻어지며, 컬렉터는 전원 V_{CC} (또는 V_{EE})에 연결된다. 결합 커패시터 C_C는 충분히 큰 값을 가져 동작 주파수 범위에서 커패시터의 리액턴스를 무시할 수 있다고 가정한다. PNP형 BJT가 사용되는 경우에도 회로 구조는 동일하며, 단지 전원전압의 극성과 전류의 방향이 반대이다.

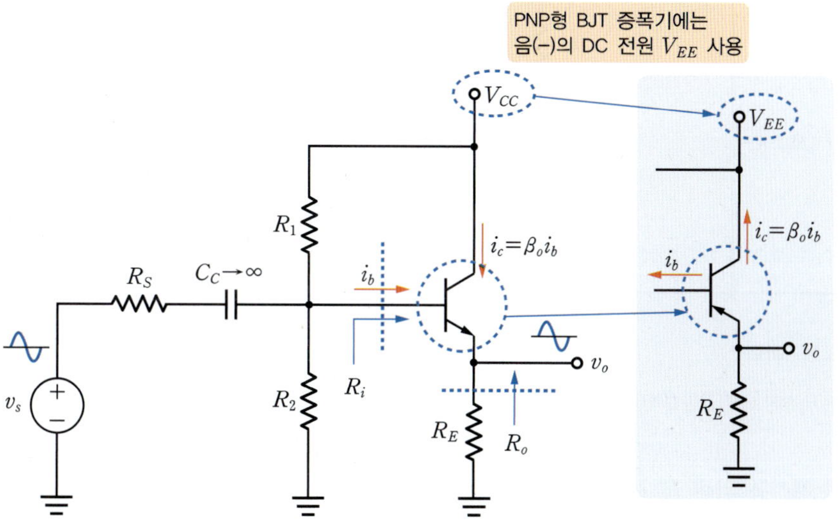

그림 2-46 공통컬렉터 증폭기

먼저, 신호원 저항 R_S와 바이어스 저항 R_1, R_2의 영향을 무시하고 회로의 동작을 정성적으로 이해해보자. [그림 2-46]의 회로에서 출력전압은 $v_o \simeq v_s$이므로, 입력전압의 변화

성분(소신호)이 그대로 출력에 나타난다. 따라서 소신호 전압이득은 $A_v \simeq 1\mathrm{V/V}$이다. 이와 같이 이미터 전압이 베이스 전압을 따라가므로 **이미터 팔로워** emitter follower라고도 한다. 입력전압과 이미터 전압의 위상은 동일하며, [그림 2-46]에 표시된 입력과 출력 신호의 위상 관계를 잘 살펴보기 바란다.

[그림 2-46]의 공통컬렉터 증폭기 회로에서 DC 전원 V_{CC}(또는 V_{EE})를 제거하여 교류 등가회로로 나타내면 [그림 2-47(a)]와 같다. 결합 커패시터 C_C는 단락된 것으로 취급되며, 바이어스 저항 R_1, R_2는 베이스와 접지 사이에 병렬로 연결된다. 컬렉터가 접지에 연결되어 입력과 출력의 공통단자로 작용하므로, 공통컬렉터 증폭기라고 부른다. [그림 2-47(a)]의 회로에 NPN형 BJT의 소신호 등가모델을 적용하면 [그림 2-47(b)]와 같다.

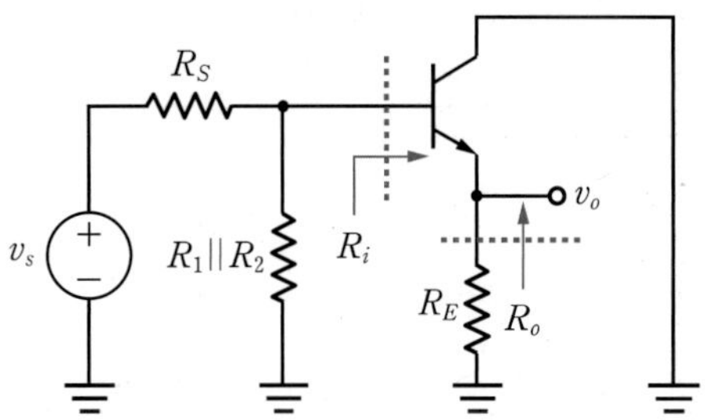

(a) 교류 등가회로

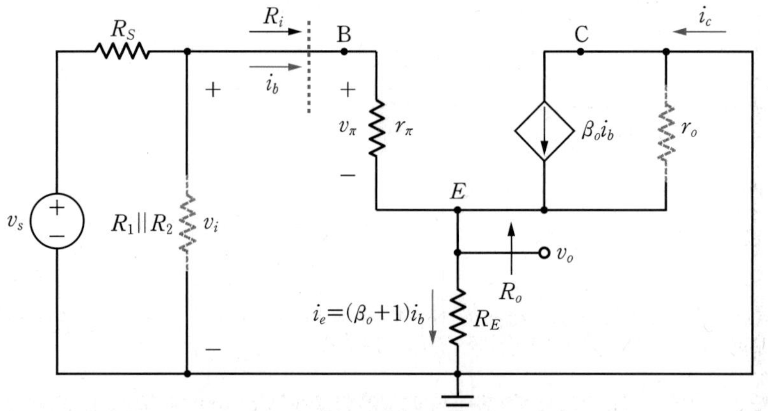

(b) 소신호 등가회로

그림 2-47 NPN형 BJT 공통컬렉터 증폭기의 교류 및 소신호 등가회로

직관적인 해석을 위해 $R_1 \parallel R_2$의 영향을 무시하고, BJT의 얼리 전압 V_A를 무한대로 가정하여 BJT의 출력저항 r_o를 무시할 수 있다고 가정한다. [그림 2-47(b)]의 소신호 등가회로에서 출력전압은 식 (2.61)과 같이 표현된다.

$$v_o = (\beta_o + 1)i_b R_E \tag{2.61}$$

베이스-이미터 루프에 KVL을 적용하면 다음과 같다.

$$v_s = [R_S + r_\pi + (\beta_o + 1)R_E]i_b \tag{2.62}$$

식 (2.62)에서 i_b를 구하여 식 (2.61)에 대입하면 다음과 같다.

$$v_o = \frac{(\beta_o + 1)R_E}{R_S + r_\pi + (\beta_o + 1)R_E} v_s \tag{2.63}$$

따라서 소신호 전압이득은 식 (2.64)와 같이 표현되며, 통상 $R_S + r_\pi \ll (\beta_o + 1)R_E$이므로, 공통컬렉터 증폭기의 전압이득은 근사적으로 $A_v \simeq 1\,\text{V/V}$이다.

$$A_v \equiv \frac{v_o}{v_s} = \frac{(\beta_o + 1)R_E}{R_S + r_\pi + (\beta_o + 1)R_E} \simeq 1 \tag{2.64}$$

다음으로 전류이득에 대해 살펴보자. [그림 2-47(b)]의 소신호 등가회로에서 이미터 전류는 $i_e = i_b + i_c = (\beta_o + 1)i_b$이므로, 공통컬렉터 증폭의 전류이득 A_i는 식 (2.65)와 같으며, 비교적 큰 값을 갖는다.

$$A_i \equiv \frac{i_e}{i_b} = \beta_o + 1 \tag{2.65}$$

다음으로 BJT의 베이스 단자에서 본 입력저항 R_i에 대해 살펴보자. [그림 2-47(b)]의 소신호 등가회로에서 베이스 단자의 전압은 $v_i = r_\pi i_b + (\beta_o + 1)i_b R_E$이므로, 입력저항 R_i는 식 (2.66)과 같이 주어지며, 비교적 큰 값을 갖는다. 컬렉터 저항 r_o를 고려하는 경우에는 R_E 대신 $r_o \parallel R_E$를 대입하면 된다. 바이어스 회로가 포함된 입력저항을 R_i'이라고 하면, $R_i' = R_1 \parallel R_2 \parallel R_i$가 된다.

$$R_i \equiv \frac{v_i}{i_b} = r_\pi + (\beta_o + 1)R_E \tag{2.66}$$

다음으로 출력단자인 이미터에서 증폭기 쪽으로 본 출력저항 R_o에 대해 알아보자. 출력저항 R_o는 신호원 v_s를 0으로 만들고, 이미터와 접지 사이에 테스트 전압 V_t와 테스트 전류 I_t를 인가하여 $R_o = V_t/I_t$의 관계식으로 구할 수 있다. 하지만 수식 전개가 다소 복잡하므로 여기서는 직관적인 해석을 통해 구해보자. [그림 2-47(b)]의 소신호 등가회로에서 베이스 전류 i_b와 이미터 전류는 $i_e = (\beta_o + 1)i_b$의 관계를 가지므로 이미터 단자에서 본 출력저항 R_o는 베이스 단자의 저항 $R_S + r_\pi$로부터 식 (2.67)과 같이 구해진다. $r_\pi \gg R_S$와 $\beta_o \gg 1$을 가정하여 근사화하면, $R_o \simeq \frac{1}{g_m}$이 되어 매우 작은 출력저항을 갖는다.

$$R_o = \frac{R_S + r_\pi}{\beta_o + 1} \simeq \frac{1}{g_m} \tag{2.67}$$

Q 공통컬렉터 증폭기는 어떤 용도로 사용되는가?

A 전압이득이 1에 가깝고, 큰 입력저항과 매우 작은 출력저항을 가지므로, 임피던스 매칭용 전압버퍼voltage buffer로 사용된다.

핵심포인트 공통컬렉터 증폭기의 특성

- 전압이득(식 (2.64)) : 근사적으로 1에 가까운 값을 갖는다. 이는 이미터 전압이 베이스 전압을 따라가는 동작으로 이해할 수 있다.
- 전류이득(식 (2.65)) : β_o+1로 비교적 큰 값을 갖는다.
- 입력저항(식 (2.66)) : 큰 입력저항을 갖는다. 이는 전압증폭기가 가져야 하는 바람직한 입력저항 특성이다.
- 출력저항(식 (2.67)) : 매우 작은 출력저항을 갖는다. 이는 전압증폭기가 가져야 하는 바람직한 출력저항 특성이다.

예제 2-9

[그림 2-46]의 공통컬렉터 증폭기 회로에 [그림 2-29]의 T-등가모델을 적용해서 소신호 전압이득, 입력저항, 출력저항을 구하라. 단, $R_S=0.5\text{k}\Omega$, $R_1=10\text{k}\Omega$, $R_2=47\text{k}\Omega$, $R_E=2\text{k}\Omega$, $V_{CC}=5\text{V}$, $\beta_{DC}=157$, $V_{BE(on)}=0.66\text{V}$ 이고, $V_A\to\infty$ 이다.

풀이

(i) DC 해석

베이스 단자에서 바이어스 회로의 테브냉 등가전압 V_{TH}와 등가저항 R_{TH}를 구하면 다음과 같다.

$$V_{TH}=\frac{R_2}{R_1+R_2}V_{CC}=\frac{47\times5}{10+47}=4.12\text{V}$$

$$R_{TH}=R_1\parallel R_2=10\parallel 47=8.25\text{k}\Omega$$

BJT가 순방향 활성모드로 바이어스되어 있다고 가정하고, 베이스-이미터 루프에 KVL을 적용하여 베이스 바이어스 전류 I_{BQ}를 구하면 다음과 같다.

$$I_{BQ}=\frac{V_{TH}-V_{BE(on)}}{R_{TH}+(\beta_{DC}+1)R_E}=\frac{4.12-0.66}{[8.25+(157+1)\times2]\times10^3}=10.67\mu\text{A}$$

베이스 전류로부터 컬렉터와 이미터 바이어스 전류를 구하면 다음과 같다.

$$I_{CQ}=\beta_{DC}I_{BQ}=157\times10.67\mu\text{A}=1.68\text{mA}$$

$$I_{EQ}=(\beta_{DC}+1)I_{BQ}=158\times10.67\mu\text{A}=1.69\text{mA}$$

계산된 전류값을 이용하여 베이스와 이미터 바이어스 전압을 구하면 다음과 같다.

$$V_{BQ} = V_{TH} - I_{BQ}R_{TH} = 4.12 - 10.67 \times 8.25 \times 10^{-3} = 4.03\text{V}$$

$$V_{EQ} = I_{EQ}R_E = 1.69 \times 2 = 3.38\text{V}$$

베이스-이미터, 베이스-컬렉터 접합의 바이어스 전압은 각각 다음과 같이 계산되며, BJT가 순방향 활성모드로 바이어스되어 있음을 확인할 수 있다.

$$V_{BEQ} = V_{BQ} - V_{EQ} = 4.03 - 3.38 = 0.65\text{V}$$

$$V_{BCQ} = V_{BQ} - V_{CC} = 4.03 - 5 = -0.97\text{V}$$

[그림 2-48]은 DC 바이어스 시뮬레이션 결과이며, 계산된 값과 비슷함을 확인할 수 있다.

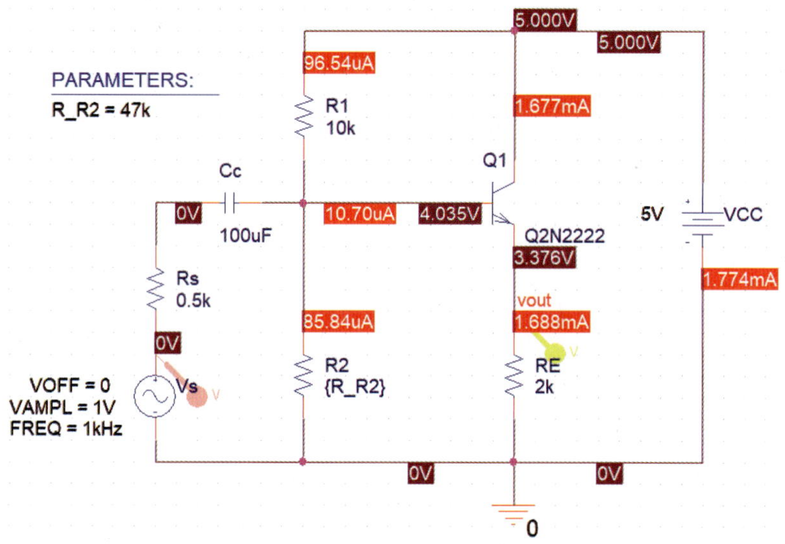

그림 2-48 [예제 2-9]의 DC 바이어스 시뮬레이션 결과

(ii) AC 해석

먼저, DC 해석을 통해 얻어진 바이어스 전류값을 이용하여 소신호 등가회로에 사용되는 파라미터들의 값을 구하면 다음과 같다.

$$r_e = \frac{V_T}{I_{EQ}} = \frac{26\text{mV}}{1.69\text{mA}} = 15.38\Omega$$

$$g_m = \frac{I_{CQ}}{V_T} = \frac{1.68\text{mA}}{26\text{mV}} = 64.62\text{mA/V}$$

$$r_\pi = \frac{V_T}{I_{BQ}} = \frac{26\text{mV}}{10.67 \times 10^{-6}\text{A}} = 2.44\text{k}\Omega$$

$$\beta_o = g_m r_\pi = 64.62 \times 2.44 = 157.67$$

[그림 2-29]의 T-등가모델을 적용한 소신호 등가회로는 [그림 2-49]와 같다. 이미터 전류 i_e를 베이스 전류 i_b로 표현하면, $i_e = (\beta_o + 1)i_b$이므로, 출력전압 v_o는 다음과 같다.

$$v_o = R_E i_e = R_E(\beta_o + 1)i_b \quad \cdots ①$$

베이스 단자의 전압 v_b와 입력전압 v_s의 관계를 구하면,

$$v_b = \frac{R_i}{R_S + R_i} v_s \quad \cdots ②$$

식 ②를 이용해서 베이스 전류 i_b를 구하면 다음과 같다.

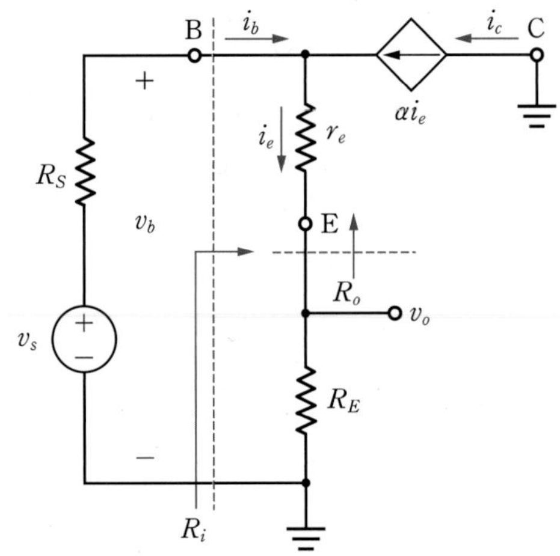

그림 2-49 T-등가모델을 적용한 소신호 등가회로

$$i_b = \frac{v_b}{R_i} = \frac{v_s}{R_S + R_i} \quad \cdots ③$$

식 ③을 식 ①에 대입하여 소신호 전압이득을 구하면 다음과 같다.

$$A_v \equiv \frac{v_o}{v_s} = \frac{(\beta_o + 1)R_E}{R_S + R_i} \quad \cdots ④$$

베이스 단자 전압은 $v_b = (r_e + R_E)i_e$이고, $i_e = (\beta_o + 1)i_b$이므로, 입력저항 R_i는 다음과 같다.

$$R_i = \frac{v_b}{i_b} = \frac{(r_e + R_E)i_e}{i_b} = (\beta_o + 1)(r_e + R_E) \quad \cdots ⑤$$

식 ⑤에 $r_\pi = (\beta_o + 1)r_e$를 적용하면 입력저항 R_i는 식 ⑥과 같으며, 하이브리드-π 등가모델을 적용한 해석의 식 (2.66)과 동일한 결과가 얻어진다.

$$R_i = (\beta_o + 1)(r_e + R_E) = r_\pi + (\beta_o + 1)R_E \quad \cdots ⑥$$

식 ⑥을 식 ④에 대입하면 전압이득은 식 ⑦과 같으며, 하이브리드-π 등가모델을 적용한 해석의 식 (2.64)와 동일한 결과가 얻어진다.

$$A_v = \frac{(\beta_o + 1)R_E}{R_S + R_i} = \frac{(\beta_o + 1)R_E}{R_S + r_\pi + (\beta_o + 1)R_E} \quad \cdots ⑦$$

식 ⑤와 식 ⑦에 소신호 파라미터 값을 대입하여 입력저항과 전압이득을 계산하면 다음과 같다.

$$R_i = (\beta_o + 1)(r_e + R_E) = (157.67 + 1)(15.38 + 2000) = 319.78\text{k}\Omega$$

$$A_v = \frac{(\beta_o + 1)R_E}{R_S + R_i} = \frac{(157.67 + 1) \times 2}{0.5 + 319.78} = 0.99\text{V/V}$$

이미터 단자에서 본 출력저항 R_o을 구하기 위해 신호원 전압을 $v_s = 0$으로 만들고, 이미터 단자에 테스트 전압 V_t와 테스트 전류 I_t를 인가하여 [그림 2-50]과 같이 소신호 등가회로를 만든다. 신호원 저항 R_S로 흐르는 전류 i_s는 다음과 같다.

$$i_s = \alpha i_e - i_e = (\alpha - 1)i_e \quad \cdots ⑥$$

이미터-베이스-접지 사이에 KVL을 적용하면 이미터 단자의 전압 V_t는 다음과 같다.

$$V_t = -r_e i_e + R_S i_s = -[r_e + (1-\alpha)R_S]i_e \quad \cdots ⑦$$

식 ⑦에 $I_t = -i_e$와 $1-\alpha = \dfrac{1}{\beta_o + 1}$를 적용하여 출력저항 R_o를 구하면 다음과 같으며, 하이브리드-π 등가모델을 적용한 해석의 식 (2.67)과 동일한 결과가 얻어진다.

$$R_o = \frac{V_t}{I_t} = r_e + (1-\alpha)R_S = r_e + \frac{R_S}{\beta_o + 1} = \frac{R_S + r_\pi}{\beta_o + 1} \quad \cdots ⑧$$

식 ⑧에 소신호 파라미터 값을 대입해서 계산하면 다음과 같다.

$$R_o = \frac{(0.5 + 2.44) \times 10^3}{157.67 + 1} = 18.53\Omega$$

BJT의 β_o가 충분히 큰 값인 경우에 공통컬렉터 증폭기의 출력저항은 근사적으로 $R_o \simeq r_e \simeq \dfrac{1}{g_m}$로 매우 작은 값을 갖는다.

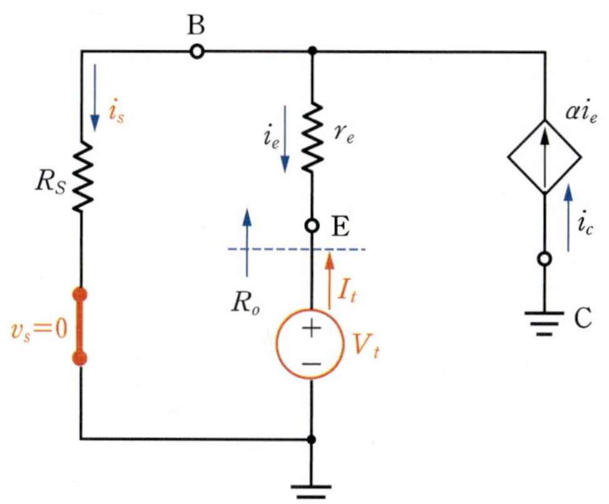

그림 2-50 출력저항을 구하기 위한 소신호 등가회로

PSPICE 시뮬레이션 결과는 [그림 2-51]과 같으며, 시뮬레이션 결과에 의한 전압이득은 0.93V/V로 나타나 계산된 값과 비슷함을 확인할 수 있다.

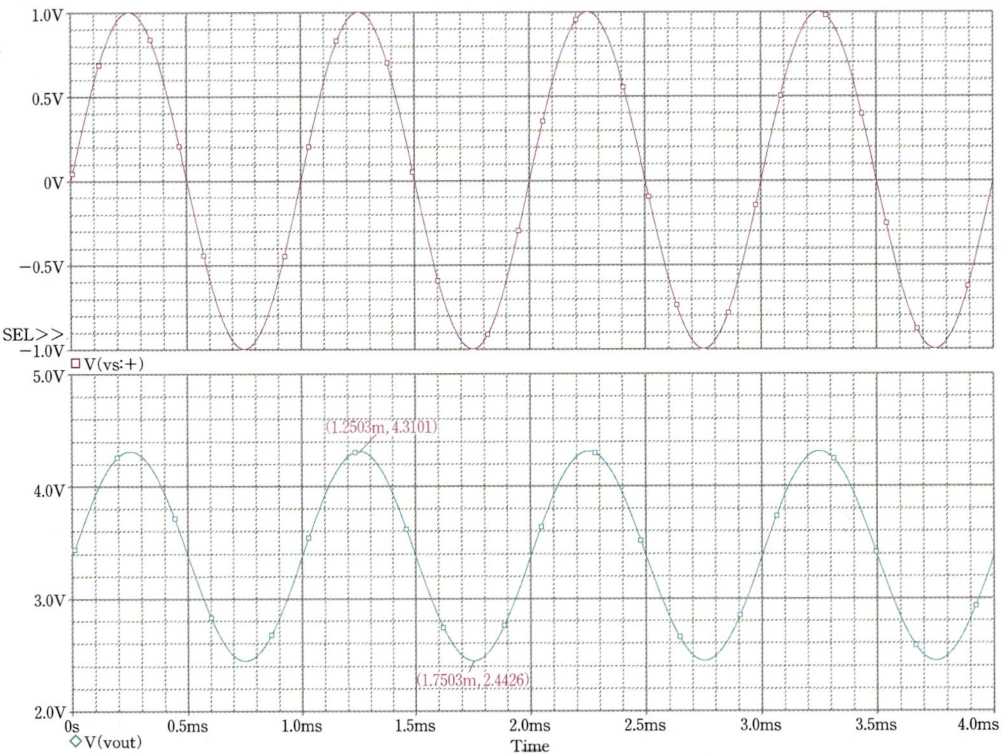

그림 2-51 [예제 2-9]의 Transient 시뮬레이션 결과

예제 2-10

[예제 2-9]의 NPN형 BJT 공통컬렉터 증폭기에서 바이어스 저항 R_2 값을 5.1kΩ, 10kΩ, 30kΩ, 51kΩ, 110kΩ으로 변화시킴에 따라 출력 v_o가 어떤 영향을 받는지 시뮬레이션을 통해 확인하고, 그 이유를 설명하라. 단, 다른 조건들은 [예제 2-9]와 동일한 상태를 유지하며, 진폭이 2V인 정현파를 입력으로 인가한다.

풀이

- 바이어스 저항 R_2 값은 베이스 바이어스 전류 I_{BQ}와 컬렉터 바이어스 전류 I_{CQ}에 영향을 미치며, R_2 값이 클수록 I_{BQ}와 I_{CQ} 값은 커지고 V_{CEQ} 값은 작아져 동작점이 포화영역에 가깝게 설정되고, R_2 값이 작을수록 반대로 차단영역에 가깝게 동작점이 설정된다. 시뮬레이션을 통해 얻어진 저항 R_2 값에 따른 동작점 전류와 전압은 [표 2-4]와 같다.

표 2-4 저항 R_2 값에 따른 동작점 전류와 전압

R_2[kΩ]	I_{BQ}[μA]	I_{CQ}[mA]	V_{CEQ}[V]
5.1	3.62	0.521	3.95
10	6.01	0.908	3.17
30	9.63	1.50	1.98
51	10.9	1.70	1.57
110	12.0	1.89	1.19

- 바이어스 저항 R_2 값을 변화시키면서 시뮬레이션을 실행한 결과는 [그림 2-52]와 같다. $R_2 = 5.1\text{k}\Omega$인 경우에는 동작점이 차단영역에 가깝게 설정되어 출력파형의 일부분(최소치 근처)에서 왜곡이 발생하였으며, 반대로 $R_2 = 110\text{k}\Omega$인 경우에는 동작점이 포화영역에 가깝게 설정되어 출력파형의 일부분(최대치 근처)에서 왜곡이 발생하였음을 확인할 수 있다. 따라서 동작점이 선형영역의 중앙 근처에 설정되도록 바이어스를 설계하는 것이 바람직하다.

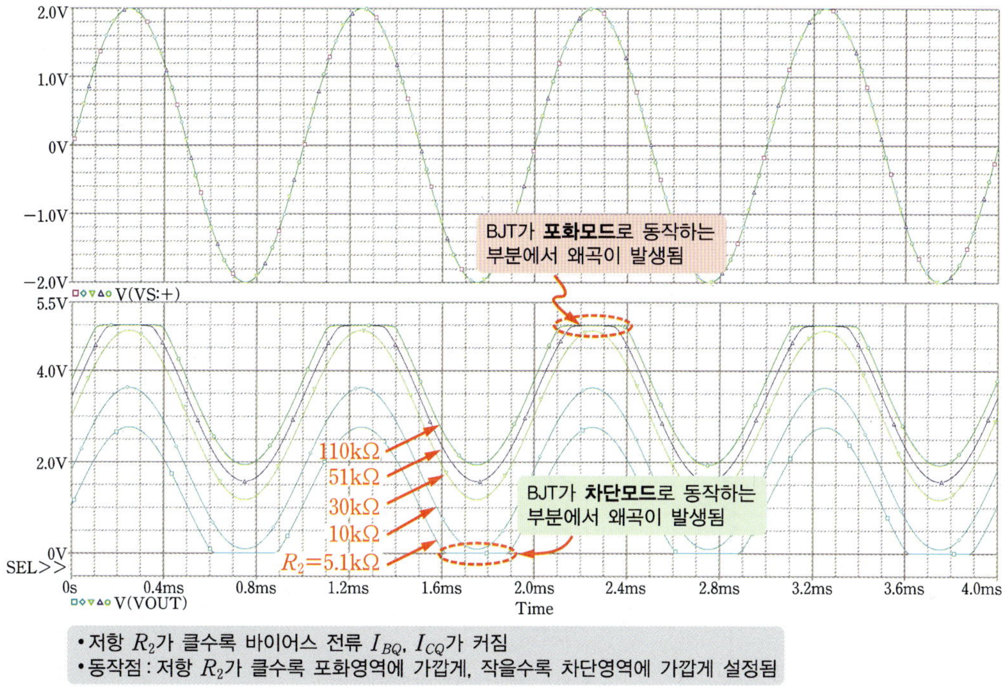

그림 2-52 [예제 2-10]의 Transient 시뮬레이션 결과

확인문제 2-20

[그림 2-46]의 공통컬렉터 증폭기 회로가 PNP형 BJT로 구성되는 경우에 전압이득 A_v와 입력저항 R_i, 출력저항 R_o를 구하라. 단, 컬렉터 바이어스 전류 $I_{CQ} = 1.3\text{mA}$, $\beta_{DC} = 130$이고, $R_E = 1.8\text{k}\Omega$, $R_S = 0.5\text{k}\Omega$이다.

답 $A_v = 0.987\text{V/V}$, $R_i = 238.4\text{k}\Omega$, $R_o = 23.66\Omega$

2.4.4 공통베이스 증폭기

> **공통베이스 증폭기의 전류이득과 입출력 임피던스는 어떤 특성을 갖는가?**
> **공통베이스 증폭기는 어떤 용도로 사용되는가?**

[그림 2-53]은 공통베이스 증폭기 회로이다. 저항 R_1, R_2에 의해 BJT가 순방향 활성모드로 바이어스되며, 베이스가 결합 커패시터 C_2를 통해 교류접지되어 있다. 입력신호는 결합 커패시터 C_1을 통해 이미터로 인가되며, 출력은 컬렉터에서 얻어진다. 결합 커패시터는 충분히 큰 값을 가져 동작 주파수 범위에서 커패시터의 리액턴스를 무시할 수 있다고 가정한다. PNP형 BJT가 사용되는 경우에도 회로 구조는 동일하며, 단지 전원전압의 극성과 전류의 방향이 반대가 된다.

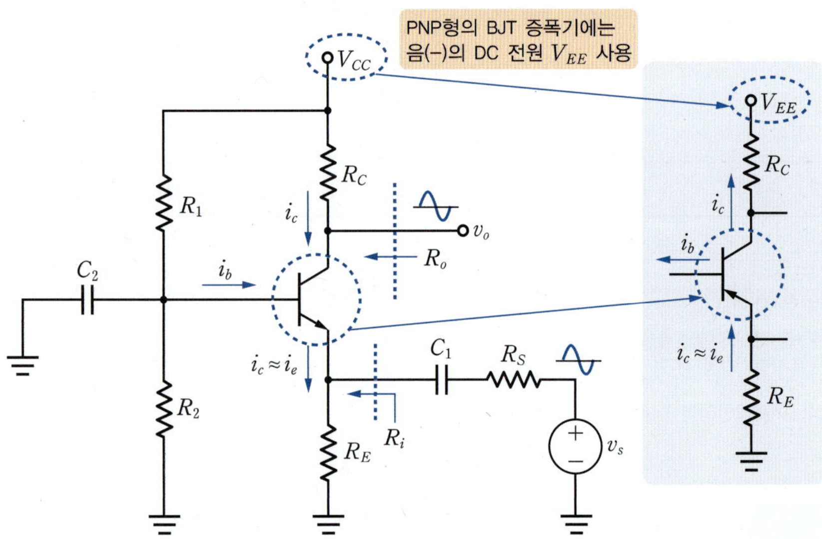

그림 2-53 공통베이스 증폭기

먼저, 회로의 동작을 정성적으로 이해해보자. [그림 2-53]의 회로에서 이미터에 인가되는 입력전압에 의해 이미터 전류 i_e가 변화하면, 그 변화성분이 $\alpha(\simeq 1)$배가 되어 컬렉터 전류 i_c로 나타나므로, 소신호 전류이득은 $A_i \simeq 1\text{A/A}$가 된다. 출력전압은 컬렉터 단자에서 얻어지며 이미터 전압과 동일위상을 갖는다. [그림 2-53]에 표시된 정현파 신호의 위상 관계를 잘 살펴보기 바란다.

공통베이스 증폭기의 교류 등가회로는 [그림 2-54(a)]와 같으며, 결합 커패시터는 단락된 것으로 취급된다. 바이어스 저항 R_1과 R_2는 양 단자가 접지되므로 교류 등가회로에 나타나지 않으며, 베이스가 접지에 연결되어 입력과 출력의 공통단자로 작용하므로 공통베이스 증폭기라고 부른다. 회로 해석의 편의를 위해 [그림 2-29]의 T-등가모델을 적용하면 [그림 2-54(b)]의 소신호 등가회로를 얻는다. BJT의 얼리 전압 V_A를 무한대로 가정하여 소신호 컬렉터 저항 r_o의 영향을 무시하였다. 소신호 이미터 저항 r_e에 대해서는 2.3.2절을 참고하기 바란다.

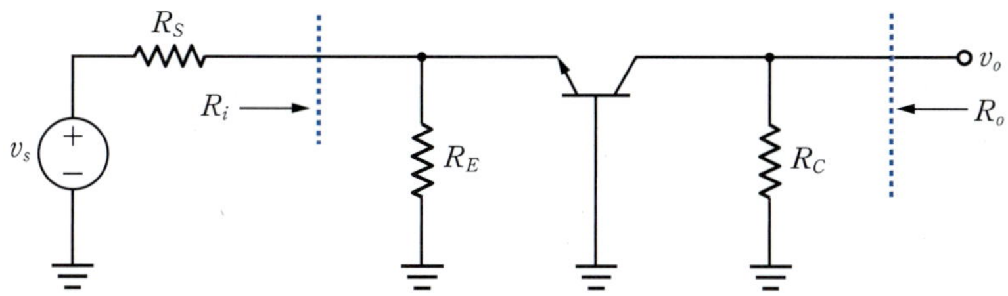

(a) 교류 등가회로

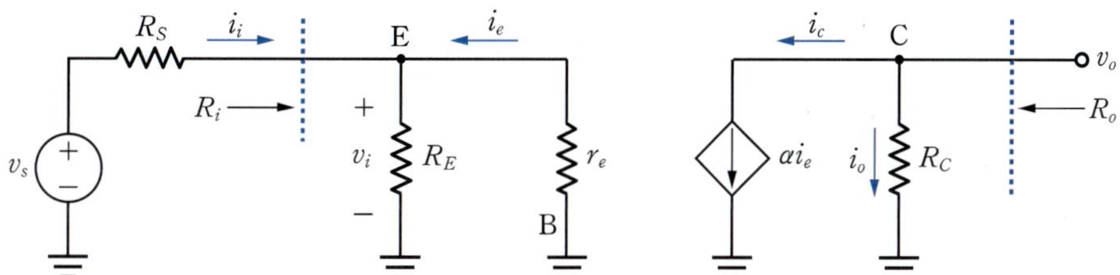

(b) 소신호 등가회로

그림 2-54 공통베이스 증폭기의 교류 및 소신호 등가회로

먼저, 전압이득에 대해 알아보자. [그림 2-54(b)]의 소신호 등가회로에서 얻은 출력전압은 다음과 같다.

$$v_o = -R_C \alpha i_e \tag{2.68}$$

이미터 단자에 걸리는 전압 v_i는 식 (2.69)와 같으며, $r_e \ll R_E$이므로 $R_E \parallel r_e \simeq r_e$가 적용되었다.

$$v_i \simeq \frac{r_e}{R_S + r_e} v_s \tag{2.69}$$

따라서 이미터 전류는 다음과 같다.

$$i_e = -\frac{v_i}{r_e} = -\frac{v_s}{R_S + r_e} \tag{2.70}$$

식 (2.70)을 식 (2.68)에 대입하면 공통베이스 증폭기의 소신호 전압이득은 식 (2.71)과 같으며, $\alpha = \dfrac{\beta_o}{\beta_o + 1} \simeq 1$과 $r_e = \dfrac{r_\pi}{\beta_o + 1} \simeq \dfrac{1}{g_m}$을 적용했다. 전압이득의 부호가 양(+)이므로 입력신호와 출력신호의 위상은 동일하다.

$$A_v \equiv \frac{v_o}{v_s} \simeq \frac{\alpha R_C}{R_S + r_e} \simeq \frac{g_m R_C}{1 + g_m R_S} \tag{2.71}$$

식 (2.71)로부터, 공통베이스 증폭기의 전압이득은 BJT의 β_o에 그리 민감하지 않음을 알 수 있다. 또한 $\alpha \simeq 1$이므로, $r_e \ll R_S$이면 전압이득은 $A_v \simeq \frac{R_C}{R_S}$로 근사화될 수 있다.

다음으로 전류이득에 대해 살펴보자. 일반적으로 소신호 이미터 저항 r_e는 매우 작은 값이므로 $r_e \ll R_E$로 가정할 수 있다. 컬렉터 출력전류는 $i_c = \alpha i_e$이므로 공통베이스 증폭기의 전류이득은 식 (2.72)와 같이 1에 가까운 값이 된다.

$$A_i \equiv \frac{i_o}{i_i} \simeq \frac{-i_c}{-i_e} = \alpha \simeq 1 \tag{2.72}$$

[그림 2-54(b)]의 소신호 등가회로에서 $v_i = (R_E \parallel r_e) i_i$이므로 공통베이스 증폭기의 입력저항은 식 (2.73)과 같으며, $r_e \ll R_E$이므로 매우 작은 입력저항을 갖는다.

$$R_i \equiv \frac{v_i}{i_i} = R_E \parallel r_e \simeq r_e \tag{2.73}$$

공통베이스 증폭기의 출력저항 R_o는 컬렉터 단자에서 본 저항이다. 컬렉터 단자의 소신호 출력저항 r_o를 무한대로 가정하면 출력저항은 식 (2.74)와 같다.

$$R_o = R_C \tag{2.74}$$

Q 공통베이스 증폭기는 어떤 용도로 사용되는가?

A
- 전류이득이 1에 가깝고, 매우 작은 입력저항과 큰 출력저항을 가지므로, 전류버퍼current buffer로 사용된다.
- 전압이득이 크지 않고 입력저항이 작으므로, 단독으로 전압증폭기로 사용되지 않는다.
- 입력신호가 전류인 경우에 공통베이스 구조가 유용하다.
- CE-CB 구조의 캐스코드cascode 증폭기로 구성되어 주파수 특성을 개선하기 위해 사용된다.

핵심포인트 공통베이스 증폭기의 특성

- 전류이득(식 (2.72)) : 근사적으로 1에 가까운 값을 갖는다. 이는 이미터 전류와 컬렉터 전류가 $i_c \simeq \alpha i_e$의 관계를 갖기 때문이다.
- 입력저항(식 (2.73)) : $R_i \simeq r_e \simeq \frac{1}{g_m}$로 매우 작은 값을 가지며, 이는 전류증폭기가 가져야 하는 바람직한 입력저항 특성이다.
- 출력저항(식 (2.74)) : BJT의 컬렉터 단자의 소신호 출력저항 r_o가 매우 크므로 R_C를 제외한 출력저항은 매우 큰 값을 갖는다. 이는 전류증폭기가 가져야 하는 바람직한 출력저항 특성이다.

예제 2-11

[그림 2-53] 공통베이스 증폭기의 소신호 전압이득과 전류이득 그리고 입력저항과 출력저항을 구하라. 단, $R_1 = 100\text{k}\Omega$, $R_2 = 20\text{k}\Omega$, $R_C = 5\text{k}\Omega$, $R_E = 1\text{k}\Omega$, $R_S = 0.2\text{k}\Omega$, $V_{CC} = 15\text{V}$, BJT 파라미터는 $\beta_{DC} = 163$, $V_{BE(on)} = 0.66\text{V}$ 이고, 얼리 전압은 무한대로 가정한다.

풀이

(i) DC 해석

베이스 단자에서 바이어스 회로의 테브냉 등가전압 V_{TH}와 등가저항 R_{TH}를 구해보자.

$$V_{TH} = \frac{R_2}{R_1 + R_2} V_{CC} = \frac{20}{100+20} \times 15\text{V} = 2.5\text{V}$$

$$R_{TH} = R_1 \parallel R_2 = 100 \parallel 20 = 16.67\text{k}\Omega$$

BJT가 순방향 활성모드로 바이어스되어 있다고 가정하고 베이스-이미터 루프에 KVL을 적용하여 베이스 바이어스 전류 I_{BQ}를 구하면 다음과 같다.

$$I_{BQ} = \frac{V_{TH} - V_{BE(on)}}{R_{TH} + (1+\beta_{DC})R_E} = \frac{2.5 - 0.66}{[16.67 + (1+163) \times 1] \times 10^3} = 10.18\mu\text{A}$$

베이스 전류로부터 컬렉터와 이미터 바이어스 전류를 구하면 다음과 같다.

$$I_{CQ} = \beta_{DC} I_{BQ} = 163 \times 10.18\mu\text{A} = 1.66\text{mA}$$

$$I_{EQ} = (\beta_{DC} + 1) I_{BQ} = 164 \times 10.18\mu\text{A} = 1.67\text{mA}$$

계산된 전류값을 이용하여 베이스, 컬렉터, 이미터 바이어스 전압을 계산하면 다음과 같다.

$$V_{BQ} = V_{TH} - I_{BQ} R_{TH} = 2.5 - 10.18 \times 16.67 \times 10^{-3} = 2.33\text{V}$$

$$V_{CQ} = V_{CC} - I_{CQ} R_C = 15 - 1.66 \times 5 = 6.7\text{V}$$

$$V_{EQ} = I_{EQ} R_E = 1.67 \times 1 = 1.67\text{V}$$

베이스-이미터, 베이스-컬렉터 접합의 바이어스 전압을 계산하면 다음과 같으며, 따라서 BJT가 순방향 활성모드로 바이어스되어 있음을 확인할 수 있다.

$$V_{BEQ} = V_{BQ} - V_{EQ} = 2.33 - 1.67 = 0.66\text{V}$$

$$V_{BCQ} = V_{BQ} - V_{CQ} = 2.33 - 6.7 = -4.37\text{V}$$

[그림 2-55]는 DC 바이어스 시뮬레이션 결과이며, 오차범위 내에서 계산된 값과 일치함을 확인할 수 있다.

확인문제 2-21

[그림 2-53]의 공통베이스 증폭기 회로가 PNP형 BJT로 구성되는 경우에 전류이득 A_i, 전압이득 A_v 그리고 입력저항 R_i를 구하라. 컬렉터 바이어스 전류 $I_{CQ} = 1.3\text{mA}$, $\beta_{DC} = 130$이고, $R_C = 3.3\text{k}\Omega$, $R_E = 1.0\text{k}\Omega$, $R_S = 0.5\text{k}\Omega$이다.

답 $A_i = 0.992\text{A/A}$, $A_v = 6.35\text{V/V}$, $R_i = 20\Omega$

2.4.5 BJT 증폭기의 특성 비교

CE, CB, CC BJT 증폭기의 특성은 서로 어떻게 다른가?

지금까지 세 가지 기본적인 BJT 증폭기(CE, CB, CC)에 대해 알아보았다. 이제 이들 BJT 증폭기의 특성을 비교해보자.

전압이득과 전류이득을 비교해보면, CE 증폭기는 전압이득과 전류이득이 모두 1보다 크다. CB 증폭기는 전압이득이 1보다 큰 반면, 전류이득은 1보다 약간 작다. CC(이미터 팔로워) 증폭기는 전압이득이 1보다 약간 작은 반면, 전류이득은 1보다 크다.

다음으로 입력저항을 비교해보자. 바이어스 회로의 영향을 고려하지 않는 경우, CE 증폭기의 입력저항은 수 kΩ 정도의 값을 가지며, 이미터 저항 R_E를 갖는 CE 증폭기와 CC 증폭기의 입력저항은 수십~수백 kΩ 범위의 큰 값을 갖는다. 반면, CB 증폭기의 입력저항은 수십 Ω 정도로 매우 작은 값을 갖는다. CE와 CC 증폭기의 경우, 신호원에서 보는 입력저항은 바이어스 회로의 저항에 영향을 받을 수 있다.

마지막으로 출력저항을 살펴보자. CC 증폭기의 출력저항은 일반적으로 수~수십 Ω으로 매우 작은 반면, CE와 CB 증폭기의 출력저항은 큰 값을 가지며, 컬렉터 저항과 밀접한 관계를 갖는다.

BJT 증폭기의 특성을 [표 2-5]와 [표 2-6]에 요약하여 정리했다.

표 2-5 BJT 증폭기의 일반적인 특성

구성	전압이득	전류이득	입력저항	출력저항
CE	$A_v > 1$	$A_i > 1$	중간	큼
CC	$A_v \simeq 1$	$A_i > 1$	큼	작음
CB	$A_v > 1$	$A_i \simeq 1$	작음	큼

표 2-6 BJT 증폭기의 기본 수식

증폭기 구조	전압이득	전류이득	입력저항	출력저항
CE	$A_v = -\frac{\beta_o R_C}{R_S + r_\pi} \simeq -g_m R_C$	$A_i = \beta_o$	$R_i = r_\pi$	$R_o = R_C$
이미터 저항 R_E를 갖는 CE	$A_v \simeq -\frac{R_C}{R_E}$	$A_i = \beta_o$	$R_i = r_\pi + (\beta_o + 1)R_E$	$R_o = R_C$
CC	$A_v \simeq 1$	$A_i = \beta_o + 1$	$R_i = r_\pi + (\beta_o + 1)R_E$	$R_o \simeq \frac{1}{g_m} \simeq r_e$
CB	$A_v \simeq \frac{R_C}{R_S}$	$A_i \simeq 1$	$R_i \simeq r_e$	$R_o = R_C$

점검하기 **다음 각 문제에서 맞는 것을 고르시오.**

(1) CE 증폭기의 입력전압과 출력전압은 (**동일위상, 반전위상**) 관계이다.
(2) CE 증폭기의 전압이득은 전달컨덕턴스 g_m에 (**비례, 반비례**) 관계이다.
(3) CE 증폭기에 이미터 저항 R_E를 추가하면 전압이득이 (**감소, 증가**)한다.
(4) CE 증폭기에 이미터 저항 R_E를 추가하면 입력저항이 (**감소, 증가**)한다.
(5) CC 증폭기는 입력저항이 (**작고, 크고**), 출력저항이 (**작다, 크다**).
(6) CC 증폭기는 (**전압이득, 전류이득**)이 근사적으로 1이다.
(7) CB 증폭기는 입력저항이 (**작고, 크고**), 출력저항이 (**작다, 크다**).
(8) 입력신호가 전류인 경우에 적합한 증폭기 구조는 (CB, CC, CE)이다.
(9) 입력저항이 가장 작은 증폭기는 (CE, CC, CB) 구조이다.
(10) 출력저항이 가장 작은 증폭기는 (CE, CC, CB) 구조이다.

SECTION

2.5 다단 증폭기

2.4절에서는 하나의 트랜지스터로 구성되는 공통이미터(CE), 공통컬렉터(CC), 공통베이스(CB) BJT 증폭기 회로에 대해 설명하였다. 이들 단일 트랜지스터 증폭기는 각기 서로 다른 특성을 갖는다. 예를 들어 CE 증폭기는 전압이득이 큰 반면, 입력저항이 비교적 작다. CC 증폭기는 입력저항이 큰 반면, 전압이득이 1에 가까운 작은 값을 갖는다. CB 증폭기는 입력저항이 작고, 전류이득이 1에 가까운 값을 갖는다.

단일 트랜지스터 증폭기들을 종속cascade으로 연결하여 다단multi-stage 증폭기를 구성하면, 단일 증폭단의 장점들이 결합된 우수한 성능의 증폭기를 구현할 수 있다. 예를 들면, CE 증폭기를 다단으로 연결하면 단일 증폭단보다 큰 전압이득을 실현할 수 있다. 이 절에서는 CE-CE, CE-CB, CC-CE, CE-CC 등 여러 가지 다단 증폭기 구성과 특성을 알아본다.

종속연결 2단 증폭기의 일반적인 형태는 [그림 2-57]과 같다. 그림에서 보는 바와 같이, 증폭단-2의 입력저항이 증폭단-1에 부하로 작용하는 부하효과loading effect가 존재한다.

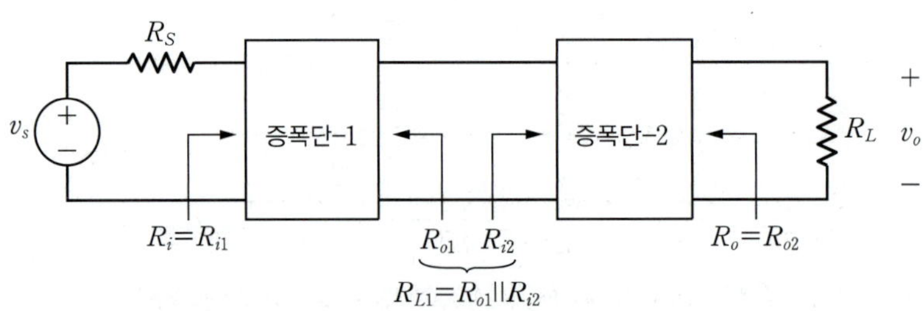

그림 2-57 종속연결 2단 증폭기의 일반적인 형태

따라서 증폭단-1에서 이를 고려해야 한다. 종속연결 증폭기 전체의 입력저항은 증폭단-1의 입력저항이며, 출력저항은 증폭단-2의 출력저항이다. 대표적인 종속연결 2단 증폭기의 특징을 요약하면 [표 2-7]과 같다.

표 2-7 종속연결 2단 증폭기의 특징

종속연결 증폭기	특징
CE-CE 구조	큰 전압이득
CE-CB 구조	큰 대역폭과 큰 전압이득
CC-CE 구조	큰 입력저항과 큰 전압이득
CE-CC 구조	작은 출력저항과 큰 전압이득
CC-CC 구조	큰 전류이득

2.5.1 CE-CE 종속연결 증폭기

CE-CE 종속연결 증폭기는 어떤 특성을 갖는가?

[그림 2-58]은 CE 증폭기 2개가 종속으로 연결된 2단 증폭기이다. 각 트랜지스터는 순방향 활성영역에서 동작하도록 바이어스되며, 편의상 바이어스 회로는 생략했다. 각 트랜지스터의 소신호 컬렉터 저항은 $r_o \to \infty$ 라고 가정한다.

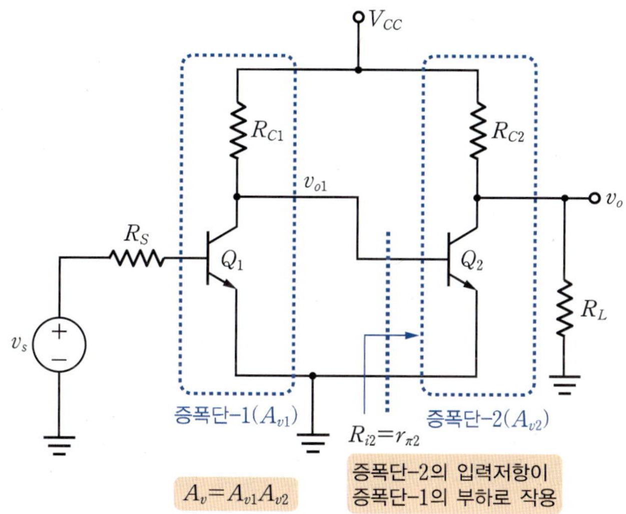

그림 2-58 CE-CE 종속연결 증폭기

먼저 전체 증폭기의 전압이득을 살펴보자. 2.4.1절에서 설명한 공통이미터 증폭기의 전압이득을 나타내는 식 (2.49)로부터 각 증폭단의 전압이득을 구하면 식 (2.75), 식 (2.76)과 같다. 여기서 증폭단-1에 증폭단-2가 종속으로 연결되어 있으므로 증폭단-2의 입력저항 $R_{i2} = r_{\pi 2}$가 증폭단-1의 부하로 작용하여 $R_{L1} = R_{C1} \| R_{i2} = R_{C1} \| r_{\pi 2}$가 된다. 증폭단-2의 부하는 $R_{L2} = R_{C2} \| R_L$이다.

$$A_{v1} \equiv \frac{v_{o1}}{v_s} = -\frac{\beta_{o1} R_{L1}}{R_S + r_{\pi 1}} \tag{2.75}$$

$$A_{v2} \equiv \frac{v_o}{v_{o1}} = -g_{m2} R_{L2} \tag{2.76}$$

따라서 종속증폭단 전체의 전압이득은 식 (2.77)과 같이 각 증폭단의 전압이득을 곱한 것이 된다.

$$A_v \equiv \frac{v_o}{v_s} = A_{v1} A_{v2} = \left(\frac{\beta_{o1} R_{L1}}{R_S + r_{\pi 1}}\right)(g_{m2} R_{L2}) \tag{2.77}$$

핵심포인트 **종속연결 증폭기의 특성**

❶ 전체 전압이득은 각 증폭단의 전압이득을 곱한 것과 같다.

❷ 증폭단-1의 전압이득에는 증폭단-2의 입력저항이 미치는 부하효과를 고려해야 한다.

종속연결 증폭단의 입력저항은 증폭단-1의 입력저항이므로

$$R_i = r_{\pi 1} \tag{2.78}$$

이 되며, 출력저항은 증폭단-2의 출력저항이므로 다음과 같다.

$$R_o = R_{C2} \tag{2.79}$$

확인문제 2-22

[그림 2-58] CE-CE 종속연결 증폭기의 전압이득을 구하라. 단, $R_S = 0.2\text{k}\Omega$, $R_{C1} = 1\text{k}\Omega$, $R_{C2} = 2\text{k}\Omega$, $R_L = 6\text{k}\Omega$이고, $\beta_{o1} = \beta_{o2} = 100$, $r_{\pi 1} = r_{\pi 2} = 1.0\text{k}\Omega$이다.

답 $A_v = 6{,}250\text{V/V}$

2.5.2 CE-CB 종속연결 증폭기(캐스코드 증폭기)

CE-CB 종속연결 증폭기는 어떤 특성을 갖는가?

[그림 2-59]와 같이 CE 증폭단과 CB 증폭단이 종속으로 연결된 구조를 **캐스코드**cascode **증폭기**라고 한다. 신호주파수 범위에서 결합 및 바이패스 커패시터들은 모두 단락되고, 각 트랜지스터의 소신호 컬렉터 저항은 $r_o \to \infty$ 라고 가정한다. CE 증폭단의 출력이 CB 증폭단의 이미터로 입력되며, CB 증폭단은 전류이득이 $1\,\text{A/A}$에 가까운 전류버퍼로 동작한다.

CB 증폭단의 입력저항 $R_{i2} = r_{e2}$의 부하효과를 고려한 CE 증폭단의 전압이득은 식 (2.50)으로부터 다음과 같이 얻을 수 있다.

$$A_{v1} \equiv \frac{v_{o1}}{v_s} \simeq -g_{m1} r_{e2} \tag{2.80}$$

CB 증폭단의 전압이득은 식 (2.71)로부터 다음과 같이 얻을 수 있다. 여기서 $R_{L2} = R_{C2} \parallel R_L$이다.

$$A_{v2} \equiv \frac{v_o}{v_{o1}} \simeq \frac{\alpha R_{L2}}{r_{e2}} \tag{2.81}$$

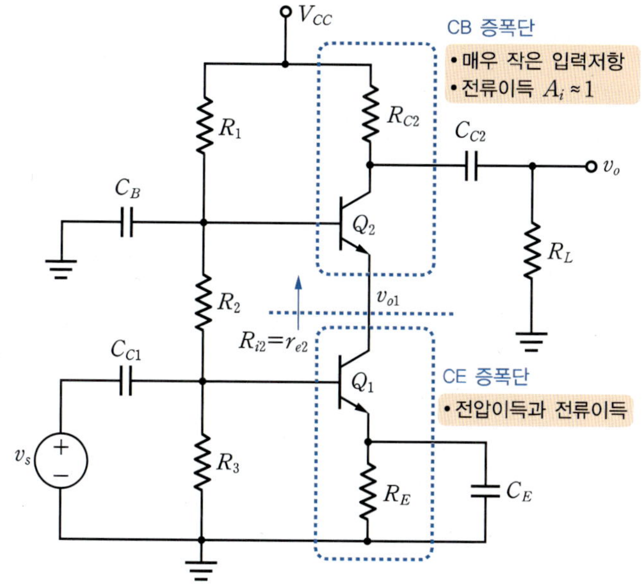

그림 2-59 CE-CB 캐스코드 증폭기

따라서 CE-CB 캐스코드 증폭기의 전압이득은 식 (2.82)와 같다. 여기서 $\alpha \simeq 1$로 가정하였다. 식 (2.82)는 부하 R_{L2}를 갖는 단일 CE 증폭기의 전압이득으로, 식 (2.50)과 동일함을 알 수 있다.

$$A_v = \frac{v_o}{v_s} \simeq -g_{m1}R_{L2} \tag{2.82}$$

캐스코드 증폭기의 입력저항은 CE 증폭기의 입력저항이 되므로 $R_i = r_{\pi 1}$이며, 출력저항은 단일 CE 증폭기에 비해 큰 값을 갖는다. 캐스코드 증폭기는 전압이득과 입력저항이 단일 CE 증폭기와 근사적으로 같은 값을 가지므로, 장점이 없어 보인다. 그러나 CB 증폭단의 매우 작은 입력저항 $R_{i2} = r_{e2}$가 CE 증폭단의 부하로 작용하므로, 부하저항 R_C를 갖는 단일 CE 증폭단에 비해 주파수 대역폭이 커지는 장점이 있다. 캐스코드 증폭기의 주파수 응답특성에 대해서는 4.5절에서 다룬다.

핵심포인트 CE-CB 캐스코드 증폭기의 특성

❶ 전압이득이 단일 CE 증폭기의 전압이득과 근사적으로 같다.

❷ 단일 CE 증폭기에 비해 주파수 응답특성이 우수하다는 장점이 있다.

확인문제 2-23

[그림 2-59] 캐스코드 증폭기의 전압이득을 구하라. 단, $R_{C2} = 7.5\text{k}\Omega$, $R_L = 2\text{k}\Omega$이고, $\beta_{o1} = \beta_{o2} = 100$, $g_{m1} = g_{m2} = 20\text{mA/V}$, $r_{o1} = r_{o2} = \infty$이다.

답 $A_v = -31.27\text{V/V}$

2.5.3 CC-CE 종속연결 증폭기

CC-CE 종속연결 증폭기는 어떤 특성을 갖는가?

[그림 2-60]은 CC 증폭기와 CE 증폭기가 종속으로 연결된 구조이다. 각 트랜지스터는 순방향 활성영역에서 동작하도록 바이어스되며, 편의상 바이어스 회로는 생략하였다. 신호주파수 범위에서 결합 및 바이패스 커패시터들은 모두 단락된다고 가정한다. 2.4.3절에서 설명한 바와 같이, CC 증폭단은 전압이득이 근사적으로 1이며, 큰 입력저항과 작은 출력저항을 갖는 전압버퍼로 동작한다. CC-CE 종속연결 증폭기의 전압이득은 다음과 같다.

$$A_v = A_{v1}A_{v2} \simeq A_{v2} \tag{2.83}$$

여기서 $A_{v1} \simeq 1$은 CE 증폭기의 입력저항이 미치는 부하효과를 고려한 CC 증폭기의 전압이득, A_{v2}는 CE 증폭기의 전압이득을 나타낸다. CC-CE 종속연결 증폭기의 입력저항은 CC 증폭기의 입력저항이므로 식 (2.66)에 의해

$$R_i = r_{\pi 1} + (\beta_{o1} + 1)(R_{E1} \| r_{\pi 2}) \tag{2.84}$$

이 되며, CE 증폭기의 입력저항 r_π에 비해 큰 값을 갖는다. CC-CE 종속연결 증폭단의 출력저항은 CE 증폭기의 출력저항이므로 $R_o = R_{C2}$가 된다.

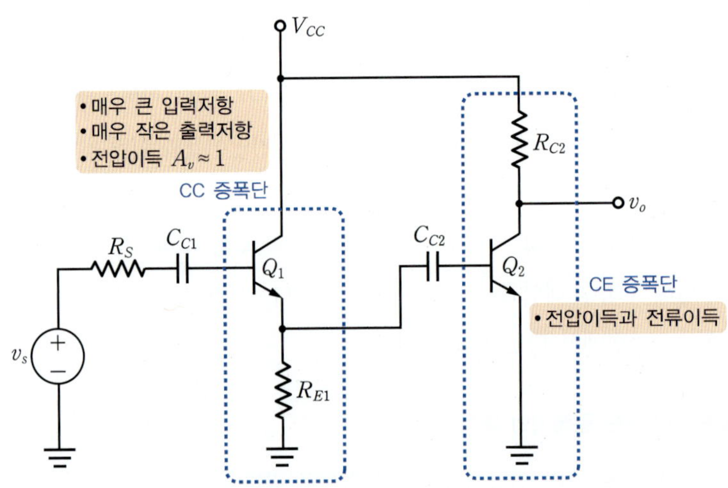

그림 2-60 CC-CE 종속연결 증폭기

핵심포인트 **CC-CE 종속연결 증폭기의 특성**

1. 전압이득이 단일 CE 증폭기의 전압이득과 근사적으로 같다.
2. CE 증폭기의 단점인 작은 입력저항을 보완하기 위해 CE 증폭기 앞에 CC 증폭기를 붙여 입력저항을 크게 만든 것이다.

2.5.4 CE-CC 종속연결 증폭기

CE-CC 종속연결 증폭기는 어떤 특성을 갖는가?

[그림 2-61]은 CE 증폭단과 CC 증폭단이 종속으로 연결된 구조이다. 각 트랜지스터는 순방향 활성영역에서 동작하도록 바이어스되며, 편의상 바이어스 회로는 생략하였다. 신호주파수 범위에서 결합 및 바이패스 커패시터들은 모두 단락된다고 가정한다. 2.4.3절에서 설명한 바와 같이, CC 증폭단은 전압이득이 근사적으로 1이며, 큰 입력저항과 작은 출력저항을 갖는 전압버퍼로 동작하므로, CE-CC 종속연결 증폭기의 전압이득은 다음과 같다.

$$A_v = A_{v1}A_{v2} \simeq A_{v1} \tag{2.85}$$

여기서 A_{v1}은 CC 증폭기의 입력저항이 미치는 부하효과를 고려한 CE 증폭기의 전압이득을 나타내며, $A_{v2} \simeq 1$은 CC 증폭기의 전압이득을 나타낸다. CE-CC 종속연결 증폭기의 입력저항은 CE 증폭기의 입력저항이 되므로 다음과 같다.

$$R_i = r_{\pi 1} \tag{2.86}$$

출력저항은 CC 증폭기의 출력저항이 되므로 식 (2.67)에 의해 다음과 같이 되며, CE 증폭기에 비해 매우 작은 출력저항을 갖는다. 여기서 CE 증폭단의 출력저항 $R_{o1} = R_{C1}$이 CC 증폭단의 신호원 저항으로 작용한다는 점에 유의한다.

$$R_o = \frac{R_{C1} + r_{\pi 2}}{\beta_{o2} + 1} \tag{2.87}$$

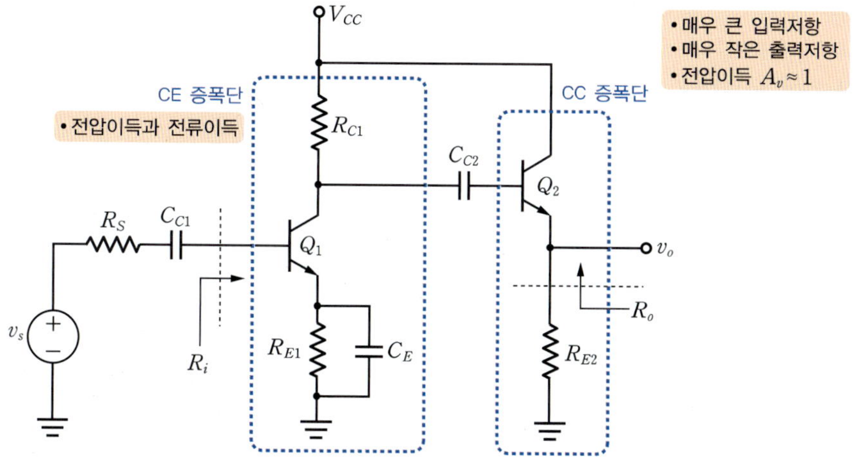

그림 2-61 CE-CC 종속연결 증폭기

핵심포인트 CE-CC 종속연결 증폭기의 특성

1. 전압이득은 단일 CE 증폭기의 전압이득과 근사적으로 같다.
2. 출력저항이 매우 작으므로 작은 저항의 부하를 효율적으로 구동하기 위해 사용된다.

2.5.5 CC-CC 종속연결 증폭기(달링턴 쌍)

CC-CC 종속연결 증폭기는 어떤 특성을 갖는가?

[그림 2-62]와 같이 CC-CC 종속연결 구조를 **달링턴 쌍** Darlington pair이라고 한다. 점선영역의 외부에서 볼 때 Q_1의 베이스, Q_2의 이미터 그리고 Q_1, Q_2의 컬렉터가 각각 베이스, 이미터, 컬렉터 단자 역할을 하는 단일 트랜지스터로 볼 수 있으므로 **복합 트랜지스터** compound transistor라고도 한다. 정전류원 I_{EE}는 두 BJT에 바이어스 전류를 공급하여 선형영역에서 동작하도록 한다.

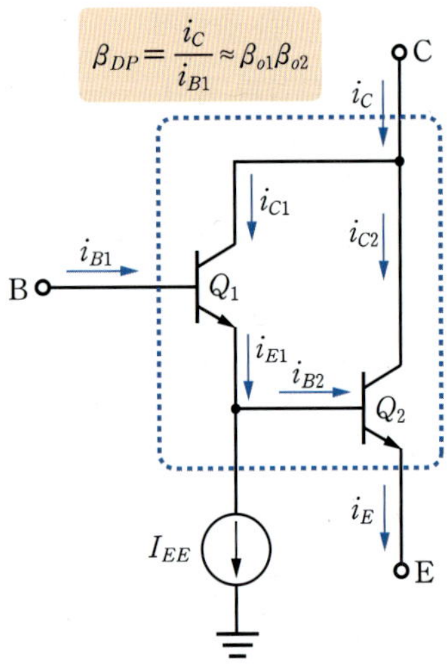

그림 2-62 달링턴 쌍

Q_1의 이미터 전류는 $i_{E1}=(\beta_{o1}+1)i_{B1}=i_{B2}$이고, Q_2의 컬렉터 전류는 $i_{C2}=\beta_{o2}i_{B2}=\beta_{o2}(\beta_{o1}+1)i_{B1}$이므로, 달링턴 쌍의 출력전류는 다음과 같다.

$$i_C=i_{C1}+i_{C2}=[\beta_{o1}+\beta_{o2}(\beta_{o1}+1)]i_{B1} \qquad (2.88)$$

따라서 달링턴 쌍의 전류이득은 식 (2.89)와 같으며, 큰 전류이득을 얻을 수 있다.

$$\beta_{DP}=\frac{i_C}{i_{B1}}=\beta_{o1}+(\beta_{o1}+1)\beta_{o2}\simeq\beta_{o1}\beta_{o2} \qquad (2.89)$$

핵심포인트 **달링턴 쌍의 특성**

❶ 전류이득은 각 트랜지스터의 전류이득을 곱한 것과 근사적으로 같다.
❷ 매우 큰 전류이득을 얻기 위해 사용된다.

점검하기 **다음 각 문제에서 맞는 것을 고르시오.**

(1) CE-CE 종속연결 증폭기는 큰 (**전류이득, 전압이득**)을 갖는다.
(2) CC-CE 종속연결 증폭기는 (**작은, 큰**) 입력저항을 갖는다.
(3) CE-CC 종속연결 증폭기는 (**작은, 큰**) 출력저항을 갖는다.
(4) 달링턴 쌍은 큰 (**전류이득, 전압이득**)을 갖는다.
(5) 캐스코드 증폭기는 (CE-CB, CB-CE) 구조이다.
(6) 캐스코드 증폭기의 전압이득은 단일 CE 증폭기의 전압이득과 근사적으로 같다. (X, O)
(7) 종속연결 증폭기의 전압이득은 각 증폭단의 전압이득을 (**합한, 곱한**) 것과 같다.
(8) 작은 저항의 부하를 구동하기에 적합한 증폭기 구조는 (CE-CC, CC-CE) 구조이다.
(9) CE-CC 증폭기의 전압이득은 단일 CE 증폭기의 전압이득과 근사적으로 같다. (X, O)
(10) 신호원의 출력저항이 큰 경우에 적합한 전압 증폭기 구조는 (CE-CC, CC-CE) 구조이다.

SECTION 2.6 PSPICE 시뮬레이션 실습

실습 2-1

NPN형 BJT의 $I_C - V_{CE}$ 특성, $I_C - V_{BE}$ 특성, $I_B - I_C$ 특성을 PSPICE 시뮬레이션으로 확인하라. $I_C - V_{CE}$ 특성 시뮬레이션을 위해 Analysis type을 DC Sweep으로 지정하고, Primary Sweep의 Sweep variable과 Sweep type을 [그림 2-63(b)]와 같이 지정한다. 또한, DC Sweep Options의 Secondary Sweep을 체크하고, Sweep variable과 Sweep type을 [그림 2-63(c)]와 같이 지정한다. $I_C - V_{BE}$ 특성 시뮬레이션을 위해서는 Analysis type을 DC Sweep으로 지정하고, Primary Sweep의 Sweep variable과 Sweep type을 [그림 2-63(d)]와 같이 지정한다.

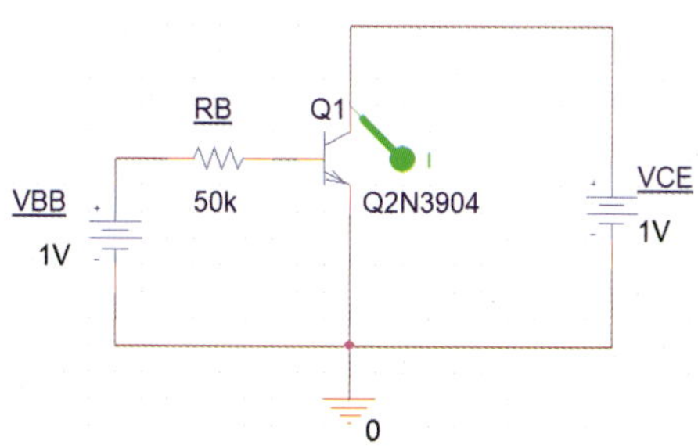

(a) 시뮬레이션 회로

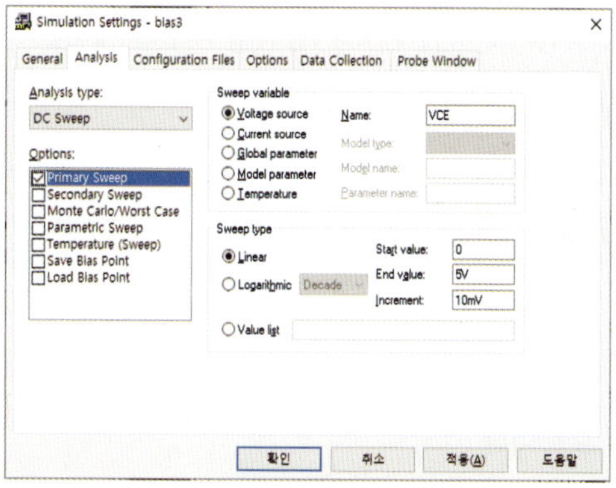

(b) $I_C - V_{CE}$ 특성 시뮬레이션을 위한 Primary Sweep 설정

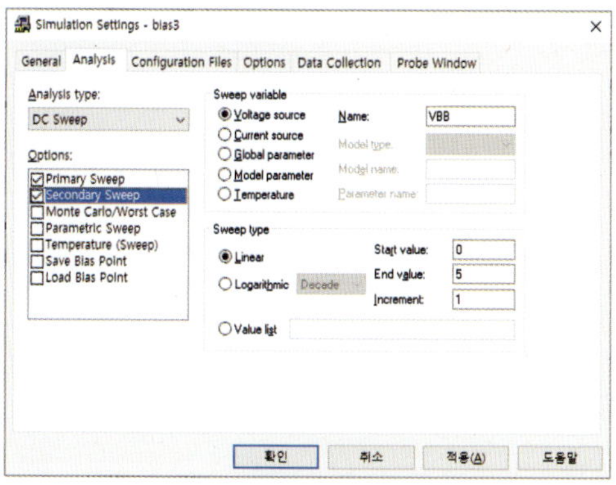

(c) $I_C - V_{CE}$ 특성 시뮬레이션을 위한 Secondary Sweep 설정

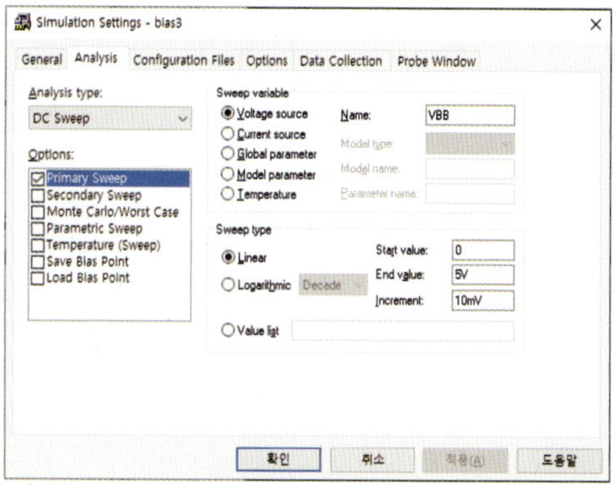

(d) $I_C - V_{BE}$ 특성 시뮬레이션을 위한 Primary Sweep 설정

그림 2-63 [실습 2-1]의 시뮬레이션 실습 회로

시뮬레이션 결과

① $I_C - V_{CE}$ 특성

[그림 2-64(a)]는 Q2N3904 NPN형 BJT의 $I_C - V_{CE}$ 특성에 대한 시뮬레이션 결과이다. DC Sweep Options의 Secondary Sweep 전압 VBB가 0V ~ 5V 범위에서 1V씩 증가함에 따라 베이스 전류 IB(Q1)는 각각 -3.3965pA, 6.7489uA, 25.938uA, 45.601uA, 65.379uA, 85.223uA로 증가하며, VCE = 2.5V에서 베이스 전류에 따른 컬렉터 전류 IC(Q1)은 각각 6.0pA, 903.952uA, 4.0811mA, 7.4163mA, 10.687mA, 13.852mA로 증가함을 확인할 수 있다. 또한, 컬렉터-이미터 전압 V_{CE}가 증가함에 따라 컬렉터 전류 IC(Q1)이 약간 증가하는 것을 확인할 수 있으며, 이는 BJT의 얼리 전압이 유한한 값임을 의미한다. 시뮬레이션 Output File에서 Q2N3904 소자의 순방향 얼리 전압이 VAF=74V임을 확인할 수 있다.

② $I_C - V_{BE}$ 특성

[그림 2-64(b)]는 Q2N3904 NPN형 BJT의 $I_C - V_{BE}$ 특성에 대한 시뮬레이션 결과이며, 베이스 전압에 따른 컬렉터 전류의 특성을 확인할 수 있다. 2.3.1절에서 설명했듯이, $I_{CQ} - V_{BEQ}$의 동작점에서 $I_C - V_{BE}$ 특성 곡선의 기울기가 BJT의 전달컨덕턴스 g_m이다.

③ $I_B - I_C$ 특성

[그림 2-64(c)]는 Q2N3904 NPN형 BJT의 베이스 전류에 따른 컬렉터 전류의 특성이다. 특성 곡선의 기울기가 BJT의 순방향 전류이득 $\beta_{DC} = I_C / I_B$이다. $I_B = 50\mu\text{A}$ 인 경우에 $I_C = 8.2\text{mA}$ 이며 $\beta_{DC} = 164$ 이다. $I_B = 100\mu A, 150\mu A, 200\mu A$ 인 경우에 컬렉터 전류는 각각 $I_C = 16.24\text{mA}, 23.58\text{mA}, 30.24\text{mA}$ 이며, 따라서 전류이득은 각각 $\beta_{DC} = 162.4, 157.2, 151.2$ 이다. [그림 2-64(c)]의 시뮬레이션 결과로부터, 베이스 전류가 증가할수록 $I_B - I_C$ 특성 곡선의 기울기가 작아져 전류이득 β_{DC}가 작아짐을 확인할 수 있다. BJT 소자가 증폭기로 사용될 때, 순방향 전류이득과 함께 베이스 전류 i_b와 컬렉터 전류 i_c 사이의 선형성이 중요한 요소이다.

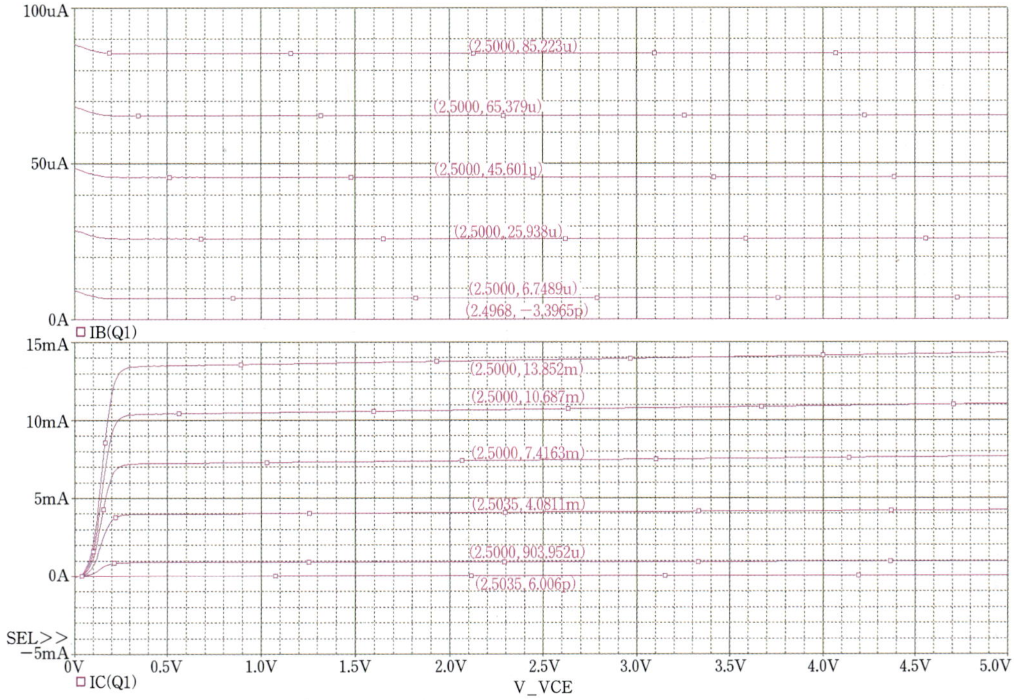

(a) $I_C - V_{CE}$ 특성

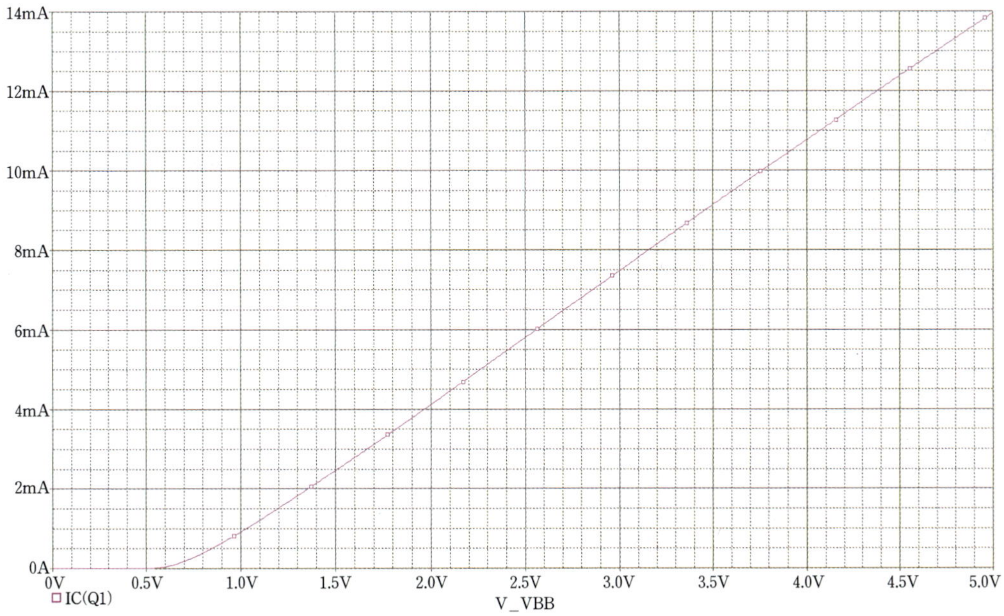

(b) $I_C - V_{BE}$ 특성

그림 2-64 [실습 2-1]의 시뮬레이션 결과(계속)

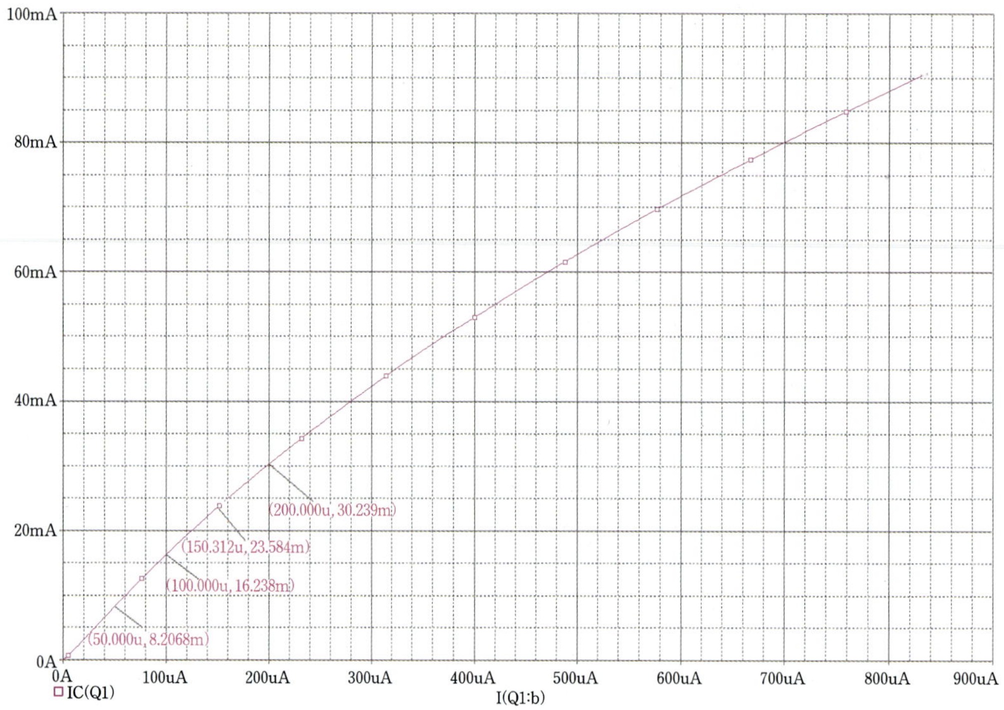

(c) $I_B - I_C$ 특성

그림 2-64 [실습 2-1]의 시뮬레이션 결과

실습 2-2

[그림 2-65] 회로를 PSPICE 시뮬레이션하여 동작점 전압과 전류를 확인하고, BJT의 동작모드를 판단하라. 또한, 동작점 전류를 이용해서 BJT의 소신호 파라미터 r_π, g_m, β_o를 구하라.

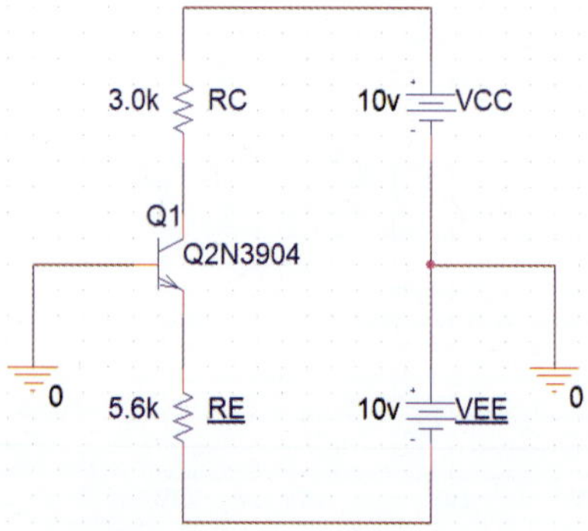

그림 2-65 [실습 2-2]의 시뮬레이션 실습 회로

시뮬레이션 결과

[그림 2-66(a)]는 바이어스 전압을 해석한 결과이다. $V_{BEQ} = V_{BQ} - V_{EQ} = 0.677\text{V}$, $V_{BCQ} = V_{BQ} - V_{CQ} = -5.039\text{V}$ 이며, 따라서 BJT가 순방향 활성모드에서 동작하고, $V_{CEQ} = V_{CQ} - V_{EQ} = 5.039 +$

$0.677 = 5.716\text{V}$이다. 바이어스 전류 해석 결과는 [그림 2-66(b)]와 같으며, $I_{BQ} = 11.06\mu\text{A}$, $I_{CQ} = 1.654\text{mA}$, $I_{EQ} = 1.665\text{mA}$이다. 이로부터 β_{DC}를 계산하면 $\beta_{DC} = \dfrac{I_{CQ}}{I_{BQ}} = \dfrac{1.654\text{mA}}{11.06\mu\text{A}} = 149.5$이다. [그림 2-66(c)]는 시뮬레이션으로 얻어진 동작점 해석 결과와 BJT 파라미터 값들을 보여준다. [그림 2-66(b)]로부터 계산된 β_{DC} 값과 시뮬레이션 결과가 잘 일치함을 확인할 수 있다. 2.3절의 식 (2.36)과 식 (2.41), 식 (2.42)를 이용해서 소신호 파라미터 g_m, r_π, β_o를 계산하면 다음과 같다. 이를 통해 [그림 2-66(c)]의 시뮬레이션 결과와 잘 일치함을 확인할 수 있다.

- $g_m = \dfrac{I_{CQ}}{V_T} = \dfrac{1.654\text{mA}}{26\text{mV}} = 63.6\text{mA/V}$
- $r_\pi = \dfrac{V_T}{I_{BQ}} = \dfrac{26\text{mV}}{11.06\mu\text{A}} = 2.35\text{k}\Omega$
- $\beta_o = g_m r_\pi = 63.6 \times 2.35 = 149.46$

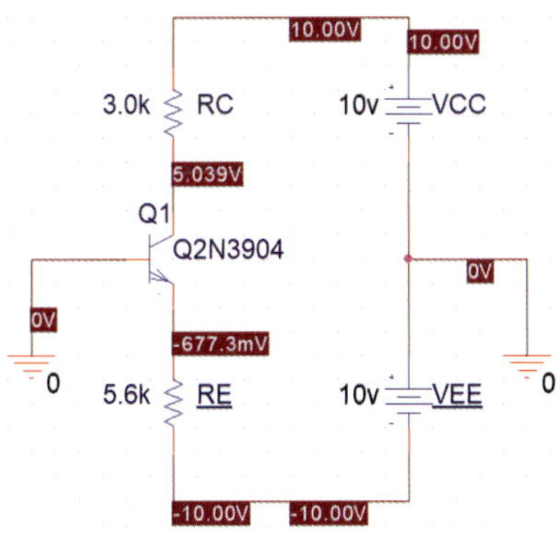

(a) 바이어스 전압

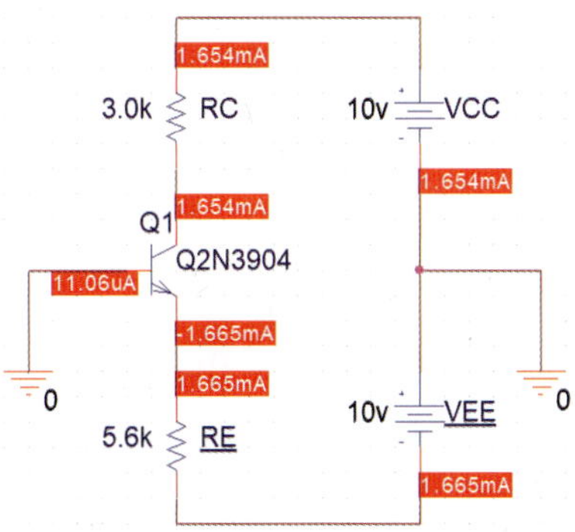

(b) 바이어스 전류

```
**** BIPOLAR JUNCTION TRANSISTORS

NAME         Q_Q1
MODEL        Q2N3904
IB           1.11E-05
IC           1.65E-03
VBE          6.77E-01
VBC         -5.04E+00
VCE          5.72E+00
BETADC       1.50E+02
GM           6.25E-02
RPI          2.70E+03
RX           1.00E+01
RO           4.78E+04
CBE          2.53E-11
CBC          1.94E-12
CJS          0.00E+00
BETAAC       1.69E+02
CBX/CBX2     0.00E+00
FT/FT2       3.65E+08
```

(c) 동작점 해석 결과값 및 소신호 파라미터

그림 2-66 [실습 2-2]의 PSPICE 시뮬레이션 결과

실습 2-3

[그림 2-67]의 CE-CE 2단 증폭기를 PSPICE 시뮬레이션하여 소신호 전압이득을 구하라.

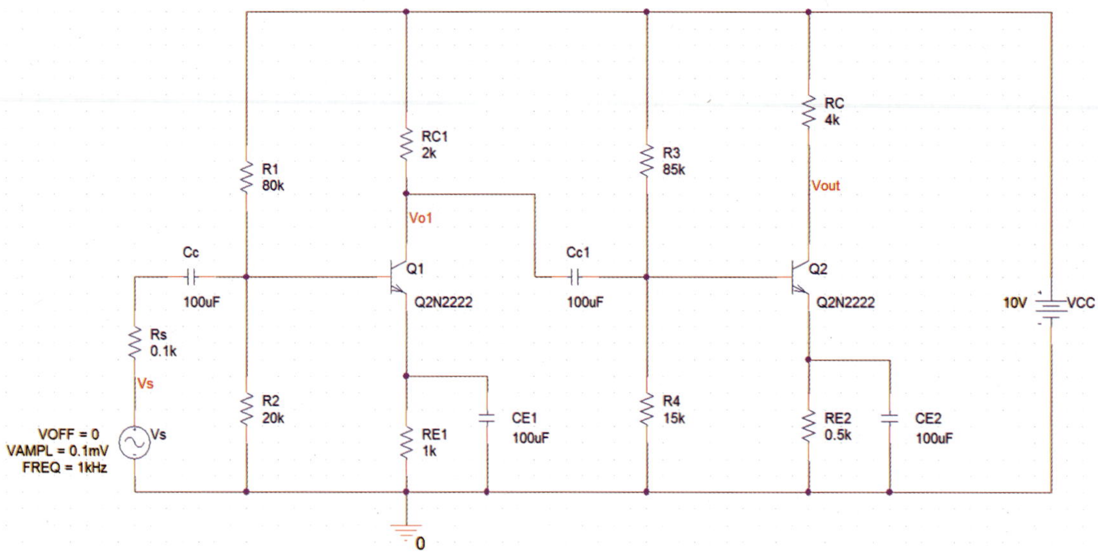

그림 2-67 [실습 2-3]의 시뮬레이션 실습 회로

시뮬레이션 결과

PSPICE 시뮬레이션 결과는 [그림 2-68]과 같다. Q2 증폭단의 입력저항에 의한 부하효과가 고려된 상태의 첫째 단 CE 증폭기의 이득은 $A_{v1} = -49.5\text{V/V}$ 이며, 2단 증폭기의 총 이득은 $A_v = A_{v1}A_{v2} = 10,156\text{V/V}$ 이다. 따라서 둘째 단 CE 증폭기의 이득은 $A_{v2} = -205.17\text{V/V}$ 임을 확인할 수 있다.

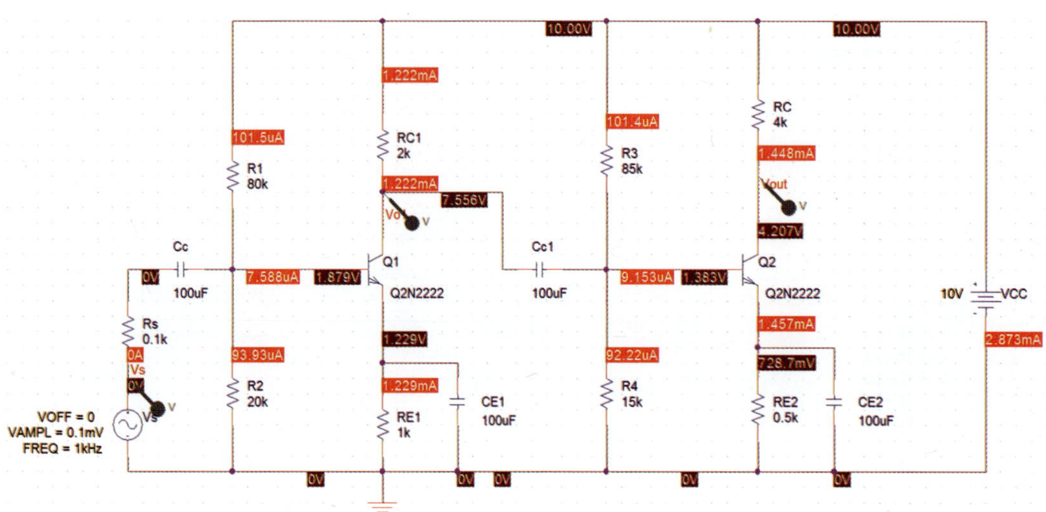

(a) DC 바이어스 시뮬레이션 결과

그림 2-68 [실습 2-3]의 PSPICE 시뮬레이션 결과(계속)

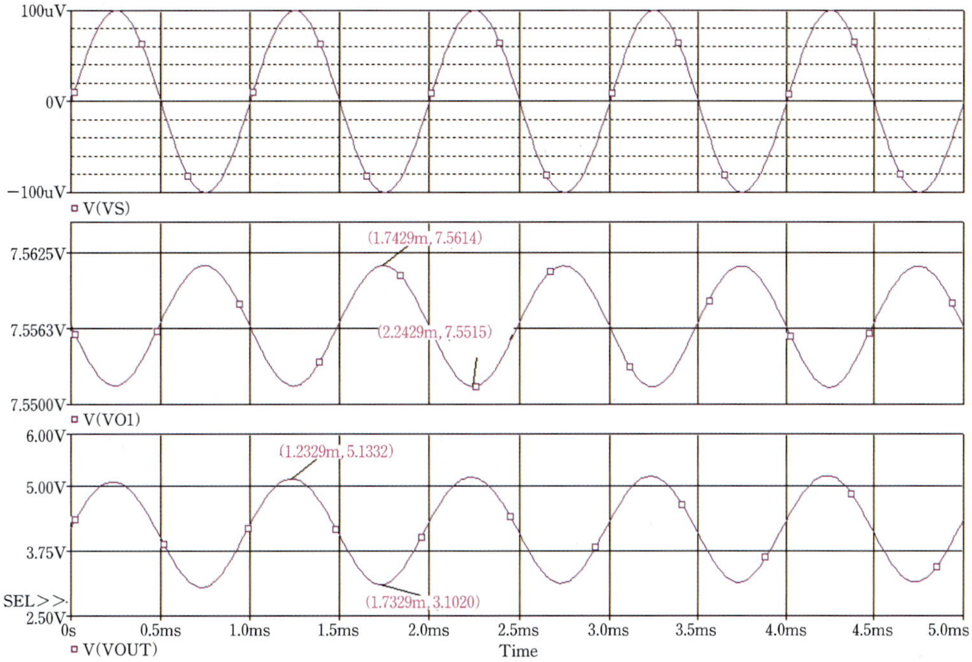

(b) Transient 시뮬레이션 결과

그림 2-68 [실습 2-3]의 PSPICE 시뮬레이션 결과

실습 2-4

[그림 2-69]의 CE-CC 종속연결 증폭기를 PSPICE 시뮬레이션하여 소신호 전압이득을 구하라.

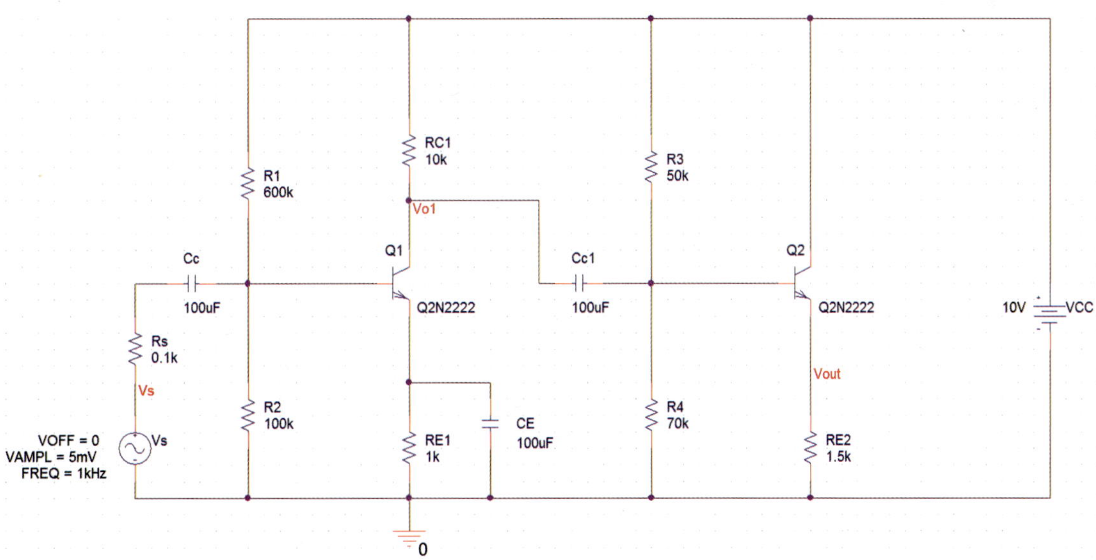

그림 2-69 [실습 2-4]의 시뮬레이션 실습 회로

시뮬레이션 결과

PSPICE 시뮬레이션 결과는 [그림 2-70]과 같다. CC 증폭단의 부하효과가 고려된 상태에서 CE 증폭단의 전압이득은 $A_{v1} = -131.55\mathrm{V/V}$ 이고, CE-CC 증폭기의 총 이득은 $A_v = A_{v1}A_{v2} = -130.74\mathrm{V/V}$ 이다. 따라서 CC 증폭단의 전압이득은 $A_{v2} = 0.994\mathrm{V/V}$ 임을 확인할 수 있다.

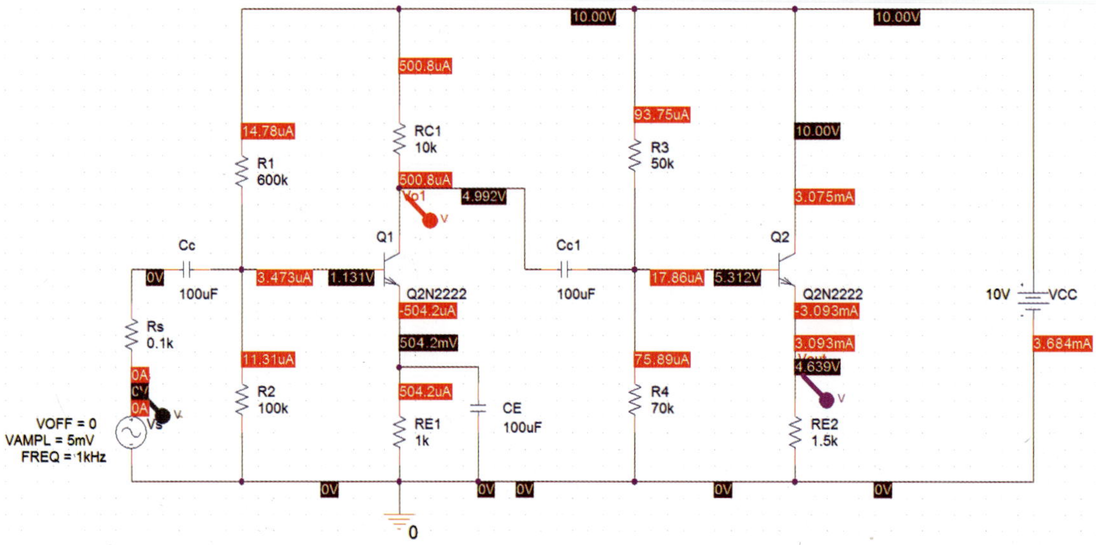

(a) DC 바이어스 시뮬레이션 결과

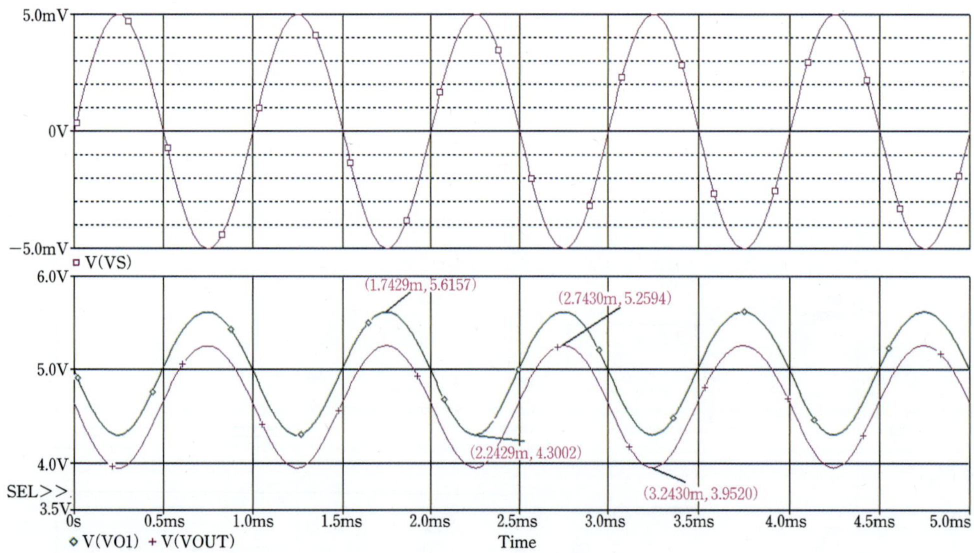

(b) Transient 시뮬레이션 결과

그림 2-70 [실습 2-4]의 PSPICE 시뮬레이션 결과

CHAPTER 02_연습문제

2.1 **BJT를 순방향 활성모드로 바이어스하기 위한 방법은? 단, E, B, C는 각각 이미터, 베이스, 컬렉터를 나타낸다.**
HINT 2.1.2절

㉮ B–E 접합은 역방향 바이어스, B–C 접합은 순방향 바이어스

㉯ B–E 접합은 순방향 바이어스, B–C 접합은 순방향 바이어스

㉰ B–E 접합은 순방향 바이어스, B–C 접합은 역방향 바이어스

㉱ B–E 접합은 역방향 바이어스, B–C 접합은 역방향 바이어스

㉲ E–C 접합은 순방향 바이어스, B–C 접합은 순방향 바이어스

2.2 **BJT의 동작모드에 대한 설명 중 틀린 것은? 단, E, B, C는 각각 이미터, 베이스, 컬렉터를 나타낸다.** HINT 2.1.2절

㉮ B–E 접합은 역방향 바이어스, B–C 접합은 역방향 바이어스이면 열린 스위치로 동작한다.

㉯ B–E 접합은 순방향 바이어스, B–C 접합은 순방향 바이어스이면 닫힌 스위치로 동작한다.

㉰ B–E 접합은 순방향 바이어스, B–C 접합은 역방향 바이어스이면 증폭기로 사용된다.

㉱ B–E 접합은 역방향 바이어스, B–C 접합은 순방향 바이어스는 사용되지 않는다.

㉲ B–C 접합은 순방향 바이어스, E–C 접합은 역방향 바이어스이면 저항으로 동작한다.

2.3 **[그림 2–71]의 BJT에 대한 설명으로 맞는 것은?** HINT 2.1.2절

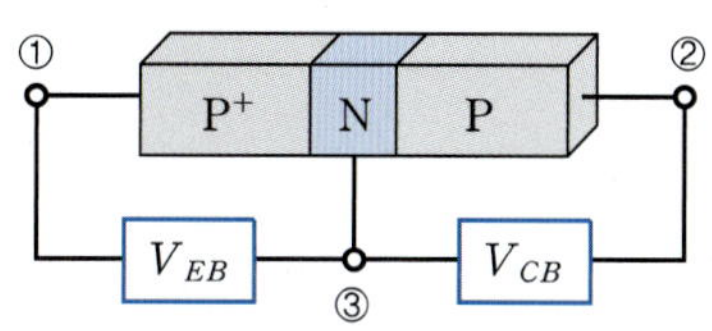

그림 2–71

㉮ 순방향 활성모드로 바이어스되면, 전류가 단자–2에서 단자–1로 흐른다.

㉯ $V_{EB}>0$이고, $V_{CB}<0$이면, 순방향 활성모드로 바이어스된다.

㉰ 순방향 활성모드로 바이어스되면, 정공이 단자–2에서 단자–1로 이동한다.

㉱ $V_{EB}>0$이고, $V_{CB}>0$이면, 열린 스위치로 사용된다.

㉲ 단자–3이 연결된 N형 반도체 영역의 폭을 크게 만드는 것이 바람직하다.

2.4 **순방향 활성모드로 바이어스된 NPN형 BJT에 대한 설명으로 틀린 것은?** HINT 2.1.2절

㉮ $V_{BE}>0$에 의해 베이스–이미터 접합의 전위장벽이 낮아져 이미터에서 베이스로 전자가 주입된다.

㉯ 이미터에서 베이스로 주입된 전자 중 일부는 컬렉터 영역으로 넘어가서 컬렉터 전류를 구성한다.

㉰ 이미터에서 베이스로 주입된 전자 중 일부는 베이스 영역에서 정공과 재결합되어 베이스 전류를 구성한다.

㉱ $V_{BC}<0$에 의해 베이스–컬렉터 접합의 전위장벽이 높아져 컬렉터에 전류가 흐르지 못한다.

㉲ $V_{BE}>0$에 의해 베이스–이미터 접합의 전위장벽이 낮아져 베이스에서 이미터로 정공이 주입된다.

2.5 BJT의 동작모드에 대한 설명으로 틀린 것은? 단, I_B는 베이스 전류, I_C는 컬렉터 전류이고, V_{CE}는 컬렉터-이미터 전압이고, 2차 효과는 무시한다. HINT 2.1.3절

㉮ 순방향 활성모드에서 I_C는 I_B와 선형적인 관계이다.

㉯ 순방향 활성모드에서 I_C는 V_{CE}에 무관하다.

㉰ 포화모드에서 I_C는 I_B와 비선형적인 관계이다.

㉱ 포화모드에서 I_C는 V_{CE}에 무관하고, I_B에만 영향을 받는다.

㉲ 순방향 활성모드에서 BJT는 전류제어 전류원으로 동작한다.

2.6 순방향 활성모드에서 동작하는 BJT에 대한 설명으로 틀린 것은? 단, α_{DC}는 공통베이스 전류이득, β_{DC}는 공통이미터 전류이득이고, I_B, I_C, I_E는 각각 베이스, 컬렉터, 이미터 전류를 나타낸다. HINT 2.1.3절

㉮ α_{DC} 값이 0에 가까울수록 β_{DC} 값이 크다.

㉯ α_{DC} 값은 항상 1보다 작다.

㉰ $I_E = \dfrac{I_C}{\alpha_{DC}}$의 관계를 갖는다.

㉱ $I_B = \dfrac{I_E}{\beta_{DC}+1}$의 관계를 갖는다.

㉲ $I_C = \dfrac{\alpha_{DC} I_B}{1-\alpha_{DC}}$의 관계를 갖는다.

2.7 이미터가 접지된 BJT의 베이스 전류가 $I_B = 50\,\mu A$이면, 이미터 전류 I_E는 얼마인가? 단, 공통베이스 전류이득은 $\alpha_{DC} = 0.992$이고, BJT는 순방향 활성모드에서 동작한다. HINT 2.1.3절

㉮ 50uA ㉯ 6.20mA ㉰ 6.25mA ㉱ 50.4mA ㉲ 62.0μA

2.8 이미터가 접지된 BJT의 전류 증폭률이 $\beta_{DC} = 200$이면, 베이스가 접지된 경우의 전류 증폭률 α_{DC}는 얼마인가? 단, BJT는 순방향 활성모드에서 동작한다. HINT 2.1.3절

㉮ 0.005 ㉯ 0.995 ㉰ 1.0 ㉱ 1.005 ㉲ 1.995

2.9 이미터가 접지된 BJT의 베이스 전류가 $I_B = 100\mu A$라면, 이미터 전류 I_E는 얼마인가? 단, BJT는 순방향 활성모드에서 동작하며, 공통이미터 전류이득은 $\beta_{DC} = 129$이다. HINT 2.1.3절

㉮ 129μA ㉯ 1.3mA ㉰ 12.9mA ㉱ 13.0mA ㉲ 130mA

2.10 BJT의 공통베이스 전류 증폭률 α_{DC}와 공통이미터 전류 증폭률 β_{DC}에 대한 설명으로 틀린 것은? 단, BJT는 순방향 활성모드에서 동작한다. HINT 2.1.3절

㉮ β_{DC}는 베이스 전류 I_B가 컬렉터 전류 I_C로 증폭되는 증폭률이다.

㉯ 베이스 전류 I_B가 고정된 상태에서 β_{DC} 값이 클수록 이미터 전류 I_E가 크다.

㉰ α_{DC} 값이 1에 가까울수록 이미터 전류 I_E와 컬렉터 전류 I_C의 차이가 작다.

㉱ α_{DC} 값이 1에 가까울수록 β_{DC} 값이 크다.

㉲ α_{DC} 값은 작을수록 그리고 β_{DC} 값은 클수록 바람직하다.

2.11 [그림 2-72]는 NPN형 BJT의 출력 전류-전압 특성 곡선이다. 영역-b에 대한 설명으로 맞는 것은? 단, BJT의 베이스 폭 변조효과는 무시한다. HINT 2.1.3절

㉮ $V_{BE} < 0$이고, $V_{BC} > 0$이다.

㉯ 증폭기뿐만 아니라 스위치로도 사용될 수 있는 동작영역이다.

㉰ 컬렉터 전류 I_C가 베이스 전류 I_B에 비례한다.

㉱ 포화모드이다.

㉲ $V_{BE} > 0$이고, $V_{BC} > 0$이다.

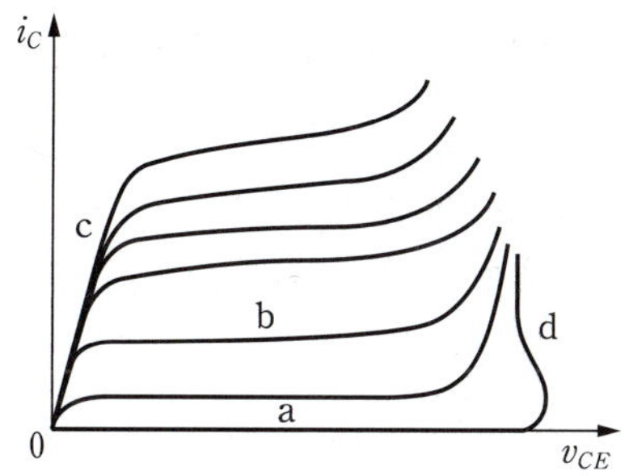

그림 2-72

2.12 BJT의 직류 부하선과 동작점에 대한 설명으로 틀린 것은? HINT 2.2.1절

㉮ 직류 부하선의 기울기가 고정된 상태에서, 베이스 바이어스 전류가 작을수록 컬렉터-이미터 바이어스 전압 V_{CEQ}가 크다.

㉯ 직류 부하선의 기울기가 고정된 상태에서, 베이스 바이어스 전류가 작을수록 동작점이 차단영역 근처에 설정된다.

㉰ 직류 부하선의 기울기가 고정된 상태에서, 베이스 바이어스 전류가 클수록 동작점이 포화영역 근처에 설정된다.

㉱ 베이스 바이어스 전류가 고정된 상태에서, 직류 부하선의 기울기가 클수록 동작점이 차단영역 근처에 설정된다.

㉲ 베이스 바이어스 전류가 고정된 상태에서, 직류 부하선의 기울기가 작을수록 동작점이 포화영역 근처에 설정된다.

2.13 [그림 2-73]과 같이 바이어스된 BJT의 컬렉터 바이어스 전류 I_{CQ}의 값은 얼마인가? 단, BJT의 $V_{BE(on)} = 0.67\text{V}$, $\beta_{DC} = 151$이다.

HINT 2.2.2절

㉮ $3.0\mu\text{A}$ ㉯ $19.85\mu\text{A}$ ㉰ $21.28\mu\text{A}$

㉱ 2.0mA ㉲ 3.0mA

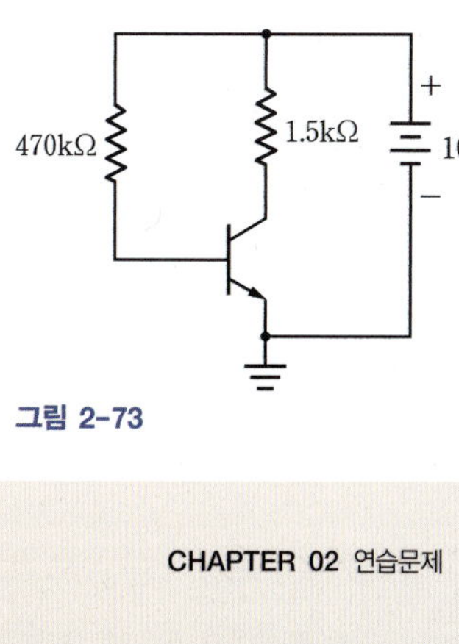

그림 2-73

2.14 [그림 2-73]과 같이 바이어스된 BJT에 대한 설명으로 <u>틀린</u> 것은? 단, BJT 파라미터는 [연습문제 2.13]과 동일하다. HINT 2.2.2절

㉮ $V_{BE} > 0$이다. ㉯ $V_{BC} > 0$이다.

㉰ 증폭기로 사용될 수 있다. ㉱ $V_{CE} > 0$이다.

㉲ 베이스 전류와 컬렉터 전류 사이에 선형적인 관계가 성립한다.

2.15 [그림 2-74]와 같이 바이어스된 BJT의 동작점 전류와 전압이 <u>틀린</u> 것은? 단, $V_{EB(on)} = 0.73\text{V}$, $\beta_{DC} = 110$이다. HINT 2.2.2절

㉮ $I_{BQ} = 28.09\mu\text{A}$ ㉯ $I_{CQ} = 3.09\text{mA}$

㉰ $I_{EQ} = 3.12\text{mA}$ ㉱ $V_{ECQ} = 5.365\text{V}$

㉲ $V_{CBQ} = 4.695\text{V}$

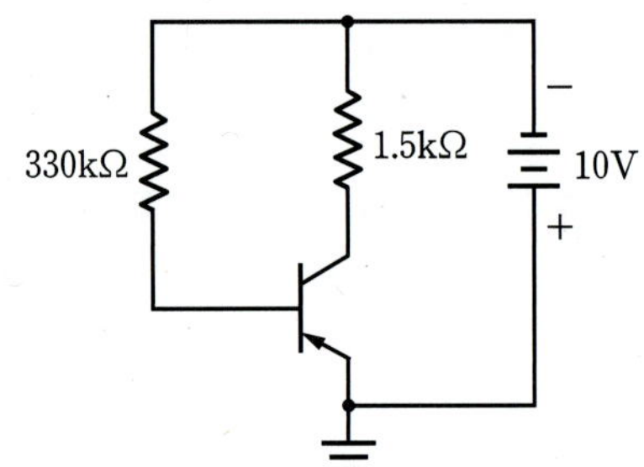

그림 2-74

2.16 [그림 2-74]와 같이 바이어스된 BJT에 대한 설명으로 <u>틀린</u> 것은? 단, BJT 파라미터는 [연습문제 2.15]와 동일하다. HINT 2.2.2절

㉮ $V_{CB} > 0$이다. ㉯ $V_{EB} > 0$이다.

㉰ 증폭기로 사용될 수 있다. ㉱ $V_{EC} > 0$이다.

㉲ 베이스 전류와 컬렉터 전류 사이에 선형적인 관계가 성립한다.

2.17 [그림 2-75]의 BJT 바이어스 회로에 대한 설명으로 맞는 것은? 단, 전원전압 V_{EE}는 고정된 값을 유지한다. HINT 2.2.3절

㉮ 저항 R_C 값이 고정된 상태에서, 저항비 R_1/R_2이 클수록 베이스 바이어스 전류 I_{BQ}가 크다.

㉯ 저항 R_C 값이 고정된 상태에서, 저항비 R_1/R_2이 클수록 동작점이 포화영역에 가깝게 설정된다.

㉰ 저항 R_1, R_2 값이 고정된 상태에서, 저항 R_C 값이 작을수록 동작점이 순방향 활성영역에 설정된다.

㉱ 저항 R_C 값이 작을수록 직류 부하선의 기울기가 작다.

㉲ 저항 R_1, R_2 값이 고정된 상태에서, 직류 부하선의 기울기가 클수록 동작점이 포화영역에 가깝게 설정된다.

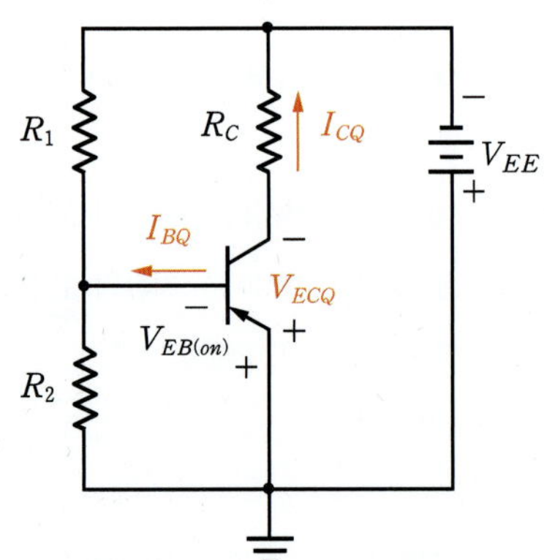

그림 2-75

2.18 [그림 2-75] BJT 바이어스 회로의 동작점 전류, 전압으로 틀린 것은? 단, $R_1 = 100\text{k}\Omega$, $R_2 = 18\text{k}\Omega$, $R_C = 1\text{k}\Omega$, $V_{EE} = 10\text{V}$ 이고, $V_{EB(on)} = 0.75\text{V}$, $\beta_{DC} = 104$ 이다. HINT 2.2.3절

㉮ $I_{BQ} = 51.15\mu\text{A}$ ㉯ $I_{CQ} = 5.32\text{mA}$ ㉰ $V_{BQ} = -0.75\text{V}$

㉱ $V_{ECQ} = -4.68\text{V}$ ㉲ $V_{CBQ} = -3.93\text{V}$

2.19 [그림 2-76]의 BJT 바이어스 회로에 대한 설명으로 틀린 것은? 단, 전원전압 V_{CC}는 고정된 값을 유지한다. HINT 2.2.3절

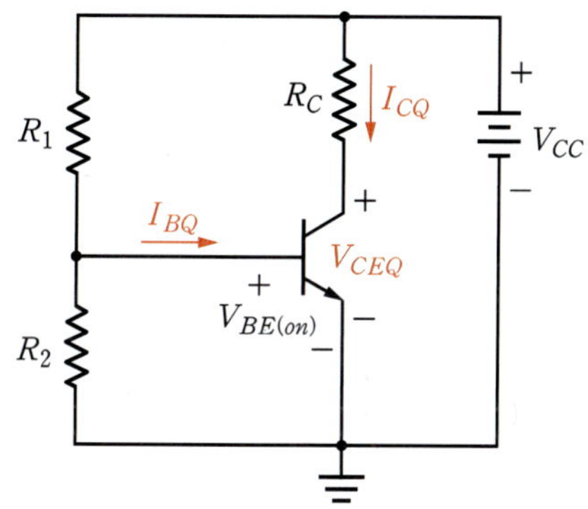

그림 2-76

㉮ 저항 R_1, R_2는 베이스 바이어스 전류 I_{BQ}를 결정한다.

㉯ 저항 R_C 값이 고정된 상태에서, 저항비 R_2/R_1가 클수록 동작점이 차단영역에 가깝게 설정된다.

㉰ 저항 R_C 값이 고정된 상태에서, 저항비 R_2/R_1가 작을수록 컬렉터-이미터 바이어스 전압 V_{CEQ}가 크다.

㉱ 저항 R_1, R_2 값이 고정된 상태에서, 저항 R_C 값이 클수록 동작점이 포화영역에 가깝게 설정된다.

㉲ 저항 R_1, R_2 값이 고정된 상태에서, 저항 R_C 값이 클수록 컬렉터-이미터 바이어스 전압 V_{CEQ}가 작다.

2.20 [그림 2-76]의 회로가 컬렉터 바이어스 전류 $I_{CQ} = 2.1\text{mA}$로 바이어스되었다면 BJT의 동작모드는? 단, $V_{BE(on)} = 0.71\text{V}$, $R_C = 4.6\text{k}\Omega$, $V_{CC} = 10\text{V}$ 이다. HINT 2.2.3절

㉮ 차단모드

㉯ 순방향 활성모드

㉰ 포화모드

㉱ 역방향 활성모드

㉲ 저항으로 동작하는 모드

2.21 [그림 2-77]의 BJT 바이어스 회로에 대한 설명으로 틀린 것은? 단, 전원전압 V_{CC}와 다른 조건은 고정된 상태를 유지한다. HINT 2.2.4절

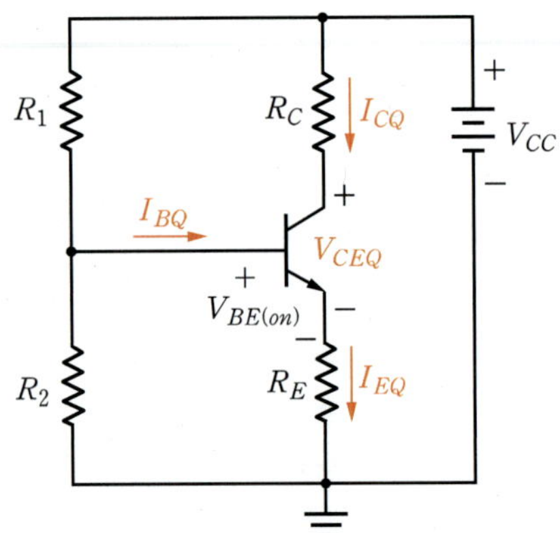

그림 2-77

㉮ 이미터 저항 R_E가 클수록 컬렉터 바이어스 전류 I_{CQ}가 β_{DC}의 영향을 적게 받아 동작점이 안정화된다.

㉯ 이미터 저항 R_E가 클수록 직류 부하선의 기울기가 작다.

㉰ 이미터 저항 R_E가 클수록 동작점이 차단영역에 가깝게 설정된다.

㉱ 이미터 저항 R_E가 클수록 컬렉터-이미터 바이어스 전압 V_{CEQ}가 크다.

㉲ 이미터 저항 R_E가 클수록 컬렉터 바이어스 전류 I_{CQ}가 크다.

2.22 [그림 2-78]은 BJT 바이어스 회로의 시뮬레이션(DC 해석) 결과이며, 각 단자의 DC 전압을 보이고 있다. 설명으로 맞는 것은? HINT 2.2.4절

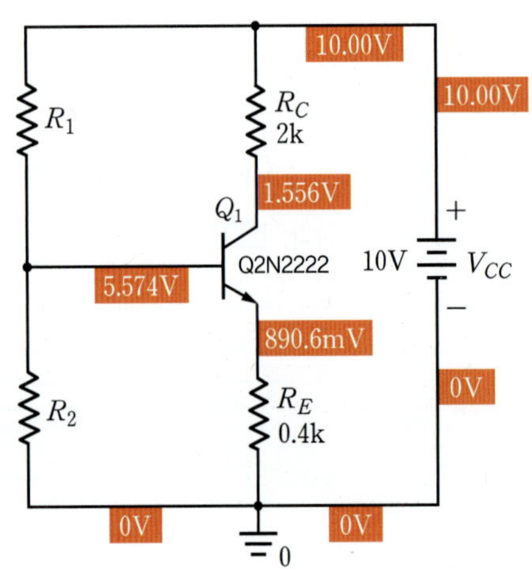

그림 2-78

㉮ 사용되지 않는 동작모드이다.

㉯ 닫힌 스위치 상태이다.

㉰ 열린 스위치 상태이다.

㉱ 증폭기로 사용될 수 있다.

㉲ 저항으로 동작하는 상태이다.

2.23 [그림 2-79]의 BJT 바이어스 회로에 대한 설명으로 틀린 것은? HINT 2.2.4절

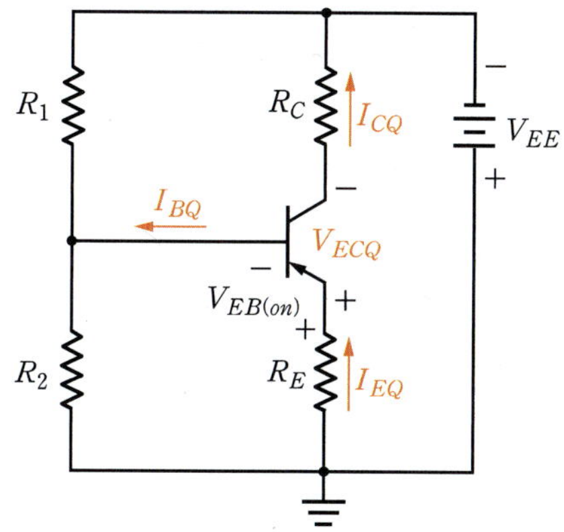

그림 2-79

㉮ 저항 R_C, R_E는 직류 부하선의 기울기에 영향을 미친다.

㉯ 저항 R_1, R_2는 베이스 바이어스 전류 I_{BQ}에 영향을 미친다.

㉰ 저항비 R_2/R_1가 클수록 컬렉터 바이어스 전류 I_{CQ}가 크다.

㉱ 저항 R_E는 베이스 바이어스 전류에 영향을 미치지 않는다.

㉲ 컬렉터 바이어스 전류 I_{CQ}가 클수록 이미터-컬렉터 바이어스 전압 V_{ECQ}가 작다.

2.24 [그림 2-79] BJT 바이어스 회로의 컬렉터 바이어스 전류 I_{CQ} 값은? 단, $R_1=47\text{k}\Omega$, $R_2=15\text{k}\Omega$, $R_C=1\text{k}\Omega$, $R_E=0.5\text{k}\Omega$, $V_{EE}=10\text{V}$이고, $V_{EB(on)}=0.73\text{V}$, $\beta_{DC}=112$이다. HINT 2.2.4절

㉮ $24.9\mu\text{A}$ ㉯ 3.17mA ㉰ 1.18mA ㉱ 1.77mA ㉲ 2.79mA

2.25 [그림 2-79] BJT 바이어스 회로의 이미터-컬렉터 바이어스 전압 V_{ECQ}의 근삿값은? 단, BJT 파라미터는 [연습문제 2.24]와 동일하며, $I_{EQ}\simeq I_{CQ}$라고 가정한다. HINT 2.2.4절

㉮ 5.82V ㉯ 5.07V ㉰ 8.23V ㉱ 2.42V ㉲ 1.42V

2.26 베이스 바이어스 전류 $I_{BQ}=50\mu\text{A}$에 의해 순방향 활성모드로 바이어스된 BJT의 전달컨덕턴스 g_m은 얼마인가? 단, 온도전압은 $V_T=26\text{mV}$이고, 공통이미터 DC 전류이득은 $\beta_{DC}=120$이다. HINT 2.3.1절

㉮ 1.9mA/V ㉯ 0.52mA/V ㉰ 0.23mA/V ㉱ 0.23A/V ㉲ 0.52A/V

2.27 순방향 활성모드로 바이어스된 공통이미터 증폭기의 베이스 전류가 $20\mu\text{A}$에서 $40\mu\text{A}$로 증가했을 때, 컬렉터 전류는 2.5mA에서 6.2mA로 증가했다. 소신호 전류이득 β_o는 얼마인가? 단, V_{CE}는 일정한 값을 유지한다.

HINT 2.3.1절

㉮ 0.185 ㉯ 5.405 ㉰ 18.5 ㉱ 185 ㉲ 540.5

2.28 BJT의 소신호 하이브리드-π 등가모델 파라미터에 대한 설명으로 맞는 것은? HINT 2.3.1절

㉮ 베이스 증분저항 r_π는 베이스 바이어스 전류 I_{BQ}에 비례한다.

㉯ 전달컨덕턴스 g_m은 컬렉터 바이어스 전류 I_{CQ}에 비례한다.

㉰ 공통이미터 소신호 전류이득 β_0는 전달컨덕턴스 g_m에 반비례한다.

㉱ 소신호 컬렉터 저항 r_o는 컬렉터 바이어스 전류 I_{CQ}에 비례한다.

㉲ 전달컨덕턴스 g_m은 온도전압 V_T에 무관하다.

2.29 BJT의 소신호 파라미터와 바이어스 전류의 관계가 틀린 것은? 단, V_T는 온도전압이고, I_{BQ}, I_{CQ}, I_{EQ}는 각각 베이스, 컬렉터, 이미터 바이어스 전류를 나타낸다. HINT 2.3절

㉮ $g_m = \dfrac{I_{CQ}}{V_T}$ ㉯ $r_\pi = \dfrac{V_T}{I_{BQ}}$ ㉰ $r_o = \dfrac{V_T}{I_{CQ}}$ ㉱ $r_e = \dfrac{V_T}{I_{EQ}}$ ㉲ $r_e \simeq \dfrac{1}{g_m}$

2.30 BJT의 소신호 등가모델의 저항에 대한 설명으로 맞는 것은? HINT 2.3절

㉮ r_π는 베이스 단자에서 본 베이스-이미터 소신호 등가저항이며, 베이스 바이어스 전류 I_{BQ}가 클수록 작은 값을 갖는다.

㉯ r_o는 컬렉터 단자에서 본 컬렉터-이미터 소신호 등가저항이며, r_o가 작을수록 BJT가 이상적인 특성을 갖는다.

㉰ r_e는 이미터 단자에서 본 이미터-컬렉터 소신호 등가저항이며, 전달컨덕턴스 g_m이 클수록 r_e가 작아진다.

㉱ 통상적인 BJT 소자에 대해, 소신호 등가저항의 상대적인 크기는 $r_e < r_o < r_\pi$이다.

㉲ BJT의 베이스 폭 변조효과가 크게 나타날수록 r_o가 큰 값을 갖는다.

2.31 BJT의 소신호 컬렉터 저항 r_o에 대한 설명으로 맞는 것은? HINT 2.3.1절

㉮ 컬렉터 바이어스 전류 I_{CQ}에 무관하다.

㉯ 얼리early 전압 V_A에 반비례한다.

㉰ r_o 값이 클수록 BJT가 이상적인 전류제어 전류원으로 동작한다.

㉱ 동작점 Q에서 $I_C - V_{CE}$ 특성 곡선의 기울기에 비례한다.

㉲ BJT가 포화모드에서 동작할 때의 소신호 등가저항이다.

2.32 베이스 바이어스 전류 $I_{BQ} = 20\,\mu\text{A}$로 바이어스된 BJT의 베이스-이미터 소신호 저항 r_π는 얼마인가? 단, 온도 등가전압은 $V_T = 26\,\text{mA}$로 가정한다. HINT 2.3.1절

㉮ $130\,\Omega$ ㉯ $260\,\Omega$ ㉰ $520\,\Omega$ ㉱ $1.3\,\text{k}\Omega$ ㉲ $2.6\,\text{k}\Omega$

2.33 BJT에 컬렉터 역바이어스 전압을 계속 증가시키면 베이스-컬렉터 접합의 공간 전하영역이 베이스 영역으로 확장되어 컬렉터 전류가 증가하는 현상을 무엇이라 하는가? HINT 2.3.1절

㉮ 베이스 폭 변조효과 ㉯ 역방향 포화 ㉰ 열폭주

㉱ 제너 항복 ㉲ 애벌런치 항복

2.34 [그림 2-80]의 BJT 증폭기 회로에 대한 설명으로 맞는 것은? 단, BJT는 순방향 활성모드로 바이어스되어 있으며, 바이어스 저항 R_1과 R_2는 충분히 큰 값이다.

HINT 2.4.1절

㉮ 전압이득은 BJT의 전달컨덕턴스 g_m과 무관하다.

㉯ 베이스 단자에서 본 입력저항은 $R_i = r_\pi$이다.

㉰ 입력전압 v_s와 출력전압 v_o는 동일위상을 갖는다.

㉱ 전원 V_{EE}의 양positive의 단자가 저항 R_C에 연결되어야 한다.

㉲ 공통컬렉터 증폭기이다.

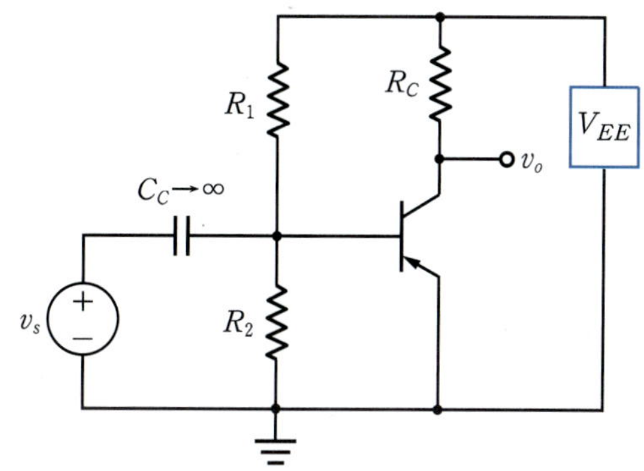

그림 2-80

2.35 [그림 2-80]의 회로에서 $R_C = 1\text{k}\Omega$인 경우에 증폭기의 소신호 특성으로 맞는 것은? 단, 전원 V_{EE}는 올바로 인가되어 BJT가 순방향 활성모드로 동작하고, 바이어스 저항 R_1, R_2는 충분히 큰 값이라고 가정한다. BJT 파라미터는 전달컨덕턴스 $g_m = 200\text{mA/V}$, 베이스-이미터 소신호 저항 $r_\pi = 1.1\text{k}\Omega$, 컬렉터-이미터 소신호 저항 $r_o = 25\text{k}\Omega$이다. HINT 2.4.1절

㉮ 이미터 단자에서 본 소신호 저항은 $r_e \simeq 5.0\Omega$이다.

㉯ 베이스 단자에서 본 입력저항은 $R_i = 5.0\text{k}\Omega$이다.

㉰ 컬렉터 단자에서 본 출력저항은 $R_o = 25\text{k}\Omega$이다.

㉱ 전류이득은 $A_i = 220\text{A/A}$이다.

㉲ 전압이득은 $A_v = -220\text{V/V}$이다.

2.36 전류이득과 전압이득을 동시에 얻을 수 있는 증폭기 구조는? HINT 2.4.1절

㉮ 공통이미터 증폭기

㉯ 공통컬렉터 증폭기

㉰ 공통베이스 증폭기

㉱ 이미터 팔로워

㉲ 공통컬렉터-공통컬렉터 증폭기

2.37 [그림 2-81]의 증폭기 회로에 대한 설명으로 <u>틀린</u> 것은? HINT 2.4.2절

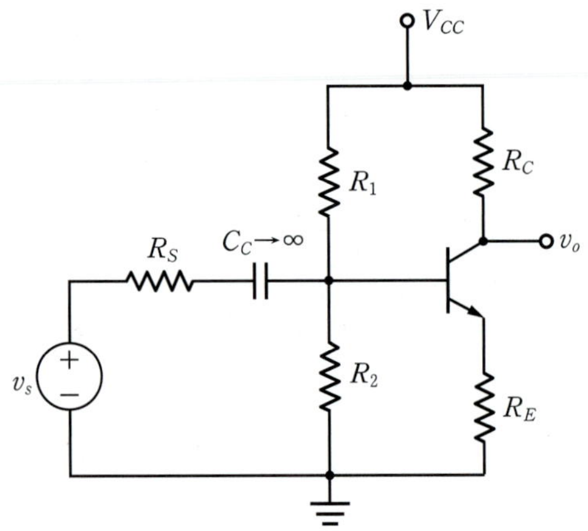

그림 2-81

㉮ R_E는 소신호 전류이득에 영향을 미치지 않는다.

㉯ 전압이득의 크기는 근사적으로 저항비 R_C/R_E로 주어진다.

㉰ 전압이득과 전류이득을 동시에 얻을 수 있다.

㉱ 입력신호 v_s와 출력신호 v_o는 서로 반대위상이다.

㉲ R_E에 병렬로 바이패스 커패시터를 연결하면, R_E가 동작점에 미치는 영향을 없앨 수 있다.

2.38 [그림 2-81]의 증폭기 회로에 대한 설명으로 <u>틀린</u> 것은? 단, β_o는 BJT의 소신호 전류이득이다. HINT 2.4.2절

㉮ $R_E=0$인 경우에 비해, 입력저항이 크다.

㉯ $R_E=0$인 경우에 비해, 전압이득이 작다.

㉰ $R_E=0$인 경우에 비해, 바이어스 안정도가 좋다.

㉱ $R_E=0$인 경우에 비해, 전압이득이 BJT β_o 값의 변화에 영향을 많이 받는다.

㉲ $R_E=0$인 경우에 비해, 전압이득이 온도 등 외부 요인의 변화에 영향을 적게 받는다.

2.39 다음 중 이미터 팔로워Emitter Follower의 특징으로 맞는 것은? HINT 2.4.3절

㉮ 전류이득이 1보다 약간 작다.

㉯ 전압이득이 1보다 약간 크다.

㉰ 입력저항이 매우 작다.

㉱ 출력저항이 매우 크다.

㉲ 입력전압과 출력전압은 서로 동일위상이다.

2.40 [그림 2-82]의 회로에 대한 설명으로 맞는 것은? 단, BJT는 순방향 활성모드로 바이어스되어 있으며, 입력전압 v_s는 진폭이 1V인 정현파이고, 바이어스 저항 R_1과 R_2는 충분히 큰 값이다. HINT 2.4.3절

㉮ 이미터 저항 R_E를 갖는 공통이미터 증폭기이다.

㉯ 전압이득은 근사적으로 $A_v = g_m R_E$이다.

㉰ 전류이득은 근사적으로 $A_i = \beta_o$이다.

㉱ 매우 작은 입력저항을 갖는다.

㉲ 매우 큰 출력저항을 갖는다.

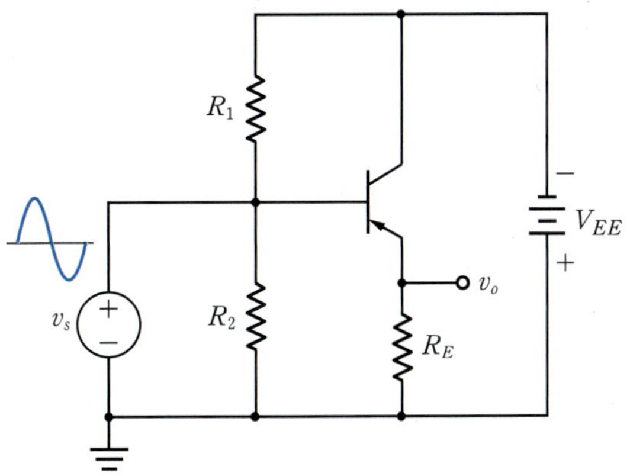

그림 2-82

2.41 임피던스 매칭용 전압버퍼로 사용되는 증폭기는 어느 것인가? HINT 2.4.3절

㉮ 공통이미터 증폭기 ㉯ 공통베이스 증폭기 ㉰ 공통컬렉터 증폭기

㉱ 캐스코드 증폭기 ㉲ 이미터 저항 R_E를 갖는 공통이미터 증폭기

2.42 [그림 2-83]의 증폭기 회로에 대한 설명으로 맞는 것은? HINT 2.4.4절

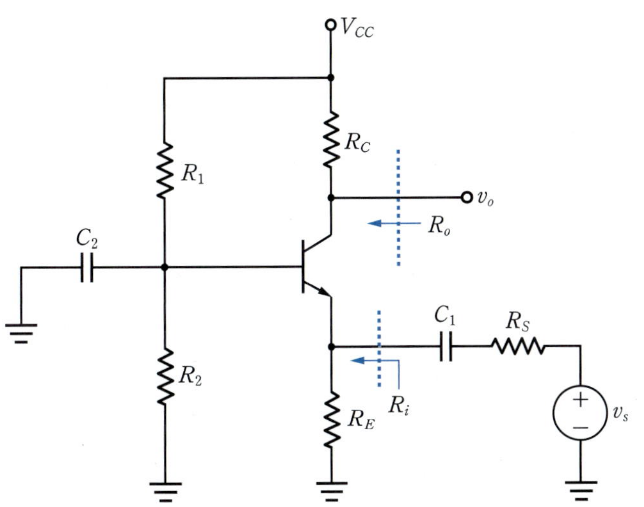

그림 2-83

㉮ 전류이득이 1보다 약간 크다.

㉯ 출력저항 R_o가 매우 작다.

㉰ 입력저항 R_i가 매우 크다.

㉱ 임피던스 매칭용 전류버퍼로 사용된다.

㉲ 전압이득이 1보다 약간 작다.

2.43 **전류이득이 근사적으로 1이고, 큰 전압이득과 큰 출력저항을 갖는 증폭기 구조는?** HINT 2.4.4절

㉮ 공통이미터 증폭기

㉯ 공통베이스 증폭기

㉰ 공통컬렉터 증폭기

㉱ 캐스코드 증폭기

㉲ 이미터 저항 R_E를 갖는 공통이미터 증폭기

2.44 **BJT 증폭기에 관한 설명으로 맞는 것은?** HINT 2.4.5절

㉮ 공통이미터 증폭기는 전압이득과 전류이득이 모두 1보다 크다.

㉯ 공통컬렉터 증폭기는 입력저항과 출력저항이 모두 크다.

㉰ 공통베이스 증폭기는 전류이득은 1보다 크고, 전압이득이 1보다 작다.

㉱ 공통베이스 증폭기는 입력저항은 크고, 출력저항이 작다.

㉲ 공통컬렉터 증폭기는 전압이득은 1보다 크고, 전류이득이 1보다 작다.

2.45 **공통이미터(CE), 공통컬렉터(CC), 공통베이스(CB) 증폭기의 입력저항과 출력저항에 관한 설명으로 맞는 것은? 단, CE 증폭기는 이미터 저항을 갖지 않는다.** HINT 2.4.5절

㉮ 입력저항의 상대적인 크기는 $R_{i,CC} < R_{i,CE} < R_{i,CB}$이다.

㉯ 입력저항의 상대적인 크기는 $R_{i,CB} < R_{i,CE} < R_{i,CC}$이다.

㉰ 입력저항의 상대적인 크기는 $R_{i,CC} < R_{i,CB} < R_{i,CE}$이다.

㉱ 출력저항의 상대적인 크기는 $R_{o,CB} < R_{o,CC} < R_{o,CE}$이다.

㉲ 출력저항의 상대적인 크기는 $R_{o,CE} < R_{o,CB} < R_{o,CC}$이다.

2.46 **BJT 증폭기의 소신호 전류이득 A_i에 관한 설명으로 틀린 것은? 단, β_0는 BJT의 공통이미터 소신호 전류이득이다.** HINT 2.4.5절

㉮ 공통이미터 증폭기의 소신호 전류이득은 $A_i = \beta_0$이다.

㉯ 공통컬렉터 증폭기의 소신호 전류이득은 $A_i = \beta_0 + 1$이다.

㉰ 공통베이스 증폭기의 소신호 전류이득은 근사적으로 $A_i = \beta_0$이다.

㉱ 이미터 저항 R_E를 갖는 CE 증폭기의 소신호 전류이득은 $A_i = \beta_0$이다.

㉲ 달링턴 쌍의 전류이득은 근사적으로 $A_i = \beta_0^2$이다.

2.47 2단 증폭기 구조에 대한 설명으로 <u>틀린</u> 것은? HINT 2.5절

㉮ CE-CB 증폭기는 큰 전압이득과 큰 대역폭을 얻을 수 있다.

㉯ CE-CC 증폭기는 큰 전압이득과 작은 출력저항을 얻을 수 있다.

㉰ CE-CE 증폭기는 큰 전압이득을 얻을 수 있다.

㉱ CC-CC 증폭기는 큰 전류이득을 얻을 수 있다.

㉲ CC-CE 증폭기는 큰 입력저항과 작은 출력저항을 얻을 수 있다.

2.48 [그림 2-84] 회로의 증폭기 구조로 맞는 것은? HINT 2.5.4절

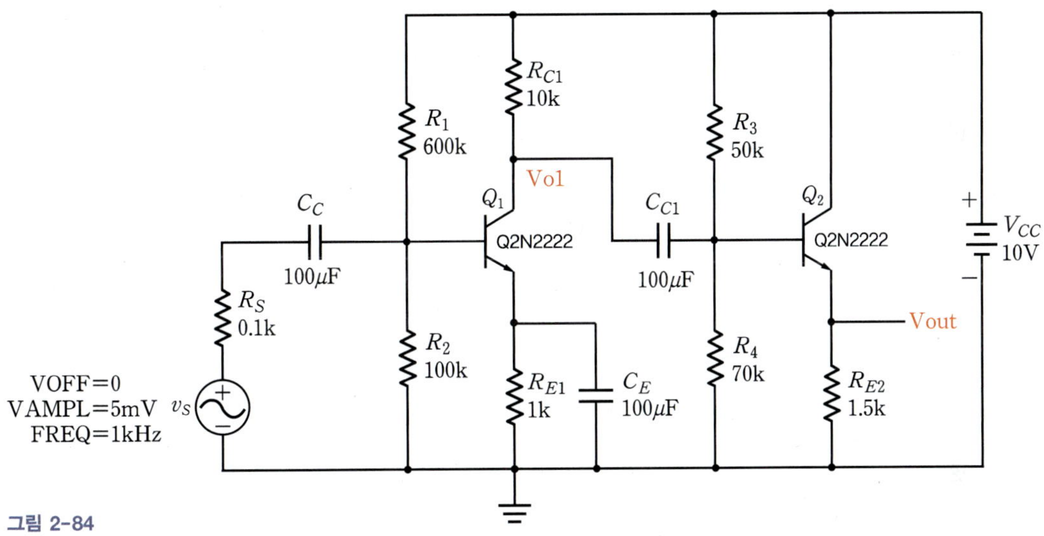

그림 2-84

㉮ CE-CE 증폭기 ㉯ CE-CC 증폭기 ㉰ CC-CE 증폭기

㉱ CC-CC 증폭기 ㉲ CE-CB 증폭기

2.49 [그림 2-84]의 회로에 대한 설명으로 맞는 것은? HINT 2.5.4절

㉮ BJT Q_1만 사용된 1단 증폭기에 비해, 작은 출력저항을 얻을 수 있다.

㉯ BJT Q_1만 사용된 1단 증폭기에 비해, 큰 전압이득을 얻을 수 있다.

㉰ BJT Q_1만 사용된 1단 증폭기에 비해, 큰 입력저항과 큰 전압이득을 얻을 수 있다.

㉱ BJT Q_1만 사용된 1단 증폭기에 비해, 작은 전류이득이 얻어진다.

㉲ BJT Q_1만 사용된 1단 증폭기에 비해, 얻어지는 장점이 없다.

2.50 달링턴 쌍을 구성하는 BJT의 전류이득이 $\beta_{01} = \beta_{02} = 100$인 경우에, 달링턴 쌍의 전류 증폭률은 대략 얼마인가?

HINT 2.5.5절

㉮ 100　㉯ 200　㉰ 1,000　㉱ 10,000　㉲ 20,000

2.51 심화 [그림 2-85] 회로의 바이어스 전류 I_{BQ}, I_{CQ}, I_{EQ}와 바이어스 전압 V_{CEQ} 값을 구하라. 단, $R_C = 0.8\text{k}\Omega$, $R_E = 1.5\text{k}\Omega$이고, $V_{BE(on)} = 0.69\text{V}$, $\beta_{DC} = 154$, $V_{CC} = V_{EE} = 5\text{V}$이다.

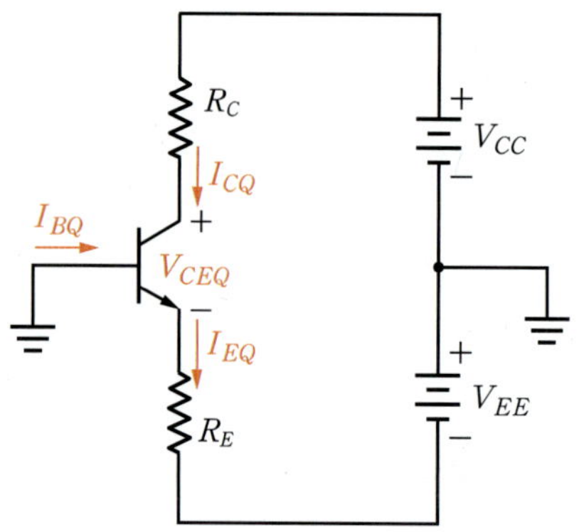

그림 2-85

2.52 심화 [그림 2-86] 회로의 바이어스 전류가 $I_{CQ} = 1\text{mA}$가 되도록 저항 R_1의 값을 구하라. 단, $R_2 = 18\text{k}\Omega$, $R_C = 5\text{k}\Omega$, $R_E = 0.5\text{k}\Omega$이고, $V_{BE(on)} = 0.67\text{V}$, $\beta_{DC} = 140$, $V_{CC} = 10\text{V}$이다.

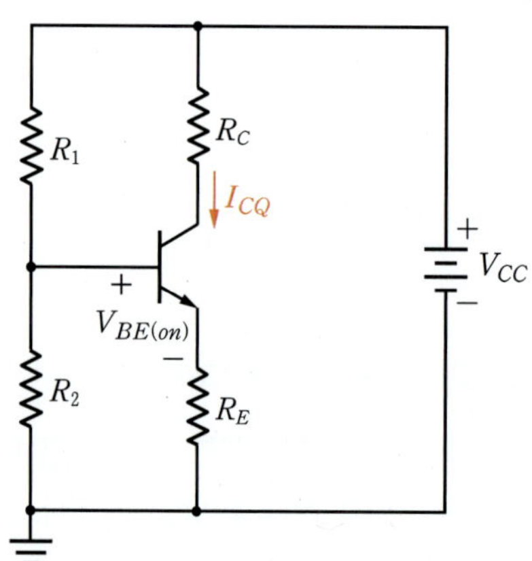

그림 2-86

2.53 심화 **[그림 2-87]은 BJT를 증폭기로 사용하기 위한 바이어스 회로이다. 물음에 답하라.**

(a) [그림 2-87] 회로에서 전원전압 V_{EE}의 극성을 올바로 표시하고, 그 이유를 설명하라.

(b) 베이스 바이어스 전류 $I_{BQ} = 28.5\,\mu\text{A}$가 되도록 저항 R_1의 값을 결정하라. 단, $R_1/R_2 = 10$을 적용하며, DC 전원전압 V_{EE}의 크기는 10V, BJT의 $V_{EB(on)} = 0.65\text{V}$이다.

(c) 이미터-컬렉터 바이어스 전압 $V_{ECQ} = 4.87\text{V}$가 되도록 저항 R_C 값을 구하라. 단, 다른 조건은 문제 (b)와 동일하며, BJT는 $\beta_{DC} = 120$이다.

(d) 저항 R_C의 값이 클수록 직류 부하선과 BJT의 동작점에 어떤 영향을 미치는지 설명하라. 단, 다른 조건들은 고정된 상태를 유지한다.

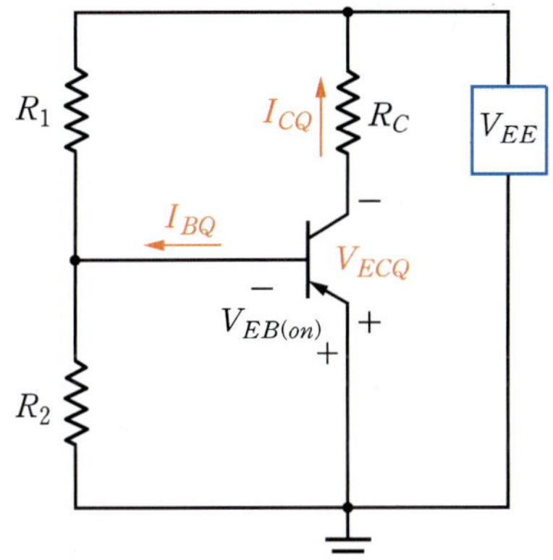

그림 2-87

2.54 심화 **[그림 2-88] 회로에 대해 답하라. 단, $R_C = 3\text{k}\Omega$, $R_E = 0.3\text{k}\Omega$이고, $V_{BE(on)} = 0.67\text{V}$, $\beta_{DC} = 147$, $\beta_o = 166$, $V_{CC} = V_{EE} = 5\text{V}$이다. BJT의 얼리 전압은 $V_A \to \infty$이고, $C_C \to \infty$로 가정한다.**

(a) 컬렉터-이미터 바이어스 전압 $V_{CEQ} = 5\text{V}$가 되도록 저항 R_1과 R_2의 값을 구하라.

(b) 소신호 전압이득 $A_v = \dfrac{v_o}{v_s}$를 구하라.

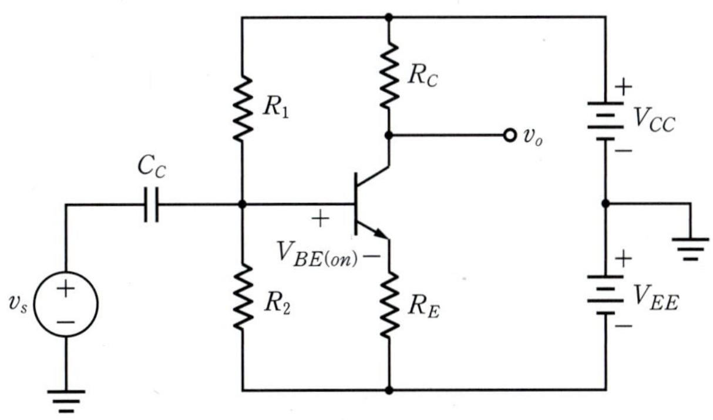

그림 2-88

2.55 심화 **[그림 2-89]의 증폭기 회로에 대해 답하라. 단, BJT의 얼리 전압은 $V_A \to \infty$로 가정한다.**

(a) 다른 조건(R_C, R_E, V_{CC})이 모두 고정되어 있는 상태에서, 저항비 R_1/R_2가 BJT의 동작점에 미치는 영향을 설명하라.

(b) [그림 2-89]에는 DC 해석으로 얻어진 DC 바이어스 전류값이 표시되어 있다. BJT의 동작모드를 판정하라.

(c) 저항 R_1, R_2, R_E와 V_{CC}가 [그림 2-89]의 값으로 고정된 상태에서, $I_{CQ} = 10.94\,\text{mA}$, $I_{EQ} = 11.0\,\text{mA}$, $V_{CEQ} = 3.98\text{V}$로 BJT가 순방향 활성모드로 바이어스되도록 만들기 위한 저항 R_C의 값을 구하라.

(d) 문제 (c)의 동작점 전류와 전압으로부터, BJT의 소신호 파라미터 g_m, r_π, β_0를 구하라. 단, BJT는 $\beta_{DC} = 182$를 갖는다.

(e) 문제 (c)의 순방향 활성모드로 바이어스된 경우에, 베이스 단자에서 본 증폭기의 입력저항 R_i (단, 저항 R_1, R_2의 영향은 무시함)와 소신호 전압이득 $A_v = v_o/v_s$를 구하라.

(f) 저항 R_E가 증폭기 동작에 미치는 영향을 설명하라.

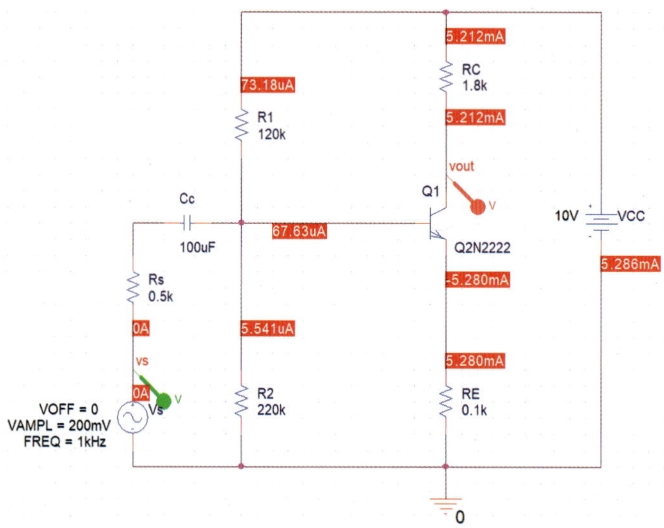

그림 2-89

2.56 심화 **[그림 2-90] 회로의 소신호 전압이득이 $A_v = \dfrac{v_o}{v_s} = 0.95\text{V/V}$이고, 입력저항이 $15\text{k}\Omega$ 이상이 되도록 R_1의 값을 구하라. 단, $R_L = 0.5\text{k}\Omega$, $V_{CC} = 5\text{V}$이고, BJT 파라미터는 $\beta_{DC} = 144$, $\beta_o = 164$, $V_{BE(on)} = 0.67\text{V}$, 얼리 전압은 $V_A \to \infty$로 가정한다.**

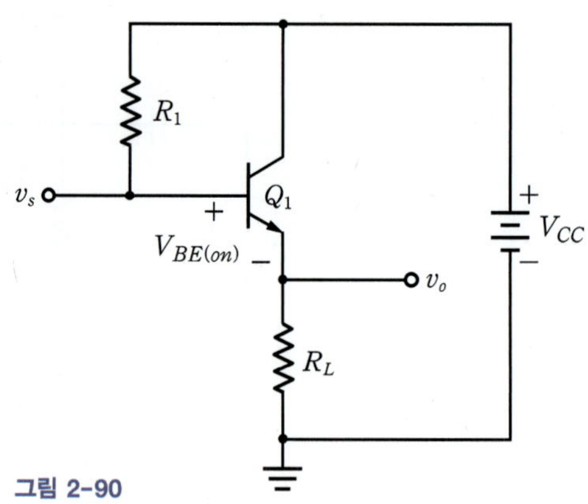

그림 2-90

2.57 심화 [그림 2-91] 회로의 바이어스 전류 I_{BQ}, I_{CQ}, I_{EQ}와 바이어스 전압 V_{ECQ} 값을 구하고, 소신호 전압이득 $A_v = \frac{v_o}{v_s}$를 구하라. 단, $R_1 = 25\text{k}\Omega$, $R_2 = 120\text{k}\Omega$, $R_C = 2\text{k}\Omega$, $R_E = 0.3\text{k}\Omega$이고, $V_{EB(on)} = 0.75\text{V}$, $\beta_{DC} = 229$, $\beta_o = 233$, $V_{EE} = 10\text{V}$이다. BJT의 얼리 전압은 $V_A \to \infty$이고, $C_C \to \infty$로 가정한다.

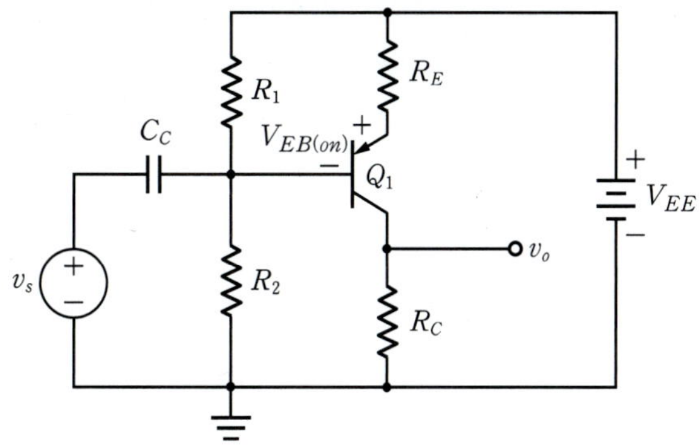

그림 2-91

2.58 심화 [그림 2-92] 회로에서 BJT는 정전류원 $I_{EE} = 1.4\text{mA}$에 의해 바이어스되어 있다. $R_L = 1.5\text{k}\Omega$인 경우에 소신호 전압이득 $A_v = \frac{v_o}{v_s}$를 구하라. 단, $R_S = 0.7\text{k}\Omega$이고, BJT는 $\beta_{DC} = \beta_o = 210$이고, 얼리 전압은 $V_A = 150\text{V}$이다. 전원전압은 $V_{CC} = 10\text{V}$, $V_{EE} = -10\text{V}$이고, $C_{C2} \to \infty$로 가정한다.

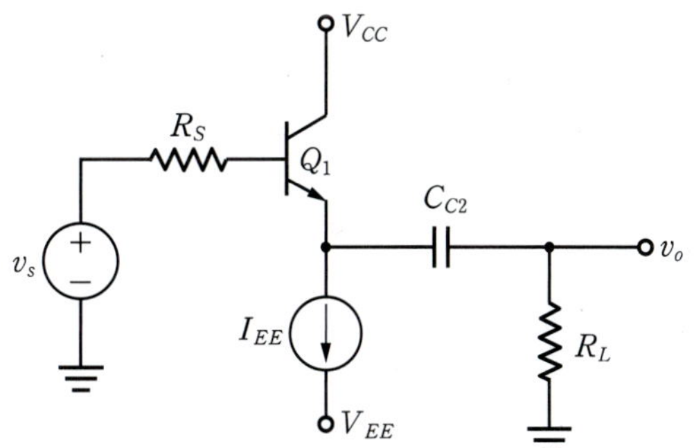

그림 2-92

2.59 심화 [그림 2-93] 회로의 공통베이스 증폭기가 $I_{CQ} = 2\text{mA}$로 바이어스되어 있다. 소신호 전압이득 $A_v = \frac{v_o}{v_s}$를 구하라. 단, $R_S = 0.2\text{k}\Omega$, $R_C = 2\text{k}\Omega$, $V_{CC} = 10\text{V}$이고, $V_{BE(on)} = 0.68\text{V}$, $\beta_{DC} = 153$, $\beta_o = 171$이다. BJT의 얼리 전압은 $V_A \to \infty$로 가정한다.

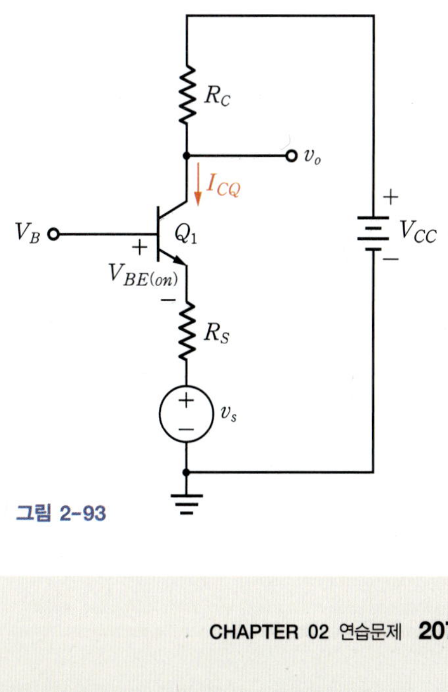

그림 2-93

2.60 심화 [그림 2-94]의 회로에 대해 답하라. 단, BJT Q1은 $\beta_{DC1}=144$, $V_{BE1(on)}=0.62\text{V}$ 이다. 바이패스 및 결합 커패시터는 신호 주파수 범위에서 무시할 수 있을 정도로 작은 임피던스를 갖는다.

(a) 증폭기-A 회로에 대해, BJT Q1의 베이스 바이어스 전류 $I_{BQ1}=3.47\mu\text{A}$, 베이스 바이어스 전압 $V_{BQ1}=1.13\text{V}$가 되도록 저항비 R_1/R_2를 구하라. 단, BJT Q1의 베이스 단자에서 본 테브냉 등가저항은 $R_{TH1}=(1+\beta_{DC1})R_{E1}$으로 정한다.

(b) 증폭기-A 회로에 대해, 동작점 전류 I_{CQ1}와 동작점 전압 V_{BEQ1}, V_{BCQ1}를 구하고, BJT Q1의 동작모드를 판단하라.

(c) 증폭기-A 회로의 전압이득 $A_{v1}=v_{o1}/v_s$를 구하라. 단, Q1의 소신호 컬렉터 저항 r_o의 영향은 무시하며, 증폭기-B의 입력저항은 $R_{i2}=27\text{k}\Omega$이다.

(d) 증폭기-A 회로에서 커패시터 C_E가 없다고 가정할 때, 이미터 저항 R_{E1}이 증폭기에 미치는 영향을 구체적으로 설명하라.

(e) [그림 2-94] 2단 증폭기 회로의 전압이득 $A_v=v_{out}/v_s$의 근삿값을 구하고, [그림 2-94]의 2단 증폭기 구조를 사용하는 이유를 구체적으로 설명하라.

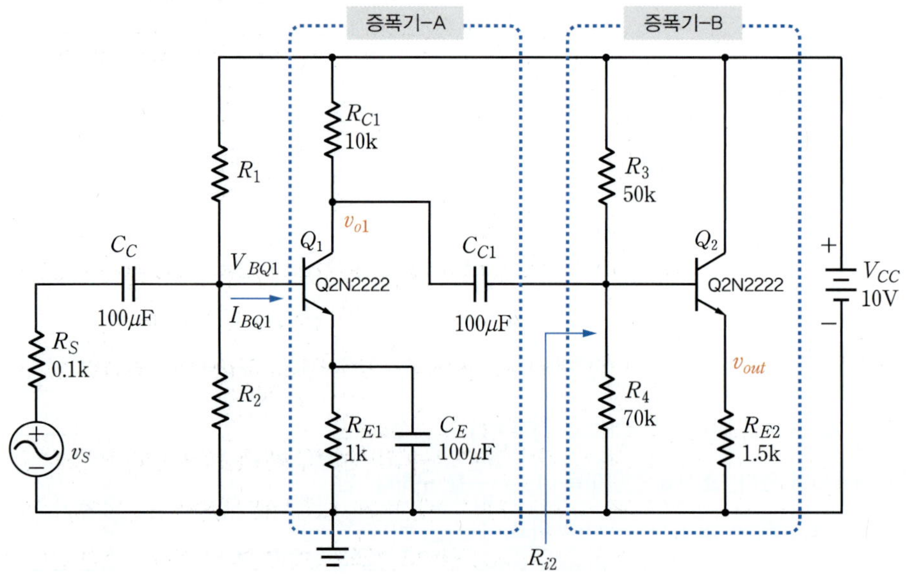

그림 2-94

CHAPTER

03

MOSFET 증폭기

MOSFET Amplifier

학습목표

- MOSFET의 구조와 전류-전압 특성을 이해한다.
- MOSFET의 바이어스와 DC 해석을 이해하여 증폭기 회로 해석과 설계에 활용한다.
- MOSFET의 소신호 등가모델과 파라미터를 이해하여 증폭기 회로 해석과 설계에 활용한다.
- MOSFET 공통소오스(CS), 공통드레인(CD), 공통게이트(CG) 증폭기의 특성을 이해한다.
- MOSFET 정전류원, 능동부하를 갖는 증폭기 회로의 해석을 이해한다.
- PSPICE 시뮬레이션으로 MOSFET 증폭기의 DC 바이어스와 시간응답 특성을 해석한다.

3장 MOSFET 증폭기

3.1 기초 다지기	3.2 MOSFET 증폭기의 바이어스	3.3 MOSFET의 소신호 등가모델	3.4 MOSFET 증폭기	3.5 능동부하를 갖는 MOSFET 증폭기
증가형 MOSFET	부하선과 동작점	하이브리드-π 소신호 등가모델	공통소오스 증폭기	MOSFET 정전류원
증가형 MOSFET의 동작모드	증가형 MOSFET의 전압분배 바이어스	전달컨덕턴스	소오스 저항을 갖는 공통소오스 증폭기	능동부하를 갖는 공통소오스 증폭기
증가형 MOSFET의 전류-전압 특성	증가형 MOSFET의 자기 바이어스	소신호 드레인 저항	공통드레인 증폭기	능동부하를 갖는 공통드레인 증폭기
공핍형 MOSFET	공핍형 N채널 MOSFET의 바이어스	T-등가모델	공통게이트 증폭기	
			MOSFET 증폭기의 특성 비교	

PSPICE 시뮬레이션 실습

전계효과 트랜지스터 FET : Field Effect Transistor는 제어단자(게이트)에 인가되는 전압에 의해 전계 electric field가 형성되고, 전계의 세기에 의해 전류가 제어되는 소자이다. FET는 MOSFET Metal-Oxide-Semiconductor FET와 JFET Junction FET로 구분된다. MOSFET는 제어단자가 산화실리콘(SiO_2) 막에 의해 절연되며, 증가형 enhancement type과 공핍형 depletion type으로 구분된다. JFET는 제어단자와 전류의 통로(채널)가 PN 접합으로 분리된 구조를 갖는다.

이 장에서는 MOSFET 소자에서부터 증폭기 회로에 이르기까지 전반적인 내용을 다룬다.

❶ MOSFET의 구조와 동작모드, 전류-전압 특성
❷ MOSFET의 바이어스 방법과 소신호 저주파 등가모델
❸ MOSFET 증폭기(공통소오스, 공통드레인, 공통게이트)의 특성과 해석 방법
❹ MOSFET 정전류원과 능동부하를 갖는 증폭기 회로의 특성과 해석 방법
❺ MOSFET 증폭기 회로의 PSPICE 시뮬레이션

3장 핵심요약

SECTION 3.1

기초 다지기

MOSFET Metal-Oxide-Semiconductor FET는 금속(게이트)-산화막(절연체)-반도체(채널)의 구조로 만들어지며,[1] 제작 방법과 동작 방식에 따라 증가형enhancement type MOSFET와 공핍형depletion type MOSFET로 구분된다. 또한 소오스, 드레인과 기판의 도핑 형태에 따라 N채널 소자와 P채널 소자로 구분된다. MOSFET는 신호의 진폭을 크게 만드는 증폭기 소자와 디지털 회로에서 스위치 소자로 사용된다. 이 절에서는 MOSFET 증폭기 회로를 이해하는 데 기초가 되는 MOSFET의 구조, 바이어스에 따른 동작모드, 그리고 전류-전압 특성에 대해 살펴본다.

3.1.1 증가형 MOSFET

증가형 MOSFET는 어떤 구조로 만들어지는가?

증가형 MOSFET는 [그림 3-1]과 같은 구조로 만들어지며, 게이트gate, 소오스source, 드레인drain, 기판substrate의 4개 단자를 갖는다. 소오스, 드레인과 기판의 도핑 형태에 따라 N채널 소자와 P채널 소자로 구분된다. 증가형 N채널 MOSFET의 구조는 [그림 3-1(a)]와 같다. P형 기판에 5가의 도너donor 불순물(P, As 등)을 높은 농도로 주입한 N+ 영역을 소오스, 드레인이라고 하며, 이곳에 금속전극을 연결하여 소오스와 드레인 단자를 만든다. 소오스와 드레인 사이의 실리콘(기판) 영역을 트랜지스터의 **채널**channel **영역**이라고 한다. 채널 영역 위에는 얇은 게이트 산화막을 형성하고, 그 위에 다결정 실리콘polysilicon을 덮어 게이트 전극을 만든다. 게이트 산화막은 실리콘을 산화시킨 산화실리콘(SiO_2)이며 우수한 절연체이다. [그림 3-1]에 표시된 바와 같이, 소오스와 드레인 사이의 간격을 채널 길이(L)라고 하며, 소오스, 드레인의 폭을 채널 폭(W)이라고 한다. 채널 길이와 폭, 게이트 산화막의 두께 등은 MOSFET의 전류량에 영향을 미치는 요소이다. 참고로, [그림 3-1]에서 필드 산화막은 인접한 MOSFET들을 전기적으로 격리시키는 역할을 하며, 매우 두껍게 만들어진다.

1 초기의 MOSFET는 게이트 전극이 금속으로 만들어져 MOS Metal-Oxide-Semiconductor라는 명칭을 사용하게 되었다. 오늘날의 MOSFET 게이트는 다결정 실리콘으로 만들어지지만, MOS라는 명칭을 그대로 사용하고 있다.

[그림 3-1(b)]는 증가형 P채널 MOSFET의 구조이며, 기판과 소오스, 드레인 영역의 도핑 형태가 N채널 MOSFET와 반대이다. N형 기판에 3가의 억셉터acceptor 불순물(B, In 등)을 높은 농도로 주입한 P+ 영역을 형성한다. MOSFET의 소자 형태(N채널 또는 P채널)는 소오스, 드레인 영역의 도핑 형태에 의해 결정되며, 기판의 도핑 형태와 반대임에 유의한다.

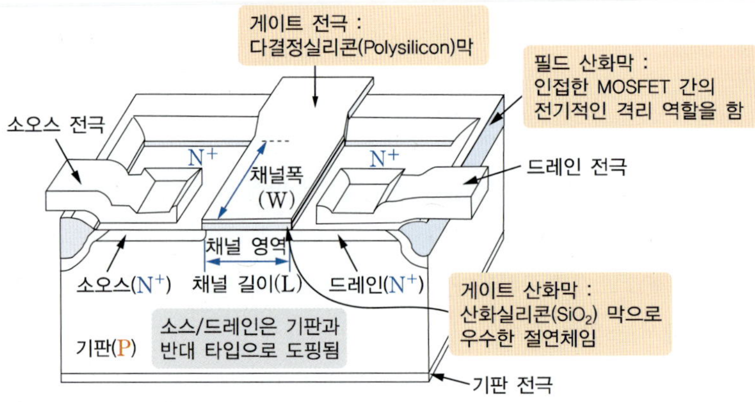

(a) 증가형 N채널 MOSFET

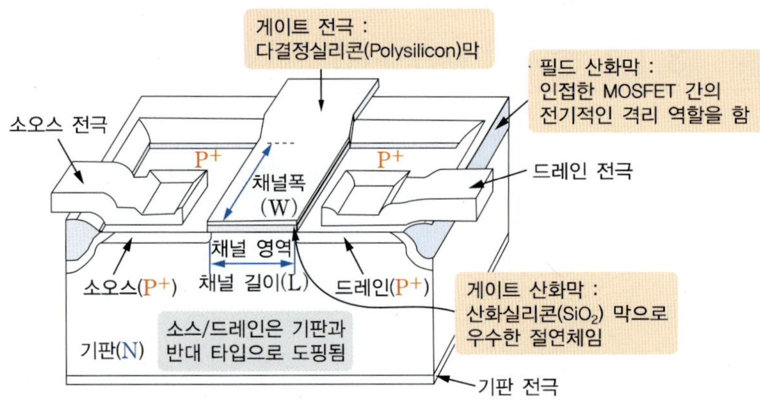

(b) 증가형 P채널 MOSFET

그림 3-1 증가형 MOSFET의 구조

증가형 MOSFET의 회로 기호는 [그림 3-2(a), (b)]와 같다. 회로기호에서 G는 게이트 단자, S는 소오스 단자, D는 드레인 단자, 그리고 B는 기판 단자를 나타낸다. 기판 또는 소오스 단자의 화살표 방향에 의해 N채널, P채널을 구별하며, 화살표 방향은 도핑 형태를 나타낸다. [그림 3-2(a), (b)]의 회로 기호에서 기판 단자를 표시하지 않는 경우에, 기판 단자는 소오스 단자로 연결되거나 소오스-기판, 드레인-기판의 PN 접합이 역방향 바이어스되도록 적절한 전압이 인가된다.

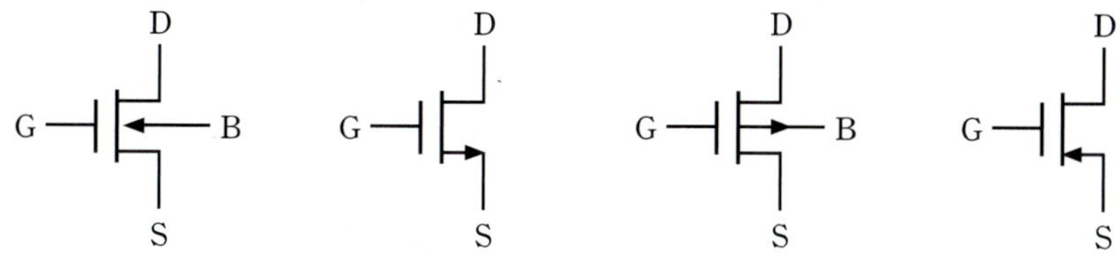

(a) 증가형 N채널 MOSFET (b) 증가형 P채널 MOSFET

그림 3-2 증가형 MOSFET의 기호

[그림 3-3]은 증가형 MOSFET의 각 단자에 흐르는 전류와 전압의 극성을 보여준다. MOSFET의 게이트 단자는 게이트 산화막으로 절연되어 있으므로, 게이트 단자에는 전류가 흐르지 않는다. 게이트 단자에 인가되는 전압의 극성과 크기에 따라 소오스와 드레인 사이의 전류 흐름이 제어된다. 소오스는 전류를 운반하는 캐리어를 공급하고, 드레인은 소오스에서 공급된 캐리어가 채널 영역을 지나 소자 밖으로 방출되는 단자이다.

N채널 MOSFET에 흐르는 전류는 [그림 3-3(a)]와 같이 드레인 단자로 들어간 전류가 소오스 단자로 나간다. P채널 MOSFET의 전류는 [그림 3-3(b)]와 같이 소오스 단자로 들어간 전류가 드레인 단자로 나간다. MOSFET의 소오스와 드레인에서 기판 쪽으로는 전류가 흐르지 않으며, 또한 게이트 단자에도 전류가 흐르지 않는다. MOSFET의 소오스와 드레인 사이에 흐르는 전류는 전자(N채널) 또는 정공(P채널) 단일 캐리어에 의해서 형성되는 단극성unipolar이다. 참고로, 2장에서 설명한 BJT는 이미터와 컬렉터 사이에 흐르는 전류가 전자와 정공 두 가지의 캐리어에 의해 형성되는 쌍극성bipolar 소자이다.

MOSFET 각 단자 사이의 전압은 N채널과 P채널을 서로 반대 극성으로 표시한다. N채널 MOSFET의 게이트 단자와 소오스 단자 사이의 전압은 $v_{GS} = v_G - v_S$로 표시하며, 소오스 단자의 전압 v_S를 기준으로 한 게이트 단자의 전압 v_G를 나타낸다. P채널 MOSFET의 게이트 단자와 소오스 단자 사이의 전압은 $v_{SG} = v_S - v_G$로 표시하며, 게이트 단자의 전압 v_G를 기준으로 한 소오스 단자의 전압 v_S를 나타낸다.

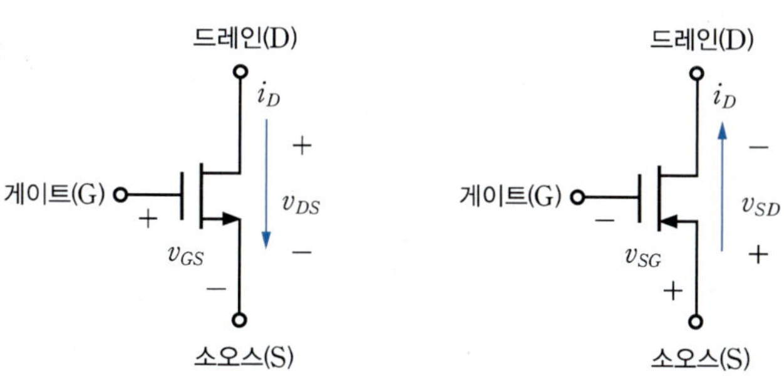

(a) N채널 MOSFET (b) P채널 MOSFET

그림 3-3 증가형 MOSFET의 단자 전류와 전압 표시

핵심포인트 **증가형 MOSFET의 구조**

- 증가형 MOSFET는 게이트, 소오스, 드레인, 기판의 4개 단자를 가지며, 게이트 단자는 게이트 산화막에 의해 절연되어 있다.
- 증가형 MOSFET에서 소오스, 드레인의 도핑 형태와 기판의 도핑 형태는 반대이다.
- N채널 MOSFET와 P채널 MOSFET는 소오스, 드레인, 기판의 도핑 형태가 반대이다.

여기서 잠깐 **MOSFET와 BJT의 차이점은 무엇인가?**

■ **MOSFET**

- 전자 또는 정공의 단일 캐리어에 의해 전류가 형성되는 단극성unipolar 소자로 동작한다.
- 게이트 전압에 의한 전계효과로 드레인 전류가 제어되므로, 입력전류가 필요 없어 큰 출력전류를 갖는 소자 구현에 유리하다.
- 게이트 단자가 절연되어 있어 게이트 전류가 0이다.
- BJT에 비해 전달컨덕턴스가 작아 증폭기의 전압이득이 작다.
- 작은 실리콘 면적으로 제작될 수 있어 집적도가 높고, 전력소모가 적어 고집적 디지털 및 아날로그 집적회로 IC : Integrated Circuit에 폭넓게 사용되고 있다.

■ **BJT**

- 전자와 정공에 의해서 전류가 형성되는 양극성bipolar 소자로 동작한다.
- 베이스 전류에 의해 컬렉터 전류가 제어되므로, 큰 컬렉터 전류를 얻기 위해서는 큰 베이스 전류가 공급되어야 하는 단점이 있다.
- 베이스 단자의 입력저항이 작다.
- MOSFET에 비해 실리콘 면적이 커서 집적도가 낮다.
- 주파수 특성이 우수하여 아날로그 개별소자 및 아날로그 IC에 사용된다.

3.1.2 증가형 MOSFET의 동작모드

바이어스 전압에 따라 MOSFET는 어떤 동작을 하는가? (동작모드)
동작모드에 따라 MOSFET는 어떤 용도로 사용되는가?

증가형 MOSFET의 동작에 있어서 중요한 점은 소오스와 드레인 사이의 채널 영역을 통해서만 전류가 흐르며, 소오스와 드레인에서 기판 쪽으로 전류가 흐르지 않아야 한다는 것이다. 따라서 소오스-기판, 드레인-기판의 PN 접합은 항상 역방향 바이어스 상태가 되어야 하며, N채널 MOSFET의 P형 기판에는 0V 또는 음(−)의 전압이 인가되고, 반대로 P채널 MOSFET의 N형 기판에는 양(+)의 전압이 인가되어야 한다. N채널 MOSFET와 P채널 MOSFET는 전압극성과 전류방향이 반대인 것을 제외하면 동일한 해석이 가능하다.

■ 차단모드

- **증가형 N채널 MOSFET** : [그림 3-4(a)]에서 소오스 단자와 기판 단자가 연결되어 $V_{SB} = 0\text{V}$인 상태이며, 드레인 단자와 소오스 단자 사이에 $V_{DS} > 0$이 인가되고 있다. 게이트 단자에 음(−)의 전압 또는 특정 임계전압 V_{Tn}보다 작은 양(+)의 전압 $V_{GS} < V_{Tn}$이 인가되는 경우에는 [그림 3-4(a)]와 같이 채널이 형성되지 않으며, 소오스 단자와 드레인 단자 사이에 전류가 흐르지 않는다. 이와 같은 상태를 **차단**cutoff**모드**라고 하며, MOSFET는 열린 스위치로 동작한다. V_{Tn}은 N채널 MOSFET의 문턱전압이며, $V_{Tn} > 0$이다.
- **증가형 P채널 MOSFET** : [그림 3-4(b)]에서 소오스 단자와 기판 단자가 연결되어 $V_{SB} = 0\text{V}$인 상태이며, 드레인 단자와 소오스 단자 사이에 $V_{SD} > 0$이 인가되고 있다. 게이트 단자에 양(+)의 전압이 인가되거나 또는 소오스-게이트 전압 V_{SG}가 특정 임계전압 $|V_{Tp}|$보다 작은 경우($V_{SG} < |V_{Tp}|$)에는 [그림 3-4(b)]와 같이 채널이 형성되지 않으며, 드레인 전류 $I_D = 0$인 **차단모드**가 되어 열린 스위치로 동작한다. V_{Tp}는 P채널 MOSFET의 문턱전압이며, $V_{Tp} < 0$이다.

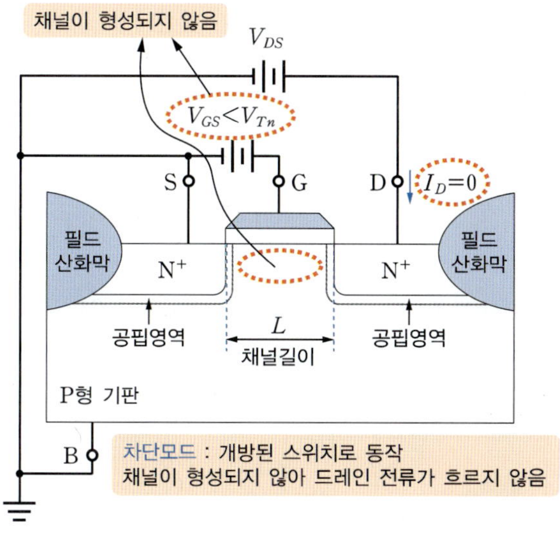

(a) N채널 MOSFET

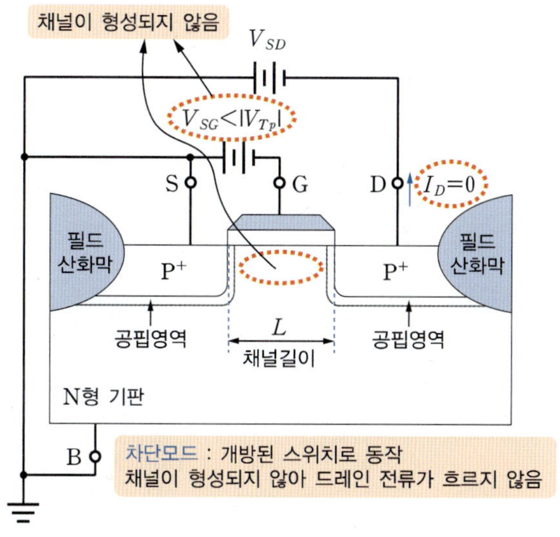

(b) P채널 MOSFET

그림 3-4 증가형 MOSFET의 차단모드 상태

■ 비포화모드

- **증가형 N채널 MOSFET** : 소오스 단자와 드레인 단자 사이에 전류가 흐르기 위해서는 채널 영역에 캐리어(전자)를 모아서 소오스와 드레인이 연결되도록 해야 한다. [그림 3-5(a)]와 같이 게이트 전극에 특정 임계전압 V_{Tn}보다 큰 게이트-소오스 전압 $V_{GS} \geq V_{Tn} > 0$이 인가되면, P형 기판의 소수 캐리어 전자가 채널 영역으로 모여서

반전층inversion layer이 형성된다. P형 기판의 억셉터 불순물 농도만큼 소수 캐리어 전자가 채널에 모인 상태를 강반전strong inversion이라고 하며, 이를 채널이 형성되었다고 한다.

채널이 형성된 상태($V_{GS} \geq V_{Tn} > 0$)에서 드레인-소오스 전압 $V_{DS} > 0$을 인가하면, 소오스 단자와 드레인 단자 사이에 전류 I_D가 흐른다. 채널이 형성되어 전류가 흐르는 상태에서 MOSFET의 동작은 드레인-소오스 전압 V_{DS}의 크기에 따라 비포화non-saturation모드와 포화saturation모드로 구분된다. 채널 형성에 기여하는 유효 게이트 전압 $V_{GS} - V_{Tn}$이 V_{DS}보다 큰 상태($V_{DS} < V_{GS} - V_{Tn}$)에서는 [그림 3-5(a)]와 같이 소오스에서 드레인까지 채널이 형성되어 있으며, V_{DS}가 만드는 수평 전계에 의해 전자가 이동하여 소오스와 드레인 사이에 전류가 흐른다. 게이트 전압 V_{GS}와 드레인 전압 V_{DS}가 증가할수록 드레인 전류도 증가하며, 이와 같은 동작을 **비포화모드** 또는 **트라이오드**triode**모드**라고 한다. MOSFET는 닫힌 스위치로 동작한다.

- **증가형 P채널 MOSFET** : [그림 3-5(b)]와 같이 게이트 전극에 특정 임계전압 $|V_{Tp}|$보다 큰 소오스-게이트 전압 $V_{SG} \geq |V_{Tp}| > 0$이 인가되면, N형 기판의 소수 캐리어 정공이 채널 영역으로 모여서 반전층이 형성된다. N형 기판의 도너 불순물 농도만큼 소수 캐리어 정공이 채널에 모인 상태를 강반전이라고 하며, 이를 채널이 형성되었다고 한다.

채널이 형성된 상태($V_{SG} \geq |V_{Tp}| > 0$)에서 소오스-드레인 전압 $V_{SD} > 0$을 인가하면, 소오스 단자와 드레인 단자 사이에 전류 I_D가 흐른다. 채널이 형성되어 전류가 흐르는 상태에서 MOSFET의 동작은 소오스-드레인 전압 V_{SD}의 크기에 따라 비포화모드와

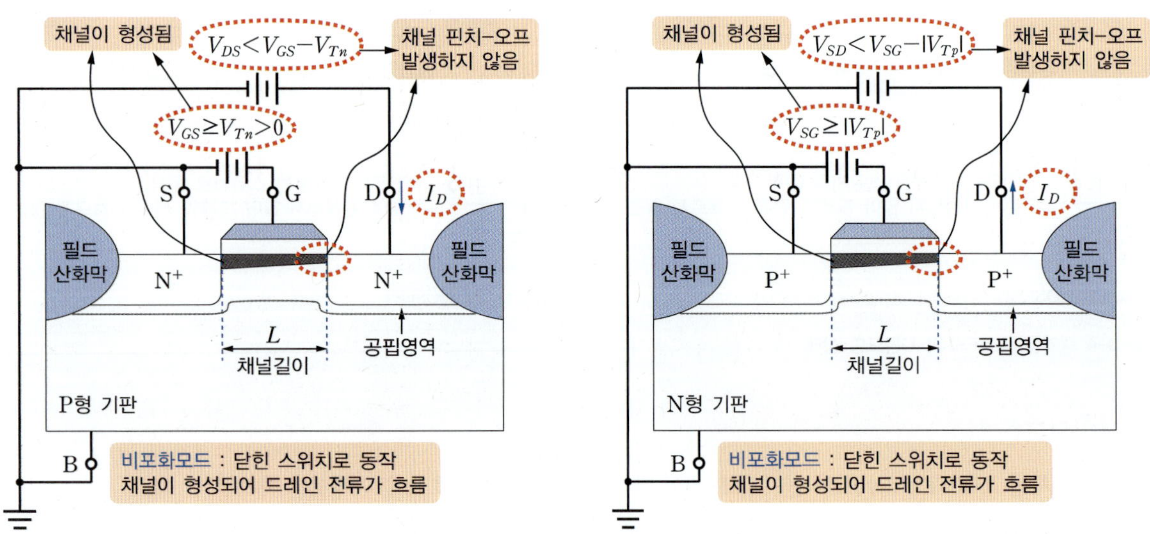

(a) N채널 MOSFET (b) P채널 MOSFET

그림 3-5 증가형 MOSFET의 비포화모드 상태

포화모드로 구분된다. 채널 형성에 기여하는 유효 게이트 전압 $V_{SG}-|V_{Tp}|$이 V_{SD}보다 큰 상태($V_{SD} < V_{SG}-|V_{Tp}|$)에서는 [그림 3-5(b)]와 같이 소오스에서 드레인까지 채널이 형성되어 있으며, V_{SD}가 만드는 수평 전계에 의해 정공이 이동하여 소오스와 드레인 사이에 전류가 흐른다. 게이트 전압 V_{SG}와 드레인 전압 V_{SD}가 증가할수록 드레인 전류도 증가하며, 이와 같은 동작을 **비포화모드** 또는 **트라이오드모드**라고 한다. MOSFET는 닫힌 스위치로 동작한다.

▪ 포화모드

- **증가형 N채널 MOSFET** : 채널이 형성된 상태($V_{GS} \geq V_{Tn} > 0$)에서 드레인 전압이 증가하여 $V_{DS} \geq V_{GS}-V_{Tn}$이 되면, [그림 3-6(a)]와 같이 드레인 근처에서 채널이 없어지는 **채널 핀치-오프**pinch-off가 발생한다. 채널 핀치-오프란 게이트 전압에 의한 수직 전계와 드레인 전압에 의한 수평 전계가 서로 상쇄되어 드레인 근처에서 채널이 형성되지 못하는 상태를 말한다. 채널 핀치-오프가 발생하는 임계 드레인-소오스 전압을 드레인-소오스 포화전압 $V_{DS,sat}$로 표현한다.

  채널 핀치-오프 상태에서 전자가 채널 끝에 도달하면, 드레인 부근의 강한 전계에 의해 전자가 빠르게 드레인으로 끌려가 드레인 전류를 형성한다. 채널 핀치-오프 상태에서는 드레인 전압이 증가해도 드레인 전류는 일정하게 유지되며, 따라서 **포화모드**라고 한다.

  포화모드는 $V_{GS} \geq V_{Tn}$이고, $V_{DS} \geq V_{GS}-V_{Tn}$(채널 형성에 기여하는 유효 게이트 전압 $V_{GS}-V_{Tn}$보다 V_{DS}가 큰 상태)인 동작 영역이다. MOSFET가 증폭기로 사용되는 동작모드이다.

- **증가형 P채널 MOSFET** : 채널이 형성된 상태($V_{SG} \geq |V_{Tp}| > 0$)에서 소오스 전압이 증가하여 $V_{SD} \geq V_{SG}-|V_{Tp}|$가 되면, [그림 3-6(b)]와 같이 드레인 근처에서 채널이 없어지는 **채널 핀치-오프**가 발생한다. 채널 핀치-오프가 발생하는 임계 소오스-드레인 전압을 소오스-드레인 포화전압 $V_{SD,sat}$로 표현한다.

  채널 핀치-오프 상태에서 정공이 채널 끝에 도달하면, 드레인 부근의 강한 전계에 의해 정공이 빠르게 드레인으로 끌려가 드레인 전류를 형성한다. 채널 핀치-오프 상태에서는 소오스 전압이 증가해도 드레인 전류는 일정하게 유지되므로, **포화모드**라고 한다.

  포화모드는 $V_{SG} \geq |V_{Tp}|$이고, $V_{SD} \geq V_{SG}-|V_{Tp}|$(채널 형성에 기여하는 유효 게이트 전압 $V_{SG}-|V_{Tp}|$보다 V_{SD}가 큰 상태)인 동작 영역이다. MOSFET가 증폭기로 사용되는 동작모드이다.

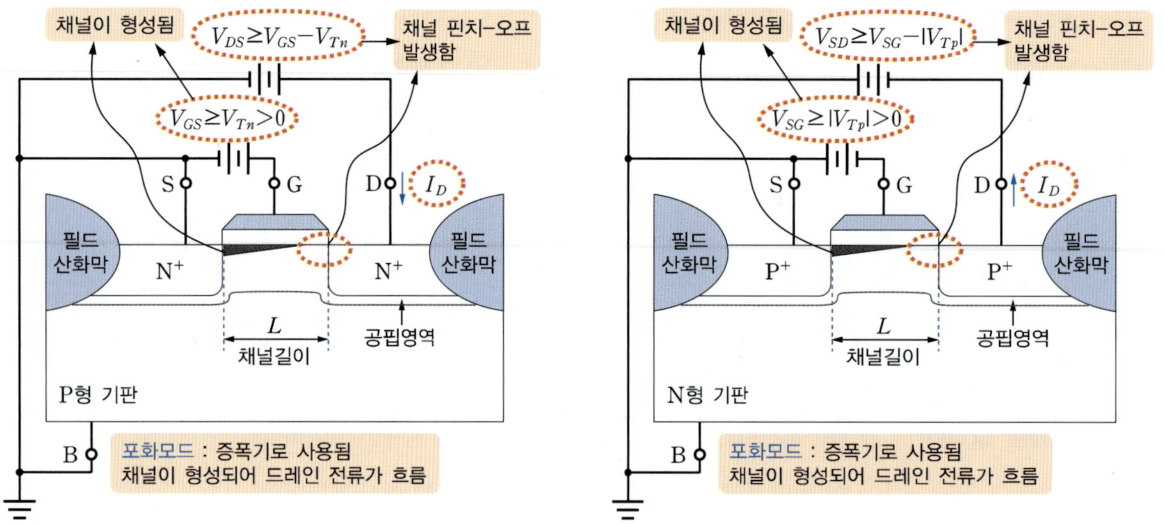

(a) N채널 MOSFET

(b) P채널 MOSFET

그림 3-6 증가형 MOSFET의 포화모드 상태

Q 증가형[enhancement] MOSFET란?

A 게이트에 인가되는 전압이 특정 임계치를 넘으면 채널이 형성되고, 게이트 전압의 크기에 따라 채널 영역에 모이는 캐리어가 변하여 드레인 전류가 제어되는 MOSFET 소자

Q 문턱전압[threshold voltage]이란?

A

- 증가형 MOSFET에서 채널을 형성(즉, 채널 영역의 반전층 캐리어 농도가 기판의 도핑 농도와 같아진 강반전 상태)하기 위해 필요한 최소 게이트 전압
- 증가형 N채널 MOSFET의 문턱전압은 $V_{Tn} > 0$이고, 증가형 P채널 MOSFET의 문턱전압은 $V_{Tp} < 0$이다.

3.1.3 증가형 MOSFET의 전류-전압 특성

증가형 MOSFET의 드레인 전류는 어떤 파라미터에 영향을 받는가?

MOSFET의 게이트는 게이트 산화막에 의해 절연되어 있어 게이트 단자에 흐르는 전류는 이상적으로 0이다. 3.1.2절에서 설명했듯이, 증가형 MOSFET는 게이트 단자 전압이 문턱전압보다 클 때에만 채널이 형성되어 소오스-드레인 간 전류가 흐를 수 있으며, 게이트 전압에 의해 드레인 전류가 제어된다. 게이트 전압의 크기에 따라 차단상태와 도통상태로 동작하며, 도통상태에서는 드레인 전압의 크기에 따라 비포화모드와 포화모드로 구분된다.

■ N채널 MOSFET의 전류-전압 특성

비포화 동작모드에서 증가형 N채널 MOSFET의 드레인 전류는 게이트 전압과 드레인 전압 모두에 영향을 받으며, 드레인 전류는 식 (3.1)과 같이 표현된다.

$$I_D = K_n\left[(V_{GS} - V_{Tn})V_{DS} - \frac{1}{2}V_{DS}^2\right] \text{ (단, } V_{DS} < V_{GS} - V_{Tn}) \tag{3.1}$$

식 (3.1)에서 V_{Tn}은 N채널 MOSFET의 문턱전압이며, 게이트 산화막의 두께, 기판의 도핑 농도, 게이트 전극의 물질 등 제조공정에 의해 결정된다. K_n은 식 (3.2)와 같이 주어지며, 전자의 이동도 μ_n, 단위면적당 게이트 산화막 정전용량 C_{ox}, MOSFET의 채널 폭 W와 채널 길이 L의 비ratio W/L에 의해 결정된다. 게이트 산화막 정전용량 C_{ox}는 산화막의 유전율 ϵ_{ox}를 게이트 산화막 두께 t_{ox}로 나눈 값($C_{ox} = \epsilon_{ox}/t_{ox} = 3.9\epsilon_0/t_{ox}$)이다. 게이트 산화막이 두꺼울수록(즉, t_{ox}가 클수록) C_{ox}는 작고 문턱전압 V_{Tn}이 커서 결과적으로 드레인 전류가 작아진다. 식 (3.2)에서 K_n은 반도체 제조공정에 의한 요소 $k_n = \mu_n C_{ox}$와 MOSFET의 채널 폭과 길이의 비 W/L로 분리해서 나타내기도 하며, k_n을 공정 이득process gain 또는 공정 전달컨덕턴스process transconductance 파라미터라고 부르며, A/V^2의 차원을 갖는다.

$$K_n = \mu_n C_{ox}\left(\frac{W}{L}\right)_n = k_n\left(\frac{W}{L}\right)_n \tag{3.2}$$

2차 효과secondary effect를 무시하는 이상적인 경우, 포화모드에서 증가형 N채널 MOSFET의 드레인 전류는 식 (3.3)과 같이 표현된다.

$$I_D = \frac{1}{2}k_n\left(\frac{W}{L}\right)_n (V_{GS} - V_{Tn})^2 \text{ (단, } V_{DS} \geq V_{GS} - V_{Tn}) \tag{3.3}$$

포화모드의 드레인 전류는 드레인 전압에 무관하게 게이트 전압에만 영향을 받는다. 채널 길이가 짧은 경우에는 포화모드의 드레인 전류가 드레인 전압에 의해 일부 영향을 받는 2차 효과가 나타나며, 이에 대해서는 뒤에서 살펴본다.

식 (3.1)과 식 (3.3)이 나타내는 MOSFET의 전류-전압 특성은 [그림 3-7(a)]의 회로에 의한 측정으로 확인할 수 있다. 게이트-소오스 전압 V_{GS}를 고정시킨 상태에서 드레인-소오스 전압 V_{DS}를 변화시키면서 드레인 전류 I_D를 측정해서 그래프로 나타내면 [그림 3-7(b)]와 같은 전류-전압 특성이 얻어진다. $V_{GS} < V_{Tn}$이면 MOSFET가 차단상태이며, 드레인 전류는 $I_D = 0$이다. 포화모드와 비포화모드의 경계는 $V_{DS} = V_{GS} - V_{Tn}$(즉, $V_{GD} = V_{Tn}$)이고, 그래프에서 비포화모드와 포화모드에서의 전류-전압 특성은 각각 식 (3.1)과 식 (3.3)으로 표현된다.

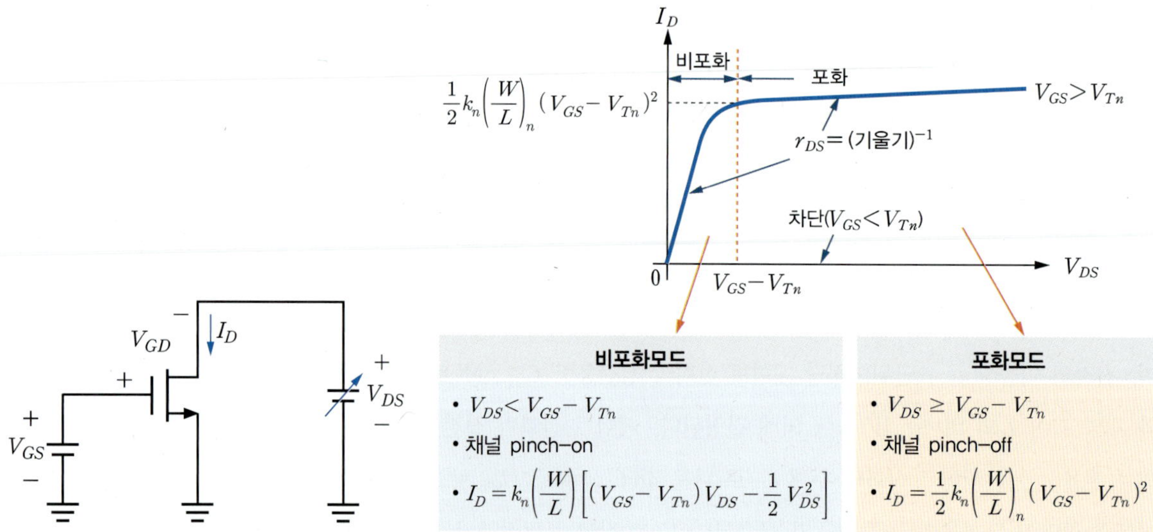

(a) MOSFET의 V_{DS}에 따른 I_D 특성 측정 회로 (b) 동작모드에 따른 MOSFET 전류–전압 특성

그림 3-7 증가형 N채널 MOSFET의 동작모드에 따른 특성

Q 증가형 MOSFET의 드레인 전류에 영향을 미치는 요소는?

A
- 제조공정에 의해 결정되는 문턱전압 V_{Tn}, 전자의 이동도 μ_n, 게이트 산화막의 두께, 산화막 유전율
- 트랜지스터의 채널 폭과 길이의 비 W/L

→ 채널 길이 L이 고정된 상태에서 채널 폭 W를 크게 만들면 전류가 많이 흐른다.

■ P채널 MOSFET의 전류–전압 특성

비포화 동작모드에서 증가형 P채널 MOSFET의 드레인 전류는 게이트 전압과 드레인 전압 모두에 영향을 받으며, 드레인 전류는 식 (3.4)와 같이 표현된다.

$$I_D = K_p\left[(V_{SG}-|V_{Tp}|)V_{SD}-\frac{1}{2}V_{SD}^2\right] \quad (\text{단, } V_{SD} < V_{SG}-|V_{Tp}|) \qquad (3.4)$$

식 (3.4)에서 $V_{Tp}<0$은 P채널 MOSFET의 문턱전압이며, 게이트 산화막의 두께, 기판의 도핑 농도, 게이트 전극의 물질 등 제조공정에 의해 결정된다. K_p는 식 (3.5)와 같이 주어지며 정공의 이동도 μ_p, 단위면적당 게이트 산화막 정전용량 C_{ox}, MOSFET의 채널 폭 W와 채널 길이 L의 비ratio에 의해 결정된다. 게이트 산화막 정전용량 C_{ox}는 산화막의 유전율 ϵ_{ox}를 산화막 두께 t_{ox}로 나눈 값($C_{ox}=\epsilon_{ox}/t_{ox}$)이다. 게이트 산화막이 두꺼울수록 C_{ox}는 작아지고 문턱전압 V_{Tp}가 커져 결과적으로 드레인 전류가 작아진다. 식 (3.4)에서 K_p는 반도체 제조공정에 의한 요소 $k_p=\mu_p C_{ox}$와 MOSFET의 채널 폭과 길이의 비 W/L로 분리해서 나타내기도 한다. 이때 k_p를 공정 이득 또는 공정 전달컨덕턴스 파라미터라고 부르며, A/V^2의 단위를 갖는다.

$$K_p = \mu_p C_{ox}\left(\frac{W}{L}\right)_p = k_p\left(\frac{W}{L}\right)_p \tag{3.5}$$

2차 효과를 무시하는 이상적인 경우, 포화모드에서 증가형 P채널 MOSFET의 드레인 전류는 식 (3.6)과 같이 표현된다.

$$I_D = \frac{1}{2}k_p\left(\frac{W}{L}\right)_p (V_{SG} - |V_{Tp}|)^2 \quad (\text{단, } V_{SD} \geq V_{SG} - |V_{Tp}|) \tag{3.6}$$

포화모드의 드레인 전류는 드레인 전압에 무관하게 게이트 전압에만 영향을 받는다. 채널 길이가 짧은 경우에, 포화모드의 드레인 전류가 드레인 전압에 의해 일부 영향을 받는 2차 효과가 나타나며, 이에 대해서는 뒤에서 살펴본다.

식 (3.1), 식 (3.3)과 식 (3.4), 식 (3.6)이 나타내는 증가형 MOSFET의 전류-전압 특성은 [그림 3-8]과 같다. 1사분면은 N채널 MOSFET의 전류-전압 특성이고, 3사분면은 P채널 MOSFET의 전류-전압 특성이다. N채널 MOSFET와 P채널 MOSFET는 전류의 방향과 전압의 극성이 서로 반대이다. 차단모드의 드레인 전류는 0이다. 비포화모드의 드레인 전류는 게이트 전압과 드레인 전압에 모두 영향을 받으며, 포화모드의 드레인 전류는 게이트 전압에 의해서만 영향을 받는다. [그림 3-8]에서 점선으로 표시된 포물선은 포화모드와 비포화모드의 경계이며, $V_{DSn,sat} = V_{GSn} - V_{Tn}$ (N채널 MOSFET), $V_{SDp,sat} = V_{SGp} - |V_{Tp}|$ (P채널 MOSFET)인 값들의 궤적을 나타낸다.

증가형 MOSFET의 전류-전압 특성 곡선의 모양은 2.1.3절에서 설명한 BJT의 전류-전압 특성 곡선과 유사하다. 그러나 포화모드와 비포화모드의 명칭이 BJT와 반대이므로 혼동하지 않도록 유의한다. MOSFET가 증폭기 회로에 사용되는 경우, 포화모드에서 동작하도록 동작점이 설정되어야 하며, 이에 대해서는 3.2절에서 살펴본다.

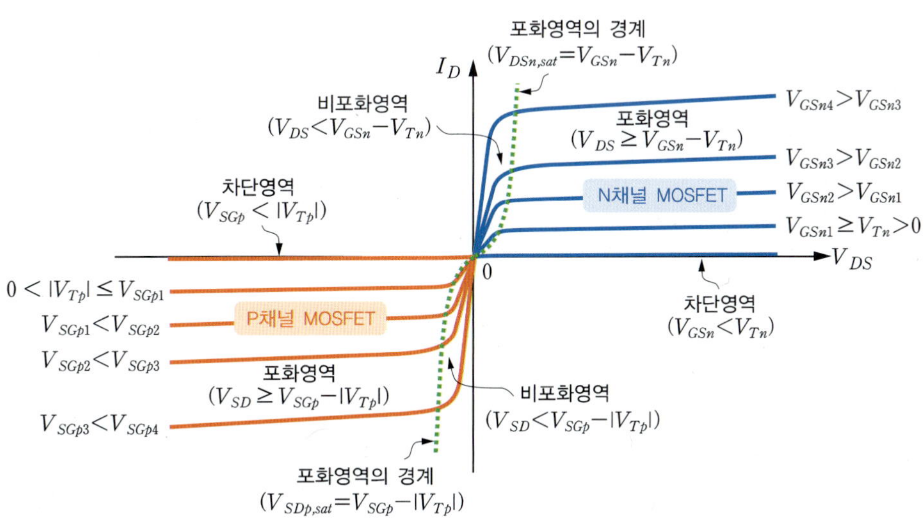

그림 3-8 증가형 MOSFET의 전류-전압 특성

■ 채널길이변조 효과

포화모드에서 드레인 전압이 증가함에 따라 채널 핀치-오프가 증가하여 [그림 3-9(a)]와 같이 유효 채널 길이가 ΔL만큼 짧아진다. 드레인 전압 V_{DS}(P채널 MOSFET의 경우에는 V_{SD})가 증가할수록 ΔL이 커지고, 유효 채널 길이가 $L' = L - \Delta L$로 감소한다. 따라서 식 (3.2)와 식 (3.5)에서 K_n과 K_p 값이 커져 드레인 전류가 증가한다. 이와 같이 드레인 전압이 증가할수록 드레인 전류가 증가하는 현상을 **채널길이변조**channel-length modulation **효과**라고 한다. 채널길이변조 효과가 포함된 N채널과 P채널 MOSFET의 포화모드 드레인 전류 I_D는 각각 식 (3.7), 식 (3.8)과 같이 표현된다. 파라미터 λ(람다)는 '채널길이변조 계수'라고 하며, V^{-1}의 차원을 갖는다.

$$I_D = \frac{1}{2}k_n\left(\frac{W}{L}\right)_n (V_{GS} - V_{Tn})^2(1 + \lambda V_{DS}) \qquad (3.7)$$

$$I_D = \frac{1}{2}k_p\left(\frac{W}{L}\right)_p (V_{SG} - |V_{Tp}|)^2(1 + \lambda V_{SD}) \qquad (3.8)$$

채널길이변조 효과가 포함된 증가형 N채널 MOSFET의 드레인 전류-전압 특성 곡선은 [그림 3-9(b)]와 같다. 포화모드에서 V_{DS}가 증가할수록 드레인 전류 I_D가 증가함을 볼 수 있다. 식 (3.7)과 식 (3.8)에서 $\lambda = 0$이면, 각각 식 (3.3), 식 (3.6)과 동일한 결과가 된다. λ는 채널 길이 L에 반비례하며, 채널 길이가 짧을수록 채널길이변조 효과가 크게 나타난다. 채널길이변조 효과는 포화모드로 동작하는 MOSFET의 드레인 저항 성분으로 나타나며, 이에 대해서는 3.3절에서 살펴본다.

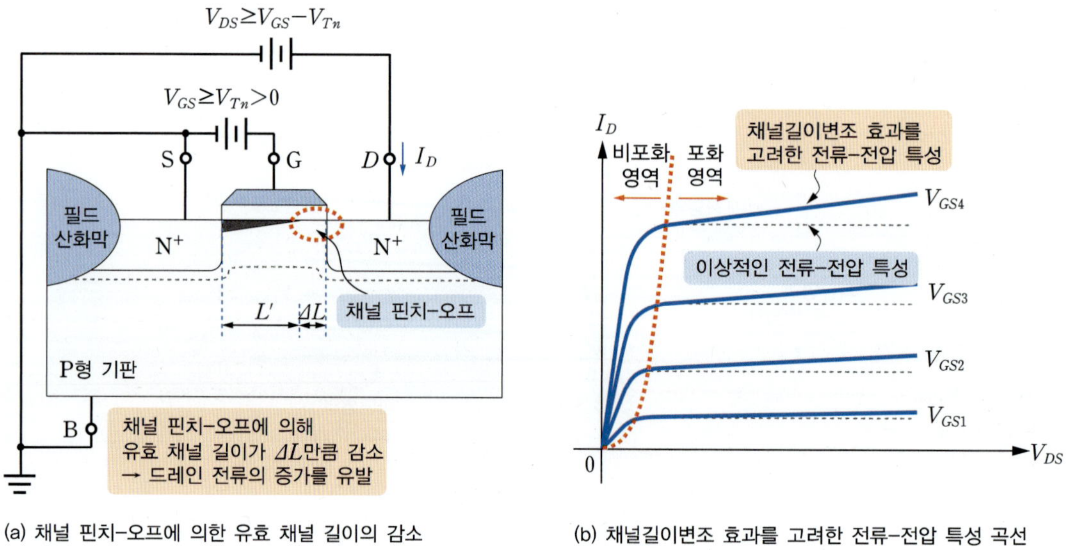

(a) 채널 핀치-오프에 의한 유효 채널 길이의 감소

(b) 채널길이변조 효과를 고려한 전류-전압 특성 곡선

그림 3-9 증가형 N채널 MOSFET의 채널길이변조 효과

예제 3-1

증가형 N채널 MOSFET가 포화모드로 동작하며, $V_{DS1}=2\text{V}$에서 드레인 전류 $I_{D1}=1.3\text{mA}$가 흐른다. $V_{DS2}=4\text{V}$로 증가했을 때, 채널길이변조 효과에 의한 드레인 전류의 변화를 구하라. 단, 게이트-소오스 전압은 $V_{GS}>V_{Tn}$이고 일정한 값을 유지하며, 채널길이변조 계수는 $\lambda=0.08\text{V}^{-1}$이다.

풀이

식 (3.7)에 V_{DS1}, V_{DS2}를 대입하면 각각 식 ①, 식 ②와 같다.

$$I_{D1}=\frac{1}{2}K_n(V_{GS}-V_{Tn})^2(1+\lambda V_{DS1}) \quad \cdots ①$$

$$I_{D2}=\frac{1}{2}K_n(V_{GS}-V_{Tn})^2(1+\lambda V_{DS2}) \quad \cdots ②$$

식 ②를 식 ①로 나누고, 정리하면 식 ③과 같다.

$$I_{D2}=I_{D1}\frac{1+\lambda V_{DS2}}{1+\lambda V_{DS1}} \quad \cdots ③$$

식 ③에 주어진 값을 대입하면 $I_{D2}=1.48\text{mA}$이며, I_D의 변화는 $\Delta I_D=0.18\text{mA}$이다. 따라서 V_{DS}가 2V에서 4V로 100% 증가하면, 채널길이변조 효과에 의해 드레인 전류는 약 13.8% 증가한다.

확인문제 3-1

포화모드에서 동작하는 증가형 N채널 MOSFET의 드레인 전류 $I_D=1.5\text{mA}$가 되기 위한 채널 폭과 길이의 비 W/L를 구하라. 단, $V_{GS}=1.8\text{V}$, $V_{DS}=3.0\text{V}$, $V_{Tn}=1.5\text{V}$, $k_n=4.83\text{mA/V}^2$, $\lambda=0.05\text{V}^{-1}$이다.

답 $(W/L)=6$

확인문제 3-2

포화모드에서 동작하는 증가형 P채널 MOSFET에서 채널길이변조 효과에 의한 드레인 전류의 증가량 ΔI_D를 구하라. 단, $V_{SG}=1.8\text{V}$, $V_{SD}=4.0\text{V}$, $V_{Tp}=-1.2\text{V}$, $k_p=4.0\text{mA/V}^2$, $(W/L)=10$, $\lambda=0.05\text{V}^{-1}$이다.

답 $\Delta I_D=1.44\text{mA}$

핵심포인트

표 3-1 증가형 MOSFET의 동작모드

동작모드	N채널 MOSFET[$V_{Tn} > 0$, $K_n = \mu_n C_{ox}(W/L)$]			
	전압 조건		드레인 전류	응용
차단	$V_{GS} < V_{Tn}$	–	$I_D = 0$	열린 스위치
비포화	$V_{GS} \geq V_{Tn}$	$V_{DS} < V_{GS} - V_{Tn}$	$I_D = k_n\left(\frac{W}{L}\right)_n\left[(V_{GS} - V_{Tn})V_{DS} - \frac{1}{2}V_{DS}^2\right]$	닫힌 스위치
포화		$V_{DS} \geq V_{GS} - V_{Tn}$	$I_D = \frac{1}{2}k_n\left(\frac{W}{L}\right)_n(V_{GS} - V_{Tn})^2$	증폭기

동작모드	P채널 MOSFET[$V_{Tp} < 0$, $K_p = \mu_p C_{ox}(W/L)$]			
	전압 조건		드레인 전류	응용
차단	$V_{SG} < \lvert V_{Tp} \rvert$	–	$I_D = 0$	열린 스위치
비포화	$V_{SG} \geq \lvert V_{Tp} \rvert$	$V_{SD} < V_{SG} - \lvert V_{Tp} \rvert$	$I_D = k_p\left(\frac{W}{L}\right)_p\left[(V_{SG} - \lvert V_{Tp} \rvert)V_{SD} - \frac{1}{2}V_{SD}^2\right]$	닫힌 스위치
포화		$V_{SD} \geq V_{SG} - \lvert V_{Tp} \rvert$	$I_D = \frac{1}{2}k_p\left(\frac{W}{L}\right)_p(V_{SG} - \lvert V_{Tp} \rvert)^2$	증폭기

3.1.4 공핍형 MOSFET

공핍형 MOSFET와 증가형 MOSFET는 구조와 동작에 어떤 차이가 있는가?

공핍형depletion type MOSFET는 [그림 3-1]의 증가형 MOSFET와 동일한 구조를 가지며, 제조과정에서 채널이 미리 만들어진다는 점만 다르다.

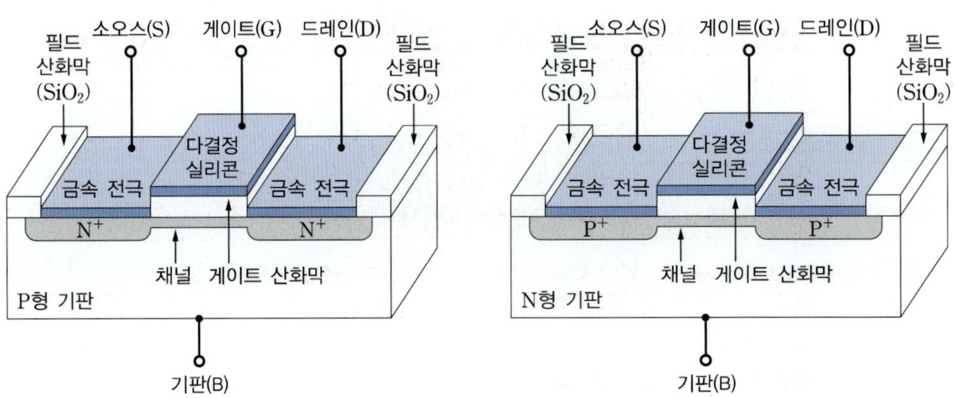

(a) 공핍형 N채널 MOSFET

(b) 공핍형 P채널 MOSFET

그림 3-10 공핍형 MOSFET의 구조

[그림 3-10]은 공핍형 MOSFET의 구조이며, 미리 형성된 채널에 의해 소오스와 드레인이 서로 연결되어 있다. 공핍형 MOSFET의 소자 형태(N채널 또는 P채널)는 증가형 MOSFET와 동일하게 소오스, 드레인과 기판의 도핑 형태에 의해 결정된다.

공핍형 MOSFET의 회로 기호는 [그림 3-11]과 같다. 채널이 미리 만들어져 있으므로, 이를 기호에 표시하는 점이 증가형 MOSFET 기호와 다르다. 기판 또는 소오스 단자의 화살표 방향에 의해 N채널 또는 P채널을 구별하며, 화살표 방향은 기판의 도핑 형태를 나타낸다.

(a) 공핍형 N채널 MOSFET　(b) 공핍형 P채널 MOSFET

그림 3-11 공핍형 MOSFET의 기호

공핍형 MOSFET의 각 단자에 흐르는 전류와 전압의 극성은 [그림 3-3]의 증가형 MOSFET와 동일하다. 소오스와 드레인 사이의 채널을 통해서만 전류가 흐르며, 소오스, 드레인에서 기판으로 전류가 흐르지 않아야 한다. 따라서 소오스, 드레인과 기판의 PN 접합은 항상 역방향 바이어스 상태가 되어야 하며, 이를 위해 공핍형 N채널 MOSFET의 기판(P형)에는 0V 또는 음(−)의 전압이 인가되어야 한다.

공핍형 N채널 MOSFET는 게이트 단자에 인가되는 전압의 극성과 크기에 따라서 동작이 달라진다. 게이트 전압이 음(−)이면 공핍형으로 동작하고, 양(+)이면 증가형으로 동작한다. [그림 3-12]는 소오스와 기판을 접지시키고, 게이트에 음(−)의 전압 $V_{GS} < 0$을 인가하여 공핍형으로 동작하도록 구성된 예이다. 게이트에 음(−)의 전압이 인가되면, N채널 영역의 전자가 기판 아래쪽으로 밀려나고, 그 자리에 공핍층이 형성된다. 따라서 채널 영역에 캐리어가 감소하여 드레인 전류가 감소한다. 게이트에 인가되는 음(−)의 전압이 커질수록 공핍층이 확대되어 드레인 전류는 더욱 감소한다. 이와 같이 게이트 단자에 인가되는 음(−)의 전압 크기에 의해 드레인 전류가 조절되는 소자가 공핍형 N채널 MOSFET이다. 공핍형 N채널 MOSFET에 양(+)의 게이트 전압이 인가되면, 기판의 소수 캐리어 전자가 채널 영역으로 끌려와 드레인 전류를 증가시키는 증가형 MOSFET로 동작한다.

음(−)의 게이트 전압이 특정 임계값이 되면, 채널 영역 전체가 공핍층으로 채워져 전류를 운반하는 캐리어가 없어지므로, 드레인 전류가 흐르지 못한다. 이 임계 게이트 전압을 공핍형 N채널 MOSFET의 문턱전압 $V_{Tn,dep}$라고 한다.

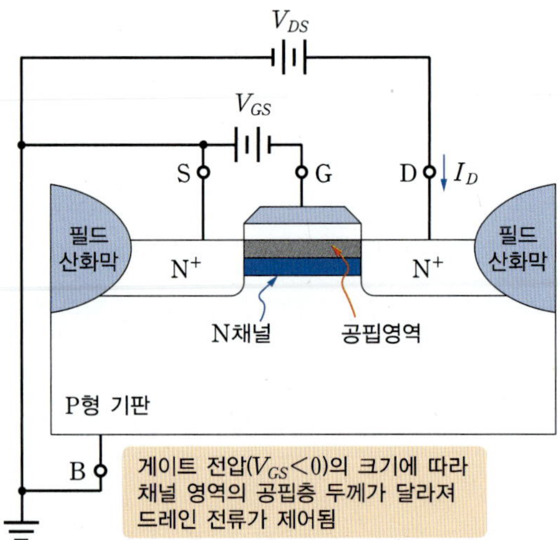

그림 3-12 공핍형 N채널 MOSFET의 동작 원리

Q 증가형 MOSFET와 공핍형 MOSFET의 문턱전압은 어떤 차이가 있는가?

A
- 증가형 MOSFET의 문턱전압 : 채널을 형성하기 위해 필요한 최소의 게이트 전압
- 공핍형 MOSFET의 문턱전압 : 채널 영역의 캐리어를 모두 제거하여 드레인 전류를 0으로 만들기 위해 필요한 최소 게이트 전압
- 공핍형 N채널 MOSFET의 문턱전압은 $V_{Tn,dep} < 0$이고, 공핍형 P채널 MOSFET의 문턱전압은 $V_{Tp,dep} > 0$이다.

공핍형 N채널 MOSFET는 게이트 전압의 극성에 따라 공핍모드 또는 증가모드로 동작할 수 있으며, 전류-전압 특성 곡선은 [그림 3-13]과 같다. 증가형 N채널 MOSFET와 동일한 전류-전압 특성을 가지므로, 식 (3.1)과 식 (3.3)으로 표현되는 증가형 MOSFET의 드레인 전류 수식을 동일하게 적용할 수 있다. [그림 3-13]에서 $V_{GS} = 0\text{V}$일 때의 드레인 전류를 드레인 포화전류 I_{DSS}라고 하며, 식 (3.3)에 $V_{GS} = 0\text{V}$를 적용하면 식 (3.9)와 같이 주어진다. 드레인 포화전류 I_{DSS}는 MOSFET의 채널 폭 W와 채널 길이 L의 비ratio

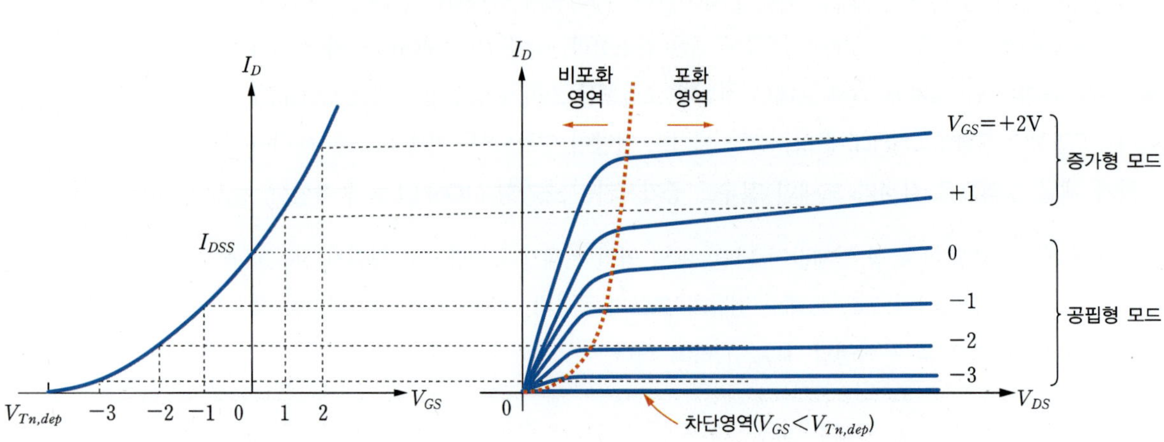

그림 3-13 공핍형 N채널 MOSFET의 전류-전압 특성

에 의해 조정될 수 있다. 공핍형 P채널 MOSFET의 드레인 포화전류는 식 (3.9)에서 K_n을 K_p로, $V_{Tn,dep}$를 $V_{Tp,dep}$로 바꾸면 된다.

$$I_{DSS} = \frac{1}{2}K_n|V_{Tn,dep}|^2 = \frac{1}{2}k_n\left(\frac{W}{L}\right)_n|V_{Tn,dep}|^2 \tag{3.9}$$

확인문제 3-3

공핍형 N채널 MOSFET의 드레인 포화전류 $I_{DSS} = 1.28\text{mA}$가 되기 위한 채널 폭과 길이의 비 W/L을 구하라. 단, 문턱전압은 $V_{Tn,dep} = -1.6\text{V}$, $k_n = 0.25\text{mA/V}^2$이다.

답 $W/L = 4$

핵심포인트 **공핍형 N채널 MOSFET의 특성**

- 게이트 단자에 인가되는 음(−)의 전압이 클수록 채널의 공핍층이 확대되어 드레인 전류가 작게 흐르는 소자이다.
- 채널 영역의 캐리어를 모두 제거하여 드레인 전류를 0으로 만들기 위해 필요한 최소의 게이트 전압이 문턱전압이며, $V_{Tn,dep} < 0$이다.
- 증가형 N채널 MOSFET와 유사한 전류-전압 특성을 가지며, V_{GS}, V_{DS}의 상대적인 크기에 따라 차단모드, 비포화모드, 포화모드로 동작한다.

점검하기 **다음 각 문제에서 맞는 것을 고르시오.**

(1) 증가형 N채널 MOSFET의 소오스와 드레인은 (**N형, P형**)이고, 기판은 (**N형, P형**)이다.

(2) 증가형 P채널 MOSFET의 소오스와 드레인은 (**N형, P형**)이고, 기판은 (**N형, P형**)이다.

(3) MOSFET의 소오스, 드레인과 기판의 PN 접합은 항상 (**순방향, 역방향**) 바이어스 상태가 되어야 한다.

(4) MOSFET가 증폭기로 동작하기 위해서는 (**차단, 비포화, 포화**)모드로 바이어스되어야 한다.

(5) MOSFET가 차단모드에서 동작하면 (**열린, 닫힌**) 스위치로 동작한다.

(6) MOSFET의 게이트 단자 전류는 0이다. (**O, X**)

(7) 증가형 N채널 MOSFET에서 $V_{GS} < V_{Tn}$이면, (**차단, 비포화, 포화**)모드로 동작한다.

(8) 증가형 P채널 MOSFET에서 $V_{SG} \geq |V_{Tp}| > 0$이고 $V_{SD} < V_{SG} - |V_{Tp}|$이면, (**차단, 비포화, 포화**)모드로 동작한다.

(9) 증가형 N채널 MOSFET에서 $V_{GS} \geq V_{Tn} > 0$이고 $V_{DS} \geq V_{GS} - V_{Tn}$이면, (**차단, 비포화, 포화**)모드로 동작한다.

(10) 공핍형 N채널 MOSFET의 문턱전압은 ($V_{Tn,dep} < 0$, $V_{Tn,dep} > 0$)이다.

SECTION 3.2

MOSFET 증폭기의 바이어스

핵심이 보이는 **전자회로**

MOSFET가 증폭기 회로에 사용되기 위해서는 DC 바이어스에 의한 동작점이 설정되어야 한다. 증폭기에서는 입력신호와 출력신호 사이의 선형성이 중요한 요소이며, MOSFET의 포화영역 중앙 근처에 동작점이 설정되도록 바이어스를 인가해야 한다. 참고로, 2.2절에서 설명한 BJT는 순방향 활성영역에서 동작하도록 바이어스가 설정되어야 하며, BJT와 MOSFET의 동작영역 명칭을 혼동하지 않도록 유의한다. 이 절에서는 부하선과 동작점의 개념을 이해하고, 증가형 MOSFET와 공핍형 MOSFET의 바이어스 방법에 대해 살펴본다.

3.2.1 부하선과 동작점

증가형 MOSFET의 동작점은 어떻게 설정되는가?
동작점의 위치는 MOSFET 증폭기의 동작에 어떤 영향을 미치는가?

트랜지스터 회로의 바이어스 해석과 설계, 그리고 동작점을 이해하기 위해 부하선 개념이 널리 사용된다. **부하선** load line은 부하전류의 변화에 따라 부하 양단에 나타나는 전압변화의 궤적을 그린 직선이며, 직류 부하선상에 트랜지스터의 **동작점** quiescent point이 설정된다.

[그림 3-14(a)]는 증가형 N채널 MOSFET로 구성된 공통소오스 증폭기 회로이며, 소오스가 접지로 연결되고 게이트 바이어스 전압 V_{GG}와 전원전압 V_{DD}가 인가되고 있다. 이 회로의 직류 부하선 방정식을 구해보자. 드레인-소오스 루프에 KVL을 적용하면 식 (3.10)이 된다.

$$V_{DD} = V_{DS} + R_D I_D \tag{3.10}$$

식 (3.10)을 드레인 전류 I_D에 대해 정리하면, 직류 부하선 방정식은 다음과 같다.

$$I_D = -\frac{V_{DS}}{R_D} + \frac{V_{DD}}{R_D} \tag{3.11}$$

식 (3.11)로부터 MOSFET의 전류-전압 특성 곡선에 직류 부하선을 그리면 [그림 3-14(b)]와 같으며, 기울기가 $-1/R_D$이고, 부하선과 x축의 교점은 V_{DD}, 부하선과 y축의 교점은 $I_D = V_{DD}/R_D$이다. 직류 부하선은 드레인 전류 I_D와 드레인-소오스 전압 V_{DS} 사이의 선형 관계를 나타낸다. 바이어스에 의해 설정된 DC 전압과 전류를 트랜지스터의 동작점이라고 하며, [그림 3-14(b)]에서 부하선상의 Q점으로 표시된다. 동작점에서의 게이트-소오스 전압을 V_{GSQ}로, 드레인 전류를 I_{DQ}로, 드레인-소오스 전압을 V_{DSQ}로 표시한다. [그림 3-14(b)]에서 MOSFET가 차단모드($V_{GS} < V_{Tn}$)일 때, 직류 부하선과 만나는 교점을 **차단점** cut-off point이라고 한다. 포화모드와 비포화모드의 경계를 나타내는 포물선과 부하선의 교점을 **천이점** transition point이라고 한다. 차단점과 천이점 사이가 포화영역이며, MOSFET가 선형으로 동작하는 영역이다. MOSFET를 증폭기로 사용하기 위해서는 포화영역의 중앙 근처에 동작점을 설정하는 것이 바람직하다.

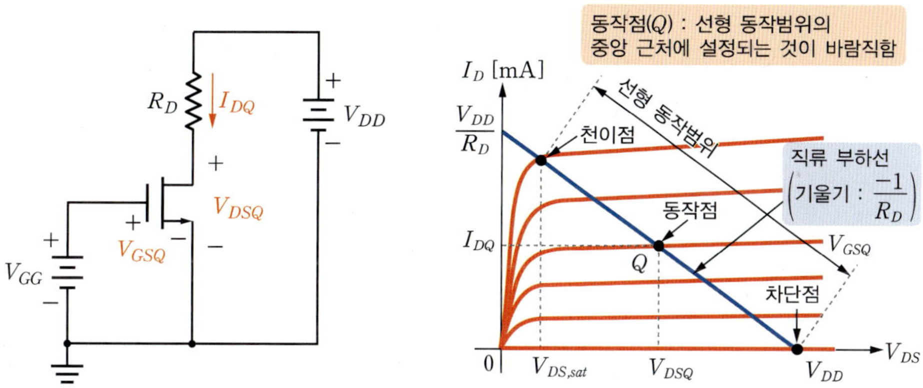

(a) 공통소오스 증폭기

(b) 직류 부하선과 동작점

그림 3-14 증가형 N채널 MOSFET 공통소오스 증폭기의 직류 부하선과 동작점

예제 3-2

[그림 3-14(a)]의 회로에 대해 동작점 전압과 전류를 구하고, 직류 부하선을 그려서 동작점을 표시하라. 단, $R_D = 1.8\text{k}\Omega$, $V_{GG} = 1.95\text{V}$, $V_{DD} = 10\text{V}$이고, MOSFET 파라미터는 $V_{Tn} = 1.8\text{V}$, $K_n = 168\text{mA/V}^2$이다. $\lambda = 0$으로 가정하여 채널길이변조 효과는 무시한다.

풀이

MOSFET가 포화모드로 바이어스되어 있다고 가정하고, 식 (3.3)을 이용하여 드레인 전류를 계산하면 다음과 같다.

$$I_{DQ} = \frac{1}{2}K_n(V_{GSQ} - V_{Tn})^2 = \frac{1}{2} \times 168 \times (1.95 - 1.8)^2 \times 10^{-3} = 1.89\text{mA}$$

식 (3.10)에 의해 드레인-소오스 바이어스 전압은 다음과 같이 계산된다.

$$V_{DSQ} = V_{DD} - I_{DQ}R_D = 10 - 1.89 \times 1.8 = 6.60\text{V}$$

MOSFET가 포화모드로 바이어스되어 있다고 가정하였으므로, 이 가정이 성립하는지 확인해야 한다. 포화모드의 임계전압은 다음과 같이 계산된다.

$$V_{DS,sat} = V_{GSQ} - V_{Tn} = 1.95 - 1.8 = 0.15\text{V}$$

$V_{DSQ} > V_{DS,sat}$이므로, MOSFET가 포화모드로 바이어스되어 있음이 확인된다. 식 (3.11)에 주어진 값을 대입해 부하선과 동작점을 그래프로 나타내면 [그림 3-15]와 같다. [그림 3-16]은 증가형 N채널 MOSFET M2N6660 소자를 사용한 DC 바이어스 시뮬레이션 결과이며, 수식 계산으로 얻은 결과와 일치함을 확인할 수 있다.

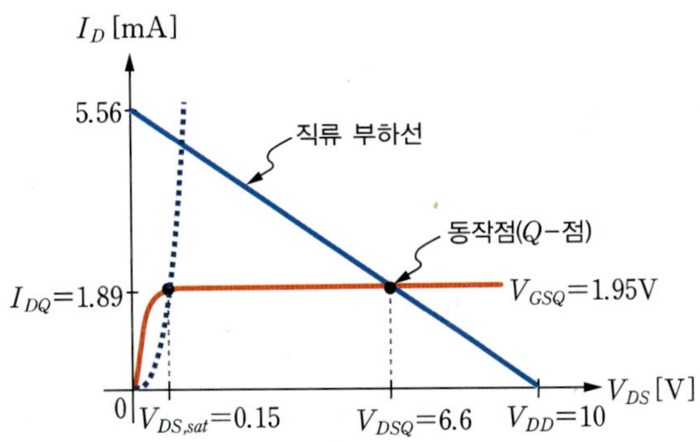

그림 3-15 [예제 3-2]의 부하선과 동작점

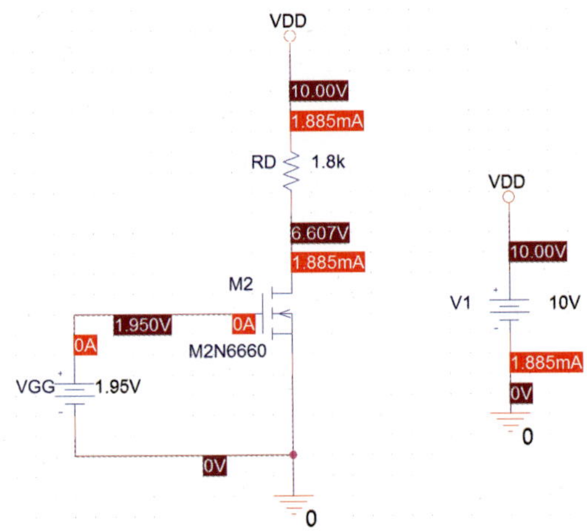

그림 3-16 [예제 3-2]의 DC 바이어스 시뮬레이션 결과

확인문제 3-4

[그림 3-17]의 증가형 P채널 MOSFET 회로에 대해 동작점 전류 I_{DQ}와 동작점 전압 V_{SGQ}, V_{SDQ}를 구하고, 동작모드를 판단하라. 단, $R_D = 0.5\text{k}\Omega$, $V_{GG} = 3.2\text{V}$, $V_{SS} = 12\text{V}$이고, MOSFET 파라미터는 $V_{Tp} = -2.46\text{V}$, $K_p = 61.0\text{mA/V}^2$이다. $\lambda = 0$으로 가정하여 채널길이변조 효과는 무시한다.

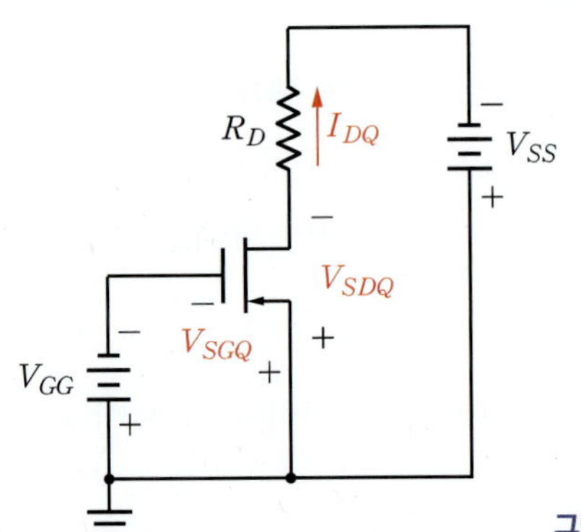

그림 3-17

답 $I_{DQ} = 16.7\text{mA}$, $V_{SGQ} = 3.2\text{V}$, $V_{SDQ} = 3.65\text{V}$, 포화모드

증폭기 회로에 사용되는 MOSFET는 포화영역의 중앙 근처에 동작점을 설정하는 것이 바람직하다. 만약 동작점이 차단점 또는 포화점 근처로 치우쳐 있으면 어떻게 될까?

- **동작점이 차단점 근처에 설정된 경우**([그림 3-18(a)]) : 입력전압의 진폭이 큰 경우에, 음(−)의 반주기 중 일부에서 MOSFET가 차단모드로 동작하여 드레인 전류가 0이 되는 부분이 발생할 수 있으며, 따라서 출력파형에 왜곡이 발생할 수 있다.
- **동작점이 천이점 근처에 설정된 경우**([그림 3-18(b)]) : 입력전압의 진폭이 큰 경우에, 양(+)의 반주기 중 일부에서 MOSFET가 비포화모드로 동작할 수 있으며, 따라서 출력파형에 왜곡이 발생할 수 있다.

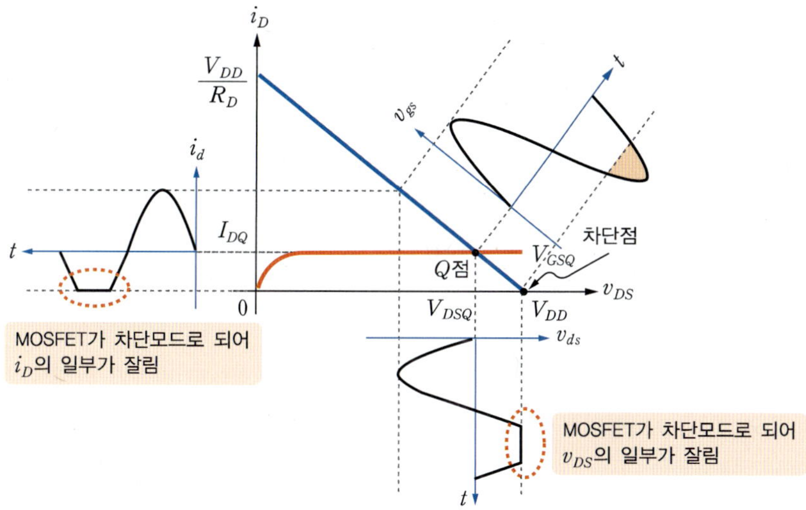

(a) 동작점이 차단점 근처에 설정된 경우

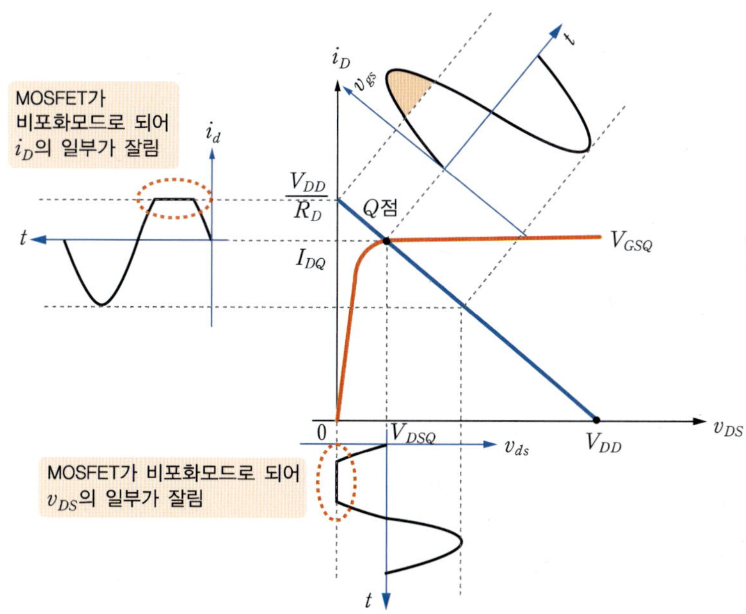

(b) 동작점이 천이점 근처에 설정된 경우

그림 3-18 동작점 위치에 따른 출력파형의 왜곡 (계속)

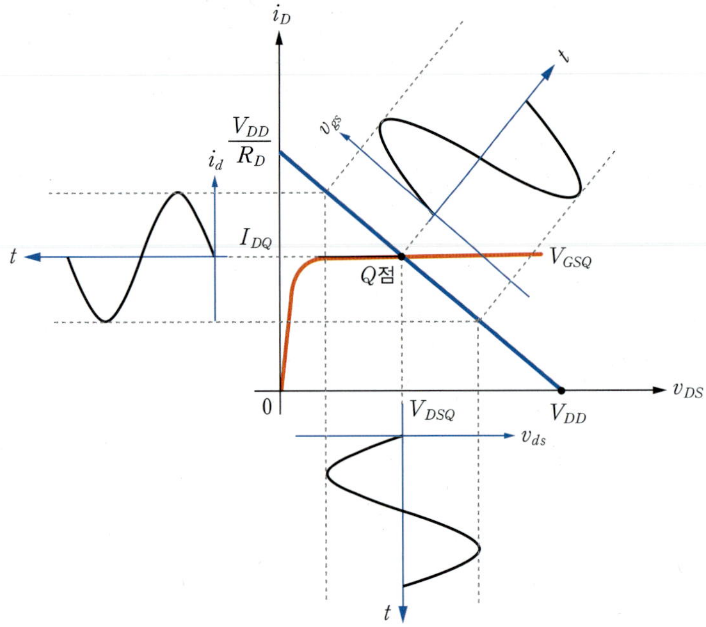

(c) 동작점이 포화영역 중앙 근처에 설정된 경우

그림 3-18 동작점 위치에 따른 출력파형의 왜곡

결론적으로, MOSFET 증폭기가 선형으로 동작하는 신호 범위를 최대로 만들기 위해서는 [그림 3-18(c)]와 같이 포화영역의 중앙 근처에 동작점이 설정되어야 한다.

예제 3-3

[예제 3-2]의 회로에 대해 직류 부하선상의 천이점에서 게이트-소스 전압과 드레인 전류를 구하라. 단, 소자값과 MOSFET의 파라미터는 [예제 3-2]와 동일하다.

풀이

천이점에서 드레인-소스 전압은 다음과 같이 표현된다.

$$V_{DS,sat} = V_{GS} - V_{Tn} = V_{DD} - I_D R_D \quad \cdots ①$$

식 ①에 포화모드의 드레인 전류 $I_D = \frac{1}{2}K_n(V_{GS} - V_{Tn})^2$을 대입하면 다음과 같다.

$$V_{GS} - V_{Tn} = V_{DD} - \frac{1}{2}K_n R_D (V_{GS} - V_{Tn})^2 \quad \cdots ②$$

식 ②에 주어진 값을 대입한 후, 정리하면 다음과 같다.

$$151.2 \times (V_{GS} - V_{Tn})^2 + (V_{GS} - V_{Tn}) - 10 = 0 \quad \cdots ③$$

식 ③은 $(V_{GS} - V_{Tn})$에 대한 2차 방정식이므로, 해를 구하면 -0.26과 0.254이다. 증가형 N채널 MOSFET는 $V_{GS} - V_{Tn} > 0$이므로, $V_{DS,sat} = V_{GS} - V_{Tn} = 0.254\text{V}$이다. 따라서 천이점에서의 게이트-소오스 전압은 다음과 같다.

$$V_{GS} = 1.8 + 0.254 \simeq 2.054\text{V}$$

천이점에서의 드레인 전류는 다음과 같이 계산된다.

$$I_D = \frac{1}{2} \times 168 \times 10^{-3} \times (0.254)^2 = 5.42\text{mA}$$

출력특성 곡선에 부하선과 천이점을 표시하면 [그림 3-19]와 같다.

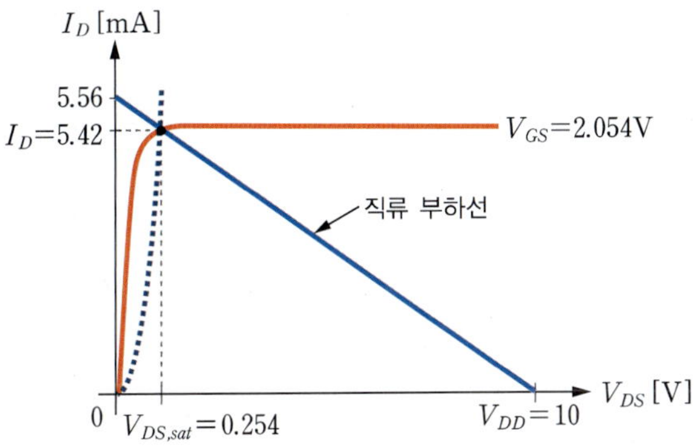

그림 3-19 [예제 3-3]의 직류 부하선상의 천이점 전류 및 전압

3.2.2 증가형 MOSFET의 전압분배 바이어스

증가형 N채널과 P채널 MOSFET의 전압분배 바이어스 회로는 어떻게 구성되는가?

전압분배 바이어스 회로에 의해 증가형 MOSFET의 동작점은 어떻게 설정되는가?

▪ 증가형 N채널 MOSFET의 전압분배 바이어스 회로

[그림 3-20]은 증가형 N채널 MOSFET의 동작점 설정을 위한 전압분배 바이어스 회로이다. 저항 R_1, R_2에 의해 전원전압 V_{DD}가 분배되어 게이트-소오스 동작점 전압이 설정된다.

MOSFET의 게이트 전류는 0이므로, 게이트-소오스 동작점 전압 V_{GSQ}는 전압분배에 의해서 식 (3.12)와 같다.

$$V_{GSQ} = \left(\frac{R_2}{R_1 + R_2}\right) V_{DD} \tag{3.12}$$

식 (3.12)에 의한 게이트 단자의 DC 전압은 MOSFET의 문턱전압 V_{Tn}보다 커야 하며, MOSFET가 포화모드로 동작하도록 설정되어야 한다. MOSFET가 포화모드로 동작한다고 가정하면, 식 (3.3)에 의해 드레인 바이어스 전류는 다음과 같다.

$$I_{DQ} = \frac{1}{2}K_n(V_{GSQ} - V_{Tn})^2 \tag{3.13}$$

드레인-소오스 바이어스 전압은 식 (3.14)와 같다.

$$V_{DSQ} = V_{DD} - R_D I_{DQ} \tag{3.14}$$

동작점이 포화모드에 설정되기 위해서는 $V_{DSQ} \geq V_{GSQ} - V_{Tn}$이 만족되어야 한다. 동작점은 직류 부하선상에 위치하며, 천이점 이하에 설정되어야 MOSFET가 포화모드로 동작할 수 있다. 직류 부하선은 [그림 3-14(b)]와 동일한 특성을 갖는다.

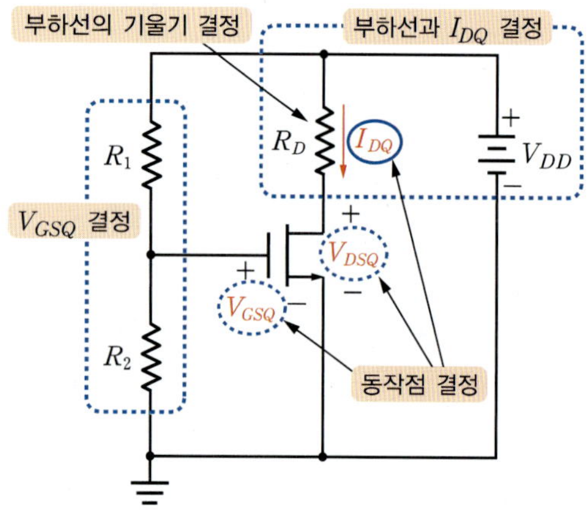

그림 3-20 증가형 N채널 MOSFET의 전압분배 바이어스

Q 저항비 R_2/R_1에 따른 동작점의 위치는?

A 드레인 저항 R_D와 전원전압 V_{DD}가 고정된 상태에서, 저항비 R_2/R_1가 클수록 게이트-소오스 바이어스 전압 V_{GSQ}와 드레인 바이어스 전류 I_{DQ}가 커지므로 동작점이 천이점에 가깝게 설정된다.

■ 증가형 P채널 MOSFET의 전압분배 바이어스 회로

[그림 3-21]은 증가형 P채널 MOSFET의 동작점 설정을 위한 전압분배 바이어스 회로이다. 저항 R_1, R_2에 의해 전원전압 V_{SS}가 분배되어 게이트-소오스 동작점 전압이 설정된다. [그림 3-20]의 N채널 MOSFET 바이어스 회로와 비교하여 음(−)의 전원전압 V_{SS}가 사용된 점이 다르다. MOSFET의 게이트 전류는 0이므로, 소오스-게이트 동작점 전압 V_{SGQ}는 전압분배에 의해서 식 (3.15)와 같으며, $V_{SGQ} > 0$(즉, $V_{GSQ} < 0$)임에 유의한다.

$$V_{SGQ} = \left(\frac{R_2}{R_1 + R_2} \right) V_{SS} \quad (3.15)$$

식 (3.15)에 의한 전압 V_{SGQ}는 P채널 MOSFET의 문턱전압 $|V_{Tp}|$보다 커야 하며, MOSFET가 포화모드로 동작하도록 설정되어야 한다. MOSFET가 포화모드로 동작한다고 가정하면, 식 (3.6)에 의해 드레인 바이어스 전류는 다음과 같다.

$$I_{DQ} = \frac{1}{2} K_p (V_{SGQ} - |V_{Tp}|)^2 \quad (3.16)$$

소오스-드레인 바이어스 전압은 식 (3.17)과 같다.

$$V_{SDQ} = V_{SS} - R_D I_{DQ} \quad (3.17)$$

동작점이 포화모드에 설정되기 위해서는 $V_{SDQ} \geq V_{SGQ} - |V_{Tp}|$이 만족되어야 한다. 동작점은 직류 부하선상에 위치하며, 천이점 이하에 설정되어야 MOSFET가 포화모드로 동작할 수 있다. 직류 부하선은 [그림 3-14(b)]와 동일한 특성을 갖는다.

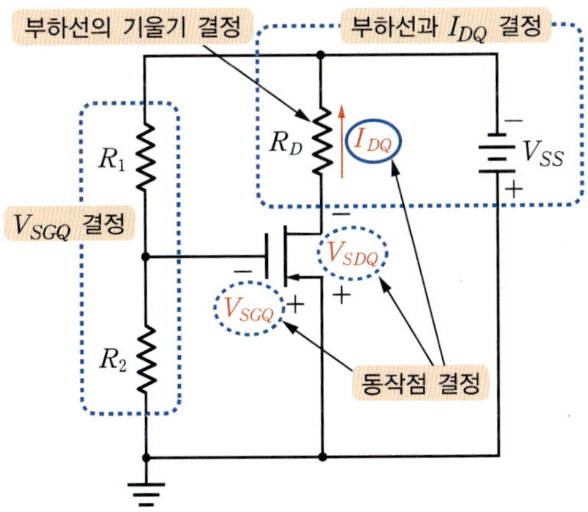

그림 3-21 증가형 P채널 MOSFET의 전압분배 바이어스

Q 저항비 R_2/R_1에 따른 동작점의 위치는?

A 드레인 저항 R_D와 전원전압 V_{SS}가 고정된 상태에서, 저항비 R_2/R_1가 클수록 소오스-게이트 바이어스 전압 V_{SGQ}와 드레인 바이어스 전류 I_{DQ}가 커지므로, 동작점이 천이점에 가깝게 설정된다.

예제 3-4

[그림 3-20]의 회로에서 드레인 바이어스 전류 $I_{DQ} = 3.35\text{mA}$, 드레인-소오스 바이어스 전압 $V_{DSQ} = 4.0\text{V}$로 MOSFET가 포화모드로 동작하도록 저항 R_1, R_2 그리고 저항 R_D 값을 결정하라. MOSFET는 $V_{Tn} = 1.8\text{V}$, $K_n = 167.5\text{mA/V}^2$이고, 채널길이변조 효과는 무시하며, $V_{DD} = 10\text{V}$이다.

풀이

식 (3.3)의 드레인 바이어스 전류 $I_{DQ} = \frac{1}{2}K_n(V_{GSQ} - V_{Tn})^2$로부터 게이트-소오스 바이어스 전압 V_{GSQ}를 구하면 다음과 같다.

$$V_{GSQ} = \sqrt{\frac{2I_{DQ}}{K_n}} + V_{Tn} = \sqrt{\frac{2 \times 3.35 \times 10^{-3}}{167.5 \times 10^{-3}}} + 1.8 = 2.0\text{V}$$

식 (3.12)의 게이트-소오스 바이어스 전압 $V_{GSQ} = \left(\frac{R_2}{R_1 + R_2}\right)V_{DD}$로부터 저항비 R_1/R_2를 구하면 다음과 같다.

$$\frac{R_1}{R_2} = \frac{V_{DD} - V_{GSQ}}{V_{GSQ}} = \frac{10 - 2.0}{2.0} = 4$$

따라서 $R_2 = 75\text{k}\Omega$을 선택하면, $R_1 = 4R_2 = 4 \times 75\text{k}\Omega = 300\text{k}\Omega$이다.

식 (3.14)의 $V_{DSQ} = V_{DD} - R_D I_{DQ}$로부터 드레인 저항 R_D를 구하면 다음과 같다.

$$R_D = \frac{V_{DD} - V_{DSQ}}{I_{DQ}} = \frac{10 - 4.0}{3.35 \times 10^{-3}} = 1.8\text{k}\Omega$$

$V_{GSQ} - V_{Tn} = 2.0 - 1.8 = 0.2\text{V}$이고, $V_{DSQ} > V_{GSQ} - V_{Tn}$이 되어 MOSFET는 포화모드로 동작함을 알 수 있다. [그림 3-22]는 증가형 N채널 MOSFET M2N6660 소자를 사용한 DC 바이어스 시뮬레이션 결과이며, 문제의 조건으로 주어진 동작점 전류, 전압과 근사적으로 일치함을 확인할 수 있다.

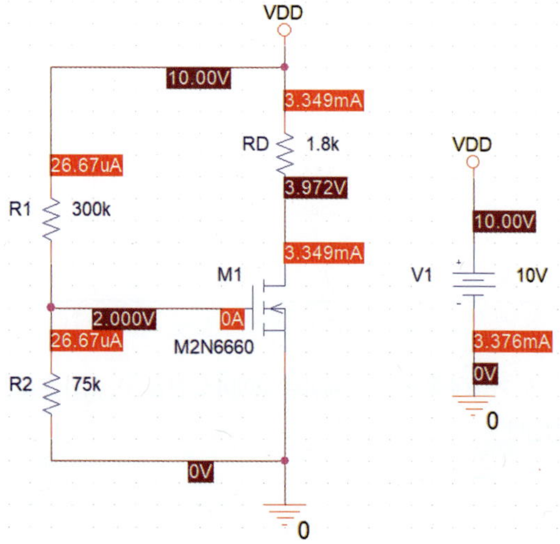

그림 3-22 [예제 3-4]의 DC 바이어스 시뮬레이션 결과

확인문제 3-5

[그림 3-21]의 회로에서 드레인 바이어스 전류 $I_{DQ} = 2.0\text{mA}$, 소오스-드레인 바이어스 전압 $V_{SDQ} = 3.7\text{V}$에 의해 증가형 P채널 MOSFET가 포화모드로 동작하도록 저항비 R_1/R_2와 드레인 저항 R_D 값을 결정하라. MOSFET 파라미터는 $V_{Tp} = -3.4\text{V}$, $K_p = 46\text{mA/V}^2$이고 $\lambda = 0$으로 가정하여 채널길이변조 효과는 무시하며, $V_{SS} = 10\text{V}$이다.

답 $R_1/R_2 = 1.7$, $R_D = 3.15\text{k}\Omega$

확인문제 3-6

[그림 3-20] 회로의 동작점 전압 V_{GSQ}, V_{DSQ}와 동작점 전류 I_{DQ}를 구하고, 포화모드의 임계전압 $V_{DS,sat}$을 구하여 MOSFET의 동작모드를 판단하라. 단, $R_1 = 75\text{k}\Omega$, $R_2 = 15\text{k}\Omega$, $R_D = 4.3\text{k}\Omega$ 이고, MOSFET 파라미터는 $V_{Tn} = 1.6\text{V}$, $K_n = 20\text{mA/V}^2$이고 $\lambda = 0$으로 가정하여 채널길이변조 효과는 무시며, $V_{DD} = 12\text{V}$이다.

답 $V_{GSQ} = 2\text{V}$, $I_{DQ} = 1.6\text{mA}$, $V_{DSQ} = 5.12\text{V}$, $V_{DS,sat} = 0.4\text{V}$, 포화모드

3.2.3 증가형 MOSFET의 자기 바이어스

증가형 N채널과 P채널 MOSFET의 자기 바이어스 회로는 어떻게 구성되는가?
자기 바이어스 회로에 의해 증가형 MOSFET의 동작점은 어떻게 설정되는가?

■ 증가형 N채널 MOSFET의 자기 바이어스 회로

[그림 3-23(a)]는 증가형 N채널 MOSFET의 전압분배 바이어스 회로에 소오스 저항 R_S가 추가된 자기 바이어스self-bias 회로이다. MOSFET의 게이트 전류는 0이므로, 게이트 바이어스 전압 V_{GQ}는 식 (3.18)과 같다.

$$V_{GQ} = \left(\frac{R_2}{R_1 + R_2} \right) V_{DD} \tag{3.18}$$

식 (3.18)의 게이트 전압에 의해 MOSFET가 포화모드로 동작하도록 동작점이 설정되어야 한다. 게이트 전압 V_{GQ}에 의해 드레인 전류 I_{DQ}가 흐른다면, 게이트-소오스 바이어스 전압 V_{GSQ}와 드레인-소오스 바이어스 전압 V_{DSQ}는 각각 식 (3.19), 식 (3.20)과 같다.

참고로, MOSFET의 게이트 전류는 0이므로, 드레인 전류와 소오스 전류는 같다.

$$V_{GSQ} = V_{GQ} - R_S I_{DQ} \tag{3.19}$$

$$V_{DSQ} = V_{DD} - (R_D + R_S) I_{DQ} \tag{3.20}$$

MOSFET가 포화모드로 동작하기 위해서는 $V_{DSQ} \geq V_{GSQ} - V_{Tn}$이 만족되어야 한다.

식 (3.20)으로부터, 다음과 같은 직류 부하선 방정식이 얻어진다.

$$I_D = \frac{-V_{DS}}{R_D + R_S} + \frac{V_{DD}}{R_D + R_S} \tag{3.21}$$

식 (3.21)로부터 직류 부하선을 그리면 [그림 3-23(b)]와 같다. 부하선 기울기는 $-1/(R_D + R_S)$이며, 부하선과 x축의 교점은 V_{DD}이고, 부하선과 y축의 교점은 $I_D = V_{DD}/(R_D + R_S)$이다.

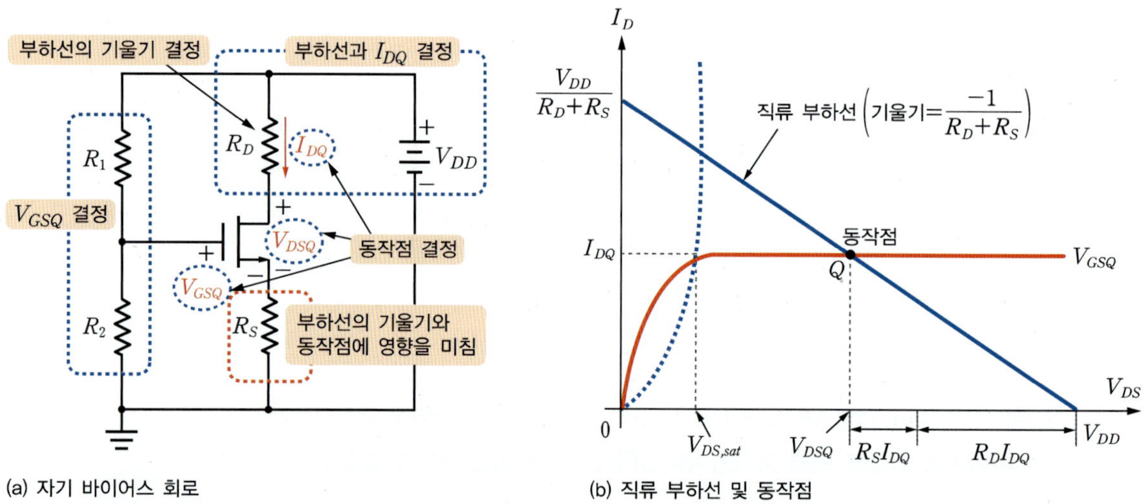

그림 3-23 증가형 N채널 MOSFET의 자기 바이어스 회로와 직류 부하선 및 동작점

Q 소오스 저항 R_S에 따른 동작점의 위치는?

A 드레인 저항 R_D와 전원전압 V_{DD}가 고정된 상태에서, 소오스 저항 R_S가 클수록

- 부하선의 기울기는 작으며,
- 드레인 바이어스 전류 I_{DQ}가 작고,
- 게이트-소오스 바이어스 전압 V_{GSQ}가 작고,
- 드레인-소오스 바이어스 전압 V_{DSQ}가 크다([그림 3-28] 참조).

■ 증가형 P채널 MOSFET의 자기 바이어스 회로

증가형 P채널 MOSFET의 자기 바이어스 회로는 [그림 3-24(a)]와 같다. [그림 3-23(a)]의 N채널 MOSFET의 자기 바이어스 회로와 비교하여 음(−)의 전원전압 V_{SS}가 사용된 점이 다르다. MOSFET의 게이트 전류는 0이므로, 게이트 바이어스 전압 V_{GQ}는 식 (3.22)와 같다. 음(−)의 전원전압 V_{SS}에 의해 게이트 단자의 전압은 $V_{GQ} < 0$임에 유의한다.

$$V_{GQ} = \left(\frac{R_2}{R_1 + R_2}\right) \times (-V_{SS}) \tag{3.22}$$

식 (3.22)의 게이트 전압에 의해 MOSFET가 포화모드로 동작하도록 동작점이 설정되어야 한다. 게이트 전압 V_{GQ}에 의해 드레인 전류 I_{DQ}가 흐른다면, 소오스-게이트 바이어스 전압은 $V_{SGQ} = V_{SQ} - V_{GQ} = -R_S I_{DQ} - V_{GQ}$로부터 식 (3.23)과 같다. 소오스-드레인 바이어스 전압 V_{SDQ}는 식 (3.24)와 같다.

$$V_{SGQ} = |V_{GQ}| - R_S I_D \tag{3.23}$$

$$V_{SDQ} = V_{SS} - (R_D + R_S) I_{DQ} \tag{3.24}$$

MOSFET가 포화모드로 동작하기 위해서는 $V_{SDQ} \geq V_{SGQ} - |V_{Tp}|$가 만족되어야 한다. 식 (3.24)로부터, 다음과 같은 직류 부하선 방정식이 얻어진다.

$$I_D = \frac{-V_{SD}}{R_D + R_S} + \frac{V_{SS}}{R_D + R_S} \tag{3.25}$$

식 (3.25)로부터 직류 부하선을 그리면 [그림 3-24(b)]와 같다. 부하선은 기울기가 $-1/(R_D + R_S)$이며, 부하선과 x축의 교점은 V_{SS}이고, 부하선과 y축의 교점은 $I_D = V_{SS}/(R_D + R_S)$이다.

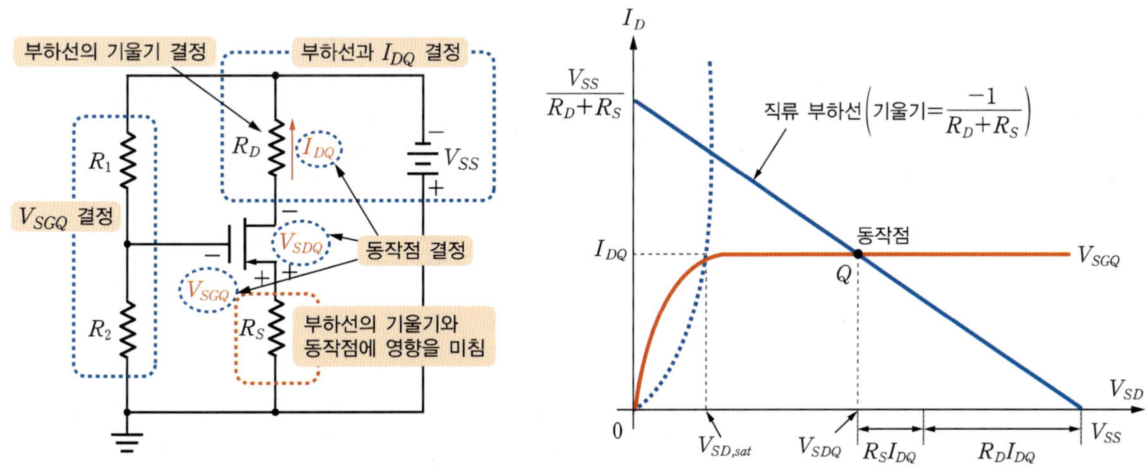

(a) 자기 바이어스 회로

(b) 직류 부하선 및 동작점

그림 3-24 증가형 P채널 MOSFET의 자기 바이어스 회로와 직류 부하선 및 동작점

Q **소오스 저항 R_S에 따른 동작점의 위치는?**

A 드레인 저항 R_D와 전원전압 V_{SS}가 고정된 상태에서, 소오스 저항 R_S가 클수록

- 부하선의 기울기는 작으며,
- 드레인 바이어스 전류 I_{DQ}가 작고,
- 소오스-게이트 바이어스 전압 V_{SGQ}가 작고,
- 소오스-드레인 바이어스 전압 V_{SDQ}가 크다.

예제 3-5

[그림 3-23(a)]의 회로에서 게이트 바이어스 전압 $V_{GQ}=5\text{V}$, 드레인 바이어스 전류 $I_{DQ}=2.5\text{mA}$, 드레인-소오스 바이어스 전압 $V_{DSQ}=8.0\text{V}$로 MOSFET가 포화모드로 동작하도록 저항비 R_1/R_2, 그리고 드레인 저항 R_D와 소오스 저항 R_S 값을 결정하라. MOSFET는 $V_{Tn}=1.8\text{V}$, $K_n=120\text{mA/V}^2$이고, 채널 길이변조 효과는 무시하며, $V_{DD}=15\text{V}$이다.

풀이

식 (3.18)의 게이트 바이어스 전압 $V_{GQ}=\left(\dfrac{R_2}{R_1+R_2}\right)V_{DD}$로부터 저항비 R_1/R_2을 구하면 다음과 같다.

$$\frac{R_1}{R_2}=\frac{V_{DD}-V_{GQ}}{V_{GQ}}=\frac{15-5}{5}=2$$

식 (3.3)의 드레인 바이어스 전류 $I_{DQ}=\dfrac{1}{2}K_n(V_{GSQ}-V_{Tn})^2$로부터 게이트-소오스 바이어스 전압 V_{GSQ}를 구하면 다음과 같다.

$$V_{GSQ}=\sqrt{\frac{2I_{DQ}}{K_n}}+V_{Tn}=\sqrt{\frac{2\times2.5\times10^{-3}}{120\times10^{-3}}}+1.8=2.0\text{V}$$

식 (3.19)로부터 소오스 바이어스 전압은 $V_{SQ}=R_SI_{DQ}=V_{GQ}-V_{GSQ}$이므로, 소오스 저항 R_S를 구하면 다음과 같다.

$$R_S=\frac{V_{GQ}-V_{GSQ}}{I_{DQ}}=\frac{5-2}{2.5\times10^{-3}}=1.2\text{k}\Omega$$

식 (3.20)의 드레인-소오스 바이어스 전압 $V_{DSQ}=V_{DD}-(R_D+R_S)I_{DQ}$로부터 드레인 저항 R_D를 구하면 다음과 같다.

$$R_D=\frac{V_{DD}-V_{DSQ}}{I_{DQ}}-R_S=\frac{15-8}{2.5\times10^{-3}}-1.2\text{k}\Omega=1.6\text{k}\Omega$$

$V_{DSQ}>V_{GSQ}-V_{Tn}$이므로 MOSFET는 포화모드로 동작하도록 바이어스된다. 부하선과 동작점을 그래프로 나타내면 [그림 3-25]와 같다.

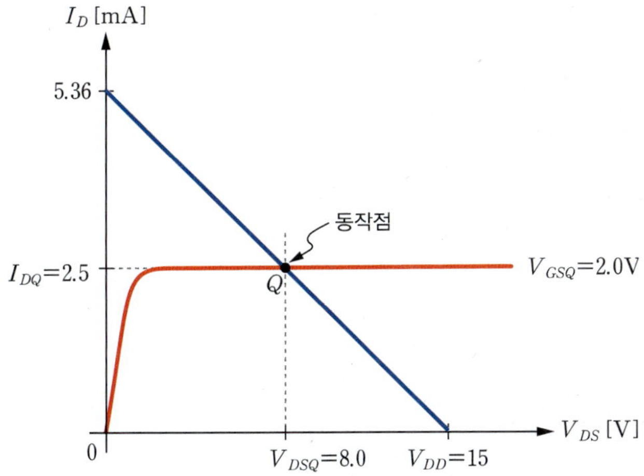

그림 3-25 [예제 3-5]의 부하선과 동작점

[그림 3-26]은 증가형 N채널 MOSFET M2N6660 소자를 사용한 DC 바이어스 시뮬레이션 결과이며, 문제의 조건으로 주어진 동작점 전류, 전압과 일치함을 확인할 수 있다.

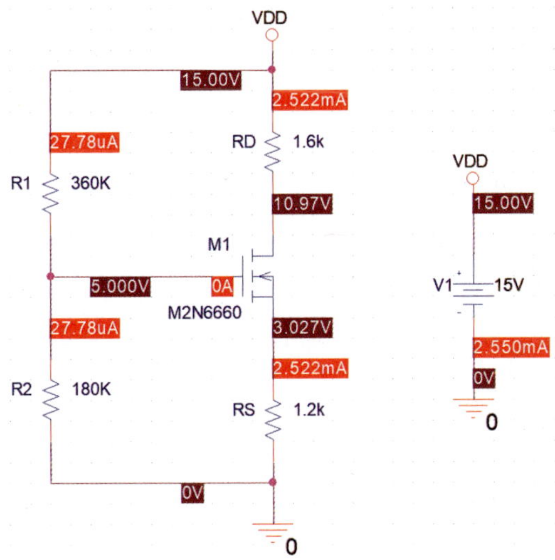

그림 3-26 [예제 3-5]의 DC 바이어스 시뮬레이션 결과

확인문제 3-7

[그림 3-24(a)]의 증가형 P채널 MOSFET 회로에 대해 동작점 전류 I_{DQ}와 동작점 전압 V_{SGQ}, V_{SDQ}를 구하고, MOSFET의 동작모드를 판단하라. 단, $R_1 = 330\text{k}\Omega$, $R_2 = 330\text{k}\Omega$, $R_D = 2.0\text{k}\Omega$, $R_S = 1.0\text{k}\Omega$, $V_{SS} = 10\text{V}$이고, MOSFET 파라미터는 $V_{Tp} = -3.68\text{V}$, $K_p = 6.5\text{A/V}^2$이다. $\lambda = 0$으로 가정하여 채널길이변조 효과는 무시한다.

답 $I_{DQ} = 1.3\text{mA}$, $V_{SGQ} = 3.7\text{V}$, $V_{SDQ} = 6.1\text{V}$, 포화모드

3.2.4 공핍형 N채널 MOSFET의 바이어스

공핍형 N채널 MOSFET의 바이어스 회로는 어떻게 구성되는가?

공핍형 N채널 MOSFET에서는 게이트-소오스 전압 V_{GS}가 양(+) 또는 음(−)의 값을 가질 수 있으므로 [그림 3-27(a)]와 같이 게이트를 접지시킨 영(0) 전압 바이어스를 사용할 수 있다. MOSFET의 게이트 단자는 산화막으로 절연되어 있으므로, 게이트 단자로 흐르는 전류는 0이다. 게이트는 접지되어 $V_{GSQ}=0\text{V}$이고, MOSFET가 포화모드로 동작하는 경우의 드레인 바이어스 전류는 식 (3.26)과 같다. 여기서 $V_{Tn,dep}$은 공핍형 N채널 MOSFET의 문턱전압이며, $V_{Tn,dep}<0$이다.

$$I_{DQ}=I_{DSS}=\frac{1}{2}K_n V_{Tn,dep}^2 \tag{3.26}$$

[그림 3-27(a)]의 회로에서 드레인-소오스 바이어스 전압은 식 (3.27)로 표현된다. $V_{GS}=0\text{V}$이므로, $V_{DSQ}\geq|V_{Tn,dep}|$이면, 트랜지스터는 포화모드로 동작한다.

$$V_{DSQ}=V_{DD}-R_D I_{DQ} \tag{3.27}$$

식 (3.27)로부터, [그림 3-27(a)] 회로의 부하선 방정식은 [그림 3-14(a)]의 증가형 MOSFET 회로의 식 (3.11)과 동일하다. [그림 3-27(b)]는 소오스 저항 R_S가 추가된 공핍형 N채널 MOSFET의 자기 바이어스 회로이다. [그림 3-27(b)]의 회로에서 게이트가 접지되어 있으므로, $V_{GSQ}=-V_{SQ}$가 되며, 여기서 V_{SQ}는 MOSFET의 소오스 전압을 나타낸다. MOSFET가 포화모드로 동작하는 경우의 드레인 바이어스 전류는 다음과 같다.

$$I_{DQ}=\frac{1}{2}K_n(V_{GSQ}-V_{Tn,dep})^2=\frac{1}{2}K_n(-V_{SQ}-V_{Tn,dep})^2 \tag{3.28}$$

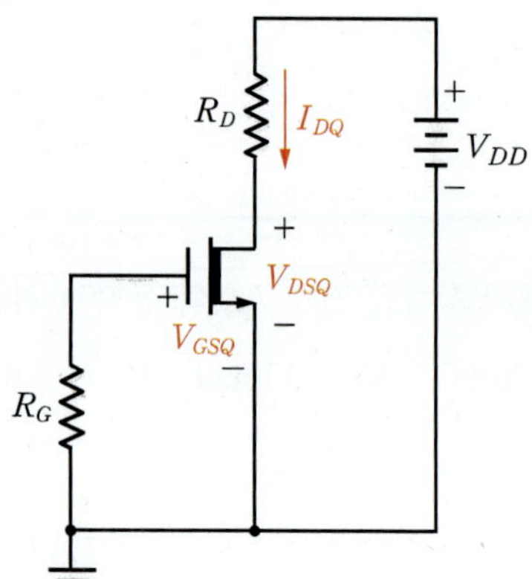

(a) 영(0) 전압 바이어스

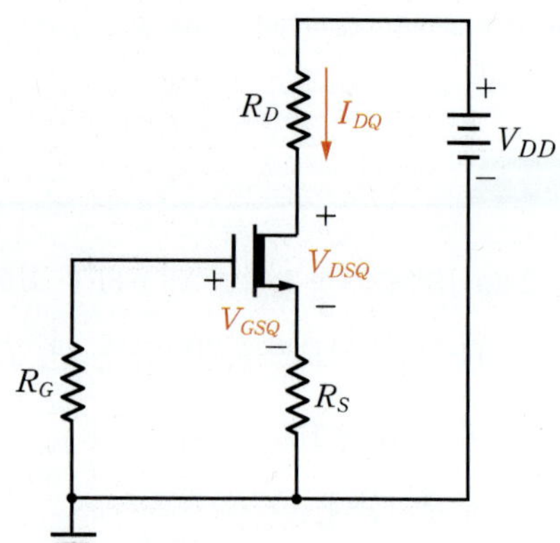

(b) 자기 바이어스

그림 3-27 공핍형 N채널 MOSFET의 바이어스

드레인-소오스 바이어스 전압은 식 (3.29)와 같다.

$$V_{DSQ} = V_{DD} - (R_D + R_S)I_{DQ} \tag{3.29}$$

식 (3.29)로부터, [그림 3-27(b)] 회로의 부하선 방정식은 [그림 3-23(a)]의 증가형 MOSFET 회로의 식 (3.21)과 동일하다.

예제 3-6

[그림 3-27(a)]의 회로에서 드레인 바이어스 전류 $I_{DQ} = 1.3\text{mA}$와 드레인-소오스 바이어스 전압 $V_{DSQ} = 4.4\text{V}$가 되도록 MOSFET의 채널 폭과 길이의 비 W/L을 구하고 드레인 저항 R_D 값을 결정하라. 단, $V_{DD} = 10\text{V}$이고, MOSFET의 문턱전압은 $V_{Tn,dep} = -1.0\text{V}$이고, 공정 이득 파라미터는 $k_n = 0.52\text{mA/V}^2$이다.

풀이

식 (3.26)의 드레인 바이어스 전류 $I_{DQ} = \frac{1}{2}k_n\left(\frac{W}{L}\right)V_{Tn,dep}^2$로부터 채널 폭과 길이의 비 W/L을 구하면 다음과 같다.

$$\frac{W}{L} = \frac{2I_{DQ}}{k_n V_{Tn,dep}^2} = \frac{2 \times 1.3}{0.52 \times 1^2} = 5$$

식 (3.27)의 드레인-소오스 바이어스 전압 $V_{DSQ} = V_{DD} - R_D I_{DQ}$로부터 저항 R_D 값을 구하면 다음과 같다.

$$R_D = \frac{V_{DD} - V_{DSQ}}{I_{DQ}} = \frac{10 - 4.4}{1.3} = 4.3\,\text{k}\Omega$$

확인문제 3-8

[그림 3-27(b)]의 회로에서 바이어스 전류 I_{DQ}와 전압 V_{DSQ}를 구하라. 단, $V_{DD} = 10\text{V}$이고, $R_D = 30\text{k}\Omega$, $R_S = 5\text{k}\Omega$이며, MOSFET 파라미터는 $V_{Tn,dep} = -1.0\text{V}$, $K_n = 2.0\text{mA/V}^2$이다.

답 $I_{DQ} = 0.128\text{mA}$, $V_{DSQ} = 5.52\text{V}$

핵심포인트 **자기 바이어스 회로의 특성**

- 다른 조건들이 동일한 상태에서, 소오스 저항 R_S가 클수록
  → 부하선의 기울기는 작다.
  → 게이트-소오스 바이어스 전압 V_{GSQ}는 작다.
  → 드레인 바이어스 전류 I_{DQ}는 작고, 드레인-소오스 바이어스 전압 V_{DSQ}는 크다.

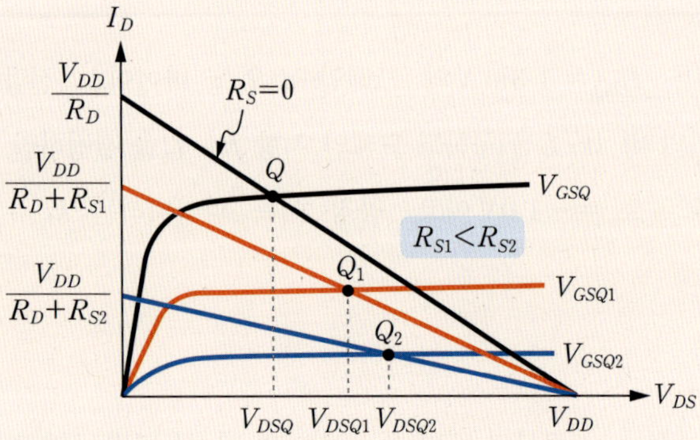

그림 3-28 소오스 저항 R_S에 따른 부하선과 동작점의 변화

- 다른 조건들이 동일한 상태에서, 소오스 저항 R_S가 클수록 동작점의 안정도는 좋으나(장점), 증폭기의 전압이득은 작다(단점).
  → 소오스 저항 R_S에 의해 바이어스 안정도와 전압이득 사이에 상충관계[trade-off]가 존재한다(3.4.2절 참조).
- MOSFET 증폭기가 선형으로 동작하는 범위를 최대로 만들기 위해서는 포화영역 중앙 근처에 동작점이 설정되도록 바이어스한다.

점검하기 **다음 각 문제에서 맞는 것을 고르시오.**

(1) 전압분배 바이어스를 갖는 MOSFET의 직류 부하선 기울기는 드레인 저항 R_D에 (**비례, 반비례**)한다.
(2) MOSFET의 동작점을 (**차단, 선형, 포화**)영역의 중앙 근처에 설정하는 것이 바람직하다.
(3) 증가형 N채널 MOSFET의 전압분배 바이어스 회로에서 게이트-소오스 바이어스 전압 V_{GSQ}가 클수록 동작점이 천이점에 가깝게 설정된다. (X, O)
(4) 증가형 P채널 MOSFET의 전압분배 바이어스 회로에서 소오스-게이트 바이어스 전압 V_{SGQ}가 클수록 드레인 바이어스 전류 I_{DQ}가 (**작아진다, 커진다**).
(5) (**전압분배, 자기**) 바이어스 방법을 사용하면, MOSFET의 동작점이 온도변화 등의 영향을 적게 받는다.
(6) 자기 바이어스 회로의 소오스 저항 R_S가 클수록 부하선의 기울기가 (**작아진다, 커진다**).
(7) 자기 바이어스 회로의 소오스 저항 R_S가 클수록 드레인 바이어스 전류 I_{DQ}가 (**작아진다, 커진다**).
(8) 공핍형 N채널 MOSFET의 게이트에 0V를 인가하면, 트랜지스터가 차단모드로 동작한다. (X, O)

SECTION 3.3

MOSFET의 소신호 등가모델

핵심이 보이는 **전자회로**

3.1절에서 설명한 바와 같이, MOSFET는 근본적으로 비선형적인 전류-전압 특성을 갖는다. 그러나 MOSFET가 포화모드에 동작점이 설정되고 동작점을 중심으로 신호가 작은 크기로 변하면, MOSFET의 동작을 선형으로 근사화시킬 수 있으며, 이를 **소신호**small-signal **특성**이라고 한다. 소신호 등가모델은 3.4절에서 설명되는 MOSFET 증폭기의 해석과 설계에 적용되는 중요한 내용이므로 잘 이해할 필요가 있다. 이 절에서는 포화모드로 동작하는 MOSFET의 저주파 소신호 동작 특성을 나타내는 소신호 등가모델에 대해 살펴본다. MOSFET의 고주파 소신호 등가모델은 4장에서 설명한다.

MOSFET의 소신호 등가모델 파라미터는 어떤 의미를 갖는가?
MOSFET의 소신호 등가모델 파라미터를 어떻게 구할 수 있는가?

■ 하이브리드-π 소신호 등가모델

MOSFET는 게이트에 인가되는 전압에 의해 드레인 전류가 제어되는 전압제어 전류원voltage controlled current source으로 모델링될 수 있다. [그림 3-29]는 MOSFET 증폭기 해석에 가장 널리 사용되는 저주파 소신호 등가모델이며, **하이브리드**hybrid**-π 소신호 등가모델**이라고 한다. '저주파'라는 단어가 사용된 것은 MOSFET 내부의 기생 정전용량parasitic capacitance을 고려하지 않는다는 의미이다. BJT 소신호 등가모델(2.3.1절 참고)과 유사하며, MOSFET의 게이트가 산화막에 의해 절연되어 있어 게이트 단자가 개방open되어 있는 점에 유의한다.

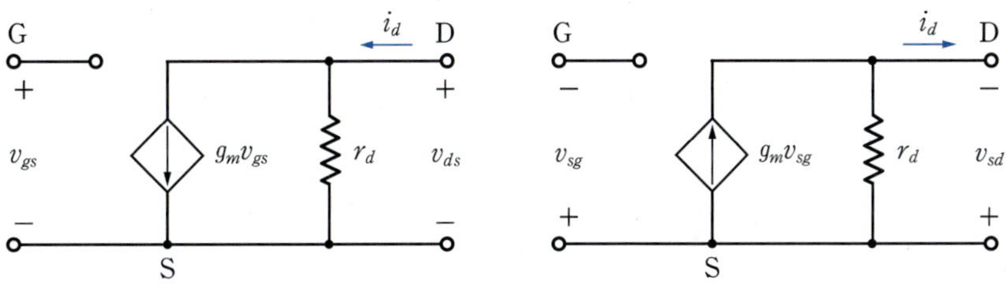

(a) N채널 MOSFET (b) P채널 MOSFET

그림 3-29 MOSFET의 소신호 등가모델

포화모드로 동작하는 MOSFET의 게이트와 소오스 사이에 전압 v_{gs}가 인가되면 드레인 전류 i_d가 발생하며, 이들 사이의 비례상수가 전달컨덕턴스 g_m이다. 드레인과 소오스 사이의 저항 r_d는 채널길이변조 효과에 의해 나타나는 저항성분이다.

■ 전달컨덕턴스

MOSFET는 게이트 전압에 의해 드레인 전류가 제어되는 전압제어 전류원으로 동작하며, 게이트 전압과 드레인 전류 사이의 관계를 **전달컨덕턴스**transconductance로 모델링한다. 전달컨덕턴스는 MOSFET의 성능을 나타내는 중요한 파라미터이며, 3.4절에서 설명되는 MOSFET 증폭기 회로의 증폭률에 영향을 미친다.

포화모드로 동작하는 N채널 MOSFET의 전달컨덕턴스 g_m은 [그림 3-30]과 같이 동작점 Q에서 $v_{GS}-i_D$ 전달특성 곡선의 기울기 값이며, 식 (3.30)과 같이 정의된다.

$$g_m \equiv \left.\frac{di_D}{dv_{GS}}\right|_{Q점} \tag{3.30}$$

식 (3.30)으로부터, 게이트-소오스 전압의 변화 Δv_{GS}에 대한 드레인 전류의 변화 Δi_D는 식 (3.31)과 같이 선형적인 관계를 갖는다.

$$\Delta i_D = g_m \Delta v_{GS} \tag{3.31}$$

v_{GS}의 변화에 대한 i_D의 변화가 클수록 전달컨덕턴스 값이 커지며, 전달컨덕턴스 g_m은 동작점에서 정의되므로 드레인 바이어스 전류 I_{DQ}에 영향을 받는다.

포화모드에서 드레인 전류는 식 (3.3)으로 표현되므로, 이를 식 (3.30)에 적용하면, 전달컨덕턴스는 식 (3.32)와 같이 표현된다.

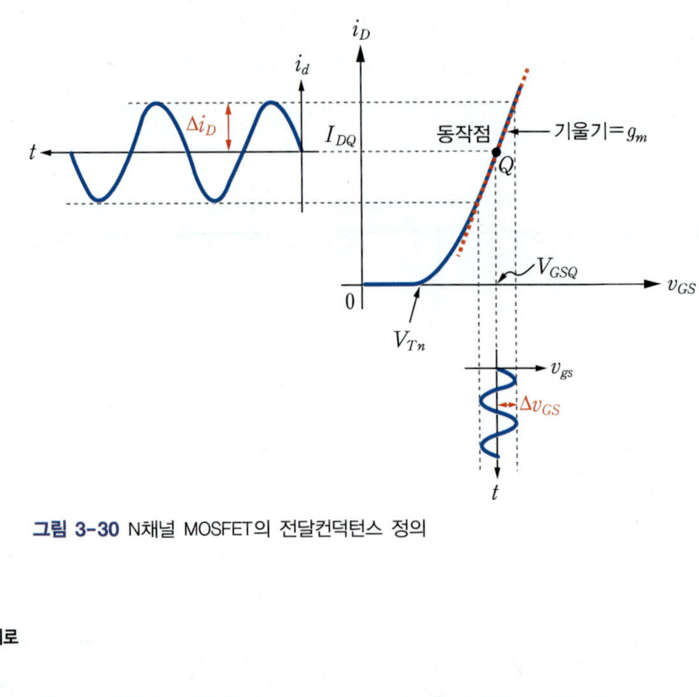

그림 3-30 N채널 MOSFET의 전달컨덕턴스 정의

$$g_m \equiv \left.\frac{di_D}{dv_{GS}}\right|_{Q점} = k_n\left(\frac{W}{L}\right)_n (V_{GSQ} - V_{Tn}) \quad (3.32)$$

$(V_{GSQ} - V_{Tn})$이 고정된 경우, g_m은 MOSFET의 채널 폭과 길이의 비 W/L에 비례하며, W/L가 큰 MOSFET는 큰 전달컨덕턴스 g_m을 갖는다. MOSFET의 전달컨덕턴스 g_m은 증폭기의 전압이득에 영향을 미치는 파라미터이며, 이에 대해서는 3.4.1절에서 설명한다.

전달컨덕턴스 g_m은 드레인 바이어스 전류 I_{DQ}에 대해 식 (3.33), 식 (3.34)와 같이 표현될 수도 있다.

$$g_m = \sqrt{2K_n I_{DQ}} = \sqrt{2k_n\left(\frac{W}{L}\right)_n I_{DQ}} \quad (3.33)$$

$$g_m = \frac{2I_{DQ}}{V_{GSQ} - V_{Tn}} \quad (3.34)$$

Q P채널 MOSFET의 전달컨덕턴스는 어떻게 정의될까?

A $g_m = k_p\left(\frac{W}{L}\right)_p (V_{SGQ} - |V_{Tp}|) = \sqrt{2k_p\left(\frac{W}{L}\right)_p I_{DQ}} = \frac{2I_{DQ}}{V_{SGQ} - |V_{Tp}|}$

핵심포인트 N채널 MOSFET의 전달컨덕턴스

- g_m은 MOSFET의 채널 폭과 길이의 비 W/L에 비례한다.
- 주어진 $V_{GSQ} - V_{Tn}$에 대해 g_m은 $k_n\left(\frac{W}{L}\right)_n$에 비례한다.
- 주어진 $V_{GSQ} - V_{Tn}$에 대해 g_m은 I_{DQ}에 비례한다.
- 주어진 I_{DQ}에 대해 g_m은 $V_{GSQ} - V_{Tn}$에 반비례한다.

확인문제 3-9

$(W/L) = 4$인 증가형 N채널 MOSFET의 드레인 바이어스 전류가 $I_{DQ} = 2.7\text{mA}$일 때 전달컨덕턴스 g_m을 구하라. 단, MOSFET의 공정 이득 파라미터는 $k_n = 42\text{mA/V}^2$이다.

답 $g_m = 30\text{mA/V}$

확인문제 3-10

증가형 N채널 MOSFET가 바이어스 전류 $I_{DQ}=1.2\text{mA}$ 에서 전달컨덕턴스 $g_m=24.8\text{mA/V}$를 갖기 위한 채널 폭과 길이 비 W/L를 구하라. 단, MOSFET의 공정 이득 파라미터는 $k_n=32.0\text{mA/V}^2$이다.

답 $W/L=8$

확인문제 3-11

증가형 P채널 MOSFET가 소오스-게이트 전압 $V_{SGQ}=2.1\text{V}$로 바이어스되어 드레인 바이어스 전류가 $I_{DQ}=2.5\text{mA}$ 인 경우에 전달컨덕턴스 g_m을 구하라. 단, P채널 MOSFET의 문턱전압은 $V_{Tp}=-1.7\text{V}$ 이다.

답 $g_m=12.5\text{mA/V}$

확인문제 3-12

증가형 P채널 MOSFET가 소오스-게이트 전압 $V_{SGQ}=2.4\text{V}$로 바이어스되어 전달컨덕턴스 $g_m=15.4\text{mA/V}$를 갖기 위한 채널 폭과 길이 비 W/L를 구하라. 단, MOSFET의 공정 이득 파라미터는 $k_p=22.0\text{mA/V}^2$이고, 문턱전압은 $V_{Tp}=-1.7\text{V}$이다.

답 $W/L=1$

■ 소신호 드레인 저항

포화모드로 동작하는 MOSFET는 드레인 전압의 증가에 따라 드레인 전류가 증가하는 채널 길이변조channel-length modulation 효과를 가지며, 드레인 전류는 식 (3.7), 식 (3.8)로 표현되었다. 편의상, N채널 MOSFET의 드레인 전류를 식 (3.35)에 다시 나타냈다.

$$i_D=\frac{1}{2}k_n\left(\frac{W}{L}\right)_n(v_{GS}-V_{Tn})^2(1+\lambda v_{DS}) \tag{3.35}$$

[그림 3-31]은 채널길이변조 효과가 고려된 N채널 MOSFET의 전류-전압 특성 곡선이다. 그림과 같이, 포화모드의 동작점에서 전류-전압 특성 곡선 기울기의 역수가 MOSFET의 소신호 드레인 저항 r_d이며, 식 (3.36)과 같이 정의된다.

$$\frac{1}{r_d}\equiv\left.\frac{di_D}{dv_{DS}}\right|_{Q점} \tag{3.36}$$

식 (3.35)를 식 (3.36)에 적용하면, r_d는 식 (3.37)과 같이 표현된다.

$$r_d = \frac{2}{\lambda K_n (V_{GSQ} - V_{Tn})^2} \simeq \frac{1}{\lambda I_{DQ}} = \frac{V_A}{I_{DQ}} \tag{3.37}$$

채널길이변조 계수 λ는 [그림 3-31]에 표시된 얼리 전압 V_A의 역수 $(\lambda = 1/V_A)$로 정의된다. V_A가 클수록 λ 값은 작아져 r_d가 큰 값을 가지며, MOSFET가 이상적인 전압제어 전류원에 가까운 특성을 갖는다. 채널길이변조 효과는 포화모드로 동작하는 MOSFET의 드레인 저항 성분으로 나타나며, 증폭기의 이득, 출력저항 등의 성능에 영향을 미친다. P채널 MOSFET의 소신호 드레인 저항도 식 (3.37)과 동일하게 주어진다.

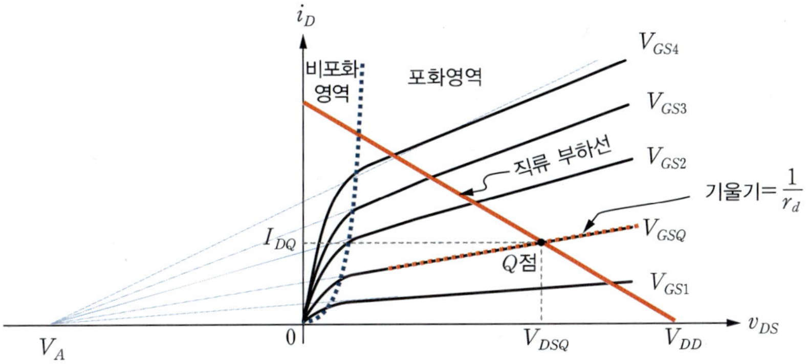

그림 3-31 채널길이변조 효과가 고려된 N채널 MOSFET의 전류-전압 특성과 드레인 저항

■ T-등가모델

[그림 3-29]의 MOSFET 하이브리드-π 소신호 등가모델은 [그림 3-32]의 T-등가모델로 변환해서 나타낼 수 있으며, 소오스 저항을 갖는 공통소오스 증폭기와 공통게이트 증폭기 회로의 해석과 설계에 많이 사용된다. MOSFET의 게이트 전류는 0이므로, 드레인 전류를 구성하는 $g_m v_{gs}$는 모두 소오스 단자로 흐른다. 게이트와 소오스 사이의 전압이 v_{gs}이고 $g_m v_{gs}$의 전류가 흐르므로, 소오스 단자에서 보는 소신호 등가저항은 식 (3.38)과 같이 나타낼 수 있다.

$$r_s = \frac{v_{gs}}{g_m v_{gs}} = \frac{1}{g_m} \tag{3.38}$$

[그림 3-32]의 T-등가모델로부터 MOSFET의 드레인 단자에서 본 소신호 등가저항은 r_d이고, 소오스 단자에서 본 소신호 등가저항은 $1/g_m$임을 알 수 있다. MOSFET의 게이트 단자 전류 $i_g = 0$이므로, 게이트 단자에서 본 저항은 ∞이다.

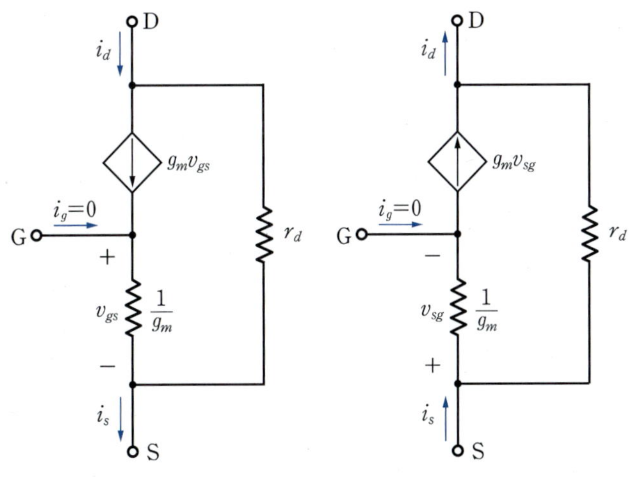

(a) N채널 MOSFET (b) P채널 MOSFET

그림 3-32 MOSFET의 소신호 T-등가모델

Q **MOSFET의 소신호 드레인 저항 r_d는 클수록 좋을까?**

A MOSFET는 드레인 전류가 $i_d = g_m v_{gs}$인 전압제어 전류원으로 동작하므로, 드레인 저항 r_d가 무한대에 가까운 큰 값을 가질수록 MOSFET는 이상적인 전압제어 전류원 특성에 가까워진다. 실제의 경우, MOSFET의 소신호 드레인 저항 r_d는 수십~수백kΩ 정도의 큰 값을 갖는다.

확인문제 3-13

$I_{DQ} = 1.6\text{mA}$로 바이어스된 증가형 N채널 MOSFET의 소신호 드레인 저항이 $r_d \geq 25\text{k}\Omega$을 만족하기 위해 λ는 얼마 이하가 되어야 하는가?

답 $\lambda \leq 0.025\text{V}^{-1}$

확인문제 3-14

$I_{DQ} = 2.5\text{mA}$로 바이어스된 증가형 P채널 MOSFET의 소신호 드레인 저항 r_d를 구하라. 단, 얼리 전압은 $V_A = 80\text{V}$이다.

답 $r_d = 32\text{k}\Omega$

점검하기 다음 각 문제에서 맞는 것을 고르시오.

(1) MOSFET의 전달컨덕턴스 g_m은 채널 폭과 길이의 비 W/L에 (**비례, 반비례**)한다.

(2) N채널 MOSFET의 K_n 값이 고정되면, g_m은 $\sqrt{I_{DQ}}$에 (**비례, 반비례**)한다.

(3) N채널 MOSFET의 I_{DQ}가 주어졌을 때, g_m은 $V_{GSQ} - V_{Tn}$에 (**비례, 반비례**)한다.

(4) P채널 MOSFET의 $V_{SGQ} - |V_{Tp}|$가 주어졌을 때, g_m은 I_{DQ}에 (**비례, 반비례**)한다.

(5) MOSFET의 바이어스 전류가 클수록 전달컨덕턴스 g_m은 (**작다, 크다**).

(6) MOSFET의 동작점 Q에서 $v_{GS} - i_D$ 전달특성 곡선의 기울기가 클수록 전달컨덕턴스 g_m은 (**작다, 크다**).

(7) MOSFET의 소신호 드레인 저항 r_d가 (**작을수록, 클수록**) 이상적인 전압제어 전류원 특성에 가깝다.

(8) MOSFET의 채널길이변조 계수 λ가 클수록 소신호 드레인 저항 r_d는 (**작다, 크다**).

(9) MOSFET의 드레인 바이어스 전류 I_{DQ}가 클수록 소신호 드레인 저항 r_d는 (**작다, 크다**).

(10) MOSFET의 동작점 Q에서 $v_{DS} - i_D$ 전달특성 곡선의 기울기가 클수록 소신호 드레인 저항 r_d는 (**작다, 크다**).

SECTION 3.4 MOSFET 증폭기

MOSFET 증폭기는 [그림 3-33]과 같은 세 가지의 기본적인 형태로 구현할 수 있다.

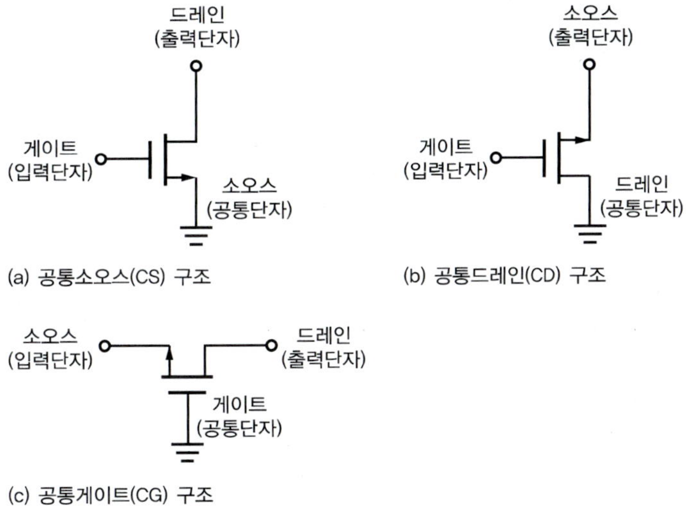

그림 3-33 MOSFET 증폭기의 기본 구조

- **공통소오스**CS : common source **구조**([그림 3-33(a)]) : 게이트를 입력단자로, 드레인을 출력단자로, 소오스를 공통단자로 사용하는 구조이며, 공통소오스 또는 소오스 접지형 증폭기라고 한다.
- **공통드레인**CD : common drain **구조**([그림 3-33(b)]) : 게이트를 입력단자로, 소오스를 출력단자로, 드레인을 공통단자로 사용하는 구조이며, 공통드레인 또는 드레인 접지형 증폭기라고 한다. 소오스 팔로워source follower라고도 한다.
- **공통게이트**CG : common gate **구조**([그림 3-33(c)]) : 소오스를 입력단자로, 드레인을 출력단자로, 게이트를 공통단자로 사용하는 구조이며, 공통게이트 또는 게이트 접지형 증폭기라고 한다.

2.4절에서 설명한 BJT 증폭기와 비교하면, 공통소오스 증폭기와 공통이미터 증폭기, 공통드레인 증폭기와 공통컬렉터 증폭기, 공통게이트 증폭기와 공통베이스 증폭기가 서로 대응되는 구조이다. MOSFET가 증폭기로 동작하려면 반드시 포화모드로 바이어스되어야 한다.

3.4.1 공통소오스 증폭기

- 공통소오스 증폭기에서 신호가 증폭되는 원리는 무엇인가?
- 공통소오스 증폭기의 전압이득은 어떻게 구하며, 무엇에 영향을 받는가?

[그림 3-34]는 증가형 N채널 MOSFET와 P채널 MOSFET로 구성되는 공통소오스 증폭기 회로이며, 소오스가 접지로 연결되어 입력과 출력의 공통단자로 사용되므로 **공통소오스 증폭기**라고 한다. [그림 3-34(b)]의 P채널 MOSFET 증폭기에는 전원전압 V_{SS}의 플러스(+) 단자가 접지로 연결되었음에 유의한다. 입력전압 v_s는 결합 커패시터 C_C를 통해 MOSFET의 게이트로 입력되고, 출력전압 v_o는 드레인에서 얻어진다. 저항 R_1과 R_2에 의해 MOSFET가 포화모드로 동작하도록 바이어스되며, 이에 대해서는 3.2.2절에서 설명했다.

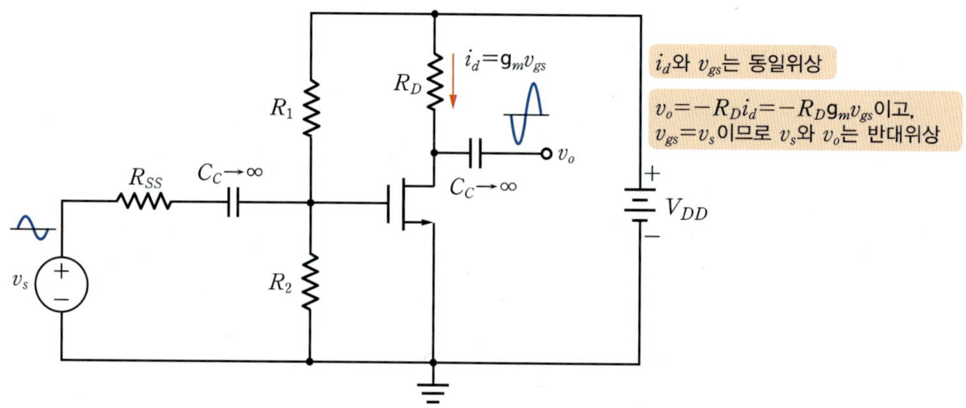

(a) N채널 MOSFET 공통소오스 증폭기

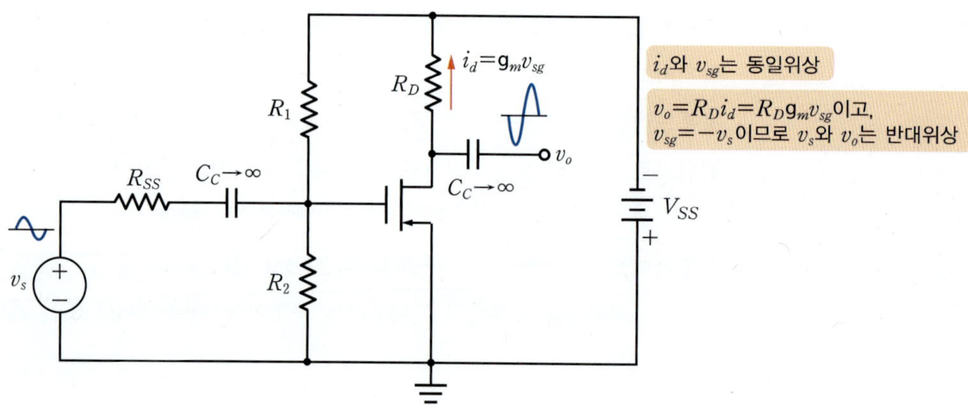

(b) P채널 MOSFET 공통소오스 증폭기

그림 3-34 증가형 MOSFET 공통소오스 증폭기

먼저, N채널 MOSFET 공통소오스 증폭기 회로의 동작을 정성적으로 이해해보자. 입력전압 v_s에 의한 게이트-소오스 전압의 변화가 MOSFET의 전달컨덕턴스 g_m 배만큼 증폭되어 드레인 전류로 나타난다. 이 드레인 전류와 저항 R_D의 곱에 의해 드레인에서 출력전압이 얻어진다. 게이트에 인가되는 작은 입력전압이 드레인에서 큰 전압으로 나타나는 증폭 작용이 일어난다. 입력전압과 드레인 전류는 동일위상이며, 드레인 단자에서 얻어지는 교류 출력전압은 $v_o = -R_D i_d$가 되므로, 출력전압 v_o는 입력전압 v_s와 반대위상을 갖는다. 따라서 공통소오스 증폭기의 전압이득은 마이너스(−) 부호를 갖는다. [그림 3-34]에 표시된 정현파 입력신호 v_s와 출력신호 v_o의 위상관계를 잘 살펴보기 바란다.

여기서 잠깐 **결합 커패시터의 역할**

[그림 3-34]에서 커패시터 C_C는 입력신호에 포함된 DC 성분을 차단하고, 교류신호 성분만 증폭기에 입력되도록 한다. 이를 **결합 커패시터**coupling capacitor라고 한다. 동작주파수 범위에서 임피던스 $X_C = \frac{1}{2\pi f C_C}$이 매우 작아지도록 큰 값의 커패시터를 사용한다. 참고로, 결합 커패시터는 증폭기의 저주파low frequency 응답특성에 영향을 미친다. 4.2.1절을 참고한다.

[그림 3-34(a), (b)]의 공통소오스 증폭기 회로에서 DC 전원 V_{DD}, V_{SS}를 제거하여 교류 등가회로로 나타내면 [그림 3-35(a), (b)]와 같다. 이때 결합 커패시터 C_C가 충분히 큰 값을 갖는다면, 단락된 것으로 취급된다. 바이어스 저항 R_1, R_2는 병렬로 게이트와 접지 사이에 연결되며, 저항 R_D는 드레인과 접지 사이에 연결된다. [그림 3-35(a), (b)]의 교류 등가회로에 MOSFET 소신호 등가모델을 적용하면 각각 [그림 3-35(c), (d)]와 같으며, 이를 **소신호 등가회로**라고 한다. N채널 MOSFET와 P채널 MOSFET의 전류 방향과 전압 극성이 반대임에 유의한다.

N채널 MOSFET 공통소오스 증폭기의 소신호 전압이득을 구해보자. 직관적인 해석을 위해 바이어스 저항의 영향을 무시하고($R_1 \parallel R_2 \gg R_{SS}$), MOSFET의 채널길이변조 효과를 무시하여 소신호 드레인 저항을 $r_d \to \infty$로 가정한다. [그림 3-35(c)]의 등가회로에서 출력전압 v_o는 식 (3.39)와 같다.

$$v_o = -g_m v_{gs} R_D \tag{3.39}$$

$v_s = v_{gs}$이므로, 이를 식 (3.39)에 대입하면 공통소오스 증폭기의 소신호 전압이득은 식 (3.40)과 같으며, 2.4.1절 공통이미터 증폭기의 소신호 전압이득을 나타내는 식 (2.50)과 동일한 형태임을 알 수 있다.

$$A_v \equiv \frac{v_o}{v_s} = -g_m R_D \tag{3.40}$$

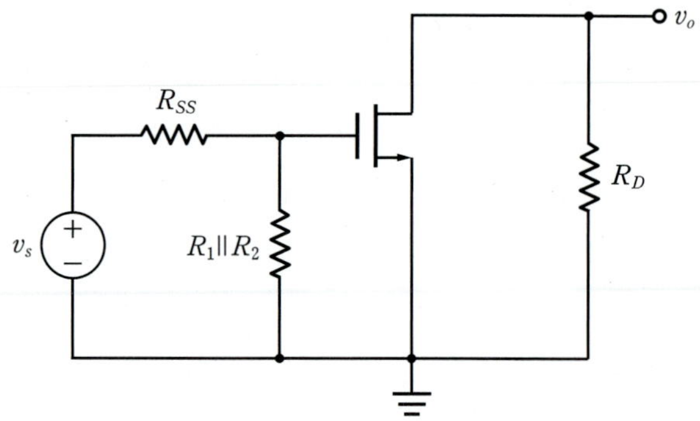

(a) N채널 MOSFET 증폭기의 교류 등가회로

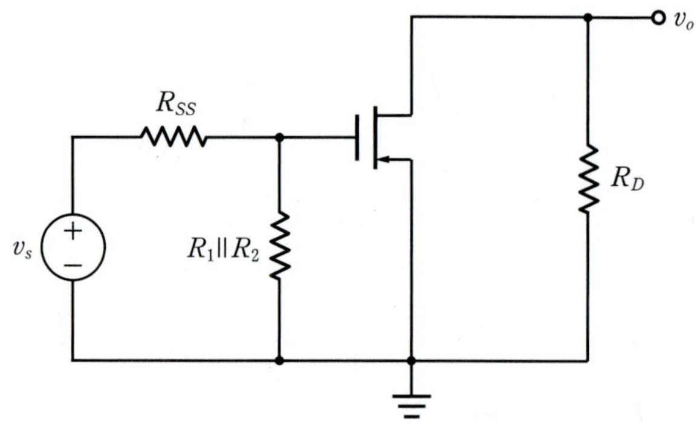

(b) P채널 MOSFET 증폭기의 교류 등가회로

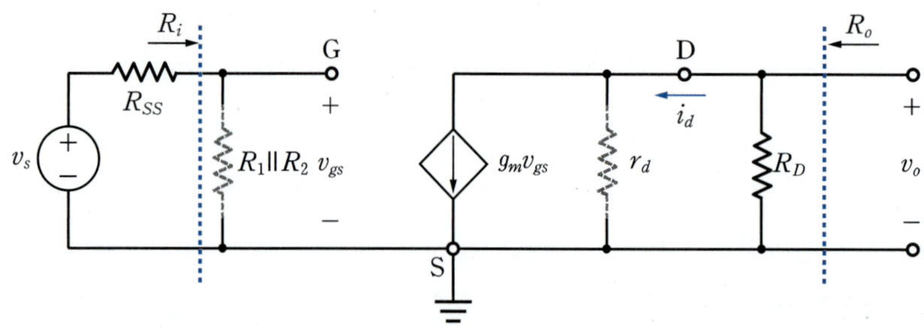

(c) N채널 MOSFET 증폭기의 소신호 등가회로

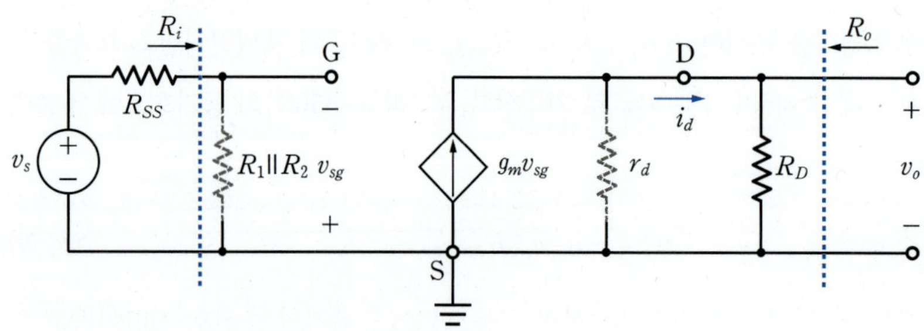

(d) P채널 MOSFET 증폭기의 소신호 등가회로

그림 3-35 공통소오스 증폭기의 교류 및 소신호 등가회로

식 (3.33)의 $g_m = \sqrt{2k_n\left(\frac{W}{L}\right)_n I_{DQ}}$를 식 (3.40)에 적용하면, 공통소오스 증폭기의 전압이득은 식 (3.41)과 같으며, 주어진 바이어스 전류 I_{DQ}에 대해 MOSFET의 채널 폭과 길이의 비(W/L)에 영향받음을 알 수 있다. 소신호 드레인 저항 r_d를 무시하지 않는 경우에는 식 (3.40)과 식 (3.41)의 R_D를 $R_D \| r_d$로 대체하면 된다.

$$A_v = -\sqrt{2k_n\left(\frac{W}{L}\right)_n I_{DQ}}\, R_D \tag{3.41}$$

MOSFET의 게이트 단자는 게이트 산화막에 의해 절연되어 있으므로, 공통소오스 증폭기의 입력저항 R_i는 바이어스 저항에 의한 $R_i = R_1 \| R_2$를 갖는다. 바이어스 저항 R_1, R_2는 신호원의 저항 R_{SS}보다 충분히 큰 값을 갖도록 하는 것이 바람직하다.

$$R_i = R_1 \| R_2 \tag{3.42}$$

출력저항은 신호원 v_s를 0으로 만든 상태에서 출력단에서 바라본 저항이다. [그림 3-35(c)]의 회로에서 신호원 v_s를 0으로 만들면 $v_{gs} = 0$이 되므로, 드레인의 종속전류원 $g_m v_{gs}$도 0이 된다. 따라서 공통소오스 증폭기의 출력저항은 식 (3.43)과 같다. MOSFET의 소신호 드레인 저항 r_d를 무시하지 않는 경우의 출력저항은 $R_o = r_d \| R_D$가 된다.

$$R_o = R_D \tag{3.43}$$

P채널 MOSFET 공통소오스 증폭기의 전압이득, 입력저항, 출력저항을 구하기 위해 [그림 3-35(d)]의 소신호 등가회로에 위의 과정을 동일하게 적용하면, 각각 식 (3.40)~식 (3.43)과 동일한 결과가 얻어진다.

Q 공통소오스 증폭기의 전압이득을 크게 만들기 위해서는?

A
- 공통소오스 증폭기의 전압이득은 전달컨덕턴스 g_m에 비례하므로, g_m이 큰 MOSFET를 사용하면 큰 전압이득을 얻을 수 있다.
- 공통소오스 증폭기의 전압이득은 $\sqrt{W/L}$에 비례하므로, W/L이 큰 MOSFET를 사용하면 큰 전압이득을 얻을 수 있다.
- 공통소오스 증폭기의 전압이득은 드레인 저항 R_D 값에 비례하나, R_D 값이 너무 크면 MOSFET가 비포화모드로 넘어가 전압이득이 더 이상 증가하지 않고 출력파형에 왜곡이 발생할 수 있다.

핵심포인트 공통소오스 증폭기의 특성

- 전압이득(식 (3.40)) : MOSFET의 전달컨덕턴스 g_m과 부하저항 R_D의 곱으로 주어지며, 마이너스 부호는 입력전압과 출력전압의 위상이 반전 관계임을 의미한다.
- 입력저항(식 (3.42)) : 바이어스 저항 R_1, R_2에 의한 $R_i = R_1 \| R_2$이다.
- 출력저항(식 (3.43)) : 드레인 저항 R_D이다.

예제 3-7

[그림 3-34(a)]의 증가형 N채널 MOSFET 공통소오스 증폭기의 소신호 전압이득과 입력저항, 출력저항을 구하라. 단, $R_{SS}=0.2\text{k}\Omega$, $R_1=820\text{k}\Omega$, $R_2=200\text{k}\Omega$, $R_D=2\text{k}\Omega$, $V_{DD}=10\text{V}$이고, MOSFET의 파라미터 값은 $V_{Tn}=1.8\text{V}$, $K_n=169.5\text{mA/V}^2$, $\lambda=0$이다. 결합 커패시터의 영향은 무시한다.

풀이

(i) DC 해석

DC 바이어스 해석을 통해 동작점 전압과 전류를 구하고, MOSFET의 동작모드를 확인한다. 저항 R_1과 R_2의 전압분배에 의해 결정되는 게이트-소오스 바이어스 전압 V_{GSQ}는 다음과 같이 계산된다.

$$V_{GSQ}=\frac{R_2}{R_1+R_2}\times V_{DD}=\frac{200}{820+200}\times 10=1.96\text{V}$$

MOSFET가 포화모드로 동작한다고 가정하고 드레인 바이어스 전류를 구하면 다음과 같다.

$$I_{DQ}=\frac{1}{2}K_n(V_{GSQ}-V_{Tn})^2=\frac{1}{2}\times 169.5\times 10^{-3}\times(1.96-1.8)^2=2.17\text{mA}$$

드레인-소오스 바이어스 전압은 다음과 같이 계산된다.

$$V_{DSQ}=V_{DD}-R_DI_{DQ}=10-2\times 2.17=5.66\text{V}$$

$V_{DSQ}>(V_{GSQ}-V_{Tn})$이므로, 트랜지스터가 포화모드로 바이어스된다.

[그림 3-36]은 증가형 N채널 MOSFET M2N6660 소자를 사용한 DC 바이어스 시뮬레이션 결과이며, 수식 계산으로 얻은 결과와 일치하는 것을 확인할 수 있다.

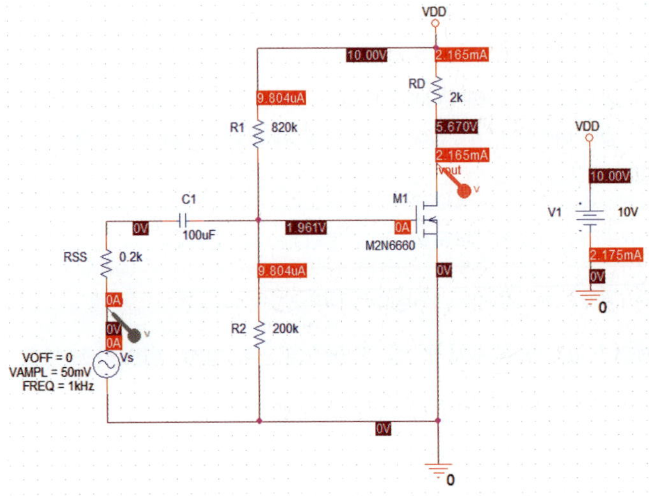

그림 3-36 [예제 3-7]의 DC 바이어스 시뮬레이션 결과

(ii) AC 해석

MOSFET의 전달컨덕턴스는 식 (3.33)으로부터 다음과 같이 계산된다.

$$g_m = \sqrt{2K_n I_{DQ}} = \sqrt{2\times 169.5\times 10^{-3}\times 2.17\times 10^{-3}} = 27.12\text{mA/V}$$

식 (3.40)으로부터 소신호 전압이득은 다음과 같이 계산된다.

$$A_v = -g_m R_D = -27.12\times 2 = -54.24\text{V/V}$$

증폭기의 입력저항은 식 (3.42)로부터 다음과 같이 계산된다.

$$R_i = R_1 \| R_2 = (820 \,\|\, 200)\times 10^3 = 160.78\text{k}\Omega$$

출력저항은 식 (3.43)으로부터 $R_o = R_D = 2\text{k}\Omega$이다.

[그림 3-37]은 증가형 N채널 MOSFET M2N6660 소자를 사용한 PSPICE 시뮬레이션 결과이다. 시뮬레이션 결과에 의한 전압이득은 $A_v = -53.74\text{V/V}$이며, 수식 계산으로 얻은 결과와 일치하는 것을 확인할 수 있다.

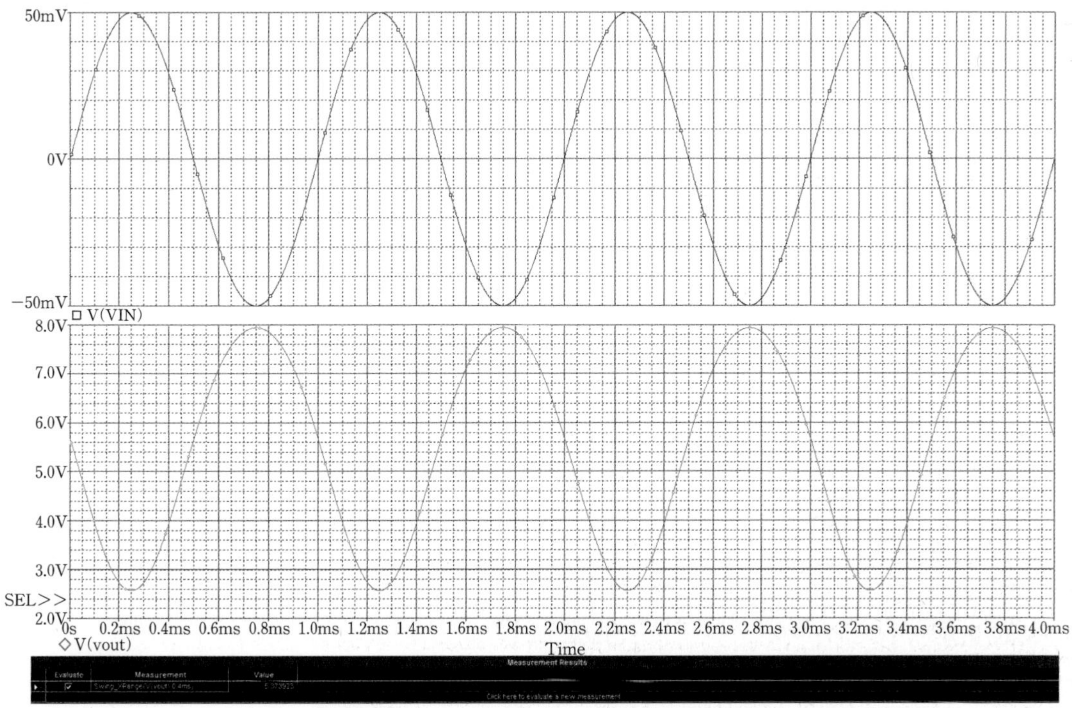

그림 3-37 [예제 3-7]의 Transient 시뮬레이션 결과

예제 3-8

[예제 3-7]의 증가형 N채널 MOSFET 공통소오스 증폭기에서 드레인 저항 R_D 값이 1kΩ~3kΩ 범위에서 변하는 경우에 출력 v_o가 어떤 영향을 받는지 시뮬레이션을 통해 확인하고, 그 이유를 설명하라. 단, 저항 R_1, R_2에 의한 게이트 바이어스 전압 V_{GQ}는 고정된 상태를 유지한다.

풀이

$1\text{k}\Omega \le R_D \le 3\text{k}\Omega$ 범위에서 0.5kΩ씩 변화시키면서 시뮬레이션을 실행한 결과는 [그림 3-38]과 같다. $R_D \ge 2.6\text{k}\Omega$인 경우에는 MOSFET가 비포화모드로 동작하여 출력 v_o에 왜곡이 발생함을 확인할 수 있다.

- 게이트 바이어스 전압 V_{GQ}가 고정된 상태에서 드레인 저항 R_D 값이 클수록 직류 부하선의 기울기가 작아져 동작점이 비포화영역 근처에 설정되어 v_o에 왜곡이 발생할 수 있다.
- 증폭기 회로에서는 입력과 출력 사이에 선형성을 유지하는 것이 중요하므로, 출력신호의 최대 스윙 범위에서 MOSFET가 포화모드로 동작하도록 설계해야 한다.

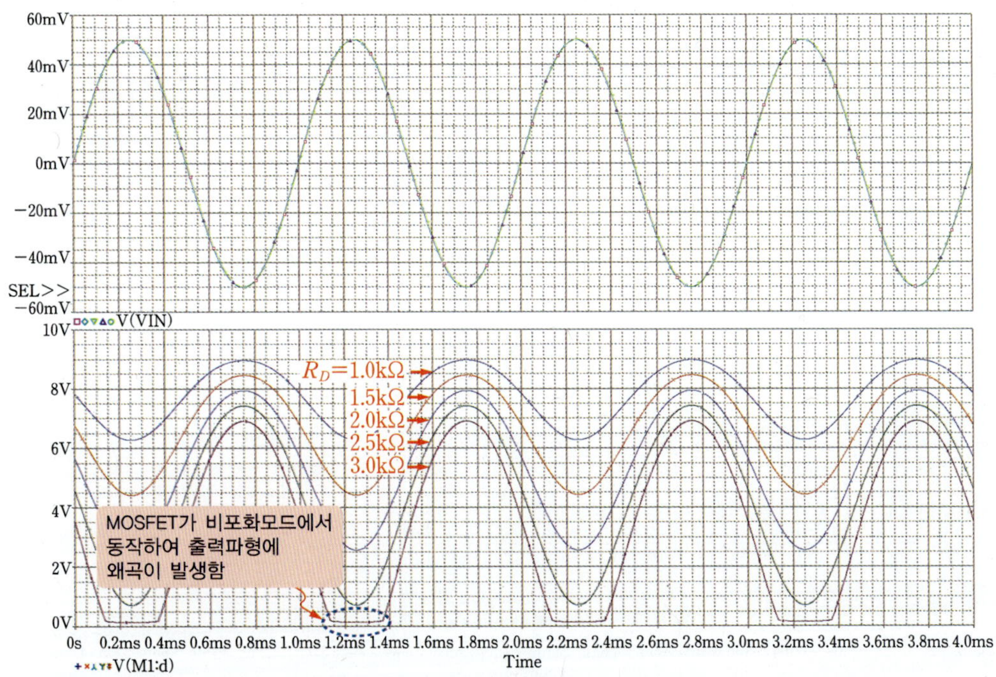

그림 3-38 [예제 3-8]의 Transient 시뮬레이션 결과

확인문제 3-15

[그림 3-34(b)]의 증가형 P채널 MOSFET를 이용한 공통소오스 증폭기 회로에 대해, 드레인 바이어스 전류 I_{DQ}, 전달컨덕턴스 g_m, 그리고 소신호 전압이득을 구하라. 단, $R_{SS}=0.2\text{k}\Omega$, $R_1=820\text{k}\Omega$, $R_2=483\text{k}\Omega$, $R_D=2\text{k}\Omega$, $V_{SS}=10\text{V}$이고, MOSFET의 파라미터 값은 $V_{Tp}=-3.68\text{V}$, $K_p=6.03\text{A/V}^2$이다. $\lambda=0$, $C_C\rightarrow\infty$로 가정하고, 소오스-게이트 바이어스 전압 V_{SGQ}는 소수점 셋째 자리까지 구한다.

답 $I_{DQ}=2.20\text{mA}$, $g_m=162.9\text{mA/V}$, $A_v=-325.8\text{V/V}$

여기서 잠깐 부하저항 R_L이 포함된 경우는 어떻게 될까?

- [그림 3-39]는 [그림 3-34(a)]의 공통소오스 증폭기 회로에 부하저항 R_L이 포함된 회로이다. 결합 커패시터 C_{C1}, C_{C2}는 DC 성분을 제거하여 교류신호 성분만 통과하도록 한다.
- 부하저항 R_L에 흐르는 출력전류 i_o와 드레인 전류 i_d의 관계는 $i_o=\frac{R_D}{R_D+R_L}\times(-i_d)$이며, 출력전압 v_o는 $v_o=R_Li_o=-(R_D\parallel R_L)i_d=-(R_D\parallel R_L)g_mv_{gs}$가 된다.
- 소신호 등가회로는 [그림 3-35(c)]에서 R_D를 $(R_D\parallel R_L)$로 바꾸면 된다. 또한, 전압이득도 식 (3.40)과 식 (3.41)에서 R_D가 $(R_D\parallel R_L)$로 대체된다.

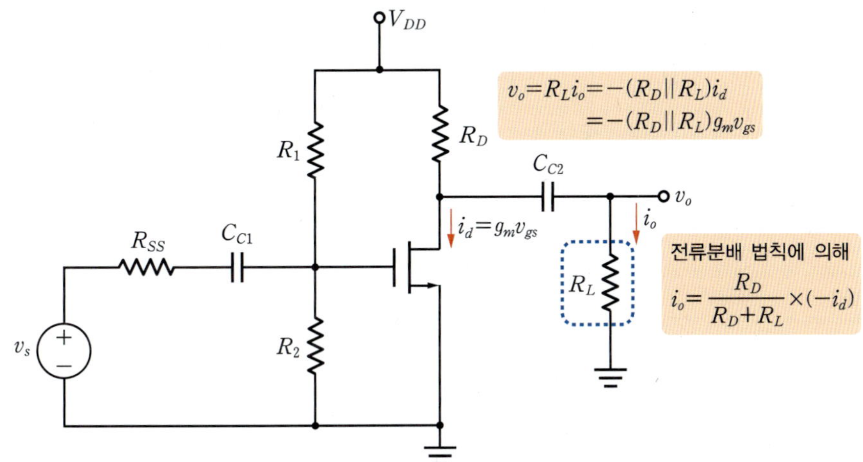

그림 3-39 부하저항 R_L이 포함된 공통소오스 증폭기 회로

3.4.2 소오스 저항을 갖는 공통소오스 증폭기

소오스 저항 R_S는 공통소오스 증폭기의 전압이득에 어떤 영향을 미치는가?

공통소오스 증폭기의 소오스와 접지 사이에 저항 R_S를 삽입하면, 드레인 바이어스 전류 I_{DQ}의 변동이 작아져 동작점과 전압이득이 안정화된다. 소오스 저항 R_S가 증폭기의 전압이득에 미치는 영향을 살펴본다.

[그림 3-40(a)]는 소오스 저항 R_S를 갖는 공통소오스 증폭기 회로이다. 소오스 단자가 접지에 직접 연결되지는 않지만, 저항 R_S를 통해 접지로 연결되므로 공통소오스 증폭기이다. P채널 MOSFET가 사용되는 경우에도 회로 구조는 동일하며, 단지 전원전압의 극성과 전류의 방향이 반대가 된다. 결합 커패시터 C_C가 충분히 큰 값을 갖는 경우에, C_C를 단락

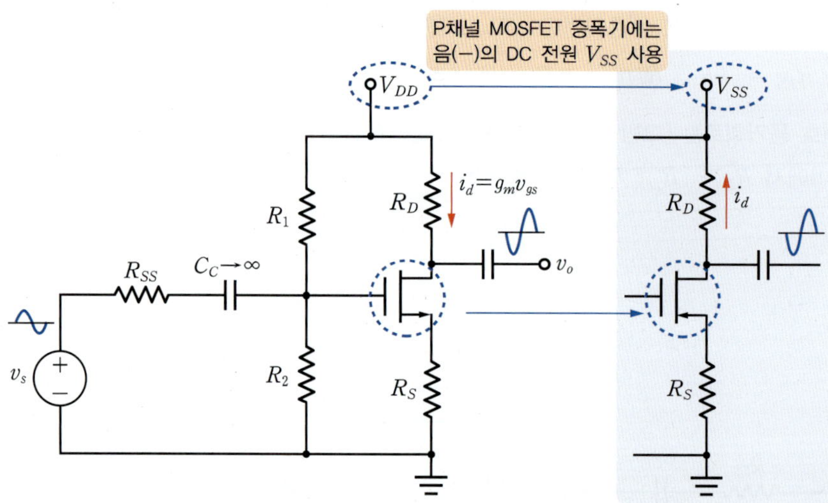

(a) 회로

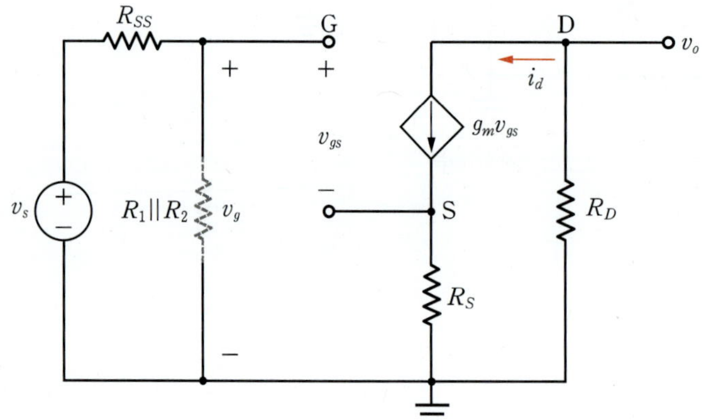

(b) 소신호 등가회로

그림 3-40 소오스 저항 R_S를 갖는 공통소오스 증폭기와 소신호 등가회로

회로로 취급하여 소신호 등가회로를 그리면 [그림 3-40(b)]와 같다. 직관적인 해석을 위해 바이어스 저항의 영향을 무시하고($R_1 \parallel R_2 \gg R_{SS}$), MOSFET의 채널길이변조 효과를 무시하여 소신호 드레인 저항을 $r_d \to \infty$로 가정한다.

[그림 3-40(b)]의 소신호 등가회로에서 출력전압은 식 (3.44)와 같다.

$$v_o = -(g_m v_{gs}) R_D \tag{3.44}$$

게이트-소오스 루프에 KVL을 적용하여 게이트 전압 v_g를 구하면 다음과 같다.

$$v_g = v_{gs} + g_m v_{gs} R_S = (1 + g_m R_S) v_{gs} \tag{3.45}$$

식 (3.45)에서 v_{gs}를 구하여 식 (3.44)에 대입하면, 출력전압은 다음과 같다.

$$v_o = \frac{-g_m R_D}{1 + g_m R_S} v_g \tag{3.46}$$

바이어스 저항의 영향을 무시($R_1 \parallel R_2 \gg R_{SS}$)하면 $v_s = v_g$이므로, 식 (3.46)으로부터 소신호 전압이득은 다음과 같다.

$$A_v \equiv \frac{v_o}{v_s} = \frac{-g_m R_D}{1 + g_m R_S} = \frac{-R_D}{\frac{1}{g_m} + R_S} \tag{3.47}$$

$g_m R_S \gg 1$이면, 식 (3.47)은 다음과 같이 간략화된다.

$$A_v \simeq -\frac{R_D}{R_S} \tag{3.48}$$

Q 소오스 저항 R_S는 전압이득에 어떤 영향을 미치는가?

A
- $R_S = 0$인 경우에 비해 전압이득이 감소된다.
- $g_m R_S \gg 1$인 경우에 전압이득은 저항비(R_D / R_S)에 의해 결정되며, MOSFET의 특성 파라미터인 g_m의 영향을 매우 적게 받는다.
- $R_1 \parallel R_2 \gg R_{SS}$이고 $g_m R_S \gg 1$이라는 조건을 만족하지 못하더라도, 식 (3.47)에 의한 전압이득은 g_m의 변화에 영향을 적게 받음을 알 수 있다.

여기서 잠깐 **바이패스 커패시터의 역할**

소오스 저항 R_S에 의해 전압이득이 감소하는 단점을 개선하기 위해 [그림 3-41(a)]와 같이 소오스 저항에 병렬로 커패시터 C_S를 연결하는 방법을 사용한다. 커패시터는 DC에 대해 개방회로로 동작하므로, R_S가 동작점(DC 전류, 전압)을 안정화하는 역할을 수행한다. 충분히 큰 값의 C_S를 사용하면, 동작 주파수 범위에서 C_S를 단락회로로 취급할 수 있다. 따라서 교류신호에 대해서는 [그림 3-41(b)]와 같이 R_S가 단락된 것으로 취급되어 R_S에 의한 전압이득 감소가 발생하지 않는다. 소오스 저항 R_S에 병렬로 연결되는 커패시터 C_S를 **바이패스 커패시터** bypass capacitor라고 한다.

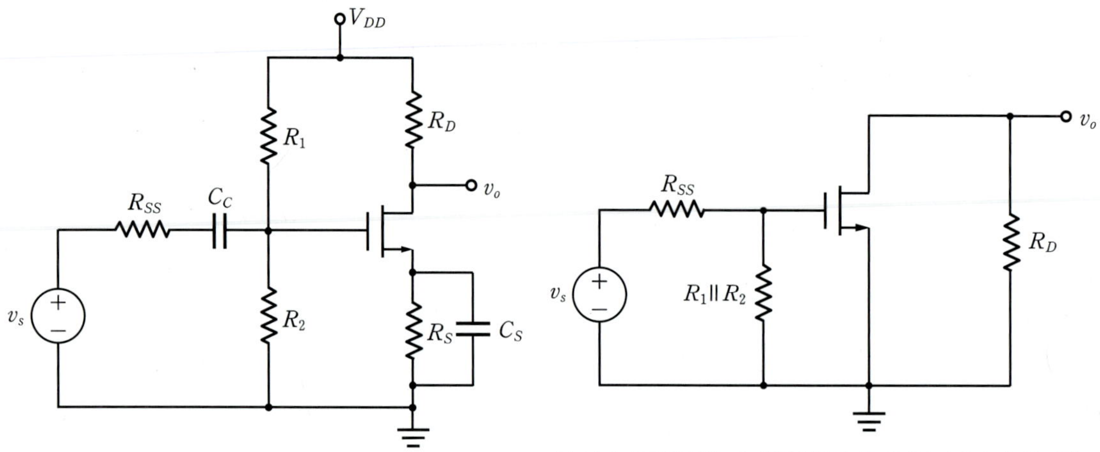

(a) 바이패스 커패시터 C_S를 갖는 경우

(b) 교류 등가회로(C_S가 단락회로로 취급되어 소오스가 접지됨)

그림 3-41 바이패스 커패시터 C_S를 갖는 공통소오스 증폭기

핵심포인트 **소오스 저항 R_S 가 전압이득에 미치는 영향**

- 전압이득의 근삿값은 부하저항 R_D 와 소오스 저항 R_S 의 비ratio R_D/R_S로 결정되며, 온도나 트랜지스터 특성 편차에 의한 영향이 감소하는 장점이 있다.
- 증폭기의 동작점과 전압이득이 안정화되는 장점이 있지만, 전압이득이 감소하는 단점도 수반되어 상호 간에 상충관계trade-off가 존재한다.

예제 3-9

[그림 3-40(a)]의 소오스 저항을 갖는 공통소오스 증폭기에 [그림 3-32]의 소신호 T-등가모델을 적용한 소신호 해석으로 전압이득을 구하라. 단, $R_{SS}=0.2\text{k}\Omega$, $R_1=470\text{k}\Omega$, $R_2=180\text{k}\Omega$, $R_D=2\text{k}\Omega$, $R_S=0.5\text{k}\Omega$, $V_{DD}=10\text{V}$이고, MOSFET의 파라미터 값은 $V_{Tn}=1.8\text{V}$, $K_n=166\text{mA/V}^2$이다. $\lambda=0$, $C_C\to\infty$로 가정한다.

풀이

(i) DC 해석

DC 바이어스 해석을 통해 동작점 전압과 전류를 구하고, MOSFET의 동작모드를 확인한다. 저항 R_1과 R_2의 전압분배에 의해 결정되는 게이트 바이어스 전압 V_{GQ}는 다음과 같이 계산된다.

$$V_{GQ}=\frac{R_2}{R_1+R_2}V_{DD}=\frac{180}{470+180}\times 10\text{V}=2.77\text{V}$$

MOSFET가 포화모드로 바이어스되어 있다고 가정하여 드레인 전류를 구한 후, 그 결과로부터 가정이 옳은지 확인하는 절차로 해석한다. [그림 3-40(a)]의 회로에서 게이트-소오스 바이어스 전압은 다음과 같다.

$$V_{GSQ} = V_{GQ} - R_S I_{DQ} \qquad \cdots ①$$

포화모드의 드레인 전류 수식에 식 ①을 대입하면 다음과 같다.

$$I_{DQ} = \frac{1}{2}K_n(V_{GSQ} - V_{Tn})^2 = \frac{1}{2}K_n(V_{GQ} - V_{Tn} - R_S I_{DQ})^2 \qquad \cdots ②$$

$$= 83 \times (0.97 - 0.5 I_{DQ})^2$$

식 ②의 방정식을 풀면 $I_{DQ} \simeq 1.66\text{mA}$와 2.27mA가 얻어진다. $I_{DQ} = 2.27\text{mA}$인 경우에는 $V_{GSQ} = V_{GQ} - R_S I_{DQ} = 1.63\text{V}$이고, $V_{GSQ} < V_{Tn}$이 되어 의미 없는 값이다. 따라서 드레인 바이어스 전류는 $I_{DQ} = 1.66\text{mA}$이며, 게이트-소오스 바이어스 전압은 다음과 같다.

$$V_{GSQ} = V_{GQ} - R_S I_{DQ} = 2.77 - 0.5 \times 1.66 = 1.94\text{V}$$

드레인-소오스 루프에 KVL을 적용하여 드레인-소오스 바이어스 전압을 구하면 다음과 같다.

$$V_{DSQ} = V_{DD} - (R_D + R_S) I_{DQ}$$
$$= 10 - (2 + 0.5) \times 1.66 = 5.85\text{V}$$

$V_{DSQ} > (V_{GSQ} - V_{Tn})$이므로, MOSFET가 포화모드로 동작한다.

[그림 3-42]는 증가형 N채널 MOSFET M2N6660 소자를 사용한 DC 바이어스 시뮬레이션 결과이다. 수식 계산으로 얻은 결과와 오차범위 내에서 일치하는 것을 확인할 수 있다.

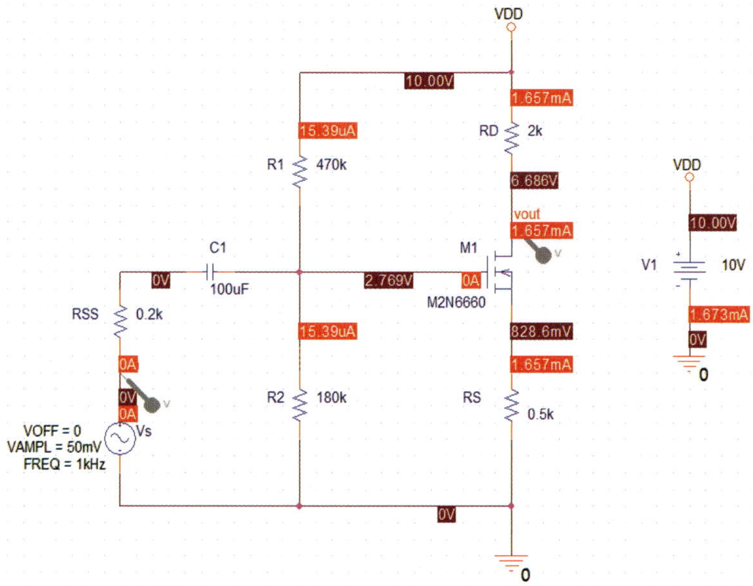

그림 3-42 [예제 3-9]의 DC 바이어스 시뮬레이션 결과

(ii) AC 해석

바이어스 저항 R_1, R_2의 영향과 소신호 드레인 저항 r_d를 무시하고, [그림 3-32(a)]의 T-등가모델을 적용한 소신호 등가회로는 [그림 3-43]과 같다. 저항 R_D에 흐르는 전류는 $i_d = g_m v_{gs}$이므로 출력전압 v_o는 다음과 같다.

$$v_o = -g_m v_{gs} R_D \qquad \cdots ③$$

게이트 단자에 흐르는 전류는 0이므로, 게이트 단자에서 본 입력저항은 $R_i = \infty$이며, 게이트 단자의 전압은 $v_g = v_s$이다. 따라서 게이트-소오스 전압 v_{gs}는 다음과 같다.

$$v_{gs} = \frac{\frac{1}{g_m}}{R_S + \frac{1}{g_m}} v_g = \frac{v_s}{1 + g_m R_S} \qquad \cdots ④$$

식 ④의 v_{gs}를 식 ③에 대입하여 전압이득을 구하면 다음과 같으며, 하이브리드-π 등가모델을 적용한 식 (3.47)과 동일한 결과가 얻어졌다.

$$A_v \equiv \frac{v_o}{v_s} = \frac{-g_m R_D}{1 + g_m R_S}$$

MOSFET의 전달컨덕턴스는 식 (3.33)으로부터 다음과 같이 계산된다.

$$g_m = \sqrt{2K_n I_{DQ}} = \sqrt{2 \times 166 \times 10^{-3} \times 1.66 \times 10^{-3}} = 23.48\text{mA/V}$$

따라서 소신호 전압이득은 다음과 같다.

$$A_v = \frac{-g_m R_D}{1 + g_m R_S} = \frac{-23.48 \times 2}{1 + 23.48 \times 0.5} = -3.69\,\text{V/V}$$

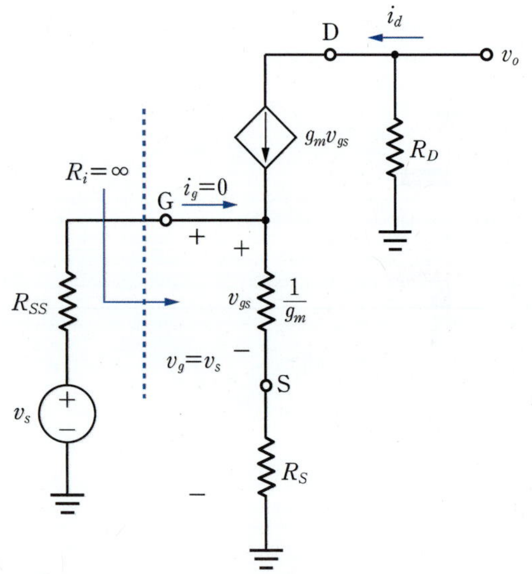

그림 3-43 T-등가모델을 적용한 공통소오스 증폭기의 소신호 등가회로

[그림 3-44]는 증가형 N채널 MOSFET M2N6660 소자를 사용한 PSPICE 시뮬레이션 결과이다. 시뮬레이션 결과에 의한 전압이득은 $A_v = -3.68\text{V/V}$이며, 수식 계산으로 얻은 결과와 일치하는 것을 확인할 수 있다.

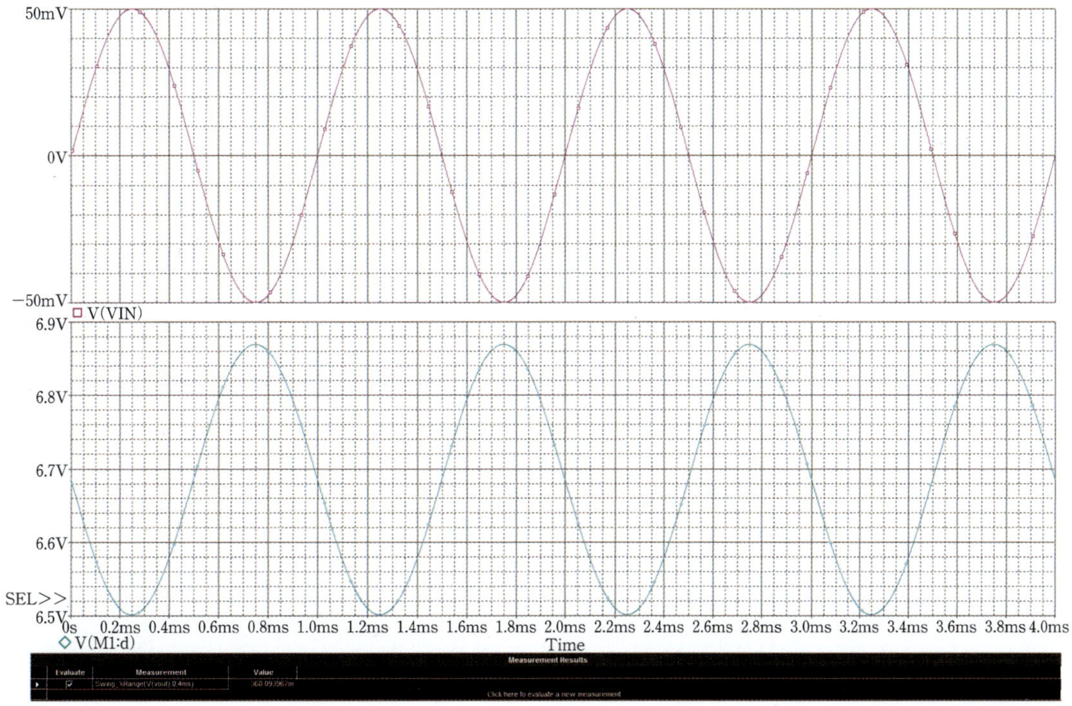

그림 3-44 [예제 3-9]의 Transient 시뮬레이션 결과

• MOSFET g_m 값의 변화에 따른 소신호 전압이득의 변화를 계산하면 [표 3-2]와 같다. MOSFET g_m 값이 약 15% 감소하면 소신호 전압이득은 약 1.1% 변하며, g_m 값이 약 57% 감소해도 소신호 전압이득은 약 9.5% 변한다. g_m 값의 변화가 증폭기의 전압이득에 미치는 영향이 작아 안정된 전압이득이 얻어짐을 확인할 수 있다.

표 3-2 MOSFET g_m 값의 변화에 따른 전압이득의 변화

g_m [mA/V]	Normalized g_m	전압이득 A_v[V/V]	Normalized A_v
40.0	1.70	−3.81	1.035
23.5	1.00	−3.68	1.000
20.0	0.85	−3.64	0.989
10.0	0.43	−3.33	0.905

예제 3-10

[예제 3-9]의 N채널 MOSFET 공통소오스 증폭기에서 소오스 저항 R_S 값의 변화에 따라 출력 v_o가 어떤 영향을 받는지 시뮬레이션을 통해 확인하고, 그 이유를 설명하라. 단, 저항 R_1, R_2에 의한 게이트 바이어스 전압 V_{GQ}는 고정된 상태를 유지한다.

풀이

$0.3\text{k}\Omega \le R_S \le 0.7\text{k}\Omega$ 범위에서 $0.1\text{k}\Omega$씩 변화시키면서 시뮬레이션을 실행한 결과는 [그림 3-45]와 같다.

- 소오스 저항 R_S 값이 클수록 드레인-소오스 동작점 전압 V_{DSQ}가 전원전압 V_{DD} 쪽으로 가까워지며, 출력 v_o의 진폭이 작아져 전압이득이 작아진다. 따라서 소오스 저항 R_S 값을 너무 크지 않도록 설계하는 것이 바람직하다.

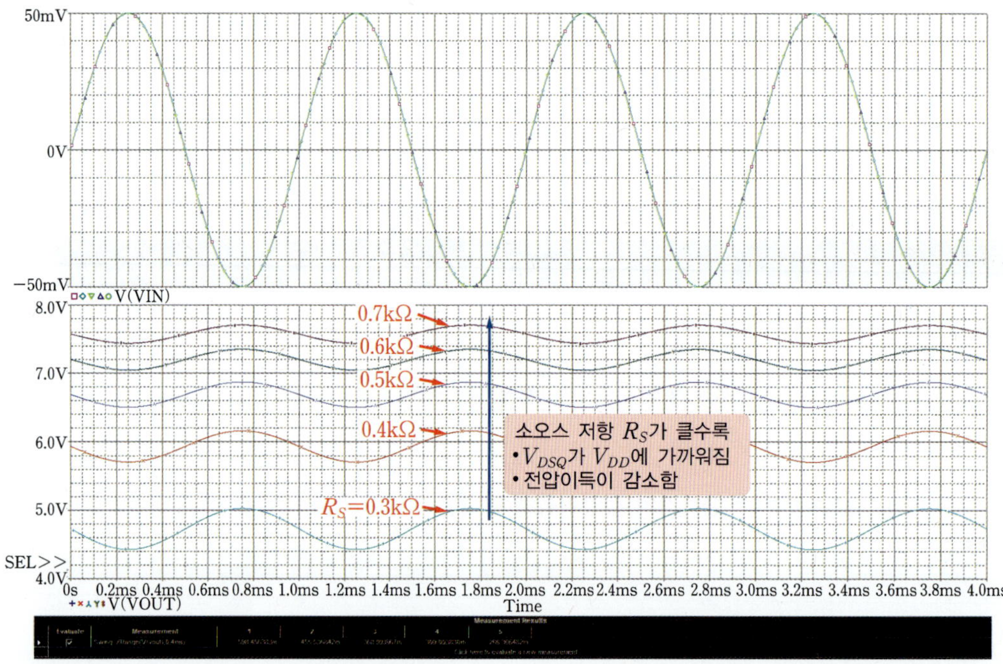

그림 3-45 [예제 3-10]의 Transient 시뮬레이션 결과

확인문제 3-16

[그림 3-40(a)]의 공통소오스 증폭기가 증가형 P채널 MOSFET로 구성되는 경우에, 전달컨덕턴스 g_m과 소신호 전압이득을 구하라. 드레인 바이어스 전류는 $I_{DQ} = 2.9\text{mA}$ 이며, $R_{SS} = 0.2\text{k}\Omega$, $R_1 = 750\text{k}\Omega$, $R_2 = 550\text{k}\Omega$, $R_D = 2\text{k}\Omega$, $R_S = 0.18\text{k}\Omega$, $V_{SS} = 10\text{V}$, $K_p = 6.42\text{A/V}^2$이고, $\lambda = 0$, $C_C \to \infty$로 가정한다.

답 $g_m = 192.97\text{mA/V}$, $A_v = -10.8\text{V/V}$

3.4.3 공통드레인 증폭기

공통드레인 증폭기의 전압이득은 어떤 특성을 갖는가?
공통드레인 증폭기는 어떤 용도로 사용되는가?

[그림 3-46]은 전압분배 바이어스를 갖는 공통드레인 증폭기 회로이다. 입력은 결합 커패시터를 통해서 게이트에 연결되고, 출력은 소오스에서 얻어지며, 드레인은 전원 V_{DD}(또는 V_{SS})에 연결된다. 결합 커패시터 C_C가 충분히 큰 값을 가져 동작 주파수 범위에서 커패시터의 리액턴스를 무시할 수 있다고 가정한다. P채널 MOSFET가 사용되는 경우에도 회로 구조는 동일하며, 단지 전원전압의 극성과 전류의 방향이 반대이다.

신호원 저항 R_{SS}와 바이어스 저항 R_1, R_2의 영향을 무시하고 회로의 동작을 정성적으로 이해해보자. [그림 3-46]의 회로에서 출력전압은 $v_o \simeq v_s$이므로, 입력전압의 변화 성분(소신호)이 그대로 출력에 나타난다. 따라서 소신호 전압이득은 $A_v \simeq 1\text{V/V}$이다. 이와 같이 소오스 전압이 게이트 전압을 따라가므로 **소오스 팔로워** source follower라고도 한다. 입력전압과 소오스 전압의 위상은 동일하며, [그림 3-46]에 표시된 입력과 출력신호의 위상 관계를 잘 살펴보기 바란다.

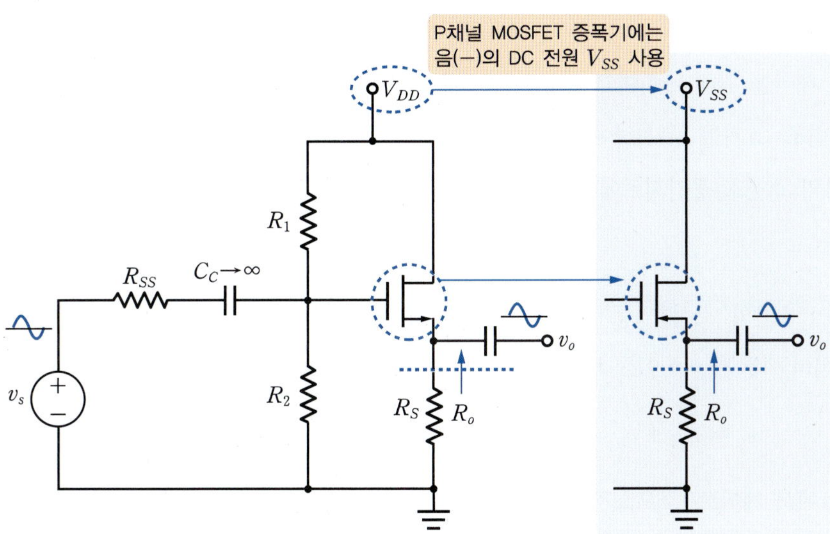

그림 3-46 공통드레인 증폭기 회로

[그림 3-46]의 회로에서 DC 전원 V_{DD}(또는 V_{SS})를 제거하여 교류 등가회로로 나타내면 [그림 3-47(a)]와 같다. 결합 커패시터 C_C는 충분히 큰 값을 가져 단락된 것으로 취급하며, 바이어스 저항 R_1, R_2는 병렬로 게이트와 접지 사이에 연결된다. 드레인은 접지에

연결되어 입력과 출력의 공통단자로 작용한다. [그림 3-47(a)]의 회로에 증가형 N채널 MOSFET의 소신호 등가모델을 적용하면 [그림 3-47(b)]와 같다.

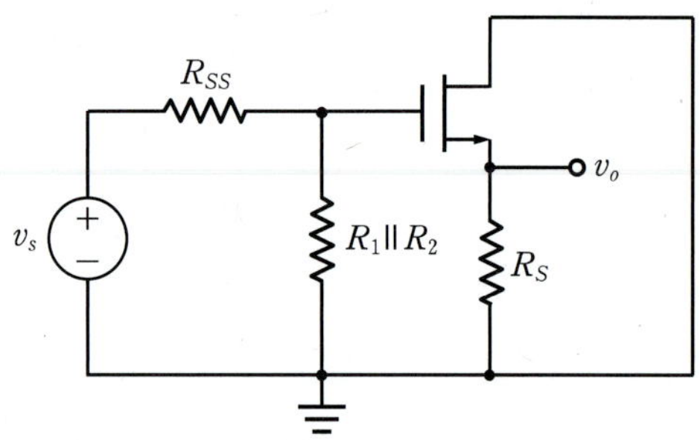

(a) 교류 등가회로

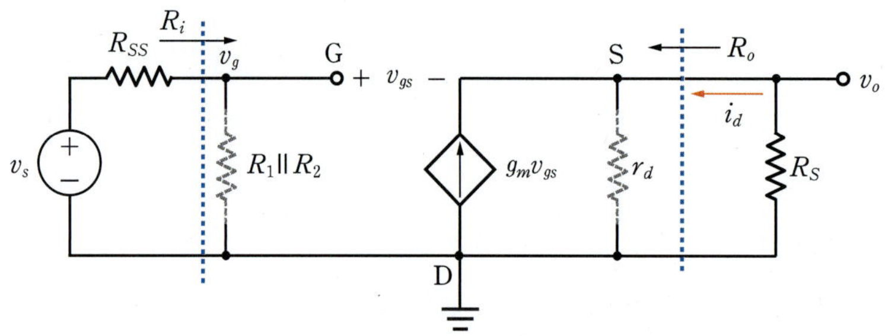

(b) 소신호 등가회로

그림 3-47 증가형 N채널 MOSFET 공통드레인 증폭기의 교류 및 소신호 등가회로

직관적인 해석을 위해 바이어스 저항의 영향을 무시하고($R_1 \| R_2 \gg R_{SS}$), MOSFET의 채널길이변조 효과를 무시하여 소신호 드레인 저항을 $r_d \to \infty$로 가정한다. [그림 3-47(b)]의 소신호 등가회로에서 출력전압은 식 (3.49)로 표현된다.

$$v_o = g_m v_{gs} R_S \tag{3.49}$$

[그림 3-47(b)]의 소신호 등가회로에서 $R_1 \| R_2 \gg R_{SS}$로 가정하면, 게이트 전압은 $v_g = v_s$이며, 게이트-소오스 루프에 KVL을 적용하면 다음과 같다.

$$v_s = v_{gs} + v_o = v_{gs} + g_m v_{gs} R_S = (1 + g_m R_S) v_{gs} \tag{3.50}$$

식 (3.50)에서 게이트-소오스 전압 v_{gs}를 구하면 다음과 같다.

$$v_{gs} = \frac{v_s}{1 + g_m R_S} \tag{3.51}$$

식 (3.51)을 식 (3.49)에 대입하면 출력전압은 다음과 같다.

$$v_o = \left(\frac{g_m R_S}{1 + g_m R_S} \right) v_s \tag{3.52}$$

따라서 공통드레인 증폭기의 소신호 전압이득은 다음과 같다.

$$A_v \equiv \frac{v_o}{v_s} = \frac{g_m R_S}{1 + g_m R_S} \tag{3.53}$$

식 (3.53)에서 $g_m R_S \gg 1$이면 전압이득은 $A_v \simeq 1\mathrm{V/V}$가 되며, 이는 BJT 공통컬렉터 증폭기와 유사한 특성이다.

MOSFET의 게이트는 절연되어 있으므로, 게이트 단자의 저항은 무한대이다. 따라서 신호원에서 보는 입력저항 R_i는 [그림 3-47(b)]의 소신호 등가회로로부터 $R_i = R_1 \parallel R_2$가 된다.

다음으로, 출력단자인 소오스에서 증폭기 쪽으로 본 출력저항 R_o에 대해 살펴보자. 출력저항 R_o는 [그림 3-48]과 같이 신호원 v_s를 0으로 만들고, 소오스와 접지(드레인) 사이에 테스트 전압 v_t와 테스트 전류 i_t를 인가하여 $R_o = \frac{v_t}{i_t}$로 구할 수 있다. $v_s = 0$으로 만들면 게이트 단자가 접지되며, $v_t = -v_{gs}$가 된다. 소신호 드레인 저항을 $r_d \to \infty$ 라고 가정하면, $i_t = -g_m v_{gs}$가 된다. 따라서 공통드레인 증폭기의 출력저항은 식 (3.54)와 같다.

$$R_o \equiv \frac{v_t}{i_t} = \frac{-v_{gs}}{-g_m v_{gs}} = \frac{1}{g_m} \tag{3.54}$$

소신호 드레인 저항 r_d 를 고려하는 경우에는 $R_o = r_d \parallel \left(\frac{1}{g_m}\right)$이 된다. 통상 $\frac{1}{g_m} \ll r_d$이므로, 출력저항은 $R_o \simeq \frac{1}{g_m}$이 되어 매우 작은 값을 갖는다. 이는 BJT 공통컬렉터 증폭기와 유사한 출력저항 특성이다.

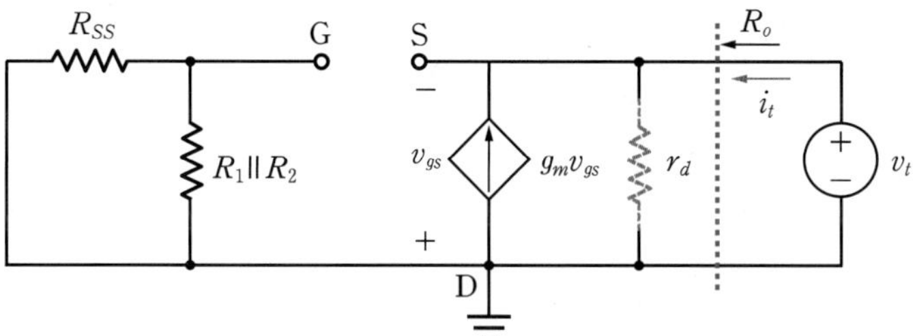

그림 3-48 공통드레인 증폭기의 출력저항을 구하기 위한 등가회로

Q **공통드레인 증폭기는 어떤 용도로 사용되는가?**

A 전압이득이 1에 가깝고, 큰 입력저항과 매우 작은 출력저항을 가지므로, 임피던스 매칭용 전압버퍼voltage buffer로 사용된다.

핵심포인트 **공통드레인 증폭기의 특성**

- 전압이득(식 (3.53)) : 근사적으로 1에 가까운 값을 갖는다.
- 출력저항(식 (3.54)) : 매우 작은 출력저항을 갖는다. 이는 전압증폭기가 가져야 하는 바람직한 출력저항 특성이다.

예제 3-11

[그림 3-46]의 증가형 N채널 MOSFET 공통드레인 증폭기 회로에 [그림 3-32]의 T-등가모델을 적용한 소신호 해석으로 전압이득과 출력저항을 구하라. 단, $R_{SS} = 0.2\text{k}\Omega$, $R_1 = 470\text{k}\Omega$, $R_2 = 680\text{k}\Omega$, $R_S = 2\text{k}\Omega$, $V_{DD} = 10\text{V}$이고, MOSFET 파라미터는 $V_{Tn} = 1.8\text{V}$, $K_n = 166\text{mA/V}^2$이며, $\lambda = 0$이라고 가정한다.

풀이

(i) DC 해석

전압분배 바이어스에 의한 게이트 단자의 바이어스 전압 V_{GQ}는 다음과 같이 계산된다.

$$V_{GQ} = \frac{R_2}{R_1 + R_2} \times V_{DD} = \frac{680}{470 + 680} \times 10 = 5.91\text{V}$$

MOSFET가 포화모드로 바이어스되어 있다고 가정하여 드레인 전류를 구한 후, 그 결과로부터 가정이 옳은지를 확인하는 절차로 해석한다. [그림 3-46]의 회로에서 게이트-소오스 바이어스 전압은 다음과 같다.

$$V_{GSQ} = V_{GQ} - R_S I_{DQ} \quad \cdots ①$$

포화모드의 드레인 전류 수식에 식 ①을 대입하면 다음과 같다.

$$I_{DQ} = \frac{1}{2}K_n(V_{GSQ} - V_{Tn})^2 = \frac{1}{2}K_n(V_{GQ} - V_{Tn} - R_S I_{DQ})^2 \quad \cdots ②$$
$$= 83 \times (4.11 - 2I_{DQ})^2$$

식 ②의 방정식을 풀면 $I_{DQ} \simeq 1.97\text{mA}$와 2.14mA가 얻어진다. $I_{DQ} = 2.14\text{mA}$인 경우에는 $V_{GSQ} = V_{GQ} - R_S I_{DQ} = 1.63\text{V}$이고, $V_{GSQ} < V_{Tn}$이 되어 의미 없는 값이다. 따라서 드레인 바이어스 전류는 $I_{DQ} = 1.97\text{mA}$이다. 따라서 게이트-소오스 바이어스 전압은 다음과 같다.

$$V_{GSQ} = V_{GQ} - R_S I_{DQ} = 5.91 - 2 \times 1.97 = 1.97\text{V}$$

드레인-소오스 바이어스 전압은 다음과 같이 계산된다.

$$V_{DSQ} = V_{DD} - R_S I_{DQ} = 10 - 2 \times 1.97 = 6.06\text{V}$$

따라서 MOSFET가 포화모드로 바이어스되어 있다. [그림 3-49]는 증가형 N채널 MOSFET M2N6660 소자를 사용한 DC 바이어스 시뮬레이션 결과이며, 수식 계산으로 얻은 결과와 일치함을 확인할 수 있다.

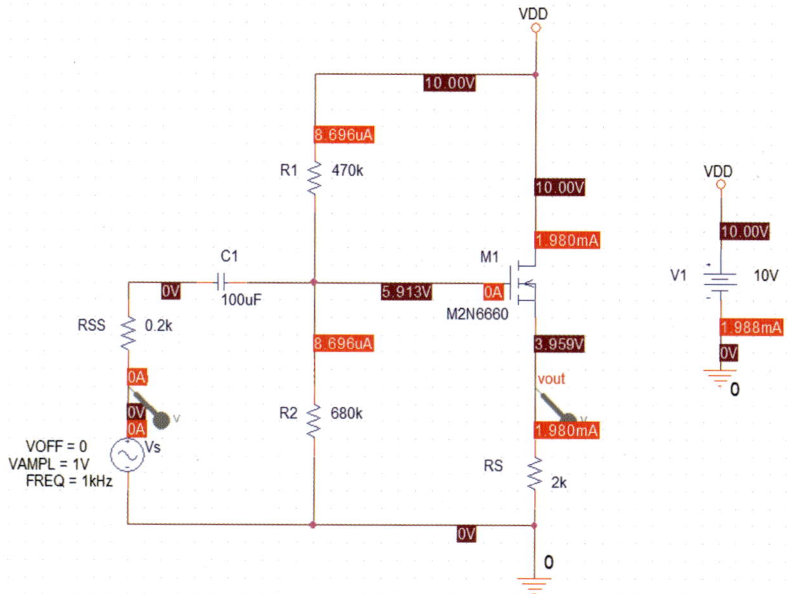

그림 3-49 [예제 3-11]의 DC 바이어스 시뮬레이션 결과

(ii) AC 해석

바이어스 저항 R_1, R_2의 영향과 소신호 드레인 저항 r_d를 무시하고, [그림 3-32]의 T-등가모델을 적용한 공통드레인 증폭기의 소신호 등가회로는 [그림 3-50]과 같다. 게이트 단자에 흐르는 전류는 0이므로, 게이트 단자에서 본 입력저항은 $R_i = \infty$이며, 따라서 게이트 단자의 전압은 $v_g = v_s$이다. 저항 R_S에 걸리는 출력 전압 v_o는 다음과 같다.

$$v_o = \frac{R_S}{R_S + \dfrac{1}{g_m}} v_g = \frac{g_m R_S}{1 + g_m R_S} v_s \qquad \cdots ③$$

식 ③으로부터 공통드레인 증폭기의 전압이득은 다음과 같으며, 하이브리드-π 등가모델을 적용한 식 (3.53)과 동일한 결과가 얻어졌다.

$$A_v \equiv \frac{v_o}{v_s} = \frac{g_m R_S}{1 + g_m R_S} \qquad \cdots ④$$

MOSFET의 전달컨덕턴스는 식 (3.33)으로부터 다음과 같이 계산된다.

$$g_m = \sqrt{2K_n I_{DQ}} = \sqrt{2 \times 166 \times 10^{-3} \times 1.97 \times 10^{-3}} = 25.57\text{mA/V}$$

식 ④에 값을 대입하면 소신호 전압이득은 다음과 같다.

$$A_v = \frac{g_m R_S}{1 + g_m R_S} = \frac{25.57 \times 2}{1 + 25.57 \times 2} = 0.98\text{V/V}$$

[그림 3-50]의 소신호 등가회로에서, 게이트 단자의 전류는 $i_g = 0$이므로, 드레인 단자의 전류 $g_m v_{gs}$가 모두 소오스 단자로 흐르고, 게이트-소오스 전압이 v_{gs}이므로, 소오스 단자에서 본 출력저항은 다음과 같다.

$$R_o = \frac{v_{gs}}{g_m v_{gs}} = \frac{1}{g_m} = \frac{1}{25.57 \times 10^{-3}} = 39.11\Omega$$

[그림 3-51]은 증가형 N채널 MOSFET M2N6660 소자를 사용한 PSPICE 시뮬레이션 결과이다. 시뮬레이션 결과에 의한 전압이득은 $A_v = 0.98\text{V/V}$이며, 수식 계산으로 얻은 결과와 일치하는 것을 확인할 수 있다.

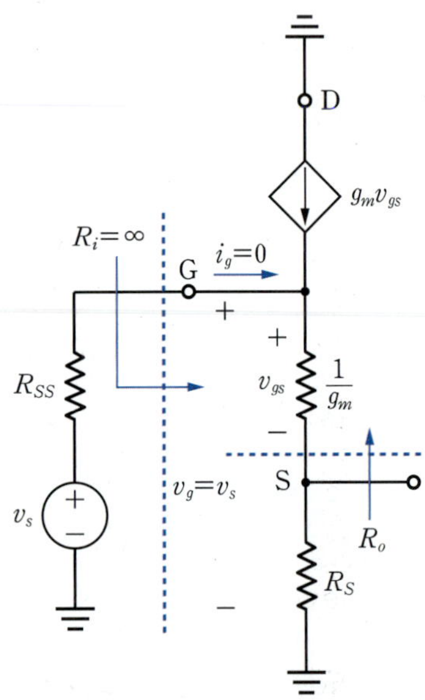

그림 3-50 T-등가모델을 적용한 공통드레인 증폭기의 소신호 등가회로

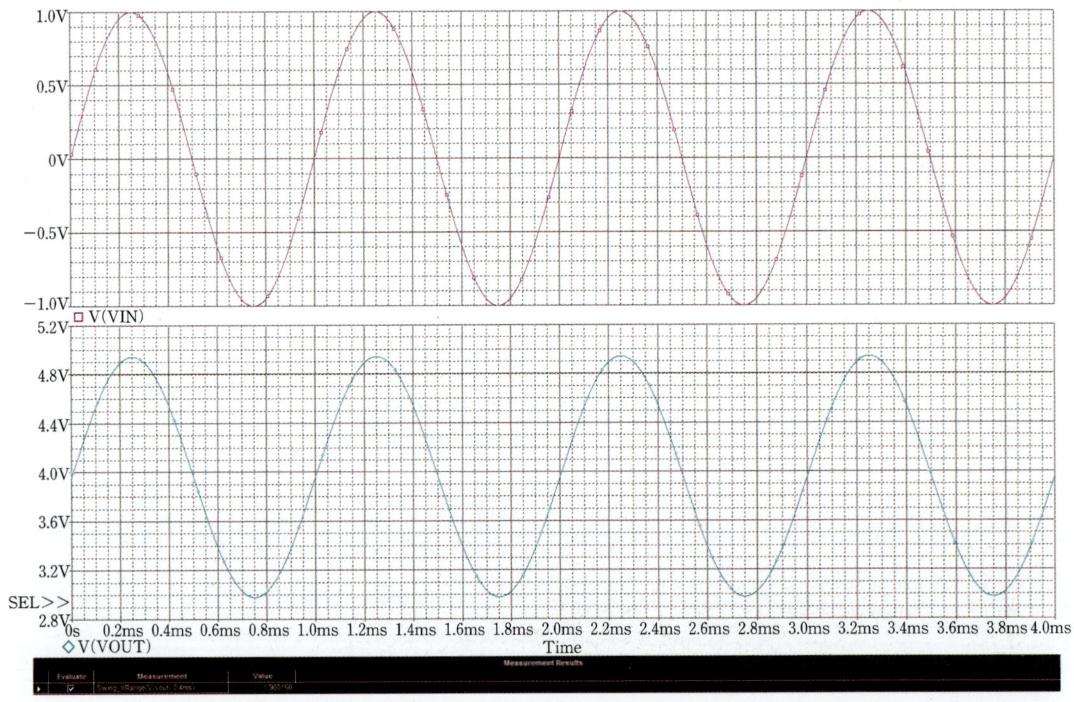

그림 3-51 [예제 3-11]의 Transient 시뮬레이션 결과

확인문제 3-17

[그림 3-46]의 공통드레인 증폭기 회로에서 증가형 P채널 MOSFET가 드레인 전류 $I_{DQ}=2.45\text{mA}$로 바이어스되어 있다. MOSFET의 전달컨덕턴스 g_m과 증폭기의 소신호 전압이득, 그리고 출력저항을 구하라. 단, $R_{SS}=0.2\text{k}\Omega$, $R_1=110\text{k}\Omega$, $R_2=680\text{k}\Omega$, $R_S=2\text{k}\Omega$, $V_{SS}=10\text{V}$, $K_p=6.35\text{A/V}^2$이고, $\lambda=0$, $C_C\rightarrow\infty$로 가정한다.

답 $g_m=176.39\text{mA/V}$, $A_v=0.997\text{V/V}$, $R_o=5.67\Omega$

3.4.4 공통게이트 증폭기

공통게이트 증폭기의 전류이득과 입출력 임피던스는 어떤 특성을 갖는가?
공통게이트 증폭기는 어떤 용도로 사용되는가?

[그림 3-52]는 증가형 MOSFET를 사용한 공통게이트 증폭기 회로이다. 소오스 단자에 입력신호가 인가되고, 드레인 단자에서 출력신호가 얻어지며, 게이트 단자는 입력과 출력의 공통 단자가 된다. 결합 커패시터 C_C는 충분히 큰 값을 가져 동작 주파수 범위에서 단락회로로 가정한다.

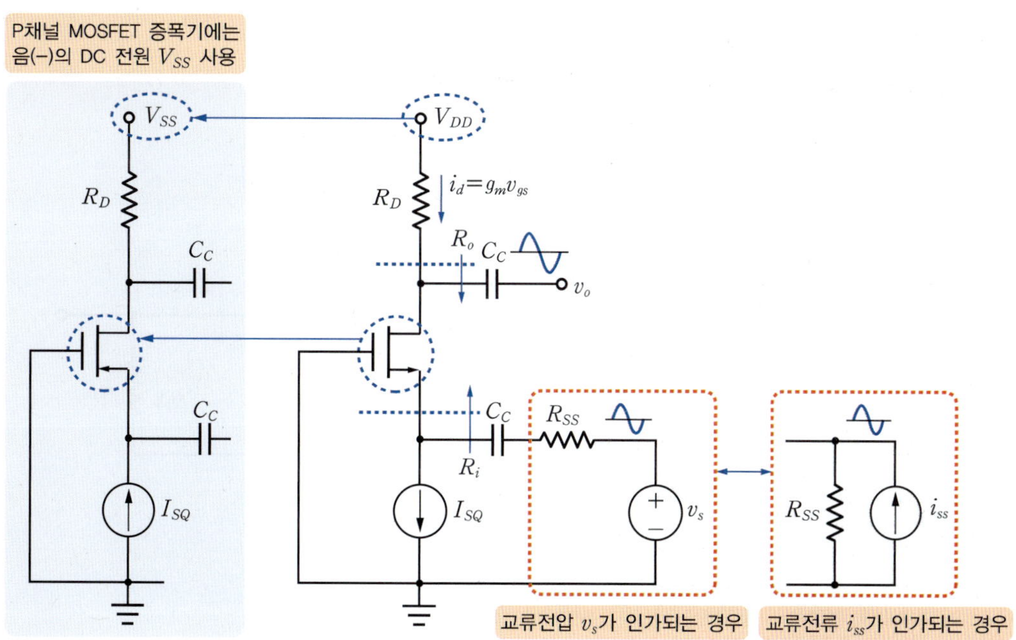

그림 3-52 공통게이트 증폭기 회로

P채널 MOSFET가 사용되는 경우에도 회로 구조는 동일하며, 단지 전원전압의 극성과 전류의 방향이 반대가 됨에 유의한다. [그림 3-52]의 회로에서 입력신호가 교류전압인 경우에는 신호원 v_s와 신호원 저항 R_{SS}가 직렬로 연결되며, 입력신호가 교류전류인 경우에는 신호원 i_{ss}와 신호원 저항 R_{SS}가 병렬로 연결된다. I_{SQ}는 MOSFET가 포화모드로 동작하도록 바이어스하는 정전류원constant current source이다.

공통게이트 증폭기의 입력신호가 교류전류인 경우에, 신호원 저항 R_{SS}가 충분히 큰 값을 갖는다면 드레인 전류 i_d는 소오스 전류 i_s와 같으므로, 소신호 전류이득은 $A_i = 1\text{A/A}$가 된다. 드레인 단자에서 얻어지는 출력전압은 입력전류와 동일위상을 갖는다. [그림 3-52]에 표시된 입력과 출력신호의 위상관계를 잘 살펴보기 바란다.

[그림 3-53(a)]는 증가형 N채널 MOSFET 공통게이트 증폭기의 교류 등가회로이며, 결합 커패시터는 단락된 것으로 취급하였다. 게이트가 접지에 연결되어 입력과 출력의 공통단자로 작용한다. [그림 3-53(b)]는 소신호 등가회로이며, MOSFET의 채널길이변조 효과를 무시하여 소신호 드레인 저항을 $r_d \to \infty$로 가정한다.

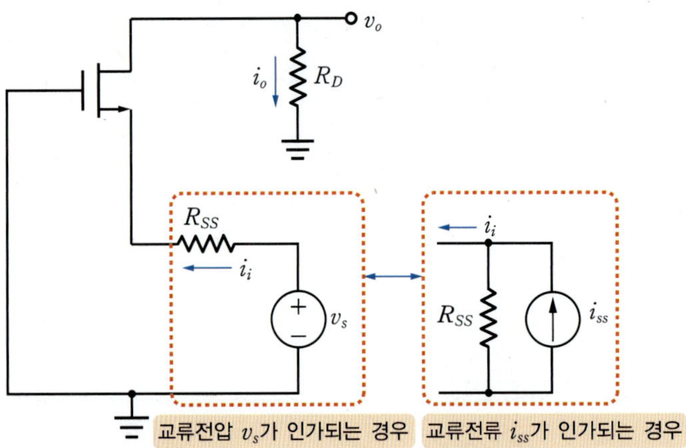

(a) 교류 등가회로

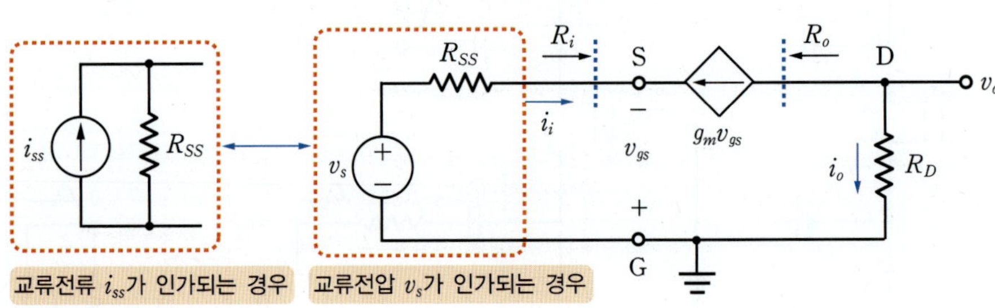

(b) 소신호 등가회로

그림 3-53 증가형 N채널 MOSFET 공통게이트 증폭기의 교류 및 소신호 등가회로

[그림 3-53(b)]의 소신호 등가회로에서 교류전압 v_s가 인가되는 경우의 전압이득을 구해본다. $i_o = -g_m v_{gs}$ 이므로 출력전압은 식 (3.55)와 같다.

$$v_o = -g_m v_{gs} R_D \tag{3.55}$$

[그림 3-53(b)]의 소신호 등가회로에서 $i_i = -g_m v_{gs}$ 이므로 소오스-게이트 루프에 KVL을 적용하면 다음과 같다.

$$v_s = -g_m v_{gs} R_{SS} - v_{gs} = -(1 + g_m R_{SS}) v_{gs} \tag{3.56}$$

식 (3.56)에서 게이트-소오스 전압 v_{gs}를 구하면 다음과 같다.

$$v_{gs} = \frac{-v_s}{1 + g_m R_{SS}} \tag{3.57}$$

식 (3.57)을 식 (3.55)에 대입하여 소신호 전압이득을 구하면 식 (3.58)과 같다. 공통게이트 증폭기의 전압이득은 신호원 저항 R_{SS}에 영향을 받으며, 공통소오스 증폭기에 비해 상대적으로 작은 값이다.

$$A_v \equiv \frac{v_o}{v_s} = \frac{g_m R_D}{1 + g_m R_{SS}} \tag{3.58}$$

다음으로, [그림 3-53(b)]의 소신호 등가회로에서 교류전류 i_{ss}가 인가되는 경우의 전류이득을 구해보자. 소오스 단자에 KCL을 적용하면 다음과 같다.

$$i_{ss} + \frac{v_{gs}}{R_{SS}} + g_m v_{gs} = 0 \tag{3.59}$$

식 (3.59)로부터 v_{gs}를 구하면 다음과 같다.

$$v_{gs} = -\left(\frac{R_{SS}}{1 + g_m R_{SS}}\right) i_{ss} \tag{3.60}$$

[그림 3-53(b)]의 소신호 등가회로에서 출력전류 i_o는

$$i_o = -g_m v_{gs} \tag{3.61}$$

이며, 식 (3.60)의 v_{gs}를 식 (3.61)에 대입하여 공통게이트 증폭기의 소신호 전류이득을 구하면 식 (3.62)와 같다.

$$A_i \equiv \frac{i_o}{i_{ss}} = \frac{g_m R_{SS}}{1 + g_m R_{SS}} \tag{3.62}$$

식 (3.62)에서 $g_m R_{SS} \gg 1$ 이면, $A_i \simeq 1\text{A/A}$ 가 된다. 이는 2.4.4절에서 설명한 BJT 공통베이스 증폭기의 전류이득 특성과 유사하다.

다음으로, 공통게이트 증폭기의 입력저항과 출력저항에 대해 살펴보자. [그림 3-53(b)]의 소신호 등가회로에서, 입력저항은 식 (3.63)과 같이 전달컨덕턴스의 역수가 되며, 매우 작은 값을 갖는다.

$$R_i = \frac{-v_{gs}}{i_i} = \frac{-v_{gs}}{-g_m v_{gs}} = \frac{1}{g_m} \tag{3.63}$$

출력저항은 입력전압을 0으로 설정함으로써 구할 수 있다. [그림 3-53(b)]의 소신호 등가회로에서 입력전압을 $v_s = 0$으로 만들면 $g_m v_{gs} = 0$이 되므로, 출력저항은 $R_o = \infty$가 된다. 만약 소신호 드레인 저항 r_d를 고려한다면 출력저항은 $R_o = r_d$가 된다.

Q 공통게이트 증폭기는 어떤 용도로 사용되는가?

A
- 전류이득이 1이고, 매우 작은 입력저항과 큰 출력저항을 가지므로, 전류버퍼current buffer로 사용된다.
- 전압이득이 크지 않고 입력저항이 작으므로, 단독으로 전압증폭기로 사용되지 않는다.
- 입력신호가 전류인 경우에 공통게이트 구조가 유용하다.
- CS-CG 구조의 캐스코드cascode 증폭기로 구성되어 주파수 특성을 개선하기 위해 사용된다.

핵심포인트 공통게이트 증폭기의 특성

- 전류이득(식 (3.62)) : 1에 매우 가까운 값을 갖는다.
- 입력저항(식 (3.63)) : $R_i = \dfrac{1}{g_m}$로 매우 작은 입력저항을 갖는다.
- 출력저항 : 드레인 단자의 소신호 출력저항 r_d가 매우 크므로, 큰 출력저항을 갖는다.
- 전류이득이 1에 가깝고, 매우 작은 입력저항과 큰 출력저항을 가지므로, 전류버퍼current buffer로 사용된다.

예제 3-12

[그림 3-52]의 증가형 N채널 MOSFET 공통게이트 증폭기가 정전류원의 전류 $I_{DQ} = 2\text{mA}$에 의해 포화모드로 바이어스되어 있다. [그림 3-32]의 T-등가모델을 적용한 소신호 해석으로 증폭기의 전류이득과 입력저항을 구하라. 단, $R_D = 1.8\text{k}\Omega$, $R_{SS} = 20\text{k}\Omega$, $V_{DD} = 10\text{V}$이고, MOSFET 파라미터는 $K_n = 166\text{mA/V}^2$이며, $\lambda = 0$이라고 가정한다.

풀이

[그림 3-32]의 T-등가모델을 적용한 공통게이트 증폭기의 소신호 등가회로는 [그림 3-54]와 같으며, 소오스 단자로 들어가는 입력전류를 구하면 다음과 같다.

$$i_i = \frac{R_{SS}}{R_{SS} + \dfrac{1}{g_m}} i_{ss} = \frac{g_m R_{SS}}{1 + g_m R_{SS}} i_{ss}$$

MOSFET의 게이트 단자 전류는 $i_g = 0$이므로, 출력전류 i_o는 다음과 같다.

$$i_o = i_i = \frac{g_m R_{SS}}{1 + g_m R_{SS}} i_{ss}$$

따라서 공통게이트 증폭기의 전류이득은 다음과 같으며, 하이브리드-π 등가모델을 적용한 식 (3.62)와 동일한 결과가 얻어졌다.

$$A_i \equiv \frac{i_o}{i_{ss}} = \frac{g_m R_{SS}}{1 + g_m R_{SS}} \qquad \cdots ①$$

식 (3.33)으로부터 MOSFET의 전달컨덕턴스는 다음과 같이 계산된다.

$$g_m = \sqrt{2K_n I_{DQ}} = \sqrt{2 \times 166 \times 10^{-3} \times 2 \times 10^{-3}} = 25.77\text{mA/V}$$

식 ①에 값을 대입하면 소신호 전류이득은 다음과 같이 계산되며, 1에 매우 가까운 값을 갖는다.

$$A_i = \frac{g_m R_{SS}}{1 + g_m R_{SS}} = \frac{25.77 \times 20}{1 + 25.77 \times 20} = 0.998\text{A/A}$$

입력저항은 식 (3.63)으로부터 다음과 같이 계산된다.

$$R_i = \frac{1}{g_m} = \frac{1}{25.77 \times 10^{-3}} = 38.8\Omega$$

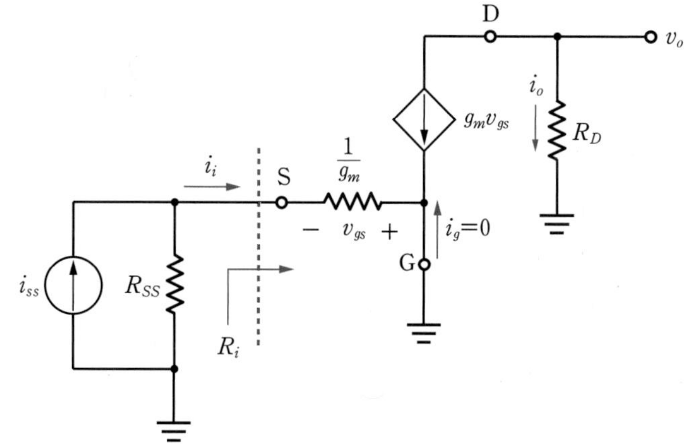

그림 3-54 T-등가모델을 적용한 공통게이트 증폭기의 소신호 등가회로

[그림 3-55]는 증가형 N채널 MOSFET M2N6660 소자를 사용한 PSPICE 시뮬레이션 결과이다. 시뮬레이션 결과에 의한 전류이득은 $A_i = 0.998\text{A/A}$ 이며, 수식 계산으로 얻은 결과와 일치함을 확인할 수 있다.

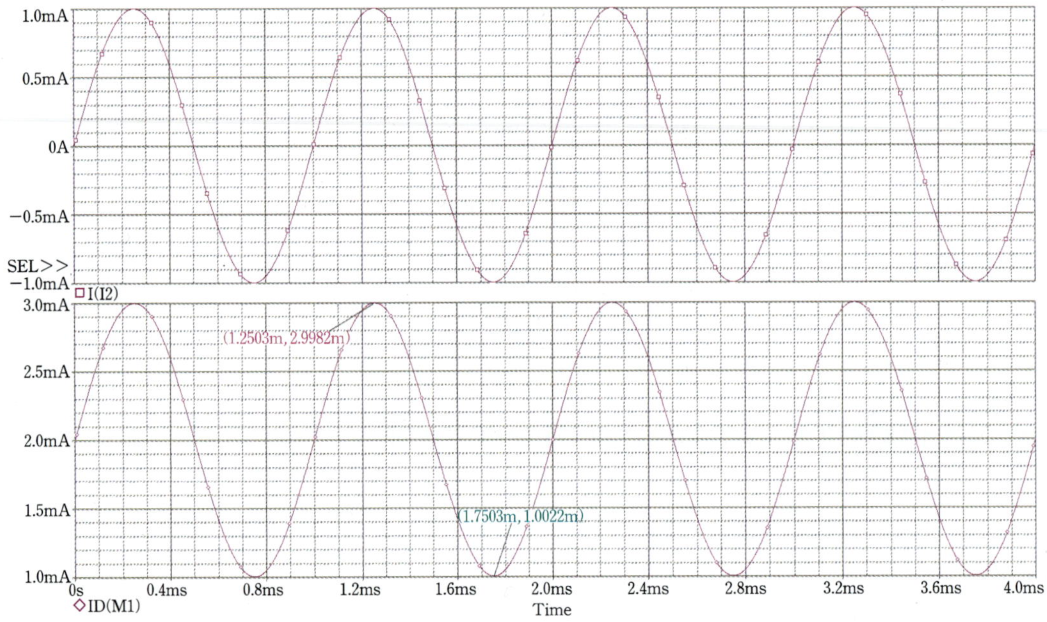

그림 3-55 [예제 3-12]의 Transient 시뮬레이션 결과

확인문제 3-18

[그림 3-52]의 증가형 N채널 MOSFET 공통게이트 증폭기가 정전류원의 전류 $I_{DQ} = 2\text{mA}$ 에 의해 포화모드로 바이어스되어 있다. 증폭기의 전압이득을 구하라. 단, $R_{SS} = 0.2\text{k}\Omega$, $R_D = 2.0\text{k}\Omega$, $V_{DD} = 10\text{V}$ 이고, MOSFET 파라미터는 $K_n = 166\text{mA/V}^2$ 이며, $\lambda = 0$ 이라고 가정한다.

답 $A_v = 8.38\text{V/V}$

확인문제 3-19

[그림 3-52] 증가형 P채널 MOSFET 공통게이트 증폭기가 정전류원의 전류 $I_{DQ} = 1.3\text{mA}$ 에 의해 포화모드로 바이어스되어 있다. 전달컨덕턴스 g_m 과 소신호 전류이득, 그리고 입력저항을 구하라. 단, $R_{SS} = 10\text{k}\Omega$, $R_D = 1.8\text{k}\Omega$, $K_p = 6.5\text{mA/V}^2$ 이며, $\lambda = 0$ 으로 가정한다.

답 $g_m = 4.11\text{mA/V}$, $A_i = 0.976\text{A/A}$, $R_i = 243\Omega$

3.4.5 MOSFET 증폭기의 특성 비교

지금까지 증가형 MOSFET를 이용한 공통소오스(CS), 공통드레인(CD), 공통게이트(CG) 증폭기에 대해 살펴보았다. MOSFET 증폭기의 특성을 비교하면 다음과 같으며, [표 3-3]에 요약하여 정리하였다.

- **전압이득** : CS 증폭기와 CG 증폭기의 전압이득은 1보다 크며, CD(소오스 팔로워) 증폭기의 전압이득은 1보다 약간 작다.
- **전류이득** : CG 증폭기의 전류이득은 1보다 약간 작다. CS 증폭기와 CD 증폭기는 입력 신호가 인가되는 게이트 단자의 전류가 0이므로, 전류이득이 정의되지 않는다.
- **입력저항** : CS 증폭기와 CD 증폭기의 입력단자인 게이트는 절연되어 있으므로 무한대의 입력저항을 가지며, 바이어스 회로의 저항에 의해 결정된다. CG 증폭기의 입력저항은 수~수십 Ω 정도로 매우 작은 값을 갖는다.
- **출력저항** : CD 증폭기의 출력저항은 수~수십 Ω으로 매우 작다. CS와 CG 증폭기의 출력저항은 큰 값을 가지며, 소신호 드레인 저항과 밀접한 관계를 갖는다.

표 3-3 MOSFET 증폭기의 기본적인 특성

증폭기 구조	전압이득	전류이득	입력저항	출력저항
CS	$A_v = -g_m R_D$	−	∞	$R_o = r_d$
소오스 저항 R_S를 갖는 CS	$A_v \simeq -\dfrac{R_D}{R_S}$	−	∞	$R_o = r_d$
CD	$A_v \simeq 1$	−	∞	$R_o \simeq \dfrac{1}{g_m}$
CG	$A_v = \dfrac{g_m R_D}{1+g_m R_{SS}}$	$A_i \simeq 1$	$R_i = \dfrac{1}{g_m}$	$R_o = r_d$

점검하기 **다음 각 문제에서 맞는 것을 고르시오.**

(1) CS 증폭기의 입력전압과 출력전압은 (**동일위상, 반전위상**) 관계이다.
(2) CS 증폭기의 전압이득은 전달컨덕턴스 g_m에 (**비례, 반비례**) 관계이다.
(3) CS 증폭기에 소오스 저항 R_S를 추가하면 전압이득이 (**감소, 증가**)한다.
(4) CD 증폭기는 (**전압이득, 전류이득**)이 근사적으로 1이다.
(5) CG 증폭기는 (**전압이득, 전류이득**)이 근사적으로 1이다.
(6) 입력저항이 가장 작은 증폭기는 (CS, CD, CG) 구조이다.
(7) 출력저항이 가장 작은 증폭기는 (CS, CD, CG) 구조이다.
(8) 전압버퍼로 사용되는 증폭기는 (CS, CD, CG) 구조이다.
(9) 전류버퍼로 사용되는 증폭기는 (CS, CD, CG) 구조이다.
(10) CG 증폭기는 입력저항이 (**작고, 크고**), 출력저항이 (**작다, 크다**).

SECTION

3.5 능동부하를 갖는 MOSFET 증폭기

3.4절에서 설명된 MOSFET 증폭기들은 바이어스 회로와 부하에 수동소자인 저항이 사용되었다. 반도체 집적회로로 증폭기 회로를 구현하는 경우에는 칩 면적의 최소화를 위해 저항소자 대신에 **정전류원** constant current source을 이용한 바이어스와 **능동부하** active load가 사용된다. 능동소자인 트랜지스터로 만들어진 저항성 부하를 능동부하라고 하며, 수동소자인 저항에 비해 작은 칩 면적으로 큰 저항값을 구현할 수 있어 아날로그 반도체 회로 설계에 보편적으로 사용된다. 일반적으로 정전류원 회로는 큰 출력저항을 가지므로, 증폭기 회로에 능동부하를 사용하면 큰 전압이득을 용이하게 얻을 수 있다. 이 절에서는 MOSFET 정전류원 회로와 능동부하를 갖는 MOSFET 증폭기의 해석에 대해 알아본다.

3.5.1 MOSFET 정전류원

정전류원은 일정 범위의 전압 변동에 무관하게 일정한 전류를 공급하거나 받아들이는 회로이며, 반도체 집적회로에서 증폭기 회로의 바이어스 전류를 공급하는 용도로 사용된다. [그림 3-56]은 MOSFET 정전류원 회로이다. MOSFET M_1과 M_2는 게이트가 서로 연결되고 소오스도 서로 연결되어 있으므로, 두 트랜지스터의 게이트-소오스 전압은 V_{GS}로 같다. M_1은 드레인에 연결된 기준 전류 I_{REF}에 의해 일정한 전류를 공급받으며, M_2의 드레인 전류가 정전류원의 출력전류 I_O이다. 트랜지스터 M_1, M_2는 문턱전압이 $V_{Tn1} = V_{Tn2} = V_{Tn}$로 같고, $\lambda = 0$으로 가정한다. M_1은 드레인과 게이트가 연결되어 있으므로 포화모드로 동작하며, 드레인 전류는 다음과 같다.

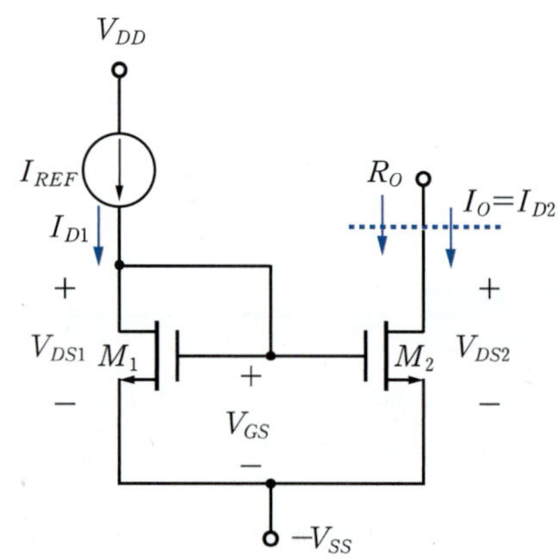

그림 3-56 MOSFET 정전류원 회로

$$I_{D1} = \frac{1}{2}k_n\left(\frac{W}{L}\right)_{M1}(V_{GS} - V_{Tn})^2 = I_{REF} \tag{3.64}$$

여기서 $k_n = C_{ox}\mu_n$은 반도체 제조공정에 의해 결정되는 공정 이득 또는 공정 전달컨덕턴스process transconductance이다. $(W/L)_{M1}$은 MOSFET M_1의 채널 폭 W와 채널 길이 L의 비ratio이다.

정전류원의 출력전류 I_O는 M_2의 드레인 전류이므로 다음과 같다.

$$I_O = I_{D2} = \frac{1}{2}k_n\left(\frac{W}{L}\right)_{M2}(V_{GS} - V_{Tn})^2 \tag{3.65}$$

여기서 $(W/L)_{M2}$는 MOSFET M_2의 채널 폭과 채널 길이의 비이다. 식 (3.64)로부터, M_1과 M_2의 게이트-소오스 전압은 다음과 같이 구할 수 있다.

$$V_{GS} = V_{Tn} + \sqrt{\frac{2I_{REF}}{k_n\left(\frac{W}{L}\right)_{M1}}} \tag{3.66}$$

식 (3.66)을 식 (3.65)에 대입하여 정리하면 정전류원 회로의 출력전류는 식 (3.67)과 같다.

$$I_O = \frac{(W/L)_{M2}}{(W/L)_{M1}} \times I_{REF} \tag{3.67}$$

따라서 정전류원 회로의 출력전류는 기준전류 I_{REF}와 트랜지스터 M_1, M_2의 채널 폭과 채널 길이의 비 W/L에 의해 결정된다. 식 (3.67)로부터, 기준전류와 출력전류의 비는 식 (3.68)과 같으며, $(W/L)_{M1} = (W/L)_{M2}$로 설계하면 $I_O = I_{REF}$가 되어 전류거울current mirror 회로로 동작한다.

$$\frac{I_O}{I_{REF}} = \frac{(W/L)_{M2}}{(W/L)_{M1}} \tag{3.68}$$

$\lambda_1 = \lambda_2 = \lambda$로 가정하고 MOSFET의 채널길이변조 효과를 고려하면, 식 (3.64)와 식 (3.65)는 각각 다음과 같이 표현된다.

$$I_{D1} = I_{REF} = \frac{1}{2}k_n\left(\frac{W}{L}\right)_{M1}(V_{GS} - V_{Tn})^2(1+\lambda V_{DS1}) \tag{3.69}$$

$$I_{D2} = I_O = \frac{1}{2}k_n\left(\frac{W}{L}\right)_{M2}(V_{GS} - V_{Tn})^2(1+\lambda V_{DS2}) \tag{3.70}$$

따라서 식 (3.68)은 다음과 같이 표현된다.

$$\frac{I_O}{I_{REF}} = \frac{(W/L)_{M2}}{(W/L)_{M1}}\frac{(1+\lambda V_{DS2})}{(1+\lambda V_{DS1})} \tag{3.71}$$

[그림 3-56] 정전류원 회로의 출력저항은 식 (3.72)와 같이 트랜지스터 M_2의 소신호 드레인 저항이 되며 비교적 큰 값을 갖는다.

$$R_O = \left(\frac{dI_O}{dV_{DS2}}\right)^{-1} = \frac{1}{\lambda I_O} = r_d \tag{3.72}$$

확인문제 3-20

[그림 3-56]의 정전류원 회로의 출력전류가 $I_O = 0.2\,\mathrm{mA}$ 인 경우에 출력저항을 구하라.

단, $\lambda_2 = 0.01\,\mathrm{V}^{-1}$이다.

답 $R_O = 0.5\mathrm{M\Omega}$

3.5.2 능동부하를 갖는 공통소오스 증폭기

[그림 3-57(a)]는 P채널 MOSFET로 구성된 정전류원이 능동부하로 사용된 공통소오스 증폭기 회로이며, P채널 MOSFET M_{p1}과 M_{p2} 그리고 기준전류 I_{REF}가 정전류원 회로를 구성하고 있다. 정전류원의 출력저항 R_{AL}가 공통소오스 증폭기의 부하저항으로 사용된다.

정전류원 회로의 전압-전류 특성 곡선은 [그림 3-57(b)]와 같으며, 출력저항 R_{AL}는 동작점에서 기울기의 역수로 식 (3.73)과 같이 정의된다. 이는 트랜지스터 M_{p2}의 드레인 출력저항이며, 비교적 큰 값을 갖는다.

$$R_{AL} = \left(\frac{dI_O}{dV_{SD,p2}}\right)^{-1} = \frac{1}{\lambda_p I_O} = r_{d,p2} \tag{3.73}$$

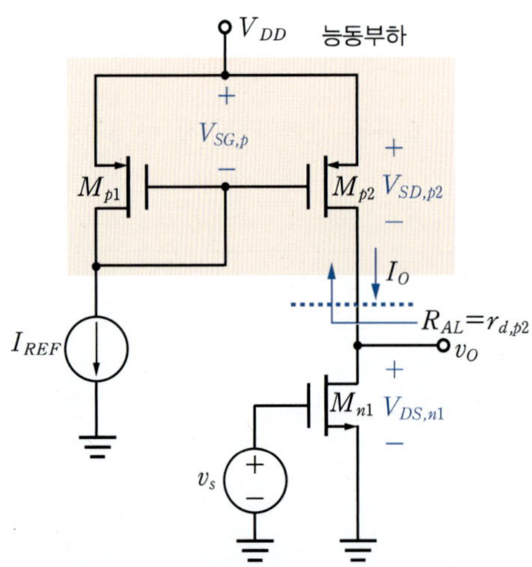

(a) 공통소오스 증폭기

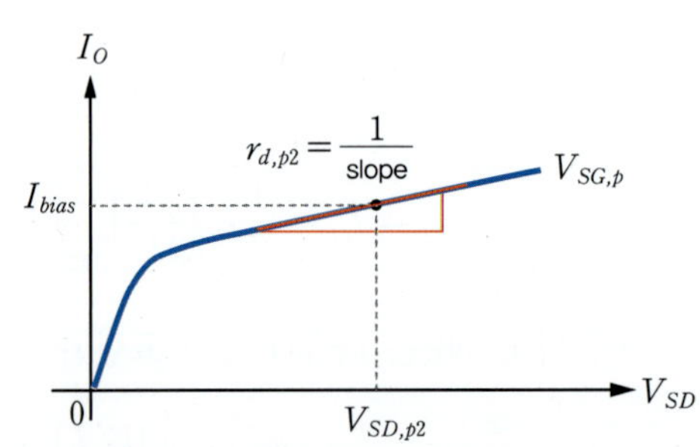

(b) 정전류원 능동부하의 전류-전압 특성

그림 3-57 MOSFET 능동부하를 갖는 공통소오스 증폭기

[그림 3-57(a)]의 회로에서 정전류원의 출력저항 $R_{AL} = r_{d,p2}$가 트랜지스터 M_{n1}의 드레인에 연결되어 부하저항 역할을 하며, 따라서 소신호 등가회로는 [그림 3-58]과 같다.

소신호 등가회로로부터, 증폭기의 출력전압은 식 (3.74)와 같다.

$$v_o = -g_{m,n1} v_{gs,n1} (r_{d,n1} \| r_{d,p2}) \tag{3.74}$$

$v_{gs,n1} = v_s$ 이므로, 소신호 전압이득은 식 (3.75)가 된다.

$$A_v \equiv \frac{v_o}{v_s} = -g_{m,n1} (r_{d,n1} \| r_{d,p2}) \tag{3.75}$$

3.4.1절에서 설명된 공통소오스 증폭기의 전압이득 식 (3.40)과 동일한 형태이나, 정전류원의 출력저항이 능동부하로 사용된 공통소오스 증폭기가 큰 전압이득을 얻을 수 있다는 장점을 갖는다. 이는 MOSFET의 소신호 드레인 저항 r_d가 비교적 큰 값을 갖기 때문이다.

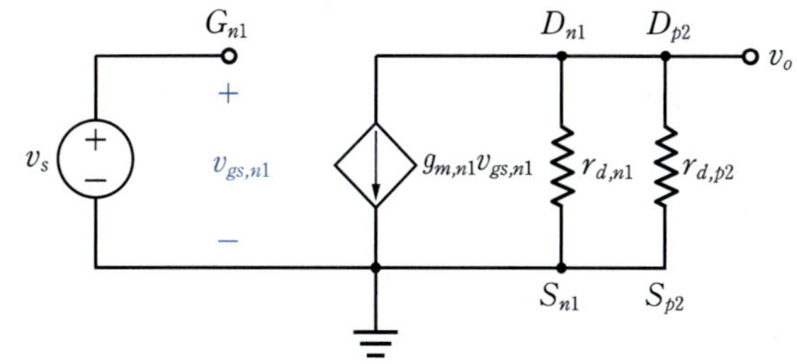

그림 3-58 [그림 3-57(a)] 회로의 소신호 등가회로

예제 3-13

[그림 3-57(a)]의 CMOS 공통소오스 증폭기 회로의 소신호 전압이득을 구하라. 능동부하의 기준 바이어스 전류는 $I_{REF} = 2.17\,\text{mA}$ 이고, $\left(\frac{W}{L}\right)_{p1} = \left(\frac{W}{L}\right)_{p2}$ 이다. MOSFET 파라미터 값은 $k_{n1} = 17\,\text{mA/V}^2$, $(W/L)_{n1} = 10$, $\lambda_n = \lambda_p = 0.02\text{V}^{-1}$이다.

풀이

$(W/L)_{p1} = (W/L)_{p2}$이므로 $I_O = I_{REF}$이며, 따라서 N채널 MOSFET의 전달컨덕턴스는 다음과 같이 계산된다.

$$g_{m,n1} = \sqrt{2k_{n1}\left(\frac{W}{L}\right)_{n1} I_O} = \sqrt{2 \times 17 \times 10^{-3} \times 10 \times 2.17 \times 10^{-3}} = 27.16\,\text{mA/V}$$

$\lambda_n = \lambda_p$이므로 MOSFET M_{n1}과 M_{p2}은 출력저항은 다음과 같이 구할 수 있다.

$$r_{d,n1} = r_{d,p2} = \frac{1}{\lambda I_O} = \frac{1}{0.02 \times 2.17 \times 10^{-3}} = 23\,\text{k}\Omega$$

따라서 소신호 전압이득은 다음과 같이 계산된다.

$$A_v = -g_{mn1}(r_{d,n1} \| r_{d,p2}) = -27.16 \times (23 \| 23) = -312.34\,\text{V/V}$$

3.4.1절의 [예제 3-7]과 동일한 바이어스 전류 $I_{DQ} = 2.17\,\text{mA}$ 와 $K_n = k_n\left(\frac{W}{L}\right) = 170\text{mA/V}$이 적용되었으며, [예제 3-7]의 전압이득 $A_v = -54.24\text{V/V}$에 비해 약 5.76배 큰 전압이득이 얻어졌으며, 이는 능동부하를 사용함으로써 얻어지는 장점이다.

3.5.3 능동부하를 갖는 공통드레인 증폭기

[그림 3-59]는 정전류원이 능동부하로 사용된 공통드레인 증폭기 회로이며, N채널 MOSFET M_{n2}와 M_{n3} 그리고 기준전류 I_{REF}가 정전류원 회로를 구성한다. MOSFET M_{n2}의 소신호 드레인 저항 $r_{d,n2}$가 전류원의 출력저항 R_{AL}이 되며, N채널 MOSFET M_{n1}의 소오스에 연결되어 부하저항 역할을 한다. 트랜지스터 M_{n1}에 T-등가모델을 적용하고, 정전류원을 능동부하저항 $R_{AL}=r_{d,n2}$로 대체한 소신호 등가회로는 [그림 3-60]과 같다.

MOSFET M_{n1}의 게이트 전류는 $i_g=0$이므로, 드레인 전류 $g_{m,n1}v_{gs,n1}$은 모두 소오스 S_{n1}으로 흐르며 따라서 증폭기의 출력전압은 식 (3.76)과 같다.

$$v_o = g_{m,n1}v_{gs,n1}(r_{d,n1} \parallel r_{d,n2}) \tag{3.76}$$

입력전압 v_s에서부터 출력전압 v_o를 포함하는 루프에 KVL을 적용하고, 식 (3.76)을 대입하면 다음과 같다.

$$v_s = v_{gs,n1} + v_o = v_{gs,n1} + g_{m,n1}v_{gs,n1}(r_{d,n1} \| r_{d,n2}) \tag{3.77}$$

식 (3.77)로부터, $v_{gs,n1}$을 구하면 다음과 같다.

$$v_{gs,n1} = \frac{v_s}{1+g_{m,m1}(r_{d,n1} \| r_{d,n2})} \tag{3.78}$$

식 (3.78)을 식 (3.76)에 대입하면, 공통드레인 증폭기의 전압이득은 식 (3.79)와 같다.

$$A_v \equiv \frac{v_o}{v_s} = \frac{g_{m,m1}(r_{d,n1} \| r_{d,n2})}{1+g_{m,m1}(r_{d,n1} \| r_{d,n2})} \simeq 1\,\text{V/V} \tag{3.79}$$

3.4.3절에서 설명된 공통드레인 증폭기의 전압이득 식 (3.53)과 동일한 형태이며, 능동부하가 사용된 공통드레인 증폭기가 1에 더 가까운 전압이득을 갖는다.

다음으로, [그림 3-59] 증폭기의 출력저항을 구해본다. [그림 3-60]의 소신호 등가회로에서 입력신호를 $v_s=0$으로 하고, 트랜지스터 M_{n1}의 소오스와 M_{n2}의 드레인 접점에 나타나는 출력저항 R_o는 식 (3.80)과 같다. 통상 MOSFET의 소신호 드레인 저항이 충분히 커서 $\frac{1}{g_m} \ll r_d$이므로, 출력저항은 근사적으로 $\frac{1}{g_{m,n1}}$가 되어 매우 작은 값을 가지며, 이는 3.4.3절에서 얻어진 것과 동일한 특성이다.

$$R_o = \frac{1}{g_{m,n1}} \| r_{d,n1} \| r_{d,n2} \simeq \frac{1}{g_{m,n1}} \tag{3.80}$$

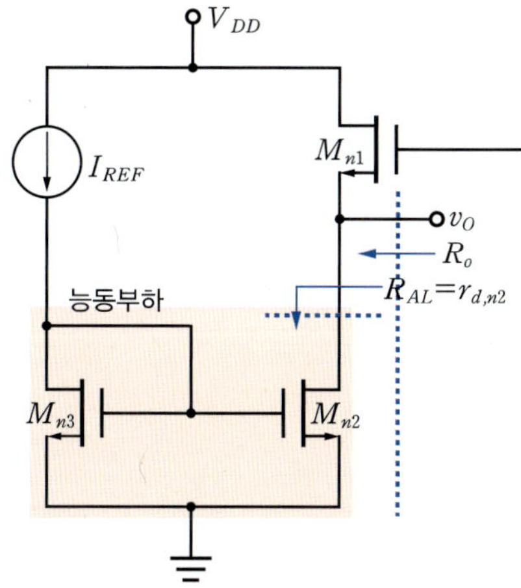

그림 3-59 MOSFET 능동부하를 갖는 공통드레인 증폭기

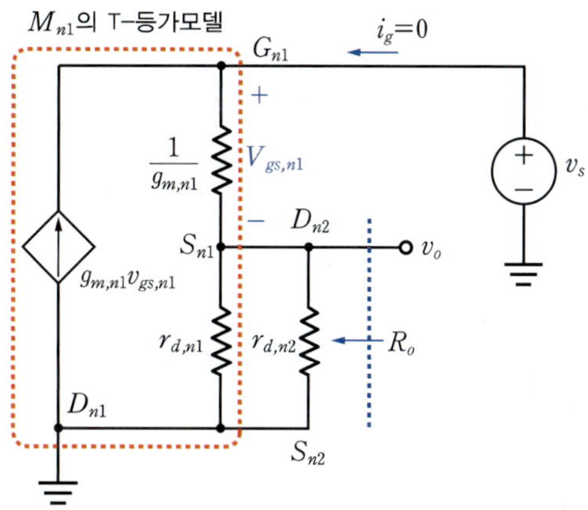

그림 3-60 [그림 3-59] 회로의 소신호 등가회로

예제 3-14

[그림 3-59] 공통드레인 증폭기 회로의 소신호 전압이득과 출력저항을 구하라. 능동부하의 기준 바이어스 전류는 $I_{REF}=1.97\,\mathrm{mA}$ 이고, $\left(\frac{W}{L}\right)_{n2}=\left(\frac{W}{L}\right)_{n3}$ 이다. MOSFET 파라미터 값은 $k_{n1}=16.6\mathrm{mA/V}^2$, $(W/L)_{n1}=10$, $\lambda_{n1}=\lambda_{n2}=0.02\mathrm{V}^{-1}$이다.

풀이

$(W/L)_{n2}=(W/L)_{n3}$이므로 $I_O=I_{REF}$이며, 따라서 MOSFET M_{n1}의 전달컨덕턴스는 다음과 같이 계산된다.

$$g_{m,n1}=\sqrt{2k_{n1}\left(\frac{W}{L}\right)_{n1}I_O}=\sqrt{2\times16.6\times10^{-3}\times10\times1.97\times10^{-3}}=25.57\mathrm{mA/V}$$

$\lambda_{n1}=\lambda_{n2}$이므로, MOSFET M_{n1}과 M_{n2}은 출력저항은 다음과 같이 계산된다.

$$r_{d,n1}=r_{d,n2}=\frac{1}{\lambda I_O}=\frac{1}{0.02\times1.97\times10^{-3}}=25.38\,\mathrm{k\Omega}$$

식 (3.79)에 값을 대입하면, 소신호 전압이득은 다음과 같이 계산된다.

$$A_v=\frac{25.57\times(25.38\,\|\,25.38)}{1+25.57\times(25.38\,\|\,25.38)}=0.997\simeq1\mathrm{V/V}$$

3.4.3절의 [예제 3-11]과 동일한 바이어스 전류 $I_{DQ}=1.97\,\mathrm{mA}$와 $K_n=k_n\left(\frac{W}{L}\right)=166\mathrm{mA/V}^2$이 적용되었으며, [예제 3-11]의 전압이득 $A_v=0.98\mathrm{V/V}$에 비해 1에 더 가까운 전압이득이 얻어졌다. 이는 능동부하를 사용함으로써 얻어지는 장점이다.

증폭기의 출력저항은 식 (3.80)으로부터 다음과 같이 계산되며, [예제 3-11]과 유사한 결과가 얻어졌다.

$$R_o=\frac{1}{g_{m,n1}}\,\|\,r_{d,n1}\,\|\,r_{d,n2}=\frac{1}{25.57\times10^{-3}}\,\|\,25.38\times10^3\,\|\,25.38\times10^3=39\Omega$$

SECTION

3.6 PSPICE 시뮬레이션 실습

실습 3-1

[그림 3-61(a)]의 증가형 N채널 MOSFET를 PSPICE 시뮬레이션하여 드레인 전류-전압 ($I_D - V_{DS}$) 특성과 드레인 전류-게이트 전압 ($I_D - V_{GS}$) 특성을 확인하라. N채널 MOSFET는 MbreakN 소자를 사용하고 채널 길이와 채널 폭은 각각 $L = 3\mu\text{m}$, $W = 30\mu\text{m}$로 설정하며, [그림 3-61(b)]의 MOSFET 모델 파라미터를 적용한다. MOSFET의 채널길이변조 효과가 드레인 전류-전압 특성에 미치는 영향을 확인할 수 있도록 [그림 3-61(c)]와 같이 MOSFET 채널길이변조 효과 파라미터 lambda(λ)를 0.0, 0.02로 Parametric Sweep 설정하여 시뮬레이션을 실행한다.

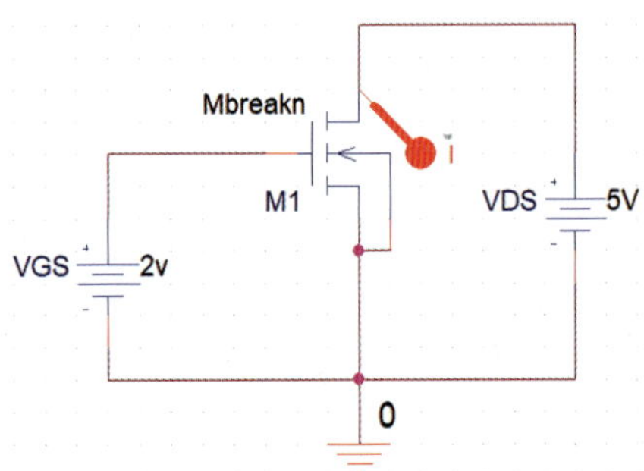

(a) 시뮬레이션 회로

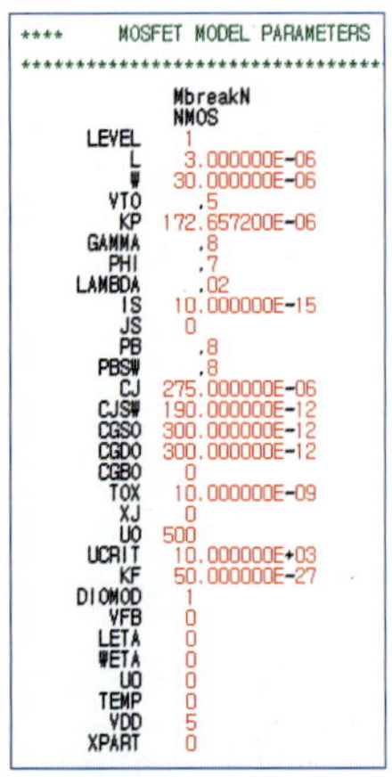

```
****     MOSFET MODEL PARAMETERS
**********************************
           MbreakN
           NMOS
   LEVEL   1
       L   3.000000E-06
       W   30.000000E-06
     VTO   .5
      KP   172.657200E-06
   GAMMA   .8
     PHI   .7
  LAMBDA   .02
      IS   10.000000E-15
      JS   0
      PB   .8
    PBSW   .8
      CJ   275.000000E-06
    CJSW   190.000000E-12
    CGSO   300.000000E-12
    CGDO   300.000000E-12
    CGBO   0
     TOX   10.000000E-09
      XJ   0
      UO   500
   UCRIT   10.000000E+03
      KF   50.000000E-27
  DIOMOD   1
     VFB   0
    LETA   0
    WETA   0
      UO   0
    TEMP   0
     VDD   5
   XPART   0
```

(b) MOSFET 모델 파라미터

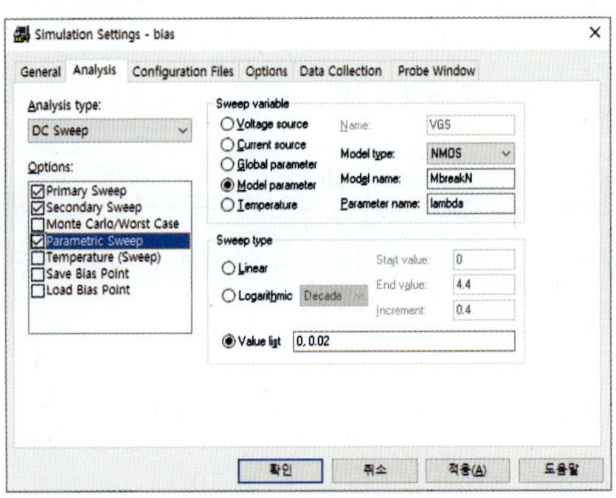

(c) MOSFET 모델 파라미터 λ(람다)에 대한 Parametric Sweep 설정

그림 3-61 [실습 3-1]의 시뮬레이션 실습 회로

시뮬레이션 결과

[그림 3-62(a)]는 시뮬레이션으로 얻어진 I_D-V_{DS} 특성이다. MOSFET의 채널길이변조 효과를 고려하지 않는 경우(즉, $\lambda=0$인 경우)에는 포화모드의 드레인 전류가 드레인-소오스 전압 V_{DS}에 무관하게 일정한 값을 가지며, $\lambda=0.02$인 경우에는 포화모드의 드레인 전류가 드레인-소오스 전압 V_{DS}에 따라 증가함을 확인할 수 있다. λ 값이 클수록 즉, 채널길이변조 효과가 크게 나타날수록 포화모드에서 I_D-V_{DS} 특성 곡선의 기울기가 커지며, 이는 MOSFET의 소신호 드레인 저항 r_d가 작은 값으로 나타난다. 채널길이변조 효과가 적게 나타날수록 r_d가 큰 값을 가지며, MOSFET가 이상적인 전압제어 전류원에 가까운 특성을 갖는다.

[그림 3-62(b)]는 $V_{DS}=5\text{V}$로 고정시킨 상태에서 게이트-소오스 전압 V_{GS}에 따른 드레인 전류 변화를 나타내는 I_D-V_{GS} 특성이다. 동작점에서 I_D-V_{GS} 특성 곡선의 기울기가 MOSFET의 전달컨덕턴스 g_m로 정의되므로 MOSFET의 입출력 전달특성이라고 한다. MOSFET의 문턱전압 $V_{GS}=V_{Tn}=0.5\text{V}$ 근처에서 드레인 전류가 흐르기 시작하는 것을 확인할 수 있다. MOSFET의 채널길이변조 효과에 의한 드레인 전류 증가로 I_D-V_{GS} 특성 곡선이 양(+)의 y축 방향으로 수직 이동되는 결과가 얻어졌다.

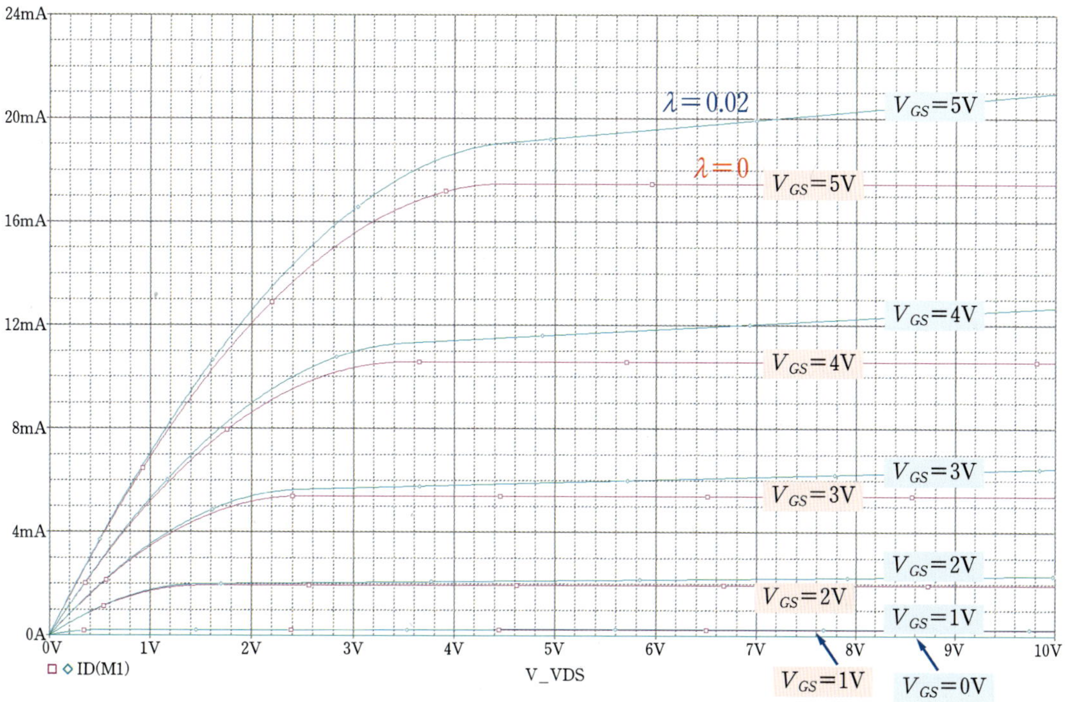

(a) I_D-V_{DS} 특성

그림 3-62 [실습 3-1]의 시뮬레이션 결과 (계속)

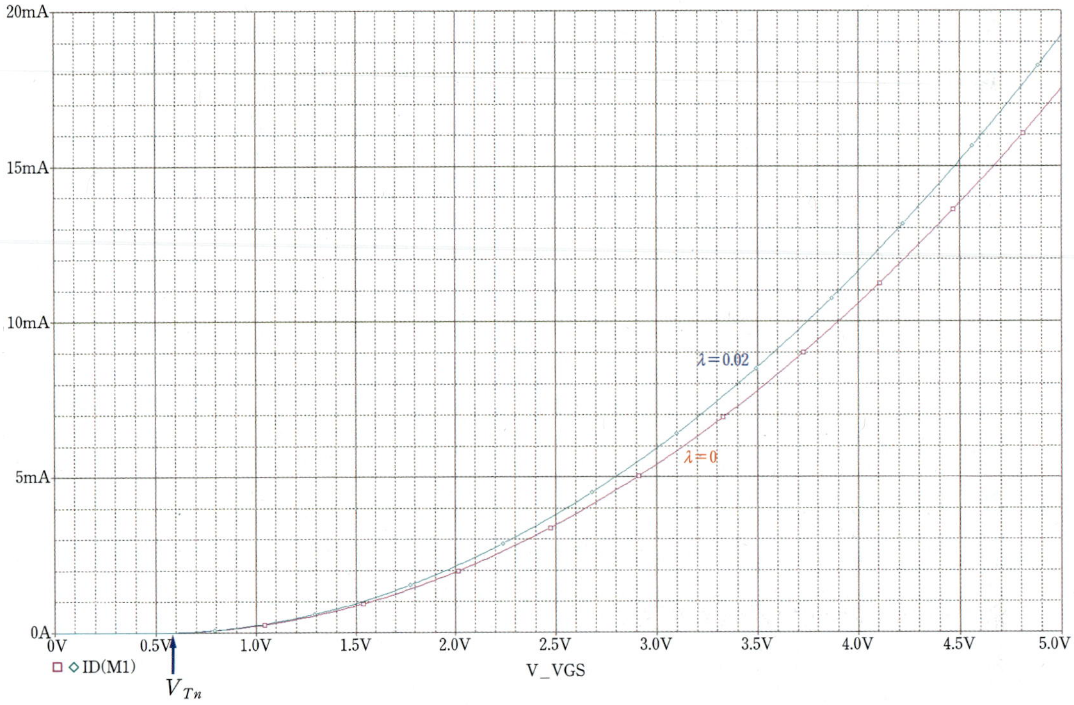

(b) $I_D - V_{GS}$ 전달특성 ($V_{DS} = 5\text{V}$)

그림 3-62 [실습 3-1]의 시뮬레이션 결과

실습 3-2

[그림 3-63]의 증가형 P채널 MOSFET 바이어스 회로를 PSPICE 시뮬레이션하여 동작점 전압과 전류를 확인하고, MOSFET의 동작모드를 판단하라. 또한, 동작점 전류를 이용해서 MOSFET의 전달컨덕턴스를 구하라.

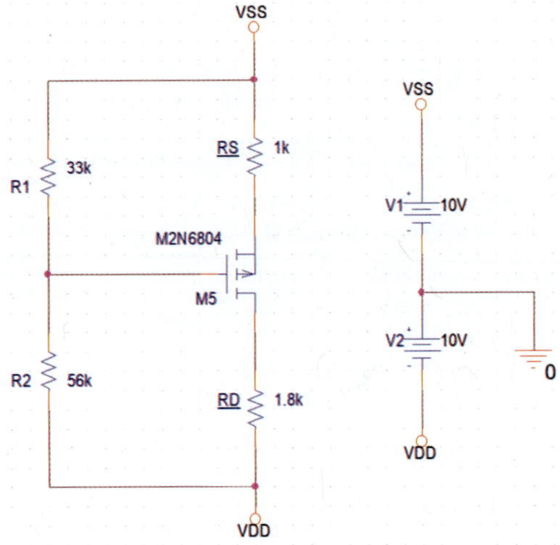

그림 3-63 [실습 3-2]의 시뮬레이션 실습 회로

시뮬레이션 결과

증가형 P채널 MOSFET M2N6804 소자를 사용한 DC 바이어스 시뮬레이션 결과는 [그림 3-64]와 같다. $V_{SGQ}=3.71\text{V}$, $I_{DSQ}=3.70\text{mA}$, $V_{SDQ}=9.64\text{V}$로 MOSFET가 포화모드로 동작하는 것을 확인할 수 있다. 3.3절의 식 (3.34)를 이용해 전달컨덕턴스 g_m을 계산하면 다음과 같으며, [그림 3-64(b)]의 시뮬레이션 결과와 잘 일치함을 확인할 수 있다.

■ $$g_m=\frac{2I_{DQ}}{V_{SGQ}-|V_{Tp}|}=\frac{2\times 3.7\text{mA}}{3.71\text{V}-3.68\text{V}}=246.67\text{mA/V}$$

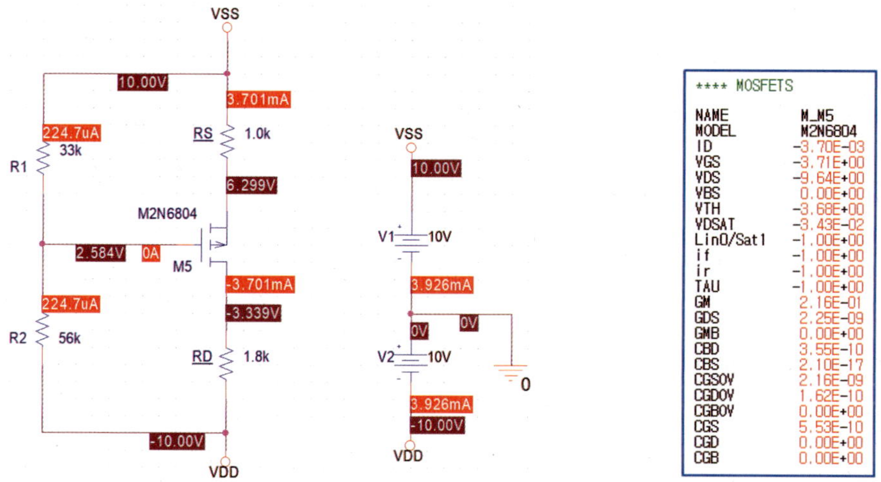

(a) 동작점 전류와 전압

(b) 동작점 해석 결과 및 MOSFET 파라미터

그림 3-64 [실습 3-2]의 DC 바이어스 시뮬레이션 결과

실습 3-3

[그림 3-65]의 2단 공통소오스 증폭기 회로를 PSPICE로 시뮬레이션해서 소신호 전압이득을 구하라. 단, $R_{SS}=1\text{k}\Omega$, $R_1=R_3=750\text{k}\Omega$, $R_2=R_4=200\text{k}\Omega$, $R_{D1}=5\text{k}\Omega$, $R_{D2}=10\text{k}\Omega$, $R_{S1}=0.5\text{k}\Omega$, $R_{S2}=1\text{k}\Omega$, $V_{DD}=12\text{V}$이다.

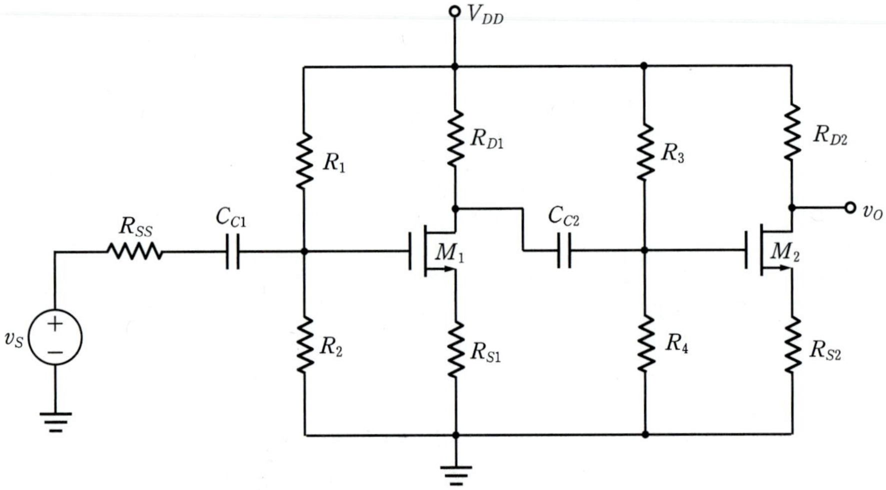

그림 3-65 [실습 3-3]의 시뮬레이션 실습 회로

시뮬레이션 결과

[그림 3-66]은 증가형 N채널 MOSFET M2N6660 소자를 사용한 DC 바이어스 시뮬레이션 결과이다. 저항 R_1, R_2에 의해 트랜지스터 M_1은 $V_{GSQ1}=1.92\text{V}$로 바이어스되고, 드레인 바이어스 전류는 $I_{DQ1}=1.212\text{mA}$가 흐른다. M_1의 드레인-소오스 전압은 $V_{DSQ1}=5.334\text{V}$가 되어 포화모드로 동작한다. 저항 R_3, R_4에 의해

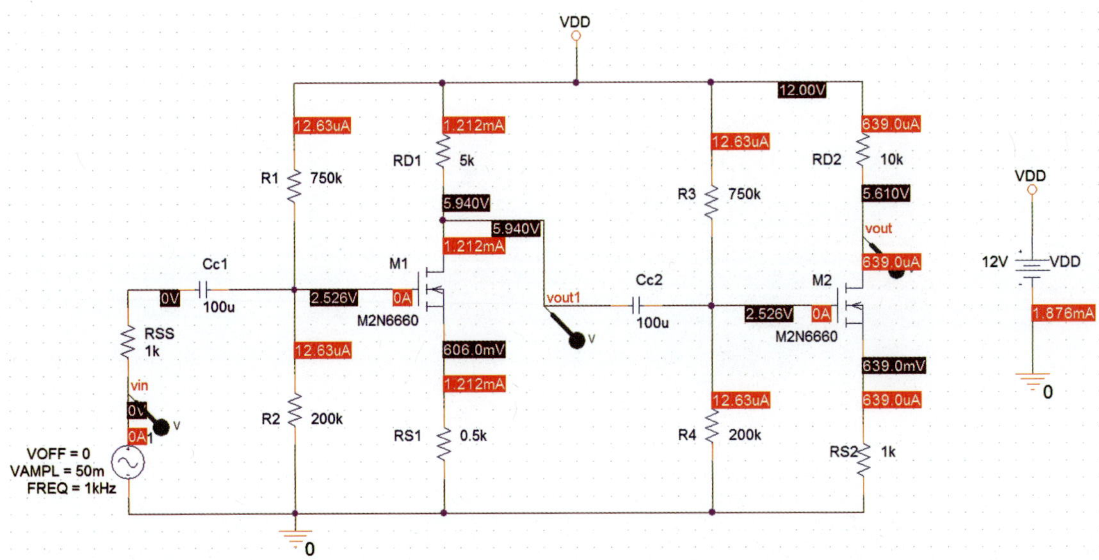

그림 3-66 [실습 3-3]의 DC 바이어스 시뮬레이션 결과

트랜지스터 M_2는 $V_{GSQ2} = 1.887\text{V}$로 바이어스되고, 드레인 바이어스 전류는 $I_{DQ1} = 0.639\text{mA}$가 흐른다. M_2의 드레인-소오스 전압은 $V_{DSQ2} = 4.971\text{V}$가 되어 포화모드로 동작한다.

[그림 3-67]은 진폭 50mV, 주파수 1kHz 인 정현파를 입력신호로 인가한 시뮬레이션 결과이다. 첫 번째 공통소오스 증폭단의 소신호 전압이득은 $A_{v1} = -8.76\text{V/V}$로 나타났으며, 전체 증폭기의 전압이득은 $A_v = A_{v1}A_{v2} = 81.68\text{V/V}$로 나타났다. 따라서 두 번째 증폭단의 소신호 이득은 $A_{v2} = \dfrac{-81.68}{8.76} = -9.32\text{V/V}$이다.

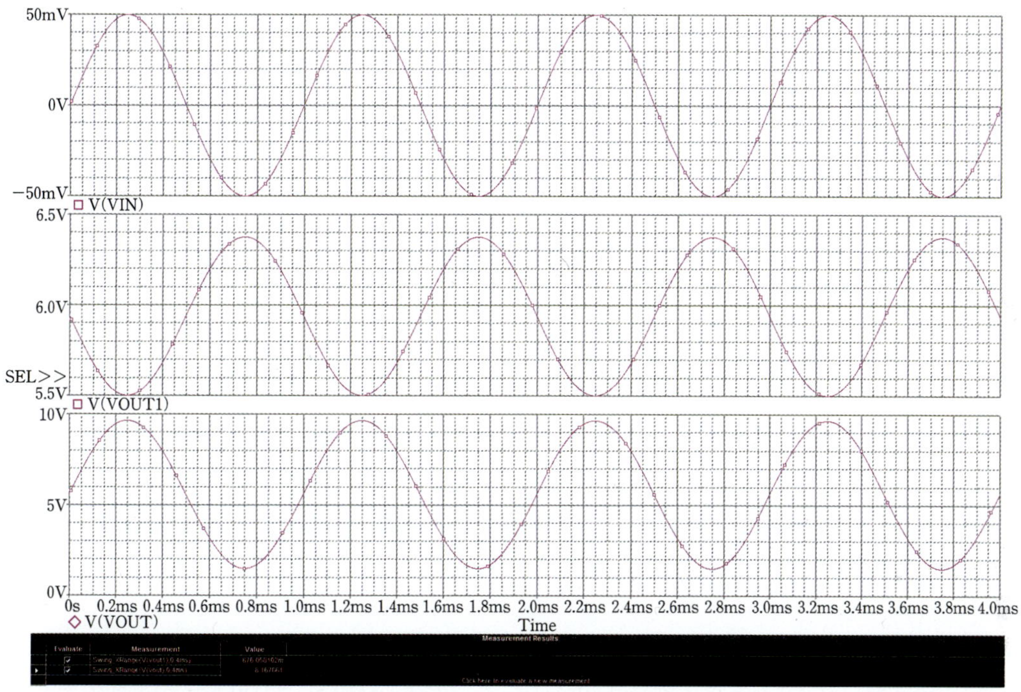

그림 3-67 [실습 3-3]의 Transient 시뮬레이션 결과

실습 3-4

[그림 3-68(a)]의 능동부하active load를 갖는 공통소오스 증폭기 회로를 PSPICE 시뮬레이션해서 소신호 전압이득을 구하라. P채널 MOSFET M2, M3와 정전류원 IQ는 능동부하를 구성하며, P채널 MOSFET M2의 소신호 드레인 저항 r_{d2}가 공통소오스 증폭기의 부하저항으로 사용된다. MOSFET는 MbreakN, MbreakP 소자를 사용하고 채널 길이와 채널 폭은 각각 $L_n = L_p = 3\mu\text{m}$, $W_n = W_p = 30\mu\text{m}$로 설정하며, [그림 3-68(b)]의 MOSFET 모델 파라미터를 적용한다. MOSFET M1과 M2의 소신호 드레인 저항 r_d에 영향을 미치는 채널 길이변조 효과 파라미터는 $\lambda = 0.01$로 설정되어 있다.

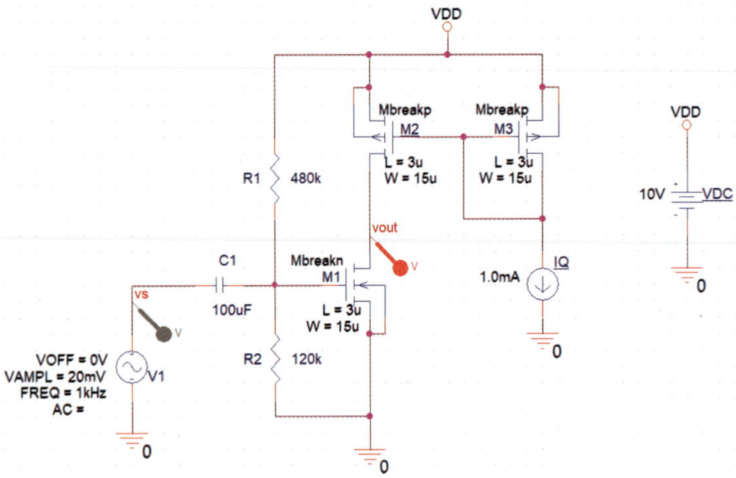

(a) 시뮬레이션 회로

**** MOSFET MODEL PARAMETERS

	Mbreakp PMOS	Mbreakn NMOS
LEVEL	1	1
L	3.000000E-06	3.000000E-06
W	15.000000E-06	15.000000E-06
VTO	-.5	.5
KP	69.062870E-06	172.657200E-06
GAMMA	.8	.8
PHI	.7	.7
LAMBDA	.01	.01
IS	10.000000E-15	10.000000E-15
JS	0	0
PB	.8	.8
PBSW	.8	.8
CJ	275.000000E-06	275.000000E-06
CJSW	190.000000E-12	190.000000E-12
CGSO	300.000000E-12	300.000000E-12
CGDO	300.000000E-12	300.000000E-12
CGBO	0	0
TOX	10.000000E-09	10.000000E-09
XJ	0	0
UO	200	500
UCRIT	10.000000E+03	10.000000E+03
KF	10.000000E-27	50.000000E-27
DIOMOD	1	1
VFB	0	0
LETA	0	0
WETA	0	0
UO	0	0
TEMP	0	0
VDD	5	5
XPART	0	0

(b) MOSFET 모델 파라미터

그림 3-68 [실습 3-4]의 시뮬레이션 실습 회로

시뮬레이션 결과

[그림 3-68(a)] 회로의 DC 바이어스 해석 결과는 [그림 3-69(a)]와 같다. N채널 MOSFET M1은 $I_{DQ,n1}=1.02\text{mA}$, $V_{GS,n1}=2.0\text{V}$, $V_{DS,n1}=5.047\text{V}$로 포화모드로 바이어스되어 있으며, P채널 MOSFET M2, M3은 $V_{SG,p2}=V_{SG,p3}=2.873\text{V}$, $V_{SD,p2}=4.953\text{V}$, $V_{SD,p3}=2.873\text{V}$로 모두 포화모드로 바이어스되어 있다. 동작점 전류로부터 MOSFET M1의 전달컨덕턴스를 구하면 $g_{m1}=1.36\text{mA/V}$이고, MOSFET M1, M2의 소신호 드레인 저항을 구하면 $r_{d,n1}=r_{d,p2}=98\text{k}\Omega$이다.

[그림 3-68(a)] 회로의 Transient 시뮬레이션 결과는 [그림 3-69(b)]와 같으며, 시뮬레이션 결과로부터 전압이득은 $A_v=-70\text{V/V}$이며, 식 (3.75)로 계산된 전압이득 $A_v=-66.64\text{V/V}$와 근사적으로 일치함을 확인할 수 있다.

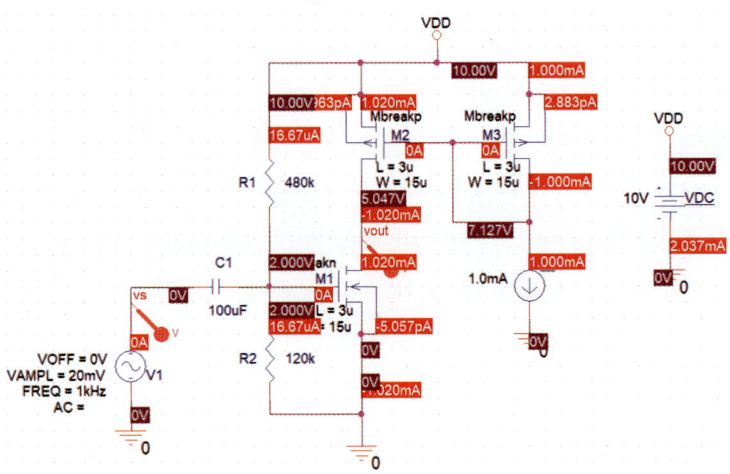

(a) DC 바이어스 해석 결과

그림 3-69 [실습 3-4]의 Transient 시뮬레이션 결과(계속)

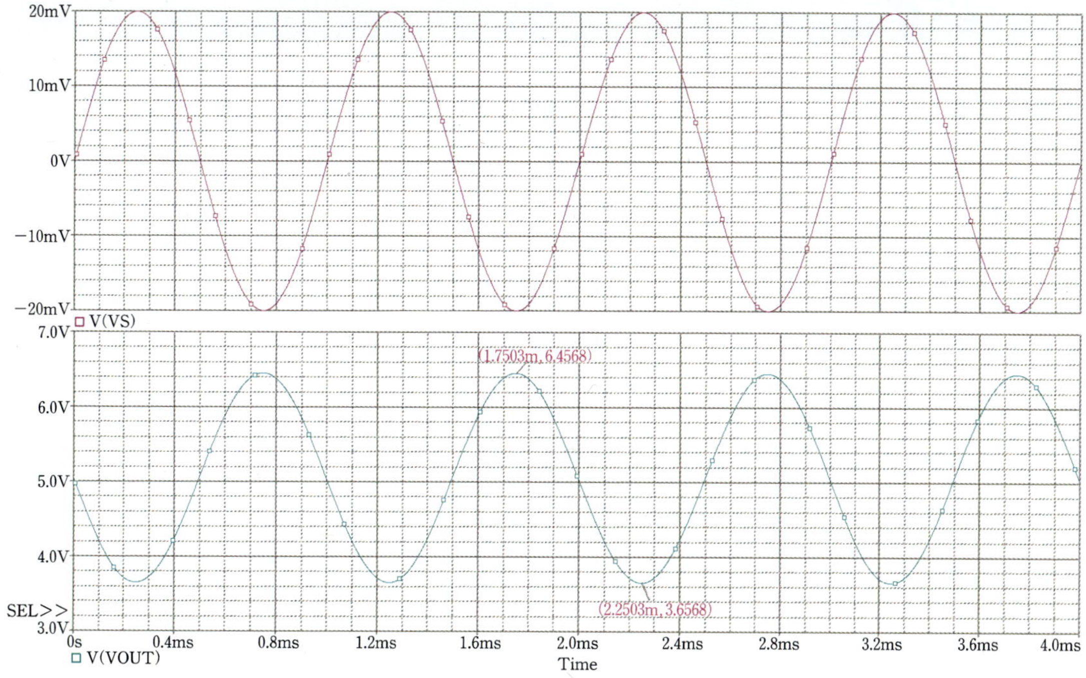

(b) Transient 시뮬레이션 결과

그림 3-69 [실습 3-4]의 Transient 시뮬레이션 결과

CHAPTER 03_연습문제

3.1 **다음 중 증가형 N채널 MOSFET에 대한 설명으로 틀린 것은?** HINT 3.1.1절

㉮ 기판은 P형 반도체이다.

㉯ 문턱전압은 $V_{Tn} > 0$ 이다.

㉰ 전류를 운반하는 캐리어는 전자이다.

㉱ 소오스와 드레인은 도너 불순물이 주입된 N+ 영역이다.

㉲ 채널 영역에 기판의 다수 캐리어가 많이 모이면 채널이 형성된다.

3.2 **다음 중 MOSFET에 대한 설명으로 틀린 것은?** HINT 3.1.1절

㉮ 증가형 MOSFET 기판의 도핑 형태는 소오스, 드레인의 도핑 형태와 반대이다.

㉯ 증가형 N채널 MOSFET의 기판과 P채널 MOSFET의 기판은 도핑 형태가 반대이다.

㉰ 증가형 P채널 MOSFET에 전류가 흐를 때, 캐리어가 소오스에서 드레인으로 이동한다.

㉱ 증가형 N채널 MOSFET의 전류는 소오스에서 드레인으로 흐른다.

㉲ 증가형 MOSFET의 게이트 전류는 0이다.

3.3 **다음 중 증가형 MOSFET에 대한 설명으로 틀린 것은?** HINT 3.1.2절

㉮ 차단모드로 바이어스되면, 열린 스위치로 동작한다.

㉯ 비포화모드로 바이어스되면, 닫힌 스위치로 동작한다.

㉰ 포화모드로 바이어스되면, 증폭기로 사용될 수 있다.

㉱ 비포화모드로 바이어스되면, 드레인 전류가 V_{GS}와 V_{DS}에 모두 영향을 받는다.

㉲ 포화모드로 바이어스되면, 채널에 핀치-오프가 발생해서 전류가 흐르지 못한다.

3.4 **다음 중 증가형 N채널 MOSFET의 동작에 대한 설명으로 틀린 것은? 단, V_{Tn}은 N채널 MOSFET의 문턱전압이다.** HINT 3.1.2절

㉮ $V_{GS} < V_{Tn}$, $V_{DS} \geq V_{GS} - V_{Tn}$이면, 열린 스위치로 동작한다.

㉯ $V_{GS} < V_{Tn}$, $V_{DS} < V_{GS} - V_{Tn}$이면, 드레인 전류는 0이다.

㉰ $V_{GS} \geq V_{Tn}$, $V_{DS} < V_{GS} - V_{Tn}$이면, 채널이 핀치-오프되어 드레인 전류는 0이다.

㉱ $V_{GS} \geq V_{Tn}$, $V_{DS} \geq V_{GS} - V_{Tn}$이면, 증폭기로 사용된다.

㉲ $V_{GS} \geq V_{Tn}$, $V_{DS} < V_{GS} - V_{Tn}$이면, 닫힌 스위치로 동작한다.

3.5 다음 중 증가형 P채널 MOSFET의 동작에 대한 설명으로 맞는 것은? 단, V_{Tp}는 P채널 MOSFET의 문턱전압이다.

HINT 3.1.2절

㉮ $V_{SG}=|V_{Tp}|$, $V_{SD}=V_{SG}-|V_{Tp}|$이면, 드레인 전류는 0이다.

㉯ $V_{SG}\geq|V_{Tp}|$, $V_{SD}\geq V_{SG}-|V_{Tp}|$이면, 증폭기로 사용될 수 있다.

㉰ $V_{SG}=|V_{Tp}|$, $V_{SD}< V_{SG}-|V_{Tp}|$이면, 열린 스위치로 동작한다.

㉱ $V_{SG}\geq|V_{Tp}|$, $V_{SD}\geq V_{SG}-|V_{Tp}|$이면, 비포화모드이다.

㉲ $V_{SG}\geq|V_{Tp}|$, $V_{SD}< V_{SG}-|V_{Tp}|$이면, 포화모드이다.

3.6 [그림 3-70]의 증가형 MOSFET에 대한 설명으로 틀린 것은? 단, V_{Tp}는 문턱전압이고, 채널은 핀치-오프 pinch-off 되어 있다. HINT 3.1.3절

㉮ 기판은 N형 반도체이다.

㉯ $V_{SG}\geq|V_{Tp}|$이고, $V_{SD}> V_{SG}-|V_{Tp}|$인 상태이다.

㉰ 드레인 전류는 $I_D=\frac{1}{2}K_p(V_{SG}-|V_{Tp}|)^2$이다.

㉱ 전압 $V_A>0$이 인가되면, 소오스에서 드레인으로 전류가 흐른다.

㉲ MOSFET는 포화모드로 동작하며, 채널길이변조 효과가 나타난다.

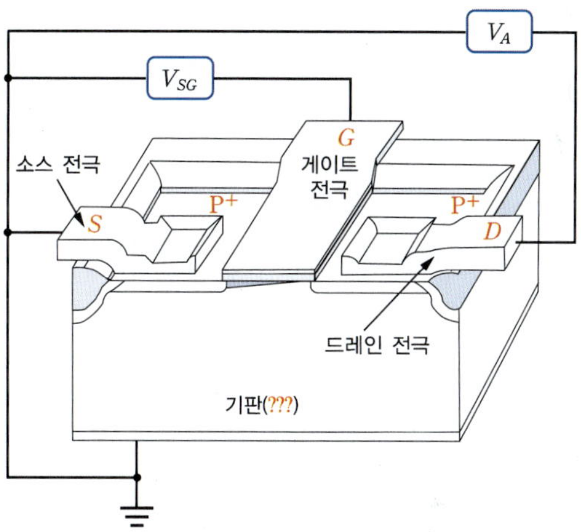

그림 3-70

3.7 [그림 3-71]의 MOSFET에 대한 설명으로 틀린 것은? 단, V_{Tn}은 문턱전압이고, 채널은 핀치-오프되어 있으며, 채널길이변조 효과는 무시한다. HINT 3.1절

㉮ 기판은 진성 반도체에 3가 원소를 주입하여 만들어진다.

㉯ $V_{GS}> V_{Tn}$이고, $V_{DS}> V_{GS}-V_{Tn}$인 상태이다.

㉰ 전압 $V_{DS}>0$이 인가되면, 소오스에서 드레인으로 전류가 흐른다.

㉱ 드레인 전류는 $I_D=\frac{1}{2}K_n(V_{GS}-V_{Tn})^2$이다.

㉲ 포화모드로 동작하여 증폭기로 사용된다.

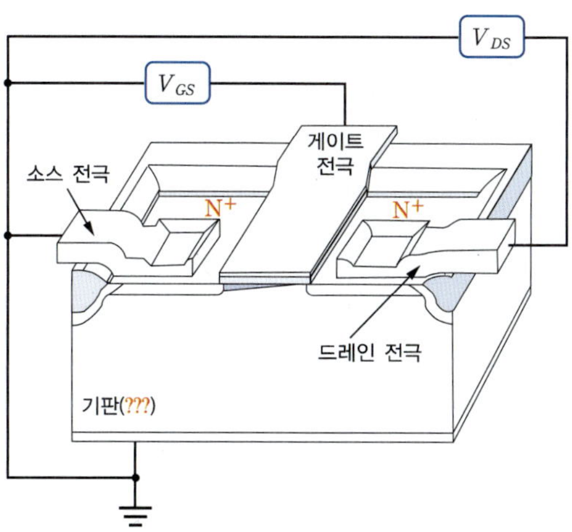

그림 3-71

3.8 포화모드로 바이어스된 증가형 N채널 MOSFET에 대한 설명으로 <u>틀린</u> 것은? 단, 채널길이변조 효과는 무시한다.
HINT 3.1.3절

㉮ 드레인 전류는 $I_D = K_n\left[(V_{GS} - V_{Tn})V_{DS} - \frac{1}{2}V_{DS}^2\right]$로 표현된다.

㉯ $V_{GS} \geq V_{Tn}$, $V_{DS} \geq V_{GS} - V_{Tn}$인 상태이다.

㉰ 증폭기로 사용될 수 있다.

㉱ 채널에 핀치-오프가 발생한다.

㉲ 드레인 전류가 흐르기 위해서는 드레인-소오스 전압 $V_{DS} > 0$이 인가되어야 한다.

3.9 $V_{SG} \geq |V_{Tp}|$, $V_{SD} < V_{SG} - |V_{Tp}|$로 바이어스된 증가형 P채널 MOSFET에 대한 설명으로 맞는 것은? 단, 채널길이변조 효과는 무시한다. HINT 3.1.3절

㉮ 드레인 전류는 $I_D = K_p\left[(V_{SG} - |V_{Tp}|)V_{SD} - \frac{1}{2}V_{SD}^2\right]$로 표현된다.

㉯ 포화모드로 동작한다.

㉰ 증폭기로 사용될 수 있다.

㉱ 채널에 핀치-오프가 발생한다.

㉲ 드레인 전류가 흐르기 위해서는 소오스-드레인 전압 $V_{SD} < 0$이 인가되어야 한다.

3.10 다음 중 증가형 N채널 MOSFET의 드레인 전류에 대한 설명으로 <u>틀린</u> 것은? 단, 채널길이변조 효과는 무시한다.
HINT 3.1.3절

㉮ 채널 길이 L에 반비례한다.

㉯ 채널 폭 W에 비례한다.

㉰ 게이트 산화막 두께 t_{ox}에 비례한다.

㉱ 게이트 산화막 정전용량 C_{ox}에 비례한다.

㉲ 전자의 이동도 μ_n에 비례한다.

3.11 [그림 3-72]는 증가형 N채널 MOSFET의 드레인 전압-전류 특성 곡선이다. 그림과 같이 드레인-소오스 전압 V_{DS}가 클수록 드레인 전류 I_D가 증가하는 이유로 맞는 것은?
HINT 3.1.3절

㉮ 전자의 이동도가 커지므로

㉯ 유효 채널 폭이 좁아지므로

㉰ 유효 채널 길이가 길어지므로

㉱ 채널폭변조 효과에 의해서

㉲ 채널길이변조 효과에 의해서

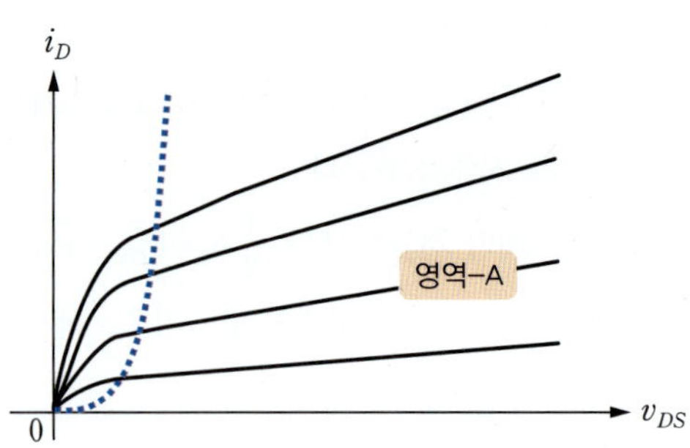

그림 3-72

3.12 [그림 3-72]는 증가형 N채널 MOSFET의 드레인 전압-전류 특성 곡선이다. 영역-A에 대한 설명으로 <u>틀린</u> 것은? 단, λ는 채널길이변조 효과를 나타내는 파라미터이다. HINT 3.1.3절

㉮ $V_{GS} > V_{Tn}$이고, $V_{DS} > V_{GS} - V_{Tn}$인 상태이다.

㉯ 동작점에서 특성 곡선의 기울기가 클수록 소신호 드레인 저항 r_d의 값이 크다.

㉰ 증폭기로 사용되는 동작영역이다.

㉱ 특성 곡선의 기울기가 클수록 채널길이변조 효과가 크게 나타난다.

㉲ 채널이 핀치-오프된 상태이며, 드레인 전류는 $I_D = \frac{1}{2}K_n(V_{GS} - V_{Tn})^2(1+\lambda V_{DS})$이다.

3.13 다음 중 공핍형 N채널 MOSFET에 대한 설명으로 <u>틀린</u> 것은? HINT 3.1.4절

㉮ $V_{GS} = 0\text{V}$일 때 드레인 전류는 $I_D \simeq 0$이다.

㉯ 문턱전압은 $V_{Tn,dep} < 0$이다.

㉰ 게이트 단자에 흐르는 전류는 0이다.

㉱ 전류를 운반하는 캐리어는 전자이다.

㉲ 제조과정에서 채널이 미리 만들어진다.

3.14 [그림 3-73]의 회로에 대한 설명으로 <u>틀린</u> 것은? HINT 3.2.1절

㉮ 직류 부하선의 기울기는 R_D에 반비례한다.

㉯ $V_{GG} \simeq V_{Tn}$이면, 동작점은 차단점 근처에 설정된다.

㉰ V_{GG}와 V_{DD}가 고정된 상태에서 R_D가 클수록 동작점은 천이점 근처에 설정된다.

㉱ V_{GG}와 R_D가 고정된 상태에서 V_{DD}가 클수록 동작점은 천이점 근처에 설정된다.

㉲ V_{DD}와 R_D가 고정된 상태에서 V_{GG}가 클수록 동작점은 천이점 근처에 설정된다.

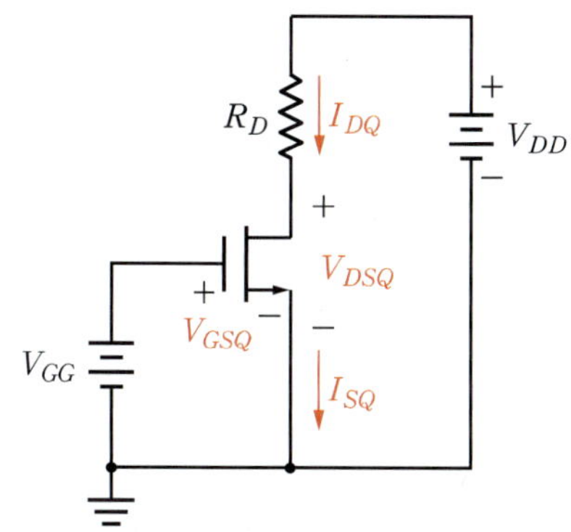

그림 3-73

3.15 [그림 3-73]의 회로가 드레인 동작점 전류 $I_{DQ} = 2.0\text{mA}$로 바이어스되어 있다. MOSFET의 동작모드로 맞는 것은? 단, $R_D = 2.5\text{k}\Omega$, $V_{GG} = 1.5\text{V}$, $V_{DD} = 10\text{V}$이고, MOSFET 파라미터는 $V_{Tn} = 1.2\text{V}$이다. HINT 3.2.1절

㉮ 차단모드 ㉯ 포화모드 ㉰ 비포화모드

㉱ 항복모드 ㉲ 천이점

3.16 [그림 3-73] 회로의 동작점 전류, 전압, 동작모드로 <u>틀린</u> 것을 <u>모두</u> 선택하라. 단, $R_D = 1.8\text{k}\Omega$, $V_{GG} = 1.8\text{V}$, $V_{DD} = 10\text{V}$이고, MOSFET 파라미터는 $V_{Tn} = 1.3\text{V}$, $K_n = 20\text{mA/V}^2$이다. HINT 3.2.1절

㉮ $I_{DQ} = 1.5\text{mA}$ ㉯ $V_{GSQ} = 1.8\text{V}$ ㉰ $V_{DSQ} = 5.5\text{V}$

㉱ $I_{SQ} = 2.5\text{mA}$ ㉲ 포화모드

3.17 [그림 3-74]의 회로에 대한 설명으로 틀린 것은? 단, 전원전압 V_{SS}는 고정된 값을 유지한다. HINT 3.2.2절

㉮ R_D와 V_{SS}가 고정된 상태에서, 저항비 R_2/R_1가 클수록 드레인 바이어스 전류 I_{DQ}가 크다.

㉯ R_D와 V_{SS}가 고정된 상태에서, 저항비 R_2/R_1가 클수록 동작점은 천이점에 가깝게 설정된다.

㉰ R_D와 V_{SS}가 고정된 상태에서, 저항비 R_2/R_1가 클수록 소오스-드레인 바이어스 전압 V_{SDQ}가 크다.

㉱ R_D와 V_{SS}가 고정된 상태에서, 저항비 R_2/R_1가 클수록 소오스-게이트 바이어스 전압 V_{SGQ}가 크다.

㉲ 저항비 R_2/R_1와 V_{SS}가 고정된 상태에서, 저항 R_D가 클수록 동작점은 천이점에 가깝게 설정된다.

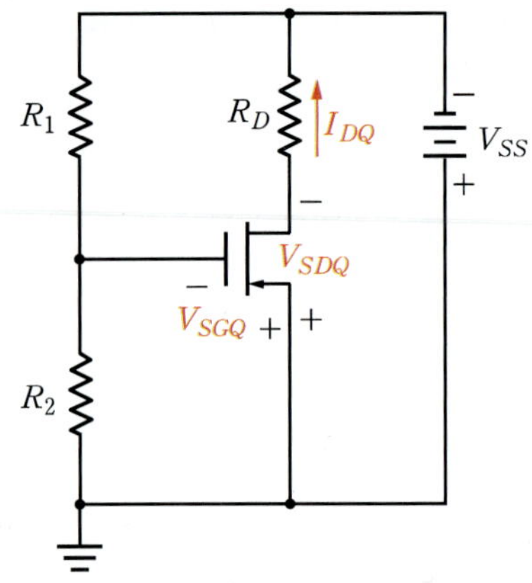

그림 3-74

3.18 [그림 3-74]의 회로에서 동작점 전류 I_{DQ}는 얼마인가? $R_1 = 750\text{k}\Omega$, $R_2 = 250\text{k}\Omega$, $R_D = 1.2\text{k}\Omega$, $V_{SS} = 10\text{V}$이고, MOSFET 파라미터는 $V_{Tp} = -1.8\text{V}$, $K_p = 10\text{mA/V}^2$이다. HINT 3.2.2절

㉮ 0mA ㉯ 1.25mA ㉰ 2.45mA

㉱ 4.9mA ㉲ 7.06mA

3.19 [그림 3-75]의 바이어스 회로에 대한 설명으로 맞는 것은? HINT 3.2.3절

㉮ 드레인 바이어스 전류 I_D는 소오스 저항 R_S에 무관하다.

㉯ V_{DD}, R_D, R_1, R_2가 고정된 상태에서, 소오스 저항 R_S가 클수록 게이트-소오스 바이어스 전압 V_{GSQ}는 작다.

㉰ V_{DD}, R_D, R_1, R_2가 고정된 상태에서, 소오스 저항 R_S가 클수록 직류 부하선의 기울기가 크다.

㉱ V_{DD}, R_D, R_1, R_2가 고정된 상태에서, 소오스 저항 R_S가 클수록 동작점은 비포화영역에 가깝게 설정된다.

㉲ V_{DD}, R_D, R_S가 고정된 상태에서, 저항비 R_2/R_1가 클수록 동작점은 차단영역에 가깝게 설정된다.

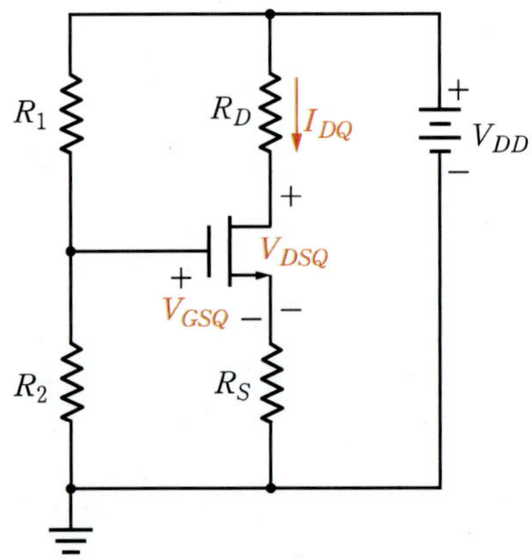

그림 3-75

3.20 [그림 3-75]의 바이어스 회로에 대한 설명으로 틀린 것은? 단, 다른 조건들은 동일한 상태를 유지한다.

HINT 3.2.3절

㉮ 소오스 저항 R_S가 클수록 드레인 바이어스 전류 I_D는 작다.

㉯ 소오스 저항 R_S가 클수록 드레인-소오스 바이어스 전압 V_{DSQ}가 크다.

㉰ 소오스 저항 R_S가 클수록 게이트-소오스 바이어스 전압 V_{GSQ}는 작다.

㉱ 소오스 저항 R_S가 클수록 동작점이 비포화영역 쪽에 가까워진다.

㉲ 드레인 저항 R_D가 작을수록 직류 부하선의 기울기가 크다.

3.21 [그림 3-75] 회로의 동작점 전압으로 틀린 것은? 단, 드레인 바이어스 전류는 $I_{DQ}=2\,\mathrm{mA}$, 문턱전압은 $V_{Tn}=1.5\,\mathrm{V}$, 전원전압은 $V_{DD}=10\,\mathrm{V}$이다. $R_1=750\,\mathrm{k\Omega}$, $R_2=250\,\mathrm{k\Omega}$, $R_S=0.3\,\mathrm{k\Omega}$, $R_D=1.5\,\mathrm{k\Omega}$이다.

HINT 3.2.3절

㉮ $V_{GQ}=2.5\mathrm{V}$　　㉯ $V_{SQ}=0.6\mathrm{V}$　　㉰ $V_{GSQ}=1.9\mathrm{V}$

㉱ $V_{DQ}=3.0\mathrm{V}$　　㉲ $V_{DSQ}=6.4\mathrm{V}$

3.22 [그림 3-75]의 회로에서 MOSFET의 동작모드로 맞는 것은? 단, MOSFET의 문턱전압은 $V_{Tn}=1.5\,\mathrm{V}$이고, 전원전압은 $V_{DD}=10\,\mathrm{V}$이다. $R_1=750\,\mathrm{k\Omega}$, $R_2=110\,\mathrm{k\Omega}$, $R_S=0.3\,\mathrm{k\Omega}$, $R_D=1.5\,\mathrm{k\Omega}$이다. HINT 3.2.3절

㉮ 차단모드　　㉯ 포화모드

㉰ 비포화모드　　㉱ 채널 핀치-오프pinch-off가 일어나지 않는 동작모드

㉲ 닫힌 스위치로 사용되는 동작모드

3.23 [그림 3-76]은 MOSFET 자기바이어스 회로의 소오스 저항에 따른 직류 부하선과 동작점 변화를 나타낸다. 이에 대한 설명으로 맞는 것은? 단, 소오스 저항 R_{S1}, R_{S2}, R_{S3}는 MOSFET의 소오스와 접지 사이에 연결되는 서로 다른 값의 저항이다. HINT 3.2.3절

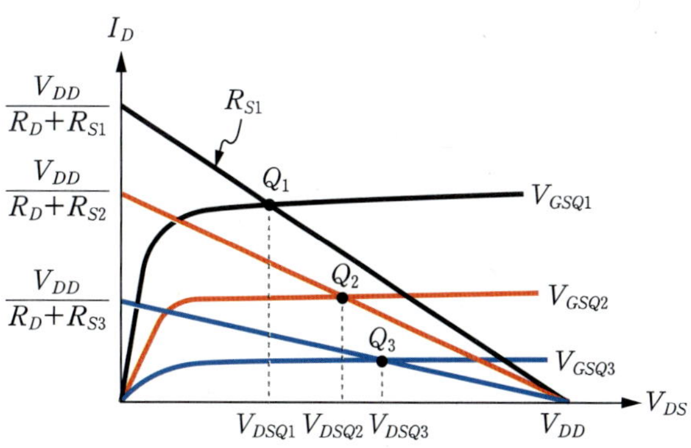

그림 3-76

㉮ 소오스 저항이 클수록 드레인 바이어스 전류가 크다.

㉯ 소오스 저항이 클수록 동작점이 비포화영역에 가깝게 설정된다.

㉰ 소오스 저항이 작을수록 바람직한 바이어스 특성을 갖는다.

㉱ 소오스 저항이 작을수록 드레인-소오스 바이어스 전압 V_{DSQ}가 크다.

㉲ 소오스 저항 R_{S1}, R_{S2}, R_{S3}의 상대적인 크기는 $R_{S1}<R_{S2}<R_{S3}$이다.

3.24 [그림 3-77]의 MOSFET 동작모드로 맞는 것은? 단, MOSFET의 문턱전압은 $V_{Tp} = -3.55\,\text{V}$이다. HINT 3.2.3절

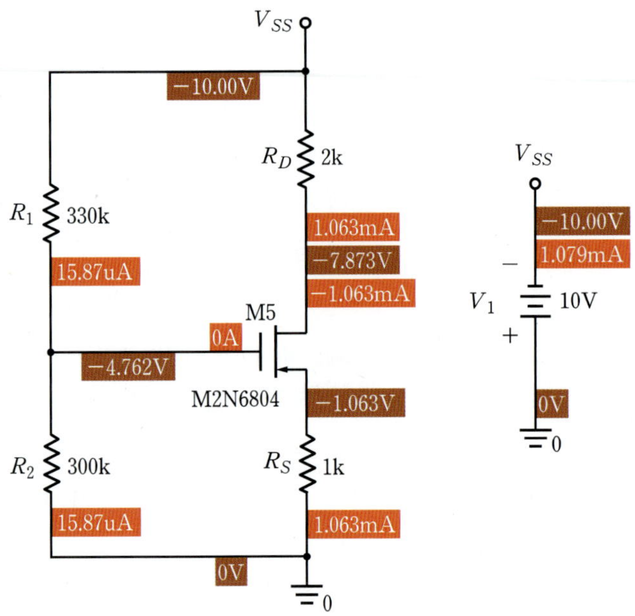

그림 3-77

㉮ 차단모드　　㉯ 포화모드　　㉰ 비포화모드

㉱ 스위치로 사용되는 동작모드　　㉲ 증폭기와 스위치로 모두 사용될 수 있는 동작모드

3.25 [그림 3-78]의 회로에서 증가형 P채널 MOSFET의 동작모드로 맞는 것은? 단, $R_1 = 820\text{k}\Omega$, $R_2 = 180\text{k}\Omega$, $R_D = 1.5\text{k}\Omega$, $R_S = 0.5\text{k}\Omega$, $V_{SS} = 10\text{V}$이고, MOSFET의 문턱전압은 $V_{Tp} = -2.6\text{V}$이다. HINT 3.2.3절

㉮ 차단모드

㉯ 비포화모드

㉰ 포화모드

㉱ 항복모드

㉲ 증폭기와 스위치로 모두 사용될 수 있는 동작모드

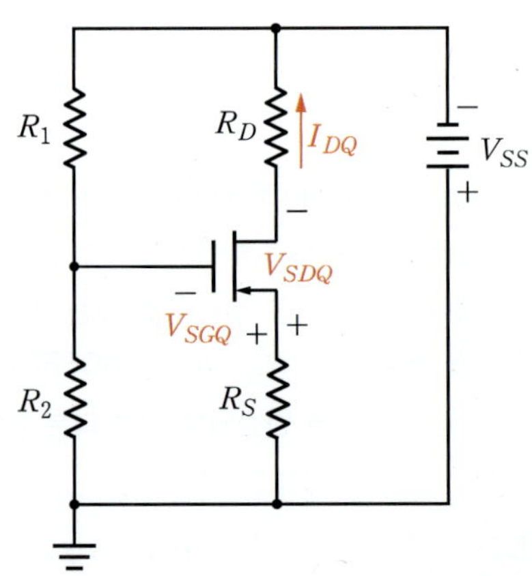

그림 3-78

3.26 [그림 3-78]의 회로가 동작점 전류 $I_{DQ} = 1.6\text{mA}$로 바이어스되어 있다. MOSFET의 동작점 전압으로 맞는 것은? 단, $R_1 = 220\text{k}\Omega$, $R_2 = 180\text{k}\Omega$, $R_D = 1\text{k}\Omega$, $R_S = 0.4\text{k}\Omega$, $V_{SS} = 10\text{V}$이고, MOSFET의 문턱전압은 $V_{Tp} = -2.6\text{V}$이다. HINT 3.2.3절

㉮ $V_{GQ} = 4.5\text{V}$　　㉯ $V_{SGQ} = -3.86\text{V}$　　㉰ $V_{SDQ} = 7.76\text{V}$

㉱ $V_{SQ} = 0.64\text{V}$　　㉲ $V_{DQ} = 8.4\text{V}$

3.27 [그림 3-79]의 공핍형 N채널 MOSFET 회로의 동작점 전압, 전류로 틀린 것은? 단, $R_D = 1.8\text{k}\Omega$, $V_{DD} = 5\text{V}$, MOSFET의 문턱전압은 $V_{Tn,dep} = -1.0\text{V}$, $K_n = 4.0\text{mA/V}^2$이다. HINT 3.2.4절

㉮ $V_{GQ} = 0\text{V}$

㉯ $V_{GSQ} = 0\text{V}$

㉰ $I_{DQ} = 2\text{mA}$

㉱ $V_{DQ} = 3.6\text{V}$

㉲ $V_{DSQ} = 1.4\text{V}$

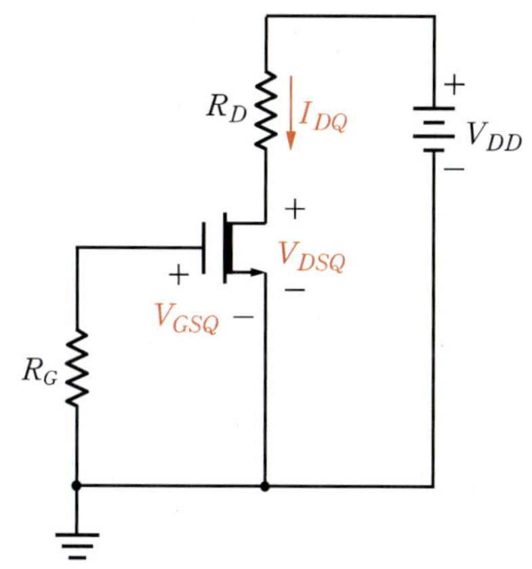

그림 3-79

3.28 [그림 3-80]의 MOSFET 소신호 등가회로에 대한 설명으로 틀린 것은? HINT 3.3절

㉮ 포화모드에서 동작하는 MOSFET의 특성을 등가적으로 나타낸다.

㉯ 소신호 드레인 저항 r_d가 클수록 바람직하다.

㉰ 전달컨덕턴스 g_m은 MOSFET 소자에 따라 고정된 값을 갖는다.

㉱ MOSFET가 전압제어 전류원으로 동작함을 나타낸다.

㉲ 소신호 드레인 저항 r_d는 MOSFET의 채널길이변조 효과에 의해 나타난다.

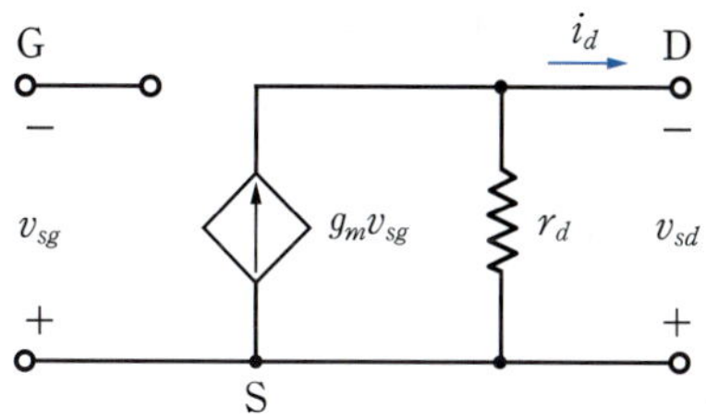

그림 3-80

3.29 증가형 N채널 MOSFET의 전달컨덕턴스 g_m으로 맞는 것은? 단, I_{DQ}는 드레인 바이어스 전류이고, V_{Tn}은 MOSFET의 문턱전압이다. HINT 3.3절

㉮ $g_m = 2K_n(V_{GSQ} - V_{Tn})$　　㉯ $g_m = \sqrt{2K_n I_{DQ}}$　　㉰ $g_m = 2I_{DQ}(V_{GSQ} - V_{Tn})$

㉱ $g_m = \dfrac{I_{DQ}}{V_{GSQ} - V_{Tn}}$　　㉲ $g_m = \left.\dfrac{\partial v_{GS}}{\partial i_D}\right|_{Q점}$

3.30 증가형 N채널 MOSFET의 전달컨덕턴스 g_m에 대한 설명으로 틀린 것은? 단, V_{Tn}은 MOSFET의 문턱전압이고, I_{DQ}는 드레인 바이어스 전류이다. HINT 3.3절

㉮ 주어진 I_{DQ}에 대해서, 채널 폭과 길이의 비 W/L에 비례한다.

㉯ 주어진 $V_{GSQ} - V_{Tn}$에 대해서, I_{DQ}에 비례한다.

㉰ 주어진 $V_{GSQ} - V_{Tn}$에 대해서, MOSFET의 채널 폭 W에 비례한다.

㉱ 주어진 $V_{GSQ} - V_{Tn}$에 대해서, MOSFET의 채널 길이 L에 반비례한다.

㉲ 주어진 I_{DQ}에 대해서, $V_{GSQ} - V_{Tn}$에 비례한다.

3.31 증가형 N채널 MOSFET의 드레인 바이어스 전류가 $I_{DQ}=4.0\text{mA}$인 경우에 전달컨덕턴스 g_m은 얼마인가? 단, $K_n=8.0\text{mA/V}^2$이다. HINT 3.3절

㉮ 2.0mA/V ㉯ 4.0mA/V ㉰ 6.0mA/V
㉱ 8.0mA/V ㉲ 64.0mA/V

3.32 증가형 MOSFET의 드레인 바이어스 전류가 $I_{DQ}=1.0\text{mA}$인 경우에 소신호 드레인 저항 r_d는 얼마인가? 단, $\lambda=0.05\text{V}^{-1}$이다. HINT 3.3절

㉮ 0.5kΩ ㉯ 1.0kΩ ㉰ 2kΩ ㉱ 10kΩ ㉲ 20kΩ

3.33 [그림 3-81] 증폭기 회로의 소신호 전압이득 $A_v=\dfrac{v_o}{v_s}$는 얼마인가? 단, MOSFET는 포화모드로 바이어스되어 있고 전달컨덕턴스는 $g_m=20\text{mA/V}$이며, 드레인 저항은 $R_D=1.5\text{k}\Omega$이다. 신호원 출력저항 R_{SS}와 바이어스 저항의 영향, 그리고 MOSFET의 채널길이변조 효과는 무시한다. HINT 3.4.1절

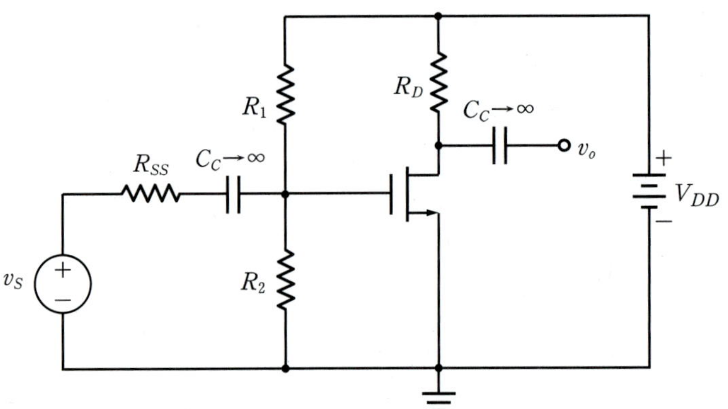

그림 3-81

㉮ 20V/V ㉯ −20V/V ㉰ −30V/V
㉱ 30V/V ㉲ −75V/V ㉳ 75V/V

3.34 [그림 3-82]의 증폭기 회로에 대한 설명으로 틀린 것은? 단, MOSFET는 포화모드로 바이어스되어 있고, 전달컨덕턴스는 $g_m=10\text{mA/V}$이며, 드레인 저항은 $R_D=1.8\text{k}\Omega$이다. 신호원의 출력저항 R_{SS}와 바이어스 저항의 영향, MOSFET의 채널길이변조 효과는 무시한다. HINT 3.4.1절

㉮ 공통소오스 증폭기 회로이다.

㉯ DC 전원 V_A의 플러스(+) 단자가 접지 쪽에 연결되어야 한다.

㉰ 소신호 전압이득의 크기는 $|A_v|=18\text{V/V}$이다.

㉱ 입력전압 v_s와 출력전압 v_o는 반전위상 관계를 갖는다.

㉲ 전압이득과 전류이득을 동시에 얻을 수 있다.

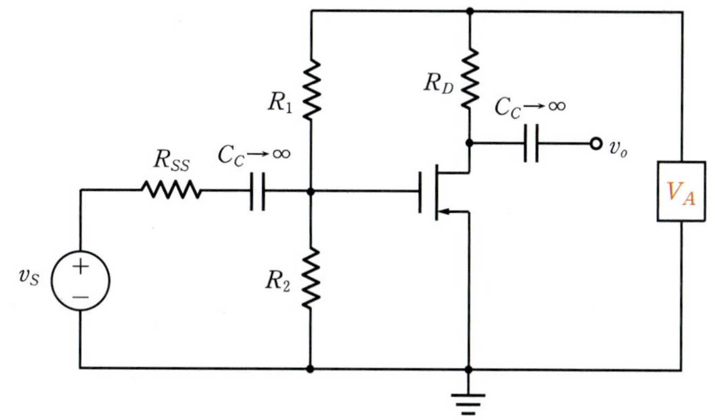

그림 3-82

3.35 [그림 3-83]의 증폭기 회로에 대한 설명으로 틀린 것은? 단, MOSFET는 포화모드로 바이어스되어 있고, g_m은 MOSFET의 전달컨덕턴스이다. 신호원의 출력저항 R_{SS}의 영향은 무시하고, 커패시터 C_C는 충분히 큰 값으로 가정한다. HINT 3.4.2절

㉮ 소오스 저항 R_S가 클수록(단, 다른 조건은 모두 일정하게 유지됨) 온도나 전달컨덕턴스 g_m의 변화가 소신호 전압이득에 미치는 영향이 작다.

㉯ 소오스 저항 R_S가 클수록(단, 다른 조건은 모두 일정하게 유지됨) 소신호 전압이득이 작다.

㉰ 소오스 저항 R_S에 병렬로 바이패스bypass 커패시터를 큰 값으로 연결하면, 소오스 저항 R_S에 의한 소신호 전압이득의 감소를 방지할 수 있다.

㉱ 소신호 전압이득은 $A_v = \frac{v_o}{v_s} = \frac{g_m R_D}{1+g_m R_S}$ 이다.

㉲ 전압 증폭을 위해 사용된다.

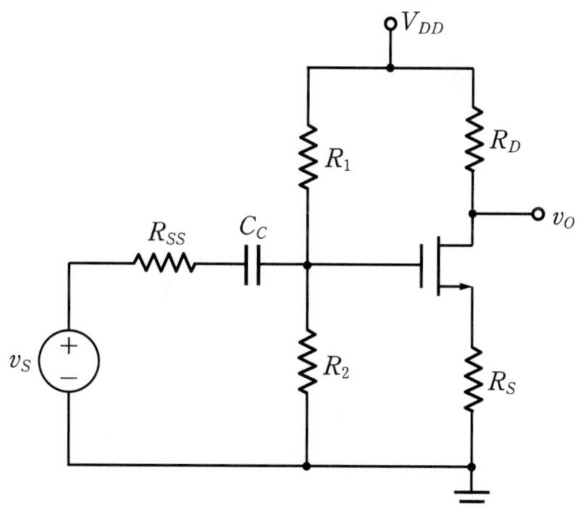

그림 3-83

3.36 [그림 3-83] 증폭기 회로의 소신호 전압이득의 근삿값으로 맞는 것은? 단, $R_D = 2.0\text{k}\Omega$, $R_S = 0.2\text{k}\Omega$이고, 바이어스 저항과 R_{SS}의 영향은 무시한다. MOSFET의 소신호 드레인 저항은 $r_d \to \infty$이고, 커패시터 C_C는 충분히 큰 값으로 가정한다. HINT 3.4.2절

㉮ $A_v \simeq 1\text{V/V}$　㉯ $A_v \simeq -10\text{V/V}$　㉰ $A_v \simeq 10\text{V/V}$

㉱ $A_v \simeq -0.1\text{V/V}$　㉲ $A_v \simeq 0.1\text{V/V}$

3.37 [그림 3-84]의 증폭기 회로에 대한 설명으로 <u>틀린</u> 것은? 단, g_m은 MOSFET의 전달컨덕턴스이고, 바이어스 저항과 R_{SS}의 영향은 무시한다. MOSFET의 소신호 드레인 저항은 $r_d \to \infty$이고, 커패시터 C_C와 C_S는 충분히 큰 값으로 가정한다. HINT 3.4.2절

㉮ 소오스 저항 R_S가 클수록(단, 다른 조건은 모두 일정하게 유지됨) 소신호 전압이득이 작다.

㉯ 소오스 저항 R_S는 증폭기 회로의 동작점에 영향을 미친다.

㉰ 소신호 전압이득은 $A_v = \dfrac{v_o}{v_s} = -g_m R_D$이다.

㉱ 드레인 단자에서 본 출력저항은 $R_o = R_D$이다.

㉲ 커패시터 C_C는 입력신호 v_s에 포함된 DC 성분을 제거하여 교류 성분만 증폭기에 입력되도록 한다.

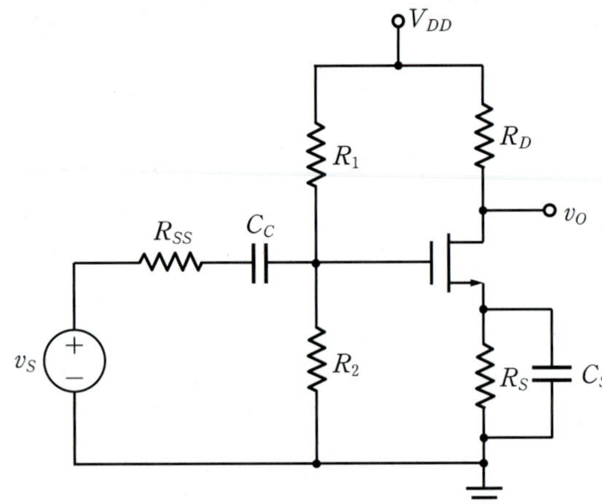

그림 3-84

3.38 [그림 3-85]의 증폭기 회로에 대한 설명으로 <u>틀린</u> 것은? 단, MOSFET의 전달컨덕턴스는 g_m이고, 소신호 드레인 저항 r_d와 바이어스 저항 R_1, R_2의 영향은 무시한다. HINT 3.4.3절

㉮ 소신호 전압이득은 $A_v = \dfrac{g_m R_S}{1+g_m R_S}$이다.

㉯ 입력전압 v_s와 출력전압 v_o는 동일위상이다.

㉰ 출력저항은 $R_o = \dfrac{1}{g_m}$로 작은 값을 갖는다.

㉱ 작은 부하저항을 구동하기에 적합하다.

㉲ 큰 전압이득을 얻기 위해 사용된다.

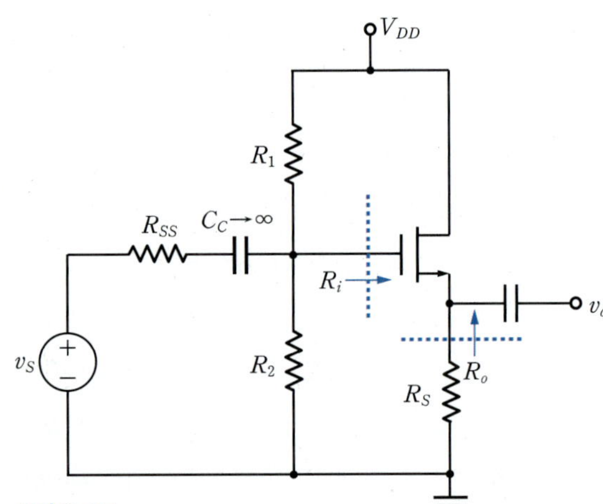

그림 3-85

3.39 [그림 3-86]의 증폭기 회로에 대한 설명으로 맞는 것은? 단, 전원전압은 $V_{SS} = 10\text{V}$이다. HINT 3.4.3절

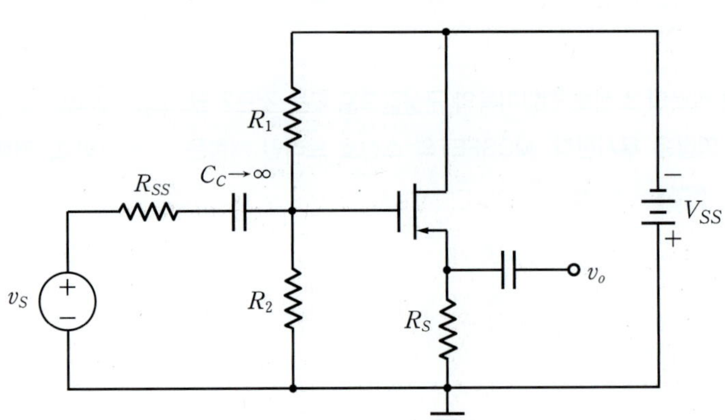

그림 3-86

㉮ 공통드레인 증폭기이다.
㉯ 공통소오스 증폭기이다.
㉰ 공통게이트 증폭기이다.
㉱ 전류버퍼로 사용된다.
㉲ 입력전압 v_s와 출력전압 v_o는 반대위상이다.

3.40 **[그림 3-86]의 증폭기에 대한 설명으로 맞는 것은? 단, MOSFET의 전달컨덕턴스는 g_m이다.** HINT 3.4.3절

㉮ 소신호 전압이득이 $A_v > 1$이다.
㉯ 소신호 전류이득이 $A_i \simeq 1$이다.
㉰ 입력저항이 $R_i \simeq \frac{1}{g_m}$이다.
㉱ 출력저항이 $R_o \simeq \frac{1}{g_m}$이다.
㉲ 큰 전압이득을 얻기 위해 사용된다.

3.41 **[그림 3-87]은 MOSFET 증폭기 회로의 소신호 등가회로이다. 설명으로 <u>틀린</u> 것은? 단, g_m은 MOSFET의 전달컨덕턴스이고, R_{SS}는 전류원 i_{ss}의 출력저항이다.** HINT 3.4.4절

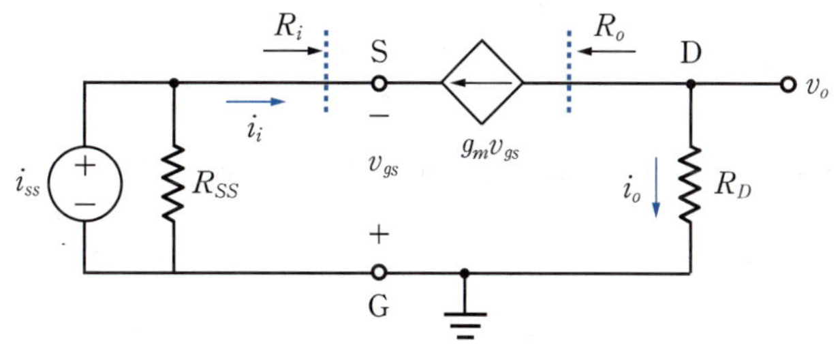

그림 3-87

㉮ 소신호 전압이득은 $A_v = \frac{g_m R_D}{1 + g_m R_{SS}}$이다.
㉯ 소신호 전류이득은 $A_i = \frac{g_m R_{SS}}{1 + g_m R_{SS}}$로 1보다 약간 작은 값을 갖는다.
㉰ 공통게이트 증폭기의 소신호 등가회로이다.
㉱ 전류버퍼current buffer로 사용된다.
㉲ MOSFET 증폭기 회로이므로, 무한대에 가까운 큰 입력저항을 갖는다.

3.42 **공통게이트 증폭기의 소신호 전류이득 A_i로 맞는 것은?** HINT 3.4.4절

㉮ $A_i \simeq 0$
㉯ $A_i \simeq 1$
㉰ A_i는 전달컨덕턴스 g_m에 비례
㉱ $A_i \simeq \infty$
㉲ A_i는 전달컨덕턴스 g_m에 반비례

3.43 **다음 중 출력저항이 가장 작은 증폭기 구조는?** HINT 3.4절

㉮ 공통소오스 증폭기
㉯ 소오스 저항 R_S를 갖는 공통소오스 증폭기
㉰ 공통드레인 증폭기
㉱ 공통게이트 증폭기
㉲ 공통드레인 증폭기와 공통게이트 증폭기

3.44 **다음 중 전압버퍼 voltage buffer로 사용되는 증폭기 구조는?** HINT 3.4절

㉮ 공통소오스 증폭기　　㉯ 소오스 저항 R_S를 갖는 공통소오스 증폭기

㉰ 소오스 팔로워 증폭기　　㉱ 공통게이트 증폭기

㉲ 공통드레인 증폭기와 공통게이트 증폭기

3.45 **MOSFET 증폭기에 대한 설명으로 틀린 것은? 단, CS, CD, CG는 각각 공통소오스, 공통드레인, 공통게이트를 나타낸다.** HINT 3.4절

㉮ CS 증폭기는 전압이득을 얻기 위해 사용된다.

㉯ CD 증폭기는 작은 부하저항을 구동하기에 적합하다.

㉰ CS, CD, CG 구조 중 입력저항이 가장 작은 증폭기 구조는 CG 증폭기이다.

㉱ CS, CD, CG 구조 중 출력저항이 가장 작은 증폭기 구조는 CD 증폭기이다.

㉲ CG 증폭기는 전류이득이 큰 전류버퍼 current buffer로 사용된다.

3.46 심화 **증가형 N채널 MOSFET가 $V_{GSQ}=2\text{V}$에 의해 포화모드로 바이어스되어 있다. 드레인 전류 $I_D=4.0\text{mA}$가 되도록 채널 폭과 길이의 비 W/L을 구하라. 단, 문턱전압은 $V_{Tn}=1.6\text{V}$이고, 공정이득 파라미터는 $k_n=12.0\text{mA/V}^2$이다.**

3.47 심화 **[그림 3-88]의 회로에 대해 답하라. 단, 전원전압 $V1=10\text{V}$이다.**

(a) MOSFET M5의 채널 타입을 쓰고, DC 전원전압 $V1$의 극성을 올바로 표시하라.

(b) 소오스-게이트 바이어스 전압 $V_{SGQ}=3.708\text{V}$가 되도록 저항 R_2 값을 결정하라. 단, $R_1=560\text{k}\Omega$이다.

(c) 문제 (b)에서 구한 저항 R_2 값을 적용하여 시뮬레이션을 한 결과, $I_{DQ}=2.37\text{mA}$의 드레인 바이어스 전류가 얻어졌다. MOSFET의 동작모드를 판별하고, 그 이유를 설명하라. 단, MOSFET M5의 문턱전압의 크기는 $|V_{T,M5}|=3.68\text{V}$이다.

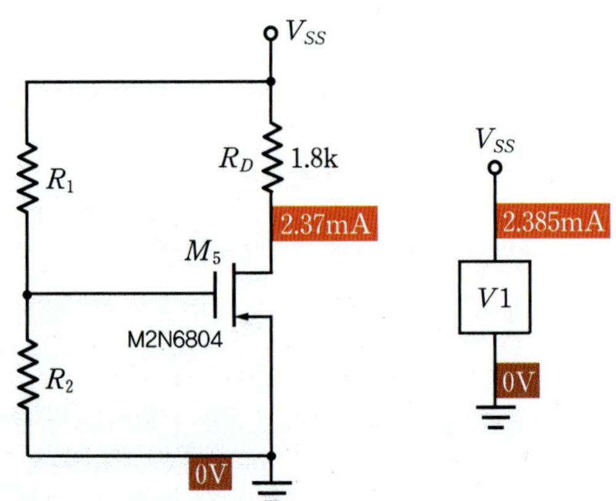

그림 3-88

(d) 저항 R_1과 R_D가 고정된 상태에서, 저항 R_2가 작을수록 드레인 바이어스 전류 I_{DQ}와 동작점이 어떤 영향을 받는지 설명하라. 단, DC 전원 $V1$은 고정되어 있다.

(e) 저항 R_1과 R_2가 고정된 상태에서, 저항 R_D가 클수록 직류 부하선과 동작점에 어떤 영향을 미치는지 설명하라. 단, DC 전원 $V1$은 고정되어 있다.

3.48 심화 [그림 3-89]의 회로에서 드레인 바이어스 전류 $I_D = 5\text{mA}$, 드레인-소오스 전압 $V_{DS} = 6\text{V}$가 되도록 드레인 저항 R_D 값을 결정하라. 또한, $R_i = 100\text{k}\Omega$이 되도록 바이어스 저항 R_1, R_2 값을 결정하라. 단, MOSFET의 파라미터는 $V_{Th} = 1.0\text{V}$, $K_n = 10\text{mA/V}^2$이고, $V_{DD} = 12\text{V}$이다.

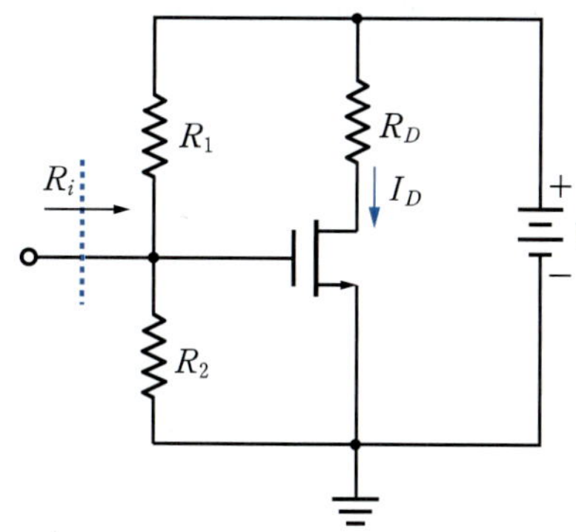

그림 3-89

3.49 심화 증가형 N채널 MOSFET가 드레인 전류 $I_D = 1.2\text{mA}$로 포화모드에서 동작한다. 전달컨덕턴스 $g_m = 16.0\text{mA/V}$가 되도록 트랜지스터의 채널 폭과 길이의 비 W/L을 구하라. 단, MOSFET의 문턱전압은 $V_{Th} = 0.8\text{V}$이고, 공정이득 파라미터는 $k_n = 41.0\text{mA/V}^2$이다. 채널길이변조 효과는 무시한다.

3.50 심화 [그림 3-90(a)]의 회로에 정현파 $v_s = 50\sin\omega t[\text{mV}]$를 인가하여 PSPICE 시뮬레이션을 실행한 결과로 출력전압 v_o가 [그림 3-90(b)]와 같이 얻어졌다.

(a) [그림 3-90(b)]의 PSPICE 시뮬레이션 결과로 볼 때, [그림 3-90(a)]의 회로에 어떤 문제가 있는지 구체적으로 설명하라.

(b) [그림 3-90(a)]의 회로가 정현파 $v_s = 50\sin\omega t[\text{mV}]$를 왜곡 없이 증폭하기 위해서는 어느 부분을 어떻게 수정해야 하는지 구체적으로 설명하라.

(c) [그림 3-90(a)] 회로의 소신호 전압이득 $A_v = v_o/v_s$를 구하라. 단, MOSFET는 드레인 바이어스 전류 $I_{DQ} = 2\text{mA}$로 포화모드에서 동작하며, $K_n = 160\text{mA/V}^2$, $R_D = 1.8\text{k}\Omega$이다.

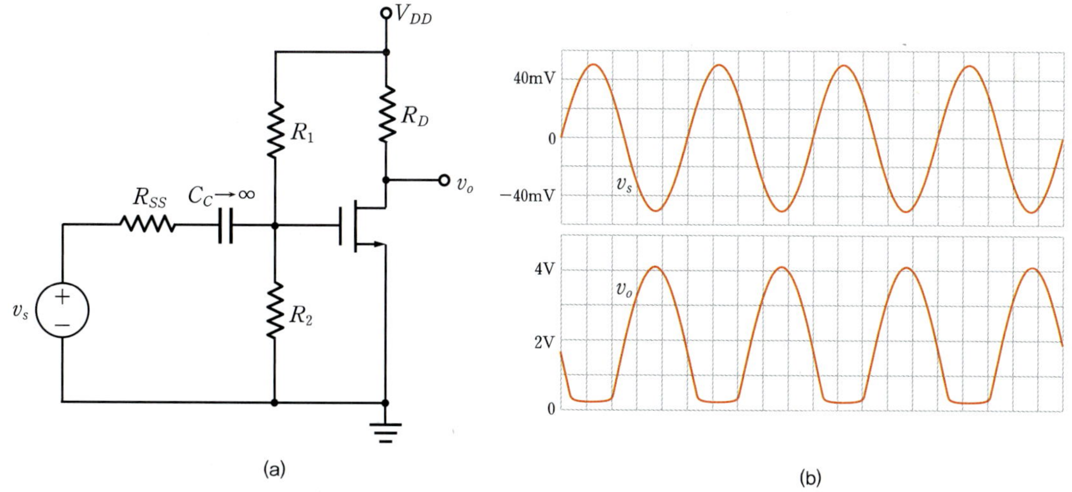

그림 3-90

3.51 심화 [그림 3-91]은 공통소오스 증폭기의 DC 바이어스 해석 결과이다. 물음에 답하라. MOSFET 파라미터는 $V_{Tn}=1.8\,\text{V}$, $K_n=160\,\text{mA/V}^2$이며, 커패시터 C_{C1}, C_{C2}는 충분히 큰 값으로 가정한다.

(a) 게이트 바이어스 전압이 $V_{GQ}=3.28\,\text{V}$가 되도록 저항비 R_1/R_2 값을 구하라. 단, 다른 조건(R_D, R_S, R_L, V_{DD})은 모두 [그림 3-91]의 값으로 고정되어 있다.

(b) $V_{GQ}=3.28\,\text{V}$인 경우에 MOSFET의 동작모드를 판별하라.

(c) $V_{GQ}=3.28\,\text{V}$인 상태에서 드레인 바이어스 전류 $I_{DQ}=3.84\,\text{mA}$, 드레인-소오스 바이어스 전압 $V_{DSQ}=1.82\,\text{V}$가 되도록 드레인 저항 R_D 값을 결정하라. 단, 문제 (a)에서 결정된 R_1/R_2 값을 유지하며, R_S, R_L, V_{DD}는 [그림 3-91]의 값으로 고정되어 있다.

(d) 전원전압 V_{DD}와 R_1/R_2, R_S 값이 고정된 상태에서 드레인 저항 R_D 값이 증폭기의 DC 바이어스(동작점)에 미치는 영향 2가지를 설명하라.

(e) 문제 (c)의 동작점 전류와 전압으로부터, MOSFET의 소신호 전달컨덕턴스 g_m을 구하라. 단, MOSFET는 $K_n=160\,\text{mA/V}^2$이다.

(f) 문제 (c)의 조건으로 바이어스된 경우에, 바이패스 커패시터 C_S가 없는 경우의 소신호 전압이득 $A_{v1}=v_o/v_s$과 바이패스 커패시터 $C_S\to\infty$로 충분히 큰 값인 경우의 소신호 전압이득 $A_{v2}=v_o/v_s$를 구하여 비교하라. 단, 바이어스 저항 R_1, R_2의 영향과 소신호 드레인 저항 r_d는 무시한다.

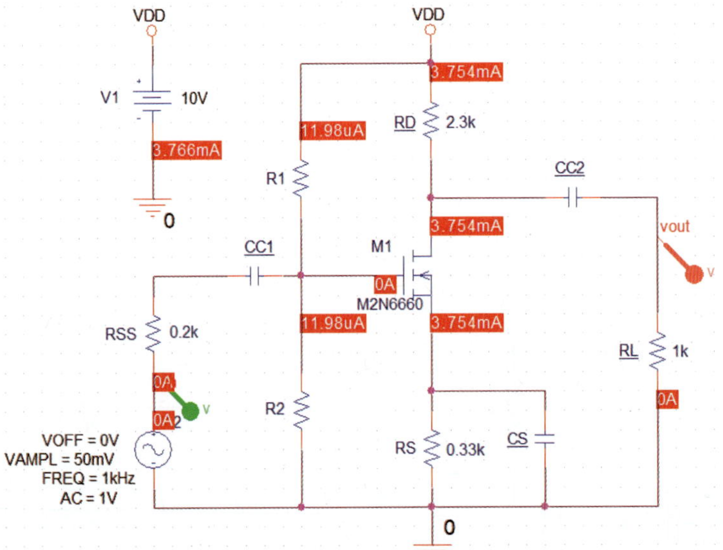

그림 3-91

3.52 심화 **[그림 3-92] 회로에 대해 답하라. MOSFET 파라미터는** $K_p = 65.3\,\text{mA/V}^2$, $V_{Tp} = -1.7\,\text{V}$ **이고,** $R_S = 0.2\,\text{k}\Omega$, **DC 전원전압의 크기는** $V_{SS} = 10\,\text{V}$ **이다.**

(a) [그림 3-92] 회로가 증폭기로 동작하기 위한 DC 전원전압 V_{SS}의 극성을 올바로 표시하고 그 이유를 써라.

(b) 게이트 단자의 바이어스 전압 $V_{GQ} = -4.0\,\text{V}$가 되도록 저항 R_2 값을 결정하라. 단, $R_1 = 300\,\text{k}\Omega$ 이다.

(c) MOSFET가 포화모드에서 동작한다고 가정하여 드레인 바이어스 전류 I_{DQ}을 구하라. 단, 문제 (b)에서 결정된 바이어스 조건이 유지된다.

(d) 문제 (c)에서 구한 I_{DQ}를 적용하여 동작점 소오스-게이트 전압 V_{SGQ}, 소오스-드레인 전압 V_{SDQ}를 구하여 MOSFET가 포화모드에서 동작함을 보여라.

(e) 저항비 R_2/R_1가 동작점에 미치는지 영향을 설명하라. 단, R_S와 V_{SS}는 고정되어 있다.

(f) MOSFET의 전달컨덕턴스 g_m을 구하고, 소신호 전압이득 $A_v = v_o/v_s$과 출력전압 R_o의 값을 구하라. 단, 문제 (c)에서 결정된 바이어스 조건이 유지되며, 바이어스 저항 R_1, R_2의 영향과 MOSFET의 소신호 드레인 저항 r_d의 영향은 무시한다.

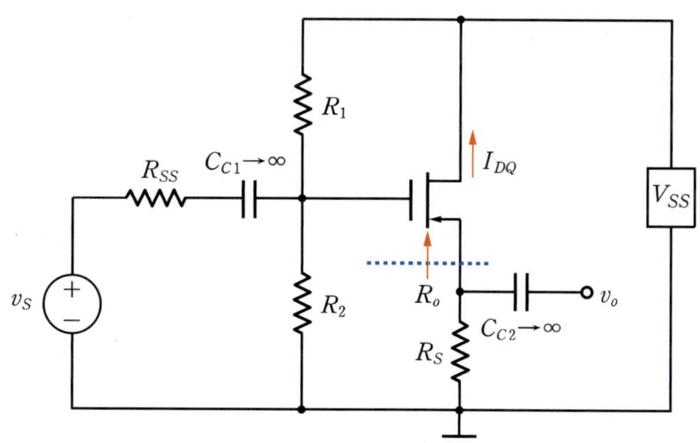

그림 3-92

3.53 심화 **[그림 3-93]의 능동부하가 사용된 공통게이트 증폭기의 소신호 전압이득과 출력저항을 구하라. 단, MOSFET 파라미터는** $K_n = K_p = 0.6\,\text{mA/V}^2$, $\lambda_n = \lambda_p = 0.02\,\text{V}^{-1}$ **이고,** $I_{REF} = 0.5\,\text{mA}$, $V_{DD} = 12\,\text{V}$ **이다.**

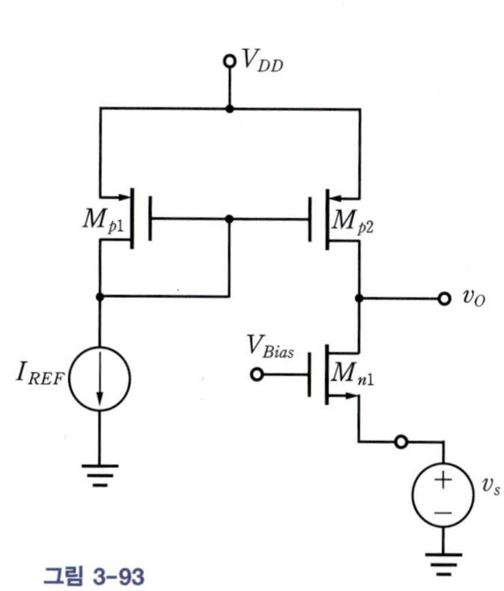

그림 3-93

3.54 심화 [그림 3-94] 회로는 증가형 N채널 MOSFET M_L이 능동부하 active load로 사용된 공통소오스 증폭기 회로이다. 소신호 전압이득을 구하라. M_D와 M_L은 포화모드로 동작하며, 드레인 바이어스 전류는 $I_{DQ} = 0.1\text{mA}$이고, $V_{Tn,D} = V_{Tn,L} = 0.8\text{V}$, $K_{n,D} = 2\text{mA/V}^2$, $K_{n,L} = 0.2\text{mA/V}^2$, $\lambda_D = \lambda_L = 0.02\text{V}^{-1}$이다.

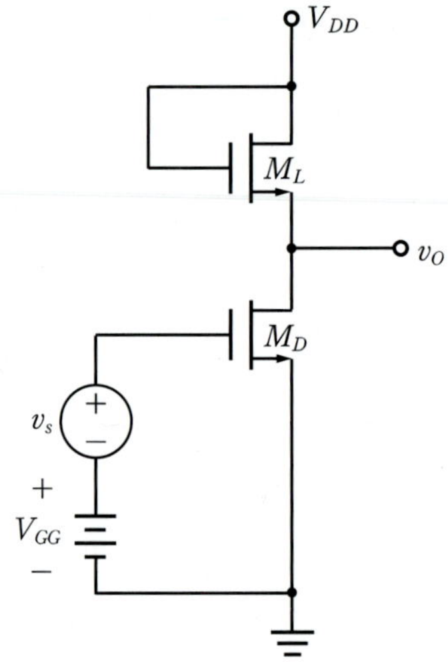

그림 3-94

3.55 심화 [그림 3-95(a)] 회로에서 공핍형 N채널 MOSFET M_2의 $V_{GS2} = 0\text{V}$이며, 소오스 단자의 등가저항 r_{d2}가 증가형 N채널 MOSFET M_1의 부하저항으로 사용되고 있다. MOSFET M_1, M_2는 드레인 바이어스 전류 $I_{DQ,M1} = I_{DQ,M2} = 2.0\text{mA}$로 포화모드에서 동작하며, 얼리 early 전압은 $V_{A,M1} = V_{A,M2} = 50\text{V}$이고, $K_{n,M1} = K_{n,M2} = 400\text{mA/V}$이다.

(a) 동작점 전류로부터 증가형 N채널 MOSFET M_1의 전달컨덕턴스 g_{m1}을 구하라.

(b) MOSFET M_1과 M_2의 소신호 드레인 저항 $r_{d1} = r_{d2}$를 구하라.

(c) [그림 3-95(a)] 회로의 소신호 등가회로를 그리고, 전압이득 $A_v = v_o/v_s$를 구하라.

(d) [그림 3-95(b)]와 같이 $v_s = 2\sin\omega t[\text{mV}]$의 정현파가 인가되는 경우에 출력전압 v_o의 파형을 그려라.

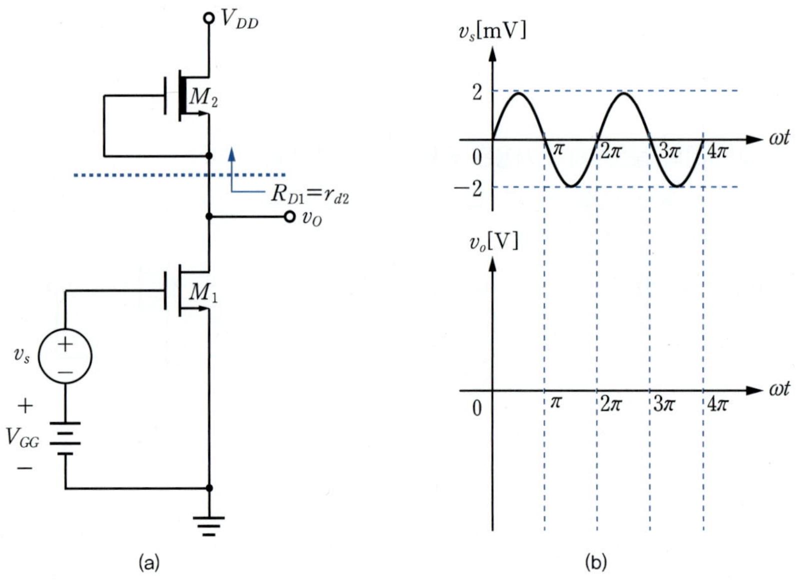

그림 3-95

CHAPTER

04

증폭기의 주파수 응답특성

Frequency Response of Amplifier

학습목표

- 증폭기의 주파수 응답특성에 대한 기본 개념과 차단주파수, 대역폭 등 특성 파라미터를 이해한다.
- 결합 및 바이패스 커패시터가 증폭기의 저주파 응답특성에 미치는 영향을 이해한다.
- 공통이미터, 공통컬렉터, 공통베이스 증폭기의 고주파 응답특성과 이득-대역폭 사이의 상호관계에 대해 이해한다.
- 공통소오스, 공통드레인, 공통게이트 증폭기의 고주파 응답특성을 이해한다.
- 캐스코드 증폭기의 주파수 응답특성을 이해한다.

4장 증폭기의 주파수 응답특성

4.1 기초 다지기	4.2 증폭기의 저주파 응답특성	4.3 BJT 증폭기의 고주파 응답특성	4.4 FET 증폭기의 고주파 응답특성	4.5 캐스코드 증폭기의 주파수 응답특성
주파수 응답특성이란?	결합 커패시터의 영향	공통이미터 증폭기의 고주파 응답특성	공통소오스 증폭기의 고주파 응답특성	BJT 캐스코드 증폭기의 주파수 응답특성
보드 선도	바이패스 커패시터의 영향	공통컬렉터 증폭기의 고주파 응답특성	공통드레인 증폭기의 고주파 응답특성	MOSFET 캐스코드 증폭기의 주파수 응답특성
BJT의 고주파 소신호 등가모델	결합 및 바이패스 커패시터의 영향	공통베이스 증폭기의 고주파 응답특성	공통게이트 증폭기의 고주파 응답특성	
MOSFET의 고주파 소신호 등가모델				

PSPICE 시뮬레이션 실습

시간에 따라 연속적으로 변하는 아날로그 신호(전압, 전류)는 진폭, 주파수, 위상 등의 성분으로 표현될 수 있다. 이 책의 2장과 3장에서는 증폭기의 특성(이득)이 신호의 주파수 성분에 무관하다고 가정하였다. 그러나 실제의 증폭기 회로에서는 여러 가지 커패시턴스 성분들에 의해 증폭기의 주파수 응답특성이 영향을 받는다. 예를 들어, 증폭기 회로에 사용되는 결합 커패시터와 바이패스 커패시터는 신호 주파수가 낮을수록 이득을 감소시키며, 이를 저주파 응답특성이라고 한다. 또한, BJT와 MOSFET 소자 내부의 기생 커패시턴스 성분들은 신호 주파수가 높을수록 이득을 감소시키며, 이를 고주파 응답특성이라고 한다. 이와 같이, 증폭기 회로는 신호의 주파수에 따라 특성(이득)이 달라지는 주파수 응답특성을 갖는다. 주파수 응답특성은 실제 증폭기 회로의 해석과 설계에 필수적으로 적용되는 중요한 내용이므로, 명확하게 이해할 필요가 있다.

이 장에서는 증폭기의 주파수 응답특성에 관련된 기본 개념과 파라미터를 소개하고, BJT와 MOSFET 증폭기 회로의 저주파 및 고주파 응답특성에 대해 다룬다.

❶ 증폭기의 주파수 응답특성을 나타내는 파라미터
❷ BJT와 MOSFET의 고주파 소신호 등가모델
❸ 결합 및 바이패스 커패시터에 의한 증폭기의 저주파 응답특성
❹ BJT 및 MOSFET 증폭기의 고주파 응답특성
❺ 증폭기 주파수 응답특성의 PSPICE 시뮬레이션

4장 핵심요약

SECTION 4.1

기초 다지기

증폭기 회로는 신호의 주파수에 따라 이득(출력)이 달라지는 주파수 응답특성 frequency response 을 갖는다. 이는 증폭기 회로에 포함된 커패시터와 트랜지스터 내부의 기생 커패시턴스에 의해 나타나는 현상이다. 이 절에서는 증폭기의 주파수 응답특성을 이해하고 해석하는 데 기본이 되는 차단주파수, 대역폭 등의 파라미터와 보드 선도, 그리고 BJT와 MOSFET의 고주파 소신호 등가모델에 대해 살펴본다. BJT와 MOSFET의 고주파 응답특성을 해석하기 위해 고주파 소신호 등가모델이 사용된다. 트랜지스터의 고주파 소신호 등가모델은 2.3절과 3.3절에서 설명한 저주파 소신호 등가모델에 내부 기생 커패시턴스 성분이 추가된 형태이며, 4.3절~4.5절에서 설명되는 증폭기 회로의 주파수 응답특성 해석에 적용된다.

4.1.1 주파수 응답특성이란?

증폭기의 주파수 응답특성을 나타내기 위해 어떤 파라미터가 사용되는가?

이 책의 2장과 3장에서는 증폭기가 신호의 주파수에 무관하게 일정한 이득을 갖는다는 가정하에 증폭기 회로를 해석하였다. 그러나 실제의 증폭기는 회로를 구성하는 결합 coupling 커패시터, 부하 커패시터, 그리고 트랜지스터 내부의 기생 커패시턴스 parasitic capacitance 성분들에 의해 영향을 받으며, 신호의 주파수에 따라 출력이 달라지는 주파수 응답특성을 갖는다. 예를 들어, 가청 주파수(30Hz ~ 30kHz) 범위의 신호를 증폭하는 오디오 증폭기는 수 GHz 범위의 RF Radio Frequency 신호를 증폭할 수 없다. 그 이유는 오디오 증폭기의 주파수 응답특성에 의해 RF 신호를 증폭하지 못하기 때문이다.

주파수에 따른 증폭기 이득의 변화를 [그림 4-1(a)]와 같은 보드 선도 bode plot 로 나타낼 수 있으며, 저주파 응답특성, 중대역 응답특성 그리고 고주파 응답특성으로 구분할 수 있다.

- **중대역** mid-band frequency **응답특성** : 증폭기 회로를 구성하는 결합 및 바이패스 커패시터와 트랜지스터 내부 기생 커패시턴스의 영향이 무시될 수 있을 정도로 작아 주파수에 무관하게 일정한 이득 $|A_m|_{dB}$을 갖는 주파수 범위이다.

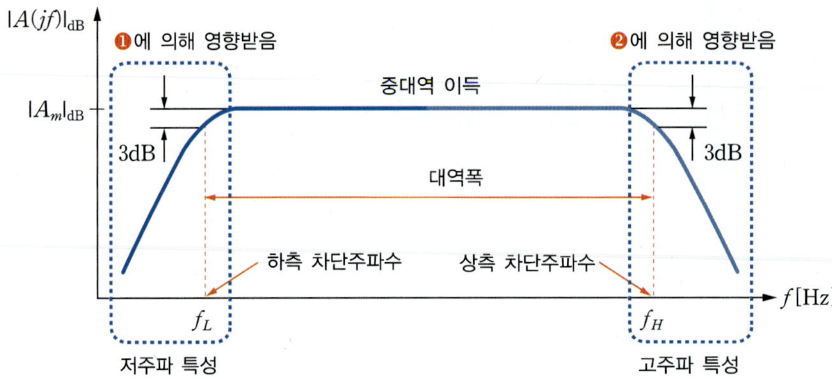

(a) 증폭기의 주파수 응답특성을 나타내는 보드 선도

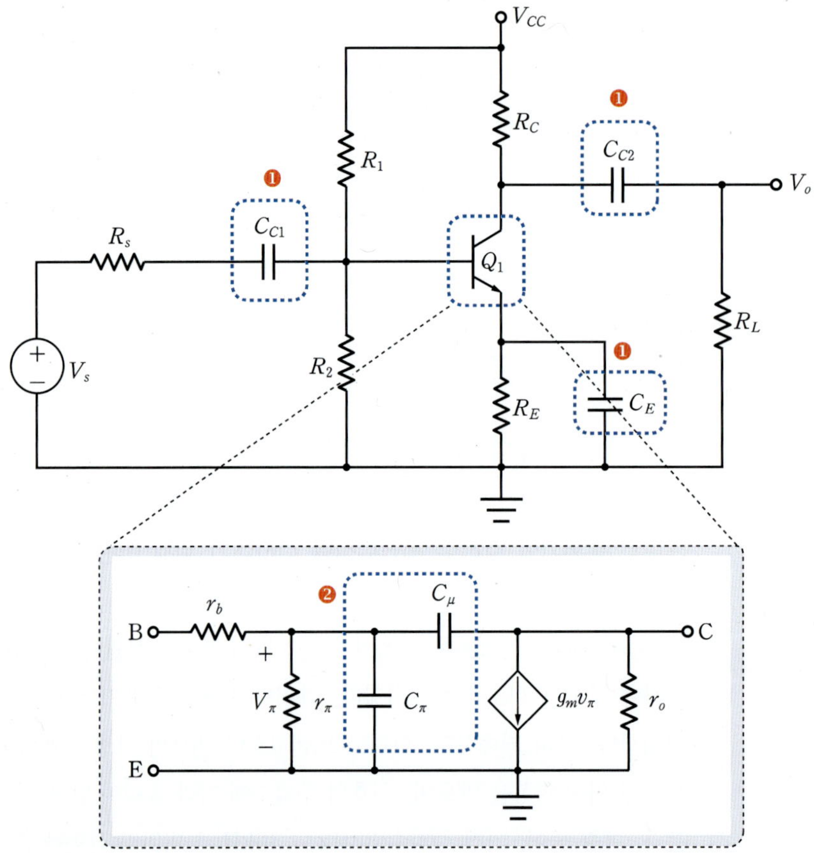

(b) 증폭기의 주파수 응답특성에 영향을 미치는 요소들

그림 4-1 증폭기의 주파수 응답특성

- **저주파** low frequency **응답특성** : 주파수가 낮을수록 증폭기 이득이 감소하는 특성을 나타내며, 중대역 이득보다 3 dB 감소하는 임계 주파수를 **하측 차단주파수** lower cutoff frequency f_L이라고 한다. [그림 4-1(b)]의 증폭기 회로에서 ❶로 표시된 결합 커패시터 C_{C1}, C_{C2}와 바이패스 bypass 커패시터 C_E에 의해 f_L이 결정되며, 트랜지스터 내부 기생 커패시턴스에 의한 영향은 무시할 수 있을 정도로 작다.

- **고주파** high frequency **응답특성** : 주파수가 높을수록 증폭기 이득이 감소하는 특성을 나타내며, 중대역 이득보다 3 dB 감소하는 임계 주파수를 **상측 차단주파수** upper cutoff frequency f_H라고 한다. [그림 4-1(b)]의 증폭기 회로에서 ❷로 표시된 트랜지스터 내부 기생 커패시턴스에 의해 f_H가 결정되며, 결합 및 바이패스 커패시턴스에 의한 영향은 무시할 수 있을 정도로 작다.
- **대역폭** bandwidth : 증폭기 이득이 주파수에 무관하게 일정한 값을 갖는 $f_L \sim f_H$ 사이의 주파수 범위이며, 식 (4.1)과 같이 정의된다. $f_L \ll f_H$이면, $BW \simeq f_H$로 근사화할 수 있다.

$$BW = f_H - f_L \tag{4.1}$$

- **이득-대역폭 곱** gain-bandwidth product : 중대역 이득의 크기와 대역폭의 곱으로 식 (4.2)와 같이 정의되며, 주어진 증폭기 회로에 대해 GBP는 거의 일정한 값을 갖는다.

$$GBP = |A_m| \times BW \simeq |A_m| \times f_H \tag{4.2}$$

Q 식 (4.2)의 의미는?

A 증폭기 이득 $|A_m|$과 대역폭 BW 사이에는 상충관계 trade-off가 존재한다. 증폭기의 이득 $|A_m|$을 크게 하면 대역폭 BW가 작아지고, 반대로 대역폭을 크게 하면 이득이 작아진다.

여기서 잠깐 ▸ **이득이 -3dB 감소되는 주파수를 임계 주파수로 사용하는 이유**

$-3\text{dB} = 0.707 = \dfrac{1}{\sqrt{2}}$ 이므로 주파수 f_L 또는 f_H에서 출력전압이 $\dfrac{1}{\sqrt{2}}$배 감소한다. 전력은 전압의 제곱에 비례하므로 f_L 또는 f_H에서 출력전력은 $\dfrac{1}{2}$로 감소하게 된다. 즉 차단주파수는 출력전력이 $\dfrac{1}{2}$로 감소하는 주파수를 의미하며, 따라서 f_L을 **하측 반전력 주파수** lower half-power frequency, f_H를 **상측 반전력 주파수** upper half-power frequency라고도 한다.

4.1.2 보드 선도

증폭기 전달함수(전압이득, 전류이득 등)와 점근 보드 선도는 어떤 관계를 갖는가?
보드 선도가 나타내는 주파수 특성 파라미터는 무엇인가?

증폭기 전달함수(전압이득, 전류이득 등)의 주파수 응답특성은 복소함수 형태를 가지므로, 주파수에 따라 크기(절댓값) 성분과 위상 phase 성분으로 구성된다. 증폭기 전달함수의 크기와 위상을 주파수에 대해 그린 그래프를 보드 선도 bode plot라고 한다. 일반적으로 x축은 주파수를 로그[log] 눈금으로 표시하며, 크기에 대한 보드 선도는 y축에 전달함수 크기를 데시벨(dB) 눈금으로 표시하고, 위상에 대한 보드 선도는 y축에 위상을 도[degree]로 표시한다. 보드 선도는 증폭기의 주파수 응답특성 해석과 귀환증폭기의 안정도 판별에 유용하게 사용되므로, 보드 선도를 해석하고 의미를 이해할 수 있어야 한다. 보드 선도는 PSPICE와 같은 시뮬레이션 툴을 이용하면 쉽게 얻을 수 있으나, 증폭기의 전달함수로부터 보드 선도가 그려지는 원리를 알면 의미를 더 정확하게 이해할 수 있다.

▪ 전달함수 크기의 점근 보드 선도

증폭기의 전달함수(전압이득)가 식 (4.3)과 같이 표현된 경우에 근사적인 보드 선도를 그리는 방법을 살펴보자. 식 (4.3)에서 K는 중대역 이득이며, z_1, z_2는 영점[zero] 주파수이고, p_1, p_2는 극점[pole] 주파수이다.

$$A(j\omega) = K \times \frac{(1 + j\omega/z_1)(1 + j\omega/z_2)\cdots}{(1 + j\omega/p_1)(1 + j\omega/p_2)\cdots} \tag{4.3}$$

크기의 점근[asymptotic] 보드 선도를 그리는 원리를 살펴보자. 전달함수의 크기에 대한 데시벨 표현은 $|A(j\omega)|_{\text{dB}} = 20\log_{10}|A(j\omega)|$로 계산되며, 식 (4.3)의 크기를 데시벨로 표현하면 식 (4.4)와 같다.

$$\begin{aligned} |A(j\omega)|_{dB} = K_{\text{dB}} &+ \left\{|1 + j\omega/z_1|_{\text{dB}} + |1 + j\omega/z_2|_{\text{dB}} + \cdots\right\} \\ &- \left\{|1 + j\omega/p_1|_{\text{dB}} + |1 + j\omega/p_2|_{\text{dB}} + \cdots\right\} \end{aligned} \tag{4.4}$$

식 (4.4)의 각 항을 개별적으로 보드 선도로 그린 후, 이들을 그래프적으로 모두 더하면 전달함수의 크기의 보드 선도를 얻을 수 있다.

- **중대역 이득 K의 보드 선도** : 주파수에 무관하므로 [그림 4-2(a)]와 같이 수평 직선으로 그려진다.
- **$|1 + j\omega/z_1|_{\text{dB}}$의 점근 보드 선도(영점 주파수가 z_1인 경우)** : [그림 4-2(b)]와 같이 영점 주파수 이하에서는 0dB의 직선으로 근사화되고, 영점 주파수 z_1 이상에서는 +20dB/dec의 기울기를 갖는 직선으로 근사화된다. [그림 4-2(b)]에서 점선은 정확한 보드 선도를 나타내며, 실제로 영점 주파수 z_1에서 3dB의 값을 갖는다. +20dB/dec를 +6dB/oct로 표현하기도 하며, oct는 octave의 약자로 주파수가 2배임을 의미한다.
- **$-|1 + j\omega/p_1|_{\text{dB}}$의 점근 보드 선도(극점 주파수가 p_1인 경우)** : [그림 4-2(c)]와 같이 극점 주파수 p_1 이하에서는 0dB의 직선으로, 극점 주파수 이상에서는 −20dB/dec의 기울기를 갖는 직선으로 근사화된다. [그림 4-2(c)]에서 점선은 정확한 보드 선도를 나타내며, 실제로 극점 주파수 p_1에서 −3dB의 값을 갖는다.

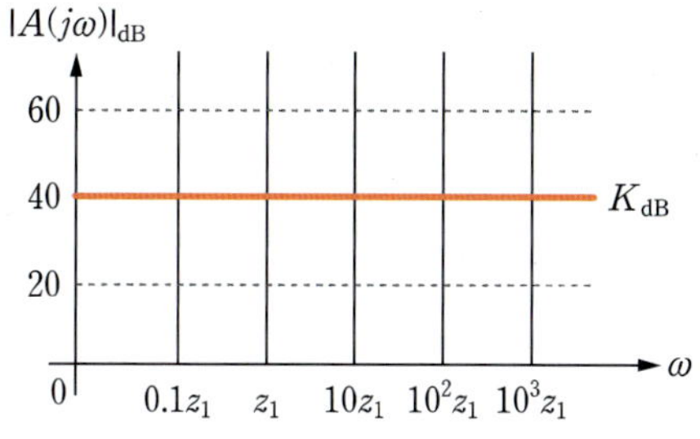

(a) K_{dB}의 보드 선도

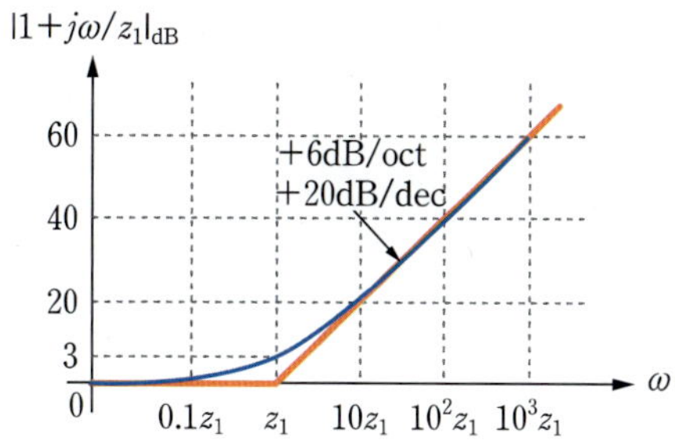

(b) $|1+j\omega/z_1|_{dB}$의 보드 선도

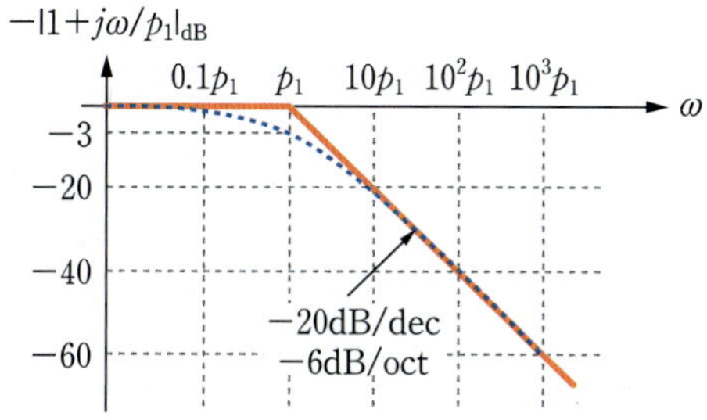

(c) $-|1+j\omega/p_1|_{dB}$의 보드 선도

그림 4-2 크기의 점근 보드 선도

■ 전달함수 위상의 점근 보드 선도

위상의 점근 보드 선도를 그리는 원리를 살펴보자. 식 (4.3)이 나타내는 전달함수의 위상은 식 (4.5)와 같이 표현된다.

$$\angle A(j\omega) = \left\{\tan^{-1}\left(\frac{\omega}{z_1}\right) + \tan^{-1}\left(\frac{\omega}{z_2}\right) + \cdots\right\} - \left\{\tan^{-1}\left(\frac{\omega}{p_1}\right) + \tan^{-1}\left(\frac{\omega}{p_2}\right) + \cdots\right\} \tag{4.5}$$

식 (4.5)의 각 항을 개별적으로 보드 선도로 그린 후, 이들을 그래프적으로 모두 더하면 전달함수의 위상의 보드 선도를 얻을 수 있다.

- **$\tan^{-1}(\omega/z_1)$의 점근 보드 선도** : 영점 주파수 z_1을 기준으로 $\omega \leq 0.1z_1$이면 0°로 근사될 수 있고, $\omega = z_1$이면 45°이며, $\omega \geq 10z_1$이면 90°로 근사될 수 있으므로 [그림 4-3(a)]와 같이 그려진다. [그림 4-3(a)]에서 점선은 $\tan^{-1}(\omega/z_1)$의 정확한 보드 선도를 나타낸다.
- **$-\tan^{-1}(\omega/p_1)$의 점근 보드 선도** : 극점 주파수 p_1을 기준으로 $\omega \leq 0.1p_1$이면 0°로 근사될 수 있고, $\omega = p_1$이면 −45°이며, $\omega \geq 10p_1$이면 −90°로 근사될 수 있으므로 [그림 4-3(b)]와 같이 그려진다. [그림 4-3(b)]에서 점선은 $-\tan^{-1}(\omega/p_1)$의 정확한 보드 선도를 나타낸다.

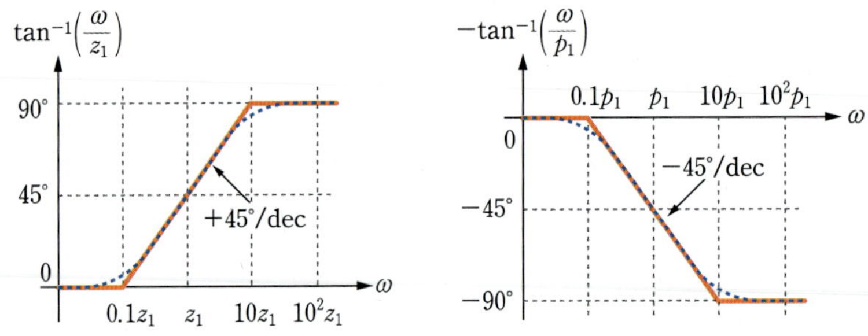

(a) $\tan^{-1}(\omega/z_1)$의 보드 선도 (b) $-\tan^{-1}(\omega/p_1)$의 보드 선도

그림 4-3 위상의 점근 보드 선도

예제 4-1

다음 전달함수의 점근 보드 선도를 그려라.

$$A(jw) = \frac{10^5}{\left(1+\dfrac{jw}{10^3}\right)\left(1+\dfrac{jw}{10^6}\right)^2}$$

풀이

(i) 크기의 점근 보드 선도

전달함수의 크기 $|A(j\omega)|$를 데시벨로 표현하면 다음과 같다.

$$|A(j\omega)|_{\text{dB}} = 100 - \left\{|1+j\omega/10^3|_{\text{dB}} + 2\times|1+j\omega/10^6|_{\text{dB}}\right\}$$

- 100dB : 주파수에 무관한 수평 직선([그림 4-4(a)]의 ❶)
- $-|1+j\omega/10^3|_{\text{dB}}$: 10^3rad/sec 이하의 주파수에서는 0dB로 근사되고, 10^3rad/sec 이상의 주파수에서는 −20dB/dec의 기울기를 갖는 직선([그림 4-4(a)]의 ❷)
- $-2\times|1+j\omega/10^6|_{\text{dB}}$: 10^6rad/sec 이하의 주파수에서는 0dB로 근사되고, 10^6rad/sec 이상의 주파수에서는 −40dB/dec의 기울기를 갖는 직선([그림 4-4(a)]의 ❸)

직선 ❶ ~ ❸을 더하면 주어진 전달함수 크기의 점근 보드 선도는 [그림 4-4(a)]와 같다.

(ii) 위상의 점근 보드 선도

전달함수의 위상 $\angle A(j\omega)$은 다음과 같다.

$$\angle A(jw) = -\left\{\tan^{-1}\left(\frac{w}{10^3}\right) + 2\times\tan^{-1}\left(\frac{w}{10^6}\right)\right\}$$

- $-\tan^{-1}\left(\dfrac{w}{10^3}\right)$: 10^2rad/sec 이하의 주파수에서는 0°로 근사되고 10^4rad/sec 이상의 주파수에서는 −90°/dec로 근사화되며, 10^2rad/sec에서 10^4rad/sec 사이에는 −45°/dec의 기울기를 갖는 직선([그림 4-4(b)]의 ❶)

• $-2\tan^{-1}\left(\dfrac{w}{10^6}\right)$: 10^5rad/sec 이하의 주파수에서는 0°로 근사되고 10^7rad/sec 이상의 주파수에서는 −180°/dec로 근사화되며, 10^5rad/sec에서 10^7rad/sec 사이에는 −90°/dec의 기울기를 갖는 직선 ([그림 4-4(b)]의 ❷)

직선 ❶ ~ ❷를 더하면 주어진 전달함수 위상의 점근 보드 선도는 [그림 4-4(b)]와 같다.

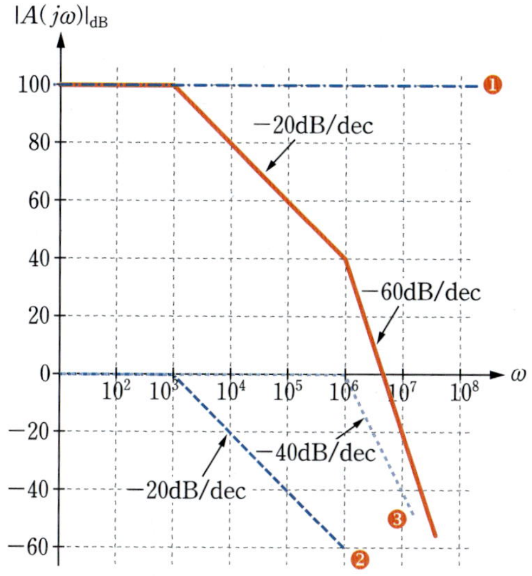

(a) 크기의 보드 선도

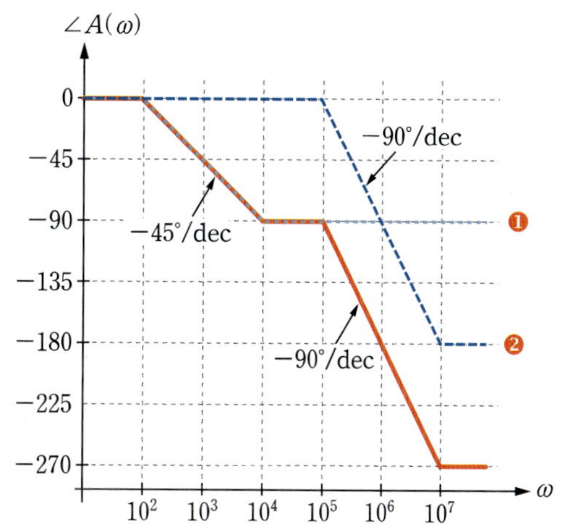

(b) 위상의 보드 선도

그림 4-4 [예제 4-1]의 점근 보드 선도

확인문제 4-1

[예제 4-1]의 점근 보드 선도에서 전달함수의 크기가 0dB이 되는 각주파수 w_{0dB}와 위상이 −135°가 되는 각주파수 w_{135}를 구하라.

답 $w_{0\text{dB}} \simeq 10^{6.67}$rad/sec, $w_{135} = 10^{5.5}$rad/sec

확인문제 4-2

다음 전달함수의 크기와 위상의 점근 보드 선도를 그려라.

$$A(s) = \frac{10s}{\left(1+\dfrac{s}{10^3}\right)\left(1+\dfrac{s}{10^5}\right)\left(1+\dfrac{s}{10^6}\right)}$$

답 생략

확인문제 4-3

[확인문제 4-2]의 점근 보드 선도에서 하측 차단 각주파수 w_L, 상측 차단 각주파수 w_H, 대역폭 BW의 근삿값을 구하라.

답 $w_L \simeq 10^3\text{rad/sec}$, $w_H \simeq 10^5\text{rad/sec}$, $BW \simeq 15.9\text{kHz}$

확인문제 4-4

[확인문제 4-2]의 점근 보드 선도에서 각주파수 $w_A = 10^{6.5}\text{rad/sec}$에서 전달함수의 크기 $|A(jw_A)|_{\text{dB}}$와 위상 $\phi(jw_A)$의 값을 구하라.

답 $|A(jw_A)|_{\text{dB}} = 40dB$, $\phi(jw_A) = -157.5°$

예제 4-2

[그림 4-5]의 보드 선도에서 중대역 이득은 $|A_m|_{\text{dB}} = 65\text{dB}$이다. f_L, f_H, 대역폭 BW, 이득-대역폭 곱 GBP의 근삿값을 구하라.

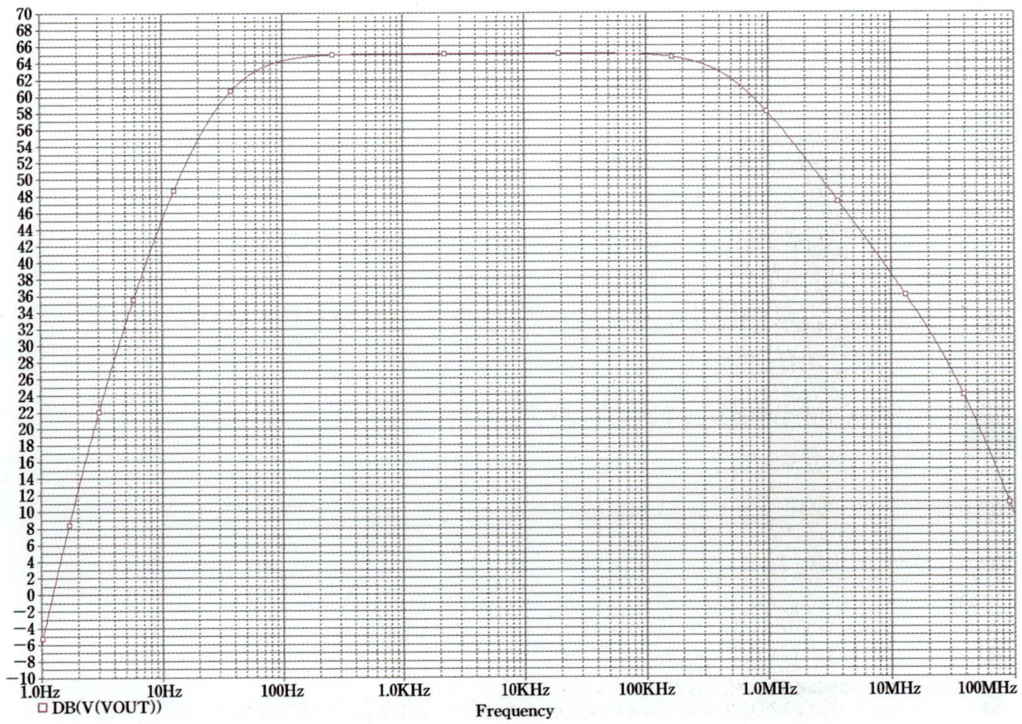

그림 4-5 [예제 4-2]의 보드 선도

풀이

보드 선도의 y축은 데시벨 값이며, x축은 로그 눈금이다. 보드 선도에 중대역 이득 $|A_m|_{dB}$, 하측 차단주파수 f_L, 상측 차단주파수 f_H, 대역폭 BW를 표시하면 [그림 4-6]과 같다. 중대역 이득 65dB을 환산하면 $|A_m| = 1,778.28$이며, $GBP = |A_m| \times BW \simeq 1778.28 \times 0.5 \times 10^6 = 889\text{MHz}$이다.

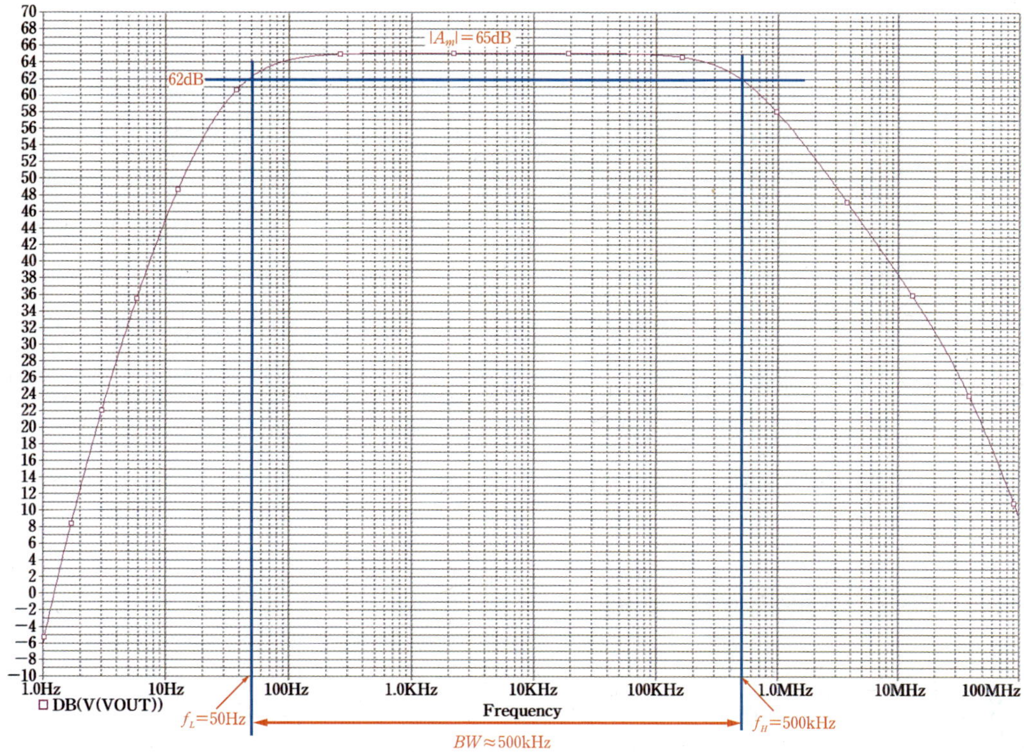

그림 4-6 [예제 4-2] 보드 선도의 파라미터 값

여기서 잠깐 데시벨의 정의

데시벨 decibel은 전압, 전류, 전력, 음량 등의 크기를 비교하기 위해 상용대수($\log_{10}X$)를 사용해 나타낸 비율의 단위이며, dB 기호를 사용한다. 전압, 전류, 음압 등이 기준 값에 대해 몇 배인가를 나타내는 비율 ratio을 상용대수로 나타낸 것에 20을 곱하면 데시벨 값이 되며, 전력의 경우에는 20이 아닌 10을 곱한다. 예를 들어, 전압이득 10을 데시벨로 나타내면 $20\log_{10}10 = 20\text{dB}$이 된다. 전압에 대해 1배는 0dB, 2배는 6dB, 5배는 14dB, 10배는 20dB이 된다.

- 전압비의 데시벨 표현 : $20\log_{10}\left(\dfrac{V_2}{V_1}\right)$
- 전력비의 데시벨 표현 : $10\log_{10}\left(\dfrac{P_2}{P_1}\right)$

4.1.3 BJT의 고주파 소신호 등가모델

BJT의 고주파 소신호 등가모델은 저주파 소신호 등가모델과 어떤 차이점을 갖는가?

증폭기를 구성하는 트랜지스터는 구조적인 요인에 의해 내부적으로 **기생 커패시턴스** parasitic capacitance 성분이 존재하며, 이는 증폭기의 상측 차단주파수 f_H에 영향을 미친다. 따라서 증폭기의 고주파 응답특성을 해석하기 위해서는 BJT 소자 내부의 기생 커패시턴스 성분이 포함된 고주파 등가모델을 사용해야 한다. 증폭기로 사용되는 BJT는 선형영역에서 동작하도록 이미터-베이스 접합이 순방향 바이어스되며, 베이스-컬렉터 접합은 역방향 바이어스된다. 선형영역에서 동작하는 BJT는 [그림 4-7]과 같이 접합에 기생 커패시턴스 성분이 존재한다. 순방향 바이어스된 이미터-베이스 접합에는 **확산 커패시턴스** diffusion capacitance 성분 C_π가 존재하며, 순방향 전압 변화 dV_{be}에 의해 베이스 영역으로 주입되는 소수 캐리어의 변화 dQ_b를 나타낸다. 역방향 바이어스된 베이스-컬렉터 접합에는 공핍영역에 의한 접합 커패시턴스 C_μ가 존재한다.

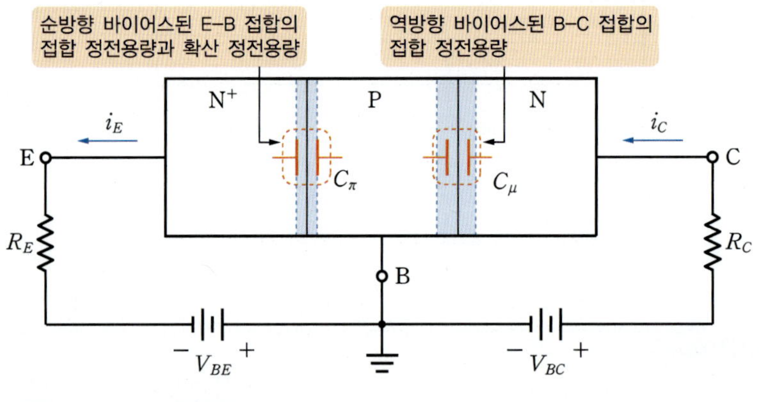

그림 4-7 BJT의 기생 커패시턴스 성분

[그림 4-8]은 기생 커패시턴스 C_π와 C_μ가 고려된 NPN형 BJT의 고주파 소신호 등가모델이다. 2.3절의 [그림 2-26]의 저주파 소신호 등가모델과 비교하여 이미터-베이스 접합의 확산 커패시턴스 C_π와 베이스-컬렉터 접합의 커패시턴스 C_μ가 추가되었다. C_π는 수 ~ 수십 pF 범위의 값을 가지며, C_μ는 수십 분의 1에서 수 pF 정도의 값을 갖는다. C_μ는 C_π에 비해 수십 분의 1 이하로 작은 값이지만, 증폭기의 이득만큼 증배되어 주파수 특성에 큰 영향을 미치게 된다. 이에 대해서는 4.3.1절에서 밀러정리 Miller theorem와 함께 살펴볼 것이다. [그림 4-8]의 고주파 소신호 등가모델에 포함된 기생 커패시턴스 C_π와 C_μ는 BJT 자체의 주파수 특성을 결정하는 요인이 된다.

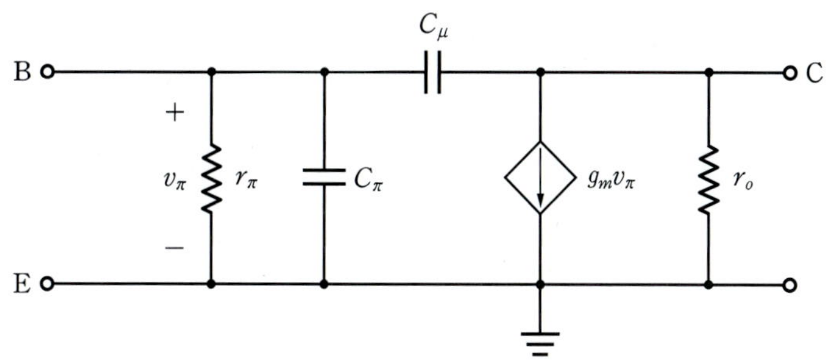

그림 4-8 NPN형 BJT의 고주파 소신호 등가모델

BJT의 컬렉터가 단락된 상태에서 순방향 단락short-circuit 전류이득의 **상측 차단주파수**(베타 차단주파수라고도 함) f_β는 식 (4.6)과 같이 주어진다.

$$f_\beta = \frac{1}{2\pi(C_\pi + C_\mu)r_\pi} \tag{4.6}$$

BJT의 순방향 단락 전류이득의 크기가 1이 되는 주파수를 **단위이득** unity-gain **주파수** f_T로 정의하며, 식 (4.7)과 같이 주어진다. f_T는 BJT가 전류를 증폭할 수 있는 최대 임계 주파수를 나타내며, 식 (4.7)로부터 $f_\beta < f_T$임을 알 수 있다.

$$f_T = \frac{g_m}{2\pi(C_\pi + C_\mu)} = \beta_o f_\beta \tag{4.7}$$

식 (4.7)에서 f_T는 중대역 전류이득 β_o와 상측 차단주파수(즉, 대역폭) f_β의 곱으로 표현되므로, f_T를 **단위이득 대역폭** unity-gain bandwidth이라고도 한다. 예를 들어, 2N2222A BJT는 $f_T = 300\text{MHz}$ 이고, MSC3130 BJT는 $f_T = 1.4\text{GHz}$ 이다.

Q BJT의 고주파 소신호 등가모델은?

A
- BJT 내부의 기생 커패시턴스 C_π, C_μ가 포함된 형태이며,
- C_π, C_μ가 작을수록 단위이득 주파수 f_T가 커서 고주파 응답특성이 좋다.

예제 4-3

$\beta_o = 100$, $C_\pi = 2.5\text{pF}$, $C_\mu = 0.5\text{pF}$, 컬렉터 바이어스 전류 $I_{CQ} = 0.52\text{mA}$ 인 경우에, BJT의 단위이득 주파수 f_T와 베타 차단주파수 f_β를 구하라.

풀이

2.3절의 식 (2.36)으로부터 BJT의 전달컨덕턴스 g_m은 다음과 같이 계산된다.

$$g_m = \frac{I_{CQ}}{V_T} = \frac{0.52\text{mA}}{26\text{mV}} = 20\text{mA/V}$$

식 (4.7)로부터 단위이득 주파수와 베타 차단주파수를 구하면 다음과 같다.

$$f_T = \frac{g_m}{2\pi(C_\pi + C_\mu)} = \frac{20 \times 10^{-3}}{2\pi \times (2.5 + 0.5) \times 10^{-12}} = 1.06\text{GHz}$$

$$f_\beta = \frac{f_T}{\beta_o} = \frac{1.06\text{GHz}}{100} = 10.6\text{MHz}$$

확인문제 4-5

$f_T = 885\text{MHz}$ 인 BJT가 컬렉터 바이어스 전류 $I_{CQ} = 0.52\text{mA}$ 로 순방향 활성영역에서 동작한다. 이미터-베이스 확산 커패시턴스 C_π 의 값을 구하라. 단, $C_\mu = 0.18\text{pF}$ 이다.

답 $C_\pi = 3.42\text{pF}$

4.1.4 MOSFET의 고주파 소신호 등가모델

MOSFET의 고주파 소신호 등가모델은 저주파 소신호 등가모델과 어떤 차이점을 갖는가?

MOSFET에 존재하는 기생 커패시턴스 성분들은 [그림 4-9]에서 보는 바와 같이 게이트-채널의 커패시턴스, 게이트-소오스/드레인 중첩 overlap에 의한 커패시턴스 그리고 소오스/드레인-기판의 접합 커패시턴스 등으로 구성된다. C_{gs}와 C_{gd}는 게이트-채널의 커패시턴스이다. C_{gso}와 C_{gdo}는 각각 게이트-소오스, 게이트-드레인 중첩에 의한 커패시턴스이며, MOSFET의 제조공정상 게이트 산화막이 소오스 및 드레인 영역과 중첩되어 발생되는 커패시턴스이다. C_{sb}와 C_{db}는 각각 소오스-기판, 드레인-기판의 역방향 바이어스된 PN 접합의 커패시턴스를 나타낸다. 게이트-채널의 커패시턴스는 트랜지스터의 동작모드에 따라 달라진다. 트랜지스터가 차단상태(즉, 채널이 형성되지 않은 상태)이면, 게이트 산화막에 의한 커패시턴스 C_{gox}와 채널-기판의 공핍영역에 의한 커패시턴스 C_{dep}가 직렬로 게이트-기판 커패시턴스 C_{gb}를 형성한다.

[그림 4-9]의 기생 커패시턴스 성분들이 고려된 N채널 MOSFET의 고주파 소신호 등가모델은 [그림 4-10]과 같으며, 게이트-소오스 커패시턴스 C_{gs}와 게이트-드레인 커패시턴스 C_{gd}는 각각 중첩 커패시턴스 C_{gso}와 C_{gdo}를 포함한다. 증폭기로 사용되는 MOSFET는 포화모드에서 동작하도록 바이어스되므로, 차단상태의 커패시턴스 C_{gb}는 소신호 등가모델

에 포함되지 않는다. C_{gs}와 C_{gd}는 MOSFET의 채널 길이와 채널 폭, 게이트 산화막 두께 등에 의해 결정되며, 통상 $C_{gs} > C_{gd}$이다.

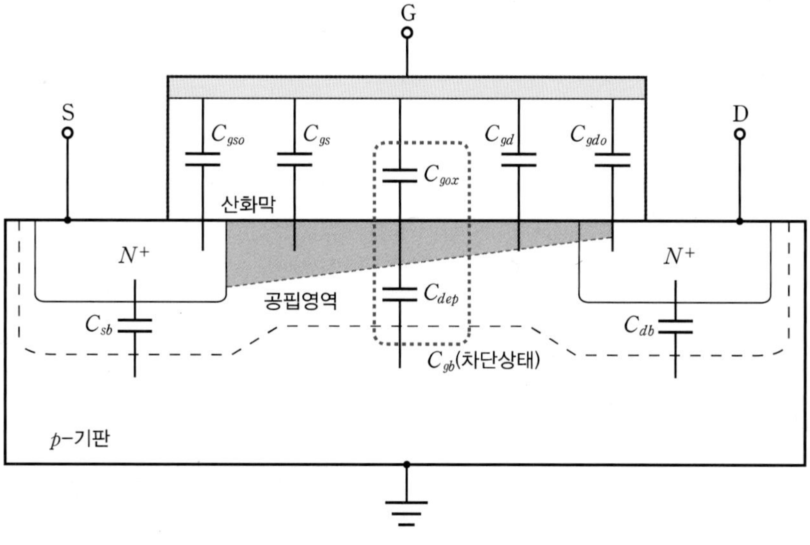

그림 4-9 증가형 N채널 MOSFET의 기생 커패시턴스 성분

MOSFET의 소신호 단락 전류이득의 크기가 1이 되는 단위이득 주파수 f_T는 [그림 4-10]의 고주파 소신호 등가회로에 포함된 기생 커패시턴스 C_{gs}와 C_{gd}에 의해 식 (4.8)과 같이 결정된다. 이때 g_m은 MOSFET의 전달컨덕턴스이다.

$$f_T = \frac{g_m}{2\pi(C_{gs} + C_{gd})} \tag{4.8}$$

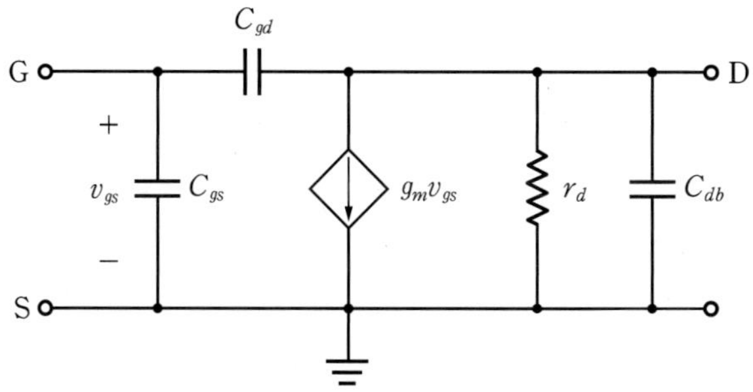

그림 4-10 N채널 MOSFET의 고주파 소신호 등가모델

Q MOSFET의 고주파 소신호 등가모델은?

A
- MOSFET 내부의 기생 커패시턴스 C_{gs}, C_{gd}, C_{db}가 포함된 형태이며,
- C_{gs}, C_{gd}, C_{db}가 작을수록 단위이득 주파수 f_T가 커서 고주파 응답특성이 좋아진다.

예제 4-4

N채널 MOSFET의 단위이득 주파수 f_T를 구하라. 단, MOSFET는 $I_{DQ}=2.0\text{mA}$로 바이어스되었으며, $K_n=4.0\text{mA/V}^2$, $C_{gs}=0.6\text{pF}$, $C_{gd}=0.12\text{pF}$이고, $\lambda=0$으로 가정한다.

풀이

식 (3.33)으로부터 MOSFET의 전달컨덕턴스 g_m은 다음과 같이 계산된다.

$$g_m=\sqrt{2K_nI_{DQ}}=\sqrt{2\times4\times10^{-3}\times2\times10^{-3}}=4.0\text{mA/V}$$

식 (4.7)로부터 MOSFET의 단위이득 주파수 f_T는 다음과 같이 계산된다.

$$f_T=\frac{g_m}{2\pi(C_{gs}+C_{gd})}=\frac{4.0\times10^{-3}}{2\pi\times(0.6+0.12)\times10^{-12}}=884.19\text{MHz}$$

확인문제 4-6

$f_T=1.2\text{GHz}$이고, $g_m=3.2\text{mA/V}$인 MOSFET의 게이트-소오스 커패시턴스 C_{gs} 값을 구하라. 단, $C_{gd}=0.12\text{pF}$이다.

답 $C_{gs}=0.3\text{pF}$

점검하기 다음 각 문제에서 맞는 것을 고르시오.

(1) 증폭기의 상측 및 하측 차단주파수는 중대역에 비해 출력전력이 $\left(\frac{1}{\sqrt{2}}, \frac{1}{2}\right)$배 감소하는 임계 주파수이다.
(2) 주파수가 낮을수록 증폭기 이득이 감소하는 특성을 (**저주파, 고주파**) 응답특성이라 한다.
(3) 증폭기의 하측 차단주파수 f_L은 트랜지스터 내부의 기생 커패시턴스에 의해 결정된다. (O, X)
(4) 증폭기 중대역 이득은 주파수에 무관하게 일정한 값을 갖는다. (O, X)
(5) 주어진 증폭기 회로의 이득과 대역폭은 서로 (**비례, 반비례**) 관계를 갖는다.
(6) BJT의 이미터-베이스 접합 확산 커패시턴스 C_π가 클수록 단위이득 주파수 f_T가 (**작다, 크다**).
(7) BJT의 확산 커패시턴스는 (**이미터-베이스, 베이스-컬렉터**) 접합에 나타난다.
(8) BJT의 단위이득 주파수 f_T는 베타 차단주파수 f_β보다 (**작다, 크다**).
(9) MOSFET 내부에 존재하는 기생 커패시턴스는 증폭기의 (**저주파, 고주파**) 응답특성에 영향을 미친다.
(10) MOSFET의 게이트-소오스 기생 커패시턴스 C_{gs}가 클수록 단위이득 주파수 f_T가 (**작다, 크다**).

SECTION 4.2

증폭기의 저주파 응답특성

증폭기의 저주파 응답특성은 신호의 주파수가 낮을수록 출력이 감소하는 특성이며, 결합 커패시터와 바이패스 커패시터의 영향에 의해 나타난다. 이 절에서는 단락회로 시상수법을 이용하여 결합 커패시터와 바이패스 커패시터가 하측 차단주파수에 미치는 영향을 이해하고, 이를 토대로 하측 차단주파수 조건을 만족하도록 결합 및 바이패스 커패시터의 값을 결정하는 방법을 알아본다. 저주파 영역에서는 트랜지스터 내부 기생 커패시턴스 영향이 무시될 수 있을 정도로 작으므로, 이를 고려하지 않는다.

4.2.1 결합 커패시터의 영향

결합 커패시터는 증폭기의 저주파 응답특성에 어떤 영향을 미치는가?

결합 커패시터 coupling capacitor는 증폭기의 입력단 또는 출력단에 사용되어 신호에 포함된 DC 성분을 제거하고 교류성분만 통과시키는 역할을 한다. 증폭기의 입력단에 사용되는 결합 커패시터는 신호원에 포함된 DC 성분을 제거하여 교류신호만 증폭기에 입력시키는 역할을 하며, 출력단의 결합 커패시터는 증폭기 출력에 포함된 DC 성분을 제거하여 교류신호만 부하로 공급하는 역할을 한다.

■ 결합 커패시터를 갖는 공통이미터 증폭기

[그림 4-11(a)]는 신호원과 증폭기 사이에 결합 커패시터 C_{C1}이 연결된 공통이미터 증폭기이다. 결합 커패시터 C_{C1}의 임피던스는 $\dfrac{1}{2\pi f C_{C1}}$이므로, 주파수가 높을수록 임피던스가 작아 신호 v_s가 증폭기로 잘 전달되고, 주파수가 낮을수록 임피던스가 커서 신호 v_s가 감쇠되어 증폭기로 전달되는 고역통과 high pass 회로로 동작한다. [그림 4-11(b)]의 소신호 등가회로를 이용하여 C_{C1}에 의한 주파수 응답특성을 해석한다. 해석을 단순화하기 위해 $r_\pi \ll R_1 \parallel R_2$이고, BJT의 소신호 컬렉터 저항은 $r_o \rightarrow \infty$로 가정한다.

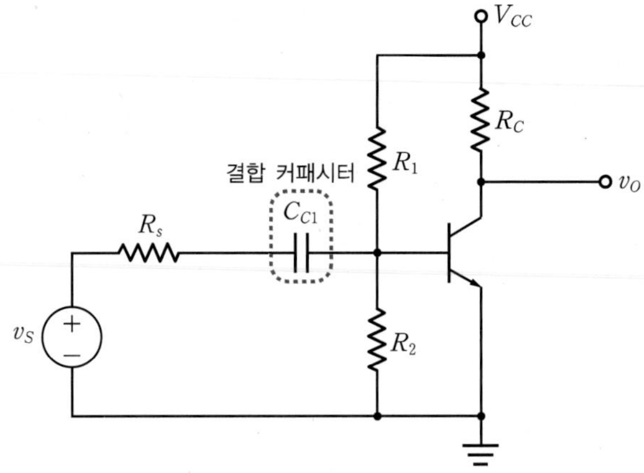

(a) 공통이미터 증폭기

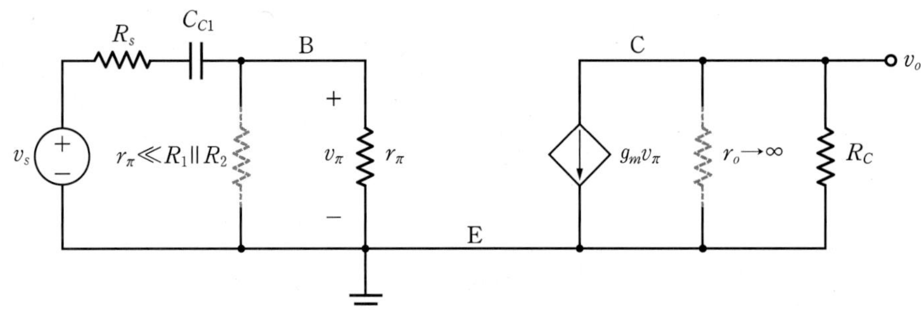

(b) 소신호 등가회로

그림 4-11 결합 커패시터를 갖는 공통이미터 증폭기

[그림 4-11(b)]의 소신호 등가회로에서 입력 시상수time constant τ_i는 커패시터 C_{C1}이 보는 등가저항 $R_{C1}=(R_s+r_\pi)$와 C_{C1}의 곱으로 식 (4.9)와 같이 주어진다.

$$\tau_i = R_{C1}C_{C1} \simeq (R_s+r_\pi)C_{C1} \tag{4.9}$$

증폭기의 하측 차단주파수 f_L은 식 (4.10)과 같이 시상수의 역수로 주어진다. 시상수는 증폭기의 하측 차단주파수를 구하거나 또는 주어진 하측 차단주파수를 만족하는 결합 커패시터 값을 결정할 때 유용하게 사용된다.

$$f_L = \frac{1}{2\pi\tau_i} \simeq \frac{1}{2\pi(R_s+r_\pi)C_{C1}} \tag{4.10}$$

[그림 4-11(b)]의 소신호 등가회로로부터 전압이득을 구하면 다음과 같이 표현된다.

$$A_v(s) \equiv \frac{v_o}{v_s} = \frac{A_{v0}}{1+w_L/s} \tag{4.11}$$

여기서 $A_{v0} = -\dfrac{\beta_o R_C}{R_s+r_\pi}$는 결합 커패시터 C_{C1}의 영향을 받지 않는 중대역 이득이며, 식 (2.49)와 동일하다. 식 (4.11)에서 $w_L = 2\pi f_L$은 식 (4.10)에 의해 $w_L = \dfrac{1}{(R_s+r_\pi)C_{C1}}$

로 주어진다. 식 (4.11)로부터, [그림 4-11] 공통이미터 증폭기의 주파수 특성은 [그림 4-12]의 보드 선도로 표현된다.

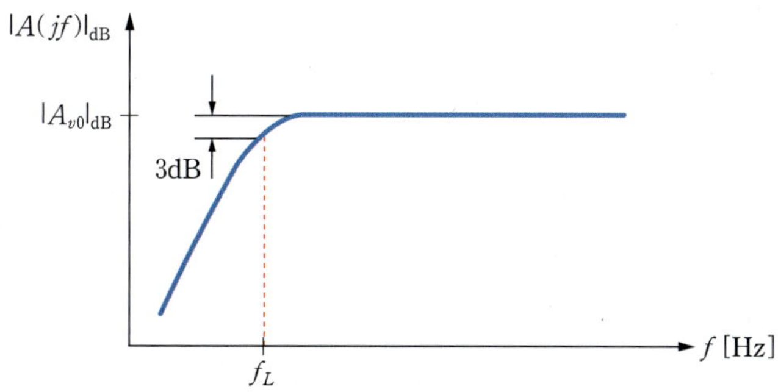

그림 4-12 결합 커패시터를 갖는 공통이미터 증폭기의 저주파 응답특성

Q 식 (4.10)의 의미는?

A 하측 차단주파수 f_L이 작아지도록 만들기 위해서는 결합 커패시터 C_{C1}을 충분히 큰 값으로 선택해야 한다.

핵심포인트 **결합 커패시터가 하측 차단주파수에 미치는 영향**

- 증폭기 입력단의 결합 커패시터 C_{C1}에 의한 입력 시상수가 클수록 하측 차단주파수 f_L이 작다.
- 주어진 하측 차단주파수 f_L을 만족하기 위한 결합 커패시터 값은 $C_{C1} \simeq \dfrac{1}{2\pi(R_s + r_\pi)f_L}$로 결정된다.

예제 4-5

[그림 4-11(a)]의 공통이미터 증폭기가 컬렉터 바이어스 전류 $I_{CQ} = 2.5\text{mA}$로 바이어스되어 있다. 중대역 이득 A_{v0}, 입력 시상수 τ_i와 하측 차단주파수 f_L을 구하라. 단, $R_s = 0.1\text{k}\Omega$, $R_C = 2\text{k}\Omega$, $C_{C1} = 10\mu\text{F}$, $\beta_o = 173$이다. $r_o = \infty$로 가정하며, 바이어스 저항 R_1, R_2의 영향은 무시한다.

풀이

먼저, 소신호 파라미터 값을 계산한다.

$$g_m = \frac{I_{CQ}}{V_T} = \frac{2.5 \times 10^{-3}}{26 \times 10^{-3}} = 96.15\text{mA/V}$$

$$r_\pi = \frac{\beta_o}{g_m} = \frac{173}{96.15 \times 10^{-3}} = 1.8\text{k}\Omega$$

파라미터 값을 대입하여 A_{v0}, τ_i, f_L을 계산한다.

$$|A_{v0}| = \frac{\beta_o R_C}{R_s + r_\pi} = \frac{173 \times 2 \times 10^3}{(0.1 + 1.8) \times 10^3} = 182.1\text{V/V} \ (\simeq 45.2\text{dB})$$

$$\tau_i \simeq (R_s + r_\pi) C_{C1} = (0.1 + 1.8) \times 10^3 \times 10 \times 10^{-6} = 19.0\text{ms}$$

$$f_L = \frac{1}{2\pi\tau_i} \simeq \frac{1}{2\pi \times 19 \times 10^{-3}} = 8.38\text{Hz}$$

2N3904 BJT 소자를 사용한 PSPICE 시뮬레이션 결과는 [그림 4-13]과 같으며, 시뮬레이션 결과로 얻어진 하측 차단주파수는 약 9.22Hz이다. 수식 계산으로 얻은 결과와의 차이는 식 (4.10)에서 바이어스 저항 R_1, R_2의 영향을 무시했기 때문이다.

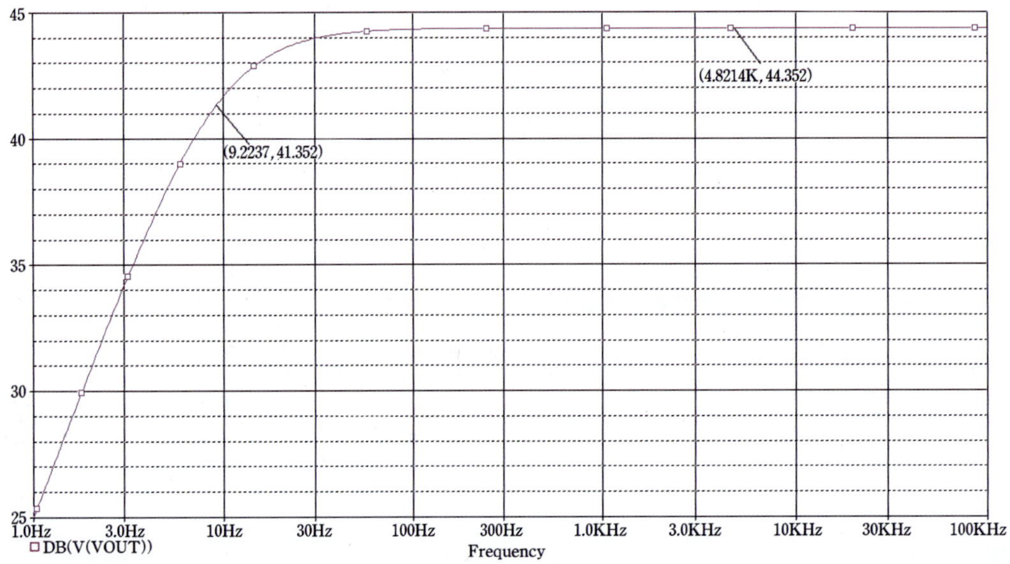

그림 4-13 [예제 4-5]의 AC 시뮬레이션 결과

예제 4-6

[예제 4-5]의 공통이미터 증폭기에서 결합 커패시터 C_{C1} 값의 변화에 따라 하측 차단주파수 f_L이 어떤 영향을 받는지 시뮬레이션을 통해 확인하라. 단, C_{C1} 값을 제외한 다른 조건들은 [예제 4-5]와 동일하게 유지한다.

풀이

결합 커패시터 C_{C1}의 값을 0.1μF, 0.5μF, 1.0μF, 5.0μF, 10μF, 20μF으로 변화시키면서 시뮬레이션을 실행한 결과는 [그림 4-14]와 같다. 시뮬레이션 결과로 얻어진 하측 차단주파수는 [표 4-1]과 같으며, 결합 커패시터 C_{C1}의 값이 클수록 하측 차단주파수가 작아짐을 확인할 수 있다.

표 4-1 결합 커패시터 C_{C1} 값에 따른 공통이미터 증폭기의 하측 차단주파수

$C_{C1}\,[\mu F]$	0.1	0.5	1.0	5.0	10	20
$f_L\,[Hz]$	918.8	184.3	92.2	18.4	9.2	4.6

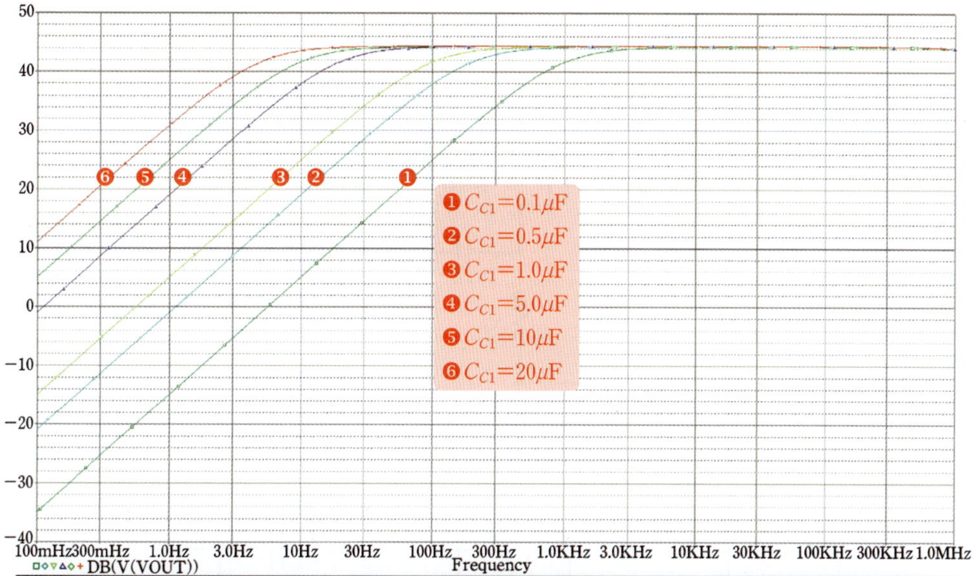

Measurement	1	2	3	4	5	6
Cutoff_Highpass_3dB(V(vout))	918.761250	184.325841	92.204058	18.445464	9.223687	4.611448

Click here to evaluate a new measurement...

그림 4-14 [예제 4-6]의 시뮬레이션 결과

확인문제 4-7

[그림 4-11(a)]의 증폭기에서 하측 차단주파수 $f_L \simeq 25\text{Hz}$가 되도록 C_{C1}의 값을 구하라. 단, 회로의 모든 조건은 [예제 4-5]와 동일하다.

답 $C_{C1} = 3.3\mu F$

■ 결합 커패시터를 갖는 공통드레인 증폭기

[그림 4-15(a)]는 공통드레인 증폭기의 드레인 출력과 부하저항 R_L 사이에 결합 커패시터 C_{C2}가 연결된 예이다. 주파수가 높을수록 결합 커패시터 C_{C2}의 임피던스가 작아지므로, 드레인의 교류신호가 부하로 잘 전달되며, 낮은 주파수 영역에서는 C_{C2}의 임피던스가 커서 교류신호가 부하로 전달되지 못하는 고역통과 회로로 동작한다. [그림 4-15(b)]의 소신호 등가회로를 이용하여 C_{C2}에 의한 주파수 특성을 해석해본다. 해석을 단순화하기 위해

$R_{SS} \ll R_1 \parallel R_2$이고, MOSFET의 소신호 드레인 저항은 $r_d \rightarrow \infty$로 가정한다. 3.4.3절의 식 (3.54)로부터 공통드레인 증폭기의 출력저항은 $R_o = \dfrac{1}{g_m}$이다.

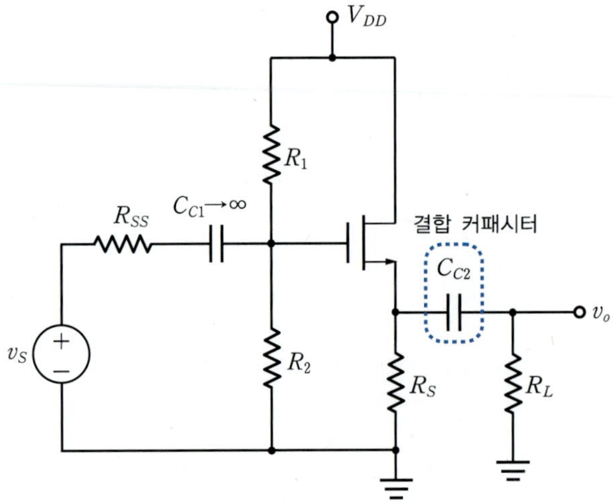

(a) 공통드레인 증폭기

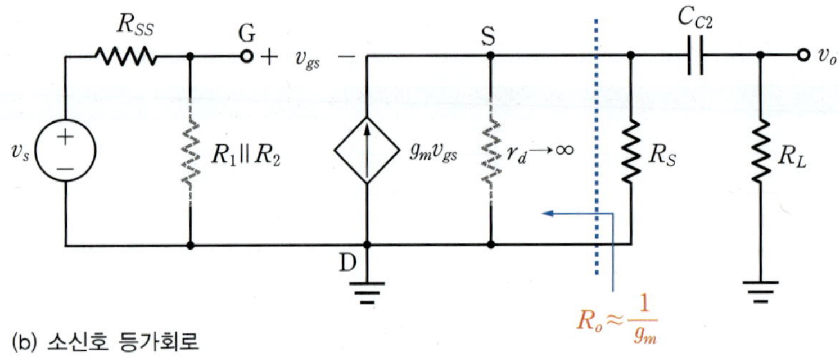

(b) 소신호 등가회로

그림 4-15 결합 커패시터를 갖는 공통드레인 증폭기

[그림 4-15(b)]의 소신호 등가회로에서 커패시터 C_{C2}가 보는 등가저항은 식 (4.12)와 같으며, $\dfrac{1}{g_m} \ll R_S$와 $\dfrac{1}{g_m} \ll R_L$을 적용하여 근사화할 수 있다.

$$R_{C2} = \left(\frac{1}{g_m} \parallel R_S\right) + R_L \simeq R_L \tag{4.12}$$

따라서 출력 시상수 τ_o는 다음과 같으며

$$\tau_o = R_{C2} C_{C2} \simeq R_L C_{C2} \tag{4.13}$$

하측 차단주파수 f_L은 식 (4.14)와 같다.

$$f_L = \frac{1}{2\pi\tau_o} \simeq \frac{1}{2\pi R_L C_{C2}} \tag{4.14}$$

Q 식 (4.14)의 의미는?

A 하측 차단주파수 f_L이 작은 값을 갖도록 만들기 위해서는 결합 커패시터 C_{C2}를 충분히 큰 값으로 선택해야 한다.

핵심포인트 **결합 커패시터가 하측 차단주파수에 미치는 영향**

- 증폭기 출력단의 결합 커패시터 C_{C2}에 의한 출력 시상수가 클수록 하측 차단주파수 f_L이 작다.
- 주어진 하측 차단주파수 f_L을 만족하기 위한 결합 커패시터 값은 $C_{C2} \simeq \dfrac{1}{2\pi R_L f_L}$로 결정된다.

예제 4-7

[그림 4-15(a)]의 공통드레인 증폭기가 드레인 바이어스 전류 $I_{DQ} = 1.98\text{mA}$로 바이어스되어 있다. 출력 시상수 τ_o와 하측 차단주파수 f_L을 구하라. $R_S = 2\text{k}\Omega$, $R_L = 2\text{k}\Omega$, $C_{C2} = 2.2\mu\text{F}$이다. 소신호 드레인 저항은 $r_d = \infty$로 가정하며, 바이어스 저항 R_1, R_2의 영향도 무시한다.

풀이

식 (4.13)과 식 (4.14)로부터 출력 시상수와 하측 차단주파수를 구하면 다음과 같다.

$$\tau_o \simeq R_L C_{C2} = 2 \times 10^3 \times 2.2 \times 10^{-6} = 4.4\text{ms}$$

$$f_L = \frac{1}{2\pi\tau_o} \simeq \frac{1}{2\pi \times 4.4 \times 10^{-3}} = 36.17\text{Hz}$$

2N6660 MOSFET 소자를 사용한 PSPICE 시뮬레이션 결과는 [그림 4-16]과 같다. 시뮬레이션 결과로부터 구한 하측 차단주파수는 약 35Hz이며, 수식에 의해 근사적으로 계산된 값과 거의 일치한다.

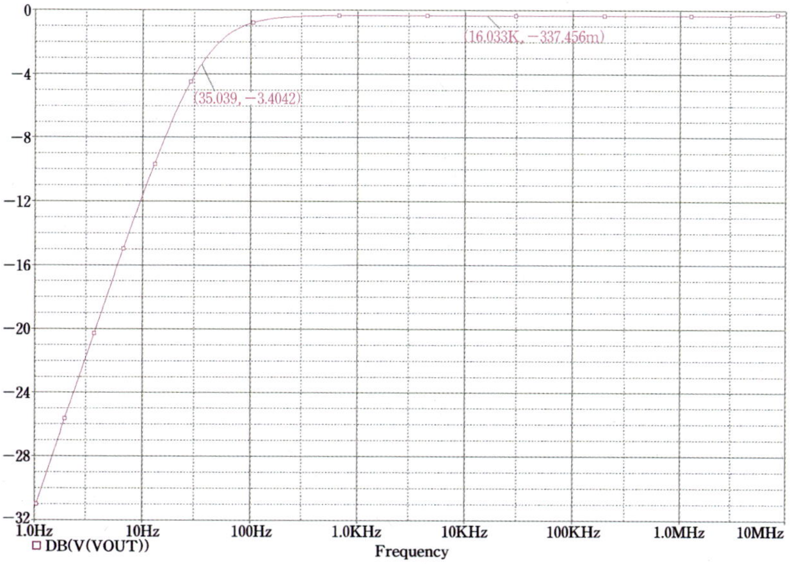

그림 4-16 [예제 4-7]의 AC 시뮬레이션 결과

예제 4-8

[예제 4-7]의 공통드레인 증폭기에서 결합 커패시터 C_{C2} 값의 변화에 따라 하측 차단주파수 f_L이 어떤 영향을 받는지 시뮬레이션을 통해 확인하라. 단, C_{C2} 값을 제외한 다른 조건들은 [예제 4-7]과 동일하게 유지한다.

풀이

결합 커패시터 C_{C2}의 값을 $0.5\mu F$, $1.0\mu F$, $2.0\mu F$, $4.0\mu F$, $6.0\mu F$으로 변화시키면서 시뮬레이션을 실행한 결과는 [그림 4-17]과 같다. 시뮬레이션 결과로 얻어진 하측 차단주파수는 [표 4-2]와 같으며, 결합 커패시터 C_{C2}의 값이 클수록 하측 차단주파수가 작아짐을 확인할 수 있다.

표 4-2 결합 커패시터 C_{C2} 값에 따른 공통드레인 증폭기의 하측 차단주파수

C_{C2}[μF]	0.5	1.0	2.0	4.0	6.0
f_L[Hz]	160	80	40	20	13

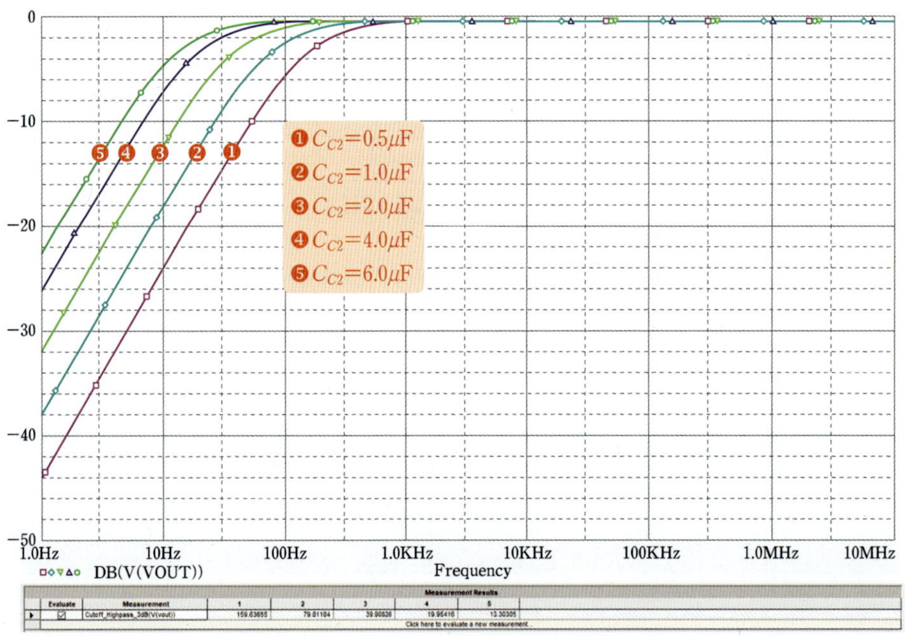

그림 4-17 [예제 4-8]의 시뮬레이션 결과

확인문제 4-8

[그림 4-15(a)] 공통드레인 증폭기의 하측 차단주파수 근삿값이 $f_L \simeq 100\text{Hz}$가 되도록 C_{C2} 값을 구하라. 단, 회로의 모든 조건은 [예제 4-7]과 동일하다.

답 $C_{C2} = 0.8\mu\text{F}$

확인문제 4-9

[그림 4-18]의 공통컬렉터 증폭기 회로에서 결합 커패시터 C_{C2}에 의한 출력 시상수 τ_o와 하측 차단주파수 f_L을 구하라. 단, 컬렉터 바이어스 전류 $I_{CQ} = 2.4\text{mA}$로 바이어스되어 있고, $R_E = 3.3\text{k}\Omega$, $R_L = 2\text{k}\Omega$, $C_{C2} = 2.2\mu\text{F}$이다. 소신호 컬렉터 저항 r_o와 바이어스 저항 R_1, R_2의 영향은 무시한다.

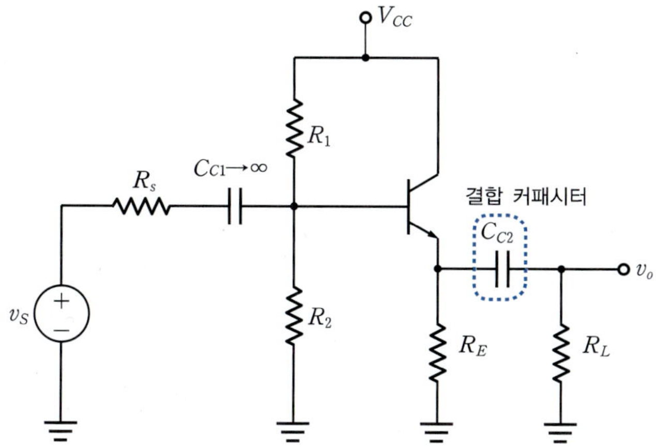

그림 4-18 결합 커패시터 C_{C2}를 갖는 공통컬렉터 증폭기

답 $\tau_o = 4.4\text{ms}$, $f_L \simeq 36\text{Hz}$

4.2.2 바이패스 커패시터의 영향

바이패스 커패시터는 증폭기의 저주파 응답특성에 어떤 영향을 미치는가?

2.4.2절과 3.4.2절에서 설명된 바와 같이, 공통이미터, 공통소오스 증폭기의 동작점을 안정화시키기 위해 이미터 저항 R_E, 소오스 저항 R_S가 사용된다. 이미터 저항, 소오스 저항에 의한 전압이득 감소를 방지하기 위해 이미터 저항, 소오스 저항에 병렬로 바이패스 커패시터가 사용된다. 바이패스 커패시터는 증폭기의 저주파 특성에 영향을 미친다.

[그림 4-19(a)]는 바이패스 커패시터 C_S를 갖는 공통소오스 증폭기이다. [그림 4-19(b)]의 소신호 등가회로로부터 시상수 τ_S를 구하여 하측 차단주파수를 구할 수 있다. 해석을 단순화하기 위해 $R_{ss} \ll R_1 \| R_2$이고, MOSFET의 소신호 드레인 저항은 $r_d \to \infty$로 가정한다. [그림 4-19(b)]의 소신호 등가회로의 소오스 단자에서 본 등가저항은 식 (3.54)로부터 $R_o = \dfrac{1}{g_m}$이다. 따라서 시상수 τ_S는 식 (4.15)와 같으며, $\dfrac{1}{g_m} \ll R_S$를 적용하여 근사화할 수 있다.

$$\tau_S = (R_o \parallel R_S)C_S = \left(\frac{1}{g_m} \parallel R_S\right)C_S \simeq \frac{C_S}{g_m} \tag{4.15}$$

따라서 하측 차단주파수 f_L은 식 (4.16)과 같다.

$$f_L = \frac{1}{2\pi\tau_S} \simeq \frac{g_m}{2\pi C_S} \tag{4.16}$$

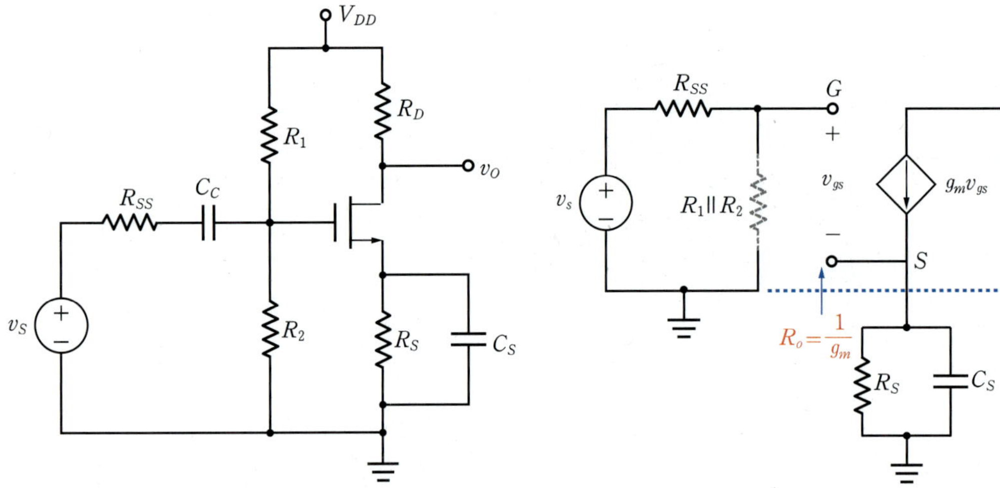

(a) 공통소오스 증폭기

(b) 소신호 등가회로

그림 4-19 바이패스 커패시터를 갖는 공통소오스 증폭기와 소신호 등가회로

Q 식 (4.16)의 의미는?

A 하측 차단주파수 f_L이 작은 값을 갖도록 만들기 위해서는 바이패스 커패시터 C_S를 충분히 큰 값으로 선택해야 한다.

핵심포인트 **바이패스 커패시터가 하측 차단주파수에 미치는 영향**

- 바이패스 커패시터 C_S에 의한 시상수가 클수록 하측 차단주파수 f_L이 작다.
- 하측 차단주파수 f_L을 만족하기 위한 바이패스 커패시터 값은 $C_S \simeq \frac{g_m}{2\pi f_L}$으로 결정된다.

예제 4-9

[그림 4-19(a)]의 공통소오스 증폭기가 $I_{DQ} = 1.1\text{mA}$로 바이어스되어 있다. 바이패스 커패시터 C_S에 의한 시상수 τ_S와 하측 차단주파수 f_L을 구하라. 단, MOSFET의 $K_n = 117 \times 10^{-3}\text{mA/V}^2$이고, $R_{SS} = 0.2\text{k}\Omega$, $R_S = 1.5\text{k}\Omega$, $R_D = 4.7\text{k}\Omega$, $C_S = 56\mu\text{F}$이다. MOSFET의 소신호 드레인 저항 r_d와 바이어스 저항 R_1, R_2의 영향은 무시한다.

풀이

먼저 전달컨덕턴스 값을 계산한다.

$$g_m = \sqrt{2K_n I_{DQ}} = \sqrt{2 \times 117 \times 10^{-3} \times 1.1 \times 10^{-3}} = 16\text{mA/V}$$

식 (4.15)로부터 시상수 τ_S를 계산한다.

$$\tau_S = \left(\frac{1}{g_m} \parallel R_S\right) C_S = \left(\frac{1}{16 \times 10^{-3}} \parallel 1.5 \times 10^3\right) \times 56 \times 10^{-6} = 3.36\text{ms}$$

$$\therefore f_L = \frac{1}{2\pi\tau_S} \simeq \frac{1}{2\pi \times 3.36 \times 10^{-3}} = 47.37\text{Hz}$$

2N6660 MOSFET 소자를 사용한 PSPICE 시뮬레이션 결과는 [그림 4-20]과 같으며, 시뮬레이션 결과로 얻어진 하측 차단주파수는 약 $f_L = 56.5\,\text{Hz}$이다. 수식 계산으로 얻은 결과와 약 16% 정도 차이가 있으나, 이는 근사화에 의한 오차이다.

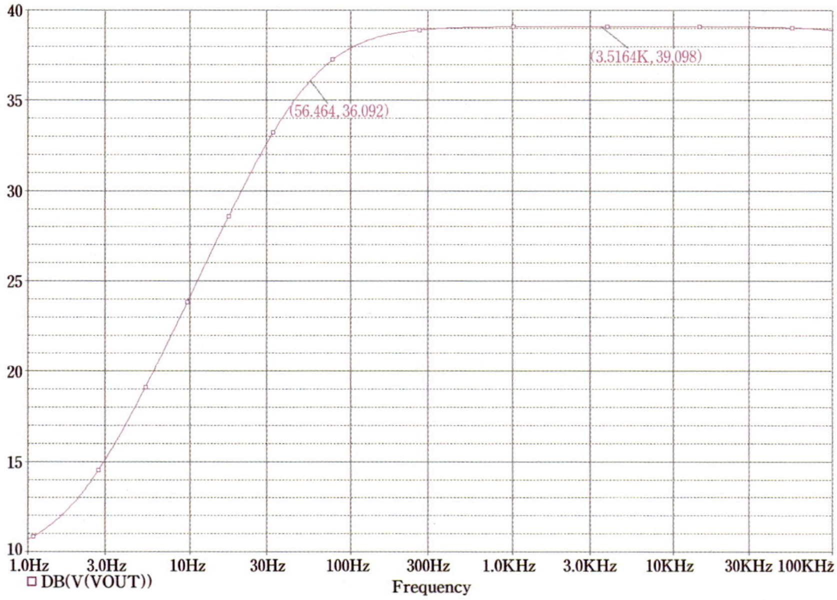

그림 4-20 [예제 4-9]의 AC 시뮬레이션 결과

예제 4-10

[예제 4-9]의 공통소오스 증폭기에서 바이패스 커패시터 C_S 값의 변화에 따라 하측 차단주파수 f_L이 어떤 영향을 받는지 시뮬레이션을 통해 확인하라. 단, C_S 값을 제외한 다른 조건들은 [예제 4-9]와 동일하게 유지한다.

풀이

바이패스 커패시터 C_S의 값을 $10\mu\text{F}$, $30\mu\text{F}$, $50\mu\text{F}$, $100\mu\text{F}$, $300\mu\text{F}$으로 변화시키면서 시뮬레이션을 실행한 결과는 [그림 4-21]과 같다. 시뮬레이션 결과로 얻어진 하측 차단주파수는 [표 4-3]과 같으며, 바이패스 커패시터 C_S의 값이 클수록 하측 차단주파수가 작아짐을 확인할 수 있다.

표 4-3 바이패스 커패시터 C_S 값에 따른 공통소오스 증폭기의 하측 차단주파수

$C_S[\mu\text{F}]$	10	30	50	100	300
$f_L[\text{Hz}]$	316.5	105.6	63.3	31.7	10.6

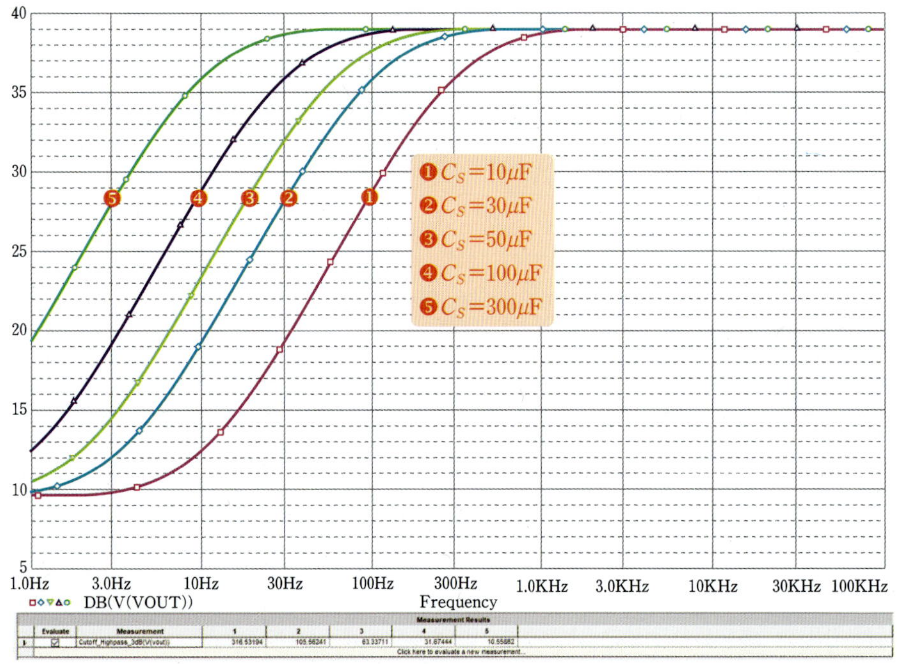

그림 4-21 [예제 4-10]의 시뮬레이션 결과

확인문제 4-10

[그림 4-19(a)]의 공통소오스 증폭기에서 하측 차단주파수가 근사적으로 $f_L \simeq 80\text{Hz}$가 되도록 바이패스 커패시터 C_S의 값을 구하라. 단, 회로의 모든 조건은 [예제 4-9]와 동일하다.

답 $C_S \simeq 32\mu\text{F}$

확인문제 4-11

[그림 4-22]의 공통이미터 증폭기 회로에서 BJT는 $I_{CQ} = 1.3\text{mA}$로 바이어스되어 있다. 바이패스 커패시터 C_E에 의한 시상수 τ_E와 하측 차단주파수 f_L을 구하라. 단, $R_s = 0.2\text{k}\Omega$, $R_E = 2.7\text{k}\Omega$, $R_C = 5\text{k}\Omega$,

$C_E = 56\mu\text{F}$ 이다. 소신호 컬렉터 저항 r_o와 바이어스 저항 R_1, R_2의 영향은 무시한다.

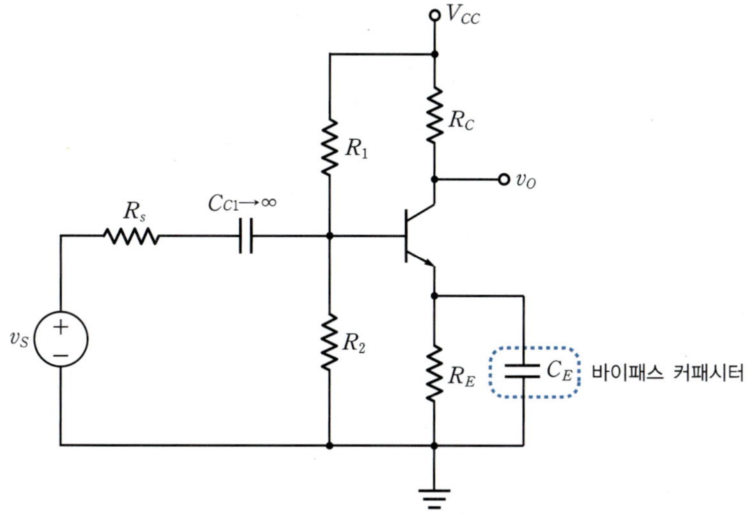

그림 4-22 바이패스 커패시터 C_E를 갖는 공통이미터 증폭기

답 $\tau_E = 1.12\,\text{ms}$, $f_L \simeq 142\,\text{Hz}$

4.2.3 결합 및 바이패스 커패시터의 영향

결합 및 바이패스 커패시터를 갖는 증폭기의 하측 차단주파수는 어떻게 결정되는가?

지금까지는 하나의 결합 또는 바이패스 커패시터만 존재하는 경우의 주파수 응답특성을 해석했다. 이제 [그림 4-23(a)]와 같이 입력단 결합 커패시터 C_{C1}, 출력단 결합 커패시터 C_{C2}, 그리고 이미터 바이패스 커패시터 C_E가 모두 존재하는 경우의 주파수 응답특성에 대해 알아본다.

소신호 등가회로를 이용하여 전압이득을 구하고, 이로부터 극점 주파수와 영점 주파수를 구하여 증폭기의 주파수 응답특성을 해석할 수 있다. 그러나 이 방법은 복잡한 수식 전개를 필요로 하므로, 시상수법을 이용하여 근사적인 해석을 한다. 즉 각각의 커패시터가 갖는 시상수를 독립적으로 구한 후, 이들에 의한 하측 차단주파수를 모두 더하면 전체 증폭기의 근사적인 하측 차단주파수를 구할 수 있다. 이때 시상수가 구해지는 커패시터를 제외한 나머지 커패시터들은 단락시켜 회로에 영향을 미치지 않도록 하므로, **단락회로 시상수법**이라고 한다.

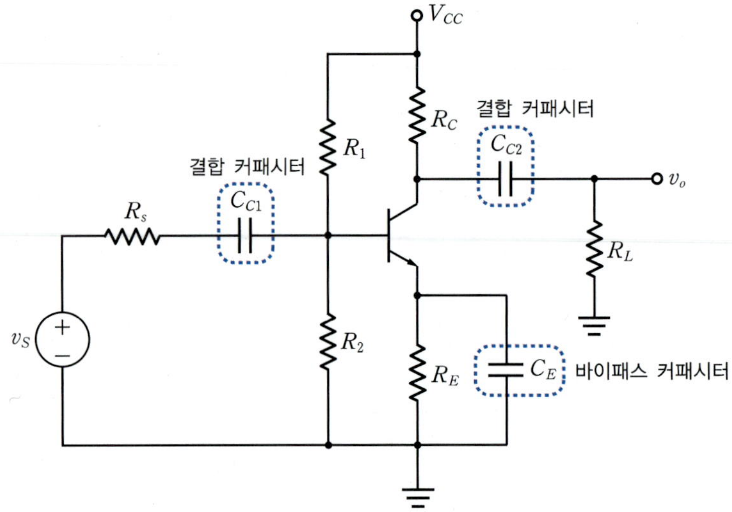

(a) 공통이미터 증폭기

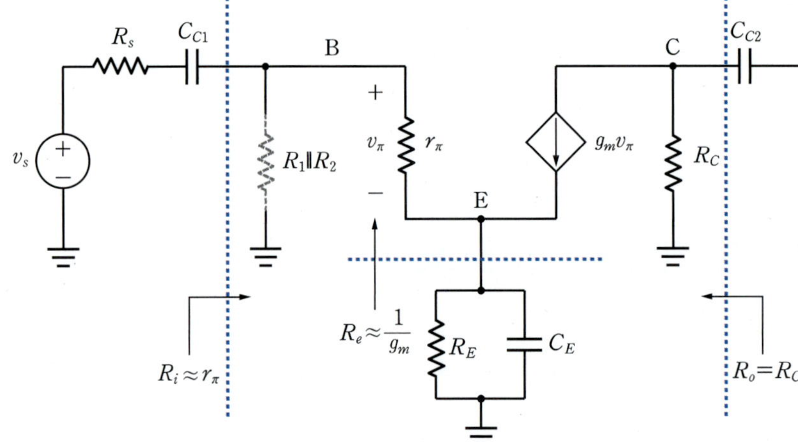

(b) 소신호 등가회로

그림 4-23 결합 및 바이패스 커패시터를 갖는 공통이미터 증폭기와 소신호 등가회로

해석을 단순화하기 위해 $r_\pi \ll R_1 \| R_2$이고, BJT의 소신호 컬렉터 저항은 $r_o \to \infty$로 가정한다.

- **입력단 결합 커패시터 C_{C1}에 의한 시상수** : [그림 4-23(b)]의 소신호 등가회로에서 C_{C2}와 C_E를 단락시킨 상태에서 C_{C1}에 의한 시상수는 다음과 같다.

$$\tau_{C1} \simeq (R_s + r_\pi) C_{C1} \tag{4.17}$$

- **출력단 결합 커패시터 C_{C2}에 의한 시상수** : [그림 4-23(b)]의 등가회로에서 C_{C1}과 C_E를 단락시킨 상태에서 C_{C2}에 의한 시상수는 다음과 같다.

$$\tau_{C2} \simeq (R_C + R_L) C_{C2} \tag{4.18}$$

- **바이패스 커패시터 C_E에 의한 시상수** : [그림 4-23(b)]의 등가회로에서 C_{C1}과 C_{C2}를 단락시킨 상태에서 C_E에 의한 시상수는 다음과 같다.

$$\tau_E \simeq \frac{C_E}{g_m} \tag{4.19}$$

- **[그림 4-23(a)] 공통이미터 증폭기의 하측 차단주파수 f_L** : 각 커패시터에 의한 하측 차단주파수의 합으로 구해지며, 식 (4.17)~식 (4.19)에 의해 다음과 같다.

$$\begin{aligned} f_L &= \frac{1}{2\pi}\left(\frac{1}{\tau_{C1}}+\frac{1}{\tau_{C2}}+\frac{1}{\tau_E}\right)= f_{L,C1}+f_{L,C2}+f_{L,CE} \\ &\simeq \frac{1}{2\pi}\left(\frac{1}{(R_s+r_\pi)C_{C1}}+\frac{1}{(R_C+R_L)C_{C2}}+\frac{g_m}{C_E}\right) \end{aligned} \tag{4.20}$$

Q 식 (4.20)의 의미는?

A

- 하측 차단주파수 f_L이 작은 값을 갖도록 만들기 위해서는 결합 및 바이패스 커패시터를 충분히 큰 값으로 선택해야 한다.
- 보통 $\frac{1}{g_m} < (R_C+R_L)$이고 $\frac{1}{g_m} < (R_s+r_\pi)$이므로, 바이패스 커패시터 C_E에 의한 하측 차단주파수 $f_{L,CE}$가 충분히 작아지기 위해서는 $C_E > C_{C1}$, $C_E > C_{C2}$로 결정해야 한다.

핵심포인트 결합 및 바이패스 커패시터에 의한 하측 차단주파수

- 하측 차단주파수는 각 커패시터에 의한 하측 차단주파수의 합으로 계산된다.
- 하측 차단주파수는 각 커패시터가 갖는 단락회로 시상수 역수의 합으로 계산된다.

예제 4-11

[그림 4-23(a)]의 공통이미터 증폭기가 컬렉터 바이어스 전류 $I_{CQ}=1.0\text{mA}$로 바이어스되어 있다. 단락회로 시상수법을 적용하여 하측 차단주파수 f_L을 구하라. 단, $R_s=0.2\text{k}\Omega$, $R_E=4.3\text{k}\Omega$, $R_C=4.7\text{k}\Omega$, $R_L=3\text{k}\Omega$, $C_{C1}=C_{C2}=5\mu\text{F}$, $C_E=120\mu\text{F}$, $\beta_o=153$, $V_{CC}=10\text{V}$이다. $r_o=\infty$로 가정하며, 바이어스 저항 R_1, R_2의 영향은 무시한다.

풀이

바이어스 전류로부터 소신호 파라미터 값을 계산한다.

$$g_m = \frac{I_{CQ}}{V_T} = \frac{1.0\times10^{-3}}{26\times10^{-3}} = 38.46\text{mA/V}$$

$$r_\pi = \frac{\beta_o}{g_m} = \frac{153}{38.46\times10^{-3}} = 3.98\text{k}\Omega$$

식 (4.17)로부터 시상수 τ_{C1}은 다음과 같다.

$$\tau_{C1} \simeq (R_s + r_\pi)C_{C1} = (0.2 + 3.98) \times 5 \times 10^{-3} = 20.9\text{ms}$$

식 (4.18)로부터 시상수 τ_{C2}는 다음과 같다.

$$\tau_{C2} \simeq (R_C + R_L)C_{C2} = (4.7 + 3) \times 5 \times 10^{-3} = 38.5\text{ms}$$

식 (4.19)로부터 시상수 τ_{CE}는 다음과 같다.

$$\tau_E \simeq \frac{C_E}{g_m} = \frac{120}{38.46} \times 10^{-3} = 3.12\text{ms}$$

계산된 값을 식 (4.20)에 대입하면 하측 차단주파수는 다음과 같이 계산된다.

$$f_L = \frac{1}{2\pi}\left(\frac{1}{\tau_{C1}} + \frac{1}{\tau_{C2}} + \frac{1}{\tau_E}\right)$$

$$\simeq \frac{1}{2\pi}\left(\frac{1}{20.9 \times 10^{-3}} + \frac{1}{38.5 \times 10^{-3}} + \frac{1}{3.12 \times 10^{-3}}\right) = 62.76\text{Hz}$$

2N3904 BJT 소자를 사용한 PSPICE 시뮬레이션 결과는 [그림 4-24]와 같으며, 시뮬레이션 결과로 얻어진 하측 차단주파수는 약 56.12Hz 이다. 수식 계산으로 얻은 결과와 약 12% 차이가 있으나, 이는 근사화에 의한 오차이다.

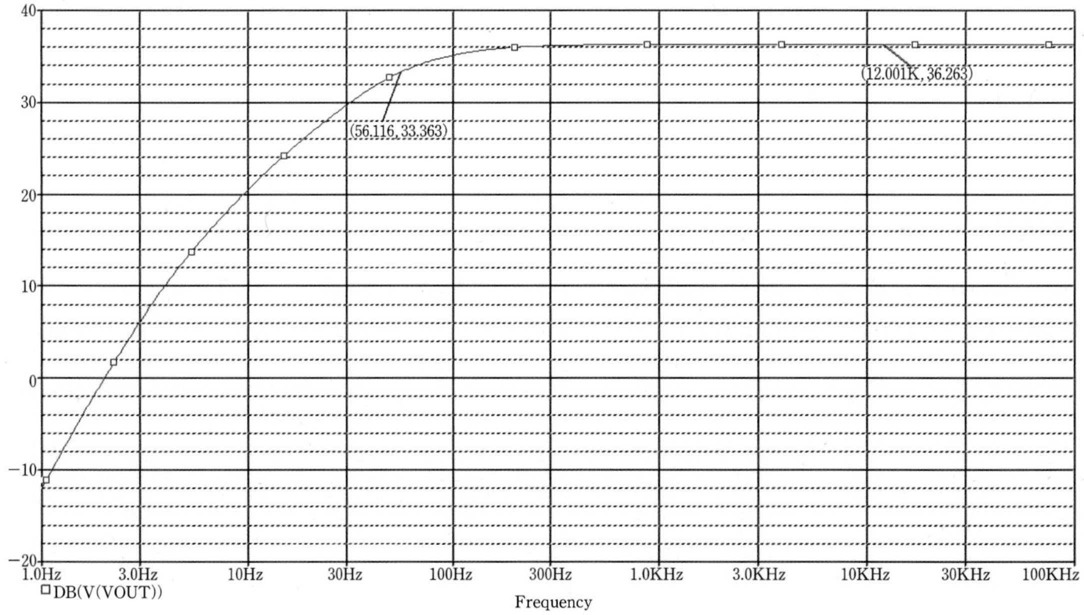

그림 4-24 [예제 4-11]의 AC 시뮬레이션 결과

여기서 잠깐 **주어진 f_L을 만족하도록 결합 및 바이패스 커패시터 값 결정**

식 (4.20)에서 볼 수 있듯이 f_L은 C_{C1}, C_{C2}, C_E에 의한 시상수 역수의 합으로 결정되므로, 설계자는 각 커패시터에 의한 시상수가 어느 정도 f_L에 기여하도록 할 것인지를 정해야 한다. 각 시상수가 $\frac{1}{3}$씩 f_L에 기여하도록 결정할 수 있으며, 또는 이들 중 어느 하나가 f_L의 대부분을 결정하도록 설계할 수도 있다. [그림 4-23(a)]의 회로에서 각 커패시터가 보는 등가저항 (R_s+r_π), (R_C+R_L), $\frac{1}{g_m}$ 중 $\frac{1}{g_m}$이 가장 작은 값을 가지므로, 시상수 τ_E가 f_L에 가장 큰 영향을 미친다. 예를 들어, 시상수 τ_E가 f_L에 80% 정도 기여하도록 하고, 나머지 시상수 τ_{C1}과 τ_{C2}에 의해 각각 10% 정도씩 기여하도록 설계할 수 있다. 주어진 설계사양 f_L이 만족되면서 설계된 회로의 커패시터 값이 최소가 되도록 하는 것이 바람직하다.

예제 4-12

[그림 4-23(a)]의 공통이미터 증폭기에서 하측 차단주파수가 근사적으로 $f_L \simeq 100\text{Hz}$가 되도록 설계하라. 단, 회로의 모든 조건은 [예제 4-11]과 동일하다.

풀이

시상수 τ_E에 의해 $0.8f_L$이 되도록 하고, 나머지 시상수 τ_{C1}과 τ_{C2}에 의해 각각 $0.1f_L$이 되도록 설계한다.

- 식 (4.19)로부터 C_E 값 결정

$$C_E \simeq \frac{g_m}{2\pi \times 0.8f_L} = \frac{38.46\times 10^{-3}}{2\pi\times 80} = 76.5\mu\text{F}$$

- 식 (4.17)로부터 C_{C1} 값 결정

$$C_{C1} \simeq \frac{1}{2\pi\times 0.1f_L\times(R_s+r_\pi)} = \frac{1}{2\pi\times 10\times 4.18\times 10^3} = 3.8\mu\text{F}$$

- 식 (4.18)로부터 C_{C2} 값 결정

$$C_{C2} = \frac{1}{2\pi\times 0.1f_L\times(R_C+R_L)} = \frac{1}{2\pi\times 10\times 7.7\times 10^3} = 2.07\mu\text{F}$$

점검하기 **다음 각 문제에서 맞는 것을 고르시오.**

(1) 결합 커패시터는 증폭기의 (**하측, 상측**) 차단주파수에 영향을 미친다.
(2) 결합 커패시턴스 값이 클수록 하측 차단주파수가 (**작다, 크다**).
(3) 바이패스 커패시터는 증폭기의 (**하측, 상측**) 차단주파수에 영향을 미친다.
(4) 바이패스 커패시턴스 값이 클수록 하측 차단주파수가 (**작다, 크다**).
(5) 결합 및 바이패스 커패시터에 의한 하측 차단주파수는 각 커패시터가 갖는 단락회로 시상수의 (**합, 역수의 합**)으로 계산된다.

SECTION 4.3

BJT 증폭기의 고주파 응답특성

핵심이 보이는 **전자회로**

증폭기의 고주파 응답특성은 트랜지스터 내부의 기생 커패시턴스와 부하 커패시턴스에 의해 나타나며, 상측 차단주파수에 영향을 미친다. 전달함수(전압이득)를 구하여 해석할 수 있으나, 다소 복잡한 수식 전개 과정이 필요하다. 이 절에서는 **개방회로 시상수법** open-circuit time constant method을 적용하여 간략화된 방법으로 해석한다. 4.2절에서 설명한 결합 및 바이패스 커패시터의 값이 충분히 커서 고주파 응답특성에 미치는 영향이 무시될 수 있을 정도로 작다고 가정한다. 이 절에서는 공통이미터, 공통컬렉터, 공통베이스 증폭기의 고주파 응답특성에 대해 살펴본다.

4.3.1 공통이미터 증폭기의 고주파 응답특성

- **공통이미터 증폭기의 상측 차단주파수에 영향을 미치는 요인은 무엇인가?**
- **밀러효과는 공통이미터 증폭기의 주파수 응답특성에 어떤 영향을 미치는가?**
- **부하 커패시턴스는 공통이미터 증폭기의 주파수 응답특성에 어떤 영향을 미치는가?**

[그림 4-25(a)]는 공통이미터 증폭기 회로이며, BJT 내부의 기생 커패시턴스 C_π와 C_μ가 포함된 고주파 소신호 등가회로는 [그림 4-25(b)]와 같다. 결합 커패시터 C_{C1}과 바이패스 커패시터 C_E가 충분히 큰 값을 가져 신호 주파수 범위에서 임피던스가 무시할 수 있을 정도로 작다고 가정한다. 해석을 단순화하기 위해 바이어스 저항 $R_1 \parallel R_2$의 영향을 무시하고, BJT의 소신호 컬렉터 저항은 $r_o \to \infty$로 가정한다.

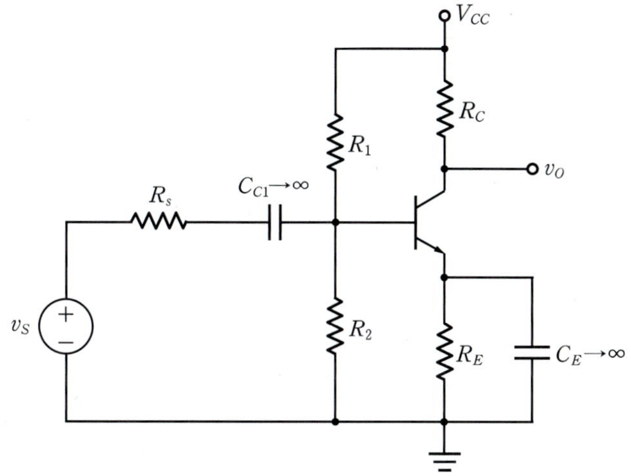

(a) 공통이미터 증폭기

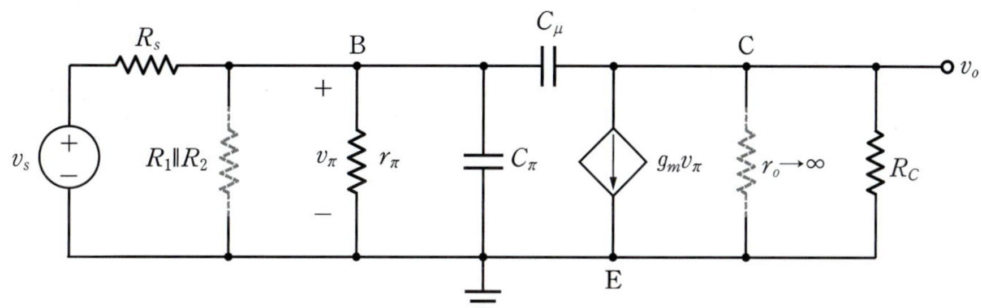

(b) 고주파 소신호 등가회로

그림 4-25 공통이미터 증폭기 및 고주파 소신호 등가회로

여기서 잠깐 ▶ **밀러정리** Miller's theorem

[그림 4-26(a)]와 같이 전압이득이 K인 증폭기의 입력과 출력 사이에 어드미턴스 admittance (임피던스의 역수) Y가 연결된 경우, [그림 4-26(b)]와 같이 입력 쪽의 어드미턴스 Y_1과 출력 쪽의 어드미턴스 Y_2로 분리할 수 있다. Y_1과 Y_2는 각각 다음과 같이 정의된다.

$$Y_1 = Y(1-K), \quad Y_2 = Y\left(1-\frac{1}{K}\right)$$

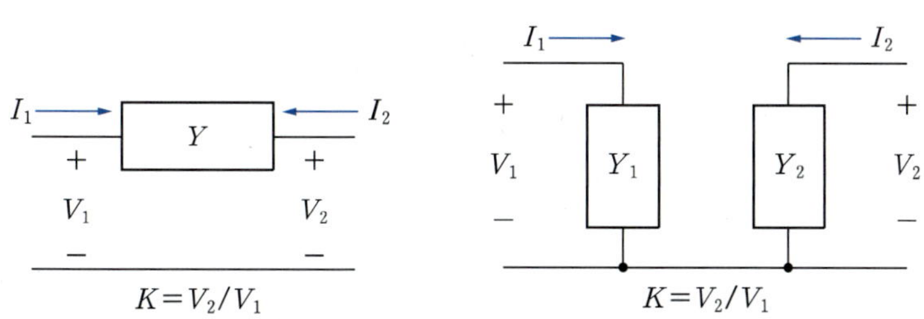

(a) (b)

그림 4-26 밀러정리

밀러정리를 적용하여 [그림 4-25(b)]의 고주파 소신호 등가회로를 다시 그리면 [그림 4-27]과 같으며, 여기서 C_μ에 의해 입력 쪽에 나타나는 커패시턴스 C_{M1}과 출력 쪽에 나타나는 커패시턴스 C_{M2}는 각각 다음과 같다.

$$C_{M1} = (1 + g_m R_C) C_\mu \tag{4.21a}$$

$$C_{M2} = \left(1 + \frac{1}{g_m R_C}\right) C_\mu \simeq C_\mu \tag{4.21b}$$

식 (4.21)에서 $g_m R_C$는 공통이미터 증폭기 전압이득의 크기이며, $g_m R_C \gg 1$이면, $C_{M2} \simeq C_\mu$로 근사화될 수 있다. 식 (4.21a)에 의하면, C_μ는 증폭기의 이득만큼 곱해져서 입력 쪽에 C_{M1}으로 나타나며, 이와 같은 현상을 **밀러효과**Miller effect라고 한다. [그림 4-27]로부터, 공통이미터 증폭기의 총 입력 커패시턴스 C_i는 식 (4.22)와 같으며,

$$C_i = C_\pi + C_{M1} = C_\pi + (1 + g_m R_C) C_\mu \tag{4.22}$$

$g_m R_C \gg 1$인 경우의 출력 커패시턴스 C_o는 다음과 같다.

$$C_o \simeq C_\mu \tag{4.23}$$

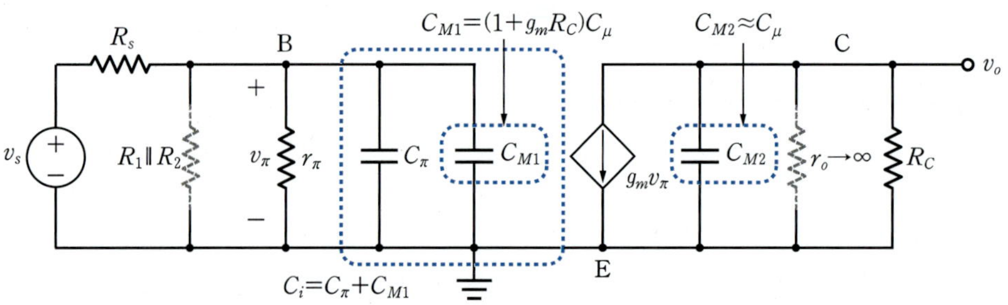

그림 4-27 밀러정리를 적용한 공통이미터 증폭기의 고주파 등가회로

공통이미터 증폭기의 상측 차단주파수를 구해보자. [그림 4-27]의 등가회로에서 입력 커패시턴스 C_i가 보는 등가저항은 $R_B = R_s \| r_\pi$이고, 출력 커패시턴스 C_o가 보는 등가저항은 R_C이므로, 증폭기의 입력 시상수 τ_i와 출력 시상수 τ_o는 각각 식 (4.24), 식 (4.25)와 같다.

$$\tau_i = R_B C_i = (R_s \| r_\pi)[C_\pi + (1 + g_m R_C) C_\mu] \tag{4.24}$$

$$\tau_o = R_C C_o \simeq R_C C_\mu \tag{4.25}$$

여기서 시상수 τ_i는 커패시터 C_o가 개방된 상태의 시상수이고, 시상수 τ_o는 커패시터 C_i가 개방된 상태의 시상수이며, 이들을 개방회로 시상수라고 한다. 증폭기의 상측 차단주파수 f_H는 개방회로 시상수 합의 역수이므로, 식 (4.26)과 같다.

$$f_H \simeq \frac{1}{2\pi(\tau_i+\tau_o)} = \frac{1}{2\pi\left[(R_S \parallel r_\pi)\{C_\pi+(1+g_m R_C)C_\mu\}+R_C C_\mu\right]} \tag{4.26}$$

한편, 상측 차단주파수가 f_H인 증폭기의 전압이득은 식 (4.27)과 같이 표현되며, 이를 보드 선도로 나타내면 [그림 4-28]과 같다. 식 (4.27)에서 $A_{v0} \simeq -g_m R_C$는 공통이미터 증폭기의 중대역 이득이며, 2.4.1절에서 C_π와 C_μ가 고려되지 않은 상태에서 구한 식 (2.50)과 동일하다.

$$A_v(s) = \frac{A_{v0}}{1+s/w_H} = \frac{A_{v0}}{1+s(\tau_i+\tau_o)} \tag{4.27}$$

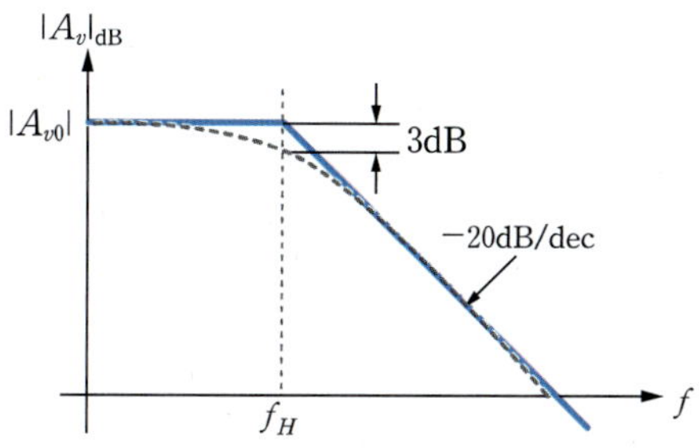

그림 4-28 공통이미터 증폭기의 고주파 응답특성

Q 식 (4.26)의 의미는?

A
- 밀러효과에 의해, 공통이미터 증폭기의 중대역 이득 $|A_{v0}| \simeq g_m R_C$와 상측 차단주파수 f_H 사이에 상충관계[trade-off]가 존재한다.
- 큰 대역폭(상측 차단주파수)을 얻기 위해서는 밀러효과가 최소화되는 증폭기 구조(캐스코드 증폭기 구조)를 사용해야 한다.

예제 4-13

[그림 4-25(a)]의 공통이미터 증폭기가 컬렉터 바이어스 전류 $I_{CQ}=1.0\text{mA}$로 바이어스되어 있다. 밀러 커패시턴스 C_{M1}, 개방회로 입력 시상수 τ_i, 개방회로 출력 시상수 τ_o, 상측 차단주파수 f_H를 구하라. 단, $\beta_o=154$, $C_\pi=17.9\text{pF}$, $C_\mu=2.79\text{pF}$, $R_s=0.2\text{k}\Omega$, $R_E=3.3\text{k}\Omega$, $R_C=5\text{k}\Omega$이며, $V_{CC}=10\text{V}$이다. $r_o=\infty$이고, 결합 및 바이패스 커패시터는 ∞로 가정하며, 바이어스 저항 R_1, R_2의 영향은 무시한다.

풀이

먼저, 바이어스 전류로부터 소신호 파라미터 값을 계산한다.

$$g_m = \frac{I_{CQ}}{V_T} = \frac{1.0\times10^{-3}}{26\times10^{-3}} = 38.46\text{mA/V}$$

$$r_\pi = \frac{\beta_o}{g_m} = \frac{154}{38.46 \times 10^{-3}} = 4.0\text{k}\Omega$$

식 (4.21a)로부터 밀러 커패시턴스 C_{M1}을 구하면 다음과 같다.

$$C_{M1} = (1 + g_m R_C) C_\mu = (1 + 38.46 \times 5.0) \times 2.79 \times 10^{-12} = 539.3\text{pF}$$

식 (4.22)로부터 입력 커패시턴스 C_i를 구하면 다음과 같다.

$$C_i = C_\pi + C_{M1} = (17.9 + 539.3) \times 10^{-12} = 557.2\text{pF}$$

C_i를 식 (4.24)에 대입하여 개방회로 입력 시상수 τ_i를 계산하면 다음과 같다.

$$\tau_i = (R_s \parallel r_\pi) C_i = (0.2 \parallel 4) \times 10^3 \times 557.2 \times 10^{-12} = 106.13\text{ns}$$

식 (4.25)로부터 출력 시상수 τ_o를 계산한다.

$$\tau_o \simeq R_C C_\mu = 5.0 \times 10^3 \times 2.79 \times 10^{-12} = 13.95\text{ns}$$

따라서 식 (4.26)으로부터 상측 차단주파수를 계산하면 다음과 같다.

$$f_H \simeq \frac{1}{2\pi(\tau_i + \tau_o)} = \frac{1}{2\pi \times (106.13 + 13.95) \times 10^{-9}} = 1.33\text{MHz}$$

2N3904 BJT 소자를 사용한 PSPICE 시뮬레이션 결과는 [그림 4-29]와 같으며, 시뮬레이션 결과로 얻어진 상측 차단주파수는 약 1.38MHz이다. 근사화에 의한 오차를 고려하면 계산 결과와 거의 일치함을 확인할 수 있다.

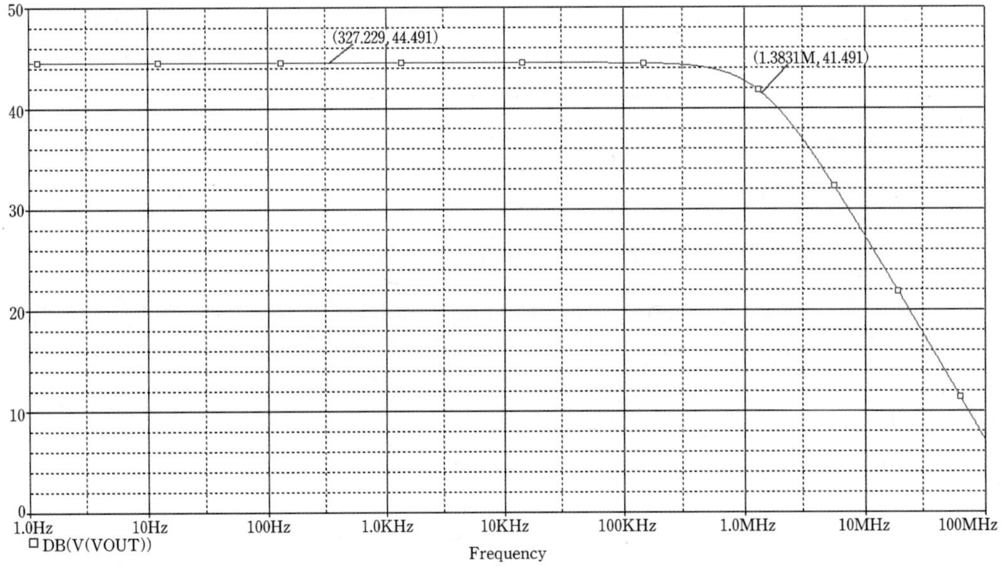

그림 4-29 [예제 4-13]의 AC 시뮬레이션 결과

예제 4-14

[그림 4-30]의 공통이미터 증폭기에서 부하저항 R_L 값의 변화(전압이득의 변화)에 따라 상측 차단주파수 f_H가 어떤 영향을 받는지 시뮬레이션을 통해 확인하라. 단, 부하저항 R_L 값을 제외한 다른 조건들은 [예제 4-13]과 동일하게 유지한다.

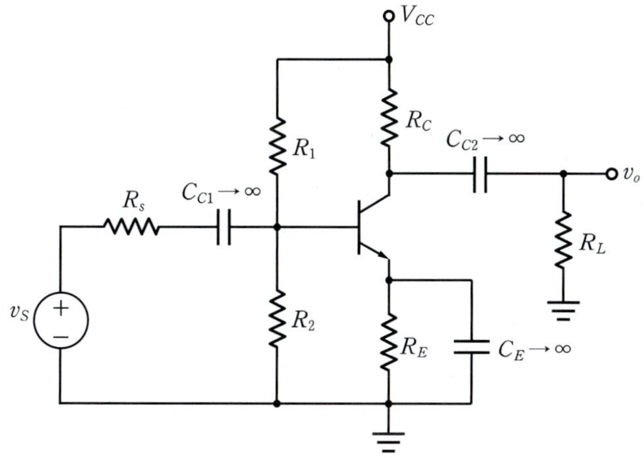

그림 4-30 [예제 4-14]의 시뮬레이션 회로

풀이

부하저항 R_L의 값을 1.5kΩ, 3kΩ, 5kΩ, 10kΩ, 15kΩ으로 변화시키면서 시뮬레이션을 실행한 결과는 [그림 4-31]과 같다. 시뮬레이션 결과로 얻어진 상측 차단주파수 f_H, 중대역 이득 A_{v0}, 이득-대역폭 곱을 [표 4-4]에 나타냈다. 증폭기의 중대역 전압이득이 클수록 상측 차단주파수가 작음을 확인할 수 있으며, [예제 4-14] 증폭기의 이득-대역폭 곱은 근사적으로 $GBP \simeq 220\text{MHz}$로 나타났다.

표 4-4 부하저항 R_L 값에 따른 공통이미터 증폭기의 중대역 이득, 상측 차단주파수, 이득-대역폭 곱

R_L[kΩ]	1.5	3	5	10	15
A_{v0}[V/V]	40.65	65.44	86.55	114.18	127.77
f_H[MHz]	5.18	3.37	2.60	2.0	1.80
GBP[MHz]	210.57	220.53	225.03	228.36	230.0

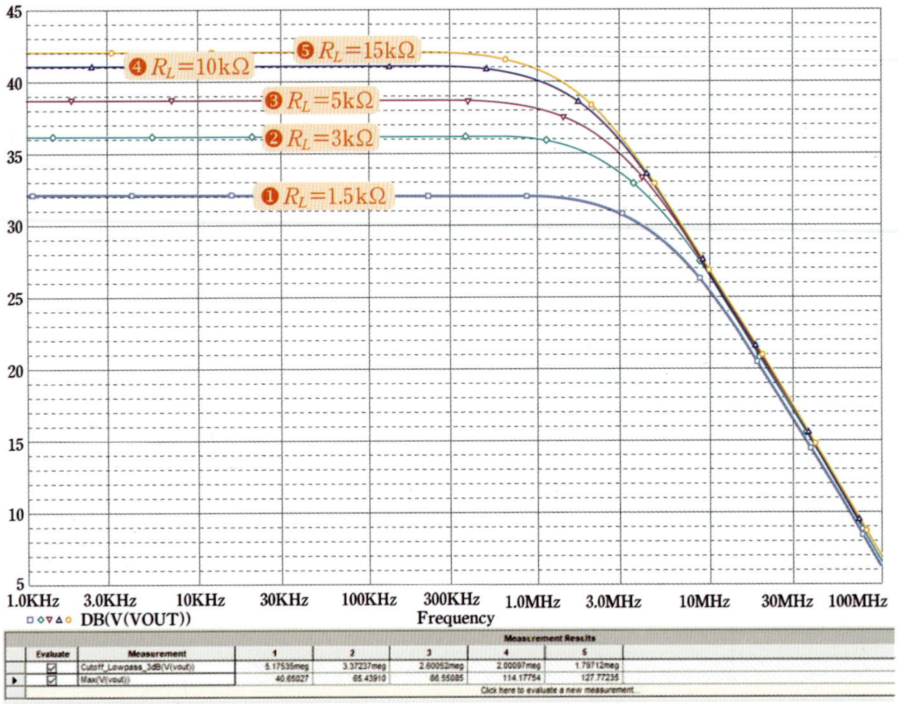

그림 4-31 [예제 4-14]의 시뮬레이션 결과

▪ 부하 커패시턴스 C_L의 영향

증폭기 출력에 용량성capacitive 부하가 연결되는 경우, 주파수 응답특성에 어떤 영향을 미치는지 알아본다. [그림 4-32(a)]는 공통이미터 증폭기의 출력에 부하저항 R_L과 커패시터 C_L이 연결된 경우를 보이고 있다. BJT에 고주파 소신호 등가모델과 밀러정리를 적용하여 등가회로로 나타내면 [그림 4-32(b)]와 같다. 증폭기의 총 입력 커패시턴스 C_i는 식 (4.22)에 R_C 대신 $(R_C \| R_L)$을 대입한 것과 동일하다. 증폭기의 이득이 $g_m(R_C \| R_L) \gg 1$인 경우의 출력 커패시턴스 C_o는 식 (4.28)과 같다.

$$C_o \simeq C_\mu + C_L \tag{4.28}$$

개방회로 입력 시상수는 식 (4.24)에서 R_C를 $R_C \| R_L$로 대체한 것이며, 개방회로 출력 시상수는 식 (4.29)와 같다.

$$\tau_o = (R_C \| R_L) C_o \simeq (R_C \| R_L)(C_\mu + C_L) \tag{4.29}$$

증폭기의 상측 차단주파수는 개방회로 시상수 합의 역수이므로, 식 (4.30)과 같다.

$$\begin{aligned} f_H &\simeq \frac{1}{2\pi(\tau_i + \tau_o)} \\ &= \frac{1}{2\pi\left[(R_s \| r_\pi)\{C_\pi + (1 + g_m(R_C \| R_L))C_\mu\} + (R_C \| R_L)(C_\mu + C_L)\right]} \end{aligned} \tag{4.30}$$

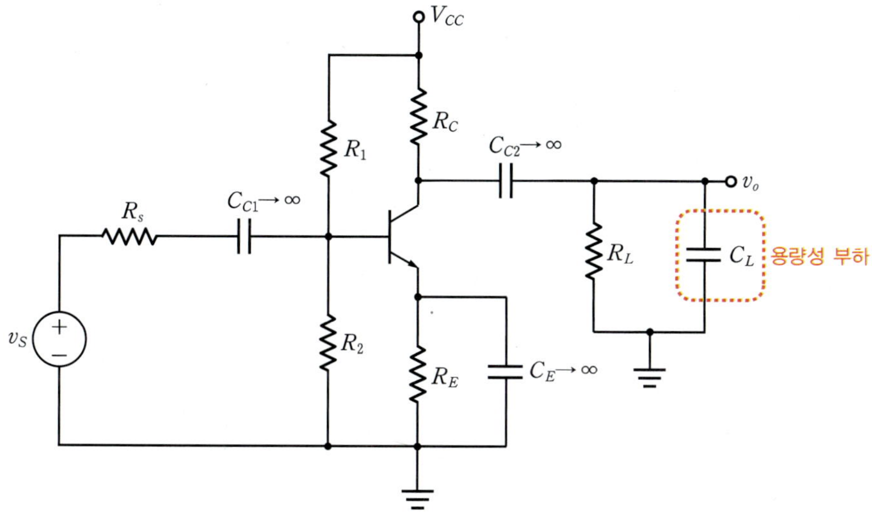

(a) 부하 커패시턴스 C_L을 갖는 공통이미터 증폭기

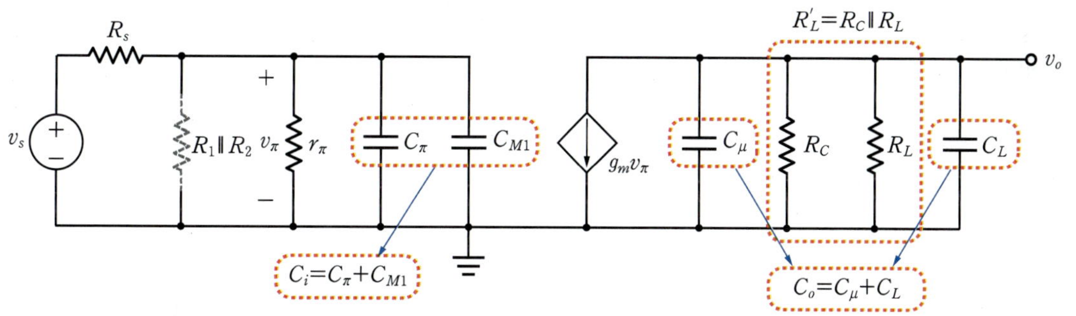

(b) 고주파 소신호 등가회로

그림 4-32 부하 커패시턴스 C_L을 갖는 공통이미터 증폭기의 고주파 응답특성

Q **식 (4.30)의 의미는?**

A 용량성 부하 C_L이 클수록 공통이미터 증폭기의 상측 차단주파수가 작다.

핵심포인트 **공통이미터 증폭기의 고주파 응답특성**

- 상측 차단주파수는 개방회로 시상수 합의 역수로 주어진다.
- 밀러효과에 의해 공통이미터 증폭기의 입력 시상수가 커지며, 상측 차단주파수(대역폭)가 작아진다.
- 밀러 커패시턴스 C_{M1}은 공통이미터 증폭기의 이득 $g_m R_C$에 비례한다.
- 증폭기의 이득이 클수록 상측 차단주파수 f_H가 작으므로, 이득과 대역폭 사이에 상충관계 trade-off가 존재한다.

예제 4-15

[그림 4-32(a)]의 공통이미터 증폭기에서 부하 커패시턴스 C_L 값의 변화에 따라 상측 차단주파수 f_H가 어떤 영향을 받는지 시뮬레이션을 통해 확인하라. 단, 부하 커패시턴스 C_L 값을 제외한 다른 조건들은 [예제 4-13]과 동일하게 유지한다.

풀이

부하 커패시턴스 C_L의 값을 0.1nF, 1nF, 10nF, 50nF으로 변화시키면서 시뮬레이션을 실행한 결과는 [그림 4-33]과 같다. 시뮬레이션 결과로 얻어진 상측 차단주파수는 [표 4-5]와 같으며, 부하 커패시턴스 C_L이 클수록 상측 차단주파수가 작음을 확인할 수 있다.

표 4-5 부하 커패시턴스 C_L에 따른 공통이미터 증폭기의 상측 차단주파수

C_L[nF]	0.1	1	10	50
f_H[kHz]	1,544.6	188.2	19.2	3.9

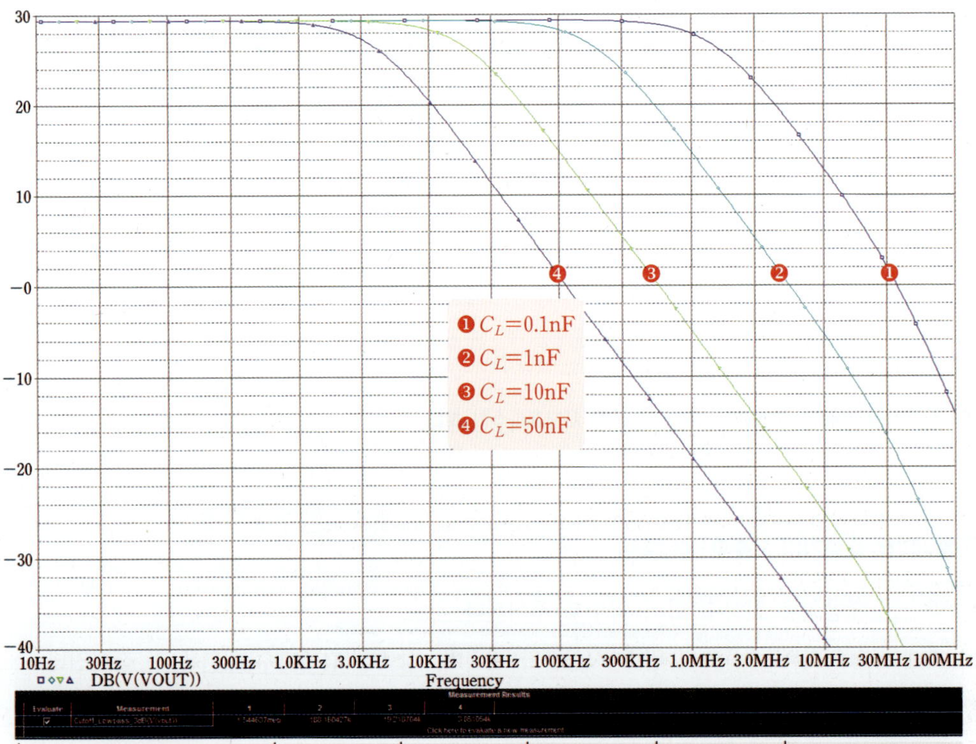

Measurement	1	2	3	4
Cutoff_Lowpass_3dB(V(vout))	1.544637meg	188.160427k	19.218704k	3.851054k

그림 4-33 [예제 4-15]의 시뮬레이션 결과

4.3.2 공통컬렉터 증폭기의 고주파 응답특성

공통컬렉터 증폭기의 고주파 응답특성이 우수한 이유는 무엇인가?

2.4.3절에서 설명한 공통컬렉터 증폭기는 전압이득이 1에 가까우며, 입력저항이 크고 출력저항은 작은 특성을 가져 임피던스 매칭용 전압버퍼로 사용된다. 공통컬렉터 증폭기는 4.3.1절에서 설명된 공통이미터 증폭기와는 다른 기생 커패시턴스의 영향과 주파수 응답 특성을 갖는다. 이 절에서는 개방회로 시상수법을 적용하여 공통컬렉터 증폭기의 고주파 응답특성을 해석한다.

[그림 4-34(a)]는 공통컬렉터 증폭기 회로이며, 고주파 소신호 등가회로는 [그림 4-34(b)]와 같다. 해석을 단순화하기 위해 바이어스 저항 $R_1 \parallel R_2$의 영향을 무시하고, BJT의 소신호 컬렉터 저항은 $r_o \rightarrow \infty$로 가정한다. 먼저, 개방회로 시상수법을 적용하기 위해 [그림 4-34(b)]의 등가회로를 [그림 4-34(c)]와 같이 간략화한다. [그림 4-34(b)]에서 C_μ를 제외한 베이스와 이미터 사이의 등가 임피던스 Z_{BE}를 구하면 식 (4.31)과 같이 저항성분 R_{BE}와 커패시턴스성분 C_{BE}의 병렬연결이 되며, 이들은 각각 식 (4.32), 식 (4.33)과 같이 주어진다.

$$Z_{BE} = R_{BE} \parallel \frac{1}{sC_{BE}} \tag{4.31}$$

$$R_{BE} = (1 + g_m R_E) r_\pi = r_\pi + \beta_o R_E \tag{4.32}$$

$$C_{BE} = \frac{C_\pi}{1 + g_m R_E} \tag{4.33}$$

이제 [그림 4-34(c)]의 간략화된 등가회로에 개방회로 시상수법을 적용하여 상측 차단주파수를 구해보자. C_{BE}가 개방된 상태에서 C_μ가 보는 등가저항 R_μ를 구하면 식 (4.34)와 같다.

$$R_\mu = R_s \parallel (R_{BE} + R_E) = R_s \parallel [r_\pi + (1 + \beta_o) R_E] \tag{4.34}$$

따라서 C_μ에 의한 시상수 τ_μ는 식 (4.35)와 같다.

$$\tau_\mu = R_\mu C_\mu = [R_s \parallel \{r_\pi + (1 + \beta_o) R_E\}]\, C_\mu \tag{4.35}$$

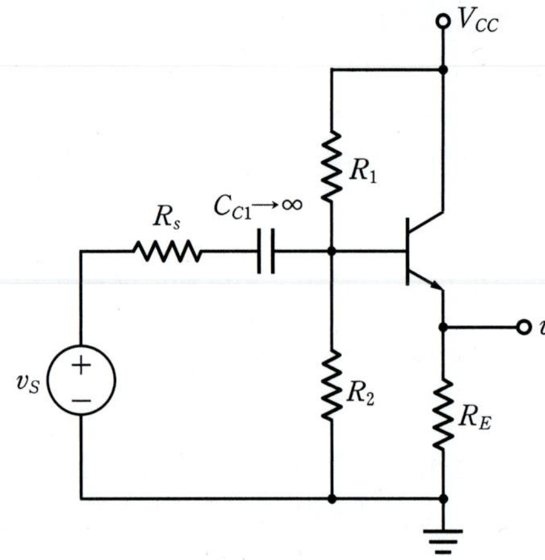

(a) 공통컬렉터 증폭기

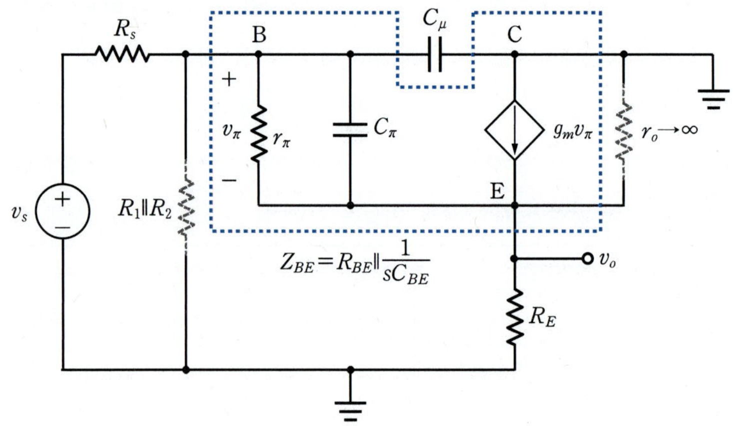

(b) 고주파 소신호 등가회로

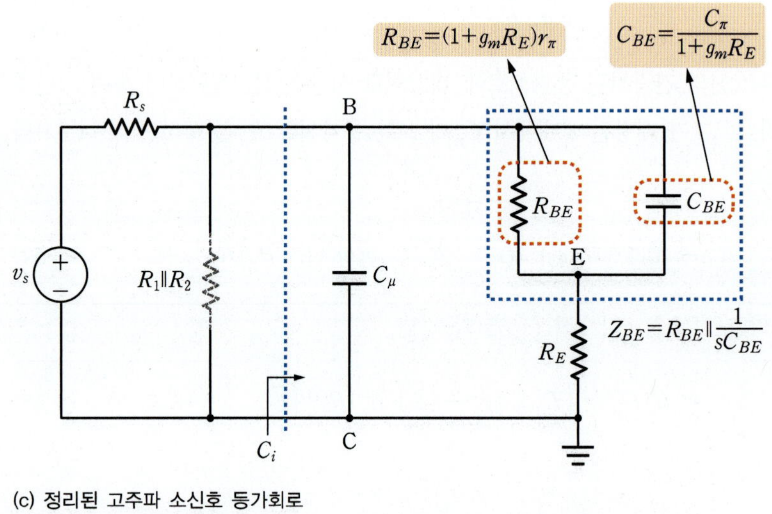

(c) 정리된 고주파 소신호 등가회로

그림 4-34 공통컬렉터 증폭기와 고주파 소신호 등가회로

다음으로, C_μ가 개방된 상태에서 C_{BE}가 보는 등가저항 R_π를 구하면 식 (4.36)과 같다.

$$R_\pi = (R_s + R_E) \parallel R_{BE} \tag{4.36}$$

따라서 C_{BE}에 의한 시상수 τ_π는 다음과 같다.

$$\tau_\pi = R_\pi C_{BE} = \left[(R_s + R_E) \parallel \{(1 + g_m R_E) r_\pi\}\right]\left(\frac{C_\pi}{1 + g_m R_E}\right) \tag{4.37}$$

상측 차단주파수는 식 (4.38)과 같이 개방회로 시상수 합의 역수로 표현되며, 식 (4.35)와 식 (4.37)의 시상수 값을 대입하면 공통컬렉터 증폭기의 상측 차단주파수를 구할 수 있다. [예제 4-16]을 통해 확인할 수 있듯이, 개방회로 시상수 τ_π와 τ_μ가 작으므로, 공통컬렉터 증폭기는 큰 상측 차단주파수를 갖는다.

$$f_H \simeq \frac{1}{2\pi(\tau_\pi + \tau_\mu)} \tag{4.38}$$

[그림 4-34(c)]로부터, 공통컬렉터 증폭기의 베이스 단자에서 본 입력 커패시턴스 C_i는 식 (4.39)와 같으며, 4.3.1절에서 설명한 공통이미터 증폭기의 입력 커패시턴스(식 (4.22))에 비해 매우 작다. 식 (4.39)에서 $g_m R_E \gg 1$로 가정하고, 식 (4.7)을 $w_T = 2\pi f_T = \dfrac{g_m}{C_\pi + C_\mu} \simeq \dfrac{g_m}{C_\pi}$으로 근사화하여 적용했다.

$$C_i = C_\mu + \frac{C_\pi}{1 + g_m R_E} \simeq C_\mu + \frac{1}{w_T R_E} \simeq C_\mu \tag{4.39}$$

식 (4.39)에서 $w_T = 2\pi f_T$는 BJT의 단위이득 대역폭을 나타내는 매우 큰 값이므로, 공통컬렉터 증폭기의 입력 커패시턴스는 $C_i \simeq C_\mu$로 다시 근사화될 수 있다.

Q 식 (4.39)의 의미는?

A 공통컬렉터 증폭기는 입력 커패시턴스가 매우 작아 고주파 응답특성이 우수하다.

핵심포인트 **공통컬렉터 증폭기의 주파수 특성**

- 전압이득이 1에 가까워 밀러효과가 매우 작게 나타나 입력 커패시턴스가 매우 작다.
- 상측 차단주파수 f_H가 커서 고주파 응답특성이 우수하다.
- 공통컬렉터 증폭기의 매우 작은 출력저항 r_e는 공통컬렉터-공통이미터 종속연결 구조에서 공통이미터 증폭단의 입력 시상수를 작게 만들어 고주파 특성을 개선시킨다.

예제 4-16

[그림 4-34(a)]의 공통컬렉터 증폭기가 컬렉터 바이어스 전류 $I_{CQ}=7.8\text{mA}$로 바이어스되어 있다. (a) 상측 차단주파수 f_H를 구하라. (b) 입력 커패시턴스 $C_{i,CC}$를 구하고, [예제 4-13]의 공통이미터 증폭기의 입력 커패시턴스 $C_{i,CE}$와 비교하라. 단, $\beta_o=176$, $C_\pi=89.5\text{pF}$, $C_\mu=1.9\text{pF}$, $R_s=0.2\text{k}\Omega$, $R_E=0.5\text{k}\Omega$이다. 결합 커패시터 $C_{C1}\to\infty$로 매우 큰 값으로 가정하며, 컬렉터 소신호 저항 r_o와 바이어스 저항 R_1, R_2의 영향은 무시한다.

풀이

(a) 바이어스 전류로부터 소신호 파라미터 값을 계산한다.

$$g_m=\frac{I_{CQ}}{V_T}=\frac{7.8\times10^{-3}}{26\times10^{-3}}=0.3\text{A/V},\quad r_\pi=\frac{\beta_o}{g_m}=\frac{176}{0.3}=0.59\text{k}\Omega$$

식 (4.35)로부터 τ_μ를 구하면 다음과 같다.

$$\tau_\mu=\left[R_s\parallel\{r_\pi+(1+\beta_o)R_E\}\right]C_\mu$$
$$=[0.2\parallel(0.59+177\times0.5)]\times1.9\times10^{-9}=0.38\text{ns}$$

식 (4.37)으로부터 τ_π를 구하면 다음과 같다.

$$1+g_mR_E=1+0.3\times0.5\times10^3=151$$
$$\tau_\pi=\left[(R_s+R_E)\parallel\{(1+g_mR_E)r_\pi\}\right]\left(\frac{C_\pi}{1+g_mR_E}\right)$$
$$=[(0.2+0.5)\parallel(151\times0.59)]\times\left(\frac{89.5}{151}\right)\times10^{-9}=0.41\text{ns}$$

따라서 상측 차단주파수는 다음과 같이 계산된다.

$$f_H\simeq\frac{1}{2\pi(\tau_\mu+\tau_\pi)}=\frac{1}{2\pi\times(0.38+0.41)\times10^{-9}}=201.5\text{MHz}$$

[예제 4-13]에서 계산된 공통이미터 증폭기의 상측 차단주파수 1.33MHz 보다 약 150배 큰 값을 갖는다.

(b) 식 (4.39)로부터, 공통컬렉터 증폭기의 입력 커패시턴스 $C_{i,CC}$는 다음과 같이 계산되며, [예제 4-13] 공통이미터 증폭기의 입력 커패시턴스 $C_{i,CE}=557.2\text{pF}$의 약 0.45% 정도로 작은 값을 갖는다.

$$C_{i,CC}=C_\mu+\frac{C_\pi}{1+g_mR_E}=1.9\times10^{-12}+\frac{89.5\times10^{-12}}{1+0.3\times0.5\times10^3}=2.5\text{pF}$$

2N3904 BJT 소자를 사용한 PSPICE 시뮬레이션 결과는 [그림 4-35]와 같으며, 시뮬레이션 결과로 얻어진 상측 차단주파수는 약 281.3MHz이다. 근사화에 의한 오차로 인해 계산값과 다소 차이가 있다.

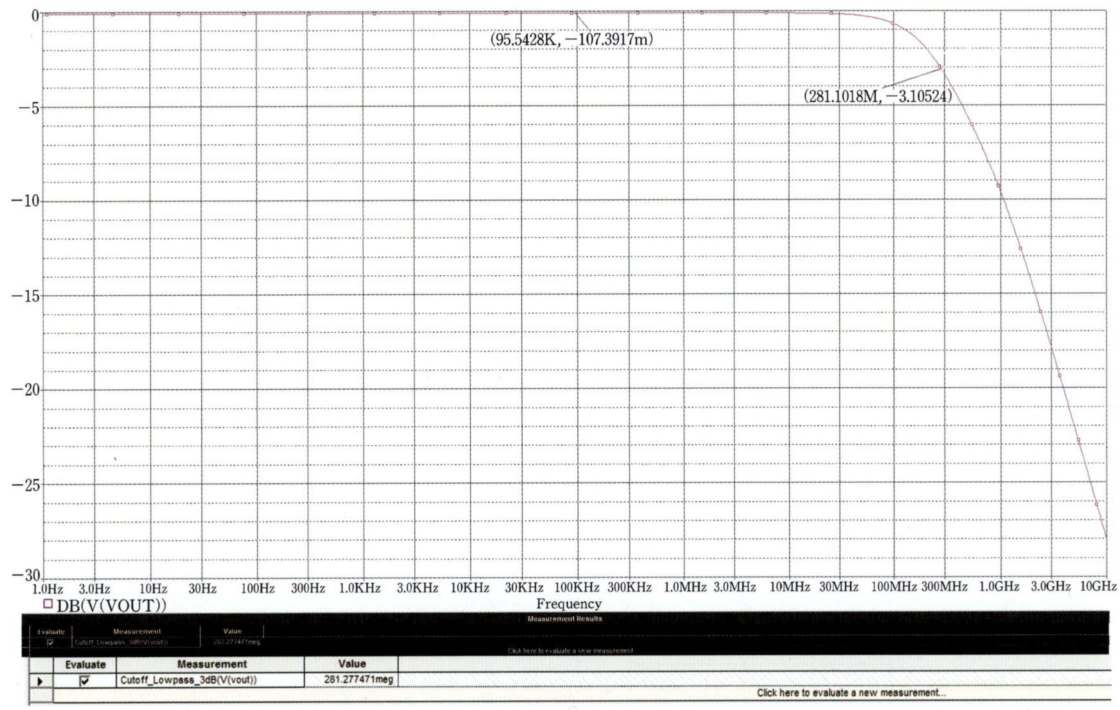

그림 4-35 [예제 4-16]의 AC 시뮬레이션 결과

4.3.3 공통베이스 증폭기의 고주파 응답특성

공통베이스 증폭기의 고주파 응답특성이 우수한 이유는 무엇인가?

2.4.4절에서 설명된 공통베이스 증폭기는 전류이득이 1에 가까우며, 입력저항이 작고 출력저항은 큰 특성을 가져 전류버퍼로 사용된다. 공통베이스 증폭기는 공통이미터 및 공통컬렉터 증폭기와 다른 기생 커패시턴스 영향과 주파수 응답특성을 갖는다.

[그림 4-36(a)]는 공통베이스 증폭기 회로이다. 2.4.4절의 식 (2.73)으로부터 공통베이스 증폭기의 입력저항은 $R_i \simeq r_e$이므로, 이미터(입력단)와 컬렉터(출력단)를 분리시켜 간략화된 고주파 소신호 등가회로는 [그림 4-36(b)]와 같다. 해석을 단순화하기 위해 BJT의 소신호 컬렉터 저항은 $r_o \rightarrow \infty$로 가정한다. [그림 4-36(b)]로부터 이미터와 접지 사이의 등가 임피던스 Z_e는 이미터 증분저항 r_e와 커패시터 C_π의 병렬연결이므로, 식 (4.40)과 같다.

$$Z_e = r_e \parallel \frac{1}{sC_\pi} \tag{4.40}$$

따라서 공통베이스 증폭기의 입력 커패시턴스 C_i는 식 (4.41)과 같으며, 4.3.1절의 공통이미터 증폭기의 식 (4.22)에 비해 매우 작은 값을 갖는다.

$$C_i = C_\pi \tag{4.41}$$

[그림 4-36(b)]의 등가회로로부터 개방회로 입력 시상수 τ_i와 출력 시상수 τ_o를 구하면 다음과 같다.

$$\tau_i = (R_s \parallel R_E \parallel r_e)C_\pi \simeq r_e C_\pi \tag{4.42}$$

$$\tau_o = R_C C_\mu \tag{4.43}$$

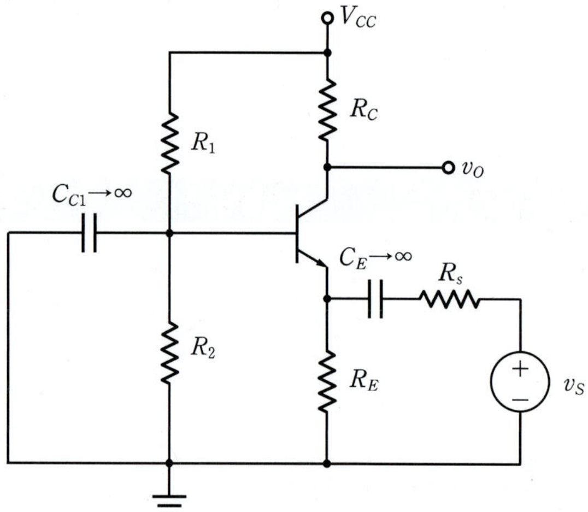

(a) 공통베이스 증폭기

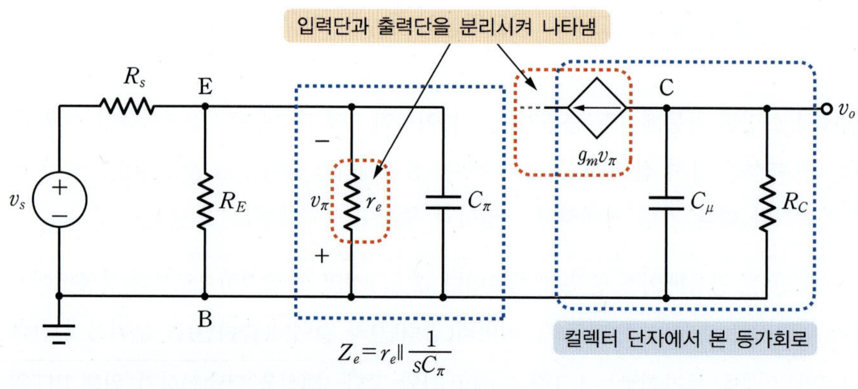

(b) 이미터(입력단)와 컬렉터(출력단)를 분리시켜 간략화한 고주파 소신호 등가회로

그림 4-36 공통베이스 증폭기와 고주파 소신호 등가회로

따라서 공통베이스 증폭기의 상측 차단주파수 f_H는 식 (4.44)와 같다.

$$f_H \simeq \frac{1}{2\pi(\tau_i + \tau_o)} = \frac{1}{2\pi(r_e C_\pi + R_C C_\mu)} \tag{4.44}$$

Q 식 (4.44)의 의미는?

A 공통베이스 증폭기는 밀러효과를 갖지 않으며, 입력저항이 매우 작아 고주파 응답특성이 우수하다.

핵심포인트 **공통베이스 증폭기의 주파수 특성**

- 밀러효과를 갖지 않아 입력 커패시턴스 값이 작다.
- 상측 차단주파수 f_H가 커서 고주파 응답특성이 우수하다.
- 공통베이스 증폭기의 매우 작은 입력저항 r_e는 공통이미터–공통베이스 종속연결 구조(캐스코드 증폭기)에서 공통이미터 증폭단의 밀러효과를 감소시키므로, 고주파 특성을 개선시킨다.

예제 4-17

[그림 4–36(a)]의 공통베이스 증폭기가 컬렉터 바이어스 전류 $I_{CQ} = 1.0\text{mA}$로 바이어스되어 있다. 상측 차단주파수 f_H를 구하라. 단, $\beta_o = 158$, $C_\pi = 18\text{pF}$, $C_\mu = 2.2\text{pF}$, $R_s = 0.1\text{k}\Omega$, $R_C = 4.0\text{k}\Omega$, $R_E = 2.0\text{k}\Omega$이다. $r_o = \infty$이고, 커패시터 C_{C1}과 C_E는 ∞로 가정한다.

풀이

먼저 바이어스 전류로부터 소신호 파라미터 값을 계산한다.

$$g_m = \frac{I_{CQ}}{V_T} = \frac{1.0 \times 10^{-3}}{26 \times 10^{-3}} = 38.46\text{mA/V}$$

$$r_e = \frac{r_\pi}{\beta_o + 1} \simeq \frac{1}{g_m} = \frac{1}{38.46 \times 10^{-3}} = 0.026\text{k}\Omega$$

식 (4.42)와 식 (4.43)으로부터 시상수 τ_i와 τ_o를 구하면 다음과 같다.

$$\tau_i \simeq r_e C_\pi = 0.026 \times 18 \times 10^{-9} = 0.47\text{ns}$$

$$\tau_o = R_C C_\mu = 4 \times 2.2 \times 10^{-9} = 8.8\text{ns}$$

따라서 식 (4.44)로부터 상측 차단주파수를 계산하면 다음과 같다.

$$f_H \simeq \frac{1}{2\pi(\tau_i + \tau_o)} = \frac{1}{2\pi(0.47 + 8.8) \times 10^{-9}} = 17.17\text{MHz}$$

2N3904 BJT 소자를 사용한 PSPICE 시뮬레이션 결과는 [그림 4–37]과 같으며, 시뮬레이션 결과로 얻어진 상측 차단주파수는 약 17.06MHz이다. 근사화에 의한 오차를 고려하면 계산 결과와 거의 일치함을 확인할 수 있다.

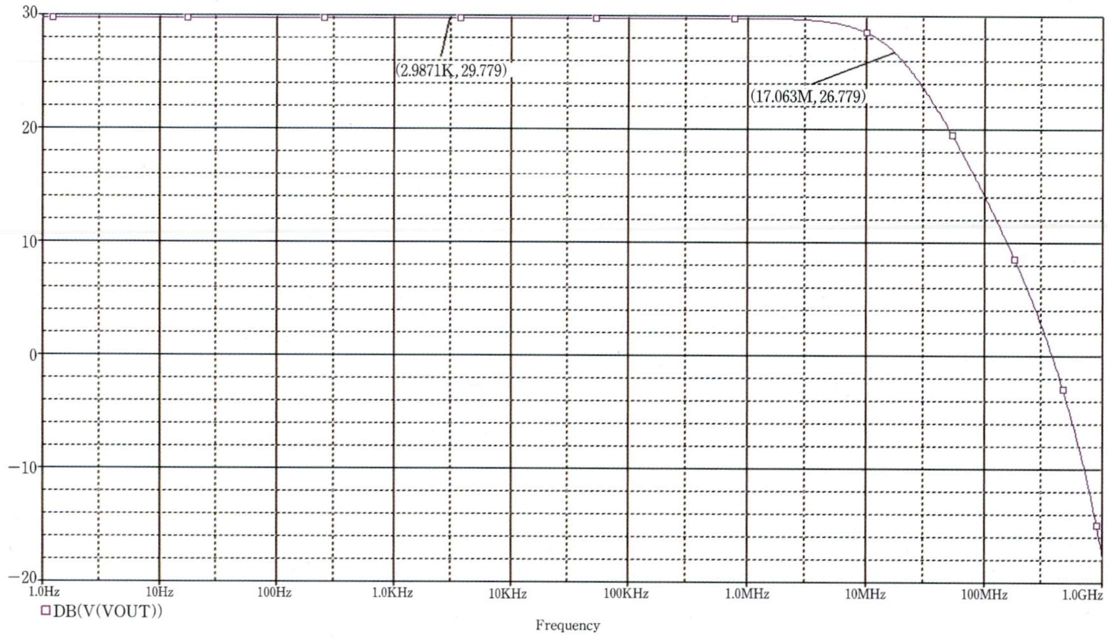

그림 4-37 [예제 4-17]의 AC 시뮬레이션 결과

확인문제 4-12

[그림 4-36(a)]의 공통베이스 증폭기가 컬렉터 바이어스 전류 $I_{CQ} = 1\text{mA}$ 로 바이어스되어 있다. 상측 차단 주파수 f_H를 구하라. 단, $\beta_o = 120$, $C_\pi = 7.36\text{pF}$, $C_\mu = 2.0\text{pF}$, $R_s = 0.2\text{k}\Omega$, $R_C = 1.5\text{k}\Omega$, $R_E = 0.5\text{k}\Omega$이다. $r_o = \infty$ 이고, 커패시터 C_{C1}과 C_E는 ∞ 로 가정한다.

답 $f_H = 49.9\text{MHz}$

점검하기 **다음 각 문제에서 맞는 것을 고르시오.**

(1) BJT의 내부 기생 커패시턴스가 (**작을수록, 클수록**) 증폭기의 고주파 응답특성이 우수하다.
(2) 부하 커패시턴스가 클수록 공통이미터 증폭기의 상측 차단주파수가 (**작다, 크다**).
(3) 공통이미터 증폭기의 전압이득이 클수록 상측 차단주파수가 (**작다, 크다**).
(4) 공통이미터 증폭기의 전압이득이 클수록 입력 커패시턴스 값이 (**작다, 크다**).
(5) 공통컬렉터 증폭기는 공통이미터 증폭기에 비해 입력 커패시턴스 값이 (**작다, 크다**).
(6) 공통컬렉터 증폭기는 밀러효과가 (**작게, 크게**) 나타난다.
(7) 공통베이스 증폭기는 입력 커패시턴스 값이 매우 (**작다, 크다**).
(8) 공통베이스 증폭기는 공통이미터 증폭기에 비해 입력 커패시턴스 값이 (**작다, 크다**).
(9) 공통베이스 증폭기는 공통컬렉터 증폭기에 비해 입력 커패시턴스 값이 (**작다, 크다**).
(10) 공통베이스 증폭기가 (**공통베이스-공통이미터, 공통이미터-공통베이스**) 구조로 사용되면, 공통이미터 증폭기에 비해 주파수 응답특성이 우수하다.

SECTION 4.4

FET 증폭기의 고주파 응답특성

FET 증폭기의 고주파 응답특성은 4.3절에서 설명된 BJT 증폭기와 유사한 방법으로 해석될 수 있다. 이 절에서는 공통소스, 공통드레인, 공통게이트 증폭기의 고주파 응답특성을 개방회로 시상수법을 적용하여 간략화된 방법으로 해석한다. 4.3절에서와 동일하게 결합 및 바이패스 커패시터의 값이 충분히 커서 고주파 응답특성에 미치는 영향이 무시될 수 있을 정도로 작다고 가정한다.

4.4.1 공통소스 증폭기의 고주파 응답특성

공통소스 증폭기의 상측 차단주파수에 영향을 미치는 요인은 무엇인가?
밀러효과는 공통소스 증폭기의 주파수 응답특성에 어떤 영향을 미치는가?

[그림 4-38(a)]는 공통소스 증폭기 회로이며, MOSFET의 내부 기생 커패시턴스 C_{gs}, C_{gd}, C_{db}가 포함된 고주파 소신호 등가회로는 [그림 4-38(b)]와 같다. 해석을 단순화하기 위해 바이어스 저항 $R_1 \parallel R_2$의 영향을 무시하고, MOSFET의 소신호 드레인 저항은 $r_d \to \infty$로 가정한다. 4.3.1절에서 설명된 밀러정리를 적용하면, [그림 4-38(b)]의 등가회로를 [그림 4-38(c)]와 같이 나타낼 수 있으며, 입력 쪽에 나타나는 커패시턴스 C_{M1}과 출력 쪽에 나타나는 커패시턴스 C_{M2}는 각각 식 (4.45), 식 (4.46)과 같다. 식 (4.45)와 식 (4.46)에서 $g_m R_D$는 공통소스 증폭기 전압이득의 크기이며, $g_m R_D \gg 1$이면 $C_{M2} \simeq C_{gd}$로 근사화할 수 있다.

$$C_{M1} = (1 + g_m R_D) C_{gd} \tag{4.45}$$

$$C_{M2} = \left(1 + \frac{1}{g_m R_D}\right) C_{gd} \simeq C_{gd} \tag{4.46}$$

[그림 4-38(c)]로부터, 공통소스 증폭기의 총 입력 커패시턴스 C_i는 다음과 같다.

$$C_i = C_{gs} + C_{M1} = C_{gs} + (1 + g_m R_D) C_{gd} \tag{4.47}$$

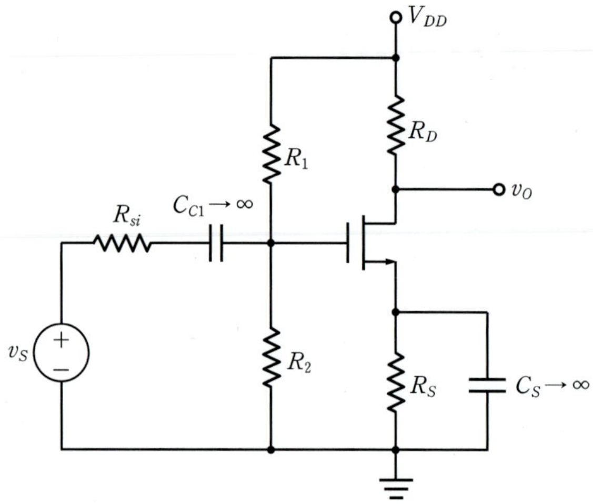

(a) 공통소오스 증폭기

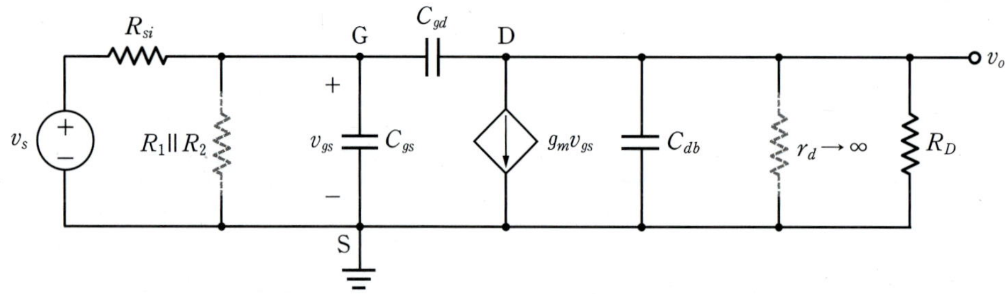

(b) 고주파 소신호 등가회로

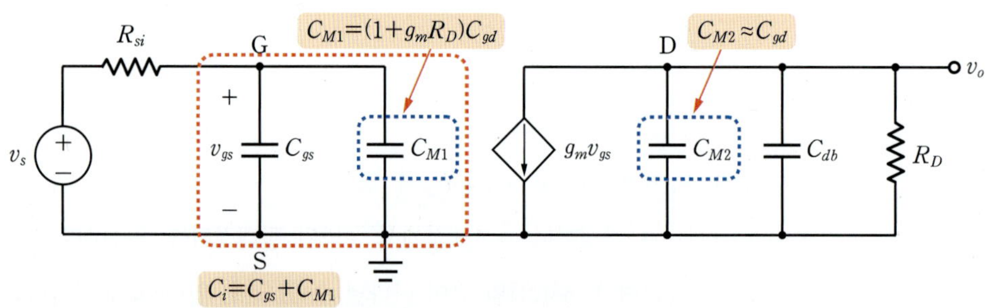

(c) 밀러정리를 적용한 고주파 소신호 등가회로

그림 4-38 공통소오스 증폭기와 고주파 소신호 등가회로

$g_m R_D \gg 1$인 경우의 출력 커패시턴스 C_o는 다음과 같다.

$$C_o \simeq C_{gd} + C_{db} \tag{4.48}$$

[그림 4-38(c)]로부터, 증폭기의 입력 시상수 τ_i와 출력 시상수 τ_o는 각각 다음과 같다.

$$\tau_i = R_{si} C_i = R_{si}[C_{gs} + (1 + g_m R_D) C_{gd}] \tag{4.49}$$

$$\tau_o = R_D C_o \simeq R_D (C_{gd} + C_{db}) \tag{4.50}$$

여기서 R_{si}는 신호원의 출력저항으로 C_i가 보는 개방회로 등가저항이고, R_D는 C_o가 보는 개방회로 등가저항이다. 따라서 공통소오스 증폭기의 상측 차단주파수는 다음과 같이 표현된다.

$$f_H \simeq \frac{1}{2\pi(\tau_i + \tau_o)} = \frac{1}{2\pi[R_{si}\{C_{gs} + (1 + g_m R_D)C_{gd}\} + R_D(C_{gd} + C_{db})]} \quad (4.51)$$

Q 식 (4.51)의 의미는?

A
- 밀러효과에 의해, 공통소오스 증폭기의 전압이득 $|A_{v0}| \simeq g_m R_D$와 상측 차단주파수 f_H 사이에 상충관계가 존재한다.
- 큰 대역폭(상측 차단주파수)을 얻기 위해서는 밀러효과가 최소화되는 증폭기 구조(캐스코드 증폭기 구조)를 사용해야 한다.

핵심포인트 **공통소오스 증폭기의 고주파 응답특성**

- 상측 차단주파수는 개방회로 시상수 합의 역수로 주어진다.
- 밀러효과에 의해 공통소오스 증폭기의 입력 시상수가 커지며, 상측 차단주파수(즉, 대역폭)가 작아진다.
- 밀러 커패시턴스 C_{M1}은 증폭기의 이득 $g_m R_D$에 비례한다.
- 증폭기의 이득이 클수록 상측 차단주파수 f_H가 작아져 이득과 대역폭 사이에 상충관계 trade-off가 존재한다.

예제 4-18

[그림 4-38(a)]의 공통소오스 증폭기에 대해 밀러 커패시턴스 C_{M1}, 개방회로 입력 시상수 τ_i, 개방회로 출력 시상수 τ_o, 상측 차단주파수 f_H를 구하라. 단, MOSFET의 전달컨덕턴스는 $g_m = 17.8\text{mA/V}$이고, $C_{gs} = 7.4\text{pF}$, $C_{gd} = 2.8\text{pF}$, $C_{db} = 47.7\text{pF}$, $R_{si} = 0.5\text{k}\Omega$, $R_D = 4.7\text{k}\Omega$이다. 소신호 드레인 저항 r_d와 결합 및 바이패스 커패시터는 ∞로 가정하며, 바이어스 저항 R_1, R_2의 영향은 무시한다.

풀이

식 (4.45)로부터 밀러 커패시턴스 C_{M1}을 구하면 다음과 같다.

$$C_{M1} = (1 + g_m R_D)C_{gd} = (1 + 17.8 \times 4.7) \times 2.8 \times 10^{-12} = 237.0\text{pF}$$

식 (4.47)로부터 입력 커패시턴스 C_i를 구하면 다음과 같다.

$$C_i = C_{gs} + C_{M1} = (7.4 + 237.0) \times 10^{-12} = 244.4\text{pF}$$

식 (4.49)로부터 개방회로 입력 시상수 τ_i를 계산하면 다음과 같다.

$$\tau_i = R_{si} C_i = 0.5 \times 244.4 \times 10^{-9} = 122.2\text{ns}$$

식 (4.50)으로부터 출력 시상수 τ_o를 계산하면 다음과 같다.

$$\tau_o = R_D(C_{gd} + C_{db}) = 4.7 \times (2.8 + 47.7) \times 10^{-9} = 237.4\text{ns}$$

따라서 식 (4.51)로부터 상측 차단주파수를 계산하면 다음과 같다.

$$f_H \simeq \frac{1}{2\pi(\tau_i + \tau_o)} = \frac{1}{2\pi(122.2 + 237.4) \times 10^{-9}} = 442.6\text{kHz}$$

2N6660 MOSFET 소자를 사용한 PSPICE 시뮬레이션 결과는 [그림 4-39]와 같다. 시뮬레이션 결과로 얻어진 상측 차단주파수는 411kHz 이며, 증폭기의 중대역 이득은 38dB 으로 나타났다.

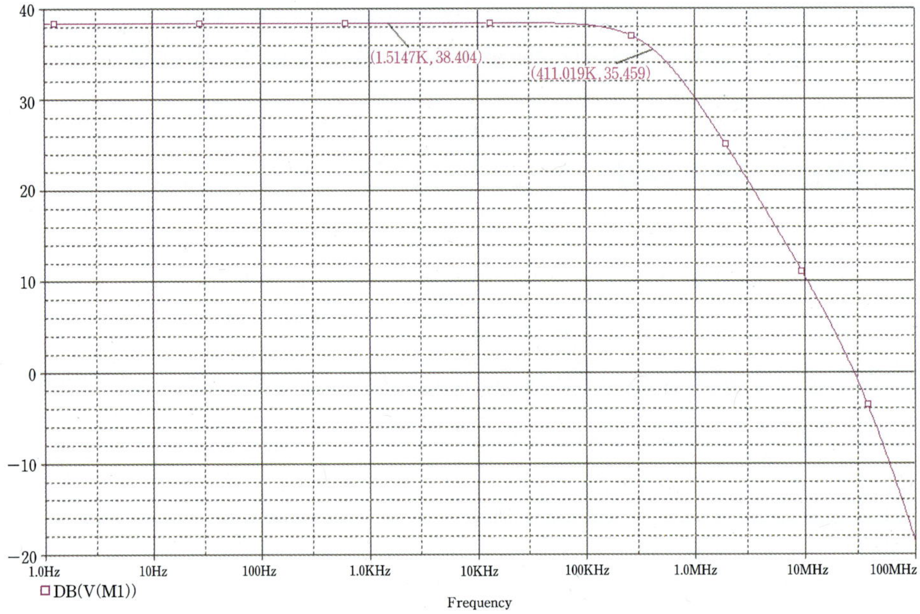

그림 4-39 [예제 4-18]의 AC 시뮬레이션 결과

예제 4-19

[그림 4-40]의 공통소오스 증폭기에서 부하저항 R_L 값의 변화(전압이득의 변화)에 따라 상측 차단주파수 f_H가 어떤 영향을 받는지 시뮬레이션을 통해 확인하라. 단, 부하저항 R_L 값을 제외한 다른 조건들은 [예제 4-18]과 동일하게 유지한다.

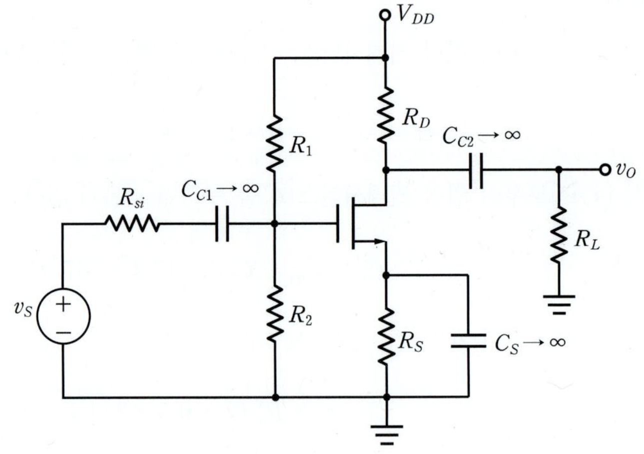

그림 4-40 [예제 4-19]의 시뮬레이션 회로

풀이

2N6660 MOSFET 소자를 사용하여 부하저항 R_L의 값을 1.5kΩ, 3kΩ, 5kΩ, 10kΩ, 15kΩ으로 변화시키면서 시뮬레이션을 실행한 결과는 [그림 4-41]과 같다. 시뮬레이션 결과로 얻어진 상측 차단주파수 f_H, 중대역 이득 A_{v0}, 이득-대역폭 곱을 [표 4-6]에 나타냈다. 증폭기의 중대역 전압이득이 클수록 상측 차단주파수가 작음을 확인할 수 있으며, [예제 4-19] 증폭기의 이득-대역폭 곱은 근사적으로 $GBP \simeq$ 34MHz로 나타났다.

표 4-6 부하저항 R_L 값에 따른 공통소오스 증폭기의 중대역 이득, 상측 차단주파수, 이득-대역폭 곱

R_L[kΩ]	1.5	3	5	10	15
A_{v0}[V/V]	20.14	32.44	42.91	55.62	63.37
f_H[MHz]	1.67	1.05	0.80	0.61	0.55
GBP[MHz]	33.63	34.06	34.33	33.93	34.85

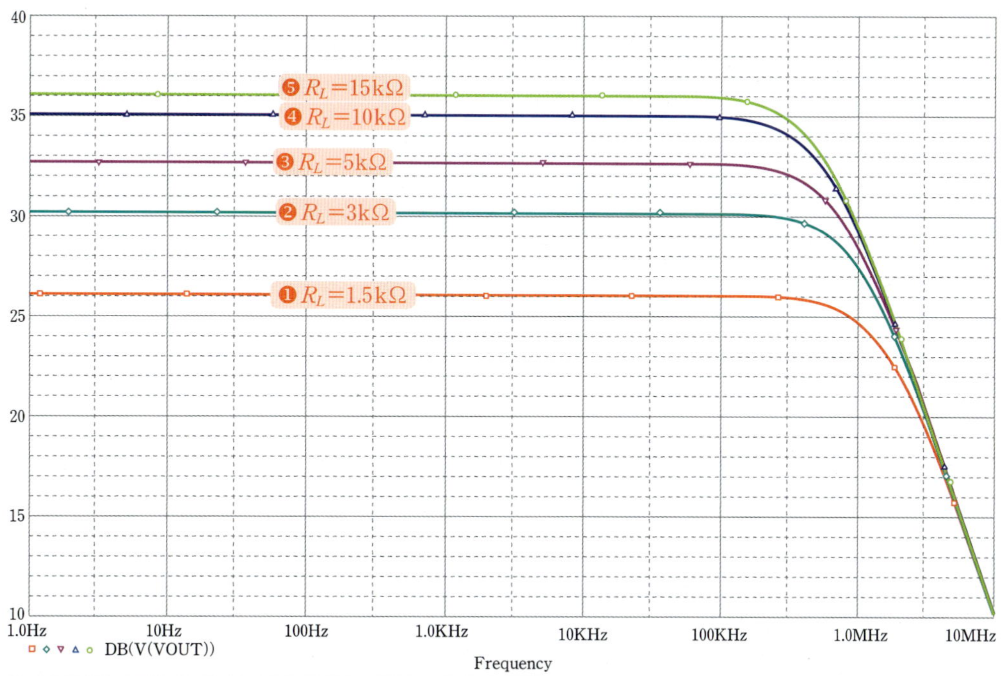

	Evaluate	Measurement	1	2	3	4	5
	☑	Cutoff_Lowpass_3dB(V(vout))	1.67462meg	1.05438meg	801.22174k	609.54605k	545.30909k
▶	☑	Max(V(vout))	20.14352	32.43516	42.90827	56.61993	63.37006

그림 4-41 [예제 4-19]의 시뮬레이션 결과

4.4.2 공통드레인 증폭기의 고주파 응답특성

공통드레인 증폭기의 고주파 응답특성이 우수한 이유는 무엇인가?

3.4.3절에서 설명한 공통드레인 증폭기는 전압이득이 1에 가까우며, 작은 출력저항을 가져 임피던스 매칭용 전압버퍼로 사용된다. 공통드레인 증폭기는 4.4.1절에서 설명한 공통소오스 증폭기와는 다른 기생 커패시턴스의 영향과 주파수 응답특성을 갖는다. 이 절에서는 개방회로 시상수법을 적용하여 공통드레인 증폭기의 고주파 응답특성을 해석한다.

[그림 4-42(a)]는 공통드레인 증폭기 회로이며, MOSFET의 내부 기생 커패시턴스 C_{gs}와 C_{gd}가 포함된 고주파 소신호 등가회로는 [그림 4-42(b)]와 같다. 드레인이 접지로 연결되므로, 드레인-기판 접합 커패시턴스 C_{db}는 소신호 등가회로에 포함되지 않는다. 해석을 단순화하기 위해 바이어스 저항 $R_1 \parallel R_2$의 영향을 무시하고, MOSFET의 소신호 드레인 저항은 $r_d \to \infty$로 가정한다. 먼저, 개방회로 시상수법을 적용하기 위해 [그림 4-42(b)]의 등가회로를 [그림 4-42(c)]와 같이 간략화한다. [그림 4-42(b)]에서 C_{gd}를 제외한 게이트와 소오스 사이의 등가 커패시터 C_{GS}를 구하면 식 (4.52)와 같으며, [그림 4-42(c)]와 같이 간략화된 등가회로로 변환할 수 있다.

$$C_{GS} = \frac{C_{gs}}{1+g_m R_S} \tag{4.52}$$

[그림 4-42(c)]로부터 개방회로 시상수법을 적용하여 상측 차단주파수를 구할 수 있다. 먼저, C_{gd}가 개방된 상태에서 C_{GS}가 보는 등가저항은 $R_{GS} = R_{si} + R_S$이므로, C_{GS}에 의한 시상수 τ_{GS}는 다음과 같다.

$$\tau_{GS} = R_{GS} C_{GS} = \frac{C_{gs}(R_{si}+R_S)}{1+g_m R_S} \tag{4.53}$$

다음으로, C_{GS}가 개방된 상태에서 C_{gd}가 보는 등가저항은 R_{si}이므로, C_{gd}에 의한 시상수 τ_{gd}는 다음과 같다.

$$\tau_{gd} = R_{si} C_{gd} \tag{4.54}$$

따라서 공통드레인 증폭기의 상측 차단주파수는 개방회로 시상수 합의 역수로 다음과 같이 표현된다.

$$f_H \simeq \frac{1}{2\pi(\tau_{gd}+\tau_{GS})} = \frac{1}{2\pi\left(R_{si}C_{gd} + \dfrac{C_{gs}(R_{si}+R_S)}{1+g_m R_S}\right)} \tag{4.55}$$

[그림 4-42(c)]로부터, 공통드레인 증폭기의 게이트 단자에서 본 입력 커패시턴스 C_i는 식 (4.56)과 같다. $g_m R_S \gg 1$이면 식 (4.8)을 적용해서 $\omega_T = \dfrac{g_m}{C_{gs} + C_{gd}} \simeq \dfrac{g_m}{C_{gs}}$으로 근사화할 수 있다.

$$C_i = C_{gd} + \frac{C_{gs}}{1 + g_m R_S} \simeq C_{gd} + \frac{1}{\omega_T R_S} \simeq C_{gd} \tag{4.56}$$

식 (4.56)에서 ω_T는 MOSFET의 단위이득 각주파수로 매우 큰 값이므로 $C_i \simeq C_{gd}$로 근사화할 수 있다. 따라서 4.4.1절에서 설명된 공통소오스 증폭기 입력 커패시턴스(식 (4.47))에 비해 상당히 작은 입력 커패시턴스 값을 갖는다. 이는 공통드레인 증폭기의 전압이득이 1에 가까워 밀러효과가 매우 작게 나타나기 때문이다.

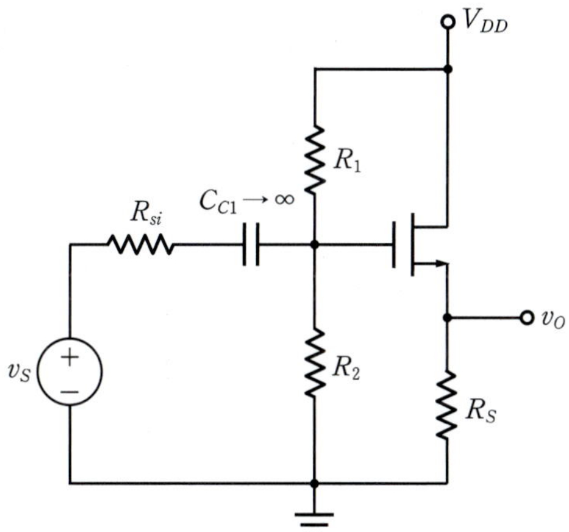

(a) 공통드레인 증폭기

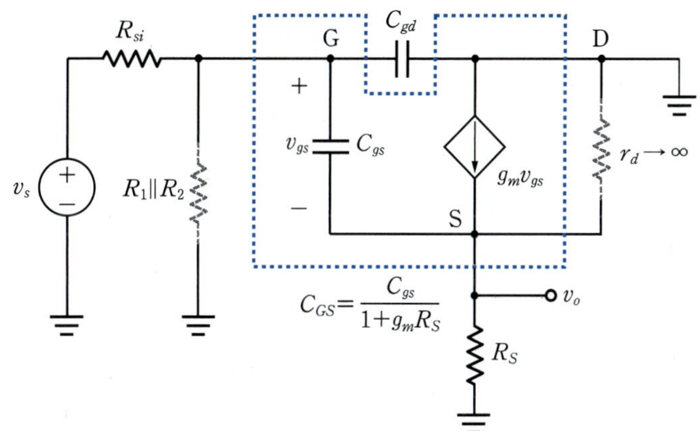

(b) 고주파 소신호 등가회로

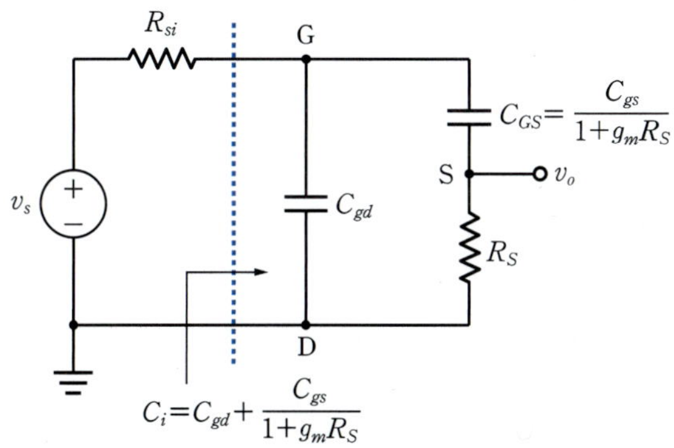

(c) 간략화된 고주파 소신호 등가회로

그림 4-42 공통드레인 증폭기와 고주파 소신호 등가회로

Q 식 (4.56)의 의미는?

A 공통드레인 증폭기는 입력 커패시턴스가 매우 작아 고주파 응답특성이 우수하다.

핵심포인트 **공통드레인 증폭기의 주파수 특성**

- 상측 차단주파수 f_H가 커서 고주파 응답특성이 우수하다.
- 전압이득이 1에 가까워 밀러효과가 매우 작게 나타나므로, 입력 커패시턴스 값이 매우 작다.

예제 4-20

[그림 4-42(a)]의 공통드레인 증폭기가 드레인 바이어스 전류 $I_{DQ} = 7.6\text{mA}$로 바이어스되어 있다. (a) 상측 차단주파수 f_H를 구하라. (b) 입력 커패시턴스 $C_{i,CD}$를 구하고, [예제 4-18]의 공통소스 증폭기 입력 커패시턴스 $C_{i,CS}$와 비교하라. 단, MOSFET 파라미터는 $K_n = 168\text{mA/V}^2$, $C_{gs} = 7.4\text{pF}$, $C_{gd} = 2.8\text{pF}$이고, $R_{si} = 1.0\text{k}\Omega$, $R_S = 0.5\text{k}\Omega$이다. 소신호 드레인 저항 r_d와 결합 커패시터는 ∞로 가정하며, 바이어스 저항 R_1, R_2의 영향은 무시한다.

풀이

(a) 먼저, MOSFET의 전달컨덕턴스를 구한다.

$$g_m = \sqrt{2K_n I_{DQ}} = \sqrt{2\times 168\times 10^{-3}\times 7.6\times 10^{-3}} = 50.5\text{mA/V}$$

식 (4.52)로부터 C_{GS}를 구하면 다음과 같다.

$$C_{GS} = \frac{C_{gs}}{1+g_m R_S} = \frac{7.4}{1+50.5\times 0.5}\times 10^{-12} = 0.28\text{pF}$$

식 (4.53)과 식 (4.54)로부터 개방회로 시상수를 계산하면 다음과 같다.

$$\tau_{GS} = C_{GS}R_{GS} = 0.28\times(1+0.5)\times 10^{-9} = 0.42\text{ns}$$

$$\tau_{gd} = R_{si}C_{gd} = 1.0\times 2.8\times 10^{-9} = 2.8\text{ns}$$

따라서 식 (4.55)로부터 상측 차단주파수를 계산하면 다음과 같다.

$$f_H \simeq \frac{1}{2\pi(\tau_{GS}+\tau_{gd})} = \frac{1}{2\pi\times(0.42+2.8)\times 10^{-9}} = 49.43\text{MHz}$$

[예제 4-18]에서 계산된 공통소스 증폭기의 상측 차단주파수 442.6kHz 보다 약 111배 큰 값을 갖는다.

(b) 식 (4.56)으로부터, 공통드레인 증폭기의 입력 커패시턴스 $C_{i,CD}$는 다음과 같이 계산되며, [예제 4-18] 공통소스 증폭기의 입력 커패시턴스 $C_{i,CS} = 244.4\text{pF}$의 약 1.3% 정도로 매우 작은 값을 갖는다.

$$C_{i,CD} = C_{gd} + C_{GS} = (2.8+0.28)\times 10^{-12} = 3.08\text{pF}$$

2N6660 MOSFET 소자를 사용한 PSPICE 시뮬레이션 결과는 [그림 4-43]과 같으며, 시뮬레이션 결과로 얻어진 상측 차단주파수는 약 53.11MHz로 수식으로 계산된 값과 거의 일치한다.

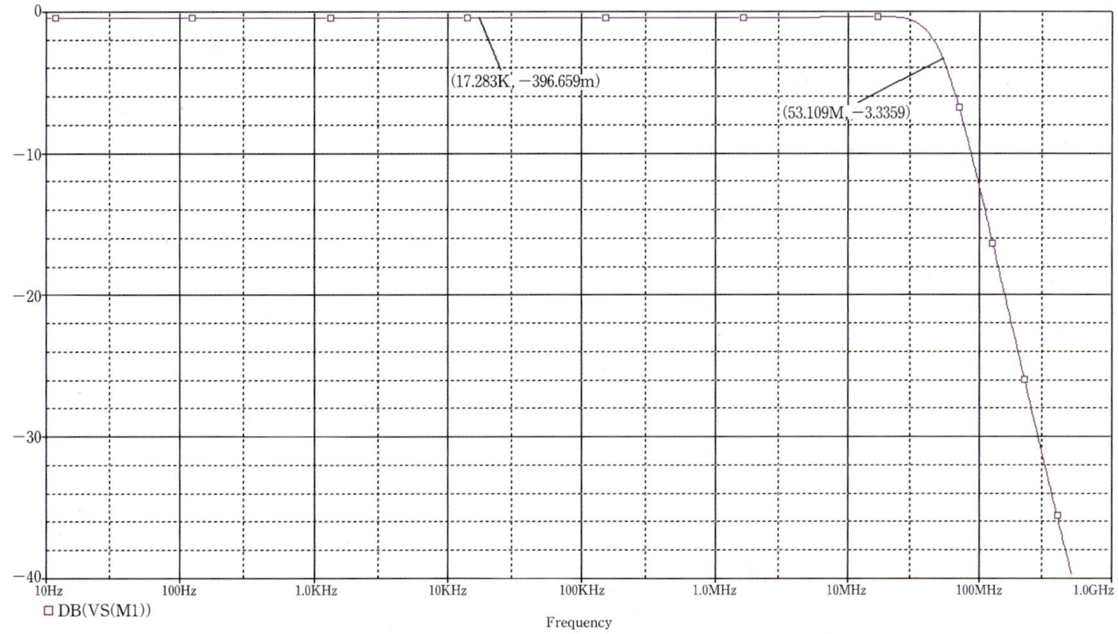

그림 4-43 [예제 4-20]의 AC 시뮬레이션 결과

4.4.3 공통게이트 증폭기의 고주파 응답특성

공통게이트 증폭기의 고주파 응답특성이 우수한 이유는 무엇인가?

3.4.4절에서 설명한 공통게이트 증폭기는 전류이득이 1에 가까우며, 입력저항이 작고 출력저항은 큰 특성을 가져 전류버퍼로 사용된다. 공통게이트 증폭기는 공통소오스 및 공통드레인 증폭기와 다른 기생 커패시턴스 영향과 주파수 응답특성을 갖는다.

[그림 4-44(a)]는 공통게이트 증폭기 회로이다. MOSFET의 내부 기생 커패시턴스 C_{gs}, C_{gd}, C_{db}가 포함된 고주파 소신호 등가회로는 [그림 4-44(b)]와 같으며, 소오스(입력단)와 드레인(출력단)을 분리시킨 등가회로로 나타냈다. 해석을 단순화하기 위해 MOSFET의 소신호 드레인 저항은 $r_d \to \infty$로 가정한다. 게이트가 접지되므로, 바이어스 저항 R_1, R_2는 영향을 미치지 않는다. 공통게이트 증폭기의 입력단 임피던스는 소오스 단자의 소신호 저항 $r_s = \dfrac{1}{g_m}$과 커패시터 C_{gs}의 병렬연결로 볼 수 있으며, 출력이 나오는 드레인 단자에서는 $(C_{gd} + C_{db})$와 R_D의 병렬연결이 된다.

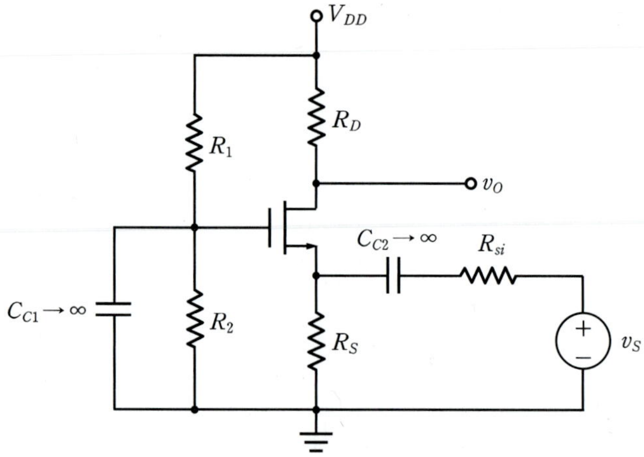

(a) 공통게이트 증폭기

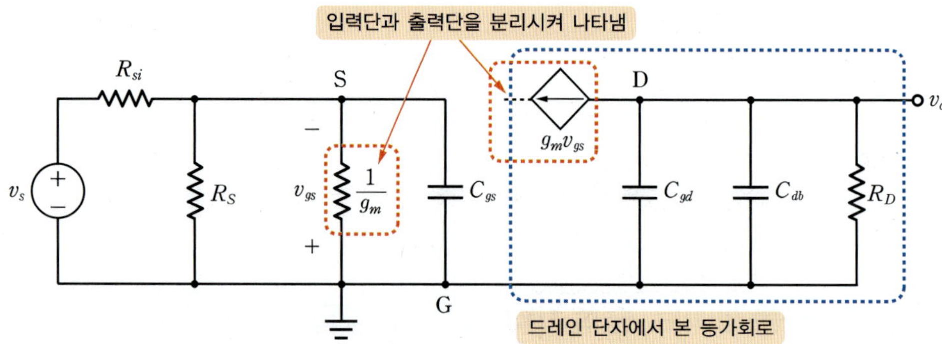

(b) 소오스(입력단)와 드레인(출력단)을 분리시켜 간략화한 고주파 소신호 등가회로

그림 4-44 공통게이트 증폭기와 고주파 소신호 등가회로

[그림 4-44(b)]로부터 입력 시상수 τ_i와 출력 시상수 τ_o를 구하면 다음과 같다.

$$\tau_i = \left(R_{si} \parallel R_S \parallel \frac{1}{g_m}\right) C_{gs} \simeq \frac{C_{gs}}{g_m} \tag{4.57}$$

$$\tau_o = R_D(C_{gd} + C_{db}) \tag{4.58}$$

따라서 공통게이트 증폭기의 상측 차단주파수 f_H는 식 (4.59)와 같다. 통상 $\frac{1}{g_m}$은 매우 작은 값을 가지므로, τ_i보다 τ_o가 f_H에 더 큰 영향을 미친다.

$$f_H \simeq \frac{1}{2\pi(\tau_i + \tau_o)} \simeq \frac{1}{2\pi\left[(C_{gs}/g_m) + R_D(C_{gd} + C_{db})\right]} \tag{4.59}$$

공통게이트 증폭기의 입력 커패시턴스 C_i는 다음과 같다.

$$C_i = C_{gs} \tag{4.60}$$

Q 식 (4.60)의 의미는?

A 공통게이트 증폭기는 밀러효과를 갖지 않으며, 입력저항이 작아 고주파 응답특성이 우수하다.

핵심포인트 **공통게이트 증폭기의 주파수 특성**

- 상측 차단주파수 f_H가 커서 고주파 응답특성이 우수하다.
- 밀러효과를 갖지 않아 입력 커패시턴스 값이 작다.
- 공통게이트 증폭기의 매우 작은 입력저항 $\frac{1}{g_m}$은 공통소오스-공통게이트 종속연결 구조(캐스코드 증폭기)에서 공통소오스 증폭단의 밀러효과를 감소시켜 고주파 특성을 개선시킨다.

예제 4-21

[그림 4-44(a)]의 공통게이트 증폭기 회로에 대해 상측 차단주파수 f_H와 입력 커패시턴스 C_i를 구하라. 단, $g_m = 18.7\text{mA/V}$, $C_{gs} = 7.4\text{pF}$, $C_{gd} = 2.8\text{pF}$, $C_{db} = 7.9\text{pF}$, $R_{si} = 0.5\text{k}\Omega$, $R_S = 1.5\text{k}\Omega$, $R_D = 4.7\text{k}\Omega$이며, r_d와 결합 커패시터는 ∞로 가정한다.

풀이

식 (4.57), 식 (4.58)로부터 개방회로 시상수를 계산하면 다음과 같다.

$$\tau_i \simeq \frac{C_{gs}}{g_m} = \frac{7.4}{18.7} \times 10^{-9} = 0.4\text{ns}$$

$$\tau_o = R_D(C_{gd} + C_{db}) = 4.7 \times (2.8 + 7.9) \times 10^{-9} = 50.3\text{ns}$$

따라서 식 (4.59)로부터 상측 차단주파수를 계산하면 다음과 같다.

$$f_H \simeq \frac{1}{2\pi(\tau_i + \tau_o)} = \frac{1}{2\pi \times (0.4 + 50.3) \times 10^{-9}} = 3.14\text{MHz}$$

식 (4.60)으로부터 입력 커패시턴스는 $C_i = C_{gs} = 7.4\text{pF}$이다.

2N6660 MOSFET 소자를 사용한 PSPICE 시뮬레이션 결과는 [그림 4-45]와 같으며, 중대역 이득은 18.3dB이고, 상측 차단주파수는 약 3.4MHz로 수식으로 계산된 값과 거의 일치한다.

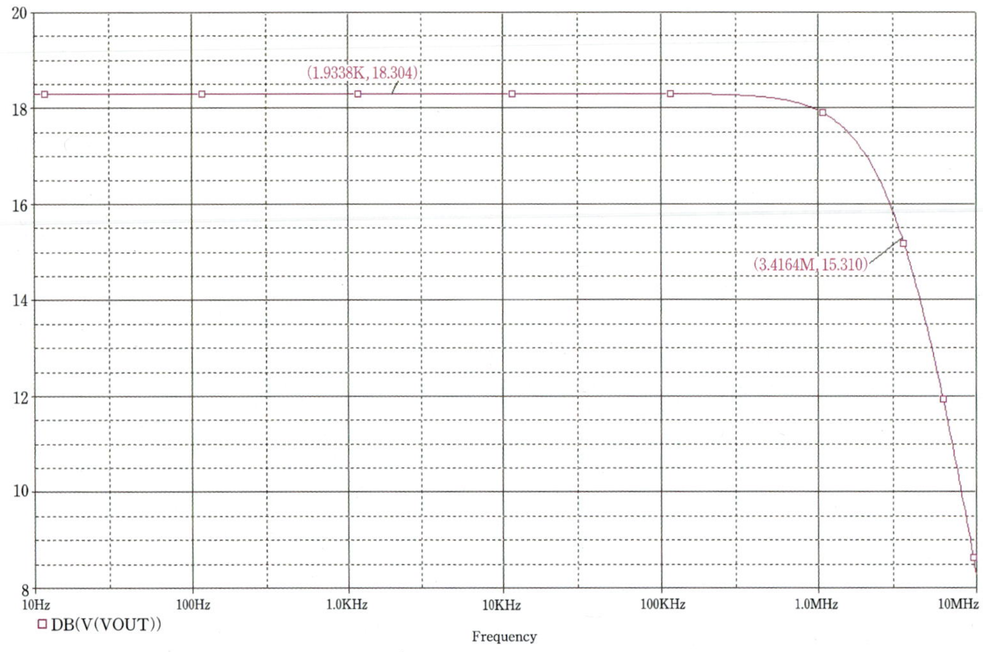

그림 4-45 [예제 4-21]의 AC 시뮬레이션 결과

점검하기 **다음 각 문제에서 맞는 것을 고르시오.**

(1) MOSFET의 내부 기생 커패시턴스가 (**작을수록, 클수록**) 증폭기의 고주파 응답특성이 우수하다.

(2) 공통소오스 증폭기에서 밀러효과는 (C_{gd}, C_{gs})가 이득만큼 곱해져서 입력단에 나타난다.

(3) 밀러효과에 의해 공통소오스 증폭기의 상측 차단주파수가 (**감소, 증가**)한다.

(4) 공통소오스 증폭기의 전압이득이 클수록 상측 차단주파수가 (**작다, 크다**).

(5) 공통소오스 증폭기의 전압이득이 클수록 입력 커패시턴스 값이 (**작다, 크다**).

(6) 공통드레인 증폭기는 공통소오스 증폭기에 비해 입력 커패시턴스 값이 (**작다, 크다**).

(7) 공통드레인 증폭기는 밀러효과가 매우 (**작게, 크게**) 나타난다.

(8) 공통게이트 증폭기는 공통소오스 증폭기에 비해 입력 커패시턴스 값이 (**작다, 크다**).

(9) 공통게이트 증폭기는 공통드레인 증폭기에 비해 입력 커패시턴스 값이 (**작다, 크다**).

(10) 공통게이트 증폭기가 (**공통게이트–공통소오스, 공통소오스–공통게이트**) 구조로 사용되면, 공통소오스 증폭기에 비해 주파수 응답특성이 우수하다.

SECTION 4.5

캐스코드 증폭기의 주파수 응답특성

4.5.1 BJT 캐스코드 증폭기의 주파수 응답특성

공통이미터-공통베이스를 종속으로 연결하면 어떤 장점이 있는가?
BJT 캐스코드 증폭기의 고주파 응답특성이 우수한 이유는 무엇인가?

4.3.1절에서 설명한 바와 같이, 공통이미터 증폭기는 밀러효과에 의해 전압이득이 클수록 대역폭이 작아지는 한계를 갖는다. 밀러효과에 의해 $(1+g_m R_C)C_\mu$의 커패시턴스가 증폭기의 입력 쪽에 나타나고, 이에 의해 증폭기의 입력 시상수가 증가하여 대역폭이 작아진다. 밀러 커패시턴스는 증폭기의 이득에 비례하므로, 증폭기의 이득이 클수록 대역폭이 작아져서 이득과 대역폭 사이에 상충관계가 존재한다. 이 절에서는 밀러효과를 최소화할 수 있는 캐스코드[cascode] 증폭기의 주파수 응답특성에 대해 알아본다.

[그림 4-46(a)]는 공통이미터와 공통베이스가 종속으로 연결된 캐스코드 증폭기 회로이다. 공통이미터 증폭기 Q_1의 출력이 공통베이스 증폭기 Q_2의 이미터로 연결되며, Q_2의 컬렉터에 부하 R_C가 연결된 구조이다. Q_2의 베이스는 결합 커패시터 C_B를 거쳐 접지로 연결된다. 결합 커패시터 C_{C1} 그리고 바이패스 커패시터 C_E는 충분히 큰 값을 가져 신호 주파수에서 임피던스가 무시할 수 있을 정도로 작다고 가정한다. [그림 4-46(b)]는 고주파 소신호 등가회로이며, 해석을 단순화하기 위해 바이어스 저항 $R_1 \parallel R_2$의 영향을 무시하고, BJT의 소신호 컬렉터 저항은 $r_o \rightarrow \infty$로 가정한다.

4.3.3절에서 설명된 공통베이스 증폭기의 입력 쪽 등가회로([그림 4-36(b)])에 의하면, 공통베이스 증폭기 Q_2의 입력저항은 r_{e2}이고, 입력 커패시턴스는 $C_{\pi 2}$이다. 따라서 공통이미터 증폭단 Q_1의 부하는 $R_{L1} = r_{o1} \parallel r_{e2} \simeq r_{e2}$가 된다. 이를 공통이미터 증폭단의 밀러 정리에 적용하면, 밀러 커패시턴스 C_{M1}, C_{M2}는 각각 다음과 같이 표현된다.

$$C_{M1} = (1+g_{m1}R_{L1})C_{\mu 1} = (1+g_{m1}r_{e2})C_{\mu 1} \simeq 2C_{\mu 1} \tag{4.61}$$

$$C_{M2} = \left(1+\frac{1}{g_{m1}R_{L1}}\right)C_{\mu 1} = \left(1+\frac{1}{g_{m1}r_{e2}}\right)C_{\mu 1} \simeq 2C_{\mu 1} \tag{4.62}$$

여기서 Q_1과 Q_2의 특성이 동일하여 $r_{e2} \simeq \dfrac{1}{g_{m1}}$을 적용하였다. 식 (4.61)과 식 (4.62)의 관계를 이용하여 [그림 4-46(b)]를 간략화하면 [그림 4-46(c)]의 등가회로가 얻어진다.

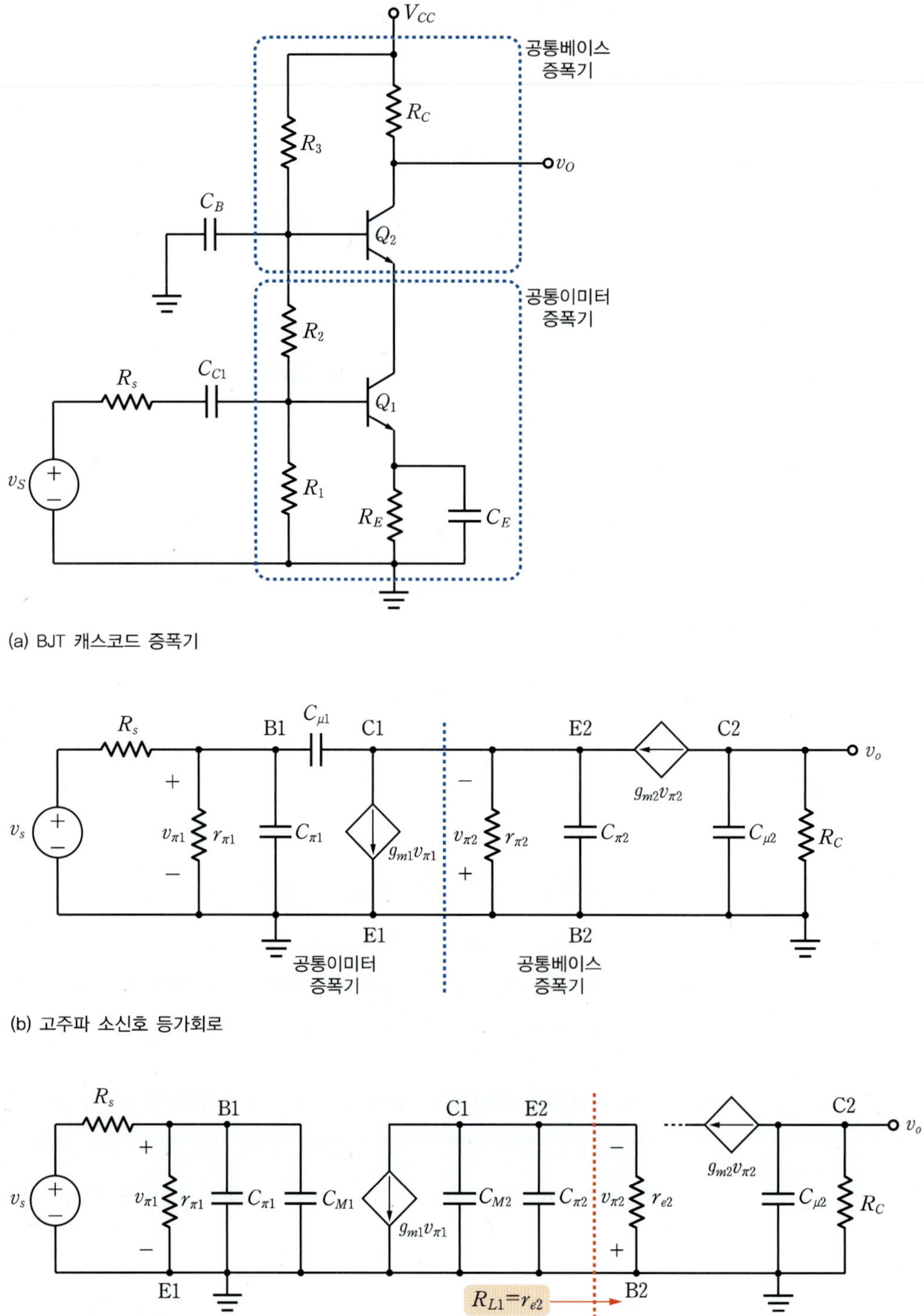

그림 4-46 BJT 캐스코드 증폭기 및 고주파 소신호 등가회로

Q 공통이미터-공통베이스를 종속으로 연결하면 어떤 장점이 있는가?

A 공통베이스 증폭단의 매우 작은 입력저항 r_{e2}에 의해 공통이미터 증폭단의 밀러 커패시턴스 C_{M1}이 작다.

[그림 4-46(c)]의 등가회로에 개방회로 시상수법을 적용하여 커패시턴스에 의한 개방회로 시상수를 구한다. 먼저, Q_1의 베이스 단자 B1에서 $C_{\pi 1}+C_{M1}$이 보는 개방회로 등가저항은 $R_s^{'}=R_s \parallel r_{\pi 1}$이므로, 시상수 τ_{B1}은 다음과 같다.

$$\tau_{B1}=R_s^{'}(C_{\pi 1}+C_{M1}) \simeq (R_s \parallel r_{\pi 1})(C_{\pi 1}+2C_{\mu 1}) \tag{4.63}$$

다음으로, Q_1의 컬렉터(즉, Q_2의 이미터) 단자 C1에서 $C_{M2}+C_{\pi 2}$가 보는 개방회로 등가저항은 $R_{i2} \simeq r_{e2}$이므로, 시상수 τ_{C1}은 다음과 같다.

$$\tau_{C1}=R_{i2}(C_{M2}+C_{\pi 2}) \simeq r_{e2}(2C_{\mu 1}+C_{\pi 2}) \tag{4.64}$$

또한 Q_2의 컬렉터 단자 C2에서 $C_{\mu 2}$가 보는 개방회로 등가저항은 R_C이므로, 시상수 τ_{C2}는 다음과 같다.

$$\tau_{C2}=R_C C_{\mu 2} \tag{4.65}$$

따라서 캐스코드 증폭기의 상측 차단주파수는 식 (4.66)과 같이 표현된다.

$$\begin{aligned} f_H &\simeq \frac{1}{2\pi(\tau_{B1}+\tau_{C1}+\tau_{C2})} \\ &= \frac{1}{2\pi[(R_s \parallel r_{\pi 1})(C_{\pi 1}+2C_{\mu 1})+r_{e2}(2C_{\mu 1}+C_{\pi 2})+R_C C_{\mu 2}]} \end{aligned} \tag{4.66}$$

Q BJT 캐스코드 증폭기의 고주파 응답특성이 우수한 이유는?

A
- 공통베이스 증폭단의 매우 작은 입력저항에 의해 공통이미터 증폭단의 밀러효과가 작아 고주파 응답특성이 우수하다.
- 공통베이스 증폭단의 고주파 응답특성이 우수하다.

핵심포인트 **BJT 캐스코드 증폭기의 주파수 특성**

- 캐스코드 증폭기는 공통이미터 증폭기에 공통베이스 증폭기를 종속연결한 구조이다.
- 공통베이스 증폭단의 매우 작은 입력저항에 의해 공통이미터 증폭단의 밀러효과가 작아지므로, 공통이미터 단일 증폭단에 비해 고주파 특성이 우수하다.

예제 4-22

[그림 4-46(a)]의 BJT 캐스코드 증폭기 회로에서 Q_1, Q_2가 각각 컬렉터 바이어스 전류 $I_{CQ1}=1.51\text{mA}$, $I_{CQ2}=1.50\text{mA}$로 바이어스되어 있다. 상측 차단주파수 f_H를 구하라. 단, $\beta_{o1}=160$, $\beta_{o2}=163$, $C_{\pi1}=C_{\pi2}=23.7\text{pF}$, $C_{\mu1}=2.72\text{pF}$, $C_{\mu2}=2.27\text{pF}$, $R_s=1\text{k}\Omega$, $R_E=1.5\text{k}\Omega$, $R_C=5\text{k}\Omega$이다. $r_{o1}=r_{o2}=\infty$이고, 결합 및 바이패스 커패시터는 ∞로 가정한다.

풀이

먼저 바이어스 전류로부터 소신호 파라미터 값을 계산한다.

$$g_{m1}=\frac{I_{CQ1}}{V_T}=\frac{1.51\times10^{-3}}{26\times10^{-3}}=58.1\text{mA/V}$$

$$g_{m2}=\frac{I_{CQ2}}{V_T}=\frac{1.50\times10^{-3}}{26\times10^{-3}}=57.7\text{mA/V}$$

$$r_{\pi1}=\frac{\beta_{o1}}{g_{m1}}=\frac{160}{58.1\times10^{-3}}=2.75\text{k}\Omega$$

$$r_{e2}\simeq\frac{1}{g_{m2}}=\frac{1}{57.7\times10^{-3}}=0.017\text{k}\Omega$$

$$R_s'=R_s\parallel r_{\pi1}=(1\parallel 2.75)\times10^3=0.73\text{k}\Omega$$

식 (4.63)~식 (4.65)로부터 개방회로 시상수를 계산하면 다음과 같다.

$$\tau_{B1}=R_s'(C_{\pi1}+2C_{\mu1})=0.73\times(23.7+5.44)\times10^{-9}=21.3\text{ns}$$

$$\tau_{C1}=r_{e2}(2C_{\mu1}+C_{\pi2})=0.017\times(5.44+23.7)\times10^{-9}=0.5\text{ns}$$

$$\tau_{C2}=R_CC_{\mu2}=5.0\times2.27\times10^{-9}=11.35\text{ns}$$

따라서 식 (4.66)으로부터 상측 차단주파수를 계산하면 다음과 같다.

$$f_H\simeq\frac{1}{2\pi(\tau_{B1}+\tau_{C1}+\tau_{C2})}=\frac{1}{2\pi\times(21.3+0.5+11.35)\times10^{-9}}=4.8\text{MHz}$$

2N3904 BJT 소자를 사용한 PSPICE 시뮬레이션 결과는 [그림 4-47]과 같으며, 시뮬레이션 결과로 얻어진 상측 차단주파수는 약 6.1MHz이다. 근사화에 의한 오차로 인해 수식 계산으로 얻은 결과와 다소 차이가 있다. [예제 4-13]의 공통이미터 증폭기에 비해 3배 이상 큰 상측 차단주파수가 얻어졌음을 확인할 수 있다.

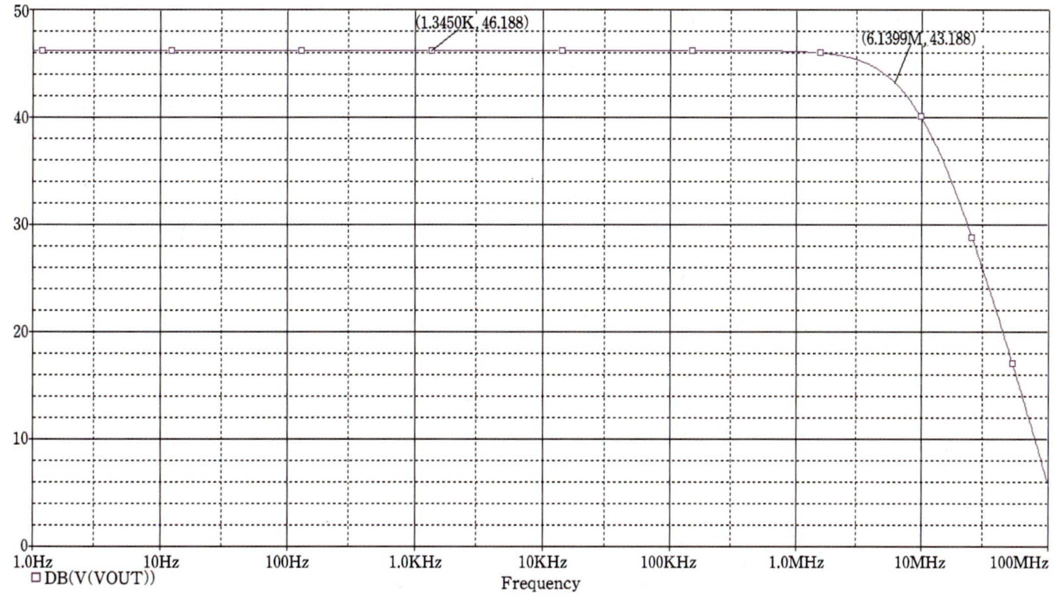

그림 4-47 [예제 4-22]의 AC 시뮬레이션 결과

4.5.2 MOSFET 캐스코드 증폭기의 주파수 응답특성

공통소오스-공통게이트를 종속으로 연결하면 어떤 장점이 있는가?
MOSFET 캐스코드 증폭기의 고주파 응답특성이 우수한 이유는 무엇인가?

이 절에서는 밀러효과를 최소화할 수 있는 MOSFET 캐스코드cascode 증폭기의 주파수 응답특성에 대해 알아본다.

[그림 4-48(a)]는 공통소오스와 공통게이트가 종속으로 연결된 캐스코드 증폭기 회로이다. 공통소오스 증폭기 M_1의 출력이 공통게이트 증폭기 M_2의 소오스로 연결되며, M_2의 드레인에 부하저항 R_D가 연결되어 출력 v_O가 나오는 구조이다. M_2의 게이트는 결합 커패시터 C_{G2}를 거쳐 접지로 연결된다. 결합 커패시터 C_{C1}와 바이패스 커패시터 C_S는 충분히 큰 값을 가져 신호 주파수에서 임피던스가 무시할 수 있을 정도로 작다고 가정한다. [그림 4-48(b)]는 고주파 소신호 등가회로이며, 해석을 단순화하기 위해 바이어스 저항 $R_1 \parallel R_2$의 영향을 무시하고, MOSFET의 소신호 드레인 저항은 $r_d \to \infty$로 가정한다.

4.4.3절에서 설명된 공통게이트 증폭기의 입력 쪽 등가회로([그림 4-44(b)])에 의하면, 공통게이트 증폭기 M_2의 입력저항은 $R_{i2} = \dfrac{1}{g_{m2}}$이고, 입력 커패시턴스는 C_{gs2}이다. 따

라서 공통소오스 증폭기 M_1의 부하는 $R_{L1} = r_{o1} \parallel \dfrac{1}{g_{m2}} \simeq \dfrac{1}{g_{m2}}$가 된다. 이를 이용하여 공통소오스 증폭단에 밀러정리를 적용하면, 밀러 커패시턴스 C_{M1}, C_{M2}는 각각 다음과 같이 표현된다.

$$C_{M1} = (1 + g_{m1} R_{L1}) C_{gd1} = \left(1 + \frac{g_{m1}}{g_{m2}}\right) C_{gd1} \simeq 2 C_{gd1} \tag{4.67}$$

$$C_{M2} = \left(1 + \frac{1}{g_{m1} R_{L1}}\right) C_{gd1} = \left(1 + \frac{1}{g_{m1}/g_{m2}}\right) C_{gd1} \simeq 2 C_{gd1} \tag{4.68}$$

여기서 M_1과 M_2의 특성이 동일하면 $g_{m1} \simeq g_{m2}$를 적용할 수 있다. 식 (4.67)과 식 (4.68)의 관계를 이용하여 [그림 4-48(b)]를 간략화하면 [그림 4-48(c)]의 등가회로가 얻어진다.

Q **공통소오스-공통게이트를 종속으로 연결하면 어떤 장점이 있는가?**

A 공통게이트 증폭단의 매우 작은 입력저항 $1/g_{m2}$에 의해 공통소오스 증폭단의 밀러 커패시턴스 C_{M1}이 작다.

[그림 4-48(c)]의 등가회로에 개방회로 시상수법을 적용하여 커패시턴스에 의한 개방회로 시상수를 구한다. 먼저, M_1의 게이트 단자 G1에서 $C_{G1} = C_{gs1} + C_{M1}$이 보는 개방회로 등가저항 R_{G1}은 신호원의 저항 R_{si}이므로, 시상수 τ_{G1}은 다음과 같다.

$$\tau_{G1} = R_{G1} C_{G1} = R_{si}\left[C_{gs1} + \left(1 + \frac{g_{m1}}{g_{m2}}\right) C_{gd1}\right] \tag{4.69}$$

다음으로, M_1의 드레인(M_2의 소오스) 단자 D1에서 $C_{D1} = C_{M2} + C_{db1} + C_{gs2}$가 보는 개방회로 등가저항은 $R_{D1} = R_{i2} \simeq \dfrac{1}{g_{m2}}$이므로, 시상수 τ_{D1}은 다음과 같다.

$$\tau_{D1} = R_{D1} C_{D1} \simeq \frac{1}{g_{m2}}\left[\left(1 + \frac{g_{m2}}{g_{m1}}\right) C_{gd1} + C_{db1} + C_{gs2}\right] \tag{4.70}$$

또한 M_2의 드레인 단자 D2에서 $C_{D2} = C_{gd2} + C_{db2}$가 보는 개방회로 등가저항 R_{D2}는 R_D이므로, 시상수 τ_{D2}는 다음과 같다.

$$\tau_{D2} = R_{D2} C_{D2} = R_D (C_{gd2} + C_{db2}) \tag{4.71}$$

따라서 캐스코드 증폭기의 상측 차단주파수는 식 (4.72)와 같이 표현된다.

$$f_H \simeq \frac{1}{2\pi(\tau_{G1} + \tau_{D1} + \tau_{D2})} \tag{4.72}$$

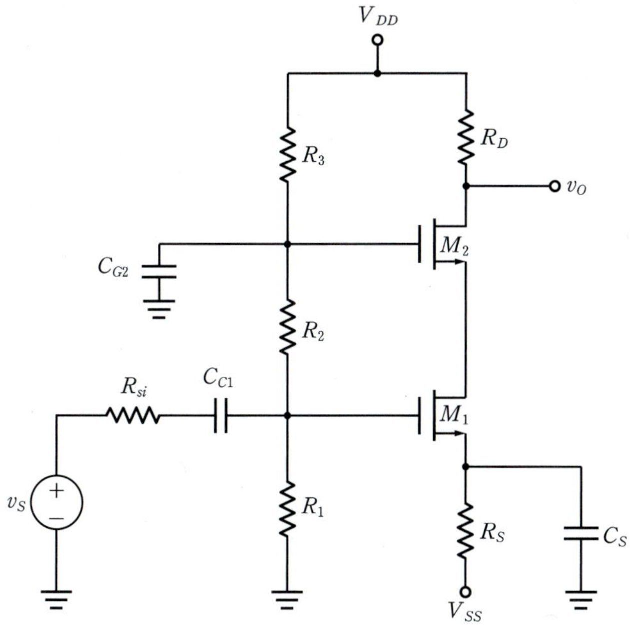

(a) MOSFET 캐스코드 증폭기

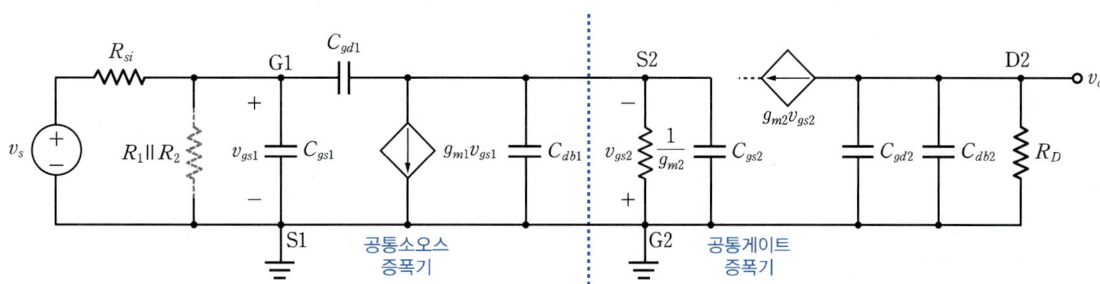

(b) 고주파 소신호 등가회로

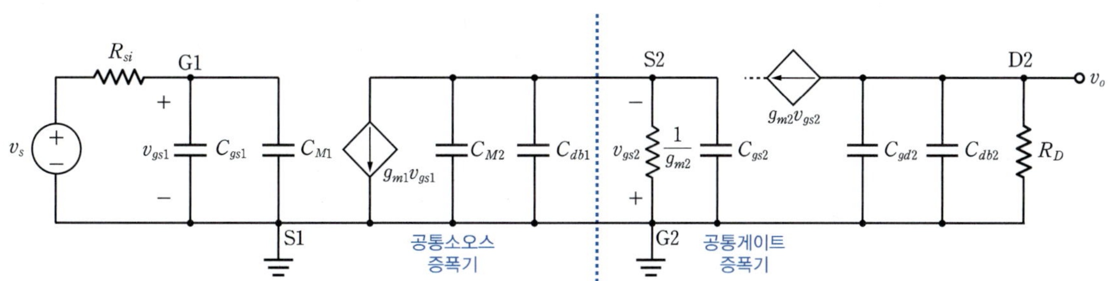

(c) 간략화된 고주파 소신호 등가회로

그림 4-48 MOSFET 캐스코드 증폭기 및 고주파 소신호 등가회로

예제 4-23

[그림 4-48(a)]의 MOSFET 캐스코드 증폭기의 상측 차단주파수 f_H를 구하라. MOSFET M_1, M_2는 드레인 바이어스 전류 $I_{DQ} = 2.75\text{mA}$로 바이어스되어 있으며, 전달컨덕턴스는 $g_{m1} = 30.4\text{mA/V}$, $g_{m2} = 20.0\text{mA/V}$이다. 또한, $C_{gs1} = 7.37\text{pF}$, $C_{gs2} = 5.86\text{pF}$, $C_{gd1} = 2.8\text{pF}$, $C_{gd2} = 4.5\text{pF}$, $C_{db1} = 35.0\text{pF}$,

$C_{db2}=31.0\text{pF}$ 이다. $R_{si}=0.5\text{k}\Omega$, $R_S=1.5\text{k}\Omega$, $R_D=2.7\text{k}\Omega$ 이며, $r_{d1}=r_{d2}=\infty$ 이고, 결합 및 바이패스 커패시터는 ∞ 로 가정하며, 바이어스 저항의 영향은 무시한다.

풀이

식 (4.69)로부터 시상수 τ_{G1}을 구하면 다음과 같다.

$$\tau_{G1}\simeq R_{si}\left[C_{gs1}+\left(1+\frac{g_{m1}}{g_{m2}}\right)C_{gd1}\right]=0.5\times10^3\times\left[7.37+\left(1+\frac{30.4}{20.0}\right)\times2.8\right]\times10^{-12}=7.21\text{ns}$$

식 (4.70)으로부터 시상수 τ_{D1}을 구하면 다음과 같다.

$$\tau_{D1}\simeq\frac{1}{g_{m2}}\left[\left(1+\frac{g_{m2}}{g_{m1}}\right)C_{gd1}+C_{db1}+C_{gs2}\right]=\frac{\left[\left(1+\frac{20}{30.4}\right)\times2.8+35+5.86\right]\times10^{-12}}{20\times10^{-3}}=2.28\text{ns}$$

식 (4.71)로부터 시상수 τ_{D2}을 구하면 다음과 같다.

$$\tau_{D2}=R_D(C_{gd2}+C_{db2})=2.7\times10^3\times(4.5+31.0)\times10^{-12}=95.85\text{ns}$$

따라서 식 (4.72)로부터 상측 차단주파수를 계산하면 다음과 같다.

$$f_H\simeq\frac{1}{2\pi(\tau_{G1}+\tau_{D1}+\tau_{D2})}=\frac{1}{2\pi\times(7.21+2.28+95.85)\times10^{-9}}=1.51\text{MHz}$$

2N6660 MOSFET 소자를 사용한 PSPICE 시뮬레이션 결과는 [그림 4-49]와 같으며, 중대역 이득은 약 38.2dB, 상측 차단주파수는 약 1.31MHz 이다. [예제 4-18]의 공통소오스 증폭기에 비해 약 3배의 큰 상측 차단주파수가 얻어졌다.

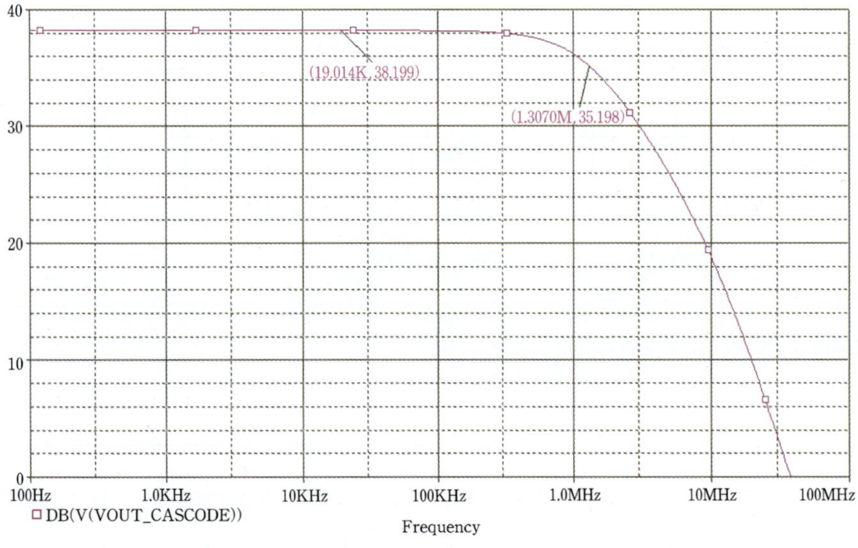

그림 4-49 [예제 4-23]의 AC 시뮬레이션 결과

Q **MOSFET 캐스코드 증폭기의 고주파 응답특성이 우수한 이유는?**

A
- 공통게이트 증폭단의 매우 작은 입력저항에 의해 공통소오스 증폭단의 밀러효과가 작아 고주파 응답특성이 우수하다.
- 공통게이트 증폭단의 고주파 응답특성이 우수하다.

여기서 잠깐 **개별 증폭단과 종속 증폭단의 이득 및 대역폭 관계**

[그림 4-50]과 같이 두 개의 증폭기가 종속으로 연결된 경우를 살펴보자. 단, 개별 증폭단의 중대역 이득과 대역폭은 증폭단 사이의 부하효과가 고려된 값이다.

- **증폭기 전체의 대역폭** : 다음의 식과 같이 개별 증폭단 대역폭의 작은 값보다 작다. 대역폭이 큰 증폭기와 대역폭이 작은 증폭기를 종속연결하면, 전체 증폭기의 대역폭은 작은 대역폭에 의해 제한됨을 의미한다.

$$f_H = \frac{f_{H1} f_{H2}}{f_{H1} + f_{H2}}$$

- **증폭기 전체의 중대역 이득** : 개별 증폭단 중대역 이득의 곱이 된다. 즉, $A_{vo} = A_{vo1} A_{vo2}$

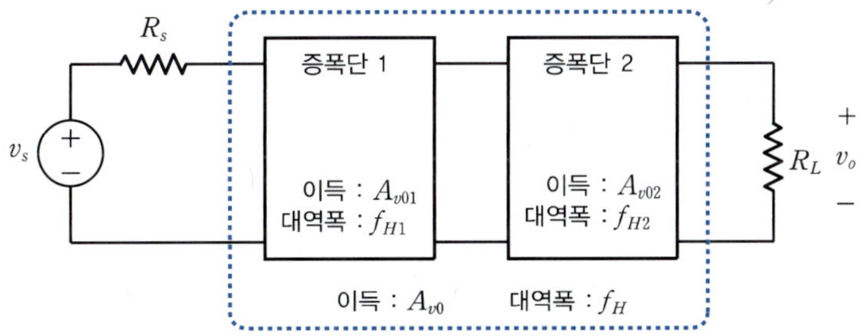

그림 4-50 다단 증폭기

확인문제 4-13

$A_{vo1} = 28\text{dB}$, $f_{H1} = 2\text{MHz}$인 증폭단과 $A_{vo2} = 40\text{dB}$, $f_{H2} = 3\text{MHz}$인 증폭단이 종속연결된 2단 증폭기의 중대역 이득 A_{vo}와 대역폭 f_H를 구하라. 단, 개별 증폭단의 중대역 이득과 대역폭은 증폭단 사이의 부하효과가 고려된 값이다.

답 $A_{vo} = 2{,}500\text{V/V}$, $f_H = 1.2\text{MHz}$

점검하기 **다음 각 문제에서 맞는 것을 고르시오.**

(1) BJT 캐스코드 증폭기는 (**공통베이스-공통이미터, 공통이미터-공통베이스**) 종속연결 구조이다.
(2) BJT 캐스코드 증폭기는 공통이미터 증폭기에 비해 상측 차단주파수가 (**작다, 크다**).
(3) MOSFET 캐스코드 증폭기는 (**공통게이트-공통소오스, 공통소오스-공통게이트**) 종속연결 구조이다.
(4) MOSFET 캐스코드 증폭기는 공통소오스 증폭기에 비해 상측 차단주파수가 (**작다, 크다**).
(5) 다단 증폭기의 중대역 이득은 개별 증폭단 중대역 이득의 (**합, 곱**)과 같다.
(6) 다단 증폭기의 대역폭은 개별 증폭단 대역폭의 작은 값보다 (**작다, 크다**).

SECTION 4.6 PSPICE 시뮬레이션 실습

핵심이 보이는 전자회로

실습 4-1

[그림 4-51]은 공통이미터들로 이루어진 2단 증폭기 회로이다. PSPICE 시뮬레이션하여 중대역 이득 A_{v0}, 하측 차단주파수 f_L, 상측 차단주파수 f_H를 구하라.

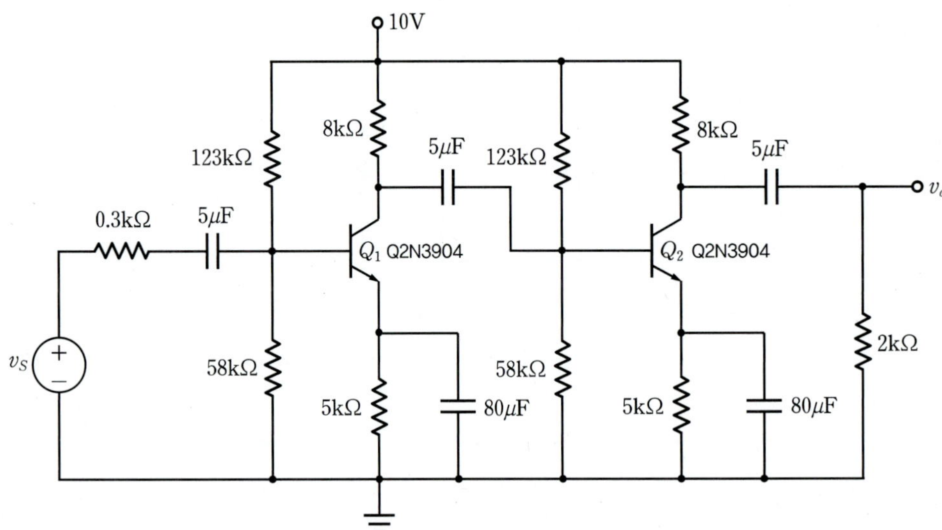

그림 4-51 [실습 4-1]의 시뮬레이션 실습 회로

시뮬레이션 결과

시뮬레이션 결과는 [그림 4-52]와 같으며, 증폭기의 특성은 다음과 같다.

- 중대역 이득 : $A_{v0} = 65.09\text{dB}(= 1{,}796.8\text{V/V})$
- 하측 차단주파수 : $f_L = 48.69\text{Hz}$
- 상측 차단주파수 : $f_H = 484.4\text{kHz}$

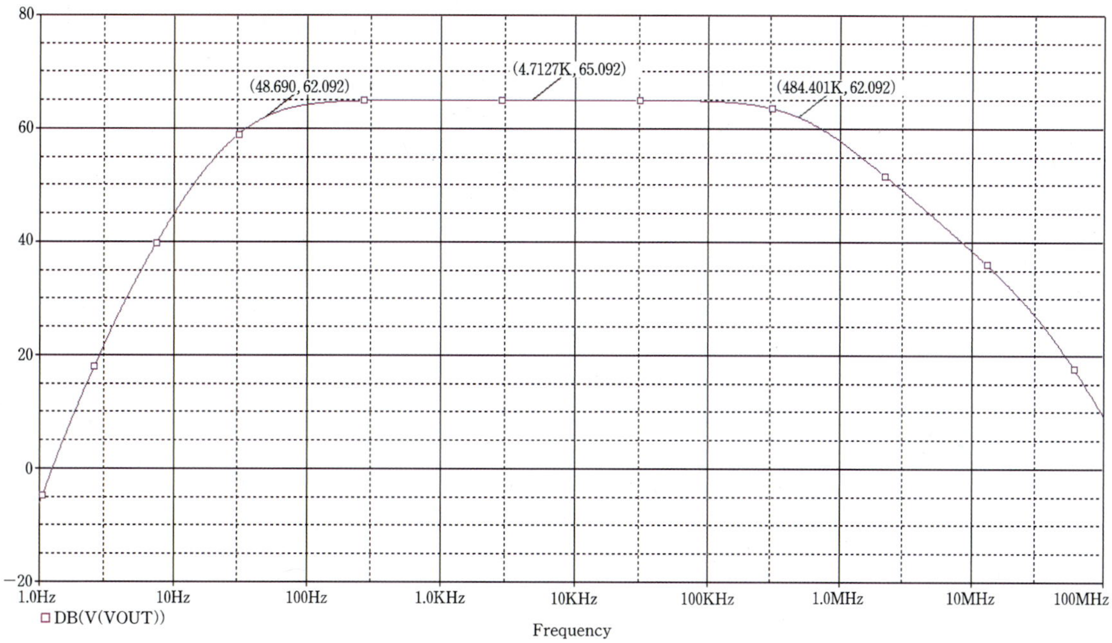

그림 4-52 [실습 4-1]의 AC 시뮬레이션 결과

실습 4-2

[그림 4-53]의 공통이미터 증폭기 회로에서 이미터 바이패스 커패시터 C_E가 50μF ~ 200μF 범위에서 50μF 씩 증가함에 따라 나타나는 하측 차단주파수의 변화를 시뮬레이션으로 확인하라.

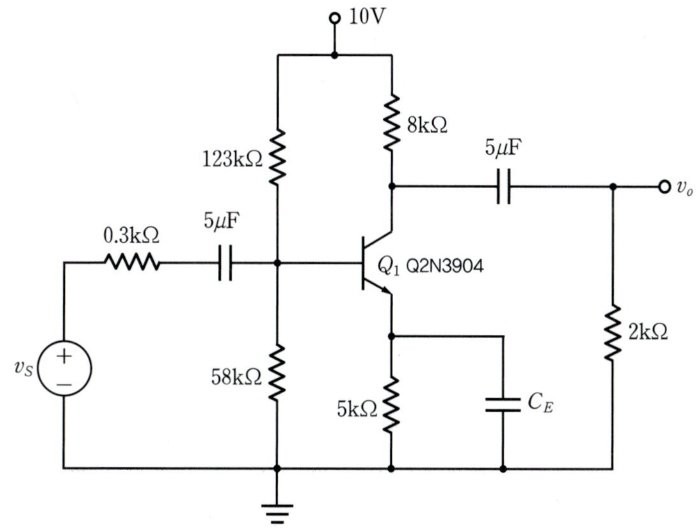

그림 4-53 [실습 4-2]의 시뮬레이션 실습 회로

시뮬레이션 결과

시뮬레이션 결과는 [그림 4-54]와 같으며, C_E 값에 따른 하측 차단주파수는 다음과 같다.

① $C_E = 50\mu\text{F}$	$f_L = 60.95\text{Hz}$	② $C_E = 100\mu\text{F}$	$f_L = 32.74\text{Hz}$
③ $C_E = 150\mu\text{F}$	$f_L = 23.44\text{Hz}$	④ $C_E = 200\mu\text{F}$	$f_L = 18.85\text{Hz}$

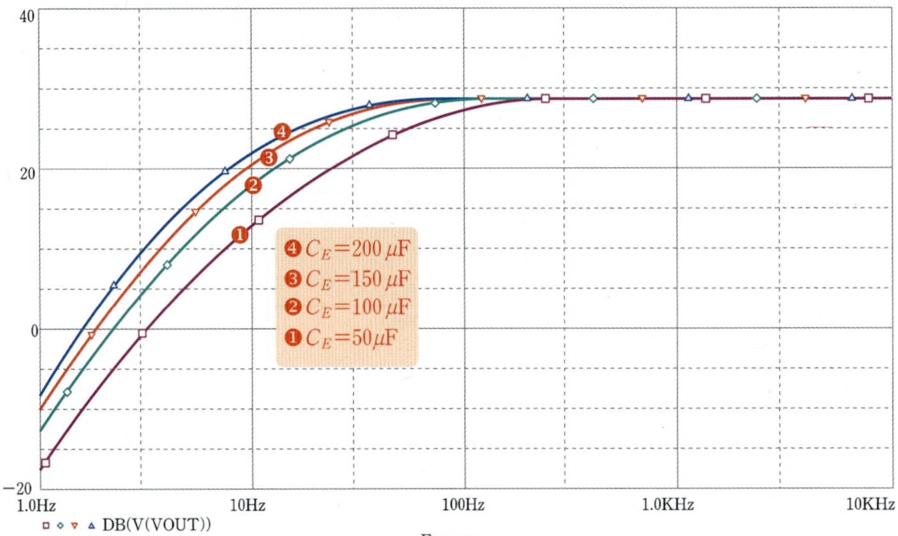

	Evaluate	Measurement Results Measurement	1	2	3	4
▸	☑	Cutoff_Highpass_3dB(V(vout))	60.95227	32.73786	23.43953	18.84721

그림 4-54 [실습 4-2]의 AC 시뮬레이션 실습 회로

실습 4-3

[그림 4-55]의 공통소오스 증폭기와 MOSFET 캐스코드 증폭기를 함께 시뮬레이션해서 두 증폭기 회로의 상측 차단주파수를 비교하라. MOSFET는 MBreakN 소자에 [그림 4-55(c)]의 디바이스 모델 파라미터를 적용하며, 채널 길이는 $L = 3\mu\text{m}$, 채널 폭은 $W = 3{,}000\mu\text{m}$로 설정한다.

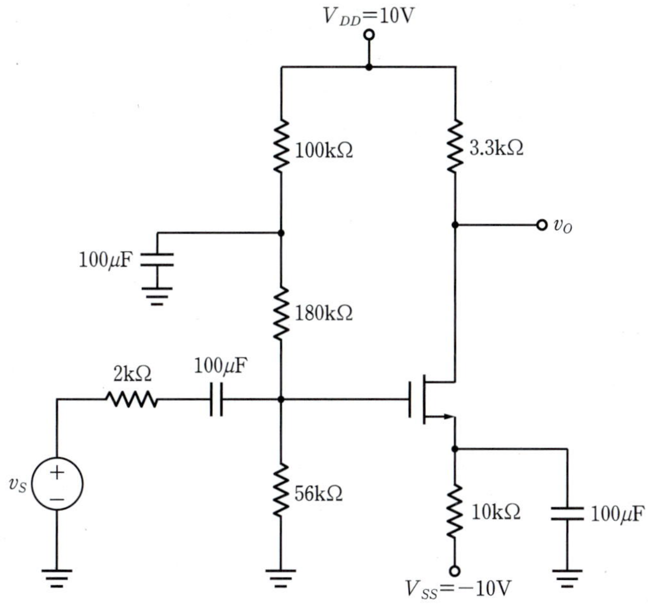

(a) 공통소오스 증폭기

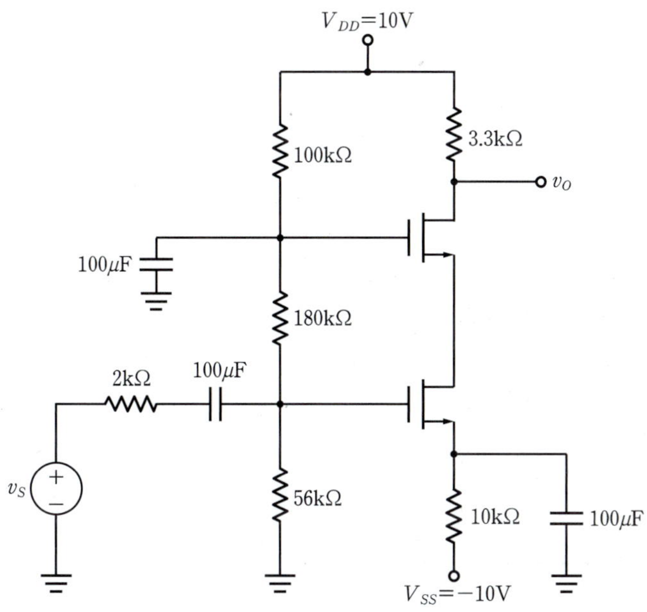

(b) 캐스코드 증폭기

MOSFET MODEL PARAMETERS		Mbreakn NMOS	
LEVEL	1	CGDO	300.000000E-12
L	3.000000E-06	CGBO	0
W	3.000000E-03	TOX	10.000000E-09
VTO	.5	XJ	0
KP	172.657200E-06	UO	500
GAMMA	.8	UCRIT	10.000000E+03
PHI	.7	KF	50.000000E-27
LAMBDA	.04	DIOMOD	1
IS	10.000000E-15	VFB	0
JS	0	LETA	0
PB	.8	WETA	0
PBSW	.8	U0	0
CJ	275.000000E-06	TEMP	0
CJSW	190.000000E-12	VDD	5
CGSO	300.000000E-12	XPART	0

(c) MOSFET 디바이스 모델 파라미터

그림 4-55 [실습 4-3]의 시뮬레이션 실습 회로

시뮬레이션 결과

시뮬레이션 결과는 [그림 4-56]과 같으며, 두 증폭기의 중대역 이득은 약 35dB 이고, 각 증폭기의 상측 차단주파수는 다음과 같다. 캐스코드 증폭기의 상측 차단주파수가 공통소오스 증폭기에 비해 약 3.5배 크다는 것을 확인할 수 있다.

- 공통소오스 증폭기 : $f_H \simeq 1.0\text{MHz}$
- 캐스코드 증폭기 : $f_H \simeq 3.5\text{MHz}$

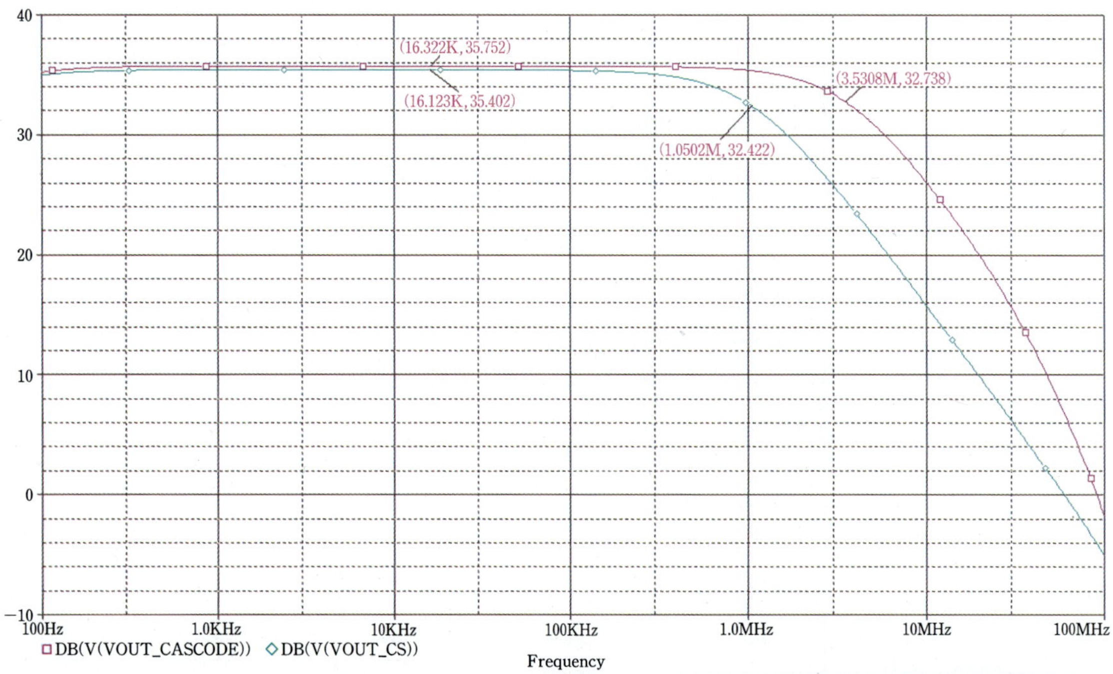

Measurement Results			
Evaluate	Measurement	Value	
☑	Cutoff_Lowpass_3dB(V(vout_cs))	1.05140meg	
▶ ☑	Cutoff_Lowpass_3dB(V(vout-casco...	3.51962meg	

그림 4-56 [실습 4-3]의 AC 시뮬레이션 결과

CHAPTER 04_연습문제

4.1 **증폭기의 주파수 응답특성에 대한 설명으로 틀린 것은?** HINT 4.1.1절

㉮ 하측 차단주파수에서 증폭기의 전압이득은 중대역보다 −3dB 작다.

㉯ 상측 차단주파수에서 증폭기의 전력은 중대역에서 전력의 2배이다.

㉰ 상측 차단주파수에서 증폭기의 전압이득은 중대역보다 0.707배 작다.

㉱ 주어진 증폭기 회로에서 중대역 이득과 대역폭을 동시에 크게 만들 수 없다.

㉲ 증폭기 회로의 상측 차단주파수가 작을수록 대역폭이 작다.

4.2 **증폭기의 주파수 응답특성에 대한 설명으로 맞는 것은?** HINT 4.1.1절

㉮ 출력전력이 중대역보다 0.707배 작은 주파수가 하측 차단주파수이다.

㉯ 전압이득이 중대역보다 0.5배 작은 주파수가 상측 차단주파수이다.

㉰ 전압이득이 중대역보다 3dB 만큼 큰 주파수가 상측 차단주파수이다.

㉱ 하측 차단주파수가 클수록 주파수 응답특성이 우수하다.

㉲ 주어진 증폭기 회로에서 중대역 이득과 대역폭 곱은 일정한 값을 갖는다.

4.3 **어떤 증폭기의 중대역 이득이 20dB 일 때의 대역폭이 5MHz 이다. 중대역 이득이 40dB 일 때의 대역폭은 얼마인가?** HINT 4.1.1절

㉮ 50MHz ㉯ 10MHz ㉰ 200MHz ㉱ 0.5MHz ㉲ 0.25MHz

4.4 **[그림 4-57]은 어떤 증폭기의 이득의 크기 $|A(jf)|$에 대한 점근 보드 선도이다. 이에 대한 설명으로 틀린 것은?** HINT 4.1.2절

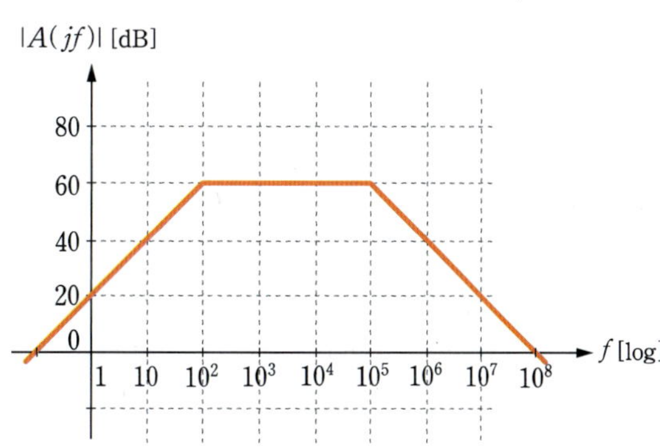

그림 4-57

㉮ 2개의 극점pole 주파수를 갖는다.

㉯ 중대역 이득은 10^3이다.

㉰ 1개의 영점zero 주파수를 갖는다.

㉱ 이득−대역폭 곱은 약 6MHz 이다.

㉲ 대역폭은 약 0.1MHz 이다.

4.5 [그림 4-58]은 어떤 증폭기의 이득의 크기 $|A(jf)|$에 대한 점근 보드 선도이다. 증폭기 이득을 올바로 나타낸 것은? HINT 4.1.2절

㉮ $A(jf) = \dfrac{10^2 s}{(1+s/10^3)(1+s/10^5)}$

㉯ $A(jf) = \dfrac{10s(1+10^3/s)}{(1+s/10^5)}$

㉰ $A(jf) = \dfrac{10^2(1+s/10^3)}{(1+s/10^5)}$

㉱ $A(jf) = \dfrac{10^5 s}{(1+s/10^3)(1+s/10^5)}$

㉲ $A(jf) = \dfrac{40s(1+s/10^3)}{(1+s/10^5)}$

㉳ $A(jf) = \dfrac{40\,s}{(1+s/10^3)(1+s/10^5)}$

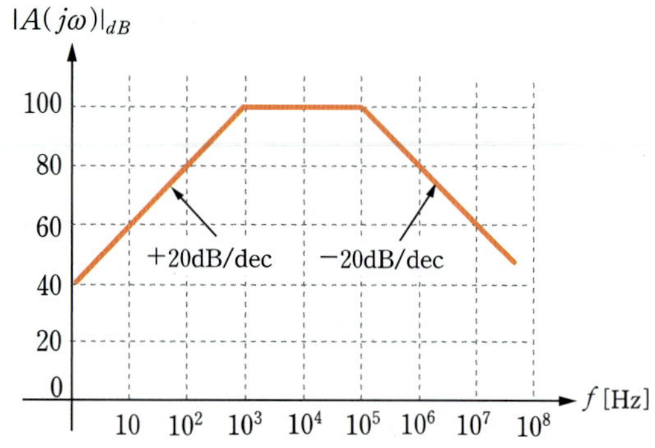

그림 4-58

4.6 [그림 4-58]의 점근 보드 선도를 갖는 증폭기의 상측 차단주파수 근삿값은? HINT 4.1.2절

㉮ 1kHz ㉯ 15.915kHz ㉰ 0.1MHz ㉱ 159.15kHz ㉲ 1MHz

4.7 BJT의 하이브리드-π 고주파 소신호 등가회로에서 베이스-이미터 확산 커패시턴스 C_π는 어떤 현상을 나타내는가? HINT 4.1.3절

㉮ 순방향 바이어스 전압의 변화에 기인한 베이스 영역의 과잉 다수 캐리어 변화

㉯ 순방향 바이어스 전압의 변화에 기인한 베이스 영역의 과잉 소수 캐리어 변화

㉰ 역방향 바이어스 전압의 변화에 기인한 컬렉터 영역의 과잉 다수 캐리어 변화

㉱ 역방향 바이어스 전압의 변화에 기인한 컬렉터 영역의 과잉 소수 캐리어 변화

㉲ 역방향 바이어스 전압의 변화에 기인한 베이스 영역의 과잉 소수 캐리어 변화

4.8 BJT의 하이브리드-π 고주파 소신호 등가회로에서 베이스-컬렉터 접합의 커패시턴스 C_μ는 어떤 현상을 나타내는가? HINT 4.1.3절

㉮ 순방향 바이어스 전압의 변화에 의한 베이스 영역의 과잉 다수 캐리어 변화

㉯ 순방향 바이어스 전압의 변화에 의한 베이스 영역의 과잉 소수 캐리어 변화

㉰ 역방향 바이어스 전압의 변화에 의한 컬렉터 영역의 과잉 다수 캐리어 변화

㉱ 순방향 바이어스된 베이스-컬렉터 접합 커패시턴스 성분

㉲ 역방향 바이어스된 베이스-컬렉터 접합 커패시턴스 성분

4.9 BJT의 단위이득 대역폭 f_T에 대한 설명으로 틀린 것은? 단, g_m은 전달컨덕턴스, C_π는 베이스-이미터 확산 커패시턴스, C_μ는 베이스-컬렉터 접합 커패시턴스이다. HINT 4.1.3절

㉮ 순방향 단락 전류이득의 크기가 1이 되는 주파수이다.
㉯ C_π 값이 클수록 f_T가 작다.
㉰ 베타 차단주파수 f_β보다 크다.
㉱ g_m 값과 무관하다.
㉲ f_T 값이 클수록 고주파 응답특성이 우수하다.

4.10 $f_T = 1.2\text{GHz}$인 BJT가 컬렉터 바이어스 전류 $I_{CQ} = 0.52\text{mA}$로 순방향 활성모드로 동작한다. 베이스-컬렉터 접합 커패시턴스 C_μ 값은 얼마인가? 단, 온도전압 $V_T = 26\text{mV}$이고, 베이스-이미터 확산 커패시턴스는 $C_\pi = 2.34\text{pF}$이다. HINT 4.1.3절

㉮ 1.96pF ㉯ 2.65pF ㉰ 0.31pF ㉱ 3.21pF ㉲ 0.31nF

4.11 MOSFET의 기생 커패시턴스가 $C_{gs} = 0.26\text{pF}$, $C_{gd} = 0.04\text{pF}$인 경우에 단위이득 대역폭 f_T는 얼마인가? 단, 전달컨덕턴스는 $g_m = 4.83\text{mA/V}$이다. HINT 4.1.4절

㉮ 50.5MHz ㉯ 101MHz ㉰ 2.56GHz ㉱ 8.05GHz ㉲ 16.1GHz

4.12 [그림 4-59]의 회로에서 커패시터 C_{C1}이 증폭기에 미치는 영향으로 틀린 것은? HINT 4.2.1절

㉮ 커패시터 C_{C1}이 증폭기의 상측 차단주파수 f_H에 미치는 영향은 매우 작다.
㉯ 커패시터 C_{C1}의 값이 작을수록 증폭기의 하측 차단주파수 f_L이 크다.
㉰ 커패시터 C_{C1}은 신호원 v_s에 포함된 직류성분을 제거하는 기능을 한다.
㉱ 커패시터 C_{C1}의 값이 클수록 낮은 주파수의 신호를 잘 증폭할 수 있다.
㉲ 커패시터 C_{C1}의 값이 클수록 증폭기의 상측 차단주파수 f_H가 크다.

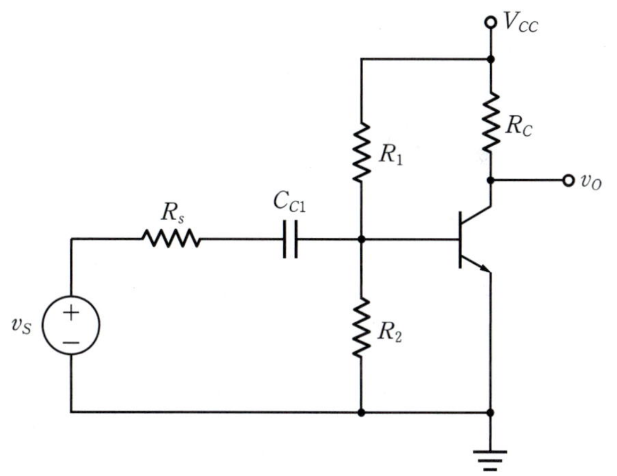

그림 4-59

4.13 [그림 4-59] 증폭기의 하측 차단주파수 f_L로 맞는 것은? 단, 소신호 베이스 저항은 $r_\pi \ll R_1 \| R_2$이고, 소신호 컬렉터 저항은 $r_o \to \infty$로 가정한다. HINT 4.2.1절

㉮ $f_L = \dfrac{1}{2\pi(R_s + r_\pi)C_{C1}}$ ㉯ $f_L = 2\pi(R_s + r_\pi)C_{C1}$ ㉰ $f_L = \dfrac{1}{2\pi(R_s \| r_\pi)C_{C1}}$

㉱ $f_L = 2\pi(R_s \| r_\pi)C_{C1}$ ㉲ $f_L = \dfrac{C_{C1}}{2\pi(R_s + r_\pi)}$ ㉳ $f_L = \dfrac{C_{C1}}{(R_s \| r_\pi)}$

4.14 [그림 4-59] 증폭기의 주파수 응답특성 시뮬레이션 결과는 [그림 4-60]과 같다. 시뮬레이션 결과에 대한 설명으로 틀린 것은? HINT 4.2.1절

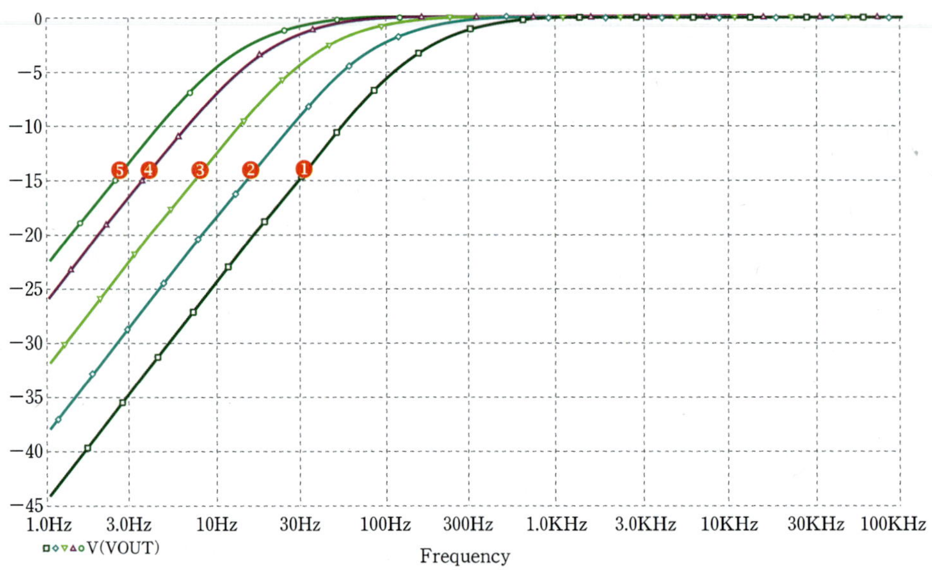

그림 4-60

㉮ [그림 4-60]의 시뮬레이션 결과는 증폭기의 저주파 응답특성을 나타낸다.

㉯ 하측 차단주파수가 가장 작은 경우는 파형-❺이다.

㉰ 하측 반전력 주파수가 가장 큰 경우는 파형-❶이다.

㉱ 커패시터 C_{C1}의 값이 가장 작은 경우는 파형-❺이다.

㉲ [그림 4-60]의 시뮬레이션 결과로부터 증폭기의 상측 차단주파수를 알 수 없다.

4.15 [그림 4-61] 증폭기의 하측 차단주파수의 근삿값은 얼마인가? 단, $R_C = 1.8\text{k}\Omega$, $R_L = 1.0\text{k}\Omega$, $C_{C2} = 2.2\mu\text{F}$이며, $r_o \rightarrow \infty$로 가정한다. HINT 4.2.3절

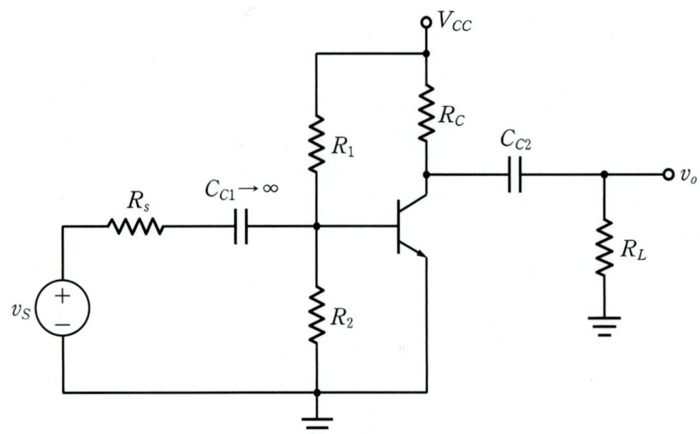

그림 4-61

㉮ 2.58Hz ㉯ 25.8Hz ㉰ 112.5Hz ㉱ 162.1Hz ㉲ 707.1Hz

4.16 [그림 4-61] 증폭기의 하측 차단주파수를 $f_L \simeq 7\text{Hz}$로 만들기 위한 결합 커패시터 C_{C2}의 근삿값은 얼마인가? 단, $R_C = 1.8\text{k}\Omega$, $R_L = 1.0\text{k}\Omega$이며, $r_o \to \infty$로 가정한다. HINT 4.2.3절

㉮ $5\mu\text{F}$ ㉯ $8\mu\text{F}$ ㉰ $15\mu\text{F}$ ㉱ $24\mu\text{F}$ ㉲ $35\mu\text{F}$

4.17 [그림 4-62] 증폭기 회로의 주파수 응답특성에 대한 설명으로 맞는 것은? HINT 4.2.3절

㉮ 증폭기의 하측 차단주파수 f_L은 커패시터 C_{C1}, C_{C2}, C_E 각각에 의한 하측 차단주파수 역수의 합으로 계산된다.

㉯ 증폭기의 상측 차단주파수 f_H는 커패시터 C_{C1}, C_{C2}, C_E 각각에 의한 상측 차단주파수 역수의 합으로 계산된다.

㉰ 증폭기의 하측 차단주파수 f_L은 커패시터 C_{C1}, C_{C2}, C_E 각각에 의한 단락회로 시상수 역수의 합으로 계산된다.

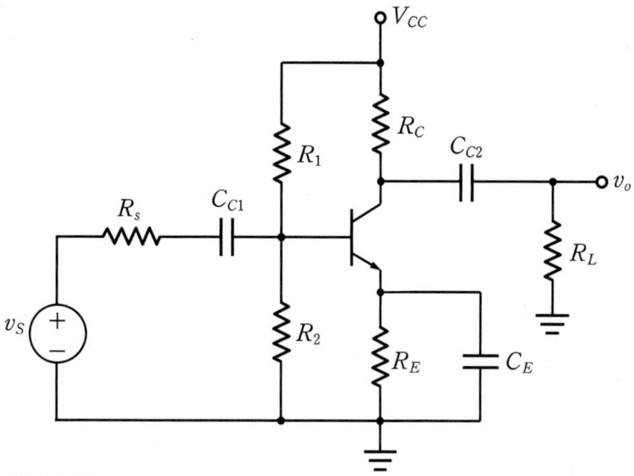

그림 4-62

㉱ 증폭기의 하측 차단주파수 f_L은 커패시터 C_{C1}, C_{C2}, C_E 각각에 의한 개방회로 시상수 합의 역수로 계산된다.

㉲ 커패시터 C_{C1}, C_{C2}, C_E의 값이 클수록 증폭기의 하측 차단주파수 f_L이 큰 값을 갖는다.

4.18 [그림 4-63]의 회로에서 바이패스 커패시터 C_S에 대한 설명으로 맞는 것은? HINT 4.2.2절

㉮ 소오스 저항 R_S에 의한 소신호 전압이득 감소를 최소화하기 위해서는 C_S를 충분히 작은 값으로 사용한다.

㉯ C_S는 증폭기의 동작점에 영향을 미친다.

㉰ C_S는 증폭기의 주파수 응답특성에 영향을 미치지 않는다.

㉱ C_S 값이 클수록 하측 차단주파수가 작다.

㉲ 입력신호 v_S의 주파수 범위와 무관하게 충분히 작은 값을 갖도록 C_S를 결정한다.

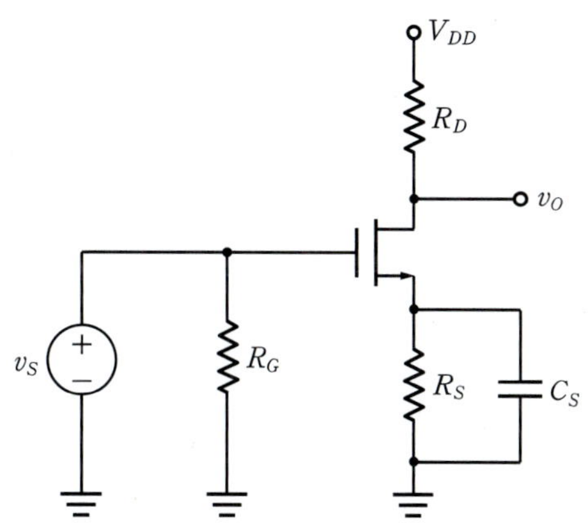

그림 4-63

4.19 [그림 4-63] 증폭기의 하측 차단주파수 f_L을 맞게 나타낸 것은? 단, 소신호 드레인 저항은 $r_d \to \infty$로 가정한다.

HINT 4.2.2절

㉮ $f_L = \left(R_S \| \frac{1}{g_m}\right) C_S$

㉯ $f_L = 2\pi\left(R_S + \frac{1}{g_m}\right) C_S$

㉰ $f_L = \frac{1}{2\pi\left(R_S \| \frac{1}{g_m}\right) C_S}$

㉱ $f_L = \frac{1}{2\pi\left(R_S + \frac{1}{g_m}\right) C_S}$

㉲ $f_L = \frac{1}{\left(R_S \| \frac{1}{g_m}\right) C_S}$

㉳ $f_L = \frac{C_S}{2\pi\left(R_S + \frac{1}{g_m}\right)}$

4.20 [그림 4-63] 증폭기 회로의 하측 차단주파수를 $f_L = 16\,\mathrm{Hz}$로 만들기 위한 C_S의 근삿값은 얼마인가? 단, MOSFET의 전달컨덕턴스는 $g_m = 0.25\,\mathrm{mA/V}$, 소오스 저항은 $R_S = 4.0\,\mathrm{k\Omega}$, 드레인 저항은 $R_D = 2.0\,\mathrm{k\Omega}$이다. MOSFET의 소신호 드레인 저항은 무한대라고 가정한다. HINT 4.2.2절

㉮ 1.2uF ㉯ 5.0uF ㉰ 7.8uF ㉱ 31.4uF ㉲ 42.3uF

4.21 다음 중 공통이미터 증폭기의 고주파 응답특성에 대한 설명으로 틀린 것은? 단, C_π, C_μ는 각각 이미터-베이스 접합, 베이스-컬렉터 접합의 기생 정전용량이다. HINT 4.3.1절

㉮ 상측 차단주파수 f_H는 개방회로 시상수 합의 역수로 계산된다.

㉯ BJT의 기생 커패시턴스 C_π, C_μ의 값이 클수록 고주파 응답특성이 나쁘다.

㉰ 증폭기의 입력 시상수가 클수록 상측 차단주파수가 작다.

㉱ 증폭기의 중대역 이득이 클수록 밀러효과가 커서 고주파 응답특성이 우수하다.

㉲ 주어진 증폭기 회로에 대해 이득-대역폭 곱은 일정하다.

4.22 공통이미터 증폭기의 밀러효과 Miller effect에 대한 설명으로 틀린 것은? 단, R_C는 컬렉터 저항, g_m은 전달컨덕턴스, C_π, C_μ는 각각 이미터-베이스 접합, 베이스-컬렉터 접합의 기생 정전용량이다. HINT 4.3.1절

㉮ 베이스 단자에 나타나는 밀러 커패시턴스는 $C_M = (1 + g_m R_C) C_\pi$로 표현된다.

㉯ 증폭기의 중대역 이득이 클수록 밀러효과가 크다.

㉰ 증폭기의 중대역 이득이 클수록 증폭기의 입력 시상수가 크다.

㉱ 증폭기의 중대역 이득이 클수록 증폭기의 상측 차단주파수가 작다.

㉲ 증폭기의 중대역 이득이 클수록 증폭기의 입력 커패시턴스가 크다.

4.23 다음 중 BJT 증폭기의 입력 커패시턴스에 관한 설명으로 <u>틀린</u> 것은? 단, C_π는 이미터-베이스 접합의 확산 커패시턴스이고, C_μ는 베이스-컬렉터 접합의 커패시턴스이다. g_m은 BJT의 전달컨덕턴스이고, R_L은 부하저항이다. HINT 4.3절

㉮ 공통베이스 증폭기의 입력 커패시턴스 $C_i = C_\pi$는 공통이미터 증폭기의 입력 커패시턴스에 비해 매우 작다.

㉯ 공통컬렉터 증폭기의 입력 커패시턴스는 근사적으로 $C_i = C_\mu$로 공통이미터 증폭기의 입력 커패시턴스에 비해 매우 작다.

㉰ 공통이미터 증폭기의 입력 커패시턴스는 $C_i = C_\pi + (1 + g_m R_L) C_\mu$로 공통컬렉터 증폭기와 공통베이스 증폭기에 비해 크다.

㉱ 캐스코드 증폭기의 입력 커패시턴스는 $C_i = C_\pi + 2C_\mu$로 공통이미터 증폭기의 입력 커패시턴스에 비해 크다.

㉲ 공통이미터(CE), 공통컬렉터(CC), 공통베이스(CB) 증폭기의 입력 커패시턴스의 상대적인 크기는 $C_{i,CC} < C_{i,CB} < C_{i,CE}$이다.

4.24 공통이미터 증폭기의 고주파 응답특성에 대한 설명으로 맞는 것은? 단, C_π는 이미터-베이스 접합의 확산 커패시턴스이고, C_μ는 베이스-컬렉터 접합의 커패시턴스이다. HINT 4.3.1절

㉮ 전달컨덕턴스 g_m 값은 상측 차단주파수에 영향을 미치지 않는다.

㉯ 입력 시상수가 클수록 상측 차단주파수가 크다.

㉰ 입력 시상수에 비해 출력 시상수가 더 큰 값을 갖는다.

㉱ 기생 커패시턴스 C_μ는 출력 시상수에만 영향을 미친다.

㉲ 이득이 클수록 기생 커패시턴스 C_μ가 상측 차단주파수에 미치는 영향이 크다.

4.25 다음 중 공통이미터 증폭기의 고주파 응답특성에 대한 설명으로 맞는 것은? HINT 4.3.1절

㉮ 상측 차단주파수 f_H는 개방회로 시상수 역수의 합으로 계산된다.

㉯ 상측 차단주파수 f_H는 증폭기의 중대역 이득과 무관하다.

㉰ 증폭기의 중대역 이득이 클수록 입력 시상수가 크다.

㉱ 증폭기의 입력 시상수가 클수록 고주파 응답특성이 좋다.

㉲ 밀러효과에 의해 증폭기의 고주파 응답특성이 좋아진다.

4.26 공통컬렉터 증폭기의 고주파 응답특성에 대한 설명으로 <u>틀린</u> 것은? HINT 4.3.2절

㉮ 공통이미터 증폭기에 비해 고주파 응답특성이 우수하다.

㉯ 밀러효과가 작게 나타나므로 대역폭이 작다.

㉰ 입력 시상수가 작아 고주파 응답특성이 우수하다.

㉱ 공통컬렉터-공통이미터 종속연결 구조에서 공통이미터 증폭단의 고주파 응답특성을 좋게 만든다.

㉲ 입력 커패시턴스가 $C_i \simeq C_\mu$로 공통이미터 증폭기에 비해 매우 작다.

4.27 공통컬렉터 증폭기의 입력 커패시턴스 C_i는 근사적으로 얼마인가? 단, $C_\mu = 1.5\text{pF}$, $C_\pi = 12.5\text{pF}$이다.

HINT 4.3.2절

㉮ 0pF ㉯ 1.5pF ㉰ 11.0pF ㉱ 12.5pF ㉲ 14.0pF

4.28 공통베이스 증폭기의 고주파 응답특성에 대한 설명으로 <u>틀린</u> 것은? HINT 4.3.3절

㉮ 밀러효과가 없어 고주파 응답특성이 우수하다.

㉯ 공통이미터 증폭기에 비해 대역폭이 크다.

㉰ 공통컬렉터 증폭기에 비해 입력 커패시턴스가 크다.

㉱ 입력 커패시턴스가 $C_i \simeq C_\pi$로 공통컬렉터 증폭기에 비해 크다.

㉲ 공통베이스-공통이미터 종속연결 구조에서 공통이미터 증폭단의 고주파 응답특성을 좋게 만든다.

4.29 공통베이스 증폭기의 입력 커패시턴스 C_i는 얼마인가? $C_\mu = 1.5\text{pF}$, $C_\pi = 12.5\text{pF}$이다. HINT 4.3.3절

㉮ 0pF ㉯ 1.5pF ㉰ 11.0pF ㉱ 12.5pF ㉲ 14.0pF

4.30 공통이미터 증폭기가 2단으로 종속연결되어 있으며, 각 증폭단의 중대역 이득 및 상측 차단주파수가 $A_{vo1} = 10\text{V/V}$, $f_{H1} = 10\text{MHz}$, $A_{vo2} = 100\text{V/V}$, $f_{H2} = 3\text{MHz}$이다. 종속연결된 증폭단 전체의 상측 차단주파수 f_H는 얼마인가? HINT 4.3.4절

㉮ 2.3MHz ㉯ 3MHz ㉰ 10MHz ㉱ 13MHz ㉲ 30MHz

4.31 공통소오스 증폭기의 고주파 응답특성에 대한 설명으로 <u>틀린</u> 것은? HINT 4.4.1절

㉮ 상측 차단주파수는 개방회로 시상수 합의 역수로 계산된다.

㉯ 증폭기의 중대역 이득이 클수록 상측 차단주파수가 작다.

㉰ 밀러효과에 의해 증폭기의 상측 차단주파수가 커진다.

㉱ 밀러효과가 클수록 증폭기의 입력 시상수가 크다.

㉲ 증폭기의 이득과 대역폭 사이에 상충관계가 성립한다.

4.32 공통드레인 증폭기의 입력 커패시턴스 C_i를 올바로 나타낸 것은? 단, g_m은 전달컨덕턴스, C_{gd}는 게이트-드레인 커패시턴스, C_{gs}는 게이트-소오스 커패시턴스이다. HINT 4.4.2절

㉮ $C_i = C_{gs}$ ㉯ $C_i \simeq C_{gd}$ ㉰ $C_i = C_{gs} + C_{gd}$

㉱ $C_i = C_{gd} + \dfrac{C_{gs}}{1+g_m R_S}$ ㉲ $C_i = C_{gs} + \dfrac{C_{gd}}{1+g_m R_S}$

4.33 **공통드레인 증폭기의 고주파 응답특성에 대한 설명으로 틀린 것은?** HINT 4.4절

㉮ 밀러효과가 작게 나타나므로 대역폭이 크다.

㉯ 공통소오스 증폭기에 비해 고주파 응답특성이 우수하다.

㉰ 입력 시상수가 작아 고주파 응답특성이 우수하다.

㉱ 공통드레인-공통소오스 종속연결 구조에서 공통소오스 증폭단의 고주파 응답특성을 좋게 만든다.

㉲ 입력 커패시턴스가 $C_i \simeq C_{gs}$로 공통소오스 증폭기에 비해 작다.

4.34 **[그림 4-44(b)]의 공통게이트 증폭기의 입력 커패시턴스 C_i를 올바로 나타낸 것은? 단, g_m은 전달컨덕턴스, C_{gd}는 게이트-드레인 커패시턴스, C_{gs}는 게이트-소오스 커패시턴스이고, R_D는 드레인 저항이다.** HINT 4.4.3절

㉮ $C_i = C_{gs}$

㉯ $C_i \simeq C_{gd}$

㉰ $C_i = C_{gs} + C_{gd}$

㉱ $C_i = C_{gd} + \dfrac{C_{gs}}{1+g_m R_S}$

㉲ $C_i = C_{gs} + \dfrac{C_{gd}}{1+g_m R_D}$

4.35 **공통게이트 증폭기의 고주파 응답특성에 대한 설명으로 틀린 것은?** HINT 4.4.3절

㉮ 밀러효과가 없어 고주파 응답특성이 우수하다.

㉯ 공통소오스 증폭기에 비해 대역폭이 크다.

㉰ 공통드레인 증폭기에 비해 입력 커패시턴스가 크다.

㉱ 공통소오스-공통게이트 종속연결 구조에서 공통소오스 증폭단의 고주파 응답특성을 좋게 만든다.

㉲ 입력 커패시턴스가 $C_i \simeq C_{gd}$로 공통이미터 증폭기에 비해 작다.

4.36 **다음 중 MOSFET 증폭기의 입력 커패시턴스에 대한 설명으로 틀린 것은? 단, C_{gs}는 게이트-소오스 커패시턴스이고, C_{gd}는 게이트-드레인 커패시턴스이다. g_m은 MOSFET의 전달컨덕턴스이고, R_D는 부하저항이다.**

HINT 4.4절

㉮ 공통게이트 증폭기의 입력 커패시턴스는 $C_{i,cg} = C_{gs}$로 증폭기의 전압이득과 무관하게 고정된 값을 갖는다.

㉯ 공통드레인 증폭기의 입력 커패시턴스는 근사적으로 $C_{i,cd} = C_{gd}$로 공통소오스 증폭기의 입력 커패시턴스에 비해 작다.

㉰ 공통소오스 증폭기의 입력 커패시턴스는 $C_{i,cs} = C_{gs} + (1+g_m R_D)C_{gd}$로 증폭기의 전압이득이 클수록 큰 값을 갖는다.

㉱ MOSFET 증폭기의 입력 커패시턴스의 상대적인 크기는 $C_{i,cg} < C_{i,cd} < C_{i,cs}$이다.

㉲ 공통드레인 증폭기는 밀러효과가 작아 입력 커패시턴스가 작다.

4.37 다음 중 MOSFET 캐스코드 cascode 증폭기에 대한 설명으로 틀린 것은? HINT 4.3.4절

㉮ 공통소오스-공통게이트 종속연결 구조이다.

㉯ 공통소오스 단독 증폭기에 비해 이득-대역폭 곱이 크다.

㉰ 공통소오스 단독 증폭기에 비해 하측 차단주파수가 크다.

㉱ 공통소오스 단독 증폭기에 비해 입력 커패시턴스가 작아 고주파 응답특성이 우수하다.

㉲ 공통게이트 증폭기의 작은 입력저항에 의해 공통소오스 증폭단의 밀러효과가 작게 나타난다.

4.38 다음 중 입력 커패시턴스 C_i가 가장 작은 증폭기 구조는? HINT 4.4절

㉮ 공통소오스 증폭기 ㉯ 공통게이트 증폭기 ㉰ 공통드레인 증폭기

㉱ 캐스코드 증폭기 ㉲ 소오스 저항 R_S를 갖는 공통소오스 증폭기

4.39 다음 설명 중 틀린 것은? HINT 4.3절

㉮ 공통이미터 증폭기는 부하 커패시턴스 값이 클수록 상측 차단주파수가 크다.

㉯ 공통이미터-공통이미터 종속연결 증폭기는 단일 공통이미터 증폭기에 비해 이득-대역폭 곱이 크다.

㉰ 공통컬렉터 증폭기는 공통이미터 증폭기에 비해 고주파 응답특성이 우수하다.

㉱ 공통드레인 증폭기는 공통소오스 증폭기에 비해 상측 반전력 주파수가 더 크다.

㉲ 결합 및 바이패스 커패시터를 갖는 공통이미터 증폭기의 하측 차단주파수는 각 커패시터에 의한 하측 차단주파수의 합으로 계산된다.

4.40 [그림 4-64]는 증폭기가 종속으로 연결된 2단 증폭기의 블록도이다. 이에 대한 설명으로 틀린 것은? 단, 증폭단-1의 중대역 이득과 상측 차단주파수는 증폭단-2의 부하효과를 고려하여 결정된다. HINT 4.3.4절

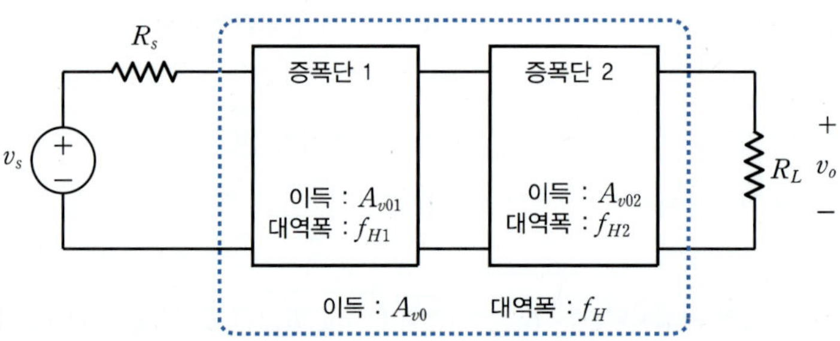

그림 4-64

㉮ 2단 증폭기 전체의 중대역 이득은 개별 증폭단 중대역 이득의 곱과 같다.

㉯ 2단 증폭기 전체의 대역폭은 개별 증폭단의 대역폭보다 크다.

㉰ 2단 증폭기 전체의 이득-대역폭 곱 gain-bandwidth product은 개별 증폭단의 이득-대역폭 곱보다 크다.

㉱ 개별 증폭단의 상측 차단주파수가 $f_{H1} > f_{H2}$이면, 2단 증폭기 전체의 상측 차단주파수 f_H는 $f_H < f_{H2}$다.

㉲ 2단 증폭기 전체의 상측 차단주파수는 $f_H = \dfrac{f_{H1} \cdot f_{H2}}{f_{H1} + f_{H2}}$ 이다.

4.41 심화 [그림 4-65]의 점근 보드 선도를 갖는 증폭기의 전달함수 수식을 써라.

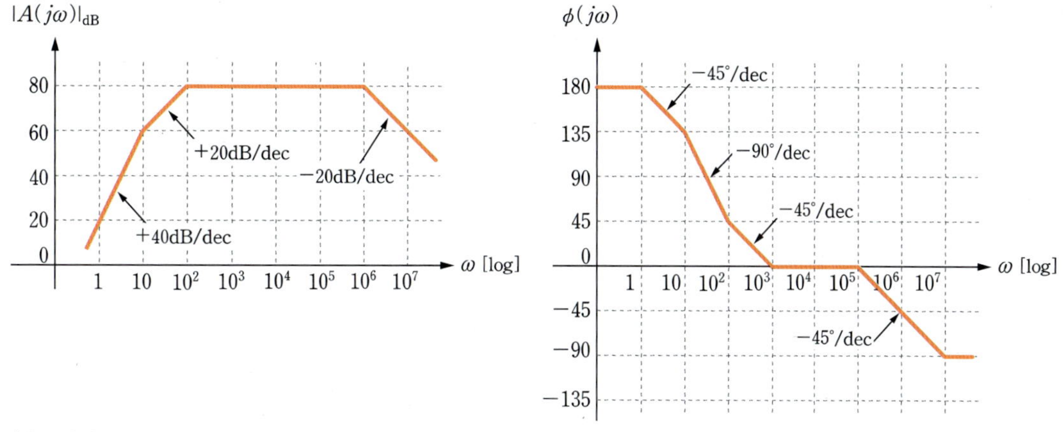

(a) 크기의 보드 선도 (b) 위상의 보드 선도

그림 4-65

4.42 심화 다음 전달함수의 크기와 위상의 점근 보드 선도를 그려라. 또한, 중대역 이득 $|A_m|_{dB}$, 하측 차단주파수 f_L, 상측 차단주파수 f_H를 구하라.

$$A(s) = \frac{10^2 s}{(1+s/10^3)(1+s/10^5)}$$

4.43 심화 MOSFET가 드레인 바이어스 전류 $I_{DQ} = 120\mu\text{A}$로 바이어스되어 있다. $C_{gs} = 0.5\text{pF}$, $C_{gd} = 0.06\text{pF}$이고, $K_n = 0.1\text{mA/V}^2$인 경우에 f_T를 구하라.

4.44 심화 [그림 4-66] 공통소오스 증폭기의 하측 차단주파수 $f_L = 100\text{Hz}$가 되도록 C_S, C_{C1}, C_{C2}의 값을 구하라. 단, C_S에 의한 하측 차단주파수가 $0.8f_L$이 되고, C_{C1}과 C_{C2}에 의한 하측 차단주파수가 각각 $0.1f_L$이 되도록 한다. MOSFET의 전달컨덕턴스는 $g_m = 2.0\text{mA/V}$이고, 소신호 드레인 저항은 $r_d \to \infty$로 가정하며, $R_1 = 1.4\text{M}\Omega$, $R_2 = 0.6\text{M}\Omega$, $R_{si} = 100\text{k}\Omega$, $R_S = 3.0\text{k}\Omega$, $R_D = 5.0\text{k}\Omega$, $R_L = 10\text{k}\Omega$이다.

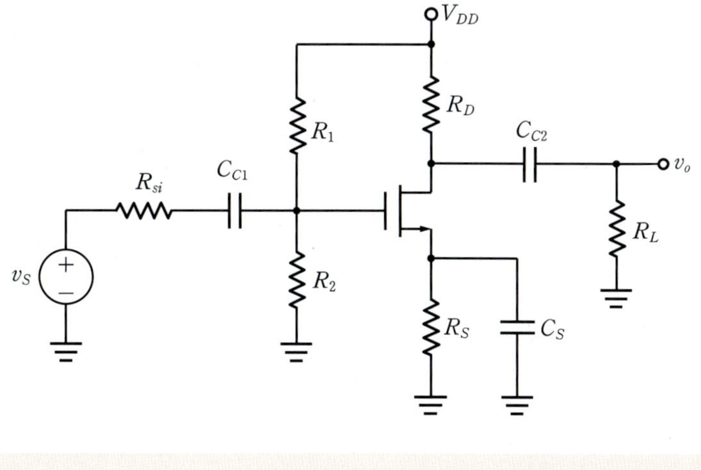

그림 4-66

4.45 심화 [그림 4-67]의 2단 공통이미터 증폭기의 상측 차단주파수가 $f_H = \dfrac{f_{H1}f_{H2}}{f_{H1}+f_{H2}}$ 임을 증명하라. 단, f_{H1}는 Q_1 증폭단의 상측 차단주파수이고, f_{H2}는 Q_2 증폭단의 상측 차단주파수이다.

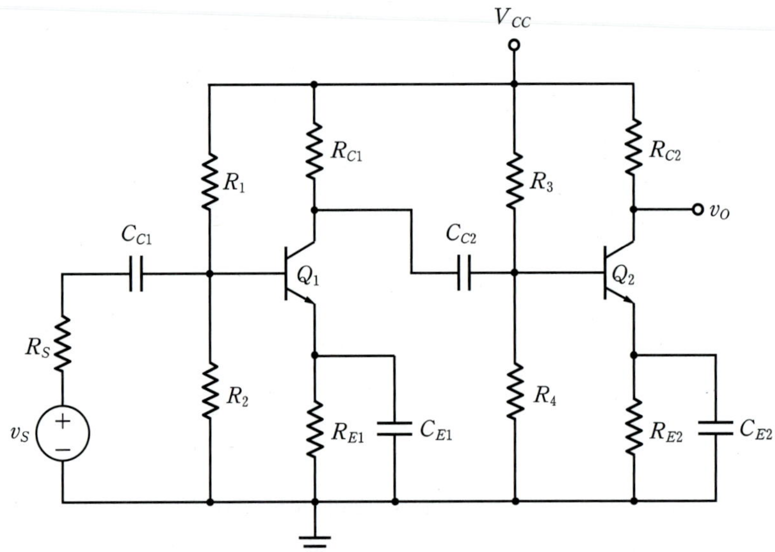

그림 4-67

4.46 심화 [그림 4-68]의 공통이미터 증폭기 회로에 대해 하측 차단주파수 f_L과 상측 차단주파수 f_H를 구하라. 단, $C_{C1}=0.2\mu\text{F}$, $R_s=0.8\text{k}\Omega$, $R_1=56\text{k}\Omega$, $R_2=6\text{k}\Omega$, $R_C=4\text{k}\Omega$, $R_E=0.2\text{k}\Omega$, $V_{BE(on)}=0.7\text{V}$, $\beta_{DC}=\beta_o=120$, $f_T=500\text{MHz}$, $C_\mu=1.8\text{pF}$, $V_{CC}=12\text{V}$이며, BJT의 소신호 컬렉터 저항은 $r_o\to\infty$이고, $C_E\to\infty$로 가정한다.

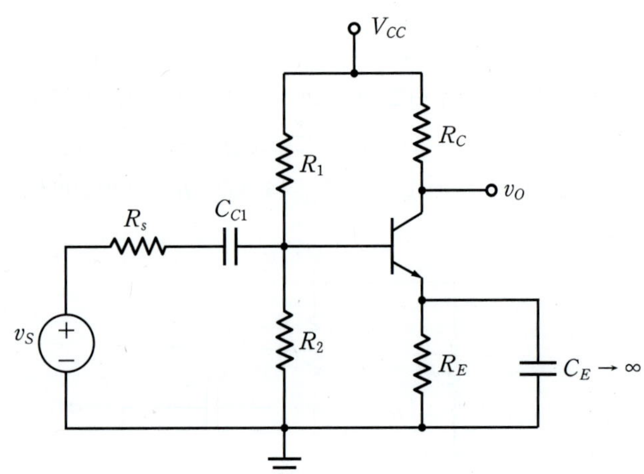

그림 4-68

4.47 심화 [그림 4-69]의 공통소오스 증폭기 회로에 대해 (a) 밀러 커패시턴스 C_M과 입력 커패시턴스 C_i를 구하고, (b) 상측 차단주파수 f_H를 구하라. 단, $R_{si}=1\text{k}\Omega$, $R_G=100\text{k}\Omega$, $R_D=1.3\text{k}\Omega$, $R_S=1.5\text{k}\Omega$, $V_{Tp}=-2.0\text{V}$, $K_p=4.0\text{mA/V}^2$, $\lambda=0.01\text{V}^{-1}$, $C_{gs}=12\text{pF}$, $C_{gd}=1\text{pF}$, $V_{SS}=V_{DD}=10\text{V}$이다. $C_S\rightarrow\infty$로 가정한다.

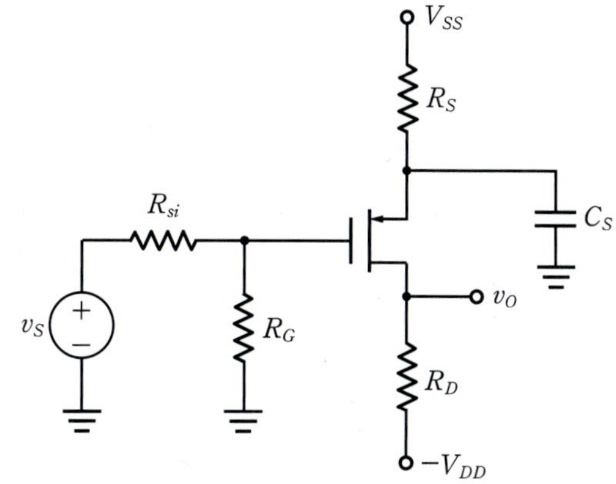

그림 4-69

4.48 심화 [그림 4-70]의 공통컬렉터 증폭기 회로에 대해 (a) 입력 커패시턴스 C_i를 구하고, (b) 상측 차단주파수 f_H를 구하라. 단, $R_s=0.5\text{k}\Omega$, $R_B=330\text{k}\Omega$, $R_E=2.0\text{k}\Omega$, $V_{BE(on)}=0.7\text{V}$, $\beta_{DC}=\beta_o=180$, $f_T=600\text{MHz}$, $C_\mu=1.5\text{pF}$, $V_{CC}=10\text{V}$이며, $C_C\rightarrow\infty$, $V_A\rightarrow\infty$라고 가정한다.

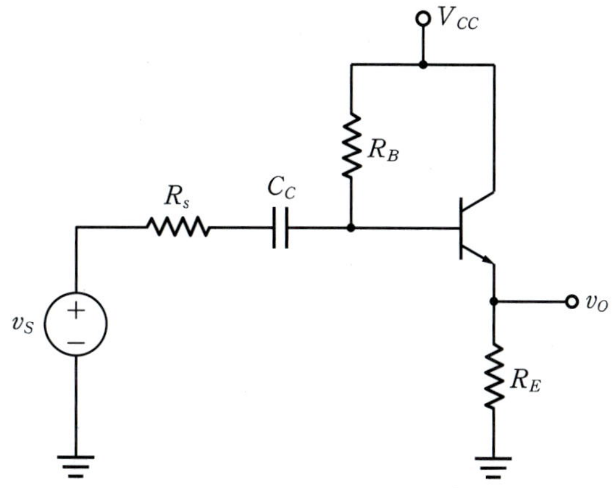

그림 4-70

4.49 심화 [그림 4-71]의 2단 공통소오스 증폭기 회로에 개방회로 시상수법을 적용해서 상측 차단주파수 f_H를 구하라. $R_{SS} = 1\text{k}\Omega$, $R_1 = R_3 = 750\text{k}\Omega$, $R_2 = R_4 = 200\text{k}\Omega$, $R_{D1} = 5\text{k}\Omega$, $R_{D2} = 10\text{k}\Omega$, $R_{S1} = 0.5\text{k}\Omega$, $R_{S2} = 1\text{k}\Omega$, $V_{DD} = 12\text{V}$이다. 단, 바이어스 저항 R_1, R_2, R_3, R_4의 영향은 무시하며, MOSFET의 드레인 소신호 저항 $r_{d1} = r_{d2} \to \infty$와 결합커패시터는 $C_{C1} = C_{C2} = C_{S1} = C_{S2} \to \infty$로 가정한다.

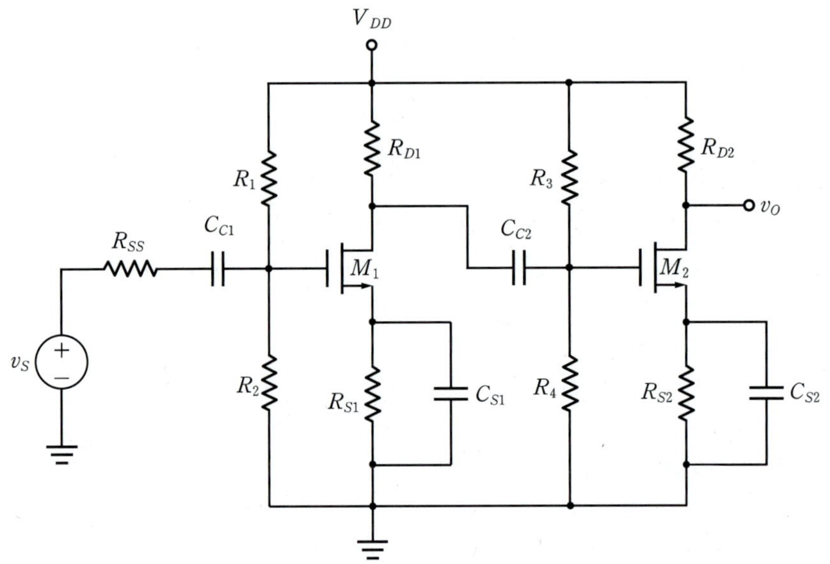

그림 4-71

4.50 심화 [그림 4-72]의 공통이미터-공통컬렉터 2단 증폭기에 대해 개방회로 시상수법을 적용하여 상측 차단주파수 f_H를 구하라. $R_S = 0.1\text{k}\Omega$, $R_1 = 600\text{k}\Omega$, $R_2 = 100\text{k}\Omega$, $R_3 = 50\text{k}\Omega$, $R_4 = 70\text{k}\Omega$, $R_{C1} = 10\text{k}\Omega$, $R_{E1} = 1.0\text{k}\Omega$, $R_{E2} = 1.5\text{k}\Omega$이고, 두 BJT는 특성이 동일하며 $V_{BE(on)} = 0.7\text{V}$, $\beta_o = 100$, $f_T = 400\text{MHz}$, $C_\mu = 2\text{pF}$이다. 단, 바이어스 저항 R_1, R_2, R_3, R_4의 영향은 무시하며, 결합 및 바이패스 커패시터는 $C_{C1} = C_{C2} = C_{E1} \to \infty$와 BJT의 소신호 컬렉터 저항은 $r_{o1} = r_{o2} \to \infty$로 가정한다.

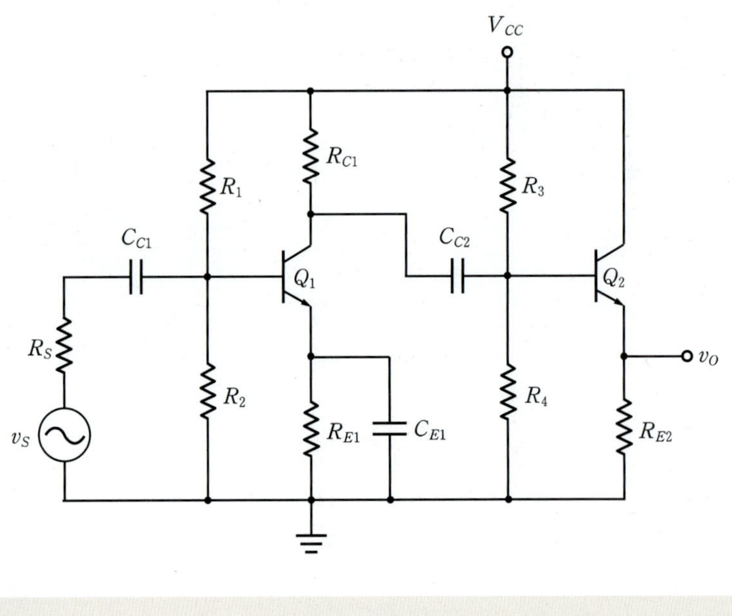

그림 4-72

CHAPTER

05

차동증폭기와 전력증폭기

Differential Amplifier and Power Amplifier

학습목표

- 바이어스 방법에 따른 증폭기의 분류와 특성을 이해한다.
- 트랜지스터의 정격 전력, 안전동작 영역 등을 이해한다.
- 차동증폭기의 구조, 동작 원리, 특성 파라미터를 이해한다.
- A급 증폭기의 전력효율을 이해한다.
- B급 푸시-풀 증폭기의 구조, 동작 특성, 전력효율 등을 이해한다.
- AB급 푸시-풀 출력단의 바이어스 방법을 이해한다.
- 열저항의 개념과 트랜지스터의 열전달 모델을 이해한다.

5장 차동증폭기와 전력증폭기

5.1 기초 다지기	5.2 MOSFET 차동증폭기	5.3 A급 증폭기의 전력효율	5.4 B급 푸시-풀 증폭기	5.5 AB급 푸시-풀 증폭기	5.6 트랜지스터의 열전달 모델
동작점에 따른 증폭기 분류	차동모드 이득	전력변환 효율	B급 푸시-풀 증폭기의 구조 및 동작 원리	푸시-풀 증폭기의 AB급 바이어스	열저항
트랜지스터의 정격	공통모드 이득	A급 바이어스 증폭기의 최대 전력효율	B급 푸시-풀 증폭기의 전력효율	다이오드를 이용한 AB급 바이어스 푸시-풀 증폭기	전력경감 특성
차동증폭기의 구조 및 동작 원리	공통모드 제거비	증폭기의 평균 소비전력과 정격		V_{BE} 배율기를 이용한 AB급 바이어스 푸시-풀 증폭기	최대 전력소비
차동증폭기의 입출력 전달특성				달링턴 쌍을 갖는 AB급 출력단	
차동증폭기의 특성 파라미터					

PSPICE 시뮬레이션 실습

일반적으로 아날로그 회로 또는 집적회로IC는 다단 증폭기 구조를 가지며, 크게 나누어 입력단, 이득단, 출력단으로 구성된다. 2장과 3장에서 설명된 BJT와 MOSFET 증폭기는 소신호small-signal 증폭기로서 이득단에 적합하다. 입력단으로 사용되는 대표적인 구조가 차동증폭기이며, 출력단으로는 푸시-풀push-pull 증폭기가 사용된다. 차동증폭기는 연산증폭기, 오디오 증폭기, 비교기 등 다양한 아날로그 회로의 입력단으로 사용되는 중요한 회로이므로, 회로 구조, 동작 원리 및 동작 특성에 대해 잘 이해해야 한다. 큰 진폭의 신호를 증폭하는 출력단의 대신호large-signal 증폭기에서는 큰 동적범위dynamic range와 높은 전력효율을 위한 회로 구조, 바이어스 방법이 중요하다. 또한, 증폭기에 사용되는 트랜지스터의 정격 전력, 안전동작 영역, 열전달 모델 등 회로의 안정된 동작과 신뢰성에 영향을 미치는 요소들은 실제 회로 설계에서 중요하게 고려되어야 하므로, 충분한 이해가 필요하다.

이 장에서는 차동증폭기와 푸시-풀 증폭기, 그리고 전력효율과 트랜지스터 열전달 모델에 대해 살펴본다.

❶ 차동증폭기의 구조, 차동 및 공통모드 이득, 공통모드 제거비
❷ 바이어스에 따른 증폭기의 분류
❸ A급 증폭기의 전력효율
❹ B급 푸시-풀 증폭기의 구조, 동작 원리, 전력효율 및 AB급 바이어스 방법
❺ 트랜지스터의 정격, 열저항, 전력경감 특성

5장 핵심요약

SECTION

5.1 기초 다지기

핵심이 보이는 **전자회로**

[그림 5-1]은 입력단, 이득단, 출력단으로 구성되는 기본적인 3단 증폭기의 예를 보이고 있다. 입력단을 구성하는 차동증폭기 differential amplifier는 신호원에서 입력되는 두 신호의 차이 difference를 증폭하며, 이득단은 입력단의 출력을 증폭하여 이득을 제공한다. 출력단은 스피커, 모터 등의 부하를 구동하는 전력증폭기이다. 입력단과 이득단 증폭기에서는 선형성과 이득이 중요한 요소이다. 반면, 출력단 증폭기에서는 선형성과 함께 큰 동적범위 dynamic range, 높은 전력효율, 작은 출력저항 등이 중요하다. 이와 같이, 증폭기 회로는 사용되는 용도와 기능에 따라 다른 특성이 요구되며, 바이어스 방법도 달라진다.

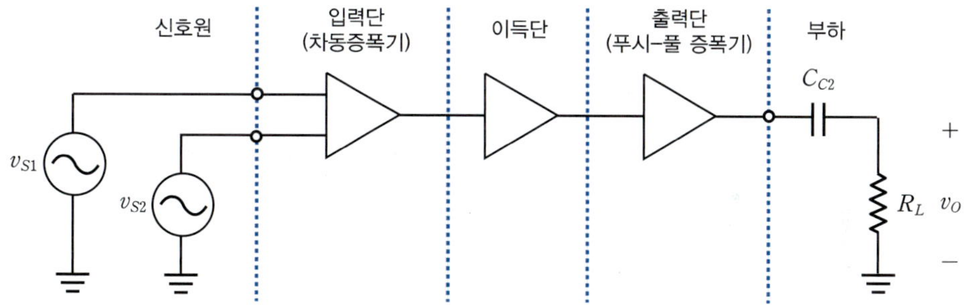

그림 5-1 간단한 3단 증폭기의 예

5.1.1 동작점에 따른 증폭기 분류

트랜지스터 증폭기의 동작점 위치는 증폭기 회로의 특성에 어떤 영향을 미치는가?

증폭기는 동작점의 위치에 따라 A급 바이어스 증폭기, B급 바이어스 증폭기, AB급 바이어스 증폭기, C급 바이어스 증폭기 등으로 구분할 수 있으며, [그림 5-2]는 동작점의 위치에 따른 BJT 증폭기의 전류 파형을 보이고 있다.

[그림 5-2(a)]와 같이 컬렉터 전류의 선형영역 중앙에 동작점이 설정된 경우를 **A급 바이어스 증폭기**라고 한다. 입력전류의 전체 주기가 왜곡 없이 증폭되어 컬렉터 전류(전압)로 출력되므로 선형성이 잘 유지된다. 그러나 입력전류에 무관하게 바이어스 전류 I_{CQ}가 항상 흐르므로, 이에 의한 DC 전력소비가 커서 전력효율이 낮다.

[그림 5-2(b)]와 같이 트랜지스터의 차단점($I_{CQ}=0$이 되는 지점)에 동작점이 설정된 경우를 **B급 바이어스 증폭기**라고 한다. B급 바이어스 증폭기는 입력전류의 양(+)의 반주기만 증폭되어 컬렉터 전류로 나오고, 음(−)의 반주기는 트랜지스터의 차단영역에 해당하므로 컬렉터 전류가 흐르지 않아 출력파형의 왜곡이 심하다. 그러나 차단되는 반주기의 신호를 얻기 위해 또 하나의 트랜지스터를 사용하는 푸시-풀push-pull 구조를 이용하면 전체 주기의 신호를 얻을 수 있다. 바이어스 전류 I_{CQ}가 0이므로 DC 전력소비가 이론적으로 0이 되어 A급 증폭기보다 전력효율이 높다.

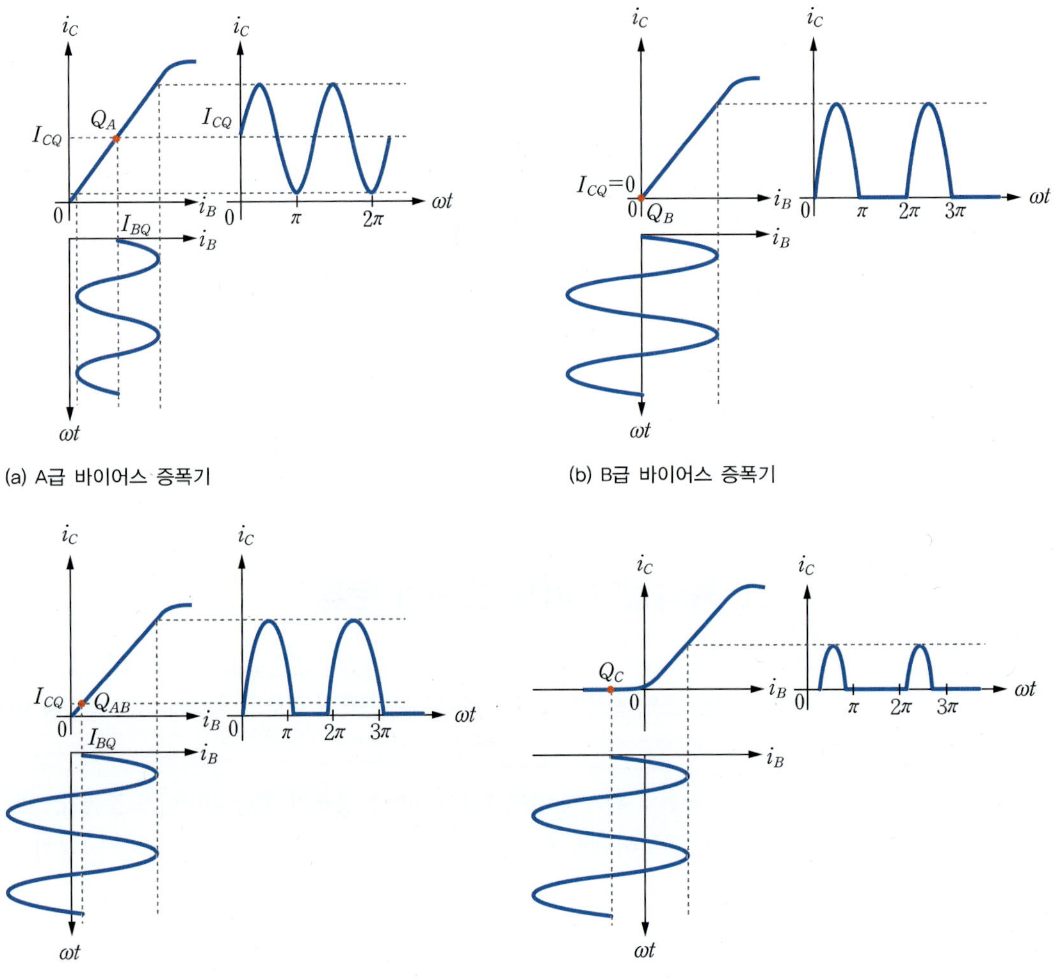

그림 5-2 동작점 위치에 따른 증폭기의 전류 파형

B급 바이어스를 갖는 푸시-풀 증폭기는 트랜지스터의 V_{BE} 전압강하에 의해 출력파형에 왜곡이 발생(5.4절 참조)하며, 왜곡을 없애기 위해 [그림 5-2(c)]와 같이 동작점을 A급 바이어스 쪽으로 약간 이동시킨 증폭기를 **AB급 바이어스 증폭기**라고 한다. AB급 바이어스 증폭기는 B급 증폭기보다는 전력효율이 낮고, A급 증폭기보다는 전력효율이 높다.

C급 바이어스 증폭기는 [그림 5-2(d)]와 같이 트랜지스터의 차단점 이하에 동작점이 설정된 경우를 가리킨다. 입력신호의 반주기 이하의 일부만 출력되고, 나머지 반주기 이상이 차단되므로 출력파형의 왜곡이 가장 심하다. 왜곡을 갖는 정현파는 고조파harmonics 성분을 포함하고 있으므로, 증폭기 출력에 LC 동조회로를 이용하면 고조파 성분이 제거된 기본파 성분을 얻을 수 있다. C급 바이어스 증폭기는 컬렉터 전류의 평균값이 가장 작으므로, 전력효율이 가장 높다.

[그림 5-3]은 BJT의 동작점 위치에 따른 컬렉터 바이어스 전류 I_{CQ}, 컬렉터-이미터 바이어스 전압 V_{CEQ}의 상대적인 크기를 비교하여 나타낸 것이다.

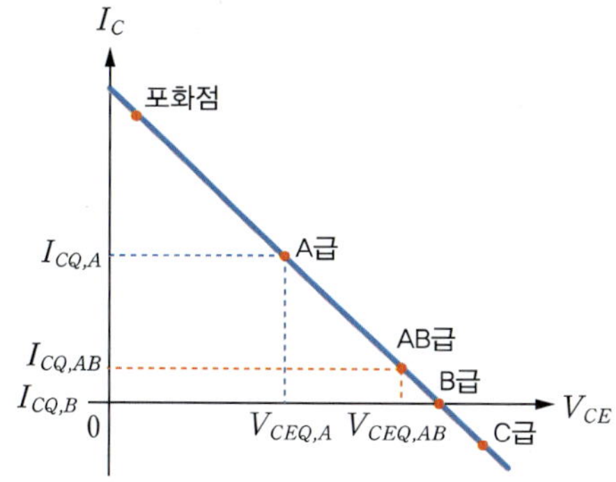

그림 5-3 BJT 동작점 위치에 따른 바이어스 전류, 전압의 상대적인 크기

핵심포인트 **동작점에 따른 증폭기 특성**

- 바이어스 전류 I_{CQ} : A급 > AB급 > B급 > C급
- 전력소비 : A급 > AB급 > B급 > C급
- 출력파형의 왜곡 : A급 < AB급 < B급 < C급
- 전력효율 : A급 < AB급 < B급 < C급

5.1.2 트랜지스터의 정격

증폭기 회로의 안전한 동작을 위해 설계 시 고려해야 하는 파라미터는 무엇인가?

트랜지스터가 동작할 수 있는 전압, 전류 및 전력소비의 한계값을 정격값으로 규정하며, 이 값들은 제조회사에서 제공하는 규격표data sheet에 명시되어 있다. BJT의 정격은 컬렉터-이미터 전압 V_{CEO}, 컬렉터-베이스 전압 V_{CBO}, 이미터-베이스 전압 V_{EBO}, 최대 컬렉터 전류 $I_{C,\max}$ 그리고 최대 전력소비 $P_{D,\max}$ 등으로 표시된다. 정격값이 초과되면 트랜지스터의 정상 동작이 보장되지 않거나 치명적인 손상이 유발될 수 있으므로, 회로를 설계할 때 이를 고려해야 한다. [표 5-1]은 소신호 증폭 및 스위칭용 BJT와 전력증폭기용 BJT의 정격값 예를 보여준다.

표 5-1 바이폴라 트랜지스터의 정격값 예

파라미터 \ 구분	기호	단위	소신호 증폭 및 스위칭용		전력증폭기용	
			2N2222A	2N3904	2N3055	2N6275
Collector–Base Voltage	V_{CBO}	Vdc	75	60	100	140
Collector–Emitter Voltage	V_{CEO}	Vdc	40	40	60	120
Emitter–Base Voltage	V_{EBO}	Vdc	6	6	7	6
Collector Current (Continuous)	I_C	Adc	0.6	0.2	15	50
Base Current (Peak)	I_{BM}	Adc	–	–	7	20
Total Device Dissipation (@$T_C = 25$℃)	P_D	W	1.5	1.5	115	250
Operating and Storage Junction Temperature Range	T_J, T_{stg}	℃	$-55 \sim +150$	$-55 \sim +150$	$-65 \sim +200$	$-65 \sim +200$
Thermal Resistance, Junction to Ambient	θ_{JA}	℃/W	200	200	–	–
Thermal Resistance, Junction to Case	θ_{JC}	℃/W	83.3	83.3	1.52	0.7

소신호용 BJT의 컬렉터 정격전류는 1A 이하인 반면, 전력증폭기용 BJT는 수~수십 A의 정격전류를 갖는다. BJT의 허용 가능한 최대 전압은 PN 접합의 항복 현상breakdown에 관련된다. 베이스가 개방된 상태(즉, $I_B = 0$)에서 컬렉터-이미터 전압이 항복전압 V_{CEO}에 도달하면 컬렉터 전류가 급격히 증가하는 항복 현상이 나타난다. 전력증폭기용 BJT는 수십~백수십 V 정도의 V_{CEO} 내압을 가지며, 소신호 BJT는 수십 V 정도이다. 트랜지스터가 선형영역에서 동작하는 경우에는 V_{CEO}에 도달하기 전에 컬렉터 전류가 급격히 증가하게 되며, 일단 항복 현상이 일어나면 컬렉터-이미터 전류-전압 특성 곡선들은 항복유지 전압 $V_{CEO(sus)}$ 근처로 모이게 된다. $V_{CEO(sus)}$는 트랜지스터가 항복상태를 유지하기 위해 필요한 최소 전압을 의미하며, V_{CEO}보다 수~십수 V 정도 작은 값을 갖는다. 회로 상의 트랜지스터는 $V_{CEO(sus)}$보다 작은 전압에서 동작해야 한다.

트랜지스터에서 소비되는 전력은 열로 발생되며, 전력소비가 증가할수록 소자의 온도가 상승한다. 트랜지스터는 최대 접합온도 이하에서 동작해야 하며, 허용 가능한 전력소비 한계값인 정격 전력을 갖는다. 소신호 BJT의 정격 전력은 수 W 이하이며, 전력증폭기용 BJT는 수십~백수십 W 이상의 정격 전력을 가져 큰 전력소비를 견딜 수 있다. 소신호 트랜지스터는 플라스틱 패키지가 사용되므로 트랜지스터 접합과 패키지 사이의 열저항thermal resistance이 수십 ℃/W 정도로 크다. 반면에 전력증폭기용 BJT는 열전달이 우수한 금속 패키지가 사용되어 열저항이 작으며, 큰 전력소비를 견딜 수 있다.

트랜지스터가 안전하게 동작할 수 있는 영역을 안전동작 영역SOA : Safe Operation Area이라고 하며, 최대 정격전류 $I_{C,\max}$, 컬렉터-이미터 항복유지 전압 $V_{CEO(sus)}$, 정격 전력 $P_{D,\max}$ 그리고 2차 항복 등에 의해 결정된다. 2차 항복 현상은 큰 전류와 전압으로 동작하는 트랜지스터에서 발생한다. 이미터-베이스 접합의 전류밀도가 균일하지 않으면, 국부적으로 전력소비가 증가하여 온도가 상승하고, 이로 인해 국부적으로 전류가 증가하여 소자의 온도가 더욱 상승하는 정귀환 작용을 통해 궁극적으로 소자에 치명적인 손상을 준다.

[그림 5-4]는 BJT의 정격값들과 안전동작 영역의 관계를 보이고 있다. 실제 증폭기에서는 BJT가 선형영역에서 동작해야 하므로, 차단영역과 포화영역을 제외하고, [그림 5-4]의 안전동작 영역 내에서 동작하도록 설계되어야 한다.

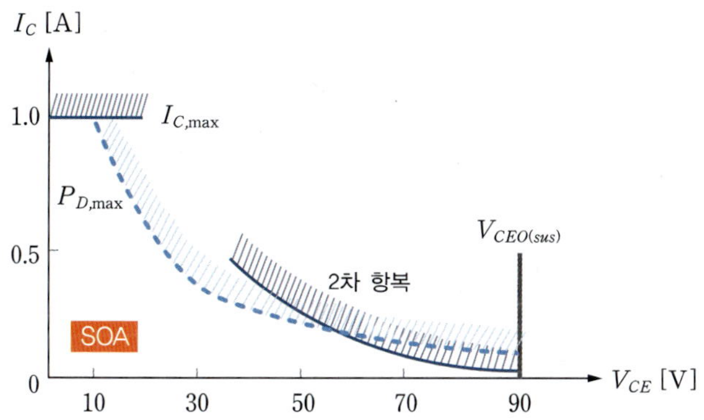

그림 5-4 BJT의 안전동작 영역

예제 5-1

[그림 5-5]의 공통이미터 증폭기에서 (a) BJT의 전류, (b) 전압, (c) 전력소비의 정격값을 구하고, (d) 안전동작 영역을 표시하라. 단, $R_L = 6\Omega$이고, $V_{CC} = 12\text{V}$이다.

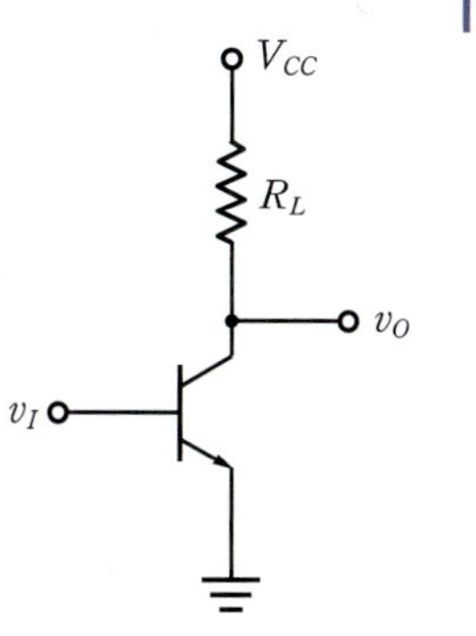

그림 5-5

풀이

(a) 최대 컬렉터 전류 $I_{C,\max}$: $V_{CE} \simeq 0$일 때 컬렉터 전류의 최댓값은 다음과 같다.

$$I_{C,\max} = \frac{V_{CC}}{R_L} = \frac{12}{6} = 2\text{A}$$

(b) 최대 컬렉터 전압 $V_{CE,\max}$: $I_C \simeq 0$일 때 컬렉터-이미터 전압이 최대가 된다.

$$V_{CE,\max} = V_{CC} = 12\text{V}$$

(c) 최대 전력소비 $P_{D,\max}$: 트랜지스터에서 소비되는 전력은 다음과 같다.

$$P_D = V_{CE}I_C = (V_{CC} - R_L I_C)I_C = V_{CC}I_C - R_L I_C^2$$

$\frac{dP_D}{dI_C} = V_{CC} - 2R_L I_C = 0$으로부터 최대 전력소비가 발생하는 전류와 전압 조건을 구하면 다음과 같다.

$$I_C = \frac{V_{CC}}{2R_L} = \frac{12}{2 \times 6} = 1\text{A}$$

$$V_{CE} = V_{CC} - R_L I_C = 12 - 6 \times 1 = 6\text{V}$$

따라서 최대 전력소비는 $P_{D,\max} = V_{CE}I_C = 6 \times 1 = 6\text{W}$이다.

(d) 앞서 구한 값들로부터 BJT의 안전동작 영역을 표시하면 [그림 5-6]과 같다. 최대 전력소비는 포물선으로 표시되며, DC 부하선과 전력곡선이 만나는 점에서 전력이 최대로 소비된다.

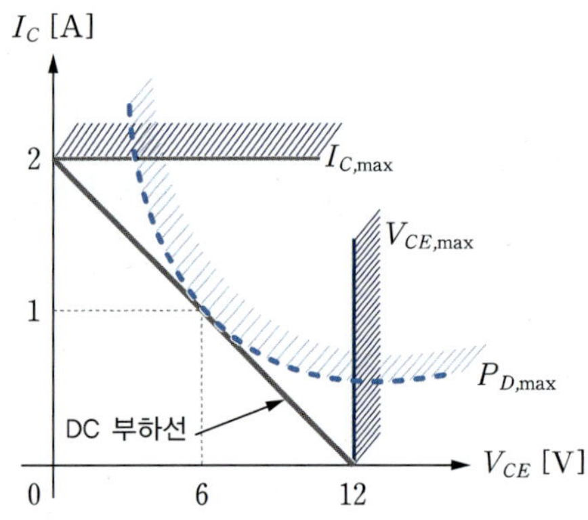

그림 5-6 [그림 5-5] 회로의 안전동작 영역

확인문제 5-1

[그림 5-7]의 회로에서 MOSFET의 전류, 전압, 전력소비의 정격값들을 구하라. 단, $R_D = 10\Omega$이고, $V_{DD} = 5\text{V}$이다.

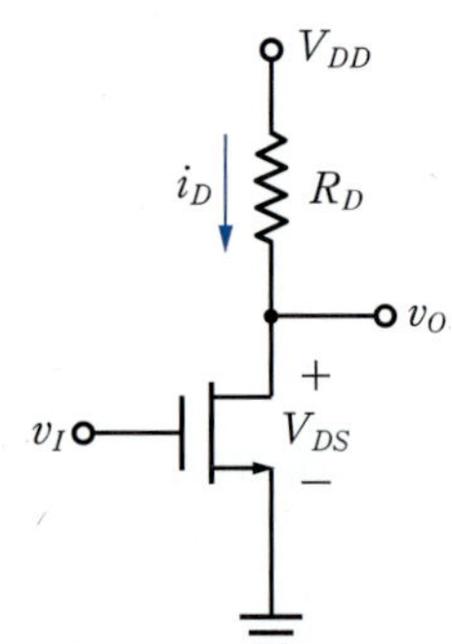

그림 5-7

답 $I_{D,\max} = 0.5\text{A}$, $V_{DS,\max} = 5\text{V}$, $P_{D,\max} = 0.625\text{W}$

5.1.3 차동증폭기의 구조 및 동작 원리

차동증폭기의 기본 기능은 무엇이며, 어떤 구조를 갖는 회로인가?

차동증폭기 differential amplifier는 아날로그 집적회로 IC를 구성하는 기능블록으로서 연산증폭기와 비교기 IC의 입력단으로 사용된다. 차동증폭기는 두 개의 입력단자와 한 개 또는 두 개의 출력단자를 가지며, 두 입력신호의 차difference를 증폭한다.

[그림 5-8(a)]는 MOSFET 차동증폭기의 기본적인 구조를 보여준다. 두 개의 N채널 MOSFET M_1, M_2가 소오스 결합 차동쌍source coupled differential pair을 구성하고 있으며, M_1, M_2는 정전류원 I_{SS}에 의해 포화모드로 바이어스된다. 입력신호 v_{S1}, v_{S2}는 차동쌍을 구성하는 각 트랜지스터의 게이트로 인가되며, 출력 v_{O1}, v_{O2}는 차동쌍을 구성하는 M_1, M_2의 드레인에서 얻어진다. 전원과 드레인 사이에 부하저항 R_D 또는 트랜지스터를 이용한 능동부하active load가 연결된다.

차동증폭기의 회로 기호는 [그림 5-8(b), (c)]와 같다. 입력단자는 마이너스(−) 기호로 표시되는 반전 입력단자와 플러스(+) 기호로 표시되는 비반전 입력단자로 구별된다. 두 개의 출력을 갖는 경우 차동증폭기의 출력단자는 [그림 5-8(b)]와 같이 나타나며, 출력 v_{O1}, v_{O2}는 [그림 5-8(a)]에서 차동쌍을 구성하는 M_1, M_2의 드레인 출력을 나타낸다. 단일 출력의 경우에는 [그림 5-8(c)]와 같이 나타내며, $v_O = v_{O2} - v_{O1}$을 나타낸다.

두 입력단자에 동일한 신호가 인가되는 공통모드 입력의 경우와 서로 다른 신호가 인가되는 차동모드 입력의 경우로 구분하여 차동증폭기의 동작을 살펴보자. 차동쌍을 구성하는 트랜지스터 M_1, M_2가 정합되어matched 특성이 동일하다고 가정한다.

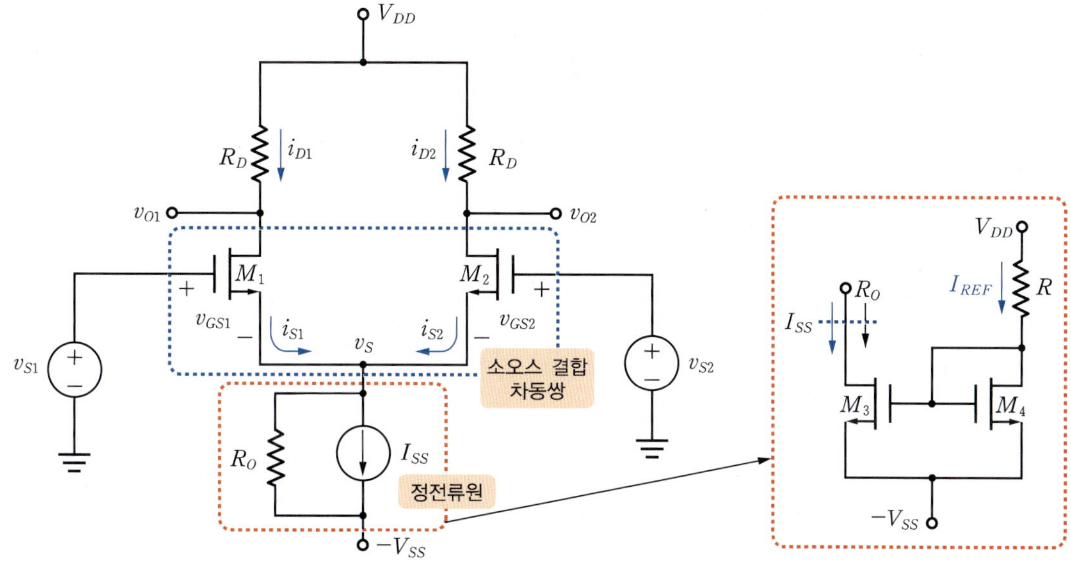

(a) MOSFET 차동증폭기의 기본 구조

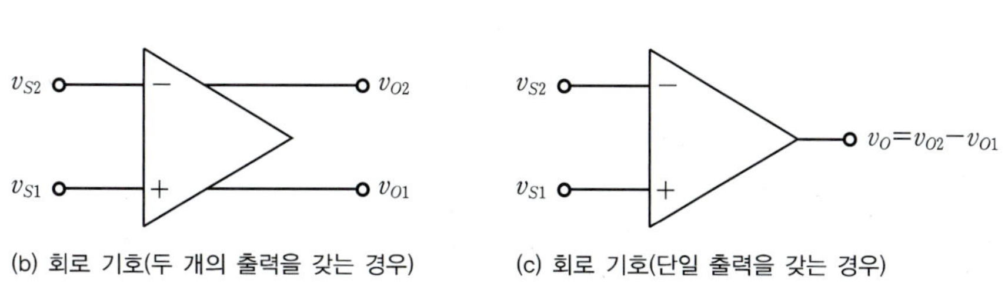

(b) 회로 기호(두 개의 출력을 갖는 경우) (c) 회로 기호(단일 출력을 갖는 경우)

그림 5-8 MOSFET 차동증폭기의 기본 구조 및 회로 기호

■ 공통모드 입력이 인가되는 경우

[그림 5-8(a)]의 차동증폭기에서 두 입력단자에 동일한 입력전압 $v_{S1}=v_{S2}=v_{CM}$이 인가되는 경우를 **공통모드** common-mode **입력**이라고 한다. 트랜지스터 M_1, M_2가 정합 matched 되어 있고(즉, 특성이 동일하고) 회로가 대칭구조이므로, 바이어스 전류 I_{SS}는 두 트랜지스터에 절반씩 분배되어 흐른다. 따라서 각 트랜지스터의 소오스 전류는 $i_{S1}=i_{S2}=\frac{1}{2}I_{SS}$가 된다. MOSFET의 $i_{D1}=i_{S1}$, $i_{D2}=i_{S2}$이므로, 각 트랜지스터의 드레인 전압은 식 (5.1)과 같다.

$$v_{O1}=v_{O2}=V_{DD}-\frac{R_D I_{SS}}{2} \tag{5.1}$$

따라서 두 드레인 전압의 차는 식 (5.2)와 같이 0이 된다. 이상적인 차동증폭기에 공통모드 전압이 인가되어 $v_d=v_{S1}-v_{S2}=0$이면, 차동증폭기의 출력은 0이 된다.

$$v_O=v_{O2}-v_{O1}=0 \tag{5.2}$$

■ 차동모드 입력이 인가되는 경우

[그림 5-8(a)]의 차동증폭기에서 크기가 같고 위상이 반대인 입력전압 $v_{S1}=\frac{v_d}{2}$와 $v_{S2}=\frac{-v_d}{2}$가 인가되는 **차동모드** differential-mode **입력**을 생각한다. 차동모드 입력 $v_d=v_{S1}-v_{S2}$가 수 mV 정도로 작다고 가정한다. M_1과 M_2의 소오스는 공통이므로 $v_{GS1}>v_{GS2}$가 되며, 따라서 M_1의 드레인 전류는 ΔI만큼 증가하여 $i_{D1}=\frac{I_{SS}}{2}+\Delta I$가 되고, M_2의 드레인 전류는 ΔI만큼 감소하여 $i_{D2}=\frac{I_{SS}}{2}-\Delta I$가 된다. 따라서 M_1, M_2의 드레인 전압은 각각 다음과 같다.

$$v_{O1}=V_{DD}-\left(\frac{I_{SS}}{2}+\Delta I\right)R_D \tag{5.3a}$$

$$v_{O2}=V_{DD}-\left(\frac{I_{SS}}{2}-\Delta I\right)R_D \tag{5.3b}$$

식 (5.3)으로부터 두 드레인 전압의 차는 식 (5.4)와 같다. 이상적인 차동증폭기에 차동모드 전압이 인가되면, 증폭되어 출력전압으로 나타난다.

$$v_O=v_{O2}-v_{O1}=2\Delta I R_D \tag{5.4}$$

Q **차동증폭기는 어떤 용도로 사용될까?**

A
- 차동증폭기는 두 입력전압에 공통으로 포함되어 있는 성분을 제거하고, 차 성분만 증폭하는 용도로 사용된다.
- 연산증폭기, 비교기의 입력회로로 사용된다.

5.1.4 차동증폭기의 입출력 전달특성

차동증폭기는 입력과 출력 사이에 어떤 DC 전달특성을 갖는가?

[그림 5-8(a)]의 차동증폭기 회로에서 정전류원 I_{SS}에 의해 M_1, M_2가 포화모드로 동작하도록 바이어스된다. 차동쌍을 구성하는 두 MOSFET M_1, M_2가 정합되어 있어 문턱전압은 $V_{Tn} \equiv V_{Tn1} = V_{Tn2}$, 전달컨덕턴스는 $g_m \equiv g_{m1} = g_{m2}$, 공정 컨덕턴스 파라미터는 $K_n \equiv K_{n1} = K_{n2}$이며 MOSFET의 출력저항은 무한대이고 몸체효과body effect가 없다고 가정한다.

차동 입력전압을 $v_d = v_{GS1} - v_{GS2}$로 나타낼 때 $\frac{v_d}{2} \ll V_{GS} - V_{Tn}$을 만족하는 소신호 입력에 대해 M_1, M_2의 드레인 전류는 근사적으로 식 (5.5)와 같이 표현되며, $V_{GS} \equiv V_{GS1} = V_{GS2}$는 MOSFET M_1, M_2에 바이어스 전류 $\frac{I_{SS}}{2}$가 흐를 때의 게이트-소스 전압이다.

$$i_{D1} \simeq \frac{I_{SS}}{2} + \left(\frac{I_{SS}}{V_{GS} - V_{Tn}}\right)\left(\frac{v_d}{2}\right) = \frac{I_{SS}}{2} + i_{d1} \tag{5.5a}$$

$$i_{D2} \simeq \frac{I_{SS}}{2} - \left(\frac{I_{SS}}{V_{GS} - V_{Tn}}\right)\left(\frac{v_d}{2}\right) = \frac{I_{SS}}{2} + i_{d2} \tag{5.5b}$$

식 (5.5)에서 $I_{SS}/2$는 DC 바이어스 전류 성분이고, 두 번째 항은 교류전류 성분을 나타낸다. 트랜지스터 M_1의 드레인 교류전류 i_{d1}과 M_2의 드레인 교류전류 i_{d2}는 서로 반대 위상이며, $\frac{v_d}{2} \ll V_{GS} - V_{Tn}$인 소신호 입력에 대해 차동입력 전압 v_d와 드레인 교류전류 i_{d1}, i_{d2}는 선형적인 관계임을 알 수 있다.

식 (5.5)에서 차동모드 입력전압이 $v_d = 0$ ($V_{GS} \equiv V_{GS1} = V_{GS2}$)이면 차동쌍을 구성하는 M_1, M_2에는 바이어스 전류 I_{SS}가 절반인 $\frac{I_{SS}}{2}$가 흐르므로, 드레인 전류는 식 (5.6)과 같으며, 두 드레인 전압의 차는 $v_{O2} - v_{O1} = 0$이 된다. 식 (5.6)에서 $k_n = \mu_n C_{ox}$는 공정이득 파라미터이다.

$$i_{D1} = i_{D2} = \frac{I_{SS}}{2} = \frac{1}{2} k_n \left(\frac{W}{L}\right)_n (V_{GS} - V_{Tn})^2 \tag{5.6}$$

식 (5.6)으로부터 $V_{GS} - V_{Tn} = \sqrt{I_{SS}/K_n}$를 식 (5.5)에 대입하여 다시 쓰면 식 (5.7)과 같다. 차동쌍을 구성하는 두 MOSFET는 정합matched되어 채널 폭과 길이의 비가 $(W/L)_n$으로 동일하다고 가정한다.

$$i_{D1} \simeq \frac{I_{SS}}{2} + \sqrt{k_n\left(\frac{W}{L}\right)_n I_{SS}}\left(\frac{v_d}{2}\right) \tag{5.7a}$$

$$i_{D2} \simeq \frac{I_{SS}}{2} - \sqrt{k_n\left(\frac{W}{L}\right)_n I_{SS}}\left(\frac{v_d}{2}\right) \tag{5.7b}$$

식 (5.7)로부터 차동쌍을 구성하는 두 MOSFET의 전달컨덕턴스는 식 (5.8)과 같이 정의된다.

$$g_m \equiv \frac{i_d}{v_d/2} = \sqrt{k_n\left(\frac{W}{L}\right)_n I_{SS}} \tag{5.8}$$

$v_d \ll 2(V_{GS} - V_{Tn})$을 만족하는 소신호 입력에 대해, 차동 입력전압 v_d와 드레인 전류 i_d는 식 (5.9)와 같이 선형적인 관계를 갖는다.

$$i_d = g_m \frac{v_d}{2} \tag{5.9}$$

[그림 5-9]는 식 (5.7)이 나타내는 차동증폭기의 전달특성을 그래프로 나타낸 것이다. 드레인 전류 i_{D1}과 i_{D2}는 상보적complementary인 관계를 가져 한쪽이 증가하면 다른 쪽은 감소한다. $v_d > 0$(즉, $v_{S1} > v_{S2}$)이면 $i_{D1} > i_{D2}$이고, $v_d < 0$(즉, $v_{S1} < v_{S2}$)이면 $i_{D1} < i_{D2}$이다. 작은 차동 입력전압 범위에서는 드레인 전류 i_{D1}, i_{D2}와 차동 입력전압 v_d가 선형적인 관계를 가지며, 전달특성 곡선의 기울기는 식 (5.8)로 정의되는 전달컨덕턴스 g_m을 나타낸다. 차동증폭기는 입출력 전달특성의 선형성이 유지되는 차동 입력전압 범위 내에서 동작해야 한다.

큰 차동 입력전압에 대해서는 두 트랜지스터 중 하나는 차단되고 다른 하나는 도통되어 $i_{D1} = I_{SS}$이면 $i_{D2} = 0$이고, $i_{D2} = I_{SS}$이면 $i_{D1} = 0$이 된다. 식 (5.7)로부터 $i_{D1} = I_{SS}$, $i_{D2} = 0$이 되는 차동 입력전압 $|v_d|_{\max}$를 구하면 식 (5.10)과 같다.

$$|v_d|_{\max} \simeq \sqrt{\frac{I_{SS}}{k_n\left(\frac{W}{L}\right)_n}} = (V_{GS} - V_{Tn}) \tag{5.10}$$

식 (5.10)으로부터, 트랜지스터의 $(W/L)_n$이 고정된 상태에서 정전류원 전류 I_{SS}가 클수록 $V_{GS} - V_{Tn}$는 큰 값을 가지게 되고, 따라서 $|v_d|_{\max}$ 값도 커지고 출력전압의 스윙 범위 ($v_{O2} - v_{O1} = R_D I_{SS}$)도 넓어진다. 한편, 정전류원 전류 I_{SS} 값이 고정된 상태에서 차동쌍을 구성하는 MOSFET의 $(W/L)_n$이 클수록 $V_{GS} - V_{Tn}$가 작은 값을 가지며, 따라서 $|v_d|_{\max}$ 값도 작아진다. 그러나 정전류원 전류 I_{SS} 값이나 드레인 저항 R_D 값이 변하지 않으면 출력전압의 스윙 범위도 변하지 않는다.

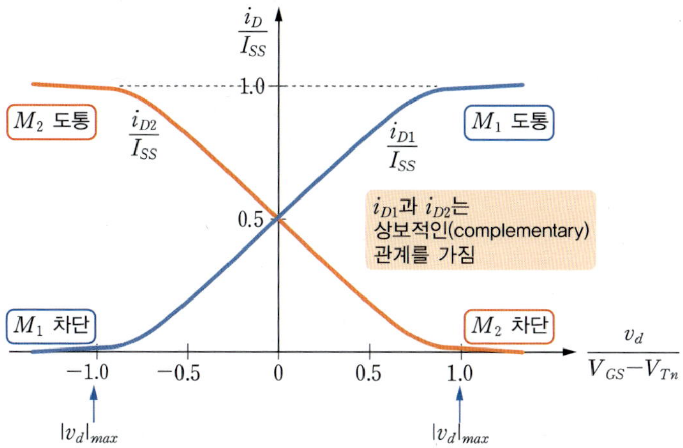

그림 5-9 차동증폭기의 DC 전달특성

[그림 5-10]은 차동증폭기의 입력전압과 출력전압의 위상관계를 보여준다. [그림 5-8(a)]의 차동증폭기 회로에서 M_1, M_2는 각각 공통소오스 구조이므로, 입력전압 v_{S1}과 출력전압 v_{O1}은 서로 반전위상 관계이며, 입력전압 v_{S2}와 출력전압 v_{O2}는 서로 반전위상 관계이다. [그림 5-9]로부터 드레인 전류 i_{D1}과 i_{D2}는 서로 상보적인 관계를 가져 반대위상을 가지므로, 출력전압 v_{O1}과 v_{O2}는 서로 반전위상 관계이다. 단일 출력을 갖는 경우에는 $v_O = v_{O2} - v_{O1}$이므로, 비반전단자 입력전압 v_{S1}과 출력전압 v_O는 동일위상 관계이며, 반전단자 입력전압 v_{S2}와 출력전압 v_O는 서로 반전위상 관계이다.

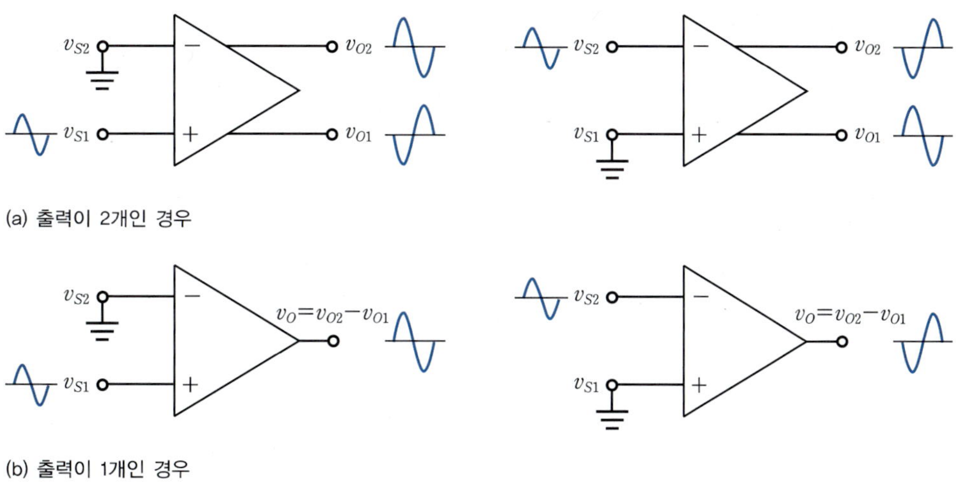

그림 5-10 차동증폭기의 동작 특성

5.1.5 차동증폭기의 특성 파라미터

차동증폭기의 특성을 나타내는 파라미터에는 어떤 것들이 있는가?

차동증폭기의 성능은 차동모드 이득 differential-mode gain, 공통모드 이득 common-mode gain, 공통모드 제거비 CMRR : Common-Mode Rejection Ratio 등으로 평가되며, 차동모드 입력저항, 공통모드 입력저항, 차동모드 입력범위, 공통모드 입력범위 등의 파라미터를 갖는다.

▪ 차동모드 이득

차동증폭기의 기본 기능은 두 입력전압의 차를 증폭하는 것이며, 차동모드 이득은 차동증폭기의 성능을 나타내는 중요한 파라미터이다. 차동모드 입력전압 v_d에 대한 출력전압 $v_{o,dm}$의 비 ratio를 차동모드 이득이라고 하며, 식 (5.11)과 같이 정의된다.

$$A_{dm} \equiv \frac{v_{o,dm}}{v_d} = \frac{v_{O2} - v_{O1}}{v_d} \tag{5.11}$$

▪ 공통모드 이득

이상적인 차동증폭기는 공통모드 입력 v_{CM}에 대해 두 드레인 전압의 차가 $v_{O2} - v_{O1} = 0$이 된다. 그러나 실제 회로에서 정전류원의 출력저항 R_O가 무한대가 아닌 경우, 그리고 차동쌍 트랜지스터 M_1, M_2의 특성이 완전히 일치하지 않거나 드레인 저항값의 차이 등에 의해 공통모드 입력에 대한 출력전압이 발생한다. 공통모드 이득은 공통모드 입력전압에 대한 출력전압의 비로 다음과 같이 정의된다.

$$A_{cm} \equiv \frac{v_{o,cm}}{v_{CM}} = \frac{v_{O2} - v_{O1}}{v_{CM}} \tag{5.12}$$

▪ 공통모드 제거비

공통모드 제거비는 식 (5.13)과 같이 차동모드 이득과 공통모드 이득의 비로 정의된다. 공통모드 입력은 출력되지 않도록 억제하고, 차동모드 입력만 증폭되어 출력되도록 하는 성능을 나타낸다. 차동모드 이득이 클수록, 그리고 공통모드 이득이 작을수록 $CMRR$이 커져 차동증폭기의 성능이 우수하며, 통상 70 ~ 80dB 이상의 $CMRR$ 값을 갖도록 설계된다.

$$CMRR \equiv \left| \frac{A_{dm}}{A_{cm}} \right| \tag{5.13}$$

Q 차동증폭기의 $CMRR$이 클수록 좋을까? 작을수록 좋을까?

A 공통모드 성분은 억제하고, 차동모드 성분만 증폭하여 출력하는 성능을 나타내므로, $CMRR$ 값이 클수록 차동증폭기의 성능이 우수하다.

확인문제 5-2

차동증폭기의 차동모드 이득이 $A_{dm} = 120\text{V/V}$ 인 경우, 공통모드 제거비가 70dB 보다 크기 위해서 공통모드 이득은 얼마 이하가 되어야 하는가?

답 $A_{cm} \leq 38 \times 10^{-3}\text{V/V}$

핵심포인트 차동증폭기의 특성

- 두 입력신호의 차difference를 증폭한다.
- 이상적인 차동증폭기에 공통모드 전압($v_d = 0$)이 인가되면, 출력전압은 0이 된다.
- 이상적인 차동증폭기에 차동모드 전압 v_d가 인가되면, $v_O = A_{dm}v_d$가 출력된다.
- 차동모드 이득 A_{dm} : 차동모드 입력전압에 대한 출력전압의 비로 정의되며, 클수록 차동증폭기의 성능이 우수하다.
- 공통모드 이득 A_{cm} : 공통모드 입력전압에 대한 출력전압의 비로 정의되며, 작을수록 차동증폭기의 성능이 우수하다.
- 공통모드 제거비 $CMRR$: 공통모드 성분은 제거하고, 차동모드 성분은 증폭하여 출력하는 성능을 나타내며, 클수록 차동증폭기의 성능이 우수하다.

점검하기 **다음 각 문제에서 맞는 것을 고르시오.**

(1) 바이어스 전류가 가장 큰 것은 (**A급, AB급, B급, C급**) 증폭기이다.
(2) 전력소비가 가장 큰 것은 (**A급, AB급, B급, C급**) 증폭기이다.
(3) 파형의 왜곡이 가장 작은 것은 (**A급, AB급, B급, C급**) 증폭기이다.
(4) 전력효율이 가장 작은 것은 (**A급, AB급, B급, C급**) 증폭기이다.
(5) BJT의 컬렉터-이미터 내압은 전원전압보다 (**작아야, 커야**) 한다.
(6) 차동증폭기는 두 입력전압의 (**차, 합**)를/을 증폭한다.
(7) 이상적인 차동증폭기에 공통모드 전압이 인가되면, 출력은 0이다. (O, X)
(8) 공통모드 이득이 작을수록 차동증폭기의 성능이 우수하다. (O, X)
(9) 차동모드 이득이 클수록 차동증폭기의 성능이 우수하다. (O, X)
(10) 공통모드 제거비CMRR가 클수록 차동증폭기의 성능이 우수하다. (O, X)

SECTION 5.2

MOSFET 차동증폭기

차동증폭기를 입력단으로 갖는 다단multi-stager 증폭기 구조의 아날로그 IC들이 많이 있다. 차동증폭기는 연산증폭기, 비교기, 오디오 증폭기 등 다양한 아날로그 IC에서 입력단으로 사용되는 중요한 회로이다. 7장에서 설명되는 연산증폭기의 동작을 이해하기 위해서는 차동증폭기에 대한 이해가 필요하다. 이 절에서는 5.1.3 ~ 5.1.5절에서 배운 차동증폭기의 구조, 동작 원리 및 특성에 대한 이해를 바탕으로, MOSFET 차동증폭기의 소신호 동작과 차동모드 이득, 공통모드 이득, 입력저항 등의 특성을 살펴본다.

MOSFET 차동증폭기의 차동모드 이득과 $CMRR$에 영향을 미치는 요소는 무엇인가?

차동모드 동작과 공통모드 동작으로 나누어 차동증폭기의 소신호 동작을 해석한다. 차동쌍을 구성하는 두 개의 MOSFET가 동일한 특성을 가지며, 차동 입력전압이 소신호 범위에 있어 선형성이 유지된다고 가정한다(5.1.4절 참조).

■ 차동모드 이득

차동증폭기에 [그림 5-11(a)]와 같이 크기가 같고 위상이 반대인 두 입력전압 $v_{S1} = \dfrac{v_d}{2}$와 $v_{S2} = \dfrac{-v_d}{2}$가 인가되는 차동모드의 동작을 해석한다. $v_{S1} = \dfrac{v_d}{2}$에 의해 M_1의 드레인 전류 i_{D1}은 Δi_D만큼 증가하며, $v_{S2} = \dfrac{-v_d}{2}$에 의해 M_2의 드레인 전류 i_{D2}는 $-\Delta i_D$만큼 감소한다. 차동쌍의 소오스 전압 V_S는 일정한 DC 값을 유지한다. DC 전압은 소신호 해석에서 단락회로로 취급되므로, 차동모드의 교류 등가회로는 [그림 5-11(b)]와 같이 소오스가 접지된 것으로 취급할 수 있다.

[그림 5-11(b)]의 차동모드 교류 등가회로는 좌·우 회로가 동일한 특성을 갖는 대칭이므로, [그림 5-11(c)]와 같은 반쪽 회로를 이용하여 차동모드 동작을 해석할 수 있다. [그림 5-11(c)]의 반쪽 회로는 공통소오스 증폭기이므로, MOSFET의 드레인 출력저항을 $r_d = \infty$로 가정하면 소신호 등가회로는 [그림 5-11(d)]와 같다. [그림 5-11(d)]의 소신호 등가회로에서 M_1의 드레인 전류와 전압은 각각 식 (5.14), 식 (5.15)와 같다.

$$i_d = g_m v_{gs} = g_m \frac{v_d}{2} \tag{5.14}$$

$$v_{o1} =- R_D\, i_d =- \frac{g_m R_D}{2} v_d \tag{5.15}$$

차동모드 반쪽 회로의 전압이득은 식 (5.16)과 같으며, 반쪽 회로의 MOSFET M_1의 전달 컨덕턴스 $g_{m1} = \sqrt{2K_n I_{DQ1}}$에 M_1의 바이어스 전류 $I_{DQ1} = \frac{1}{2} I_{SS}$가 적용되었다.

$$A_v = \frac{v_{o1}}{v_d/2} =- g_{m1} R_D =- \sqrt{k_n \left(\frac{W}{L}\right)_n I_{SS}}\, R_D \tag{5.16}$$

5.1.4절에서 설명했듯이 $v_{o2} =- v_{o1}$이므로, 식 (5.16)으로부터 차동입력 $v_d = v_{S1} - v_{S2}$에 대한 출력 v_{o2}의 차동모드 이득은 식 (5.17)과 같다. 차동쌍을 구성하는 두 MOSFET의 바이어스 전류는 $I_{DQ1} = I_{DQ2} = \frac{1}{2} I_{SS}$이므로, 두 트랜지스터의 전달컨덕턴스는 $g_{m1} = g_{m2} = g_m$이다.

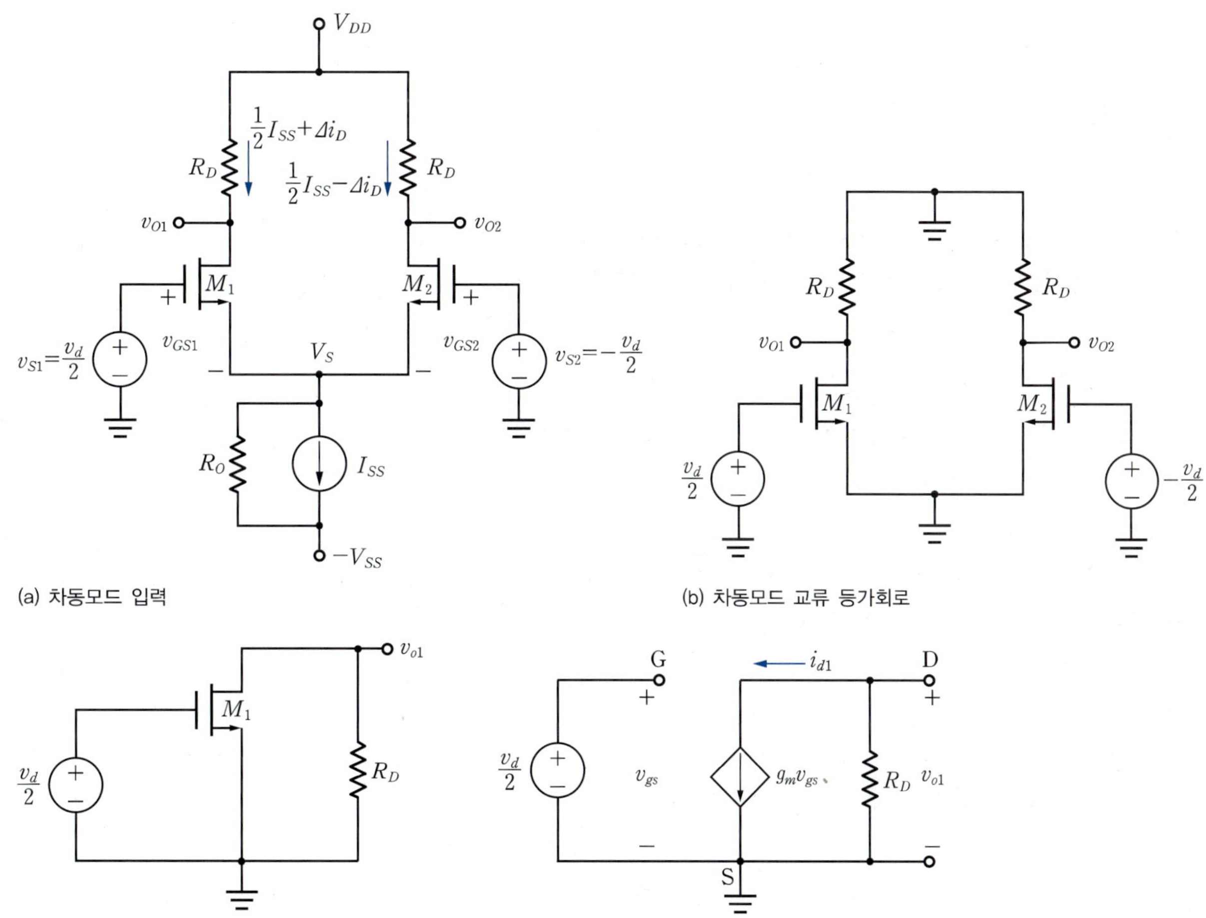

(a) 차동모드 입력

(b) 차동모드 교류 등가회로

(c) 차동모드 반쪽 회로

(d) 차동모드 반쪽 회로의 소신호 등가회로

그림 5-11 차동모드 동작의 소신호 해석

$$A_{dm,\,vo2} = \frac{v_{o2}}{v_d} = \frac{1}{2}g_m R_D = \frac{1}{2}\sqrt{k_n\left(\frac{W}{L}\right)_n I_{SS}}\,R_D \tag{5.17}$$

단일출력 $v_o = v_{o2} - v_{o1}$을 갖는 경우, 차동 입력전압 v_d에 대한 차동모드 이득은 식 (5.18)과 같으며, 식 (5.17)의 출력 v_{o2}에 대한 차동모드 이득의 2배가 된다. 큰 차동모드 이득을 얻기 위해서는 MOSFET의 채널 폭과 길이의 비 W/L를 크게 만들거나 정전류원의 전류 I_{SS}, 드레인 저항 R_D를 크게 설계해야 한다.

$$A_{dm,\,vo} = \frac{v_{o2} - v_{o1}}{v_d} = g_m R_D = \sqrt{k_n\left(\frac{W}{L}\right)_n I_{SS}}\,R_D \tag{5.18}$$

■ 공통모드 이득

[그림 5-12(a)]와 같이 공통모드 입력전압 $v_{S1} = v_{S2} = v_{CM}$이 인가되는 공통모드의 동작을 해석해보자. 공통모드 동작에서는 정전류원의 출력저항 R_O가 중요한 영향을 미치며, 실제 회로에서 R_O는 무한대가 아닌 유한한 값을 갖는다. 공통모드 입력전압 v_{CM}에 의해 M_1의 드레인 전류 i_{D1}과 M_2의 드레인 전류 i_{D2}는 동일하게 Δi_D만큼 증가한다. 정전류원의 전류 I_{SS}는 일정한 값을 유지하므로 정전류원의 출력저항 R_O에 흐르는 전류가 $2\Delta i_D$만큼 증가하고, 차동쌍의 소오스 전압 V_S는 $2R_O\Delta i_D$만큼 증가한다. 즉, 차동쌍의 소오스 전압 V_S는 공통모드 입력전압에 따라 변하게 된다.

공통모드 입력신호에 의해 차동쌍의 소오스 전압 V_S는 $2R_O\Delta i_D$만큼 증가하므로, 공통모드 입력신호에 대한 교류 등가회로는 [그림 5-12(b)]와 같이 차동쌍의 소오스에 저항 $2R_O$가 연결된 것으로 볼 수 있다. M_1과 M_2가 정합되어 있으며 드레인 저항이 같으므로, [그림 5-12(b)]의 공통모드 교류 등가회로에서 좌·우 회로는 동일한 특성을 갖는 대칭이다. 따라서 [그림 5-12(c)]의 반쪽 회로를 이용하여 공통모드의 동작을 해석할 수 있다.

[그림 5-12(c)]의 공통모드 반쪽 회로는 소오스 저항 $2R_O$를 갖는 공통소오스 증폭기이므로, 3.4.2절의 식 (3.47)에 의해 전압이득은 다음과 같다.

$$A_{cm} = \frac{v_{o1}}{v_{CM}} = \frac{-g_m R_D}{1 + g_m(2R_O)} \tag{5.19}$$

두 트랜지스터의 게이트에 공통모드 입력신호 v_{CM}이 동일하게 인가되므로 $v_{o2} = v_{o1}$이다. 식 (5.19)로부터, 차동증폭기의 공통모드 이득은 정전류원의 출력저항 R_O와 관련이 있음을 알 수 있다. 차동증폭기의 공통모드 이득은 작을수록 바람직하므로, 정전류원의 출력저항 R_O가 커야 한다. $v_{o2} = v_{o1}$이므로 단일출력의 경우, 공통모드 이득은 0이다.

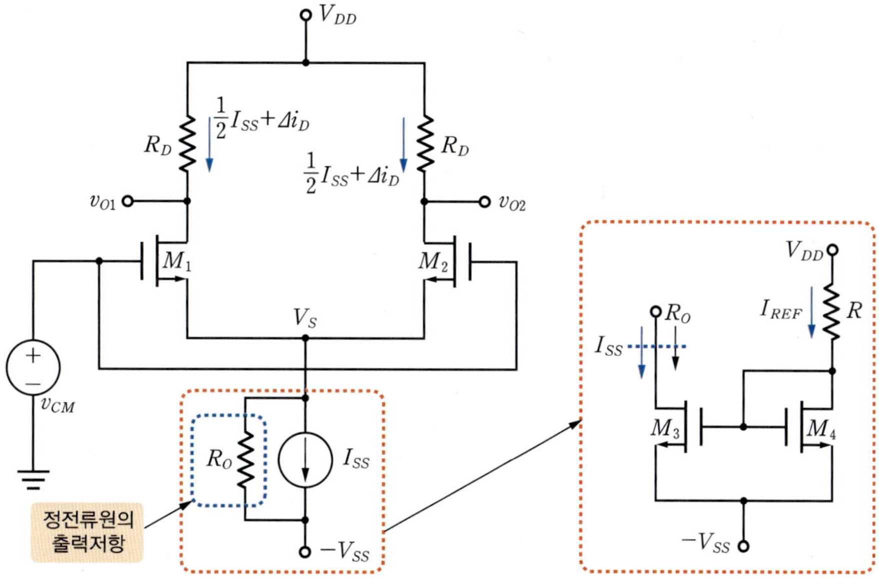

(a) 공통모드 입력

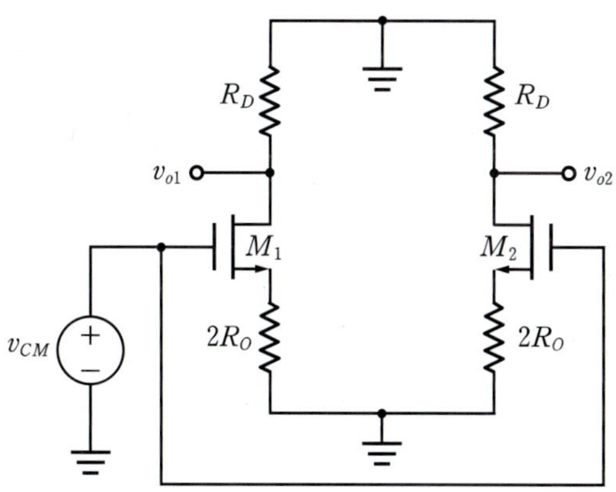

(b) 공통모드 교류 등가회로

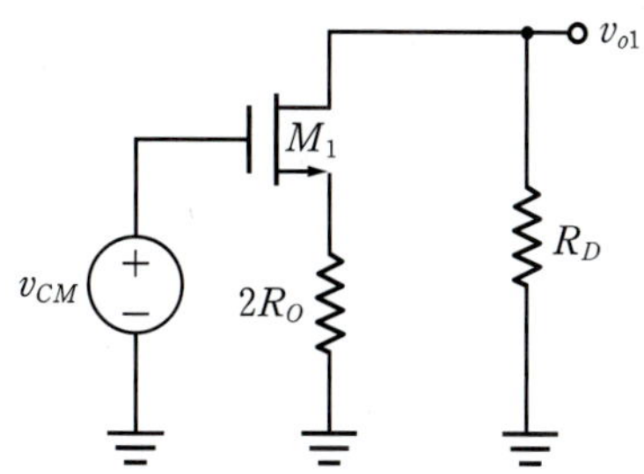

(c) 공통모드 반쪽 회로

그림 5-12 공통모드 동작의 소신호 해석

▪ 공통모드 제거비

식 (5.17)과 식 (5.19)로부터 MOSFET 차동증폭기의 공통모드 제거비는 다음과 같다.

$$CMRR = \left|\frac{A_{dm,\,vo2}}{A_{cm}}\right| \simeq \frac{1+2g_m R_O}{2} = \frac{1}{2}\left(1+2R_O\sqrt{k_n\left(\frac{W}{L}\right)_n I_{SS}}\right) \qquad (5.20)$$

$CMRR$은 MOSFET의 전달컨덕턴스 g_m과 정전류원의 출력저항 R_O의 곱에 비례하며, $R_O \to \infty$ 이면 $A_{cm} \to 0$이 되어 $CMRR \to \infty$가 된다.

Q **차동모드 이득과 $CMRR$을 크게 만들기 위한 방법은?**

A
- 출력저항 R_O가 큰 정전류원 회로를 사용하고, 정전류원의 전류가 큰 값을 갖도록 한다.
- MOSFET의 채널 폭과 길이의 비 W/L을 크게 설계한다.

핵심포인트 **MOSFET 차동증폭기의 특성**

- 단일출력 $v_o = v_{o2} - v_{o1}$을 갖는 경우의 차동모드 이득은 $A_{dm,vo} = g_m R_D = \sqrt{k_n\left(\frac{W}{L}\right)_n I_{SS}}\, R_D$이다.
- 정전류원의 출력저항 R_O가 클수록 차동증폭기의 공통모드 이득이 작고, $CMRR$은 크다.

예제 5-2

[그림 5-11(a)]의 차동증폭기에서 출력전압 v_{o2}에 대해 (a) 차동모드 이득 $A_{dm,vo2}$, (b) 공통모드 이득 A_{cm}, (c) $CMRR$을 구하라. 드레인 저항은 $R_D = 10\text{k}\Omega$이고, 정전류원의 전류는 $I_{SS} = 2.6\text{mA}$, 출력저항은 $R_O = 150\text{k}\Omega$이다. 차동쌍을 구성하는 두 MOSFET는 특성이 정합되어 있고, $K_n = 0.96\,\text{A/V}^2$이며 소신호 드레인 저항은 $r_{d1} = r_{d2} = \infty$으로 가정한다.

풀이

(a) MOSFET M_2의 드레인 바이어스 전류는 $I_{DQ2} = \dfrac{I_{SS}}{2} = \dfrac{2.6\text{mA}}{2} = 1.3\text{mA}$이므로, 전달컨덕턴스는 다음과 같다.

$$g_m = \sqrt{2K_n I_{DQ2}} = \sqrt{2\times 0.96\times 1.3\times 10^{-3}} = 50\,\text{mA/V}$$

식 (5.17)로부터 차동모드 이득은 다음과 같다.

$$A_{dm,vo2} = \frac{g_m R_D}{2} = \frac{50\times 10}{2} = 250\text{V/V}$$

(b) 식 (5.19)로부터 공통모드 이득은 다음과 같다.

$$A_{cm} = -\frac{g_m R_D}{1+g_m(2R_o)} = -\frac{50\times 10}{1+50\times 2\times 150} = -33.33\times 10^{-3}\,\text{V/V}$$

(c) 공통모드 제거비는 다음과 같이 계산된다.

$$CMRR = \left|\frac{A_{dm}}{A_{cm}}\right| = \frac{250}{33.33\times 10^{-3}} = 7{,}500$$

데시벨로 표현하면 $CMRR_{dB} = 20\log_{10}(7500) = 77.5\text{dB}$이다.

확인문제 5-3

[그림 5-11]의 차동증폭기 회로가 정전류원 전류 $I_{SS} = 2.6\text{mA}$로 바이어스되어 있다. $CMRR_{dB} \geq 75\text{dB}$이 되기 위해 정전류원의 출력저항 R_O는 얼마 이상 되어야 하는가? 단, $K_n = 0.962\,\text{A/V}^2$이다.

답 $R_O \geq 112.46\text{k}\Omega$

확인문제 5-4

[그림 5-11]의 차동증폭기 회로가 출력저항 $R_O = 250\text{k}\Omega$인 정전류원에 의해 $I_{SS} = 2.5\text{mA}$로 바이어스되어 있다. $CMRR_{dB} \geq 75\text{dB}$이 되기 위해 MOSFET의 채널 폭과 길이의 비 W/L은 얼마 이상 되어야 하는가? 단, MOSFET의 공정 이득 파라미터는 $k_n = 20\text{mA/V}^2$이다.

답 $W/L \geq 10$

점검하기 **다음 각 문제에서 맞는 것을 고르시오.**

(1) 소오스 결합 차동증폭기의 차동모드 반쪽 회로는 (**공통소오스, 공통드레인**) 구조이다.
(2) 소오스 결합 차동증폭기의 차동모드 이득은 트랜지스터의 전달컨덕턴스 g_m에 (**비례, 반비례**)한다.
(3) 차동증폭기의 차동모드 이득은 (**작을수록, 클수록**) 좋다.
(4) 정전류원의 출력저항 R_O가 (**작을수록, 클수록**) 차동증폭기의 공통모드 이득이 작다.
(5) 정전류원의 출력저항 R_O가 (**작을수록, 클수록**) 차동증폭기의 $CMRR$이 크다.

SECTION 5.3

A급 증폭기의 전력효율

핵심이 보이는 전자회로

일반적으로 소신호 증폭기는 A급 바이어스를 사용한다. BJT의 경우에는 선형영역의 중앙에, MOSFET의 경우에는 포화영역의 중앙 근처에 동작점을 설정한다. A급 바이어스 증폭기는 입출력 선형성이 우수한 반면, 전력효율이 낮다는 단점이 있다. 이 절에서는 A급 바이어스 증폭기의 전력효율에 대해 살펴본다.

증폭기의 전력효율이란 무엇을 의미하는가?
A급 바이어스 증폭기의 전력효율이 낮은 이유는 무엇인가?

[그림 5-13(a)]의 공통이미터 증폭기에서 BJT는 전원전압 V_{CC}와 저항 R_1, R_2 그리고 R_C에 의해 A급으로 바이어스되어 있다. 동작점의 베이스 전류는 식 (2.22)로 구해지며, 컬렉터 전류와 컬렉터-이미터 바이어스 전압은 각각 식 (5.21), 식 (5.22)와 같다. BJT의 공통이미터 DC 전류이득 β_{DC}가 충분히 큰 값을 가져 $I_{BQ} \ll I_{CQ}$이므로, 바이어스 전류에 의한 DC 전력소모 해석에서 베이스 바이어스 전류의 영향은 무시한다.

$$I_{CQ} = \beta_{DC} I_{BQ} \tag{5.21}$$

$$V_{CEQ} = V_{CC} - R_C I_{CQ} \tag{5.22}$$

[그림 5-13(b)]는 A급 바이어스 증폭기의 부하선과 식 (5.21), 식 (5.22)에 의해 결정되는 동작점을 보여준다. 트랜지스터의 동작점을 선형영역(BJT의 경우) 또는 포화영역(MOSFET의 경우)의 중앙점에 설정하면 교류 출력신호의 스윙을 최대로 할 수 있다. BJT의 컬렉터-이미터 포화전압이 $V_{CE,sat} \ll V_{CEQ}$로 매우 작아 $V_{CE,sat}$를 무시하는 경우에, 동작점의 컬렉터 전류를 $I_{CQ} \simeq \dfrac{V_{CC}}{2R_C}$로 설정하면, 왜곡 없이 얻을 수 있는 교류 컬렉터 전류의 진폭이 최대가 된다. 또한 컬렉터-이미터 바이어스 전압이 $V_{CEQ} \simeq \dfrac{V_{CC}}{2}$로 설정되면 교류 컬렉터 전압의 스윙이 최대가 될 수 있다.

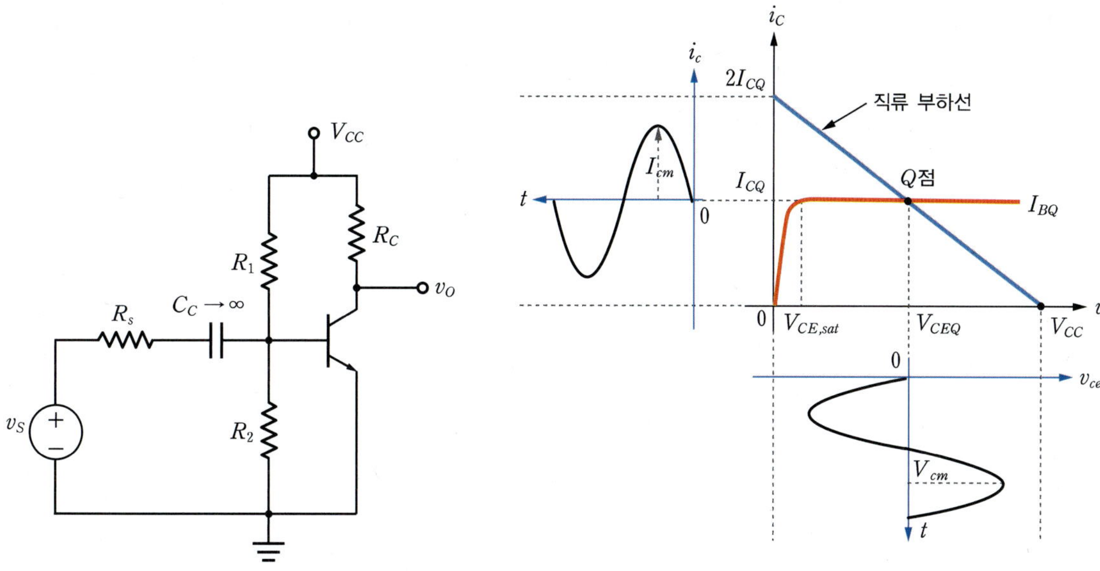

(a) A급 바이어스 공통이미터 증폭기　　　　(b) 동작점 및 출력특성

그림 5-13 A급 바이어스 공통이미터 증폭기와 출력특성

트랜지스터의 동작점이 [그림 5-13(b)]와 같이 A급 바이어스로 설정된 경우에 대해 부하에 공급되는 전력, 트랜지스터와 저항 R_C에서 소비되는 전력 그리고 전력효율을 살펴보자. BJT의 컬렉터-이미터 포화전압은 $V_{CE,sat} \ll V_{CEQ}$로 매우 작아 $V_{CE,sat}$를 무시하고, $V_{CEQ} = \frac{V_{CC}}{2}$로 가정한다. 또한, 일반적으로 $i_B \ll i_C$이므로, 베이스 전류 i_B의 영향도 무시한다. 정현파 입력에 대한 컬렉터 전류 i_C와 컬렉터-이미터 전압 v_{CE}는 각각 식 (5.23), 식 (5.24)와 같으며 I_{cm}과 V_{cm}은 각각 컬렉터 전류와 컬렉터 전압의 진폭을 나타낸다.

$$i_C = I_{CQ} + I_{cm}\sin\omega t \tag{5.23}$$

$$v_{CE} = V_{CEQ} - V_{cm}\sin\omega t \tag{5.24}$$

먼저, BJT에서 소비되는 평균전력을 알아본다. 트랜지스터에서 소비되는 평균전력은 식 (5.25)와 같으며, 바이어스에 의한 DC 전력소모 $V_{CEQ}I_{CQ}$와 교류 신호에 의한 교류 평균전력 $\frac{1}{2}V_{cm}I_{cm}$으로 구성된다.

$$\begin{aligned}\overline{P_D} &= \frac{1}{T}\int_0^T v_{CE}i_C\,dt \\ &= \frac{1}{T}\int_0^T (V_{CEQ} - V_{cm}\sin wt)(I_{CQ} + I_{cm}\sin wt)\,dt \\ &= V_{CEQ}I_{CQ} - \frac{1}{2}V_{cm}I_{cm}\end{aligned} \tag{5.25}$$

식 (5.25)로부터, 증폭기에 교류 신호가 인가되면 트랜지스터에서 소비되는 평균전력이 감소하며, 이는 전원 V_{CC}에서 공급된 전력의 일부가 교류 전력으로 바뀌어 부하에 공급되기 때문이다.

컬렉터 전류와 전압의 진폭이 각각 $I_{cm} = I_{CQ}$와 $V_{cm} = V_{CEQ} = V_{CC}/2$로 최대인 경우의 트랜지스터에서 소비되는 전력을 알아본다. 식 (5.23)과 식 (5.24)에 컬렉터 전류와 전압의 최대 진폭을 대입하면 식 (5.26)과 같다.

$$P_D^* = v_{CE} i_C = \frac{V_{CC} I_{CQ}}{2}(1 - \sin^2 \omega t)$$

$$= \frac{V_{CC} I_{CQ}}{4}(1 + \cos 2\omega t) \tag{5.26}$$

식 (5.26)으로부터, 컬렉터 전류와 전압의 진폭이 최대일 때 트랜지스터에서 소비되는 전력의 평균은 $\overline{P_D^*} = \frac{V_{CC} I_{CQ}}{4}$이고, 피크값은 $P_{D,\,peak}^* = \frac{V_{CC} I_{CQ}}{2}$임을 알 수 있다.

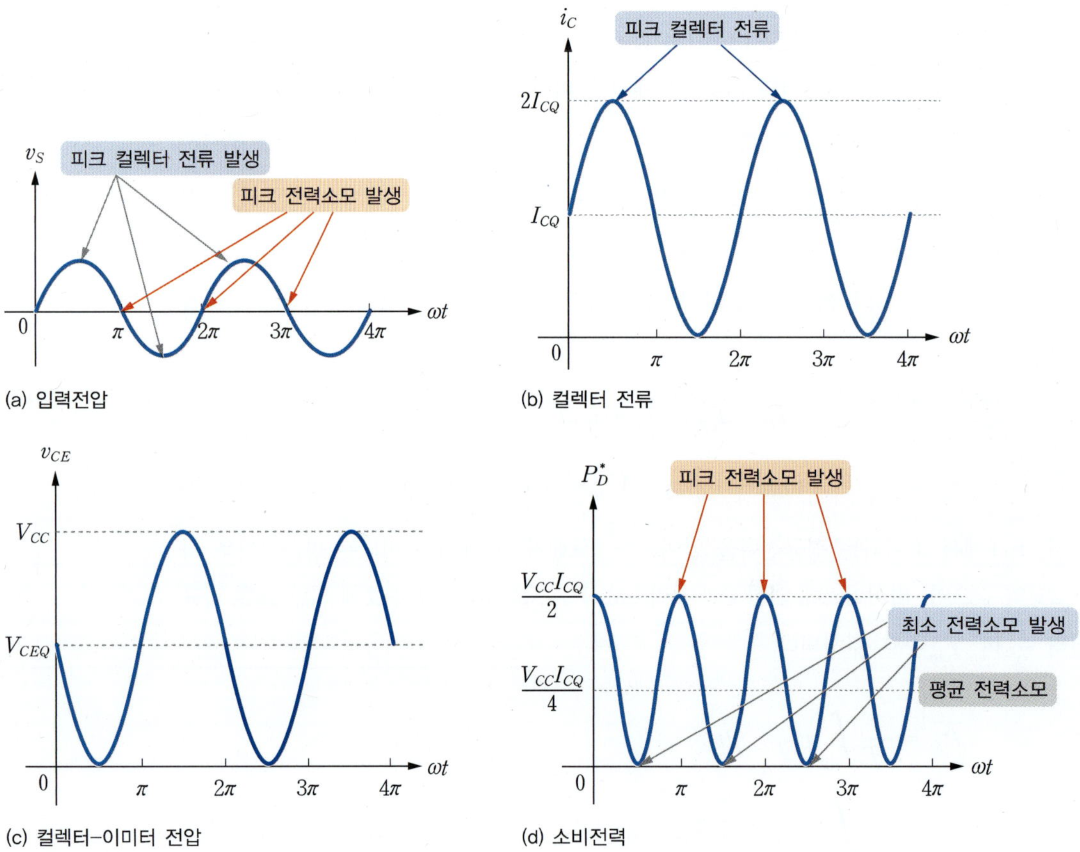

그림 5-14 A급 바이어스 공통이미터 증폭기의 전류, 전압, 소비전력(컬렉터 전류의 진폭이 $I_{cm} = I_{CQ}$, 컬렉터 전압의 진폭이 $V_{cm} = V_{CEQ} = V_{CC}/2$로 최대인 경우)

[그림 5-14]는 A급 바이어스 공통이미터 증폭기의 정현파 입력에 대한 컬렉터 전류, 컬렉터-이미터 전압, 소비전력의 관계를 보이고 있다. BJT의 컬렉터-이미터 포화전압이 $V_{CE,\,sat} \ll V_{CEQ}$로 매우 작아 $V_{CE,\,sat}$를 무시하고, 컬렉터 전류와 전압의 진폭이 각각 $I_{cm} = I_{CQ}$와 $V_{cm} = V_{CEQ} = V_{CC}/2$로 최대인 경우를 보이고 있다.

[그림 5-14(b)]의 컬렉터 전류는 식 (5.23)에 의한 파형이며, [그림 5-14(c)]의 컬렉터-이미터 전압은 식 (5.24)에 의한 파형이다. [그림 5-14(d)]의 소비전력은 식 (5.26)에 의한 파형이다. 입력신호 $v_S = 0$인 $\omega t = 0,\ \pi,\ 2\pi,\ 3\pi, \cdots$에서 트랜지스터 소비전력의 피크값은 $\dfrac{V_{CC}I_{CQ}}{2}$이며, 컬렉터 전류가 최대(즉, 입력신호의 진폭이 최대)인 $\omega t = \pi/2,\ 3\pi/2, \cdots$에서 트랜지스터의 소비전력은 0이 된다. 교류 입력 $v_S = 0$일 때 트랜지스터는 바이어스에 의한 전력소모 $P_{D,\,avg} = \dfrac{V_{CC}I_{CQ}}{2}$를 견딜 수 있어야 하며, 트랜지스터의 정격 전력은 이보다 커야 한다.

다음으로 부하에 공급되는 평균전력을 알아본다. [그림 5-13(a)] 회로에서 부하저항 R_C에 공급되는 총 평균전력 $\overline{P_L}$은 식 (5.27)과 같이 바이어스 전류 I_{CQ}에 의한 직류 전력 $P_{L(DC)}$와 교류 평균전력 $\overline{P_{L(AC)}}$로 구성된다.

$$\overline{P_L} = P_{L(DC)} + \overline{P_{L(AC)}} \tag{5.27}$$

컬렉터-이미터 바이어스 전압이 $V_{CEQ} = \frac{1}{2}V_{CC}$로 설정된 경우에, 부하저항 R_C에서 소모되는 직류 전력 성분 $P_{L(DC)}$는 다음과 같다.

$$P_{L(DC)} = R_C I_{CQ}^2 = (V_{CC} - V_{CEQ})I_{CQ} = \frac{1}{2}V_{CC}I_{CQ} \tag{5.28}$$

식 (5.27)과 식 (5.28)로부터, 다음의 두 가지를 이해할 수 있다. 첫째, 증폭기에 교류신호가 인가되지 않으면 전원에서 공급된 DC 전력이 트랜지스터와 부하에 나뉘어 공급된다. $V_{CEQ} = \frac{1}{2}V_{CC}$로 설정된 경우에는 트랜지스터와 부하에 각각 $\frac{1}{2}V_{CC}I_{CQ}$씩 나뉘어 소모된다. 둘째, 증폭기에 교류신호가 인가되면, 부하에 공급되는 교류 평균전력 $\overline{P_{L(AC)}} = \frac{1}{2}V_{cm}I_{cm}$만큼 트랜지스터에서 소모되는 교류 평균전력이 감소한다.

부하에 공급되는 교류 전압과 전류의 진폭이 각각 V_{cm}과 I_{cm}인 경우에, 교류 평균전력은 식 (5.29)와 같이 다시 표현할 수 있다.

$$\overline{P_{L(AC)}} = \frac{V_{cm}}{\sqrt{2}}\frac{I_{cm}}{\sqrt{2}} = \frac{V_{cm}^2}{2R_C} = \frac{R_C I_{cm}^2}{2} \tag{5.29}$$

$V_{cm} = R_C I_{cm} = \dfrac{V_{CC}}{2}$이고 $I_{cm} = I_{CQ}$일 때 부하에 공급되는 교류 전력이 최대가 되며, 이를 식 (5.29)에 대입하면 부하에 공급되는 교류 평균전력의 최댓값은 다음과 같다.

$$\overline{P_{L(AC),\max}} = \frac{V_{CC}I_{CQ}}{4} \tag{5.30}$$

증폭기는 DC 전원으로부터 전력을 받아 이 중 일부를 교류신호의 증폭에 사용하고, 나머지는 열로 소비한다. 전원 V_{CC}로부터 공급되는 평균 DC 전력은 식 (5.31)과 같다.

$$\overline{P_S} = V_{CC}I_{CQ} \tag{5.31}$$

전원으로부터 공급된 DC 전력 $\overline{P_S}$와 부하에 공급된 교류 평균전력 $\overline{P_{L(AC)}}$의 비ratio를 **전력변환 효율**power conversion efficiency 또는 **전력효율**이라고 하며, 식 (5.32)와 같이 정의된다.

$$\eta \equiv \frac{\text{부하에 공급된 교류 평균전력}}{\text{전원에서 공급받은 평균 DC 전력}} \times 100\% = \frac{\overline{P_{L(AC)}}}{\overline{P_S}} \times 100\% \tag{5.32}$$

식 (5.30)과 식 (5.31)을 식 (5.32)에 대입하면, A급 바이어스 증폭기의 이론적인 최대 전력효율은 식 (5.33)과 같다.

$$\eta_{\max} = \frac{\overline{P_{L(AC),\max}}}{\overline{P_S}} \times 100\% = \frac{\frac{1}{4}V_{CC}I_{CQ}}{V_{CC}I_{CQ}} \times 100\% = 25\% \tag{5.33}$$

식 (5.33)은 트랜지스터의 차단영역과 포화영역을 무시하여 컬렉터 전압과 전류의 최대 진폭이 $V_{cm} = \frac{V_{CC}}{2}$, $I_{cm} = I_{CQ}$라고 가정하는 이상적인 경우에 대한 것이다. 실제 증폭기는 차단영역과 포화영역을 제외한 선형영역에서 동작해야 하므로, $V_{cm} < \frac{V_{CC}}{2}$이고 $I_{cm} < I_{CQ}$이다. 따라서 실제의 A급 바이어스 증폭기의 전력효율은 25% 보다 작은 값을 가지며, 나머지 전력은 트랜지스터와 저항에서 열로 소비된다.

Q **A급 증폭기의 전력효율이 낮은 이유는?**

A 동작점이 선형영역의 중앙 근처에 설정되므로, 바이어스 전류에 의한 전력소모가 크기 때문이다.

핵심포인트 **A급 바이어스 증폭기의 전력효율**

- A급 바이어스 증폭기의 이론적인 최대 전력효율은 25% 이며, 실제로는 이보다 작은 값을 갖는다.
- A급 바이어스 증폭기는 전력효율이 낮아 큰 출력을 얻기 위한 전력증폭기로는 적합하지 않으며, 전력증폭기에는 전력효율이 우수한 B급 또는 AB급 바이어스를 사용한다.

예제 5-3

[그림 5-13(a)] 공통이미터 증폭기의 동작점 전류와 전압이 각각 $I_{CQ}=\dfrac{V_{CC}}{2R_C}$, $V_{CEQ}=\dfrac{1}{2}V_{CC}$로 설정되어 있으며, 교류 입력신호 v_s에 의한 베이스 전류의 진폭이 $I_{bm}=30\mu\text{A}$ 이다. (a) 전원으로부터 공급된 평균 DC 전력 $\overline{P_S}$, (b) 부하에 공급되는 교류 평균전력 $\overline{P_{L(AC)}}$, (c) 부하에 공급되는 총 평균전력 $\overline{P_L}$, (d) 트랜지스터에서 소비되는 평균전력 $\overline{P_D}$, (e) 전력효율 η를 구하라. 단, $R_C=1.5\text{k}\Omega$, $V_{CC}=12\text{V}$ 이고, BJT의 $\beta_o=120$ 이고, 차단영역과 포화영역은 무시한다.

풀이

동작점의 컬렉터 전류는 $I_{CQ}=\dfrac{V_{CC}}{2R_C}=\dfrac{12}{2\times1.5\times10^3}=4\text{mA}$ 이다.

(a) 전원에서 공급된 DC 전력은 식 (5.31)로부터 다음과 같이 계산된다.

$$\overline{P_S}=V_{CC}I_{CQ}=12\times4\times10^{-3}=48\,\text{mW}$$

(b) 컬렉터 전류의 진폭은 다음과 같으며,

$$I_{cm}=\beta_o I_{bm}=120\times30\times10^{-6}=3.6\,\text{mA}$$

부하에 공급되는 교류 평균전력 $\overline{P_{L(AC)}}$은 식 (5.29)로부터 다음과 같이 계산된다.

$$\overline{P_{L(AC)}}=\frac{R_C I_{cm}^2}{2}=\frac{1.5\times10^3\times(3.6\times10^{-3})^2}{2}=9.72\,\text{mW}$$

(c) 식 (5.28)로부터 부하에 공급되는 직류 전력은 다음과 같이 계산되며,

$$P_{L(DC)}=\frac{1}{2}V_{CC}I_{CQ}=\frac{1}{2}\times12\times4\times10^{-3}=24\text{mW}$$

식 (5.27)로부터 부하에 공급되는 총 평균전력은 다음과 같이 계산된다.

$$\overline{P_L}=P_{L(DC)}+\overline{P_{L(AC)}}=(24+9.72)\times10^{-3}=33.72\text{mW}$$

(d) 트랜지스터에서 소비되는 평균전력은 다음과 같이 계산된다.

$$\overline{P_D}=\overline{P_S}-\overline{P_L}=(48-33.72)\times10^{-3}=14.28\text{mW}$$

(e) 전력효율은 식 (5.32)로부터 다음과 같이 계산된다.

$$\eta=\frac{\overline{P_{L(AC)}}}{\overline{P_S}}\times100\%=\frac{9.72}{48}\times100\%=20.25\,\%$$

예제 5-4

[그림 5-15]의 공통소오스 증폭기가 A급으로 바이어스되어 있으며, 출력전압 v_o가 동작점을 중심으로 $V_{DS,sat} \sim 14\text{V}$의 범위에서 최대로 스윙한다. (a) 동작점 전압 V_{DSQ}와 동작점 전류 I_{DSQ}, (b) 전원에서 공급된 평균 DC 전력 $\overline{P_S}$, (c) 부하에 공급되는 교류 평균전력 $\overline{P_{L(AC)}}$, (d) 부하에 공급되는 총 평균전력 $\overline{P_L}$, (e) 트랜지스터에서 소비되는 평균전력 $\overline{P_D}$, (f) 전력효율 η를 구하라. 단, $R_D = 2\text{k}\Omega$, $V_{DD} = 15\text{V}$이며, MOSFET의 $V_{Tn} = 0.8\text{V}$, $K_n = 1.0\text{mA/V}^2$이고 채널길이변조 계수는 $\lambda = 0$이다.

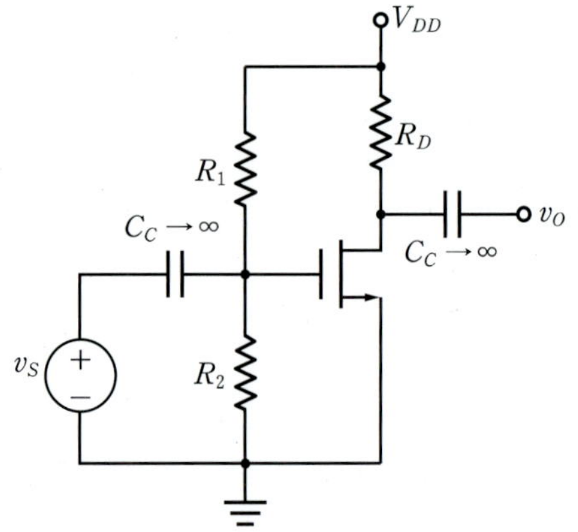

그림 5-15

풀이

(a) MOSFET의 포화영역과 비포화영역의 경계점 $V_{DS,sat} = V_{GS} - V_{Tn}$에서의 드레인 전류는 $I_D = \frac{1}{2}K_n V_{DS,sat}^2$로 표현되고, 이를 부하선 방정식 $V_{DS} = V_{DD} - R_D I_D$에 대입하면, $V_{DS,sat} = V_{DD} - \frac{1}{2}K_n V_{DS,sat}^2 R_D$가 된다. 주어진 K_n과 R_D의 값을 대입한 후, 방정식을 풀면, $V_{DS,sat} = 3.4\text{V}$이다. 구해진 값으로 동작점 전압 V_{DSQ}와 동작점 전류 I_{DSQ}를 구하면 다음과 같다.

$$V_{DSQ} = 3.4 + \frac{14 - 3.4}{2} = 8.7\text{V}$$

$$I_{DQ} = \frac{V_{DD} - V_{DSQ}}{R_D} = \frac{15 - 8.7}{2 \times 10^3} = 3.15\text{mA}$$

(b) 전원에서 공급된 평균 DC 전력은 식 (5.31)로부터 다음과 같이 계산된다.

$$\overline{P_S} = V_{DD} I_{DQ} = 15 \times 3.15 \times 10^{-3} = 47.25\text{mW}$$

(c) 출력전압이 동작점을 중심으로 $V_{DS,sat} \sim 14\text{V}$의 범위에서 최대로 스윙하므로, 드레인 전압의 진폭은 $V_{dm} = \frac{14 - 3.4}{2} = 5.3\text{V}$이며, 따라서 부하에 공급되는 교류 평균전력은 식 (5.29)로부터 다음과 같이 계산된다.

$$\overline{P_{L(AC)}} = \frac{V_{dm}^2}{2R_D} = \frac{5.3^2}{2 \times 2 \times 10^3} = 7.02\,\mathrm{mW}$$

(d) 식 (5.28)로부터 부하에 공급되는 직류 전력은 다음과 같이 계산되며,

$$P_{L(DC)} = R_D I_{DQ}^2 = 2 \times 10^3 \times (3.15 \times 10^{-3})^2 = 19.845\mathrm{mW}$$

식 (5.27)로부터 부하에 공급되는 총 평균전력은 다음과 같이 계산된다.

$$\therefore\ \overline{P_L} = P_{L(DC)} + \overline{P_{L(AC)}} = (7.02 + 19.845) \times 10^{-3} = 26.865\mathrm{mW}$$

(e) 트랜지스터에서 소비되는 평균전력은 다음과 같이 계산된다.

$$\overline{P_D} = \overline{P_S} - \overline{P_L} = (47.25 - 26.865) \times 10^{-3} = 20.385\mathrm{mW}$$

(f) 전력효율은 식 (5.32)로부터 다음과 같이 계산된다.

$$\eta = \frac{\overline{P_{L(AC)}}}{\overline{P_S}} \times 100\% = \frac{7.02}{47.25} \times 100\% = 14.86\%$$

확인문제 5-5

[그림 5-16]의 공통컬렉터 증폭기가 $I_{EQ} = 5\mathrm{mA}$ 로 바이어스되어 있으며, 출력 전압의 진폭이 $V_{om} = 1\mathrm{V}$ 이다. (a) 전원으로부터 공급된 평균 DC 전력 $\overline{P_S}$, (b) 부하에 공급되는 총 평균전력 $\overline{P_L}$, (c) 트랜지스터에서 소비되는 평균전력 $\overline{P_D}$, (d) 전력효율 η를 구하라. 단, $V_{CC} = 5\mathrm{V}$, $R_E = 0.2\mathrm{k\Omega}$ 이다.

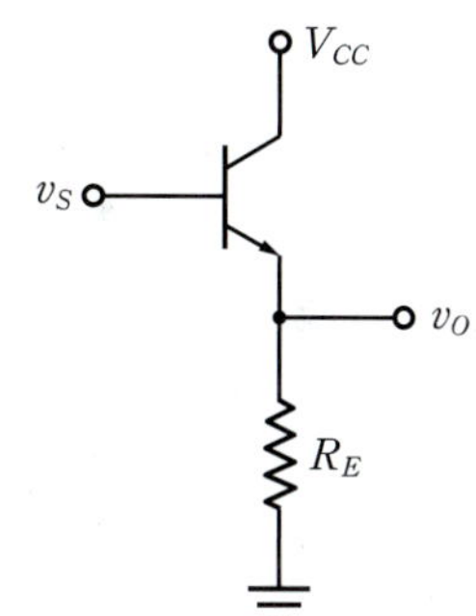

그림 5-16

답 (a) $\overline{P_S} = 25\mathrm{mW}$, (b) $\overline{P_L} = 7.5\mathrm{mW}$, (c) $\overline{P_D} = 17.5\mathrm{mW}$, (d) $\eta = 10\%$

점검하기 **다음 각 문제에서 맞는 것을 고르시오.**

(1) A급으로 바이어스된 공통이미터 증폭기와 공통소오스 증폭기는 입력신호의 진폭이 (**최소, 최대**)가 될 때, 소비전력은 최소가 된다.

(2) A급으로 바이어스된 공통이미터 증폭기와 공통소오스 증폭기는 입력신호가 0일 때, 소비전력이 (**최소, 최대**)가 된다.

(3) 트랜지스터의 평균 소비전력은 정격 전력보다 (**작아야, 커야**) 한다.

(4) A급 바이어스 증폭기의 이론적인 최대 전력효율은 (　　%)이며, 실제로는 이보다 (**작다, 크다**).

(5) A급 바이어스는 전력효율이 좋아 큰 출력을 얻기 위한 전력증폭기에 적합하다. (O, X)

SECTION 5.4

B급 푸시-풀 증폭기

5.3절에서 설명된 바와 같이, A급 바이어스 증폭기는 이론적인 최대 전력효율이 25%이다. 또한 선형영역(BJT의 경우) 또는 포화영역(MOSFET의 경우)의 중앙에 동작점을 설정하므로, 입출력 신호의 선형성이 우수하여 파형의 왜곡은 없으나, 컬렉터(또는 드레인) 전류의 최대 진폭은 바이어스 전류값보다 작아 큰 진폭의 신호를 처리하기에 적합하지 않다. 전력효율을 높이면서 동시에 큰 진폭의 신호를 처리하기 위해서는 푸시-풀push-pull 증폭기 구조가 사용된다. 이 절에서는 B급 푸시-풀 증폭기의 구조와 동작 원리, 교차왜곡, 전력효율 등에 대해 살펴본다.

5.4.1 B급 푸시-풀 증폭기의 구조 및 동작 원리

B급 푸시-풀 증폭기에서 교차왜곡은 왜 발생하는가?
B급 푸시-풀 증폭기는 어떤 장점을 갖는가?

B급 푸시-풀 증폭기는 [그림 5-17(a)]와 같이 NPN형 BJT와 PNP형 BJT로 구성되며, NPN형 BJT의 컬렉터에는 양(+)의 전원 V_{CC}가 사용되고, PNP형 BJT의 컬렉터에는 음(−)의 전원 $-V_{CC}$가 연결된다. 입력신호 v_S는 두 트랜지스터의 베이스로 인가되며, 출력은 이미터 접점에서 얻어진다. 각 BJT는 동작점이 차단점에 설정되는 B급 바이어스를 갖는다.

두 BJT가 이상적인 특성을 갖는다고 가정하면, $v_S > 0$인 경우에는 NPN형 BJT Q_n이 도통되고 PNP형 BJT Q_p는 차단된다. 따라서 [그림 5-17(b)]와 같이 전원 V_{CC}로부터 Q_n을 통해 부하 R_L로 전류가 흐르며, Q_n은 공통컬렉터(이미터 팔로워)로 동작하여 입력전압 v_S와 출력전압 v_O는 동일위상을 갖는다. $v_S < 0$인 경우에는 반대의 동작이 일어난다. NPN형 BJT Q_n은 차단되고 PNP형 BJT Q_p가 도통된다. 따라서 [그림 5-17(c)]와 같이 부하 R_L로부터 Q_p를 통해 전원 $-V_{CC}$로 전류가 흐르며, Q_p는 공통컬렉터로 동작하여 입력전압 v_S와 출력전압 v_O가 동일위상을 갖는다. 이와 같이 B급 푸시-풀 증폭기는 Q_n과 Q_p가 정현파 입력신호의 반주기씩 통과시킴으로써 전체 주기가 출력으로 전달된다.

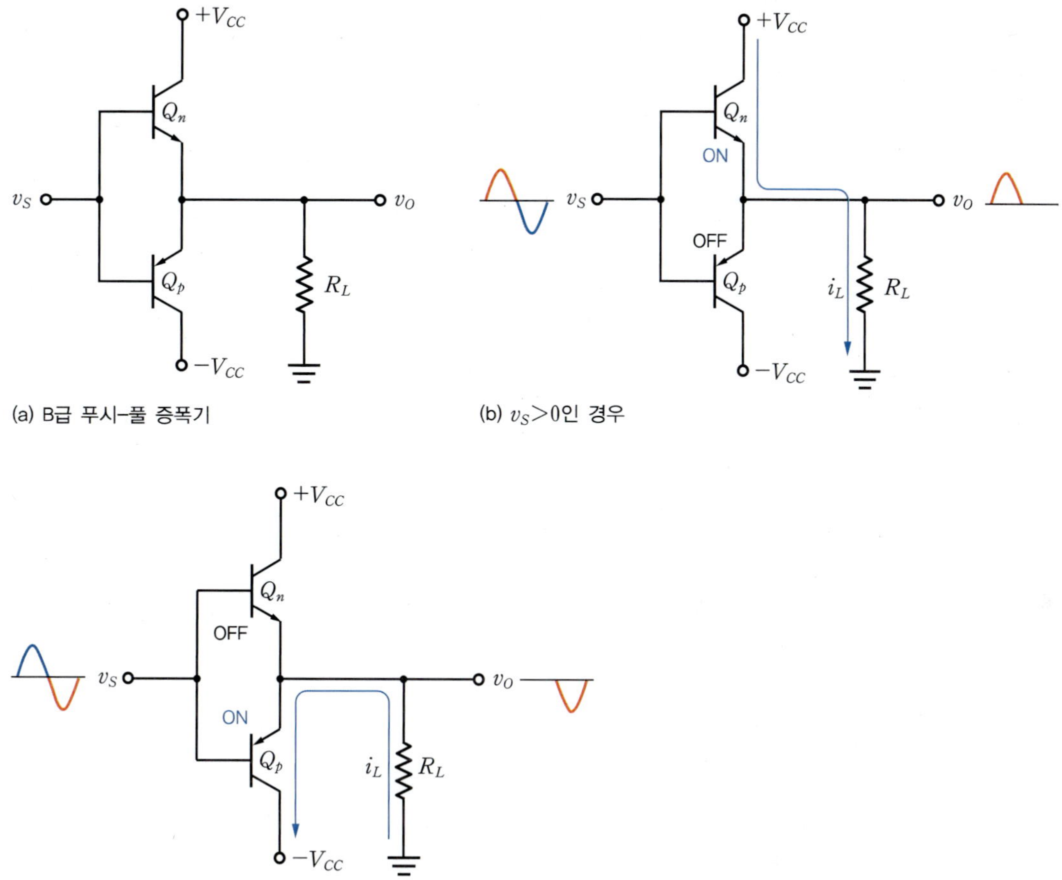

(a) B급 푸시-풀 증폭기

(b) $v_S > 0$인 경우

(c) $v_S < 0$인 경우

그림 5-17 B급 푸시-풀 증폭기의 구조 및 동작

BJT의 $V_{BE(on)}$과 $V_{CE,\,sat}$를 무시하는 이상적인 경우에, B급 푸시-풀 증폭기의 부하전류는 $\dfrac{V_{CC}}{R_L} \sim \dfrac{-V_{CC}}{R_L}$의 범위로 스윙하며, 출력전압은 $V_{CC} \sim -V_{CC}$의 범위로 스윙하므로, 큰 진폭의 신호를 부하에 전달할 수 있다.

실제의 경우, BJT는 이미터-베이스 접합의 전압강하 $V_{BE(on)} \simeq 0.7\text{V}$를 가지므로, $-0.7 \le v_S \le 0.7$의 범위에서 BJT Q_n과 Q_p가 모두 차단되어 출력이 0이 된다. 따라서 [그림 5-18(a)]와 같이 출력파형에 왜곡이 발생한다. 입력신호가 0을 통과하는 근처에서 왜곡이 발생하므로, **교차왜곡** crossover distortion이라고 한다. 교차왜곡이 발생되지 않도록 하기 위해서는 Q_n과 Q_p의 동작점을 선형영역 쪽으로 약간 옮겨 AB급으로 바이어스해야 하며, 이에 대해서는 다음 절에서 살펴본다. [그림 5-18(b)]는 B급 푸시-풀 증폭기의 입출력 전달특성 곡선을 보이고 있다. $-0.7 \le v_S \le 0.7$의 범위에서 기울기는 0이 되며, 그 외의 입력 범위에서는 기울기가 1인 직선이 된다.

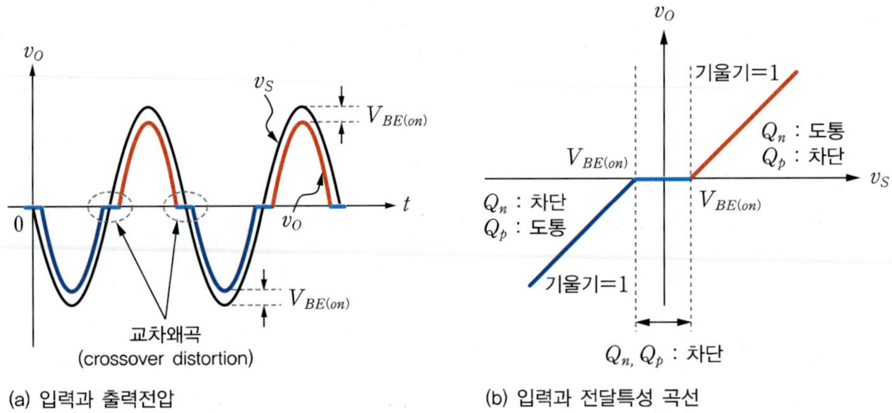

그림 5-18 B급 푸시-풀 증폭기의 교차왜곡 및 전달특성

Q **B급 푸시-풀 증폭기는 A급 증폭기에 비해 어떤 장점을 갖는가?**

A NPN형과 PNP형 BJT가 각각 동작점이 차단점에 설정된 공통컬렉터 증폭기로 동작하므로, 큰 출력전압 스윙 범위를 가지며, 출력저항이 작다. 또한 전력효율이 좋다(5.4.2절)

5.4.2 B급 푸시-풀 증폭기의 전력효율

B급 푸시-풀 증폭기의 전력효율은 출력전압의 진폭과 어떤 관계를 갖는가?
부하에 공급되는 최대 전력과 트랜지스터의 정격 전력은 어떤 관계를 갖는가?

[그림 5-17(a)] B급 푸시-풀 증폭기의 전력효율에 대해 살펴보자. 전원 V_{CC}는 입력신호의 양(+)의 반주기 동안 전류를 공급하고, 전원 $-V_{CC}$는 입력신호의 음(−)의 반주기 동안 전류를 공급한다.

출력전압의 진폭을 V_{om}이라고 하면 각 전원에 의해 공급된 평균 전류는 $I_{av} = \dfrac{V_{om}}{\pi R_L}$이므로, 두 개의 전원에 의해 공급된 평균 DC 전력은 다음과 같다.[1]

$$\overline{P_S} = \overline{P_{S+}} + \overline{P_{S-}} = 2V_{CC}I_{av} = \frac{2V_{CC}V_{om}}{\pi R_L} \tag{5.34}$$

부하에 공급된 교류 평균전력은 다음과 같다.

1 부하전류의 진폭이 I_{Lm}이고, 출력전압의 진폭이 $V_{om} = R_L I_{Lm}$인 경우, 각 전원에 의해 공급된 평균 전류 I_{av}는 다음과 같이 계산된다.

$$I_{av} = \frac{1}{T}\int_0^{T/2} i_L dt = \frac{1}{T}\int_0^{T/2} I_{Lm}\sin\omega t\, dt = \frac{I_{Lm}}{T}\frac{1}{\omega}[-\cos\omega t]_0^{T/2} = \frac{I_{Lm}}{\pi} = \frac{V_{om}}{\pi R_L}$$

$$\overline{P_{L(AC)}} = \frac{V_{om}^2}{2R_L} \tag{5.35}$$

식 (5.34)와 식 (5.35)로부터 B급 푸시-풀 증폭기의 전력효율은 다음과 같다.

$$\eta = \frac{\overline{P_{L(AC)}}}{\overline{P_S}} \times 100\% = \frac{\pi V_{om}}{4V_{CC}} \times 100\% \tag{5.36}$$

BJT의 $V_{BE(on)}$과 $V_{CE,\,sat}$를 무시하는 이상적인 경우, 출력전압의 최대 진폭은 $V_{om} = V_{CC}$이므로, 이를 식 (5.36)에 대입하면 B급 푸시-풀 증폭기의 이론적인 최대 전력효율은 다음과 같다.

$$\eta_{\max} = \frac{\pi}{4} \times 100\% = 78.5\% \tag{5.37}$$

5.3절에서 설명된 A급 증폭기의 25% 보다 약 3배의 높은 전력효율을 갖는다.

Q B급 푸시-풀 증폭기의 전력효율이 높은 이유는 무엇인가?

A B급 푸시-풀 증폭기를 구성하는 두 BJT의 동작점이 차단점에 설정되므로, 바이어스에 의한 전력소비가 없어 높은 전력효율을 갖는다.

다음으로 트랜지스터 Q_n과 Q_p에서 소비되는 전력을 살펴보자. B급 푸시-풀 증폭기는 동작점이 차단점에 설정되어 바이어스 전류가 $I_{CQ} = 0$이므로, 부하에 공급되는 직류 전력은 $\overline{P_{L(DC)}} = 0$이며, 따라서 부하에 공급되는 평균전력은 $\overline{P_L} = \overline{P_{L(AC)}}$이다. 또한 BJT에서 소비되는 전력도 교류 신호에 의한 전력소모만 존재한다. 식 (5.34), 식 (5.35)로부터 트랜지스터의 소비전력은 식 (5.38)과 같이 출력전압의 진폭 V_{om}의 함수로 표현된다.

$$\overline{P_D} = \overline{P_S} - \overline{P_L} = \frac{2V_{CC}V_{om}}{\pi R_L} - \frac{V_{om}^2}{2R_L} \tag{5.38}$$

식 (5.38)을 출력전압의 진폭 V_{om}에 대한 그래프로 나타내면 [그림 5-19]와 같다. 식 (5.38)을 V_{om}에 대해 미분해서 최대 전력소비가 발생하는 출력전압의 진폭을 구하면, $V_{om} = \frac{2V_{CC}}{\pi}$가 된다. 즉, 출력전압의 진폭이 $V_{om} = \frac{2V_{CC}}{\pi}$일 때 트랜지스터의 전력소비가 최대가 된다. $V_{om} = \frac{2V_{CC}}{\pi}$를 식 (5.38)에 대입하면, B급 푸시-풀 증폭기의 최대 전력소비는 다음과 같다.

$$\overline{P_{D,\,\max}} = \frac{2V_{CC}^2}{\pi^2 R_L} \tag{5.39}$$

따라서 B급 푸시-풀 증폭기의 각 트랜지스터(Q_n, Q_p)에서 소비되는 최대 전력은 식 (5.40)과 같으며, BJT의 정격 전력은 이보다 커야 한다.

$$\overline{P_{Q,\max}} = \frac{V_{CC}^2}{\pi^2 R_L} \tag{5.40}$$

식 (5.36)에 $V_{om} = \frac{2V_{CC}}{\pi}$를 대입하여 전력효율을 구하면 식 (5.41)과 같으며, 전력소비가 최대일 때 B급 푸시-풀 증폭기의 전력효율은 50%가 된다.

$$\eta = \frac{\pi}{4V_{CC}} \times \frac{2V_{CC}}{\pi} = 50\% \tag{5.41}$$

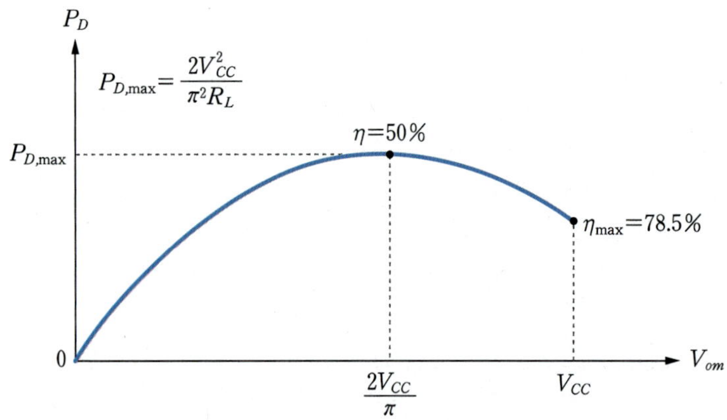

그림 5-19 B급 푸시-풀 증폭기의 출력전압 진폭에 따른 전력소비 특성

마지막으로, 부하에 공급되는 최대 전력 $\overline{P_{L,\max}}$와 트랜지스터에서 소비되는 최대 전력 $\overline{P_{Q,\max}}$ 사이의 관계를 살펴보자. $V_{om} = V_{CC}$일 때 부하에 공급되는 전력이 최대가 되므로, 식 (5.35)로부터 부하에 공급되는 최대 전력은 다음과 같다.

$$\overline{P_{L,\max}} = \frac{1}{2}\frac{V_{CC}^2}{R_L} \tag{5.42}$$

식 (5.40)과 식 (5.42)로부터 부하에 공급되는 최대 전력과 트랜지스터 정격 전력의 관계는 다음과 같다.

$$\overline{P_{Q,\max}} = \frac{2}{\pi^2}\overline{P_{L,\max}} \simeq 0.2\overline{P_{L,\max}} \tag{5.43}$$

Q **B급 푸시-풀 증폭기가 부하에 공급하는 최대 전력과 트랜지스터 정격 전력은 어떤 관계를 갖는가?**

A
- B급 푸시-풀 증폭기의 트랜지스터 정격 전력은 부하에 공급되는 최대 전력의 약 20% 이상이 되어야 한다.
- 트랜지스터 정격 전력의 약 5배 정도의 최대 출력전력을 얻을 수 있다.
- 최대 10W의 출력전력을 얻고자 한다면, 최소한 2W 이상의 정격 전력을 갖는 트랜지스터를 선택해야 한다.

핵심포인트 **B급 푸시-풀 증폭기의 특성**

- Q_n과 Q_p는 각각 입력 정현파의 반주기를 처리하며, 공통컬렉터 증폭기로 동작하여 매우 작은 출력저항을 갖는다.
- 큰 진폭의 신호를 출력할 수 있다. 즉, 출력신호의 동적 범위가 넓다.
- 동작점이 차단점에 설정되므로, 입력신호가 0을 통과하는 근처에서 교차왜곡이 발생한다.
- 이론적인 최대 전력효율은 78.5%이며, A급 바이어스 증폭기의 약 3배이다.
- 전력소비가 최대인 경우의 전력효율은 50%이다.
- 트랜지스터의 정격 전력은 부하에 공급되는 최대 전력의 약 20% 이상 되어야 한다.

여기서 잠깐 **B급 푸시-풀 증폭기의 교차왜곡에 의한 고조파 성분**

증폭기의 출력에 왜곡이 발생하면, 왜곡된 출력신호는 입력신호의 기본 주파수 성분과 고조파harmonics 성분의 합으로 나타난다. 증폭기의 입력전류가 $i_b = I_{bm}\cos\omega t$인 경우에 왜곡된 출력전류 i_c는 다음과 같이 표현된다.

$$i_c = I_C + B_0 + B_1\cos\omega t + B_2\cos(2\omega t) + B_3\cos(3\omega t) + \cdots \qquad \cdots ①$$

식 ①에서 $I_C + B_0$는 직류 성분이며, B_1은 기본 주파수 성분의 진폭, B_2는 제2고조파 성분의 진폭, 그리고 B_3는 제3고조파 성분의 진폭을 나타낸다. 기본 주파수 성분의 진폭과 고조파 성분의 진폭의 비를 고조파 왜곡이라고 하며, $D_2 = \dfrac{|B_2|}{|B_1|}$를 제2고조파 왜곡, $D_3 = \dfrac{|B_3|}{|B_1|}$를 제3고조파 왜곡이라고 한다. [그림 5-20]은 비선형 왜곡에 의해 발생되는 제2고조파 성분을 보여주며, 왜곡이 심할수록 고차 고조파 성분들이 크게 나타난다.

총 고조파 왜곡THD : Total Harmonic Distortion은 식 ②와 같이 정의되며, THD가 클수록 파형의 왜곡이 심하다는 것을 의미한다.

$$THD = \sqrt{D_2^2 + D_3^2 + \cdots} \qquad \cdots ②$$

왜곡을 갖는 증폭기의 출력전력은 식 ③과 같으며, $P_1 = \dfrac{B_1^2 R_L}{2}$은 기본 주파수 성분의 출력전력을 나타낸다. $THD = 10\%$인 경우, 고조파 성분을 포함한 총 출력전력은 $P = (1 + 0.1^2) \times P_1 = 1.01P_1$이 되어 기본 주파수 성분의 1%만큼 증가한다.

$$\begin{aligned} P &= (B_1^2 + B_2^2 + B_3^2 + \cdots)\frac{R_L}{2} \\ &= (1 + D_2^2 + D_3^2 + \cdots)P_1 \\ &= (1 + THD^2)P_1 \qquad \cdots ③ \end{aligned}$$

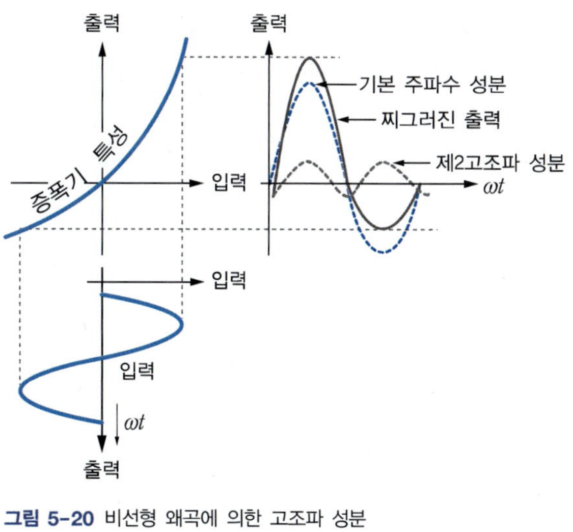

그림 5-20 비선형 왜곡에 의한 고조파 성분

예제 5-5

[그림 5-17(a)]의 B급 푸시-풀 증폭기가 진폭 $V_{om}=8\text{V}$의 교류신호를 부하 $R_L=10\Omega$에 출력한다. (a) 전원에서 공급된 평균 DC 전력 $\overline{P_S}$, (b) 부하에 공급된 교류 평균전력 $\overline{P_{L(AC)}}$, (c) 전력효율 η, (d) 트랜지스터의 정격 전력 $\overline{P_{Q,\max}}$을 구하라. 단, 전원전압은 $V_{CC}=10\text{V}$이고, BJT의 $V_{BE(on)}$과 $V_{CE,sat}$를 무시하는 이상적인 경우로 가정한다.

풀이

(a) 전원에서 공급된 평균 DC 전력은 식 (5.34)로부터 다음과 같이 계산된다.

$$\overline{P_S}=\frac{2V_{CC}V_{om}}{\pi R_L}=\frac{2\times 10\times 8}{\pi\times 10}=5.09\text{W}$$

(b) 부하에 공급된 평균전력은 식 (5.35)로부터 다음과 같이 계산된다.

$$\overline{P_{L(AC)}}=\frac{V_{om}^2}{2R_L}=\frac{8^2}{2\times 10}=3.2\text{W}$$

(c) 전력효율은 식 (5.36)으로부터 다음과 같이 계산된다.

$$\eta=\frac{3.2}{5.09}\times 100\%=62.87\%$$

(d) 트랜지스터의 정격 전력은 식 (5.40)으로부터 다음과 같이 계산된다.

$$\overline{P_{Q,\max}}=\frac{V_{CC}^2}{\pi^2 R_L}=\frac{10^2}{\pi^2\times 10}=1.01\text{W}$$

[그림 5-21]은 [예제 5-5]의 B급 푸시-풀 증폭기에 대한 PSPICE 시뮬레이션 결과이다. [그림 5-21(a)]의 Transient 시뮬레이션 결과로부터 출력전압은 입력전압과 동일위상을 가지며, 입력전압의 0V 근처에서 출력전압이 0V가 되는 교차왜곡이 발생함을 볼 수 있다. [그림 5-21(b)]는 Transient 시뮬레이션 결과로부터 얻어진 입출력 전달특성 곡선이며, $-0.7\le v_S\le 0.7$의 범위에서 출력이 0이 되는 교차왜곡이 존재함을 확인할 수 있다. [그림 5-21(c)]는 Transient 시뮬레이션 결과에 대한 푸리에Fourier 주파수 분석 결과이며, 기본파 성분($f=1\text{kHz}$)의 크기는 $B_1=7.76\text{V}$이고, 제2고조파 성분($f=2\text{kHz}$)의 크기는 $B_2=39.6\text{mV}$, 제3고조파 성분($f=3\text{kHz}$)의 크기는 $B_3=265.8\text{mV}$ 등으로 나타났다. [그림 5-21(d)]는 주파수 성분들의 크기와 위상을 보이고 있다. 교차왜곡에 의해 발생되는 고조파 성분들의 크기는 기본파 성분에 비해 상대적으로 매우 작으며, 총 고조파 왜곡은 $THD\simeq 4.7\%$로 나타났다.

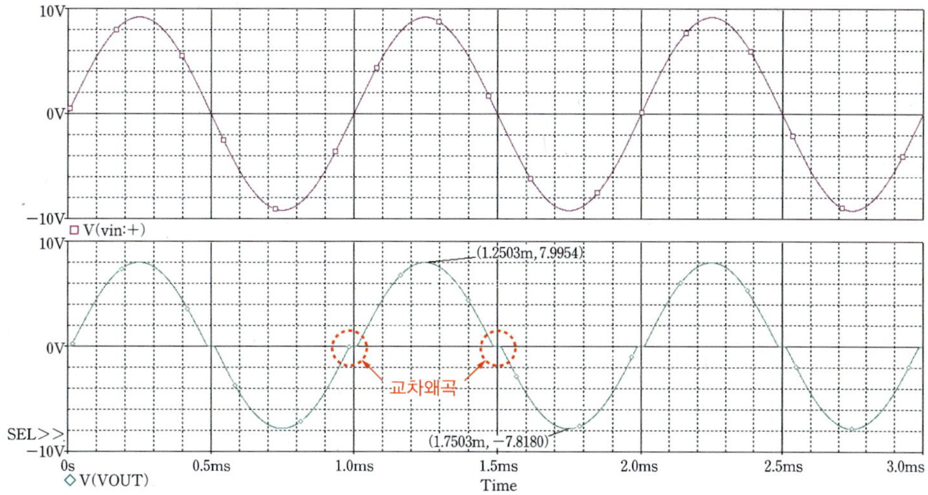

(a) Transient 시뮬레이션 결과

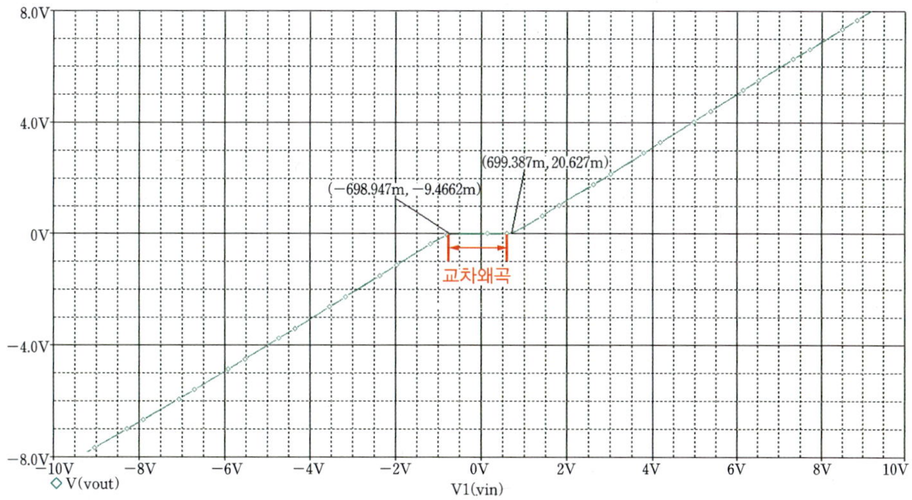

(b) 입출력 전달특성 곡선

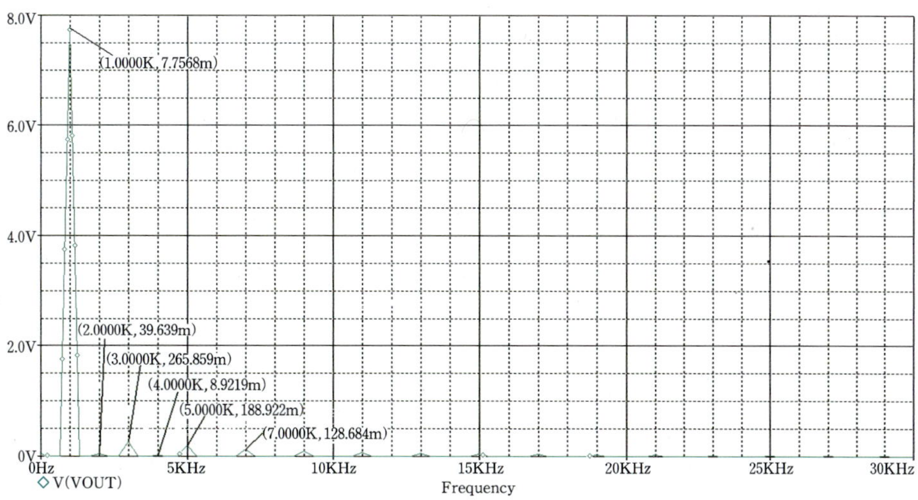

(c) 푸리에 주파수 분석 결과

그림 5-21 [예제 5-5]의 PSPICE 시뮬레이션 결과(계속)

```
******************************************************************************
FOURIER COMPONENTS OF TRANSIENT RESPONSE V(VOUT)

DC COMPONENT =   4.003275E-02

HARMONIC   FREQUENCY    FOURIER     NORMALIZED    PHASE       NORMALIZED
  NO         (HZ)      COMPONENT    COMPONENT     (DEG)       PHASE (DEG)

   1       1.000E+03   7.755E+00    1.000E+00   -2.665E-04    0.000E+00
   2       2.000E+03   3.963E-02    5.110E-03   -8.999E+01   -8.999E+01
   3       3.000E+03   2.658E-01    3.427E-02    1.800E+02    1.800E+02
   4       4.000E+03   8.919E-03    1.150E-03    9.002E+01    9.002E+01
   5       5.000E+03   1.889E-01    2.436E-02    1.800E+02    1.800E+02
   6       6.000E+03   6.012E-04    7.752E-05   -9.019E+01   -9.018E+01
   7       7.000E+03   1.286E-01    1.659E-02    1.800E+02    1.800E+02
   8       8.000E+03   1.068E-03    1.377E-04   -9.006E+01   -9.005E+01
   9       9.000E+03   9.448E-02    1.218E-02    1.800E+02    1.800E+02
  10       1.000E+04   1.134E-03    1.463E-04   -9.002E+01   -9.001E+01

  TOTAL HARMONIC DISTORTION =   4.710602E+00 PERCENT
******************************************************************************
```

(d) 주파수 성분들의 크기 및 THD

그림 5-21 [예제 5-5]의 PSPICE 시뮬레이션 결과

확인문제 5-6

[그림 5-17(a)]의 B급 푸시-풀 증폭기가 $R_L = 8\Omega$의 부하에 공급할 수 있는 최대 전력과 트랜지스터의 정격 전력을 구하라. 단, 전원전압은 $V_{CC} = 10\text{V}$이고, BJT의 $V_{BE(on)}$과 $V_{CE,\,sat}$를 무시하는 이상적인 경우로 가정한다.

답 $\overline{P_{L,\max}} = 6.25\text{W}$, $\overline{P_{Q,\max}} = 1.27\text{W}$

점검하기 **다음 각 문제에서 맞는 것을 고르시오.**

(1) B급 푸시-풀 증폭기를 구성하는 BJT의 동작점은 (**차단점, 포화점, 선형영역의 중앙**)에 설정된다.

(2) B급 푸시-풀 증폭기의 입출력 전달특성 곡선은 $-0.7 \le v_S \le 0.7$의 입력전압 범위에서 기울기가 (0, 1)인 직선이다.

(3) B급 푸시-풀 증폭기에서 전원에 의해 공급된 평균전력은 부하저항 R_L에 무관하게 일정하다. (O, X)

(4) B급 푸시-풀 증폭기에서 전원에 의해 공급된 평균전력은 출력전압의 진폭 V_{om}에 무관하게 일정하다. (O, X)

(5) B급 푸시-풀 증폭기의 전력효율은 A급 바이어스 증폭기에 비해 (**작다, 크다**).

(6) 이상적인 B급 푸시-풀 증폭기는 출력전압의 진폭이 $V_{om} = V_{CC}$일 때, 전력효율이 (**최소, 최대**)가 된다.

(7) B급 푸시-풀 증폭기의 각 트랜지스터에서 소비되는 최대 평균전력은 부하저항 R_L에 (**비례, 반비례**)한다.

(8) B급 푸시-풀 증폭기는 A급 바이어스 증폭기에 비해 출력신호의 동적범위가 (**작다, 크다**).

(9) 증폭기 출력에 왜곡이 발생하는 경우, 왜곡된 출력신호에는 (**고주파, 고조파**) 성분이 나타난다.

(10) THD가 클수록 파형의 왜곡이 (**작다, 크다**).

SECTION 5.5

AB급 푸시-풀 증폭기

B급 푸시-풀 증폭기의 교차왜곡을 제거하기 위해서는 동작점을 선형영역 쪽으로 약간 이동시키는 AB급 바이어스가 사용된다. 이 절에서는 푸시-풀 증폭기의 AB급 바이어스 방법에 대해 살펴본다.

5.5.1 푸시-풀 증폭기의 AB급 바이어스

푸시-풀 증폭기에 AB급 바이어스를 사용하는 이유는 무엇인가?

B급 푸시-풀 증폭기의 교차왜곡을 제거하기 위해 [그림 5-22(a)]와 같이 푸시-풀 증폭기의 Q_n과 Q_p의 베이스 사이에 전압 V_{BB}를 인가하여 AB급으로 바이어스한다. 실제로는 전압 V_{BB}를 인가하는 대신에 다이오드 또는 트랜지스터를 이용한 바이어스 방법이 사용되며, 이에 대해서는 5.5.2절에서 다룰 것이다. Q_n과 Q_p의 특성이 동일하다면, $\frac{V_{BB}}{2}$는 Q_n의 베이스-이미터 접합에 인가되고, 나머지 $\frac{V_{BB}}{2}$는 Q_p의 이미터-베이스 접합에 인가된다. 따라서 입력전압의 $-0.7 \le v_S \le 0.7$ 범위에서 Q_n과 Q_p가 모두 도통되어 교차왜곡이 제거되며, [그림 5-22(b)]와 같이 원점을 통과하는 기울기가 1인 전달특성을 갖는다. 각 트랜지스터에 흐르는 바이어스 전류 I_{CQ}는 식 (5.44)와 같으며, 바이어스 전압 V_{BB}를 통해 원하는 바이어스 전류 I_{CQ}를 조정할 수 있다.

$$I_{CQ} = I_S e^{V_{BB}/2V_T} \tag{5.44}$$

AB급 푸시-풀 증폭기는 $v_S = 0$인 경우에 식 (5.44)의 바이어스 전류가 흐르므로, B급 푸시-풀 증폭기에 비해 소비전력이 커서 전력변환 효율이 약간 떨어진다. 전력효율은 5.4.2절에서 설명한 수식을 동일하게 적용할 수 있으며, 바이어스 전류 I_{CQ}는 매우 작은 값을 가지므로, 정적 전력소비는 매우 작다.

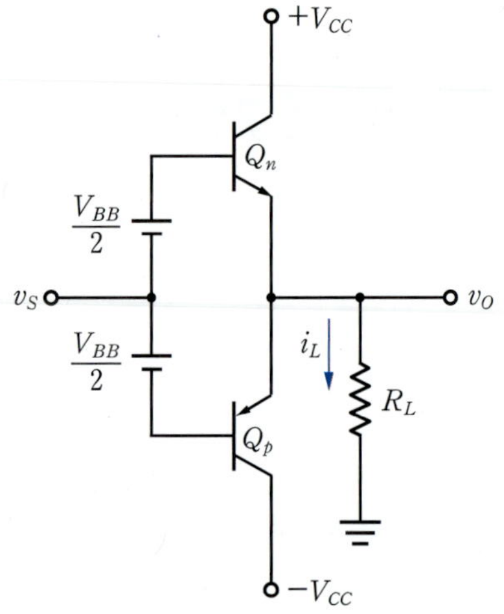

(a) 푸시-풀 증폭기의 AB급 바이어스

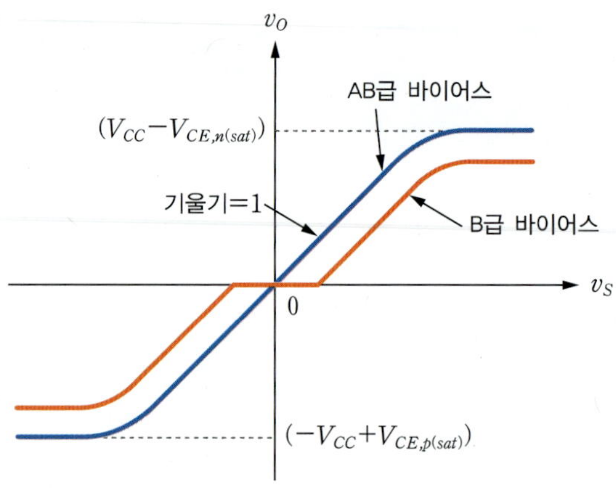

(b) 입출력 전달특성

그림 5-22 AB급 바이어스를 갖는 푸시-풀 증폭기

5.5.2 다이오드를 이용한 AB급 바이어스 푸시-풀 증폭기

[그림 5-23]은 다이오드를 이용한 AB급 바이어스 푸시-풀 증폭기이다. 두 개의 다이오드 쌍 D_1, D_2가 Q_n, Q_p의 베이스 사이에 연결되며, 다이오드 쌍에서 발생되는 전압 강하에 의해 트랜지스터 Q_n과 Q_p의 바이어스 전압 V_{BB}가 만들어진다. 두 다이오드에 의한 바이어스 전압 V_{BB}는 정전류원 전류 I_Q에 의해 조정된다. Q_n의 베이스 전류 i_{Bn}이 작아 정전류원의 전류 I_Q가 모두 다이오드 D_1, D_2로 흘러 $I_{DQ} \simeq I_Q$로 가정하면, 바이어스 전압 V_{BB}는 식 (5.45)와 같이 표현되며, 온도에 영향을 받는다. I_{SD}는 다이오드의 역방향 포화전류이다.

$$V_{BB} = 2V_T \ln\left(\frac{I_{DQ}}{I_{SD}}\right) \tag{5.45}$$

부하에 공급되는 교류전류가 큰 경우에는 BJT의 베이스 전류 i_{Bn}이 증가하여 다이오드에 흐르는 전류 I_{DQ}가 감소하게 되므로, 두 다이오드에 의해 생성되는 바이어스 전압 V_{BB}가 약간 감소하게 된다.

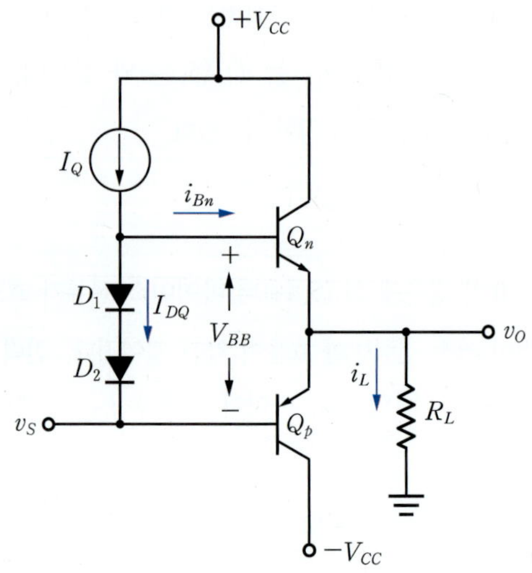

그림 5-23 다이오드를 이용한 AB급 바이어스 푸시-풀 증폭기

확인문제 5-7

[그림 5-23]의 AB급 바이어스 회로에서 전압 V_{BB}와 이에 의한 BJT의 컬렉터 바이어스 전류 I_{CQ}를 구하라. 단, 정전류원의 전류는 $I_Q = 15\text{mA}$, 다이오드 D_1, D_2의 역방향 포화전류는 $I_{SD} = 2.5\times10^{-14}\text{A}$, BJT의 베이스-이미터 역방향 포화전류는 $I_{SQ} = 4.5\times10^{-14}\text{A}$ 이고, $I_{DQ} \simeq I_Q$로 가정한다.

답 $V_{BB} = 1.41\text{V}$, $I_{CQ} = 26.87\text{mA}$

확인문제 5-8

[그림 5-23]의 AB급 바이어스 회로에서 BJT의 컬렉터 바이어스 전류 $I_{CQ} = 10\text{mA}$가 되도록 정전류원의 전류 I_Q의 값을 결정하고, 바이어스 전압 V_{BB}를 구하라. 단, 다이오드 D_1, D_2의 역방향 포화전류는 $I_{SD} = 4.5\times10^{-13}\text{A}$, BJT의 베이스-이미터 역방향 포화전류는 $I_{SQ} = 1.5\times10^{-13}\text{A}$ 이고, $I_{DQ} \simeq I_Q$로 가정한다.

답 $I_Q = 30\text{mA}$, $V_{BB} = 1.3\text{V}$

5.5.3 V_{BE} 배율기를 이용한 AB급 바이어스 푸시-풀 증폭기

V_{BE} 배율기 회로에 의한 바이어스 전압을 어떻게 조절할 수 있는가?

푸시-풀 증폭기의 AB급 바이어스를 위해 [그림 5-24]의 BJT Q_1과 저항 R_1, R_2로 구성되는 V_{BE} 배율기multiplier 회로를 사용할 수 있다. Q_1의 베이스 전류를 무시하면, 저항 R_1, R_2에 흐르는 전류는 다음과 같다.

$$I_R = \frac{V_{BE1}}{R_2} \tag{5.46}$$

푸시-풀 출력단 Q_n, Q_p를 AB급으로 바이어스하는 전압 V_{BB}는 식 (5.47)과 같으며, 저항비 $\frac{R_1}{R_2}$으로 V_{BB}를 조정할 수 있다. V_{BE1}과 저항비 $\frac{R_1}{R_2}$의 곱으로 바이어스 전압 V_{BB}가 생성되므로 V_{BE} **배율기**라고 한다.

$$V_{BB} = (R_1 + R_2)I_R = \left(1 + \frac{R_1}{R_2}\right)V_{BE1} \tag{5.47}$$

V_{BE1} 전압은 전류원 I_Q로부터 공급되는 Q_1의 컬렉터 전류 I_{C1}에 의해 식 (5.48)과 같이

결정되며, 온도에 영향을 받는다. I_{S1}은 BJT Q_1의 베이스-이미터 접합의 역방향 포화전류이다.

$$V_{BE1} = V_T \ln\left(\frac{I_{C1}}{I_{S1}}\right) \tag{5.48}$$

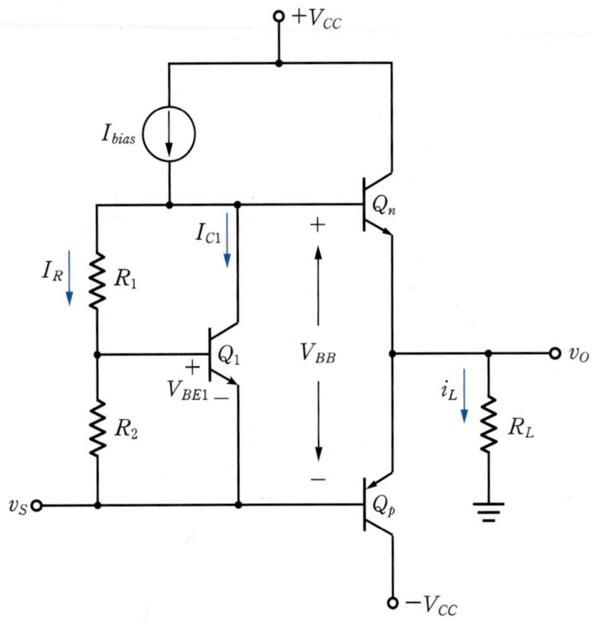

그림 5-24 V_{BE} 배율기를 이용한 AB급 바이어스 푸시-풀 증폭기

확인문제 5-9

[그림 5-24]의 회로에서 $V_{BB} = 1.43\text{V}$가 되기 위해 V_{BE} 배율기의 저항비 R_1/R_2를 구하라. 단, BJT Q_1의 베이스-이미터 전압은 $V_{BE1} = 0.65\text{V}$이다.

답 $R_1/R_2 = 1.2$

확인문제 5-10

[그림 5-24]의 회로에서 $R_1 = 2.2\text{k}\Omega$, $R_2 = 2\text{k}\Omega$이고, $I_{C1} = 1.5\text{mA}$일 때, Q_1의 베이스-이미터 전압 V_{BE1}과 바이어스 전압 V_{BB}, 그리고 Q_n, Q_p의 바이어스 전류 I_{CQ}를 구하라. 단, $I_{S1} = 1.2 \times 10^{-14}\text{A}$, $I_{S,n} = I_{S,p} = 2.4 \times 10^{-14}\text{A}$이다.

답 $V_{BE1} = 0.66\text{V}$, $V_{BB} = 1.386\text{V}$, $I_{CQ} = 9\text{mA}$

5.5.4 달링턴 쌍을 갖는 AB급 출력단

푸시-풀 출력단에 달링턴 쌍을 사용하는 이유는 무엇인가?

부하에 큰 전류의 공급이 필요한 경우에는 푸시-풀 출력단에 단일 트랜지스터 대신 [그림 5-25]와 같은 달링턴 쌍Darlington pair이 사용된다. [그림 5-25(a)]의 NPN 달링턴 쌍은 두 개의 NPN 트랜지스터를 결합하여 전류를 증폭한다. Q_1의 이미터가 Q_2의 베이스로 연결되므로 Q_2의 이미터 전류는 식 (5.49)와 같으며, β_{o1}과 β_{o2}는 각각 Q_1과 Q_2의 순방향 전류이득을 나타낸다.

$$i_{E2} = (1+\beta_{o2})i_{B2} = (1+\beta_{o2})(1+\beta_{o1})i_{B1} \simeq \beta_{o1}\beta_{o2}i_{B1} \tag{5.49}$$

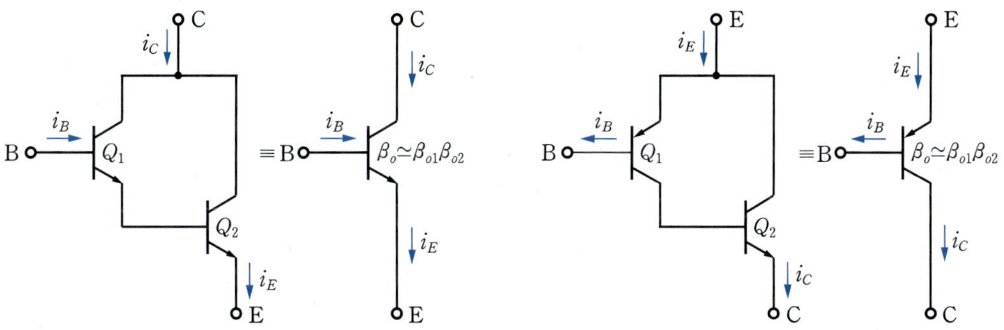

(a) NPN 달링턴 쌍　　(b) PNP 달링턴 쌍

그림 5-25 달링턴 쌍

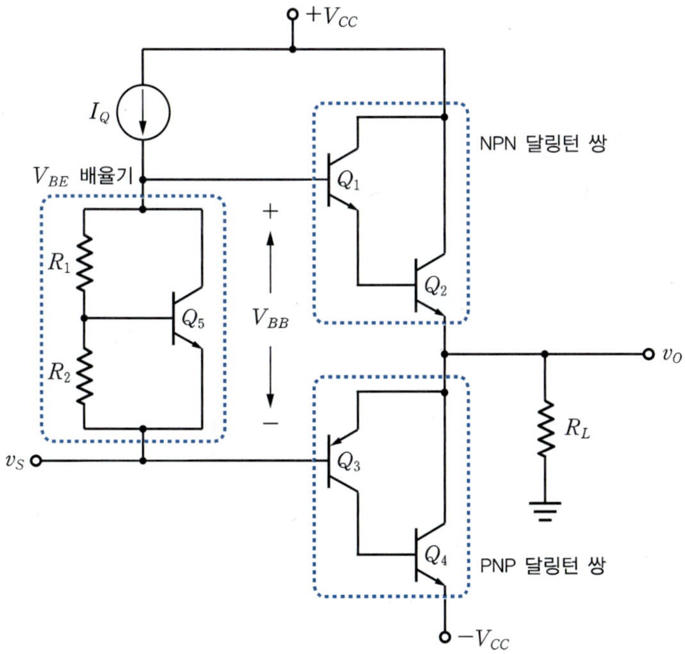

그림 5-26 달링턴 쌍을 갖는 AB급 푸시-풀 출력단

Q_1의 베이스 전류가 $\beta_{o1}\beta_{o2}$배 증폭되어 Q_2의 이미터 전류로 출력된다. 달링턴 쌍은 전류 증폭률 $\beta_o \simeq \beta_{o1}\beta_{o2}$를 가지며, $V_{BE} = V_{BE1} + V_{BE2}$인 단일 트랜지스터로 등가시킬 수 있어 **슈퍼 트랜지스터** super transistor라고도 한다. PNP 달링턴 쌍은 [그림 5-25(b)]와 같이 구현되며, NPN 달링턴 쌍과 동일하게 $\beta_o \simeq \beta_{o1}\beta_{o2}$의 전류 증폭률을 갖는다.

[그림 5-26]은 달링턴 쌍을 이용한 AB급 푸시-풀 출력단의 예이다. 달링턴 쌍의 AB급 바이어스를 위해 5.5.3절에서 설명한 V_{BE} 배율기가 사용되고 있다. 바이어스 전압 V_{BB}는 NPN 달링턴 쌍 Q_1, Q_2에 의한 $V_{BE1} + V_{BE2}$와 PNP 달링턴 쌍의 Q_3에 의한 V_{EB3}의 합이 되도록 생성된다.

확인문제 5-11

[그림 5-25(a)] NPN 달링턴 쌍의 전체 전류 증폭률이 근사적으로 $A_i \simeq 6{,}400\text{A/A}$이 되려면 BJT Q_1과 Q_2의 순방향 전류이득은 얼마가 되어야 하는가? 단, BJT Q_1, Q_2는 특성이 동일하다고 가정한다.

답 $\beta_{o1} = \beta_{o1} \simeq 80\text{A/A}$

핵심포인트 **AB급 푸시-풀 증폭기**

- 푸시-풀 증폭기의 교차왜곡을 제거하기 위해서 AB급 바이어스를 사용한다.
- AB급 바이어스를 위해 다이오드 회로 또는 V_{BE} 배율기 회로가 사용된다.
- 부하에 큰 전류를 공급해야 하는 경우, 푸시-풀 출력단에 전류 증폭률 $\beta \simeq \beta_{o1}\beta_{o2}$인 달링턴 쌍을 사용한다.

점검하기 **다음 각 문제에서 맞는 것을 고르시오(단, 푸시-풀 증폭기에 BTJ가 사용된다).**

(1) 푸시-풀 증폭기의 출력신호에 교차왜곡이 발생하지 않도록 하기 위해 (**B급, AB급**)으로 바이어스한다.
(2) AB급 푸시-풀 증폭기를 구성하는 BJT의 동작점은 (**차단점, 포화점, 선형영역의 중앙**)에 가깝게 설정된다.
(3) AB급 푸시-풀 증폭기의 입출력 전달특성 곡선은 $-0.7 \le v_S \le 0.7$의 입력전압 범위에서 기울기가 (0, 1)인 직선이다.
(4) 다이오드를 사용한 푸시-풀 증폭기의 AB급 바이어스는 동작점이 온도에 영향을 받는다. (O, X)
(5) V_{BE} 배율기를 사용한 푸시-풀 증폭기의 AB급 바이어스는 동작점이 온도에 영향을 받지 않는다. (O, X)
(6) 푸시-풀 증폭기에 달링턴 쌍을 사용하면 부하에 공급되는 전류를 증가시킬 수 있다. (O, X)
(7) 달링턴 쌍의 전류 증폭률은 각 트랜지스터 전류 증폭률의 (**합, 곱**)이 된다.

SECTION 5.6

트랜지스터의 열전달 모델

열저항이란 무엇인가?
전력소모가 큰 증폭기 회로가 과열되지 않도록 하려면 어떻게 해야 하는가?

5.3절과 5.4절에서 설명한 바와 같이, 증폭기는 전원에서 공급받은 전력의 일부를 부하로 내보내고, 나머지는 소자에서 소모된다. 소자에서 소모되는 전력은 열로 발생되어 소자의 온도가 상승하게 된다. BJT의 경우, 소자의 온도가 상승하면 BJT의 전류증폭률 β_o가 증가하고, 이에 의해 전류가 증가하여 온도가 더욱 상승하게 된다. 이와 같은 정귀환positive feedback 작용에 의해 소자의 온도가 계속 상승하는 열폭주thermal runaway 현상이 발생되며, 이는 소자에 치명적인 손상을 유발할 수 있다. 온도 상승에 의한 소자의 손상을 방지하기 위해 허용 가능한 소자(접합) 온도의 최댓값이 규정되며, 실리콘 BJT의 최대 접합온도는 150 ~ 200℃ 정도이다.

트랜지스터의 허용 가능한 최대 소비전력은 정격 전력 P_D로 규정된다. 트랜지스터의 정격 전력은 대기온도 $T_{A0} = 25$℃ 또는 케이스 온도 $T_{C0} = 25$℃를 기준으로 규정되며, 대기 또는 케이스 온도가 상승함에 따라 허용 가능한 최대 전력소비가 감소한다. 온도에 따른 최대 전력소비 특성을 나타내는 그래프를 전력경감 곡선power derating curve이라고 한다. 전력경감 곡선은 대기 온도 또는 케이스 온도를 기준으로 표시된다.

[그림 5-27]은 대기온도 T_A에 따른 전력경감 특성을 보여준다. 대기온도 $T_A \leq 25$℃에서는 평균 소비전력이 $P_{D,\max} = P_{D0,A}$까지 허용되고, $T_A > 25$℃에서는 허용 가능한 소비전력이 $\frac{-1}{\theta_{JA}}$[W/℃]의 비율로 감소하여 온도 $T_{J,\max}$에서 $P_{D,\max} = 0$W가 된다.

최대 접합온도 $T_{J,\max}$는 허용 가능한 전력소비가 0W가 되는 접합온도를 의미하며, $T_{A0} = 25$℃에서 $T_{J,\max}$ 사이의 기울기 $\frac{-1}{\theta_{JA}}$[W/℃]를 **전력경감 계수**power derating factor라고 한다. 전력경감 계수의 역수를 접합과 대기 사이의 열저항thermal resistance θ_{JA} [℃/W]로 정의하며, 이는 접합에서 발생된 열이 대기 중으로 방출되는 열전달의 방해(저항) 정도를 나타낸다.

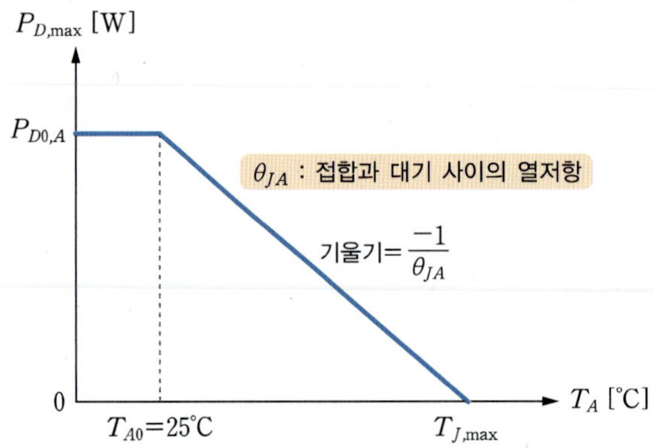

그림 5-27 대기온도에 대한 전력경감 특성

[그림 5-27]로부터 접합과 대기 사이의 열저항 θ_{JA}는 식 (5.50)과 같이 표현할 수 있으며, $T_{A0} = 25$℃가 사용된다. 열저항은 열전달의 방해 정도를 나타내며, 열저항이 작으면 열전달이 잘 되고, 열저항이 크면 열전달이 잘 되지 않음을 의미한다.

$$\theta_{JA} = \frac{T_{J,\max} - T_{A0}}{P_{D0,A}} \tag{5.50}$$

대기온도 $T_A > T_{A0}$에서 트랜지스터가 견딜 수 있는 최대 전력소비 $P_{D,\max}$는 식 (5.51)과 같이 표현된다.

$$P_{D,\max} = \frac{T_{J,\max} - T_A}{\theta_{JA}} \tag{5.51}$$

[그림 5-28]은 전기저항과 열저항의 유사성을 보이고 있다. [그림 5-28(a)]의 전기회로에서 두 지점 사이의 저항이 R이고 흐르는 전류가 I인 경우에, 두 지점 사이의 전압 차는 옴Ohm의 법칙에 의해 $V_1 - V_2 = R \times I$가 된다. [그림 5-28(b)]는 열저항을 전기저항에 비유하여 열전달 등가회로를 나타낸 것이다. 소비전력 P_D는 전류 I에 대응되고, 열저항 θ는 전기저항 R에 대응되며, 온도 T는 전압 V에 대응된다. 소비전력이 P_D이고 두 지점 사이의 열저항이 θ인 경우에 온도 차는 다음과 같이 표현할 수 있다.

$$T_C - T_S = \theta_{CS} \times P_D \tag{5.52}$$

트랜지스터의 소비전력이 P_D인 경우에, 접합온도 T_J와 대기온도 T_A 사이에는 식 (5.53)의 관계가 성립한다.

$$T_J - T_A = \theta_{JA} P_D \tag{5.53}$$

여기서 θ_{JA}는 접합과 대기 사이의 열저항으로 ℃/W의 단위를 가지며, 1W의 전력소비에 대한 접합온도의 상승을 나타낸다. 식 (5.53)은 열저항이 θ_{JA}인 트랜지스터에서 P_D의 전력소비가 발생하는 경우에 접합의 온도가 $T_J - T_A$만큼 상승함을 의미한다.

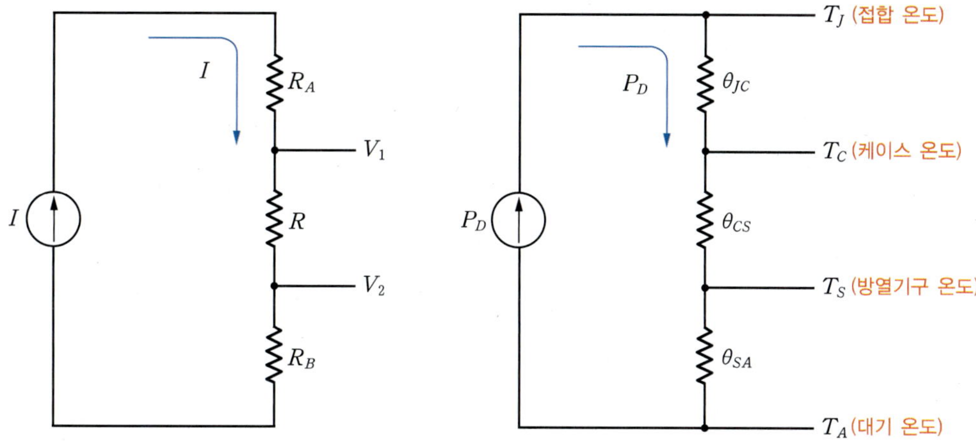

(a) 전기저항, 전류, 전압의 관계 (b) 열저항, 소비전력, 온도의 관계

그림 5-28 전기저항과 열저항의 유사성

접합온도의 상승 없이 큰 전력소비에 견디기 위해서는 발생되는 열을 대기 중으로 잘 방출해야 하므로, 접합과 대기 사이의 열저항 θ_{JA}가 작아야 한다.

접합과 대기 사이의 열저항 θ_{JA}는 식 (5.54)와 같이 표현할 수 있으며, 여기서 θ_{JC}는 접합과 케이스(패키지) 사이의 열저항을 나타내고, θ_{CA}는 케이스와 대기 사이의 열저항을 나타낸다. θ_{CA}는 패키지 재질(플라스틱 또는 금속)과 구조에 따라 달라진다.

$$\theta_{JA} = \theta_{JC} + \theta_{CA} \tag{5.54}$$

케이스와 대기 사이의 열저항 θ_{CA}를 감소시키기 위해 소자에 방열기구heat sink를 부착할 수 있으며, 이 경우에 θ_{JA}는 다음과 같이 표현된다.

$$\theta_{JA} = \theta_{JC} + \theta_{CS} + \theta_{SA} \tag{5.55}$$

여기서 θ_{CS}는 케이스와 방열기구 사이의 열저항, θ_{SA}는 방열기구와 대기 사이의 열저항을 나타낸다. 방열기구의 열저항은 매우 작은 값을 가지므로, $\theta_{CS} + \theta_{SA} < \theta_{CA}$가 되어 열전달이 잘 일어난다. 식 (5.55)를 식 (5.53)에 대입하면, 방열기구가 부착된 트랜지스터의 열전달 모델은 다음과 같다.

$$T_J - T_A = (\theta_{JC} + \theta_{CS} + \theta_{SA})P_D \tag{5.56}$$

Q 전력소모가 큰 증폭기 회로의 과열을 방지하기 위한 방법은?

A 열저항이 작은 방열기구를 부착하여 케이스와 대기 사이의 열저항을 줄이면, 소자에서 발생되는 열이 대기로 잘 전달되어 소자의 온도 상승을 방지할 수 있다.

전력경감 특성은 [그림 5-29]와 같이 케이스 온도를 기준으로 만들어질 수도 있으며, x축은 케이스 온도 T_C이고, 케이스 온도 $T_{C0} = 25℃$가 기준 온도로 사용된다. [그림 5-27]의 전력경감 곡선과 비교할 때, x축이 다름에 유의한다. [그림 5-29]의 전력경감 곡선에 대해 식 (5.51)은 다음과 같이 수정된다.

$$P_{D,\max} = \frac{T_{J,\max} - T_C}{\theta_{JC}} \tag{5.57}$$

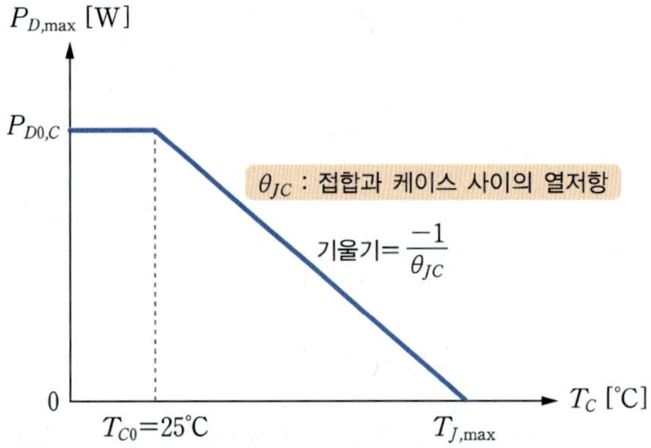

그림 5-29 케이스 온도에 대한 전력경감 특성

[그림 5-30]은 2N6275 전력증폭기용 BJT의 전력경감(전력소비-케이스 온도) 특성을 보여준다. 최대 접합온도는 $T_{J,\max} = 200℃$이고, $T_{C0} = 25℃$에서 $P_{D,\max} = 250\text{W}$이다. 케이스 온도 $T_C \le 25℃$에서 트랜지스터의 평균 소비전력은 250W까지 허용되며, $T_C > 25℃$에서는 허용되는 소비전력이 $-1.43\text{W}/℃$의 비율로 감소하여 $\theta_{JC} = 0.7℃/\text{W}$의 열저항을 갖는다.

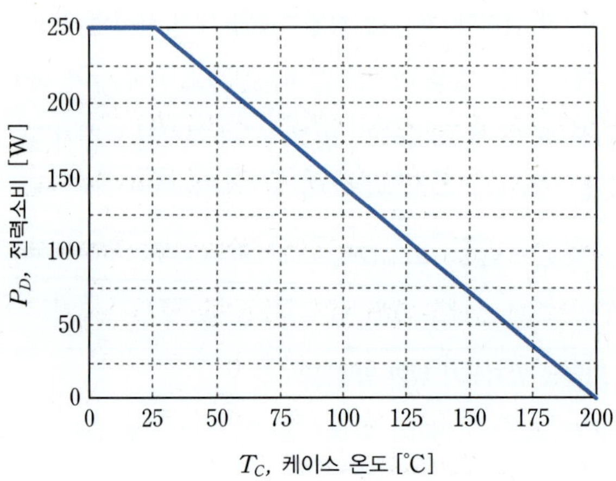

그림 5-30 2N6275 전력증폭기용 BJT의 전력경감(케이스 온도-전력소비) 특성

핵심포인트 **열저항과 전력경감 곡선**

- 열저항이 작을수록 발생된 열이 외부로 잘 방출되며, 허용 가능한 최대 전력소비가 크다.
- 전력경감 곡선의 기울기가 클수록 열저항이 작으며, 소자에서 발생된 열이 외부로 잘 방출된다.
- 케이스 온도(T_C)에 대한 열저항 θ_{JC}가 대기 온도 T_A에 대한 열저항 θ_{JA}보다 작다.

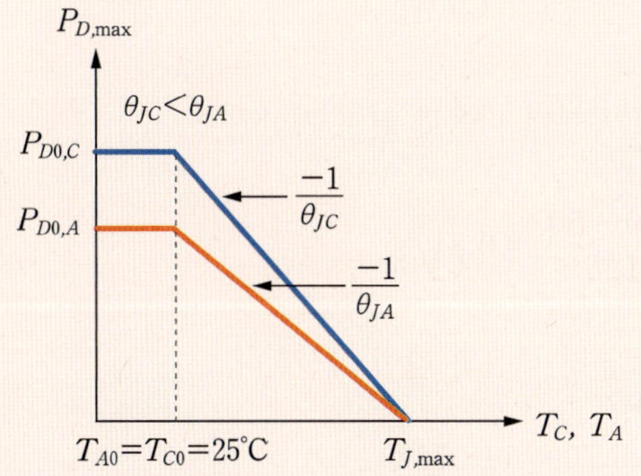

그림 5-31 대기 온도(T_A)와 케이스 온도(T_C)에 따른 전력경감 특성

예제 5-6

[그림 5-32]는 2N3094 BJT의 전력경감 특성이다. SOT-223 패키지에 대하여 다음을 구하라.

(a) 접합과 대기 사이의 열저항 θ_{JA}

(b) $T_A = 50℃$ 에서 안전하게 소비할 수 있는 최대 전력소비 $P_{D,\max}$

(c) $P_D = 0.75\text{W}$가 소비될 때의 접합의 온도 T_J

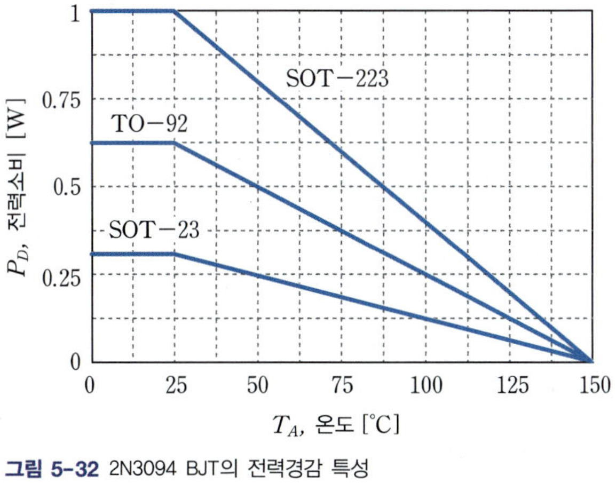

그림 5-32 2N3094 BJT의 전력경감 특성

풀이

(a) [그림 5-32]의 전력경감 특성으로부터, $T_{A0} = 25℃$ 일 때 허용 가능한 최대 전력소비는 $P_{D0} = 1\text{W}$ 이고, 최대 접합온도는 $T_{J,\max} = 150℃$ 이다. 따라서 접합과 대기 사이의 열저항은 식 (5.50)으로부터 다음과 같이 계산된다.

$$\theta_{JA} = \frac{T_{J,\max} - T_{A0}}{P_{D0,A}} = \frac{150 - 25}{1} = 125℃/\text{W}$$

(b) $T_{A0} = 50℃$ 에서 허용 가능한 최대 전력소비는 식 (5.51)로부터 다음과 같이 계산된다.

$$P_{D,\max} = \frac{T_{J,\max} - T_A}{\theta_{JA}} = \frac{150 - 50}{125} = 0.8\text{W}$$

(c) $P_D = 0.75\text{W}$ 가 소비될 때, 접합의 온도는 식 (5.53)으로부터 다음과 같이 계산된다.

$$T_J = T_{A0} + \theta_{JA} P_D = 25 + 125 \times 0.75 = 118.75℃$$

예제 5-7

최대 접합온도가 $T_{J,\max} = 185℃$ 이고, 열저항이 $\theta_{JC} = 1.8℃/\text{W}$, $\theta_{CA} = 28.2℃/\text{W}$, $\theta_{CS} = 0.75℃/\text{W}$, $\theta_{SA} = 3.7℃/\text{W}$ 인 소자가 대기온도 $T_A = 35℃$ 에서 동작하는 경우에 다음을 각각 구하라.

(a) 방열기구를 부착하지 않은 경우의 허용 가능한 최대 소비전력

(b) 방열기구를 부착한 경우의 허용 가능한 최대 소비전력

(c) 방열기구를 부착한 상태에서 허용 가능한 최대 전력소비가 일어날 때의 케이스 온도와 방열기구 온도

풀이

(a) 식 (5.51)과 식 (5.54)로부터 다음과 같이 계산된다.

$$P_{D,\max} = \frac{T_{J,\max} - T_A}{\theta_{JC} + \theta_{CA}} = \frac{185 - 35}{1.8 + 28.2} = 5.0\text{W}$$

(b) 식 (5.51)과 식 (5.55)로부터 다음과 같이 계산된다.

$$P_{D,\max} = \frac{T_{J,\max} - T_A}{\theta_{JC} + \theta_{CS} + \theta_{SA}} = \frac{185 - 35}{1.8 + 0.75 + 3.7} = 24\text{W}$$

따라서 방열기구를 부착하지 않은 경우에 비해 4.8배의 전력소비를 견딜 수 있다.

(c) 식 (5.56)으로부터 방열기구의 온도는 $T_S = T_A + \theta_{SA} P_D = 35 + 3.7 \times 24 = 123.8℃$ 이고, 케이스의 온도는 $T_C = T_S + \theta_{CS} P_D = 123.8 + 0.75 \times 24 = 141.8℃$ 이다. 따라서 전력소비가 $P_D = 24\text{W}$ 일 때의 열전달 등가모델은 [그림 5-33]과 같다.

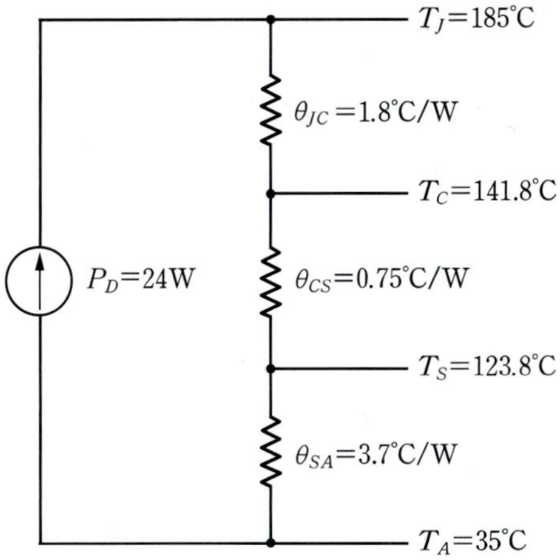

그림 5-33 [예제 5-7]의 열전달 등가모델

확인문제 5-12

2N6275 BJT의 전력경감 곡선([그림 5-30])을 이용하여 접합과 케이스 사이의 열저항 θ_{JC}, $T_C = 75℃$ 에서 안전하게 소비할 수 있는 최대 전력소비 $P_{D,\max}$, $P_D = 50\text{W}$가 소비될 때의 접합과 케이스 사이의 온도차를 구하라.

답 $\theta_{JC} = 0.7℃/\text{W}$, $P_{D,\max} = 178.6\text{W}$, $T_J - T_C = 35℃$

확인문제 5-13

최대 접합온도가 $T_{J,\max} = 175℃$, $P_{D0} = 100\text{W}$이고, $\theta_{JC} = 1.5℃/\text{W}$인 소자가 대기온도 $T_A = 35℃$에서 방열기구를 부착하고 56W의 전력을 소비해야 하는 경우에 방열기구의 열저항은 얼마 이하가 되어야 하는가? 단, $\theta_{CS} = 0.5℃/\text{W}$이다.

답 $\theta_{SA} \le 0.5℃/\text{W}$

점검하기 ▶ 다음 각 문제에서 맞는 것을 고르시오.

(1) 전력경감 계수와 열저항은 (**반비례, 비례**) 관계를 갖는다.
(2) 열저항의 단위는 (℃/W, W/℃)이다.
(3) 열저항이 작을수록 허용 가능한 최대 전력소비가 (**작다, 크다**).
(4) 전력경감 곡선의 기울기가 클수록 열저항이 (**작다, 크다**).
(5) 방열기구를 부착하면 소자의 접합에서부터 외부 대기까지의 총 열저항이 (**작다, 크다**).
(6) 방열기구를 부착하면 허용 가능한 최대 전력소모가 (**작다, 크다**).

SECTION 5.7

PSPICE 시뮬레이션 실습

실습 5-1

[그림 5-34(a)]의 MOSFET 차동증폭기 회로를 PSPICE 시뮬레이션해서 DC 전달특성과 차동입력에 대한 출력을 확인하라. 단, $R_D = 16\text{k}\Omega$, $V_{DD} = 5\text{V}$, $V_{SS} = -5\text{V}$, $I_{SS} = 0.4\text{mA}$ 이고, 정전류원 I_{SS}의 출력 저항은 $R_O \to \infty$ 로 가정한다. MBreakn N채널 MOSFET를 사용하고, $(W/L)_n = (300\mu\text{m}/3\mu\text{m})$, 모델 파라미터는 [그림 5-34(b)]를 적용한다.

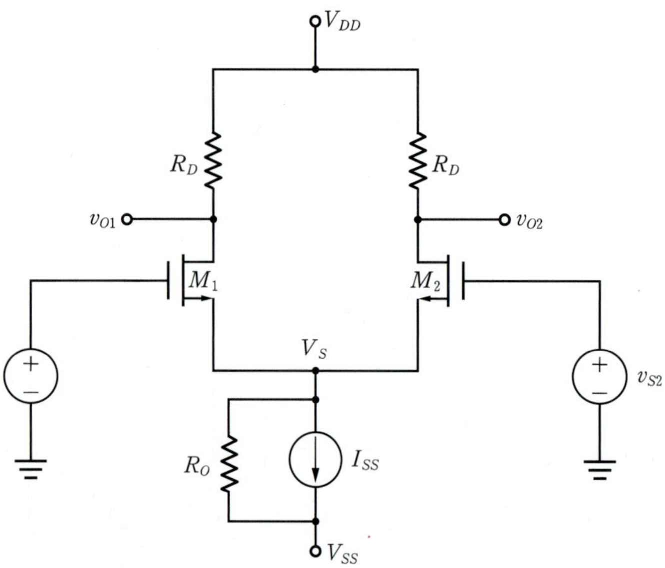

(a) MOSFET 차동증폭기 회로

```
****     MOSFET MODEL PARAMETERS
**********************************

            Mbreakn
            NMOS
    LEVEL    1
        L    3.000000E-06
        W  300.000000E-06
      VTO     .5
       KP  172.657200E-06
    GAMMA     .8
      PHI     .7
   LAMBDA     .01
       IS   10.000000E-15
       JS    0
       PB     .8
     PBSW     .8
       CJ  275.000000E-06
     CJSW  190.000000E-12
     CGSO  300.000000E-12
     CGDO  300.000000E-12
     CGBO    0
      TOX   10.000000E-09
       XJ    0
       UO  500
    UCRIT   10.000000E+03
       KF   50.000000E-27
   DIOMOD    1
      VFB    0
     LETA    0
     WETA    0
       U0    0
     TEMP    0
      VDD    5
    XPART    0
```

(b) MBreakn N채널 MOSFET 모델 파라미터

그림 5-34 [실습 5-1]의 시뮬레이션 실습 회로

시뮬레이션 결과

[그림 5-34(a)] 회로의 DC 바이어스 시뮬레이션 결과는 [그림 5-35]와 같다. 정전류원 전류 $I_{SS} = 400\mu\text{A}$에 의해 MOSFET M_1, M_2의 드레인 바이어스 전류 $I_{DQ1} = I_{DQ2} = 200\mu\text{A}$가 흐르고, 드레인과 소오스 바이어스 전압은 각각 $V_{DQ} = 1.8\text{V}$와 $V_{SQ} = -1.6\text{V}$로 포화모드로 바이어스된다.

차동쌍을 구성하는 두 MOSFET의 채널 폭과 길이의 비가 $(W/L)_n = 300$ 인 경우에, 차동증폭기의 입출력 전달특성에 대한 시뮬레이션 결과는 [그림 5-36(a)]와 같다. $-180\text{mV} \le v_d \le 180\text{mV}$ 범위에서 입력과 출력 사이에 선형 관계가 존재하며, $\pm 250\text{mV}$ 이상의 차동 입력전압 범위에서는 출력이 전원전압 V_{DD}와 -1.3V 로 포화된다. [그림 5-34(a)]의 회로를 차동증폭기로 사용하기 위해서는 차동 입력전압의 범위가 $-180\text{mV} \le v_d \le 180\text{mV}$가 되어야 함을 확인할 수 있다. [그림 5-36(b)]는 $(W/L)_n = 100$, 300, 600 인 경우의 입출력 전달특성에 대한 시뮬레이션 결과이다. $(W/L)_n$이 클수록 차동모드 이득은 크고, 선형으로 동작하는 차동 입력범위는 좁아짐을 확인할 수 있다.

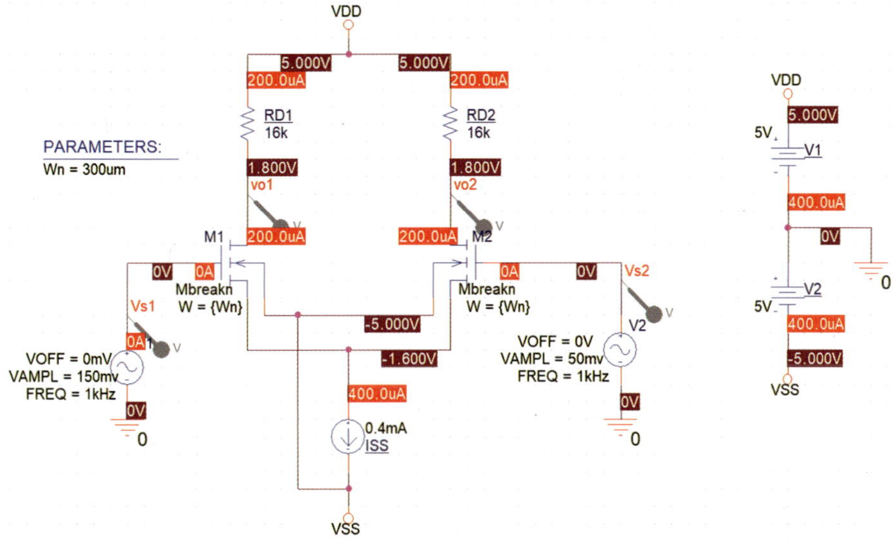

그림 5-35 [실습 5-1]의 DC 바이어스 시뮬레이션 결과

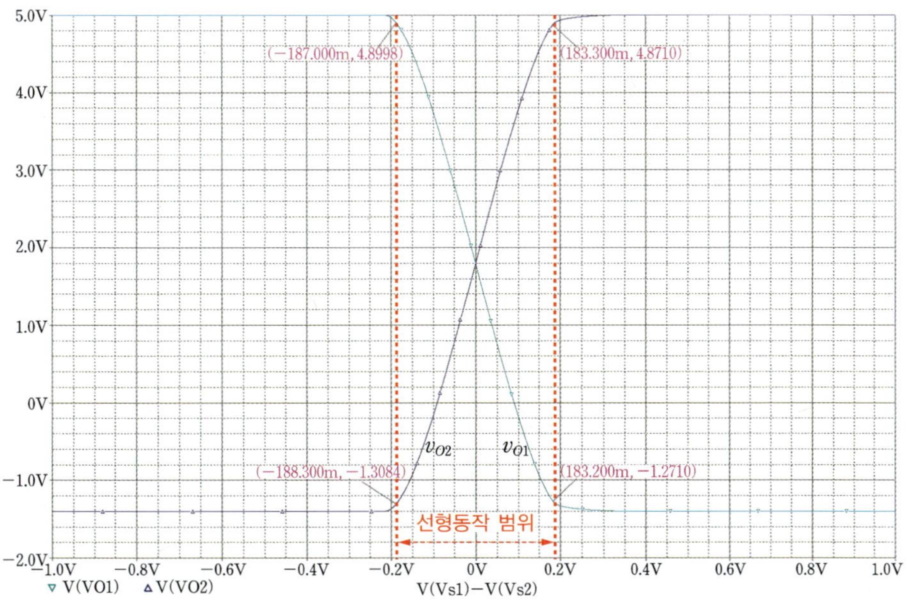

(a) 입출력 전달특성 곡선 [$(W/L)_n = 300$인 경우]

그림 5-36 [실습 5-1]의 DC 전달특성 시뮬레이션 결과(계속)

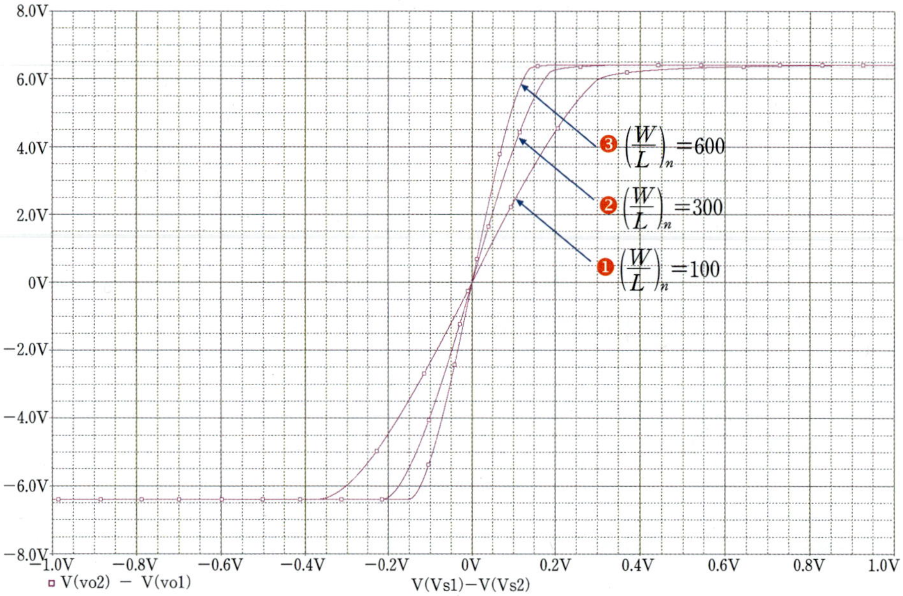

(b) 입출력 전달특성 곡선 [$(W/L)_n = 100$, 300, 600인 경우]

그림 5-36 [실습 5-1]의 DC 전달특성 시뮬레이션 결과

[그림 5-37(a)]는 차동모드 동작의 시뮬레이션 결과이다. MOSFET의 $(W/L)_n = 300$으로 설정하고, 주파수 1kHz의 정현파 $v_{S1} = 0.15\sin wt$와 $v_{S2} = 0.05\sin wt$를 인가하여 $v_d = v_{S1} - v_{S2} = 0.1\sin wt$의 차동모드 입력에 대한 출력파형을 보이고 있다. 입력전압 v_{S1}과 출력전압 v_{O1}은 서로 반전위상 관계이며, v_{S1}과 출력전압 v_{O2}는 동일위상 관계임을 확인할 수 있다. v_{S1}과 출력전압 $v_O = v_{O2} - v_{O1}$은 동일위상 관계임을 확인할 수 있다. 시뮬레이션 결과로부터 차동이득은 $A_{dm,vo2} = \dfrac{v_{O2}}{v_d} = 19.67\text{V/V}$이며, 단일출력의 경우, $A_{dm,vo} = \dfrac{v_O}{v_d} = 39.33\text{V/V}$이다.

[그림 5-37(b)]는 $(W/L)_n = 100$, 300, 600인 경우에 대한 차동모드 동작의 시뮬레이션 결과이며, 차동모드 이득 $A_{dm,vo} = v_O/v_d$는 23.55, 39.33, 52.34로 나타나 $(W/L)_n$이 클수록 큰 차동모드 이득을 얻을 수 있다. 이는 5.2절의 식 (5.18)에 부합하는 결과이다.

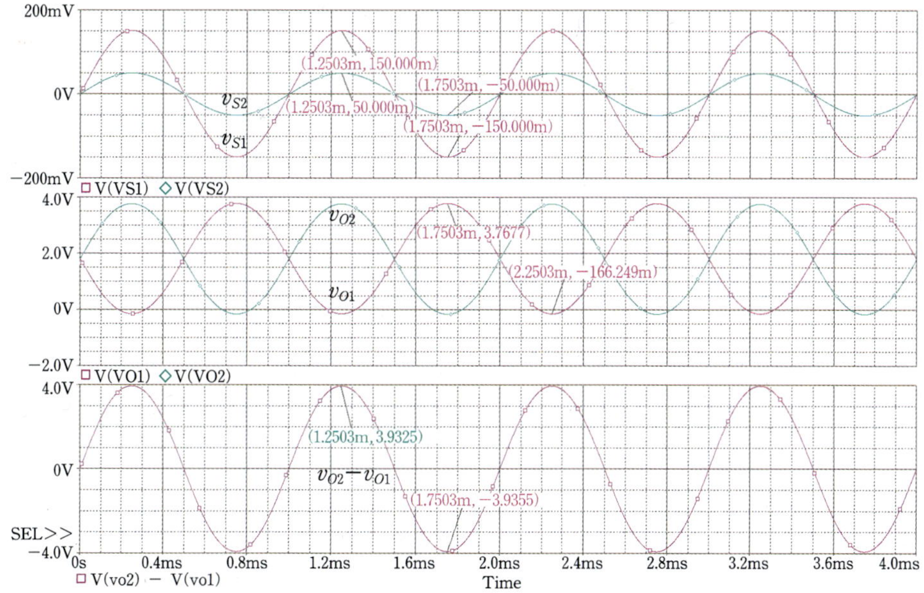

(a) 차동모드 동작 시뮬레이션 결과 [$(W/L)_n = 300$인 경우]

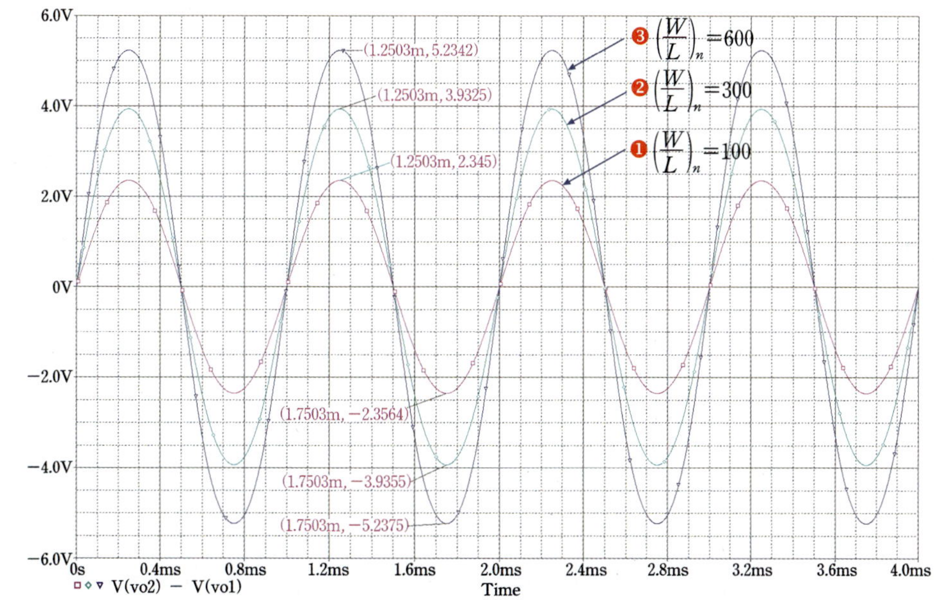

(b) 차동모드 동작 시뮬레이션 결과 [$(W/L)_n = 100, 300, 600$인 경우]

그림 5-37 [실습 5-1]의 Transient 시뮬레이션 결과

실습 5-2

[그림 5-38]의 차동증폭기 회로에서 정전류원 I_{SS}의 출력저항이 $R_O = 200\text{k}\Omega$, $400\text{k}\Omega$, $600\text{k}\Omega$인 경우에 대해 Parametric Sweep 해석으로 차동모드 이득 A_{dm}과 공통모드 이득 A_{cm} 그리고 $CMRR$을 구하라. 단, $R_D = 16\text{k}\Omega$, $V_{DD} = 5\text{V}$, $V_{SS} = -5\text{V}$, $I_{SS} = 0.4\text{mA}$이다. MBreakn N채널 MOSFET를 사용하고, $(W/L)_n = (300\mu\text{m}/3\mu\text{m})$, 모델 파라미터는 [그림 5-34(b)]를 적용한다.

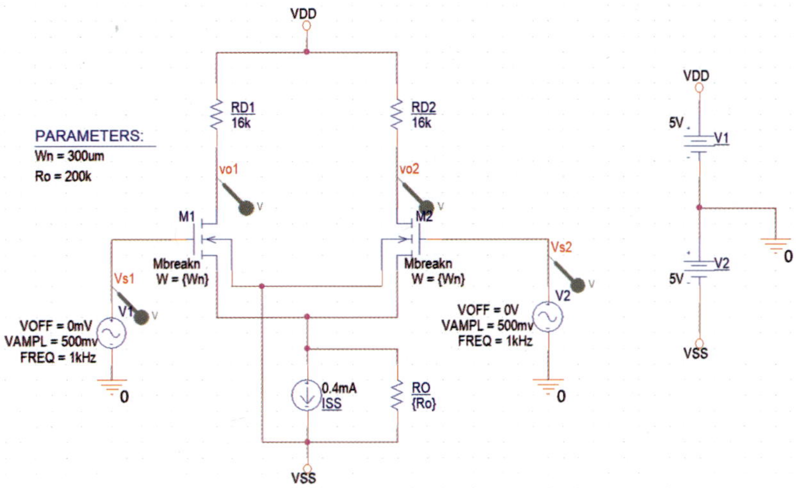

그림 5-38 [실습 5-2]의 시뮬레이션 실습 회로

시뮬레이션 결과

[그림 5-39(a)]는 차동모드 동작의 시뮬레이션 결과이다. 정전류원 I_{SS}의 출력저항 $R_O = 200\text{k}\Omega$, $400\text{k}\Omega$, $600\text{k}\Omega$는 차동이득에 영향을 미치지 않음을 확인할 수 있으며, 단일출력의 차동모드 이득은 $A_{dm,vo} = \dfrac{v_O}{v_d} \simeq 40.1\text{V/V}$이다. [그림 5-39(b)]는 $R_O = 200\text{k}\Omega$, $400\text{k}\Omega$, $600\text{k}\Omega$인 경우에 대해 공통모드 입력 $v_{CM} = 0.5\sin\omega t$에 대한 시뮬레이션 결과이며, 공통모드 이득 $A_{cm} = v_{O2}/v_{CM}$는 각각 33.3×10^{-3}, 16.6×10^{-3}, 11.1×10^{-3}으로 나타나 정전류원의 출력저항 R_O가 클수록 공통모드 이득이 작음을 확인할 수 있다. 이는 5.2절의 식 (5.19)에 부합하는 결과이다. [그림 5-39(a), (b)]의 시뮬레이션 결과로부터, [그림 5-38] 차동증폭기의 $CMRR$을 구하면 다음과 같으며, 정전류원의 출력저항 R_O가 클수록 차동증폭기의 $CMRR$이 큰 값을 갖는다.

- $R_O = 200\text{k}\Omega$인 경우 : $CMRR = 20\log\left|\dfrac{A_{dm}}{A_{cm}}\right| = 20\log\left(\dfrac{40.1}{33.3\times10^{-3}}\right) = 61.61\text{dB}$
- $R_O = 400\text{k}\Omega$인 경우 : $CMRR = 20\log\left|\dfrac{A_{dm}}{A_{cm}}\right| = 20\log\left(\dfrac{40.1}{16.6\times10^{-3}}\right) = 67.66\text{dB}$
- $R_O = 600\text{k}\Omega$인 경우 : $CMRR = 20\log\left|\dfrac{A_{dm}}{A_{cm}}\right| = 20\log\left(\dfrac{40.1}{11.1\times10^{-3}}\right) = 71.16\text{dB}$

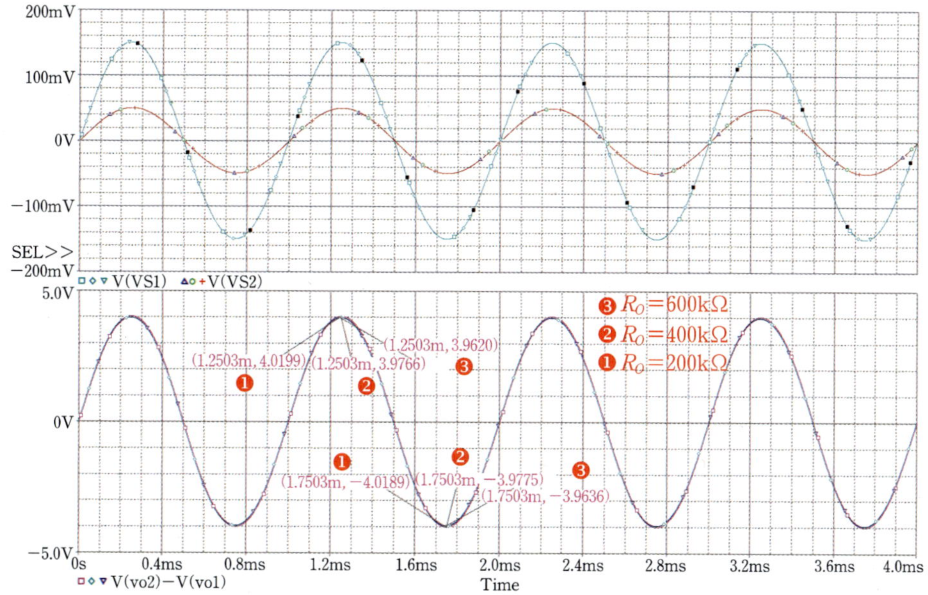

(a) 차동모드 동작 시뮬레이션 결과

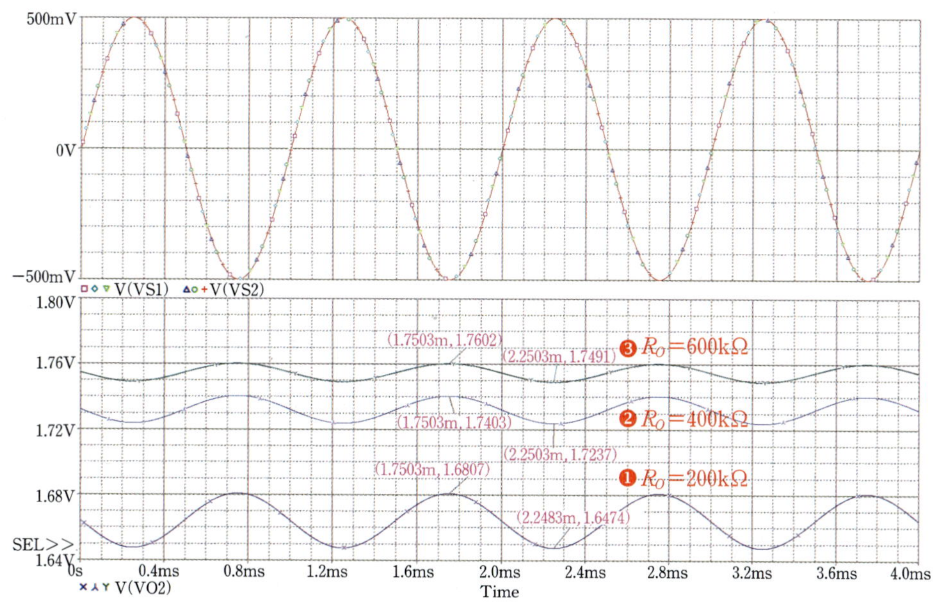

(b) 공통모드 동작 시뮬레이션 결과 ($v_{S1} = v_{S2} = 0.5\sin\omega t$)

그림 5-39 [실습 5-2]의 시뮬레이션 결과

실습 5-3

[그림 5-40]은 V_{BE} 배율기를 이용한 AB급 푸시-풀 증폭기 회로이다. PSPICE로 시뮬레이션하여 출력전압, 입출력 전달특성, 그리고 총 고조파 왜곡(THD)을 확인하라. 단, $R_1 = 3\text{k}\Omega$, $R_2 = R_3 = R_4 = 4\text{k}\Omega$이고, $V_{CC} = 12\text{V}$, $V_{EE} = -12\text{V}$이다.

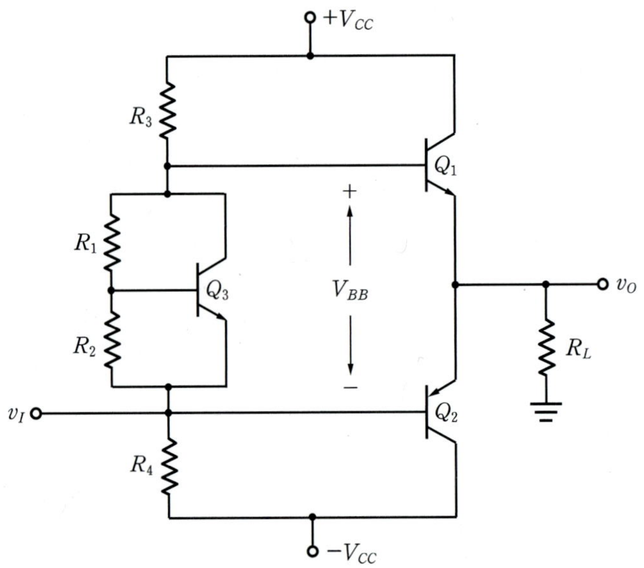

그림 5-40 [실습 5-3]의 시뮬레이션 실습 회로

시뮬레이션 결과

[그림 5-41]은 Q2N3904 NPN 트랜지스터와 Q2N3906 PNP 트랜지스터를 사용한 DC 바이어스 시뮬레이션 결과이다. Q_1의 베이스 전압은 $V_{B1} = 0.63\text{V}$이고, Q_2의 베이스 전압은 $V_{B2} = -0.63\text{V}$이다. 따라서 Q_1과 Q_2를 AB급으로 바이어스하는 V_{BE} 배율기 회로의 전압은 $V_{BB} = 1.26\text{V}$이다. Q_1의 컬렉터 바이어스 전류는 $I_{C1} = 175.7\mu\text{A}$이고, Q_2의 컬렉터 바이어스 전류는 $I_{C2} = 163.5\mu\text{A}$이다.

[그림 5-42(a)]는 진폭 10V, 주파수 1kHz의 정현파 입력과 출력전압을 보여준다. 입력과 출력이 거의 일치하여 파형의 왜곡이 거의 없음을 확인할 수 있으며, 이는 V_{BE} 배율기에 의해 푸시-풀 증폭기가 AB급으로 바이어스되었음을 의미한다. [그림 5-42(b)]는 시뮬레이션 결과로부터 얻은 입출력 전달특성 곡선이다. 입력전압의 범위($-10\text{V} \sim +10\text{V}$)에서 기울기가 $+1$인 직선이 되어 푸시-풀 증폭기에 교차왜곡이 발생하지 않았음을 확인할 수 있다. [그림 5-42(c)]는 출력전압에 대한 푸리에 주파수를 분석한 결과이며, 총 고조파 왜곡이 $THD = 0.44\%$로 매우 작게 나타나 출력파형에 왜곡이 매우 작음을 확인할 수 있다.

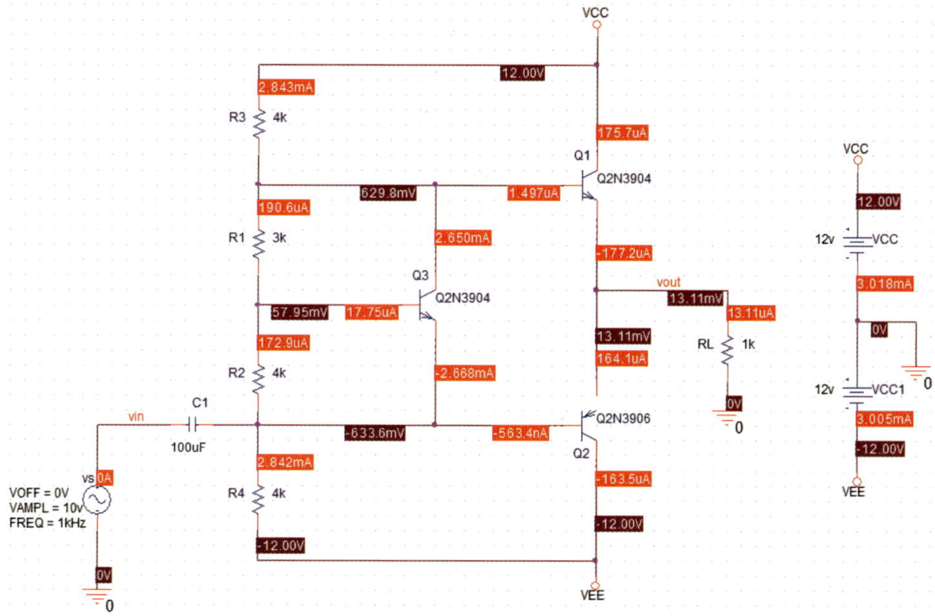

그림 5-41 [실습 5-3]의 DC 바이어스 시뮬레이션 결과

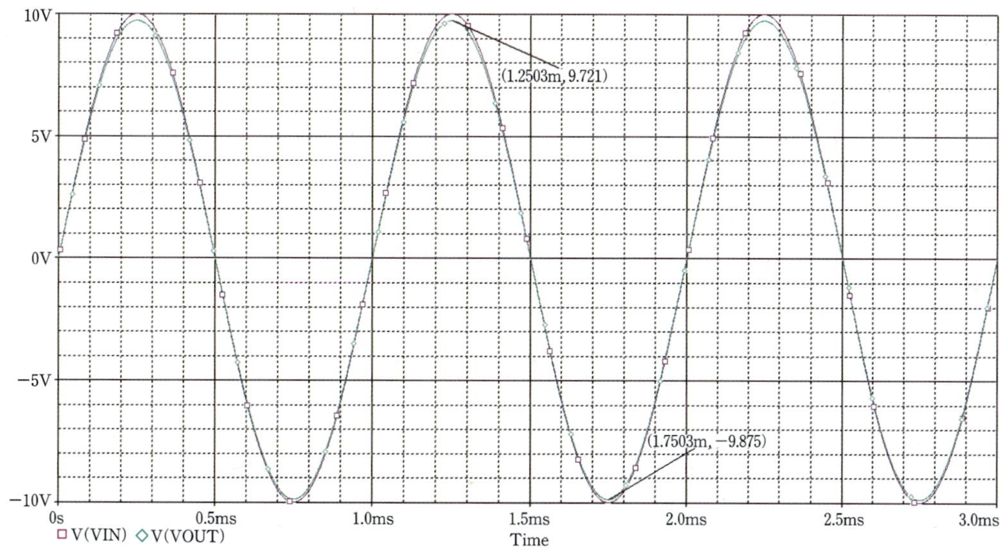

(a) Transient 시뮬레이션 결과

그림 5-42 [실습 5-3]의 PSPICE 시뮬레이션 결과 (계속)

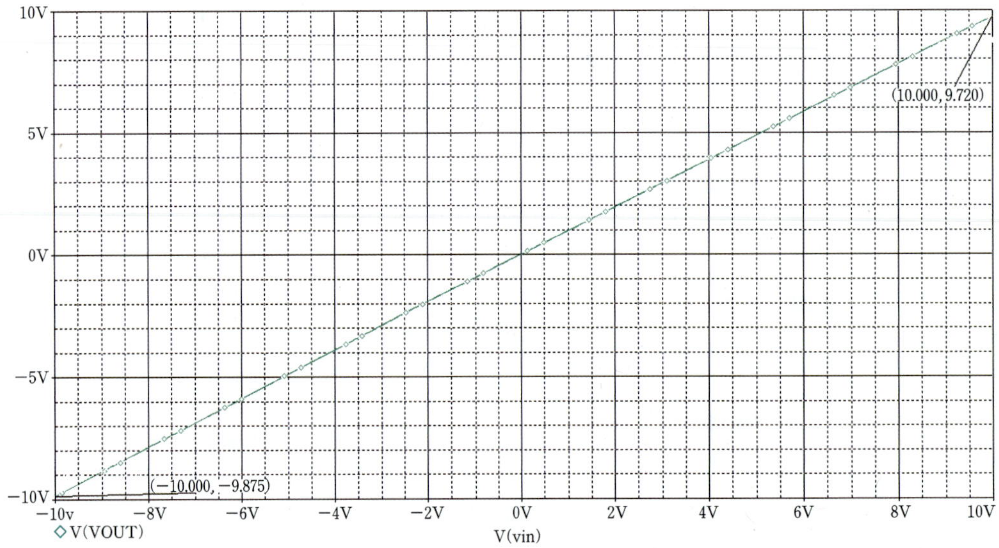

(b) 입출력 전달특성 곡선

```
**************************************************************************
FOURIER COMPONENTS OF TRANSIENT RESPONSE V(VOUT)

DC COMPONENT =   -3.535137E-02

HARMONIC    FREQUENCY     FOURIER      NORMALIZED     PHASE        NORMALIZED
  NO           (HZ)       COMPONENT    COMPONENT      (DEG)        PHASE (DEG)

   1      1.000E+03    9.794E+00    1.000E+00     4.577E-02     0.000E+00
   2      2.000E+03    3.685E-02    3.763E-03     9.013E+01     9.004E+01
   3      3.000E+03    1.506E-02    1.537E-03    -1.799E+02    -1.800E+02
   4      4.000E+03    1.605E-03    1.638E-04    -9.000E+01    -9.019E+01
   5      5.000E+03    1.484E-02    1.516E-03    -1.798E+02    -1.800E+02
   6      6.000E+03    3.051E-03    3.115E-04     9.039E+01     9.011E+01
   7      7.000E+03    6.291E-03    6.423E-04    -1.797E+02    -1.800E+02
   8      8.000E+03    3.500E-04    3.573E-05     9.092E+01     9.056E+01
   9      9.000E+03    5.017E-03    5.122E-04    -1.796E+02    -1.800E+02
  10      1.000E+04    7.245E-04    7.398E-05     9.071E+01     9.025E+01

  TOTAL HARMONIC DISTORTION =    4.429866E-01 PERCENT
**************************************************************************
```

(c) 주파수 성분들의 크기 및 *THD*

그림 5-42 [실습 5-3]의 PSPICE 시뮬레이션 결과

CHAPTER 05_ 연습문제

5.1 **증폭기의 바이어스 방법에 관한 설명으로 맞는 것은?** HINT 5.1.1절

㉮ 전력소모가 큰 바이어스 방법의 순서는 A급 > B급 > AB급 > C급이다.

㉯ B급 바이어스는 전력효율이 좋으므로, 소신호 증폭기의 바이어스 방법으로 적합하다.

㉰ 전력효율이 높은 바이어스 방법의 순서는 C급 > AB급 > B급 > A급이다.

㉱ AB급으로 바이어스된 푸시-풀 증폭기에 정현파 신호를 입력하면 출력에 고조파 성분이 많이 발생한다.

㉲ AB급으로 바이어스된 푸시-풀 BJT 증폭기는 A급으로 바이어스된 BJT 증폭기에 비해 출력신호의 동적 범위 dynamic range가 더 크다.

5.2 **증폭기의 바이어스 방법 중, 바이어스 전류가 큰 순서로 나열한 것은? 단, 부등호는 바이어스 전류의 상대적인 크기를 나타낸다.** HINT 5.1.1절

㉮ A급 > AB급 > B급 > C급

㉯ A급 > AB급 > C급 > B급

㉰ A급 > B급 > AB급 > C급

㉱ A급 > B급 > C급 > AB급

㉲ C급 > B급 > AB급 > A급

㉳ AB급 > A급 > B급 > C급

5.3 **다음 설명 중 맞는 것은?** HINT 5.1.2절

㉮ 트랜지스터에서 소비되는 평균전력은 정격 전력보다 커야 한다.

㉯ 트랜지스터의 2차 항복에 의해 안전동작 영역 SOA : Safe Operation Area이 좁아진다.

㉰ 소신호 증폭기에 사용되는 트랜지스터는 정격 전력을 고려할 필요가 없으며, 전력증폭기용 트랜지스터만 정격 전력을 고려해야 한다.

㉱ 회로에 사용된 트랜지스터의 동작 전류, 전압, 전력소모가 정격값을 초과해도 회로가 정상적으로 동작하면 문제되지 않는다.

㉲ 트랜지스터의 안전동작 영역 SOA은 소자의 전력소모 특성과 무관하다.

5.4 **다음 중 트랜지스터의 최대 정격이 아닌 것은 어느 것인가?** HINT 5.1.2절

㉮ 최대 동작 주파수 ㉯ 최대 컬렉터 전압

㉰ 최대 컬렉터 전류 ㉱ 최대 접합 온도

㉲ 최대 전력소모

5.5 [그림 5-43]의 증폭기 회로에 대한 설명으로 틀린 것은? 단, BJT에서 최대 전력소모가 발생할 때의 컬렉터 전류는 $I_C = 2\text{A}$이고, $V_{CC} = 8\text{V}$, $R_L = 2\Omega$이며, 바이어스 회로는 생략되었다. HINT 5.1.2절

㉮ 컬렉터 전류의 정격은 4A 이상이 되어야 한다.

㉯ 컬렉터-이미터 내압은 8V 이상이 되어야 한다.

㉰ 전력소모의 정격은 4W 이상이 되어야 한다.

㉱ 최대 전력소모가 발생할 때의 컬렉터 전류는 부하저항 R_L에 반비례한다.

㉲ 컬렉터-이미터 전압 $V_{CE} = 4\text{V}$일 때 최대 전력소모가 발생한다.

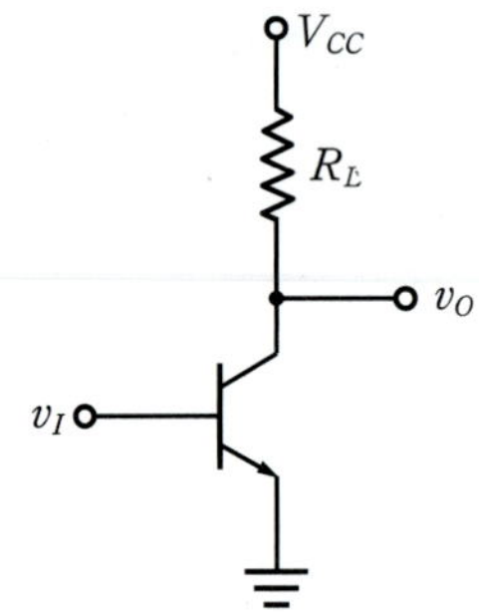

그림 5-43

5.6 [그림 5-44]의 회로에서 MOSFET는 $I_{DQ} = 1\,\text{mA}$의 전류로 A급 바이어스되어 있으며, 바이어스 회로는 생략되었다. 다음 설명 중 틀린 것은? 단, $V_{DD} = 8\text{V}$, $R_D = 4\,\text{k}\Omega$이다. HINT 5.1.2절

㉮ MOSFET의 드레인 정격 전류는 2mA 이상이 되어야 한다.

㉯ MOSFET의 드레인-소오스 내압은 8V 이상이 되어야 한다.

㉰ MOSFET의 정격 전력은 2mW 이상이 되어야 한다.

㉱ 바이어스에 의한 전력소모는 4mW이다.

㉲ 전원에 의해 공급된 평균 DC 전력은 8mW이다.

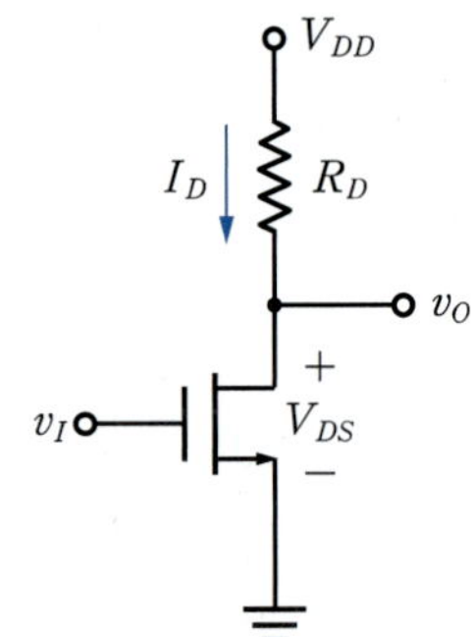

그림 5-44

5.7 차동증폭기의 공통모드 제거비($CMRR$)에 대한 설명으로 틀린 것은? 단, A_{cm}은 공통모드 이득, A_{dm}은 차동모드 이득이다. HINT 5.1.5절

㉮ 공통모드 이득 A_{cm}이 클수록 $CMRR$이 작다.

㉯ 차동모드 이득 A_{dm}이 클수록 $CMRR$이 크다.

㉰ 차동쌍의 이미터 전류원 출력저항 R_O가 클수록 $CMRR$이 크다.

㉱ $CMRR$이 작을수록 차동증폭기의 성능이 우수하다.

㉲ $CMRR = \dfrac{A_{dm}}{A_{cm}}$으로 정의된다.

5.8 차동증폭기의 차동모드 이득이 $A_{dm} = 100\text{V/V}$인 경우, 공통모드 제거비($CMRR$)가 80dB 이상 되기 위해 공통모드 이득 A_{cm}의 조건으로 맞는 것은? HINT 5.1.5절

㉮ $A_{cm} \le 0.01\,\text{V/V}$ ㉯ $A_{cm} \ge 0.01\,\text{V/V}$ ㉰ $A_{cm} \ge 10^6\,\text{V/V}$

㉱ $A_{cm} \le 10^6\,\text{V/V}$ ㉲ $A_{cm} \le 80\,\text{V/V}$ ㉳ $A_{cm} \ge 80\,\text{V/V}$

5.9 [그림 5-45]의 회로에 대한 설명으로 <u>틀린</u> 것은? 단, $v_d = v_{S1} - v_{S2}$ 이고, MOSFET M_1과 M_2는 특성이 정합 matched되어 있으며, I_{SS}는 정전류원이다. HINT 5.2절

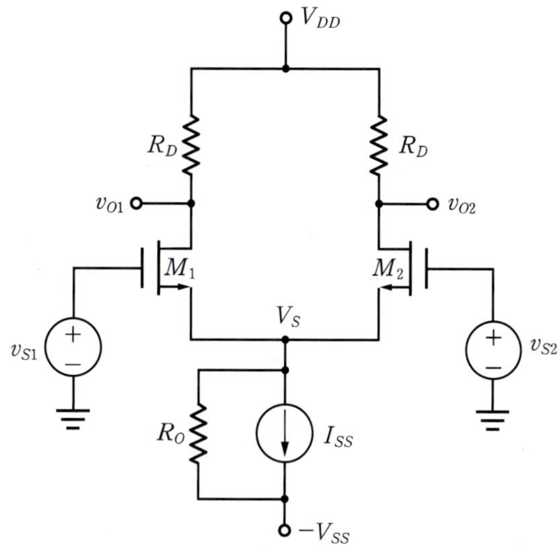

그림 5-45

㉮ 두 입력신호의 차 v_d를 증폭하고, 두 입력신호의 공통 성분을 제거한다.

㉯ MOSFET M_1과 M_2는 상보적 complementary인 동작을 하므로, 동시에 도통되지 않는다.

㉰ 차동모드 입력 v_d가 충분히 큰 값이면, M_1은 도통되고, M_2는 차단상태가 되어 정전류원 전류 I_{SS}가 모두 M_1으로 흐른다.

㉱ 입력 v_{S1}과 단일 출력 $v_O = v_{O2} - v_{O1}$은 동일위상이다.

㉲ 차동모드 입력 $v_d = 0$이면, $v_O = v_{O2} - v_{O1} = 0$이다.

5.10 [그림 5-45]의 회로에 대한 설명으로 <u>틀린</u> 것은? 단, MOSFET M_1과 M_2는 특성이 정합되어 있다. HINT 5.2절

㉮ MOSFET의 전달컨덕턴스 g_m이 클수록 차동모드 이득이 크다.

㉯ MOSFET의 전달컨덕턴스 g_m이 클수록 $CMRR$이 크다.

㉰ 정전류원 I_{SS}의 출력저항 R_O가 클수록 $CMRR$이 크다.

㉱ $CMRR$은 MOSFET M_1과 M_2의 채널 폭과 무관하다.

㉲ 정전류원 I_{SS}의 출력저항 R_O가 클수록 공통모드 이득 A_{cm}이 작다.

5.11 10V의 DC 전원으로부터 평균 전류 200mA가 증폭기에 공급되고, 증폭기의 전력효율은 15%이다. 부하에 공급되는 평균 교류 전력은 얼마인가? HINT 5.3절

㉮ 0.3W　　㉯ 0.6W　　㉰ 1.2W　　㉱ 2W　　㉲ 4W

5.12 10V의 DC 전원으로부터 평균 전류 100mA가 증폭기에 공급되고, 부하에 공급되는 평균 교류 전력이 0.18W인 경우에, 증폭기의 전력효율은 얼마인가? HINT 5.3절

㉮ 1.8% ㉯ 3.6% ㉰ 18% ㉱ 36% ㉲ 50%

5.13 다음 중 B급 푸시-풀 증폭기에 관한 설명으로 틀린 것은? HINT 5.4.1절

㉮ 큰 진폭의 신호를 출력할 수 있다.

㉯ 전력효율이 좋다.

㉰ 출력저항이 크다.

㉱ 출력에 교차왜곡이 발생한다.

㉲ 트랜지스터의 동작점이 차단점에 설정된다.

5.14 다음 중 BJT로 구성된 B급 푸시-풀 증폭기에 관한 설명으로 틀린 것은? HINT 5.4절

㉮ 출력에 고조파 성분이 나타난다.

㉯ 트랜지스터의 정격은 부하에 공급되는 최대 전력의 약 20% 이하가 되어야 한다.

㉰ 전력소비가 최대인 경우의 전력효율은 약 50%이다.

㉱ 트랜지스터 정격 전력의 약 5배 정도의 최대 출력전력을 얻을 수 있다.

㉲ 이론적인 최대 전력효율이 A급 증폭기의 약 3배이다.

5.15 B급 푸시-풀 증폭기에 관한 설명으로 틀린 것은? HINT 5.4절

㉮ 출력전압의 진폭이 $V_{om}=0$이면, 트랜지스터의 소비전력은 0이 된다.

㉯ 전원에 의해 공급되는 평균 DC 전력은 출력전압의 진폭 V_{om}에 비례한다.

㉰ AB급 바이어스 증폭기에 비해 총 고조파 왜곡(THD)이 더 크다.

㉱ 정현파 신호가 입력으로 인가되는 경우, 출력에 고조파 성분이 존재한다.

㉲ 전력효율은 출력전압의 진폭 V_{om}에 무관하다.

5.16 B급 푸시-풀 증폭기의 출력전압이 $v_O=0\text{V}$인 경우에, DC 전원에 의해 공급되는 평균 직류 전력 $\overline{P_S}$는 얼마인가? 단, V_{CC}는 전원전압이다. HINT 5.4.2절

㉮ 0 ㉯ $\dfrac{V_{CC}}{\pi R_L}$ ㉰ $\dfrac{V_{CC}^2}{\pi R_L}$ ㉱ $\dfrac{2V_{CC}^2}{\pi R_L}$ ㉲ $\dfrac{2V_{CC}^2}{R_L}$

5.17 B급 푸시-풀 증폭기에 대한 설명으로 틀린 것은? HINT 5.4.2절

㉮ 전원에 의해 공급되는 평균 직류 전력은 부하저항 R_L에 반비례한다.

㉯ 각 트랜지스터에서 소비되는 최대 평균전력은 부하저항 R_L에 무관하다.

㉰ 부하에 공급되는 평균 교류 전력은 부하저항 R_L에 반비례한다.

㉱ 전력효율은 부하저항 R_L에 무관하다.

㉲ 출력전압의 진폭이 $V_{om}\approx V_{CC}$이면, 전력효율이 최대가 된다.

5.18 다음 설명 중 <u>틀린</u> 것은? HINT 5.4절

㉮ 증폭기 출력에 왜곡이 클수록 고조파 성분이 크게 나타난다.
㉯ 고조파 성분이 클수록 THD가 크다.
㉰ THD에 의해 총 출력전력이 증가한다.
㉱ THD가 클수록 파형의 왜곡이 심하다.
㉲ THD가 클수록 총 출력전력이 감소한다.

5.19 증폭기의 출력전압에 기본 주파수 성분의 진폭이 10V, 제2고조파의 전압이 0.4V, 제3고조파의 전압이 0.3V 이다. 이때 THD는 얼마인가? HINT 5.4절

㉮ 0.05% ㉯ 0.5% ㉰ 1% ㉱ 5% ㉲ 10%

5.20 푸시-풀 증폭기를 AB급으로 바이어스하는 이유는 무엇인가? HINT 5.5.1절

㉮ 동작점을 안정화시키기 위해
㉯ 큰 출력을 얻기 위해
㉰ 전력효율을 높이기 위해
㉱ 교차왜곡을 없애기 위해
㉲ THD를 크게 만들기 위해

5.21 [그림 5-46]의 회로에 대한 설명으로 <u>틀린</u> 것은?
HINT 5.5.2절

㉮ 다이오드 D_1, D_2는 트랜지스터 Q_n, Q_p를 A급으로 바이어스한다.
㉯ 다이오드 D_1, D_2는 교차왜곡을 제거하기 위해 사용된다.
㉰ 출력단에 사용되는 푸시-풀 증폭기이다.
㉱ 트랜지스터 Q_n, Q_p는 부하 R_L에 대해 작은 출력저항을 갖는다.
㉲ 전압 V_{BB}는 정전류원 전류 I_{bias}에 의해 조정된다.

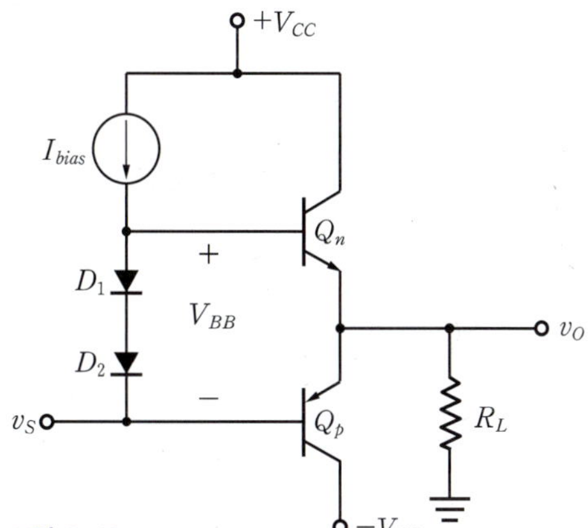

그림 5-46

5.22 [그림 5-47]의 회로에 대한 설명으로 <u>틀린</u> 것은?
HINT 5.5.3절

㉮ 점선 박스 안의 회로는 푸시-풀 증폭기의 교차왜곡을 제거하기 위해 사용된다.
㉯ 저항비 $\frac{R_1}{R_2}$이 클수록 Q_n과 Q_p의 동작점 전류가 크다.
㉰ 전압 V_{BB}는 BJT Q_1의 컬렉터 전류 I_{C1}에 비례한다.
㉱ 전압 V_{BB}는 온도에 영향을 받는다.
㉲ 전압 V_{BB}는 저항비 $\frac{R_1}{R_2}$에 비례한다.

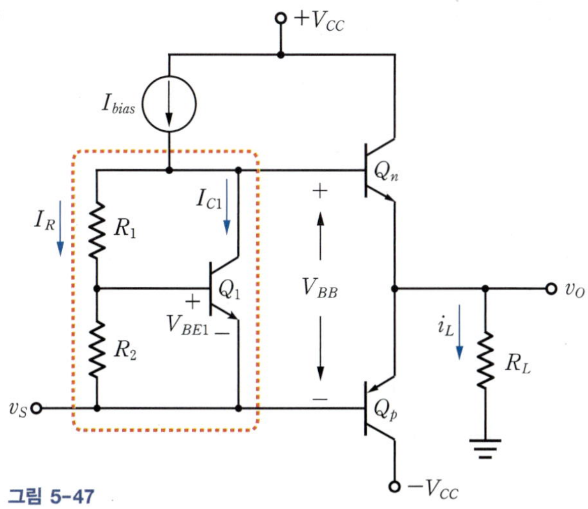

그림 5-47

5.23 [그림 5-48]의 회로에 대한 설명으로 틀린 것은? 단, BJT Q_1, Q_2의 전류 증폭률은 $\beta_{o1} = \beta_{o2} = 80$이다. HINT 5.5.4절

㉮ 부하에 큰 전류를 공급하기 위해 푸시-풀 증폭기 회로에 사용될 수 있다.

㉯ Q_2의 이미터 전류 i_E는 Q_1의 베이스 전류 i_B의 약 160배이다.

㉰ 단일 NPN형 BJT로 취급될 수 있는 달링턴 쌍이다.

㉱ AB급 바이어스하기 위해서는 $V_{BE} = V_{BE1} + V_{BE2}$의 전압이 필요하다.

㉲ 전류 증폭률은 $\beta_o \simeq \beta_{o1}\beta_{o2}$이다.

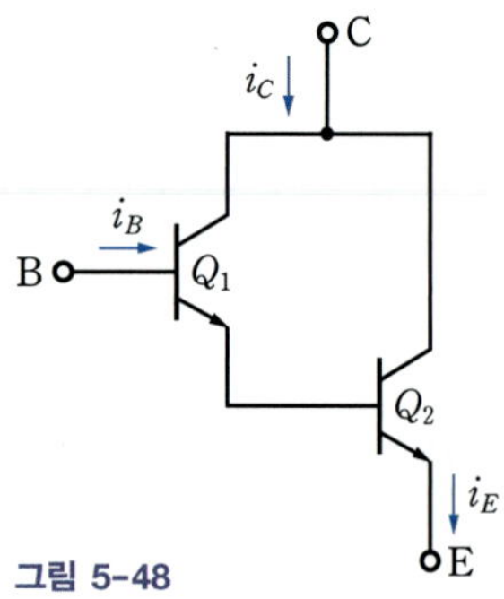

그림 5-48

5.24 다음 설명 중 맞는 것은? HINT 5.6절

㉮ 열저항 thermal resistance의 단위는 $W/℃$이다.

㉯ 소자의 열저항이 작을수록 허용 가능한 최대 전력소비가 작다.

㉰ 트랜지스터의 케이스와 방열기구 사이의 온도 차이는 전력소모 P_D에 비례하고, 케이스와 방열기구 사이의 열저항 θ_{CS}에 반비례한다.

㉱ 전력경감 곡선의 기울기가 작을수록 소자의 열저항이 작다.

㉲ 전력소모가 큰 증폭기 회로의 과열을 방지하기 위해서는 소자의 전력경감 곡선 기울기가 큰 값을 갖도록 해야 한다.

5.25 어떤 소자의 열저항은 [표 5-2]와 같다. 방열기구가 부착된 상태에서 소자의 접합에서 방열기구까지의 총 열저항은 얼마인가? HINT 5.6절

㉮ 2.55 ℃/W ㉯ 6.25 ℃/W

㉰ 30.0 ℃/W ㉱ 34.45 ℃/W

㉲ 28.95 ℃/W

표 5-2

접합-케이스 사이의 열저항	$\theta_{JC} = 1.8℃/W$
케이스-대기 사이의 열저항	$\theta_{CA} = 28.2℃/W$
케이스-방열기구 사이의 열저항	$\theta_{CS} = 0.75℃/W$
방열기구-대기 사이의 열저항	$\theta_{SA} = 3.7℃/W$

5.26 어떤 소자의 열저항은 [표 5-2]와 같다. 방열기구가 부착된 상태에서 소자의 접합에서 대기까지의 총 열저항은 얼마인가? HINT 5.6절

㉮ 2.55 ℃/W ㉯ 6.25 ℃/W ㉰ 30.75 ℃/W

㉱ 34.45 ℃/W ㉲ 28.95 ℃/W

5.27 어떤 소자의 열저항이 [표 5-2]와 같다. 방열기구를 부착한 경우에 대기온도 $T_A = 40℃$에서 허용 가능한 최대 소비전력은 얼마인가? 단, 소자의 최대 접합온도는 $T_{J,\max} = 220℃$이다. HINT 5.6절

㉮ 5.22W ㉯ 6W ㉰ 14.4W

㉱ 28.8W ㉲ 70.59W

5.28 [그림 5-49]의 전력경감 곡선을 갖는 소자의 접합과 대기 사이의 열저항 θ_{JA}는 얼마인가? 단, 주위의 온도는 25℃이고, 기타의 영향은 무시한다. HINT 5.6절

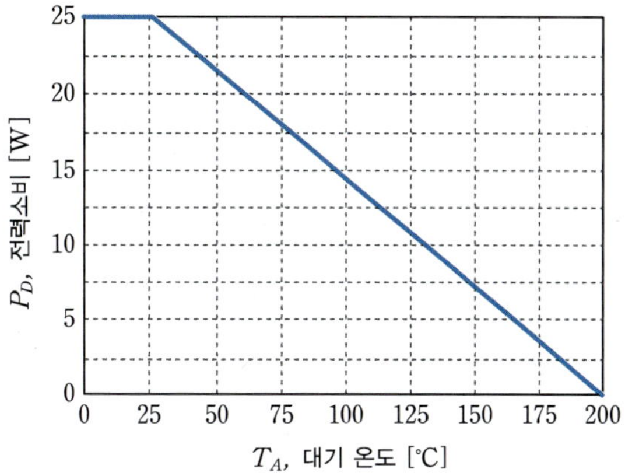

그림 5-49

㉮ 175℃/W ㉯ 0.14℃/W ㉰ 1℃/W
㉱ 3.5℃/W ㉲ 7.0℃/W

5.29 BJT의 전력경감 곡선이 [그림 5-49]와 같은 경우에, 대기 온도 $T_A = 41℃$에서 허용 가능한 최대 소비전력은 얼마인가? HINT 5.6절

㉮ 0W ㉯ 2.86W ㉰ 22.7W ㉱ 25W ㉲ 28.57W

5.30 BJT의 전력경감 곡선이 [그림 5-49]와 같은 경우에, BJT가 $P_D = 15\,\mathrm{W}$의 전력을 소비할 때 트랜지스터 접합의 온도는 얼마인가? HINT 5.6절

㉮ 25℃ ㉯ 95℃ ㉰ 105℃ ㉱ 130℃ ㉲ 200℃

5.31 심화 [그림 5-50]의 회로에 대해 답하라. 단, $R_D = 10\,\mathrm{k\Omega}$이고, MOSFET의 전달컨덕턴스는 $g_m = 12\,\mathrm{mA/V}$이다.

(a) 단일종단 single ended 출력 $v_o = v_{o2} - v_{o1}$에 대한 공통모드 제거비 $CMRR > 80\,\mathrm{dB}$를 만족하기 위해 정전류원 I_{SS}의 출력저항 R_O는 얼마 이상 되어야 하는가?

(b) 공통모드 제거비($CMRR$)를 크게 만들기 위한 방안 2가지를 설명하라.

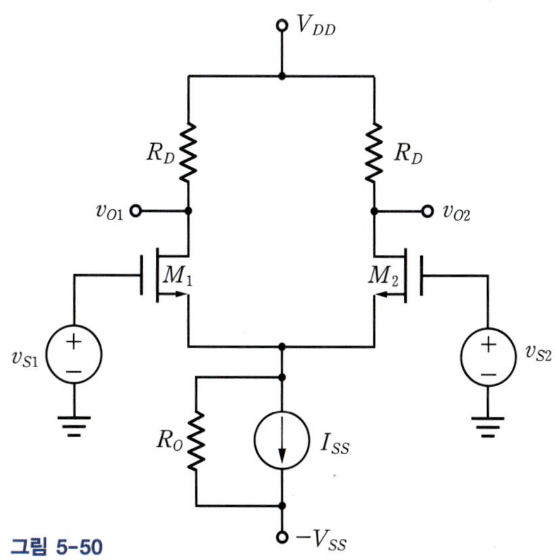

그림 5-50

5.32 심화 [그림 5-51]의 차동증폭기에서 컬렉터 저항 R_C가 ΔR_C만큼 오차를 갖는다. 출력 $v_O = v_{O1} - v_{O2}$에 대한 차동모드 이득 A_{dm}, 공통모드 이득 A_{cm}을 구하라. 단, BJT의 얼리 전압은 $V_A = \infty$로 가정한다.

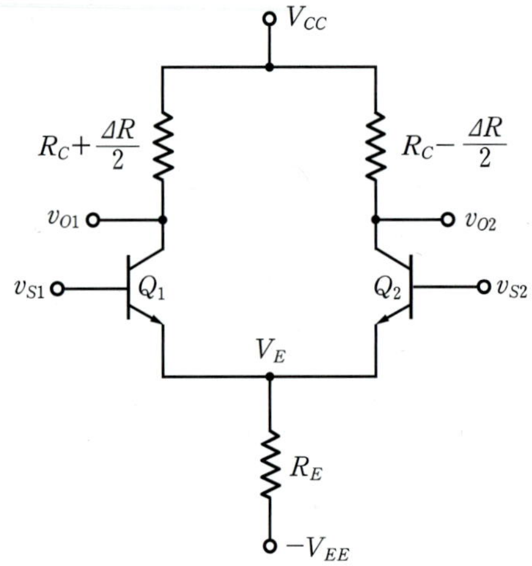

그림 5-51

5.33 심화 [그림 5-52]의 MOSFET 차동증폭기에서 출력 v_O에 대한 차동모드 이득 $A_{dm,vo}$, 공통모드 이득 A_{cm}, 그리고 $CMRR$을 구하라. 단, MOSFET M_1, M_2, M_3, M_4는 특성이 동일하며, $K_n = 0.5\text{mA/V}^2$, $r_d = 200\text{k}\Omega$이다. 정전류원은 $I_{SS} = 0.5\text{mA}$, 출력저항은 $R_O = 150\text{k}\Omega$이다.

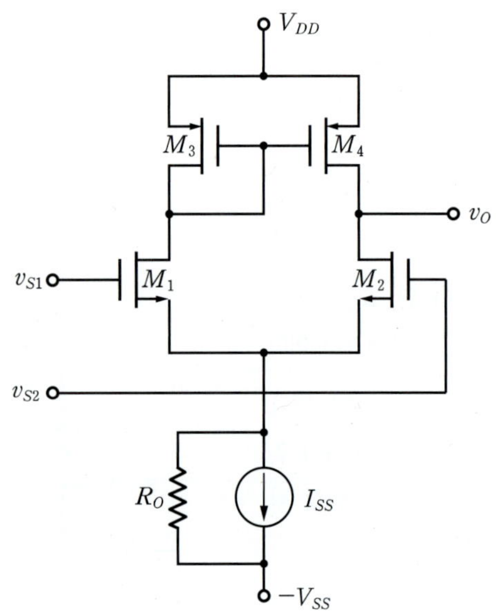

그림 5-52

5.34 심화 [그림 5-53]의 회로에서 MOSFET의 전달컨덕턴스 g_m이 $\triangle g_m$ 만큼 불일치 mismatch 한다. $\triangle g_m$이 g_m의 1%인 경우에 출력 $v_o = v_{o1} - v_{o2}$에 대한 차동모드 이득 A_{dm}, 공통모드 이득 A_{cm}, 그리고 $CMRR$을 구하고, $\triangle g_m = 0$인 경우와 비교하여 $\triangle g_m$의 영향을 설명하라. 단, MOSFET의 파라미터는 $g_m = 0.2\text{mA/V}$, $V_{Th} = 1\text{V}$, $\lambda = 0$이며, $R_D = 50\text{k}\Omega$이고 정전류원의 출력저항은 $R_O = 1.2\text{M}\Omega$이다.

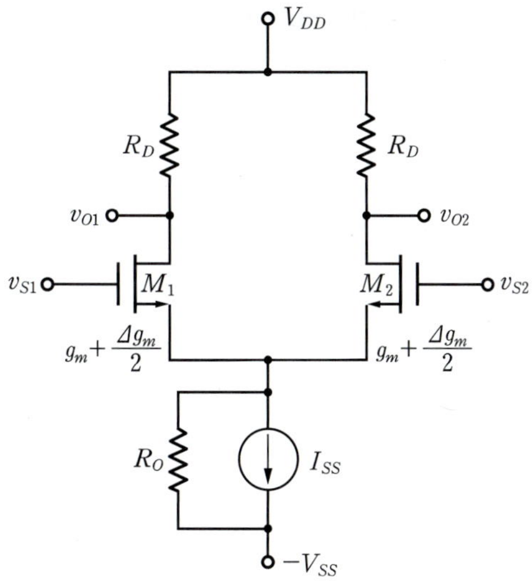

그림 5-53

5.35 심화 [그림 5-54]의 공통컬렉터 증폭기가 $R_L = 8\Omega$의 부하에 진폭 0.6V의 정현파를 공급하는 경우의 전력효율을 구하라. 단, $V_{CC} = 2\text{V}$이고 $I_{EE} = 70\text{mA}$이다.

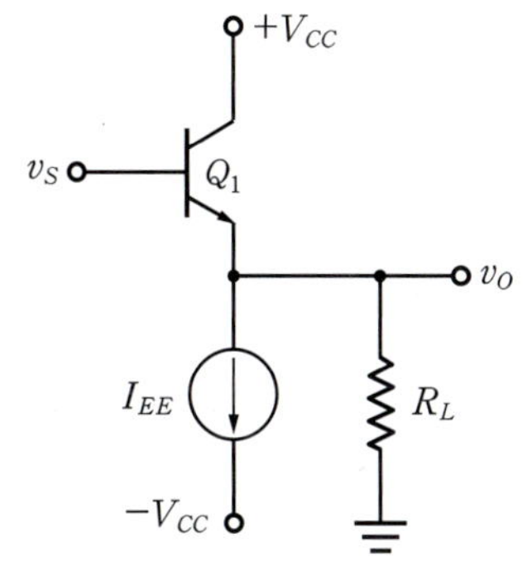

그림 5-54

5.36 심화 [그림 5-55]의 증폭기가 부하 $R_L = 6[\Omega]$에 최대 평균전력 $\overline{P_{L,\max}} = 10\text{W}$을 공급해야 한다. 단, BJT Q_n, Q_p는 B급 바이어스되어 있다.

(a) 출력 v_O의 최대 진폭이 $V_{om,\max} = 0.8V_{CC}$가 되도록 설계하는 경우에, 전원전압 V_{CC}는 얼마 이상 되어야 하는가?

(b) 문제 (a)의 조건을 적용하는 경우에, 회로의 최대 전력변환 효율 $\eta_{\max}$을 구하라.

(c) BJT Q_n과 Q_p의 정격 전력 $P_{TR,rated}$은 얼마 이상이 되어야 하는가?

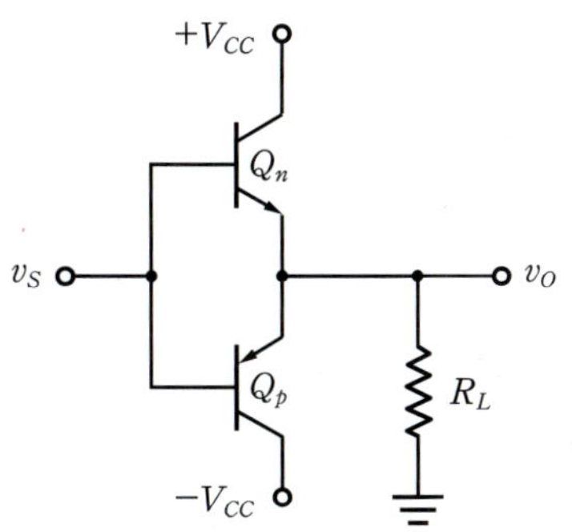

그림 5-55

5.37 심화 **[그림 5-56] 회로에서 MOSFET는 드레인 전류 $I_{DQ}=20\text{mA}$로 A급 바이어스되어 있으며, $R_D=0.25\text{k}\Omega$ 이고, $V_{DD}=10\text{V}$이다.**

(a) [그림 5-56(a)] 회로에서, MOSFET의 드레인 전류, 드레인-소오스 전압, 전력소모의 정격값 $I_{D,\max}$, $V_{DS\max}$, $P_{D,\max}$를 각각 구하라.

(b) [그림 5-56(a)] 회로에서, 출력 v_o의 진폭이 $v_{om}=3\text{V}$인 경우에 전력효율 η를 구하라.

(c) [그림 5-56(a)] 회로의 MOSFET는 [그림 5-56(b)]의 전력경감 곡선을 가지며, $P_{D,\max}(T_{C0})=40[\text{W}]$이다.

① 접합-케이스 사이의 열저항 θ_{JC}를 구하라.

② MOSFET가 방열기구를 부착한 상태로 대기온도 $T_A=35[℃]$에서 25[W]의 전력을 소비하기 위해 방열기구-대기 사이의 열저항 θ_{SA}는 얼마 이하가 되어야 하는가? ①에서 구한 θ_{JC} 값을 이용하며, 케이스-방열기구 사이의 열저항은 $\theta_{CS}=1.2[℃/\text{W}]$이다.

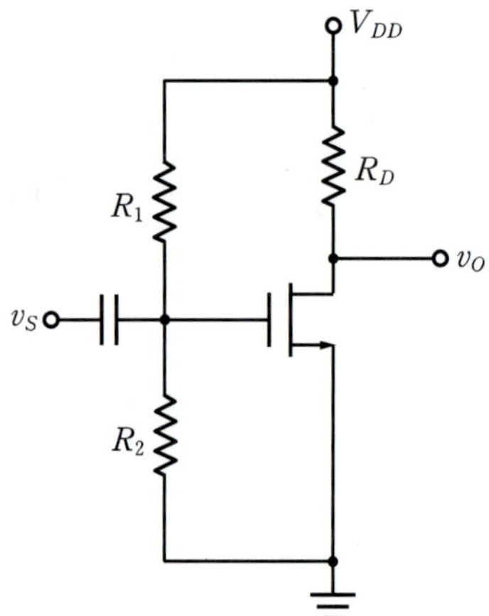

(a)

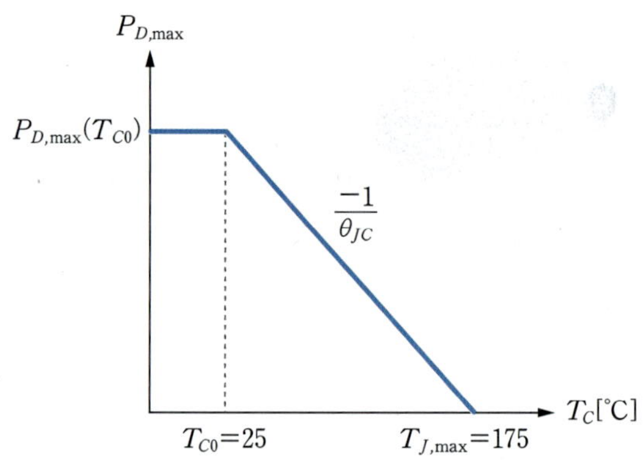

(b)

그림 5-56

5.38 심화 **BJT 푸시-풀 증폭기에서 Q_n과 Q_p의 정격 전력은 각각 2W이다. 트랜지스터의 전력소비가 최대일 때, $R_L=8\Omega$의 부하에 공급되는 전력을 구하라.**

5.39 심화 **$\theta_{JC}=1.8℃/\text{W}$이고 $\theta_{CS}=0.6℃/\text{W}$인 MOSFET에 $\theta_{SA}=2.5℃/\text{W}$인 방열기구가 부착되어 있다. $I_D=4.2\text{A}$, $V_{DS}=5\text{V}$인 경우에, 대기온도 $T_A=27℃$에서 접합온도 T_J, 케이스 온도 T_C, 그리고 방열기구의 온도 T_S를 구하라.**

5.40 심화 **$P_{D0}=50\text{W}$, $T_{J,\max}=200℃$인 소자가 방열기구를 부착하고 대기온도 $T_A=30℃$에서 안전하게 소비할 수 있는 최대 전력은 얼마인가? 단, $\theta_{CS}=0.5℃/\text{W}$, $\theta_{SA}=1.5℃/\text{W}$이다.**

CHAPTER

06

귀환증폭기

Feedback Amplifier

학습목표

- 귀환의 기본 개념과 부귀환에 의해 나타나는 특성을 이해한다.
- 귀환증폭기의 네 가지 구조와 폐루프 이득, 입력저항과 출력저항 특성을 이해한다.
- 귀환증폭기의 해석 방법과 과정을 이해한다.
- 귀환증폭기의 안정도 판별 방법을 이해한다.

6장 귀환증폭기

6.1 기초 다지기	6.2 귀환증폭기의 구조 및 특성	6.3 귀환증폭기 해석	6.4 귀환증폭기의 안정도 판별
귀환이란?	귀환증폭기의 네 가지 형태	직렬-병렬 귀환증폭기	나이퀴스트 판별법
증폭기에 부귀환을 사용하는 이유	귀환증폭기의 입력 및 출력저항	병렬-직렬 귀환증폭기	이득여유와 위상여유
귀환증폭기의 일반적인 모델		직렬-직렬 귀환증폭기	
부귀환을 통해 얻어지는 특성		병렬-병렬 귀환증폭기	

PSPICE 시뮬레이션 실습

증폭기의 출력전압이나 전류의 일부 또는 전부를 입력 쪽으로 되돌려서 증폭기 특성을 변경시키는 회로를 귀환증폭기라고 한다. 이 책의 2장과 3장에서 학습한 이미터 저항을 갖는 공통이미터 증폭기와 소오스 저항을 갖는 공통소오스 증폭기는 동작점 안정화를 위해 부귀환을 포함하고 있다. 또한 공통컬렉터 증폭기와 공통드레인 증폭기의 입출력 저항 특성은 회로에 포함된 부귀환 작용에 의해 나타나는 것이다. 부귀환 개념은 7장에서 다루는 연산증폭기 회로에도 적용되며, 또한 대부분의 아날로그 회로에 부귀환이 사용되므로 부귀환의 개념과 특성에 대해 명확하게 이해해야 한다. 정귀환은 발진기 및 파형 발생기 회로의 기본 동작 원리가 되며, 이에 관해서는 8장에서 상세히 다룰 것이다.

이 장에서는 증폭기에 적용되는 부귀환의 개념과 부귀환 증폭기가 갖는 여러 가지 특성을 알아보고, 4가지 부귀환 증폭기 회로의 예와 해석 방법에 대해 다룬다. 또한 귀환증폭기의 안정도 판별과 보드 선도를 이용한 이득여유와 위상여유 구하는 방법을 다룬다.

❶ 귀환증폭기의 일반적인 모델
❷ 부귀환을 통해 얻어지는 특성
❸ 귀환증폭기의 4가지 형태에 따른 폐루프 이득 및 입·출력 임피던스
❹ 귀환증폭기 회로 해석
❺ 귀환증폭기의 안정도 판별
❻ 귀환증폭기의 PSPICE 시뮬레이션

6장 핵심요약

SECTION 6.1

기초 다지기

미국의 전기공학 엔지니어 해럴드 블랙Harold Stephen Black에 의해 1927년에 발명된 부귀환이라는 개념은 오늘날의 아날로그/디지털 회로 및 시스템에 거의 필수적으로 사용되고 있다. 물론, 이 책에서 다루고 있는 전자회로에서도 다양한 목적을 위해 귀환이 적용된다. 이 절에서는 귀환증폭기 회로를 해석하고 설계할 때 기초가 되는 귀환의 기본 개념을 소개한다. 귀환이란 무엇이며, 증폭기 회로에 어떤 영향을 미치는지, 부귀환을 통해 얻어지는 이점 등에 대해 소개한다. 특히 6.1.3절에서 설명되는 귀환증폭기의 일반적인 모델은 6장의 나머지 부분 전체에 걸쳐 적용되므로 잘 이해해둘 필요가 있다.

6.1.1 귀환이란?

정귀환과 부귀환을 구분하는 기준은 무엇이며, 각각 어떤 목적으로 사용되는가?

귀환feedback 또는 되먹임이란, 어떤 시스템의 출력 중 일부 또는 전부를 입력 쪽으로 되돌려 외부신호와 합쳐서 그 시스템의 특성을 변경시키거나 제어하는 과정이다. 우리가 사용하는 제어, 전자 시스템 대부분은 귀환을 포함한다. 자동 온도조절 기능이 있는 에어컨과 보일러, 호르몬을 이용하여 생물학적인 조절을 하는 사람의 몸은 흔히 볼 수 있는 귀환 시스템이다. 또한 2.4절과 3.4절에서 설명한 공통이미터(공통소오스) 증폭기에 이미터(소오스) 저항을 추가하여 동작점을 안정시키는 것도 귀환 시스템의 한 예이다.

귀환은 정귀환positive feedback과 부귀환negative feedback으로 나뉘며, 전자회로 측면에서 다음과 같이 구분된다.

■ 정귀환

[그림 6-1(a)]에서 보는 바와 같이, 입력으로 되돌려지는 귀환신호(전류 또는 전압)의 위상이 외부에서 인가되는 입력신호(전류 또는 전압)의 위상과 동일하여 이들 두 신호가 더해져서 증폭되는 방식이다. 8장에서 다룰 슈미트 트리거Schmitt trigger, 발진기oscillator 등의 회로에 정귀환이 사용된다.

■ 부귀환

[그림 6-1(b)]에서 보는 바와 같이, 입력으로 되돌려지는 귀환신호(전류 또는 전압)의 위상이 외부에서 인가되는 입력신호의 위상과 반대가 되어, 이들 두 신호의 차가 증폭되는 방식이다. 일반적으로 증폭기 회로에서 동작점의 안정화, 입력 및 출력 임피던스 조정, 주파수 특성 개선, 잡음의 영향 제거 등 증폭기의 특성을 개선하기 위해 부귀환이 사용된다.

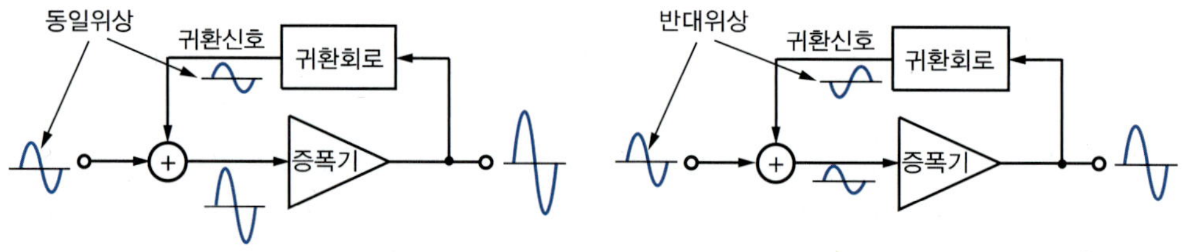

(a) 정귀환 (b) 부귀환

그림 6-1 귀환의 두 가지 형태

여기서 잠깐 ▸ 귀환의 역사

귀환이라는 개념은 1900년대 초 미국에서 유선전화가 보급되기 시작하면서부터 태동되었다. 당시 미국의 동부와 서부를 연결하는 4,200여 km에 이르는 전화망을 가설하면서, 긴 선로 길이에 의한 신호감쇠를 방지하기 위해 신호증폭용 중계기 repeater를 설치하게 되었다. 그러나 증폭기의 이득이 불안정하고 잡음이 심해, 이를 해결할 방안을 연구하던 중 웨스턴 전기회사 Western Electric Company의 해럴드 블랙 Harold S. Black, 1898~1983이 부귀환 개념을 발명했고, 1928년에 공식적으로 특허를 인정받았다. 그 후 귀환은 증폭기뿐만 아니라 각종 전자기기 및 시스템 제어에 폭넓게 적용되고 있다.

여기서 잠깐 ▸ 정귀환 작용에 의한 하울링 현상

[그림 6-2]와 같이 마이크, 앰프(증폭기), 스피커로 구성되는 시스템이 있다. 앰프에 연결된 스피커의 출력음이 마이크로 되돌아와서 앰프로 증폭되고, 그 출력이 스피커를 통해 다시 마이크로 되돌아가는 과정이 되풀이되면 '삐' 하는 발진음이 발생하는데, 이를 하울링 howling이라고 한다. 이는 마이크-앰프-스피커 사이의 정귀환 작용에 의한 현상이다.

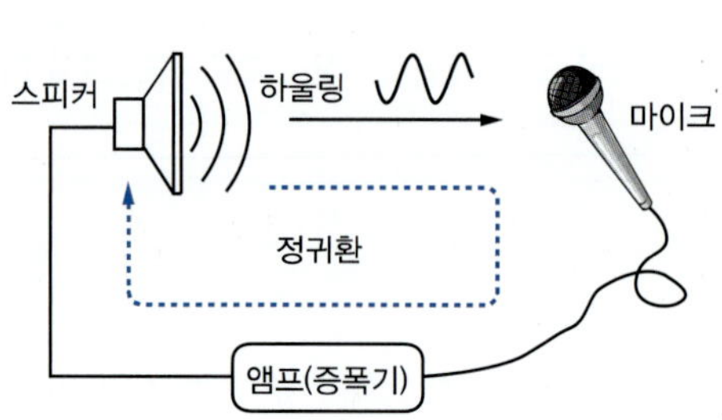

그림 6-2 정귀환 작용에 의한 하울링 현상

6.1.2 증폭기에 부귀환을 사용하는 이유

증폭기 회로에서 부귀환 작용은 어떤 과정으로 일어나는가?

증폭기에 부귀환을 사용하는 이유에 대해 공통이미터 증폭기를 예로 들어 생각해보자. [그림 6-3(a)]의 기본적인 공통이미터 증폭기 회로에는 출력전압 또는 전류가 입력(베이스)으

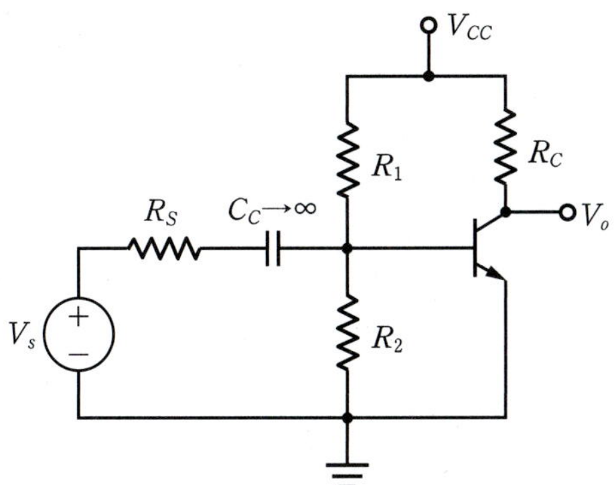

(a) 귀환을 갖지 않는 공통이미터 증폭기

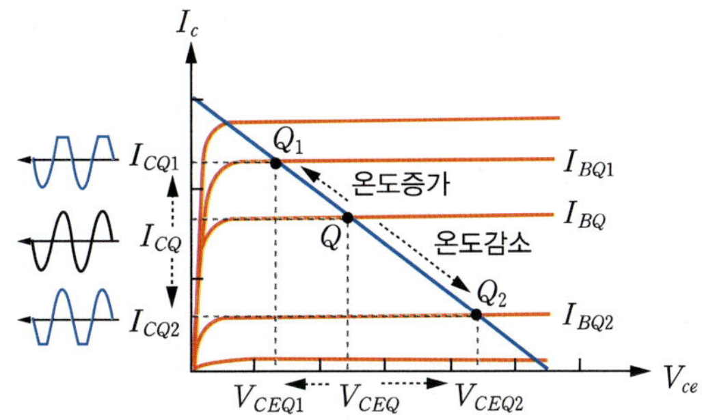

(b) BJT의 온도변화에 따른 동작점 불안정

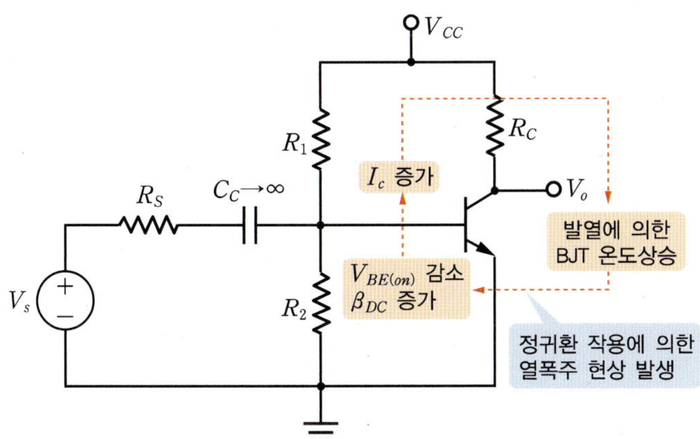

(c) 정귀환 작용에 의한 열폭주 현상

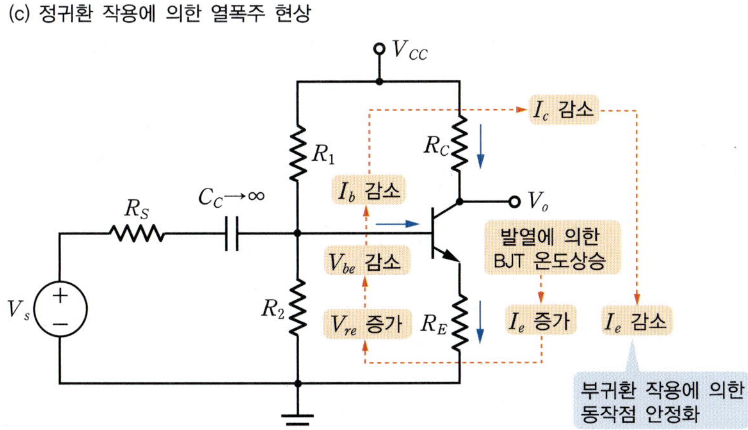

(d) 이미터 저항 R_E에 의한 부귀환 작용

그림 6-3 공통이미터 증폭기에 부귀환을 사용하는 이유

로 되돌아가는 경로가 없으므로 귀환이 포함되어 있지 않다.

BJT는 내부에서 소비되는 전력에 의해 열이 발생되어 소자의 온도가 상승한다. 온도가 상승하면 베이스-이미터 접합의 커트-인cut-in 전압 $V_{BE(on)}$이 감소하여 베이스 전류가 $I_{BQ} \rightarrow I_{BQ1}$으로 증가하고, 그로 인해 동작점이 변한다. [그림 6-3(b)]와 같이 소자의 온도가 증가하면 동작점이 $Q \rightarrow Q_1$으로 변하고, 컬렉터 바이어스 전류는 $I_{CQ} \rightarrow I_{CQ1}$으로, 컬렉터-이미터 바이어스 전압은 $V_{CEQ} \rightarrow V_{CEQ1}$으로 변한다. 이와 같이 소자의 온도 변화에 따라 동작점이 변하면, 심한 경우 증폭기 출력파형에 왜곡이 발생할 수 있다.

또한 [그림 6-3(c)]와 같이 BJT 소자의 온도가 상승할수록 커트-인 전압 $V_{BE(on)}$은 감소하고, β_{DC}는 증가하여 컬렉터 전류 I_C가 증가한다. I_C의 증가는 소자 내부의 전력소비를 증가시켜 온도를 더욱 상승시키고, 그로 인해 컬렉터 전류가 더욱 증가하는 정귀환 작용에 의해 **열폭주**thermal runaway **현상**이 발생한다. 이런 상태가 오랫동안 지속되면 BJT 소자에 치명적인 손상을 줄 수 있다.

귀환을 갖지 않는 증폭기의 단점을 개선하기 위해 [그림 6-3(d)]와 같이 이미터에 저항 R_E를 추가하여 부귀환을 인가하는 방법을 사용한다. 부귀환 작용의 원리는 다음과 같다.

- 온도 증가 → BJT의 $V_{BE(on)}$ 감소, β_{DC} 증가 → 이미터 전류 I_E 증가
  → 이미터 저항 R_E에 걸리는 전압 V_{RE} 증가 → 베이스-이미터 전압 V_{BE} 감소
  → 베이스 전류 I_B 감소 → 컬렉터 전류 I_C 감소 → 이미터 전류 I_E 감소
  ∴ 부귀환 작용에 의해 증폭기의 동작점이 안정화된다.

지금까지 공통이미터 증폭기를 예로 들어 부귀환이 필요한 이유 중 하나를 살펴보았다. 부귀환은 증폭기의 동작점 안정화, 입력 및 출력 임피던스 조정, 주파수 특성 개선, 잡음 특성 개선 등 다양한 목적을 위해 사용되는데, 이에 대해서는 6.1.4절과 6.2.2절에서 자세하게 살펴볼 것이다.

6.1.3 귀환증폭기의 일반적인 모델

귀환증폭기의 폐루프 이득과 귀환율은 어떤 관계를 갖는가?

[그림 6-4]는 귀환증폭기(또는 시스템)의 일반적인 구조를 나타내며, 크게 다음과 같은 네 가지 요소로 구성된다. 여기서 신호 X는 전압(V) 또는 전류(I)를 나타낸다.

- 개방루프 이득open-loop gain A를 갖는 기본 증폭기
- 출력신호에서 귀환될 신호를 추출하는 샘플링 회로
- 귀환신호를 증폭기의 입력단으로 보내는 귀환회로
- 외부의 입력신호와 귀환신호를 더하는 합(合) 회로

이상적인 귀환 시스템은 일반적으로 다음과 같은 가정을 전제로 한다. 실제로 이들 가정으로 인한 오차는 비교적 크지 않으므로, 귀환증폭기의 해석에 다음 두 가정을 적용한다.

- 기본 증폭기(즉, 귀환회로가 포함되지 않는 증폭기)는 순방향(입력 → 출력)으로만 신호를 전달한다. 역방향(출력 → 입력)으로 전달되는 신호는 무시할 수 있을 정도로 작다.
- 귀환회로는 역방향(출력 → 입력)으로만 신호를 전달한다. 귀환회로에 의해 순방향(입력 → 출력)으로 전달되는 신호는 무시할 수 있을 정도로 작다.

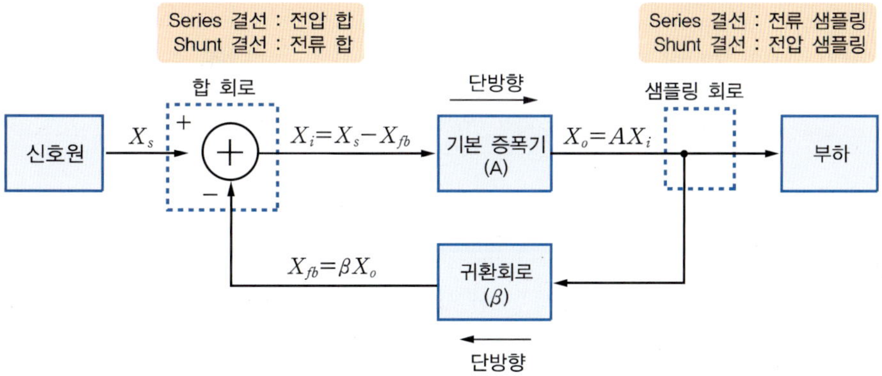

그림 6-4 귀환증폭기의 일반적인 구조

앞에서 설명한 이상적인 경우를 가정하여 귀환증폭기의 전달함수와 파라미터를 정의해보자. [그림 6-4]에서 출력신호 X_o와 귀환신호 X_{fb}의 비ratio를 **귀환율**feedback factor이라고 하며, 식 (6.1)과 같이 정의한다.

$$\beta \equiv \frac{X_{fb}}{X_o} \tag{6.1}$$

귀환율 β는 출력신호 중 입력으로 되돌려지는 비율을 나타내며, β가 클수록 귀환이 많이 일어남을 의미한다.[1] [그림 6-4]로부터 귀환증폭기의 전달함수를 구하면 다음과 같다.

$$A_f \equiv \frac{X_o}{X_s} = \frac{A}{1 + A\beta} \tag{6.2}$$

1 BJT의 순방향 전류이득 β_o와 귀환율 β를 혼동하지 않도록 주의하자.

이때 A_f를 귀환증폭기의 **폐루프 이득** closed-loop gain이라고 한다. $A\beta$는 **루프이득** loop gain이라고 하며, [그림 6-4]에서 기본 증폭기의 입력 X_i가 기본 증폭기와 귀환회로로 구성되는 폐루프를 거치면서 얻는 이득을 나타낸다. 부귀환 증폭기에서는 $A\beta > 0$, 정귀환 증폭기에서는 $A\beta < 0$이 된다. 식 (6.2)에서 $A\beta \gg 1$이면, 귀환증폭기의 폐루프 이득을 다음과 같이 근사화할 수 있다.

$$A_f \simeq \frac{1}{\beta} \tag{6.3}$$

Q 식 (6.3)은 회로 해석 및 설계에 어떻게 적용되는가?

A 기본 증폭기의 이득(즉, 개방루프 이득)을 구할 필요 없이 귀환율 β로부터 폐루프 이득의 근삿값을 직접 구할 수 있다.
→ 귀환증폭기의 해석 및 설계가 매우 단순화된다.

핵심포인트 **귀환증폭기의 폐루프 이득**

- 귀환증폭기의 폐루프 이득은 근사적으로 기본 증폭기의 개방루프 이득과 무관한 특성을 가지며, 귀환율 β에 의해 결정된다.
- 부귀환에 의해 기본 증폭기 특성의 영향이 무시될 수 있을 정도로 작아지고, 귀환율에 의해 결정되는 안정된 폐루프 이득을 가지며, 이는 부귀환이 갖는 중요한 장점 중 하나이다.

예제 6-1

[그림 6-5]의 회로에서 귀환율 β와 루프이득 $A\beta$를 구하라. 또한 식 (6.2)와 식 (6.3)에 의한 폐루프 이득을 각각 구하고, 값을 비교하라. 단, 연산증폭기의 개방루프 이득은 $A = 100{,}000\text{V/V}$이고, $R_1 = 2\text{k}\Omega$, $R_2 = 30\text{k}\Omega$이다.

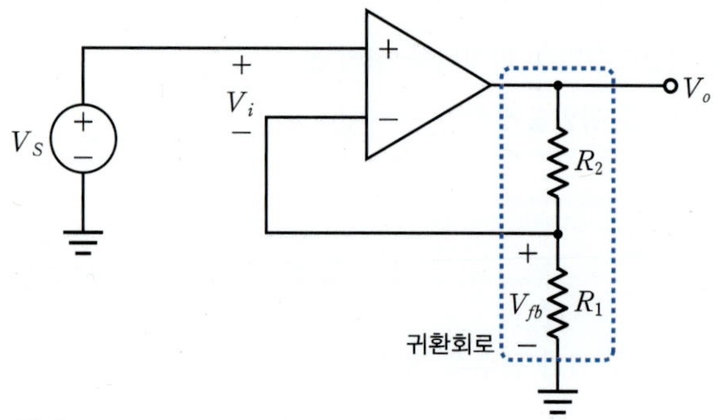

그림 6-5

풀이

[그림 6-5]의 회로에서 출력전압 V_o가 저항 R_1과 R_2를 통해 연산증폭기의 반전입력단자로 되돌려지므로 부귀환이 존재한다(참고로, 연산증폭기의 반전단자 입력신호와 출력신호는 서로 반전위상을 갖는다. 7.1.1절 참조). 따라서 저항 R_1에 걸리는 전압이 귀환신호 V_{fb}가 된다.

그림에서 $V_{fb} = \dfrac{R_1}{R_1 + R_2} V_o$ 이며, 식 (6.1)~ 식 (6.3)으로부터 귀환율 β와 루프이득 $A\beta$, 폐루프 이득 A_f와 근사화한 폐루프 이득 값을 구하면 다음과 같다.

- 귀환율 : $\beta \equiv \dfrac{V_{fb}}{V_o} = \dfrac{R_1}{R_1 + R_2} = \dfrac{2}{2+30} = 0.0625\text{V/V}$
- 루프이득 : $A\beta = 10^5 \times 0.0625 = 6.25 \times 10^3 \text{V/V}$
- 폐루프 이득 : $A_f = \dfrac{V_o}{V_s} = \dfrac{A}{1+A\beta} = \dfrac{10^5}{1+6.25\times 10^3} = 15.997\text{V/V}$
- 근사화한 폐루프 이득 : $A_f \simeq \dfrac{1}{\beta} = 1 + \dfrac{R_2}{R_1} = 1 + \dfrac{30}{2} = 16\text{V/V}$

개방루프 이득이 $A = 100{,}000$ 으로 매우 큰 값을 가지므로 식 (6.2)의 폐루프 이득과 식 (6.3)의 근사화한 폐루프 이득이 거의 같다. 오차는 0.02% 미만이며, 무시할 수 있을 정도로 작다.

확인문제 6-1

개방루프 이득이 $A = 50{,}000\text{V/V}$ 인 기본 증폭기에 부귀환을 걸어 폐루프 이득 $A_f = 25\text{V/V}$ 인 귀환증폭기를 설계하고자 한다. 귀환율 β를 얼마로 정해야 하는가?

답 $\beta = 0.03998 \simeq 0.04\text{V/V}$

확인문제 6-2

귀환율이 $\beta = 0.025$ 인 부귀환 증폭기의 폐루프 이득 A_f는 얼마인가? 단, 개방루프 이득은 $A = 120{,}000\text{V/V}$ 이다.

답 $A_f = 39.987 \simeq 40\text{V/V}$

6.1.4 부귀환을 통해 얻어지는 특성

증폭기 회로에 부귀환을 인가하면 어떤 장점과 단점이 얻어지는가?

증폭기에 부귀환을 걸면 여러 가지 측면에서 증폭기의 특성이 변하게 된다. 예를 들면 6.1.2절에서 설명한 것처럼 증폭기의 동작점이 안정되어 안정된 이득을 얻을 수 있으며, 입력과 출력 저항이 증가 또는 감소하고, 증폭기의 대역폭이 넓어지며, 선형으로 동작하는 범위가 넓어지고, 잡음의 영향이 감소하는 등의 장점이 얻어진다. 반면, 부귀환에 의해 폐루프 이득이 감소하고, 증폭기가 불안정해져 발진 또는 발산할 수 있다는 단점도 있다.

▪ 부귀환에 의한 폐루프 이득의 둔감도 증가

식 (6.3)에서 알 수 있듯이, 부귀환을 갖는 증폭기의 폐루프 이득은 기본 증폭기의 특성 변화로 인한 영향이 무시될 수 있을 정도로 작아져서 안정된 값을 갖는다. 기본 증폭기를 구성하는 BJT, MOSFET, 연산증폭기 등은 소자의 특성과 온도 등의 변화에 민감하게 영향을 받으나, 귀환회로는 일반적으로 수동소자로만 구성되므로 안정된 폐루프 이득을 얻을 수 있다.

부귀환에 의해 폐루프 이득이 안정화되는 정도(즉, 소자의 특성, 온도 등의 변화에 영향을 받지 않는 정도)를 **둔감도** gain desensitivity로 표현한다. 귀환회로의 β가 고정된 값을 갖는다는 가정하에, 식 (6.2)를 개방루프 이득 A에 대해 미분하여 정리하면 다음 식을 얻는다.

$$\frac{dA_f}{A_f} = \frac{1}{(1+A\beta)}\frac{dA}{A} \tag{6.4}$$

여기서 $\frac{dA_f}{A_f}$와 $\frac{dA}{A}$는 각각 폐루프 이득과 개방루프 이득의 퍼센트 변화 percent change를 나타낸다. 부귀환 증폭기에서 $A\beta > 0$이므로 $\frac{dA_f}{A_f} < \frac{dA}{A}$가 된다.

핵심포인트 **귀환율이 폐루프 이득의 둔감도에 미치는 영향**

- **식 (6.4)의 의미** : 부귀환 증폭기의 폐루프 이득은 개방루프 이득에 비해 소자의 특성과 온도 등의 변화에 의한 영향을 적게 받아 둔감도가 크다. 귀환율 β가 클수록(즉, 귀환이 많을수록) 폐루프 이득의 퍼센트 변화가 작아진다.
- **식 (6.4)의 응용** : 소자의 특성과 온도 등의 변화에 의한 영향을 최소화하여 안정된 폐루프 이득을 얻기 위해서는 귀환율 β를 크게 만든다.

예제 6-2

[예제 6-1]의 회로에서 연산증폭기의 개방루프 이득 $A = 100{,}000$이 50% 변하는 경우에 폐루프 이득의 퍼센트 변화를 구하라.

풀이

[예제 6-1]에서 얻은 $A\beta = 6.25 \times 10^3$을 식 (6.4)에 대입하면

$$\frac{dA_f}{A_f} = \frac{1}{(1+A\beta)}\frac{dA}{A} = \frac{1}{1+6.25\times 10^3} \times \frac{0.5\times 10^5}{10^5} = 0.008\%$$

이므로, 개방루프 이득이 50% 변하면 폐루프 이득은 0.008% 변한다. 즉, 폐루프 이득이 개방루프 이득의 변화에 매우 둔감함을 알 수 있다. 이는 부귀환에 의해 얻어지는 중요한 특성 중 하나다.

■ 부귀환에 의한 대역폭의 증가

[그림 6-4]의 귀환증폭기 모델에서 개방루프 이득 A의 주파수 특성이 식 (6.5)와 같이 중대역 이득 A_0와 대역폭 f_h를 갖는다고 하자.

$$A(s) = \frac{A_0}{1 + s/w_h} \tag{6.5}$$

식 (6.5)를 식 (6.2)에 대입하여 정리하면, 귀환증폭기의 폐루프 이득의 주파수 특성은 식 (6.6)과 같이 표현된다.

$$A_f(s) = \frac{A_0/(1+A_0\beta)}{1+s/[(1+A_0\beta)w_h]} = \frac{A_{f0}}{1+s/w_H} \tag{6.6}$$

따라서 귀환증폭기의 폐루프 중대역 이득 A_{f0}와 대역폭 f_H는 각각 식 (6.7), 식 (6.8)과 같이 정의된다. 부귀환 증폭기의 대역폭 f_H는 개방루프 대역폭 f_h에 비해 $(1+A_0\beta)$배 커짐을 알 수 있다. 즉, 부귀환에 의해 증폭기의 대역폭이 커진다.

$$A_{f0} = \frac{A_0}{1+A_0\beta} \tag{6.7}$$

$$f_H = (1+A_0\beta)f_h \tag{6.8}$$

이로부터 식 (6.9)의 관계를 얻을 수 있다.

$$A_{f0}f_H = A_0 f_h \tag{6.9}$$

식 (6.9)는 폐루프 이득-대역폭 곱과 개방루프 이득-대역폭 곱이 같다는 것을 의미하며, 이는 [그림 6-6]에서 두 직사각형의 면적이 같음을 의미한다.

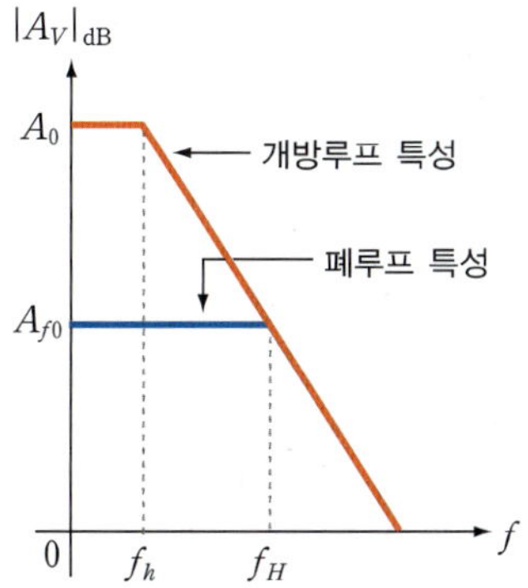

그림 6-6 개방루프 이득-대역폭과 폐루프 이득-대역폭의 관계

핵심포인트 **개방루프 이득-대역폭과 폐루프 이득-대역폭의 관계**

- **식 (6.7)의 의미** : 부귀환 증폭기의 폐루프 이득 A_{f0}는 개방루프 이득 A_0에 비해 $\frac{1}{(1+A_0\beta)}$배 작으며, 귀환율 β가 클수록 폐루프 이득이 작다. → 부귀환에 의해 나타나는 단점 중 하나이다.

- **식 (6.8)의 의미** : 부귀환 증폭기의 폐루프 대역폭 f_H는 개방루프 대역폭 f_h에 비해 $(1+A_0\beta)$배 크며, 귀환율 β가 클수록 폐루프 대역폭이 크다. → 부귀환에 의해 나타나는 장점 중 하나이다.
- **식 (6.9)의 응용** : 개방루프 이득 A_0와 대역폭 f_h를 알고 있으면, 폐루프 이득 A_{f0}를 갖는 귀환증폭기의 폐루프 대역폭 f_H를 구할 수 있다.

예제 6-3

[예제 6-1]의 회로에서 연산증폭기의 개방루프 중대역 이득이 $A_0 = 100{,}000$이고, 개방루프 대역폭이 $f_h = 10\text{Hz}$이다. 폐루프 중대역 이득이 $A_{f0} = 50\text{V/V}$인 경우의 폐루프 대역폭 f_H를 구하라.

풀이

$A_{f0} = 50$이므로 식 (6.9)로부터 다음과 같이 계산된다.

$$f_H = \frac{A_0 f_h}{A_{f0}} = \frac{10^6}{50} = 20\text{kHz}$$

확인문제 6-3

부귀환을 갖는 증폭기의 폐루프 대역폭이 $f_H = 0.8\text{MHz}$가 되려면 폐루프 중대역 이득 A_{f0}는 얼마 이하가 되어야 하는가? 단, 개방루프 이득-대역폭 곱은 $A_0 f_h = 60\text{MHz}$이다.

답 $A_{f0} \leq 75\text{V/V}$

■ 부귀환에 의한 신호 대 잡음 비 개선

증폭기에는 여러 가지 원인에 의해 잡음이 발생할 수 있으며, 발생된 잡음은 신호와 함께 증폭될 수 있다. 증폭기에서 발생하는 잡음 중 대표적인 것으로 전원잡음을 꼽을 수 있으며, 이는 부하에 큰 전류를 공급하는 출력단 전력 증폭기와 교류전원을 정류하여 증폭기의 DC 전원으로 사용하는 경우에 발생될 수 있다. 오디오 증폭기에서 '붕~' 하며 나는 소리인 **험 잡음**hum noise이 대표적인 전원잡음이다.

[그림 6-7(a)]는 귀환을 갖지 않는 증폭기 입력에 잡음 v_n이 존재하는 경우이다. 증폭기 이득이 A인 경우에 신호출력 S_o와 잡음출력 N_o의 비는 식 (6.10)과 같이 되어 신호와 잡음이 동일하게 증폭된다. 여기서 S_i와 N_i는 각각 신호입력과 잡음입력의 전력을 나타낸다.

$$(S/N)_o = \frac{S_o}{N_o} = \frac{Av_s}{Av_n} = \frac{S_i}{N_i} \tag{6.10}$$

여기서 잠깐 ▸ 신호 대 잡음 비(S/N)

신호전력과 잡음전력의 비ratio를 신호 대 잡음 비signal-to-noise ratio로 정의하며, 이를 줄여서 S/N으로 나타낸다. 일반적으로 S/N을 데시벨decibel로 표시하며, S/N이 클수록 증폭기가 잡음의 영향을 적게 받음을 의미한다.

[그림 6-7(b)]는 부귀환을 갖는 2단 증폭기 사이에 잡음 v_n이 존재하는 경우이다. 각 증폭단의 이득이 A_1, A_2라고 하면, 출력 S/N은 식 (6.11)과 같이 되어 첫째단 증폭기의 이득인 A_1배만큼 S/N이 개선된다.

$$(S/N)_o = \frac{S_o}{N_o} = \frac{A_1 A_2 v_s}{A_2 v_n} = A_1 \frac{S_i}{N_i} \tag{6.11}$$

[그림 6-7(b)]에서 $A_1 A_2 \beta \gg 1$인 경우의 출력전압은 (6.12)와 같이 근사될 수 있으며, 잡음 v_n이 $\frac{1}{A_1 \beta}$배 감소되어 출력에 나타난다. 식 (6.11)과 식 (6.12)로부터, 첫째단 증폭기의 이득 A_1이 클수록 잡음의 영향이 작아져 출력 S/N이 개선됨을 알 수 있다.

$$v_{oB} = \frac{A_1 A_2}{1 + A_1 A_2 \beta} v_s + \frac{A_2}{1 + A_1 A_2 \beta} v_n \simeq \frac{1}{\beta} v_s + \frac{1}{A_1 \beta} v_n \tag{6.12}$$

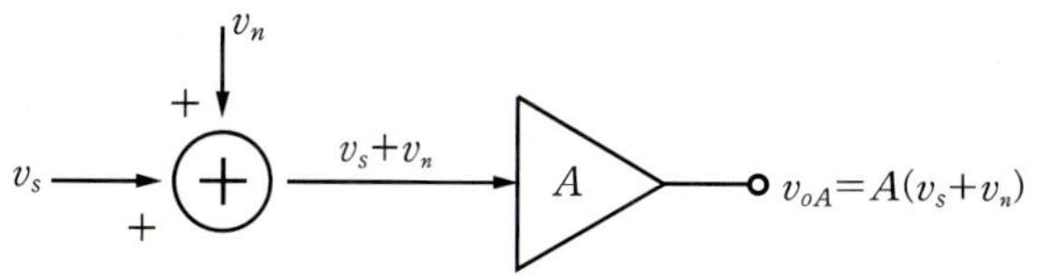

(a) 귀환을 갖지 않는 경우

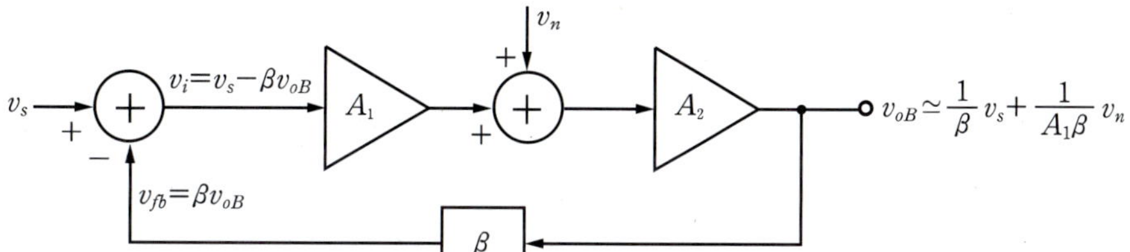

(b) 부귀환을 갖는 경우

그림 6-7 부귀환에 의한 신호 대 잡음 비(S/N) 개선

핵심포인트 부귀환에 의한 신호 대 잡음 비(S/N) 개선

- **식 (6.11)의 의미** : 부귀환에 의해 증폭기의 출력 S/N이 첫째단 증폭기의 이득 A_1배만큼 증가하여 증폭기의 S/N이 개선된다.
- **식 (6.12)의 응용** : 부귀환을 갖는 2단 증폭기의 출력 S/N을 개선하려면 입력단 증폭기의 이득 A_1을 크게 해야 한다.
- 귀환율 β는 $(S/N)_o$에는 영향을 미치지 않으며, 출력 잡음의 크기에 영향을 미친다. 즉, 귀환율 β가 클수록 출력신호와 출력 잡음이 작아진다.

예제 6-4

[그림 6-7(b)]의 회로에 대해 다음 표에 주어진 첫째단 증폭기 이득 A_1 값에 대한 신호출력과 잡음출력 그리고 출력 $(S/N)_o$과 입력 $(S/N)_i$의 비를 구하라. 단, 둘째단 증폭기의 이득은 $A_2 = 10$이고, 귀환율은 $\beta = 0.1$이다.

A_1	신호 출력(S_o)	잡음 출력(N_o)	$(S/N)_o/(S/N)_i$
10			
100			
1,000			
10,000			

풀이

식 (6.12)를 이용하여 계산하면 다음 표와 같으며, 출력 S/N은 첫째단 증폭기 이득 A_1과 같아짐을 알 수 있다. 따라서 [그림 6-7(b)] 회로의 출력 S/N을 개선하려면 첫째단 증폭기 이득 A_1을 크게 해야 함을 알 수 있다.

A_1	신호 출력(S_o)	잡음 출력(N_o)	$(S/N)_o/(S/N)_i$
10	$10v_s$	v_n	10
100	$10v_s$	$0.1v_n$	100
1,000	$10v_s$	$0.01v_n$	1,000
10,000	$10v_s$	$0.001v_n$	10,000

확인문제 6-4

[그림 6-7(b)]의 회로에서 첫째단 소신호 증폭기의 이득은 $A_1 = 500$이고, 둘째단 전력증폭기의 이득은 $A_2 = 1$이며, 귀환율 $\beta = 0.5$이다. $v_s = 1\text{V}$, $v_n = 1\text{V}$인 경우에 대해 신호출력 v_o와 잡음출력 v_{no}를 구하고, 출력 S/N을 구하라.

답 $v_o \simeq 2\text{V}$, $v_{no} \simeq 0.004\text{V}$, $(S/N)_o = 500(\simeq 54\text{dB})$

여기서 잠깐 **전력증폭기의 잡음 개선**

[그림 6-8]과 같이 2단 귀환증폭기의 첫째단에는 낮은 잡음특성과 높은 전압이득을 갖는 소신호 증폭기를 사용하고, 둘째단에는 부하에 큰 전력을 공급할 수 있는 전력증폭기를 사용하면 부귀환에 의해 둘째단 전력증폭기의 잡음을 크게 감소시킬 수 있다. 이 개념은 오디오 증폭기, 유·무선 통신용 증폭기 등에 일반적으로 적용된다.

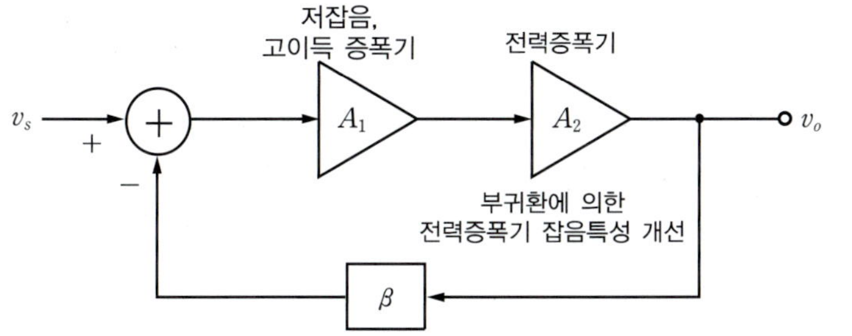

그림 6-8 부귀환을 갖는 2단 증폭기

■ 부귀환에 의한 비선형 왜곡 감소(선형 동작범위 확대)

일반적으로, 증폭기에 사용되는 BJT 또는 FET 소자는 비선형 특성을 가지며, 따라서 증폭기 출력에 비선형 왜곡이 발생한다. 그러나 증폭기에 부귀환을 걸면 증폭기가 선형으로 동작하는 범위가 넓어져 비선형 왜곡이 감소하는 특성을 얻는다.

[그림 6-9]는 개방루프 이득이 $A_1 = 500 \sim A_2 = 300$ 범위인 기본 증폭기와 귀환율 $\beta = 0.04$인 부귀환을 인가하는 경우를 보여준다. 넓은 입력 범위에 대해 폐루프 이득은 $A_f \simeq 23.8$이 되어 증폭기 이득의 비선형 특성이 선형적으로 개선된다. 그러나 부귀환에 의해 폐루프 이득이 감소되는 단점도 함께 나타난다.

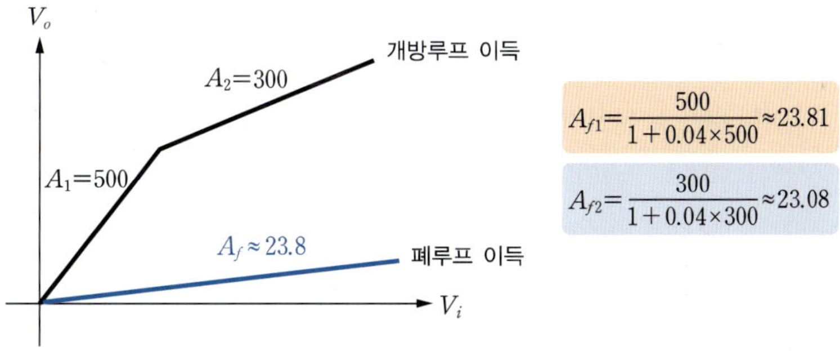

그림 6-9 부귀환에 의한 비선형 왜곡의 감소($\beta = 0.04$인 경우)

■ 부귀환에 의한 증폭기 이득의 감소

증폭기에 부귀환을 인가하면 앞에서 설명한 장점들, 즉 이득의 둔감도 증가, 대역폭 증가, S/N 개선, 비선형 왜곡 감소와 6.2.2절에서 설명할 입력 및 출력저항의 증가 또는 감소와 같은 바람직한 특성을 얻을 수 있다. 그와 동시에 증폭기의 폐루프 이득이 작아지는 단점도 나타난다. 부귀환 증폭기의 폐루프 이득은 식 (6.2)로 주어지며, 부귀환의 경우에 $A\beta > 0$ 이므로 $A_f < A$가 되어 폐루프 이득 A_f는 개방루프 이득 A에 비해 작다. 식 (6.2)에서 볼 수 있듯이, 귀환율 β가 커질수록 폐루프 이득은 더욱 감소한다.

▪ 귀환증폭기의 안정도

부귀환을 갖도록 설계된 증폭기라고 하더라도, 증폭기를 구성하는 소자(BJT, MOSFET)의 주파수 응답특성에 의해 정귀환 상태가 되어 회로가 불안정한 동작을 할 수 있다. 불안정한 동작이란 증폭기 회로가 발산 또는 발진 상태가 되어 증폭기로서의 기능을 상실하는 것을 의미한다. 발산은 시간이 지남에 따라 증폭기 출력이 계속 증가하여 출력이 전원전압 근처로 포화되는 동작이며, 발진은 입력신호가 인가되지 않아도 신호가 출력되는 상태를 말한다. 귀환증폭기는 안정도 stability 판별을 통해 적절한 위상 및 이득 여유를 갖도록 해야 하며, 필요에 따라서는 안정도 확보를 위해 주파수 보상 frequency compensation을 적용하기도 한다. 귀환증폭기의 안정도 판별은 6.4절에서 다룬다.

핵심포인트 **부귀환 증폭기의 장점과 단점**

- 장점 : 둔감도 증가, 대역폭 증가, 신호 대 잡음 비 개선, 선형 동작범위 확대
- 단점 : 폐루프 이득 감소, 안정도 판별 및 주파수 보상 필요

점검하기 **다음 각 문제에서 맞는 것을 고르시오.**

(1) 어떤 시스템의 출력 중 일부 또는 전부를 입력으로 되돌려 외부 신호와 합쳐서 그 시스템의 특성을 변경하거나 제어하는 과정을 (**귀환, 바이어스**)이라/라 한다.

(2) 입력으로 되돌려지는 귀환신호의 위상이 외부에서 인가되는 입력신호의 위상과 반대가 되어, 이들 두 신호의 차가 증폭되는 귀환방식을 (**부귀환, 정귀환**)이라 한다.

(3) 부귀환 증폭기의 폐루프 이득은 근사적으로 (β, $\frac{1}{\beta}$)이다. 단, β는 귀환율이다.

(4) 부귀환 증폭기의 폐루프 이득은 근사적으로 기본 증폭기의 개방루프 이득에 무관한 특성을 갖는다. (O, X)

(5) 귀환율 β가 클수록 귀환이 (**적게, 많이**) 일어난다. 단, β는 귀환율이다.

(6) 부귀환 증폭기의 폐루프 이득은 개방루프 이득에 비해 (　　)배 (**크다, 작다**).

(7) 부귀환 증폭기의 폐루프 대역폭은 개방루프 대역폭에 비해 (　　)배 (**크다, 작다**).

(8) 2단 귀환증폭기의 출력 S/N을 개선하려면 (**첫째단, 둘째단**) 증폭기의 이득을 크게 해야 한다.

SECTION 6.2

귀환증폭기의 구조 및 특성

[그림 6-4]에서 볼 수 있듯이, 귀환을 위해 샘플링되는 출력신호 X_o와 입력 쪽으로 되돌아오는 귀환신호 X_{fb}는 각각 전압(V) 또는 전류(I) 중 하나이다. 따라서 귀환증폭기는 X_o와 X_{fb}의 신호 형태에 따라 네 가지 형태로 구현될 수 있다. 이 절에서는 네 가지 귀환증폭기의 구조와 특성을 설명하고, 이를 귀환증폭기 해석에 어떻게 적용하는지 살펴볼 것이다.

6.2.1 귀환증폭기의 네 가지 형태

귀환증폭기 구조는 무엇에 의해 네 가지 형태로 구분되는가?

귀환증폭기의 형태는 출력 쪽에서 샘플링되는 신호의 형태(전압 또는 전류)와 입력 쪽으로 되돌아가는 귀환신호의 형태(전압 또는 전류)에 따라 결정된다. 출력 쪽에서 전압이 샘플링되는 경우($X_o = V_o$)에는 귀환회로가 기본 증폭기 출력에 병렬 shunt 로 연결되며, 전류가 샘플링되는 경우($X_o = I_o$)에는 직렬 series 로 연결된다. 이는 전압계를 병렬로 연결하여 전압을 측정하고, 전류계를 직렬로 연결하여 전류를 측정하는 것과 같은 이치라고 생각할 수 있다.

입력 쪽의 연결형태(즉, 기본 증폭기의 입력 쪽과 귀환회로의 연결형태)는 귀환신호의 형태에 따라 결정된다. 귀환신호가 전압인 경우($X_{fb} = V_{fb}$)에는 입력 쪽이 직렬로 연결되고, 귀환신호가 전류인 경우($X_{fb} = I_{fb}$)에는 병렬로 연결된다. 이는 전압을 합하기 위해 전압원들을 직렬로 연결하고, 전류를 합하기 위해 전류원들을 병렬로 연결하는 것과 같은 이치라고 생각할 수 있다. 귀환증폭기는 입력 쪽과 출력 쪽의 연결형태를 어떻게 조합하느냐에 따라 네 가지 형태로 구현되며, **입력 연결형태-출력 연결형태**의 형식으로 표현한다.

핵심포인트 귀환증폭기의 네 가지 형태

귀환증폭기는 입력 쪽의 연결형태(입력 쪽으로 귀환되는 신호가 전압이냐 전류냐)와 출력 쪽의 연결형태(출력에서 샘플링되는 신호가 전압이냐 전류냐)에 따라 다음과 같이 네 가지 형태를 갖는다.

- 직렬–병렬 귀환증폭기
- 병렬–직렬 귀환증폭기
- 직렬–직렬 귀환증폭기
- 병렬–병렬 귀환증폭기

■ 직렬–병렬 귀환증폭기

[그림 6–10(a)]와 같이 입력 쪽이 직렬연결이고, 출력 쪽이 병렬연결인 경우를 직렬–병렬series-shunt 귀환증폭기라고 한다. 입력 쪽의 직렬연결을 통해서 외부 입력전압 V_s와 귀환전압 V_{fb}가 합해져 기본 증폭기의 입력전압 V_i가 만들어지며, 출력 쪽의 병렬연결을 통해서 출력전압 V_o가 샘플링된다. 기본 증폭기와 귀환증폭기는 **전압증폭기**voltage amplifier로 동작하며, 각각 개방루프 전압이득 A_v와 폐루프 전압이득 A_{vf}를 갖는다. 귀환회로는 출력전압 V_o를 귀환전압 V_{fb}로 변환하는 역할을 하며, 귀환율은 $\beta_v = \dfrac{V_{fb}}{V_o}$가 된다. 폐루프 전압이득은 식 (6.2)에 의해 $A_{vf} = \dfrac{A_v}{(1+A_v\beta_v)}$가 된다.

[그림 6–10(b)]는 직렬–병렬 귀환증폭기의 예이며, 증폭기의 입력 쪽과 출력 쪽을 연결하는 귀환회로는 저항 R_F와 R_{E1}으로 구성된다. 입력 쪽에는 루프가 형성되어 있으며, 외부 입력전압 V_s와 저항 R_{E1}에 걸리는 귀환전압 V_{fb}의 차가 Q_1의 베이스–이미터 전압 V_i

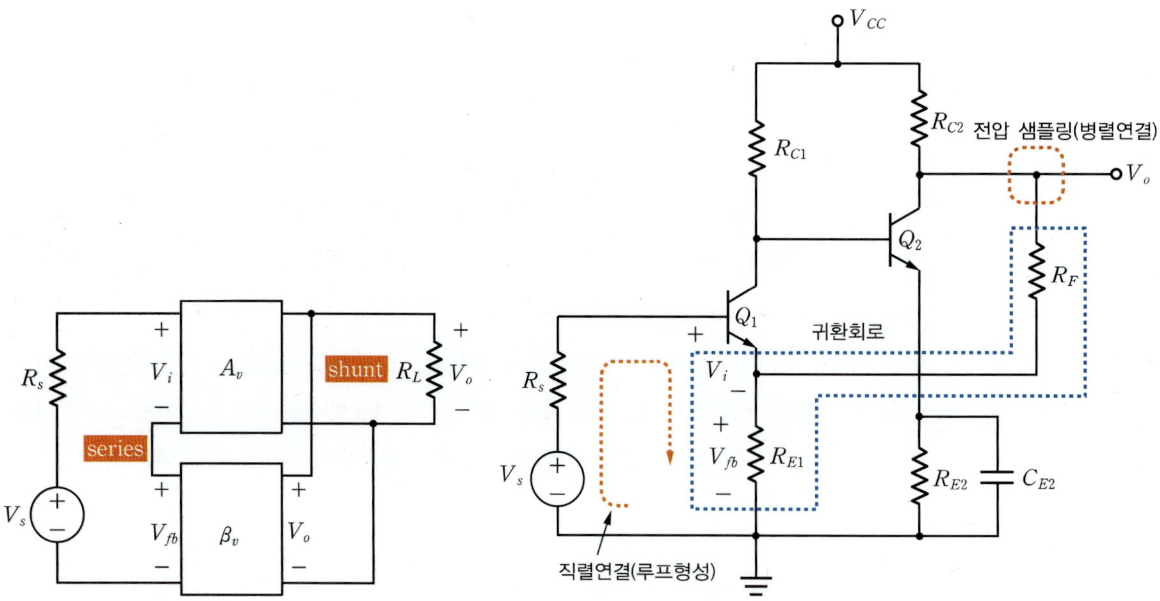

(a) 입력 및 출력 연결 형태

(b) 직렬–병렬 귀환증폭기의 예

그림 6–10 직렬–병렬 귀환증폭기(전압증폭기)

를 만들고 있다. 출력 쪽에는 저항 R_F가 Q_2의 컬렉터에 병렬 형태로 연결되어 출력전압 V_o를 샘플링하고 있다. 귀환회로를 구성하는 저항 R_F와 R_{E1}은 출력전압 V_o를 샘플링하여 귀환전압 V_{fb}를 입력 쪽으로 귀환시킨다.

▪ 병렬-직렬 귀환증폭기

[그림 6-11(a)]와 같이 입력 쪽이 병렬연결이고, 출력 쪽이 직렬연결인 경우를 병렬-직렬 shunt-series 귀환증폭기라고 한다. 입력 쪽의 병렬연결을 통해서 외부 입력전류 I_s와 귀환전류 I_{fb}가 합해져 기본 증폭기의 입력전류 I_i가 만들어지며, 출력 쪽의 직렬연결을 통해서 출력전류 I_o가 샘플링된다. 기본 증폭기와 귀환증폭기는 **전류증폭기** current amplifier로 동작

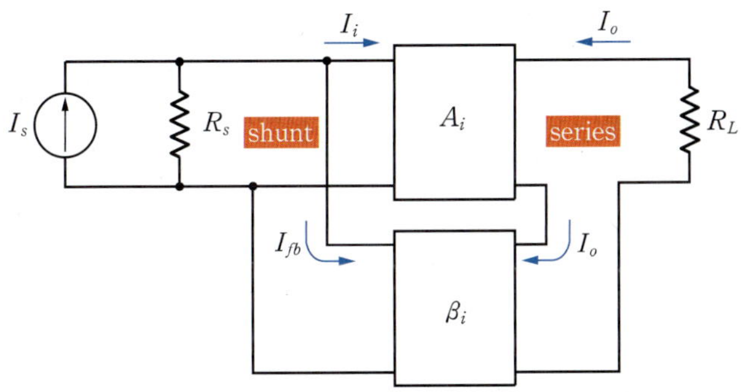

(a) 입력 및 출력 연결 형태

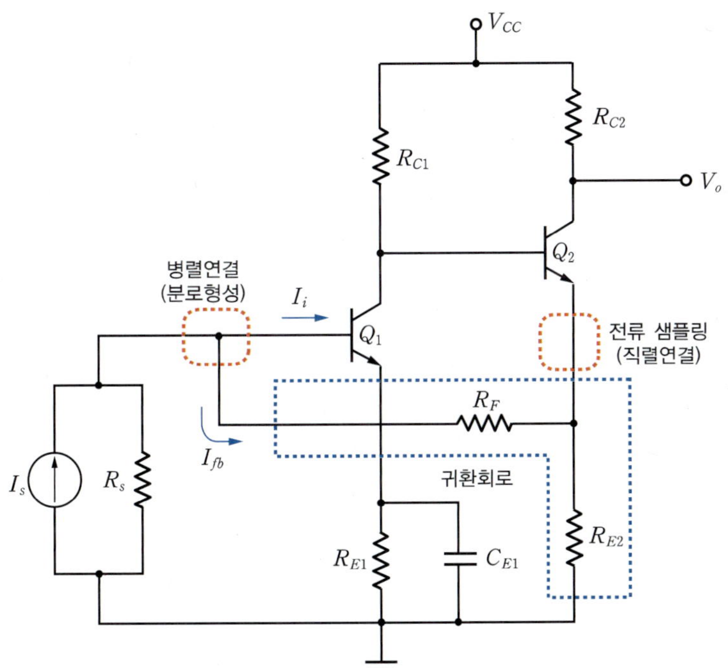

(b) 병렬-병렬 귀환증폭기의 예

그림 6-11 병렬-직렬 귀환증폭기(전류증폭기)

하며, 각각 개방루프 전류이득 A_i와 폐루프 전류이득 A_{if}를 갖는다. 귀환회로는 출력전류 I_o를 귀환전류 I_{fb}로 변환하는 역할을 하며, 귀환율은 $\beta_i = \frac{I_{fb}}{I_o}$가 된다. 폐루프 전류이득은 식 (6.2)에 의해 $A_{if} = \frac{A_i}{(1 + A_i\beta_i)}$가 된다.

[그림 6-11(b)]는 병렬-직렬 귀환증폭기의 예이며, 증폭기의 입력 쪽과 출력 쪽을 연결하는 귀환회로는 저항 R_F와 R_{E2}로 구성된다. 입력 쪽에는 저항 R_F가 Q_1의 베이스에 병렬 형태로 연결되어 있으며, 외부 입력전류 I_s와 귀환전류 I_{fb}의 차가 Q_1의 베이스 전류 I_i를 만들고 있다. 출력 쪽에는 귀환회로가 Q_2의 이미터에 직렬로 연결되어 전류를 샘플링하고 있다. 귀환회로를 구성하는 저항 R_F와 R_{E2}는 Q_2의 이미터 전류를 샘플링하여 귀환전류 I_{fb}를 입력 쪽으로 귀환시킨다.

▪ 직렬-직렬 귀환증폭기

[그림 6-12(a)]와 같이 입력 쪽과 출력 쪽이 모두 직렬연결인 경우를 직렬-직렬 series-series 귀환증폭기라고 한다. 입력 쪽의 직렬연결을 통해서 외부 입력전압 V_s와 귀환전압 V_{fb}가 합해져 기본 증폭기의 입력전압 V_i가 만들어지며, 출력 쪽의 직렬연결에 의해 출력전류 I_o가 샘플링된다. 기본 증폭기와 귀환증폭기는 **전달컨덕턴스 증폭기** transconductance amplifier 로 동작하며, 각각 개방루프 전달컨덕턴스 A_g와 폐루프 전달컨덕턴스 A_{gf}를 갖는다. 귀환회로는 출력전류 I_o를 귀환전압 V_{fb}로 변환하는 역할을 하며, 귀환율은 $\beta_z = \frac{V_{fb}}{I_o}$가 된다. 폐루프 전달컨덕턴스는 식 (6.2)에 의해 $A_{gf} = \frac{A_g}{(1 + A_g\beta_z)}$가 된다.

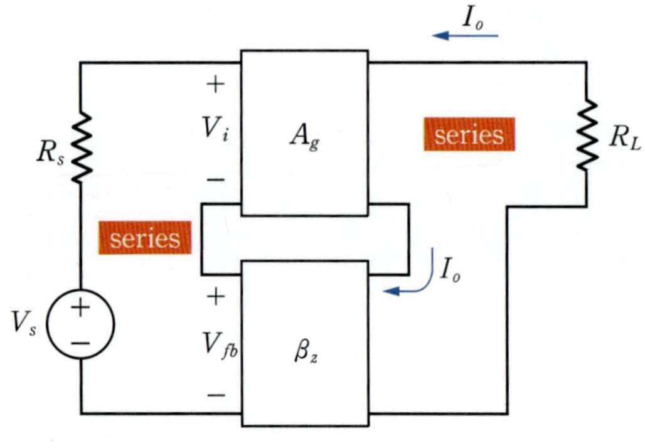

(a) 입력 및 출력 연결 형태

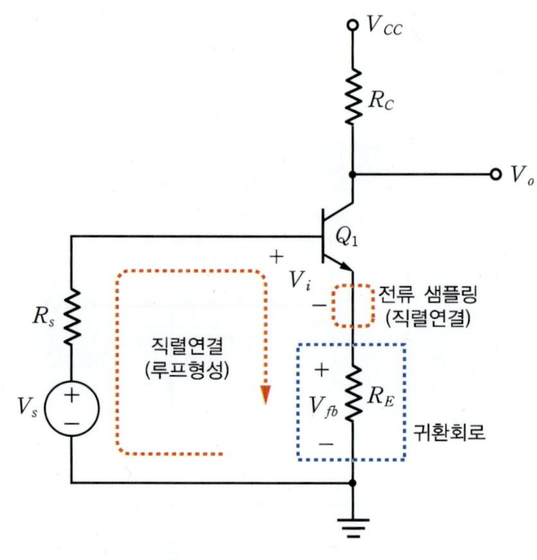

(b) 직렬-직렬 귀환증폭기의 예

그림 6-12 직렬-직렬 귀환증폭기(전달컨덕턴스 증폭기)

[그림 6-12(b)]는 직렬-직렬 귀환증폭기의 예이며, 증폭기의 입력 쪽과 출력 쪽을 연결하는 귀환회로는 저항 R_E이다. 입력 쪽에는 루프가 형성되어 있으며, 외부 입력전압 V_s와 저항 R_E에 걸리는 귀환전압 V_{fb}의 차가 Q_1의 베이스-이미터 전압 V_i를 만들고 있다. 출력 쪽에는 귀환회로가 Q_1의 이미터에 직렬로 연결되어 전류를 샘플링하고 있다. 귀환회로를 구성하는 저항 R_E는 Q_1의 이미터 전류를 샘플링하고 귀환전압 V_{fb}로 변환하여 입력 쪽으로 귀환시킨다.

■ 병렬-병렬 귀환증폭기

[그림 6-13(a)]와 같이 입력 쪽과 출력 쪽이 모두 병렬연결인 경우를 병렬-병렬 shunt-shunt 귀환증폭기라고 한다. 입력 쪽의 병렬연결을 통해서 외부 입력전류 I_s와 귀환전류 I_{fb}가 합해져 기본 증폭기의 입력전류 I_i가 만들어지며, 출력 쪽의 병렬연결을 통해 출력전압 V_o

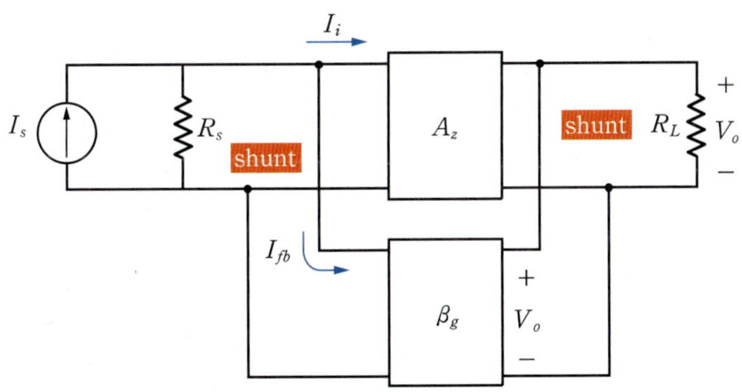

(a) 입력 및 출력 연결 형태

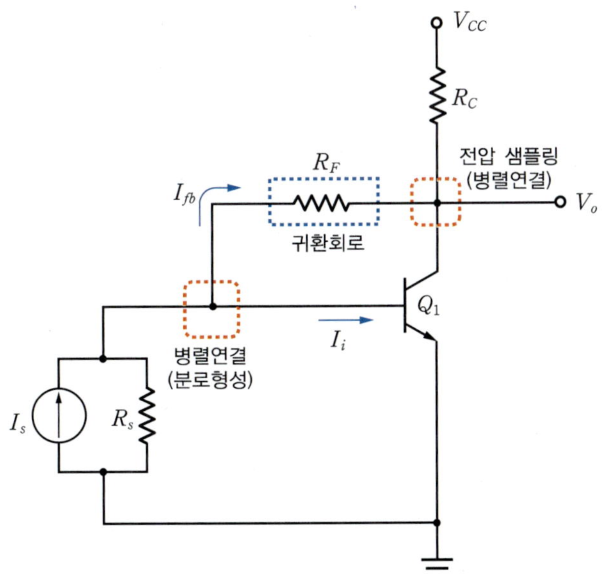

(b) 병렬-병렬 귀환증폭기의 예

그림 6-13 병렬-병렬 귀환증폭기(전달임피던스 증폭기)

가 샘플링된다. 기본 증폭기와 귀환증폭기는 **전달임피던스 증폭기** transimpedance amplifier로 동작하며, 개방루프 전달임피던스 A_z와 폐루프 전달임피던스 A_{zf}를 갖는다. 귀환회로는 출력전압 V_o를 귀환전류 I_{fb}로 변환하는 역할을 하며, 귀환율은 $\beta_g = \frac{I_{fb}}{V_o}$가 된다. 폐루프 전달임피던스는 식 (6.2)에 의해 $A_{zf} = \frac{A_z}{(1+A_z\beta_g)}$가 된다.

[그림 6-13(b)]는 병렬-병렬 귀환증폭기의 예이며, 증폭기의 입력 쪽과 출력 쪽을 연결하는 귀환회로는 저항 R_F이다. 입력 쪽에는 저항 R_F가 Q_1의 베이스에 병렬 형태로 연결되어 있으며, 외부 입력전류 I_s와 귀환전류 I_{fb}의 차가 Q_1의 베이스 전류 I_i를 만들고 있다. 출력 쪽에는 저항 R_F가 Q_1의 컬렉터에 병렬 형태로 연결되어 출력전압 V_o를 샘플링하고 있다. 귀환회로를 구성하는 저항 R_F는 출력전압 V_o를 샘플링하고 귀환전류 I_{fb}로 변환하여 입력 쪽으로 귀환시킨다.

6.2.2 귀환증폭기의 입력저항 및 출력저항

귀환증폭기의 입력-출력 연결형태는 입력저항과 출력저항에 어떤 영향을 미치는가?

귀환증폭기의 입력저항 R_{if}는 입력 쪽의 연결형태와 기본 증폭기의 입력저항 R_i의 영향을 받으며, 출력저항 R_{of}는 출력 쪽의 연결형태와 기본 증폭기의 출력저항 R_o의 영향을 받는다. 또한 개방루프 이득 A와 귀환율 β에 의해서도 영향을 받는다. 이때 기본 증폭기의 입력저항 R_i, 출력저항 R_o, 개방루프 이득 A를 구할 때는 귀환회로에 의한 부하효과 loading effect를 고려해야 한다.

입력 쪽과 출력 쪽의 연결형태에 따라 다음 네 가지 경우로 나누어 해석할 수 있다.

입력저항

■ 입력 쪽이 직렬연결(귀환신호가 전압)인 경우

[그림 6-10], [그림 6-12]와 같이 입력 쪽이 직렬연결, 즉 귀환신호가 전압인 경우($X_{fb} = V_{fb}$)의 입력저항 R_{if}는 식 (6.13)과 같으며, 개방루프 입력저항 R_i에 비해 $(1+A_x\beta_x)$배 크다. 여기서 개방루프 이득 A_x와 귀환율 β_x는 출력 쪽의 연결형태에 따라 결정되는데, 병렬연결인 경우에는 A_v, β_v이며, 직렬연결인 경우에는 A_g, β_z이다.

$$R_{if} = (1+A_x\beta_x)R_i \tag{6.13}$$

■ 입력 쪽이 병렬연결(귀환신호가 전류)인 경우

[그림 6-11], [그림 6-13]과 같이 입력 쪽이 병렬연결, 즉 귀환신호가 전류인 경우($X_{fb} = I_{fb}$)의 입력저항 R_{if}는 식 (6.14)와 같으며, 개방루프 입력저항 R_i에 비해 $\frac{1}{(1+A_x\beta_x)}$ 배 작다. 여기서 개방루프 이득 A_x와 귀환율 β_x는 출력 쪽의 연결형태에 따라 결정되는데, 병렬연결인 경우에는 A_z, β_g이며, 직렬연결인 경우에는 A_i, β_i이다.

$$R_{if} = \frac{R_i}{(1+A_x\beta_x)} \tag{6.14}$$

출력저항

■ 출력 쪽이 직렬연결(전류 샘플링)인 경우

[그림 6-11], [그림 6-12]와 같이 출력 쪽이 직렬연결, 즉 샘플링되는 신호가 전류인 경우($X_o = I_o$)의 출력저항 R_{of}는 식 (6.15)와 같으며, 개방루프 출력저항 R_o에 비해 $(1+A_x\beta_x)$배 크다. 여기서 개방루프 이득 A_x와 귀환율 β_x는 입력 쪽의 연결형태에 따라 결정되는데, 병렬연결인 경우에는 A_i, β_i이고, 직렬연결인 경우에는 A_g, β_z이다.

$$R_{of} = (1+A_x\beta_x)R_o \tag{6.15}$$

■ 출력 쪽이 병렬연결(전압 샘플링)인 경우

[그림 6-10], [그림 6-13]과 같이 출력 쪽이 병렬연결, 즉 샘플링되는 신호가 전압인 경우($X_o = V_o$)의 출력저항 R_{of}는 식 (6.16)과 같으며, 개방루프 출력저항 R_o에 비해 $\frac{1}{(1+A_x\beta_x)}$배 작다. 여기서 개방루프 이득 A_x와 귀환율 β_x는 입력 쪽의 연결형태에 따라 결정되며, 병렬연결인 경우에는 A_z, β_g이고, 직렬연결인 경우에는 A_v, β_v이다.

$$R_{of} = \frac{R_o}{1+A_x\beta_x} \tag{6.16}$$

핵심포인트 **귀환증폭기의 입출력 저항 특성**

- 입력 쪽에 직렬연결을 갖는 귀환증폭기의 입력저항 R_{if}는 기본 증폭기의 입력저항 R_i보다 $(1+A\beta)$배 크다.
  → 전압증폭기, 전달컨덕턴스 증폭기의 이상적인 입력저항 특성에 가까워지는 바람직한 것이다.
- 입력 쪽에 병렬연결을 갖는 귀환증폭기의 입력저항 R_{if}는 기본 증폭기의 입력저항 R_i보다 $\frac{1}{(1+A\beta)}$배 작다.
  → 전류증폭기, 전달임피던스 증폭기의 이상적인 입력저항 특성에 가까워지는 바람직한 것이다.

- 출력 쪽에 직렬연결을 갖는 귀환증폭기의 출력저항 R_{of}는 기본 증폭기의 출력저항 R_o보다 $(1+A\beta)$배 크다.
  → 전류증폭기, 전달컨덕턴스 증폭기의 이상적인 출력저항 특성에 가까워지는 바람직한 것이다.
- 출력 쪽에 병렬연결을 갖는 귀환증폭기의 출력저항 R_{of}는 기본 증폭기의 출력저항 R_o보다 $\frac{1}{(1+A\beta)}$배 작다.
  → 전압증폭기, 전달임피던스 증폭기의 이상적인 출력저항 특성에 가까워지는 바람직한 것이다.

확인문제 6-5

폐루프 전압이득이 $A_{vf}=80\mathrm{V/V}$인 전압증폭기의 폐루프 입력저항 R_{if}와 출력저항 R_{of}를 구하라. 단, 개방루프 전압이득은 $A_v=2\times10^5\mathrm{V/V}$, 개방루프 입력저항은 $R_i=2.6\mathrm{k\Omega}$, 출력저항은 $R_o=8\mathrm{k\Omega}$이다.

답 $R_{if}=6.5\mathrm{M\Omega}$, $R_{of}=3.2\Omega$

확인문제 6-6

폐루프 전류이득이 $A_{if}=50\mathrm{A/A}$인 전류증폭기의 폐루프 입력저항 R_{if}와 출력저항 R_{of}를 구하라. 단, 개방루프 전류이득은 $A_i=2\times10^5\mathrm{A/A}$, 개방루프 입력저항은 $R_i=2.6\mathrm{k\Omega}$, 출력저항은 $R_o=8\mathrm{k\Omega}$이다.

답 $R_{if}=0.65\Omega$, $R_{of}=32\mathrm{M\Omega}$

확인문제 6-7

폐루프 전달컨덕턴스가 $A_{gf}=20\mathrm{mA/V}$인 전달컨덕턴스 증폭기의 폐루프 입력저항 R_{if}와 출력저항 R_{of}를 구하라. 단, 개방루프 전달컨덕턴스는 $A_g=50\mathrm{A/V}$이고, 개방루프 입력저항은 $R_i=8\mathrm{k\Omega}$이고, 출력저항은 $R_o=0.5\mathrm{k\Omega}$이다.

답 $R_{if}=20\mathrm{M\Omega}$, $R_{of}=1.25\mathrm{M\Omega}$

확인문제 6-8

폐루프 전달임피던스가 $A_{zf}=2\mathrm{k\Omega}$인 전달임피던스 증폭기의 폐루프 입력저항 R_{if}와 출력저항 R_{of}를 구하라. 단, 개방루프 전달임피던스는 $A_z=100\mathrm{M\Omega}$, 개방루프 입력저항은 $R_i=8\mathrm{k\Omega}$, 출력저항은 $R_o=0.5\mathrm{k\Omega}$이다.

답 $R_{if}=0.16\Omega$, $R_{of}=0.01\Omega$

네 가지 귀환증폭기의 특성

[표 6-1]은 앞에서 설명한 네 가지 귀환증폭기의 특성을 요약한 것이다.

표 6-1 네 가지 귀환증폭기의 특성 요약

연결형태		증폭기 형태	X_s	X_i	X_{fb}	X_o	A_x	β_x	폐루프 이득 A_{xf}	입력저항 R_{if}	출력저항 R_{of}
입력	출력										
직렬	병렬	전압증폭기	V_s	V_i	V_{fb}	V_o	A_v	β_v	A_{vf}	$(1+A_v\beta_v)R_i$	$\frac{R_o}{(1+A_v\beta_v)}$
병렬	직렬	전류증폭기	I_s	I_i	I_{fb}	I_o	A_i	β_i	A_{if}	$\frac{R_i}{(1+A_i\beta_i)}$	$(1+A_i\beta_i)R_o$
직렬	직렬	전달컨덕턴스 증폭기	V_s	V_i	V_{fb}	I_o	A_g	β_z	A_{gf}	$(1+A_g\beta_z)R_i$	$(1+A_g\beta_z)R_o$
병렬	병렬	전달임피던스 증폭기	I_s	I_i	I_{fb}	V_o	A_z	β_g	A_{zf}	$\frac{R_i}{(1+A_z\beta_g)}$	$\frac{R_o}{(1+A_z\beta_g)}$

점검하기 다음 각 문제에서 맞는 것을 고르시오.

(1) 귀환증폭기에서 입력 쪽이 직렬연결이면 귀환신호는 (**전압, 전류**)이다.
(2) 귀환증폭기에서 입력 쪽이 병렬연결이면 귀환신호는 (**전압, 전류**)이다.
(3) 귀환증폭기에서 출력 쪽이 직렬연결이면 샘플링되는 신호는 (**전압, 전류**)이다.
(4) 귀환증폭기에서 출력 쪽이 병렬연결이면 샘플링되는 신호는 (**전압, 전류**)이다.
(5) 직렬-병렬 귀환증폭기는 (**전압, 전류, 전달컨덕턴스, 전달임피던스**) 증폭기이다.
(6) 병렬-직렬 귀환증폭기는 (**전압, 전류, 전달컨덕턴스, 전달임피던스**) 증폭기이다.
(7) 직렬-직렬 귀환증폭기는 (**전압, 전류, 전달컨덕턴스, 전달임피던스**) 증폭기이다.
(8) 병렬-병렬 귀환증폭기는 (**전압, 전류, 전달컨덕턴스, 전달임피던스**) 증폭기이다.
(9) 입력저항-출력저항 특성을 만족하기 위한 귀환증폭기의 입력-출력 연결형태를 써라.

입력저항-출력저항 특성	입력-출력 연결형태
작은 입력저항-작은 출력저항	
작은 입력저항-큰 출력저항	
큰 입력저항-작은 출력저항	
큰 입력저항-큰 출력저항	

SECTION 6.3

귀환증폭기 해석

6.1절과 6.2절에서 설명된 내용을 적용하여 네 가지 귀환증폭기의 폐루프 이득을 근사적으로 해석하는 방법을 살펴본다. 귀환증폭기의 폐루프 이득을 정확하게 해석하기 위해서는 식 (6.2)를 이용해야 하며, 개방루프 이득 A와 귀환율 β를 구해야 한다. 개방루프 이득 A를 구하기 위해서는 귀환회로가 기본 증폭기에 미치는 부하효과를 고려해야 하는데, 이는 다소 복잡한 과정을 거쳐야 한다. 그러나 $A\beta \gg 1$인 경우에는 식 (6.2)를 식 (6.17)과 같이 근사화할 수 있다.

$$A_{xf} = \frac{A_x}{1+A_x\beta_x} \simeq \frac{1}{\beta_x} \tag{6.17}$$

여기서 A_{xf}와 β_x는 귀환증폭기의 형태에 따라 A_{vf}, A_{if}, A_{gf}, A_{zf}와 β_v, β_i, β_g, β_z 중 하나가 된다. 식 (6.17)은 귀환증폭기의 폐루프 이득이 기본 증폭기의 개방루프 이득 A_x와 근사적으로 무관하며, 귀환율 β_x에 의해 결정됨을 의미한다.

이 절에서는 복잡한 계산과정 없이 귀환율 β_x를 이용하여 근사적으로 폐루프 이득을 해석해본다. 귀환증폭기의 입력저항 및 출력저항은 6.2.2절에서 설명한 식 (6.13)~식 (6.16)을 적용하여 구할 수 있다. 그러기 위해서는 귀환회로의 부하효과를 고려한 개방루프 이득 A, R_i, R_o를 구해야 하는데, 이는 다소 복잡한 과정을 거쳐야 하므로 이 책에서는 생략한다. 독자들은 귀환 형태가 귀환증폭기의 입력저항 및 출력저항에 미치는 영향을 개념적으로 이해하기 바란다.

핵심포인트 **근사적으로 폐루프 이득을 구하는 과정**

❶ 증폭기의 출력 쪽에서 입력 쪽으로 연결되는 귀환경로와 귀환회로를 구성하는 소자를 확인한다.

❷ • 입력 쪽 연결형태 확인 → 귀환회로의 소자 중 일부가 입력 쪽 루프에 포함되어 있으면 직렬연결이고, 분로[shunt] 형태로 연결되어 있으면 병렬연결로 판단한다.

• 출력 쪽 연결형태 확인 → 귀환회로의 소자 중 일부가 출력 쪽 루프에 포함되어 있으면 직렬연결이고, 출력전압 V_o가 나오는 노드에서 분로[shunt] 형태로 연결되어 있으면 병렬연결로 판단한다.

❸ 귀환율 β_x를 구하고, 식 (6.17)을 이용하여 근사적인 폐루프 이득을 구한다.

6.3.1 직렬-병렬 귀환증폭기

- **직렬-병렬 귀환증폭기 회로에 대해 부귀환과 정귀환을 어떻게 구별할 수 있는가?**
- **직렬-병렬 귀환증폭기 회로를 근사적으로 해석하는 방법은?**

[그림 6-14]는 직렬-병렬 귀환증폭기의 예이다. 출력 쪽이 병렬연결이므로 출력에서 전압이 샘플링($X_o = V_o$)되고, 입력 쪽이 직렬연결이므로 귀환신호는 전압($X_{fb} = V_{fb}$)이다. 따라서 전압증폭기로 동작한다.

[그림 6-14]의 증폭기에 부귀환이 인가되고 있음을 확인해보자. 예를 들어, 발열에 의해 MOSFET의 온도가 상승하면 M_2의 드레인 전류 I_{d2} 증가 → 출력전압 V_o 감소 → 귀환전압 V_{fb} 감소 → M_1의 게이트-소오스 전압 V_{gs1} 증가 → M_1의 드레인 전압 V_{d1} 감소 → 출력전압 V_o 증가의 부귀환 작용에 의해 출력전압(또는 전압이득)이 안정화된다.

루프이득 $A_v\beta_v$의 부호를 이용해서 부귀환 여부를 판단할 수도 있다. [그림 6-14]의 증폭기 회로는 MOSFET M_1과 M_2는 모두 공통소오스 증폭기이므로, 개방루프 전압이득은 $A_v = A_{v1}A_{v2} > 0$이다. 귀환전압 V_{fb}와 출력전압 V_o는 동일위상을 가지므로 귀환율은 $\beta_v > 0$이다. 따라서 루프이득은 $A_v\beta_v > 0$이므로 부귀환이 인가되고 있다.

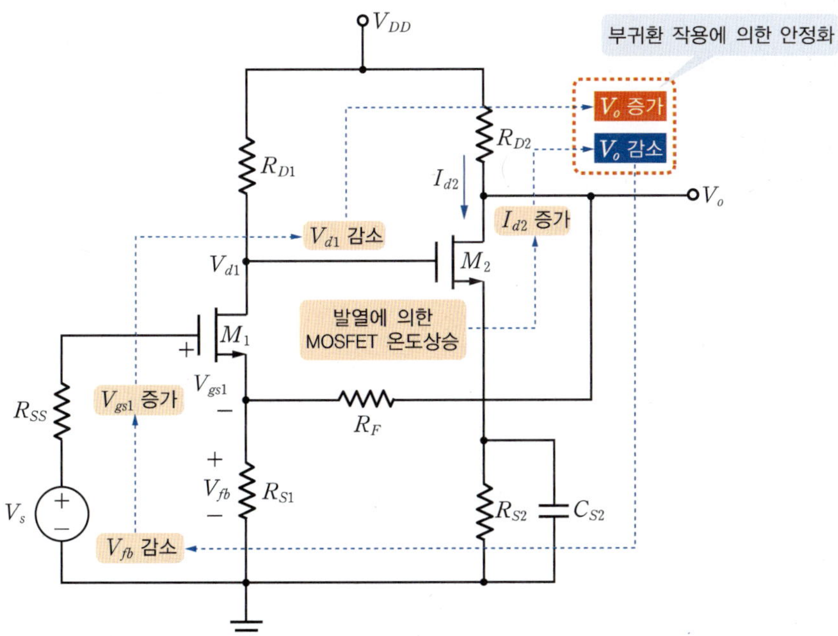

그림 6-14 직렬-병렬 귀환증폭기

$A_v\beta_v \gg 1$이라고 가정하고, 근사적인 폐루프 이득을 구해보자. $A_v\beta_v \gg 1$을 만족하지

않는 경우에는 개방루프 전압이득 A_v를 구하고, 식 (6.2)에 의해 정확한 폐루프 전압이득을 구해야 한다. [그림 6-14]에서 귀환전압은 $V_{fb} = \dfrac{R_{S1}}{R_{S1}+R_F}V_o$이므로, 귀환율은 식 (6.18)과 같다.

$$\beta_v \equiv \frac{V_{fb}}{V_o} = \frac{R_{S1}}{R_{S1}+R_F} \tag{6.18}$$

$A_v\beta_v \gg 1$인 경우, 식 (6.17)에 의해 폐루프 전압이득의 근삿값은 다음과 같다.

$$A_{vf} \equiv \frac{V_o}{V_s} \simeq \frac{1}{\beta_v} = 1 + \frac{R_F}{R_{S1}} \tag{6.19}$$

예제 6-5

[그림 6-15]의 귀환증폭기를 다음의 과정으로 해석하라. 단, $R_S = 0.2\text{k}\Omega$이고, MOSFET는 포화모드로 바이어스되어 있다.

(a) 귀환경로와 귀환회로를 구성하는 소자를 확인하라.

(b) 입력 쪽과 출력 쪽의 연결형태를 확인하라.

(c) 부귀환임을 설명하라(단, MOSFET의 주파수 응답특성은 무시한다).

(d) 귀환율 β_v를 구하라.

(e) 폐루프 전압이득의 근삿값을 구하라.

(f) 입력저항과 출력저항 특성을 설명하라.

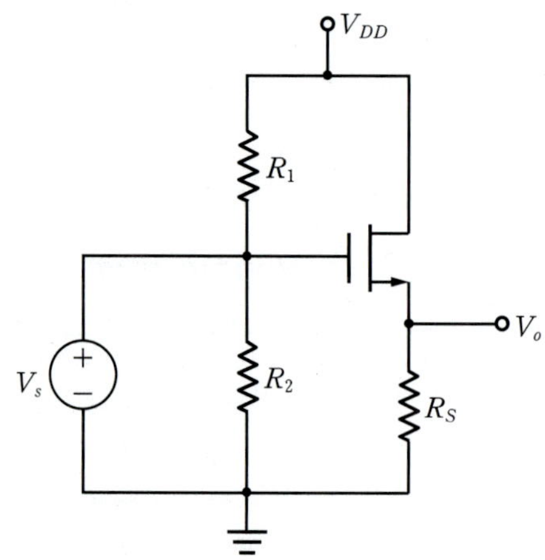

그림 6-15

풀이

(a) 증폭기의 입력 쪽은 MOSFET의 게이트-소오스와 저항 R_S를 포함하는 루프이며, 출력전압이 MOSFET의 소오스에서 나오고 있다. 증폭기의 출력과 입력 쪽 루프가 저항 R_S에 의해 연결되어 있으므로, 귀환회로는 저항 R_S이다.

(b) 증폭기의 입력 루프에 귀환회로를 구성하는 저항 R_S가 포함되어 있으므로 입력 쪽은 직렬연결이다. 출력전압 V_o가 나오는 소오스에 저항 R_S가 분로 shunt 형태로 연결되어 있으므로, 출력 쪽은 병렬연결이다. 따라서 직렬-병렬 귀환증폭기이다.

(c) MOSFET의 게이트 전압과 소오스 전압은 동일위상이므로, 개방루프 전압이득은 $A_v > 0$이고, R_S에 걸리는 귀환전압이 출력전압 V_o이므로 $\beta_v > 0$이다. 따라서 $A_v\beta_v > 0$인 부귀환 증폭기이다.

(d) 귀환전압 V_{fb}는 저항 R_S에 걸리는 출력전압이므로, $V_{fb} = V_o$이며, 따라서 귀환율은 다음과 같다.

$$\beta_v \equiv \frac{V_{fb}}{V_o} = 1\text{V/V}$$

(e) 폐루프 전압이득의 근삿값은 다음과 같다.

$$A_{vf} \equiv \frac{V_o}{V_s} \simeq \frac{1}{\beta_v} = 1\text{V/V}$$

(f) 입력 쪽이 직렬연결이므로, 입력저항은 $R_{if} = (1 + A_v\beta_v)R_i$로, 개방루프 입력저항 R_i에 비해 매우 큰 값을 갖는다. 이는 전압증폭기의 이상적인 입력저항 특성에 잘 부합된다. 출력 쪽이 병렬연결이므로, 출력저항은 $R_{of} = \dfrac{R_o}{(1 + A_v\beta_v)}$로, 개방루프 출력저항 R_o에 비해 매우 작은 값을 갖는다. 이는 전압증폭기의 이상적인 출력저항 특성에 잘 부합된다.

[그림 6-15]의 회로는 3.4.3절에서 설명된 공통드레인 증폭기이며, 귀환증폭기 해석방법을 적용하여 구한 폐루프 전압이득과 3.4.3절에서 구한 전압이득이 동일함을 확인할 수 있다.

여기서 잠깐 **공통드레인 증폭기의 특성**

공통드레인 증폭기는 전압이득이 1에 가깝고, 입력저항은 매우 크며, 출력저항은 매우 작으므로, 증폭단과 작은 부하저항 사이의 임피던스 정합용 버퍼 buffer로 사용된다. 증폭기와 부하 사이에 임피던스 정합이 되면 손실이 최소화되어 부하에 최대 전력을 공급할 수 있다.

예제 6-6

[그림 6-16]의 직렬-병렬 귀환증폭기 회로를 다음의 과정으로 해석하라.

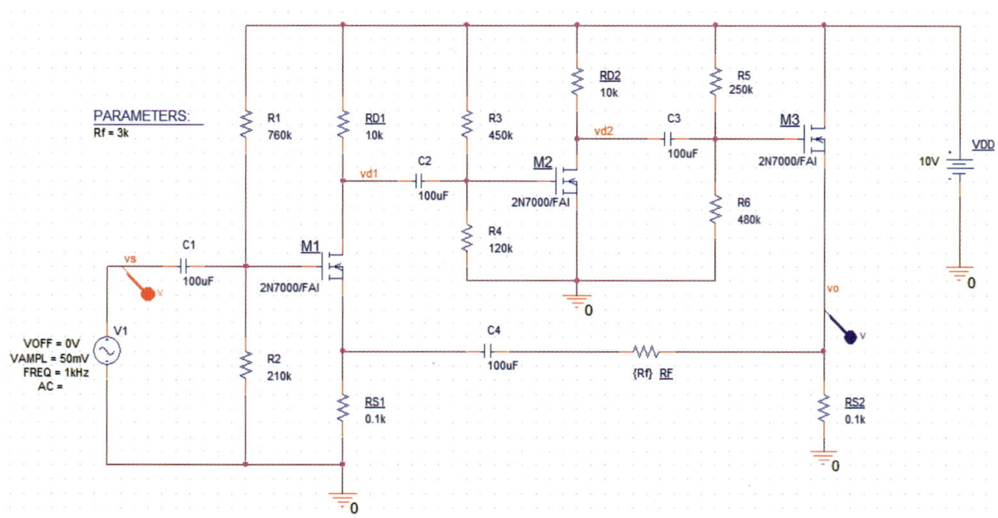

그림 6-16

(a) 귀환경로와 귀환회로를 구성하는 소자를 확인하라.

(b) 입력 쪽과 출력 쪽의 연결형태를 확인하라.

(c) 부귀환임을 설명하라(단, MOSFET의 주파수 응답특성은 무시한다).

(d) $R_{S1} = 0.1\text{k}\Omega$, $R_F = 5\text{k}\Omega$인 경우의 귀환율 β_v와 폐루프 전압이득의 근삿값을 구하라.

풀이

(a) 증폭기의 입력 쪽은 M_1의 게이트-소오스와 저항 R_{S1}을 포함하는 루프이며, 출력전압은 M_3의 소오스에서 나오고 있다. 증폭기의 출력 쪽과 입력 쪽 루프가 저항 R_F와 R_{S1}에 의해 연결되어 있으므로, 귀환회로는 저항 R_F와 R_{S1}으로 구성된다.

(b) 증폭기의 입력 루프에 귀환회로를 구성하는 저항 R_{S1}이 포함되어 있으므로, 입력 쪽은 직렬연결이다. 출력전압 V_o가 나오는 M_3의 소오스에 저항 R_F가 분로 형태로 연결되어 있으므로, 출력 쪽은 병렬연결이다. 따라서 직렬-병렬 귀환증폭기이다.

(c) 트랜지스터 M_1과 M_2는 공통소오스 증폭기를 구성하고 있고, M_3는 공통드레인 증폭기이다.

- $M_1-M_2-M_3$로 구성되는 3단 증폭기의 개방루프 전압이득은 $A_v = A_{v1}A_{v2}A_{v3} > 0$이다.
- R_{S1}에 걸리는 귀환전압은 출력전압 V_o와 동일위상이므로 $\beta_v > 0$이다.
- 따라서 $A_v\beta_v > 0$인 부귀환 증폭기이다.

> MOSFET의 온도 상승 → M_3의 소오스 전류 증가 → 출력전압 V_o 증가 → 귀환전압 V_{fb} 증가 → M_1의 게이트-소오스 전압 V_{gs1} 감소 → M_1의 드레인 전압 V_{d1} 증가 → M_2의 드레인 전압 V_{d2} 감소 → 출력전압 V_o 감소 과정의 부귀환 작용에 의해 출력전압(전압이득)이 안정화된다.

(d) 저항 R_{S1}에 걸리는 귀환전압 V_{fb}는 다음과 같다.

$$V_{fb} = \frac{R_{S1}}{R_{S1}+R_F}V_o$$

따라서 귀환율은 다음과 같다.

$$\beta_v \equiv \frac{V_{fb}}{V_o} = \frac{R_{S1}}{R_{S1}+R_F} = \frac{0.1}{0.1+5} = 19.61\times 10^{-3}\text{V/V}$$

폐루프 전압이득의 근삿값은 다음과 같다.

$$A_{vf} \equiv \frac{V_o}{V_s} \simeq \frac{1}{\beta_v} = 1+\frac{R_F}{R_{S1}} = 1+\frac{5}{0.1} = 51\text{V/V}$$

[그림 6-16]의 귀환증폭기 회로에서 $R_F = 1\text{k}\Omega \sim 5\text{k}\Omega$ 범위에서 $1\text{k}\Omega$씩 변경시키면서 PSPICE 시뮬레이션한 결과는 [그림 6-17]과 같다. 저항 R_F가 클수록 귀환율이 작아져 출력전압(전압이득)이 커짐을 확인할 수 있다. $R_F = 1\text{k}\Omega$인 경우의 폐루프 전압이득은 $A_{vf} = \dfrac{(4.5658-3.4675)}{0.1} = 10.98\text{V/V}$이고, $R_F = 5\text{k}\Omega$인 경우의 폐루프 전압이득은 $A_{vf} = \dfrac{(6.5455-1.4819)}{0.1} = 50.64\text{V/V}$가 되어 수식에 의한 계산 값과 근사적으로 일치함을 확인할 수 있다.

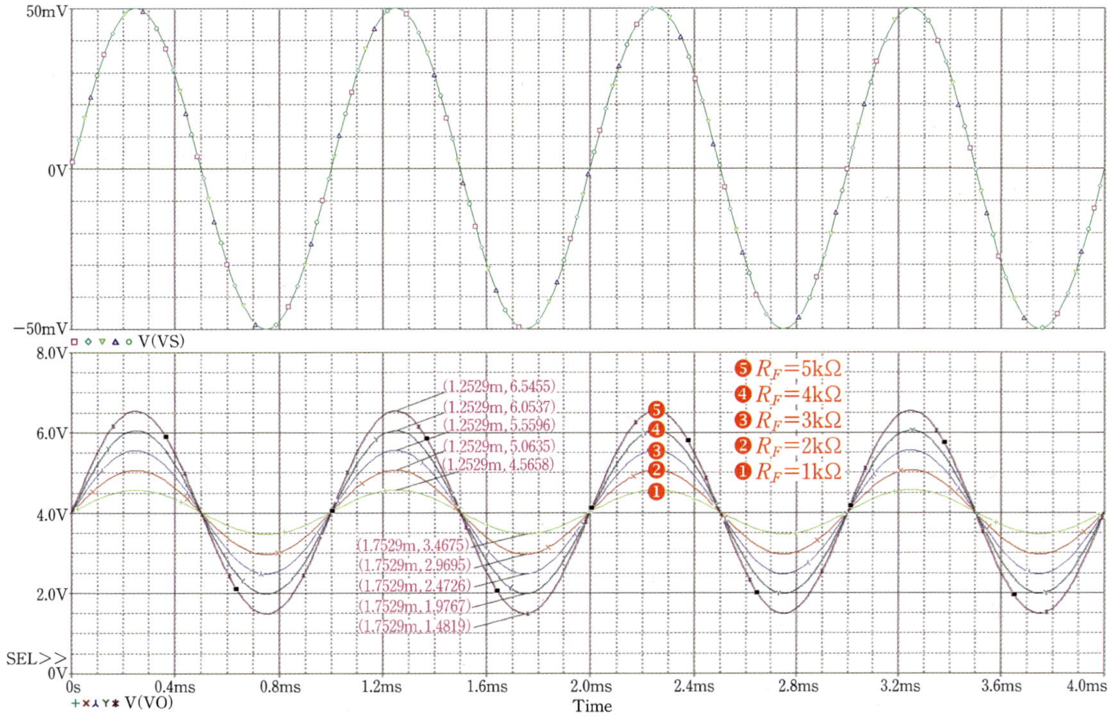

그림 6-17 [그림 6-16] 회로의 시뮬레이션 결과 ($R_F = 1,\ 2,\ 3,\ 4,\ 5\text{k}\Omega$에 대한 Parametric 해석)

예제 6-7

[그림 6-18]의 귀환증폭기에 대해 다음의 과정으로 해석하라.

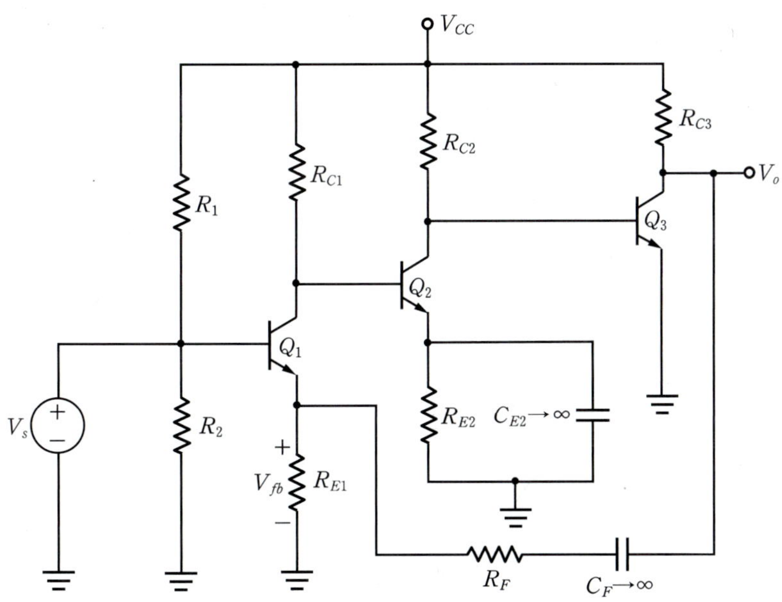

그림 6-18

(a) 귀환경로와 귀환회로를 구성하는 소자를 확인하라.

(b) 입력 쪽과 출력 쪽의 연결형태를 확인하라.

(c) 부귀환인지 정귀환인지를 설명하라(단, BJT의 주파수 응답특성은 무시한다).

풀이

(a) 증폭기의 입력 쪽은 Q_1의 베이스-이미터와 저항 R_{E1}을 포함하는 루프이며, 출력전압은 Q_3의 컬렉터에서 나오고 있다. 증폭기의 출력 쪽과 입력 쪽 루프가 저항 R_F와 R_{E1}에 의해 연결되어 있으므로, 귀환회로는 저항 R_F와 R_{E1}으로 구성된다.

(b) 증폭기의 입력 루프에 귀환회로를 구성하는 저항 R_{E1}이 포함되어 있으므로 입력 쪽은 직렬연결이다. 출력전압 V_o가 나오는 Q_3의 컬렉터에 저항 R_F가 병렬 형태로 연결되어 있으므로, 출력 쪽은 병렬연결이다. 따라서 직렬-병렬 귀환증폭기이다.

(c) Q_1, Q_2, Q_3는 모두 공통이미터 증폭기를 구성하고 있다. $Q_1 - Q_2 - Q_3$로 구성되는 3단 증폭기의 개방루프 전압이득은 $A_v < 0$이고, R_{E1}에 걸리는 귀환전압은 출력전압 V_o와 동일위상이므로 $\beta_v > 0$이다. 따라서 $A_v \beta_v < 0$인 **정귀환 증폭기**이므로 사용할 수 없는 회로이다.

BJT의 온도 상승 → Q_3의 컬렉터 전류 증가 → 출력전압 V_o 감소 → 귀환전압 V_{fb} 감소 → Q_1의 베이스-이미터 전압 V_{be1} 증가 → Q_1의 컬렉터 전압 V_{c1} 감소 → Q_2의 컬렉터 전압 V_{c2} 증가 → 출력전압 V_o 감소의 정귀환 작용에 의해 BJT의 온도가 상승함에 따라 출력전압이 계속 감소하여 불안정한 동작을 한다.

확인문제 6-9

[그림 6-14]의 귀환증폭기에서 귀환율 β_v와 근사적인 폐루프 전압이득 A_{vf} 값을 구하라.
단, $R_{S1} = 0.2\text{k}\Omega$, $R_F = 10\text{k}\Omega$이다.

답 $\beta_v \simeq 0.0196\text{V/V}$, $A_{vf} \simeq 51\text{V/V}$

확인문제 6-10

[그림 6-14]의 귀환증폭기에서 MOSFET M_1의 소오스 저항 $R_{S1} = 0.1\text{k}\Omega$인 경우에 폐루프 전압이득 $A_{vf} \simeq 34\text{V/V}$가 되기 위한 귀환저항 R_F의 값을 결정하라.

답 $R_F = 3.3\text{k}\Omega$

확인문제 6-11

[그림 6-19]의 회로에 대해 루프이득의 부호를 이용해 부귀환 증폭기임을 보이고, 폐루프 전압이득 $A_{vf} \simeq 31\mathrm{V/V}$가 되도록 저항비 R_F/R_{E1}를 결정하라.

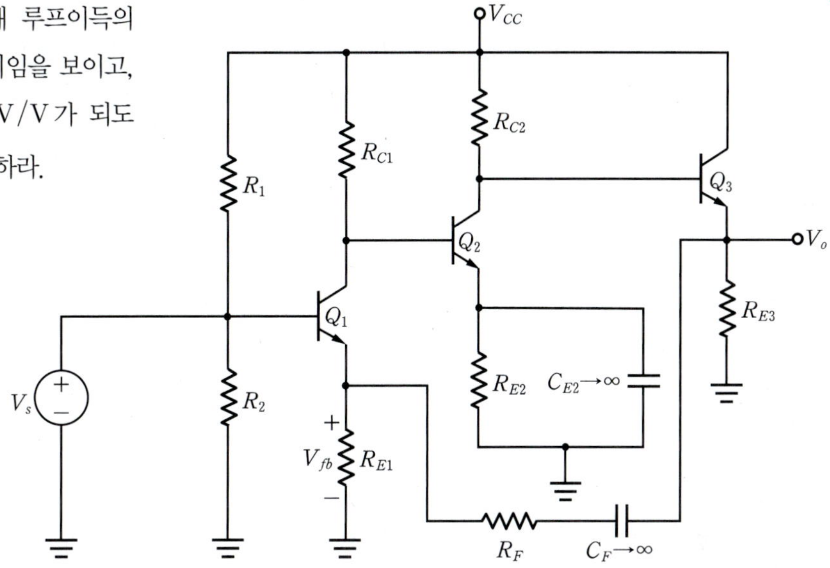

그림 6-19

답 $R_F/R_{E1} = 30$

확인문제 6-12

[그림 6-20]의 귀환증폭기에 대해 (a) 입력 쪽과 출력 쪽의 연결형태를 확인하고, (b) 부귀환인지 정귀환인지를 판단하라.

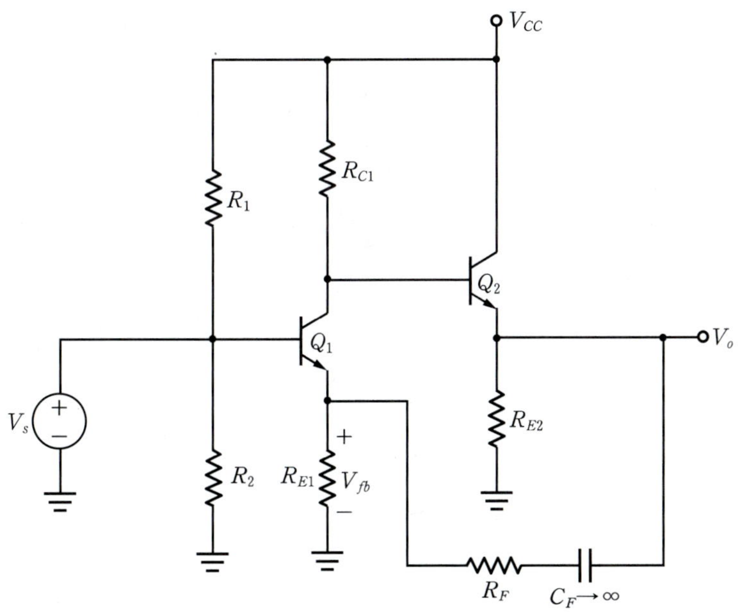

그림 6-20

답 (a) 입력 쪽 : 직렬연결, 출력 쪽 : 병렬연결 (b) 정귀환

6.3.2 병렬-직렬 귀환증폭기

병렬-직렬 귀환증폭기 회로에 대해 부귀환과 정귀환을 어떻게 구별할 수 있는가?
병렬-직렬 귀환증폭기 회로를 근사적으로 해석하는 방법은?

[그림 6-21]은 병렬-직렬 귀환증폭기의 예이다. 출력 쪽이 직렬연결이므로 출력에서 전류가 샘플링($X_o = I_o$)되고, 입력 쪽이 병렬연결이므로 귀환신호는 전류($X_{fb} = I_{fb}$)다. 따라서 전류증폭기로 동작한다.

[그림 6-21]의 증폭기에 부귀환이 인가되고 있음을 확인해보자. 예를 들어, 발열에 의해 BJT의 온도가 상승하면 출력전류 I_o 증가 → 귀환전류 I_{fb} 감소 → Q_1의 베이스 전류 I_{b1} 증가 → Q_1의 컬렉터 전류 I_{c1} 증가 → Q_2의 베이스 전류 I_{b2} 감소 → 출력전류 I_o 감소의 부귀환 작용에 의해 출력전류(또는 전류이득)가 안정화된다. 출력전류의 안정화에 의해 출력전압(전압이득)도 안정화된다. 루프이득 $A_i\beta_i$의 부호를 이용해서 부귀환 여부를 판단할 수도 있다. [그림 6-21]의 회로에서 BJT Q_1과 Q_2의 전류이득은 각각 $A_{i1} \equiv I_{c1}/I_{b1} > 0$, $A_{i2} \equiv I_o/I_{b2} > 0$이며, Q_1의 컬렉터 전류 I_{c1}과 Q_2의 베이스 전류 I_{b2}는 반대위상이므로, 개방루프 전류이득은 $A_i \equiv I_o/I_{b1} < 0$이다. 귀환전류 I_{fb}와 출력전류 I_o는 반대위상을 가지므로 귀환율은 $\beta_i < 0$이다. 따라서 루프이득은 $A_i\beta_i > 0$이므로 부귀환이 인가되고 있다.

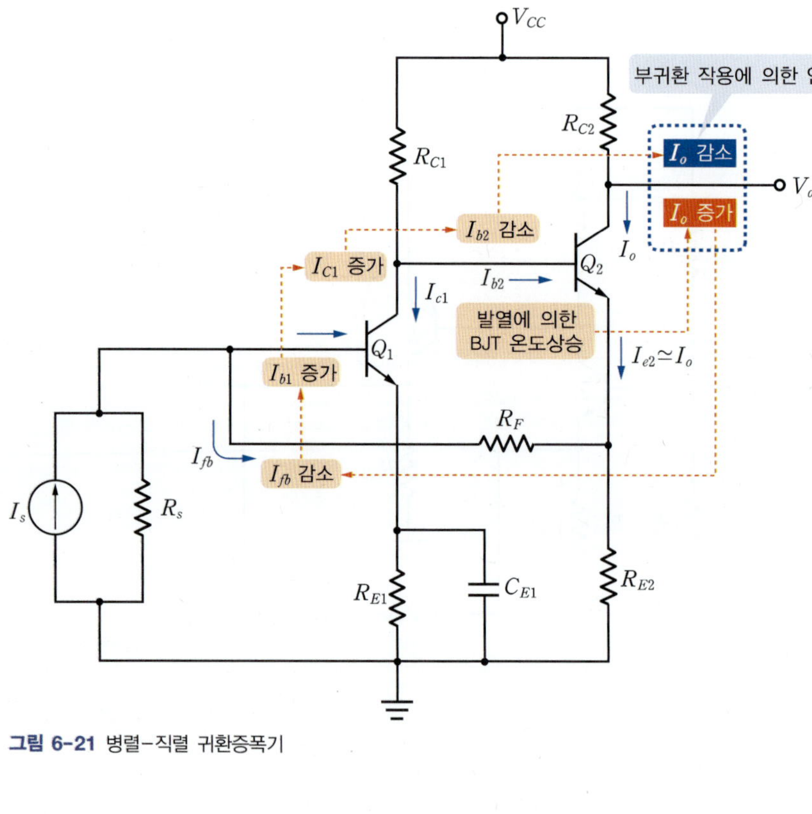

그림 6-21 병렬-직렬 귀환증폭기

$A_i\beta_i \gg 1$이라고 가정하고, 근사적인 폐루프 이득을 구해보자. $A_i\beta_i \gg 1$을 만족하지 않는 경우에는 개방루프 전류이득 A_i를 구하고, 식 (6.2)에 의해 정확한 폐루프 전류이득을 구해야 한다. [그림 6-21]에서 $I_{fb} = -\left[\frac{R_{E2}}{(R_{E2}+R_F)}\right]I_o$이므로 귀환율을 구하면 다음과 같다. 여기서 $I_{e2} \simeq I_o$로 가정했다.

$$\beta_i \equiv \frac{I_{fb}}{I_o} = \frac{-R_{E2}}{R_{E2}+R_F} \tag{6.20}$$

$A_i\beta_i \gg 1$인 경우, 식 (6.17)에 의해 폐루프 전류이득의 근삿값은 다음과 같다.

$$A_{if} \equiv \frac{I_o}{I_s} \simeq \frac{1}{\beta_i} = -\left(1+\frac{R_F}{R_{E2}}\right) \tag{6.21}$$

한편, 신호원 전류 I_s를 테브닌 등가회로로 변환하면 $V_s = R_sI_s$가 되고, 폐루프 전압이득 A_{vf}는 식 (6.22)와 같다.

$$A_{vf} \equiv \frac{V_o}{V_s} = \frac{-R_{C2}I_o}{R_sI_s} = A_{if} \times \frac{-R_{C2}}{R_s} \simeq \left(1+\frac{R_F}{R_{E2}}\right)\left(\frac{R_{C2}}{R_s}\right) \tag{6.22}$$

예제를 통해 병렬-직렬 귀환증폭기의 해석 방법을 익혀보자.

예제 6-8

[그림 6-22]의 귀환증폭기를 다음의 과정으로 해석하라. 단, $R_{SS} = 10\text{k}\Omega$, $R_{D1} = 33\text{k}\Omega$, $R_F = 30\text{k}\Omega$, $R_M = 2\text{k}\Omega$이다.

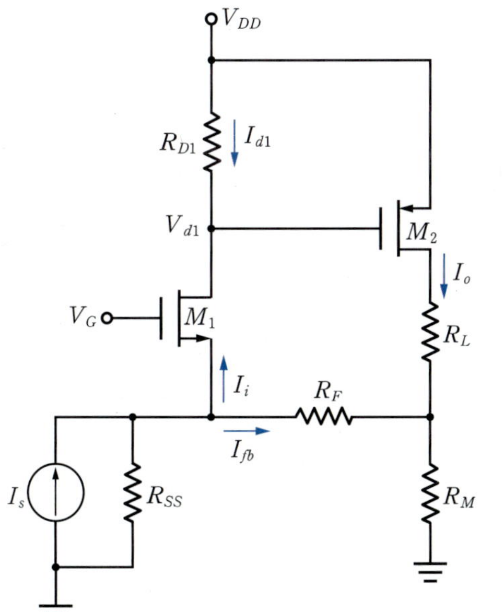

그림 6-22

(a) 귀환경로와 귀환회로를 구성하는 소자를 확인하라.

(b) 입력 쪽과 출력 쪽의 연결형태를 확인하라.

(c) 부귀환임을 설명하라(단, MOSFET의 주파수 응답특성은 무시한다).

(d) 귀환율 β_i를 구하라.

(e) 폐루프 전류이득 $A_{if} = \dfrac{I_o}{I_s}$의 근삿값을 구하라.

풀이

(a) 증폭기의 입력 쪽인 MOSFET M_1의 소오스와 출력 쪽인 부하저항 R_L 사이에 저항 R_F와 R_M이 연결되어 있으므로, 귀환회로는 저항 R_F와 R_M으로 구성된다.

(b) 저항 R_F가 MOSFET M_1의 소오스 그리고 전류원 I_s와 분로 형태로 연결되어 있으므로, 입력 쪽은 병렬연결이다. 저항 R_F와 R_M이 부하저항 R_L과 직렬 형태로 연결되어 있으므로, 출력 쪽은 직렬연결이다. 따라서 병렬-직렬 귀환증폭기이다.

(c) N채널 MOSFET M_1은 공통게이트 증폭기이고, P채널 MOSFET M_2는 공통소오스 증폭기이다.

- 공통게이트 증폭기 M_1의 전달임피던스 $A_{z,M1} \equiv \dfrac{V_{d1}}{I_i}$: MOSFET M_1의 드레인 전류는 $I_{d1} = -I_i$이고 M_1의 드레인 전압은 $V_{d1} = V_{DD} - R_{D1}I_{d1} = V_{DD} + R_{D1}I_i$이므로, $A_{z,M1} > 0$이다.
- 공통소오스 증폭기 M_2의 전달컨덕턴스 $A_{g,M2} \equiv \dfrac{I_o}{V_{d1}}$: P채널 MOSFET M_2의 소오스-게이트 전압은 $V_{SG2} = V_{DD} - V_{d1}$이고 V_{SG2}와 출력전류 I_o는 동일위상(부호)이므로, $A_{g,M2} < 0$이다.
- M_1, M_2로 구성되는 2단 증폭기의 개방루프 전류이득 $A_i \equiv \dfrac{I_o}{I_i} = A_{z,M1}A_{g,M2}$는 $A_i < 0$이다.
- 귀환율 β_i : 귀환신호 I_{fb}가 출력전류 I_o와 반대위상이므로, $\beta_i < 0$이다.
- 루프이득 $A_i\beta_i > 0$인 부귀환 증폭기이다.

(d) 저항 R_F에 흐르는 귀환전류는 $I_{fb} = \dfrac{-R_M}{R_F + R_M} I_o$이며, 따라서 귀환율은 다음과 같다.

$$\beta_i \equiv \frac{I_{fb}}{I_o} = \frac{-R_M}{R_F + R_M} = \frac{-2}{30+2} = -62.5 \times 10^{-3}\mathrm{A/A}$$

(e) 폐루프 전류이득의 근삿값은 다음과 같다.

$$A_{if} \equiv \frac{I_o}{I_s} \simeq \frac{1}{\beta_i} = -\left(1 + \frac{R_F}{R_M}\right) = -16\mathrm{A/A}$$

확인문제 6-13

[그림 6-23]의 귀환증폭기에서 귀환율 $\beta_i = \dfrac{I_{fb}}{I_o}$, 폐루프 전류이득 $A_{if} = \dfrac{I_o}{I_s}$의 근삿값을 구하라. 단, $R_s = 10\text{k}\Omega$, $R_F = 15\text{k}\Omega$, $R_{E2} = 1\text{k}\Omega$이고, 결합 및 바이패스 커패시터의 값은 매우 크다고 가정한다.

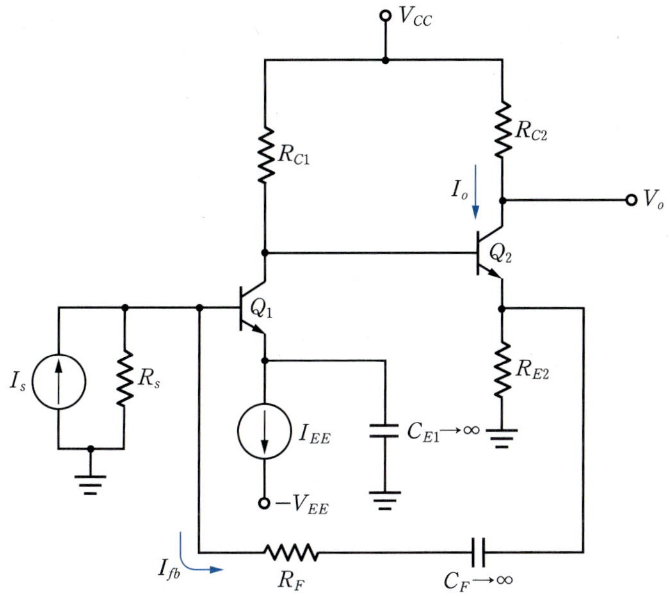

그림 6-23

답 $\beta_i = -62.5\times10^{-3}\text{A/A}$, $A_{if} \simeq -16\text{A/A}$

확인문제 6-14

[그림 6-24]의 귀환증폭기에 대해 귀환율 β_i와 폐루프 전류이득 $A_{if} = \dfrac{I_o}{I_s}$의 근삿값을 구하라. 단, $R_1 = 3\text{k}\Omega$, $R_F = 47\text{k}\Omega$이다.

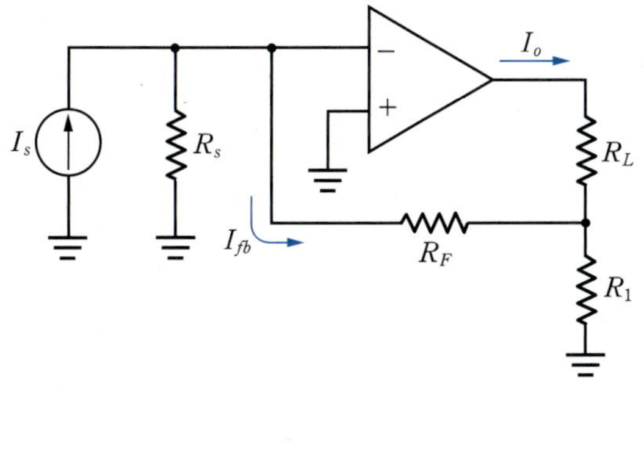

그림 6-24

답 $\beta_i = -60\text{mA/A}$, $A_{if} \simeq -16.67\text{A/A}$

6.3.3 직렬-직렬 귀환증폭기

> 직렬-직렬 귀환증폭기 회로에 대해 부귀환과 정귀환을 어떻게 구별할 수 있는가?
> 직렬-직렬 귀환증폭기 회로를 근사적으로 해석하는 방법은?

[그림 6-25]는 직렬-직렬 귀환증폭기의 예이다. 이미터 저항 R_E를 갖는 공통이미터 증폭기 회로이다. 입력 쪽과 출력 쪽이 모두 직렬연결이므로 출력 쪽에서 전류가 샘플링($X_o = I_o$)되고, 귀환신호는 전압($X_{fb} = V_{fb}$)이다. 따라서 전달컨덕턴스 증폭기이다.

[그림 6-25]의 증폭기에 부귀환이 인가되고 있음을 확인해보자. 예를 들어, 발열에 의해 BJT의 온도가 상승하면 BJT의 출력전류 I_o 증가 → 귀환전압 V_{fb} 증가 → BJT의 베이스-이미터 전압 V_{be} 감소 → 베이스 전류 I_b 감소 → 출력전류 I_o 감소의 부귀환 작용에 의해 출력전류가 안정화된다. 출력전류의 안정화에 의해 출력전압(전압이득)도 안정화된다. 루프이득 $A_g\beta_z$의 부호를 이용해서 부귀환 여부를 판단할 수도 있다. [그림 6-25]의 회로에서 BJT Q_1의 개방루프 전달컨덕턴스는 $A_g \equiv \dfrac{I_o}{V_{be}} > 0$이다. 출력전류 I_o와 귀환전압 V_{fb}는 동일위상이므로 귀환율은 $\beta_z > 0$이다. 따라서 루프이득은 $A_g\beta_z > 0$이므로 부귀환이 인가되고 있다.

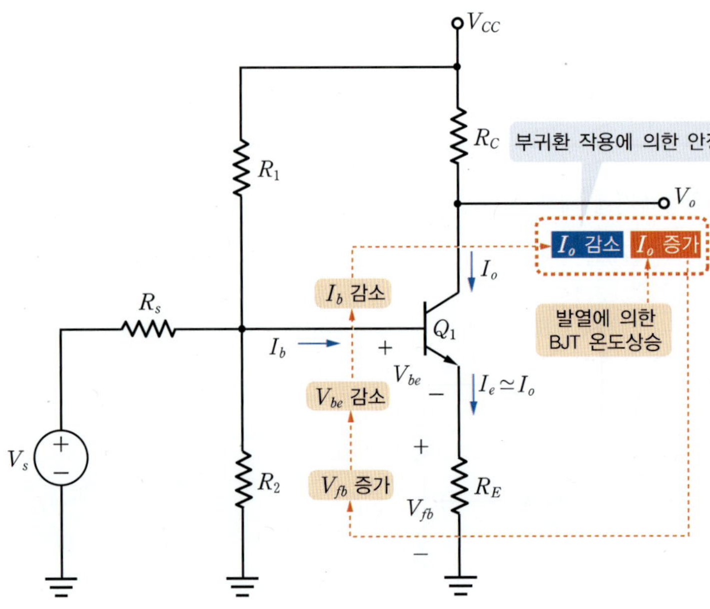

그림 6-25 직렬-직렬 귀환증폭기

$A_g\beta_z \gg 1$이라고 가정하고, 근사적인 폐루프 이득을 구해보자. $A_g\beta_z \gg 1$을 만족하지 않는 경우에는 개방루프 전달컨덕턴스 A_g를 구하고, 식 (6.2)에 의해 정확한 폐루프 이득

을 구해야 한다. [그림 6-25]에서 $V_{fb} = R_E I_o$이므로 귀환율을 구하면 다음과 같다. 여기서 $I_o \simeq I_e$로 가정했다.

$$\beta_z \equiv \frac{V_{fb}}{I_o} = R_E \tag{6.23}$$

$A_g\beta_z \gg 1$인 경우, 식 (6.17)에 의해 폐루프 전달컨덕턴스의 근삿값은 다음과 같다.

$$A_{gf} \equiv \frac{I_o}{V_s} \simeq \frac{1}{\beta_z} = \frac{1}{R_E} \tag{6.24}$$

폐루프 전압이득 A_{vf}는 다음과 같다. 2.4.2절의 식 (2.58)과 동일함을 확인할 수 있다.

$$A_{vf} \equiv \frac{V_o}{V_s} = \frac{-R_C I_o}{V_s} = -A_{gf}R_C \simeq -\left(\frac{R_C}{R_E}\right) \tag{6.25}$$

예제를 통해 직렬-직렬 귀환증폭기의 해석방법을 익혀보자.

예제 6-9

[그림 6-26]의 귀환증폭기를 다음의 과정으로 해석하라. 단, $R_S = 0.5\text{k}\Omega$, $R_D = 7\text{k}\Omega$이다.

(a) 귀환경로와 귀환회로를 구성하는 소자를 확인하라.

(b) 입력 쪽과 출력 쪽의 연결형태를 확인하라.

(c) 부귀환임을 설명하라(단, MOSFET의 주파수 응답특성은 무시한다).

(d) 귀환율 β_z를 구하라.

(e) 폐루프 전달컨덕턴스 $A_{gf} = \dfrac{I_o}{V_s}$의 근삿값을 구하라.

(f) 폐루프 전압이득 $A_{vf} = \dfrac{V_o}{V_s}$의 근삿값을 구하라.

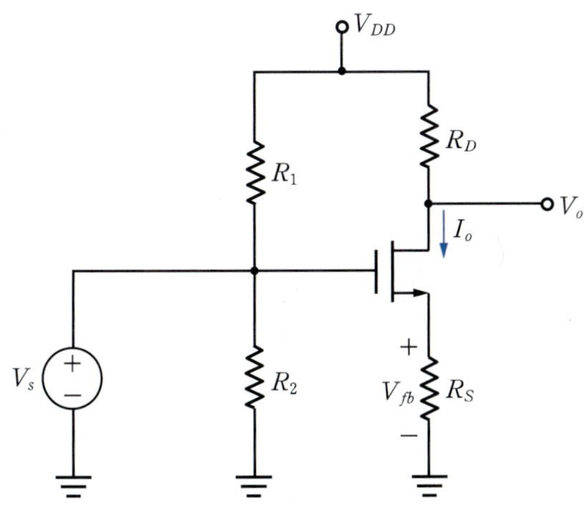

그림 6-26

풀이

(a) 소오스 저항 R_S를 갖는 공통소오스 증폭기 회로이며, 증폭기의 입력 쪽인 게이트-소오스 루프와 출력 쪽인 드레인-소오스 루프에 저항 R_S가 연결되어 있으므로, 귀환회로는 저항 R_S로 구성된다.

(b) 저항 R_S가 입력 쪽 루프와 출력 쪽 루프에 모두 포함되어 있으므로, 입력 쪽과 출력 쪽이 모두 직렬연결인 직렬-직렬 귀환증폭기다.

(c) 공통소오스 증폭기이고 입력전압과 출력전류 I_o는 동일위상이므로 개방루프 전달컨덕턴스는 $A_g > 0$이다. 귀환신호 V_{fb}가 출력전류 I_o와 동일위상이므로 $\beta_z > 0$이다. 따라서 $A_g\beta_z > 0$인 부귀환 증폭기이다.

(d) [그림 6-26]의 회로에서 귀환전압 V_{fb}는 저항 R_S에 걸리는 전압이므로 $V_{fb} = R_S I_o$이며, 따라서 귀환율은 $\beta_z \equiv \dfrac{V_{fb}}{I_o} = R_S = 0.5\text{k}\Omega$이다.

(e) 폐루프 전달컨덕턴스의 근삿값은 $A_{gf} \equiv \dfrac{I_o}{V_s} \simeq \dfrac{1}{\beta_z} = \dfrac{1}{R_S} = 2\text{mA/V}$이다.

(f) 전압이득 A_{vf}는 $A_{vf} \equiv \dfrac{V_o}{V_s} = \dfrac{-R_D I_o}{V_s} = -R_D A_{gf} \simeq -2\times 7 = -14\text{V/V}$이다.

예제 6-10

[그림 6-27]의 귀환증폭기를 다음의 과정으로 해석하라. 단, $R_F = 2.5\text{k}\Omega$이다.

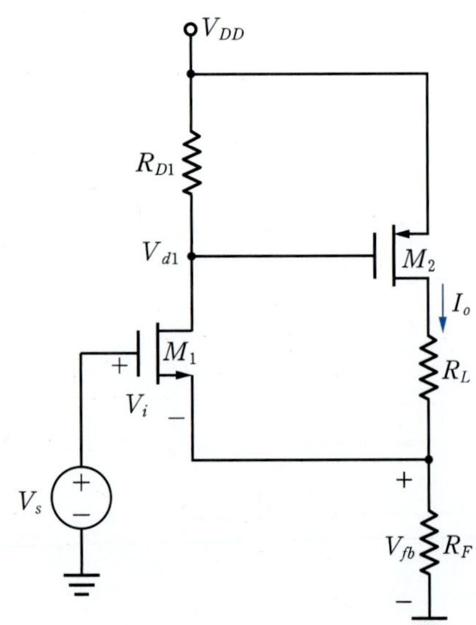

그림 6-27

(a) 귀환경로와 귀환회로를 구성하는 소자를 확인하라.

(b) 입력 쪽과 출력 쪽의 연결형태를 확인하라.

(c) 부귀환임을 설명하라(단, MOSFET의 주파수 응답특성은 무시한다).

(d) 귀환율 β_z를 구하라.

(e) 폐루프 전달컨덕턴스 $A_{gf} = \frac{I_o}{V_s}$의 근삿값을 구하라.

풀이

(a) 증폭기의 입력 쪽인 MOSFET M_1의 소오스와 출력 쪽인 부하저항 R_L 사이에 저항 R_F가 연결되어 있으므로, 귀환회로는 저항 R_F로 구성된다.

(b) 저항 R_F가 MOSFET M_1의 소오스, 전압원 V_s와 루프를 구성하므로, 입력 쪽은 직렬연결이다. 저항 R_F가 부하저항 R_L과 직렬 형태로 연결되어 있으므로, 출력 쪽은 직렬연결이다. 따라서 직렬-직렬 귀환증폭기이다.

(c) N채널 MOSFET M_1과 P채널 MOSFET M_2는 모두 공통소오스 증폭기이다.

- 공통소오스 증폭기 M_1의 전압이득 $A_{v,M1} \equiv \frac{V_{d1}}{V_i}$은 $A_{v,M1} < 0$이다.
- 공통소오스 증폭기 M_2의 전달컨덕턴스 $A_{g,M2} \equiv \frac{I_o}{V_{d1}}$은 P채널 MOSFET M_2의 소오스-게이트 전압은 $V_{SG2} = V_{DD} - V_{d1}$이고 V_{SG2}와 출력전류 I_o는 동일위상이므로 $A_{g,M2} < 0$이다.
- M_1, M_2 2단 증폭기의 개방루프 전달컨덕턴스 $A_g \equiv \frac{I_o}{V_i} = A_{v,M1}A_{g,M2}$는 $A_g > 0$이다.
- 귀환전압 V_{fb}가 출력전류 I_o와 동일위상이므로 귀환율 β_z은 $\beta_z > 0$이다.
- 루프이득 $A_g\beta_z > 0$인 부귀환 증폭기이다.

(d) 저항 R_F에 걸리는 귀환전압은 $V_{fb} = R_F I_o$이며, 따라서 귀환율은 다음과 같다.

$$\beta_z \equiv \frac{V_{fb}}{I_o} = R_F = 2.5\text{k}\Omega$$

(e) 폐루프 전달컨덕턴스의 근삿값은 다음과 같다.

$$A_{gf} \equiv \frac{I_o}{V_s} \simeq \frac{1}{\beta_z} = \frac{1}{R_F} = \frac{1}{2.5 \times 10^3} = 0.4\text{mA/V}$$

확인문제 6-15

[그림 6-25]의 귀환증폭기에 대해 귀환율 $\beta_z = \frac{V_{fb}}{I_o}$, 폐루프 전달컨덕턴스 $A_{gf} = \frac{I_o}{V_s}$와 폐루프 전압이득 $A_{vf} = \frac{V_o}{V_s}$의 근삿값을 구하라. 단, $R_s = 0.1\text{k}\Omega$, $R_E = 0.16\text{k}\Omega$, $R_C = 3\text{k}\Omega$이다.

답 $\beta_z = 0.16\text{k}\Omega$, $A_{gf} \simeq 6.25\text{mA/V}$, $A_{vf} \simeq -18.75\text{V/V}$

확인문제 6-16

[그림 6-28]의 귀환증폭기에 대해 (a) 입력 쪽과 출력 쪽의 연결형태를 확인하고, (b) 부귀환인지 정귀환인지를 판단하라.

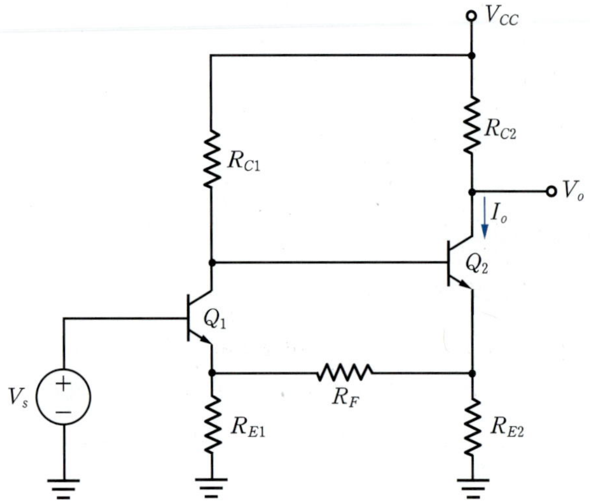

그림 6-28

답 (a) 입력 쪽 : 직렬연결, 출력 쪽 : 직렬연결 (b) 정귀환

여기서 잠깐 직렬-직렬 귀환증폭기(전달컨덕턴스 증폭기) 응용 예

[그림 6-29]는 직렬-직렬 귀환증폭기의 한 예를 보이고 있다. 입력전압에 비례하는 전류를 LED(발광다이오드)에 공급하기 위해 직렬-직렬 귀환증폭기(전달컨덕턴스 증폭기)가 사용된다. 직렬-직렬 귀환증폭기는 입력저항이 매우 크므로, 증폭기가 입력 신호원에 미치는 부하효과가 매우 작으며, 또한 출력저항이 매우 크므로 증폭기 출력전류가 LED에 효과적으로 전달되는 장점이 있다.

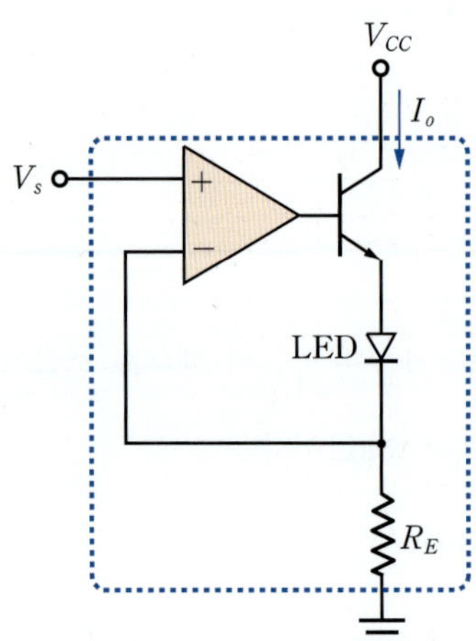

그림 6-29 직렬-직렬 귀환증폭기의 예

6.3.4 병렬-병렬 귀환증폭기

병렬-병렬 귀환증폭기 회로에 대해 부귀환과 정귀환을 어떻게 구별할 수 있는가?
병렬-병렬 귀환증폭기 회로를 근사적으로 해석하는 방법은?

[그림 6-30]은 병렬-병렬 귀환증폭기의 예이다. 입력 쪽과 출력 쪽이 모두 병렬연결이므로 출력 쪽에서 전압이 샘플링($X_o = V_o$)되고, 귀환신호는 전류($X_{fb} = I_{fb}$)이다. 따라서 전달임피던스 증폭기로 동작한다.

[그림 6-30]의 증폭기에 부귀환이 인가되고 있음을 확인해보자. 예를 들어, 발열에 의해 BJT의 온도가 상승하면 BJT의 컬렉터 전류 I_c 증가 → 출력전압 V_o 감소 → 귀환전류 I_{fb} 증가 → 베이스 전류 I_b 감소 → 컬렉터 전류 I_c 감소 → 출력전압 V_o 증가의 부귀환 작용에 의해 출력전압이 안정화된다. 루프이득 $A_z\beta_g$의 부호를 이용해서 부귀환 여부를 판단할 수도 있다. [그림 6-30]의 회로에서 BJT Q_1의 베이스 전류 I_b와 컬렉터 전류 I_c는 동일 위상이고 출력전압 V_o는 컬렉터 전류 I_c와 반대위상이므로, 개방루프 전달임피던스는 $A_z \equiv \dfrac{V_o}{I_b} < 0$이다. 출력전압 V_o와 귀환전류 I_{fb}는 반대위상이므로 귀환율은 $\beta_g < 0$이다. 따라서 루프이득은 $A_z\beta_g > 0$이므로 부귀환이 인가되고 있다.

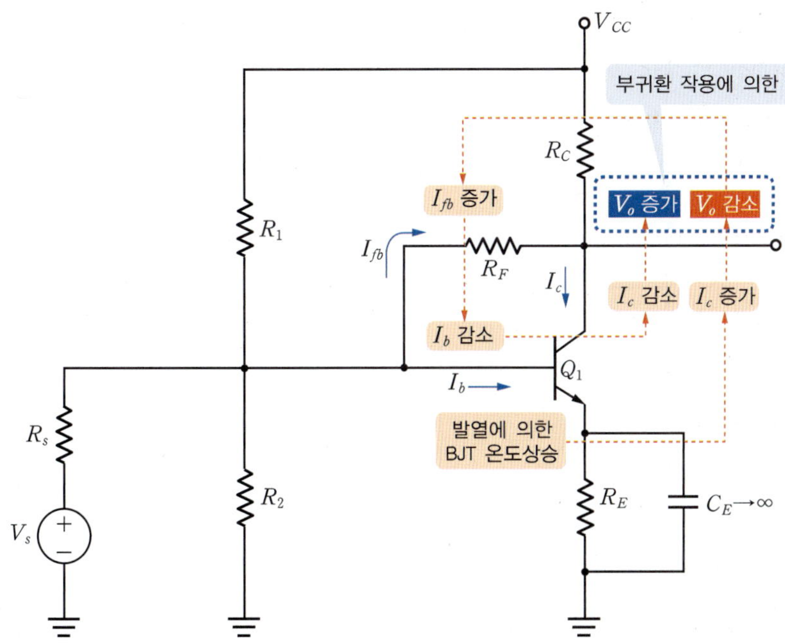

그림 6-30 병렬-병렬 귀환증폭기

$A_z\beta_g \gg 1$이라고 가정하고, 근사적인 폐루프 이득을 구해보자. $A_z\beta_g \gg 1$을 만족하지 않는 경우에는 개방루프 전달임피던스 A_z를 구하고, 식 (6.2)에 의해 정확한 폐루프 이득을 구해야 한다. [그림 6-30]에서 $I_{fb} \simeq \dfrac{-V_o}{R_F}$이므로 귀환율은 다음과 같다.

$$\beta_g \equiv \frac{I_{fb}}{V_o} = \frac{-1}{R_F} \tag{6.26}$$

$A_z\beta_g \gg 1$인 경우, 식 (6.17)에 의해 폐루프 전달임피던스의 근삿값은 다음과 같다.

$$A_{zf} \equiv \frac{V_o}{I_s} \simeq \frac{1}{\beta_g} = -R_F \tag{6.27}$$

한편, 폐루프 전압이득 A_{vf}는 다음과 같다.

$$A_{vf} \equiv \frac{V_o}{V_s} = \frac{V_o}{R_s I_s} = \frac{A_{zf}}{R_s} \simeq \frac{-R_F}{R_s} \tag{6.28}$$

예제를 통해 병렬-병렬 귀환증폭기의 해석 방법을 익혀보자.

예제 6-11

[그림 6-31]의 귀환증폭기를 다음의 과정으로 해석하라. 단, $R_s = 0.2\text{k}\Omega$, $R_{C1} = 30\text{k}\Omega$, $R_{C2} = 10\text{k}\Omega$, $R_{C3} = 0.6\text{k}\Omega$, $R_F = 20\text{k}\Omega$이다.

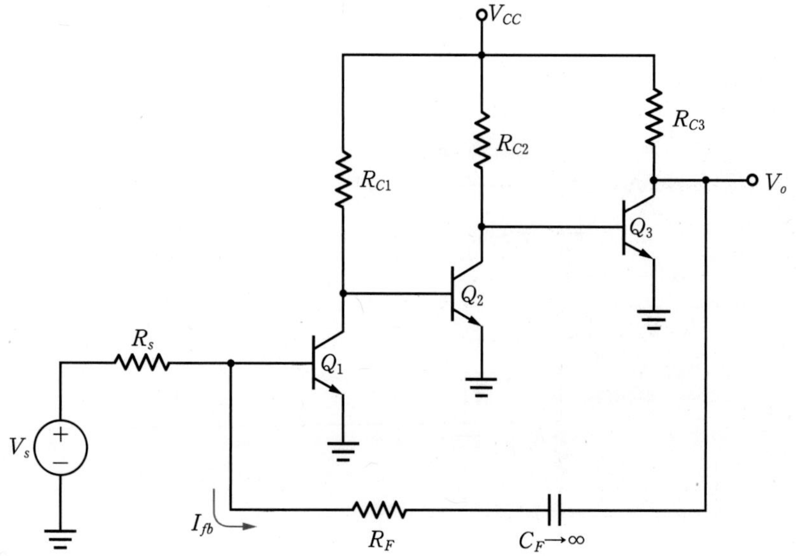

그림 6-31

(a) 귀환경로와 귀환회로를 구성하는 소자를 확인하라.

(b) 입력 쪽과 출력 쪽의 연결형태를 확인하라.

(c) 부귀환임을 설명하라(단, BJT의 주파수 응답특성은 무시한다).

(d) 귀환율 β_g를 구하라.

(e) 폐루프 전달임피던스 $A_{zf} = \dfrac{V_o}{I_s}$의 근삿값을 구하라.

(f) 폐루프 전압이득 $A_{vf} = \dfrac{V_o}{V_s}$의 근삿값을 구하라.

풀이

(a) 증폭기의 입력 쪽인 Q_1의 베이스와 출력 쪽인 Q_3의 컬렉터가 저항 R_F에 의해 연결되어 있으므로, 귀환회로는 저항 R_F로 구성된다.

(b) 저항 R_F가 Q_1의 베이스에 병렬 형태로 연결되어 있으므로 입력 쪽은 병렬연결이다. 출력전압 V_o가 나오는 Q_3의 컬렉터에 저항 R_F가 병렬 형태로 연결되어 있으므로, 출력 쪽도 병렬연결이다. 따라서 병렬-병렬 귀환증폭기이다.

(c) 3단 공통이미터 증폭기이고, 입력전류와 출력전압 V_o는 180°의 위상차를 가지므로, 개방루프 이득은 $A_z < 0$이다. 또한 귀환전류 I_{fb}가 출력전압 V_o와 180°의 위상차를 가지므로, $\beta_g < 0$이다. 따라서 $A_z\beta_g > 0$인 부귀환 증폭기이다.

(d) 귀환전류 I_{fb}는 저항 R_F에 흐르는 전류이므로, [그림 6-31]로부터 $I_{fb} \simeq \dfrac{-V_o}{R_F}$가 된다. 따라서 귀환율은 다음과 같다.

$$\beta_g \equiv \frac{I_{fb}}{V_o} = \frac{-1}{R_F} = -0.05\text{mA/V}$$

(e) 폐루프 전달임피던스의 근삿값은 다음과 같다.

$$A_{zf} \equiv \frac{V_o}{I_s} \simeq \frac{1}{\beta_g} = -R_F = -20\text{k}\Omega$$

(f) 폐루프 전압이득 A_{vf}는 다음과 같이 계산된다.

$$A_{vf} \equiv \frac{V_o}{V_s} = \frac{V_o}{R_s I_s} = \frac{A_{zf}}{R_s} \simeq \frac{-20}{0.2} = -100\text{V/V}$$

예제 6-12

[그림 6-32]의 귀환증폭기에 대해 다음의 과정으로 해석하라.

(a) 귀환경로와 귀환회로를 구성하는 소자를 확인하라.

(b) 입력 쪽과 출력 쪽의 연결형태를 확인하라.

(c) 부귀환인지 정귀환인지를 설명하라(단, BJT의 주파수 응답특성은 무시한다).

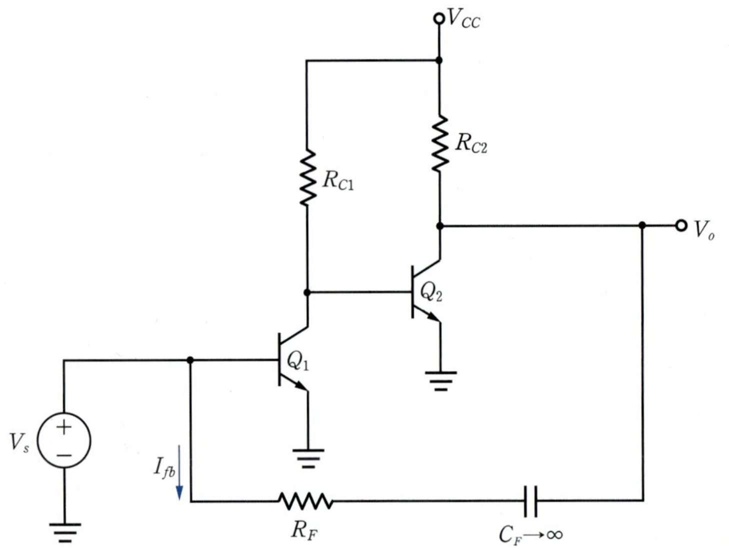

그림 6-32

풀이

(a) 증폭기의 입력 쪽인 Q_1의 베이스와 출력 쪽인 Q_2의 컬렉터가 저항 R_F에 의해 연결되어 있으므로, 귀환회로는 저항 R_F로 구성된다.

(b) 저항 R_F가 Q_1의 베이스에 병렬 형태로 연결되어 있으므로, 입력 쪽은 병렬연결이다. 출력전압 V_o가 나오는 Q_2의 컬렉터에 저항 R_F가 병렬 형태로 연결되어 있으므로, 출력 쪽도 병렬연결이다. 따라서 병렬-병렬 귀환증폭기이다.

(c) 2단 공통이미터 증폭기이고, 입력전류와 출력전압 V_o는 동일위상을 가지므로, 개방루프 이득은 $A_z > 0$이다. 또한 귀환전류 I_{fb}가 출력전압 V_o와 180°의 위상차를 가지므로, $\beta_g < 0$이다. 따라서 $A_z\beta_g < 0$인 **정귀환 증폭기**이므로 사용할 수 없는 회로이다.

BJT의 온도 상승 → Q_2의 컬렉터 전류 증가 → 출력전압 V_o 감소 → 귀환전류 I_{fb} 증가 → Q_1의 베이스 전류 I_{b1} 감소 → Q_1의 컬렉터 전압 V_{c1} 증가 → 출력전압 V_o 감소의 정귀환 작용에 의해 BJT의 온도가 상승함에 따라 출력전압이 계속 감소하여 불안정한 동작을 한다.

예제 6-13

[그림 6-33]의 귀환증폭기를 다음의 과정으로 해석하라. 단, $R_F = 10\text{k}\Omega$이다.

(a) 귀환경로와 귀환회로를 구성하는 소자를 확인하라.

(b) 입력 쪽과 출력 쪽의 연결형태를 확인하라.

(c) 부귀환임을 설명하라(단, MOSFET의 주파수 응답특성은 무시한다).

(d) 귀환율 β_g를 구하라.

(e) 폐루프 전달임피던스 $A_{zf} = \dfrac{V_o}{I_s}$의 근삿값을 구하라.

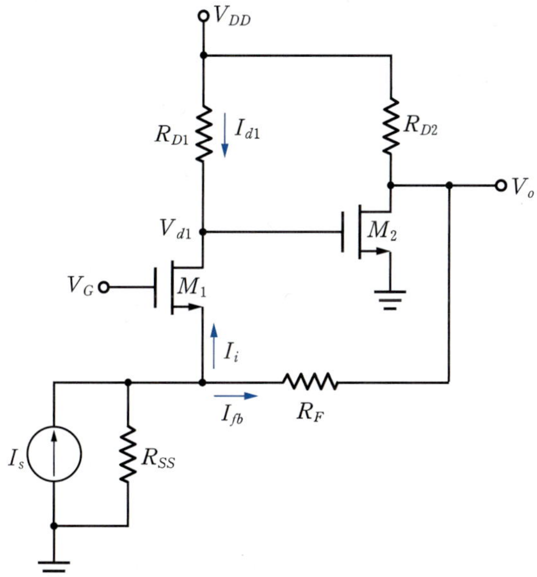

그림 6-33

풀이

(a) 증폭기의 입력 쪽인 MOSFET M_1의 소오스와 출력 쪽인 MOSFET M_2의 드레인 사이에 저항 R_F가 연결되어 있으므로, 귀환회로는 저항 R_F로 구성된다.

(b) 저항 R_F가 MOSFET M_1의 소오스, 전류원 I_s와 분로 형태로 연결되어 있으므로, 입력 쪽은 병렬연결이다. 출력전압 V_o가 나오는 M_2의 드레인에 저항 R_F가 분로 형태로 연결되어 있으므로, 출력 쪽도 병렬연결이다. 따라서 병렬-병렬 귀환증폭기이다.

(c) N채널 MOSFET M_1은 공통게이트 증폭기이고, M_2는 공통소오스 증폭기이다.

- 공통게이트 증폭기 M_1의 전달임피던스 $A_{z,M1} \equiv \dfrac{V_{d1}}{I_i}$은 입력전류 I_i와 M_1의 드레인 전류는 $I_{d1} = -I_i$이고 M_1의 드레인 전압은 $V_{d1} = V_{DD} - R_{D1}I_{d1} = V_{DD} + R_{D1}I_i$이므로 $A_{z,M1} > 0$이다.
- 공통소오스 증폭기 M_2의 전압이득 $A_{v,M2} \equiv \dfrac{V_O}{V_{d1}}$은 $A_{v,M2} < 0$이다.

- M_1, M_2로 구성되는 2단 증폭기의 개방루프 전달임피던스는 $A_z \equiv \frac{V_o}{I_i} = A_{z,M1}A_{v,M2} < 0$이다.
- 귀환율 β_g은 귀환신호 I_{fb}가 출력전압 V_o와 반대위상이므로 $\beta_g < 0$이다.
- 루프이득 $A_z\beta_g > 0$인 부귀환 증폭기이다.

(d) 저항 R_F에 흐르는 귀환전류는 $I_{fb} = -\frac{V_o}{R_F}$이며, 따라서 귀환율은 다음과 같다.

$$\beta_g \equiv \frac{I_{fb}}{V_o} = -\frac{1}{R_F} = -0.1\text{mA/V}$$

(e) 폐루프 전달임피던스의 근삿값은 다음과 같다.

$$A_{zf} \equiv \frac{V_o}{I_s} \simeq \frac{1}{\beta_g} = -R_F = -10\text{k}\Omega$$

확인문제 6-17

[그림 6-30]의 귀환증폭기에 대해 귀환율 $\beta_g = \frac{I_{fb}}{V_o}$와 폐루프 전달임피던스 $A_{zf} = \frac{V_o}{I_s}$, 폐루프 전압이득 $A_{vf} = \frac{V_o}{V_s}$의 근삿값을 구하라. 단, $R_s = 0.25\text{k}\Omega$, $R_F = 4.0\text{k}\Omega$, $R_C = 6.7\text{k}\Omega$이고, 결합 및 바이패스 커패시터의 값은 매우 크다고 가정한다.

답 $\beta_g = -0.25\text{mA/V}$, $A_{zf} \simeq -4\text{k}\Omega$, $A_{vf} \simeq -16\text{V/V}$

확인문제 6-18

[그림 6-34]의 귀환증폭기에 대해 귀환율 $\beta_g = \frac{I_{fb}}{V_o}$와 폐루프 전달임피던스 $A_{zf} = \frac{V_o}{I_s}$의 근삿값을 구하라. 단, $R_{ss} = 10\text{k}\Omega$, $R_D = 5\text{k}\Omega$, $R_F = 110\text{k}\Omega$이다.

답 $\beta_g = -9.1\mu\text{A/V}$, $A_{zf} \simeq -110\text{k}\Omega$

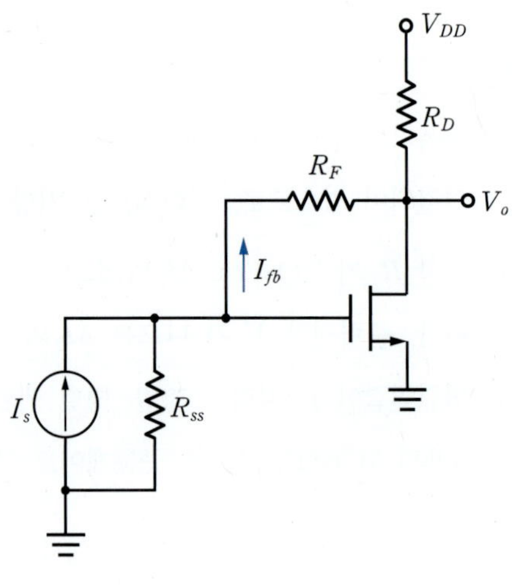

그림 6-34

여기서 잠깐 **병렬-병렬 귀환증폭기(전달임피던스 증폭기) 응용 예**

[그림 6-35]는 병렬-병렬 귀환증폭기(전달임피던스 증폭기)의 한 응용 예이다. 포토다이오드 photodiode는 입사되는 빛의 양에 따라 전류가 변하는 광센서의 한 종류이다. 포토다이오드의 출력전류를 전압으로 변환하기 위해 병렬-병렬 귀환증폭기(전달임피던스 증폭기)가 사용된다. 병렬-병렬 귀환증폭기는 입력저항이 매우 작으므로, 증폭기가 포토다이오드에 미치는 부하효과가 매우 작으며, 또한 출력저항이 매우 작으므로 증폭기 출력전압이 부하에 효과적으로 전달되는 장점이 있다.

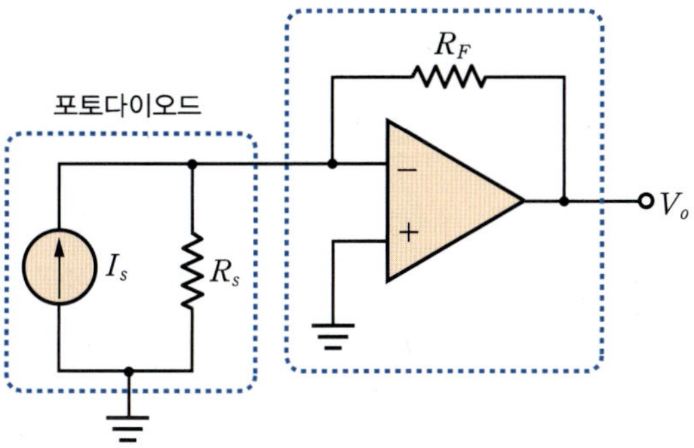

그림 6-35 전달임피던스 증폭기의 응용 예

점검하기 **다음 각 문제에서 맞는 것을 고르시오.**

(1) CE-CE-CC의 3단 증폭기에 직렬-병렬 귀환을 인가하면 (**부귀환, 정귀환**)을 갖는다.

(2) CE-CE-CE의 3단 증폭기에 직렬-병렬 귀환을 인가하면 (**부귀환, 정귀환**)을 갖는다.

(3) CC 증폭기와 CD 증폭기는 (**직렬-직렬, 직렬-병렬**) 귀환증폭기이다.

(4) CE-CE의 2단 증폭기에 병렬-직렬 귀환을 인가하면 (**부귀환, 정귀환**)을 갖는다.

(5) 이미터 저항을 갖는 CE 증폭기와 소오스 저항을 갖는 CS 증폭기는 (**직렬-직렬, 직렬-병렬**) 귀환증폭기이다.

(6) CE-CE-CE의 3단 증폭기에 병렬-병렬 귀환을 인가하면 (**부귀환, 정귀환**)을 갖는다.

(7) CE-CE의 2단 증폭기에 병렬-병렬 귀환을 인가하면 (**부귀환, 정귀환**)을 갖는다.

SECTION 6.4

귀환증폭기의 안정도 판별

증폭기 회로는 트랜지스터 또는 연산증폭기 소자 내부의 기생 정전용량 성분에 의해 주파수 응답특성을 가지며, 이에 의해 출력신호의 위상이 주파수에 영향을 받는다. 귀환증폭기의 주파수 응답특성에 의해 출력신호의 위상이 변하면, 귀환신호와 입력신호가 동일위상이 되는 정귀환 positive feedback 작용이 발생할 수 있으며, 귀환증폭기가 특정 주파수에서 발진 oscillation하는 불안정 상태가 될 수 있다. 특정 주파수에서 회로가 발진하게 되면 증폭기로서의 기능을 상실하게 되므로, 귀환증폭기는 동작 주파수 범위에서 안정성 stability이 보장되어야 한다. 이 절에서는 귀환증폭기의 안정도 판별 방법을 알아본다.

6.4.1 나이퀴스트 판별법

주파수 응답특성이 고려된 개방루프 이득을 $A(j\omega)$로 나타내면, 귀환증폭기의 폐루프 이득을 나타내는 식 (6.2)를 식 (6.29)와 같이 다시 표현할 수 있다. 귀환회로가 저항 소자로만 구성되어 귀환율 β가 주파수에 무관하게 일정한 값을 갖는다고 가정한다.

$$A_f(j\omega) = \frac{A(j\omega)}{1 + A(j\omega)\beta} = \frac{A(j\omega)}{1 + L(j\omega)} \tag{6.29}$$

여기서 $L(j\omega) = A(j\omega)\beta$은 루프이득이며, 주파수에 따른 크기와 위상으로 분리해서 식 (6.30)과 같이 표현할 수 있다.

$$L(j\omega) = |L(j\omega)|\,\phi(\omega) \tag{6.30}$$

특정 각주파수 angular frequency $\omega = \omega_{180}$에서 루프이득의 위상이 $\phi(\omega_{180}) = -180°$이고, 크기가 $|L(j\omega_{180})| = 1$이면, 루프이득은 식 (6.31)과 같다.

$$L(j\omega_{180}) = -1 \tag{6.31}$$

이를 식 (6.29)에 적용하면, $\omega = \omega_{180}$에서 귀환증폭기의 폐루프 이득은 $A_f(j\omega_{180}) \to \infty$가 된다. 이는 외부의 입력신호 없이(단, 전원은 인가된 상태) 지속적으로 출력이 생성되는 발진을 의미하며, 정귀환 상태이다. 식 (6.31)을 바르크하우젠 Barkhausen 발진조건이라고 하며, 정귀환을 이용하는 발진기 회로에 관해서는 이 책의 8장에서 설명된다.

식 (6.31)의 발진조건을 루프이득의 크기와 위상으로 분리해서 표현하면 식 (6.32)와 같다.

$$|L(j\omega_{180})| = 1 \tag{6.32a}$$

$$\phi(\omega_{180}) = -180° \tag{6.32b}$$

식 (6.32)를 [그림 6-4]의 귀환증폭기 구조와 연관시키면, 신호 X_i와 $L(j\omega) = A(j\omega)\beta$의 폐루프를 거쳐 되돌아온 귀환신호 X_f가 크기와 위상이 동일할 때 발진이 일어남을 알 수 있다. $\omega = \omega_{180}$에서 $|L(j\omega_{180})| > 1$이면, 발진 출력신호의 진폭이 시간에 따라 증가하여 결국에는 포화되는 발산 divergence 상태가 된다. $\omega = \omega_{180}$에서 $|L(j\omega_{180})| < 1$이면 발진 출력신호의 진폭이 시간에 따라 감소하여 궁극적으로는 0이 되므로 증폭기는 안정상태가 된다. 이와 같이, 루프이득 $L(j\omega)$의 주파수 특성은 귀환증폭기의 안정도 stability에 영향을 미치며, 식 (6.31)은 귀환증폭기의 안정도를 판별하는 기준이 된다.

나이퀴스트 선도 Nyquist plot는 주파수에 따른 루프이득 $L(j\omega)$의 궤적을 복소 평면에 표시한 궤적이며 귀환증폭기의 안정도 판별에 사용될 수 있다. [그림 6-36]은 나이퀴스트 선도의 예이며, $\omega = 0$에서부터 ∞까지 주파수를 변화시키면서 루프이득의 크기 $|L(j\omega)|$와 위상 $\phi(\omega)$ 벡터의 궤적을 나타낸 것이다. 그림에서 점선으로 표시된 부분은 음의 주파수에 대한 궤적이며, x축을 중심으로 서로 대칭의 모양을 갖는다. 루프이득의 위상이 $\phi(\omega_{180}) = -180°$가 되는 각주파수를 ω_{180}로 나타내며, 나이퀴스트 선도가 음의 x축과 교차되는 각주파수를 의미한다. 나이퀴스트 선도에서 점 $(-1, 0)$은 루프이득의 크기가 1이고 위상이 $-180°$인 점을 나타내므로, 식 (6.31) 또는 식 (6.32)의 조건이 만족되는 점이다.

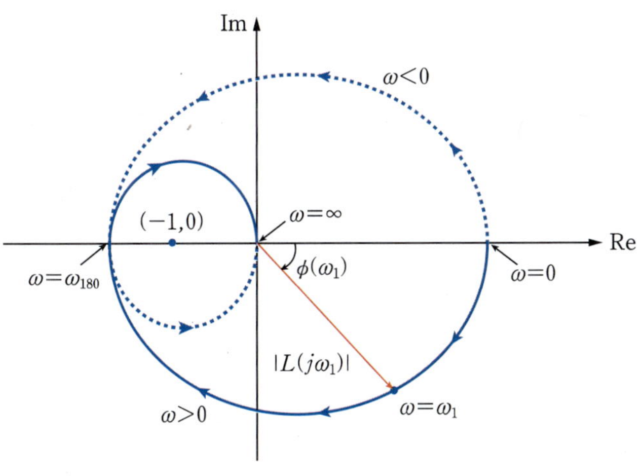

그림 6-36 나이퀴스트 선도

나이퀴스트 선도의 모양에 따라 안정도를 판별할 수 있으며, 이를 **나이퀴스트 판별법** Nyquist Criterion이라고 한다.

- [그림 6-36]과 같이 나이퀴스트 선도가 음의 x축상의 점 $(-1, 0)$을 포함하면, $|L(j\omega_{180})| > 1$이므로 증폭기 출력이 발산하는 불안정 상태가 된다.
- [그림 6-37(a)]와 같이 나이퀴스트 선도가 음의 x축상의 점 $(-1, 0)$을 통과하면, $|L(j\omega_{180})| = 1$이므로 식 (6.31)의 조건을 만족하여 증폭기 출력이 발진하는 불안정 상태가 된다.
- [그림 6-37(b)]와 같이 나이퀴스트 선도가 음의 x축상의 점 $(-1, 0)$을 포함하지 않으면, $|L(j\omega_{180})| < 1$이므로 증폭기는 안정하다.

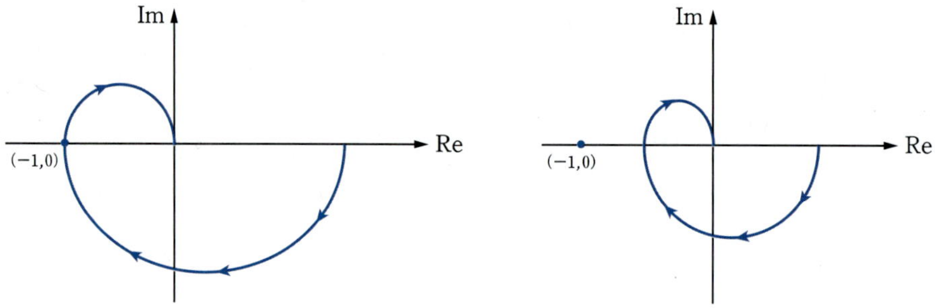

(a) 발진하는 경우 (b) 안정한 경우

그림 6-37 나이퀴스트 선도를 이용한 안정도 판별

6.4.2 이득여유와 위상여유

귀환증폭기의 안정도를 판별하고, 안정하다면 불안정해지기까지 얼마나 여유가 있는지, 또는 불안정하다면 불안정이 얼마나 심각한지를 정량적으로 나타내기 위해 **이득여유** gain margin와 **위상여유** phase margin 파라미터가 사용된다. 이득여유와 위상여유를 정의하는 기준 주파수는 안정과 불안정의 경계를 나타내는 식 (6.32)로부터 다음과 같이 정의된다. 각주파수 w 대신 주파수 f로 정의할 수도 있다.

- **이득교차 각주파수** gain crossover angular frequnecy ω_G
  : 루프이득의 크기가 $|L(j\omega_G)| = 1$이 되는 각주파수
- **위상교차 각주파수** phase crossover angular frequnecy ω_{180}
  : 루프이득의 위상이 $\phi(\omega_{180}) = -180°$가 되는 각주파수

이들 주파수는 식 (6.32)의 두 가지 조건 중 하나를 만족시키는 주파수이며, 이들로부터 이득여유와 위상여유를 정의한다.

식 (6.32b)의 조건이 만족되는 주파수 $\omega = \omega_{180}$에서 나머지 다른 조건인 식 (6.32a)가 만족되기까지 루프이득 크기의 여유 margin가 이득여유 GM이며, 식 (6.33)과 같이 정의된다.

$$GM = -20\log|L(j\omega_{180})| \tag{6.33}$$

$GM > 0$이면 $|L(j\omega_{180})| < 1$이므로 증폭기는 안정하며, $GM \le 0$이면 $|L(j\omega_{180})| \ge 1$이므로 증폭기는 불안정하다. [그림 6-38]은 나이퀴스트 선도와 이득여유 GM의 관계를 보이고 있다. [그림 6-38(a)]는 $GM > 0$이므로 안정한 귀환증폭기의 나이퀴스트 선도이며, [그림 6-38(b)]는 $GM < 0$이므로 불안정한 귀환증폭기의 나이퀴스트 선도이다.

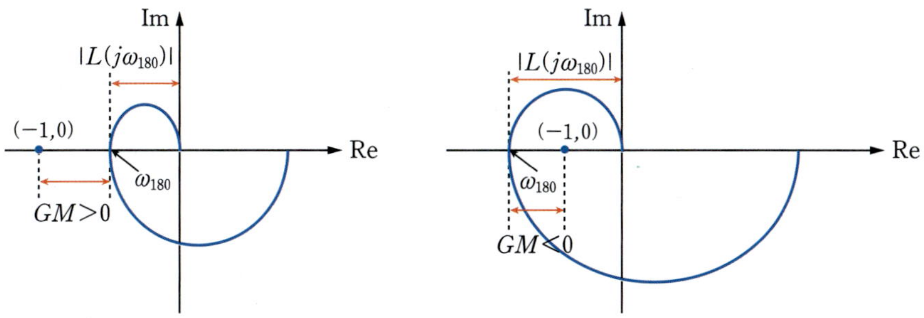

(a) 안정한 증폭기의 경우($GM>0$) (b) 불안정한 증폭기의 경우($GM<0$)

그림 6-38 나이퀴스트 선도와 이득여유

식 (6.32a)의 조건이 만족되는 주파수 $\omega = \omega_G$에서 나머지 다른 조건인 식 (6.32b)가 만족되기까지 루프이득 위상의 여유가 위상여유 ϕ_M이며, 식 (6.34)와 같이 정의된다.

$$\phi_M = \phi(\omega_G) + 180° \tag{6.34}$$

$\phi_M > 0$이면 $\phi(\omega_G) > -180°$이므로 증폭기는 안정하며, $\phi_M \le 0$이면 $\phi(\omega_G) \le -180°$이므로 증폭기는 불안정하다. [그림 6-39]는 나이퀴스트 선도와 위상여유 ϕ_M의 관계를 보이고 있다. ω_G는 루프이득의 크기가 1이 되는 주파수이므로, 반지름이 1인 원과 나이퀴스트 선도가 만나는 점에서의 주파수가 ω_G이며, 이 주파수에서의 위상이 $\phi(\omega_G)$이다.

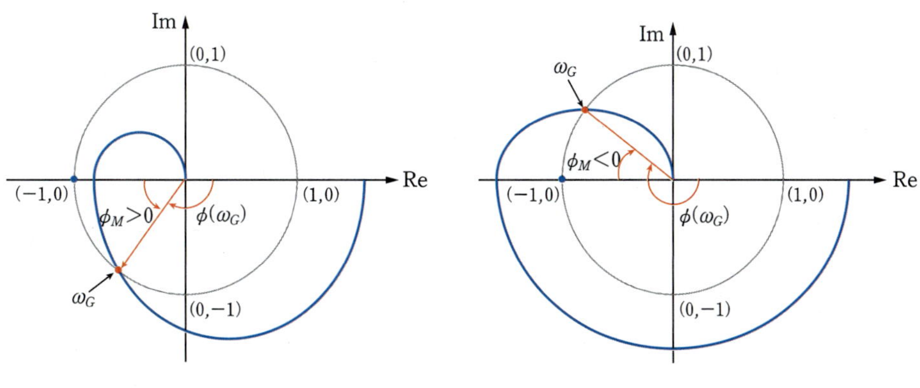

(a) 안정한 증폭기의 경우($\phi_M>0$) (b) 불안정한 증폭기의 경우($\phi_M<0$)

그림 6-39 나이퀴스트 선도와 위상여유

[그림 6-39(a)]는 $\phi_M > 0$이므로 안정한 귀환증폭기의 나이퀴스트 선도이며, [그림 6-39(b)]는 $\phi_M < 0$이므로 불안정한 귀환증폭기의 나이퀴스트 선도이다. 식 (6.32)의 두 조건을 모두 만족하여 증폭기가 발진하는 경우에는 이득여유와 위상여유가 모두 0이 된다.

귀환증폭기의 안정도 판별과 이득여유 및 위상여유를 구하기 위해 보드 선도 bode plot가 사용될 수 있다. 증폭기 회로를 시뮬레이션해서 보드 선도를 쉽게 얻을 수 있으므로, 나이퀴스트 선도를 이용하는 방법에 비해 보편적으로 사용된다. 점근 보드 선도에 대해서는 4.1.2절을 참고한다.

[그림 6-40]은 루프이득 $L(f)$의 크기와 위상의 보드 선도 예이다. 4.1.2절에서 설명된 원리를 적용하면, 보드 선도에서 이득여유 GM과 위상여유 ϕ_M을 구할 수 있다. 크기의 보드 선도에서 루프이득의 크기가 1(즉, 0 dB)이 되는 주파수 f_G를 찾은 후, f_G에서 루프이득의 위상을 구하면 $\phi(f_G)$이며, 이 값에 180°를 더하면 위상여유 ϕ_M이다. 위상의 보드 선도에서 루프이득의 위상이 $-180°$가 되는 주파수 f_{180}을 찾은 후, f_{180}에서 루프이득의 크기를 구하면 $|L(f_{180})|$이며, 이 값에 마이너스(−)를 붙이면 이득여유 GM이다. [그림 6-40]의 경우는 위상여유와 이득여유가 모두 음수(즉, $GM < 0$이고 $\phi_M < 0$)이므로, 불안정한 귀환증폭기의 보드 선도이다.

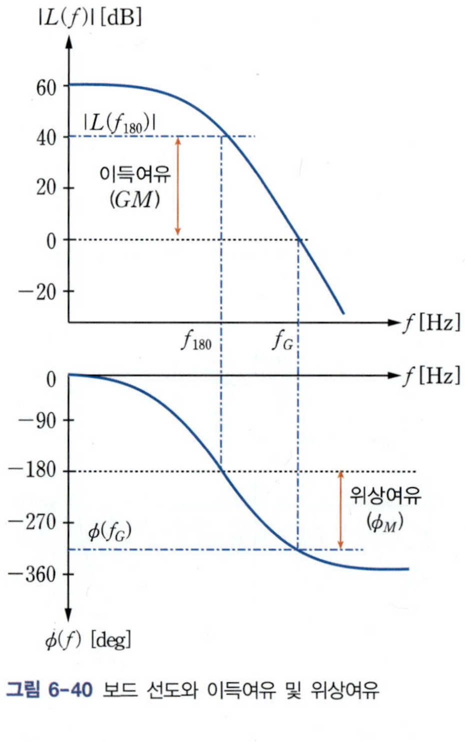

그림 6-40 보드 선도와 이득여유 및 위상여유

예제 6-14

어떤 귀환증폭기의 루프이득 $L(f)$이 다음 식과 같다. $f_1 = 10^6\,\text{Hz}$이고, 귀환율 $\beta = 10^{-2}$인 경우에 대해 점근 보드 선도를 그리고, 이득교차 주파수 f_G, 위상교차 주파수 f_{180}, 이득여유 GM, 위상여유 ϕ_M를 구하여 증폭기의 안정도를 판별하라.

$$L(f) = \frac{10^6\beta}{\left(1+j\dfrac{f}{f_1}\right)\left(1+j\dfrac{f}{10^7}\right)\left(1+j\dfrac{f}{10^8}\right)} \quad \cdots ①$$

풀이

식 ①의 루프이득을 점근 보드 선도로 그리면 [그림 6-41]과 같으며, 실선은 루프이득의 크기 $|L(f)|$의 보드 선도이고, 점선은 위상 $\phi(f)$의 보드 선도이다.

❶ [그림 6-41(a)]의 보드 선도에서 위상교차 주파수 f_{180}를 찾고, 이득여유 GM를 구한다.

- **위상교차 주파수 f_{180}** : 우성극점 주파수 $f = 10^6\,\text{Hz}$에서 위상은 $-45°$, 제2극점 주파수 10^7Hz에서 위상은 $-135°$이다. $10^7 \le f < 10^8\text{Hz}$ 주파수 범위에서 $-90°/\text{dec}$의 기울기로 감소하므로, 제2극점 주파수 10^7Hz에서 f_{180}까지의 주파수 간격을 구하면 $\Delta f_1 = \dfrac{-180° - (-135°)}{-90°/\text{dec}} = \dfrac{1}{2}\,\text{dec}$이다. 따라서 $f_{180} = 10^{7.5}\text{Hz}$이다.
- **이득여유 GM** : 제2극점 주파수 10^7Hz에서 루프이득의 크기는 60dB이고, $10^7 \le f < 10^8\text{Hz}$ 주파수 범위에서 $-40\text{dB}/\text{dec}$의 기울기로 감소하므로, 제2극점 주파수 10^7Hz에서 f_{180}까지의 루프이득 크기를 구하면 $\Delta|L_1| = \dfrac{1}{2}\text{dec}\times(-40\text{dB}/\text{dec}) = -20\text{dB}$이다. $f_{180} = 10^{7.5}\text{Hz}$에서 루프이득의 크기는 $|L(f_{180})| = 60 - 20 = 40\text{dB}$이며, 식 (6.33)에 의해 이득여유는 $GM = -40\text{dB}$이다. $GM < 0$이므로 증폭기는 불안정하다.

❷ [그림 6-41(b)]의 보드 선도에서 이득교차 주파수 f_G를 찾고, 위상여유 ϕ_M을 구한다.

- **이득교차 주파수 f_G** : 제3극점 주파수 $f = 10^8\,\text{Hz}$에서 루프이득의 크기는 20dB이고, $f > 10^8\text{Hz}$ 주파수 범위에서 $-60\text{dB}/\text{dec}$의 기울기로 감소하므로, 제3극점 주파수 $f = 10^8\,\text{Hz}$에서 0dB까지의 주파수 간격 Δf_2를 구하면 $\Delta f_2 = \dfrac{0-20\text{dB}}{-60\text{dB}/\text{dec}} = \dfrac{1}{3}\,\text{dec}$이다. 따라서 이득교차 주파수는 $f_G = 10^{8.33}\text{Hz}$이다.
- **위상여유 ϕ_M** : 제3극점 주파수 $f = 10^8\,\text{Hz}$에서 루프이득의 위상은 $-225°$이고, $10^8 \le f < 10^9\text{Hz}$ 주파수 범위에서 $-45°/\text{dec}$의 기울기로 감소하므로, 제3극점 주파수 10^8Hz에서 f_G까지의 위상 차이를 구하면 $\Delta\phi_2 = \dfrac{1}{3}\text{dec}\times(-45°/\text{dec}) = -15°$이다. $f_G = 10^{8.33}\text{Hz}$에서 루프이득의 위상은

$\phi(f_G) = -225° + (-15°) = -240°$이며, 식 (6.34)에 의해 위상여유는 $\phi_M = \phi(f_G) + 180° = -60°$이다. $\phi_M < 0$이므로 증폭기는 불안정하다.

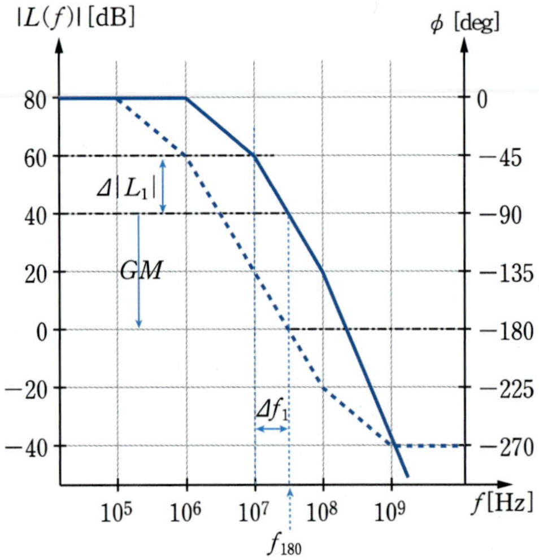

(a) 위상교차 주파수와 이득여유

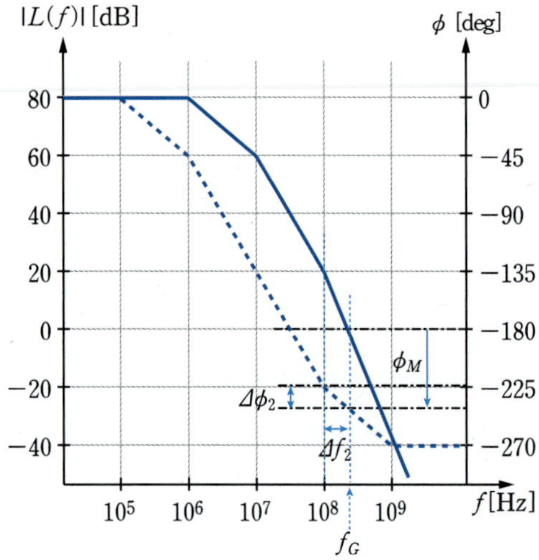

(b) 이득교차 주파수와 위상여유

그림 6-41 [예제 6-14]의 점근 보드 선도

확인문제 6-19

[예제 6-14]의 루프이득 $L(f)$에서 $f_1 = 10^2\text{Hz}$, $\beta = 10^{-2}$인 경우에 대해 점근 보드 선도를 그리고, 이득교차 주파수 f_G, 위상교차 주파수 f_{180}, 이득여유 GM, 위상여유 ϕ_M를 구하여 안정도를 판별하라.

답 $f_{180} = 10^{7.5}\text{Hz}$, $GM = 40\text{dB}$, $f_G = 10^6\text{Hz}$, $\phi_M = 90°$, 안정

확인문제 6-20

[예제 6-14]의 루프이득 $L(f)$에서 $f_1 = 10^6\text{Hz}$, $\beta = 10^{-5}$인 경우에 대해 점근 보드 선도를 그리고, 이득교차 주파수 f_G, 위상교차 주파수 f_{180}, 이득여유 GM, 위상여유 ϕ_M를 구하여 증폭기의 안정도를 판별하라.

답 $f_{180} = 10^{7.5}\text{Hz}$, $GM = 20\text{dB}$, $f_G = 10^7\text{Hz}$, $\phi_M = 45°$, 안정

SECTION 6.5 PSPICE 시뮬레이션 실습

실습 6-1

[그림 6-42(a)]는 N채널 MOSFET와 P채널 MOSFET로 구성되는 병렬-직렬 귀환증폭기([그림 6-22]의 회로)의 시뮬레이션 실습 회로이다. 귀환저항 R_F를 $10\,\text{k}\Omega \sim 30\text{k}\Omega$ 범위에서 $10\text{k}\Omega$ 단위로 변화시키며 PSPICE Parametric 시뮬레이션을 실행해서 저항 R_F에 따른 전류이득의 변화를 관찰하라. MOSFET는 MbreakN과 MbreakP 소자를 사용하며, [그림 6-42(b)]의 모델 파라미터를 적용한다.

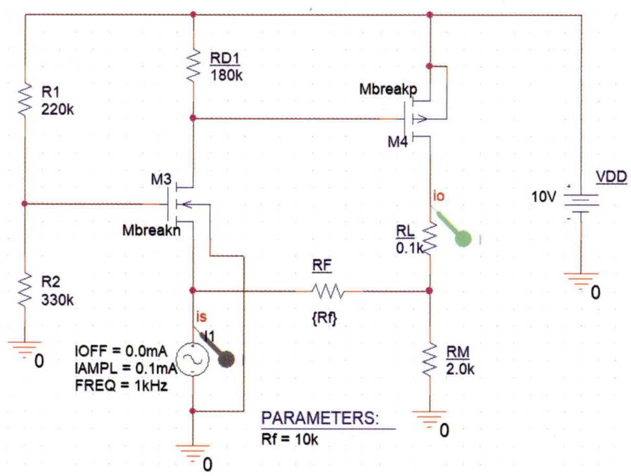

(a) 시뮬레이션 회로

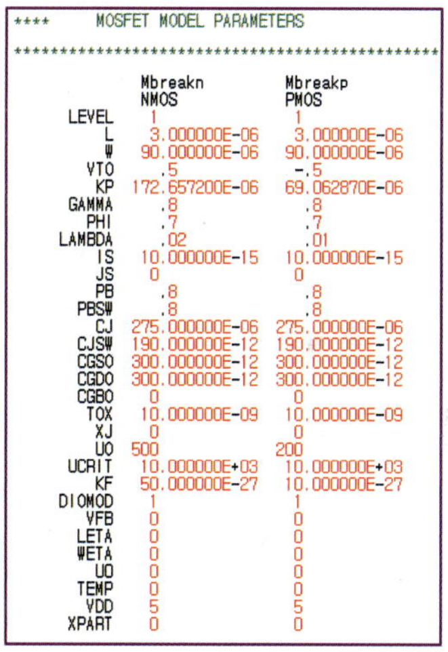

**** MOSFET MODEL PARAMETERS

	Mbreakn NMOS	Mbreakp PMOS
LEVEL	1	1
L	3.000000E-06	3.000000E-06
W	90.000000E-06	90.000000E-06
VTO	.5	-.5
KP	172.657200E-06	69.062870E-06
GAMMA	.8	.8
PHI	.7	.7
LAMBDA	.02	.01
IS	10.000000E-15	10.000000E-15
JS	0	0
PB	.8	.8
PBSW	.8	.8
CJ	275.000000E-06	275.000000E-06
CJSW	190.000000E-12	190.000000E-12
CGSO	300.000000E-12	300.000000E-12
CGDO	300.000000E-12	300.000000E-12
CGBO	0	0
TOX	10.000000E-09	10.000000E-09
XJ	0	0
UO	500	200
UCRIT	10.000000E+03	10.000000E+03
KF	50.000000E-27	10.000000E-27
DIOMOD	1	1
VFB	0	0
LETA	0	0
WETA	0	0
UO	0	0
TEMP	0	0
VDD	5	5
XPART	0	0

(b) MOSFET 모델 파라미터

그림 6-42 [실습 6-1]의 시뮬레이션 실습 회로

시뮬레이션 결과

귀환저항 R_F를 $10\,\text{k}\Omega \sim 30\text{k}\Omega$ 범위에서 $10\text{k}\Omega$ 단위로 증가시키면서 PSPICE의 Parametric Sweep을 이용한 시뮬레이션 결과는 [그림 6-43]과 같다. 진폭이 0.1mA인 정현파 전류 입력과 반대위상의 출력전류가 얻어짐을 확인할 수 있다. 시뮬레이션 결과로부터, $R_F = 10\text{k}\Omega$, $20\text{k}\Omega$, $30\text{k}\Omega$인 경우의 전류이득은 각각 $A_{if} \simeq -5.92\text{A/A}$, -10.74A/A, -15.43A/A이다. [예제 6-8]의 전류이득 수식 $A_{if} \simeq -\left(1+\dfrac{R_F}{R_M}\right)$에 의한 근사적인 계산 결과 $A_{if-cal} \simeq -6.0\text{A/A}$, -11.0A/A, -16.0A/A와 잘 일치하는 결과가 얻어졌음을 확인할 수 있다.

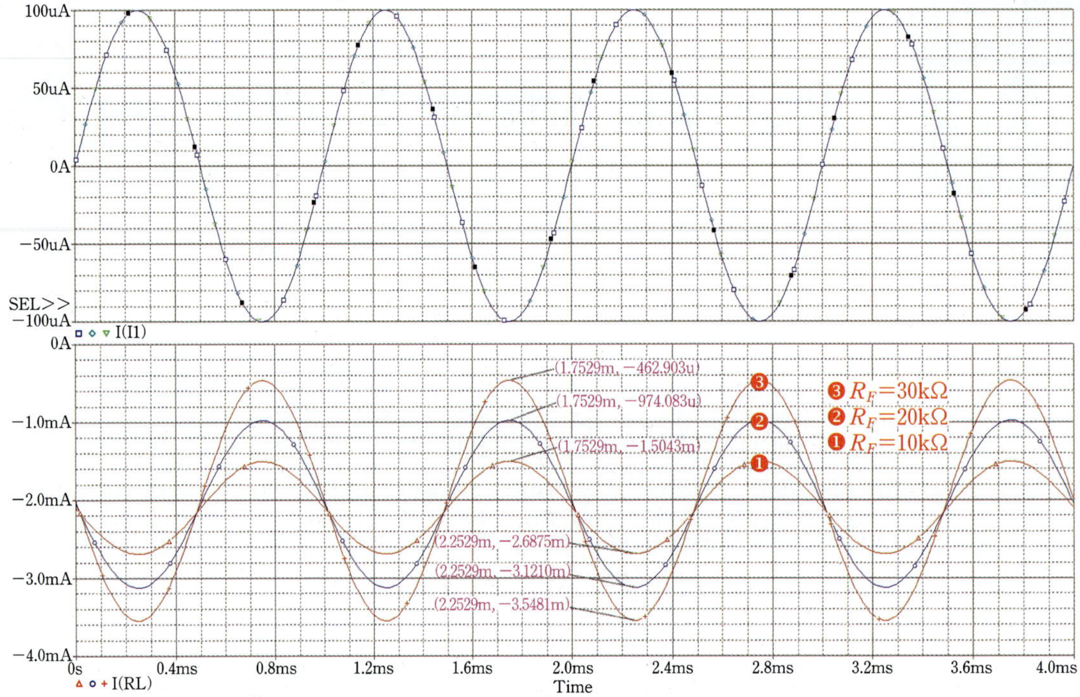

그림 6-43 [실습 6-1]의 Transient 시뮬레이션 결과

실습 6-2

[그림 6-44]의 회로는 공통이미터-공통컬렉터의 2단으로 구성되는 병렬-병렬 귀환증폭기이다. 귀환저항 R_F가 10kΩ에서 50kΩ까지 10kΩ 단위로 증가하도록 PSPICE로 시뮬레이션하여 R_F에 따른 전압이득의 변화를 관찰하라.

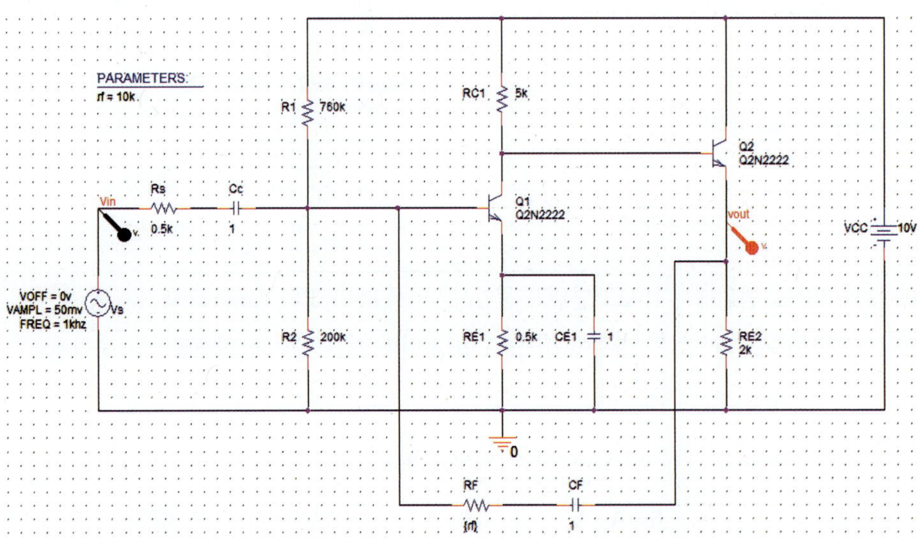

그림 6-44 [실습 6-2]의 시뮬레이션 실습 회로

시뮬레이션 결과

귀환저항 R_F를 10kΩ에서 50kΩ까지 10kΩ 단위로 증가시키면서 PSPICE의 Parametric Sweep을 이용한 시뮬레이션 결과는 [그림 6-45]와 같다. 진폭이 50mV인 정현파 입력에 대해 위상이 반전된 출력전압이 얻어짐을 확인할 수 있다. $R_F = 10\text{k}\Omega$인 경우의 전압이득은 $A_{vf} = -17.54\text{V/V}$이고, $R_F = 50\text{k}\Omega$인 경우의 전압이득은 $A_{vf} = -58.46\text{V/V}$이다. 식 (6.28)에 의한 계산 결과는 $R_F = 10\text{k}\Omega$인 경우에 $A_{vf} \simeq -20\text{V/V}$이고, $R_F = 50\text{k}\Omega$인 경우에 $A_{vf} \simeq -100\text{V/V}$이다. 시뮬레이션 결과가 계산 값과 차이가 나는 이유는 바이어스 저항과 귀환저항 R_F의 부하효과 및 식 (6.28)의 근사화 오차 때문이다.

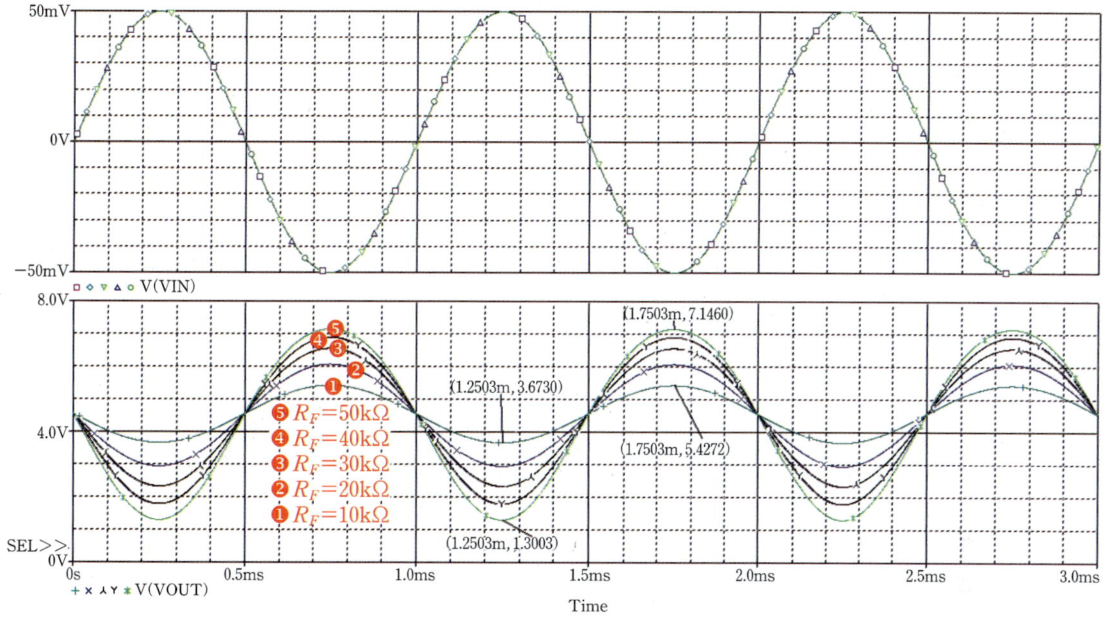

그림 6-45 [실습 6-2]의 Transient 시뮬레이션 결과

실습 6-3

[그림 6-46]은 uA741 연산증폭기를 이용하여 구성된 병렬-병렬 귀환증폭기이다. 입력전류를 출력전압으로 변환하는 전류-전압 변환기(전달임피던스 증폭기)로 동작한다. 예를 들어, 포토다이오드의 출력전류를 전압으로 변환하기 위해 사용될 수 있다. [그림 6-46]의 회로를 PSPICE 시뮬레이션하여 동작을 확인하라.

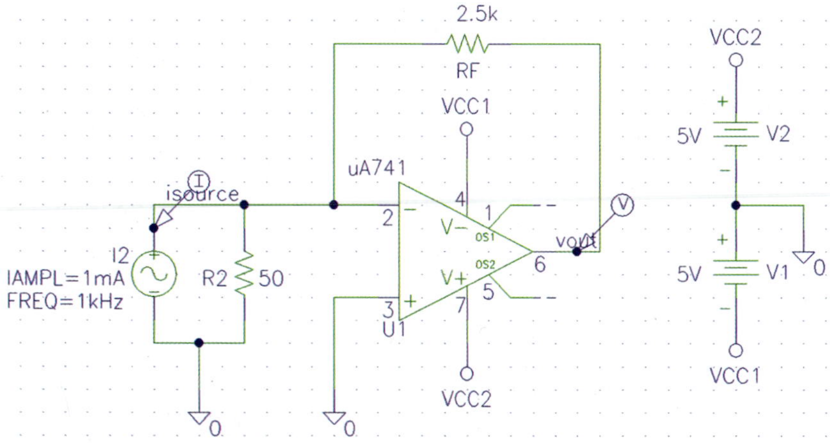

그림 6-46 [실습 6-3]의 시뮬레이션 실습 회로

시뮬레이션 결과

PSPICE 시뮬레이션 결과는 [그림 6-47]과 같다. 진폭이 1mA 인 입력전류가 위상이 반전된 진폭 2.5V 의 출력전압으로 변환되었다. 따라서 병렬-병렬 귀환증폭기의 폐루프 전달임피던스는 $A_{zf} \simeq -R_F = -2.5\text{k}\Omega$ 이 되며, 출력전압은 $v_o = A_{zf} i_s \simeq -R_F i_s$가 됨을 확인할 수 있다.

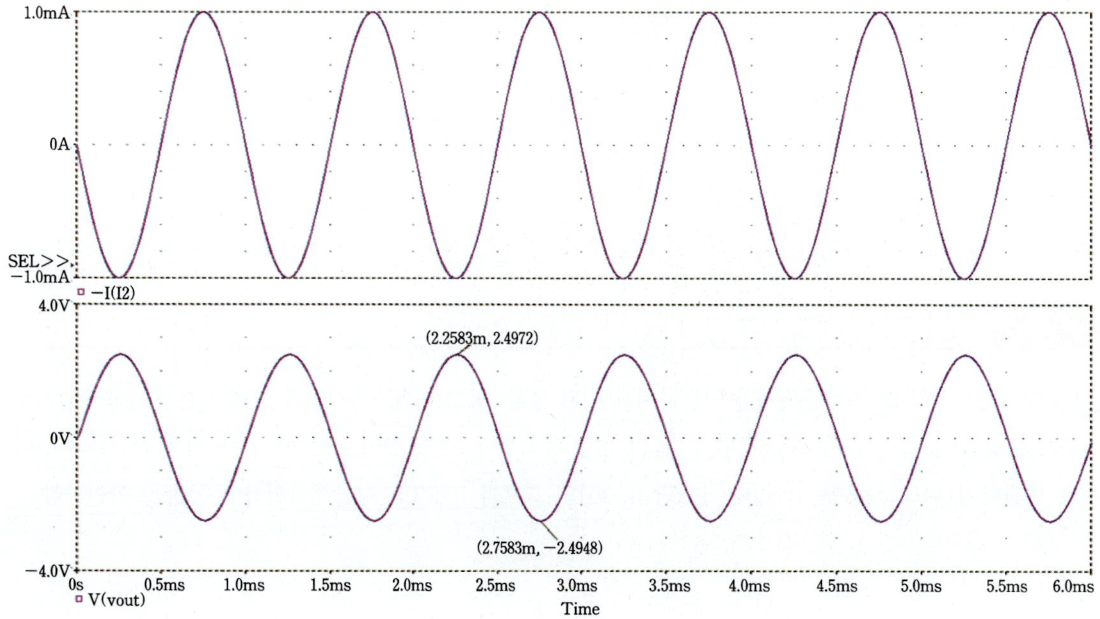

그림 6-47 [실습 6-3]의 Transient 시뮬레이션 결과

CHAPTER 06_연습문제

6.1 부귀환 증폭기의 폐루프 이득 A_f를 올바로 나타낸 것은? 단, A는 개방루프 이득, β는 귀환율이며, 루프이득 $(A\beta)$는 1보다 충분히 큰 값을 갖는다. HINT 6.1.3절

㉮ $A_f \simeq \beta$ ㉯ $A_f \simeq A\beta$ ㉰ $A_f = \dfrac{1}{A\beta+1}$ ㉱ $A_f \simeq \dfrac{1}{\beta}$ ㉲ $A_f \simeq \dfrac{1}{A\beta}$

6.2 개방루프 이득이 100dB 이고, 폐루프 이득의 근삿값이 40dB 인 귀환증폭기의 귀환율 β는 얼마인가? HINT 6.1.3절

㉮ 0.0001 ㉯ 0.001 ㉰ 0.01 ㉱ 10^3 ㉲ 10^4

6.3 개방루프 이득이 80dB 인 증폭기에 귀환율 $\beta = 0.001$로 부귀환을 걸었을 때, 폐루프 이득의 근삿값은 얼마인가? HINT 6.1.3절

㉮ 20dB ㉯ 40dB ㉰ 50dB ㉱ 60dB ㉲ 80dB

6.4 부귀환 증폭기의 귀환율 β가 클수록 증폭기가 갖는 특성으로 틀린 것은? 단, 개방루프 이득 A는 고정되어 있다. HINT 6.1.3절

㉮ 귀환이 많이 일어난다.
㉯ 폐루프 이득이 작다.
㉰ 증폭기의 이득-대역폭 곱이 크다.
㉱ 부귀환에 의해 얻어지는 이점이 크다.
㉲ 폐루프 이득의 퍼센트 변화percent change가 작다.

6.5 부귀환 증폭기에 대한 설명으로 틀린 것은? HINT 6.1.4절

㉮ 귀환이 없는 경우에 비해, 폐루프 이득이 작고 주파수 대역폭은 크다.
㉯ 귀환이 없는 경우에 비해, 선형으로 동작하는 입력신호 범위가 넓어진다.
㉰ 귀환이 없는 경우에 비해, 출력 신호 대 잡음 비(S/N)를 개선할 수 있다.
㉱ 귀환이 없는 경우에 비해, 소자 특성의 변화가 폐루프 이득에 미치는 영향이 감소된다.
㉲ 귀환이 없는 경우에 비해, 안정도가 향상된다.

6.6 부귀환에 의해 얻어지는 장점이 아닌 것은? HINT 6.1.4절

㉮ 폐루프 이득-대역폭 곱이 크다.
㉯ 비선형 왜곡이 감소된다.
㉰ 폐루프 이득의 둔감도가 크다.
㉱ 잡음이 증폭기 출력에 미치는 영향이 감소된다.
㉲ 폐루프 이득이 개방루프 이득에 근사적으로 무관한 특성을 갖는다.

6.7 부귀환 증폭기의 폐루프 대역폭 f_H를 올바로 나타낸 것은? 단, A_0는 개방루프 중대역 이득, A_{f0}는 폐루프 중대역 이득, β는 귀환율, f_h는 개방루프 대역폭이다. HINT 6.1.4절

㉮ $f_H \simeq f_h$ ㉯ $f_H = A_{f0} f_h$ ㉰ $f_H = (1+A_0\beta) f_h$

㉱ $f_H = (1+A_0\beta)$ ㉲ $f_H = \dfrac{f_h}{(1+A_0\beta)}$

6.8 귀환율이 $\beta = 0.01\mathrm{V/V}$인 부귀환 증폭기의 폐루프 상측 차단주파수는 얼마인가? 단, 개방루프 중대역 이득은 $A_0 = 80\mathrm{dB}$, 개방루프 상측 차단주파수는 1kHz이다. HINT 6.1.4절

㉮ 10MHz ㉯ 10Hz ㉰ 1kHz ㉱ 80kHz ㉲ 100kHz

6.9 부귀환 증폭기에서 거의 변하지 않고 일정한 값을 유지하는 것은? 단, 증폭기를 구성하는 트랜지스터는 특정 소자로 고정되어 있다. HINT 6.1.4절

㉮ 입력과 출력 저항 ㉯ 대역폭 ㉰ 폐루프 이득

㉱ 이득-대역폭 곱 ㉲ 귀환율 ㉳ 소자 특성 변화에 대한 둔감도

6.10 직렬-병렬 귀환증폭기에 대한 설명으로 틀린 것은? HINT 6.2절

㉮ 입력 쪽으로 귀환되는 신호는 전압이다.

㉯ 출력 쪽에서 샘플링되는 신호는 전압이다.

㉰ 전달임피던스 증폭기이다.

㉱ 개방루프 입력저항 R_i에 비해 폐루프 입력저항 R_{if}가 더 크다.

㉲ 개방루프 출력저항 R_o에 비해 폐루프 출력저항 R_{of}가 더 작다.

6.11 전압을 증폭하는 용도로 적합한 증폭기는 어느 것인가? HINT 6.2.1절

㉮ 전달임피던스 증폭기 ㉯ 전달컨덕턴스 증폭기

㉰ 병렬-병렬 귀환증폭기 ㉱ 직렬-병렬 귀환증폭기

㉲ 병렬-직렬 귀환증폭기 ㉳ 직렬-직렬 귀환증폭기

6.12 전류를 증폭하는 용도로 적합한 증폭기는 어느 것인가? HINT 6.2.1절

㉮ 전달임피던스 증폭기 ㉯ 전달컨덕턴스 증폭기

㉰ 병렬-병렬 귀환증폭기 ㉱ 직렬-직렬 귀환증폭기

㉲ 병렬-직렬 귀환증폭기 ㉳ 직렬-병렬 귀환증폭기

6.13 병렬-병렬 귀환증폭기의 귀환율 β로 맞는 것은? 단, V_{fb}, I_{fb}는 각각 귀환전압, 전류이고, V_o, I_o는 각각 샘플링되는 출력전압, 전류이다. HINT 6.2.1절

㉮ $\frac{V_{fb}}{I_o}$ ㉯ $\frac{I_{fb}}{I_o}$ ㉰ $\frac{V_o}{I_{fb}}$ ㉱ $\frac{I_{fb}}{V_o}$ ㉲ $\frac{V_{fb}}{V_o}$

6.14 귀환이 없는 증폭기에 비해 입력저항은 작고 출력저항은 크도록 만드는 부귀환 방법은? HINT 6.2.2절

㉮ 출력전류를 샘플링해서 입력전압과 직렬로 합한다.

㉯ 출력전류를 샘플링해서 입력전류와 병렬로 합한다.

㉰ 출력전류를 샘플링해서 입력전압과 병렬로 합한다.

㉱ 출력전압을 샘플링해서 입력전압과 직렬로 합한다.

㉲ 출력전압을 샘플링해서 입력전류와 병렬로 합한다.

6.15 출력 쪽에서 전류가 샘플링되고, 입력 쪽에서 전압이 합해지는 귀환증폭기의 입력저항과 출력저항에 대한 설명으로 맞는 것은? HINT 6.2.2절

㉮ 귀환이 없는 경우에 비해, 입력저항은 작아지고, 출력저항은 크다.

㉯ 귀환이 없는 경우에 비해, 입력저항은 커지고, 출력저항은 작다.

㉰ 귀환이 없는 경우에 비해, 입력저항과 출력저항이 모두 작다.

㉱ 귀환이 없는 경우에 비해, 입력저항과 출력저항이 모두 크다.

㉲ 귀환이 없는 경우에 비해, 입력저항과 출력저항에 변화가 없다.

6.16 직렬-직렬 귀환증폭기에 대한 설명으로 틀린 것은? HINT 6.2절

㉮ 입력 쪽으로 귀환되는 신호는 전압이다.

㉯ 출력 쪽에서 샘플링되는 신호는 전류이다.

㉰ 전달임피던스 증폭기이다.

㉱ 개방루프 입력저항 R_i에 비해 폐루프 입력저항 R_{if}가 더 크다.

㉲ 개방루프 출력저항 R_o에 비해 폐루프 출력저항 R_{of}가 더 크다.

6.17 귀환이 없는 경우와 비교해서, 병렬-병렬 부귀환 증폭기의 폐루프 입력저항 R_{if} 와 폐루프 출력저항 R_{of} 의 특성으로 맞는 것은? HINT 6.2.2절

㉮ R_{if}와 R_{of} 모두 감소 ㉯ R_{if}와 R_{of} 모두 증가

㉰ R_{if}는 증가, R_{of}는 감소 ㉱ R_{if}는 감소, R_{of}는 증가

㉲ R_{if}와 R_{of}가 변화가 없음

6.18 **부귀환 증폭기의 폐루프 입력저항 R_{if}와 폐루프 출력저항 R_{of}에 대한 설명으로 맞는 것은?** HINT 6.2.2절

㉮ 직렬-직렬 귀환증폭기는 전달컨덕턴스 증폭기의 이상적인 입력저항 특성과 전달임피던스 증폭기의 이상적인 출력저항 특성에 가까운 R_{if}와 R_{of}를 갖는다.

㉯ 병렬-병렬 귀환증폭기는 전달임피던스 증폭기의 이상적인 입력저항과 출력저항 특성에 가까운 R_{if}와 R_{of}를 갖는다.

㉰ 직렬-병렬 귀환증폭기는 전류증폭기의 이상적인 입력저항과 출력저항 특성에 가까운 R_{if}와 R_{of}를 갖는다.

㉱ 병렬-직렬 귀환증폭기는 전압증폭기의 이상적인 입력저항과 출력저항 특성에 가까운 R_{if}와 R_{of}를 갖는다.

㉲ R_{if}와 R_{of}는 귀환율 β와 무관하다.

6.19 **[그림 6-48]의 증폭기 회로에 대한 설명으로 맞는 것은?** HINT 6.3.1절

㉮ 근사적인 폐루프 이득은 $A_f \simeq \dfrac{1}{R_S}$이다.

㉯ 전달컨덕턴스 증폭기이다.

㉰ 귀환율은 $\beta = R_S$이다.

㉱ 직렬-병렬 귀환증폭기이다.

㉲ 귀환이 없는 경우에 비해 폐루프 출력저항이 크다.

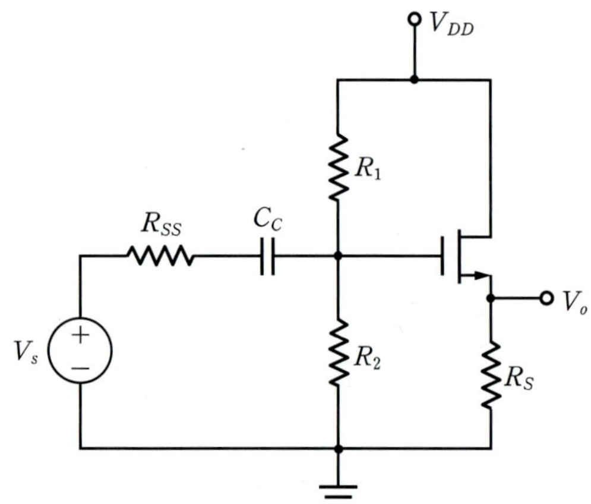

그림 6-48

6.20 **[그림 6-49]의 귀환증폭기에 대한 설명으로 틀린 것은?** HINT 6.3.1절

㉮ 직렬-병렬 귀환증폭기이다.

㉯ 입력 쪽으로 귀환되는 신호는 전압이다.

㉰ 출력에서 전압이 샘플링된다.

㉱ 귀환회로는 R_{E1}과 R_F로 구성된다.

㉲ 귀환이 없는 경우에 비해 입력저항과 출력저항이 모두 크다.

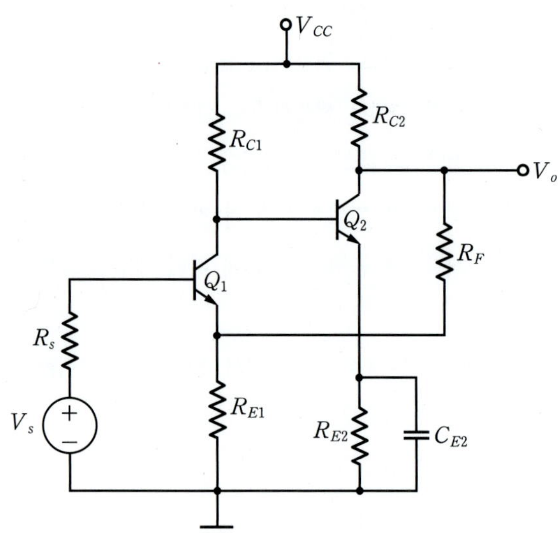

그림 6-49

6.21 [그림 6-49]의 귀환증폭기에서 외적인 요인(예를 들면, 온도 상승)에 의해 출력 V_o가 원치 않게 증가했을 때 회로의 동작에 대한 설명으로 틀린 것은? HINT 6.3.1절

㉮ 귀환전압 V_{fb}가 증가한다.

㉯ BJT Q_1의 베이스-이미터 전압 V_i가 증가한다.

㉰ BJT Q_1의 컬렉터 전압이 증가한다.

㉱ BJT Q_2의 컬렉터 전압 V_o가 감소한다.

㉲ 부귀환 작용이 일어난다.

6.22 [그림 6-49] 귀환증폭기의 입력저항과 출력저항의 특성으로 맞는 것은? HINT 6.3.1절

㉮ 귀환이 없는 경우에 비해, 입력저항과 출력저항이 모두 감소

㉯ 귀환이 없는 경우에 비해, 입력저항과 출력저항이 모두 증가

㉰ 귀환이 없는 경우에 비해, 입력저항은 증가, 출력저항은 감소

㉱ 귀환이 없는 경우에 비해, 입력저항은 감소, 출력저항은 증가

㉲ 귀환이 없는 경우에 비해, 입력저항과 출력저항의 변화가 없음

6.23 [그림 6-49] 귀환증폭기의 폐루프 전압이득 $A_{vf} = \dfrac{V_o}{V_s}$로 맞는 것은? HINT 6.3.1절

㉮ $A_v \simeq \dfrac{R_{E1}}{R_F}$　　㉯ $A_v \simeq \dfrac{R_F}{R_{E2}}$　　㉰ $A_v \simeq 1+\dfrac{R_{E1}}{R_F}$

㉱ $A_v \simeq 1+\dfrac{R_F}{R_{E1}}$　　㉲ $A_v \simeq \dfrac{R_{E1}}{R_{E1}+R_F}$　　㉳ $A_v \simeq \dfrac{R_F}{R_{E1}+R_F}$

6.24 [그림 6-50]의 귀환증폭기에 대한 설명으로 맞는 것은? HINT 6.3.1절

㉮ 직렬-병렬 구조의 전달컨덕턴스 증폭기이다.

㉯ 귀환이 없는 경우에 비해 출력저항이 크다.

㉰ 저항 R_F가 작을수록 귀환이 많이 일어난다.

㉱ 루프이득이 $A_v\beta_v < 0$인 정귀환을 갖는다.

㉲ 귀환회로는 R_{S1}, R_{S2}, R_F로 구성된다.

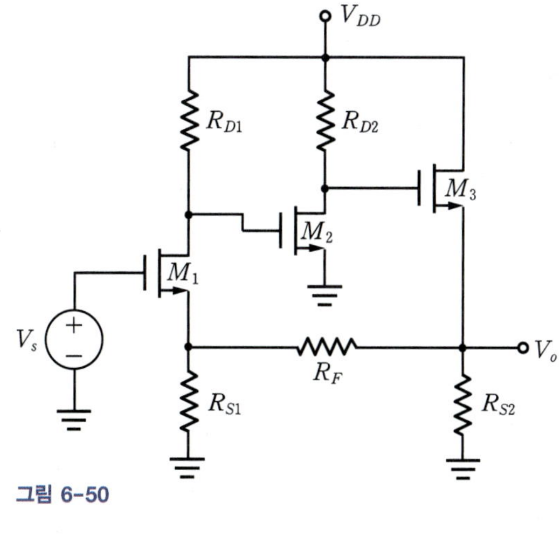

그림 6-50

6.25 [그림 6-50] 귀환증폭기의 폐루프 전압이득 $A_{vf}=\dfrac{V_o}{V_s}$으로 맞는 것은? HINT 6.3.1절

㉮ $A_v \simeq 1+\dfrac{R_F}{R_{S1}}$ ㉯ $A_v \simeq 1+\dfrac{R_{S2}}{R_F}$ ㉰ $A_v \simeq \dfrac{R_F}{R_{S2}}$

㉱ $A_v \simeq \dfrac{R_{S1}}{R_F}$ ㉲ $A_v \simeq \dfrac{R_{S2}}{R_{S2}+R_F}$ ㉳ $A_v \simeq \dfrac{R_{S1}}{R_{S1}+R_F}$

6.26 [그림 6-51]의 귀환증폭기에 대한 설명으로 틀린 것은? HINT 6.3.1절

㉮ 직렬-병렬 구조의 전달컨덕턴스 증폭기이다.

㉯ 귀환에 의해 입력저항은 커지고, 출력저항은 작아진다.

㉰ 귀환율은 $\beta_v=\dfrac{R_1}{R_1+R_2}$이다.

㉱ 근사적인 폐루프 이득은 $A_f \simeq 1+\dfrac{R_2}{R_1}$이다.

㉲ 귀환회로는 R_1, R_2로 구성된다.

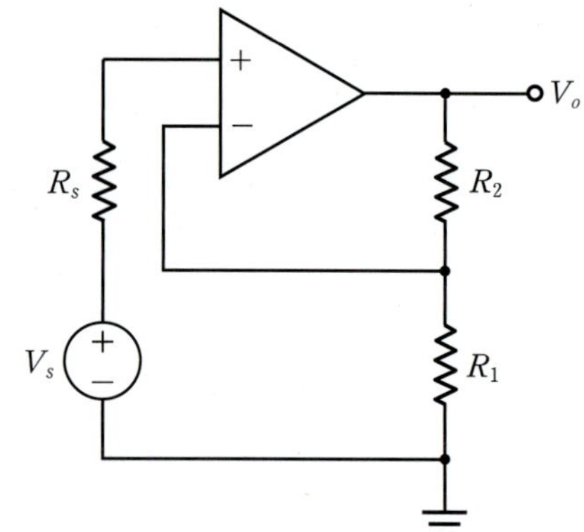

그림 6-51

6.27 [그림 6-52]의 귀환증폭기에 대한 설명으로 틀린 것은? HINT 6.3.2절

㉮ 근사적인 폐루프 이득은 $A_f \simeq -\left(1+\dfrac{R_F}{R_{E2}}\right)$이다.

㉯ 귀환이 없는 경우에 비해, 전류증폭기의 바람직한 출력저항 특성에 가까운 폐루프 출력저항 R_{of}이 얻어진다.

㉰ 귀환율은 $\beta_i=\dfrac{R_{E2}}{R_F+R_{E2}}$이다.

㉱ 저항 R_F가 작을수록 귀환이 많이 일어난다.

㉲ R_F를 Q_2의 이미터에서 분리시켜 Q_2의 컬렉터로 연결하면 shunt-shunt 정귀환이 된다.

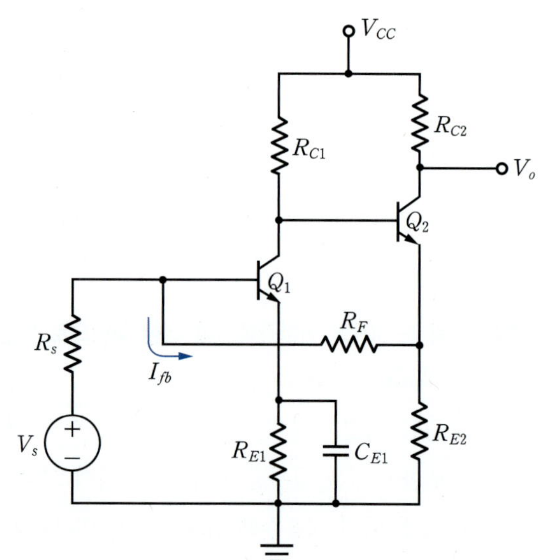

그림 6-52

6.28 [그림 6-53]의 귀환증폭기에 대한 설명으로 <u>틀린</u> 것은? HINT 6.3.2절

㉮ 저항 R_F가 클수록 폐루프 이득이 크다.

㉯ 귀환율은 $\beta_i = \dfrac{-R_F}{R_1 + R_F}$이다.

㉰ 병렬-직렬 귀환증폭기이다.

㉱ 개방루프 입력저항 R_i에 비해, 폐루프 입력저항 R_{if}가 더 작다.

㉲ 귀환회로는 R_F와 R_1으로 구성된다.

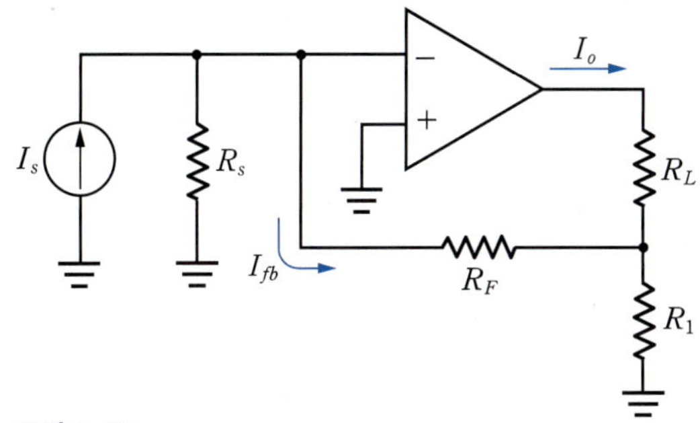

그림 6-53

6.29 [그림 6-54]의 귀환증폭기에 대한 설명으로 <u>틀린</u> 것은? HINT 6.3.2절

㉮ 저항 R_F가 작을수록 귀환이 많이 일어난다.

㉯ 폐루프 전류이득은 $A_{if} \simeq -\left(1 + \dfrac{R_M}{R_F}\right)$이다.

㉰ 병렬-직렬 귀환증폭기이다.

㉱ 개방루프 입력저항 R_i에 비해, 폐루프 입력저항 R_{if}가 더 작다.

㉲ 귀환회로는 R_F와 R_M으로 구성된다.

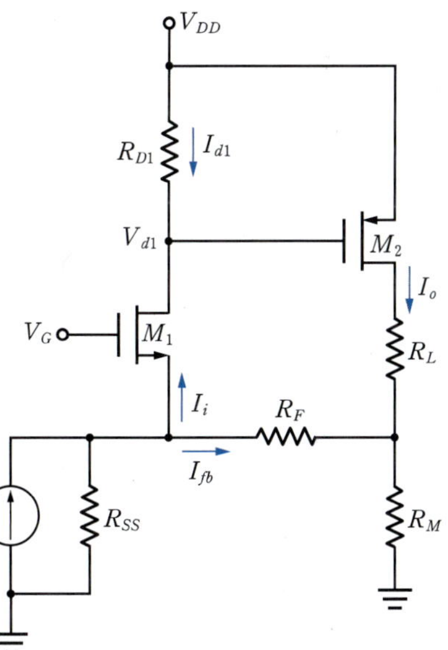

그림 6-54

6.30 [그림 6-55]의 귀환증폭기 회로에 대한 설명으로 맞는 것은? HINT 6.3.3절

㉮ 귀환회로는 저항 R_D와 R_S로 구성된다.

㉯ 귀환율은 $\beta = \dfrac{I_o}{V_{fb}}$로 정의된다.

㉰ 폐루프 이득의 근삿값은 $A_f \simeq R_S$이다.

㉱ 저항 R_S가 클수록 귀환이 많이 일어난다.

㉲ 전달임피던스 증폭기이다.

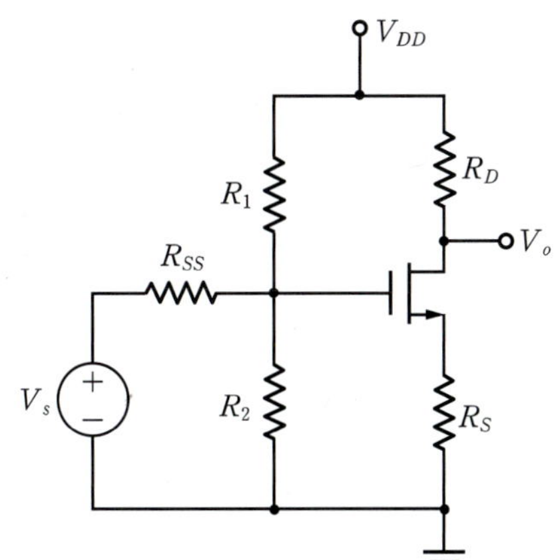

그림 6-55

6.31 [그림 6-56]의 귀환증폭기에 대한 설명으로 맞는 것은?

HINT 6.3.3절

㉮ 직렬-병렬 귀환증폭기이다.

㉯ 귀환회로는 R_F와 R_{E1}으로 구성된다.

㉰ 개방루프 전달컨덕턴스는 $A_g > 0$이다.

㉱ 개방루프 입력저항 R_i에 비해, 폐루프 입력저항 R_{if}가 더 작다.

㉲ 정귀환을 가져 증폭기로 사용할 수 없다.

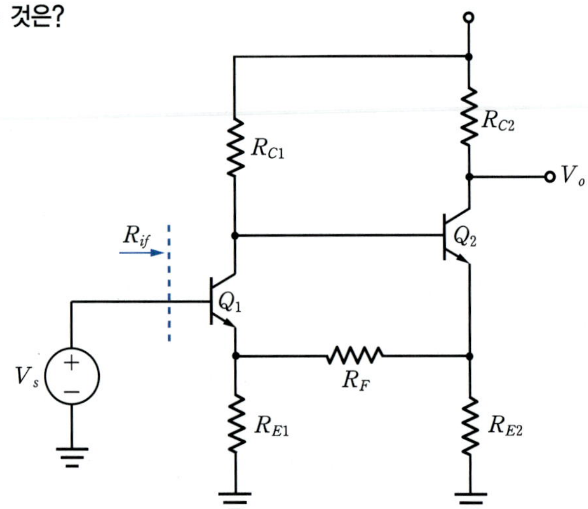

그림 6-56

6.32 [그림 6-57]의 회로에 대한 설명으로 맞는 것은? HINT 6.3.3절

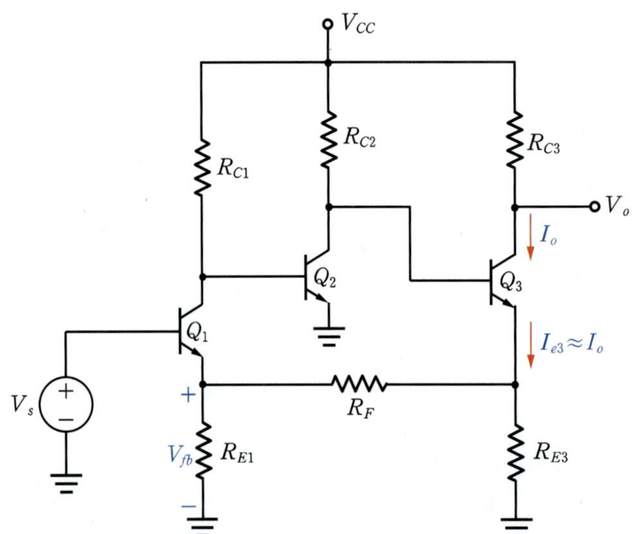

그림 6-57

㉮ 귀환회로는 R_{E1}과 R_F로 구성된다.

㉯ 개방루프 출력저항 R_o에 비해 폐루프 출력저항 R_{of}가 더 작다.

㉰ 정귀환을 갖는 직렬-직렬 귀환증폭기이다.

㉱ 출력전류 I_o가 감소할수록 귀환전압 V_{fb}가 증가한다.

㉲ 다른 저항이 고정된 상태에서 R_F가 클수록 귀환이 적게 일어난다.

6.33 [그림 6-57]의 회로에 대한 설명으로 <u>틀린</u> 것은? HINT 6.3.3절

㉮ 개방루프 입력저항 R_i에 비해 폐루프 입력저항 R_{if}가 더 크다.

㉯ 개방루프 전달컨덕턴스는 $A_g > 0$이다.

㉰ 귀환율은 $\beta = \dfrac{V_{fb}}{I_o} < 0$인 정귀환 증폭기이다.

㉱ 전달컨덕턴스 증폭기의 이상적인 입력저항 및 출력저항 특성을 갖는다.

㉲ Q_2와 R_{C2}를 제거하고, Q_1의 컬렉터를 Q_3의 베이스에 연결하여 2단 귀환증폭기를 만들면 정귀환 증폭기가 된다.

6.34 [그림 6-58]의 귀환증폭기에 대한 설명으로 <u>틀린</u> 것은? HINT 6.3.3절

㉮ 저항 R_F가 작을수록 귀환이 많이 일어난다.

㉯ 폐루프 전달컨덕턴스는 $A_{gf} \simeq \dfrac{1}{R_F}$이다.

㉰ 루프이득이 $A_g\beta_z > 0$인 부귀환을 갖는다.

㉱ 개방루프 출력저항 R_o에 비해, 폐루프 출력저항 R_{of}가 더 크다.

㉲ 귀환회로는 R_F로 구성된다.

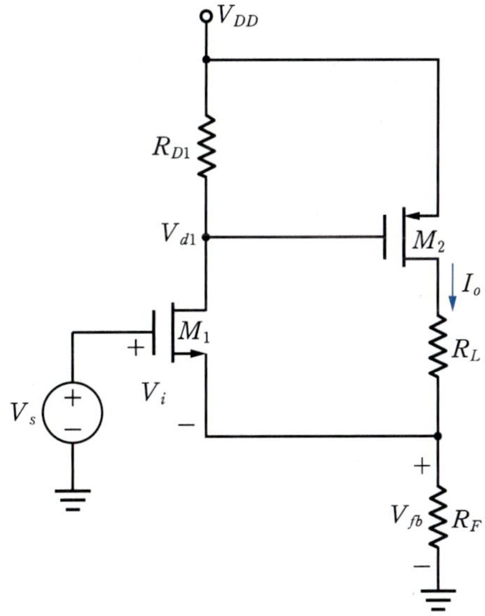

그림 6-58

6.35 [그림 6-59]의 귀환증폭기에 대한 설명으로 <u>틀린</u> 것은? HINT 6.3.4절

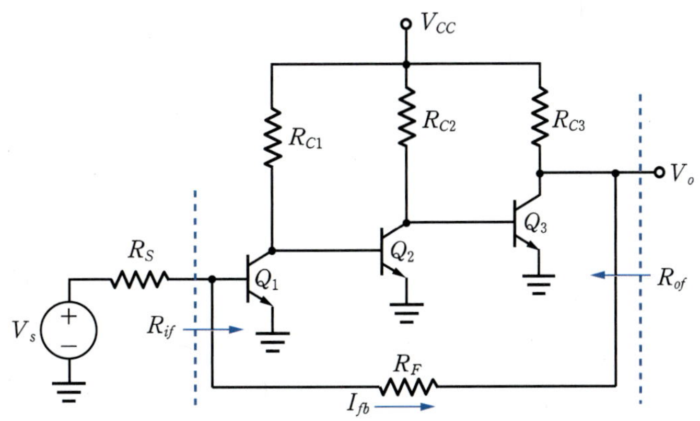

그림 6-59

㉮ 귀환율은 $\beta = \frac{1}{R_F}$ 이다.

㉯ 저항 R_F가 작을수록 귀환이 많이 일어난다.

㉰ 근사적인 폐루프 전압이득은 $A_{vf} \simeq \frac{-R_F}{R_S}$ 이다.

㉱ 귀환이 없는 경우에 비해, 전달임피던스 증폭기의 바람직한 입력저항 특성에 가까운 폐루프 입력저항 R_{if}가 얻어진다.

㉲ BJT Q_2와 저항 R_{C2}를 제거하고 Q_1의 컬렉터를 Q_3의 베이스에 연결하면 정귀환 증폭기가 된다.

6.36 **[그림 6-59] 귀환증폭기의 폐루프 전압이득 근삿값은? 단, $R_S = 0.2\text{k}\Omega$, $R_F = 18\text{k}\Omega$ 이다.** HINT 6.3.4절

㉮ -0.01V/V ㉯ 0.01V/V ㉰ -3.6V/V ㉱ 3.6V/V ㉲ -90V/V ㉳ 90V/V

6.37 **[그림 6-60]의 귀환증폭기에 대한 설명으로 <u>틀린</u> 것은?** HINT 6.3.4절

㉮ 병렬-병렬 귀환증폭기이다.

㉯ 귀환율은 $\beta_g = \frac{-1}{R_F}$ 이다.

㉰ 루프이득은 $A_z\beta_g < 0$ 이다.

㉱ 출력전압 V_o가 감소하면, 귀환전류 I_{fb}도 감소한다.

㉲ 정귀환을 가져 증폭기로 사용할 수 없다.

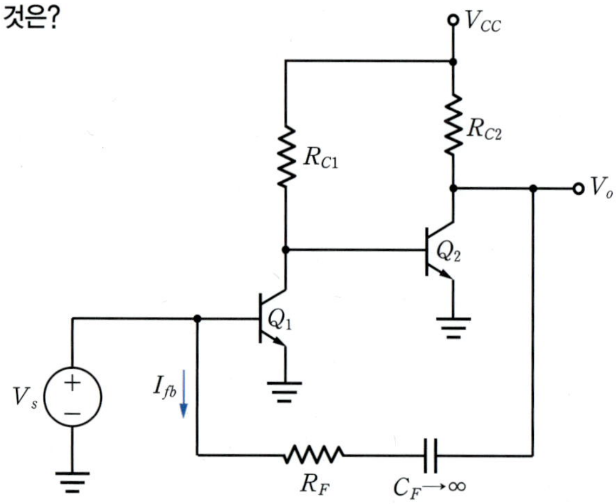

그림 6-60

6.38 **다음 설명 중 <u>틀린</u> 것은?** HINT 6.4.1절

㉮ 3개의 극점을 갖는 귀환증폭기는 불안정할 가능성이 있다.

㉯ 귀환증폭기의 루프이득 $L(f_0) = -1$이 되는 주파수 f_0에서 발진한다.

㉰ 위상교차 주파수 f_{180}에서 귀환증폭기 루프이득의 크기가 0dB 이면 안정하다.

㉱ 귀환증폭기의 위상여유 Φ_M은 이득교차 주파수 f_G에서 구해지며, $\Phi_M > 0$이면 안정하다.

㉲ 귀환증폭기의 이득여유 GM은 위상교차 주파수 f_{180}에서 구해지며, $GM > 0$이면 안정하다.

6.39 [그림 6-61]의 귀환증폭기에 대한 설명으로 틀린 것은?

HINT 6.3.4절

㉮ 귀환회로는 R_F로 구성된다.

㉯ R_F가 클수록 귀환이 많이 일어난다.

㉰ 폐루프 전달임피던스는 $A_{zf} \simeq -R_F$이다.

㉱ 개방루프 입력저항 R_i에 비해 폐루프 입력저항 R_{if}가 더 작다.

㉲ 루프이득이 $A_z\beta_g > 0$인 부귀환을 갖는다.

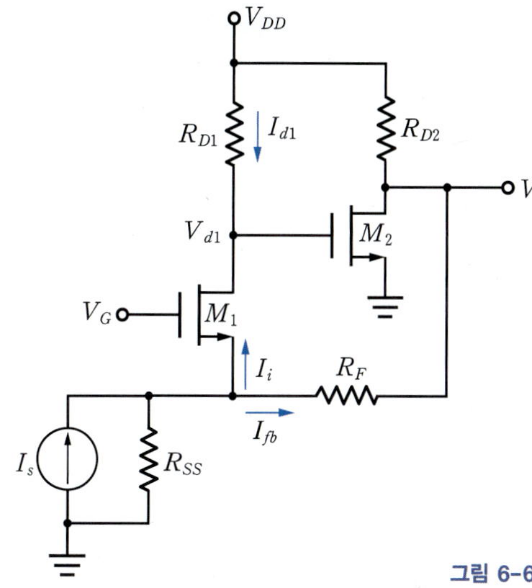

그림 6-61

6.40 [그림 6-62]의 보드 선도가 나타내는 루프이득으로 맞는 것은? 단, 점선은 크기에 대한 ㅋ드 선도이고, 실선은 위상에 대한 보드 선도이다. HINT 6.4.2절

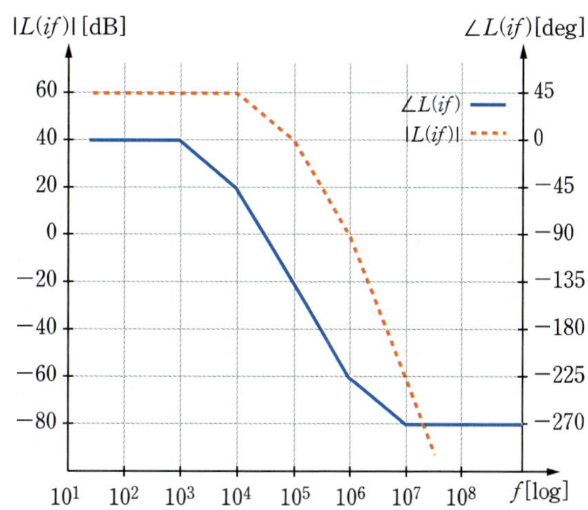

그림 6-62

㉮ $L(jf) = \dfrac{10^3}{(1+j10^4/f)(1+j10^5/f)(1+j10^6/f)}$

㉯ $L(jf) = \dfrac{10^3}{(1+jf/10^4)(1+jf/10^5)(1+jf/10^6)}$

㉰ $L(jf) = \dfrac{10^3}{(1+j10^3/f)(1+j10^4/f)(1+j10^6/f)(1+j10^7/f)}$

㉱ $L(jf) = \dfrac{jf \times 10^3}{(1+jf/10^4)(1+jf/10^5)(1+jf/10^6)}$

㉲ $L(jf) = \dfrac{jf \times 10^3}{(1+j10^3/f)(1+j10^4/f)(1+j10^6/f)(1+j10^7/f)}$

6.41 귀환증폭기의 루프이득의 보드 선도가 [그림 6-62]와 같은 경우에, 이에 대한 설명으로 맞는 것은? HINT 6.4.2절

㉮ 이득교차 주파수는 $10^{5.5}$Hz 이다.

㉯ 2개의 극점 주파수를 갖는다.

㉰ 중대역 mid-band 이득은 10^4 이다.

㉱ 위상교차 주파수는 10^6Hz 이다.

㉲ 이득여유가 음수 negative 이다.

6.42 귀환증폭기의 루프이득의 보드 선도가 [그림 6-62]와 같은 경우에, 증폭기의 위상여유는 얼마인가? HINT 6.4.2절

㉮ $-225°$ ㉯ $-135°$ ㉰ $-90°$ ㉱ $-45°$ ㉲ $135°$

6.43 [그림 6-63]의 보드 선도가 나타내는 루프이득으로 맞는 것은? 단, 점선은 크기에 대한 보드 선도이고, 실선은 위상에 대한 보드 선도이다. HINT 6.4.2절

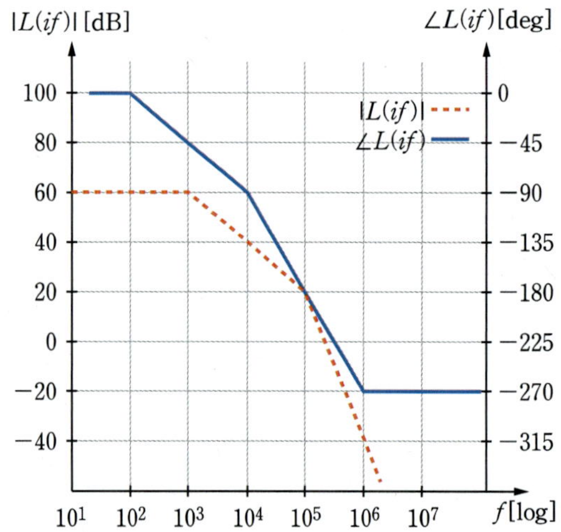

그림 6-63

㉮ $L(jf)=\dfrac{10^3}{(1+j10^3/f)(1+j10^5/f)^2}$

㉯ $L(jf)=\dfrac{10^3}{(1+j10^3/f)(1+j10^5/f)}$

㉰ $L(jf)=\dfrac{10^3}{(1+jf/10^3)(1+jf/10^5)^2}$

㉱ $L(jf)=\dfrac{10^3}{(1+jf/10^3)(1+jf/10^5)}$

㉲ $L(jf)=\dfrac{10^3}{(1+jf/10^3)(1+jf/10^5)(1+jf/10^6)}$

6.44 귀환증폭기의 루프이득의 보드 선도는 [그림 6-63]과 같은 경우에, 이에 대한 설명으로 맞는 것은? 단, 점선은 크기에 대한 보드 선도이고, 실선은 위상에 대한 보드 선도이다. HINT 6.4.2절

㉮ 3개의 극점 주파수를 갖는다.

㉯ 위상교차 주파수는 $10^{5.33}$Hz 이다.

㉰ 이득교차 주파수와 위상교차 주파수가 같다.

㉱ 위상여유는 $\Phi_M > 0$ 이다.

㉲ 안정하다.

6.45 귀환증폭기의 루프이득의 보드 선도가 [그림 6-63]과 같은 경우에, 이 귀환증폭기의 이득여유는 얼마인가?

HINT 6.4.2절

㉮ −60dB ㉯ −20dB ㉰ 0dB ㉱ 20dB ㉲ 40dB ㉳ 60dB

6.46 심화 [그림 6-64(a)]는 이득이 200인 오디오 증폭기이며, 출력 V_o에 0.5V의 험 잡음이 존재한다. [그림 6-64(b)]와 같이 부귀환을 걸어 출력 V_o에 나타나는 험 잡음을 0.025V로 줄이고자 한다. 필요한 증폭기 이득 A와 귀환율 β를 구하라.

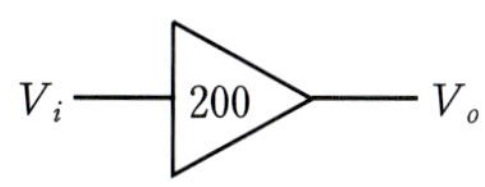

(a) 오디오 출력기

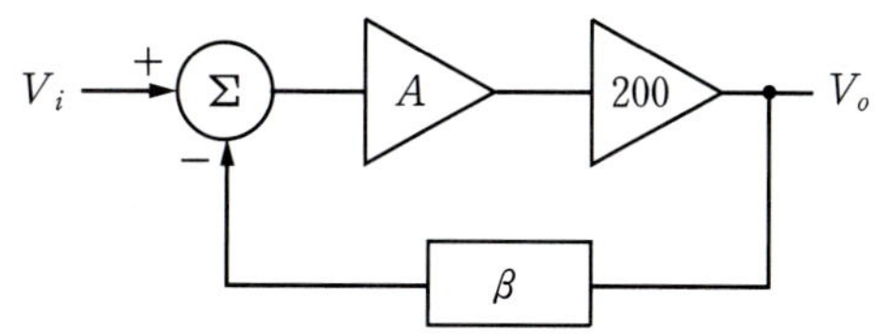

(b) 부귀환 시스템

그림 6-64

6.47 심화 [그림 6-65]의 귀환증폭기 회로에 대해 답하라. $R_{E1} = 0.2\text{k}\Omega$, $R_F = 7.8\text{k}\Omega$이다. 단, 바이어스 회로는 생략되었다.

(a) 귀환증폭기 형태를 "**입력쪽 결선-출력쪽 결선**"의 형식으로 써라.

(b) 부귀환인지 정귀환인지 판단하라. 개방루프 이득 A, 귀환율 β, 루프이득 $A\beta$의 부호를 이용하여 그 이유를 설명하되, Q_1, Q_2, Q_3, Q_4 증폭단의 전압이득을 각각 A_{v1}, A_{v2}, A_{v3}, A_{v4}로 나타낸다.

(c) [그림 6-65]의 회로를 부귀환 증폭기가 되도록 수정하고, 수정된 회로가 부귀환임을 설명하라. 단, 수정된 부귀환 증폭기의 결선 형태는 [그림 6-65] 회로와 동일하게 유지되도록 한다.

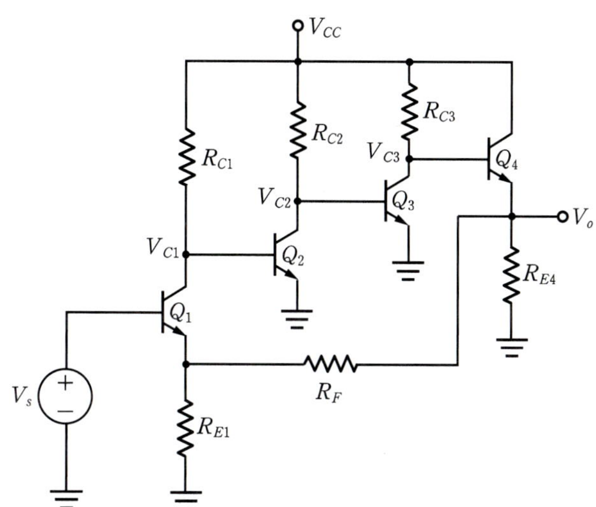

그림 6-65

(d) 문제 (c)에서 수정된 부귀환 증폭기의 폐루프 전압이득 $A_{vf} = V_o/V_s$의 근삿값을 구하라.

(e) 문제 (c)에서 수정된 부귀환 증폭기의 폐루프 전압이득 $A_{vf} = 39.8\text{V/V}$가 되려면 개방루프 이득 A_v는 얼마가 되어야 하는가?

(f) 문제 (c)에서 수정된 부귀환 증폭기에 대해, 저항 R_F가 작을수록 일어나는 변화 3가지를 설명하라. 단, 다른 조건은 동일한 상태를 유지한다.

6.54 심화 **[그림 6-71]은 귀환증폭기의 루프이득 $L(jf)$에 대한 점근 보드 선도이다. 실선은 크기 $|L(jf)|_{dB}$에 대한 보드 선도이며 왼쪽 y축을 사용하고, 점선은 위상 $\angle L(jf)$에 대한 보드 선도이며 오른쪽 y축을 사용한다.**

(a) 루프이득 $L(jf)$를 수식으로 표현하라.

(b) 위상교차 주파수 f_{180}, 이득교차 주파수 f_G, 이득여유 GM, 위상여유 ϕ_M을 구하고, 안정도를 판별하라.

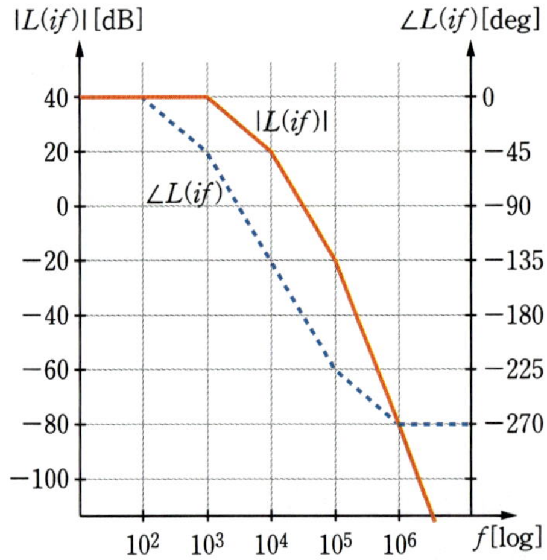

그림 6-71

6.55 심화 **[그림 6-72]는 귀환증폭기의 루프이득 $L(jf)$에 대한 점근 보드 선도이다. 실선은 크기 $|L(jf)|_{dB}$에 대한 보드 선도이며 왼쪽 y축을 사용하고, 점선은 위상 $\angle L(jf)$에 대한 보드 선도이며 오른쪽 y축을 사용한다.**

(a) 루프이득 $L(jf)$를 수식으로 표현하라.

(b) 위상교차 주파수 f_{180}, 이득교차 주파수 f_G, 이득여유 GM, 위상여유 ϕ_M을 구하고, 안정도를 판별하라.

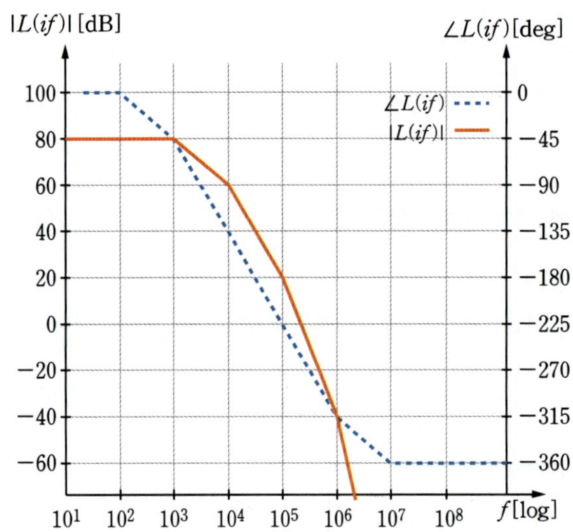

그림 6-72

CHAPTER

07

연산증폭기

Operational Amplifier

학습목표

- 연산증폭기의 기능, 특성 파라미터, 가상단락 및 가상접지의 개념을 이해한다.
- 반전증폭기, 비반전증폭기, 전압 팔로워 회로의 해석과 설계를 이해한다.
- 연산증폭기를 이용한 차동증폭기, 계측증폭기, 적분기, 대수 및 역대수 증폭기 등의 응용회로를 이해한다.
- 연산증폭기의 주파수 특성, 슬루율, 오프셋 전압, 바이어스 전류의 영향을 이해한다.

7장 연산증폭기

7.1 기초 다지기	7.2 반전증폭기 회로	7.3 비반전증폭기 회로	7.4 연산증폭기 응용회로	7.5 연산증폭기 파라미터의 영향
연산증폭기란?	반전증폭기	비반전증폭기	차동증폭기	연산증폭기의 주파수 특성
가상단락과 가상접지	반전가산기	전압 팔로워	계측증폭기	슬루율
연산증폭기에 부귀환을 걸어 사용하는 이유	반전증폭기 회로의 고장진단	비반전가산기	반전적분기	오프셋 전압
		비반전증폭기 회로의 고장진단	정밀 반파 정류회로	입력 바이어스 전류
			대수 증폭기와 역대수 증폭기	

PSPICE 시뮬레이션 실습

연산증폭기 operational amplifier는 BJT 또는 FET 개별소자에 비해 사용하기 쉽고 성능이 우수해 널리 사용되는 아날로그 집적회로IC이다. 연산 operational이라는 명칭은 아날로그 컴퓨터에서 사칙연산을 구현할 수 있다는 의미로 붙여졌다. 하지만 오늘날에는 다양한 용도로 쓸 수 있도록 만들어진 증폭기라는 의미로 사용되며, 만능에 가까운 증폭기라고 할 수 있다. 연산증폭기 IC는 가격이 싸고 특성이 우수하여 증폭기뿐만 아니라 비교기, 아날로그 계산기, 데이터 변환기, 타이머 등 다양한 응용회로에 사용된다. 현재 수십 종류 이상의 연산증폭기 IC가 시판될 정도로 실용성이 매우 뛰어난 소자이다.

이 장에서는 연산증폭기의 기능과 특성 파라미터, 그리고 다양한 응용회로에 대해 다룬다. 연산증폭기 회로의 해석과 설계에 기본이 되는 가상접지와 가상단락 등 중요한 개념들에 대해 충분히 이해해두어야 한다.

❶ 연산증폭기 특성 파라미터, 가상단락 및 가상접지 개념
❷ 반전증폭기와 반전가산기 회로
❸ 비반전증폭기와 전압 팔로워 회로
❹ 계측증폭기, 적분기, 정밀 반파정류기, 대수 및 역대수 증폭기 등 다양한 응용회로
❺ 연산증폭기의 주파수 특성, 슬루율, 오프셋 전압, 바이어스 전류의 영향

7장 핵심요약

SECTION 7.1

기초 다지기

연산증폭기 operational amplifier는 직류 및 교류신호 증폭기, 임피던스 매칭용 버퍼, 전류-전압 변환기, 적분기, 정밀 정류기, 아날로그 필터, 발진기 등 다양한 선형 및 비선형 아날로그 회로에 폭넓게 사용되는 소자이다. 응용 범위가 광범위하여 아날로그 회로에서 차지하는 중요성이 그 어떤 소자보다도 크므로 연산증폭기의 특성, 파라미터, 응용회로 등에 대한 폭넓은 이해가 필요하다. 연산증폭기는 아날로그 신호의 가산, 감산, 적분, 미분 등 수학적 연산을 구현할 수 있어 연산증폭기라고 불리게 되었다.

7.1.1 연산증폭기란?

연산증폭기는 어떤 기능을 갖는 소자인가?
연산증폭기의 특성을 나타내는 파라미터에는 어떤 것들이 있는가?

연산증폭기는 [그림 7-1]과 같이 2개의 입력단자와 1개의 출력단자, 그리고 2개의 전원단자를 갖는다. 2개의 입력단자 중 하나는 반전inverting 입력단자로, 다른 하나는 비반전noninverting 입력단자로 사용되며, 각각 기호 '−'와 '+'로 표시된다. 각 입력단자는 해당 단자로 입력된 신호와 출력신호의 위상관계를 나타낸다. 반전 입력단자로 입력된 신호와 출력신호의 위상은 반전관계(180° 위상차)를 가지며, 비반전 입력단자로 입력된 신호와 출력신호는 동일위상이 된다. 연산증폭기는 2개의 전원단자를 가지며, $+V_{CC}$와 $-V_{CC}$의 전원을 사용하거나 또는 $-V_{CC}$ 전원 대신에 접지가 사용되기도 한다.

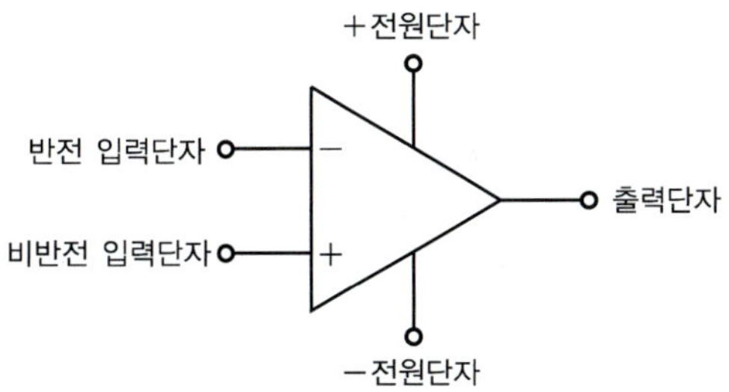

그림 7-1 연산증폭기의 기호 및 단자

연산증폭기가 2개의 입력단자를 갖도록 만들어진 것은 두 단자로 입력되는 신호의 차 difference를 증폭하기 위한 것이다. [그림 7-2]에서 두 입력신호의 차, 즉 비반전단자 전압 v_2와 반전단자 전압 v_1의 차를 $v_d = v_2 - v_1$이라고 하면, 연산증폭기의 출력 v_O는 식 (7.1)과 같이 표현할 수 있다. 여기서 A_{od}는 연산증폭기 자체의 이득을 나타내며, 이를 개방루프 이득 open-loop gain이라고 한다.

$$v_O = A_{od}(v_2 - v_1) = A_{od}v_d \tag{7.1}$$

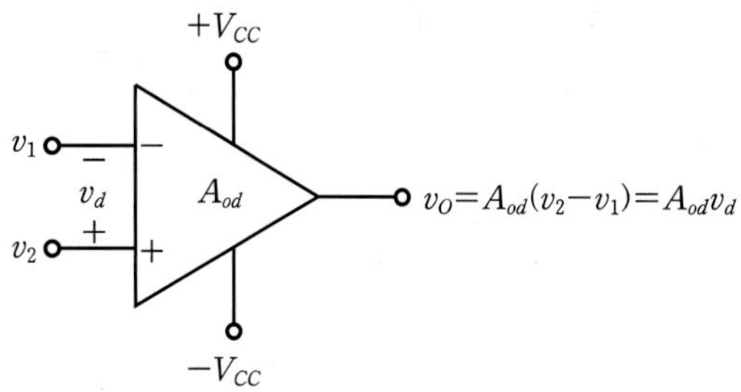

그림 7-2 연산증폭기의 기능

Q **식 (7.1)이 나타내는 연산증폭기의 기능은?**

A 두 입력신호의 차를 개방루프 전압이득 A_{od}만큼 증폭하여 출력하는 전압증폭기이다.

연산증폭기의 내부회로는 다소 복잡하나, 기본적으로 입력단(차동증폭기), 이득단(공통이미터 증폭기), 출력단(푸시-풀 증폭기), 바이어스 회로 등으로 구성된다. 연산증폭기의 주요 특성 파라미터는 다음과 같으며, 이들은 내부 회로의 구조와 특성에 따라 달라진다.

- **개방루프 전압이득** open-loop voltage gain : 연산증폭기 자체의 이득이며, **매우 큰 값을 갖는다.**
- **입력저항** : 두 입력단자에서 본 연산증폭기의 **입력저항은 큰 값을 갖는다. 특히 FET 입력단을 갖는 연산증폭기는 무한대에 가까운 입력저항을 갖는다.**
- **입력 바이어스 전류** : 두 입력단자로 흐르는 **바이어스 전류는 매우 작은 값을 갖는다.**
- **입력 오프셋** offset **전압** : 출력 DC 오프셋 전압을 0V로 만들기 위해 개방루프 연산증폭기의 두 입력단자에 인가되는 DC 전압이며, 수십 μV ~수 mV 범위의 **작은 값을 갖는다.**
- **출력저항** : 출력단자에서 본 연산증폭기의 **출력저항은 매우 작은 값을 갖는다.**
- **공통모드 제거비($CMRR$)** : 두 입력단자에 인가되는 신호의 공통성분을 제거하는 성능이며, 100dB 정도의 **매우 큰 값을 갖는다.**
- **슬루율** : 연산증폭기 출력전압의 시간당 최대 변화율이며, 대신호 응답특성에 영향을 미친다.
- **단위이득 대역폭** : 연산증폭기의 이득이 1, 즉 0dB이 될 때의 주파수이다.

연산증폭기의 특성 파라미터들은 여러 가지 측면에서 회로의 성능과 동작에 영향을 미친다. 예를 들어, 주파수 특성은 증폭기 회로의 소신호 대역폭에 영향을 미치며, 슬루율은 대신호 응답특성에 영향을 미친다(7.5절 참조). [표 7-1]은 연산증폭기 특성 파라미터의 예를 보여준다.

표 7-1 연산증폭기의 특성 파라미터

파라미터	uA741	LF353 BIFET	이상적인 경우
개방루프 전압이득	200,000V/V	100,000V/V	∞
입력저항	2MΩ	10^{12}Ω	∞
입력 바이어스 전류	10nA	50pA	0
입력 오프셋 전류	2nA	25pA	0
입력 오프셋 전압	1mV	5mV	0
공통모드 제거비	90dB	100dB	∞
단위이득 대역폭	1MHz	4MHz	∞
출력저항	75Ω	–	0
입력전압 범위	±15V(V_S=±22V)	±15V(V_S=±18V)	–
출력전압 스윙	±14V	±13.5V	–
슬루율	0.5V/μs	13V/μs	–

uA741은 바이폴라 연산증폭기이고, LF353은 JFET 입력단을 갖는 BIFET 연산증폭기이다. 특성 파라미터 중 일부는 매우 큰 값 또는 무시할 수 있을 정도의 작은 값을 가지므로 이상적인^ideal^ 경우로 근사화할 수 있다.

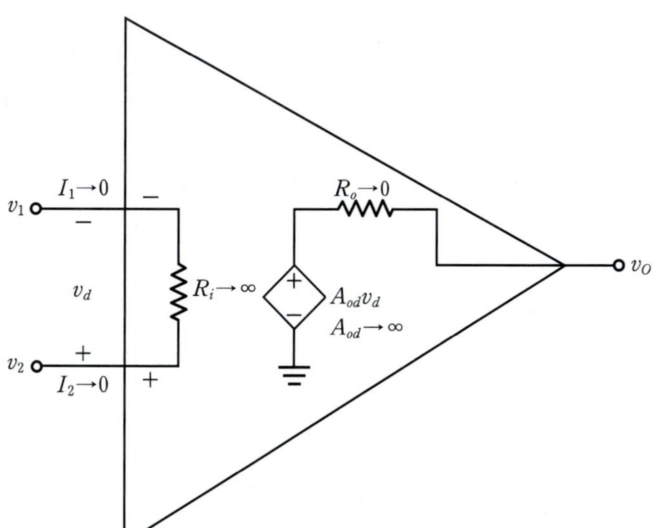

그림 7-3 이상적인 연산증폭기의 등가회로

이상적인 연산증폭기 모델은 개방루프 전압이득과 입력저항이 무한대이고, 입력 바이어스 전류와 출력저항은 0으로 가정하며, [그림 7-3]의 등가회로로 표현된다. 이상적인 연산증폭기 모델은 응용회로의 설계 및 해석에 폭넓게 이용된다.

7.1.2 가상단락과 가상접지

연산증폭기 회로에서 가상단락이란 무엇이며, 어떤 경우에 성립하는가?

연산증폭기의 이상적인 특성 파라미터로부터 가상단락이라는 개념이 얻어지며, 이는 응용회로의 해석과 설계에 적용되는 중요한 개념이다. 이상적인 연산증폭기의 개방루프 이득은 무한대라고 가정하므로, 유한한 크기의 출력전압 v_O(통상 출력전압의 최대 스윙swing은 전원전압 $\pm V_{CC}$보다 수 볼트 작은 값을 가짐)에 대해 연산증폭기 두 입력단자 사이의 전압 차 v_d는 0에 가까운 매우 작은 값을 가지며, 식 (7.1)로부터 다음의 관계가 성립한다.

$$v_d = \frac{v_O}{A_{od}} \to 0 \tag{7.2}$$

예를 들어, $A_{od} = 100{,}000\text{V/V}$이고 $v_O = 5\text{V}$인 경우에, $v_d = \dfrac{5}{100{,}000} = 50\mu\text{V}$가 되어 두 입력단자 사이의 전압 차는 매우 작은 값이 된다. 또한 이상적인 연산증폭기의 입력저항은 무한대라고 가정하므로, 두 입력단자로 흐르는 전류는 0이라고 할 수 있다. 이와 같이, 연산증폭기 두 입력단자 사이의 전압이 0에 가까워 두 단자가 단락short된 것처럼 보이지만, 두 단자에 흐르는 전류가 0인 특성을 **가상단락**virtual short이라고 한다. 가상단락 현상은 연산증폭기의 개방루프 전압이득과 입력저항이 무한대에 가깝게 큰 값을 갖는 특성에서 기인하며, 개념적으로 표현하면 [그림 7-4(a)]와 같다.

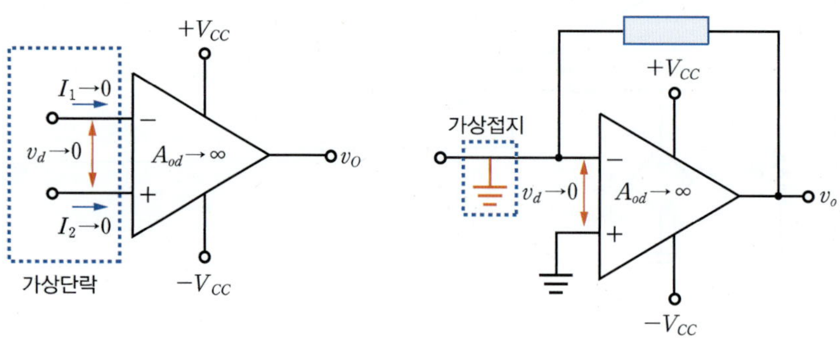

(a) 가상단락 (b) 가상접지

그림 7-4 가상단락과 가상접지의 개념

[그림 7-4(b)]와 같이 연산증폭기의 비반전단자를 접지시키고 반전단자에 부귀환negative feedback을 인가하면, 연산증폭기 입력단자 사이의 가상단락 현상에 의해 반전단자가 접지된 것처럼 보이게 되며, 이를 **가상접지** virtual ground라고 한다.

Q **가상단락과 가상접지는 항상 성립하는가?**

A 연산증폭기 회로에 부귀환이 걸려서 연산증폭기가 선형으로 동작하는 경우에만 가상단락과 가상접지가 성립한다.

7.1.3 연산증폭기에 부귀환을 걸어 사용하는 이유

연산증폭기 회로에 부귀환을 걸어서 사용하는 이유는 무엇인가?

[그림 7-5(a)]와 같이 연산증폭기를 개방루프로 사용하면 출력전압은 어떻게 될까? 식 (7.1)에 의하면, 두 입력단자의 전압 차 v_d가 개방루프 전압이득 A_{od}만큼 증폭되어 출력전압이 된다. 예를 들어 $A_{od}=100{,}000\,\mathrm{V/V}$인 연산증폭기에 $v_d=1\mathrm{mV}$가 인가되면 이론적인 출력전압의 크기는 $v_O=A_{od}v_d=100\mathrm{V}$가 된다. 그러나 실제 연산증폭기에서 최대 출력전압은 전원전압 $\pm V_{CC}$보다 수 볼트 작은 값($\pm V_{\max}$)을 가지므로, 출력은 [그림 7-5(b)]와 같이 $+V_{\max}$ 또는 $-V_{\max}$로 포화된다. 반전단자가 접지되어 있으므로, 입력전압 v_I가 0V보다 크면 $v_O=V_{\max}$가 되고, 0V보다 작으면 $v_O=-V_{\max}$가 되어 입력전압과 기준전압 0V를 비교하는 비교기comparator로 동작한다.

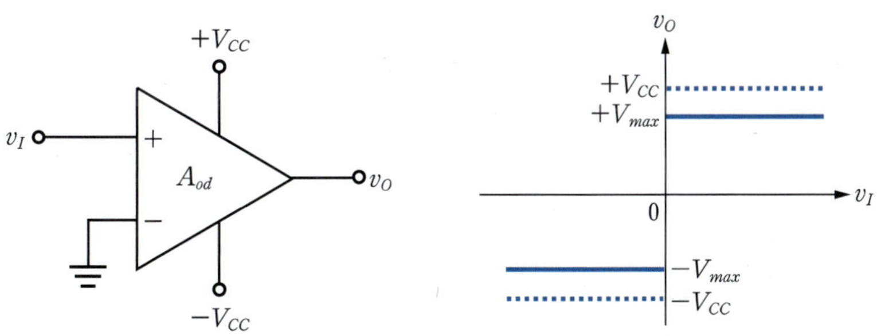

(a) 비교기 (b) 개방루프 출력

그림 7-5 연산증폭기가 개방루프로 사용되는 경우

연산증폭기를 개방루프로 사용하면 매우 작은 입력전압에 대해서도 출력이 포화되어 선형 동작을 상실하므로, 비교기 이외에는 개방루프로 사용하지 않는다. 대부분의 증폭기나 응용회로들은 [그림 7-6(a)]와 같이 연산증폭기의 출력에서 반전단자로 저항, 커패시터, 다

이오드 등의 소자가 연결된 부귀환negative feedback을 인가하여 사용한다. 연산증폭기에 부귀환을 인가하면 폐루프 전압이득이 작아지는 대신 선형동작 범위가 넓어져 비교적 큰 입력전압에 대해 출력이 포화되지 않고 선형으로 동작한다. [그림 7-6(b)]는 연산증폭기의 개방루프와 폐루프 입출력 전달특성을 보여준다. 연산증폭기는 개방루프 전압이득(기울기)이 매우 커서 작은 v_d에 대해 포화되는 반면, 부귀환을 인가하면 폐루프 이득이 작아지는 대신 선형 동작범위가 넓어진다. 따라서 대부분의 증폭기나 응용회로들은 [그림 7-6(a)]와 같이 부귀환을 인가하여 사용한다.

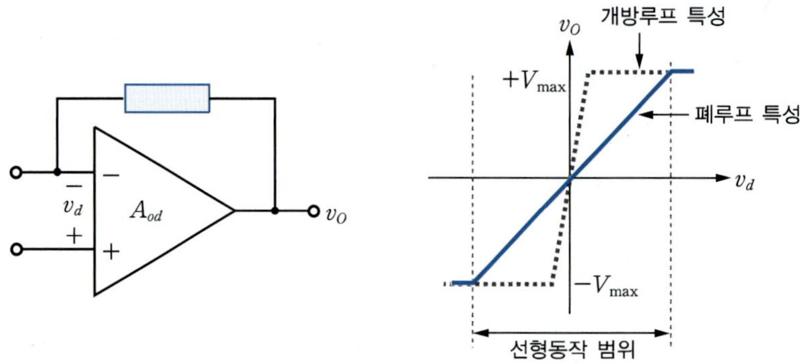

(a) 부귀환을 갖는 연산증폭기 (b) 입출력 전달특성

그림 7-6 연산증폭기가 부귀환을 갖는 경우

Q **연산증폭기 소자(IC)를 증폭기 회로에 사용하기 위해서 반드시 필요한 연결은 무엇인가?**

A 연산증폭기의 출력단자와 반전단자 사이에 소자(저항, 커패시터 등)를 연결해서 부귀환이 걸리도록 해야 한다.

점검하기 **다음 각 문제에서 맞는 것을 고르시오.**

(1) 이상적인 연산증폭기의 개방루프 전압이득은 (0, ∞)이다.
(2) 이상적인 연산증폭기의 입력저항은 (0, ∞)이다.
(3) 이상적인 연산증폭기의 출력저항은 (0, ∞)이다.
(4) 이상적인 연산증폭기의 입력전류는 (0, ∞)이다.
(5) 연산증폭기는 두 입력단자의 (**전압, 전류**) 차를 증폭하여 출력한다.
(6) 개방루프 상태의 연산증폭기에 반전단자를 접지시키고 비반전단자에 양(+)의 전압을 인가하면, (**음, 양**)의 포화전압이 출력된다.
(7) 연산증폭기를 선형회로에 사용하려면 (**부귀환, 정귀환**)을 인가해야 한다.
(8) 연산증폭기에 부귀환을 인가하려면 출력단자와 (**반전, 비반전**)단자를 소자로 연결해야 한다.
(9) 연산증폭기에 부귀환을 인가하면 선형동작 범위가 (**좁아진다, 넓어진다**).
(10) 가상단락된 연산증폭기의 두 입력단자에 흐르는 전류는 (0, ∞)이다.

SECTION 7.2

반전증폭기 회로

이 절에서는 연산증폭기를 이용한 반전증폭기와 반전가산기 회로에 대해 살펴보고, 반전증폭기의 고장진단에 대해 살펴본다. 이 절에서 설명되는 응용회로들은 입력신호가 반전단자로 인가되며, 출력신호는 입력신호에 대해 반전위상을 갖는다.

7.2.1 반전증폭기

반전증폭기는 어떤 회로 구조를 갖는가?
반전증폭기는 어떤 특성(전압이득, 입력저항 및 출력저항)을 갖는가?

[그림 7-7(a)]는 연산증폭기를 이용한 **반전증폭기** inverting amplifier 회로이며, 출력신호 v_O가 저항 R_2를 통해 반전단자로 귀환되어 부귀환을 형성하고 있다. 입력신호 v_I는 저항 R_1을 통해 반전단자로 인가되고, 비반전단자는 접지되어 있다.

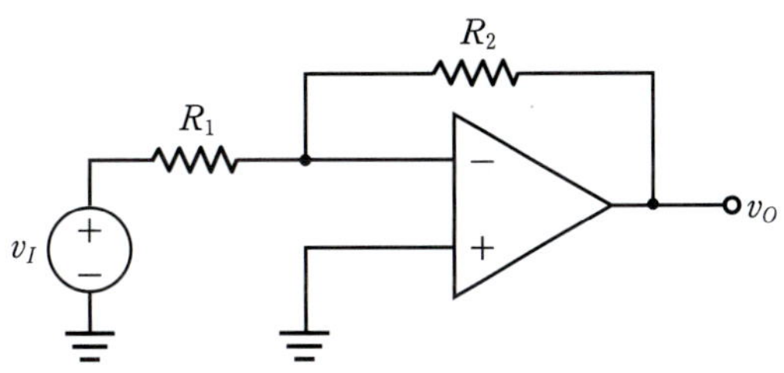

(a) 반전증폭기

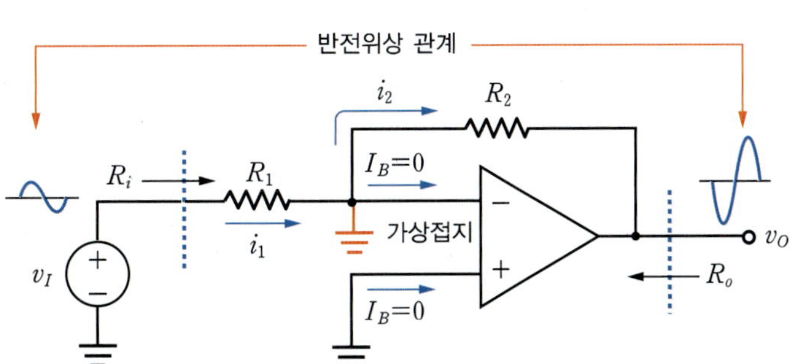

(b) 가상접지가 고려된 반전증폭기

그림 7-7 반전증폭기 회로 (계속)

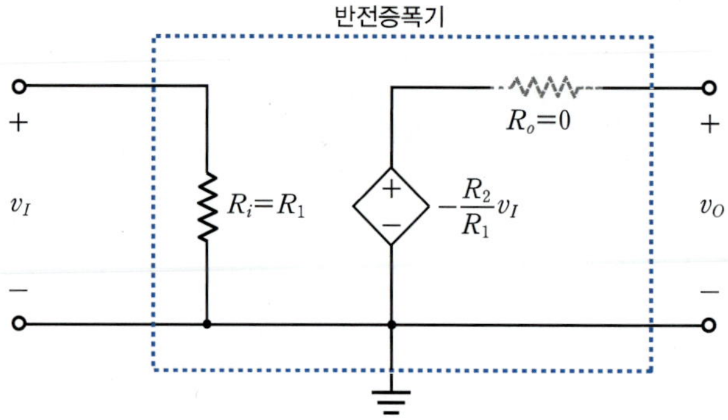

(c) 반전증폭기의 등가회로

그림 7-7 반전증폭기 회로

이상적인 연산증폭기의 두 입력단자 사이에는 가상단락이 존재하고 비반전단자는 접지되어 있으므로, 반전단자는 [그림 7-7(b)]와 같이 가상접지된다. 또한 이상적인 연산증폭기의 입력단자로 들어가는 전류는 0이므로, 입력신호 v_I에서 저항 R_1으로 흐르는 전류 i_1과 저항 R_2에 흐르는 전류 i_2는 같으며, 다음과 같이 표현된다.

$$i_1 = \frac{v_I}{R_1} = i_2 = -\frac{v_O}{R_2} \tag{7.3}$$

식 (7.3)으로부터 반전증폭기의 폐루프 이득은 식 (7.4)와 같다.

$$A_v = \frac{v_O}{v_I} = -\frac{R_2}{R_1} \tag{7.4}$$

여기서 폐루프 이득의 부호가 마이너스(−)인 것은 입력신호 v_I와 출력신호 v_O의 위상이 반전 관계라는 것을 의미하며, 따라서 반전증폭기라고 한다. 이는 입력신호가 저항 R_1을 통해 반전단자로 입력되기 때문이다. [그림 7-7(b)]에서 v_I와 v_O의 위상이 반전관계임을 주목하기 바란다.

신호원 v_I에서 본 반전증폭기의 입력저항은 $R_i = R_1$이 되며, 이는 반전단자의 가상접지로부터 쉽게 이해할 수 있다. 반전증폭기의 출력단은 분기 피드백shunt feedback을 가지므로, 부하에서 본 출력저항 R_o는 매우 작은 값($R_o \to 0$)을 갖는다. 이상의 내용을 요약하면 [그림 7-7(a)]의 반전증폭기를 [그림 7-7(c)]와 같은 등가회로로 표현할 수 있다.

Q $R_1 = R_2$ **인 경우에 어떤 동작을 하는가?**

A 반전증폭기의 전압이득은 $A_v = -1$[V/V]이므로, 입력전압의 위상이 반전되어 출력된다.
→ 단위이득 인버터unity gain inverter 또는 반전 버퍼inverting buffer라고 한다.

핵심포인트 **반전증폭기 특성**

- 폐루프 전압이득 : $A_v = -\frac{R_2}{R_1}$ 이며, 연산증폭기의 특성과 무관하게 외부의 저항비에 의해 결정된다.
- 입력저항 : $R_i = R_1$ 이며, 이상적인 전압증폭기의 입력저항 특성에 부합되지 않는다.
- 출력저항 : $R_o \to 0$ 으로 이상적인 전압증폭기의 출력저항 특성에 잘 부합된다.
- 귀환저항 R_2가 고정된 상태에서 폐루프 이득과 입력저항 사이에는 상충관계[trade-off]가 존재한다. 큰 폐루프 이득을 얻기 위해서는 입력저항이 작아지며, 이는 전압증폭기의 이상적인 입력저항 특성에 부합되지 않는 것이다.

여기서 잠깐 **연산증폭기가 이상적이지 않은 경우에 반전증폭기의 폐루프 전압이득**

연산증폭기가 이상적이지 않은 경우(즉, 개방루프 이득 A_{od}가 무한대가 아닌 유한한 값을 갖는 경우)에는 반전단자에 가상접지가 성립하지 않는다. 연산증폭기의 입력단자로 들어가는 전류는 저항 R_1, R_2에 흐르는 전류 i_1, i_2에 비해 무시할 수 있을 정도로 작다고 가정하고(실제의 경우, 이 조건이 만족되도록 설계함), 반전증폭기의 폐루프 전압이득을 구하면 식 (7.5)와 같다. 연산증폭기의 개방루프 이득 A_{od}를 무한대로 하면, 식 (7.4)와 동일한 결과가 됨을 알 수 있다.

$$A_v = \frac{v_O}{v_I} = \frac{-R_2/R_1}{1+\frac{(1+R_2/R_1)}{A_{od}}} \simeq -\frac{R_2}{R_1} \tag{7.5}$$

여기서 잠깐 **반전증폭기의 동작과 1종 지레 작용의 비유**

반전증폭기의 동작은 [그림 7-8(a)]와 같은 1종 지레(받침점이 힘점과 작용점 사이에 위치한 지레)의 작용에 비유될 수 있다. 1종 지레와 반전증폭기는 힘점 ↔ 입력전압, 받침점 ↔ 접지점, 그리고 작용점 ↔ 출력전압으로 비유할 수 있으며, 지레의 힘점과 받침점 사이의 거리는 반전증폭기의 저항 R_1, 받침점과 작용점 사이의 거리는 귀환저항 R_2에 비유될 수 있다. 지레의 힘점과 작용점의 변위(상하로 움직인 거리)는 반전증폭기의 입력전압과 출력전압의 진폭에 비유될 수 있다.

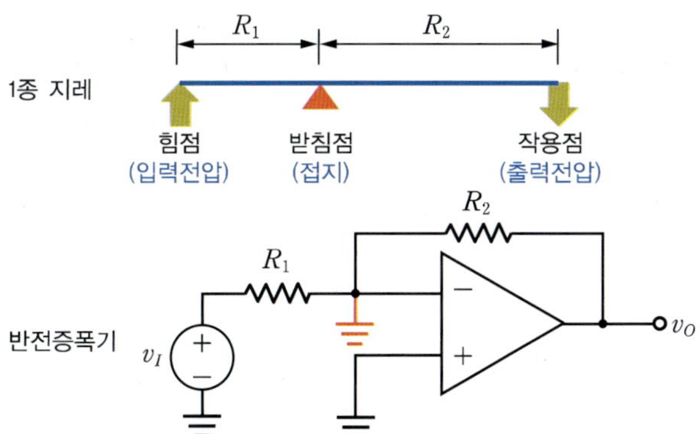

(a) 1종 지레와 반전증폭기의 비유

그림 7-8 반전증폭기의 동작과 1종 지레의 비유(계속)

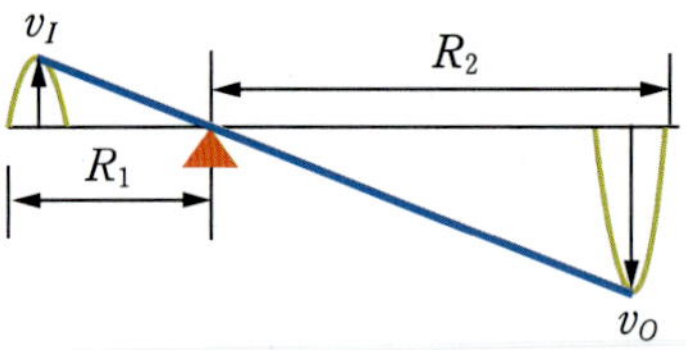

(b) $v_I>0$인 경우

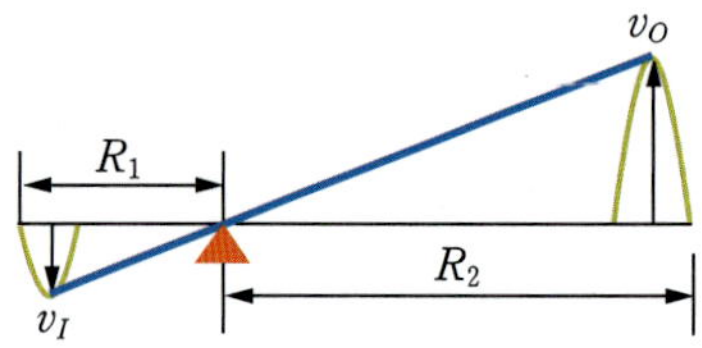

(c) $v_I<0$인 경우

그림 7-8 반전증폭기의 동작과 1종 지레의 비유

지레의 힘점과 받침점 사이의 거리가 짧을수록 힘점의 작은 변위(상하로 움직인 거리)에 대해 작용점의 변위가 커지며, 이는 반전증폭기의 저항 R_1이 R_2에 비해 작을수록 출력전압의 진폭이 커지는 것(폐루프 이득이 증가)에 비유될 수 있다. 또한 지레의 힘점과 작용점은 서로 반대방향으로 움직이며, 이는 반전증폭기의 입력신호와 출력신호의 위상이 서로 반대인 것에 비유될 수 있다.

예제 7-1

[그림 7-7(a)]의 반전증폭기 회로가 폐루프 전압이득 $A_v=-7\text{V/V}$, 입력저항 $R_i=4.7\text{k}\Omega$를 갖도록 설계하라. 단, 연산증폭기는 이상적인 특성을 갖는 것으로 가정한다.

풀이

반전증폭기의 입력저항은 $R_i=R_1$이므로, $R_1=4.7\text{k}\Omega$이다. 식 (7.4)의 폐루프 전압이득 $A_v=-\dfrac{R_2}{R_1}$로부터, $R_2=R_1|A_v|=4.7\times10^3\times7=33\text{k}\Omega$이다. PSPICE 시뮬레이션 결과는 [그림 7-9]와 같으며, 진폭 0.5V의 입력신호가 전압이득 -7.0V/V로 증폭되어 위상이 반전된 진폭 3.5V의 신호가 출력됨을 확인할 수 있다.

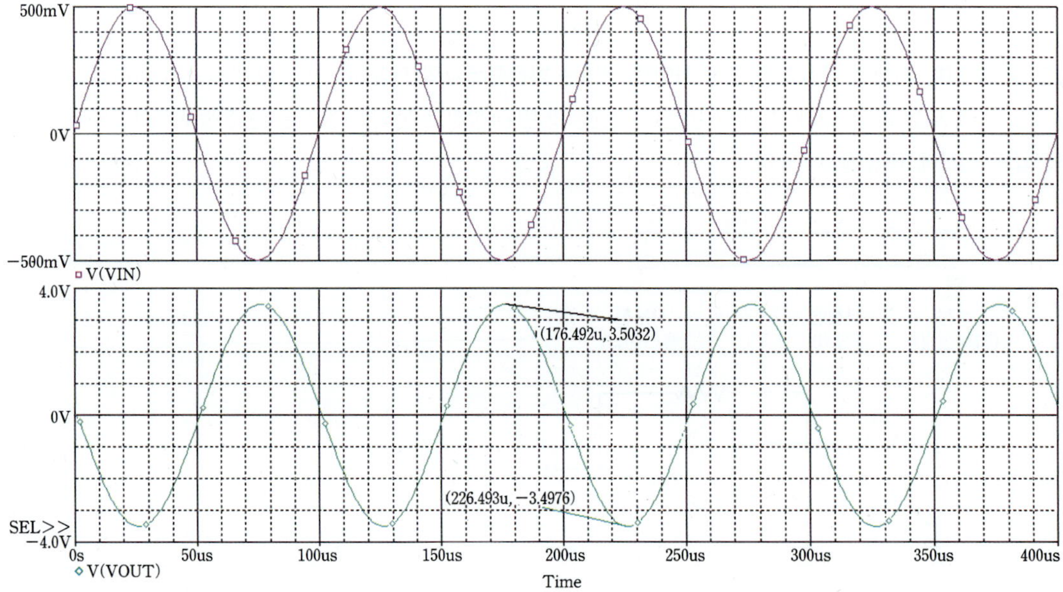

그림 7-9 [예제 7-1]의 시뮬레이션 결과

예제 7-2

[그림 7-7(a)]의 반전증폭기에서 저항 R_2 값의 변화에 따라 출력 v_o가 어떤 영향을 받는지 시뮬레이션을 통해 확인하라. 단, $R_1 = 10\text{k}\Omega$을 유지한다.

풀이

$10\text{k}\Omega \le R_2 \le 50\text{k}\Omega$ 범위에서 $10\text{k}\Omega$씩 변화시키면서 시뮬레이션을 실행한 결과는 [그림 7-10]과 같다. 시뮬레이션 결과로 얻어진 전압이득은 [표 7-2]와 같으며, $R_1 = 10\text{k}\Omega$으로 고정된 상태에서 R_2 값에 비례해서 전압이득이 커짐을 확인할 수 있다.

표 7-2 저항 R_2 값에 따른 반전증폭기의 전압이득

$R_2\,[\text{k}\Omega]$	10	20	30	40	50
$A_v\,[\text{V/V}]$	−1	−2	−3	−4	−5

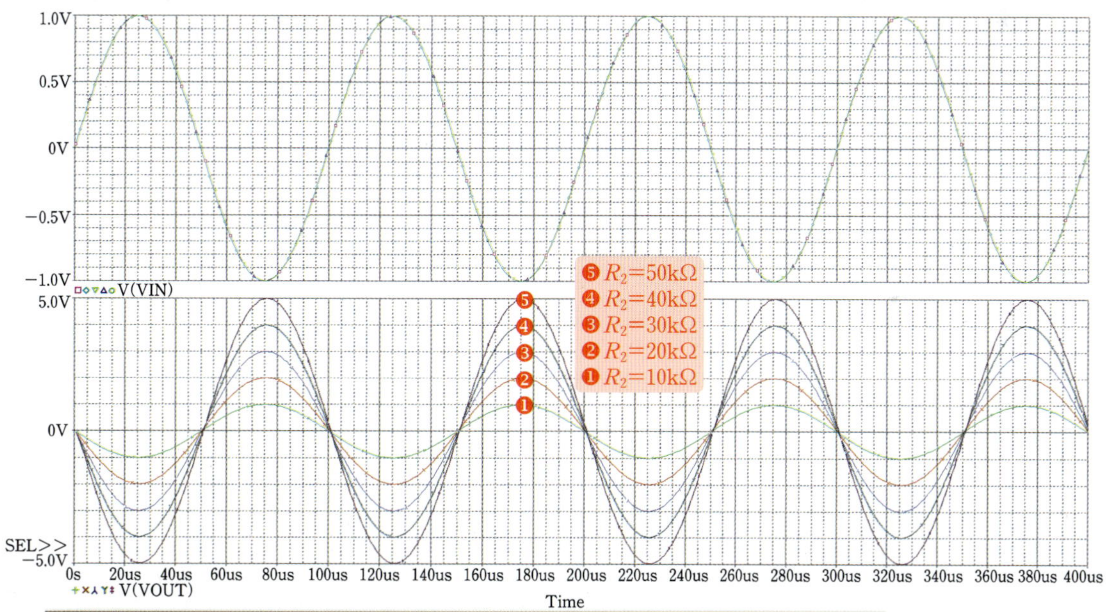

Evaluate	Measurement	1	2	3	4	5
☑	Peak(V(vout),2)	999.876496m	1.999618	2.999129	3.998331	4.996098

그림 7-10 [예제 7-2]의 시뮬레이션 결과($R_2 = 10,\ 20,\ 30,\ 40,\ 50\text{k}\Omega$으로 변화시키며 Parametric Sweep 시뮬레이션)

예제 7-3

[그림 7-7(a)]의 반전증폭기 회로가 폐루프 전압이득 $A_v = -39\text{V/V}$를 갖도록 설계하고, 입력저항을 구하라. 단, 사용되는 저항값의 총합은 $1\text{M}\Omega$ 이하가 되도록 하며, 오차범위 ±5%의 표준저항기를 최소의 개수로 사용한다. 연산증폭기는 이상적인 특성을 갖는 것으로 가정한다.

풀이

식 (7.4)로부터 $R_2 = |A_v| R_1 = 39R_1$이고 사용되는 저항값의 총합은 $R_1 + R_2 \le 1\text{M}\Omega$이다. 두 식을 연립하여 풀면 $R_1 = \dfrac{1\text{M}\Omega}{40} = 25\text{k}\Omega$이고, $R_2 = 39R_1 = 39 \times 25\text{k}\Omega = 975\text{k}\Omega$이다. 표준저항값을 사용하면 R_1은 $24\text{k}\Omega$과 $1\text{k}\Omega$의 직렬연결로 구현하고, R_2는 $910\text{k}\Omega$, $62\text{k}\Omega$, $3\text{k}\Omega$의 직렬연결로 구현한다. 따라서 총 5개의 저항기가 사용되며, 입력저항은 $R_i = R_1 = 25\text{k}\Omega$이다.

예제 7-4

[그림 7-7(a)]의 반전증폭기 회로에서 연산증폭기의 개방루프 이득 A_{od}가 50,000, 100,000, 200,000 그리고 ∞인 경우에 대해 폐루프 전압이득을 비교하라. 단, $R_1 = 20\text{k}\Omega$이고 $R_2 = 580\text{k}\Omega$이다.

풀이

식 (7.5)를 이용하여 각각의 개방루프 이득에 대한 폐루프 전압이득을 구하면 [표 7-3]과 같으며, $A_{od} \to \infty$인 경우의 폐루프 이득과 비교하여 0.1% 이하의 오차를 갖는다. 따라서 반전증폭기 회로의 해석 및 설계를 위해 식 (7.4)가 보편적으로 사용된다.

표 7-3 개방루프 이득에 따른 반전증폭기의 폐루프 전압이득 비교

A_{od}	A_v	오차(%)
50,000	−28.9826	0.06
100,000	−28.9913	0.03
200,000	−28.9956	0.015
∞	−29	−

확인문제 7-1

[그림 7-7(a)]의 반전증폭기 회로에 사용된 연산증폭기의 개방루프 이득은 $A_{od} = 100{,}000$이다. $R_1 = 15\text{k}\Omega$, $R_2 = 750\text{k}\Omega$인 경우의 폐루프 전압이득 A_v^*를 구하고, $A_{od} \to \infty$인 이상적인 경우의 폐루프 전압이득에 대한 오차 e를 구하라.

답 $A_v^* = -49.9745\text{V/V}$, $e = 0.051\%$

확인문제 7-2

[그림 7-7(a)]의 반전증폭기 회로가 폐루프 전압이득 $A_v = -30\text{V/V}$를 갖도록 설계하고, 입력저항 R_i를 구하라. 단, 귀환저항은 $R_2 = 360\text{k}\Omega$이다.

답 $R_1 = 12\text{k}\Omega$, $R_i = 12\text{k}\Omega$

7.2.2 반전가산기

반전가산기는 어떤 회로 구조를 갖는가?

[그림 7-11]과 같이 반전증폭기에 2개 이상의 입력이 인가되면 반전가산기로 동작한다. 연산증폭기가 이상적이라고 가정하여 출력전압을 구해보자. 이상적인 연산증폭기의 반전단자는 가상접지되고, 입력단자로 들어가는 전류는 0이므로, 귀환저항 R_F에 흐르는 전류 i_F는 다음과 같다.

$$i_F = i_1 + i_2 + i_3 = \frac{v_{I1}}{R_1} + \frac{v_{I2}}{R_2} + \frac{v_{I3}}{R_3} \tag{7.6}$$

반전단자가 가상접지되므로 출력 v_O는 식 (7.7)과 같으며, 각 입력신호를 저항비에 의한 이득만큼 증폭하여 가산하는 반전가산기로 동작함을 알 수 있다.

$$v_O = -R_F i_F = -\left(\frac{R_F}{R_1}v_{I1} + \frac{R_F}{R_2}v_{I2} + \frac{R_F}{R_3}v_{I3}\right) \tag{7.7}$$

한편, $R_1 = R_2 = R_3 = R$이면 $v_O = -\frac{R_F}{R}(v_{I1} + v_{I2} + v_{I3})$가 되어, 입력신호를 모두 더한 후 $-\frac{R_F}{R}$ 만큼 증폭하는 회로로 동작한다.

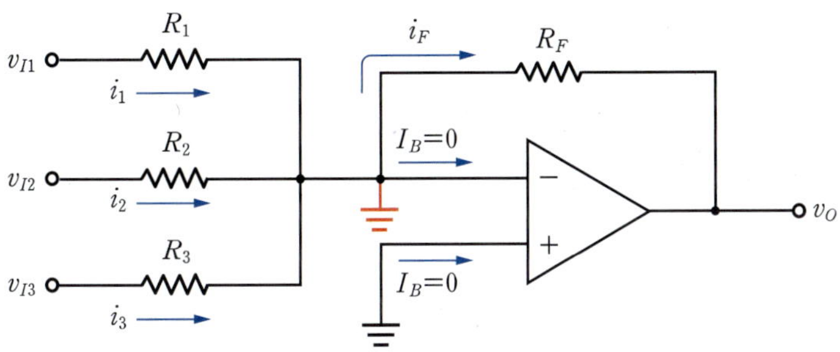

그림 7-11 반전가산기

핵심포인트 **반전가산기의 응용**

[그림 7-11]의 회로에서

- $R_1 = R_2 = R_3 = R_F$이면, $v_O = -(v_{I1} + v_{I2} + v_{I3})$가 되어 세 입력전압의 합이 출력된다.
- $R_1 = R_2 = R_3 = 3R_F$이면, $v_O = -\frac{1}{3}(v_{I1} + v_{I2} + v_{I3})$가 되어 세 입력전압의 평균값이 출력된다.

예제 7-5

[그림 7-11]의 회로를 4개의 입력을 갖는 반전가산기로 확장해서 출력이 $v_O = -2(v_{I1}+v_{I2}) - \frac{1}{2}(v_{I3}+v_{I4})$가 되도록 설계하라. 단, 귀환저항 $R_F = 30\text{k}\Omega$이다.

풀이

식 (7.7)을 4입력 반전가산기 회로에 확장해서 적용하면 출력 v_O는 식 ①과 같으며, $R_{12} = R_1 = R_2$이고, $R_{34} = R_3 = R_4$이다.

$$v_O = -\left(\frac{R_F}{R_1}v_{I1} + \frac{R_F}{R_2}v_{I2} + \frac{R_F}{R_3}v_{I3} + \frac{R_F}{R_4}v_{I4}\right)$$

$$= -\frac{R_F}{R_{12}}(v_{I1}+v_{I2}) - \frac{R_F}{R_{34}}(v_{I3}+v_{I4}) \quad \cdots ①$$

식 ①과 문제의 조건으로부터 $\frac{R_F}{R_{12}} = 2$이고, $\frac{R_F}{R_{34}} = \frac{1}{2}$이므로, 저항값은 다음과 같이 결정된다.

$$R_{12} = R_1 = R_2 = \frac{R_F}{2} = \frac{30\text{k}\Omega}{2} = 15\text{k}\Omega$$

$$R_{34} = R_3 = R_4 = 2R_F = 2 \times 30\text{k}\Omega = 60\text{k}\Omega$$

확인문제 7-3

[그림 7-11] 반전가산기에 $v_{I1} = 2v_{I2} = 3v_{I3} = 0.2\text{V}$이 인가되는 경우의 출력전압 v_O를 구하라. 단, $R_1 = 2R_2 = 4R_3 = 40\text{k}\Omega$이고, $R_F = 30\text{k}\Omega$이다.

답 $v_O = -0.5\text{V}$

7.2.3 반전증폭기 회로의 고장진단

반전증폭기 회로가 정상적으로 동작하지 않는 경우에 고장 원인을 어떻게 찾을 수 있는가?

회로가 기판에 실장된 후 전원과 입력신호를 인가하고 출력을 측정했을 때, 회로가 정상적으로 동작하지 않는 경우가 있다. 올바로 동작하지 않는 회로의 오동작 원인을 찾는 과정을 **고장진단**troubleshooting이라고 한다. 이상적인 연산증폭기를 가정하여 설계한 경우에는 측정된 출력이 설계사양과 다소 차이가 있을 수 있으며, 이는 연산증폭기가 갖는 파라미터 값에서 기인하는 오차이다. 그러나 전원과 입력신호가 올바로 인가된 상태에서도 출력신호가 나오지 않거나 예상치 못한 신호가 관측되는 경우에는 지식과 경험을 토대로 고장의 원인과 위치를 찾아야 한다.

회로의 고장진단은 다음의 순서를 따른다.

❶ 전원과 입력신호가 올바로 인가되고 있는지를 우선적으로 확인한다.
❷ 회로를 구성하는 부품들이 올바로 연결되었는지, 즉 소자 간의 연결점에 접촉 불량이 없는지를 확인한다.
❸ 소자의 불량 여부를 확인한다.

[그림 7-12(a)]의 반전증폭기에 전원전압 $V_{CC}=\pm 10\text{V}$와 $v_I=0.2\sin\omega t$를 인가한 상태에서 오실로스코우프로 출력전압을 측정했다. 반전증폭기의 폐루프 전압이득은 $A_v=-\dfrac{R_2}{R_1}=-5$이므로, 회로가 정상 동작하는 경우의 출력은 $v_O=-1.0\sin\omega t$가 될 것이다. 저항 $R_1=10\text{k}\Omega$, $R_2=50\text{k}\Omega$이 정확하게 사용되었다는 가정하에 오동작에 대한 고장진단은 다음과 같다.

▪ 전원전압 근처로 포화된 구형파 형태의 신호가 출력되는 경우

[그림 7-12(b)]를 보면 입력신호가 매우 큰 이득으로 증폭되었다고 판단할 수 있다. 따라서 연산증폭기의 출력단자에서 반전단자로 귀환되는 경로 또는 저항 R_2가 개방되었다고 진단할 수 있다.

(a)

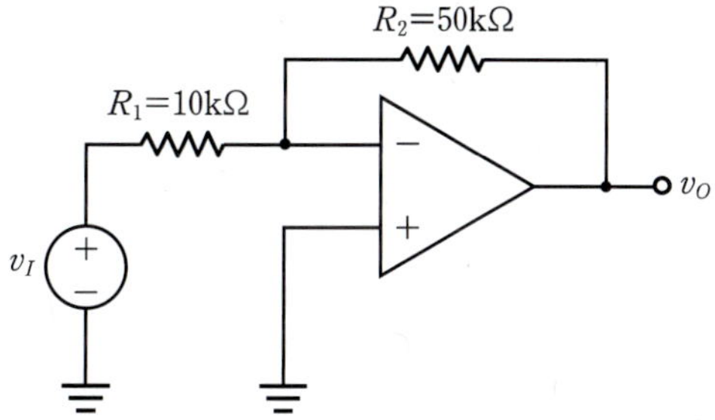

(b)

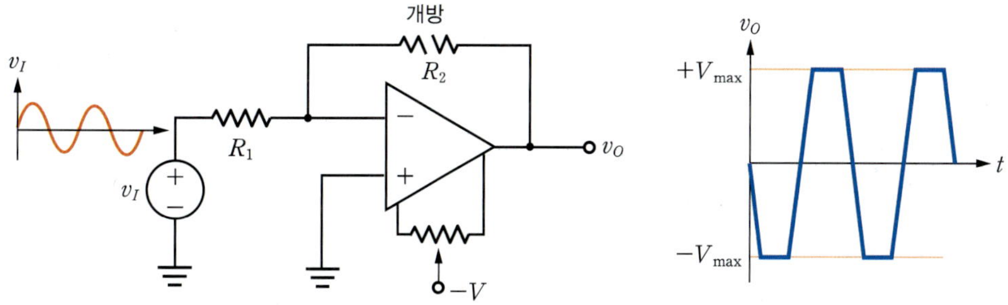

그림 7-12 반전증폭기의 고장진단 (계속)

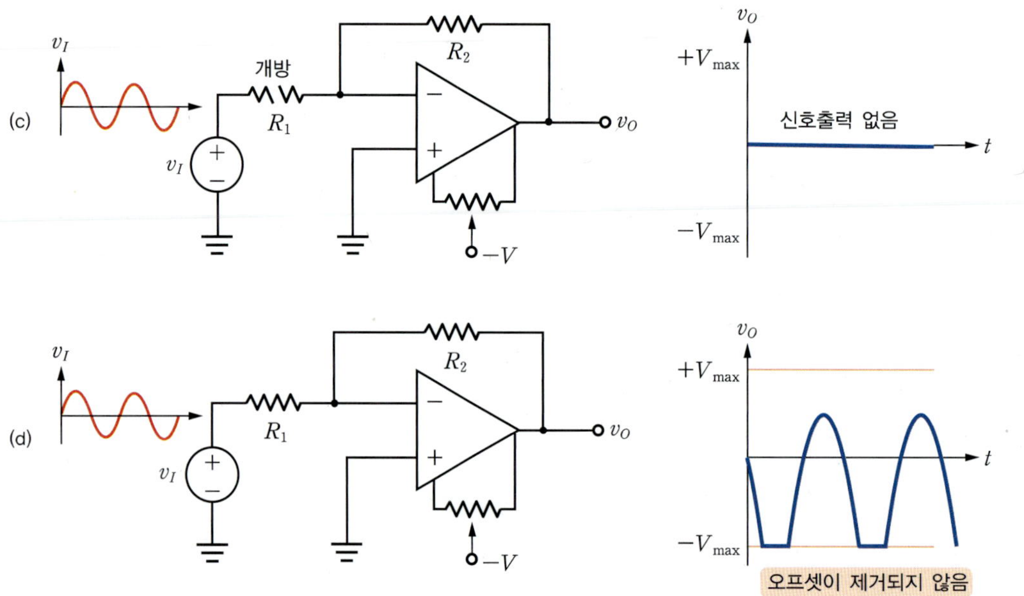

그림 7-12 반전증폭기의 고장진단

■ **$v_O \simeq 0\text{V}$ 가 출력되는 경우**

[그림 7-12(c)]를 보면 입력신호가 올바로 인가되지 않고 있다고 판단할 수 있다. 따라서 연산증폭기의 반전단자에서 입력신호 사이의 경로 또는 저항 R_1이 개방되었다고 진단할 수 있다.

■ **입력신호의 진폭을 증가시킬 때 출력신호의 한쪽이 포화되어 잘리는 경우**

[그림 7-12(d)]를 보면 오프셋 전압의 영향이라고 판단할 수 있다. 따라서 연산증폭기의 오프셋 제거 단자에 가변저항기가 올바로 연결되었는지 확인하고, 가변저항을 조정하여 오프셋 전압을 제거한다.

점검하기 **다음 각 문제에서 맞는 것을 고르시오.**

(1) 반전증폭기의 입력전압과 출력전압은 (**동일, 반전**)위상이다.
(2) 반전증폭기의 폐루프 전압이득은 귀환저항(연산증폭기의 출력과 반전단자를 연결하는 저항)에 대해 (**비례, 반비례**) 관계를 갖는다.
(3) 반전증폭기의 귀환저항값이 고정된 경우에 폐루프 전압이득과 입력저항은 (**비례, 반비례**) 관계를 갖는다.
(4) 반전증폭기의 출력저항은 매우 (**작다, 크다**).
(5) 반전증폭기의 출력전압이 전원전압 근처로 포화되었다면 귀환저항이 (**개방, 단락**)된 것이다.

SECTION 7.3

비반전증폭기 회로

이 절에서는 연산증폭기를 이용한 비반전증폭기와 전압 팔로워, 비반전가산기 회로에 대해 알아보고, 비반전증폭기의 고장진단에 대해 살펴본다. 이 절에서 설명되는 응용회로들은 입력신호가 비반전단자로 인가되며, 출력신호는 입력신호에 대해 동일위상을 갖는다.

7.3.1 비반전증폭기

비반전증폭기는 어떤 회로 구조를 갖는가?
비반전증폭기는 어떤 특성(전압이득, 입력저항 및 출력저항)을 갖는가?

[그림 7-13(a)]는 연산증폭기를 이용한 **비반전증폭기** noninverting amplifier 회로이며, 입력신호 v_I가 비반전단자로 인가된다. 출력 v_O가 저항 R_2를 통해 반전단자로 귀환되어 부귀환을 형성하고 있으며, 반전단자에 연결된 저항 R_1은 접지되어 있다. 이상적인 연산증폭기의 두 입력단자 사이에 가상단락이 성립하므로, 반전단자의 전압은 $v_1 = v_I$이다. 또한 이상적인 연산증폭기의 입력단자로 들어가는 전류는 0이고, [그림 7-13(b)]에서 저항 R_1에 흐르는 전류 i_1과 저항 R_2에 흐르는 전류 i_2는 같으므로, 다음의 관계가 성립한다.

$$-\frac{v_I}{R_1} = \frac{v_I - v_O}{R_2} \tag{7.8}$$

식 (7.8)로부터 비반전증폭기의 폐루프 이득은 식 (7.9)와 같다.

$$A_v = \frac{v_O}{v_I} = 1 + \frac{R_2}{R_1} \tag{7.9}$$

여기서 폐루프 전압이득의 부호가 플러스(+)인 것은 입력신호 v_I와 출력신호 v_O가 동일위상임을 의미하며, 따라서 비반전증폭기라고 한다. 이는 입력신호가 비반전단자로 입력되기 때문이다. 식 (7.9)에서 비반전증폭기의 폐루프 이득은 연산증폭기의 특성과 무관하게 저항비 $\frac{R_2}{R_1}$에 의해 결정됨을 알 수 있으며, 이는 반전증폭기와 동일한 특성이다. [그림 7-13(b)]에서 v_I와 v_O가 동일위상임에 주목하기 바란다.

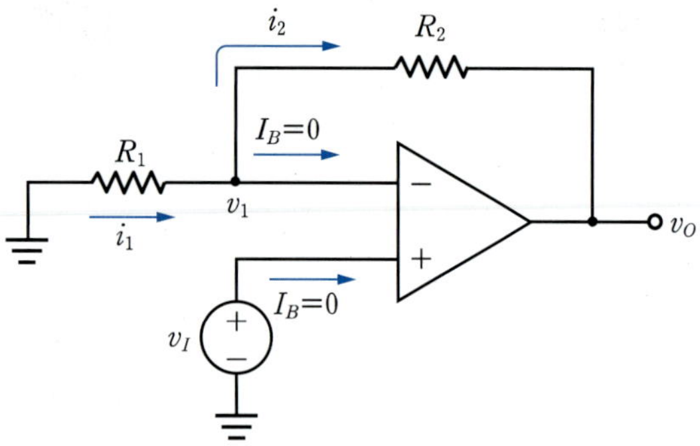

(a) 비반전증폭기

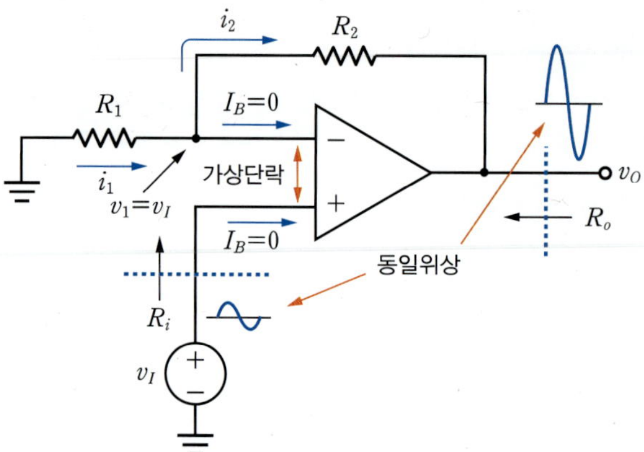

(b) 가상단락이 고려된 비반전증폭기

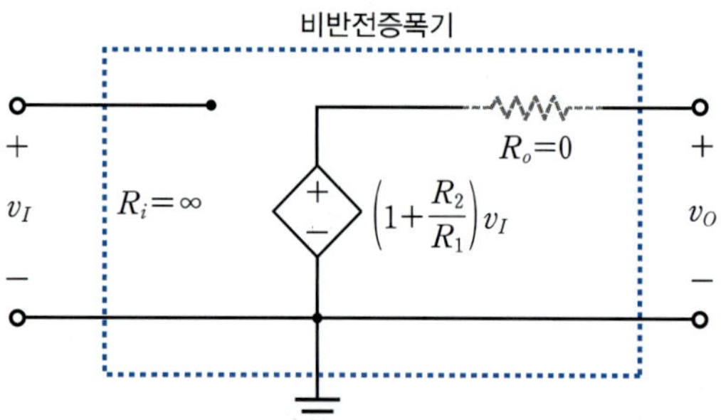

(c) 비반전증폭기의 등가회로

그림 7-13 비반전증폭기 회로

이상적인 연산증폭기의 입력단자로 들어가는 전류는 0이므로, 신호원 v_I에서 본 비반전증폭기의 입력저항은 무한대가 된다. [그림 7-13(b)]의 비반전증폭기는 입력단이 직렬귀환series feedback을 가지므로, 연산증폭기의 입력저항보다 훨씬 큰 입력저항을 갖게 된다. 비반전증폭기의 출력저항은 반전증폭기와 동일하게 $R_o \to 0$가 되어 이상적인 전압증폭기의 출력저항 특성에 잘 부합된다. 이상의 내용을 요약하면, [그림 7-13(a)]의 비반전증폭기 회로는 [그림 7-13(c)]의 등가회로로 표현할 수 있다.

핵심포인트 **비반전증폭기 특성**

- 폐루프 전압이득 : $A_v = 1 + \frac{R_2}{R_1}$이며, 연산증폭기의 특성과 무관하게 외부의 저항비에 의해 결정된다.
- 입력저항 : $R_i \to \infty$ 이며, 이상적인 전압증폭기의 입력저항 특성에 잘 부합된다.
- 출력저항 : $R_o \to 0$ 이며, 이상적인 전압증폭기의 출력저항 특성에 잘 부합된다.
- 이상적인 전압증폭기의 입출력저항 특성을 가지며, 폐루프 이득과 입력저항 사이에 상충관계trade-off를 갖지 않는다.

여기서 잠깐 연산증폭기가 이상적이지 않은 경우에 비반전증폭기의 폐루프 전압이득

연산증폭기가 이상적이지 않은 경우(즉, 개방루프 이득 A_{od}가 무한대가 아닌 유한한 값을 갖는 경우)에는 두 입력단자 사이에 가상단락이 성립하지 않는다. 비반전증폭기의 폐루프 전압이득을 구하면 식 (7.10)과 같으며, 연산증폭기의 개방루프 이득 A_{od}를 무한대로 하면, 식 (7.9)와 동일한 결과가 됨을 알 수 있다.

$$A_v = \frac{v_O}{v_I} = \frac{1 + R_2/R_1}{1 + \dfrac{(1 + R_2/R_1)}{A_{od}}} \simeq 1 + \frac{R_2}{R_1} \tag{7.10}$$

여기서 잠깐 비반전증폭기의 동작과 3종 지레 작용의 비유

비반전증폭기의 동작은 [그림 7-14(a)]와 같은 3종 지레(받침점과 작용점 사이에 힘점이 위치한 지레)의 작용에 비유할 수 있다. 3종 지레와 비반전증폭기는 힘점 ↔ 입력전압, 받침점 ↔ 접지점, 그리고 작용점 ↔ 출력전압으로 비유될 수 있으며, 지레의 받침점과 힘점 사이의 거리는 비반전증폭기의 저항 R_1, 힘점과 작용점 사이의 거리는 귀환저항 R_2에 비유될 수 있다. 지레의 힘점과 작용점의 변위(상하로 움직인 거리)는 각각 비반전증폭기의 입력전압과 출력전압의 진폭에 비유될 수 있다.

지레의 받침점과 힘점 사이의 거리가 짧을수록 힘점의 작은 변위(상하로 움직인 거리)에 대해 작용점의 변위가 커지며, 이는 비반전증폭기의 저항 R_1이 R_2에 비해 작을수록 출력전압의 진폭이 커지는 것(폐루프 이득이 커지는 것)에 비유될 수 있다. 또한 지레의 힘점과 작용점은 동일한 방향으로 움직이며, 이는 비반전증폭기의 입력신호와 출력신호가 동일위상인 것에 비유될 수 있다.

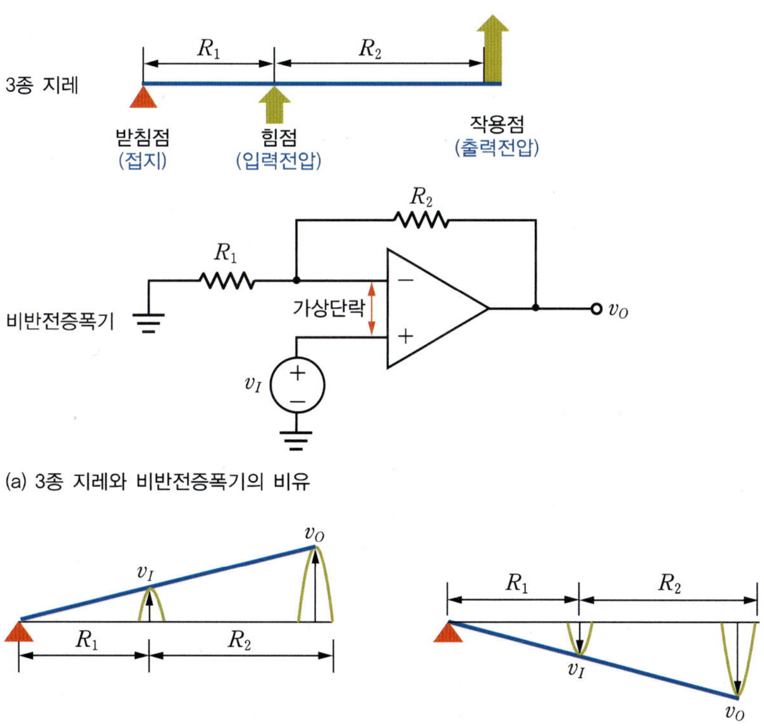

그림 7-14 비반전증폭기의 동작과 3종 지레 작용의 비유

예제 7-6

[그림 7-13(a)]의 비반전증폭기 회로에서 $R_2 = 33\text{k}\Omega$이 사용된 경우에 폐루프 이득 $A_v = 8\text{V/V}$가 되도록 설계하라. 단, 연산증폭기는 이상적인 특성을 갖는 것으로 가정한다.

풀이

식 (7.9)의 폐루프 이득 $A_v = 1 + \dfrac{R_2}{R_1}$로부터, $R_1 = \dfrac{R_2}{A_v - 1} = \dfrac{33\text{k}\Omega}{8-1} = 4.7\text{k}\Omega$

PSPICE 시뮬레이션 결과는 [그림 7-15]와 같으며, 진폭 0.5V의 입력신호가 전압이득 8V/V로 증폭되어 입력신호와 위상이 동일한 진폭 4V의 신호가 출력됨을 확인할 수 있다.

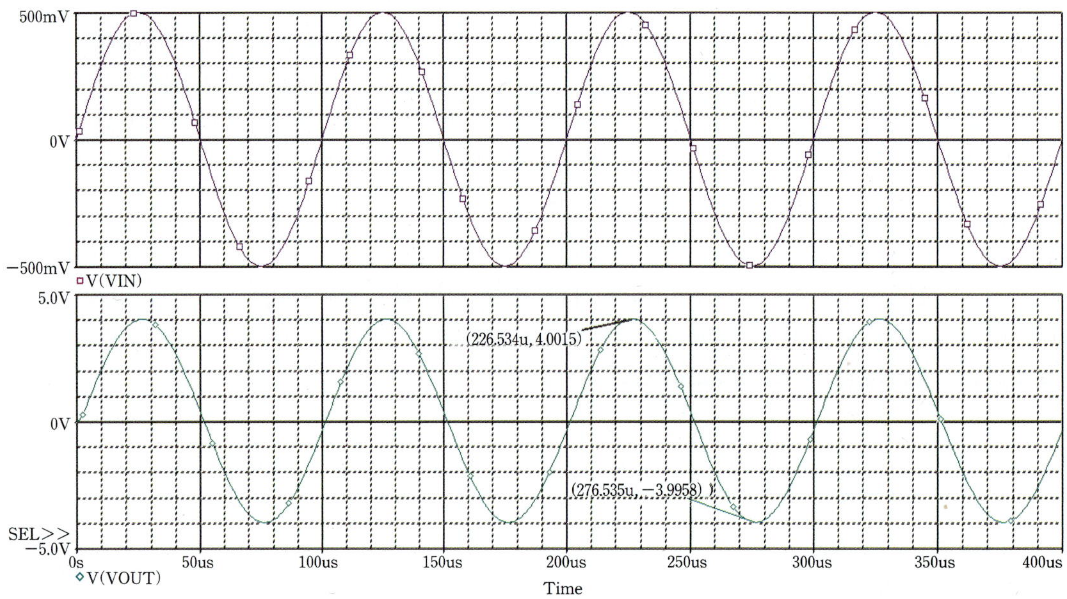

그림 7-15 [예제 7-6]의 시뮬레이션 결과

예제 7-7

[그림 7-13(a)]의 비반전증폭기 회로에서 저항 R_2 값의 변화에 따라 출력 v_o가 어떤 영향을 받는지 시뮬레이션을 통해 확인하라. 단, $R_1 = 10\text{k}\Omega$을 유지한다.

풀이

$10\text{k}\Omega \le R_2 \le 50\text{k}\Omega$ 범위에서 $10\text{k}\Omega$씩 변화시키면서 시뮬레이션을 실행한 결과는 [그림 7-16]과 같다. 시뮬레이션 결과로 얻어진 전압이득은 [표 7-4]와 같으며, $R_1 = 10\text{k}\Omega$으로 고정된 상태에서 R_2 값에 비례해서 전압이득이 커짐을 확인할 수 있다.

표 7-4 저항 R_2 값에 따른 비반전증폭기의 전압이득

$R_2[\mathrm{k\Omega}]$	10	20	30	40	50
$A_v\,[\mathrm{V/V}]$	2	3	4	5	6

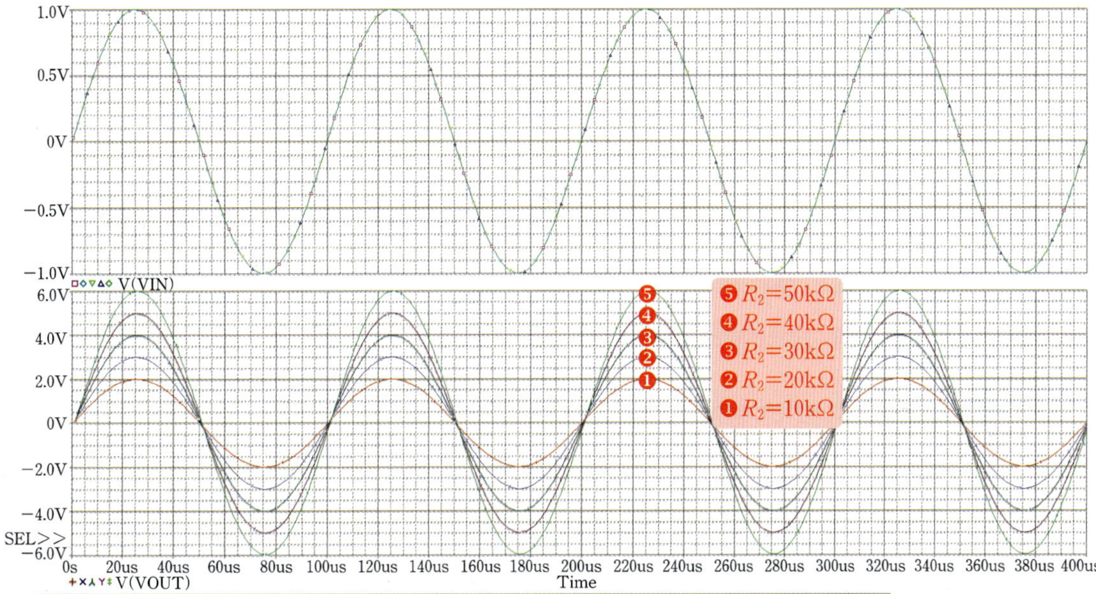

Evaluate	Measurement	1	2	3	4	5
☑	Peak(V(vout),2)	1.999592	2.998960	3.997330	4.995072	5.991719

그림 7-16 [예제 7-7]의 시뮬레이션 결과($R_2 = 10,\ 20,\ 30,\ 40,\ 50\mathrm{k\Omega}$으로 변화시키며 Parametric Sweep 시뮬레이션)

예제 7-8

폐루프 전압이득 $A_v = 25\mathrm{V/V}$가 되도록 비반전증폭기 회로를 설계하라. 단, 사용되는 저항값의 총합은 $1\mathrm{M\Omega}$ 이하가 되도록 하며, 오차범위 $\pm 5\%$의 표준저항기를 최소의 개수로 사용한다.

풀이

식 (7.9)의 폐루프 이득 $A_v = 1 + \dfrac{R_2}{R_1}$로부터 $R_2 = (A_v - 1)R_1 = 24R_1$이며, 문제의 조건으로부터 $R_1 + R_2 = 1\mathrm{M\Omega}$이다. 두 식을 연립하여 풀면 $R_1 = 40\mathrm{k\Omega}$이고, $R_2 = 24 \times 40\mathrm{k\Omega} = 960\mathrm{k\Omega}$이다. 표준저항값을 사용하면 R_1은 $39\mathrm{k\Omega}$과 $1\mathrm{k\Omega}$의 직렬연결로 구현하고, R_2는 $910\mathrm{k\Omega}$, $47\mathrm{k\Omega}$, $3\mathrm{k\Omega}$의 직렬연결로 구현한다. 따라서 총 5개의 저항기가 사용된다.

예제 7-9

연산증폭기의 개방루프 이득 A_{od}가 50,000, 100,000, 200,000 그리고 ∞인 경우에 대해 비반전증폭기의 폐루프 전압이득을 비교하라. 단, $R_1 = 20\mathrm{k\Omega}$이고 $R_2 = 580\mathrm{k\Omega}$이다.

풀이

식 (7.10)을 이용하여 각각의 개방루프 이득에 대한 폐루프 이득을 구하면 [표 7-5]와 같으며, $A_{od} \to \infty$ 인 경우의 폐루프 전압이득과 비교하여 0.1% 이하의 오차를 갖는다. 따라서 비반전증폭기 회로의 해석 및 설계를 위해 식 (7.9)가 보편적으로 사용된다.

표 7-5 개방루프 이득에 따른 비반전증폭기의 폐루프 전압이득 비교

A_{od}	A_v	오차(%)
50,000	29.982	0.06
100,000	29.991	0.03
200,000	29.996	0.015
∞	30	–

확인문제 7-4

[그림 7-13(a)]의 비반전증폭기 회로에 사용된 연산증폭기의 개방루프 이득은 $A_{od} = 100,000$ 이다. $R_1 = 20\text{k}\Omega$ 이고 $R_2 = 620\text{k}\Omega$ 인 경우의 폐루프 이득 A_v^* 를 구하고, $A_{od} \to \infty$ 인 이상적인 경우의 폐루프 전압이득에 대한 오차 e 를 구하라.

답 $A_v^* = 31.9898\text{V/V}$, $e = 0.032\%$

7.3.2 전압 팔로워

전압 팔로워는 어떤 회로 구조를 갖는가?
전압 팔로워는 어떤 특성(전압이득, 입력저항 및 출력저항)을 가지며, 용도는 무엇인가?

전압 팔로워 voltage follower는 [그림 7-17]과 같이 연산증폭기의 출력이 반전단자로 직접 연결되고, 입력이 비반전단자로 인가되는 회로이다. [그림 7-13(a)]의 비반전증폭기 회로에서 $R_2 = 0$ 인 경우라고 볼 수 있다. 이상적인 연산증폭기에서 두 입력단자는 가상단락되므로 $v_O = v_I$가 되어, 전압 팔로워의 폐루프 이득은 다음과 같이 1이 된다.

$$A_v = \frac{v_O}{v_I} = 1 \qquad (7.11)$$

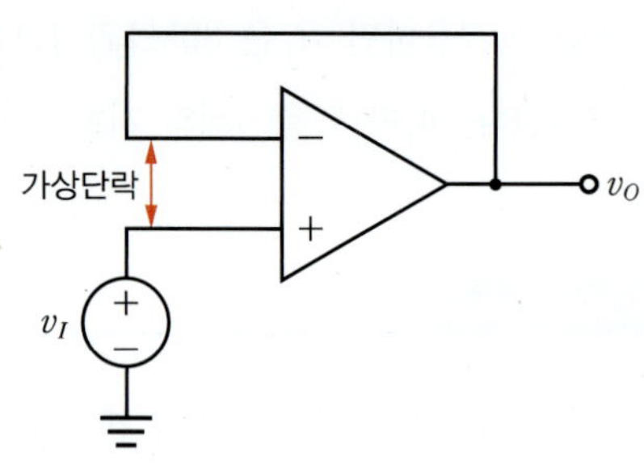

그림 7-17 전압 팔로워

이는 비반전증폭기의 전압이득을 나타내는 식

(7.9)에 $R_2 = 0$을 대입한 것과 동일한 결과이며, 단위이득 unity gain 증폭기라고도 한다. 전압 팔로워는 비반전증폭기와 동일하게 입력저항이 무한대이고, 출력저항은 0인 특성을 갖는다.

Q **전압 팔로워는 어떤 용도로 사용되는가?**

A 전압 팔로워의 폐루프 이득은 $A_v = 1\,\mathrm{V/V}$이고, 입력저항은 $R_i \to \infty$, 출력저항은 $R_o \to 0$이므로, 임피던스 매칭용 전압버퍼로 사용된다.

핵심포인트 **전압 팔로워의 특성**

입력 v_I와 출력 v_O 사이의 오차 : $v_e = v_I - v_O = \dfrac{v_I}{(A_{od}+1)}$로 매우 작은 값을 가지며, 이상적인 연산증폭기($A_{od} \to \infty$)에 대해 전압오차는 $v_e \to 0$이 되어 $v_O \simeq v_I$가 된다.

신호원으로부터 부하에 전압을 공급하는 경우를 생각해보자.

■ 신호원과 부하가 직접 연결된 경우

[그림 7-18(a)]의 경우 부하에 인가되는 전압은 $v_L = \dfrac{R_L v_I}{R_s + R_L}$가 되므로, 신호원 저항 R_s에 의해 감쇄된 전압이 부하에 인가된다. 예를 들어, $R_s = 2R_L$이면, 부하에 인가되는 전압은 $v_L = \dfrac{v_I}{3}$가 된다.

■ 신호원과 부하 사이에 전압 팔로워를 삽입한 경우

[그림 7-18(b)]의 경우 부하에 공급되는 전압은 $v_L \simeq v_I$가 되어 신호원 저항 R_s에 의한 감쇄 없이 신호원 전압 v_I 전체가 부하에 인가된다. 이는 전압 팔로워의 매우 큰 입력저항($R_i \to \infty$) 특성과 매우 작은 출력저항($R_o \to 0$) 특성에 의해 신호원 저항 R_s의 영향이 최소화되기 때문이며, 이와 같은 용도로 사용되는 소자(회로)를 임피던스 매칭용 버퍼라고 한다.

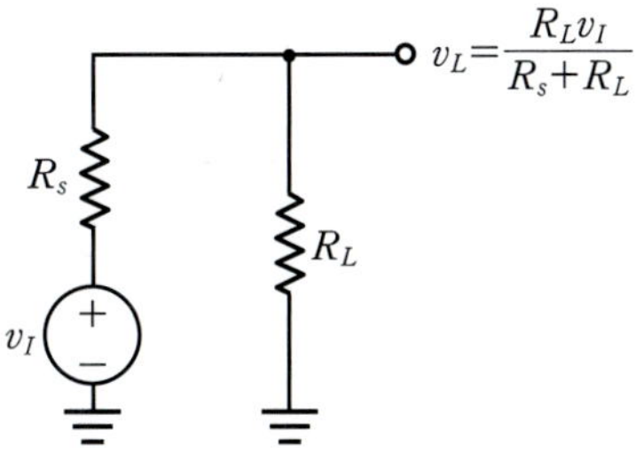

(a) 신호원과 부하가 직접 연결된 경우

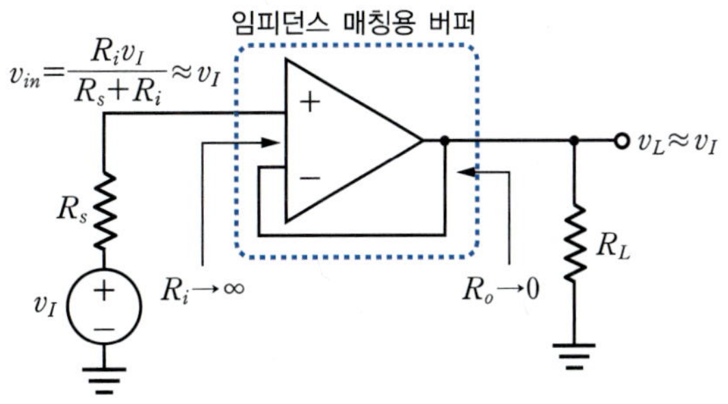

(b) 신호원과 부하 사이에 전압 팔로워를 삽입한 경우

그림 7-18 신호원과 부하가 연결된 상태

예제 7-10

연산증폭기의 개방루프 이득 A_{od}가 50,000, 100,000, 200,000 그리고 ∞인 경우에 대해 전압 팔로워의 폐루프 이득과 오차를 구하라.

풀이

식 (7.10)에 $R_2=0$을 적용하여 각각의 개방루프 이득에 대한 폐루프 이득을 구하면 [표 7-6]과 같으며, $A_{od}\to\infty$인 경우의 폐루프 이득과 비교하여 0.002% 이하의 오차를 갖는다.

표 7-6 개방루프 이득에 따른 전압 팔로워의 폐루프 이득 및 오차

A_{od}	A_v	오차(%)
50,000	0.99998	0.002
100,000	0.99999	0.001
200,000	0.999995	0.0005
∞	1	–

전압 팔로워의 PSPICE 시뮬레이션 결과는 [그림 7-19]와 같으며, 진폭 1.0V의 입력신호와 위상이 동일한 진폭 1.0V의 신호가 출력됨을 확인할 수 있다.

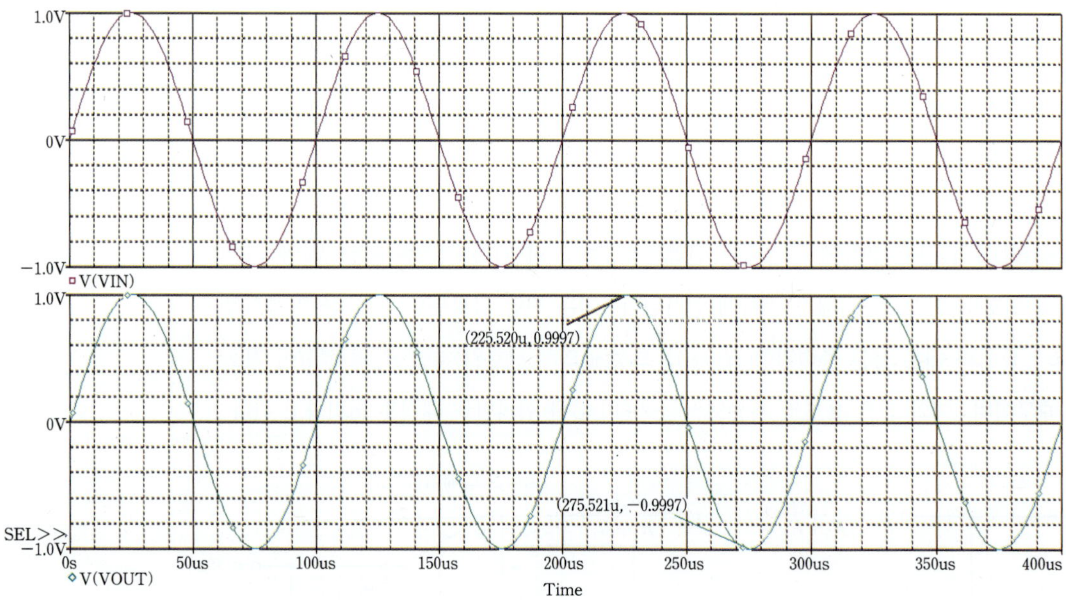

그림 7-19 [예제 7-10]의 시뮬레이션 결과

7.3.3 비반전가산기

비반전가산기는 어떤 회로 구조를 갖는가?

[그림 7-20(a)]와 같이 비반전증폭기에 2개 이상의 입력이 인가되면 비반전가산기로 동작한다. 연산증폭기가 이상적이라고 가정하여 출력전압을 구해보자. 중첩의 정리superposition theorem를 적용하여 각 입력신호에 의한 출력전압을 독립적으로 구한 후, 이들을 모두 합하여 출력전압을 구할 수 있다. 먼저, $v_{I2}=0$인 상태([그림 7-20(b)])의 입력 v_{I1}에 의한 출력 v_{O1}은 다음과 같이 표현된다.

$$v_{O1}=\left(1+\frac{R_F}{R_A}\right)v_+=\left(1+\frac{R_F}{R_A}\right)\left(\frac{R_2}{R_1+R_2}\right)v_{I1} \tag{7.12}$$

다음으로, $v_{I1}=0$인 상태([그림 7-20(c)])의 v_{I2}에 의한 출력 v_{O2}는 다음과 같다.

$$v_{O2}=\left(1+\frac{R_F}{R_A}\right)v_+=\left(1+\frac{R_F}{R_A}\right)\left(\frac{R_1}{R_1+R_2}\right)v_{I2} \tag{7.13}$$

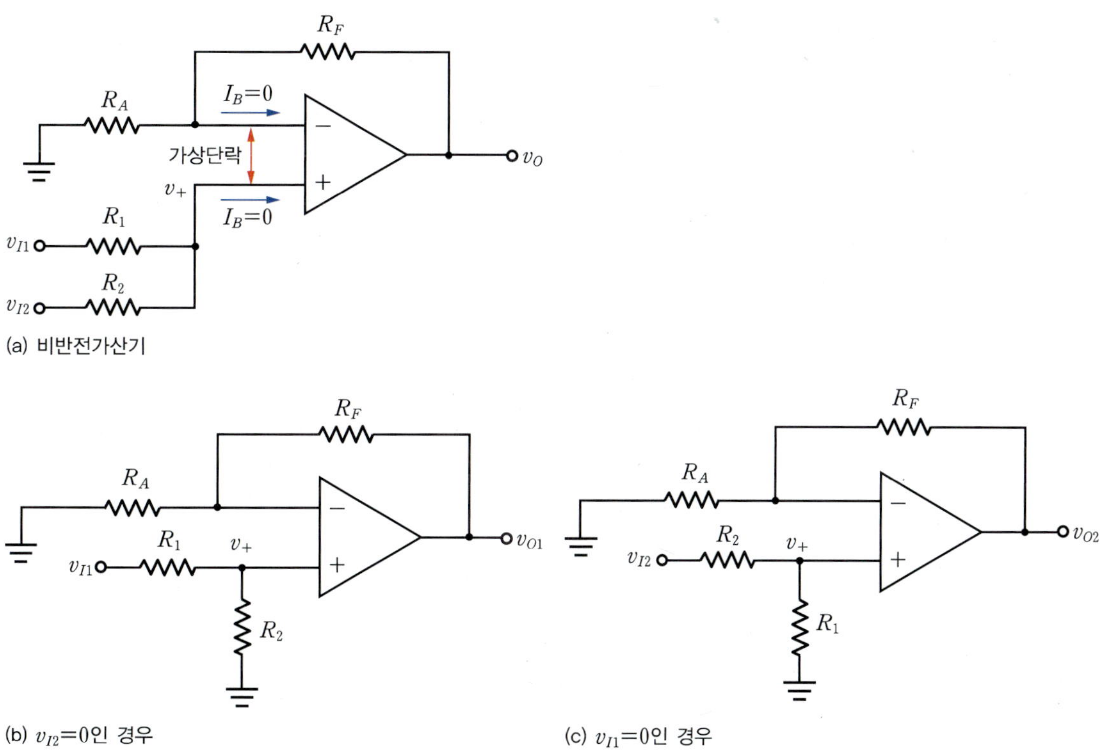

그림 7-20 비반전가산기 회로

따라서 출력전압은 식 (7.14)가 되어 비반전가산기로 동작한다.

$$v_O = v_{O1} + v_{O2}$$
$$= \left(1+\frac{R_F}{R_A}\right)\left[\left(\frac{R_2}{R_1+R_2}\right)v_{I1} + \left(\frac{R_1}{R_1+R_2}\right)v_{I2}\right] \tag{7.14}$$

$R_1 = R_2$, $R_A = R_F$이면, $v_O = v_{I1} + v_{I2}$가 되어 두 입력전압의 합이 출력된다.

핵심포인트 **비반전가산기의 응용**

[그림 7-20(a)]의 회로에서

- $R_1 = R_2$, $R_A = R_F$이면, $v_O = v_{I1} + v_{I2}$가 되어 두 입력전압의 합이 출력된다.
- $R_1 = R_2$, $R_F = 0$이면, $v_O = \frac{1}{2}(v_{I1} + v_{I2})$가 되어 두 입력전압의 평균값이 출력된다.

예제 7-11

[그림 7-21] 비반전가산기 회로의 출력전압을 구하라. 단, $R_1 = R_2 = R_3 = 4\text{k}\Omega$, $R_A = 10\text{k}\Omega$, $R_F = 50\text{k}\Omega$이다.

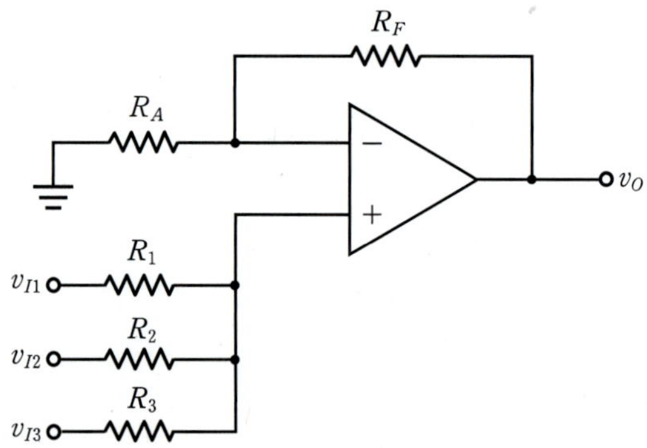

그림 7-21

풀이

❶ $v_{I2} = v_{I3} = 0$인 상태에서 비반전단자의 전압 v_+는 다음과 같다.

$$v_+ = \left(\frac{R_2 \parallel R_3}{R_1 + (R_2 \parallel R_3)}\right)v_{I1} = \left(\frac{4 \parallel 4}{4+(4 \parallel 4)}\right)v_{I1} = \frac{1}{3}v_{I1}$$

따라서 v_{I1}에 의한 출력 v_{O1}은 다음과 같다.

$$v_{O1} = \left(1+\frac{R_F}{R_A}\right)v_+ = \left(1+\frac{50}{10}\right)\times\frac{1}{3}v_{I1} = 2v_{I1}$$

❷ $v_{I1}=v_{I3}=0$ 인 상태에서 비반전단자의 전압 v_+는

$$v_+=\left(\frac{R_1\parallel R_3}{R_2+(R_1\parallel R_3)}\right)v_{I2}=\frac{1}{3}v_{I2}$$

따라서 v_{I2}에 의한 출력 v_{O2}는 다음과 같다.

$$v_{O2}=\left(1+\frac{R_F}{R_A}\right)v_+=\left(1+\frac{50}{10}\right)\times\frac{1}{3}v_{I2}=2v_{I2}$$

❸ $v_{I1}=v_{I2}=0$ 인 상태에서 비반전단자의 전압 v_+는

$$v_+=\left(\frac{R_1\parallel R_2}{R_3+(R_1\parallel R_2)}\right)v_{I3}=\frac{1}{3}v_{I3}$$

따라서 v_{I3}에 의한 출력 v_{O3}는 다음과 같다.

$$v_{O3}=\left(1+\frac{R_F}{R_A}\right)v_+=\left(1+\frac{50}{10}\right)\times\frac{1}{3}v_{I3}=2v_{I3}$$

❶, ❷, ❸의 과정에서 얻은 값을 모두 더하면 다음과 같이 출력전압을 얻는다.

$$\therefore v_O=v_{O1}+v_{O2}+v_{O3}=2(v_{I1}+v_{I2}+v_{I3})$$

[그림 7-21]의 비반전가산기 회로에 진폭 1V의 동일한 신호가 인가된 경우의 PSPICE 시뮬레이션 결과는 [그림 7-22]와 같으며, 출력신호의 진폭은 5.99V로 이론적인 계산값 6V에 매우 가까운 결과가 얻어졌다.

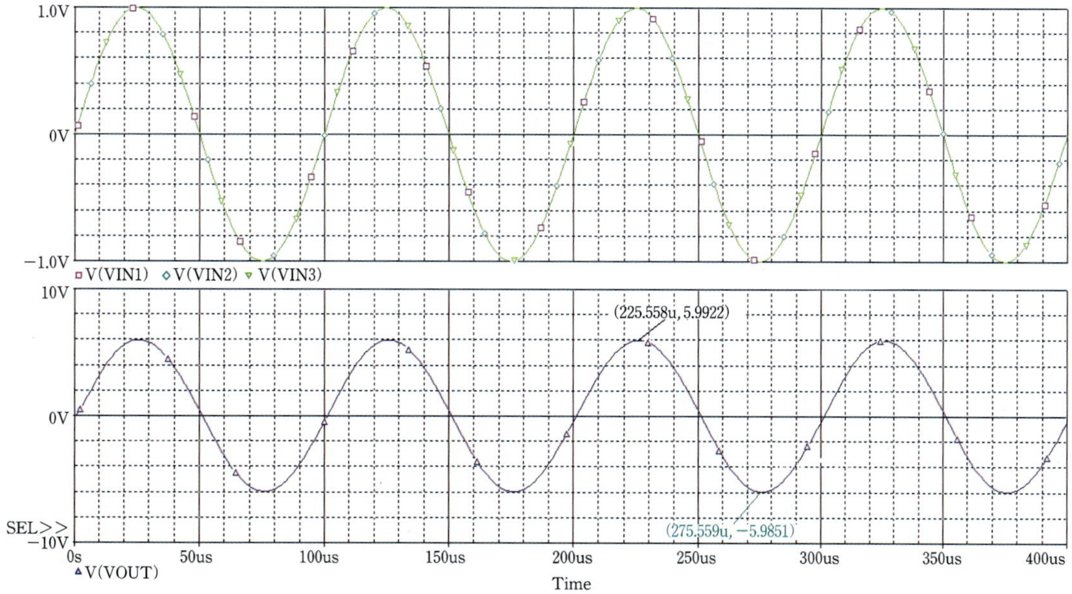

그림 7-22 [예제 7-11]의 시뮬레이션 결과

확인문제 7-5

[그림 7-21]의 비반전가산기에서 출력전압을 $v_O = v_{I1} + v_{I2} + v_{I3}$로 만들기 위한 저항 R_A와 R_F의 비를 구하라. 단, $R_1 = R_2 = R_3 = 2\text{k}\Omega$이다.

답 $\dfrac{R_F}{R_A} = 2$

7.3.4 비반전증폭기 회로의 고장진단

비반전증폭기 회로의 고장 원인을 어떻게 찾을 수 있는가?

[그림 7-23(a)]의 비반전증폭기에 전원전압 $V_{CC} = \pm 10\text{V}$와 $v_I = 0.2\sin\omega t$를 인가한 상태에서 오실로스코우프로 출력전압을 측정하였다. 비반전증폭기의 폐루프 전압이득은 $A_v = 1 + \dfrac{R_2}{R_1} = 5$이므로, 회로가 정상 동작하는 경우의 출력은 $v_O = 1.0\sin\omega t$가 될 것이다. 저항 $R_1 = 10\text{k}\Omega$, $R_2 = 40\text{k}\Omega$이 정확하게 사용되었다는 가정하에 오동작에 대한 고장진단은 다음과 같다.

■ **전원전압 근처로 포화된 구형파 형태의 신호가 출력되는 경우**

[그림 7-23(b)]를 보면 입력신호가 매우 큰 이득으로 증폭되었다고 판단할 수 있다. 따라서 연산증폭기의 출력단자에서 반전단자로 귀환되는 경로 또는 저항 R_2가 개방되었다고 진단할 수 있다.

■ **$v_O \simeq v_I$인 신호가 출력되는 경우**

[그림 7-23(c)]를 보면 폐루프 이득이 1인 전압 팔로워로 동작했다고 판단할 수 있다. 따라서 저항 R_2가 단락되었거나, 연산증폭기의 반전단자에서 접지 사이의 경로 또는 저항 R_1이 개방되었다고 진단할 수 있다.

■ **입력신호의 진폭을 증가시킬 때 출력신호의 한쪽이 포화되어 잘리는 경우**

[그림 7-23(d)]를 보면 오프셋 전압의 영향이라고 판단할 수 있다. 연산증폭기의 오프셋 제거 단자에 가변저항기가 올바로 연결되었는지 확인하고, 가변저항을 조정하여 오프셋 전압을 제거한다.

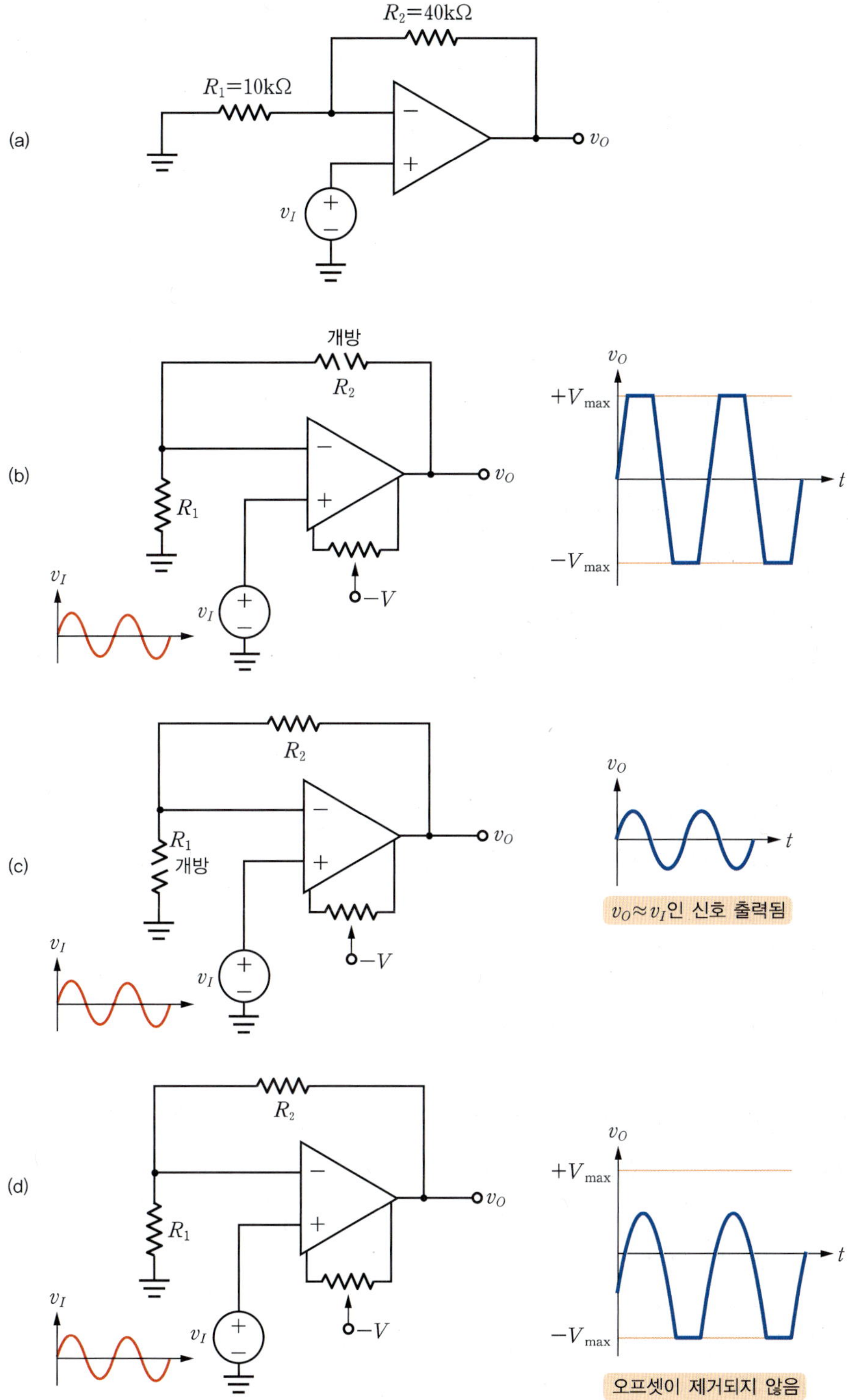

그림 7-23 비반전증폭기의 고장진단

점검하기 **다음 각 문제에서 맞는 것을 고르시오.**

(1) 비반전증폭기의 입력전압과 출력전압은 (**동일, 반전**)위상이다.

(2) 비반전증폭기의 폐루프 이득은 귀환저항(연산증폭기의 출력과 반전단자를 연결하는 저항)에 (**비례, 반비례**) 관계를 갖는다.

(3) 비반전증폭기의 입력저항은 매우 (**작다, 크다**).

(4) 비반전증폭기의 출력저항은 매우 (**작다, 크다**).

(5) 비반전증폭기의 출력전압이 전원전압 근처로 포화되었다면, 귀환저항이 (**개방, 단락**)되었다고 볼 수 있다.

(6) 전압 팔로워는 $v_o \simeq v_I$이다. (O, X)

(7) 전압 팔로워는 입력저항이 (0, ∞)이고, 출력저항이 (0, ∞)인 특성을 갖는다.

(8) 전압 팔로워는 임피던스 매칭용 (**전압, 전류**) 버퍼로 사용된다.

SECTION 7.4

연산증폭기 응용회로

핵심이 보이는 **전자회로**

이 절에서는 연산증폭기를 이용한 다양한 응용회로에 대해 살펴본다. 이 절에서 설명되는 응용회로들은 부귀환을 가지며, 부귀환 경로에 저항, 커패시터, 다이오드 등의 다양한 소자들이 사용된다. 연산증폭기에 정귀환positive feedback을 인가하여 사용하는 회로에 대해서는 8장에서 다룬다.

7.4.1 차동증폭기

차동증폭기가 두 입력전압의 차를 증폭하기 위해서는 어떤 조건을 만족해야 하는가?
차동증폭기가 갖는 단점은 무엇인가?

연산증폭기에 부귀환이 걸린 상태에서 두 입력신호의 차를 증폭해야 하는 경우 [그림 7-24(a)]와 같은 **차동증폭기** difference amplifier 회로가 사용된다. 반전단자에 인가되는 입력 v_{I1}은 위상이 반전되어(즉, 마이너스 부호를 가지고) 증폭된 신호가 출력에 나타나며, 비반전단자에 인가되는 입력 v_{I2}는 동일위상으로 증폭되어 출력에 나타나므로, v_{I2}의 증폭된 신호와 v_{I1}의 증폭된 신호의 차가 출력된다.

중첩의 정리를 이용하여 해석해보자. 먼저 [그림 7-24(b)]를 이용하여 $v_{I2}=0$인 상태의 v_{I1}에 의한 출력 v_{O1}을 구한다. $v_{I2}=0$인 상태에서 비반전단자에는 저항 $R_3 \parallel R_4$가 연결되지만, 이상적인 연산증폭기에서 비반전단자로 흐르는 전류가 0이므로, [그림 7-24(b)]의 회로는 반전증폭기로 동작한다. 따라서 v_{O1}은 다음과 같다.

$$v_{O1} = -\frac{R_2}{R_1} v_{I1} \tag{7.15}$$

다음으로 [그림 7-24(c)]를 이용하여 $v_{I1}=0$인 상태의 v_{I2}에 의한 출력 v_{O2}를 구하면 다음과 같다.

$$v_{O2} = \left(1+\frac{R_2}{R_1}\right)v_2 = \left(1+\frac{R_2}{R_1}\right)\left(\frac{R_4/R_3}{1+R_4/R_3}\right)v_{I2} \tag{7.16}$$

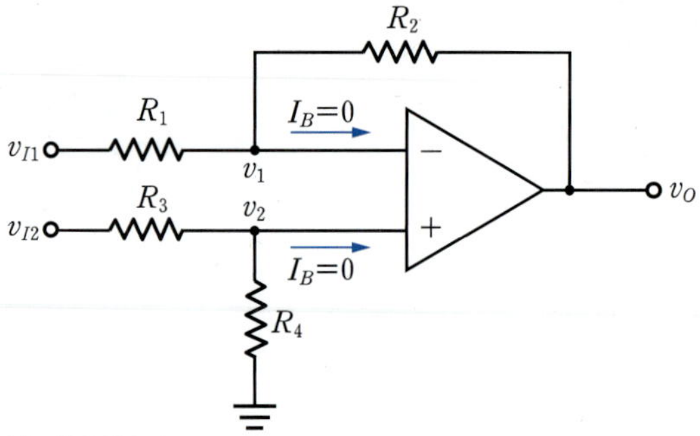

(a) 차동증폭기

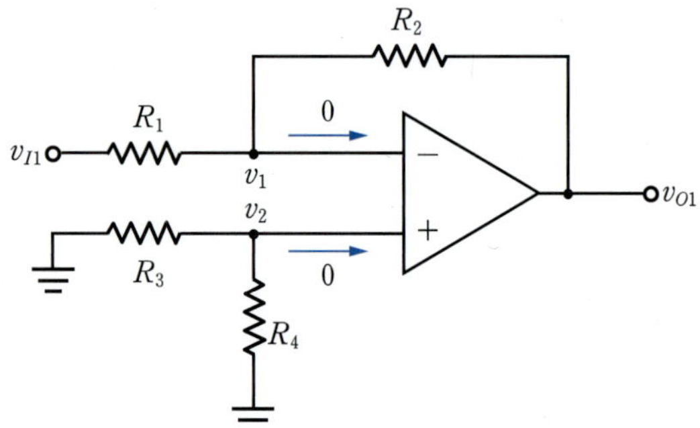

(b) $v_{I2}=0$인 경우

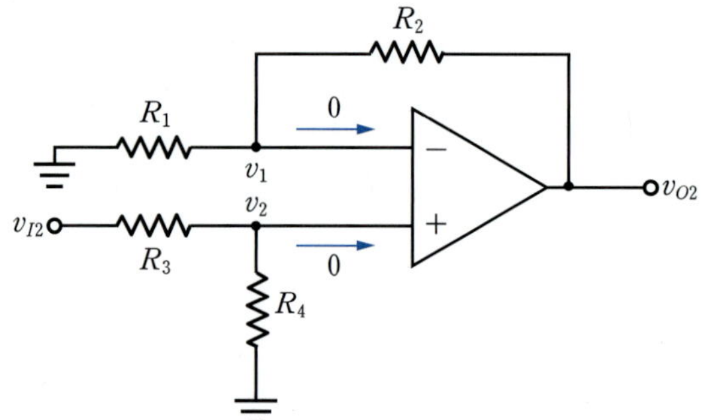

(c) $v_{I1}=0$인 경우

그림 7-24 차동증폭기 회로

따라서 중첩의 정리에 의해 [그림 7-24(a)] 회로의 출력전압은 다음과 같다.

$$v_O = v_{O1} + v_{O2} = \left(1 + \frac{R_2}{R_1}\right)\left(\frac{R_4/R_3}{1 + R_4/R_3}\right)v_{I2} - \left(\frac{R_2}{R_1}\right)v_{I1} \tag{7.17}$$

저항비 $\frac{R_2}{R_1} = \frac{R_4}{R_3}$를 식 (7.17)에 대입하면 차동증폭기의 출력전압은 식 (7.18)과 같이 간략화되어 두 입력신호의 차를 증폭하는 회로로 동작하며, $A_d = \frac{R_2}{R_1}$를 **폐루프 차동이득** closed-loop differential gain이라고 한다.

$$v_O = \frac{R_2}{R_1}(v_{I2} - v_{I1}) = A_d(v_{I2} - v_{I1}) \tag{7.18}$$

참고로, 7.1.1절에서 설명된 연산증폭기 자체의 이득 A_{od}를 **개방루프 차동이득** open-loop differential gain이라고 한다. 식 (7.17)에 $R_1 = R_3$이고, $R_2 = R_4$의 조건을 적용해도 식 (7.18)과 동일한 결과를 얻을 수 있다.

Q **식 (7.18)을 얻기 위해 어떤 조건을 사용하는 것이 좋은가?**

A 저항기의 오차로 인해 두 쌍의 저항값이 같아지도록($R_1 = R_3$, $R_2 = R_4$) 만드는 것보다 저항값의 비 ratio를 같게 만드는 것이 더 쉬우므로, $\frac{R_2}{R_1} = \frac{R_4}{R_3}$의 조건을 적용하여 설계한다.

다음으로 차동증폭기의 입력저항, 즉 두 입력신호의 차($v_{I2} - v_{I1}$)가 보는 차동 입력저항 R_{id}를 구해보자. [그림 7-25]에서 보는 바와 같이, 연산증폭기의 두 입력단자는 가상단락되므로, 차동 입력저항은 $R_{id} = R_1 + R_3$가 된다.

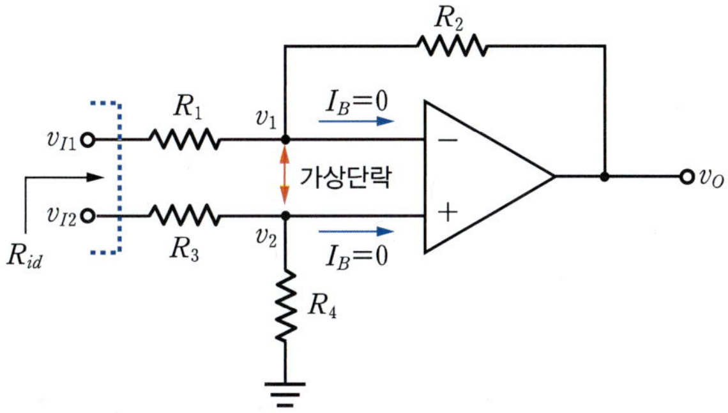

그림 7-25 차동증폭기의 차동 입력저항

> **핵심포인트** **차동증폭기의 특성**
>
> - 폐루프 차동이득과 차동 입력저항 사이에 상충관계가 존재한다. 귀환저항 R_2가 고정된 상태에서 큰 차동이득을 위해 R_1이 작을수록 좋으나, R_1이 작으면 차동 입력저항이 작아지게 된다.
> - 회로 내 두 노드 사이의 전압 차를 증폭하기 위해 차동증폭기를 사용할 수 있으나, 매우 큰 입력저항을 가져야 측정회로에 미치는 부하효과loading effect를 최소화할 수 있다. [그림 7-24(a)]의 차동증폭기는 차동이득과 차동 입력저항 사이에 상충관계가 존재한다는 단점이 있어서, 7.4.2절에서 설명되는 계측증폭기가 널리 사용된다.

예제 7-12

폐루프 차동이득 $A_d = 20\text{V/V}$가 되도록 [그림 7-24(a)]의 차동증폭기를 설계하고, 차동 입력저항을 구하라. 단, 연산증폭기에 연결되는 저항의 최댓값은 $1\text{M}\Omega$ 이하가 되도록 한다.

풀이

식 (7.18)로부터 폐루프 차동이득은 $A_d = \dfrac{R_2}{R_1} = \dfrac{R_4}{R_3} = 20$이다. 주어진 조건에 의해 저항의 최댓값은 $1\text{M}\Omega$ 이하가 되어야 하므로, $R_2 = R_4 = 1\text{M}\Omega$으로 결정하면 $R_1 = R_3 = \dfrac{1 \times 10^6}{20} = 50\text{k}\Omega$이다. 따라서 차동 입력저항은 $R_{id} = 2R_1 = 100\text{k}\Omega$이다.

설계된 차동증폭기의 PSPICE 시뮬레이션 결과는 [그림 7-26]과 같다. 입력신호는 $v_{I1} = 2 + 0.25\sin wt$와 $v_{I2} = 2 + 0.5\sin wt$인 정현파이며, 두 입력신호에 공통으로 2V의 직류가 포함되어 있다. 시뮬레이션 결과에서 볼 수 있듯이, 두 입력신호의 차 $v_{I2} - v_{I1} = 250\text{mV}$가 차동이득 $A_d = 20$으로 증폭되어 진폭이 5V

인 $v_O = 5\sin wt$가 출력되며, 두 입력신호에 공통으로 포함된 2V의 직류성분이 제거되어 0V를 기준으로 출력되고 있음을 확인할 수 있다.

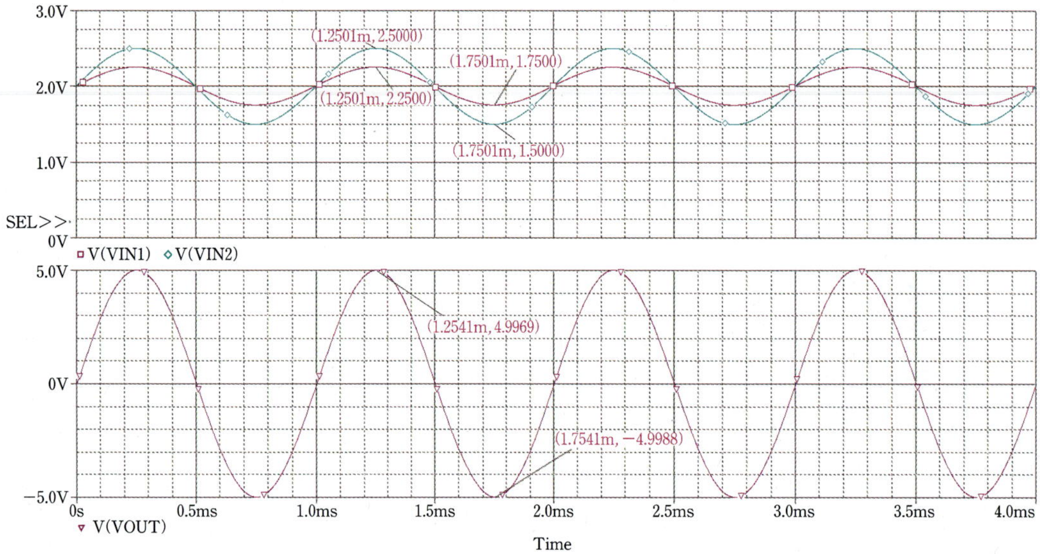

그림 7-26 [예제 7-12]의 시뮬레이션 결과

확인문제 7-6

폐루프 차동이득이 $A_d = 16\text{V/V}$이고, 차동 입력저항이 $R_{id} = 200\text{k}\Omega$이 되도록 [그림 7-24(a)]의 차동증폭기를 설계하라.

답 $R_1 = R_3 = 100\text{k}\Omega$, $R_2 = R_4 = 1.6\text{M}\Omega$

7.4.2 계측증폭기

계측증폭기는 어떤 회로 구조를 가지며, 전압이득은 어떻게 조정하는가?
계측증폭기는 차동증폭기에 비해 어떤 장점을 갖는가?

7.4.1절에서 설명된 차동증폭기의 단점인 유한한 차동 입력저항을 개선하기 위해 [그림 7-27(a)]의 계측증폭기instrument amplifier가 널리 사용된다. 연산증폭기가 이상적이라고 가정하여 계측증폭기의 차동이득 특성을 해석해보자.

연산증폭기 A_1과 A_2의 반전단자와 비반전단자 사이에는 가상단락이 성립하므로, 두 연산증폭기의 반전단자 전압은 각각 $v_A = v_{I1}$과 $v_B = v_{I2}$가 된다. 따라서 저항 R_1에 흐르는 전류 i_1은 다음과 같다.

$$i_1 = \frac{v_A - v_B}{R_1} = \frac{v_{I1} - v_{I2}}{R_1} \tag{7.19}$$

두 연산증폭기의 입력단자로 흐르는 전류는 모두 0이므로, 전류 i_1은 연산증폭기 A_1과 A_2의 귀환저항 R_2를 통해 흐르게 되어 각 연산증폭기의 출력전압은 다음과 같이 된다.

$$v_{O1} = v_{I1} + R_2 i_1 = \left(1 + \frac{R_2}{R_1}\right) v_{I1} - \frac{R_2}{R_1} v_{I2} \tag{7.20a}$$

$$v_{O2} = v_{I2} - R_2 i_1 = -\frac{R_2}{R_1} v_{I1} + \left(1 + \frac{R_2}{R_1}\right) v_{I2} \tag{7.20b}$$

연산증폭기 A_1과 A_2의 출력전압 v_{O1}과 v_{O2}는 차동증폭기의 입력전압이 되므로, 식 (7.18)에 의해 최종 출력전압은 식 (7.21)과 같이 표현되며, 따라서 계측증폭기의 차동 전압이득은 식 (7.22)와 같다.

$$v_O = \frac{R_4}{R_3}(v_{O2} - v_{O1}) = \frac{R_4}{R_3}\left(1 + \frac{2R_2}{R_1}\right)(v_{I2} - v_{I1}) \tag{7.21}$$

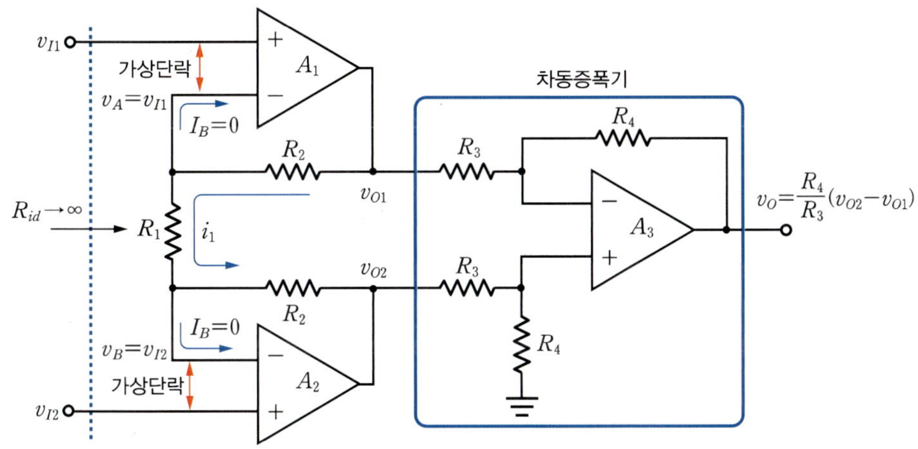

(a) 회로도

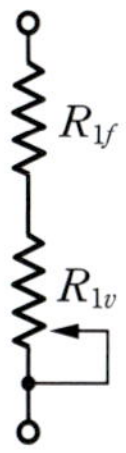

(b) 저항 R_1을 고정저항 R_{1f}와 가변저항 R_{1v}로 구현

그림 7-27 계측증폭기 회로

Q **적분 시상수는 어떤 의미를 갖는가?**

A 적분 시상수는 입력전압이 적분되는 속도를 나타낸다. 적분 시상수 RC가 크면, 적분이 느린 속도로 진행된다.

여기서 잠깐 ▸ **반전적분기에 DC 전압이 인가되는 경우**

❶ [그림 7-28] 반전적분기의 입력 v_I에 DC가 포함된 경우에는 커패시터 C가 개방되어 부귀환 경로가 형성되지 못하므로, 연산증폭기의 출력이 전원전압 근처의 $\pm V_{\max}$로 포화되며, 따라서 적분기로 동작할 수 없게 된다.

❷ [그림 7-29]와 같이 커패시터에 병렬로 저항 R_F를 연결하면, DC 입력에 대해 커패시터는 개방되나 저항 R_F에 의한 부귀환 경로가 형성되므로, 연산증폭기의 출력이 포화되지 않는다.

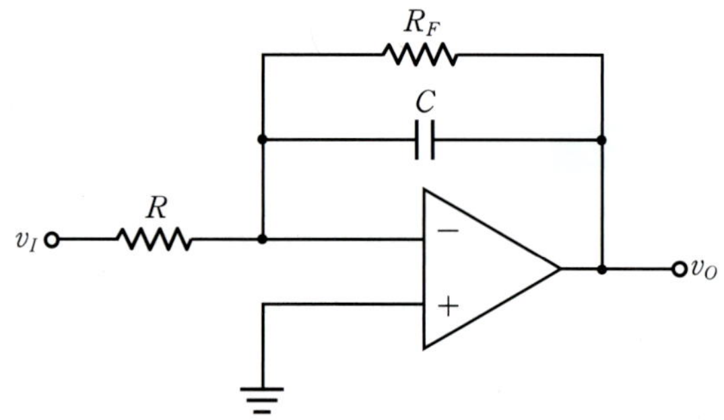

그림 7-29 귀환저항을 갖는 반전적분기 회로

❸ [그림 7-29] 회로의 DC 전압이득은 $A_{DC} = \dfrac{-R_F}{R}$이므로, DC 입력에 의한 출력전압 증가를 최소화하기 위해서는 저항 R_F가 작을수록 좋다. 그러나 저항 R_F가 작을수록 커패시터 C에 충전된 전압의 방전이 늘어나 이상적인 적분기 특성을 잃게 되므로, R_F 값을 적절하게 선택하는 것이 중요하다.

예제 7-14

[그림 7-29]의 반전적분기에 [그림 7-30]과 같은 펄스가 인가될 때의 출력전압 파형을 그려라. 단, $R = 10\text{k}\Omega$, $C = 10\text{nF}$이고, 커패시터의 초기 전압은 0V이다. R_F는 매우 크다고 가정한다.

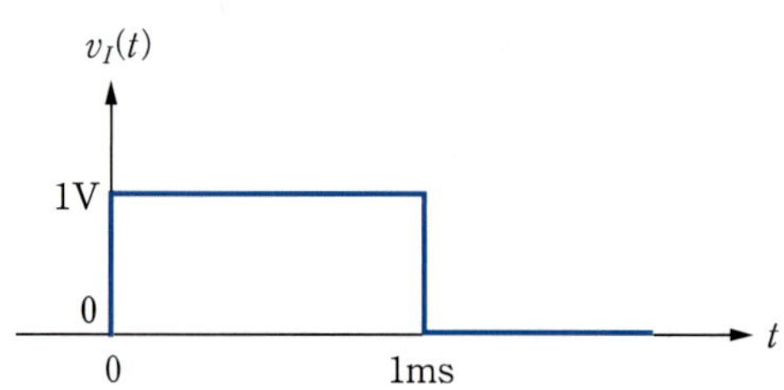

그림 7-30 반전적분기의 입력파형

풀이

식 (7.24)로부터 출력전압은 다음과 같이 표현된다.

$$v_O(t) = \frac{-1}{RC}\int v_I(t)dt = \frac{-1}{10^{-4}}\int_0^{1ms} 1dt$$
$$= -10^4 t \quad (0 \le t \le 1\text{ms})$$

- $0 \le t \le 1\text{ms}$: $-10\ \text{V/ms}$의 기울기로 감소하는 직선
- $t > 1\text{ms}$: $v_O(t) = -10\text{V}$인 수평 직선

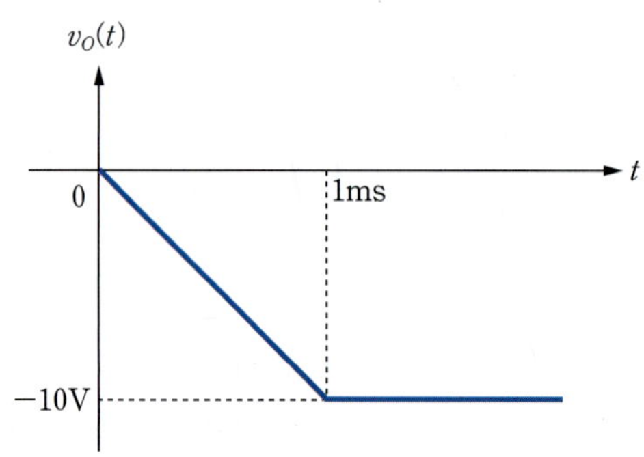

그림 7-31 [예제 7-14]의 출력파형

따라서 출력전압 파형은 [그림 7-31]과 같다. [그림 7-32]는 $R_F = 1\text{M}\Omega$이 연결된 반전적분기의 PSPICE 시뮬레이션 결과이다. $t = 1\text{ms}$에서 출력전압은 -9.43V이며, R_F

를 통한 커패시터의 방전 시상수가 매우 커서 $0 \leq t \leq 1\text{ms}$ 범위에서는 출력전압이 거의 직선으로 감소하는 것을 볼 수 있다. 그리고 $t > 1\text{ms}$ 에서는 R_F를 통한 커패시터의 방전에 의해 출력이 상승하고 있음을 확인할 수 있다. 시뮬레이션 결과에서 볼 수 있듯이, 저항 R_F에 의해 이상적인 적분기의 특성에서 벗어나게 되며, 또한 $t = 1\text{ms}$ 에서의 출력전압이 -10V 에서 -9.43V 로 상승하였다. 저항 R_F가 작을수록 시상수 $\tau = R_F C$가 작아져서 방전이 많이 일어나므로 출력전압의 파형은 좀 더 곡선 형태가 되며, $t = 1\text{ms}$ 에서의 출력전압도 더욱 상승한다.

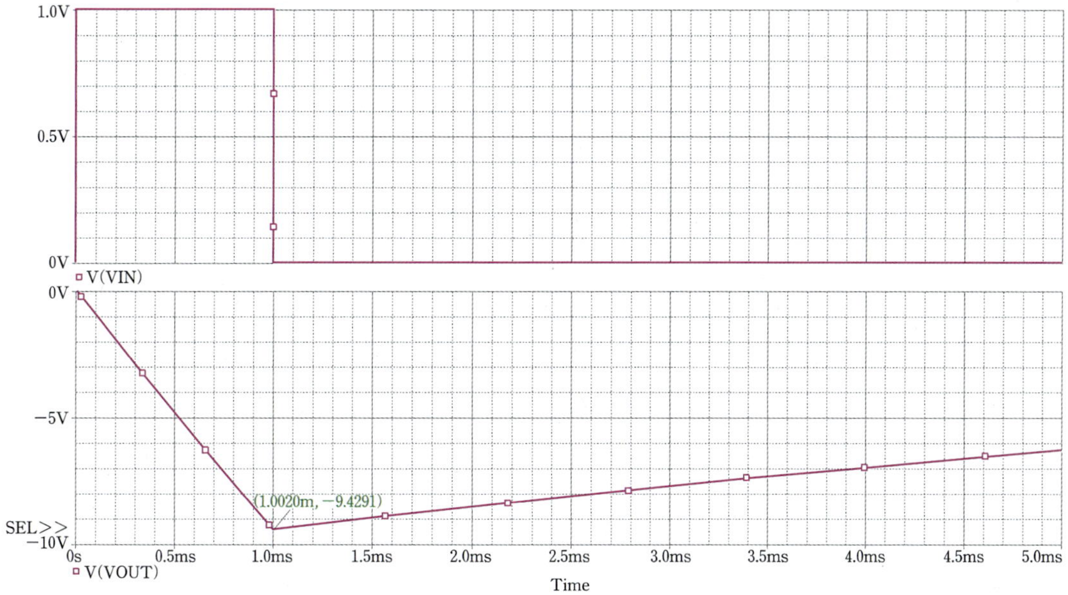

그림 7-32 [예제 7-14]의 시뮬레이션 결과

예제 7-15

[그림 7-29]의 반전적분기에 [그림 7-33]과 같은 펄스가 인가될 때의 출력전압 파형을 그려라. 단, $R = 10\text{k}\Omega$, $C = 2\mu\text{F}$ 이고, 커패시터의 초기 전압은 0V 이다. R_F는 매우 크다고 가정한다.

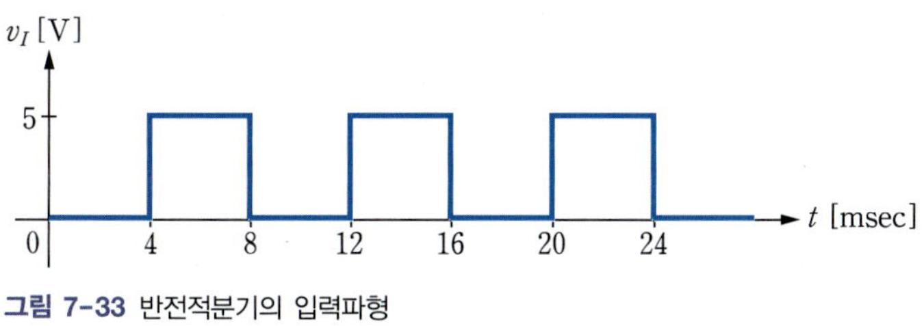

그림 7-33 반전적분기의 입력파형

풀이

5V 의 펄스가 인가되는 기간($4\text{ms} \leq t \leq 8\text{ms}$, $12\text{ms} \leq t \leq 16\text{ms}$, $20\text{ms} \leq t \leq 24\text{ms}$)에 적분기의 출력전압은 다음과 같이 표현된다.

$$v_O(t) = \frac{-1}{RC}\int v_I(t)dt = \frac{-1}{2\times 10^{-2}}\int 5dt = -250t$$

- 4ms $\le t \le$ 8ms : -0.25V/ms의 기울기로 감소하며, $t = 8\text{ms}$에서 출력전압은 다음과 같다.

$$v_O(t = 8\,\text{ms}) = -250\times 4\times 10^{-3} - 0 = -1.0\,\text{V}$$

- 8ms $\le t \le$ 12ms : $v_O(t) = -1.0\text{V}$가 유지되는 수평 직선
- 12ms $\le t \le$ 16ms : -0.25V/ms의 기울기로 감소하며, $t = 16\text{ms}$에서 출력전압은 다음과 같다.

$$v_O(t = 16\,\text{ms}) = -250\times 4\times 10^{-3} - 1 = -2.0\,\text{V}$$

- 16ms $\le t \le$ 20ms : $v_O(t) = -2.0\text{V}$가 유지되는 수평 직선
- 20ms $\le t \le$ 24ms : -0.25V/ms의 기울기로 감소하며, $t = 24\text{ms}$에서 출력전압은 다음과 같다.

$$v_O(t = 24\,\text{ms}) = -250\times 4\times 10^{-3} - 2 = -3.0\,\text{V}$$

- $t \ge$ 24ms : $v_O(t) = -3.0\text{V}$가 유지되는 수평 직선

따라서 출력전압 파형은 [그림 7-34]와 같다. [그림 7-35]는 [예제 7-15]의 PSPICE 시뮬레이션 결과이다. $t = 8\text{ms}$에서 출력전압은 -0.97V이며, $8\text{ms} \le t \le 12\text{ms}$ 기간에는 $v_O(t) \simeq -1.0\text{V}$가 유지된다. $t = 16\text{ms}$에서 출력전압은 -1.95V, $t = 24\text{ms}$에서 출력전압은 -2.93V이다.

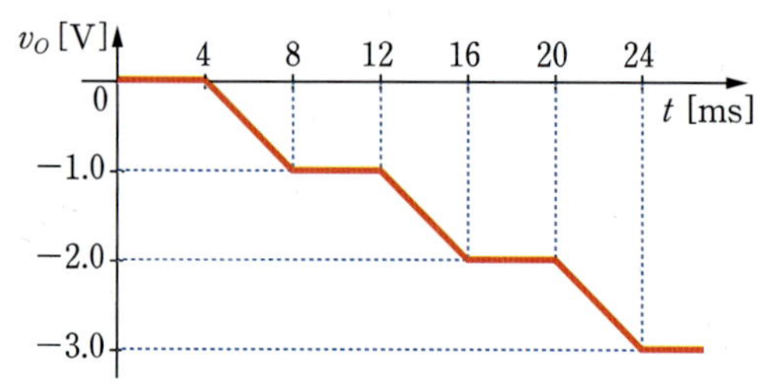

그림 7-34 [예제 7-15]의 출력파형

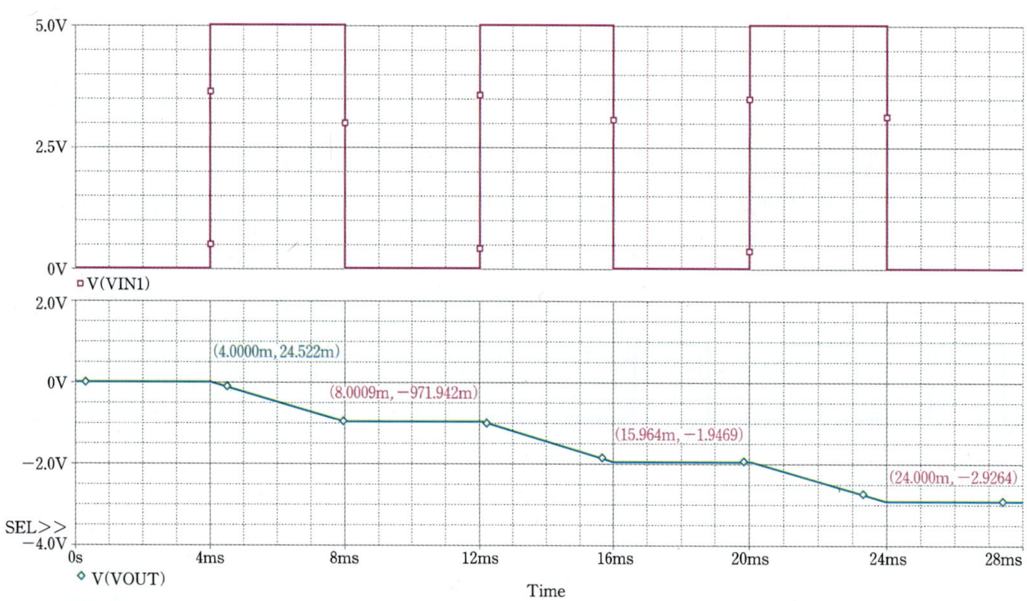

그림 7-35 [예제 7-15]의 시뮬레이션 결과

확인문제 7-8

[그림 7-28]의 반전적분기에 [그림 7-36]과 같은 구형 펄스가 인가되는 경우의 출력전압 파형을 그려라. 단, $R = 2\text{k}\Omega$, $C = 0.1\mu\text{F}$이며, $t = 0$에서 적분기 출력전압은 $v_O(t=0) = -5\text{V}$라고 가정한다.

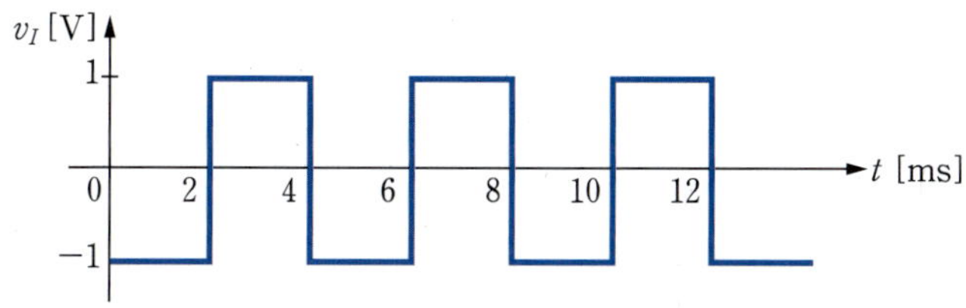

그림 7-36

답 생략

7.4.4 정밀 반파 정류회로

정밀 반파 정류회로는 어떤 장점과 단점을 갖는가?

연산증폭기는 선형 회로뿐만 아니라 다양한 형태의 비선형 회로에도 응용된다. 대표적인 비선형 응용회로인 정밀 반파 정류회로에 대해 살펴본다.

[그림 7-37(a)]는 다이오드를 이용한 반파 정류회로이다. [그림 7-37(b)]의 입출력 전달 특성 곡선에서 보는 바와 같이, 다이오드의 커트-인cut-in 전압 $V_\gamma \simeq 0.7\text{V}$만큼의 신호 감쇄를 가지며, 또한 입력신호의 진폭이 V_γ보다 작으면 정류할 수 없다는 단점이 있다.

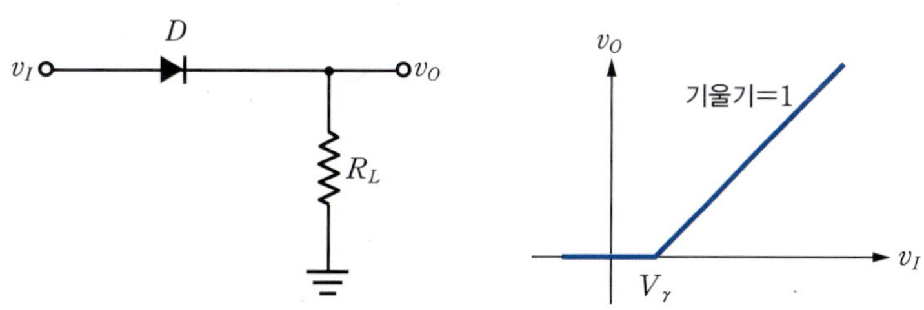

(a) 반파 정류회로　　(b) 입출력 전달특성

그림 7-37 반파 정류회로

연산증폭기의 큰 개방루프 이득특성을 이용하면, 다이오드의 커트-인 전압에 의한 단점들을 무시할 수 있을 정도로 작아지게 개선할 수 있다. [그림 7-38(a)]는 다이오드와 연산증폭기를 이용한 **정밀 반파 정류회로**precision half-wave rectifier이며, 입력신호가 연산증폭기의 비반전단자로 인가되고 다이오드의 캐소드 전압이 반전단자로 귀환되는 비선형 응용회로이다.

이 회로의 동작을 정성적으로 이해해보자.

❶ **$v_I > 0$인 경우** : 연산증폭기의 출력이 $v_a > 0$이 되어 다이오드는 도통상태가 되며, 도통된 다이오드를 통해 부귀환 경로가 형성된다. 따라서 연산증폭기의 두 입력단자 사이에는 가상단락이 성립되므로, $v_O = v_I$가 되어 입력전압의 양(+)의 반주기가 출력에 나타난다.

❷ **$v_I \le 0$인 경우** : 연산증폭기의 출력이 $v_a \le 0$이 되어 다이오드는 개방상태가 되므로, 연산증폭기 출력에서 반전단자로의 귀환경로가 형성되지 않아 $v_O = 0$이 된다.

$v_I > 0$인 경우에 [그림 7-38(a)] 회로의 출력전압은 식 (7.25)와 같으며, 연산증폭기의 개방루프 이득 A_{od}가 매우 큰 값을 가지므로, $v_O \simeq v_I$가 된다.

$$v_O = \frac{A_{od}}{1+A_{od}} v_I - \frac{V_\gamma}{1+A_{od}} \simeq v_I \tag{7.25}$$

다이오드의 커트-인 전압에 의한 출력전압의 감쇄가 $\frac{V_\gamma}{(1+A_{od})}$로 작아지며, 또한 정류 가능한 입력신호의 진폭은 $v_I \ge \frac{V_\gamma}{(1+A_{od})}$가 되어 이상적인 반파정류기에 가까운 특성을 갖는다. [그림 7-38(a)] 회로의 전달특성 곡선은 [그림 7-38(b)]와 같다. [그림 7-38(a)]의 회로에서 다이오드의 방향을 반대로 바꾸면, 입력신호의 음(−)의 반주기가 통과되는 정밀 반파 정류회로가 된다.

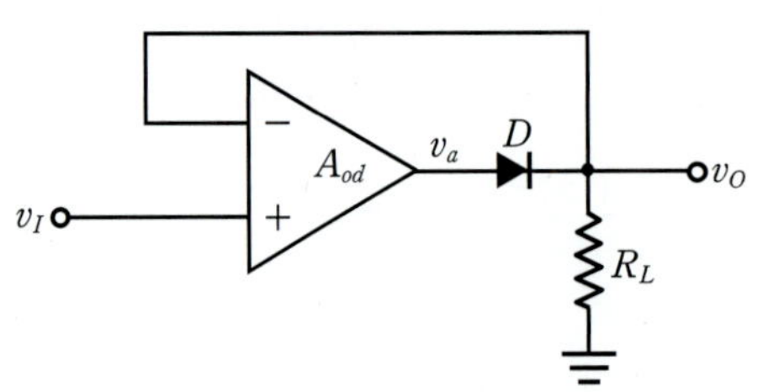

(a) 정밀 반파 정류회로

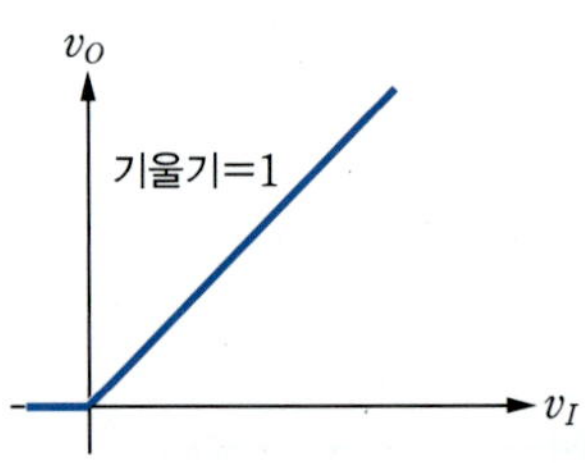

(b) 입출력 전달특성

그림 7-38 정밀 반파 정류회로와 입출력 전달특성

Q [그림 7-38(a)]의 정밀 반파 정류회로가 갖는 단점은 무엇인가?

A
- $v_I \le 0$인 경우에 다이오드는 개방상태가 되어 연산증폭기 출력에서 반전단자로의 귀환경로가 형성되지 않는다.
- 연산증폭기 출력이 음(−)의 전원전압 근처로 포화되어 선형 동작모드로 복귀하는 데 시간이 걸리므로, 고속 반파 정류에 제한을 갖는다.

예제 7-16

[그림 7-39]의 정밀 반파 정류회로를 시뮬레이션하여 입력 vin와 출력 $vout$ 그리고 연산증폭기 출력 vo의 파형을 확인하라. 연산증폭기의 전원전압은 ±12V가 인가된다.

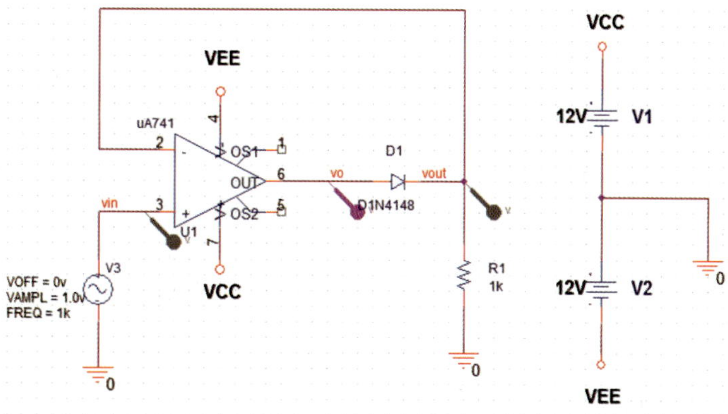

그림 7-39 [예제 7-16]의 시뮬레이션 회로

시뮬레이션 결과

[그림 7-39] 회로의 시뮬레이션 결과는 [그림 7-40]과 같다. 진폭 1V, 주파수 1kHz의 정현파를 인가했을 때, 입력 정현파의 양(+)의 반주기가 $vout$에 출력되고, 음(−)의 반주기 동안 $vout$은 0V가 되어 반파 정류됨을 확인할 수 있다. $vout$에 출력되는 양의 반주기 신호는 입력 정현파와 동일하게 1V의 진폭을 가져 다이오드의 커트-인 전압에 의한 영향이 제거되었음을 알 수 있다.

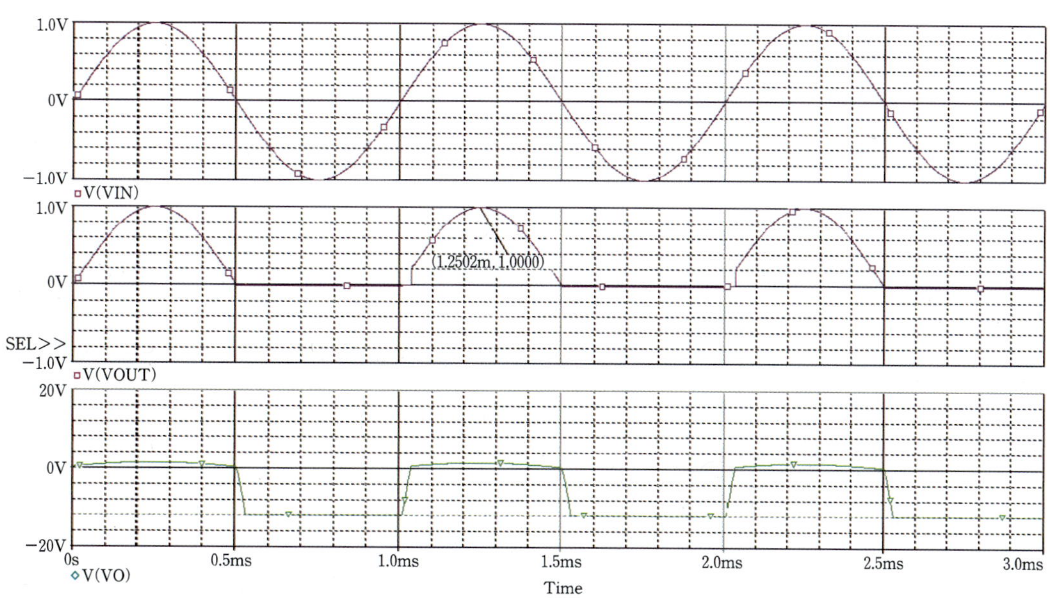

그림 7-40 [예제 7-16]의 시뮬레이션 결과

연산증폭기의 출력 vo는 입력 정현파의 음의 반주기 동안 전원전압 근처로 포화되는 것을 확인할 수 있다. 이는 음의 반주기 동안 다이오드가 개방되어 부귀환 경로가 형성되지 않으므로 연산증폭기가 개방회로로 동작하여 출력이 포화된 것이다. 입력 정현파가 음(−)에서 양(+)으로 전환되는 시점(0을 통과하는 시점) 근처에서 $vout$ 출력에 왜곡이 발생된 것을 볼 수 있다. 이는 연산증폭기의 슬루율 제한 때문에 출력 vo가 -12V 근처에서 0V까지 변화하는 데 시간이 걸리기 때문이다.

[그림 7-41(a)]는 [그림 7-38(a)] 회로의 단점을 개선한 고속 정밀 반파 정류회로이다. 연산증폭기의 출력과 반전단자 사이에 다이오드가 연결되어 있으며, 폐루프 이득이 $-R_2/R_1$인 반전증폭기를 기본으로 하고 있다는 점이 [그림 7-38(a)]의 회로와 차이점이다. 이 회로의 동작을 정성적으로 이해해보자.

❶ $v_I > 0$**인 경우** : 연산증폭기의 출력 $v_a < 0$이 되어 다이오드 D_2는 차단상태가 되어 $v_O = 0$이 된다. 한편, 다이오드 D_1은 도통상태가 되고, 도통된 다이오드를 통해 부귀환 경로가 형성된다. 연산증폭기의 반전단자는 가상접지되므로, 연산증폭기의 출력전압은 다이오드 D_1의 커트-인 전압으로 고정되어 $v_a = -V_\gamma$가 된다.

❷ $v_I < 0$ **인 경우** : 연산증폭기의 출력 $v_a > 0$이 되어 다이오드 D_1는 개방상태가 되고 다이오드 D_2는 도통상태가 된다. 도통된 다이오드 D_2와 저항 R_2를 통해 연산증폭기 출력에서 반전단자로의 귀환경로가 형성된다. 이 경우에 출력전압은 식 (7.26)과 같으며, 입력 v_I의 음(−)의 반주기가 반전되고 저항비 R_2/R_1만큼 증폭되어 출력된다.

$$v_O \simeq -\frac{R_2}{R_1}v_I \quad \text{단, } v_I < 0 \tag{7.26}$$

[그림 7-41(a)] 회로의 입출력 전달특성은 [그림 7-41(b)]와 같으며, $v_I < 0$ 인 경우에 전달특성의 기울기는 $-R_2/R_1$이 된다. $R_1 = R_2$이면, 입력 v_I의 음(−)의 반주기 동안 $v_O = -v_I$인 출력이 얻어져 반전 inverting 반파 정류회로로 동작한다. [그림 7-41(a)] 회로는 입력 v_I의 전체 주기에 걸쳐 연산증폭기 출력 v_a에서 반전단자로 부귀환 경로가 형성되

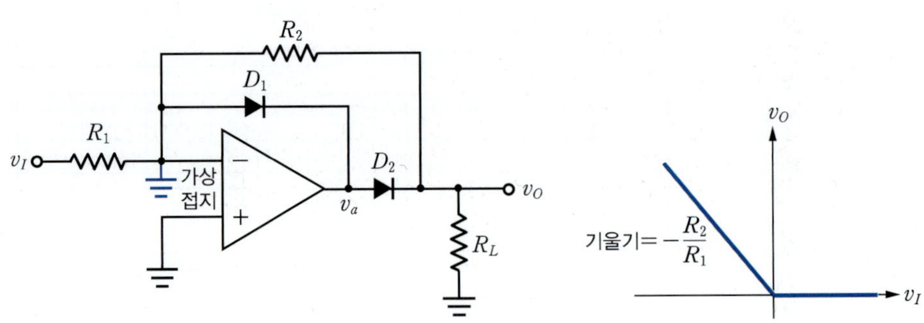

(a) 고속 정밀 반파 정류회로 (b) 입출력 전달특성

그림 7-41 고속 정밀 반파 정류회로와 입출력 전달특성

므로, [그림 7-38(a)] 회로의 단점을 갖지 않는다. 또한, 연산증폭기의 매우 큰 개방회로 이득에 의해 이상적인 반파정류기에 가까운 특성을 갖는다.

[그림 7-41(a)]의 회로에서 두 다이오드의 방향을 반대로 바꾸면, 입력신호의 양(+)의 반주기가 반전되고 저항비 R_2/R_1만큼 증폭되어 출력되는 정밀 반파 정류회로가 된다.

확인문제 7-9

[그림 7-41(a)] 회로에서 두 다이오드의 방향이 반대인 경우에 대한 입출력 전달특성 곡선과 정현파 입력에 대한 출력 v_O의 파형을 그려라.

답 생략

7.4.5 대수 증폭기와 역대수 증폭기

입력신호의 로그값과 지수값을 출력하는 회로는 어떻게 동작하는가?

[그림 7-42]는 연산증폭기와 PN 접합 다이오드를 사용한 대수 증폭기logarithmic amplifier와 역대수 증폭기anti-logarithmic amplifier 회로이다. [그림 7-42(a)]의 대수 증폭기 회로에서 입력전압이 $v_I > 0$인 경우에, 다이오드가 도통되어 부귀환이 형성되며 연산증폭기의 반전단자는 가상접지된다. 따라서 저항 R_1에 흐르는 전류는 $i_1 = v_I/R_1$이다. 입력전압에 의해 다이오드에 순방향 바이어스 v_D가 인가되면, 다이오드에 흐르는 전류는 $i_D = I_S(e^{v_D/V_T} - 1) \simeq I_S e^{v_D/V_T}$이다. 출력전압 v_O는 다이오드 양단의 전압 v_D와 $v_O = -v_D$의 관계이므로, 전류 $i_1 = i_D$로부터 식 (7.27)이 얻어진다.

$$\frac{v_I}{R_1} = I_S e^{-v_O/V_T} \tag{7.27}$$

식 (7.27)에서 I_S를 좌변으로 넘기고 양변에 대수를 취하면 v_O는 식 (7.28)과 같으며, 입력전압 v_I의 자연로그에 비례하는 출력전압 v_O가 얻어진다. 식 (7.28)은 $v_I > 0$인 경우에만 성립하며, 이는 수학적인 대수 함수의 조건과 일치한다. 식 (7.28)에서 알 수 있듯이, [그림 7-42(a)]의 대수 증폭기 회로는 온도 전압 V_T에 비례하므로 온도의 영향을 받는 단점이 있다.

$$v_O = -V_T \ln\left(\frac{v_I}{I_S R_1}\right) \tag{7.28}$$

[그림 7-42(b)]는 [그림 7-42(a)]의 대수 증폭기 회로에서 저항 R_1과 다이오드의 위치를 바꾼 회로이다. 저항 R_1을 통해 부귀환이 인가되고 있다. 입력전압이 $v_I > 0$인 경우에 다이오드가 도통되어 $i_D \cong I_S e^{v_I / V_T}$의 전류가 흐르며, $i_D = i_1$이다. 연산증폭기의 반전 단자는 가상접지되므로, 출력전압 v_O는 식 (7.29)와 같이 표현되며, 입력전압 v_I의 지수 함수값에 비례하는 출력전압 v_O가 얻어진다. 식 (7.29)는 $v_I > 0$인 경우에만 성립한다.

$$v_O = -R_1 i_1 = -\left(I_S e^{v_I / V_T}\right) R_1 \tag{7.29}$$

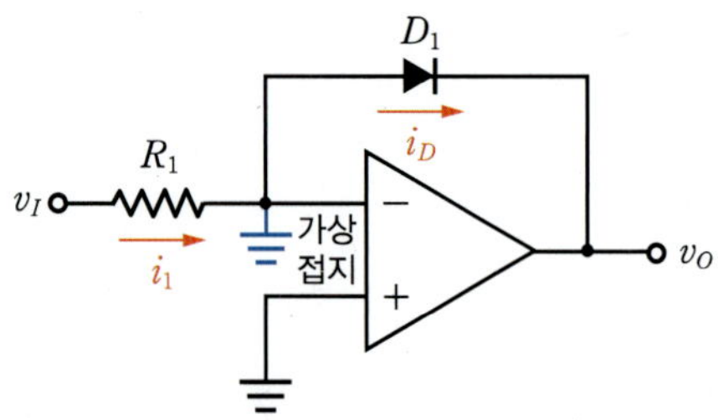

(a) 대수 증폭기

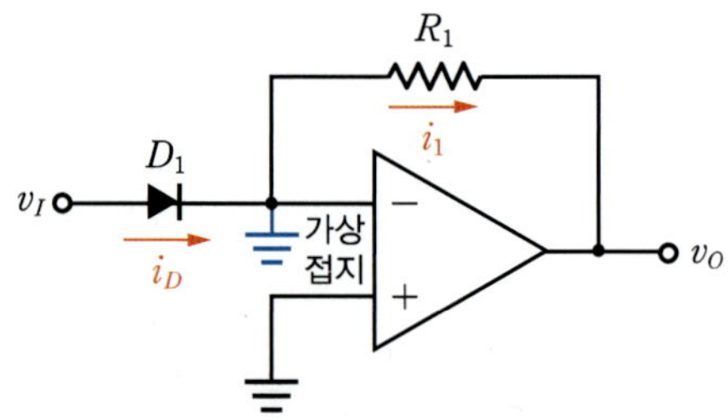

(b) 역대수 증폭기

그림 7-42 대수 및 역대수 증폭기 회로

점검하기 **다음 각 문제에서 맞는 것을 고르시오.**

(1) 차동증폭기는 두 입력전압의 (**차를, 합을**) 증폭한다.

(2) 차동증폭기의 차동 입력저항은 (**작을수록, 클수록**) 좋다.

(3) 계측증폭기의 입력저항은 매우 (**작다, 크다**).

(4) 계측증폭기는 측정회로에 미치는 부하효과가 매우 (**작다, 크다**).

(5) 적분 시상수가 클수록 적분기 출력전압의 증가 또는 감소 속도가 (**느리다, 빠르다**).

(6) 반전적분기는 DC 전압을 적분할 수 있다. (O, X)

(7) [그림 7-38(a)]의 회로는 다이오드의 커트-인 전압 V_γ보다 작은 진폭의 입력을 반파 정류할 수 없다. (O, X)

(8) [그림 7-38(a)]의 회로에서 다이오드의 방향을 반대로 바꾸면 입력 정현파의 (**음, 양**)의 반주기가 통과되는 반파 정류회로로 동작한다.

(9) [그림 7-41(a)]의 회로는 입력의 (**음, 양**)의 반주기를 통과시키는 반파 정류회로이다.

(10) [그림 7-41(a)] 회로에서 $R_1 = R_2$이면, $v_I < 0$인 경우에 $v_O = -v_I$인 반전 반파 정류회로로 동작한다. (O, X)

SECTION 7.5

연산증폭기 파라미터의 영향

일반적으로, 연산증폭기 응용회로의 해석 및 설계에 있어서 연산증폭기가 이상적ideal이라고 가정해도 실제의 경우와 비교했을 때 오차가 크지 않다. 이는 연산증폭기 특성 파라미터 중 일부가 이상적인 경우에 가깝기 때문이다. 그러나 연산증폭기의 주파수 특성, 슬루율slew rate, 오프셋offset 전압, 바이어스 전류 등의 특성 파라미터들은 실제 연산증폭기 응용회로의 성능과 동작에 영향을 미친다. 출력전압의 진폭이 작은 소신호 출력의 경우에는 대역폭이 증폭기의 출력에 영향을 미치며, 출력전압의 진폭이 큰 대신호 출력의 경우에는 연산증폭기의 슬루율 파라미터가 출력에 영향을 미친다. 또한, 연산증폭기의 오프셋 전압과 바이어스 전류는 적분기 등의 회로 동작에 영향을 미치므로, 연산증폭기 파라미터에 대한 이해를 토대로 이들의 영향이 최소화되도록 회로를 설계해야 한다. 이 절에서는 연산증폭기의 대역폭과 슬루율, 오프셋 전압과 바이어스 전류가 회로에 미치는 영향을 살펴본다.

7.5.1 연산증폭기의 주파수 특성

반전 및 비반전증폭기의 전압이득과 대역폭은 어떤 관계를 갖는가?

▪ 개방루프 주파수 특성

실제의 연산증폭기는 유한한 개방루프 이득과 주파수 응답특성을 갖는다. 예를 들어 uA741 연산증폭기의 개방루프 주파수 특성은 [그림 7-43]과 같으며, $A_O = 100\text{dB}$의 개방루프 이득, $f_h = 10\text{Hz}$의 개방루프 차단주파수, $f_T = 1\text{MHz}$의 **단위이득 대역폭**unity gain bandwidth을 갖는다.

uA741의 개방루프 주파수 특성을 식 (7.30)과 같이 표현할 수 있다. 여기서 A_O는 연산증폭기의 개방루프 이득, w_h는 개방루프 상측 차단주파수를 나타낸다.

$$A(s) = \frac{A_O}{1 + s/w_h} \tag{7.30}$$

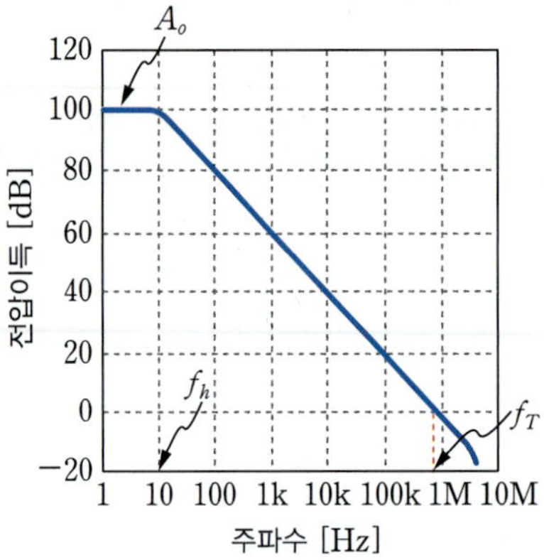

그림 7-43 uA741 연산증폭기의 개방루프 주파수 특성

연산증폭기의 두 번째 극점 주파수가 f_T보다 큰 값을 갖는 경우에, $f_h \sim f_T$의 주파수 범위에서 개방루프 이득이 -20dB/dec의 기울기로 감소하는 특성을 가지며, 이 경우 연산증폭기의 단위이득 대역폭은 식 (7.31)과 같이 표현된다.

$$f_T = A_O f_h \tag{7.31}$$

■ 비반전증폭기의 주파수 특성

연산증폭기의 개방루프 주파수 특성이 비반전증폭기의 주파수 응답특성에 미치는 영향을 살펴보자. 편의상, 비반전증폭기 회로를 [그림 7-44]에 다시 나타냈으며, 연산증폭기는 식 (7.30)의 개방루프 주파수 특성 $A(s)$를 갖는다. 이상적인 연산증폭기가 아닌 경우의 비반전증폭기 폐루프 전압이득(7.3.1절의 식 (7.10))을 식 (7.32)에 다시 나타냈다.

$$A_{CL}(s) \equiv \frac{v_O}{v_I} = \frac{1 + (R_2/R_1)}{1 + \dfrac{1 + (R_2/R_1)}{A(s)}} \tag{7.32}$$

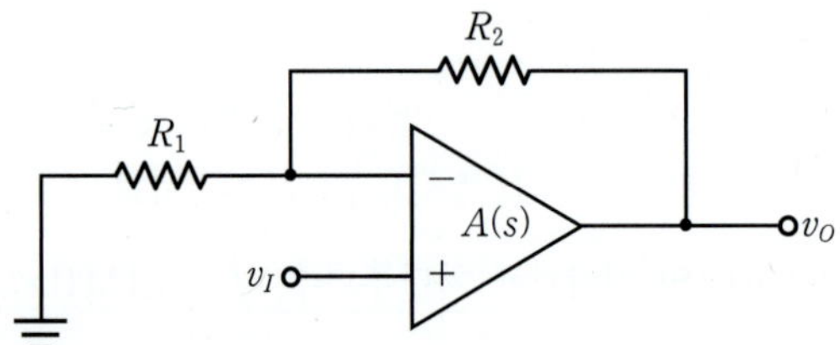

그림 7-44 비반전증폭기

식 (7.30)의 개방루프 주파수 특성을 식 (7.32)의 $A(s)$에 대입하여 정리하면 다음과 같다.

$$A_{CL}(s) = \frac{1 + (R_2/R_1)}{1 + \dfrac{1 + (R_2/R_1)}{A_O/(1 + s/w_h)}} = \frac{A_{CLO}}{1 + s/w_H} \tag{7.33}$$

식 (7.33)은 단일 극점주파수 w_H를 갖는 저역통과 시스템의 주파수 응답특성을 나타내며, A_{CLO}는 비반전증폭기의 저주파 폐루프 이득, w_H는 상측 차단주파수를 나타낸다. 식 (7.33)으로부터 A_{CLO}와 w_H를 정리하면 각각 식 (7.34), 식 (7.35)와 같다.

$$A_{CLO} = \frac{1+(R_2/R_1)}{1+\dfrac{1+(R_2/R_1)}{A_O}} \simeq 1+\frac{R_2}{R_1} \tag{7.34}$$

$$w_H = \frac{A_O w_h}{A_{CLO}} \tag{7.35}$$

식 (7.35)로부터 비반전증폭기의 주파수 응답특성은 식 (7.36)의 관계를 갖는다.

$$A_{CLO} f_H = A_O f_h = f_T \tag{7.36}$$

[그림 7-45]는 비반전증폭기의 폐루프 이득과 대역폭의 관계를 보이고 있다. [그림 7-45]와 같이 연산증폭기가 $f_h \sim f_T$의 주파수 범위에서 -20dB/dec의 직선으로 감소하는 개방루프 주파수 특성을 갖는 경우에만 식 (7.36)이 유효하며, 그렇지 않은 경우에는 오차가 존재한다. uA741과 같이 내부에 주파수 보상용 커패시터를 갖는 대부분의 연산증폭기들은 이 조건을 만족하므로, 식 (7.36)을 적용할 수 있다.

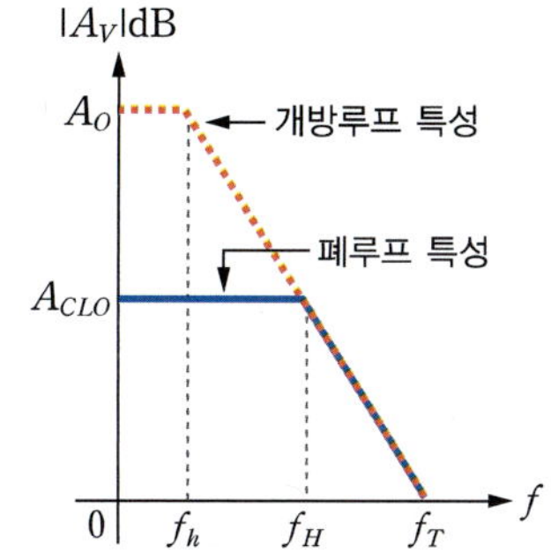

그림 7-45 비반전증폭기의 폐루프 이득과 대역폭의 관계

Q 식 (7.36)은 어떤 의미를 갖는가?

A
- 연산증폭기의 단위이득 대역폭은 전압 팔로워의 대역폭과 같다.
- 비반전증폭기의 폐루프 이득과 대역폭 사이에 상충관계[trade-off]가 존재하며, 폐루프 이득이 클수록 대역폭은 작아진다.

핵심포인트 **비반전증폭기의 주파수 응답특성**

- 비반전증폭기의 폐루프 이득과 대역폭의 곱은 연산증폭기 개방루프 이득과 대역폭의 곱, 즉 단위이득 대역폭 f_T와 같다.
- 식 (7.36)으로부터, 연산증폭기의 단위이득 대역폭 f_T를 알면, 비반전증폭기의 폐루프 이득에 대한 대역폭을 구할 수 있다.
- 연산증폭기의 개방루프 이득이 비반전증폭기의 폐루프 이득보다 큰 값을 가지므로($A_O \gg A_{CLO}$), 비반전증폭기의 대역폭 f_H가 연산증폭기의 개방루프 대역폭 f_h보다 큰 값을 갖는다($f_H > f_h$).

예제 7-17

단위이득 대역폭이 $f_T = 1\text{MHz}$인 연산증폭기를 사용하여 폐루프 이득이 20dB인 비반전증폭기를 설계하였다. 설계된 비반전증폭기의 대역폭을 구하라.

풀이

폐루프 이득 20dB은 $A_{CLO} = 10\text{V/V}$이므로, 식 (7.36)으로부터 다음과 같이 계산된다.

$$f_H = \frac{f_T}{A_{CLO}} = \frac{1 \times 10^6}{10} = 0.1\text{MHz}$$

확인문제 7-10

단위이득 대역폭이 $f_T = 8\text{MHz}$인 연산증폭기로 구현된 전압 팔로워의 대역폭을 구하라.

답 8MHz

확인문제 7-11

단위이득 대역폭이 $f_T = 4.5\text{MHz}$인 연산증폭기를 사용하여 대역폭이 $f_H = 75\text{kHz}$인 비반전증폭기를 설계하는 경우, 비반전증폭기의 허용 가능한 최대 폐루프 이득은 얼마인가?

답 60V/V

■ 반전증폭기의 주파수 응답특성

반전증폭기의 주파수 응답특성도 유사하게 해석할 수 있다. 편의상, 반전증폭기 회로를 [그림 7-46]에 다시 나타냈으며, 연산증폭기는 식 (7.30)의 개방루프 주파수 특성 $A(s)$를 갖는다. 이상적인 연산증폭기가 아닌 경우의 반전증폭기 폐루프 이득(7.2.1절의 식 (7.5))을 식 (7.37)에 다시 나타냈다.

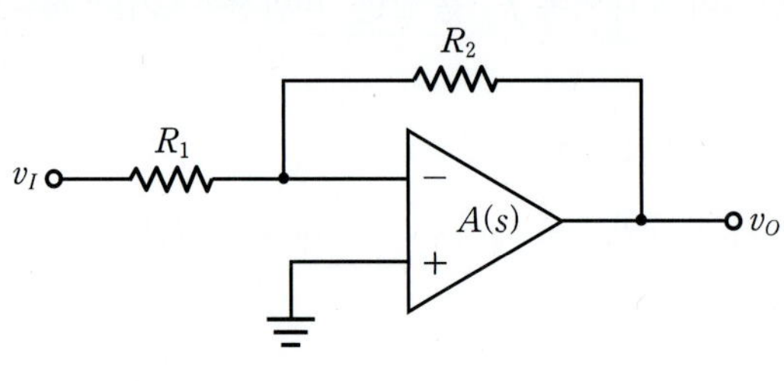

그림 7-46 반전증폭기

$$A_{CL}(s) \equiv \frac{v_O}{v_I} = \frac{-R_2/R_1}{1+\dfrac{1+(R_2/R_1)}{A(s)}} \tag{7.37}$$

식 (7.30)의 개방루프 주파수 특성을 식 (7.37)의 $A(s)$에 대입하여 정리하면 다음과 같다.

$$A_{CL}(s) = \frac{-R_2/R_1}{1+\dfrac{1+(R_2/R_1)}{A_O/(1+s/w_h)}} = \frac{A_{CLO}}{1+s/w_H} \tag{7.38}$$

식 (7.38)은 단일 극점주파수 w_H를 갖는 저역통과 시스템의 주파수 응답특성을 나타내며, A_{CLO}는 반전증폭기의 저주파 폐루프 이득, w_H는 상측 차단주파수를 나타낸다. 식 (7.38)로부터 A_{CLO}와 w_H를 정리하면 각각 식 (7.39), 식 (7.40)과 같으며, $A_O \gg [1+(R_2/R_1)]$를 이용하여 근사화했다.

$$A_{CLO} = \frac{-R_2/R_1}{1+\dfrac{1+(R_2/R_1)}{A_O}} \simeq -\frac{R_2}{R_1} \tag{7.39}$$

$$w_H \simeq \frac{A_O w_h}{1+(R_2/R_1)} = \frac{A_O w_h}{1+|A_{CLO}|} \tag{7.40}$$

반전증폭기의 폐루프 이득이 $|A_{CLO}| \geq 10$이면, 비반전증폭기와 동일하게 식 (7.41)의 관계를 적용할 수 있다.

$$|A_{CLO}| f_H \simeq A_O f_h = f_T \tag{7.41}$$

핵심포인트 **반전증폭기의 주파수 응답특성**

- 반전증폭기의 폐루프 이득과 대역폭 사이에 상충관계가 존재하므로, 폐루프 이득이 클수록 대역폭은 작아진다.
- 식 (7.41)로부터, 연산증폭기의 단위이득 대역폭 f_T를 알면, 반전증폭기의 폐루프 이득에 대한 대역폭을 구할 수 있다.
- 연산증폭기의 개방루프 이득이 반전증폭기의 폐루프 이득보다 큰 값을 가지므로($A_O \gg |A_{CLO}|$), 반전증폭기의 대역폭 f_H가 연산증폭기의 개방루프 대역폭 f_h보다 큰 값을 갖는다($f_H > f_h$).

예제 7-18

[표 7-7]에 나열된 비반전증폭기와 반전증폭기의 폐루프 이득에 대한 대역폭을 구하라. 단, 연산증폭기의 단위이득 대역폭은 $f_T = 1\text{MHz}$이다.

표 7-7 비반전증폭기와 반전증폭기의 폐루프 이득

구분	폐루프 이득	구분	폐루프 이득
비반전증폭기	1,000	반전증폭기	−1
	100		−10
	10		−100
	1		−1,000

풀이

식 (7.36)과 식 (7.41)로부터 대역폭을 구하면 [표 7-8]과 같으며, 반전증폭기의 폐루프 이득이 $|A_{CLO}| \geq 10$이면 근사적으로 비반전증폭기의 대역폭과 같아짐을 알 수 있다.

표 7-8 비반전증폭기와 반전증폭기의 폐루프 이득에 따른 대역폭

구분	폐루프 이득	대역폭	구분	폐루프 이득	대역폭
비반전증폭기	1,000	1kHz	반전증폭기	−1	500kHz
	100	10kHz		−10	90.9kHz
	10	100kHz		−100	9.9kHz
	1	1MHz		−1,000	999Hz

예제 7-19

[그림 7-44]의 비반전증폭기에서 저항 R_2 값의 변화(전압이득의 변화)에 따라 상측 차단주파수 f_H가 어떤 영향을 받는지 시뮬레이션을 통해 확인하라. 또한, 연산증폭기의 단위이득 대역폭을 구하라.

풀이

저항 $R_1 = 1\text{k}\Omega$을 유지한 상태에서 R_2의 값을 $0.001\text{k}\Omega$, $9\text{k}\Omega$, $99\text{k}\Omega$, $999\text{k}\Omega$으로 변화시켜 비반전증폭기의 전압이득을 1, 10, 100, 1,000[V/V]로 변화시키면서 Parametric Sweep 시뮬레이션을 실행한 결과는 [그림 7-47]과 같다. 시뮬레이션 결과로 얻어진 상측 차단주파수는 [표 7-9]와 같으며, 비반전증폭기의 전압이득이 클수록 상측 차단주파수가 작아짐을 확인할 수 있다. 시뮬레이션 결과로부터, 연산증폭기의 단위이득 대역폭은 $f_T \simeq 1.336\text{MHz}$이다.

표 7-9 전압이득에 따른 비반전증폭기의 상측 차단주파수

A_v [V/V]	1	10	100	1,000
f_H [kHz]	1,336	105.0	10.0	1.0

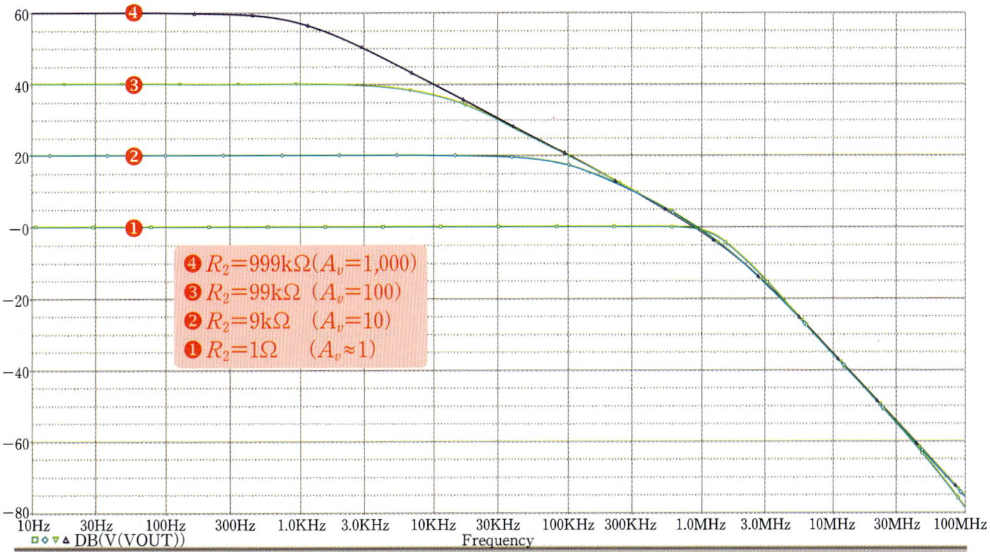

Evaluate	Measurement	1	2	3	4
☑	Cutoff_Lowpass_3dB(V(vout))	1.335755meg	105.012215k	10.005362k	1.000362k

그림 7-47 [예제 7-19]의 시뮬레이션 결과($R_2 = 1\Omega, 9\text{k}\Omega, 99\text{k}\Omega, 999\text{k}\Omega$으로 변화시키며 Parametric Sweep 시뮬레이션)

7.5.2 슬루율

슬루율은 연산증폭기 응용회로에 어떤 영향을 미치는가?

연산증폭기 출력전압의 진폭이 작은 소신호 출력의 경우에는 7.5.1절에서 설명된 대역폭이 증폭기의 출력에 영향을 미친다. 그러나 출력전압의 진폭이 큰 대신호 출력의 경우에는 연산증폭기의 슬루율 파라미터에 의해 출력이 영향을 받는다. **슬루율**Slew rate은 연산증폭기 출력의 반응속도를 나타내는 파라미터이며, 식 (7.42)와 같이 단위시간당 출력전압 변화의 최댓값으로 정의되고, 통상 V/μs 의 단위로 표시된다.

$$SR \equiv \left(\frac{dv_O}{dt} \right)_{\max} \tag{7.42}$$

uA741 연산증폭기의 슬루율은 0.5V/μs 이며, 이는 1μs 동안 출력전압이 최대 0.5V 변할 수 있음을 의미한다. 예를 들어 [그림 7-48(a)]의 전압 팔로워에 [그림 7-48(b)]와 같은 계단입력이 인가되는 경우를 생각해보자. 연산증폭기의 슬루율이 무한대인 경우에는 출력전압이 계단입력과 동일한 모양이 될 것이다. 그러나 계단입력의 진폭이 충분히 큰 값이고 연산증폭기가 유한한 슬루율을 갖는 경우에는 [그림 7-48(c)]와 같이 출력전압이 일정한 기울기를 갖고 상승하여 출력파형에 왜곡이 발생한다. 계단입력의 진폭이 슬루율에 영향을 받지 않을 정도로 작은 경우에는 연산증폭기의 출력 시상수에 의해 지수함수적으로 증가한다. 이와 같이 슬루율은 큰 진폭의 신호가 출력되는 경우에 영향을 미치게 되므로, **대신호** large-signal **특성**이라고 한다.

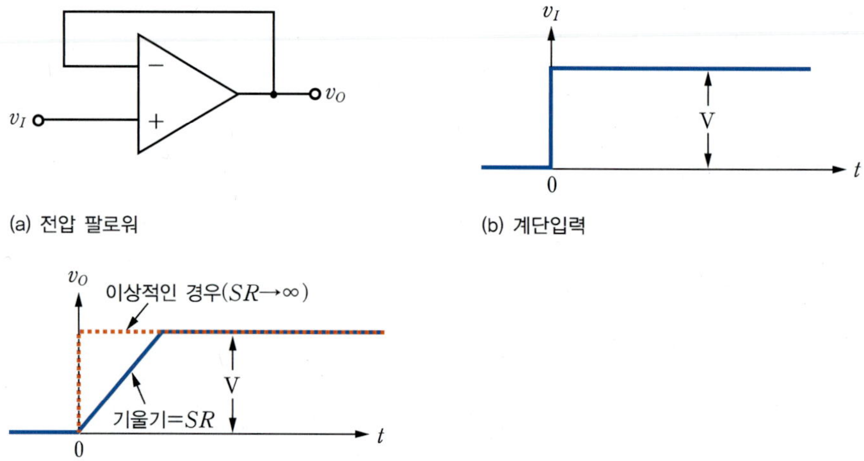

(a) 전압 팔로워

(b) 계단입력

(c) 슬루율에 의한 출력파형의 왜곡

그림 7-48 연산증폭기의 슬루율 특성

정현파 출력에 대한 슬루율의 영향을 정성적으로 이해해보자. [그림 7-49]에서 파형 A는 연산증폭기의 슬루율을 나타낸다. 진폭과 주파수가 모두 큰 정현파(파형 B)가 전압 팔로워의 입력으로 인가되면, 슬루율의 영향을 받아 파형 A와 같이 왜곡된 형태로 출력된다. 진폭은 크지만 주파수가 작은 정현파(파형 C)와 주파수는 크지만 진폭이 작은 정현파(파형 D)는 슬루율의 영향을 받지 않아 왜곡되지 않은 상태로 출력된다. 이와 같이 슬루율은 진폭이 크고 주파수가 높은 대신호 출력에 영향을 미친다.

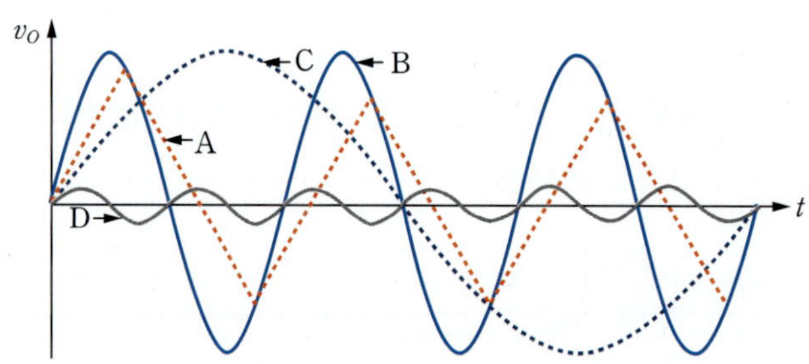

그림 7-49 정현파의 진폭과 주파수에 따른 슬루율의 영향

연산증폭기의 출력이 $v_O(t) = V_p \sin\omega t$인 경우의 슬루율은 식 (7.42)에 의해 다음과 같이 표현된다.

$$SR \equiv \left(\frac{dv_O}{dt}\right)_{\max} = \left(w\,V_p \cos\omega t\right)_{\max} = 2\pi f\,V_p \tag{7.43}$$

식 (7.43)은 출력 정현파가 슬루율의 영향을 받는 임계조건을 나타낸다. 출력 정현파의 최대 기울기 wV_p가 연산증폭기의 슬루율 SR보다 작으면, 즉 $wV_p < SR$이면 출력 정현파는 슬루율의 영향을 받지 않으며, 반대로 $wV_p \geq SR$이면 출력은 슬루율의 영향을 받아 왜곡이 발생한다. 식 (7.43)으로부터 **슬루율 제한 출력전압 진폭** slew-rate-limited amplitude $V_{p,\max}$와 **슬루율 제한 주파수** slew-rate-limited frequency $f_{\max}$를 다음과 같이 정의할 수 있다.

$$V_{p,\max} = \frac{SR}{2\pi f} \tag{7.44}$$

$$f_{\max} = \frac{SR}{2\pi V_p} \tag{7.45}$$

식 (7.44)는 신호 주파수 f에 대해 왜곡이 발생하지 않는 최대 출력전압의 진폭 $V_{p,\max}$를 정의하며, 식 (7.45)는 출력전압의 진폭 V_p에 대해 왜곡이 발생하지 않는 최대 주파수 $f_{\max}$를 정의한다. $f_{\max}$를 **대신호 대역폭**이라고 한다. 식 (7.45)로부터, 연산증폭기의 출력전압이 정격 출력전압 $V_{o,rated}$일 때, 출력에 왜곡이 발생하는 임계 주파수를 **최대전력 대역폭** full-power bandwidth f_{FPBW}로 정의하며, 식 (7.46)과 같이 정의된다.

$$f_{FPBW} = \frac{SR}{2\pi V_{o,rated}} \tag{7.46}$$

Q 식 (7.35), 식 (7.40), 식 (7.46)은 어떤 점이 서로 다른가?

A
- 식 (7.35), 식 (7.40)의 대역폭 f_H는 출력전압의 진폭이 작아 슬루율의 영향을 받지 않는 경우의 **소신호 대역폭**이다.
- 식 (7.46)의 **최대전력 대역폭** f_{FPBW}는 정격 출력전압 $V_{o,rated}$에서 슬루율의 영향을 받는 경우의 대신호 대역폭이다.
- 통상 $f_{FPBW} < f_H$이다.

핵심포인트 **연산증폭기 슬루율의 영향**

- 출력 정현파가 슬루율의 영향을 받는 경우에는 진폭과 주파수 사이에 상충관계가 존재한다.
- 연산증폭기의 슬루율 SR이 클수록 높은 주파수와 큰 진폭의 정현파가 왜곡 없이 출력된다.

예제 7-20

[그림 7-44]의 비반전증폭기 회로가 $R_1 = 12\text{k}\Omega$, $R_2 = 180\text{k}\Omega$으로 설계된 경우에, 소신호 대역폭 f_H와 출력전압의 진폭이 $V_p = 12\text{V}$인 경우의 대신호 대역폭 $f_{\max}$를 각각 구하라. 단, 연산증폭기의 단위이득 주파수는 $f_T = 1\text{MHz}$, 슬루율은 $SR = 0.5\text{V}/\mu\text{s}$이며, 전원전압은 $V_{CC} = \pm 15\text{V}$이다.

풀이

- 비반전증폭기의 폐루프 이득 : $A_{CLO} = 1 + \dfrac{R_2}{R_1} = 1 + \dfrac{180}{12} = 16\text{V/V}$

- 소신호 대역폭 : 식 (7.35)로부터 $f_H = \frac{f_T}{A_{CLO}} = \frac{1 \times 10^6}{16} = 62.5\text{kHz}$
- 대신호 대역폭 : 식 (7.45)로부터 $f_{\max} = \frac{SR}{2\pi V_p} = \frac{0.5\text{V}/\mu\text{s}}{2\pi \times 12\text{V}} = 6.6\text{kHz}$

출력전압의 진폭이 $V_p = 12\text{V}$ 인 경우의 대신호 대역폭은 소신호 대역폭의 약 10%이다.

예제 7-21

폐루프 이득이 $A_{CLO} = 10\,\text{V}/\text{V}$인 비반전증폭기에 주파수 20kHz 의 정현파가 입력된다. 출력에 왜곡이 발생되지 않기 위해 허용 가능한 입력전압의 최대 진폭은 얼마인가? 단, 연산증폭기의 슬루율은 $SR = 0.5\text{V}/\mu\text{s}$ 이다.

풀이

식 (7.44)로부터 슬루율에 의해 제한되는 출력전압의 최대 진폭은 다음과 같다.

$$V_{p,\max} = \frac{SR}{2\pi f} = \frac{0.5\text{V}/\mu\text{s}}{2\pi \times 20 \times 10^3} = 4.0\text{V}$$

출력에 왜곡이 발생되지 않기 위해 허용 가능한 입력전압의 최대 진폭은 다음과 같다.

$$v_{I,\max} = \frac{V_{p,\max}}{A_{CLO}} = \frac{4.0}{10} = 0.4\text{V}$$

[그림 7-50]은 폐루프 이득이 $A_{CLO} = 10\,\text{V}/\text{V}$인 비반전증폭기에 주파수가 20kHz 이고, 진폭이 $V_m = 1.0\text{V}$ 인 정현파가 입력되는 경우의 PSPICE 시뮬레이션 결과이다. 슬루율에 의해 출력전압에 왜곡이 발생하여 삼각파 형태의 전압이 출력되고 있음을 확인할 수 있다.

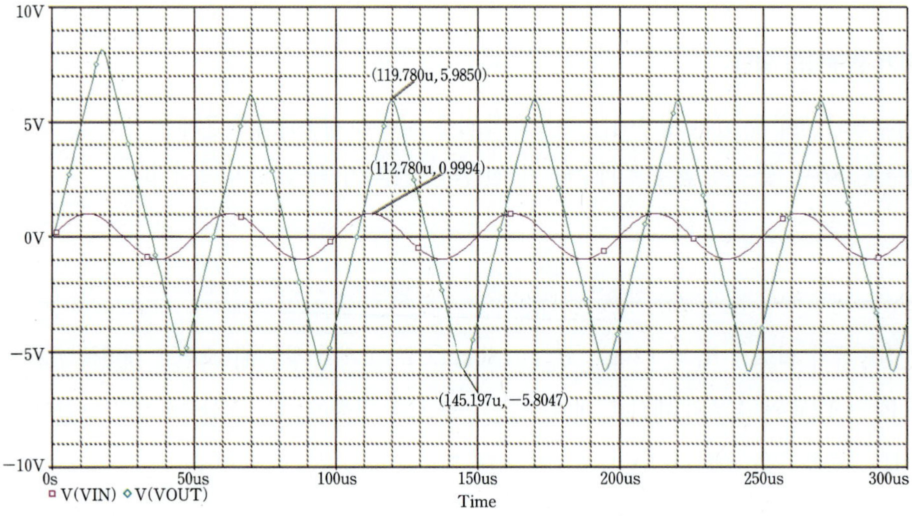

그림 7-50 슬루율에 의한 비반전증폭기 출력전압의 왜곡

확인문제 7-12

슬루율이 $SR = 2.0\text{V}/\mu\text{s}$ 인 연산증폭기에서 출력전압이 $1\text{V} \rightarrow 9\text{V}$까지 변화하는 데 걸리는 시간은 얼마인가?

답 $4\mu\text{s}$

확인문제 7-13

슬루율이 $SR = 2.5\text{V}/\mu\text{s}$ 이고, 정격 출력전압이 $V_{o,rated} = \pm 12\text{V}$ 인 연산증폭기의 최대전력 대역폭 f_{FPBW}는 얼마인가?

답 33.16kHz

확인문제 7-14

슬루율이 $SR = 3.2\,V/\mu s$ 인 연산증폭기를 사용한 전압 팔로워에 각주파수 $\omega = 200 \times 10^3 \text{rad/sec}$ 인 정현파가 입력된다. 출력에 왜곡이 발생되지 않기 위해 허용 가능한 입력전압의 최대 진폭은 얼마인가?

답 16V

확인문제 7-15

연산증폭기를 사용한 전압 팔로워에 각주파수 $\omega = 200 \times 10^3 \text{rad/sec}$, 최대 진폭이 12V 인 정현파가 입력된다. 출력에 왜곡이 발생되지 않기 위해 연산증폭기의 슬루율은 얼마 이상 되어야 하는가?

답 $SR \geq 2.4\text{V}/\mu\text{s}$

7.5.3 오프셋 전압

오프셋 전압은 연산증폭기 응용회로에 어떤 영향을 미치는가?

연산증폭기는 내부 회로가 직접결합 direct-coupled 으로 구성되며 큰 전압이득을 가지므로, DC를 증폭할 수 있다는 장점과 함께 DC 오프셋 전압이 발생하는 단점도 갖는다. [그림 7-51(a)]와 같이 개방루프 상태에서 두 입력단자에 0V 가 인가되면, 이상적인 연산증폭기를 가정하면 출력전압이 0V 가 된다. 그러나 실제의 연산증폭기는 출력에 DC 전압이 나타나며, 이를 출력 오프셋 전압 output offset voltage 이라고 한다.

[그림 7-51(b)]와 같이 출력 DC 오프셋 전압을 0V 로 만들기 위한 입력단자 사이의 전압 차를 입력 오프셋 전압 input offset voltage 이라고 하며, 오프셋 전압이라고도 한다. 입력 오프셋 전압은 연산증폭기의 데이터 시트에 명시되어 있으며, 바이폴라 연산증폭기의 경우 1~2mV 범위이고, 정밀 연산증폭기는 수십 μV 범위를 갖는다. 오프셋 전압은 온도에 영향을 받으며, μV/℃ 의 범위를 갖는다. 오프셋 전압은 연산증폭기 입력단의 차동증폭기를 구성하는 트랜지스터들의 특성 불일치 mismatch 와 반도체 제조공정 등에 영향을 받는다. 따라서 동일 모델의 연산증폭기에서도 오프셋 전압의 극성(+ 또는 −)과 크기가 다를 수 있으며, 통계적인 분포를 갖는다.

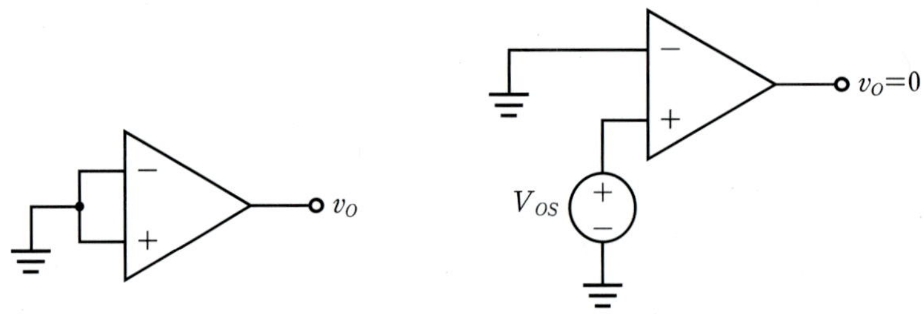

(a) 출력 오프셋 전압 (b) 입력 오프셋 전압

그림 7-51 연산증폭기의 오프셋 전압

연산증폭기의 오프셋 전압에 민감하게 영향을 받는 대표적인 회로는 적분기이다. [그림 7-52(a)]는 7.4.3절에서 설명된 반전적분기 회로이며, 반전단자로 인가되는 적분기 입력을 $v_I = 0$으로 하고, 연산증폭기의 오프셋 전압 V_{OS}만 존재하는 상태를 보인다. DC 오프셋 전압 V_{OS}에 의한 적분기 출력은 식 (7.47)과 같이 표현되며, 시간이 지남에 따라 증가해서 전원전압에 가까운 값으로 포화될 수 있다.

$$v_O(t) = V_{OS} + \frac{V_{OS}}{RC}t \tag{7.47}$$

적분기 회로가 받는 오프셋 전압의 영향을 최소화하기 위해 [그림 7-52(b)]와 같이 저항 R_F를 커패시터 C에 병렬로 연결하여 오프셋 전압에 의한 DC 전류 V_{OS}/R_F가 저항 R_F를 통해 흐르도록 한다. 이 경우에, 출력 DC 전압은 $V_O = \left(1 + \frac{R_F}{R}\right)V_{OS}$가 되며, R_F가 작을수록 출력 DC 전압이 작아진다. 그러나 7.4.3절에서 설명된 바와 같이, R_F가 작을수록 이상적인 적분기 특성을 잃게 되므로, 적절한 R_F 값의 선택이 중요하다.

연산증폭기는 내부 회로가 직접결합 구조를 가져 교류신호와 오프셋 DC 전압이 함께 증폭되고, 증폭된 DC 오프셋 전압에 교류신호가 중첩되어 출력되므로, 교류 출력의 스윙 범위가 작아진다. 예를 들어, 오프셋 전압이 $V_{OS} = 5$mV 인 연산증폭기를 사용해서 폐루프 이득 500 인 비반전증폭기 회로를 구현한 경우, 출력에 2.5V 의 DC 오프셋 전압이 발생되어 그만큼의 출력신호 스윙 범위가 감소하게 된다.

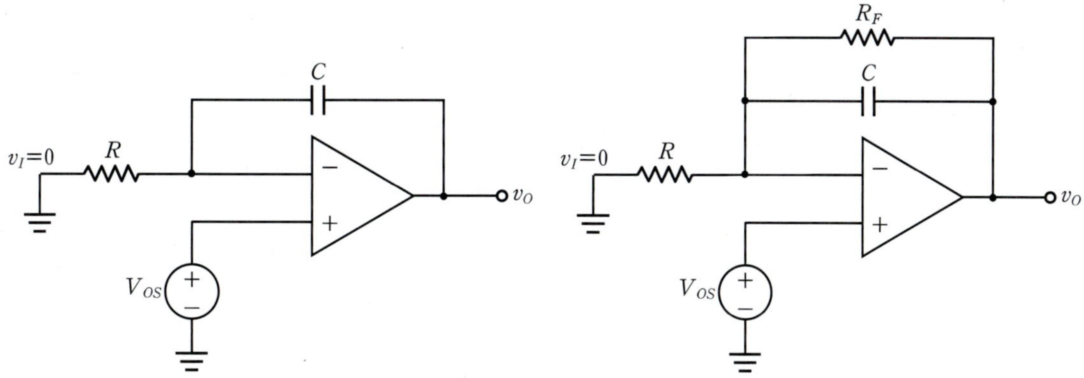

(a) 반전적분기

(b) DC 전류경로를 갖는 적분기

그림 7-52 오프셋 전압이 적분기에 미치는 영향

일부 연산증폭기에는 오프셋 제거offset nulling를 위한 핀이 제공된다. [그림 7-53(a)]는 LM741 연산증폭기의 핀 구성을 보인 것이며, [그림 7-53(b)]와 같이 핀-❶과 핀-❺ 사이에 가변저항기와 DC 전원을 연결해서 오프셋 전압의 영향을 제거할 수 있다.

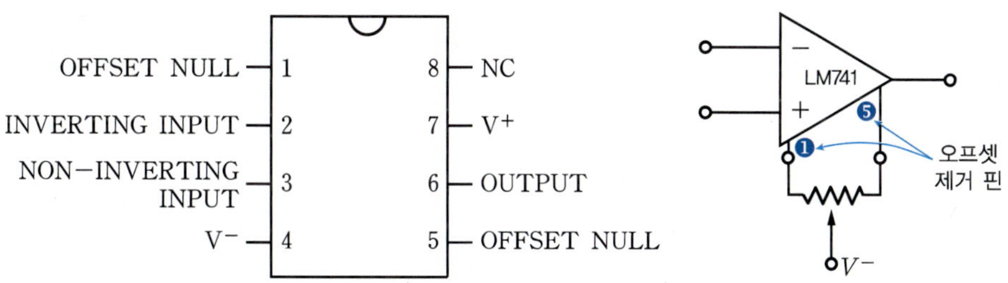

(a) 핀 구성

(b) 오프셋 제거

그림 7-53 LM741 연산증폭기의 핀 구성 및 오프셋 전압 제거

연산증폭기에 오프셋 제거 핀이 없는 경우에는 [그림 7-54]와 같이 반전 또는 비반전 단자에 가변저항기와 DC 전원을 연결해서 오프셋을 제거할 수 있으며, $R_5 \ll R_4$를 적용한다. 예를 들어, $R_4 = 100\text{k}\Omega$, $R_5 = 0.1\text{k}\Omega$로 하면 수 ~ 수십mV 범위의 오프셋 전압을 제거할 수 있다.

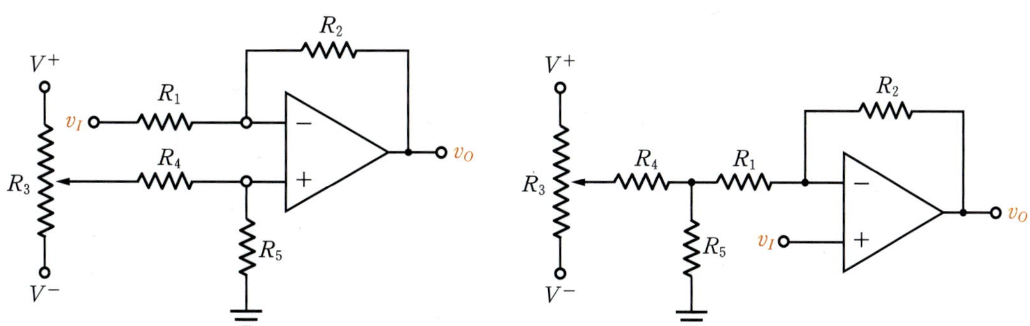

(a) 반전증폭기 회로

(b) 비반전증폭기 회로

그림 7-54 오프셋 제거 핀을 갖지 않는 연산증폭기의 오프셋 전압 제거

예제 7-22

[그림 7-52(a)]의 반전적분기 회로에서 $V_{OS}=2\text{mV}$의 오프셋 전압에 의해 출력이 포화되기까지 소요되는 시간 T를 구하라. 단, $R=2\text{k}\Omega$, $C=1\mu\text{F}$이고, 연산증폭기 출력 포화전압은 $V_{O,sat}=\pm 9\text{V}$이다.

풀이

식 (7.47)로부터 출력이 $V_{O,sat}$로 포화되는 시간 T는 다음과 같이 계산된다.

$$T=\frac{RC}{V_{OS}}\times(V_{O,sat}-V_{OS})=\left(\frac{2\times10^3\times1\times10^{-6}}{2\times10^{-3}}\right)\times(9-2\times10^{-3})\simeq 9\text{sec}$$

예제 7-23

[그림 7-52(b)]의 반전적분기 회로에서 최대 출력전압 $v_{o,\max}=\pm 8\text{V}$가 얻어지기 위해 저항 R_F는 얼마 이하로 결정해야 하는가? 단, $R=2\text{k}\Omega$, $C=1\mu\text{F}$이고, 연산증폭기의 오프셋 전압은 $V_{OS}=2\text{mV}$, 출력 포화전압은 $V_{O,sat}=\pm 9\text{V}$이다.

풀이

최대 출력전압이 $v_{o,\max}=\pm 8\text{V}$이므로, 허용 가능한 출력 오프셋 전압은 다음과 같다.

$$V_{O,offset}=V_{O,sat}-v_{o,\max}=9-8=1\text{V}$$

오프셋 전압에 의한 출력 DC 전압 $V_O=\left(1+\frac{R_F}{R}\right)V_{OS}$로부터 저항 R_F는 다음과 같이 구해진다.

$$R_F=\left(\frac{V_{O,offset}}{V_{OS}}-1\right)R=\left(\frac{1}{2\times10^{-3}}-1\right)\times2\times10^3\simeq 1\text{M}\Omega$$

7.5.4 입력 바이어스 전류

바이어스 전류는 연산증폭기 응용회로에 어떤 영향을 미치는가?

7.1.1절에서 이상적인 연산증폭기의 두 입력단자에 흐르는 전류는 0이라고 가정했다. 실제의 경우에는 입력단 차동증폭기를 구성하는 트랜지스터에 따라 수pA ~ 수십nA 정도의 바이어스 전류가 흐른다. 연산증폭기 입력단의 차동증폭기가 JFET나 MOSFET로 구성되는 경우에는 FET 소자의 게이트 누설전류에 의한 수 ~ 수십pA 정도의 작은 입력 바이어스

전류가 흐른다. 차동증폭기가 BJT로 구성되는 경우에는 BJT가 순방향 활성모드에서 동작하도록 적절한 바이어스 전류가 흘러야 하며, 이는 연산증폭기의 입력전류가 된다. 차동증폭기가 NPN형 BJT로 구성되면 I_B는 연산증폭기로 들어가는 방향이며, PNP형 BJT로 구성되면 I_B는 연산증폭기에서 나오는 방향이다. [표 7-1]로부터, BJT 연산증폭기인 uA741의 입력 바이어스 전류는 10nA 정도이고, JFET 입력단을 갖는 LF353은 50pA 정도이다.

[그림 7-55]에서 연산증폭기의 두 입력단자로 흐르는 전류를 각각 I_{B1}, I_{B2}라고 하면, 두 입력 전류의 평균치를 입력 바이어스 전류 I_B라고 하며, 두 입력 바이어스 전류의 차를 입력 오프셋 전류 I_{OS}로 다음과 같이 정의한다.

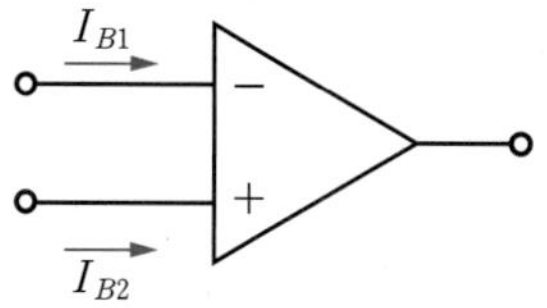

그림 7-55 연산증폭기의 입력 바이어스 전류

$$I_B = \frac{I_{B1} + I_{B2}}{2} \tag{7.48}$$

$$I_{OS} = |I_{B1} - I_{B2}| \tag{7.49}$$

입력 바이어스 전류는 연산증폭기 회로의 DC 출력전압을 유발한다. 연산증폭기의 입력단자에 바이어스 전류가 흐르고, 두 입력단자가 접지되어 0V가 인가되는 [그림 7-56]의 회로를 생각한다. 연산증폭기의 개방루프 이득이 매우 크다고 하면 반전단자는 가상접지되므로, 저항 R_1에는 전류가 흐르지 않는다. 따라서 반전단자로 흐르는 입력 바이어스 전류 I_{B1}은 저항 R_2를 통해 흐르고, 이에 의해 유발되는 DC 출력전압은 식 (7.50)과 같다. 즉, 연산증폭기의 두 입력이 모두 0V인 상태에서 입력 바이어스 전류에 의해 출력에 DC 전압이 발생된다.

$$V_O = R_2 I_{B1} \tag{7.50}$$

[그림 7-56]은 반전 또는 비반전증폭기 구조이고 저항 R_2는 증폭기의 이득에 관계되므로, 식 (7.50)에 의하면 저항 R_2가 클수록(즉, 증폭기의 이득이 클수록) 입력 바이어스 전류에 의한 출력 DC 전압이 크게 나타난다.

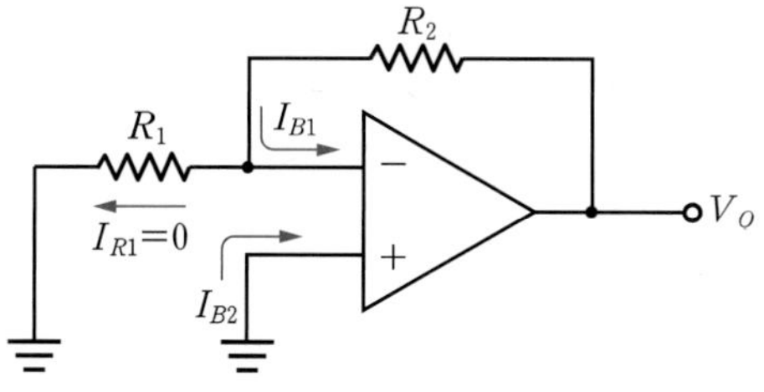

그림 7-56 입력 바이어스 전류에 의한 출력 DC 전압

입력 바이어스 전류에 의한 영향을 제거하기 위해 [그림 7-57]과 같이 비반전단자에 저항 R_3를 연결한다. 바이어스 전류 I_{B2}에 의해 저항 R_3에 걸리는 전압 V_3는 다음과 같다.

$$V_3 = -R_3 I_{B2} \tag{7.51}$$

연산증폭기의 두 입력단자에 가상단락을 적용하면, 저항 R_1에 흐르는 전류는 식 (7.52)가 되고, 따라서 저항 R_2에 흐르는 전류는 식 (7.53)과 같다.

$$I_{R1} = \frac{V_3}{R_1} = -\frac{R_3}{R_1} I_{B2} \tag{7.52}$$

$$I_{R2} = I_{B1} + I_{R1} = I_{B1} - \frac{R_3}{R_1} I_{B2} \tag{7.53}$$

바이어스 전류에 의한 DC 출력전압 V_O는 다음과 같다.

$$V_O = R_2 I_{R2} + V_3 = R_2\left(I_{B1} - \frac{R_3}{R_1} I_{B2}\right) - R_3 I_{B2} \tag{7.54}$$

$I_{B1} = I_{B2} = I_B$로 가정해서 입력 오프셋 전류의 영향은 고려하지 않으면, 식 (7.54)로부터 $V_O = 0$으로 만드는 저항 R_3의 값은 다음과 같다.

$$R_3 = \frac{R_1 R_2}{R_1 + R_2} = R_1 \parallel R_2 \tag{7.55}$$

[그림 7-57]의 회로에서 $R_3 = R_1 \parallel R_2$를 비반전단자에 연결하면 바이어스 전류에 의한 영향을 제거할 수 있다. 한편, 입력 오프셋 전류 I_{OS}에 의한 출력전압은 식 (7.56)과 같으며, 통상 $I_{OS} \ll I_B$이므로, 바이어스 전류의 영향을 제거하기 위해 [그림 7-57]의 방법이 사용된다.

$$V_O = R_2 I_{OS} \tag{7.56}$$

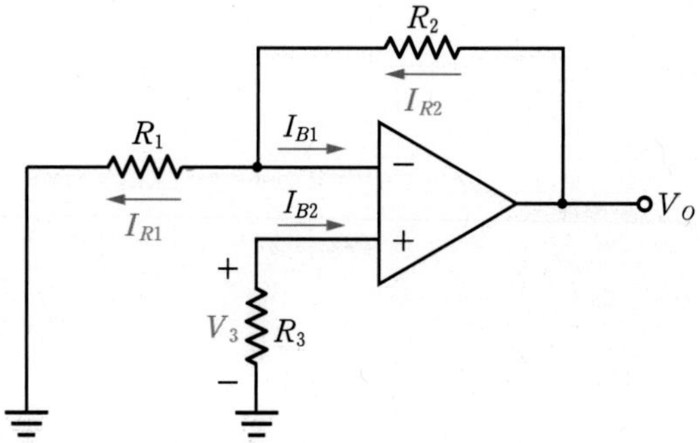

그림 7-57 입력 바이어스 전류 영향의 제거

예제 7-24

[그림 7-58]의 반전가산기 회로에서 입력 바이어스 전류의 영향을 제거하기 위한 저항 R_4의 값을 구하고, R_3가 있는 경우와 없는 경우의 DC 출력전압을 구하라. 단, $R_1 = 43\,\mathrm{k\Omega}$, $R_2 = 62\,\mathrm{k\Omega}$, $R_3 = 62\,\mathrm{k\Omega}$, $R_F = 120\,\mathrm{k\Omega}$이고, $I_B = 100\,\mathrm{nA}$, $I_{OS} = 30\,\mathrm{nA}$이다.

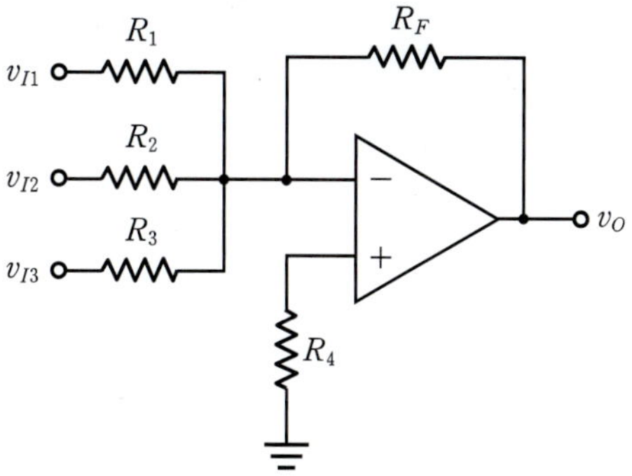

그림 7-58

풀이

- 식 (7.55)를 확장 적용하면, $R_4 = R_1 \parallel R_2 \parallel R_3 \parallel R_F = (43 \parallel 62 \parallel 62 \parallel 120) \times 10^3 \simeq 15\,\mathrm{k\Omega}$
- R_4가 있는 경우의 DC 출력전압 : $V_O = R_F I_{OS} = 120 \times 10^3 \times 30 \times 10^{-9} = 3.6\,\mathrm{mV}$
- R_4가 없는 경우의 DC 출력전압 : $V_O = R_F(I_B + I_{OS}) = 120 \times 10^3 \times 130 \times 10^{-9} = 15.6\,\mathrm{mV}$

확인문제 7-16

폐루프 이득이 $A_v = -8\mathrm{V/V}$이고, 입력저항이 $R_i = 20\mathrm{k\Omega}$인 반전증폭기 회로에서 입력 바이어스 전류의 영향을 제거하기 위해 비반전단자에 연결하는 저항 R_3의 값을 구하라.

답 $R_3 \simeq 18\mathrm{k\Omega}$

점검하기 **다음 각 문제에서 맞는 것을 고르시오.**

(1) 비반전증폭기의 폐루프 이득이 클수록 대역폭은 (**작아진다, 커진다**).
(2) 전압 팔로워의 대역폭은 연산증폭기의 개방루프 대역폭과 같다. (X, O)
(3) 반전증폭기의 대역폭은 연산증폭기의 개방루프 대역폭보다 (**작은, 큰**) 값을 갖는다.
(4) 슬루율은 연산증폭기 출력의 응답속도와 무관하다. (X, O)
(5) 슬루율은 (**소신호, 대신호**) 출력에 영향을 미친다.
(6) 소신호 대역폭 f_H는 최대전력 대역폭 f_{FPBW}보다 큰 값을 갖는다. (X, O)
(7) 연산증폭기의 슬루율 SR이 클수록 높은 주파수와 큰 진폭의 정현파가 왜곡 없이 출력될 수 있다. (X, O)
(8) 연산증폭기의 오프셋 전압은 교류 출력의 스윙 범위를 (**작게, 크게**) 만든다.
(9) 연산증폭기의 입력 바이어스 전류는 연산증폭기 회로의 (AC, DC) 출력전압을 유발한다.
(10) 반전증폭기 회로에서 비반전단자에 저항 $R_3 = R_1 \parallel R_2$를 연결하면, 입력 (**바이어스 전류, 오프셋 전류**)의 영향을 제거할 수 있다.

SECTION
7.6 PSPICE 시뮬레이션 실습

실습 7-1

[그림 7-59]의 계측증폭기 회로를 시뮬레이션하여 vo1, vo2, vout의 파형을 확인하고, 계측증폭기 전체의 이득을 구하라. Amp1과 Amp2에 인가되는 입력 Vin1과 Vin2는 DC 1V, 진폭 0.5V, 주파수 10kHz이며, 180°의 위상 차이를 갖는다.

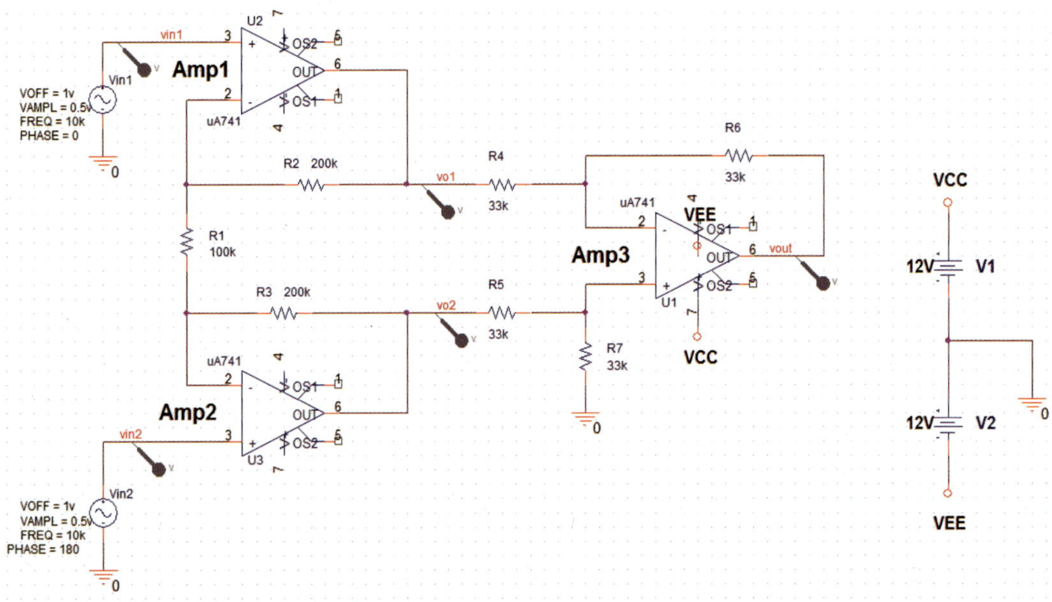

그림 7-59 [실습 7-1]의 시뮬레이션 실습 회로

시뮬레이션 결과

시뮬레이션 결과는 [그림 7-60]과 같으며, 진폭이 0.5V이고 위상이 서로 반대인 입력전압 Vin1과 Vin2는 각각 Amp1, Amp2에 의해 이득 5만큼 증폭되어 vo1과 vo2로 나타난다. 이들 두 전압은 차동증폭기인 Amp3에 의해 vout = vo2 − vo1이 되어 진폭 5V로 출력되며, vo1과 vo2에 포함되어 있는 공통성분인 DC 1V가 제거되었다.

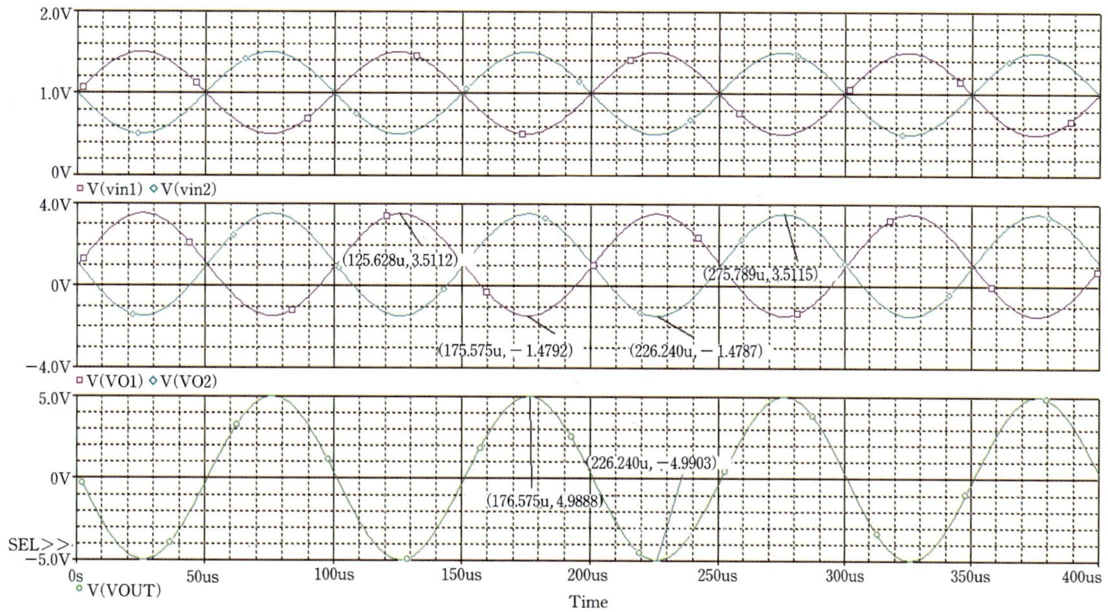

그림 7-60 [실습 7-1]의 시뮬레이션 결과

실습 7-2

[그림 7-61]의 정밀 반파 정류회로를 시뮬레이션하여 입력 v_I와 출력 v_O 그리고 연산증폭기 출력 v_a의 파형을 확인하라.

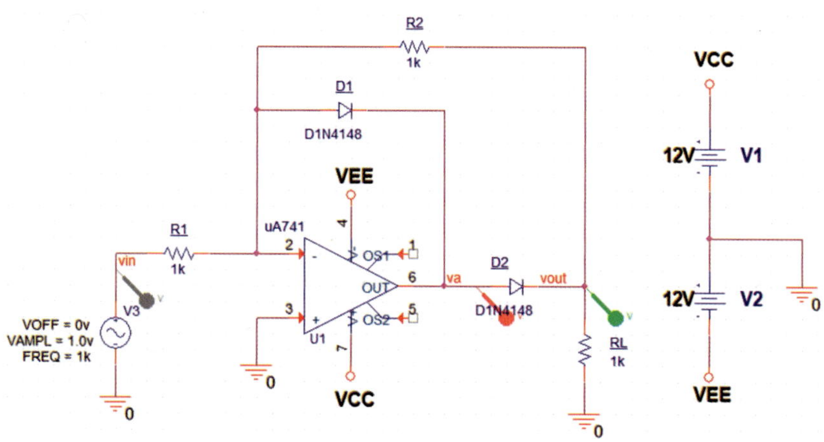

그림 7-61 [실습 7-2]의 시뮬레이션 실습 회로

시뮬레이션 결과

[그림 7-61] 회로의 시뮬레이션 결과는 [그림 7-62]와 같다. 진폭 1V, 주파수 1kHz의 정현파가 연산증폭기의 반전 입력단자로 인가된다. 입력 정현파의 음(−)의 반주기가 반전되어 vout에 출력되고, 양(+)의

반주기 동안 vout 은 0V가 되어 반전 반파 정류회로로 동작함을 확인할 수 있다. vout 에 출력되는 음의 반주기 신호는 입력 정현파와 동일하게 1V의 진폭을 가져 다이오드의 커트-인 전압에 의한 영향이 제거되었음을 알 수 있다.

입력 정현파가 연산증폭기의 반전단자로 인가되므로, 양의 반주기 동안 다이오드 D_2는 개방되고 다이오드 D_1은 도통된다. 도통된 D_1에 의해 연산증폭기의 출력에서 반전단자로 부귀환 경로가 형성되어 연산증폭기의 출력 va는 -0.6V가 된다. 따라서 [그림 7-38(a)]의 정밀 반파 정류회로에서 연산증폭기의 출력이 전원 전압 근처로 포화되는 단점이 제거되어 고속 정밀 반파 정류가 가능하다. [예제 7-16]의 시뮬레이션 결과 [그림 7-40]과 비교한다.

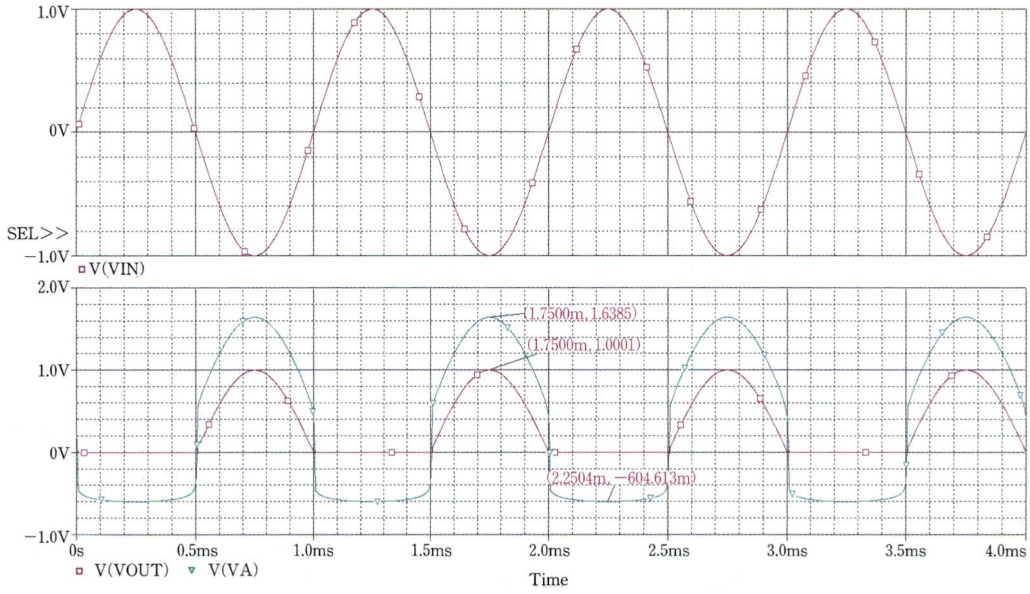

그림 7-62 [실습 7-2]의 시뮬레이션 결과

실습 7-3

[그림 7-63]은 제너 다이오드와 비반전증폭기를 사용한 정전압 생성회로이다. 전원전압 V^+의 변동에 영향받지 않는 일정한 DC 전압이 출력됨을 시뮬레이션을 통해 확인하라. 또한, 저항비 R_2/R_1에 따른 출력 DC 전압을 Parametric Sweep 시뮬레이션을 통해 확인하라. 진폭 0.5V, 주파수 120Hz의 교류 성분(리플ripple)이 DC 10V에 중첩된 상태로 회로에 인가되도록 설정하며, 비반전증폭기의 저항 R_2 값을 10kΩ ~ 25kΩ 범위에서 5kΩ씩 증가시키며 Parametric Sweep 시뮬레이션을 한다.

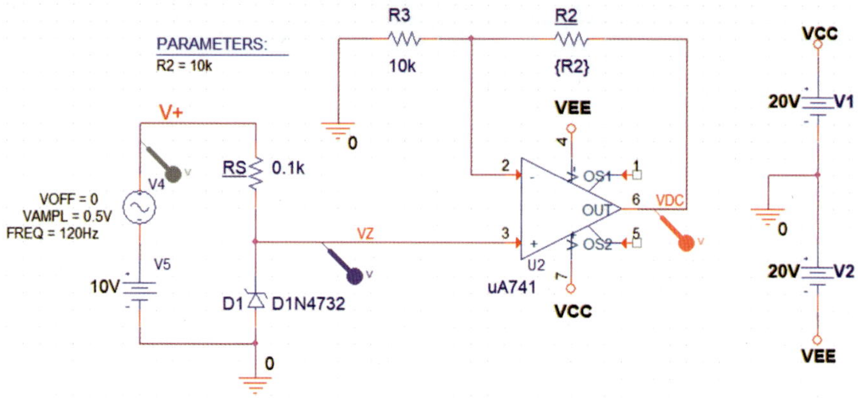

그림 7-63 [실습 7-3]의 시뮬레이션 실습 회로

시뮬레이션 결과

[그림 7-63] 회로의 시뮬레이션 결과는 [그림 7-64]와 같으며, 전원전압 $V+$는 DC 10V에 진폭 0.5V, 주파수 120Hz의 리플이 중첩된 상태로 회로에 인가된다. 전원전압에 중첩된 $V_{pp,\,V+} = 1\mathrm{V}$의 리플에 의해 제너 다이오드의 제너전압은 $4.6931\mathrm{V} \le V_Z \le 4.7067\mathrm{V}$로 $V_{pp,\,Z} = 13.6\mathrm{mV}$의 리플을 갖는 것으로 나타났다. 제너전압 V_Z가 비반전증폭기의 입력으로 인가되어 전압이득 $A_v = 1 + \dfrac{R_2}{R_1}$배 증폭되어 V_{DC}로 출력된다. $R_1 = 10\mathrm{k\Omega}$, $R_2 = 10\mathrm{k\Omega}$인 경우에 $9.3866\mathrm{V} \le V_{DC} \le 9.4139\mathrm{V}$가 출력되며, 10V의 전원 전압 $V+$에 포함된 $V_{pp,\,V+} = 1\mathrm{V}$의 리플이 $V_{pp,\,DC} = 27.3\mathrm{mV}$의 리플로 출력 V_{DC}에 나타난다. $R_1 = 10\mathrm{k\Omega}$로 고정된 상태에서 $R_2 = 10\mathrm{k\Omega}, 15\mathrm{k\Omega}, 20\mathrm{k\Omega}, 25\mathrm{k\Omega}$로 증가함에 따라 $V_{DC} \simeq A_v V_Z$의 DC 전압이 출력되며, 출력 V_{DC}의 리플 크기도 전압이득만큼 증가함을 시뮬레이션 결과에서 확인할 수 있다.

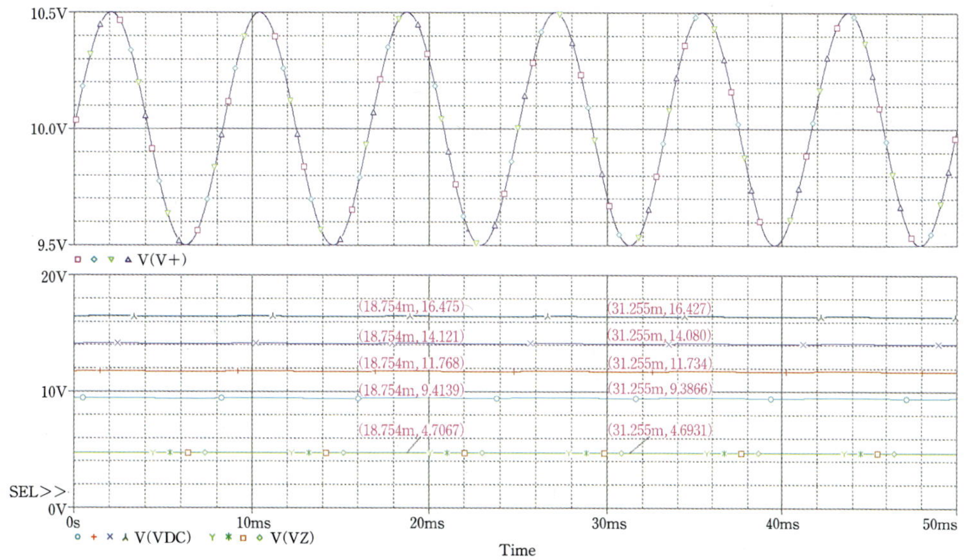

그림 7-64 [실습 7-3]의 시뮬레이션 결과

CHAPTER 07_연습문제

7.1 **다음 중 이상적인 연산증폭기의 특성으로 틀린 것은?** HINT 7.1.1절

㉮ 개방루프 전압이득이 무한대이다. ㉯ 입력저항이 무한대이다.

㉰ 출력저항이 0이다. ㉱ 입력 오프셋 전류가 0이다.

㉲ 단위이득 대역폭이 1이다. ㉳ CMRR이 무한대이다.

7.2 **다음 중 연산증폭기의 특성 파라미터에 대한 설명으로 틀린 것은?** HINT 7.1.1절

㉮ 개방루프 이득은 연산증폭기 자체의 이득이며, 매우 큰 값을 갖는다.

㉯ 슬루율은 연산증폭기 출력전압의 시간당 최소 변화율이며, 큰 진폭을 갖는 대신호 응답특성에 영향을 미친다.

㉰ 단위이득 대역폭은 연산증폭기의 이득이 0dB이 되는 주파수이며, 증폭기 회로의 소신호 대역폭에 영향을 미친다.

㉱ 공통모드 제거비 CMRR는 연산증폭기 두 입력단자에 인가되는 신호의 공통성분을 제거하는 성능을 나타낸다.

㉲ 개방루프 상태의 연산증폭기 두 입력단자에 0V가 인가된 상태에서 출력에 나타나는 DC 전압을 0V로 만들기 위해 필요한 DC 입력전압을 오프셋 전압이라 한다.

7.3 **다음 중 연산증폭기에 대한 설명으로 맞는 것은?** HINT 7.1절

㉮ 연산증폭기는 두 입력전압의 차 difference를 증폭하는 기능을 가지므로, 개방루프 상태로 큰 이득을 갖는 증폭기로 사용될 수 있다.

㉯ 두 입력단자 사이에 가상단락이 성립하면, 두 입력단자를 통해 큰 전류가 흐른다.

㉰ 두 입력단자 사이에 가상단락이 성립하면, 개방회로 입력저항이 0에 가깝게 매우 작다.

㉱ 연산증폭기의 슬루율은 진폭과 주파수가 큰 신호에 영향을 미친다.

㉲ 입력 오프셋 전압은 클수록 바람직하고, 오프셋 전류는 작을수록 바람직하다.

7.4 **연산증폭기 특성 파라미터 중 큰 값일수록 바람직한 것은?** HINT 7.1.1절

㉮ 공통모드 제거비 ㉯ 입력 바이어스 전류 ㉰ 출력저항

㉱ 입력 오프셋 전압 ㉲ 입력 오프셋 전류

7.5 **[그림 7-65]의 회로에 대한 설명으로 틀린 것은? 단, 연산증폭기는 이상적인 특성을 갖는 것으로 가정한다.** HINT 7.2.1절

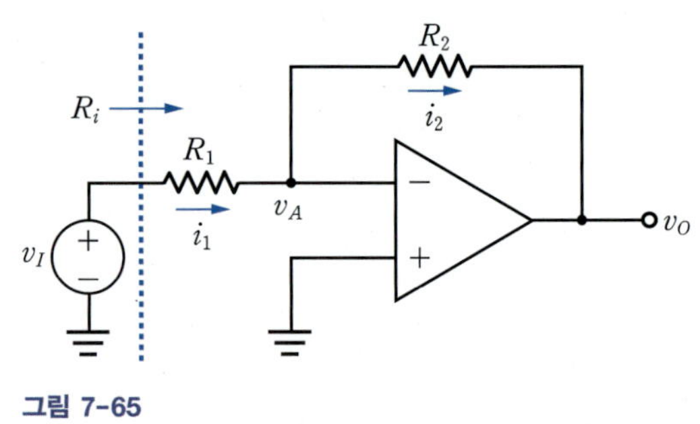

그림 7-65

㉮ 연산증폭기의 반전 입력단자는 가상접지된다.

㉯ 저항 R_2의 값이 고정된 경우, 폐루프 전압이득과 폐루프 입력저항 사이에 상충관계trade-off가 존재한다.

㉰ 큰 폐루프 전압이득과 큰 폐루프 입력저항이 요구되는 경우에 적합하다.

㉱ 입력전압 v_I와 출력전압 v_O는 반전위상 관계를 갖는다.

㉲ 매우 작은 폐루프 출력저항을 갖는다.

7.6 [그림 7-65]의 회로에서 $R_1 = R_2$인 경우에 대한 설명으로 틀린 것은? 단, 연산증폭기는 이상적인 특성을 갖는다고 가정한다. HINT 7.2.1절

㉮ $i_1 \simeq i_2$이다. ㉯ $v_O = -v_I$이다. ㉰ $v_A \simeq v_I$이다.

㉱ $R_i = R_1$이다. ㉲ $v_O = -R_2 i_2$이다.

7.7 [그림 7-65]의 회로에 진폭이 0.5V인 입력신호 v_I가 인가되어 진폭 -2V인 출력신호 v_O가 얻어지기 위한 저항 R_2 값은 얼마인가? 단, 폐루프 입력저항은 $R_{if} = 200\,[\text{k}\Omega]$이고, 이상적인 연산증폭기로 가정한다. HINT 7.2.1절

㉮ $100\text{k}\Omega$ ㉯ $200\text{k}\Omega$ ㉰ $400\text{k}\Omega$ ㉱ $600\text{k}\Omega$ ㉲ $800\text{k}\Omega$ ㉳ $1{,}600\text{k}\Omega$

7.8 [그림 7-65] 회로의 시뮬레이션 결과는 [그림 7-66]과 같다. 이에 대한 설명으로 틀린 것은? 단, [그림 7-66(a)]는 v_I에 인가된 입력 정현파이고, [그림 7-66(b)]는 시뮬레이션으로 얻어진 출력 v_O의 파형이다. HINT 7.2.1절

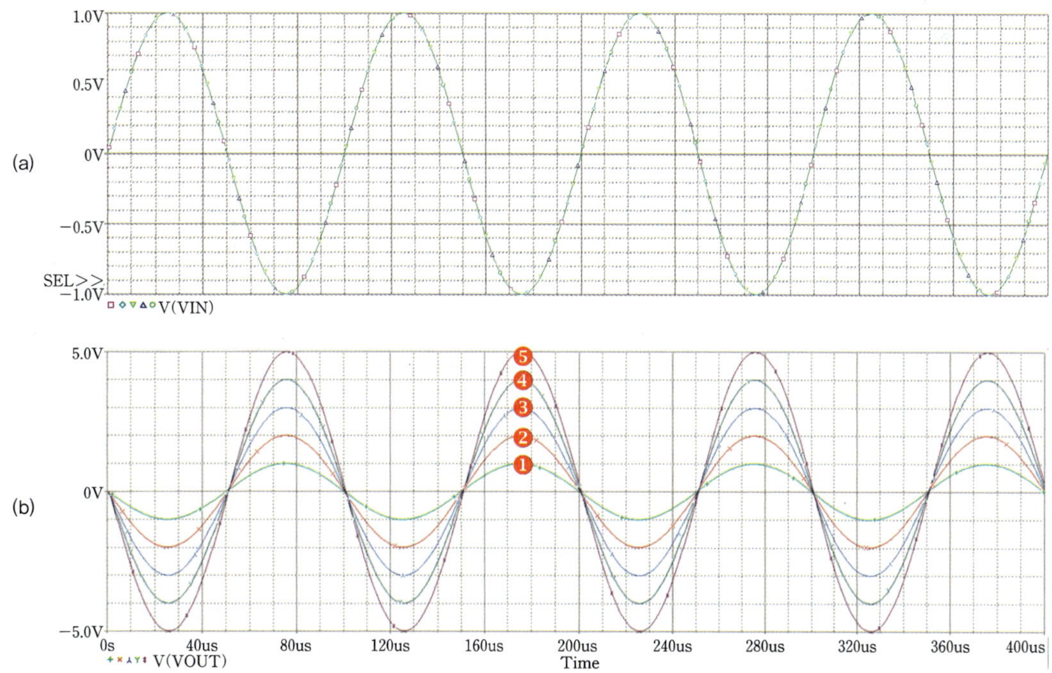

그림 7-66

㉮ 출력파형-❶은 $R_1 = R_2$인 경우의 출력이다.

㉯ 출력파형-❷의 전압이득은 2V/V이다.

㉰ 출력파형-❺는 저항비 R_2/R_1이 가장 작은 경우의 출력이다.

㉱ R_1이 고정된 상태에서, 증폭기의 전압이득 크기는 저항 R_2 값에 비례한다.

㉲ 입력신호 v_I와 출력신호 v_O가 반전위상을 가져 반전증폭기로 동작함을 알 수 있다.

7.9 **[그림 7-67]의 회로에 대한 설명으로 <u>틀린</u> 것은? 단, 이상적인 연산증폭기를 가정한다.** HINT 7.2.2절

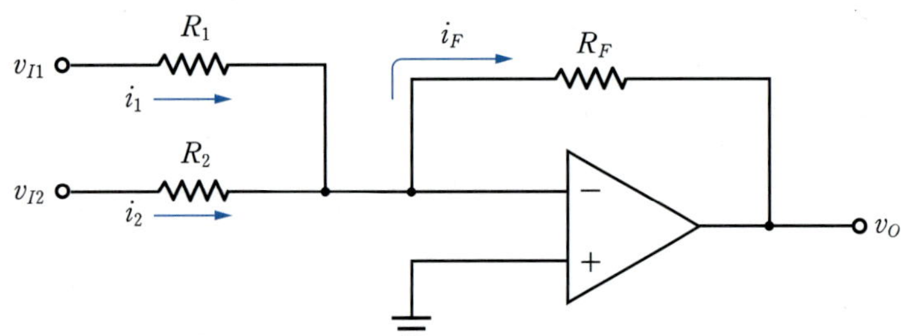

그림 7-67

㉮ $R_F = R_1 = R_2$이면, $v_O = -(v_{I1} + v_{I2})$가 되어 반전가산기로 동작한다.

㉯ 출력전압은 $v_O = -R_F\left(\dfrac{v_{I1}}{R_1} + \dfrac{v_{I2}}{R_2}\right)$이다.

㉰ $i_F \simeq i_1 + i_2$이고, $v_O = -R_F i_F$이다.

㉱ $R_F = 2R_1 = 2R_2$이면, $v_O = -\dfrac{1}{2}(v_{I1} + v_{I2})$가 되어 두 입력전압의 평균이 출력된다.

㉲ $R_1 = R_2 = R$이면, $v_O = -\dfrac{R_F}{R}(v_{I1} + v_{I2})$가 되어 반전가산증폭기로 동작한다.

7.10 **[그림 7-68(a)] 회로의 입력 v_I에 진폭이 1V인 정현파를 인가했을 때, 출력 v_O가 [그림 7-68(b)]와 같이 출력되었다. 고장진단으로 맞는 것은? 단, $\pm V_{\max}$는 전원전압 근처의 포화전압이다.** HINT 7.2.3절

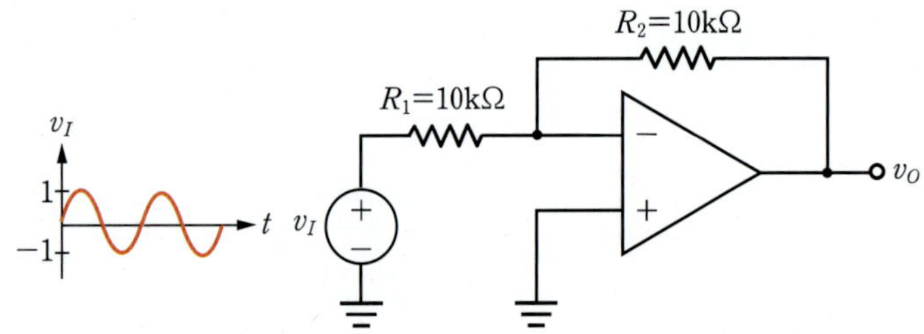

(a)

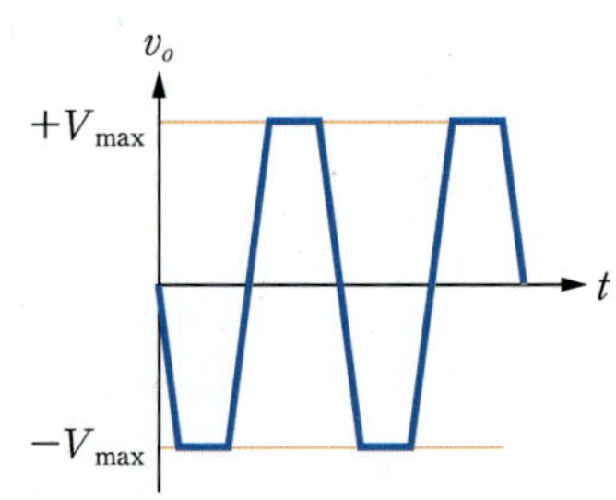

(b)

그림 7-68

㉮ 저항 R_1이 개방되었다.

㉯ 저항 R_2가 개방되었다.

㉰ 저항 R_2가 단락되었다.

㉱ 전원이 올바로 연결되지 않았다.

㉲ 연산증폭기 소자가 손상되어 오동작한 결과이다.

7.11 [그림 7-69]의 연산증폭기 회로에 대한 설명으로 틀린 것은? 단, 이상적인 연산증폭기를 가정한다. HINT 7.3.1절

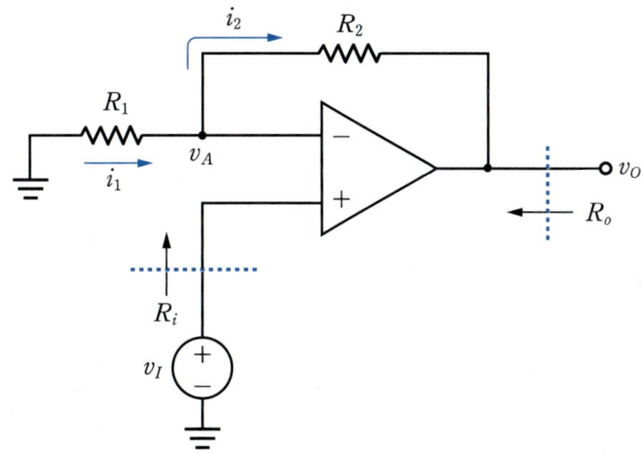

그림 7-69

㉮ $R_1 = R_2$이면, 폐루프 전압이득이 1V/V인 단위이득 전압버퍼로 동작한다.

㉯ 큰 폐루프 전압이득과 큰 폐루프 입력저항이 요구되는 경우에 적합하다.

㉰ 연산증폭기의 두 입력단자 사이에 가상단락이 성립한다.

㉱ $i_1 = i_2$이다.

㉲ 폐루프 전압이득이 R_2/R_1에 비례한다.

7.12 [그림 7-69]의 회로에 대한 설명으로 맞는 것은? 단, 연산증폭기는 이상적인 특성을 갖는다고 가정한다. HINT 7.3.1절

㉮ $i_1 \simeq 0$이다.　㉯ $v_O \simeq v_I$이다.　㉰ $v_O \simeq -R_2 i_2$이다.

㉱ $v_A \simeq v_I$이다.　㉲ $R_i \to 0$이다.　㉳ $R_o \to \infty$이다.

7.13 [그림 7-69] 회로의 폐루프 전압이득으로 맞는 것은? 단, A_{od}는 연산증폭기의 개방루프 이득이다. HINT 7.3.1절

㉮ $-\dfrac{R_2}{R_1}$　㉯ $-\dfrac{R_1}{R_2}$　㉰ $\dfrac{1+R_1/R_2}{1+(1+R_1/R_2)/A_{od}}$

㉱ $\dfrac{R_1+R_2}{R_2}$　㉲ $\dfrac{R_1+R_2}{R_1}$

7.14 [그림 7-69] 회로에서 폐루프 전압이득 $A_v = 16\text{V/V}$가 되기 위한 저항 R_1은 얼마인가? 단, 저항 $R_2 = 45\text{k}\Omega$이다. HINT 7.3.1절

㉮ 3kΩ　㉯ 5kΩ　㉰ 30kΩ

㉱ 50kΩ　㉲ 72kΩ　㉳ 720kΩ

7.15 [그림 7-70]은 [그림 7-69] 회로의 시뮬레이션 결과이다. 이에 대한 설명으로 틀린 것은? 단, [그림 7-70(a)]는 v_I에 인가된 입력 정현파이고, [그림 7-70(b)]는 시뮬레이션으로 얻어진 출력 v_O의 파형이다. HINT 7.3.1절

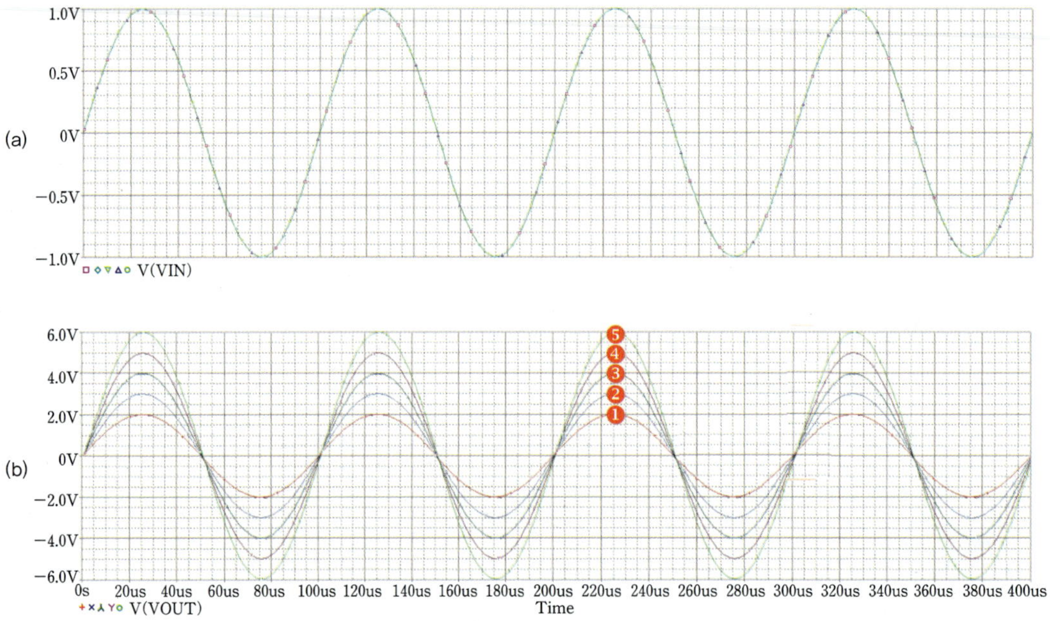

그림 7-70

㉮ 출력파형-❶은 $R_1 = R_2$인 경우의 출력이다.

㉯ 출력파형-❸은 저항비 $\dfrac{R_2}{R_1} = 4$인 경우의 출력이다.

㉰ 출력파형-❺는 저항비 R_2/R_1이 가장 큰 경우의 출력이다.

㉱ R_2가 고정된 상태에서, 증폭기의 전압이득은 저항 R_1 값에 반비례한다.

㉲ 입력신호 v_I와 출력신호 v_O가 동일위상을 가져 비반전증폭기로 동작함을 알 수 있다.

7.16 [그림 7-71] 회로에서 입력전압 $v_I = 1\text{V}$에 대한 출력전압 v_O는 얼마인가? 단, 이상적인 연산증폭기로 가정한다.

HINT 7.3.1절

㉮ 0.25V　　㉯ 1.0V

㉰ 2.25V　　㉱ 2.5V

㉲ 3.0V

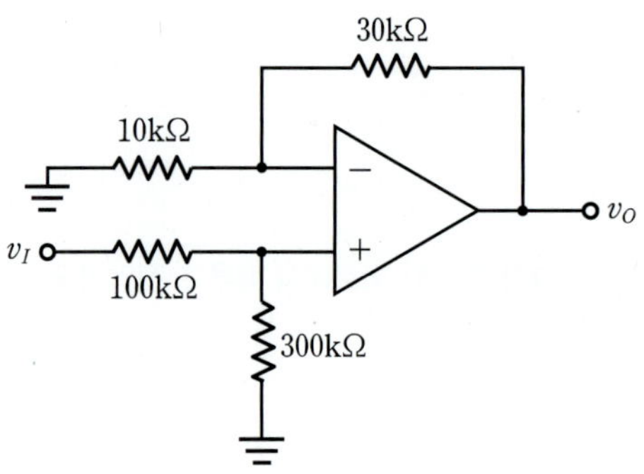

그림 7-71

7.17 [그림 7-72]의 연산증폭기 회로에 대한 설명으로 틀린 것은? 단, 이상적인 연산증폭기로 가정한다. HINT 7.3.2절

㉮ 입력전압 v_I와 출력전압 v_O 사이의 오차가 매우 작다.

㉯ 매우 작은 저항의 부하를 구동하기에 적합하다.

㉰ 임피던스 매핑용 전압버퍼로 사용된다.

㉱ 연산증폭기의 두 입력단자 사이에 가상단락이 성립하므로, $v_O = v_I$가 된다.

㉲ 연산증폭기 자체의 단위이득 대역폭보다 큰 주파수 대역폭을 갖는다.

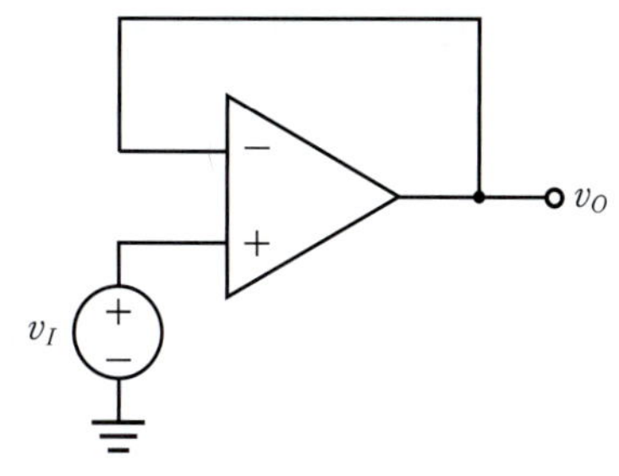

그림 7-72

7.18 [그림 7-73]의 회로가 전압 팔로워로 동작하기 위한 조건으로 맞는 것은? 단, 이상적인 연산증폭기로 가정한다. HINT 7.3.2절

㉮ $R_1 = 0$, $R_2 = 0$ ㉯ $R_1 = \infty$, $R_2 = \infty$

㉰ $R_1 = \infty$, $R_2 = 0$ ㉱ $R_1 = 0$, $R_2 = \infty$

㉲ $R_1 = R_2$ ㉳ $2R_1 = R_2$

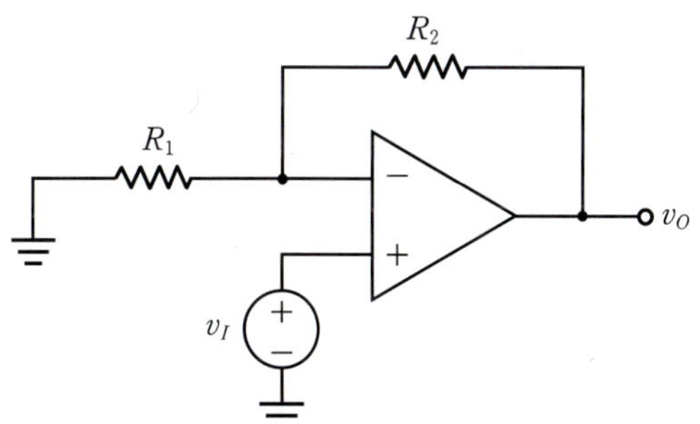

그림 7-73

7.19 전압 팔로워의 용도로 맞는 것은? HINT 7.3.2절

㉮ 전압-전류 변환기 ㉯ 전류-전압 변환기 ㉰ 임피던스 매칭용 전압버퍼

㉱ 전압증폭기 ㉲ 전류증폭기 ㉳ 임피던스 매칭용 전류버퍼

7.20 [그림 7-74]의 회로에 대한 설명으로 틀린 것은? 단, 이상적인 연산증폭기를 가정한다. HINT 7.3.3절

㉮ $R_F = R_A = R_1 = R_2$이면, $v_O = v_{I1} + v_{I2}$가 되어 두 입력전압의 합이 출력된다.

㉯ $R_1 = R_2$이고 $R_F = 0$이면, $v_O = \frac{1}{2}(v_{I1} + v_{I2})$가 되어 두 입력전압의 평균이 출력된다.

㉰ $R_1 = R_2$이고 $R_F = 3R_A$이면, 이득이 2V/V인 가산증폭기로 동작한다.

㉱ $R_1 \ll R_2$이면, 입력 v_{I1}이 출력 v_O에 미치는 영향이 매우 작다.

㉲ $R_1 = R_2$이면, 두 입력전압이 출력에 동일한 영향을 미친다.

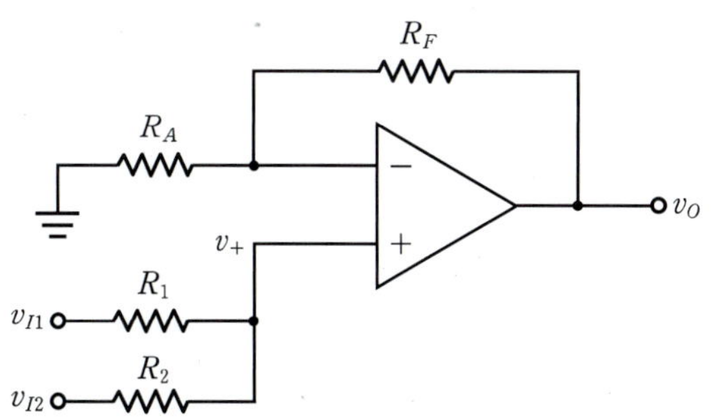

그림 7-74

7.21 [그림 7-75]의 연산증폭기 회로에서 입력 v_I에 진폭이 $1\mathrm{V}$인 정현파를 인가했을 때, 근사적으로 $v_O=v_I$인 파형이 출력되었다. 고장진단으로 맞는 것은? 단, 전원전압은 $\pm 10[\mathrm{V}]$이다. HINT 7.3.4절

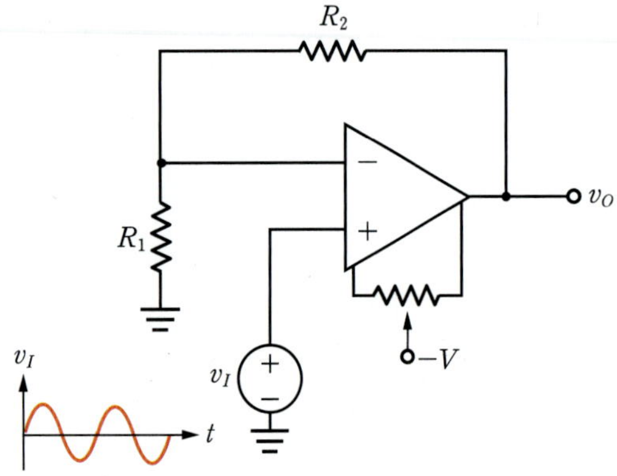

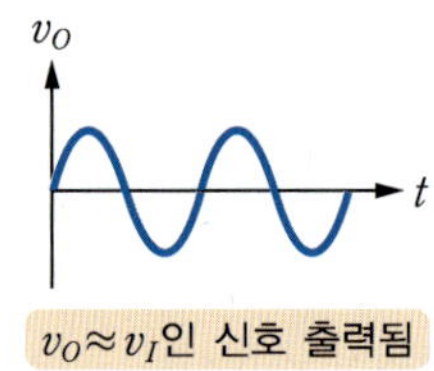

그림 7-75

㉮ 저항 R_1이 단락되었다.

㉯ 저항 R_2가 단락되었다.

㉰ 저항 R_2가 개방되었다.

㉱ 전원이 올바로 연결되지 않았다.

㉲ 출력 오프셋 조정이 잘못되었다.

7.22 [그림 7-76]의 회로에 대한 설명으로 틀린 것은? 단, 이상적인 연산증폭기를 가정한다. HINT 7.4.1절

㉮ $\dfrac{R_2}{R_1}=\dfrac{R_4}{R_3}$이면, 두 입력전압의 차 $v_{I2}-v_{I1}$를 증폭한다.

㉯ $R_1=R_3$, $R_2=R_4$이면, 두 입력전압의 차 $v_{I2}-v_{I1}$를 증폭한다.

㉰ 차동이득과 차동 입력저항 사이에 상충관계가 존재한다.

㉱ 매우 큰 차동 입력저항을 갖는다.

㉲ 차동 입력저항은 $R_{id}=R_1+R_3$이다.

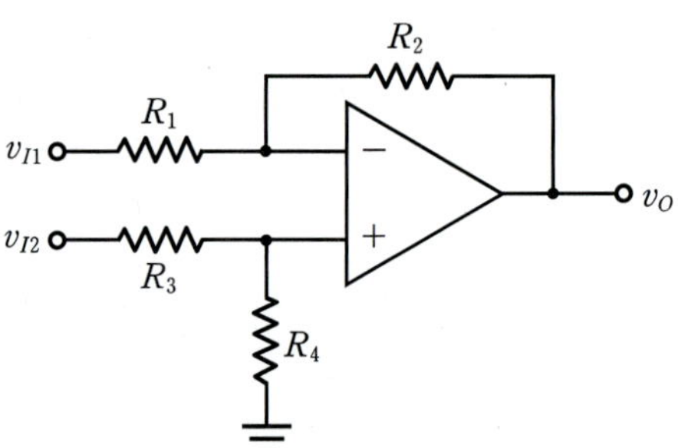

그림 7-76

7.23 [그림 7-77] 회로의 출력전압으로 맞는 것은? 단, 이상적인 연산증폭기를 가정한다. HINT 7.4.1절

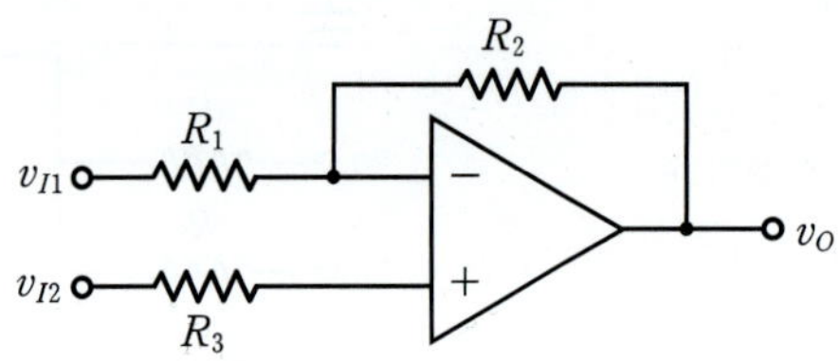

그림 7-77

㉮ $-\dfrac{R_2}{R_1}v_{I1}+v_{I2}$

㉯ $\dfrac{R_2}{R_1}(v_{I2}-v_{I1})$

㉰ $\dfrac{R_2}{R_1}(v_{I2}-v_{I1})+v_{I2}$

㉱ $\dfrac{R_2}{R_1}(v_{I1}-v_{I2})+v_{I1}$

㉲ $-\dfrac{R_2}{R_1}v_{I1}+R_3v_{I2}$

7.24 [그림 7-78]의 회로에서 출력전압 v_O로 맞는 것은? 단, $\frac{R_2}{R_1} = \frac{R_4}{R_3} = 1$이며, 이상적인 연산증폭기를 가정한다.

HINT 7.4.1절

㉮ $v_{I1} - v_{I2}$

㉯ $v_{I2} - v_{I1}$

㉰ $v_{I1} - 2v_{I2}$

㉱ $2v_{I2} - v_{I1}$

㉲ $\frac{1}{2}v_{I2} - v_{I1}$

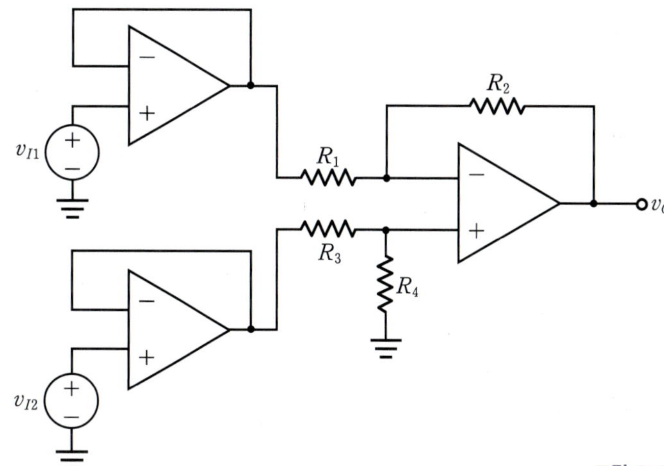

그림 7-78

7.25 [그림 7-79]의 회로에 대한 설명으로 맞는 것은? 단, 이상적인 연산증폭기를 가정한다. HINT 7.4.2절

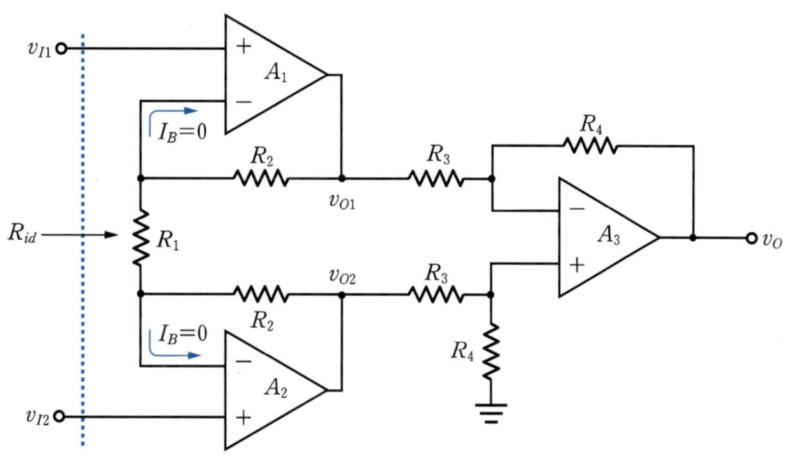

그림 7-79

㉮ 전체 회로의 전압이득은 저항비 R_4/R_3에 비례한다.

㉯ 저항 R_1의 값은 전체 회로의 전압이득에 영향을 미치지 않는다.

㉰ 두 입력전압의 차 $(v_{I1} - v_{I2})$를 증폭한다.

㉱ 매우 큰 차동 입력저항 R_{id}를 가지므로, 앞단 회로에 미치는 부하효과가 매우 커서 전류증폭기로 적합하다.

㉲ 매우 큰 차동 입력저항 R_{id}를 가지므로, 앞단 회로에 미치는 부하효과가 매우 작아서 전압을 측정하는 계측기 회로의 출력단 증폭기로 적합하다.

7.26 [그림 7-80]의 회로에 대한 설명으로 맞는 것은? HINT 7.4.3절

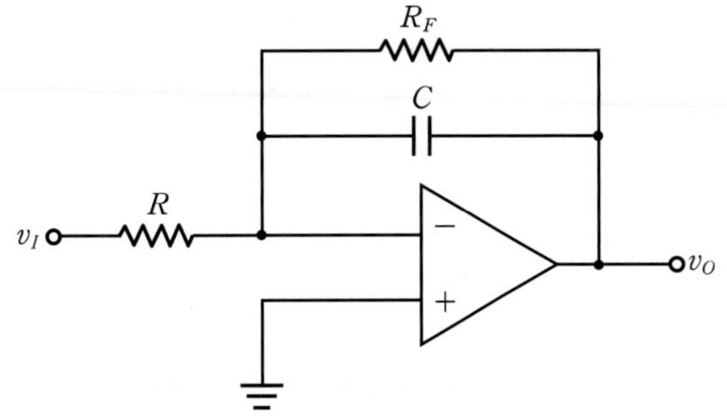

그림 7-80

㉮ 입력 v_I에 DC가 인가되면, 저항 R_F에 의해 반전적분기로 동작한다.

㉯ 저항 R_F는 DC 입력에 의해 연산증폭기 출력이 포화되는 것을 방지하는 역할을 한다.

㉰ 저항 R_F의 값이 작을수록 이상적인 적분기 특성에 가까워진다.

㉱ R_FC 값이 클수록 적분 속도가 빠르다.

㉲ 저항 R_F의 값이 작을수록 v_I에 포함된 DC 성분에 의해 출력 v_O가 쉽게 포화된다.

7.27 [그림 7-81]의 회로에 그림과 같은 구형파 v_I를 인가했을 때, 출력 v_O의 파형은? 단, 이상적인 연산증폭기를 가정한다. HINT 7.4.3절

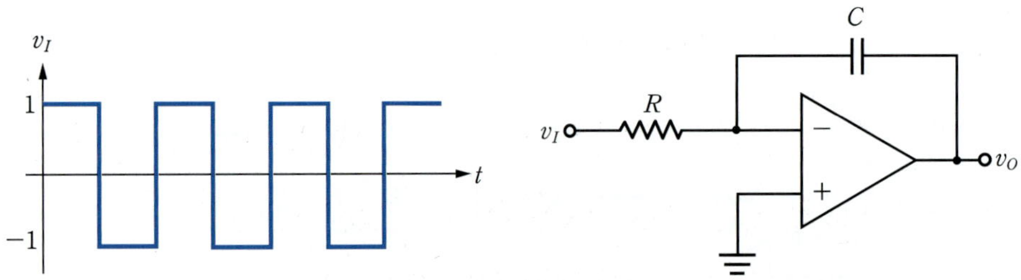

그림 7-81

㉮ DC 전압 ㉯ 톱니파 ㉰ 사각파 ㉱ 정현파 ㉲ 삼각파

7.28 [그림 7-82] 회로의 v_I에 정현파가 인가되는 경우, 회로의 동작으로 맞는 것은? 단, 회로에 인가되는 전원전압은 V_{CC}와 $-V_{EE}$이다. HINT 7.4.4절

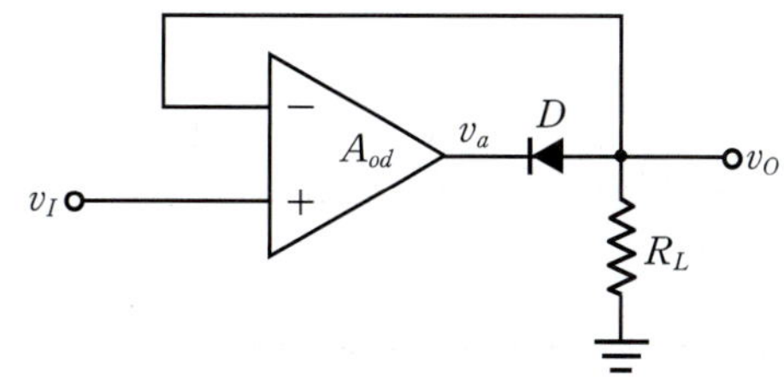

그림 7-82

㉮ $v_I < 0$인 음의 반주기를 출력하는 반파 정류회로이다.

㉯ $v_I > 0$인 양의 반주기 동안 연산증폭기 출력전압 V_a는 음의 전원전압 $-V_{EE}$ 근처로 포화된다.

㉰ $v_I < 0$인 음의 반주기 동안 입출력 전달특성의 기울기는 -1V/V이다.

㉱ 다이오드의 커트-인 전압보다 작은 진폭의 정현파는 정류할 수 없다.

㉲ 고속 정밀 반파 정류가 가능하다.

7.29 [그림 7-82] 회로의 입출력 전달특성으로 맞는 것은? HINT 7.4.4절

㉮

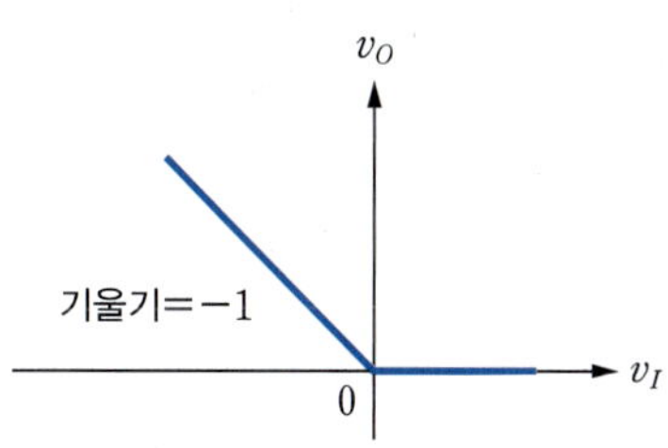

㉯

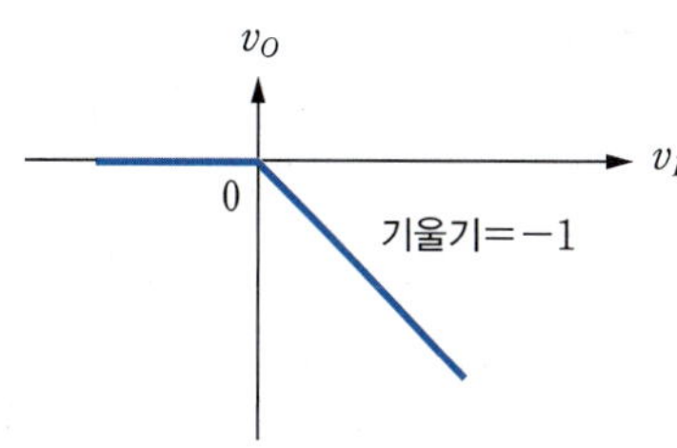

㉰

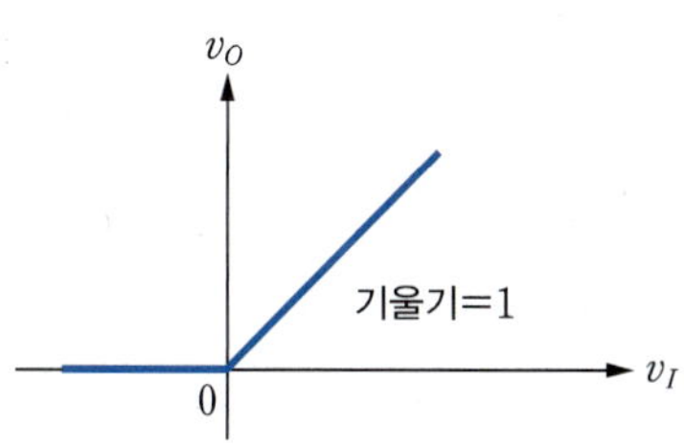

㉱

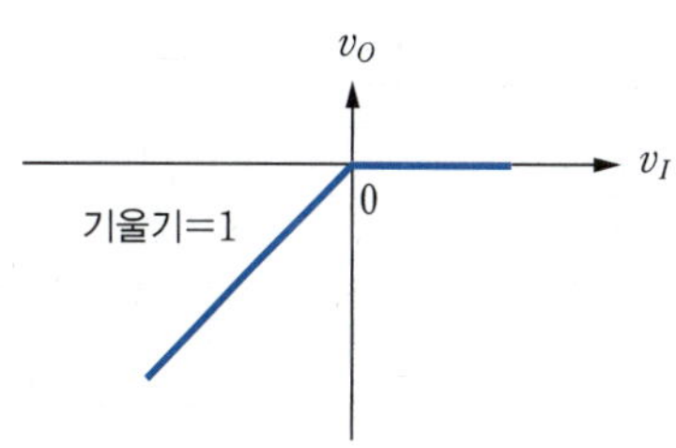

㉲

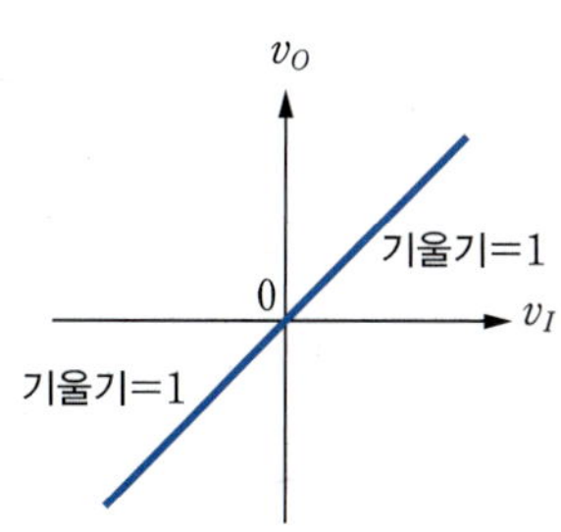

7.30 [그림 7-83]의 개방루프 주파수 특성을 갖는 연산증폭기를 사용하여 폐루프 전압이득이 100V/V인 비반전증폭기를 설계했다. 증폭기의 대역폭은 얼마인가? HINT 7.5.1절

㉮ 1Hz

㉯ 10Hz

㉰ 1kHz

㉱ 10kHz

㉲ 1MHz

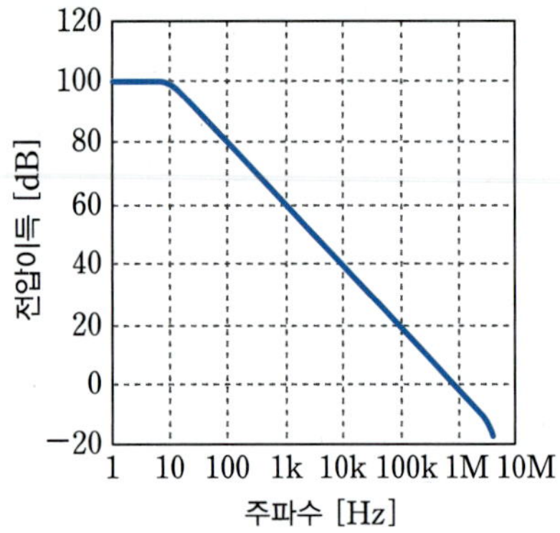

그림 7-83

7.31 [그림 7-83]의 개방루프 주파수 특성을 갖는 연산증폭기를 사용한 전압 팔로워의 대역폭은 얼마인가? HINT 7.5.1절

㉮ 10Hz ㉯ 1kHz ㉰ 10kHz ㉱ 0.5MHz ㉲ 1MHz

7.32 10MHz의 이득-대역폭 곱을 갖는 연산증폭기를 사용하여 폐루프 전압이득 $A_v = 40\,\text{dB}$인 비반전증폭기를 설계했다. 증폭기의 대역폭은 얼마인가? HINT 7.5.1절

㉮ 0.1MHz ㉯ 1MHz ㉰ 10MHz ㉱ 40MHz ㉲ 400MHz

7.33 연산증폭기의 주파수 응답특성에 대한 설명으로 맞는 것은? HINT 7.5.1절

㉮ 반전증폭기의 폐루프 이득과 대역폭 사이에 비례 관계가 성립한다.

㉯ 폐루프 이득이 −1인 반전증폭기의 대역폭은 전압 팔로워의 대역폭과 같다.

㉰ 반전증폭기의 폐루프 이득이 클수록 대역폭이 크다.

㉱ 반전증폭기와 비반전증폭기의 폐루프 이득의 크기가 같으면, 대역폭도 같다.

㉲ 전압 팔로워의 대역폭은 사용된 연산증폭기의 단위이득 대역폭과 같다.

7.34 연산증폭기의 슬루율에 대한 설명으로 맞는 것은? HINT 7.5.2절

㉮ 슬루율이 크면, 연산증폭기 출력의 응답속도가 빠르다.

㉯ 슬루율이 작으면, 주파수에 무관하게 큰 진폭의 정현파 출력을 왜곡 없이 출력할 수 있다.

㉰ 슬루율과 소신호 대역폭은 반비례 관계를 갖는다.

㉱ 슬루율과 최대전력 대역폭 f_{FPBW}은 반비례 관계를 갖는다.

㉲ 비반전증폭기 회로의 폐루프 전압이득이 클수록 슬루율의 영향을 적게 받는다.

7.35 전압 팔로워 회로에 [그림 7-84]의 파형-B, 파형-C, 파형-D의 신호가 인가될 때 회로의 동작으로 틀린 것은? 단, 파형-A는 슬루율에 의해 왜곡된 연산증폭기 출력을 나타낸다. HINT 7.5.2절

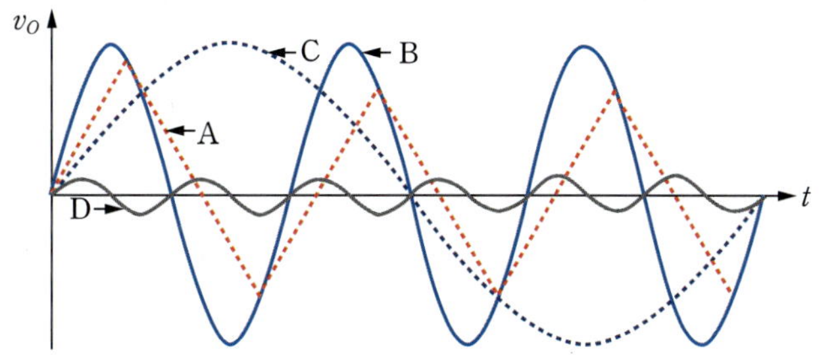

그림 7-84

㉮ 파형-B의 신호는 진폭이 크고 주파수도 높으므로 슬루율의 영향을 받아 파형-A와 같이 출력된다.

㉯ 파형-C의 신호는 진폭은 크나 주파수가 낮으므로 슬루율의 영향을 받지 않는다.

㉰ 파형-D의 신호는 주파수는 높으나 진폭이 작으므로 슬루율의 영향을 받지 않는다.

㉱ 전압 팔로워는 전압이득이 1V/V이므로, 주파수에 무관하게 큰 진폭의 정현파를 왜곡 없이 출력할 수 있다.

㉲ 파형-A의 기울기 절댓값이 연산증폭기의 슬루율을 나타낸다.

7.36 계단파 입력에 대한 어떤 연산증폭기의 출력이 [그림 7-85]와 같을 때 슬루율은 얼마인가? HINT 7.5.2절

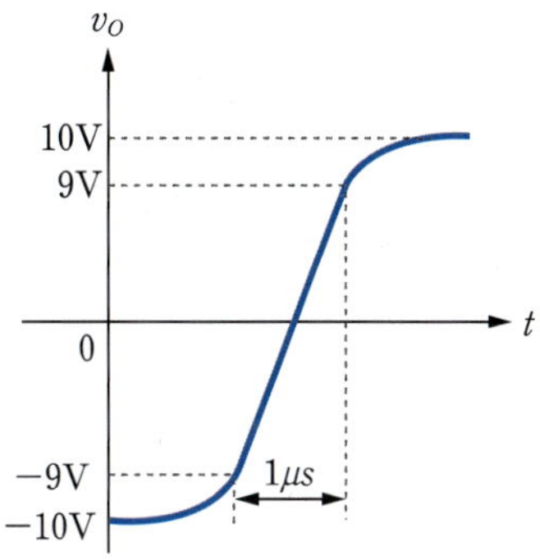

그림 7-85

㉮ $4.5\,V/\mu s$ ㉯ $9\,V/\mu s$ ㉰ $10\,V/\mu s$ ㉱ $18\,V/\mu s$ ㉲ $20\,V/\mu s$

7.37 슬루율이 $SR = 2\,V/\mu s$ 인 연산증폭기의 정격 출력전압이 $V_{o,rated} = 10\,V$ 인 경우에 최대전력 대역폭 f_{FPBW}는 얼마인가? HINT 7.5.2절

㉮ 3.18 kHz ㉯ 31.8 kHz ㉰ 1.59 kHz ㉱ 15.9 kHz ㉲ 20 kHz

7.38 슬루율이 $SR = 2.6\,V/\mu s$ 인 연산증폭기를 사용한 전압 팔로워에 주파수가 100 kHz 인 정현파가 입력된다. 출력에 왜곡이 발생되지 않기 위해 허용 가능한 입력 정현파 전압의 최대 진폭은 얼마인가? HINT 7.5.2절

㉮ 2.6V ㉯ 3.2V ㉰ 4.14V ㉱ 5.8V ㉲ 8.28V

7.39 [그림 7-86]의 회로에서 저항 R_3의 역할로 맞는 것은?

HINT 7.5.2절

㉮ 반전증폭기의 입력저항을 크게 만든다.

㉯ 반전증폭기의 폐루프 전압이득에 영향을 미친다.

㉰ 입력 오프셋 전류에 의한 DC 출력전압을 제거한다.

㉱ 입력 바이어스 전류에 의한 DC 출력전압을 제거한다.

㉲ 가능하면 큰 저항값을 사용하는 것이 바람직하다.

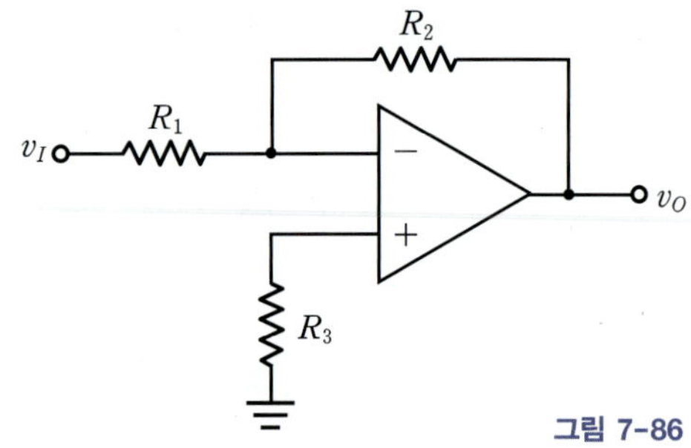

그림 7-86

7.40 [그림 7-86]의 회로에서 저항 R_3 값으로 적합한 것은? 단, $R_1 = 10\text{k}\Omega$, $R_2 = 30\text{k}\Omega$이다. HINT 7.5.2절

㉮ $7.5\text{k}\Omega$ ㉯ $10\text{k}\Omega$ ㉰ $20\text{k}\Omega$ ㉱ $30\text{k}\Omega$ ㉲ $40\text{k}\Omega$

7.41 심화 [그림 7-87] 회로에서 출력전압 v_{O1}과 v_{O2}의 관계를 구하라. 단, 이상적인 연산증폭기로 가정한다.

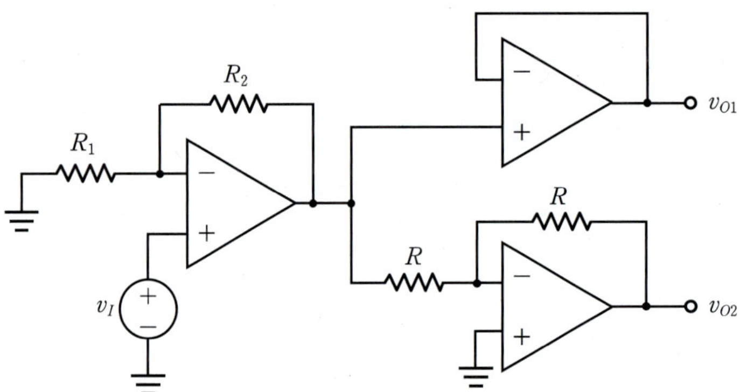

그림 7-87

7.42 심화 [그림 7-88]의 회로에 대해 답하라. 단, 연산증폭기들은 모두 동일한 특성을 가지며, 연산증폭기의 단위이득 대역폭은 $f_T = 4\text{MHz}$ 이고, 전원전압은 $\pm 12[\text{V}]$가 사용되었다.

(a) 회로B의 출력이 $v_{OB} = -3.3v_{OA}$가 되도록 저항 R_B의 값을 결정하라.

(b) 회로B의 단점을 설명하고, 이를 개선하기 위해 회로A를 추가하는 경우에 회로A의 회로도를 그리고, 회로A의 특징과 기능(용도)을 설명하라.

(c) 회로C에 대해 $v_{OC} = 3.0v_C$가 되도록 R_C 값을 구하라.

(d) 회로D에서 저항 R_D의 역할을 설명하고, 그 값을 결정하라.

(e) 회로D의 명칭을 쓰고, 출력전압 v_O를 v_{OB}와 v_{OC}로 표현하라.

(f) 회로B의 중대역 이득이 $|A_{CLO}| = 4\text{V/V}$인 경우에 대역폭 f_{3dB}를 구하고, 중대역 이득과 대역폭의 관계를 설명하라.

(g) 회로A의 증폭기가 $v_{OA} = 6.0\sin(500\times10^3)t[\text{V}]$의 정현파 신호를 슬루율에 의한 왜곡 없이 출력해야 한다. 연산증폭기의 슬루율은 얼마 이상 되어야 하는가?

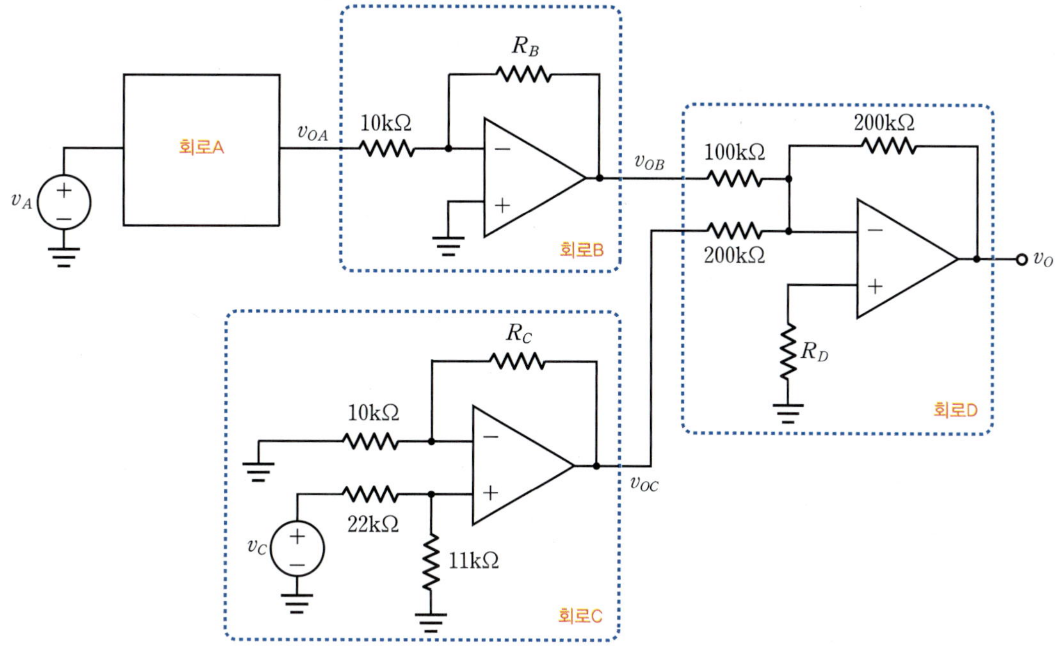

그림 7-88

7.43 심화 **[그림 7-89(a)]의 회로에 대해 답하라. 연산증폭기는 모두 동일한 특성을 가지며, 단위이득 대역폭은 $f_T = 6\text{MHz}$ 이고, 전원전압은 $\pm 10[\text{V}]$가 사용되었다.**

(a) [그림 7-89(a)]의 회로A에 $v_A = 0.5\sin wt[\text{V}]$의 정현파가 인가되어 [그림 7-89(b)]와 같이 회로A의 출력전압 v_{OA}가 출력되도록 저항 R_1, R_2의 값을 결정하라. 단, 입력 v_A가 보는 입력저항이 $R_{iA} = 100\text{k}\Omega$이 되도록 한다.

(b) 회로A에서 저항 R_A의 역할을 설명하고, 값을 결정하라.

(c) 회로A에 [그림 7-89(b)]의 파형과 같이 $v_A = 0.5\sin wt[\text{V}]$의 정현파를 인가하였더니 v_{OA}가 [그림 7-89(c)]와 같이 출력되었다면, 어느 곳에 어떤 문제가 있는지 고장진단을 하라.

(d) [그림 7-89(c)]로부터, 회로A에 사용된 연산증폭기의 슬루율은 얼마인가?

(e) 회로B의 소신호 대역폭 $f_{3dB,B}$를 구하라.

(f) [그림 7-89(a)]의 회로에 [그림 7-89(b)]의 정현파 입력 $v_A = v_B = 0.5\sin\omega t[\text{V}]$가 인가되는 경우에 출력전압 v_O의 파형을 그려라. 단, 회로A는 문제(a)에서 설계된 결과를 적용하며, $R_F = 2R_C$이다.

(g) [그림 7-89(a)]에서 회로C의 단점을 설명하고, 단점을 개선(제거)할 수 있는 회로를 그려서 단점이 개선되는 이유를 설명하라.

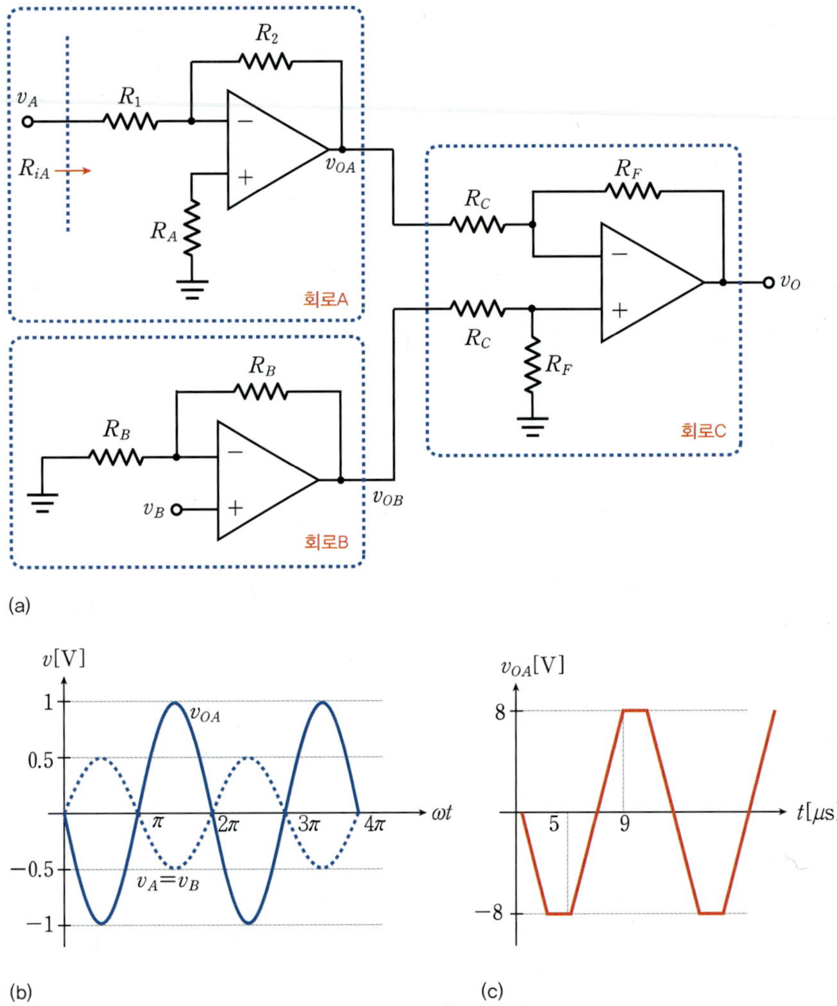

그림 7-89

7.44 심화 [그림 7-90]의 T형 귀환회로를 갖는 반전증폭기의 폐루프 전압이득 $A_v = \dfrac{v_O}{v_I}$를 구하라. 단, 이상적인 연산증폭기로 가정한다.

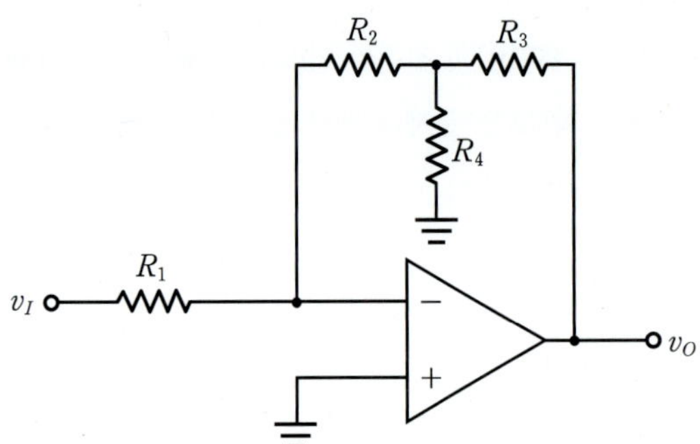

그림 7-90

7.45 심화 [그림 7-41(a)] 회로에서 연산증폭기의 개방회로 이득이 $A_{od}=200{,}000\mathrm{V/V}$로 이상적이지 않은 경우에 출력 v_O를 구하고, $R_1=R_2$인 경우에 다이오드의 커트-인 전압 V_γ에 의한 출력전압의 감쇄를 구하라. 단, $V_\gamma=0.64\mathrm{V}$이다.

7.46 심화 uA741 연산증폭기를 이용한 전압 팔로워가 $800\mathrm{kHz}$의 단위이득 대역폭으로 동작할 수 있는 정현파 입력의 최대 진폭을 구하라. 단, uA741 연산증폭기의 슬루율은 $S=0.5\mathrm{V}/\mu\mathrm{s}$이다.

7.47 심화 uA741 연산증폭기를 사용하여 $v_o=500v_1+v_2$이고 대역폭이 $20\mathrm{kHz}$인 증폭기를 설계하라. 단, uA741 연산증폭기의 단위이득 대역폭은 $f_T=1\mathrm{MHz}$이다.

7.48 심화 [그림 7-91]의 증폭기에 입력 $v_I(t)=0.5\sin\omega t[\mathrm{V}]$의 정현파가 인가되며, 소신호 대역폭은 $f_{3dB}=600\mathrm{kHz}$가 되어야 한다. [표 7-10]에 나열된 연산증폭기 중에서 어느 것이 적합한지를 선택하고, 그 이유를 구체적으로 설명하라. 연산증폭기의 파라미터는 [표 7-10]과 같으며, 전원전압은 $\pm 12[\mathrm{V}]$가 사용된다.

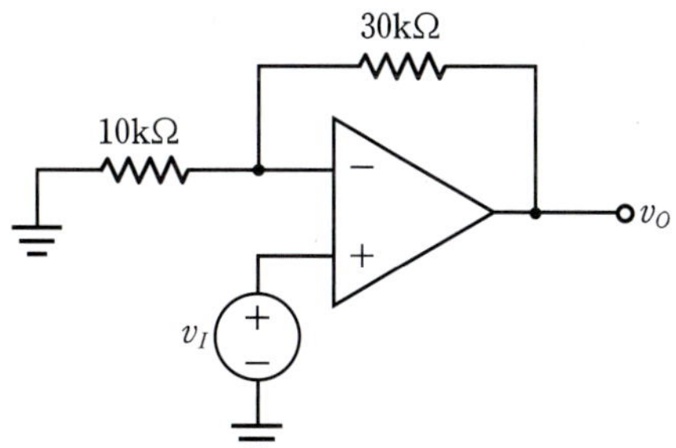

그림 7-91

표 7-10

연산증폭기 파라미터	연산증폭기 이름			
	A	B	C	D
개방회로 전압이득 [V/V]	150,000	100,000	120,000	90,000
단위이득 대역폭 f_T [MHz]	1.2	3.5	4.2	2.1
슬루율 [V/μs]	1.0	9.1	3.5	11.2
CMRR [dB]	90	95	85	100

7.49 심화 [그림 7-92] 회로의 입력전압 v_I와 출력전압 v_O 사이의 관계를 구하고, 회로의 기능을 설명하라. 단, 이상적인 연산증폭기로 가정한다.

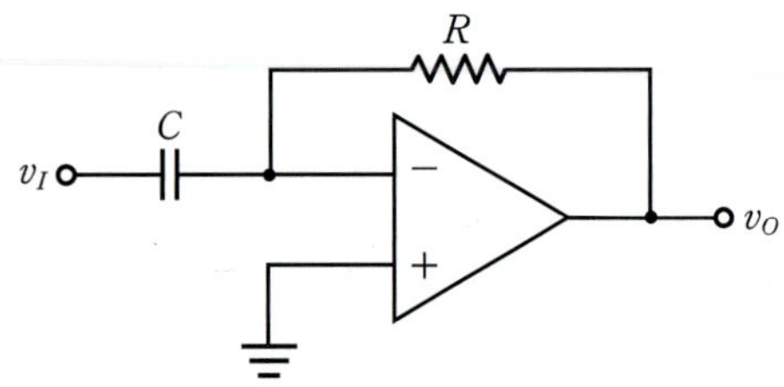

그림 7-92

7.50 심화 연산증폭기를 이용한 전압 팔로워에 [그림 7-93]과 같은 삼각파가 인가되는 경우, 출력이 왜곡되지 않을 삼각파의 최대 주파수는 얼마인가? 단, 연산증폭기의 슬루율은 $S = 8\text{V}/\mu\text{s}$ 이다.

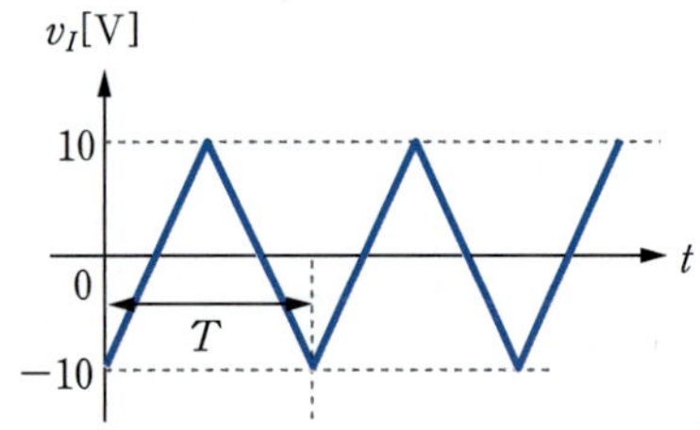

그림 7-93

CHAPTER

08

정현파 발진기 및 파형 생성기 회로

Sinusoidal Oscillators and Waveform Generators

학습목표

- 발진의 기본 개념과 여러 가지 정현파 발진기 회로의 동작과 특성을 이해한다.
- 연산증폭기를 이용한 슈미트 트리거 회로의 동작과 특성을 이해한다.
- 슈미트 트리거를 이용한 구형파 및 삼각파 발생 회로의 동작과 특성을 이해한다.
- 555 타이머 IC를 이용한 구형파 및 펄스 발생기의 동작과 특성을 이해한다.

8장 정현파 발진기 및 파형 생성기 회로

8.1 기초 다지기	8.2 정현파 발진기	8.3 슈미트 트리거와 응용회로	8.4 555 타이머 IC 응용회로
발진조건	*RC* 발진기 (위상이동 발진기, 빈 브릿지 발진기)	반전 슈미트 트리거	555 타이머 IC를 이용한 구형파 발생기
단순 비교기와 재생 비교기	*LC* 동조 발진기 (콜피츠 발진기, 하틀리 발진기)	비반전 슈미트 트리거	555 타이머 IC를 이용한 펄스 발생기
555 타이머 IC		슈미트 트리거를 이용한 구형파 발생기	
멀티바이브레이터		슈미트 트리거를 이용한 삼각파 발생기	

PSPICE 시뮬레이션 실습

지금까지는 다이오드, MOSFET, BJT, 연산증폭기 등 아날로그 전자회로를 구성하는 소자와 증폭기 회로들을 다루었다. 증폭기 회로는 기본적으로 DC 바이어스가 인가된 상태에서 교류 입력신호를 인가하면 출력신호가 얻어지는 공통적인 특성을 갖는다. 이 책의 마지막 장인 8장에서는 외부의 입력신호 없이 회로 자체의 동작에 의해 특정 주파수의 정현파 또는 구형파 신호가 생성되는 발진기oscillator 회로에 대해 살펴본다. 또한, 구형파 및 펄스 발생기 응용회로에 널리 사용되는 슈미트 트리거Schmitt trigger와 555 타이머 IC에 대해서도 알아본다.

이 장에서는 정현파 발진기와 구형파 및 펄스 발생기의 구성과 동작 특성에 대해 다룬다.

❶ 바르크하우젠 발진조건과 정현파 발진기 회로의 구조와 동작 특성
❷ 반전 및 비반전 슈미트 트리거 회로의 구조와 동작 특성
❸ 슈미트 트리거를 이용한 구형파 및 삼각파 발생기 회로
❹ 555 타이머 IC를 이용한 구형파 및 펄스 발생기 회로
❺ 슈미트 트리거 응용회로의 PSPICE 시뮬레이션

8장 핵심요약

SECTION 8.1

기초 다지기

증폭기 회로가 특정한 정귀환positive feedback 조건을 만족하면, 외부의 입력신호 없이 정현파가 발생되는 발진기로 동작한다. 이때의 특정 정귀환 조건을 바르크하우젠의 발진조건이라고 하며, 정현파 발진기 회로의 동작을 이해하는 데 기초가 된다. 구형파, 삼각파, 펄스 등의 비정현파 신호를 생성하기 위해서는 슈미트 트리거, 555 타이머 IC 등의 소자가 사용된다. 이 절에서는 이들 소자의 구조와 동작 특성에 대해 살펴본다. 또한, 구형파 신호의 형태에 따른 멀티바이브레이터 회로의 종류에 대해 살펴본다.

8.1.1 발진조건

귀환증폭기 회로가 발진하기 위해서는 어떤 조건을 만족해야 하는가?

[그림 8-1]은 정현파 발진기의 기본 구조를 보여준다. 개방루프 이득이 $A(s)$인 기본 증폭기와 귀환율 $\beta(s)$를 갖는 주파수 선택적frequency selective 귀환회로, 그리고 출력을 샘플링하는 부분으로 구성된다. 실제 발진기 회로에서는 외부의 입력신호 X_S가 인가되지 않는다. 기본 증폭기를 통해 증폭된 출력신호 X_o는 귀환회로를 통해 기본 증폭기의 입력 쪽으로 귀환된다.

6.1.3절에서 설명한 귀환증폭기의 폐루프 이득을 이용하여 발진조건을 유도해 본다. [그림 8-1]에서 귀환신호 X_{fb}가 음(−)의 부호로 귀환되는 부귀환을 가정하면, 폐루프 이득은 식 (8.1)과 같다. 식 (6.2)와 동일한 형태이며, 단지 개방루프 이득 $A(s)$와 귀환율 $\beta(s)$에 주파수가 포함된 점만 다르다. 6장에서는 귀환회로가 저항소자로만 구성되었다. 발진기 회로에서는 정귀환을 만들기 위해 커패시터, 인덕터 등 주파수 선택적 특성을 갖는 소자가 포함되므로, $\beta(s)$로 표현됨에 주목한다.

$$A_f(s) = \frac{A(s)}{1+A(s)\beta(s)} = \frac{A(s)}{1+L(s)} \tag{8.1}$$

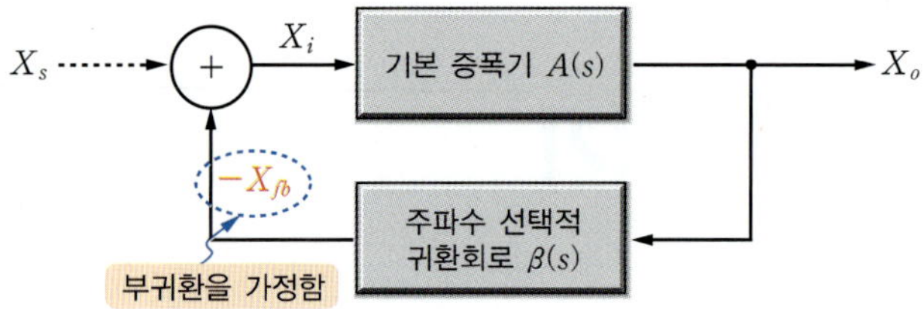

그림 8-1 정현파 발진기의 기본 구조(폐루프 이득을 식 (6.2)와 동일하게 표현하기 위해 부귀환을 가정하였음)

특정 주파수 ω_0에서 루프이득 $L(s)$가 식 (8.2)의 조건을 만족하면, 식 (8.1)의 폐루프 이득은 이론적으로 ∞가 된다. 이는 실제 회로에서 외부의 입력신호 없이도 출력이 생성되는 **발진** oscillation을 의미한다.

$$L(j\omega_0) = A(j\omega_0)\beta(j\omega_0) = -1 \tag{8.2}$$

식 (8.2)를 **바르크하우젠** Barkhausen**의 발진조건**이라고 하며, 이를 만족하는 특정 주파수 ω_0를 **발진주파수**라고 한다. 식 (8.2)의 바르크하우젠 발진조건을 루프이득의 크기와 위상으로 나누어 다시 표현하면 다음과 같다.

$$|L(j\omega_0)| = 1 \tag{8.3a}$$

$$\angle L(j\omega_0) = -180° \tag{8.3b}$$

식 (8.3)이 나타내는 의미를 다음과 같이 이해할 수 있다. 신호 X_i가 기본 증폭기와 귀환회로를 거쳐 귀환신호 X_{fb}로 귀환될 때, 원래의 기본 증폭기 입력신호 X_i와 귀환신호 X_{fb}가 동일한 크기와 위상을 가지며, 이는 외부의 입력신호 없이도 출력 X_o가 지속적으로 발생되는 발진을 의미한다.

Q **[그림 8-1]에 정귀환을 가정하는 경우, 발진조건은 어떻게 달라지는가?**

A [그림 8-1]에 정귀환을 적용하는 경우, 폐루프 이득은 $A_f(s) = \dfrac{A(s)}{1-A(s)\beta(s)} = \dfrac{A(s)}{1-L(s)}$가 된다. 따라서 발진조건은 $L(j\omega_0) = A(j\omega_0)\beta(j\omega_0) = 1$이 된다. → $|L(j\omega_0)| = 1$, $\angle L(j\omega_0) = 0°$

핵심포인트 **바르크하우젠의 발진조건**

- $|L(j\omega_0)| = 1$: 기본 증폭기의 입력신호 X_i와 귀환신호 X_{fb}가 동일한 크기를 가짐
- $\angle L(j\omega_0) = -180°$: 기본 증폭기의 입력신호 X_i와 귀환신호 X_{fb}가 동일한 위상을 가짐
- 외부의 입력신호 없이도 출력 X_o가 지속적으로 발생되는 발진조건을 의미함

8.1.2 단순 비교기와 재생 비교기

> 단순 비교기는 어떤 단점을 갖는가?
> 슈미트 트리거는 단순 비교기에 비해 어떤 장점을 갖는가?

■ 단순 비교기

두 입력전압의 크기를 비교하여 어느 것이 큰지 알려주는 회로를 **비교기** comparator라고 한다. [그림 8-2(a)]와 같이 연산증폭기를 개방루프 open-loop로 사용하면, 두 입력전압 v_1과 v_2의 크기를 비교하는 비교기로 동작한다. 7.1절에서 설명한 바와 같이, 연산증폭기는 매우 큰 개방루프 전압이득을 가지므로, 두 입력단자 사이의 전압 차가 수 mV 이상이면 출력이 전원전압 근처로 포화되는 특성을 이용한다. [그림 8-2(b)]에서 보는 바와 같이, $v_2 - v_1 > \delta$이면 $v_O = V_H$로 양 positive의 포화전압이 출력되고, $v_1 - v_2 > \delta$이면 $v_O = V_L$로 음 negative의 포화전압이 출력된다. 예를 들어, 연산증폭기의 개방회로 이득이 $A_{od} = 10^5\text{V/V}$이고 $V_H - V_L = 10\text{V}$라고 하면, $2\delta = \dfrac{10}{10^5} = 0.1\text{mV}$ 이상 차이 나는 두 전압을 비교할 수 있다. 일반적으로, 두 전압의 크기 비교를 위해서는 비교기로 설계된 소자(예를 들면, LM339, LM6511 등)가 사용되며, 비교기의 출력 응답속도는 30 ~ 200ns 로 연산증폭기에 비해 고속 동작이 가능하다.

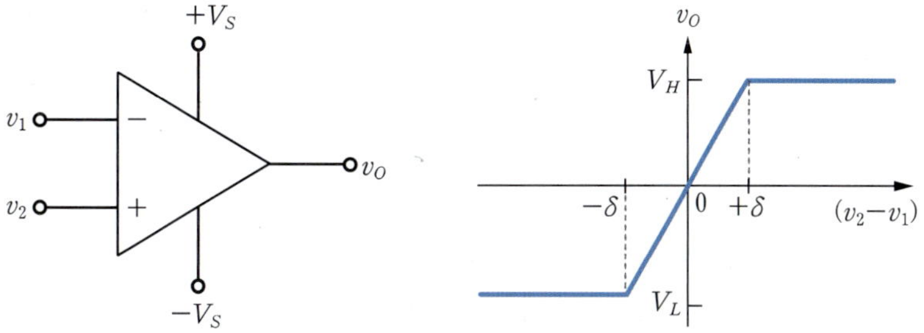

(a) 비교기　　(b) 입출력 전달특성

그림 8-2 단순 비교기와 입출력 전달특성

비교기는 [그림 8-3]과 같이 반전 비교기 또는 비반전 비교기로 사용될 수 있다. 두 비교기의 입출력 전달특성 곡선의 모양에 유의하기 바란다. [그림 8-3(a)]와 같이 반전 입력단자에 기준전압 V_{REF}를 인가하고 비반전 입력단자에 v_I를 인가하면 비반전 비교기로 동작하며, $v_I > V_{REF}$이면 $v_O = V_H$가 되고, $v_I < V_{REF}$이면 $v_O = V_L$이 된다.

반면에, [그림 8-3(b)]와 같이 비반전 입력단자에 기준전압 V_{REF}를 인가하고 반전 입력단자에 신호 v_I를 인가하면 반전 비교기로 동작하며, $v_I > V_{REF}$이면 $v_O = V_L$이 되고, $v_I < V_{REF}$이면 $v_O = V_H$가 된다. 기준전압 V_{REF}는 출력이 $V_H \rightarrow V_L$ 천이 또는 $V_L \rightarrow V_H$ 천이되는 문턱전압 threshold voltage 으로 작용한다.

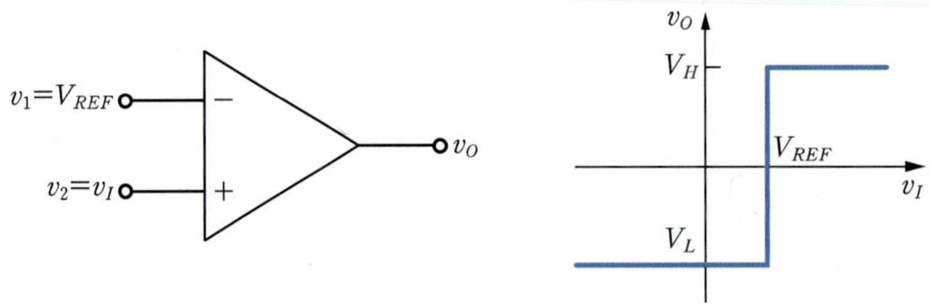

(a) 비반전 비교기와 입출력 전달특성

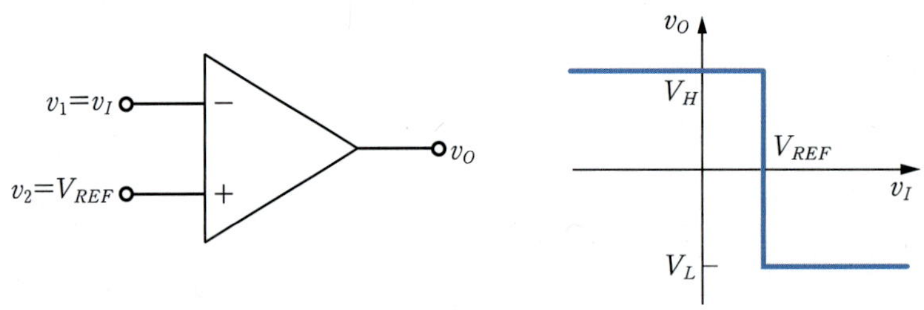

(b) 반전 비교기와 입출력 전달특성

그림 8-3 단순 비교기의 두 가지 구성

▪ 슈미트 트리거

[그림 8-4(a)]와 같이 단순 비교기에 정귀환을 인가하여 [그림 8-4(b)]와 같이 두 개의 천이 문턱전압 V_{TH}와 V_{TL}을 갖도록 만든 회로를 **슈미트 트리거** Schmitt Trigger 또는 **재생 비교기** regenerative comparator라고 한다. [그림 8-4(b)]와 같이 서로 다른 두 개의 천이 문턱전압 V_{TH}와 V_{TL}을 갖는 전달특성을 **이력** Hysteresis **특성**이라고 한다.

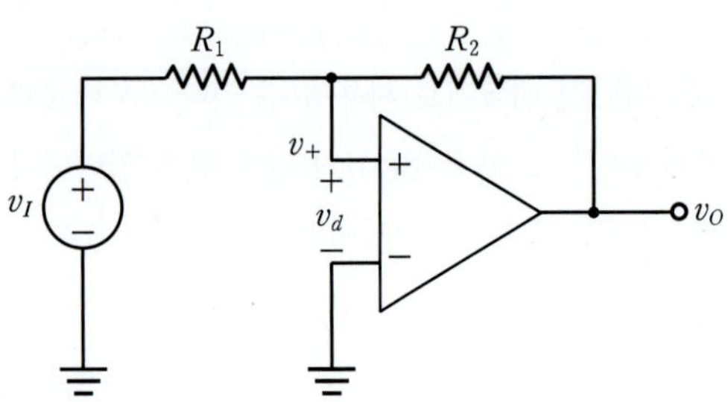

(a) 슈미트 트리거

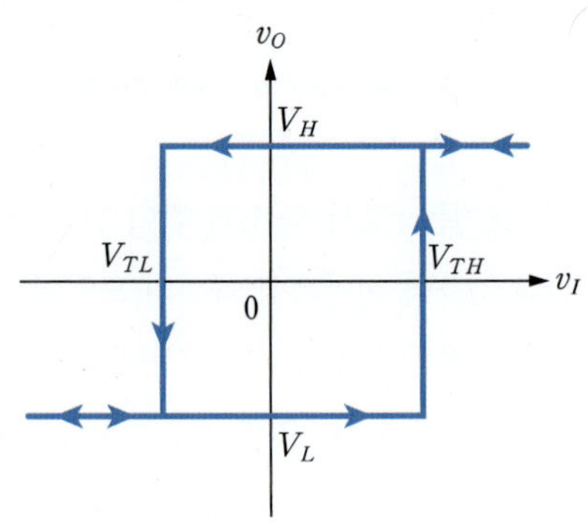

(b) 이력특성 곡선

그림 8-4 슈미트 트리거와 이력특성 곡선

[그림 8-3]의 단순 비교기는 하나의 문턱전압을 가지므로 문턱전압 근처에 존재하는 잡음에 민감하게 영향을 받으나, [그림 8-4(a)]의 슈미트 트리거는 두 개의 천이 문턱전압을 가지므로 잡음에 둔감하다는 장점을 갖는다. 예를 들어, 설정된 온도값에 따라 자동으로 온/오프되는 에어컨을 생각해보자. 에어컨이 동작하여 온도가 내려가면 에어컨은 동작을 멈추고, 에어컨이 동작을 멈추어 온도가 상승하면 다시 에어컨이 동작하도록 제어하고자 한다.

[그림 8-5(a)]와 같이 단순 비교기를 사용하는 경우, 실내온도가 설정 온도값 근처에서 상승과 하강을 반복함에 따라 비교기의 출력에 채터링chattering이 발생하여 에어컨의 온/오프 동작이 반복적으로 일어나게 될 것이다. [그림 8-5(b)]와 같이 슈미트 트리거를 사용하면, 에어컨의 온/오프 동작에 의한 실내온도 변화폭이 슈미트 트리거의 이력폭 $V_{HW}=V_{TH}-V_{TL}$보다 작을 경우 출력이 변하지 않아 에어컨의 온/오프 동작이 안정적으로 이

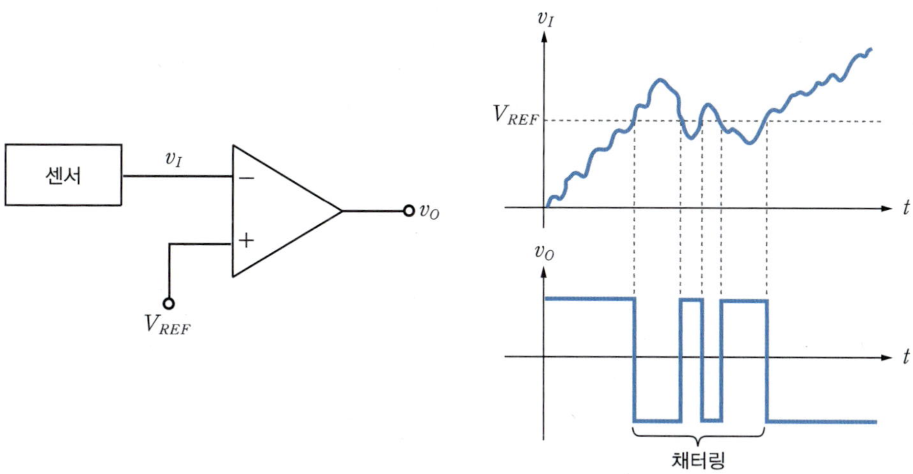

(a) 단순 비교기의 잡음특성

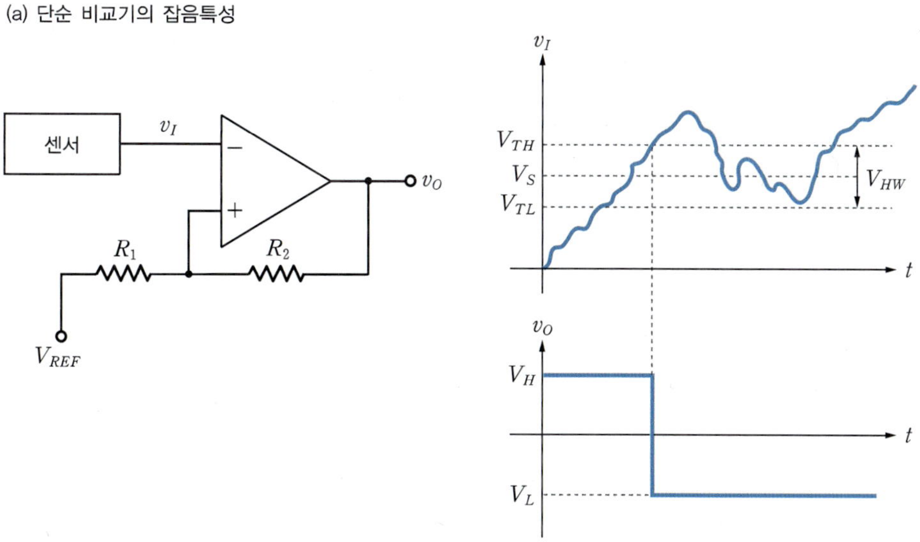

(b) 슈미트 트리거의 잡음특성

그림 8-5 단순 비교기와 슈미트 트리거의 잡음특성 비교

루어지게 된다. 즉, 슈미트 트리거의 이력특성에 의해 설정 온도값 근처에서 발생하는 채터링을 제거할 수 있다. 슈미트 트리거에 관해서는 8.3절에서 상세히 다룬다.

8.1.3 555 타이머 IC

555 타이머 IC의 내부 회로는 어떻게 구성되는가?

555 타이머 IC는 단안정 멀티바이브레이터monostable multivibrator와 구형파, 삼각파, 톱니파 등의 비정현파non-sinusoidal waveform 신호의 생성을 위해 폭넓게 사용된다. 555 타이머 IC의 내부 구성도는 [그림 8-6(a)]와 같다. 두 개의 비교기와 한 개의 *RS* 플립플롭flip-flop, 방전 트랜지스터, 기준전압 생성용 저항 등으로 구성된다.

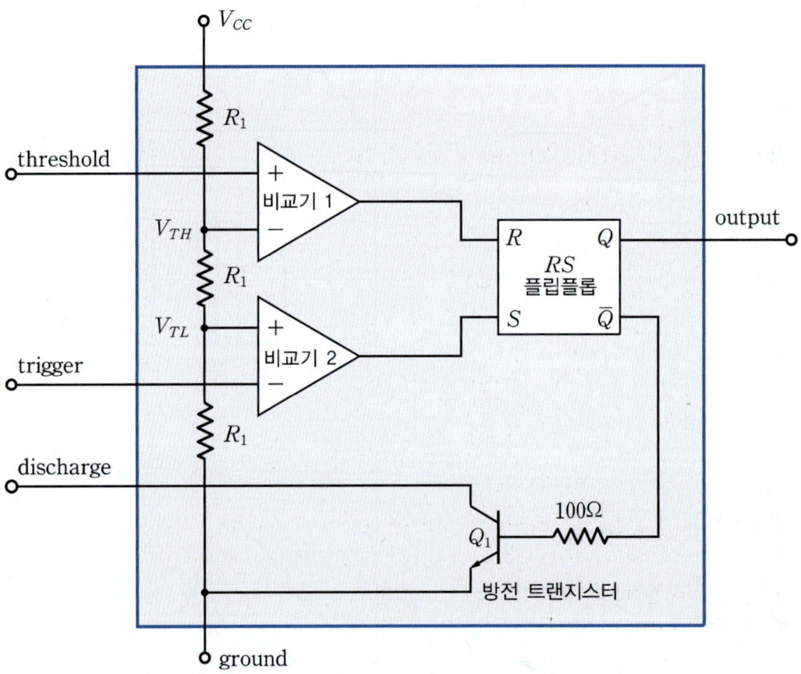

(a) 내부 구조

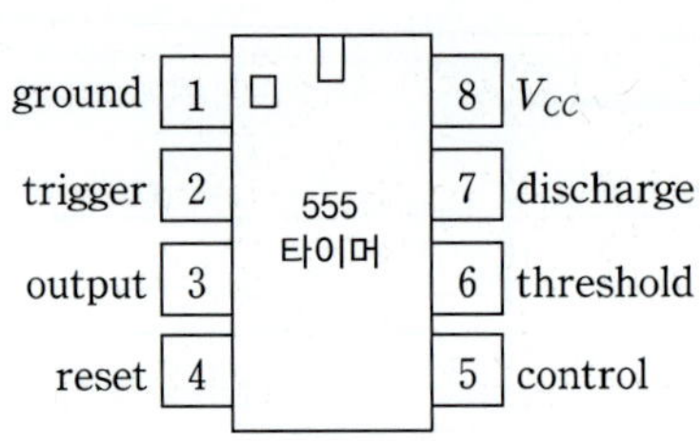

(b) 핀 구성

그림 8-6 555 타이머 IC의 내부 구조 및 핀 구성

동일한 값을 갖는 세 개의 저항은 전원전압 V_{CC}를 3등분하여 비교기의 기준전압 $V_{TH} = \frac{2}{3}V_{CC}$와 $V_{TL} = \frac{1}{3}V_{CC}$를 만들며, 두 개의 비교기 출력은 각각 RS 플립플롭의 리셋과 셋 입력으로 사용된다. RS 플립플롭의 출력 Q는 외부로 출력되고, 반전출력 $\overline{Q}$는 방전 트랜지스터 Q_1의 베이스로 인가된다. 방전 트랜지스터의 이미터는 접지로 연결되고, 컬렉터는 외부의 방전단자로 연결된다. RS 플립플롭이 리셋되어 $\overline{Q} =$ '1'('1'은 논리값 1을 나타냄)이 되면, 방전 트랜지스터가 ON 상태가 되어 방전단자에 연결된 외부의 커패시터가 방전된다. 비교기 1의 비반전단자는 문턱전압단자로 사용되고, 비교기 2의 반전단자는 트리거단자로 사용된다.

[그림 8-6(b)]는 555 타이머 IC의 핀 구성도이다. reset 단자는 리셋신호에 의해 출력을 0으로 만들며, control 단자는 내부의 $V_{TH} = \frac{2}{3}V_{CC}$를 외부로 연결한 단자로서, V_{TH}를 외부에서 가변시켜 타이머 동작을 제어하기 위해 사용한다. V_{TH}를 가변시키지 않는 경우에는 control 단자와 접지 사이에 $0.1\mu F$의 커패시터를 연결한다.

8.1.4 멀티바이브레이터

멀티바이브레이터란 어떤 기능을 갖는 소자인가?

멀티바이브레이터는 구형파, 펄스 등 비정현파 신호의 생성을 위해 사용되는 소자로서 동작 특성에 따라 다음과 같이 세 가지로 구분된다. 슈미트 트리거와 555 타이머 IC를 이용하여 멀티바이브레이터와 다양한 응용회로를 구성할 수 있다.

- **단안정 멀티바이브레이터** monostable multivibrator : 한 개의 안정된 출력상태를 갖는다. [그림 8-7(a)]와 같이 외부의 트리거 신호에 의해 출력이 안정되지 않은 상태로 천이했다가 회로의 특성에 의해 결정되는 일정시간(T) 후에 자동적으로 안정된 출력상태로 복귀하는 동작을 한다. 일명 **펄스생성기**라고도 하며, 펄스의 폭 T는 회로의 특성에 의해 결정된다. 슈미트 트리거나 555 타이머 IC를 이용하여 구성할 수 있다.
- **쌍안정 멀티바이브레이터** bistable multivibrator : [그림 8-7(b)]와 같이 두 개의 안정된 출력상태를 가지며, 외부의 트리거 신호에 의해 출력상태가 바뀐다. 디지털 논리회로에서 사용되는 여러 가지 플립플롭들과 슈미트 트리거가 쌍안정 멀티바이브레이터의 예이다.
- **비안정 멀티바이브레이터** astable multivibrator : [그림 8-7(c)]와 같이 외부의 트리거 신호 없이 회로의 자체적인 동작에 의해 두 개의 준안정quasi-stable 상태를 주기적으로 반복하면서 구형파를 발생시킨다. 출력 구형파의 주기 T는 회로의 특성에 의해 결정된다. 자주형free-running 멀티바이브레이터라고도 하며, 슈미트 트리거나 555 타이머 IC를 이용하여 구성할 수 있다.

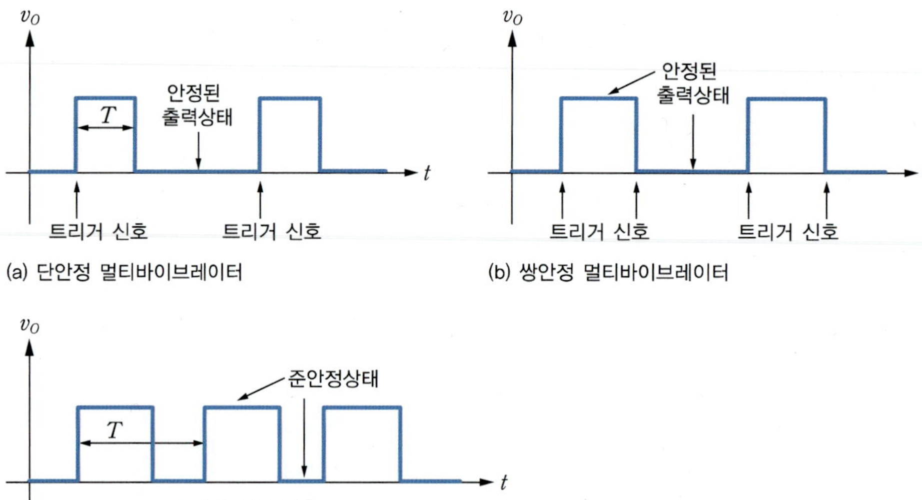

(a) 단안정 멀티바이브레이터

(b) 쌍안정 멀티바이브레이터

(c) 비안정 멀티바이브레이터

그림 8-7 멀티바이브레이터의 동작

점검하기 **다음 각 문제에서 맞는 것을 고르시오.**

(1) 바르크하우젠의 발진조건이 만족되면 기본 증폭기의 입력신호 X_i와 귀환신호 X_{fb}의 크기가 같다. (O, X)

(2) 바르크하우젠의 발진조건이 만족되면, 기본 증폭기의 입력신호 X_i와 귀환신호 X_{fb}의 위상차는 (0°, −90°, −180°, −270°)이다.

(3) 연산증폭기의 반전 입력단자에 기준전압을 연결하고, 비반전 입력단자에 신호를 인가하면 (**반전, 비반전**) 비교기로 동작한다.

(4) 단순 비교기는 기준전압 근처에 존재하는 잡음의 영향에 (**민감, 둔감**)하다.

(5) 555 타이머 IC 내부에는 (**1개, 2개**)의 비교기가 있다.

(6) 555 타이머 IC 내부에 있는 방전 트랜지스터의 컬렉터는 (threshold, trigger, discharge) 단자에 연결되어 있다.

(7) 슈미트 트리거는 (**단안정, 쌍안정, 비안정**) 멀티바이브레이터이다.

(8) 외부의 트리거 신호 없이 구형파 신호가 발생하는 것은 (**단안정, 쌍안정, 비안정**) 멀티바이브레이터이다.

(9) 출력상태를 바꿀 때마다 외부 트리거 신호가 필요한 것은 (**단안정, 쌍안정, 비안정**) 멀티바이브레이터이다.

(10) 펄스 발생기는 (**단안정, 쌍안정, 비안정**) 멀티바이브레이터이다.

SECTION 8.2

정현파 발진기

발진기 oscillator는 외부의 입력신호 없이 회로 자체 동작에 의해 특정 주파수의 신호를 생성하는 회로이다. 귀환증폭기의 귀환회로에 커패시터나 인덕터 등의 소자를 포함시키고 증폭기의 이득을 조정하면, 특정 주파수에서 루프이득이 정확하게 -1이 되는 **정귀환** positive feedback이 형성되어 정현파가 발생한다. 귀환회로에 저항과 커패시터를 사용하는 RC 발진기는 수십 Hz ~ 수 MHz 범위의 정현파를 생성할 수 있으며, 커패시터와 인덕터를 사용하는 LC 동조 tuned 발진기는 수백 MHz까지의 정현파를 생성할 수 있다. 이 절에서는 RC 발진기와 LC 동조 발진기에 대해 살펴본다.

8.2.1 RC 발진기

RC 발진기 회로는 어떻게 구성되는가?
발진주파수는 회로 소자값 R, C와 어떤 관계를 갖는가?

RC 발진기는 저항 R과 커패시터 C로 구성되는 귀환회로의 주파수 선택적 특성에 의해 발진주파수 ω_0에서 식 (8.3)의 발진조건이 만족되어 정현파를 생성한다. 기본 증폭기는 식 (8.3a)의 조건이 만족되도록 전압이득을 제공하여 발진신호의 진폭을 일정하게 유지시키는 역할을 한다. 대표적인 RC 발진기인 위상이동 발진기와 빈 브릿지 Wien bridge 발진기의 회로 구조와 동작 특성을 살펴본다.

▪ 위상이동 발진기

[그림 8-8]은 연산증폭기를 이용한 **위상이동** phase-shift **발진기** 회로이며, 이상(移相) 발진기라고도 한다. 전압이득이 $\frac{-R_F}{R}$인 반전증폭기와 위상이동 RC 귀환회로로 구성된다. 귀환회로는 커패시터 C와 저항 R의 3단으로 구성되며, 반전증폭기의 출력 v_O의 위상을 $-180°$만큼 이동시키는 역할을 한다. 반전증폭기에 의한 $-180°$ 위상이동과 RC 귀환회로에 의한 $-180°$ 위상이동에 의해 $-360°$ 위상이동이 일어나 식 (8.3b)의 조건이 만족

되고, 반전증폭기의 이득 $\left|\frac{R_F}{R}\right|$에 의해 식 (8.3a)의 조건이 만족되면 발진이 일어나게 된다. [그림 8-8]의 회로에서 반전증폭기의 반전 입력단자는 가상접지되므로, 저항 $R_1 = R$은 위상이동 귀환회로와 반전증폭기에 공통으로 사용된다.

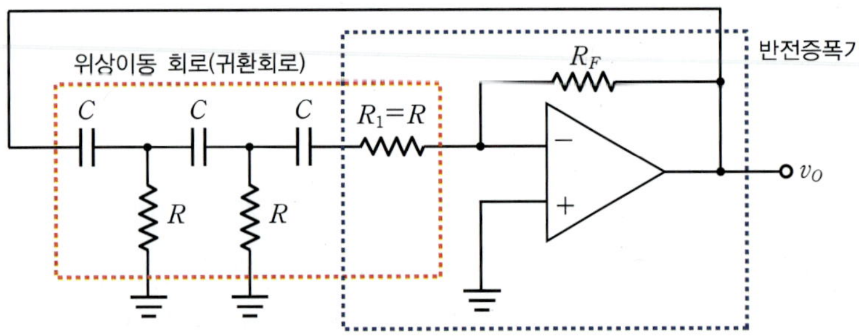

그림 8-8 위상이동 발진기

[그림 8-8] 회로의 루프이득은 식 (8.4)와 같다.

$$L(j\omega) = \frac{R_F}{R}\frac{-j(\omega RC)^3}{[1-6(\omega RC)^2]+j(\omega RC)[5-(\omega RC)^2]} \tag{8.4}$$

식 (8.4)가 식 (8.2)의 바르크하우젠의 발진조건을 만족하기 위해서는 발진주파수 $\omega = \omega_0$에서 $[1-6(\omega_0 RC)^2] = 0$이 되어야 한다. 이로부터 발진주파수 f_0는 식 (8.5)와 같이 되며, 저항 R과 커패시터 C 값을 변경하여 발진주파수를 조정할 수 있다.

$$f_0 = \frac{\omega_0}{2\pi} = \frac{1}{2\pi\sqrt{6}\,RC} \tag{8.5}$$

식 (8.5)를 식 (8.4)에 대입하면, 발진을 지속하기 위해 필요한 반전증폭기의 이득은 다음과 같다.

$$\frac{R_F}{R} = 29 \tag{8.6}$$

식 (8.6)은 RC 귀환회로의 신호감쇄를 보상하여 일정한 진폭의 정현파가 발생되도록 하기 위한 증폭기의 이득 조건이다.

Q 식 (8.6)의 발진을 위한 이득 조건은 발진되는 정현파와 어떤 관계를 갖는가?

A

- 시뮬레이션 또는 실제 회로에서 이득이 29 이하로 설정되면, 발진이 시작되기까지 다소 긴 시간이 소요된다. 따라서 초기에는 발진이 쉽게 일어나도록 약 10% 정도 큰 값으로 설정해야 한다.
- 일단, 발진이 일어나면 이득을 29 근처로 조정한다. 이득이 너무 큰 값으로 유지되면, 발진되는 정현파의 피크값 근처에서 왜곡이 발생한다.

예제 8-1

[그림 8-8] 위상이동 발진기의 발진주파수와 발진을 지속하기 위해 필요한 저항 R_F의 값을 구하라. 단, $R=20\text{k}\Omega$, $C=5\text{nF}$이고, 연산증폭기의 전원전압은 $\pm V_{CC}=\pm 5\text{V}$이다.

풀이

식 (8.5)로부터 발진주파수는 다음과 같이 계산된다.

$$f_0=\frac{1}{2\pi\sqrt{6}\,RC}$$

$$=\frac{1}{2\pi\sqrt{6}\times 20\times 10^3\times 5\times 10^{-9}}=649.7\text{Hz}$$

식 (8.6)으로부터 $R_F=29R=580\text{k}\Omega$이 되며, 실제의 경우에는 발진 시작을 위해 $R_F=580\text{k}\Omega$보다 약간 더 큰 값을 사용한다.

[그림 8-9]는 소자값 $R=20\text{k}\Omega$, $C=5\text{nF}$과 $R_F=585\text{k}\Omega$을 사용하여 시뮬레이션한 결과이다. [그림 8-9(a)]에서 보는 바와 같이, 발진이 안정화되기까지 약 8.05초의 시간이 소요되며, 그 이후 전원전압 $\pm V_{CC}=\pm 5\text{V}$에 가까운 진폭의 정현파가 발진된다. [그림 8-9(b)]는 발진된 정현파를 확대한 것이며, 정현파의 주기는 약 1.5ms이고, 발진주파수는 $f_0\simeq 667\text{Hz}$로 나타났다. [그림 8-9(c)]는 발진된 정현파를 푸리에 분석한 결과이며, 발진주파수는 $f_0=646\text{Hz}$로 식 (8.5)에 의해 계산된 결과와 근사적으로 일치함을 확인할 수 있다.

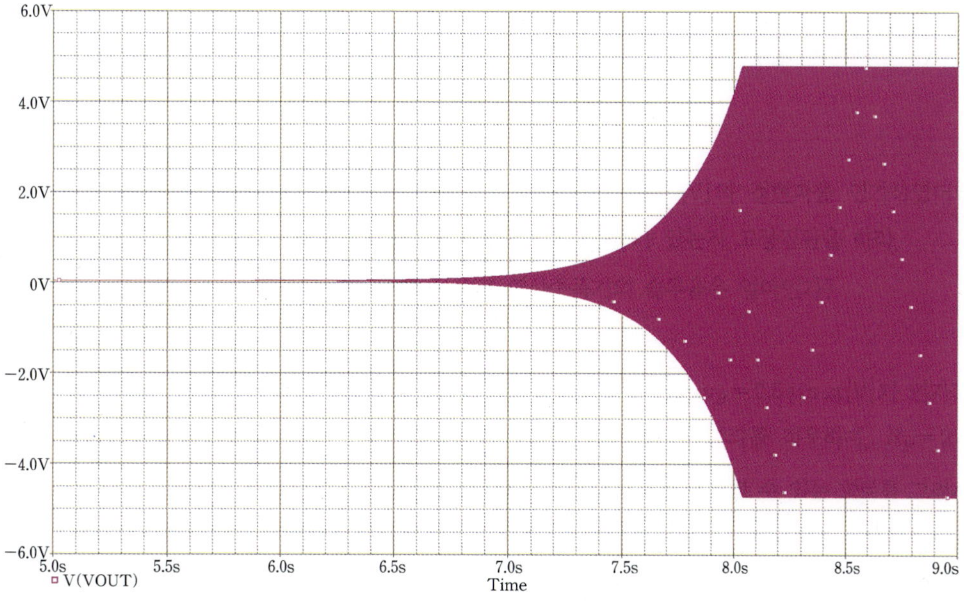

(a) Transient 시뮬레이션 결과

그림 8-9 [예제 8-1]의 PSPICE 시뮬레이션 결과(계속)

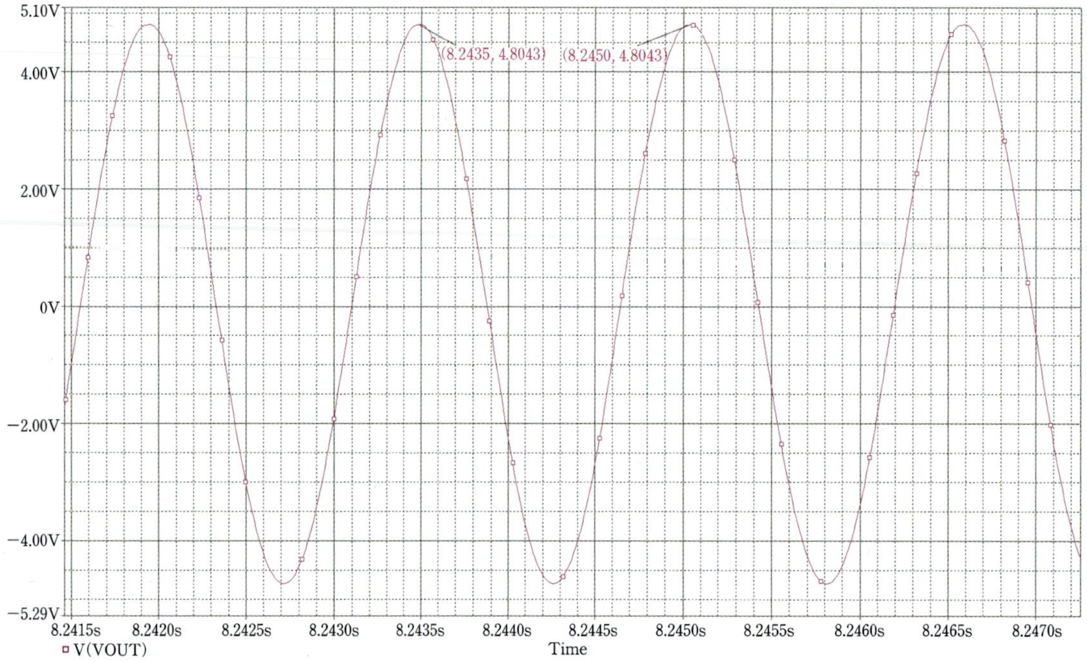

(b) (a)의 확대 파형

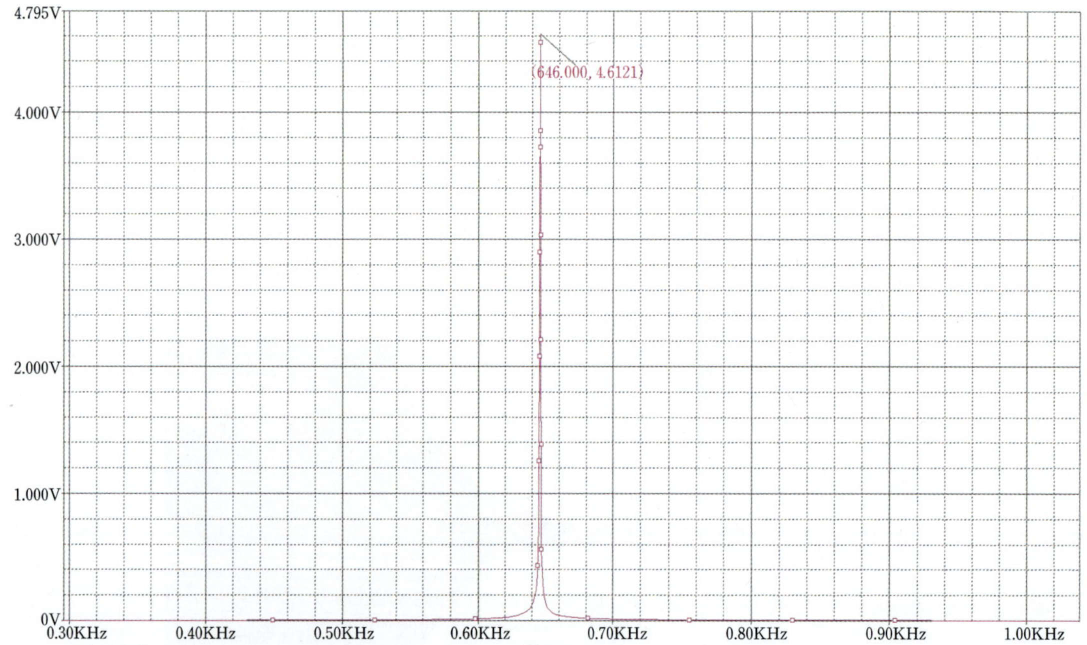

(c) 발진 정현파의 푸리에 분석 결과

그림 8-9 [예제 8-1]의 PSPICE 시뮬레이션 결과

예제 8-2

[그림 8-10]은 RC 위상이동 회로 사이에 전압 팔로워가 버퍼로 추가된 위상이동 발진기 회로이다. 발진주파수 f_0와 발진을 지속하기 위해 필요한 저항 R_F의 값을 구하라. 단, $R = 18\text{k}\Omega$, $C = 330\text{pF}$이고, 연산증폭기의 전원전압은 $\pm V_{CC} = \pm 5\text{V}$이다.

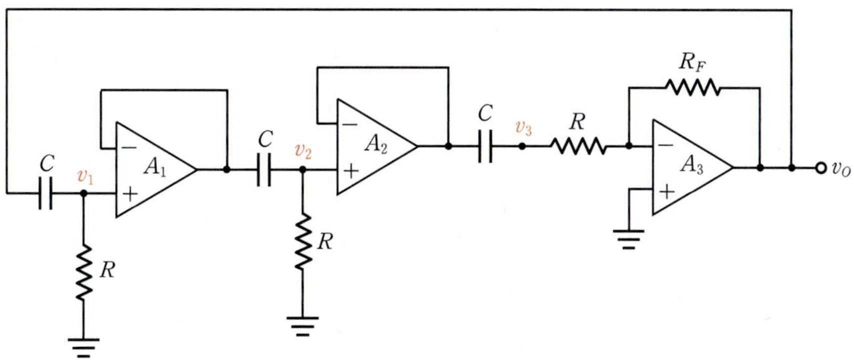

그림 8-10 [예제 8-2]의 위상이동 발진기

풀이

RC 위상이동 회로 사이의 전압 팔로워는 입력저항은 매우 크고, 출력저항은 매우 작은 특성을 가져 각 RC 위상이동 회로가 서로 영향을 미치지 않도록 역할을 한다. 저항 R에 걸리는 전압은 $v_1 = \frac{sRC}{1+sRC}v_O$, $v_2 = \frac{sRC}{1+sRC}v_1 = \frac{(sRC)^2}{(1+sRC)^2}v_O$, $v_3 = \frac{sRC}{1+sRC}v_2 = \frac{(sRC)^3}{(1+sRC)^3}v_O$이므로 귀환율은 다음과 같다.

$$\beta(s) = \frac{v_3}{v_O} = \frac{(sRC)^3}{(1+sRC)^3} \qquad \cdots ①$$

$v_O = -\frac{R_F}{R}v_3$로부터 RC 위상이동 회로를 제외한 나머지 회로의 개방회로 이득은 다음과 같다.

$$A(s) = \left|\frac{v_O}{v_3}\right| = \frac{R_F}{R} \qquad \cdots ②$$

따라서 식 ①과 식 ②로부터 루프이득은 다음과 같다.

$$L(s) = A(s)\beta(s) = \left(\frac{R_F}{R}\right)\left(\frac{sRC}{1+sRC}\right)^3 \qquad \cdots ③$$

식 ③에 $s = j\omega$를 대입하고, $a = wRC$로 두고 정리하면 다음과 같다.

$$L(jw) = \left(-\frac{R_F}{R}\right)\left(\frac{ja^3}{(1-3a^2)+ja(3-a^2)}\right) \qquad \cdots ④$$

식 ④가 바르크하우젠 발진조건을 만족하기 위해서는 $1-3a^2 = 0$이 되어야 하므로, 발진주파수는 다음과 같다.

$$f_0 = \frac{1}{2\pi\sqrt{3}\,RC} \qquad \cdots ⑤$$

식 ⑤에 주어진 소자값을 대입하면 발진주파수는 다음과 같이 계산된다.

$$f_0 = \frac{1}{2\pi\sqrt{3}\times 18\times 10^3 \times 330\times 10^{-12}} = 15.47\text{kHz}$$

식 ④에 $1-3a^2=0$을 대입하고 바르크하우젠 발진조건을 적용하면, 발진을 지속하기 위해 $\frac{R_F}{R}=8$을 만족해야 하며, 따라서 $R_F = 8R = 8\times 18\text{k}\Omega = 144\text{k}\Omega$로 결정된다.

확인문제 8-1

[그림 8-8]의 위상이동 발진기에서 $f_0 = 240\text{Hz}$의 정현파가 발진되도록 저항 R과 R_F의 값을 구하라. 단, $C=0.1\mu F$을 사용한다.

답 $R=2.7\text{k}\Omega$, $R_F \simeq 78\text{k}\Omega$

* 식 (8.6)에 의한 계산값은 78kΩ이지만, 발진의 시작을 위해 80kΩ 근처의 값을 사용한다.

■ 빈 브릿지 발진기

[그림 8-11]은 연산증폭기를 이용한 **빈 브릿지**Wien bridge **발진기** 회로이다. 이득이 $1+\left(\frac{R_2}{R_1}\right)$인 비반전증폭기와 RC 귀환회로로 구성되며, 저항 R_1, R_2와 RC 귀환회로는 브릿지 구조를 형성한다. 저항 R_1, R_2는 부귀환을 형성하고 있으며, RC 귀환회로는 정귀환을 형성하고 있다. 비반전증폭기와 RC 귀환회로에 의해 폐루프의 총 위상이동이 0°가 되고, 비반전증폭기의 이득에 의해 식 (8.3a)의 조건이 만족되면 발진이 일어난다.

[그림 8-11] 회로의 루프이득은 다음과 같다.

$$L(j\omega) = \left(1+\frac{R_2}{R_1}\right)\left[\frac{1}{3+j(\omega RC - 1/\omega RC)}\right] \tag{8.7}$$

[그림 8-11]의 회로는 RC 귀환회로가 연산증폭기의 비반전단자로 연결되는 정귀환을 가지므로, 발진조건은 $L(j\omega_0)=1$이 된다. 식 (8.7)이 바르크하우젠의 발진조건을 만족하기 위해서는 발진주파수 ω_0에서 식 (8.8)이 만족되어야 한다.

$$\omega_0 RC - \frac{1}{\omega_0 RC} = 0 \tag{8.8}$$

식 (8.8)로부터 빈 브릿지 발진기의 발진주파수 f_0는 식 (8.9)와 같으며, 저항 R과 커패시터 C의 값을 변경하여 발진주파수를 조정할 수 있다.

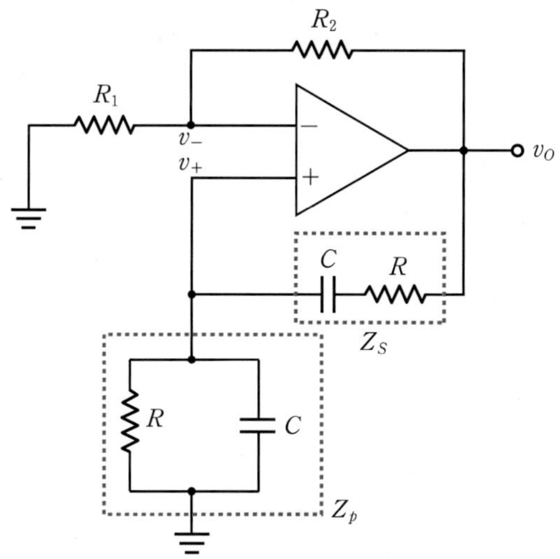

그림 8-11 빈 브릿지 발진기 회로

$$f_0 = \frac{\omega_0}{2\pi} = \frac{1}{2\pi RC} \tag{8.9}$$

식 (8.8)을 식 (8.7)에 대입하여 $L(j\omega_0) = 1$이 되도록 하면, 발진을 지속하기 위해 필요한 이득은 식 (8.10)과 같이 된다.

$$\frac{R_2}{R_1} = 2 \tag{8.10}$$

식 (8.10)은 RC 귀환회로의 신호감쇄를 보상하여 일정한 진폭의 정현파가 발생되도록 하기 위한 증폭기의 이득을 나타낸다. 실제 회로에서 발진이 시작되기 위해서는 2보다 약간 큰 이득을 필요로 한다.

예제 8-3

[그림 8-11]의 빈 브릿지 발진기에서 $R = 3.3\text{k}\Omega$, $C = 5\text{nF}$인 경우의 발진주파수를 구하라. 또한, $R_1 = 12\text{k}\Omega$인 경우에 발진을 지속하기 위한 저항 R_2의 값을 구하라. 단, 연산증폭기의 전원전압은 $\pm V_{CC} = \pm 5\text{V}$이다.

풀이

식 (8.9)로부터 발진주파수는 다음과 같이 계산된다.

$$f_0 = \frac{1}{2\pi RC} = \frac{1}{2\pi \times 3.3 \times 5 \times 10^{-6}} = 9.65\text{kHz}$$

식 (8.10)으로부터 $R_2 = 2 \times R_1 = 2 \times 12\text{k}\Omega = 24\text{k}\Omega$이다.

[그림 8-12]는 [예제 8-3] 회로의 PSPICE 시뮬레이션 결과이며, 발진 시작을 위해 $R_2 \simeq 24.05\text{k}\Omega$을 사용했다. [그림 8-12(a)]에서 보는 바와 같이, 발진이 안정화되기까지 약 450ms 의 시간이 소요되며, 그 이후 전원전압 $\pm V_{CC} = \pm 5\text{V}$에 가까운 진폭을 갖는 정현파가 발진된다. [그림 8-12(b)]는 발진된 정현파를 확대한 것이며, 정현파의 주기는 약 0.109ms 이고, 발진주파수는 $f_0 = 9.17\text{kHz}$로 나타났다. [그림 8-12(c)]는 발진된 정현파를 푸리에 분석한 결과이며, 발진주파수는 $f_0 = 9.21\text{kHz}$로 식 (8.9)에 의해 계산된 결과와 근사적으로 일치함을 확인할 수 있다.

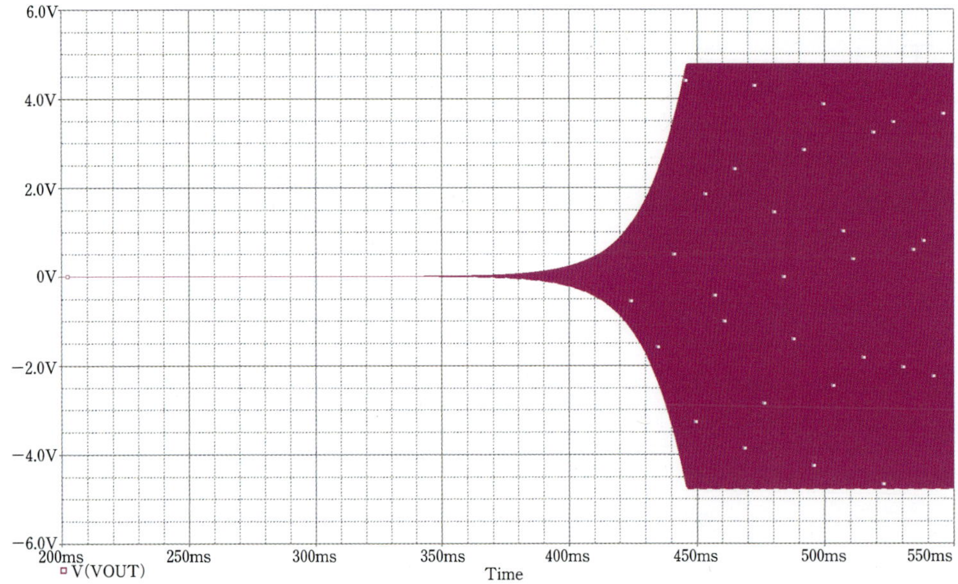

(a) Transient 시뮬레이션 결과

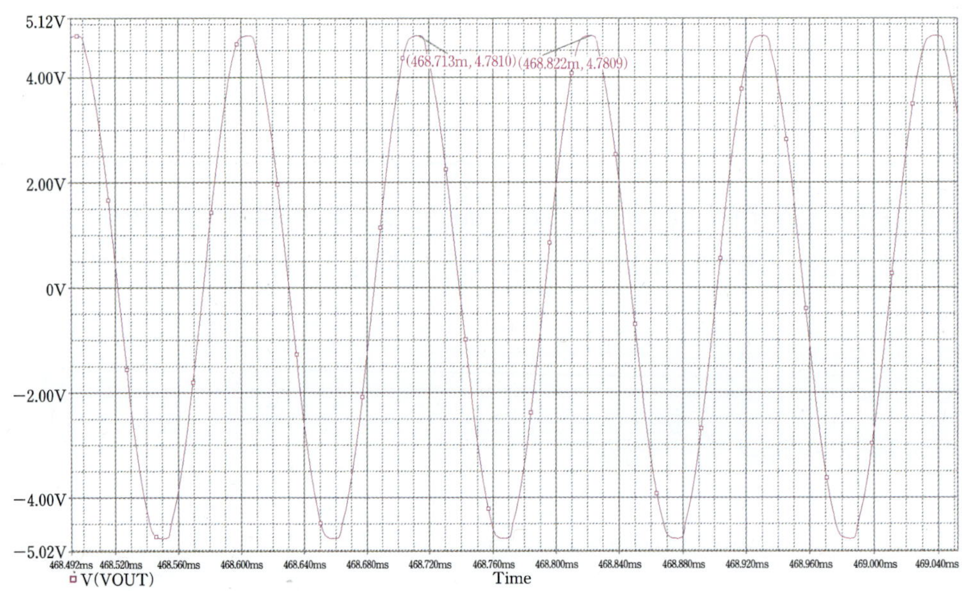

(b) (a)의 확대 파형

그림 8-12 [예제 8-3] PSPICE 시뮬레이션 결과 (계속)

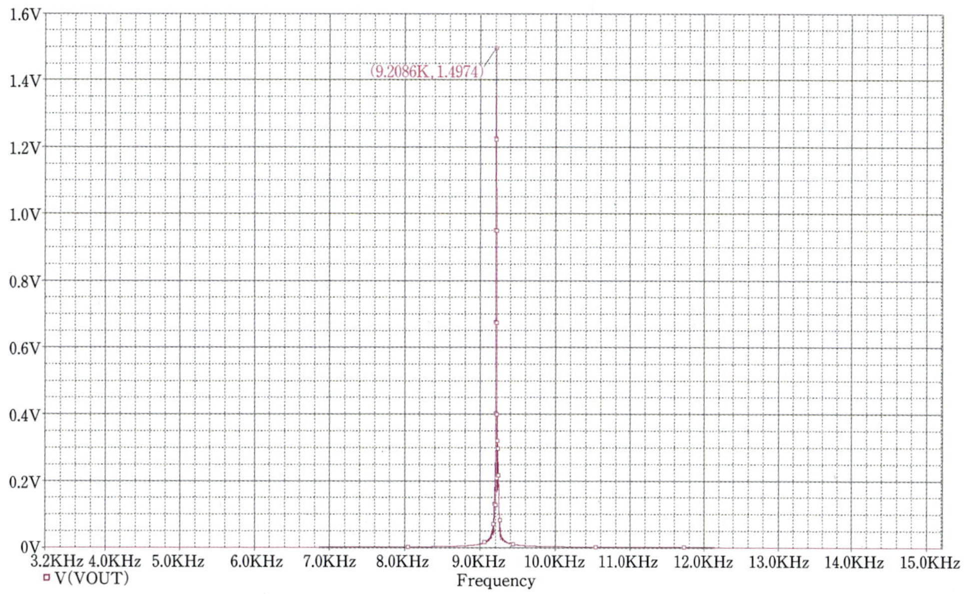

(c) 발진 정현파의 푸리에 분석 결과

그림 8-12 [예제 8-3] PSPICE 시뮬레이션 결과

확인문제 8-2

[그림 8-11]의 빈 브릿지 발진기에서 $f_0 \simeq 1.6\text{kHz}$의 정현파가 발진되도록 커패시터 C의 값을 구하라. 단, $R = 1.0\text{k}\Omega$을 사용한다.

답 $C = 0.1\mu\text{F}$

핵심포인트 RC 발진기

발진기	발진주파수	발진을 지속하기 위한 이득 조건
위상이동 발진기	$f_0 = \dfrac{1}{2\pi\sqrt{6}\,RC}$	$\dfrac{R_F}{R} = 29$
빈 브릿지 발진기	$f_0 = \dfrac{1}{2\pi RC}$	$\dfrac{R_2}{R_1} = 2$

8.2.2 LC 동조 발진기

LC 동조 발진기 회로는 어떻게 구성되는가?
발진주파수는 회로 소자값 L, C와 어떤 관계를 갖는가?

LC 동조 발진기는 귀환회로가 인덕터 L과 커패시터 C로 구성되는 정현파 발진기의 한 형태이며, 수백 kHz ~ 수백 MHz 범위의 정현파를 생성할 수 있다.

LC 동조 발진기의 일반적인 구조는 [그림 8-13(a)]와 같다. Z_1, Z_2, Z_3는 귀환회로를 구성하는 L과 C의 임피던스를 나타내며, $-A$는 증폭기의 전압이득을 나타낸다. [그림 8-13(a)]에서 Z_1은 증폭기의 출력과 접지 사이에 연결된 소자의 임피던스이고, Z_2는 증폭기의 입력과 접지 사이에 연결된 소자의 임피던스이며, Z_3는 증폭기의 입력과 출력 사이에 연결된 소자의 임피던스임에 유의하기 바란다. 연산증폭기를 이용한 LC 동조 발진기는 [그림 8-13(b)]와 같으며, 연산증폭기 대신 FET 또는 BJT가 사용될 수 있다.

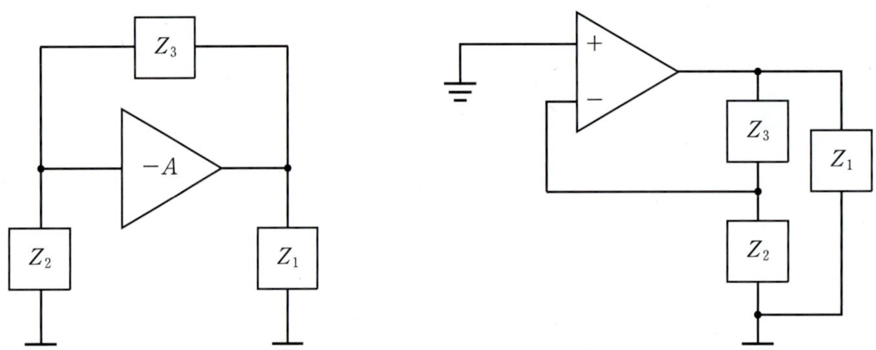

(a) 일반적 구조 (b) 연산증폭기를 사용한 구조

그림 8-13 LC 동조 발진기의 구조

[그림 8-13]에서 Z_1, Z_2, Z_3가 커패시터 또는 인덕터로만 구성되는 경우에 $Z_1 = jX_1$, $Z_2 = jX_2$, $Z_3 = jX_3$의 순수한 리액턴스reactance로 표현할 수 있으며, 루프이득 $L(j\omega)$은 식 (8.11)과 같다. 식 (8.11)에서 A_0는 연산증폭기의 개방회로 전압이득이고, R_o는 연산증폭기의 출력저항이다.

$$L(j\omega) = \frac{-A_0 X_1 X_2}{jR_o(X_1 + X_2 + X_3) - X_1(X_2 + X_3)} \tag{8.11}$$

식 (8.11)이 바르크하우젠의 발진조건을 만족하기 위해서는 발진주파수 ω_0에서 식 (8.12)와 같이 분모의 허수부분이 0이 되어야 한다.

$$X_1 + X_2 + X_3 = 0 \tag{8.12}$$

식 (8.12)를 식 (8.11)에 대입하면 발진주파수 ω_0에서의 루프이득은 다음과 같다.

$$L(j\omega_0) = \frac{A_0 X_2}{X_2 + X_3} = -\frac{X_2}{X_1} A_0 \tag{8.13}$$

식 (8.13)이 식 (8.2)의 발진조건 $L(j\omega_0) = -1$을 만족하기 위해서는 X_1과 X_2는 동일 부호(즉, 동일 종류의 소자)이고, X_3는 이들과 반대 부호(즉, 다른 종류의 소자)여야 한다. 이와 같은 사실로부터 두 가지 형태의 LC 동조 발진기를 구성할 수 있다.

- **콜피츠**Colpitts **발진기** : X_1과 X_2가 커패시터의 리액턴스, X_3가 인덕터의 리액턴스
- **하틀리**Hartley **발진기** : X_1과 X_2가 인덕터의 리액턴스, X_3가 커패시터의 리액턴스

▪ 콜피츠 발진기

[그림 8-14]는 MOSFET 증폭기, 두 개의 커패시터 C_1, C_2 그리고 인덕터 L을 사용한 콜피츠 발진기 회로이다. 발진주파수 ω_0에서 커패시터와 인덕터의 리액턴스 $X_1 = \dfrac{-1}{\omega_0 C_1}$, $X_2 = \dfrac{-1}{\omega_0 C_2}$, $X_3 = \omega_0 L$을 식 (8.12)에 대입하면 다음과 같다.

$$X_1 + X_2 + X_3 = -\left(\frac{1}{\omega_0 C_1} + \frac{1}{\omega_0 C_2}\right) + \omega_0 L = 0 \tag{8.14}$$

따라서 콜피츠 발진기의 발진주파수는 식 (8.15)와 같으며, 여기서 $C = \dfrac{C_1 C_2}{(C_1 + C_2)}$는 직렬 연결된 두 커패시터의 합성 커패시턴스를 나타낸다.

$$f_0 = \frac{\omega_0}{2\pi} = \frac{1}{2\pi\sqrt{L\left(\dfrac{C_1 C_2}{C_1 + C_2}\right)}} = \frac{1}{2\pi\sqrt{LC}} \tag{8.15}$$

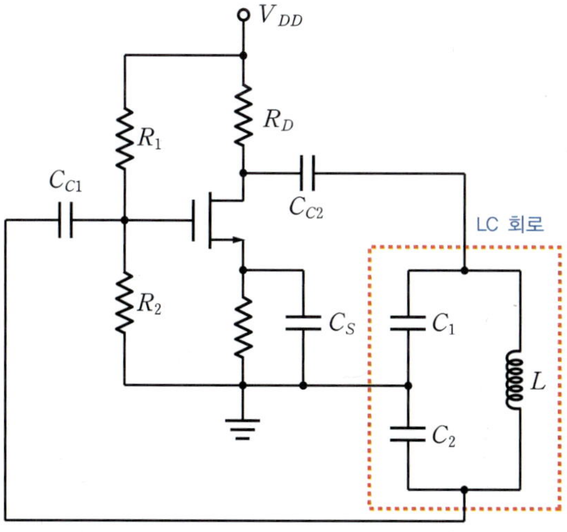

그림 8-14 콜피츠 발진기

[그림 8-14]의 회로에서 공통소오스 증폭기의 이득 $A_0 = g_m R_D$와 $X_1 = \frac{-1}{\omega_0 C_1}$, $X_2 = \frac{-1}{\omega_0 C_2}$을 식 (8.13)에 대입하면 발진을 지속하기 위한 이득 조건은 식 (8.16)과 같다. 여기서 g_m은 MOSFET의 전달컨덕턴스를 나타낸다.

$$g_m R_D = \frac{C_2}{C_1} \tag{8.16}$$

확인문제 8-3

[그림 8-14]의 콜피츠 발진기가 발진주파수 $f_0 = 610\text{kHz}$에서 발진하도록 커패시턴스 $C_1 = C_2$의 값을 구하라. 또한, $R_D = 2\text{k}\Omega$인 경우에 발진을 지속하기 위해 필요한 MOSFET의 전달컨덕턴스 g_m을 구하라. 단, $L = 200\mu\text{H}$이다.

답 $C_1 = C_2 = 680\text{pF}$, $g_m = 0.5\text{mA/V}$

▪ 하틀리 발진기

[그림 8-15]는 MOSFET 증폭기, 두 개의 인덕터 L_1, L_2 그리고 커패시터 C를 사용한 하틀리 발진기 회로이다. 발진주파수 ω_0에서 인덕터와 커패시터의 리액턴스 $X_1 = \omega_0 L_1$, $X_2 = \omega_0 L_2$, $X_3 = \frac{-1}{\omega_0 C}$을 식 (8.12)에 대입하면 다음과 같다.

$$X_1 + X_2 + X_3 = (\omega_0 L_1 + \omega_0 L_2) - \frac{1}{\omega_0 C} = 0 \tag{8.17}$$

따라서 하틀리 발진기의 발진주파수는 식 (8.18)과 같으며, 여기서 $L = L_1 + L_2$는 직렬 연결된 두 인덕터의 합성 인덕턴스를 나타낸다.

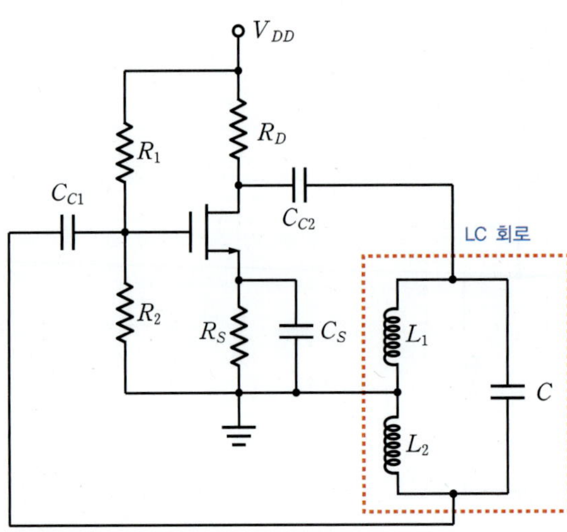

그림 8-15 하틀리 발진기

$$f_0 = \frac{\omega_0}{2\pi} = \frac{1}{2\pi\sqrt{(L_1+L_2)C}} = \frac{1}{2\pi\sqrt{LC}} \quad (8.18)$$

[그림 8-15] 회로에서 공통소오스 증폭기의 이득 $A_0 = g_m R_D$와 $X_1 = \omega_0 L_1$, $X_2 = \omega_0 L_2$를 식 (8.13)에 대입하면 발진을 지속하기 위한 조건은 다음과 같다.

$$g_m R_D = \frac{L_1}{L_2} \quad (8.19)$$

확인문제 8-4

[그림 8-15]의 하틀리 발진기가 발진주파수 $f_0 = 610\text{kHz}$에서 발진하도록 인덕턴스 $L_1 = L_2$의 값을 구하라. 또한, $R_D = 3.3\text{k}\Omega$인 경우에, 발진을 지속하기 위해 필요한 MOSFET의 전달컨덕턴스 g_m을 구하라. 단, $C = 680\text{pF}$이다.

답 $L_1 = L_2 = 50\mu\text{H}$, $g_m = 0.3\text{mA/V}$

핵심포인트 ***LC* 동조 발진기**

발진기	발진주파수	발진을 지속하기 위한 이득 조건
콜피츠 발진기	$f_0 = \frac{1}{2\pi\sqrt{L\left(\frac{C_1C_2}{C_1+C_2}\right)}}$	$g_m R = \frac{C_2}{C_1}$
하틀리 발진기	$f_0 = \frac{1}{2\pi\sqrt{(L_1+L_2)C}}$	$g_m R = \frac{L_1}{L_2}$

점검하기 **다음 각 문제에서 맞는 것을 고르시오.**

(1) 위상이동 발진기는 (**정현파, 구형파**)를 발생시킨다.
(2) 위상이동 발진기 회로에서 저항 R 값이 클수록 발진주파수는 (**작다, 크다**).
(3) 빈 브릿지 발진기의 발진주파수는 RC 시상수에 (**비례, 반비례**)한다.
(4) LC 동조 발진기의 발진주파수에서 인덕터와 커패시터의 리액턴스 합은 (-1, 0, 1)이 된다.
(5) 콜피츠 발진기의 귀환회로는 두 개의 (**커패시터, 인덕터**)와 한 개의 (**커패시터, 인덕터**)로 구성된다.
(6) 콜피츠 발진기의 발진주파수는 $\sqrt{LC}$에 (**비례, 반비례**)한다.
(7) 하틀리 발진기의 귀환회로는 두 개의 (**커패시터, 인덕터**)와 한 개의 (**커패시터, 인덕터**)로 구성된다.
(8) 하틀리 발진기 회로에서 커패시터 C의 값이 클수록 발진주파수는 (**작다, 크다**).

SECTION 8.3

슈미트 트리거와 응용회로

8.1.2절에서 설명한 바와 같이, 연산증폭기를 개방회로로 사용하면 입력전압과 기준전압을 비교하는 비교기로 동작한다. 그러나 단순 비교기는 기준전압 근처의 잡음에 영향을 받는 단점이 있다. 비교기에 정귀환positive feedback을 인가하면 두 개의 문턱전압을 갖는 이력(履歷) Hysteresis 특성이 나타나며, 정귀환을 갖는 비교기를 **슈미트 트리거** Schmitt trigger 또는 **재생 비교기** regenerative comparator라고 한다. 슈미트 트리거는 두 개의 천이 문턱전압을 가져 잡음에 둔감한 특성이 있으므로, 접촉식 스위치의 채터링 잡음 제거 등에 사용된다. 슈미트 트리거는 두 개의 안정된 출력상태를 갖는 쌍안정 멀티바이브레이터의 일종이며, 구형파 발생기(비안정 멀티바이브레이터)와 펄스 발생기(단안정 멀티바이브레이터) 등 다양한 회로에 사용된다. 슈미트 트리거는 반전 또는 비반전 형태로 구현할 수 있으며, 이 절에서는 연산증폭기(또는 비교기)를 이용한 슈미트 트리거 회로의 동작과 특성을 살펴본다.

8.3.1 반전 슈미트 트리거

- 반전 슈미트 트리거의 상측, 하측 문턱전압은 어떻게 결정되는가?
- 반전 슈미트 트리거의 이력특성 곡선을 수평으로 이동시키기 위한 방법은 무엇인가?

[그림 8-16(a)]는 반전inverting 슈미트 트리거 회로이며, 입력신호는 연산증폭기의 반전단자로 인가된다. 연산증폭기의 출력이 저항 R_1과 R_2를 통해 비반전단자로 귀환되어 정귀환이 인가되고 있다. 정귀환에 의해 나타나는 이력특성을 살펴본다.

[그림 8-16(a)]의 회로에서 연산증폭기 비반전단자의 전압은 다음과 같다.

$$v_+ = \frac{R_1}{R_1 + R_2} v_O = \beta v_O \tag{8.20}$$

연산증폭기의 두 입력단자 사이의 전압 차 $v_d = v_+ - v_I = \beta v_O - v_I$가 연산증폭기의 개방회로 이득만큼 증폭되어 출력에 나타난다. 비반전단자로 귀환되는 신호가 연산증폭기 출력의 변화를 더욱 크게 만드는 정귀환 작용에 의해 슈미트 트리거의 출력 v_O는 양positive의 포화전압 V_H 또는 음negative의 포화전압 V_L 중 하나가 된다. $v_d > 0$이 되는 순간에

$v_O = V_H$가 되고, $v_d < 0$이 되는 순간에 $v_O = V_L$이 되므로, 출력이 $V_L \to V_H$로 또는 $V_H \to V_L$로 천이되는 임계전압은 $v_d = 0$으로 만드는 입력전압이 된다. $v_O = V_H$인 경우와 $v_O = V_L$인 경우로 나누어 동작을 살펴보자.

- **출력이 $v_O = V_H$인 경우**([그림 8-16(b)]) : 비반전단자의 전압은 $v_+ = \beta V_H$이므로, $v_I < \beta V_H$이면 $v_d > 0$이 되어 출력은 $v_O = V_H$를 유지한다. $v_I > \beta V_H$이면 $v_d < 0$이 되어 출력은 음의 포화전압 V_L로 천이된다. 따라서 출력이 $V_H \to V_L$로 천이되는 임계전압 V_{TH}를 식 (8.21)과 같이 정의할 수 있다. 출력이 $V_H \to V_L$로 천이되는 임계전압을 **상측 문턱전압** upper threshold voltage이라고 한다. $V_H > 0$이므로, $V_{TH} > 0$이다.

$$V_{TH} = \frac{R_1}{R_1 + R_2} V_H = \beta V_H \tag{8.21}$$

- **출력이 $v_O = V_L$인 경우**([그림 8-16(c)]) : 비반전단자 전압은 $v_+ = \beta V_L$이므로, $v_I > \beta V_L$이면 $v_d < 0$이 되어 출력은 $v_O = V_L$을 유지한다. $v_I < \beta V_L$이면 $v_d > 0$이 되어 출력은 양의 포화전압 V_H로 천이된다. 따라서 출력이 $V_L \to V_H$로 천이되는 임계전압을 식 (8.22)와 같이 정의할 수 있다. 출력이 $V_L \to V_H$로 천이되는 임계전압을 **하측 문턱전압** lower threshold voltage이라고 한다. $V_L < 0$이므로, $V_{TL} < 0$이다.

$$V_{TL} = \left(\frac{R_1}{R_1 + R_2}\right) V_L = \beta V_L \tag{8.22}$$

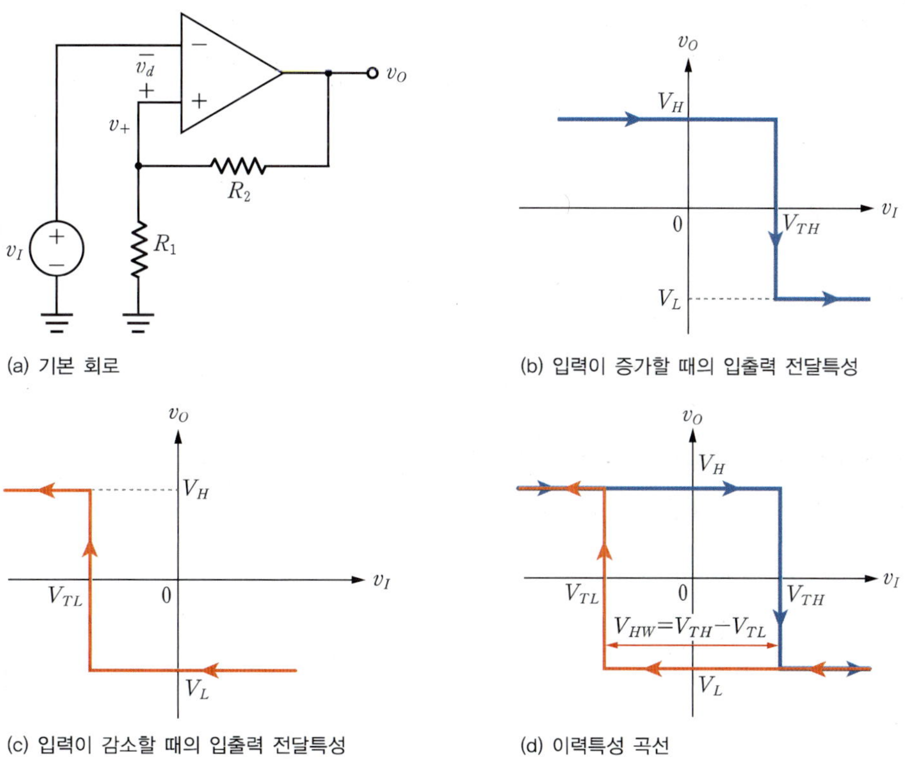

그림 8-16 반전 슈미트 트리거 회로와 입출력 전달특성

[그림 8-16(b)]와 [그림 8-16(c)]를 하나로 합치면 [그림 8-16(d)]와 같이 두 개의 문턱전압 V_{TL}과 V_{TH}를 갖는 반전 슈미트 트리거의 전달특성 곡선이 얻어진다. 이와 같이 두 개의 문턱전압을 갖는 현상을 이력특성이라고 하며, 이는 정귀환에 의해 나타나는 현상이다. 식 (8.21)과 식 (8.22)로부터 $V_H = -V_L = V_O$면, V_{TL}과 V_{TH}는 크기가 같고 부호가 반대이다. [그림 8-16(d)]의 이력특성 곡선에서 두 문턱전압 사이의 간격을 **이력폭** hysteresis width이라고 한다. $V_H = -V_L = V_O$인 경우에, 반전 슈미트 트리거의 이력폭 V_{HW}는 식 (8.23)과 같다.

$$V_{HW} = V_{TH} - V_{TL} = \frac{2R_1}{R_1 + R_2} V_O = \frac{2R_1/R_2}{1+(R_1/R_2)} V_O \qquad (8.23)$$

Q **슈미트 트리거의 출력이 입력신호에 포함된 잡음에 영향을 받는 경우에는 어떻게 해야 하는가?**

A
- 잡음의 진폭이 슈미트 트리거의 이력폭보다 큰 경우에는 잡음에 의해 슈미트 트리거 출력이 천이되어 잡음에 영향을 받는다.
- 잡음에 영향을 받지 않는 출력을 얻기 위해서는 슈미트 트리거의 이력폭을 잡음의 진폭보다 크게 설정해야 한다([그림 8-5] 참조).

예제 8-4

[그림 8-16(a)]의 반전 슈미트 트리거 회로에서 $V_{HW} = 3.2\text{V}$가 되도록 저항비 R_1/R_2 값을 결정하고, 상측 문턱전압 V_{TH}와 하측 문턱전압 V_{TL}을 구하라. 단, $V_O = V_H = -V_L = 4.8\text{V}$이고, 전원전압은 $V_{CC} = \pm 5\text{V}$이다.

풀이

- 식 (8.23)의 $V_{HW} = \dfrac{2R_1/R_2}{1+(R_1/R_2)} V_O$로부터, $\dfrac{R_1}{R_2} = \dfrac{V_{HW}}{2V_O - V_{HW}} = \dfrac{3.2}{2\times 4.8 - 3.2} = \dfrac{1}{2}$
- 식 (8.21)로부터 $V_{TH} = \dfrac{R_1}{R_1+R_2} V_H = \dfrac{R_1/R_2}{1+(R_1/R_2)} \times V_H = \dfrac{0.5\times 4.8}{1+0.5} = 1.6\text{V}$
- 식 (8.22)로부터 $V_{TL} = \dfrac{R_1}{R_1+R_2} V_L = \dfrac{R_1/R_2}{1+(R_1/R_2)} \times V_L = \dfrac{-0.5\times 4.8}{1+0.5} = -1.6\text{V}$

[그림 8-17(a)]는 진폭 5V, 주파수 100Hz인 정현파 입력에 대한 [예제 8-4] 회로의 PSPICE 시뮬레이션 결과이다. $v_I > V_{TH}$이면 $v_O = -V_L$이 되고, $v_I < V_{TL}$이면 $v_O = V_H$가 되어 반전 슈미트 트리거로 동작함을 확인할 수 있다. [그림 8-17(a)]의 Transient 시뮬레이션 결과로부터 x축을 입력전압 vin으로 변환하면 [그림 8-17(b)]와 같은 입출력 전달특성을 얻을 수 있다. 시뮬레이션으로부터 얻어진 파라미터 값은 $V_L \simeq -4.82\text{V}$, $V_H \simeq 4.82\text{V}$, $V_{TH} \simeq 1.66\text{V}$, $V_{TL} \simeq -1.67\text{V}$, $V_{HW} \simeq 3.33\text{V}$이며, 수식 계산으로 얻은 결과와 거의 일치함을 알 수 있다.

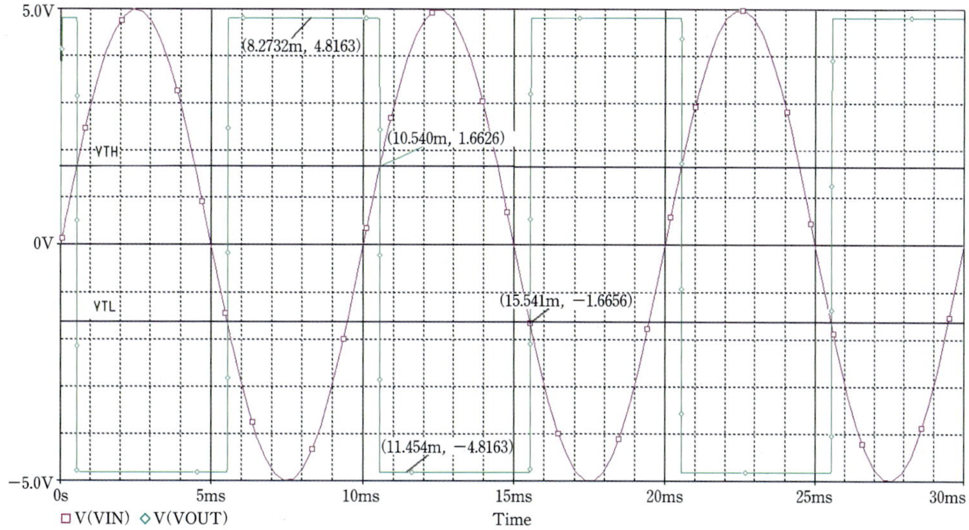

(a) 정현파 입력(진폭 5V, 주파수 100Hz)에 대한 반전 슈미트 트리거의 출력

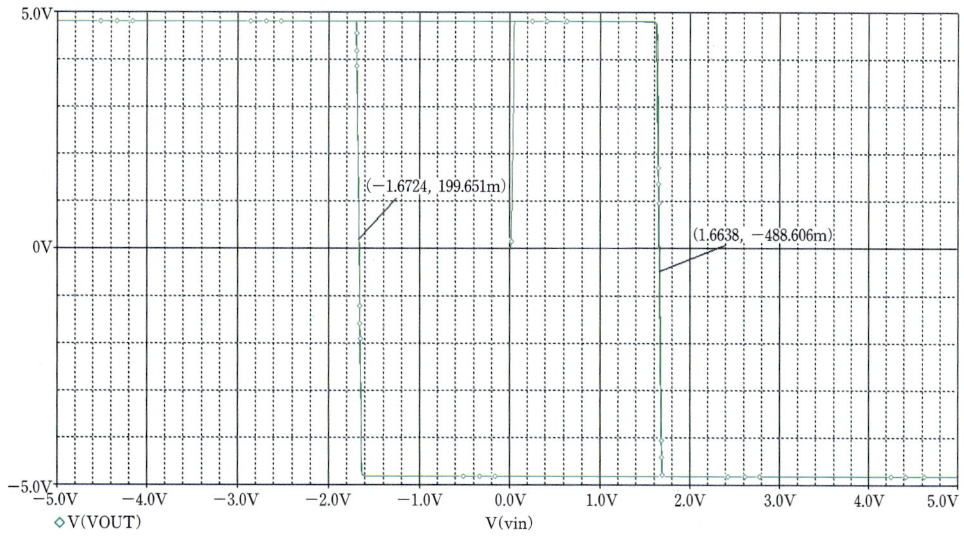

(b) 입출력 전달특성 곡선

그림 8-17 [예제 8-4]의 PSPICE 시뮬레이션 결과

확인문제 8-5

[그림 8-16(a)]의 반전 슈미트 트리거 회로에서 저항비 $\dfrac{R_1}{R_2} = \dfrac{1}{4}$ 인 경우에, 상측 문턱전압 V_{TH}와 하측 문턱전압 V_{TL} 그리고 이력폭 V_{HW}를 구하라. 단, 슈미트 트리거의 출력전압은 $V_H = -V_L = 5\text{V}$이다.

답 $V_{TH} = 1\text{V}$, $V_{TL} = -1\text{V}$, $V_{HW} = 2\text{V}$

확인문제 8-6

상측 문턱전압 V_{TH}와 하측 문턱전압 V_{TL}이 $V_{TH} = |V_{TL}| = \frac{1}{3}V_H$를 만족하도록 반전 슈미트 트리거를 설계하라. 단, 슈미트 트리거의 출력전압은 $V_H = |V_L|$이다.

답 $R_2 = 2R_1$

■ 이력특성 곡선의 x축 방향 수평 이동

앞에서 설명한 기본적인 반전 슈미트 트리거는 $V_H = -V_L$인 경우 $V_{TH} = -V_{TL}$이 되어, 두 개의 문턱전압은 크기는 같지만 부호가 반대인 특성을 갖는다. 슈미트 트리거가 사용되는 응용회로에서는 V_{TL}과 V_{TH}가 모두 음수 또는 양수이거나, x축 방향으로 수평 이동된 이력특성이 필요한 경우가 있다. 이를 위해 기준전압을 인가하여 이력특성 곡선을 수평으로 이동시키는 방법이 사용된다.

[그림 8-18(a)]는 반전 슈미트 트리거 회로의 비반전 입력단자 쪽에 기준전압 V_R을 인가한 경우이다. 중첩의 정리를 적용하면, 연산증폭기의 비반전단자 전압 v_+는 식 (8.24)와 같다.

$$v_+ = \beta v_O + \left(\frac{R_2}{R_1 + R_2}\right)V_R \tag{8.24}$$

여기서 $\beta = \frac{R_1}{R_1 + R_2}$은 귀환율을 나타낸다. 연산증폭기 두 입력단자의 전압 차 v_d는

$$v_d = v_+ - v_I = \beta v_O + \left(\frac{R_2}{R_1 + R_2}\right)V_R - v_I \tag{8.25}$$

가 되며, 출력이 $V_L \rightarrow V_H$로 또는 $V_H \rightarrow V_L$로 천이되는 임계전압은 $v_d = 0$으로 만드는 입력전압이다. 출력이 $V_L \rightarrow V_H$로 천이되는 임계전압 V_{TL}과 출력이 $V_H \rightarrow V_L$로 천이되는 임계전압 V_{TH}는 각각 다음과 같이 정의된다.

- **출력이 $v_O = V_H$인 경우** : 식 (8.25)에 $v_d = 0$, $v_O = V_H$, $v_I = V_{TH}$를 대입하여 $v_d = 0$으로 만드는 임계전압 V_{TH}를 구하면, 식 (8.26)과 같다. 식 (8.26)에서 V_S는 이력특성 곡선이 x축 방향으로 수평 이동되는 크기를 나타낸다.

$$V_{TH} = \beta V_H + \left(\frac{R_2}{R_1 + R_2}\right)V_R = \beta V_H + V_S \tag{8.26}$$

- **출력이 $v_O = V_L$인 경우** : 식 (8.25)에 $v_d = 0$, $v_O = V_L$, $v_I = V_{TL}$을 대입하여 $v_d = 0$으로 만드는 임계전압 V_{TL}을 구하면, 식 (8.27)과 같다. 식 (8.27)에서 V_S는 이력특성 곡선이 x축 방향으로 수평 이동되는 크기를 나타낸다.

$$V_{TL} = \beta V_L + \left(\frac{R_2}{R_1 + R_2}\right) V_R = \beta V_L + V_S \qquad (8.27)$$

$V_H = - V_L = V_O$인 경우, 식 (8.26)과 식 (8.27)로부터 반전 슈미트 트리거의 이력폭은 식 (8.23)과 동일하며, 따라서 기준전압 V_R은 이력폭에 영향을 미치지 않는다. 식 (8.21)과 식 (8.26) 그리고 식 (8.22)와 식 (8.27)을 각각 비교해보면, 두 개의 문턱전압이 각각 V_S만큼 수평 이동되었음을 알 수 있다. $V_R > 0$인 경우에 이력특성 곡선은 [그림 8-18(b)]와 같이 양의 x축 방향으로 수평 이동된다.

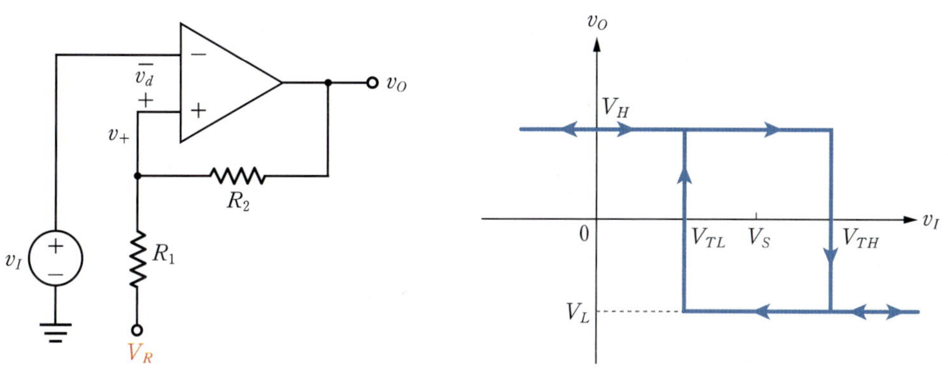

(a) 회로 (b) 이력특성 곡선(V_R>0인 경우)

그림 8-18 기준전압을 갖는 반전 슈미트 트리거 회로와 이력특성 곡선

예제 8-5

[그림 8-18(a)]의 반전 슈미트 트리거 회로에서 $V_S = 1.5\text{V}$와 이력폭 $V_{HW} = 2.5\text{V}$가 되도록 기준전압 V_R을 결정하고, 슈미트 트리거의 문턱전압 V_{TH}와 V_{TL}을 구하라. 단, 슈미트 트리거의 출력전압은 $V_O = V_H = - V_L = 5\text{V}$이다.

풀이

- 식 (8.23)의 $V_{HW} = \dfrac{2R_1/R_2}{1+(R_1/R_2)} V_O$로부터, $\dfrac{R_1}{R_2} = \dfrac{V_{HW}}{2V_O - V_{HW}} = \dfrac{2.5}{2\times 5 - 2.5} = \dfrac{1}{3}$
- $V_S = \left(\dfrac{R_2}{R_1 + R_2}\right) V_R$로부터, $V_R = \left(1 + \dfrac{R_1}{R_2}\right) V_S = \left(1 + \dfrac{1}{3}\right) \times 1.5 = 2\text{V}$
- 식 (8.26)으로부터 $V_{TH} = \dfrac{R_1 V_H}{R_1 + R_2} + V_S = \dfrac{R_1 \times 5}{R_1 + 3R_1} + 2.0 = 3.25\text{V}$
- 식 (8.27)로부터 $V_{TL} = \dfrac{R_1 V_L}{R_1 + R_2} + V_S = \dfrac{- R_1 \times 5}{R_1 + 3R_1} + 2.0 = 0.75\text{V}$

확인문제 8-7

[그림 8-18(a)]의 반전 슈미트 트리거 회로에서 $V_R = 3\text{V}$인 경우에 V_S, V_{TL}, V_{TH}, V_{HW} 값을 구하라. 단, $R_1/R_2 = 2$, $V_H = -V_L = 4.8\text{V}$이다.

답 $V_S = 1\text{V}$, $V_{TH} = 4.2\text{V}$, $V_{TL} = -2.2\text{V}$, $V_{HW} = 6.4\text{V}$

핵심포인트 **반전 슈미트 트리거의 특성**

- 정귀환 작용에 의해 두 개의 문턱전압을 갖는다.
- 입력전압이 상측 문턱전압 V_{TH}보다 크면 출력이 $V_H \to V_L$로 천이된다.
- 입력전압이 하측 문턱전압 V_{TL}보다 작으면 출력이 $V_L \to V_H$로 천이된다.
- $V_H = -V_L = V_O$이면, V_{TL}과 V_{TH}는 크기가 같고 부호가 반대이다.
- 문턱전압 V_{TL}, V_{TH}와 이력폭 V_{HW}는 저항비 $\dfrac{R_1}{R_2}$에 의해 결정된다.
- 비반전 입력단자 쪽에 기준전압 V_R을 인가하면, 이력특성 곡선을 x축 방향 좌우로 이동시켜서 이력폭이 고정된 상태로 문턱전압 V_{TL}, V_{TH}을 변경시킬 수 있다.

8.3.2 비반전 슈미트 트리거

비반전 슈미트 트리거의 상측, 하측 문턱전압은 어떻게 결정되는가?
비반전 슈미트 트리거의 이력특성 곡선을 수평으로 이동시키기 위한 방법은 무엇인가?

[그림 8-19(a)]는 비반전noninverting 슈미트 트리거 회로이며, 입력이 연산증폭기의 비반전 단자로 인가된다. 연산증폭기의 출력이 저항 R_1과 R_2를 통해 비반전단자로 귀환되어 정귀환이 인가되고 있다.

중첩의 정리를 적용하면, 연산증폭기 비반전단자의 전압은 식 (8.28)과 같다.

$$v_+ = \left(\frac{R_2}{R_1 + R_2}\right)v_I + \left(\frac{R_1}{R_1 + R_2}\right)v_O = \left(\frac{R_2}{R_1 + R_2}\right)v_I + \beta v_O \qquad (8.28)$$

연산증폭기의 반전단자가 접지되어 있으므로, 두 입력단자 사이의 전압 차는 $v_d = v_+$가 된다. 정귀환 작용에 의해 슈미트 트리거의 출력 v_O는 양positive의 포화전압 V_H 또는 음negative의 포화전압 V_L 중 하나가 된다. $v_d > 0$이 되는 순간 $v_O = V_H$가 되고, $v_d < 0$이 되는 순간 $v_O = V_L$이 된다. 따라서 출력이 $V_L \to V_H$로 또는 $V_H \to V_L$로 천이되는

임계전압은 $v_+ = 0$으로 만드는 입력전압이 된다. $v_O = V_H$인 경우와 $v_O = V_L$인 경우로 나누어 동작을 살펴보자.

- **출력이 $v_O = V_L$인 경우**([그림 8-19(b)]) : 출력이 $V_L \to V_H$로 천이되기 위해서는 $v_+ > 0$이 되어야 하며, $v_+ = 0$으로 만드는 입력전압이 상측 문턱전압 V_{TH}이다. 식 (8.28)에 $v_+ = 0$, $v_O = V_L$, $v_I = V_{TH}$를 대입하여 정리하면, 출력이 $V_L \to V_H$로 천이되는 임계전압인 상측 문턱전압 V_{TH}는 식 (8.29)와 같다. $V_L < 0$이므로, $V_{TH} > 0$이다. $v_I < V_{TH}$이면 $v_+ < 0$이 되어 출력은 $v_O = V_L$을 유지한다.

$$V_{TH} = -\frac{R_1}{R_2} V_L \tag{8.29}$$

- **출력이 $v_O = V_H$인 경우**([그림 8-19(c)]) : 출력이 $V_H \to V_L$로 천이되기 위해서는 $v_+ < 0$이 되어야 하며, $v_+ = 0$으로 만드는 입력전압이 하측 문턱전압 V_{TL}이다. 식 (8.28)에 $v_+ = 0$, $v_O = V_H$, $v_I = V_{TL}$을 대입하여 정리하면, 출력이 $V_H \to V_L$로 천이되는 임계전압인 하측 문턱전압 V_{TL}은 식 (8.30)과 같다. $V_H > 0$이므로, $V_{TL} < 0$이다. $v_I > V_{TL}$이면 $v_+ > 0$이 되어 출력은 $v_O = V_H$를 유지한다.

$$V_{TL} = -\frac{R_1}{R_2} V_H \tag{8.30}$$

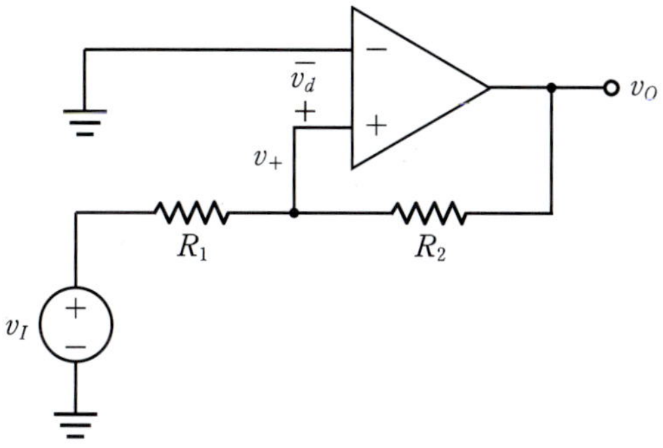

(a) 기본 회로

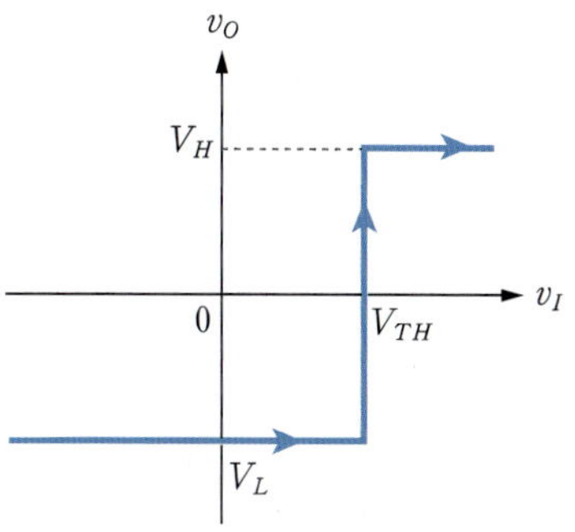

(b) 입력이 증가할 때의 입출력 전달특성

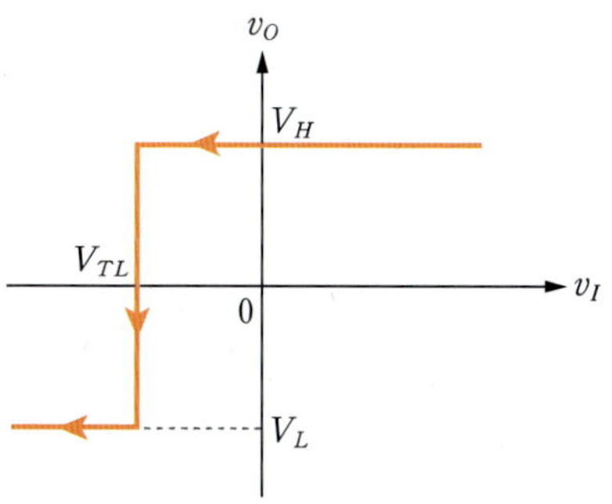

(c) 입력이 감소할 때의 입출력 전달특성

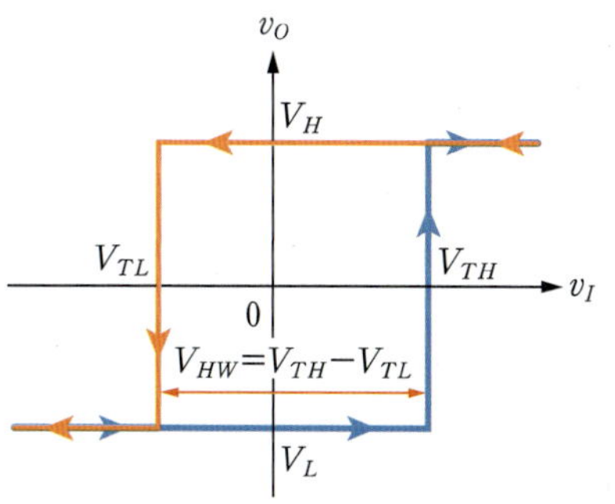

(d) 이력특성 곡선

그림 8-19 비반전 슈미트 트리거 회로와 입출력 전달특성

[그림 8-19(b)]와 [그림 8-19(c)]를 하나로 합치면 [그림 8-19(d)]와 같이 두 개의 문턱 전압 V_{TL}과 V_{TH}를 갖는 비반전 슈미트 트리거의 전달특성 곡선이 얻어진다. 식 (8.29)와 식 (8.30)으로부터 $V_H = -V_L = V_O$이면, V_{TL}과 V_{TH}는 크기는 같지만 부호가 반대이다. $V_H = -V_L = V_O$인 경우, 비반전 슈미트 트리거의 이력폭은 다음과 같다.

$$V_{HW} = V_{TH} - V_{TL} = \frac{2R_1}{R_2} V_O \tag{8.31}$$

예제 8-6

[그림 8-19(a)]의 비반전 슈미트 트리거 회로에서 $V_{HW} = 4.8\text{V}$가 되도록 저항비 R_1/R_2 값을 결정하고, 상측 문턱전압 V_{TH}와 하측 문턱전압 V_{TL}을 구하라. 단, $V_O = V_H = -V_L = 4.8\text{V}$이고, 전원전압은 $V_{CC} = \pm 5\text{V}$이다.

풀이

- 식 (8.31)의 $V_{HW} = \frac{2R_1}{R_2} V_O$로부터, $\frac{R_1}{R_2} = \frac{V_{HW}}{2V_O} = \frac{4.8}{2 \times 4.8} = \frac{1}{2}$
- 식 (8.29)로부터 $V_{TH} = -\frac{R_1}{R_2} V_L = -\frac{1}{2} \times (-4.8) = 2.4\text{V}$
- 식 (8.30)으로부터 $V_{TL} = -\frac{R_1}{R_2} V_H = -\frac{1}{2} \times 4.8 = -2.4\text{V}$

[그림 8-20(a)]는 진폭 5V, 주파수 100Hz인 정현파 입력에 대한 [예제 8-6] 회로의 PSPICE 시뮬레이션 결과이다. $v_I > V_{TH}$이면 $v_O = V_H$가 되고, $v_I < V_{TL}$이면 $v_O = V_L$이 되어 비반전 슈미트 트리거로 동작함을 확인할 수 있다. [그림 8-20(b)]는 입출력 전달특성 곡선이다. 시뮬레이션으로부터 얻어진 파라미터 값은 $V_H \simeq 4.8\text{V}$, $V_L \simeq -4.8\text{V}$, $V_{TL} \simeq -2.45\text{V}$, $V_{TH} \simeq 2.47\text{V}$이고, $V_{HW} \simeq 4.94\text{V}$이며, 수식 계산으로 얻은 결과와 거의 일치함을 알 수 있다.

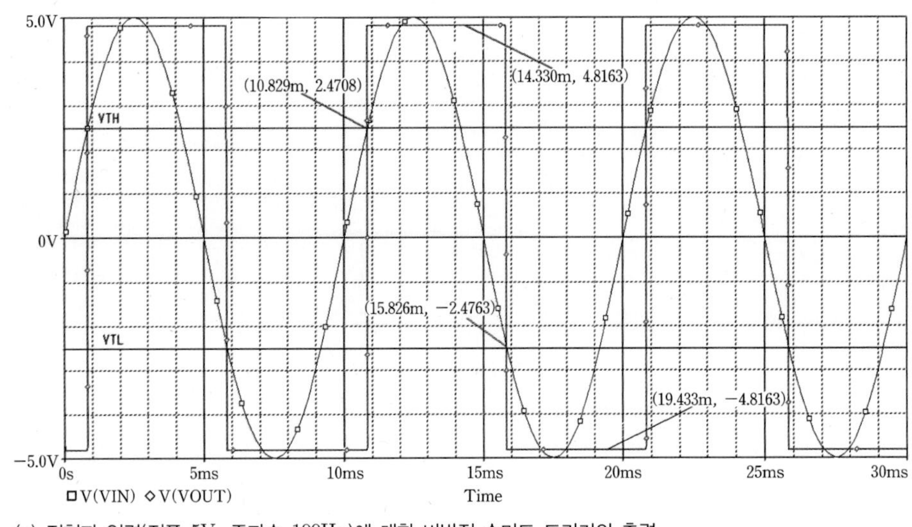

(a) 정현파 입력(진폭 5V, 주파수 100Hz)에 대한 비반전 슈미트 트리거의 출력

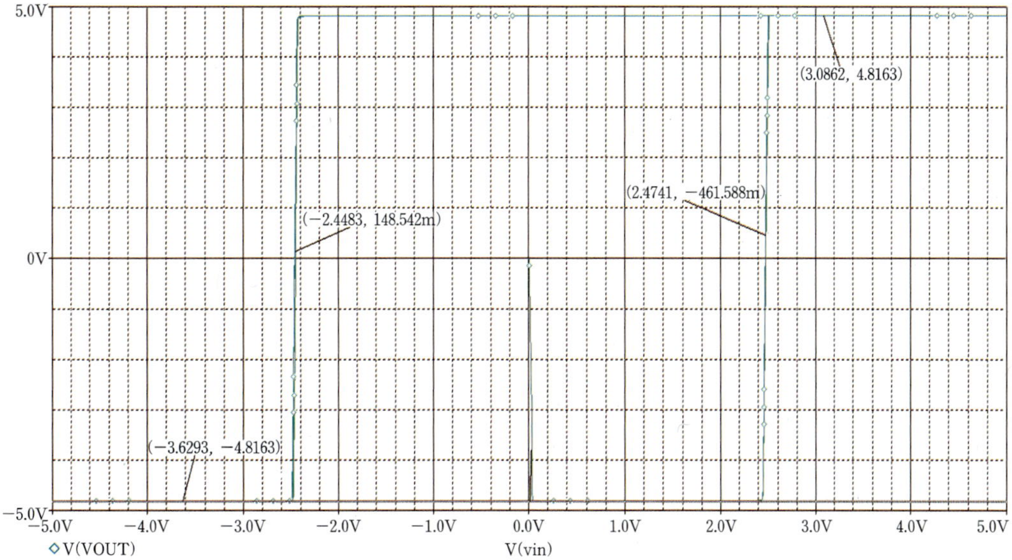

(b) 입출력 전달특성 곡선

그림 8-20 [예제 8-6]의 PSPICE 시뮬레이션 결과

확인문제 8-8

[그림 8-19(a)]의 비반전 슈미트 트리거 회로에서 저항비 $\dfrac{R_1}{R_2}=\dfrac{1}{4}$ 인 경우에, 상측 문턱전압 V_{TH}와 하측 문턱전압 V_{TL} 그리고 이력폭 V_{HW}를 구하라. 단, 슈미트 트리거의 출력전압은 $V_H=-V_L=5\text{V}$이다.

답 $V_{TH}=1.25\text{V}$, $V_{TL}=-1.25\text{V}$, $V_{HW}=2.5\text{V}$

확인문제 8-9

상측 문턱전압 V_{TH}와 하측 문턱전압 V_{TL}이 $V_{TH}=|V_{TL}|=\dfrac{1}{3}V_H$를 만족하도록 비반전 슈미트 트리거를 설계하라. 단, 슈미트 트리거의 출력전압은 $V_H=|V_L|$이다.

답 $R_2=3R_1$

여기서 잠깐 ▸ 슈미트 트리거 출력전압의 조정

슈미트 트리거 회로의 출력에 [그림 8-21]과 같이 제너 다이오드를 추가하면, 출력전압을 원하는 값으로 조정할 수 있다. 제너 다이오드 D_{Z1}과 D_{Z2}의 특성이 동일하다면, 슈미트 트리거의 출력전압은 $V_H=V_Z+V_\gamma$, $V_L=-(V_Z+V_\gamma)$가 되며, 여기서 V_Z는 제너전압이고, V_γ는 순방향 커트-인[cut-in] 전압이다.

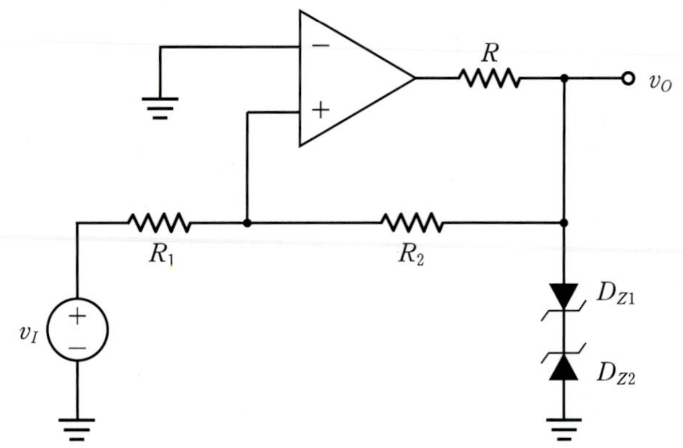

그림 8-21 제너 다이오드 리미터를 갖는 슈미트 트리거

■ 이력특성 곡선의 x축 방향 수평 이동

앞에서 설명된 기본적인 비반전 슈미트 트리거는 $V_H = -V_L$인 경우에 $V_{TH} = -V_{TL}$이 되어 두 개의 문턱전압이 크기가 같고 부호가 반대인 특성을 갖는다. [그림 8-22(a)]와 같이 반전단자에 기준전압 V_R을 인가하여 이력특성 곡선을 수평으로 이동시킬 수 있다. 비반전단자의 전압은 식 (8.28)과 같으므로, 연산증폭기 두 입력단자의 전압 차는 다음과 같다.

$$v_d = v_+ - V_R = \beta v_O + \left(\frac{R_2}{R_1 + R_2}\right) v_I - V_R \tag{8.32}$$

출력이 $V_L \rightarrow V_H$로 또는 $V_H \rightarrow V_L$로 천이되는 임계전압은 $v_d = 0$으로 만드는 입력전압이다. 비반전 슈미트 트리거이므로, 출력이 $V_L \rightarrow V_H$로 천이되는 임계전압이 V_{TH}이며, 출력이 $V_H \rightarrow V_L$로 천이되는 임계전압이 V_{TL}이다. $v_O = V_H$인 경우와 $v_O = V_L$인 경우로 나누어 동작을 살펴보자.

- **출력이 $v_O = V_L$인 경우** : 식 (8.32)에 $v_d = 0$, $v_O = V_L$, $v_I = V_{TH}$를 대입하면 상측 문턱전압 V_{TH}는 다음과 같다. 식 (8.33)에서 V_S는 이력특성 곡선이 x축 방향으로 수평 이동되는 크기를 나타낸다.

$$V_{TH} = -\frac{R_1}{R_2} V_L + \left(1 + \frac{R_1}{R_2}\right) V_R = -\frac{R_1}{R_2} V_L + V_S \tag{8.33}$$

- **출력이 $v_O = V_H$인 경우** : 식 (8.32)에 $v_d = 0$, $v_O = V_H$, $v_I = V_{TL}$을 대입하면 $v_d = 0$으로 만드는 하측 문턱전압 V_{TL}은 다음과 같다. 식 (8.34)에서 V_S는 이력특성 곡선이 x축 방향으로 수평 이동되는 크기를 나타낸다.

$$V_{TL} = -\frac{R_1}{R_2} V_H + \left(1 + \frac{R_1}{R_2}\right) V_R = -\frac{R_1}{R_2} V_H + V_S \tag{8.34}$$

$V_H = -V_L = V_o$인 경우에, 식 (8.33)과 식 (8.34)로부터 비반전 슈미트 트리거의 이력폭은 식 (8.31)과 동일하며, 따라서 기준전압 V_R은 이력폭에 영향을 미치지 않는다. 식 (8.29)와 식 (8.33), 그리고 식 (8.30)과 식 (8.34)를 각각 비교해보면, 두 개의 문턱전압이 각각 V_S만큼 수평 이동됨을 알 수 있다. $V_R > 0$인 경우에 이력특성 곡선은 [그림 8-22(b)]와 같이 양의 x축 방향으로 수평 이동된다.

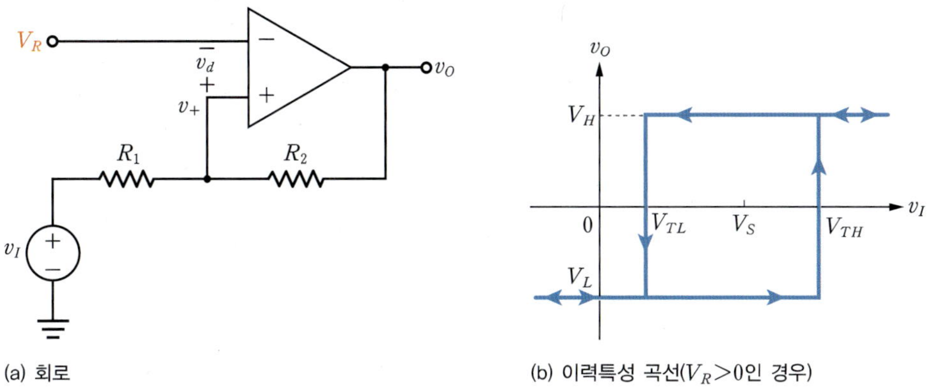

그림 8-22 기준전압을 갖는 비반전 슈미트 트리거 회로와 이력특성 곡선

예제 8-7

[그림 8-22(a)]의 비반전 슈미트 트리거 회로에서 $V_S = -1.5\text{V}$와 이력폭 $V_{HW} = 2.5\text{V}$가 되도록 전압 V_R을 결정하고, 슈미트 트리거의 문턱전압 V_{TH}와 V_{TL}을 구하라. 단, $V_O = V_H = -V_L = 5.0\text{V}$이다.

풀이

- 식 (8.31)의 $V_{HW} = \dfrac{2R_1}{R_2} V_O$로부터, $\dfrac{R_1}{R_2} = \dfrac{V_{HW}}{2V_O} = \dfrac{2.5}{2 \times 5} = \dfrac{1}{4}$
- $V_S = \left(1 + \dfrac{R_1}{R_2}\right) V_R$로부터, $V_R = \dfrac{V_S}{\left(1 + \dfrac{R_1}{R_2}\right)} = \dfrac{-1.5}{1 + \dfrac{1}{4}} = -1.2\text{V}$
- 식 (8.33)으로부터 $V_{TH} = -\dfrac{R_1}{R_2} V_L + V_S = \dfrac{1}{4} \times 5 - 1.5 = -0.25\text{V}$
- 식 (8.34)로부터 $V_{TL} = -\dfrac{R_1}{R_2} V_H + V_S = -\dfrac{1}{4} \times 5 - 1.5 = -2.75\text{V}$

확인문제 8-10

[그림 8-22(a)]의 비반전 슈미트 트리거 회로에서 $V_R = 1\text{V}$인 경우에 V_S, V_{TL}, V_{TH}, V_{HW} 값을 구하라. 단, $\dfrac{R_1}{R_2} = 2$이고, 슈미트 트리거의 출력전압은 $V_O = V_H = -V_L = 3.0\text{V}$이다.

답 $V_S = 3.0\text{V}$, $V_{TH} = 9.0\text{V}$, $V_{TL} = -3.0\text{V}$, $V_{HW} = 12.0\text{V}$

핵심포인트 **비반전 슈미트 트리거의 특성**

- 정귀환 작용에 의해 두 개의 문턱전압을 갖는다.
- 입력전압이 상측 문턱전압 V_{TH}보다 크면 출력이 $V_L \to V_H$로 천이된다.
- 입력전압이 하측 문턱전압 V_{TL}보다 작으면 출력이 $V_H \to V_L$로 천이된다.
- $V_H = -V_L = V_O$이면, V_{TL}과 V_{TH}는 크기가 같고 부호가 반대이다.
- 문턱전압 V_{TL}, V_{TH}와 이력폭 V_{HW}는 저항비 $\dfrac{R_1}{R_2}$에 의해 결정된다.
- 반전 입력단자에 기준전압 V_R을 인가하면, 이력특성 곡선을 x축 방향 좌우로 이동시켜서 이력폭이 고정된 상태로 문턱전압 V_{TL}, V_{TH}을 변경시킬 수 있다.

여기서 잠깐 **슈미트 트리거의 잡음제거 특성**

슈미트 트리거가 두 개의 문턱전압을 갖는 이력특성을 이용하면 회로 동작에 영향을 미치는 잡음, 즉 채터링 chattering을 제거할 수 있다. [그림 8-23]은 슈미트 트리거를 이용하여 채터링을 제거하는 예이다. 푸시버튼push button 스위치, 릴레이relay 등 기계식 접점을 갖는 소자에서는 스위치가 온ON 또는 오프OFF되는 순간에 전압 V_a에 잡음이 발생하며, 이는 스위치를 여러 번 온/오프시킨 것처럼 회로의 오동작을 유발하는 요인이 된다.

잡음이 존재하는 전압 V_a를 [그림 8-23(a)]와 같이 슈미트 트리거를 통과시키면, [그림 8-23(b)]와 같이 잡음이 제거된 깨끗한 파형을 얻을 수 있다. 스위치가 온ON되는 순간에 전압 V_a가 하측 문턱전압 V_{TL}보다 작아지면 반전 슈미트 트리거의 출력은 $V_b = V_H$가 되고, V_a에 존재하는 잡음의 피크값이 V_{TH}보다 작으면 $V_b = V_H$를 유지한다. 스위치가 오프OFF되는 순간에 전압 V_a가 슈미트 트리거의 상측 문턱전압 V_{TH}보다 커지면 반전 슈미트 트리거의 출력은 $V_b = V_L$이 되고, 그 이후에 V_a에 존재하는 잡음의 피크값이 V_{TL}보다 크면 $V_b = V_L$을 유지한다. 따라서 슈미트 트리거를 이용하면 스위치가 온/오프되는 순간에 발생하는 잡음이 제거되어 깨끗한 펄스를 얻을 수 있다.

[그림 8-23(b)]에서 전압 V_S는 슈미트 트리거의 이력특성 곡선이 시프팅된 전압이며([그림 8-18(b)], [그림 8-22(b)] 참조), V_S와 이력폭 V_{HW}에 따라 슈미트 트리거가 잡음을 제거하는 동작이 영향을 받는다.

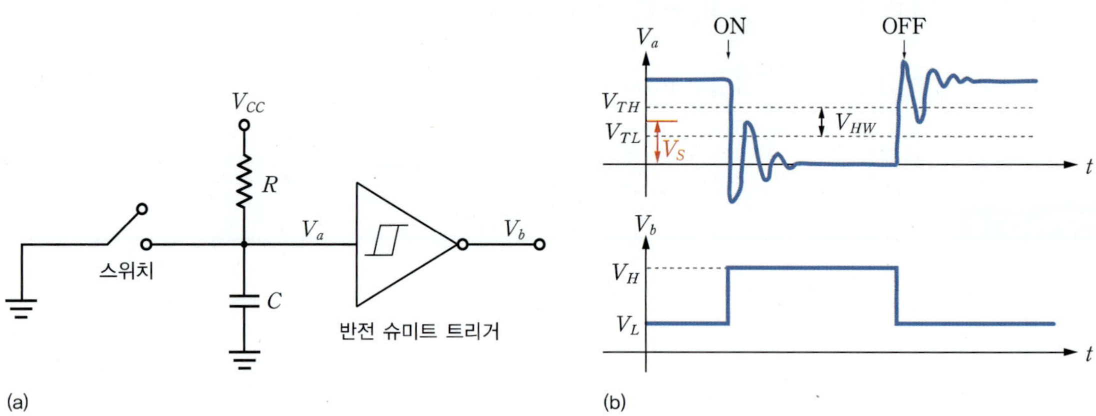

그림 8-23 슈미트 트리거를 이용한 접촉식 스위치의 채터링 제거

점검하기 **다음 각 문제에서 맞는 것을 고르시오.**

(1) 반전 슈미트 트리거는 입력전압이 상측 문턱전압 V_{TH}보다 크면 출력이 ($V_L \rightarrow V_H$, $V_H \rightarrow V_L$)로 천이된다.

(2) 반전 슈미트 트리거는 입력전압이 하측 문턱전압 V_{TL}보다 작으면 출력이 ($V_L \rightarrow V_H$, $V_H \rightarrow V_L$)로 천이된다.

(3) 반전 슈미트 트리거의 출력전압이 $V_H = -V_L = V_O$이면, $V_{TH} = -V_{TL}$이다. (O, X)

(4) 반전 슈미트 트리거의 출력전압이 $V_H = -V_L = V_O$이면, 이력폭은 $V_{HW} = 2V_{TH}$이다. (O, X)

(5) 반전 슈미트 트리거의 비반전 입력단자에 기준전압 $V_R > 0$을 인가하면, $V_R = 0$인 경우에 비해 V_{TH}와 V_{TL}이 (**작다, 크다**).

(6) 비반전 슈미트 트리거는 입력전압이 상측 문턱전압 V_{TH}보다 크면 출력이 ($V_L \rightarrow V_H$, $V_H \rightarrow V_L$)로 천이된다.

(7) 비반전 슈미트 트리거는 입력전압이 하측 문턱전압 V_{TL}보다 작으면 출력이 ($V_L \rightarrow V_H$, $V_H \rightarrow V_L$)로 천이된다.

(8) 비반전 슈미트 트리거의 출력전압이 $V_H = -V_L = V_O$이면, $V_{TH} = -V_{TL}$이 된다. (O, X)

(9) 비반전 슈미트 트리거의 반전 입력단자에 기준전압 $V_R > 0$을 인가하면, $V_R = 0$인 경우에 비해 이력폭 V_{HW}가 크다. (O, X)

(10) 비반전 슈미트 트리거의 출력전압이 $V_H = -V_L = V_O$이면, 이력폭은 $V_{HW} = 2V_{TH}$이다. (O, X)

8.3.3 슈미트 트리거를 이용한 구형파 발생기

슈미트 트리거를 이용한 구형파 발생기의 발진주파수는 어떻게 결정되는가?
비대칭 구형파를 발생하기 위한 방법은 무엇인가?

[그림 8-24(a)]는 반전 슈미트 트리거를 이용한 구형파square waveform 발생기 회로이다. 슈미트 트리거의 출력이 저항 R과 커패시터 C에 의해 반전단자로 귀환되는 구조이다. 반전단자에 연결된 커패시터의 주기적인 충전과 방전 작용에 의해 슈미트 트리거의 출력이 반복적으로 천이되면서 [그림 8-24(b)]와 같은 구형파가 발생된다. 외부에서 인가되는 입력신호 없이 회로 자체의 동작에 의해 구형파가 주기적으로 발생되는 비안정 멀티바이브레이터이다.

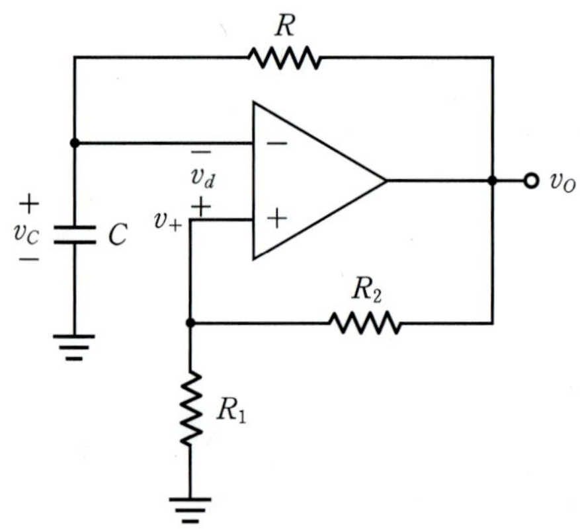

(a) 회로

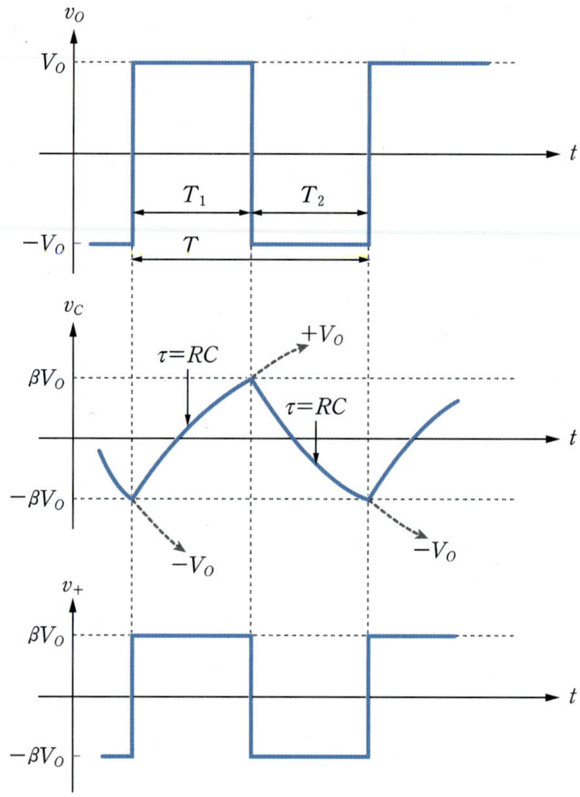

(b) 동작 파형

그림 8-24 슈미트 트리거를 이용한 구형파 발생기 회로와 동작 파형

[그림 8-24(a)]의 회로에서 비반전단자의 전압은 식 (8.35)와 같으며, $\beta = \dfrac{R_1}{R_1 + R_2}$은 귀환율이다.

$$v_+ = \frac{R_1}{R_1 + R_2} v_O = \beta v_O \tag{8.35}$$

연산증폭기의 두 입력단자 사이의 전압 차 v_d는 식 (8.36)과 같으며, $v_C(t)$는 반전단자에 인가되는 커패시터의 전압이다.[1]

$$v_d = v_+ - v_C(t) = \beta v_O - v_C(t) \tag{8.36}$$

[그림 8-24(a)]의 회로에서 구형파가 생성되는 원리와 구형파의 주기 및 주파수에 대해 살펴보자.

1 커패시터의 전압은 $v_C(t) = v_{final} + (v_{initial} - v_{final})e^{-t/\tau}$로 표현되며, v_{final}은 커패시터의 최종 충전(방전)값, $v_{initial}$은 충전(방전)을 시작할 때의 초깃값, 그리고 τ는 충전(방전) 시상수를 나타낸다.

▪ 구형파 생성 동작([그림 8-24(b)] 참조)

❶ $t=0$에서 슈미트 트리거의 출력이 $v_O=-V_O$이고, $v_C(0)=-\beta V_O$라고 하면

- 식 (8.36)에 의해 $v_d=0$이 되어 슈미트 트리거의 출력 v_O는 $-V_O \rightarrow V_O$로 천이된다.
- 식 (8.35)에 의해 $v_+=\beta V_O$가 된다.
- 커패시터 C는 시상수 $\tau=RC$로 $+V_O$를 향해 충전하며, 커패시터의 전압 $v_C(t)$는 식 (8.37)과 같다.

$$v_C(t)=V_O\left[1-(\beta+1)e^{-t/\tau}\right] \tag{8.37}$$

❷ $v_C(t)$가 증가하여 $t=T_1$에서 $v_C(T_1)=\beta V_O$가 되면

- 식 (8.36)에 의해 $v_d=0$이 되어 슈미트 트리거의 v_O는 $V_O \rightarrow -V_O$로 천이된다.
- 식 (8.35)에 의해 $v_+=-\beta V_O$가 된다.
- 커패시터 C는 시상수 $\tau=RC$로 $-V_O$를 향해 충전하며, 커패시터의 전압 $v_C(t)$는 식 (8.38)과 같다.

$$v_C(t)=-V_O+(\beta V_O+V_O)e^{-t/\tau}=-V_O\left[1-(\beta+1)e^{-t/\tau}\right] \tag{8.38}$$

❸ $v_C(t)$가 감소하여 $t=T_1+T_2$에서 $v_C(T_1+T_2)=-\beta V_O$가 되면 ❶의 상태가 되며, ❶과 ❷에 의한 커패시터의 충전 과정이 주기적으로 반복되어 [그림 8-24(b)]와 같은 구형파 v_O가 생성된다.

▪ 구형파의 주기와 주파수

- $v_O=V_O$**인 기간** T_1 : $t=T_1$에서 $v_C(T_1)=\beta V_O$라고 하면, 식 (8.37)로부터

$$v_C(T_1)=V_O\left[1-(\beta+1)e^{-T_1/\tau}\right]=\beta V_O \tag{8.39}$$

가 되며, 이로부터 T_1을 구하면 다음과 같다.

$$T_1=\tau\ln\left(\frac{1+\beta}{1-\beta}\right)=RC\ln\left(\frac{1+\beta}{1-\beta}\right) \tag{8.40}$$

- $v_O=-V_O$**인 기간** T_2(편의상, 시간 축을 이동시켜 $t=T_1$을 $t=0$으로 생각하여 T_2를 구한다) : $t=T_2$에서 $v_C(T_2)=-\beta V_O$라고 하면, 식 (8.38)로부터

$$v_C(T_2)=V_O\left[-1+(\beta+1)e^{-T_2/\tau}\right]=-\beta V_O \tag{8.41}$$

가 되며, 이로부터 T_2를 구하면 다음과 같다.

$$T_2=\tau\ln\left(\frac{1+\beta}{1-\beta}\right)=RC\ln\left(\frac{1+\beta}{1-\beta}\right) \tag{8.42}$$

식 (8.40)과 식 (8.42)로부터 $T_1 = T_2$가 되며, 따라서 충격계수 duty cycle가 50%인 대칭 구형파가 생성된다. 이는 커패시터가 $+V_O$를 향해 충전하는 시상수와 $-V_O$를 향해 충전하는 시상수가 같기 때문이다.

- **구형파의 주기** T : 식 (8.40)과 식 (8.42)로부터 다음과 같다.

$$T = T_1 + T_2 = 2RC\ln\left(\frac{1+\beta}{1-\beta}\right) \tag{8.43}$$

슈미트 트리거 회로에서 $R_1 = R_2$이면 $\beta = \frac{1}{2}$이 되며, 이를 식 (8.43)에 적용하면 출력 구형파의 주기는 다음과 같다.

$$T = 2RC\ln(3) \simeq 2.2RC \tag{8.44}$$

출력 구형파의 주기와 주파수$\left(f = \frac{1}{T}\right)$는 커패시터의 시상수 $\tau = RC$에 의해 조정된다.

Q **출력 구형파의 주파수를 어떻게 조정할 수 있는가?**

A 발진주파수의 범위는 커패시터(10배 단위의 값)를 통해 설정하고, 저항 R을 통해 주파수를 미세 조정하는 것이 바람직하다.

예제 8-8

[그림 8-24(a)]의 구형파 발생기 회로에서 발진주파수 $f \simeq 2\text{kHz}$가 되도록 R과 C의 값을 결정하라. 단, 슈미트 트리거의 저항비는 $\frac{R_1}{R_2} = 1.5$이다.

풀이

먼저 슈미트 트리거의 귀환율은 $\beta = \frac{R_1}{R_1 + R_2} = \frac{R_1/R_2}{1 + (R_1/R_2)} = \frac{1.5}{1 + 1.5} = 0.6$이다.

식 (8.43)으로부터 $T = 2RC\ln\left(\frac{1+\beta}{1-\beta}\right) = 2RC\ln\left(\frac{1+0.6}{1-0.6}\right) = 2RC\ln(4)$이므로, RC 값을 구하면

$RC = \frac{T}{2 \times \ln(4)} = \frac{1}{2 \times \ln(4) \times 2 \times 10^3} = 0.18 \times 10^{-3}$이며, $R = 1\text{k}\Omega$, $C = 0.18\mu\text{F}$으로 결정한다.

[그림 8-25]는 [예제 8-8] 회로의 PSPICE 시뮬레이션 결과이다. 회로의 자체적인 발진을 위해 약 7ms 정도의 과도기간이 경과한 후, 약 2kHz 주파수의 구형파가 생성됨을 확인할 수 있다.

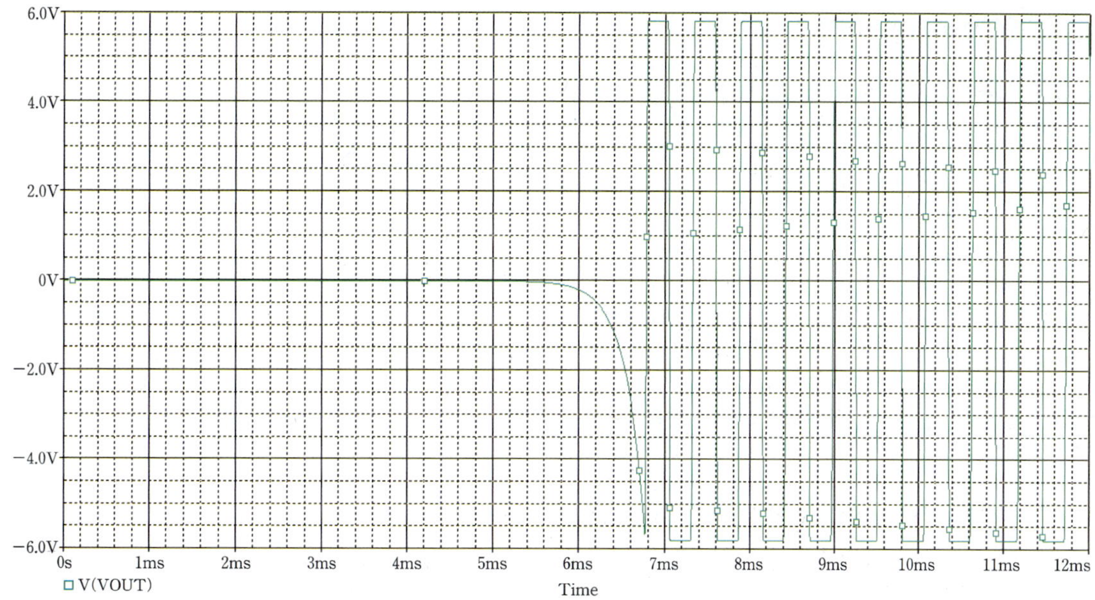

그림 8-25 [예제 8-8]의 PSPICE 시뮬레이션 결과

확인문제 8-11

[그림 8-24(a)]의 구형파 발생기 회로에서 $R = 1.2\text{k}\Omega$과 $C = 0.18\mu\text{F}$인 경우에 출력 구형파의 주기와 발진주파수를 구하라. 단, 슈미트 트리거의 저항비는 $R_1/R_2 = 4$이다.

답 $T \simeq 0.95\text{ms}$, $f \simeq 1.05\text{kHz}$

핵심포인트 **슈미트 트리거를 이용한 구형파 발생기**

- 반전 슈미트 트리거를 이용한 구형파 발생기는 커패시터의 주기적인 충전, 방전 작용에 의해 구형파를 생성한다.
- 구형파의 주파수는 시상수 $\tau = RC$에 반비례한다.
- 구형파의 주파수 범위는 커패시터(10배 단위의 값들)를 통해 선택하고, 발진주파수의 미세 조정은 저항 R을 통해 이루어진다.
- 구형파의 주기와 주파수는 슈미트 트리거의 출력전압 크기와 무관하다.

여기서 잠깐 **비대칭 구형파 생성**

[그림 8-24(a)]의 회로에서 반전단자로 귀환되는 저항 R을 [그림 8-26]과 같이 다이오드와 저항 R_A, R_B로 대체하면, 비대칭 구형파를 얻을 수 있다.

- $v_O = V_O$인 경우 : D_1이 도통되고 D_2는 개방되어 시상수 $\tau_A = R_A C$를 갖는다.
- $v_O = -V_O$인 경우 : D_1이 개방되고 D_2는 도통되어 시상수 $\tau_B = R_B C$를 갖는다.
- $R_A > R_B$이면 $T_1 > T_2$가 되어, $\delta > 50\%$인 구형파가 발생된다.
- $R_A < R_B$이면 $T_1 < T_2$가 되어, $\delta < 50\%$인 구형파가 발생된다.

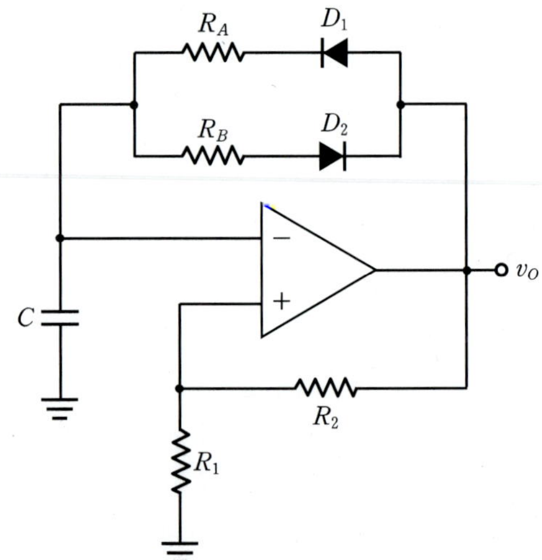

그림 8-26 비대칭 구형파 생성회로

8.3.4 슈미트 트리거를 이용한 삼각파 발생기

- 슈미트 트리거를 이용한 삼각파 발생기는 어떻게 구성되는가?
- 삼각파 발생기의 발진주파수는 어떻게 결정되는가?

삼각파triangular waveform는 구형파를 적분하여 생성할 수 있으므로, 삼각파 발생기는 [그림 8-27(a)]와 같이 슈미트 트리거와 적분기로 구성된다. 슈미트 트리거의 출력이 반전적분기의 입력으로 인가되고, 적분기의 출력 v_O가 비반전 슈미트 트리거의 입력으로 인가된다. 반전적분기에 대한 자세한 설명은 7.4.3절을 참고하기 바란다. 슈미트 트리거의 출력인 구형파가 적분되어 삼각파가 생성되며, 적분기의 출력인 삼각파에 의해 슈미트 트리거 출력이 천이되는 과정이 반복되어 [그림 8-27(b)]와 같은 삼각파 v_O가 발생된다.

[그림 8-27(a)]의 회로에서, 슈미트 트리거의 비반전단자 전압은 중첩의 정리에 의해 다음과 같다.

$$v_+ = \frac{R_1}{R_1 + R_2} v_A + \frac{R_2}{R_1 + R_2} v_O \tag{8.45}$$

반전적분기의 출력 v_O가 시간에 따라 증가(감소)하여 $v_+ = 0$이 되는 순간에 슈미트 트리거의 출력이 $-V_O$에서 V_O로(V_O에서 $-V_O$로) 천이된다. [그림 8-27(a)]의 회로에서 삼각파가 생성되는 원리와 삼각파의 주기 및 주파수에 대해 살펴보자.

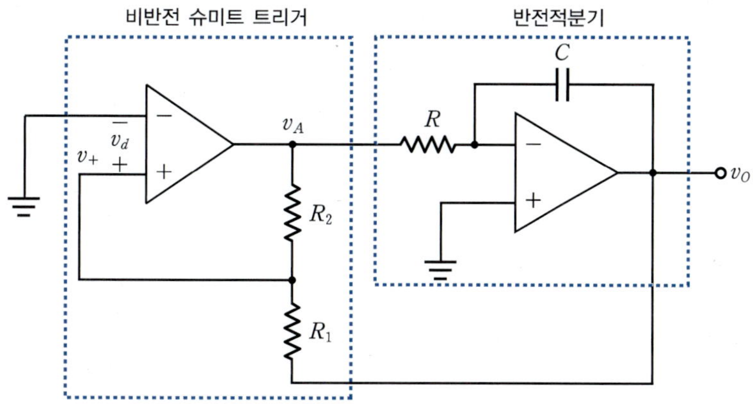

(a) 회로

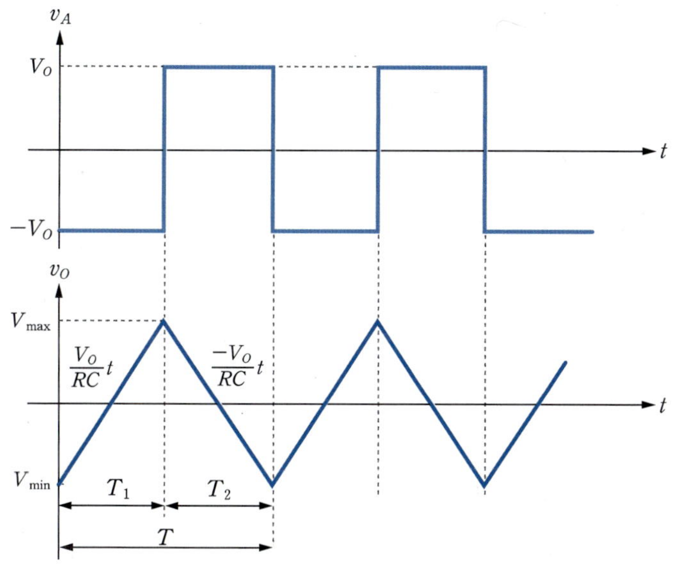

(b) 동작 파형

그림 8-27 슈미트 트리거와 적분기를 이용한 삼각파 발생기 회로와 동작 파형

■ 삼각파 생성 동작([그림 8-27(b)] 참조)

❶ 슈미트 트리거의 출력이 $v_A = -V_O$이면

- 적분기의 출력 v_O는 다음과 같이 시간에 따라 증가하는 직선이 된다.

$$v_O(t) = \frac{V_O}{RC}t \tag{8.46}$$

- $t = T_1$에서 $v_+ = 0$이 되면, 슈미트 트리거의 출력은 $-V_O \rightarrow V_O$로 천이된다.

❷ 슈미트 트리거의 출력이 $v_A = V_O$이면

- 적분기의 출력 v_O는 다음과 같이 시간에 따라 감소하는 직선이 된다.

$$v_O(t) = \frac{-V_O}{RC}t \tag{8.47}$$

- 식 $t = T_2$에서 $v_+ = 0$이 되면, 슈미트 트리거의 출력은 V_O에서 $-V_O$로 천이된다.

❸ ❶과 ❷의 과정이 반복되어 주기적인 삼각파가 생성된다.

■ 삼각파의 피크값

- **삼각파의 최대 피크값** V_{max} : 식 (8.45)에 $v_+ = 0$, $v_A = -V_O$, 그리고 $v_O = V_{max}$를 대입하여 정리하면 V_{max}는 다음과 같다.

$$V_{max} = \frac{R_1}{R_2}V_O \tag{8.48}$$

- **삼각파의 최소 피크값** V_{min} : 식 (8.45)에 $v_+ = 0$, $v_A = V_O$, 그리고 $v_O = V_{min}$을 대입하여 정리하면 V_{min}은 다음과 같다.

$$V_{min} = -\frac{R_1}{R_2}V_O \tag{8.49}$$

식 (8.48)과 식 (8.49)에 의하면, 출력 삼각파의 진폭은 슈미트 트리거의 저항비 $\frac{R_1}{R_2}$에 의해 영향을 받는다. 슈미트 트리거의 반전단자에 기준전압 V_R을 인가하면, 출력 삼각파의 진폭과 평균값(즉, y축 방향으로 수직 이동)을 조정할 수 있다.

■ 삼각파의 주기와 주파수

식 (8.46)과 식 (8.47)로부터 출력 삼각파가 시간에 따라 상승 또는 하강하는 기울기는 각각 $\frac{V_O}{RC}$와 $\frac{-V_O}{RC}$이므로, 상승기간 T_1과 하강기간 T_2는 식 (8.50)과 같으며, 따라서 충격계수가 50%인 대칭 삼각파가 생성된다.

$$T_1 = T_2 = \frac{V_{max} - V_{min}}{V_O/RC} = \frac{2R_1}{R_2}RC \tag{8.50}$$

출력 삼각파의 주기 T와 주파수 f는 각각 다음과 같다.

$$T = T_1 + T_2 = \frac{4R_1}{R_2}RC \tag{8.51}$$

$$f = \frac{1}{T} = \frac{R_2}{4RCR_1} \tag{8.52}$$

Q **출력 삼각파의 주파수를 어떻게 조정할 수 있는가?**

A 발진주파수의 범위는 커패시터(10배 단위의 값)를 통해 설정하고, 저항 R을 통해 주파수를 미세 조정하는 것이 바람직하다.

예제 8-9

[그림 8-28]의 회로에서 $V_R = 1.5\text{V}$인 경우에 출력 삼각파의 피크값 $V_{\max}$와 $V_{\min}$, 평균값 V_{avg}를 구하라. 단, 슈미트 트리거의 저항비는 $R_1/R_2 = 1$이고, 출력전압은 $v_A = \pm V_O \simeq \pm 5.0\text{V}$이다. 적분기의 저항과 커패시터는 $R = 1.5\text{k}\Omega$, $C = 0.15\mu\text{F}$이다.

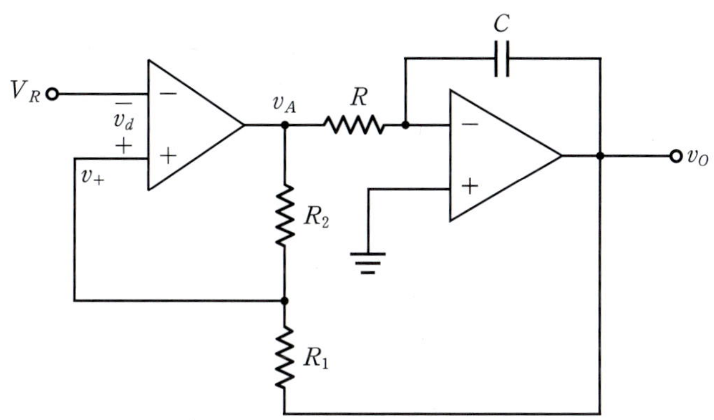

그림 8-28 [예제 8-9]의 삼각파 발생기 회로

풀이

슈미트 트리거의 비반전단자 전압 v_+는 다음과 같다.

$$v_+ = \frac{R_1}{R_1+R_2}v_A + \frac{R_2}{R_1+R_2}v_O$$

슈미트 트리거의 두 입력단자 사이의 전압 차 v_d는 다음과 같다.

$$v_d = v_+ - V_R = \frac{R_1 v_A + R_2 v_O}{R_1+R_2} - V_R \quad \cdots ①$$

■ **슈미트 트리거 출력이 $v_A = -V_O$인 경우** : 적분기 출력은 $v_O(t) = \frac{V_O}{RC}t$이며, $v_+ = V_R$ $(v_d = 0)$이 되는 순간 슈미트 트리거의 출력은 $-V_O \to V_O$로 천이되며 $v_O = V_{\max}$의 피크값이 발생한다. 식 ①에 $v_d = 0$, $v_A = -V_O$, $v_O = V_{\max}$를 대입하면, 피크값은 다음과 같다.

$$V_{\max} = \left(1+\frac{R_1}{R_2}\right)V_R + \frac{R_1}{R_2}V_O = (1+1)\times 1.5 + 1\times 5 = 8.0\text{V}$$

■ **슈미트 트리거 출력이 $v_A = V_O$인 경우** : 적분기 출력은 $v_O(t) = \frac{-V_O}{RC}t$이며, $v_+ = V_R\ (v_d = 0)$이 되는 순간 슈미트 트리거의 출력은 $V_O \to -V_O$로 천이되며 $v_O = V_{\min}$의 피크값이 발생한다. 식 ①에 $v_d = 0$, $v_A = V_O$, $v_O = V_{\min}$을 대입하면, 피크값은 다음과 같다.

$$V_{\min} = \left(1 + \frac{R_1}{R_2}\right)V_R - \frac{R_1}{R_2}V_O = (1+1)\times 1.5 - 1\times 5 = -2.0\,\text{V}$$

■ **평균값** : $V_{avg} = \frac{V_{\max} + V_{\min}}{2} = \frac{8+(-2)}{2} = 3.0\,\text{V}$이다.

[그림 8-28] 회로의 시뮬레이션 결과는 [그림 8-29]와 같으며, 출력 삼각파의 양positive의 피크값은 $V_{\max} \simeq 8.09\text{V}$, 음negative의 피크값은 $V_{\min} \simeq -2.08\text{V}$, 그리고 평균값은 $V_{avg} \simeq 3.0\text{V}$이며, 수식에 의한 계산값과 일치함을 확인할 수 있다.

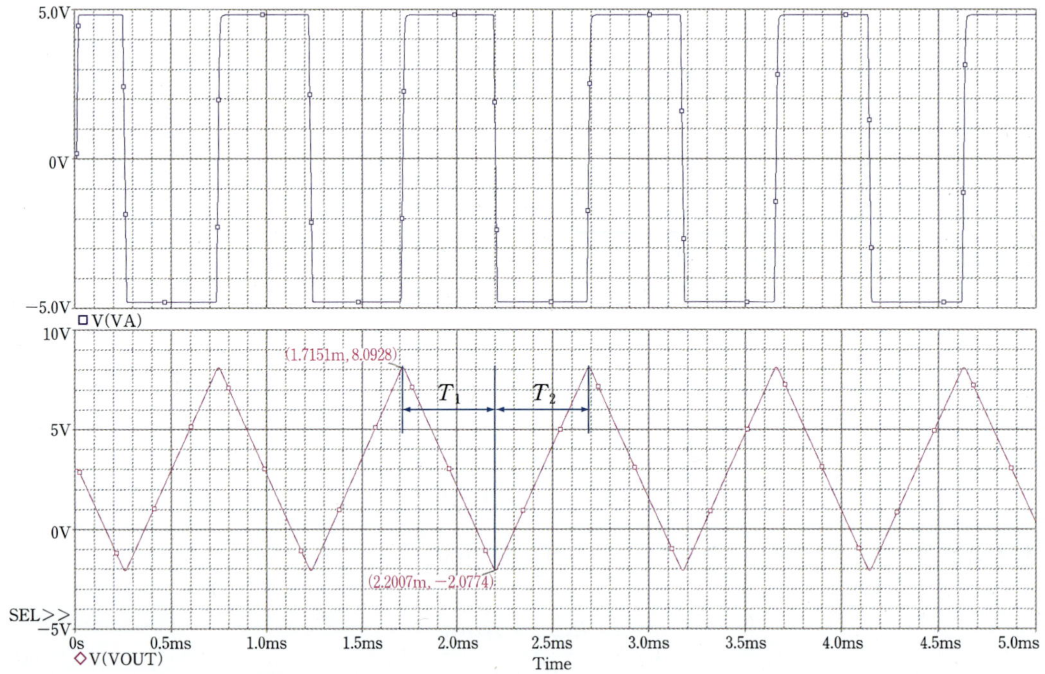

그림 8-29 [예제 8-9]의 시뮬레이션 결과

예제 8-10

[그림 8-30]의 회로에서 $V_D = 3\,\text{V}$인 경우에 출력 삼각파가 양positive의 기울기를 갖는 기간 T_1과 음negative의 기울기를 갖는 기간 T_2, 주기 T와 주파수 f 그리고 충격계수 $\delta = \frac{T_1}{T}\times 100\%$를 구하라. 단, 슈미트 트리거의 저항비는 $R_1/R_2 = 1$이고, 출력전압은 $v_A = \pm V_O = \pm 5.0\,\text{V}$이다. 적분기의 저항과 커패시터는 $R = 1.5\,\text{k}\Omega$, $C = 0.15\,\mu\text{F}$이다.

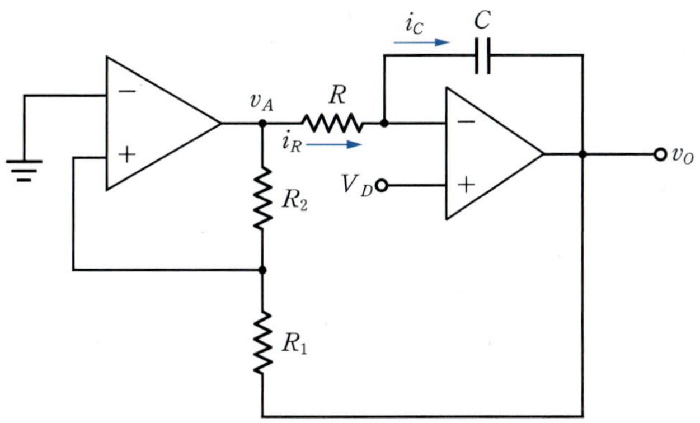

그림 8-30 [예제 8-10]의 삼각파 발생기 회로

풀이

이상적인 연산증폭기를 가정하면, 연산증폭기의 두 입력단자는 가상단락되고, 저항 R에 흐르는 전류 i_R과 커패시터 C에 흐르는 전류 i_C는 같다.

$$i_R = \frac{v_A - V_D}{R} = i_C = C\frac{d(V_D - v_O)}{dt}$$

$$\therefore \frac{dv_O}{dt} = -\frac{v_A - V_D}{RC} \qquad \cdots ①$$

- 슈미트 트리거 출력이 $v_A = -V_O$인 경우, 식 ①을 적분하면 적분기 출력은 다음과 같다.

$$v_O(t) = \frac{-1}{RC}\int (v_A - V_D)dt = \frac{V_O + V_D}{RC}t$$

  따라서 출력 삼각파의 기울기는 $\frac{V_O + V_D}{RC}$이다.

- 슈미트 트리거 출력이 $v_A = V_O$인 경우, 식 ①을 적분하면 적분기 출력은 다음과 같다.

$$v_O(t) = \frac{-1}{RC}\int (v_A - V_D)dt = \frac{-(V_O - V_D)}{RC}t$$

  따라서 출력 삼각파의 기울기는 $\frac{-(V_O - V_D)}{RC}$이다.

- 전압 V_D는 출력 삼각파의 피크값 V_{min}, V_{max}에 영향을 미치지 않으므로, T_1과 T_2는 다음과 같이 계산되며, [그림 8-31]과 같은 삼각파 출력이 얻어진다.

$$T_1 = \frac{V_{max} - V_{min}}{(V_O + V_D)/RC} = \frac{\frac{2R_1}{R_2}RCV_O}{V_O + V_D} = \frac{2\times1.5\times0.15\times10^{-3}\times5}{5+3} = 0.281\text{ms}$$

$$T_2 = \frac{V_{max} - V_{min}}{(V_O - V_D)/RC} = \frac{\frac{2R_1}{R_2}RCV_O}{V_O - V_D} = \frac{2\times1.5\times0.15\times10^{-3}\times5}{5-3} = 1.125\text{ms}$$

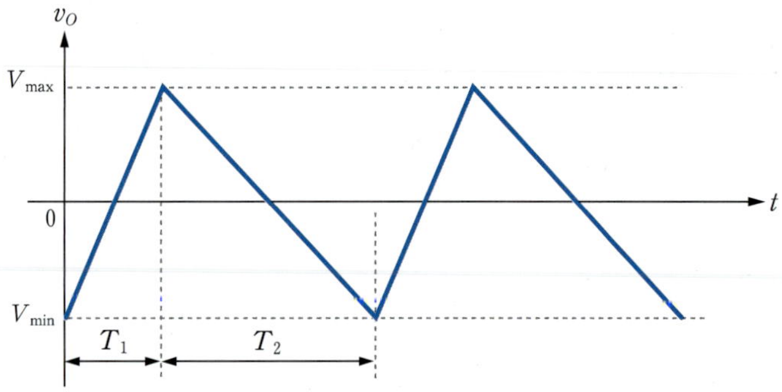

그림 8-31 [예제 8-10]의 출력 삼각파

- 주파수 f : $f = \dfrac{1}{T} = \dfrac{1}{T_1 + T_2} = \dfrac{1}{(0.281 + 1.125) \times 10^{-3}} = 711\text{Hz}$
- 충격계수 δ : $\delta = \dfrac{T_1}{T} \times 100\% = \dfrac{0.281}{0.281 + 1.125} = 20\%$

[그림 8-30] 회로의 시뮬레이션 결과는 [그림 8-32]와 같으며, 출력 삼각파의 $T_1 \simeq 0.31\text{ms}$, $T_2 \simeq 1.27\text{ms}$ 이고, 주기는 $T \simeq 1.58\text{ms}$, 주파수는 $f = 633\text{Hz}$, 충격계수는 $\delta \simeq 19.6\%$ 로 나타나 수식에 의한 계산값과 유사한 값이 얻어졌으며, 오차는 슈미트 트리거의 출력전압이 $V_O \simeq \pm 4.8\text{V}$ 로 이상적인 5V보다 약간 작게 나타난 것에 기인한다.

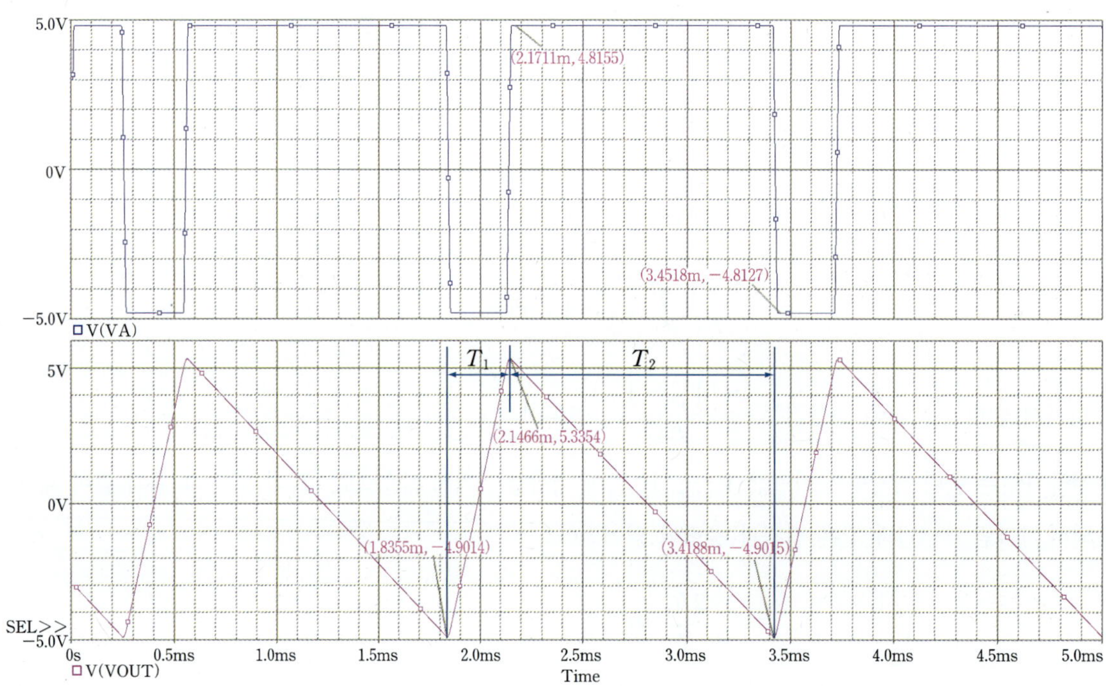

그림 8-32 [예제 8-10]의 시뮬레이션 결과

확인문제 8-12

[그림 8-27(a)]의 회로에서 출력 삼각파의 피크값 $V_{\max}$ 와 $V_{\min}$, 평균값 V_{avg}, 주기 T, 주파수 f, 그리고 충격계수 δ를 구하라. 단, 슈미트 트리거의 저항비는 $R_1/R_2 = 1$ 이고, 출력전압은 $v_A = \pm V_O = \pm 5.0\,\text{V}$ 이다. 적분기의 저항과 커패시터는 $R = 1.5\,\text{k}\Omega$, $C = 0.15\,\mu\text{F}$ 이다.

답 $V_{\max} = -V_{\min} = 5.0\,\text{V}$, $V_{avg} = 0\,\text{V}$, $T = 0.9\,\text{ms}$, $f = 1.11\,\text{kHz}$, $\delta = 50\%$

확인문제 8-13

[그림 8-27(a)]의 회로에서 출력 삼각파의 주파수가 $f = 2.5\text{kHz}$ 가 되도록 적분기의 저항 R, 커패시터 C 의 값을 결정하라. 단, 슈미트 트리거의 저항비는 $R_1/R_2 = 1/2$ 이다.

답 $R = 2\text{k}\Omega$, $C = 0.1\mu\text{F}$

확인문제 8-14

[그림 8-30]의 회로에서 $V_D = -3\text{V}$ 인 경우의 출력 삼각파의 T_1, T_2와 주파수 f 그리고 충격계수 δ를 구하라. 단, 다른 조건은 [예제 8-10]과 동일하다.

답 $T_1 = 1.125\text{ms}$, $T_2 = 0.281\text{ms}$, $f = 711\text{Hz}$, $\delta = 80\%$

확인문제 8-15

[그림 8-30]의 회로에서 (a) $V_D = 0.9\,V_O$ 인 경우, (b) $V_D = -0.9\,V_O$ 인 경우의 출력 삼각파의 T_1, T_2와 충격계수 δ를 구하라. 단, 다른 조건은 [예제 8-10]과 동일하다.

답 (a) $T_1 = 0.237\text{ms}$, $T_2 = 4.5\text{ms}$, $\delta = 5\%$

(b) $T_1 = 4.5\text{ms}$, $T_2 = 0.237\text{ms}$, $\delta = 95\%$

핵심포인트 **슈미트 트리거를 이용한 삼각파 발생기**

- 슈미트 트리거의 출력을 적분기 입력으로 연결하면, 삼각파를 생성할 수 있다.
- 삼각파의 진폭은 슈미트 트리거의 출력전압 크기 $\pm V_O$와 저항비 $\dfrac{R_1}{R_2}$에 의해 결정된다.
- 삼각파의 주기와 주파수는 슈미트 트리거의 출력전압 크기 $\pm V_O$와 무관하다.
- 삼각파의 최대 주파수는 적분기를 구성하는 연산증폭기의 슬루율 또는 연산증폭기의 출력전류에 의해 제한된다.

점검하기 **다음 각 문제에서 맞는 것을 고르시오.**

(1) [그림 8-24(a)]의 구형파 발생기는 (**단안정, 비안정, 쌍안정**) 멀티바이브레이터이다.

(2) [그림 8-24(a)]의 구형파 발생기는 (**대칭, 비대칭**) 구형파를 생성한다.

(3) [그림 8-24(a)]의 구형파 발생기에서, 구형파의 주파수는 시상수 $\tau = RC$에 (**비례, 반비례**)한다.

(4) [그림 8-24(a)]의 구형파 발생기에서, 슈미트 트리거 출력전압의 크기 $\pm V_O$는 구형파의 주기와 주파수에 영향을 미친다. (O, X)

(5) [그림 8-27(a)]의 삼각파 발생기는 (**대칭, 비대칭**) 삼각파를 생성한다.

(6) [그림 8-27(a)]의 삼각파 발생기에서, 삼각파의 진폭은 슈미트 트리거의 저항비 $\dfrac{R_1}{R_2}$과 무관하다. (O, X)

(7) [그림 8-27(a)]의 삼각파 발생기에서, 삼각파의 주파수는 시상수 $\tau = RC$에 (**비례, 반비례**)한다.

(8) [그림 8-27(a)]의 삼각파 발생기에서, 삼각파의 주기와 주파수는 슈미트 트리거 출력전압의 크기 $\pm V_O$와 무관하다. (O, X)

(9) [그림 8-28]의 삼각파 발생기에서, 슈미트 트리거의 반전단자에 인가되는 기준전압 V_R은 삼각파의 피크값과 평균값에 영향을 미친다. (O, X)

(10) [그림 8-30]의 삼각파 발생기에서, 적분기의 비반전단자에 인가되는 전압 V_D는 삼각파의 주파수에는 영향을 미치지 않고 충격계수에만 영향을 미친다. (O, X)

SECTION 8.4

555 타이머 IC 응용회로

555 타이머 IC는 단안정 멀티바이브레이터와 구형파, 삼각파, 톱니파 등의 비정현파 신호 생성을 위해 폭넓게 사용된다. 이 절에서는 555 타이머 IC를 이용한 구형파 발생기(비안정 멀티바이브레이터)와 펄스 발생기(단안정 멀티바이브레이터)의 회로와 동작 원리를 살펴본다. 555 타이머 IC의 내부 구조에 대한 설명은 8.1.3절을 참고한다.

8.4.1 555 타이머 IC를 이용한 구형파 발생기

555 타이머 IC를 이용한 구형파 발생기 회로는 어떻게 구성되는가?
출력 구형파의 주파수와 충격계수는 어떻게 결정되는가?

[그림 8-33(a)]는 555 타이머 IC를 이용한 구형파 발생기 회로이다. 외부에 저항 R_A, R_B, 커패시터 C가 전원(❽)과 접지(❶) 사이에 직렬로 연결되고, 저항 R_B와 커패시터의 접점에 트리거 단자(❷)와 문턱전압 단자(❻)가 연결되며, 방전 단자(❼)는 저항 R_A와 R_B 접점에 연결된다. 비교기 1의 반전단자에는 $V_{TH} = \dfrac{2V_{CC}}{3}$가 인가되고, 비교기 2의 비반전단자에는 $V_{TL} = V_{CC}/3$가 인가된다.

- **비교기** 1 : $v_C > V_{TH}$이면 양의 포화전압(논리값 '1'[2])을 출력하고, $v_C < V_{TH}$이면 음의 포화전압(논리값 '0')을 출력한다.
- **비교기** 2 : $v_C > V_{TL}$이면 음의 포화전압(논리값 '0')을 출력하고, $v_C < V_{TL}$이면 양의 포화전압(논리값 '1')을 출력한다.
- *RS* **플립플롭** : R='1', S='0'이면 리셋되어 Q='0', $\overline{Q}$ = '1'이 되고, R='0', S='1'이면 셋되어 Q='1', $\overline{Q}$ = '0'이 된다.
- **방전** BJT : $\overline{Q}$ = '1'이면 도통ON되고, $\overline{Q}$ = '0'이면 차단OFF된다.

[그림 8-33(a)]의 회로에서 구형파가 생성되는 원리와 구형파의 주기 및 주파수에 대해 살펴보자.

2 '1'은 논리값 1을 의미하며, '0'은 논리값 0을 의미한다.

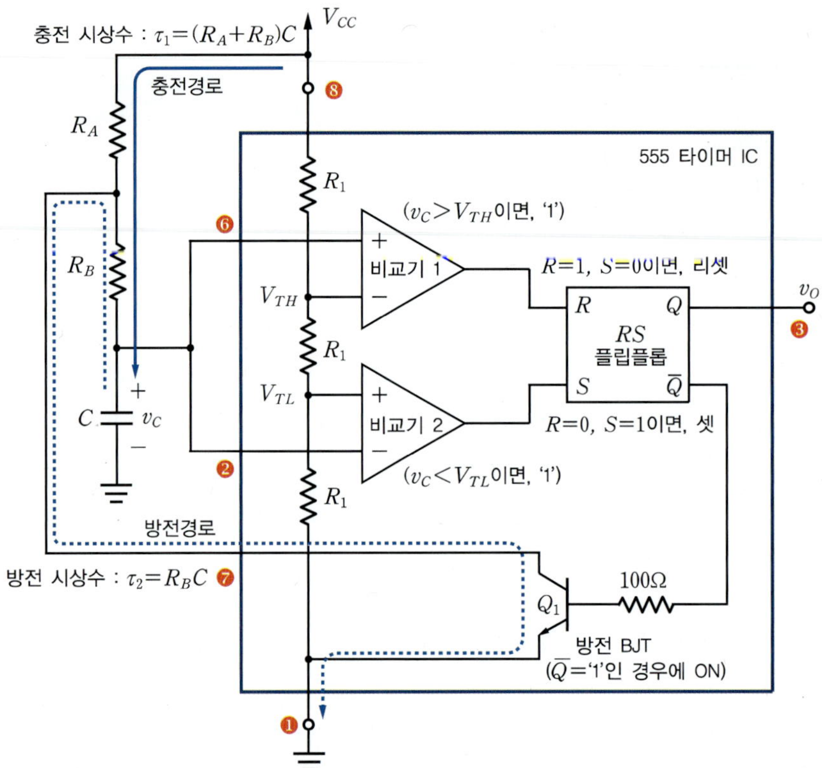

(a) 회로

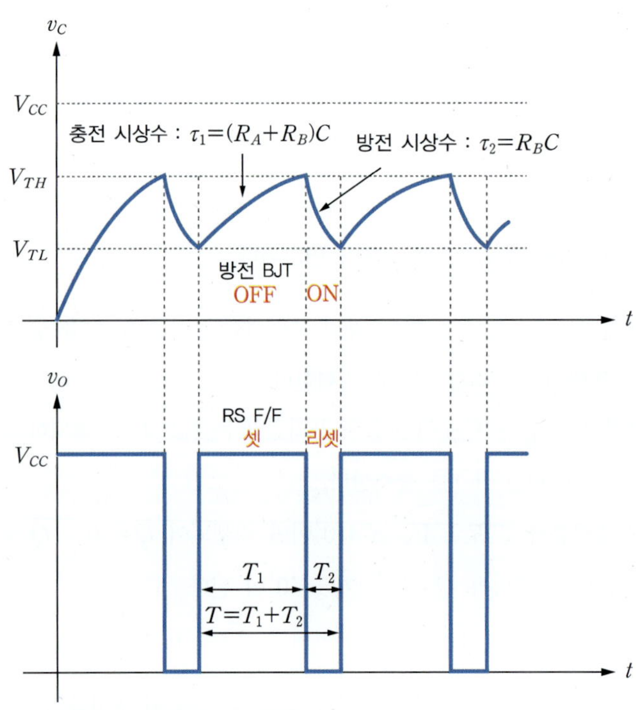

(b) 커패시터 전압 및 출력전압 파형

그림 8-33 555 타이머 IC를 이용한 구형파 발생기 회로와 커패시터 전압 및 출력전압 파형

▪ 구형파 생성 동작([그림 8-33(b)] 참조)

❶ 초기에 RS 플립플롭이 셋되어 있다고 가정한다.

- $Q=$'1', $\overline{Q}=$'0'이 되어 $v_O = V_{CC}$가 된다.
- 방전 트랜지스터는 차단된다.
- 커패시터 C는 충전 시상수 $\tau_1 = (R_A + R_B)C$로 V_{CC}를 향해 충전하여 커패시터 전압 $v_C(t)$가 지수 함수적으로 증가한다.

❷ 커패시터 전압이 증가하여 $v_C > V_{TH}$가 되면

- 비교기 1의 출력은 '1', 비교기 2의 출력은 '0'이 된다.
- RS 플립플롭은 리셋되어 $Q=$'0', $\overline{Q}=$'1'이 되므로, $v_O = 0$이 된다.
- 방전 트랜지스터는 도통된다.
- 커패시터는 방전 시상수 $\tau_2 = R_B C$로 0V를 향해 방전하여 $v_C(t)$가 지수 함수적으로 감소한다(도통된 BJT의 등가저항 R_{on}은 매우 작아 무시할 수 있다).

❸ 커패시터 전압 $v_C(t)$가 감소하여 $v_C < V_{TL}$이 되면

- 비교기 1의 출력은 '0', 비교기 2의 출력은 '1'이 된다.
- RS 플립플롭은 셋되어 $Q=$'1', $\overline{Q}=$'0'이 되므로, $v_O = V_{CC}$가 된다.
- 방전 트랜지스터는 차단된다.
- 커패시터 C는 충전 시상수 $\tau_1 = (R_A + R_B)C$로 V_{CC}를 향해 충전하여 커패시터 전압 $v_C(t)$가 지수 함수적으로 증가한다.

❹ ❷와 ❸에 의한 커패시터의 주기적인 충전, 방전에 의해 RS 플립플롭의 셋, 리셋이 반복되어 구형파가 생성된다.

▪ 구형파의 주기와 주파수

출력 구형파의 주기와 충격계수 등은 커패시터 전압 $v_C(t)$를 이용하여 구할 수 있다.

- **$v_O = V_{CC}$인 기간 T_1** : $t=0$에서 $v_C(0) = V_{TL} = \frac{1}{3}V_{CC}$가 되어 RS 플립플롭이 셋되고 $v_O = V_{CC}$라고 하면, 커패시터는 시상수 $\tau_1 = (R_A + R_B)C$로 V_{CC}를 향해 충전되어 커패시터의 전압은 식 (8.53)과 같이 표현된다.

$$v_C(t) = V_{CC} + (V_{TL} - V_{CC})e^{-t/\tau_1} = V_{CC}\left(1 - \frac{2}{3}e^{-t/\tau_1}\right) \tag{8.53}$$

$t = T_1$에서 커패시터의 전압이 $v_C(T_1) = V_{TH} = \frac{2}{3}V_{CC}$가 되면, RS 플립플롭이 리셋되어 $v_O = 0$이 되므로, 이 조건을 식 (8.53)에 대입하여 T_1을 구하면 다음과 같다.

$$T_1 = (R_A + R_B)C\ln 2 \simeq 0.69(R_A + R_B)C \tag{8.54}$$

- **$v_O = 0$인 기간 T_2** : $t=0$에서 $v_C(0) = V_{TH} = \frac{2}{3}V_{CC}$가 되어 RS 플립플롭이 리셋되고 $v_O = 0$이라고 하면, 시상수 $\tau_2 = (R_B + R_{on})C \simeq R_BC$를 가지고 0V를 향해 방전되어 커패시터의 전압은 식 (8.55)와 같이 표현된다.

$$v_C(t) = V_{TH}e^{-t/\tau_2} = \frac{2}{3}V_{CC}e^{-t/\tau_2} \tag{8.55}$$

$t = T_2$에서 커패시터의 전압이 $v_C(T_2) = V_{TL} = \frac{1}{3}V_{CC}$가 되면, RS 플립플롭이 셋되어 $v_O = V_{CC}$가 되므로, 이 조건을 식 (8.55)에 대입하여 T_2를 구하면 다음과 같다.

$$T_2 = R_BC\ln 2 \simeq 0.69R_BC \tag{8.56}$$

- **출력 구형파의 주기 T와 주파수 $f = \frac{1}{T}$** : 식 (8.54)와 식 (8.56)으로부터 각각 다음과 같다.

$$T = T_1 + T_2 = 0.69(R_A + 2R_B)C \tag{8.57}$$

$$f = \frac{1}{T} = \frac{1}{0.69(R_A + 2R_B)C} \tag{8.58}$$

- **충격계수 δ** : 식 (8.59)와 같으며, $\delta > 50\%$인 비대칭 구형파가 발생된다. $R_B \gg R_A$이면, $\delta \simeq 50\%$인 대칭에 가까운 구형파를 생성할 수 있다.

$$\delta = \frac{T_1}{T} \times 100\% = \frac{R_A + R_B}{R_A + 2R_B} \times 100\% \tag{8.59}$$

예제 8-11

[그림 8-33(a)]의 구형파 발생기 회로에서 출력 구형파의 주파수 $f = 160\text{Hz}$, 충격계수 $\delta = 60\%$가 되도록 저항 R_A, R_B의 값을 결정하라. 단, $C = 0.18\mu\text{F}$이다.

풀이

- 식 (8.59)의 $\delta = \frac{R_A + R_B}{R_A + 2R_B} \times 100\%$로부터, 저항비 $\frac{R_B}{R_A}$를 구하면 다음과 같으며, $\delta^* = \delta/100 = 0.6$을 적용한다.

$$\frac{R_B}{R_A} = \frac{1 - \delta^*}{2\delta^* - 1} = \frac{1 - 0.6}{2 \times 0.6 - 1} = 2$$

- 식 (8.58)의 $f = \frac{1}{0.69(R_A + 2R_B)C}$와 앞에서 구해진 $R_B = 2R_A$를 적용해서 저항값 R_A, R_B를 구하면 다음과 같다.

$$R_A = \frac{1}{0.69 \times 5 \times f \times C} = \frac{1}{0.69 \times 5 \times 160 \times 0.18 \times 10^{-6}} = 10\text{k}\Omega$$

$$R_B = 2R_A = 2 \times 10\text{k}\Omega = 20\text{k}\Omega$$

[그림 8-34]는 PSPICE 시뮬레이션 결과이다. 시뮬레이션 결과로부터 $T_1 = 3.76\text{ms}$, $T_2 = 2.48\text{ms}$이고, $f = 160.26\text{Hz}$, $\delta = 60.26\%$가 되어 문제의 조건으로 주어진 값과 일치함을 확인할 수 있다.

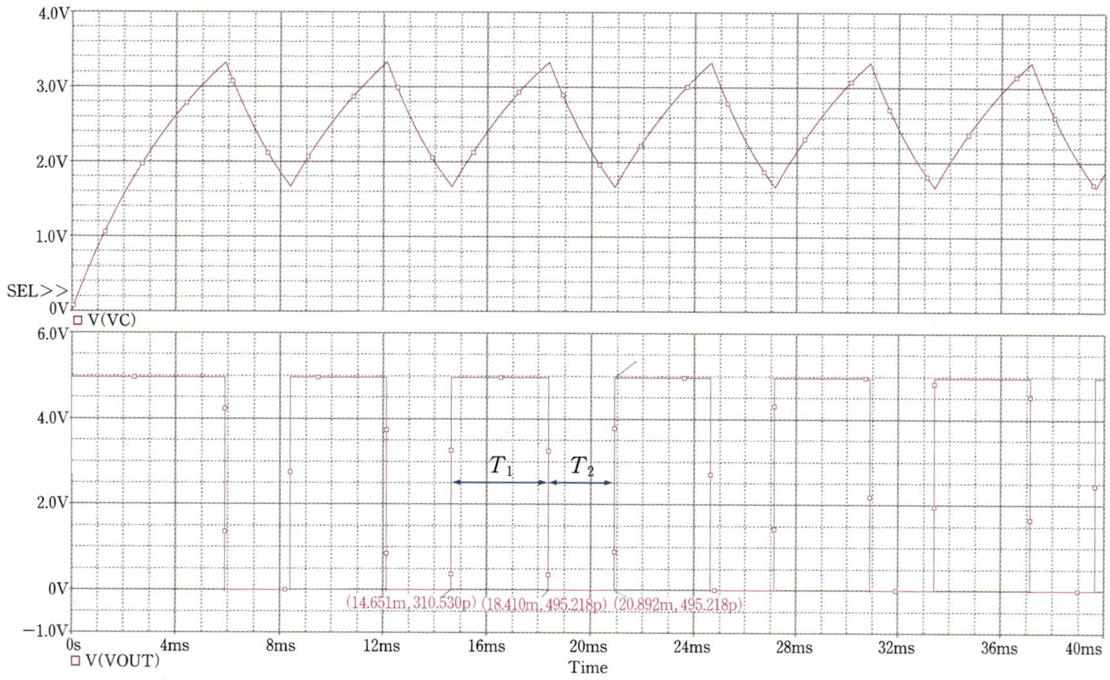

그림 8-34 [예제 8-11]의 Transient 시뮬레이션 결과

확인문제 8-16

[그림 8-33(a)]의 구형파 발생기에서 출력 구형파의 주파수가 $f = 10\text{Hz}$가 되도록 저항 R_A, R_B 값을 결정하라. 단, $C = 1\mu\text{F}$, $R_A = 0.2R_B$를 사용한다.

답 $R_A = 13.2\text{k}\Omega$, $R_B = 66\text{k}\Omega$

여기서 잠깐 ▸ 555 타이머 IC를 이용한 구형파 발생기의 주파수 근삿값

555 타이머 IC를 이용한 구형파 발생기([그림 8-33(a)])의 R_A, R_B와 C 값에 따른 구형파 주파수의 근삿값은 다음과 같다.

C	$R_A = 1\text{k}\Omega$ $R_B = 10\text{k}\Omega$	$R_A = 10\text{k}\Omega$ $R_B = 100\text{k}\Omega$	$R_A = 100\text{k}\Omega$ $R_B = 1\text{M}\Omega$
$0.001\mu\text{F}$	68kHz	6.8kHz	680Hz
$0.01\mu\text{F}$	6.8kHz	680Hz	68Hz
$0.1\mu\text{F}$	680Hz	68Hz	6.8Hz
$1\mu\text{F}$	68Hz	6.8Hz	0.68Hz
$10\mu\text{F}$	6.8Hz	0.68Hz	0.068Hz

핵심포인트 555 타이머 IC를 이용한 구형파 발생기

- 555 타이머 IC를 이용한 구형파 발생기는 커패시터의 주기적인 충전, 방전 작용에 의해 비대칭 구형파를 생성한다.
- 출력 구형파의 주기는 $T = 0.69(R_A + 2R_B)C$이다.
- 출력 구형파의 충격계수는 $\delta = \dfrac{R_A + R_B}{R_A + 2R_B} \times 100\%$이다.

8.4.2 555 타이머 IC를 이용한 펄스 발생기

555 타이머 IC를 이용한 펄스 발생기 회로는 어떻게 구성되는가?
출력 펄스의 폭은 어떻게 결정되는가?

[그림 8-35(a)]는 555 타이머 IC를 이용한 펄스 발생기 회로이다. 외부에 저항 R과 커패시터 C가 전원(❽)과 접지(❶) 사이에 직렬로 연결되고, 저항과 커패시터의 접점에 문턱전압단자(❻)와 방전 단자(❼)가 연결된다. 트리거 단자(❷)에는 트리거 신호가 인가되어 출력 펄스를 발생시킨다. [그림 8-35(a)]의 회로에서 펄스가 생성되는 원리와 출력 펄스의 폭에 대해 살펴보자.

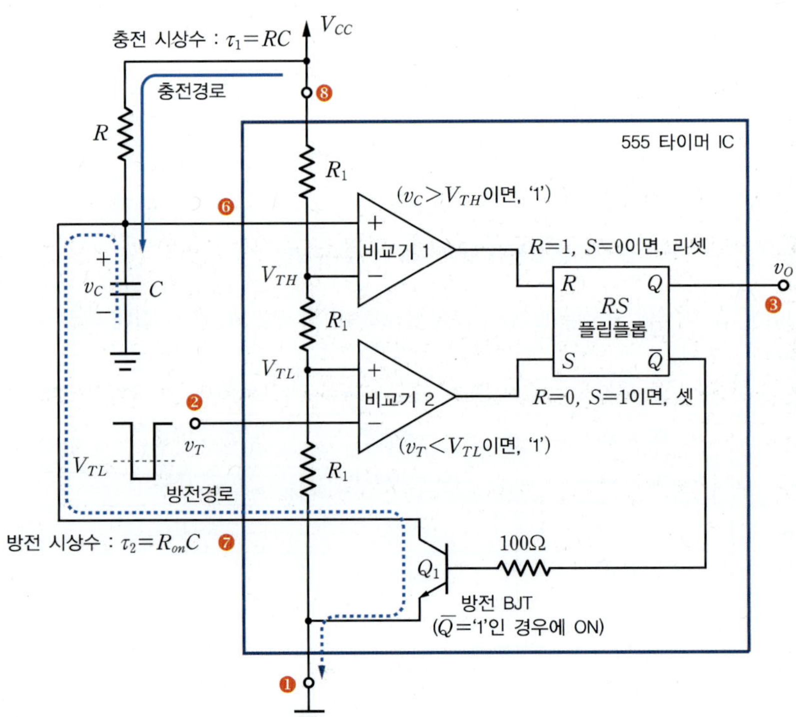

(a) 회로

그림 8-35 555 타이머 IC를 이용한 펄스 발생기 회로와 커패시터 전압 및 출력전압 파형(계속)

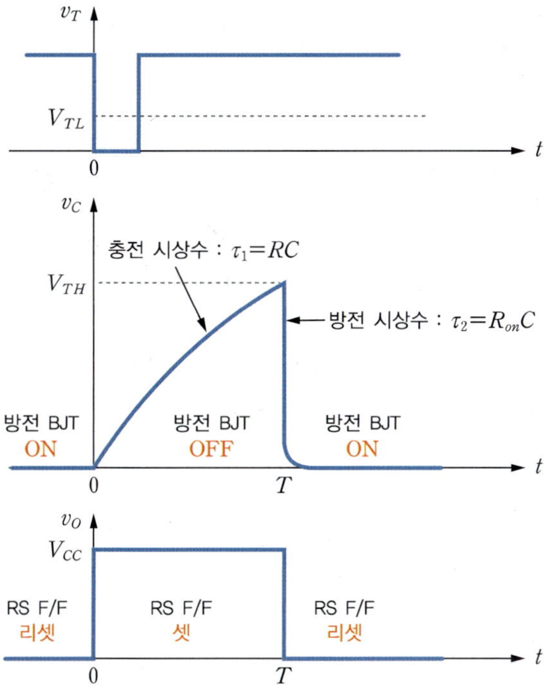

(b) 커패시터 전압 및 출력전압 파형

그림 8-35 555 타이머 IC를 이용한 펄스 발생기 회로와 커패시터 전압 및 출력전압 파형

▪ 트리거 신호에 의한 펄스 생성 동작([그림 8-35(b)] 참조)

❶ 초기 상태(RS 플립플롭이 리셋되어 있다고 가정한다.)

- $Q=$'0', $\overline{Q}=$'1'이 되어 출력은 $v_O=0$이 된다.
- 방전 트랜지스터가 도통된다.
- 커패시터 C는 방전되므로 $v_C=0$을 유지한다.
- 트리거 전압이 $v_T>V_{TL}$을 유지하면, 두 개의 비교기 출력은 모두 '0'이 되어 안정된 상태($v_O=0$)를 유지한다.

❷ $t=0$에서 $v_T<V_{TL}$인 트리거 펄스가 인가되면

- 비교기 2의 출력은 '1'이 된다(비교기 1의 출력은 '0'을 유지한다).
- RS 플립플롭이 셋되어 출력은 $v_O=V_{CC}$가 된다.
- 방전 트랜지스터는 차단된다.
- 커패시터 C는 시상수 $\tau_1=RC$로 V_{CC}를 향해 충전하며, 커패시터의 전압 $v_C(t)$는 다음과 같이 표현된다.

$$v_C(t)=V_{CC}\left(1-e^{-t/\tau_1}\right) \tag{8.60}$$

- 커패시터 전압 $v_C(t)$가 지수 함수적으로 증가한다.
- 트리거 신호가 $v_T>V_{TL}$로 복귀되면, 비교기 2의 출력은 '0'을 유지한다.

- 커패시터 전압 $v_C(t)$가 증가하여 $v_C > V_{TH}$가 되는 순간 비교기 1의 출력은 '1'이 된다.
- RS 플립플롭은 리셋되어 출력은 $v_O = 0$이 된다.
- 방전 트랜지스터는 도통된다.
- 커패시터는 시상수 $\tau_2 = R_{on}C$로 0V를 향해 방전하여 커패시터 전압 $v_C(t)$가 지수함수적으로 감소한다(R_{on}은 도통된 BJT의 등가저항을 나타내며, 매우 작은 값이므로 커패시터는 빠르게 방전한다).
- 커패시터가 방전됨에 따라 $v_C < V_{TH}$가 되면 비교기 1의 출력은 '0'이 된다.
- 비교기 2는 $v_T > V_{TL}$인 트리거 입력에 의해 역시 '0'을 유지하고 있으므로, 초기의 안정상태로 복귀하게 된다.
- 안정상태는 $v_T < V_{TL}$인 트리거 신호가 다시 인가되기까지 유지된다.

[그림 8-35(b)]는 이 회로의 동작 파형을 보이고 있으며, 외부에서 인가되는 트리거 신호에 의해 출력 v_O에 펄스가 생성됨을 알 수 있다. 트리거 신호가 인가되기 전까지는 하나의 안정된 출력상태를 무한히 유지하고, 트리거 신호에 의해 펄스가 생성되는 동작을 하므로, **단안정 멀티바이브레이터**라고 한다.

■ 출력 펄스의 폭

출력 펄스의 폭은 커패시터 전압 $v_C(t)$를 이용하여 구할 수 있다. $t = 0$에서 트리거 펄스가 인가된 후, $t = T$에서 커패시터 전압은 $v_C(T) = V_{TH} = \frac{2}{3}V_{CC}$가 되므로, 이를 식 (8.60)에 대입하면 펄스의 폭 T를 구할 수 있다.

$$T = RC\ln 3 \simeq 1.1RC \tag{8.61}$$

예제 8-12

[그림 8-35(a)]의 펄스 발생기 회로에서 출력 펄스의 폭이 $T \simeq 800\text{ms}$가 되도록 저항 R의 값을 결정하라. 단, $C = 33\mu\text{F}$이다.

풀이

식 (8.61)로부터 $R = \dfrac{T}{1.1C} = \dfrac{0.8}{1.1 \times 33 \times 10^{-6}} = 22\text{k}\Omega$가 된다.

확인문제 8-17

[그림 8-35(a)]의 단안정 멀티바이브레이터에서 펄스 발생기 회로에서 $R = 18\text{k}\Omega$, $C = 5.6\mu\text{F}$인 경우의 펄스 폭 T를 구하라.

답 $T \simeq 111\text{ms}$

핵심포인트 555 타이머 IC를 이용한 펄스 발생기

- 555 타이머 IC를 이용한 펄스 발생기에 트리거 신호를 인가하면, 커패시터의 충전과 방전 작용에 의해 펄스가 생성된다.
- 트리거 신호에 의해 생성되는 펄스의 폭은 $T \simeq 1.1RC$이며, 시상수 RC에 의해 결정된다.
- 트리거 신호의 폭은 생성되는 펄스의 폭보다 작아야 한다.

점검하기 다음 각 문제에서 맞는 것을 고르시오.

(1) 555 타이머 IC 내부의 방전 BJT는 RS 플립플롭이 (**셋, 리셋**)될 때 도통된다.

(2) [그림 8-33(a)]의 비안정 멀티바이브레이터는 (**대칭, 비대칭**) 구형파를 생성한다.

(3) [그림 8-33(a)]의 비안정 멀티바이브레이터에서 ($R_B \gg R_A$, $R_B \ll R_A$)이면, 구형파의 충격계수가 50%에 가까워진다.

(4) [그림 8-33(a)]의 구형파 발생기에서 구형파의 주파수는 C에 (**비례, 반비례**)한다.

(5) [그림 8-35(a)]의 펄스 발생기에서 펄스 폭은 시상수 RC에 (**비례, 반비례**)한다.

(6) [그림 8-35(a)]의 펄스 발생기에서 트리거 신호의 폭은 생성되는 펄스의 폭보다 (**작아야, 커야**) 한다.

(7) [그림 8-35(a)]의 펄스 발생기에서 펄스 발생을 위해서는 ($v_T > V_{TL}$, $v_T < V_{TL}$)의 트리거 신호가 인가되어야 한다.

SECTION
8.5
PSPICE 시뮬레이션 실습

실습 8-1

[그림 8-36]의 콜피츠 발진기 회로를 PSPICE로 시뮬레이션하여 발진주파수 f_0를 구하고, 수식 계산으로 얻은 결과와 비교하라.

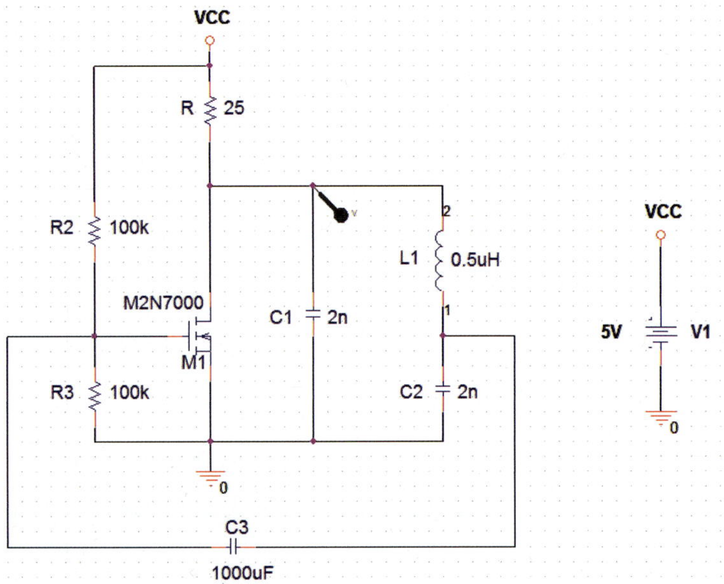

그림 8-36 [실습 8-1]의 시뮬레이션 실습 회로

시뮬레이션 결과

[실습 8-1] 회로의 PSPICE 시뮬레이션 결과는 [그림 8-37]과 같다. [그림 8-37(b)]의 확대 파형으로부터 얻어진 발진주파수는 약 $f_0 = 6.85\text{MHz}$이다. 식 (8.15)로부터 발진주파수를 계산하면 $f_0 = \dfrac{1}{2\pi\sqrt{0.5\times1\times10^{-15}}} = 7.12\text{MHz}$가 되며, 시뮬레이션으로 구해진 발진주파수와 근사적으로 일치하는 것을 확인할 수 있다. MOSFET의 전달컨덕턴스는 $g_m \simeq 0.05\text{A/V}$이며, 증폭기의 이득은 $g_m R \simeq 1.25\text{V/V}$이다.

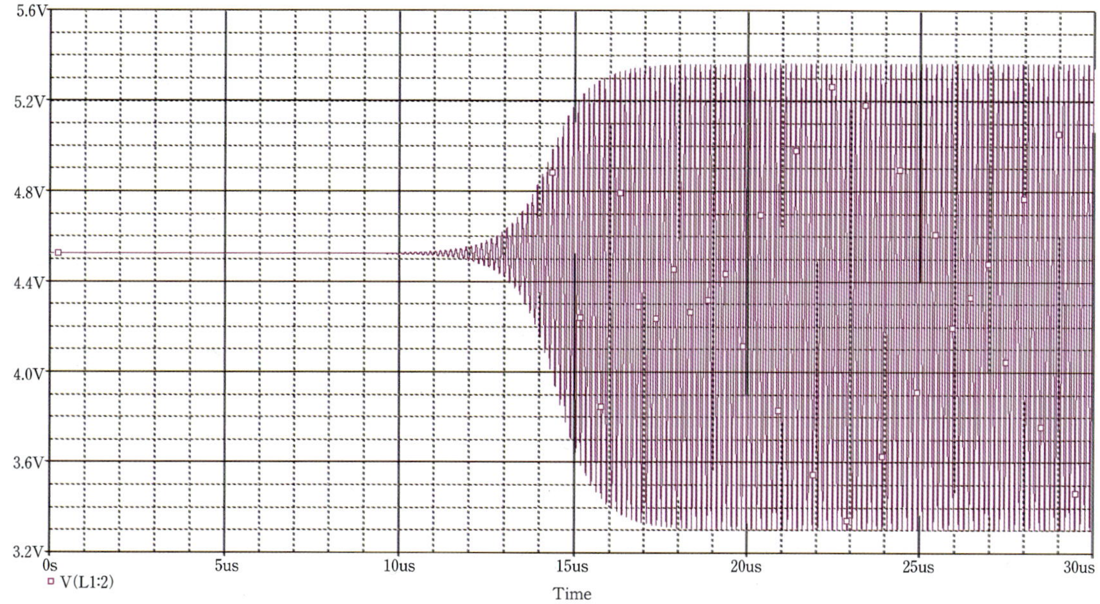

(a) Transient 시뮬레이션 결과

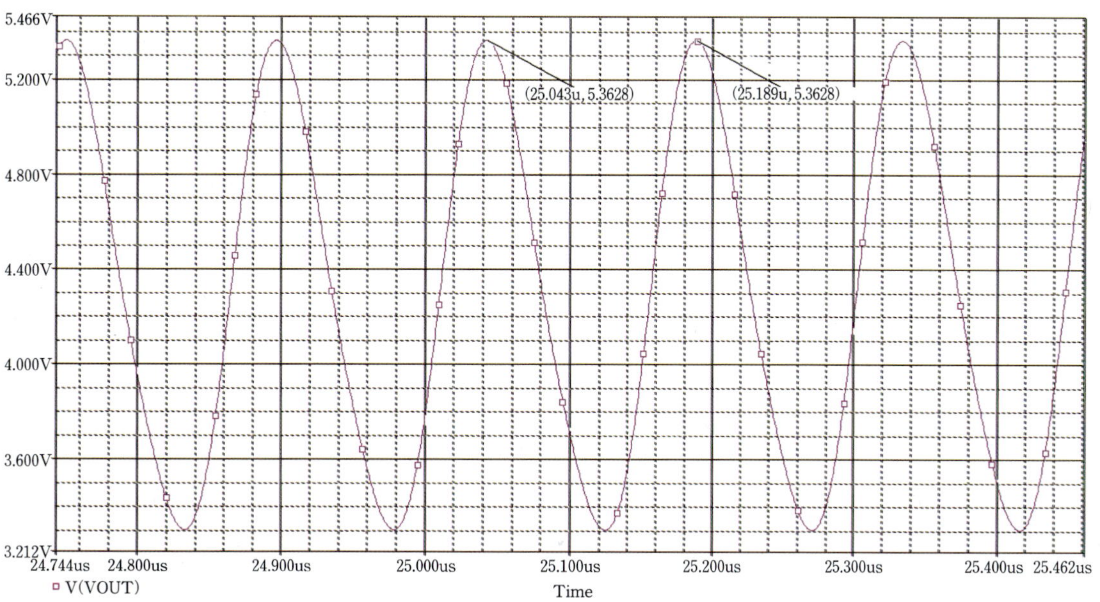

(b) (a)의 확대 파형

그림 8-37 [실습 8-1]의 PSPICE 시뮬레이션 결과

실습 8-2

[그림 8-38]의 반전 슈미트 트리거 회로를 PSPICE 시뮬레이션하여 문턱전압 V_{TL}, V_{TH}와 이력폭 V_{HW}를 구하라.

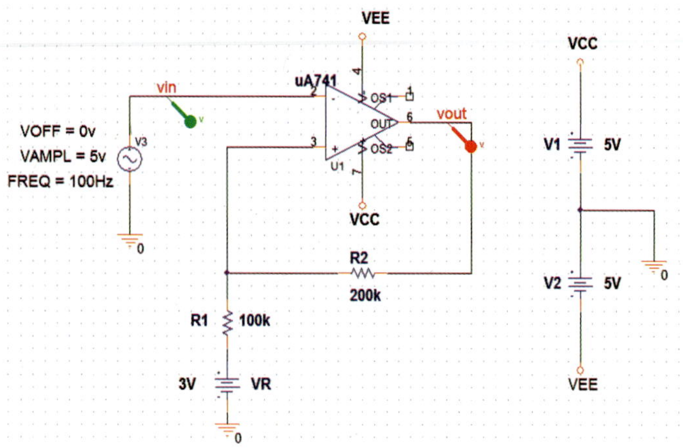

그림 8-38 [실습 8-2]의 시뮬레이션 실습 회로

시뮬레이션 결과

[실습 8-2] 회로의 PSPICE 시뮬레이션 결과는 [그림 8-39(a)]와 같다. $v_I > V_{TH}$이면 $v_O = V_L$이 되고, $v_I < V_{TL}$이면 $v_O = V_H$가 되어 반전 슈미트 트리거로 동작하며, $V_R = 3\text{V}$에 의해 V_{TH}와 V_{TL}이 $V_S = 2.0\text{V}$만큼 이동되었음을 확인할 수 있다. [그림 8-39(b)]는 입출력 전달특성이다. $V_{TL} \simeq 0.33\text{V}$, $V_{TH} \simeq 3.65\text{V}$이고, $V_{HW} \simeq 3.32\text{V}$이며, 이력특성 곡선이 x축 방향으로 수평 이동되었다.

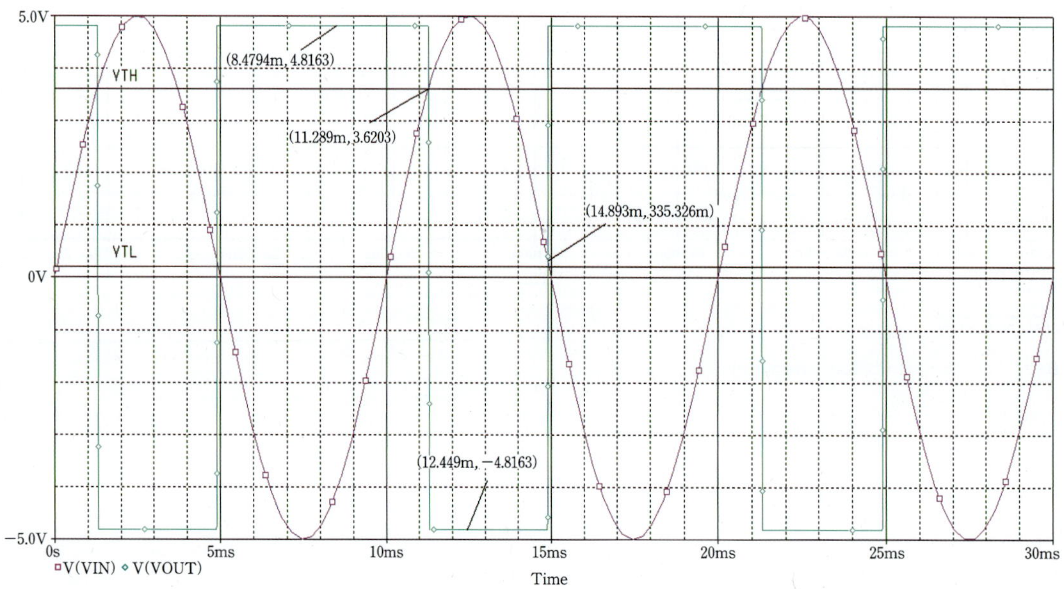

(a) 정현파 입력(진폭 5V, 주파수 100Hz)에 대한 반전 슈미트 트리거의 출력

그림 8-39 [실습 8-2]의 PSPICE 시뮬레이션 결과 (계속)

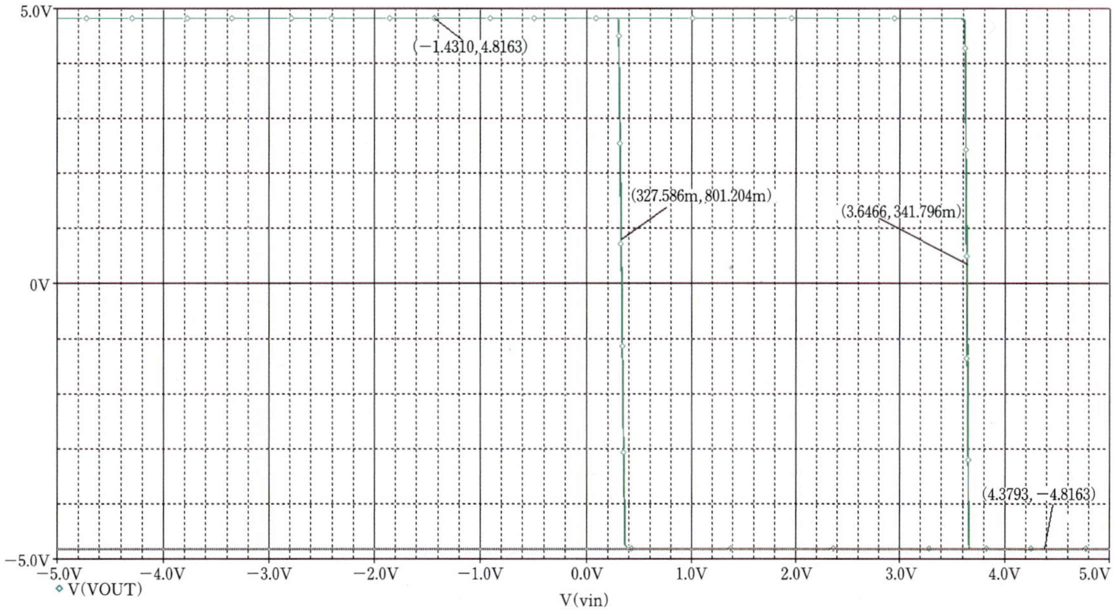

(b) 입출력 전달특성

그림 8-39 [실습 8-2]의 PSPICE 시뮬레이션 결과

실습 8-3

[그림 8-40]의 비반전 슈미트 트리거 회로를 PSPICE로 시뮬레이션하여 문턱전압 V_{TL}, V_{TH}와 이력폭 V_{HW}를 구하라.

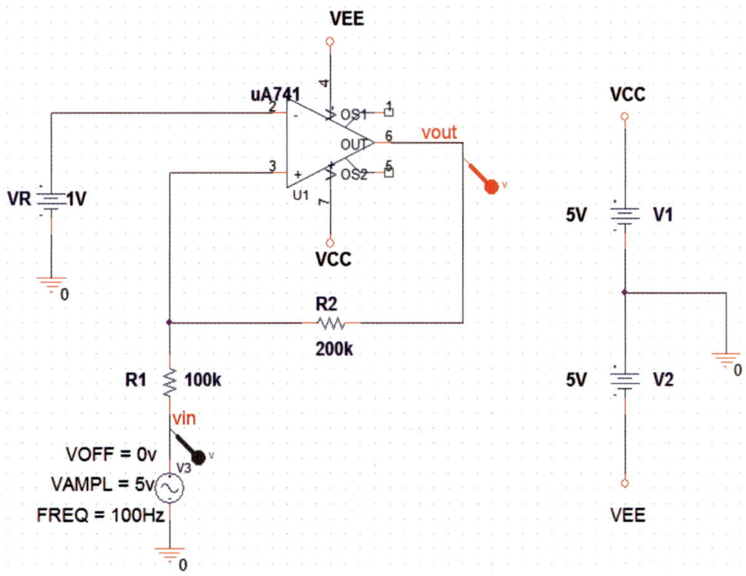

그림 8-40 [실습 8-3]의 시뮬레이션 실습 회로

시뮬레이션 결과

[실습 8-3] 회로의 PSPICE 시뮬레이션 결과는 [그림 8-41(a)]와 같다. $v_I > V_{TH}$이면 $v_O = V_H$가 되고, $v_I < V_{TL}$이면 $v_O = V_L$이 되어 비반전 슈미트 트리거로 동작하며, $V_R = 1\text{V}$에 의해 V_{TH}와 V_{TL}이 모두 양의 값으로 $V_S = 1.5\text{V}$만큼 이동되었음을 확인할 수 있다. [그림 8-41(b)]는 입출력 전달특성이다. $V_{TL} \simeq -0.97\text{V}$, $V_{TH} \simeq 3.96\text{V}$이고, $V_{HW} \simeq 4.93\text{V}$이며, 이력특성 곡선이 x축 방향으로 수평 이동되었다.

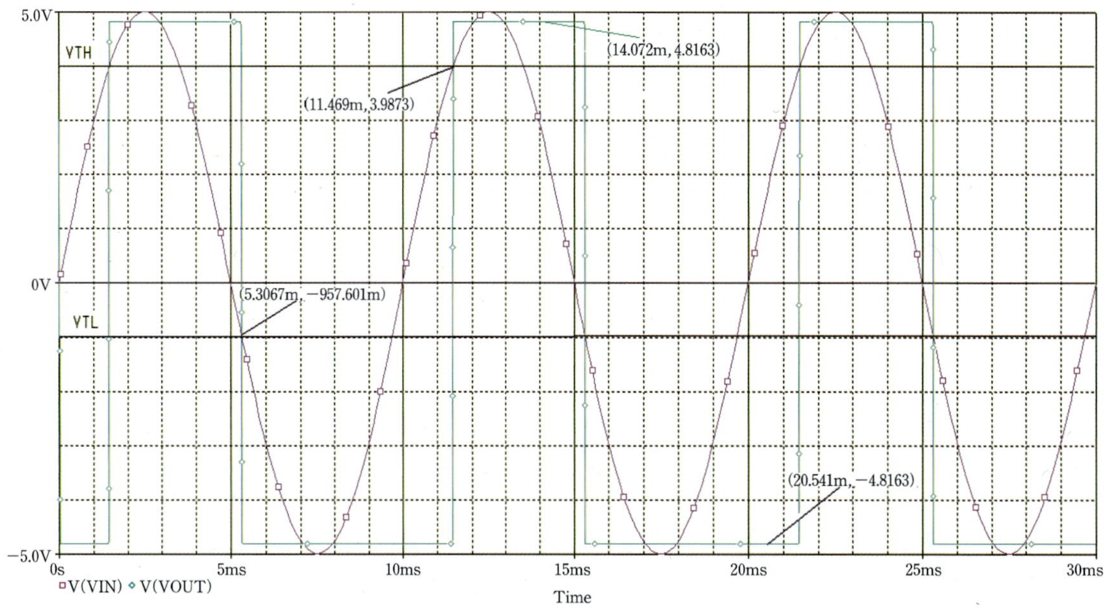

(a) 정현파 입력(진폭 5V, 주파수 100Hz)에 대한 비반전 슈미트 트리거의 출력

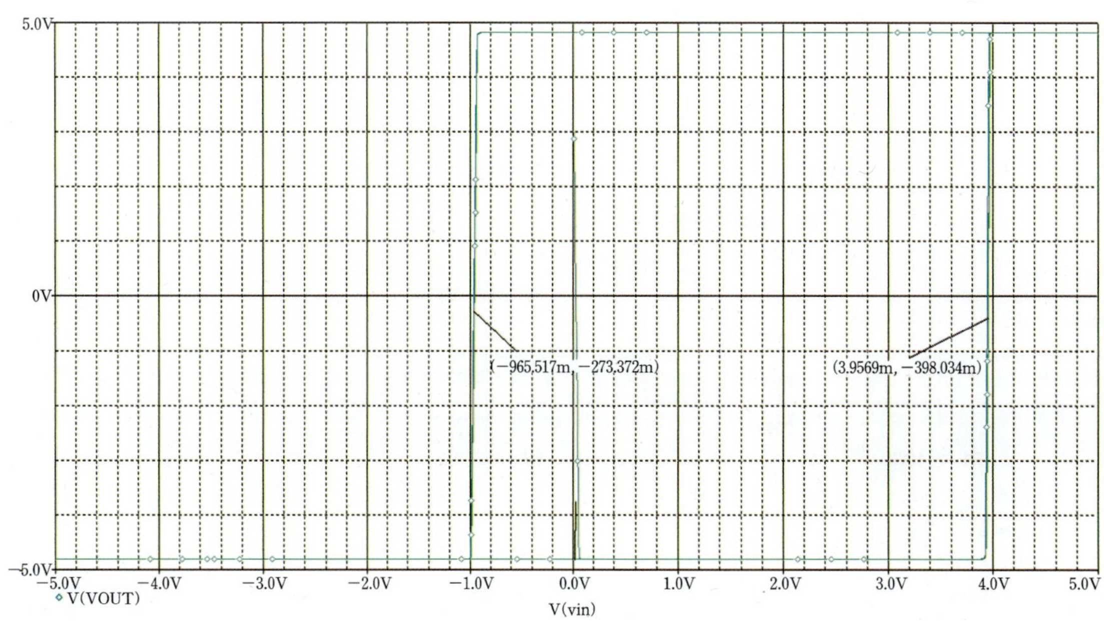

(b) 입출력 전달특성

그림 8-41 [실습 8-3]의 PSPICE 시뮬레이션 결과

실습 8-4

[그림 8-42]는 슈미트 트리거를 이용한 비대칭 구형파 발생기 회로이다. PSPICE 시뮬레이션하여 출력 구형파의 주파수와 충격계수를 구하라.

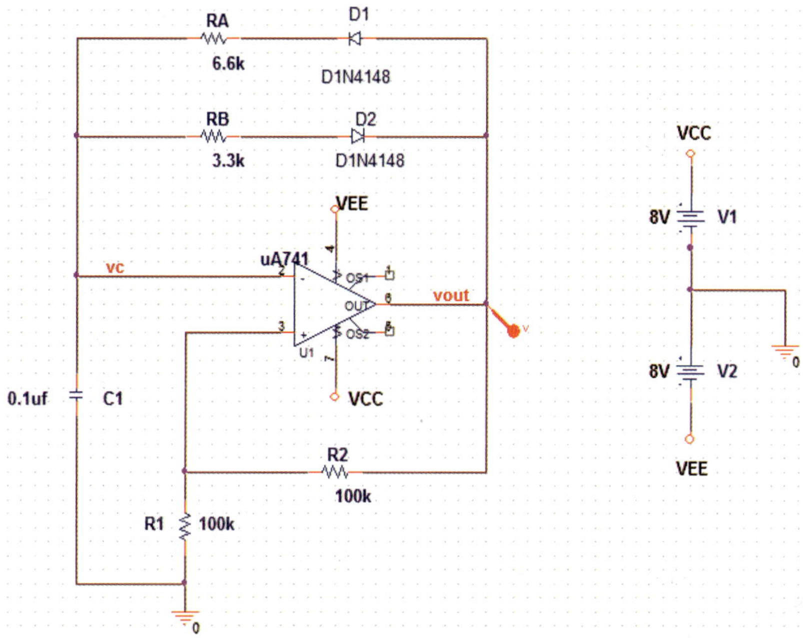

그림 8-42 [실습 8-4]의 시뮬레이션 실습 회로

시뮬레이션 결과

[실습 8-4] 회로의 PSPICE 시뮬레이션 결과는 [그림 8-43]과 같다. [그림 8-43(a)]에서 볼 수 있듯이 회로의 자체 발진을 위해 약 1.3초 지연 후에 구형파 발진이 일어난다. [그림 8-43(b)]의 확대 파형으로부터 구한 출력 구형파의 주파수와 충격계수는 각각 다음과 같다.

- 발진주파수 : $f_0 = \dfrac{1}{T_H + T_L} = \dfrac{1}{(0.9+0.4)\times 10^{-3}} = 769.23\text{Hz}$
- 충격계수 : $\delta = \dfrac{T_H}{T_H + T_L} \times 100\% = \dfrac{0.9}{0.9+0.4} \times 100\% = 69.23\%$

[그림 8-42]의 시뮬레이션 회로에서 $R_A = 2R_B$이므로, $T_H \simeq 2T_L$이 되어 충격계수가 약 70%인 비대칭 구형파가 발생함을 확인할 수 있다.

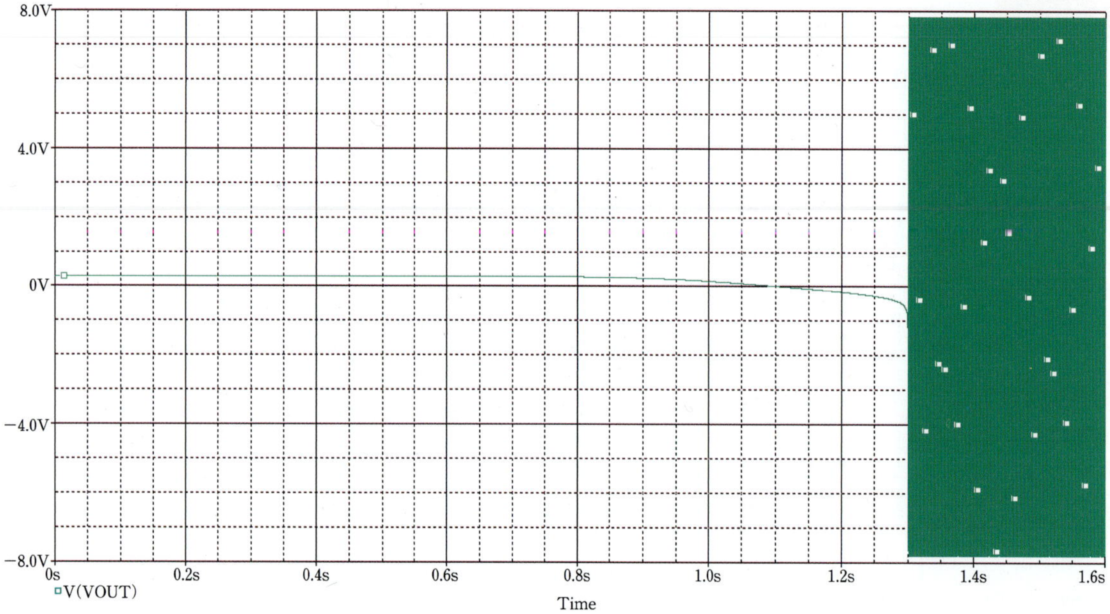

(a) Transient 시뮬레이션 결과

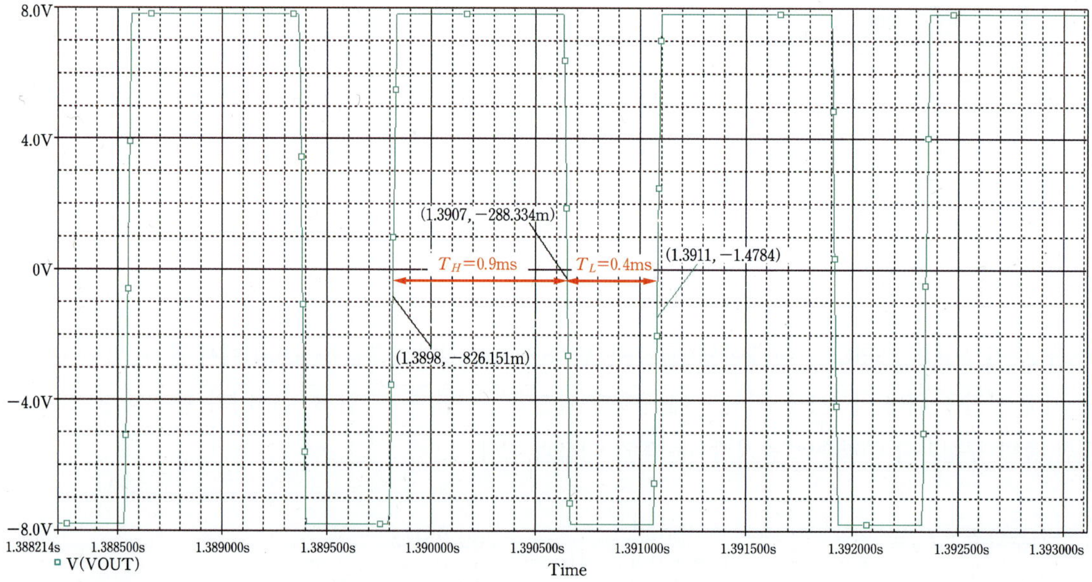

(b) (a)의 확대 파형

그림 8-43 [실습 8-4]의 PSPICE 시뮬레이션 결과

실습 8-5

[그림 8-44]는 슈미트 트리거를 이용한 삼각파 발생기 회로이다. $V_D = -5\text{V}$ 인 경우와 $V_D = 5\text{V}$ 인 경우에 대해 PSPICE 시뮬레이션하여 출력파형을 확인하고 주파수와 충격계수를 구하라.

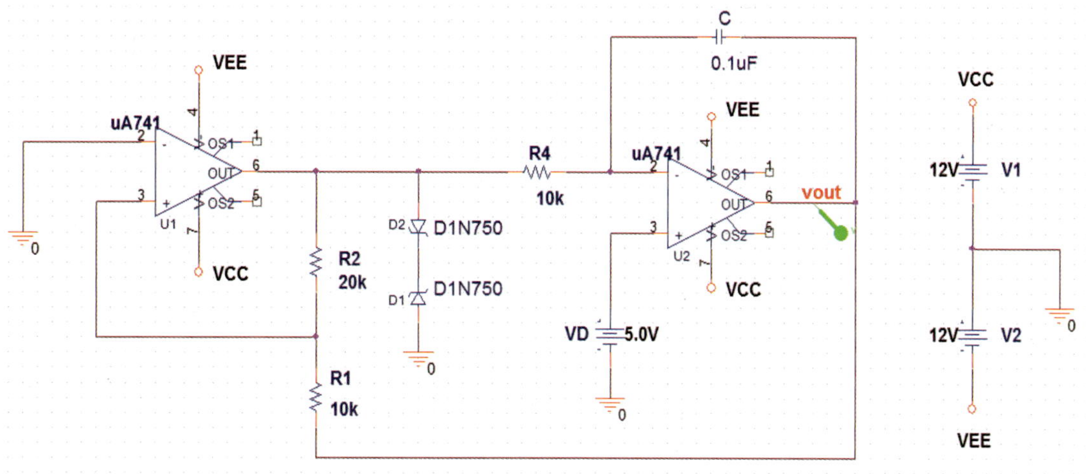

그림 8-44 [실습 8-5]의 시뮬레이션 실습 회로

시뮬레이션 결과

[실습 8-5] 회로의 PSPICE 시뮬레이션 결과는 [그림 8-45]와 같다. [그림 8-45(a)]는 $V_D = 5\text{V}$ 인 경우의 출력파형이며, 발진주파수와 충격계수는 각각 다음과 같다.

- 발진주파수 : $f_0 = \dfrac{1}{T_H + T_L} = \dfrac{1}{(0.568 + 10.36) \times 10^{-3}} = 91.5\text{Hz}$
- 충격계수 : $\delta = \dfrac{T_H}{T_H + T_L} \times 100\% = \dfrac{0.568}{0.568 + 10.36} \times 100\% = 5.2\%$

[그림 8-45(b)]는 $V_D = -5\text{V}$ 인 경우의 출력파형이며, 발진주파수와 충격계수는 각각 다음과 같다.

- 발진주파수 : $f_0 = \dfrac{1}{T_H + T_L} = \dfrac{1}{(10.34 + 0.572) \times 10^{-3}} = 91.6\text{Hz}$
- 충격계수 : $\delta = \dfrac{T_H}{T_H + T_L} \times 100\% = \dfrac{10.34}{10.34 + 0.572} \times 100\% = 94.8\%$

$|V_D|$가 증가할수록 충격계수가 0% 또는 100%에 가까워지는 톱니파가 발생한다.

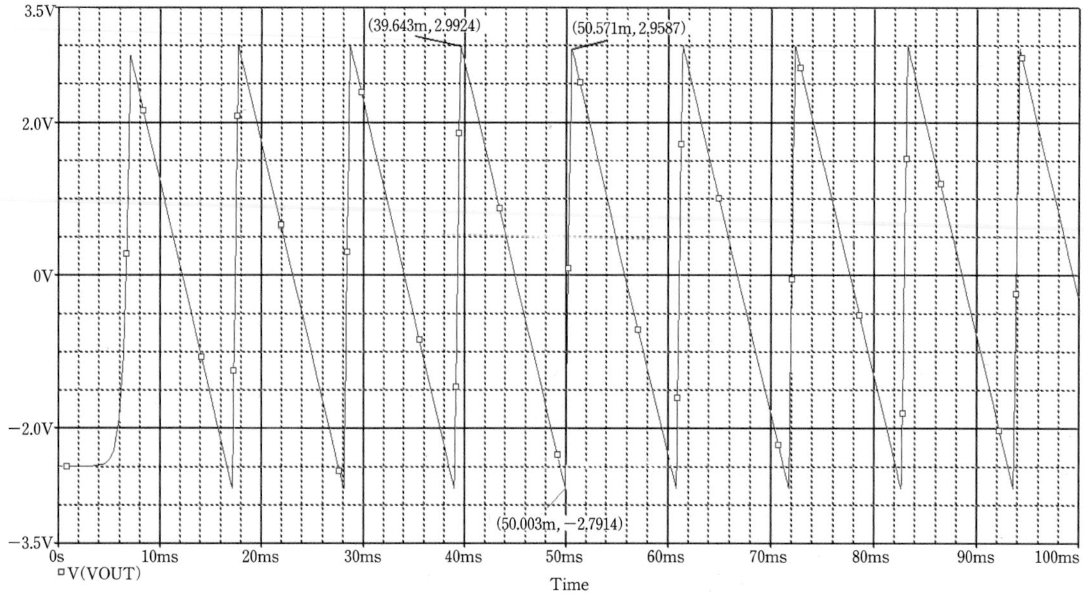

(a) $V_D = 5\text{V}$인 경우

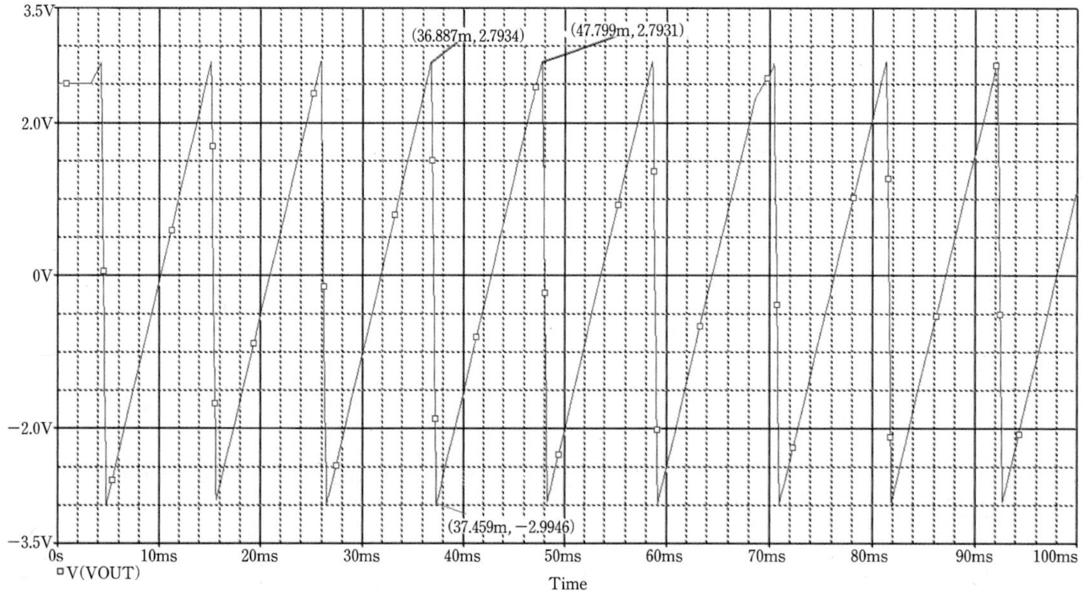

(b) $V_D = -5\text{V}$인 경우

그림 8-45 [실습 8-5]의 PSPICE 시뮬레이션 결과

CHAPTER 08_연습문제

8.1 **다음 설명 중 맞는 것은?** HINT 8.1절

㉮ 555 타이머 IC 내부는 슈미트 트리거 2개, SR 플립플롭, 그리고 방전 BJT로 구성된다.

㉯ 연산증폭기를 이용한 단순 비교기는 슈미트 트리거에 비해 잡음에 대한 둔감도가 더 우수하다.

㉰ 귀환증폭기의 루프이득이 $L(j\omega_0)=-1$가 되어 바르크하우젠 발진조건을 만족하면 정귀환 작용에 의해 정현파 발진이 일어난다.

㉱ 슈미트 트리거는 단안정 멀티바이브레이터의 일종이다.

㉲ 슈미트 트리거, 정현파 발진기, 555 타이머 IC는 모두 정귀환 작용에 의해 동작한다.

8.2 **다음 중 바르크하우젠 발진조건에 대한 설명으로 틀린 것은? 단, $L(j\omega)$는 루프이득을 나타낸다.** HINT 8.1.1절

㉮ $1+L(j\omega_0)=0$을 만족하는 발진주파수 ω_0에서 발진한다.

㉯ 루프이득의 크기가 1이고, 위상변이가 $-180°$가 되면 발진한다.

㉰ 기본 증폭기 입력신호와 귀환신호의 크기가 같고, 동일위상이면 발진한다.

㉱ 복소 평면상에서 루프이득 $L(j\omega)$의 궤적이 $(0,-1)$점을 통과하는 주파수에서 발진한다.

㉲ 귀환증폭기의 이득여유와 위상여유가 모두 0이 되는 조건을 의미한다.

8.3 **다음 중 위상이동 발진기 회로에 대한 설명으로 틀린 것은?** HINT 8.2.1절

㉮ 외부 입력신호 없이 정현파를 발생하는 RC 발진기의 일종이다.

㉯ RC 값이 클수록 발진주파수가 크다.

㉰ 증폭기 회로는 발진을 지속하기 위해 필요한 일정 크기의 이득을 제공한다.

㉱ RC 회로는 증폭기 출력의 위상을 이동시켜 정귀환이 되도록 한다.

㉲ 바르크하우젠의 발진조건을 만족하는 주파수에서 발진한다.

8.4 **[그림 8-8] 위상이동 발진기의 발진주파수가 $f_0 \simeq 1\,\text{kHz}$ 되기 위한 저항 R과 커패시터 C의 값의 조합으로 맞는 것은?** HINT 8.2.1절

㉮ $R=6.5\,\text{k}\Omega,\ C=10\,\mu\text{F}$

㉯ $R=65\text{k}\Omega,\ C=10\,\text{nF}$

㉰ $R=1\text{k}\Omega,\ C=6.5\,\text{nF}$

㉱ $R=1\text{k}\Omega,\ C=65\,\mu\text{F}$

㉲ $R=1\text{k}\Omega,\ C=65\,\text{nF}$

8.5 [그림 8-46]의 회로에 대한 설명으로 맞는 것은? HINT 8.2.1절

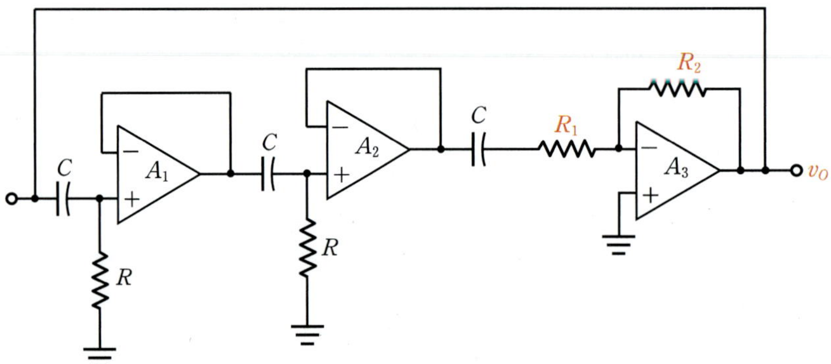

그림 8-46

㉮ 외부 입력신호 없이 구형파를 발생하는 RC 발진기이다.

㉯ 발진주파수는 RC에 반비례한다.

㉰ 전압 팔로워는 발진을 지속하기 위해 필요한 이득을 제공한다.

㉱ 저항 R_2 값은 발진되는 정현파에 영향을 미치지 않는다. 단, 다른 소자의 값은 일정한 값을 유지한다.

㉲ 바르크하우젠의 발진조건 2가지(크기와 위상) 중 하나만 만족하면 발진한다.

8.6 [그림 8-46]의 회로에 대한 설명으로 맞는 것은? HINT 8.2.1절

㉮ 저항비 R_2/R_1가 너무 크면 발진 정현파 v_O에 왜곡이 심해진다.

㉯ 저항비 R_2/R_1가 작을수록 발진이 잘 일어난다.

㉰ 저항 R_1, R_2와 A_3로 구성되는 회로는 출력 v_O의 위상만 반전시키는 역할을 한다.

㉱ 출력 v_O에서 A_3의 반전 입력단자까지 신호의 위상 차이는 0°이다.

㉲ 저항 R, 커패시터 C, 연산증폭기 A_1, A_2로 구성되는 위상이동 회로는 출력 v_O의 크기(진폭)는 일정하게 유지한 상태로 위상만 이동시키는 역할을 한다.

8.7 [그림 8-47]의 회로에 대한 설명으로 틀린 것은? HINT 8.2.1절

㉮ 저항비 R_2/R_1가 너무 크면 발진 파형 v_O에 왜곡이 심해진다.

㉯ 저항비 R_2/R_1는 발진주파수와 무관하다.

㉰ 발진주파수는 RC에 반비례한다.

㉱ 정귀환과 부귀환이 함께 존재한다.

㉲ 정귀환을 가지므로, 슈미트 트리거로 동작하여 구형파가 발생된다.

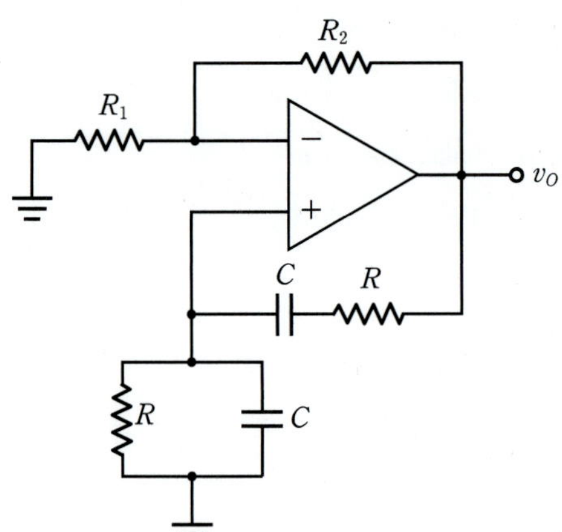

그림 8-47

8.8 [그림 8-48]은 LC 동조 발진기의 일반 구조이다. 설명으로 맞는 것은?

HINT 8.2.2절

㉮ Z_1은 용량성(L), Z_2는 용량성(C), Z_3는 유도성(L)이면, 하틀리 발진기 회로이다.

㉯ Z_1은 용량성(C), Z_2는 유도성(L), Z_3는 유도성(L)이면, 하틀리 발진기 회로이다.

㉰ Z_1은 유도성(L), Z_2는 유도성(L), Z_3는 용량성(C)이면, 하틀리 발진기 회로이다.

㉱ Z_1은 유도성(L), Z_2는 용량성(C), Z_3는 용량성(C)이면, 콜피츠 발진기 회로이다.

㉲ Z_1은 용량성(C), Z_2는 유도성(L), Z_3는 용량성(C)이면, 콜피츠 발진기 회로이다.

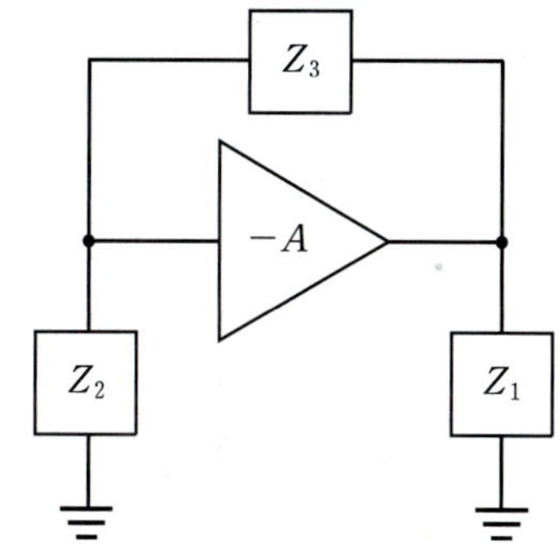

그림 8-48

8.9 [그림 8-48]의 발진회로에서 바르크하우젠의 발진조건을 만족하기 위한 Z_1, Z_2, Z_3의 소자 형태로 맞는 것은?

HINT 8.2.2절

㉮ Z_1 은 용량성(C), Z_2 는 용량성(C), Z_3 는 유도성(L)

㉯ Z_1 은 용량성(C), Z_2 는 유도성(L), Z_3 는 유도성(L)

㉰ Z_1 은 용량성(C), Z_2 는 유도성(L), Z_3 는 용량성(C)

㉱ Z_1 은 유도성(L), Z_2 는 용량성(C), Z_3 는 용량성(C)

㉲ Z_1 은 유도성(L), Z_2 는 용량성(C), Z_3 는 유도성(L)

8.10 [그림 8-49]의 발진회로에 대한 설명으로 <u>틀린</u> 것은? 단, L은 L_1과 L_2의 직렬연결 합성 인덕턴스이다. HINT 8.2.2절

㉮ 발진주파수는 $\sqrt{LC}$ 에 반비례한다.

㉯ 하틀리 발진기 회로이다.

㉰ 발진을 지속하기 위한 증폭기의 이득 조건은 커패시턴스 값 C와 무관하다.

㉱ 커패시터와 인덕터의 리액턴스 합은 항상 0이 되어야 한다.

㉲ MOSFET 증폭기의 이득이 너무 작으면 발진이 일어나지 않는다.

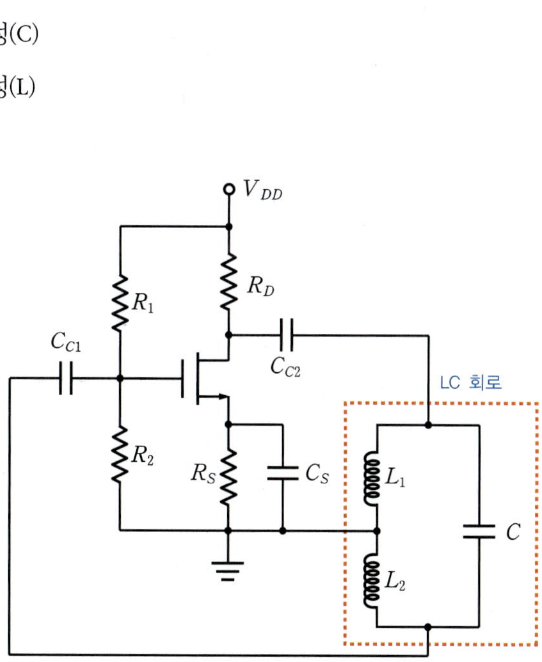

그림 8-49

8.11 [그림 8-49] 회로의 발진주파수가 $f_0 = 3.56\,\mathrm{MHz}$가 되기 위해 필요한 커패시터 C의 값은? 단, $L_1 = L_2 = 10\,\mu\mathrm{H}$이다. HINT 8.2.2절

㉮ 0.1nF ㉯ 0.2nF ㉰ 1nF ㉱ 2nF ㉲ 1.0μF ㉳ 2.0μF

8.12 다음 중 슈미트 트리거에 대한 설명으로 틀린 것은? HINT 8.3절

㉮ 쌍안정 멀티바이브레이터의 일종이다.

㉯ 정귀환에 의한 두 개의 문턱전압을 갖는 비교기이다.

㉰ 접촉식 스위치에서 발생되는 채터링 잡음의 영향을 제거하는 용도로 사용된다.

㉱ 입력신호에 포함된 잡음의 영향을 제거하는 특성은 문턱전압의 크기에 관계되며, 이력폭의 크기와 무관하다.

㉲ 입력신호에 포함된 잡음의 진폭이 이력폭보다 작으면 출력에 영향을 미치지 않는다.

8.13 다음 중 반전 슈미트 트리거의 동작에 대한 설명으로 맞는 것은? 단, v_I는 슈미트 트리거의 입력전압, V_{TL}, V_{TH}는 각각 하측, 상측 문턱전압이고, V_L, V_H는 각각 출력 v_O의 음, 양의 포화전압이다. HINT 8.3.1절

㉮ $v_O = V_H$인 상태에서, $v_I < V_{TL}$이 되는 순간 출력이 $V_H \to V_L$로 천이한다.

㉯ $v_O = V_H$인 상태에서, $v_I > V_{TH}$이 되는 순간 출력이 $V_H \to V_L$로 천이한다.

㉰ $v_O = V_L$인 상태에서, $v_I > V_{TL}$이 되는 순간 출력이 $V_L \to V_H$로 천이한다.

㉱ $v_O = V_L$인 상태에서, $v_I < V_{TH}$이 되는 순간 출력이 $V_L \to V_H$로 천이한다.

㉲ $V_{TL} < v_I < V_{TH}$이면, 출력은 V_L을 유지한다.

8.14 [그림 8-50]의 회로에 대한 설명으로 맞는 것은? 단, V_R은 슈미트 트리거에 인가되는 기준전압이고, V_{TL}, V_{TH}는 각각 하측, 상측 문턱전압이다. HINT 8.3.1절

㉮ 이력폭은 저항비 R_1/R_2와 전압 V_R에 의해 결정된다.

㉯ $V_R = 0$이면 이력폭은 $V_{HW} = 0$이 된다.

㉰ 저항비 R_1/R_2이 작을수록 이력폭이 크다.

㉱ $V_R < 0$이면 이력폭 V_{HW}가 작아진다.

㉲ V_{TL}과 V_{TL}를 모두 음수로 만들기 위해서는 $V_R < 0$을 인가한다.

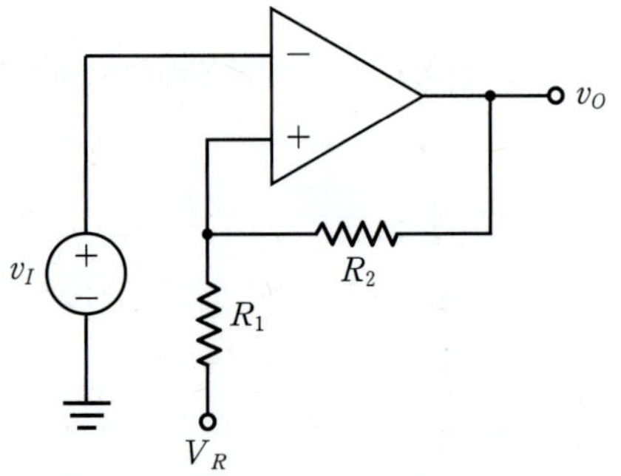

그림 8-50

8.15 [그림 8-50]의 회로에 대한 설명으로 맞는 것은? 단, V_R은 슈미트 트리거에 인가되는 기준전압이고, V_{TL}, V_{TH}는 각각 하측, 상측 문턱전압이고, V_L, V_H는 각각 출력 v_O의 음, 양의 포화전압이다. HINT 8.3.1절

㉮ 입력전압이 $v_I < V_{TL}$이면, 출력은 $V_H \rightarrow V_L$로 천이한다.

㉯ $V_R > 0$이면, 출력 v_O의 V_H가 커진다.

㉰ V_R은 이력폭에 영향을 미치지 않는다.

㉱ V_{TL}과 V_{TH}는 V_R에 무관하게 저항비 R_1/R_2에 의해 결정된다.

㉲ $V_R < 0$이면, $V_R = 0$인 경우에 비해 V_{TL}은 작아지고, V_{TH}은 커진다.

8.16 **다음 중 비반전 슈미트 트리거의 동작에 대한 설명으로 맞는 것은? 단, v_I는 슈미트 트리거의 입력전압, V_{TL}, V_{TH}는 각각 하측, 상측 문턱전압이고, V_L, V_H는 각각 출력 v_O의 음, 양의 포화전압이다.** HINT 8.3.2절

㉮ $v_O = V_H$인 상태에서, $v_I < V_{TL}$이 되는 순간 출력이 $V_H \rightarrow V_L$로 천이한다.

㉯ $v_O = V_L$인 상태에서, $v_I < V_{TH}$이 되는 순간 출력이 $V_L \rightarrow V_H$로 천이한다.

㉰ $v_O = V_L$인 상태에서, $v_I > V_{TL}$이 되는 순간 출력이 $V_L \rightarrow V_H$로 천이한다.

㉱ $v_O = V_H$인 상태에서, $v_I > V_{TH}$이 되는 순간 출력이 $V_H \rightarrow V_L$로 천이한다.

㉲ $V_{TL} < v_I < V_{TH}$이면, 출력은 V_H를 유지한다.

8.17 **[그림 8-51]은 기준전압 V_R을 갖는 슈미트 트리거의 이력특성 곡선이다. 설명으로 틀린 것은? 단, V_L, V_H는 각각 출력 v_O의 음, 양의 포화전압이다.** HINT 8.3.2절

㉮ 비반전 슈미트 트리거의 이력특성 곡선이다.

㉯ 전압 V_R은 반전단자에 인가된다.

㉰ 문턱전압 V_{TL}과 V_{TH}은 전압 V_R에 영향을 받지 않는다.

㉱ 이력폭은 전압 V_R에 영향을 받지 않는다.

㉲ $V_R > 0$인 경우의 이력특성 곡선이다.

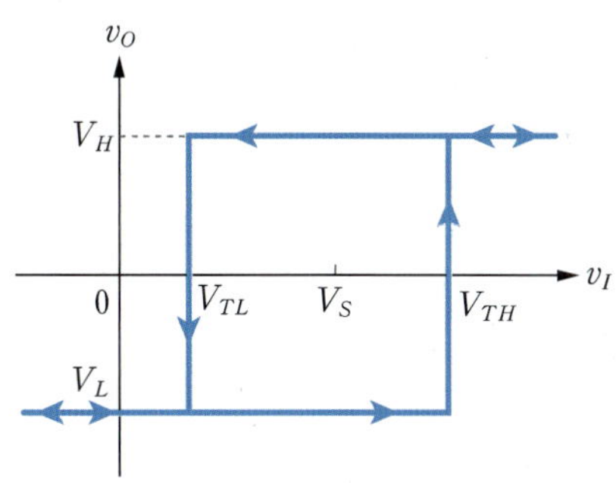

그림 8-51

8.18 **[그림 8-52]의 회로에 대한 설명으로 틀린 것은? 단, V_{TH}와 V_{TL}은 각각 상측, 하측 문턱전압이며, 출력 v_O의 포화전압은 크기가 같고 부호만 반대이다.** HINT 8.3.2절

㉮ 입력전압이 $v_I < V_{TL}$이면, 출력은 $V_H \rightarrow V_L$로 천이한다.

㉯ $V_R = 0$이면, $V_{TH} = -V_{TL}$이다.

㉰ 전압 V_R은 이력폭에 영향을 미치지 않는다.

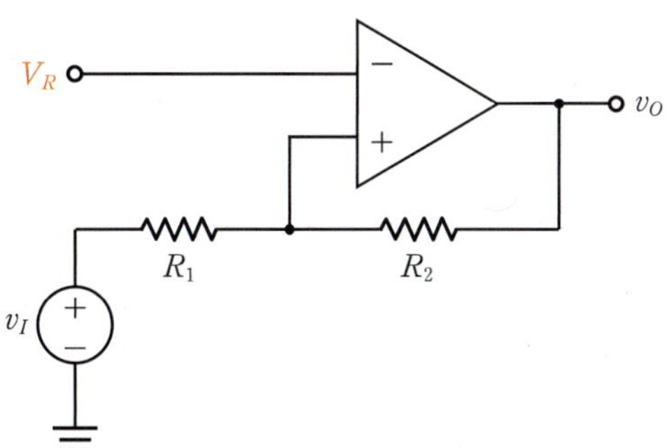

그림 8-52

㉱ V_{TL}과 V_{TH}는 기준전압 V_R에 무관하게 저항비 R_1/R_2에 의해 결정된다.

㉲ 전압 V_R은 이력특성 곡선을 x축의 좌우로 시프트시키는 역할을 한다.

8.19 [그림 8-52]의 슈미트 트리거 회로에 대한 설명으로 맞는 것은? HINT 8.3.2절

㉮ $V_R = 0$ 이면, 이력폭은 $V_{HW} = 0\text{V}$ 가 된다.

㉯ $V_R > 0$ 이면, 이력폭 V_{HW}가 커진다.

㉰ $V_R > 0$ 이면, 출력 v_O의 양의 포화전압 V_H가 커진다.

㉱ $V_R < 0$ 이면, $V_R = 0$인 경우에 비해 하측 문턱전압은 작아지고, 상측 문턱전압은 커진다.

㉲ 이력폭 V_{HW}는 V_R과 무관하게 저항비 R_1/R_2에 의해 결정된다.

8.20 [그림 8-52]의 슈미트 트리거 회로의 문턱전압으로 맞는 것은? 단, $R_1 = 100\text{k}\Omega$, $R_2 = 200\text{k}\Omega$ 이고, $V_R = 2\text{V}$, v_O의 포화전압은 $V_H = -V_L = 5\text{V}$ 이다. HINT 8.3.2절

㉮ $V_{TL} = -0.5\text{V},\ V_{TH} = 5.5\text{V}$

㉯ $V_{TL} = 0.5\text{V},\ V_{TH} = 5.5\text{V}$

㉰ $V_{TL} = -1.5\text{V},\ V_{TH} = 3.5\text{V}$

㉱ $V_{TL} = -0.5\text{V},\ V_{TH} = 3.5\text{V}$

㉲ $V_{TL} = -1.5\text{V},\ V_{TH} = 5.5\text{V}$

8.21 [그림 8-53]의 회로에 대한 설명으로 틀린 것은? HINT 8.3.3절

㉮ 비안정 멀티바이브레이터이다.

㉯ 출력 v_O의 주파수는 저항 R_1과 R_2 값에는 무관하고, 시상수 RC에만 영향을 받는다.

㉰ 출력 v_O의 주기는 시상수 RC에 비례한다.

㉱ 출력 v_O는 충격계수duty cycle가 50%인 대칭 파형이다.

㉲ 반전 슈미트 트리거가 사용되고 있다.

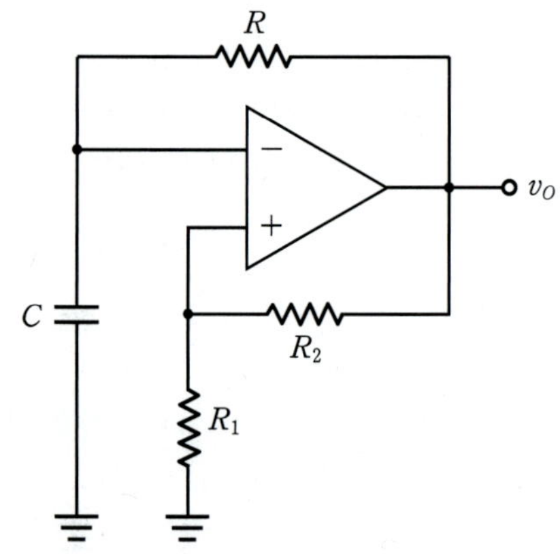

그림 8-53

8.22 [그림 8-53] 회로에서 출력 v_O의 발진주파수가 $f \simeq 25\text{kHz}$ 가 되기 위한 저항 R과 커패시터 C의 값의 조합으로 맞는 것은? 단, $R_1 = R_2$이다. HINT 8.3.3절

㉮ $R = 1.8\text{k}\Omega,\ C = 1.0\text{nF}$

㉯ $R = 1.8\text{k}\Omega,\ C = 10\text{nF}$

㉰ $R = 18\text{k}\Omega,\ C = 10\text{nF}$

㉱ $R = 18\text{k}\Omega,\ C = 10\mu\text{F}$

㉲ $R = 180\text{k}\Omega,\ C = 10\mu\text{F}$

8.23 [그림 8-54] 회로의 출력 v_O의 파형으로 맞는 것은? 단, $V_R = V_D = 0\text{V}$이다. HINT 8.3.4절

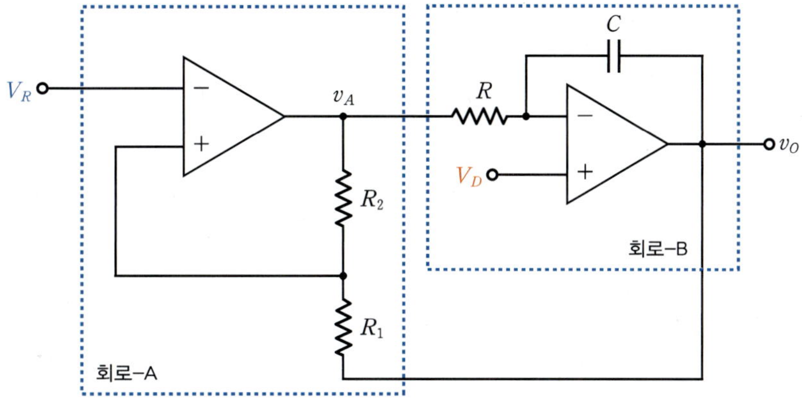

그림 8-54

㉮ 삼각파 ㉯ 구형파 ㉰ 톱니파 ㉱ 정현파 ㉲ 펄스파

8.24 [그림 8-54]의 회로에 대한 설명으로 맞는 것은? 단, R_1과 R_2는 고정된 값을 유지하며, $v_A = V_O$는 회로-A의 양 positive의 포화전압이다. HINT 8.3.4절

㉮ 출력 v_O의 주파수는 시상수 $\tau = RC$에 비례한다.

㉯ 출력 v_O의 주파수는 저항 R_1, R_2 값에 무관하다.

㉰ 출력 v_O의 평균값은 전압 V_R에 무관하다.

㉱ 출력 v_O의 충격계수 δ는 전압 V_D에 영향을 받는다.

㉲ 출력 v_O의 피크 peak값은 전압 V_R과 V_D에 영향을 받는다.

8.25 [그림 8-54]의 회로에서 회로-A의 명칭으로 맞는 것은? HINT 8.3.4절

㉮ 반전증폭기 ㉯ 비반전증폭기 ㉰ 반전 비교기

㉱ 반전 슈미트 트리거 ㉲ 비반전 슈미트 트리거

8.26 [그림 8-54]의 회로에서 회로-B의 명칭으로 맞는 것은? HINT 8.3.4절

㉮ 반전증폭기 ㉯ 비반전증폭기 ㉰ 반전적분기

㉱ 반전 슈미트 트리거 ㉲ 비반전 슈미트 트리거

8.27 [그림 8-55]의 회로에 대한 설명으로 맞는 것은? HINT 8.4.1절

㉮ 단안정 멀티바이브레이터이다.

㉯ 커패시터 C_1의 값이 클수록 출력 v_O의 주파수가 작다.

㉰ 출력 $v_O=0$(논리 0)일 때, 커패시터 C_1은 충전된다.

㉱ $R_1=R_2$이면, 충격계수duty cycle가 50%인 대칭 파형 v_O가 출력된다.

㉲ 저항 R_2는 커패시터 C_1의 충전 동작에만 영향을 미친다.

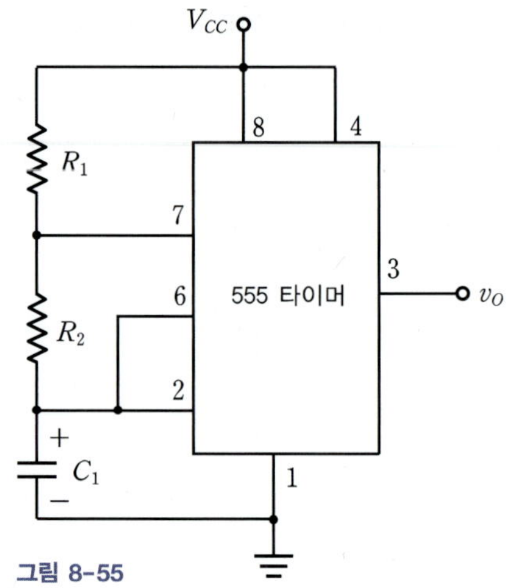

그림 8-55

8.28 [그림 8-55] 회로에서 출력 v_O의 파형으로 맞는 것은? HINT 8.4.1절

㉮ 정현파 ㉯ 톱니파 ㉰ 구형파 ㉱ 삼각파 ㉲ 펄스파

8.29 [그림 8-56]의 회로에 대한 설명으로 틀린 것은? HINT 8.4.2절

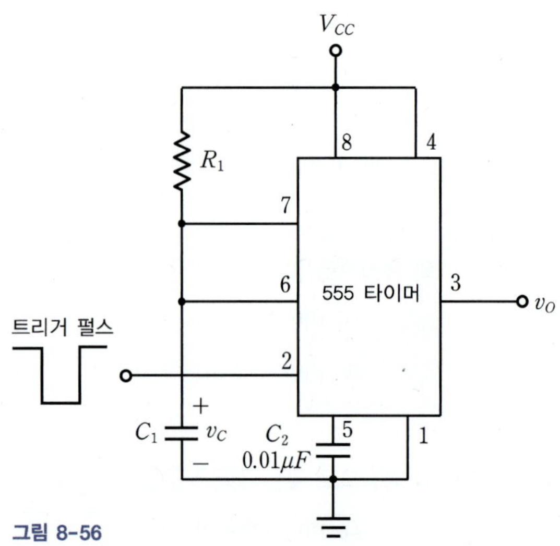

그림 8-56

㉮ 트리거 펄스에 의해 양positive의 펄스를 발생하는 단안정 멀티바이브레이터 회로이다.

㉯ 트리거 펄스의 폭은 출력 v_O의 펄스 폭보다 작아야 한다.

㉰ 트리거 펄스가 인가되면, 커패시터 C_1는 $v_C(t)=V_{CC}(1-e^{-t/R_1C_1})$으로 충전된다.

㉱ 출력 v_O의 펄스 폭은 시상수 R_1C_1에 반비례한다.

㉲ 트리거 펄스 V_{trg}는 $V_{trg}<\frac{1}{3}V_{CC}$가 인가되어야 한다.

8.30 [그림 8-56]의 회로에서 출력 v_O의 펄스 폭이 $T \simeq 100\text{ms}$가 되기 위한 저항 R_1과 커패시터 C_1의 값의 조합으로 맞는 것은? HINT 8.4.2절

㉮ $R_1 = 182\text{k}\Omega,\ C_1 = 1\,\text{nF}$ ㉯ $R_1 = 91\text{k}\Omega,\ C_1 = 10\,\text{nF}$ ㉰ $R_1 = 91\text{k}\Omega,\ C_1 = 10\mu\text{F}$

㉱ $R_1 = 182\text{k}\Omega,\ C_1 = 1\mu\text{F}$ ㉲ $R_1 = 91\text{k}\Omega,\ C_1 = 1\,\mu\text{F}$

8.31 심화 [그림 8-57]은 위상이동 발진기 회로이다. 발진주파수 f_0와 발진을 유지하기 위해 필요한 R_F 값을 구하라. 단, $R = 10\text{k}\Omega$, $C = 560\text{pF}$이고, 연산증폭기는 이상적 특성을 갖는다고 가정한다.

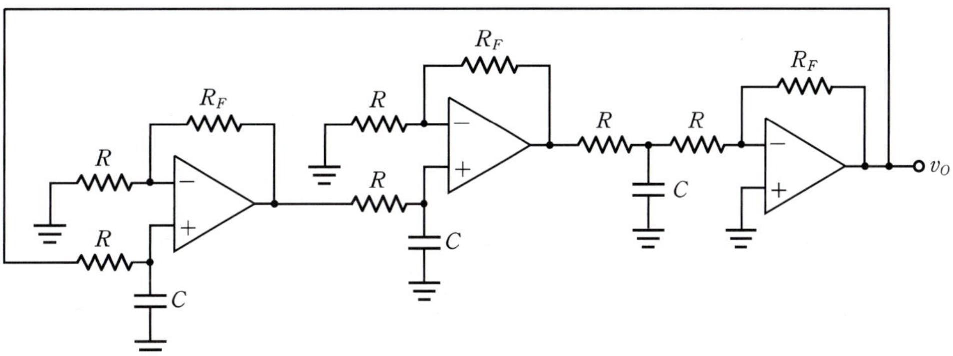

그림 8-57

8.32 심화 [그림 8-58]의 회로에 대해 발진주파수 f_0를 구하고, 발진을 유지하기 위한 $\frac{R_2}{R_1}$를 구하라.

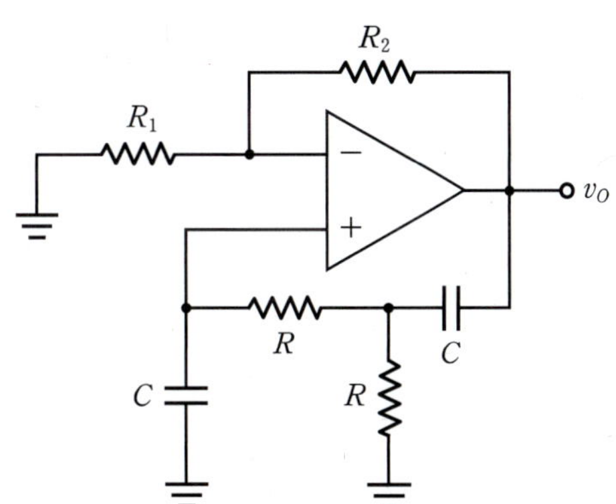

그림 8-58

8.33 심화 [그림 8-14]의 콜피츠 발진기에서 발진주파수가 $f_0 = 1\text{kHz} \sim 2\text{MHz}$가 되도록 인덕터 L의 범위를 정하라. 단, $C_1 = 100\text{pF}$, $C_2 = 7.5\text{nF}$이다.

8.34 심화 **다음 물음에 답하라. 단, 문제 (b)와 문제 (c)는 문제 (a)의 회로도를 기준으로 답한다.**

(a) [그림 8-59(a)] 회로의 입력전압 v_I와 출력전압 v_O의 관계는 [그림 8-59(b)]와 같다. [그림 8-59(a)]의 회로도를 그리고, 회로의 명칭을 써라. 단, v_O의 포화전압은 $V_H = |V_L| = 10\text{V}$ 이며, 연산증폭기의 출력과 입력단자를 연결하는 저항을 R_2로 표기한다.

(b) [그림 8-59(b)]에 표기된 전압 V_S와 V_{HW}를 독립적으로 조정하는 방법을 설명하라.

(c) 이력폭 hysteresis width이 $V_{HW} = 5\text{V}$가 되도록 저항비 R_1/R_2 값을 구하라.

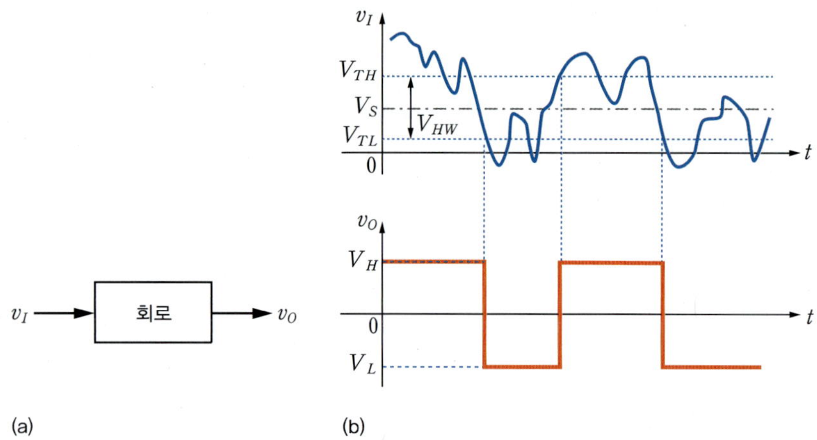

그림 8-59

8.35 심화 **[그림 8-60]의 반전 슈미트 트리거 회로에 대해 V_{TH}와 V_{TL}을 구하고, 동작을 설명하라. 단, 다이오드의 커트-인 전압은 V_γ이다.**

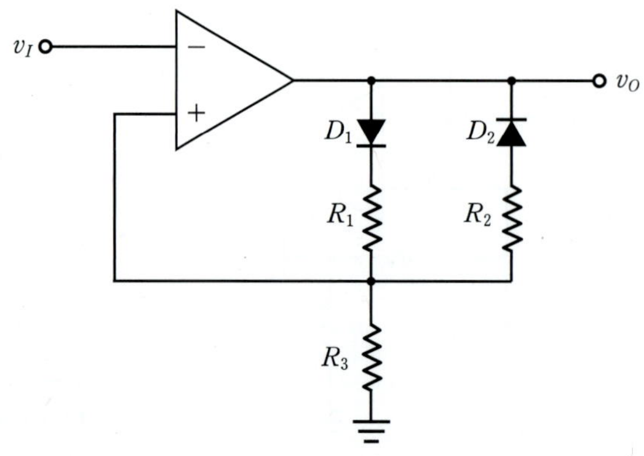

그림 8-60

8.36 심화 **[그림 8-22(a)]의 비반전 슈미트 트리거 회로에서 $V_{TH} = -0.5\text{V}$, $V_{TL} = -2.5\text{V}$가 되도록 기준전압 V_R과 저항 R_2의 값을 결정하라. 단, $V_H = -V_L = 10\text{V}$이고, $R_1 = 5\text{k}\Omega$이다.**

8.37 심화 [그림 8-28]의 삼각파 발생기 회로에서 출력 삼각파의 평균값이 $V_{avg}=3\text{V}$, 주파수는 $f=0.5\text{kHz}$가 되도록 기준전압 V_R, 그리고 적분기의 저항 R, 커패시터 C의 값을 구하라. 단, 슈미트 트리거의 저항은 $R_1=100\text{k}\Omega$, $R_2=200\text{k}\Omega$이고, 슈미트 트리거의 출력전압은 $\pm V_O=\pm 5.5\text{V}$이다.

8.38 심화 [그림 8-61]의 회로는 555 타이머 IC의 출력 v_O가 발광 다이오드 LED의 애노드에 연결되어 LED가 점멸 동작을 하는 회로이다. LED에 1.6Hz의 신호 v_O가 인가되어 LED가 0.4초 동안 켜짐 ON, 나머지 시간 동안 꺼짐 OFF 동작이 반복되도록 저항 R_A, R_B 값을 결정하라. 단, 커패시터는 $C=6.8\mu\text{F}$이다.

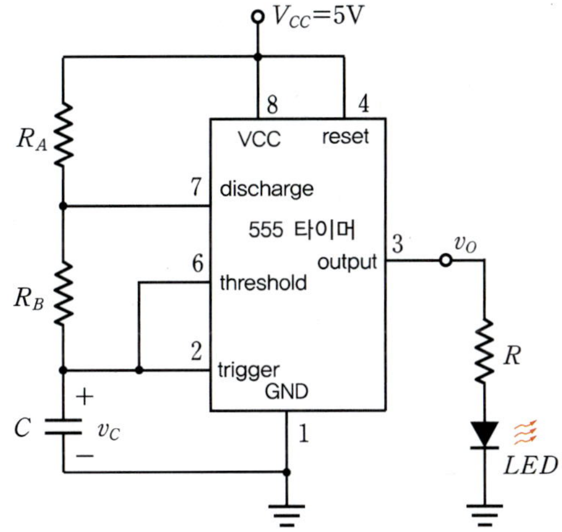

그림 8-61

8.39 심화 [그림 8-62]의 비안정 멀티바이브레이터 회로에 가변저항 $R_v=50\text{k}\Omega$이 사용된다고 할 때, 발진주파수의 범위를 구하고, 충격계수의 범위를 구하라. 단, $R_A=R_B=2\text{k}\Omega$, $C=0.01\mu\text{F}$이다.

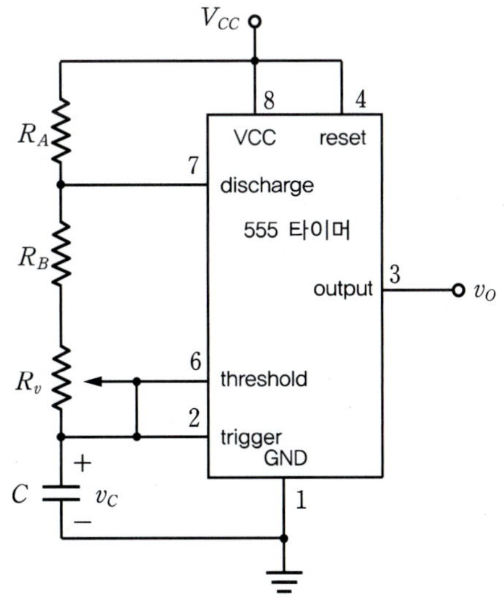

그림 8-62

8.40 심화 [그림 8-63(a)]의 회로에 대해 답하라. $C = 0.1\mu F$, $R_A = 18k\Omega$, $R_B = 10k\Omega$이고, R_v는 가변저항 $100k\Omega$이다.

(a) 회로-A의 출력 v_{OA}의 주파수 범위를 구하라.

(b) 회로-A의 가변저항 R_v가 출력 v_{OA}에 미치는 영향을 설명하라.

(c) 회로-A의 출력 v_{OA}가 [그림 8-63(b)]와 같을 때, $t = 0 \sim 80[ms]$ 범위에 대해 출력 v_O의 파형을 그려라. 단, 회로-B에서 $R_X = 100k\Omega$, $C_F = 2\mu F$이고, 커패시터 C_F는 초기에 모두 방전된 상태이며 이상적인 특성을 가정한다.

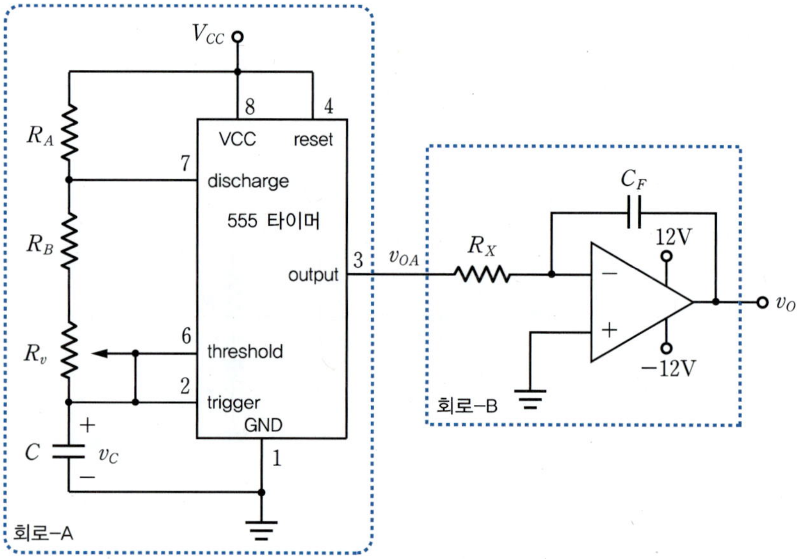

(a)

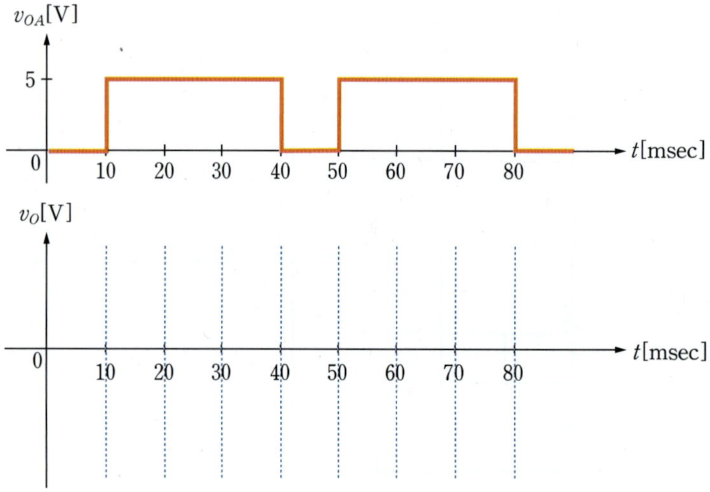

(b)

그림 8-63

참고문헌

- Adel S. Sedra and Kenneth C. Smith, 『Microelectronic Circuits, 5th Ed.』, OXFORD, 2007
- Behzad Razavi, 『Fundamentals of Microelectronics』, John Wiley & Sons, Inc., 2008
- Donald A. Neamen, 『Microelectronics-Circuit Analysis and Design, 3rd Ed.』, McGraw-Hill, 2008
- Albert Malvino, David J. Bates, 『Electronics Principles, 7th Ed.』, McGraw-Hill, 2007
- Thomas L. Floyd, 『Electronics Devices, 8th Ed.』, Pearson, 2008
- C. J. Savant, M. S Roden, G. L. Carpenter, 『Electronic Design-Circuits and Systems』, Benjamin and Cummings Publishing Company, 1987
- J. Millman, A. Grabel, 『Microelectronics』, McGraw Hill, 1987
- 박송배, 『현대전자회로』, 문운당, 1990
- D. A. Bell, 『Operational Amplifiers-Applications, Troubleshooting and Designs』, Prentice-Hall, 1990
- 최평, 조용범, 목형수, 백동철, 이승한, 『PSpice 기초와 활용』, 복두출판사, 2000
- 서영수, 황락훈, 조문택, 『완벽 PSPICE』, 대영사, 2000
- 강문식, 신경욱, 『전자회로 : 핵심 개념부터 응용까지』, 한빛미디어, 2010
- OrCAD PSPICE. Cadence Design Systems, Inc.

ㄱ

ㄴ

ㄷ

ㄹ

ㅁ

ㅂ

ㅅ

ㅇ

U

V

Z

기타